DELIUS KLASING

AF810616

MIX
Papier aus verantwortungsvollen Quellen
Paper from responsible sources
FSC® C105338

Dr. Etzold
Diplom-Ingenieur für Fahrzeugtechnik

So wird's gemacht

pflegen – warten – reparieren

Band 73

Audi 100/Avant/quattro
Audi A6/Avant/quattro

Benziner

1,8 l/	92 kW	(125 PS)	9/94 – 7/97
2,0 l/	74 kW	(101 PS)	11/90 – 8/96
2,0 l/	85 kW	(115 PS)	1/91 – 5/96
2,3 l/	98 kW	(133 PS)	11/90 – 5/94
2,0 l/	103 kW	(140 PS)	1/92 – 8/96
2,6 l/	110 kW	(150 PS)	3/92 – 7/97
2,8 l/	128 kW	(174 PS)	11/90 – 7/97
2,8 l/	142 kW	(193 PS)	10/95 – 7/97

Diesel

1,9 l/	66 kW	(90 PS)	7/94 – 7/97
2,4 l/	60 kW	(82 PS)	3/91 – 5/94
2,5 l/	85 kW	(115 PS)	7/91 – 7/97
2,5 l/	103 kW	(140 PS)	9/94 – 7/97

Delius Klasing Verlag

Bibliografische Information der Deutschen Nationalbibliothek
Die Deutsche Nationalbibliothek verzeichnet diese Publikation in der Deutschen Nationalbibliografie; detaillierte bibliografische Daten sind im Internet über http://dnb.dnb.de abrufbar.

10. Auflage
ISBN 978-3-7688-0702-9

Alle Angaben ohne Gewähr
Abbildungen; Redaktion Dr. Etzold
Lizenziert von Audi AG
Umschlaggestaltung: Ekkehard Schonart
Druck: Books on Demand, Norderstedt

Delius Klasing Verlag, Siekerwall 21, D - 33602 Bielefeld
Tel.: 0521/559-0, Fax: 0521/559-115
E-Mail: info@delius-klasing.de
www.delius-klasing.de
www.sowirdsgemacht.com

Lieber Leser,

die Automobile werden von Modellgeneration zu Modellgeneration technisch immer aufwendiger und komplizierter. Ohne eine Anleitung kann man mitunter nicht einmal mehr die Glühlampe eines Scheinwerfers auswechseln. Und so wird verständlich, daß von Jahr zu Jahr immer mehr Heimwerker zum »So wird´s gemacht«-Handbuch greifen.

Doch auch der kundige Hobbymonteur sollte bedenken, daß der Fachmann viel Erfahrung hat und durch die Weiterschulung und seinen Erfahrungsaustausch über den neuesten Technikstand verfügt. Mithin kann es für die Überwachung und Erhaltung der Betriebs- und Verkehrssicherheit des eigenen Fahrzeugs sinnvoll sein, in regelmäßigen Abständen eine Fachwerkstatt aufzusuchen.

Grundsätzlich muß sich der Heimwerker natürlich darüber im klaren sein, daß man mit Hilfe eines Handbuches nicht automatisch zum Kfz-Mechaniker wird. Auch deshalb sollten Sie nur solche Arbeiten durchführen, die Sie sich zutrauen. Das gilt insbesondere für jene Arbeiten, die die Verkehrssicherheit des Fahrzeugs beeinträchtigen können. Gerade in diesem Punkt sorgt das »So wird´s gemacht«-Handbuch jedoch für praktizierte Verkehrssicherheit. Durch die Beschreibung der Arbeitsschritte und den Hinweis, die Sicherheitsaspekte nicht außer acht zu lassen, wird der Heimwerker vor der Arbeit entsprechend sensibilisiert und informiert. Auch wird darauf hingewiesen, im Zweifelsfall die Arbeit lieber von einem Fachmann ausführen zu lassen.

Vor jedem Arbeitsgang empfiehlt sich ein Blick in das vorliegende Buch. Dadurch werden Umfang und Schwierigkeitsgrad der Reparatur offenbar. Außerdem wird deutlich, welche Ersatz- oder Verschleißteile eingekauft werden müssen und ob unter Umständen die Arbeit nur mit Hilfe von Spezialwerkzeug durchgeführt werden kann. Besonders empfehlenswert: Wenn Sie eine elektronische Kamera zur Hand haben, dann sollten Sie komplizierte Arbeitsschritte für den Wiedereinbau fotografisch dokumentieren.

Für die meisten Schraubverbindungen ist das Anzugsdrehmoment angegeben. Bei Schraubverbindungen, die in jedem Fall mit einem Drehmomentschlüssel angezogen werden müssen (Zylinderkopf, Achsverbindungen usw.), ist der Wert **f e t t** gedruckt. Nach Möglichkeit sollte man generell jede Schraubverbindung mit einem Drehmomentschlüssel anziehen. Übrigens: Für viele Schraubverbindungen sind Innen- oder Außen-Torxschlüssel erforderlich.

Der vorliegende Band behandelt die beiden Modellreihen Audi 100 und Audi A6 von 11/90 bis 3/97, Avant bis 7/97. Die Technik der beiden Modellreihen ist in den meisten Bereichen identisch. Sofern die Arbeitshinweise nur für die A6-Modellreihe gelten, wird darauf hingewiesen.

Als ich Anfang der siebziger Jahre den ersten Band der »So wird´s gemacht«-Buchreihe auf den Markt brachte, wurden im Automobilbau nur ganz wenige elektronische Bauteile eingesetzt. Inzwischen ist das elektronische Management allgegenwärtig; ob bei der Steuerung der Zündung, des Fahrwerks oder der Gemischaufbereitung. Die Elektronik sorgt auch dafür, daß es in verschiedenen Bereichen keine Verschleißteile mehr gibt. Das Überprüfen elektronischer Bauteile ist wiederum nur noch mit teuren und speziell auf das Fahrzeugmodell abgestimmten Prüfgeräten möglich, die dem Heimwerker in der Regel nicht zur Verfügung stehen. Wenn also verschiedene Reparaturschritte nicht mehr beschrieben werden, so liegt das ganz einfach am vermehrten Einsatz von elektronischen Bauteilen.

Das vorliegende Buch kann nicht auf jedes technische Fahrzeug-Problem eingehen. Dennoch hoffe ich, daß Sie mit Hilfe der Beschreibungen viele Arbeiten am Fahrzeug durchführen können. Eines sollten Sie jedoch bei Ihren Arbeiten am eigenen Auto beachten: Ständig werden am aktuellen Modell Änderungen in der Produktion durchgeführt, so daß sich die im Buch veröffentlichten Arbeitsanweisungen und Einstelldaten für Ihr spezielles Modell geändert haben könnten. Sollten Zweifel auftreten, erfragen Sie bitte den aktuellen Stand beim Kundendienst des Automobilherstellers.

Rüdiger Etzold

Inhaltsverzeichnis

Der Motor

Für den Antrieb stehen im AUDI 100/A6 Motoren mit 4-, 5- und 6 Zylindern zur Verfügung.

Bei den 4- und 5-Zylindermotoren stehen die Zylinder hintereinander in einer Reihe, beim 6-Zylinder stehen sich je 3 Zylinder in einem Winkel von 90° gegenüber. Deshalb spricht man in diesem Fall auch von einem V-Motor. Es gibt für den AUDI 100/A6 auch Dieselmotoren mit 4 und 5 Zylindern.

Das Triebwerk ist im Motorraum längs zur Fahrtrichtung eingebaut und kann nur mit einem geeigneten Kran nach oben herausgehoben werden.

In den aus Grauguß bestehenden Motorblock sind die Zylinderbohrungen eingelassen. Bei hohem Verschleiß oder Riefen an den Zylinderwänden können die Zylinder von einer Fachwerkstatt gehont, also ausgeschliffen werden. Anschließend müssen dann allerdings Kolben mit Übermaß eingebaut werden. Den unteren Abschluß des Motors bildet die Ölwanne, in der sich das für die Schmierung und Kühlung erforderliche Motoröl sammelt. Oben auf den Motorblock ist der Leichtmetall-Zylinderkopf aufgeschraubt.

Oben im Zylinderkopf befindet sich die Nockenwelle. Sie wird über einen Zahnriemen von der Kurbelwelle angetrieben. Die Nockenwelle betätigt über hydraulische Tassenstößel die senkrecht hängenden Ein- und Auslaßventile. Die Hydrostößel gleichen automatisch jegliches Ventilspiel aus, damit entfällt das Einstellen des Ventilspiels bei der Wartung.

Die 1,8-l- und 6-Zylinder/193 PS-Motoren besitzen für jeden Zylinder 3 Einlaß- und 2 Auslaßventile. Eine Nockenwelle steuert die Einlaßventile, eine zweite ist für die Auslaßventile zuständig. Die Auslaßnockenwelle wird von der Kurbelwelle durch einen Zahnriemen angetrieben. Für den Antrieb der Einlaßnockenwelle sind beide Nockenwellen mit einer Antriebskette verbunden. Die Mehrventiltechnik ermöglicht eine bessere Füllung der Zylinder und einen effektiveren Gasaustausch, so daß die Energie des Kraftstoff-Luftgemisches besser ausgenutzt wird.

Für die Motorschmierung sorgt eine Ölpumpe, die beim 5- und 6-Zylindermotor vorn am Zylinderkurbelgehäuse befestigt ist und von der Kurbelwelle angetrieben wird. Beim 4-Zylindermotor befindet sich die Ölpumpe in der Ölwanne und wird durch die Nebenwelle angetrieben. Das im Ölsumpf angesaugte Öl gelangt über Kanäle zu den Lagern der Kurbel- und Nockenwelle sowie in die Zylinderlaufbahnen.

Die Kühlmittelpumpe befindet sich beim 5- und 6-Zylindermotor vorn im Kurbelgehäuse und wird durch den Zahnriemen angetrieben. Beim 4-Zylindermotor ist die Kühlmittelpumpe seitlich am Motorblock angeflanscht. Der Antrieb der Pumpe erfolgt über einen Keilriemen, der unter anderem auch den Generator antreibt. Ein zusätzlicher Keilriemen sorgt für den Antrieb der Lenkhilfpumpe. Zu beachten ist, daß der Kühlmittelkreislauf ganzjährig mit einer Mischung aus Kühlerfrost- und Korrosionsschutzmittel sowie kalkarmem Wasser befüllt sein muß.

Für die Aufbereitung und Zündung des Kraftstoff-Luftgemisches sind wartungsfreie Motormanagement-Systeme eingebaut. Das Einstellen des Zündzeitpunktes oder Leerlaufs im Rahmen der Wartung ist nicht erforderlich, nur die Zündkerzen müssen regelmäßig erneuert werden.

Warnhinweis: Der Kühler-Lüfter kann sich auch bei abgestelltem Motor und ausgeschalteter Zündanlage einschalten. Hervorgerufen durch Stauwärme im Motorraum kann dies auch mehrmals geschehen. Bei Arbeiten im Motorraum und warmem Motor muß deshalb immer mit einem plötzlichen Einschalten des Kühler-Lüfters gerechnet werden.

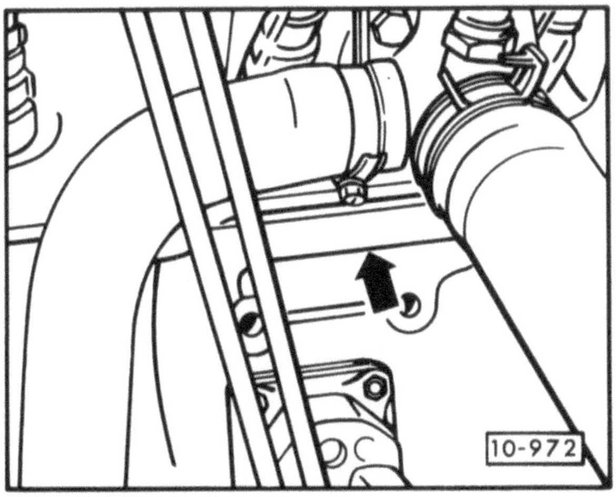

- Motornummer und Kennbuchstaben sind am Motorblock links eingeschlagen –Pfeil–. Die Abbildung zeigt den 4-Zylindermotor.

Die wichtigsten Motordaten AUDI 100 / A 6

Motor/Modell	2.0	2.0	2.0	2.0	1.8-20V	2.3	2.6
Motor-Kennbuchstabe	AAE	AAD	ABK	ACE	ADR	AAR	ABC
Fertigung von – bis	11.90 – 8.96	1.91 – 8.95	8.92 – 5.96	1.92 – 8.96	9.94 – 7.97	11.90 – 5.94	3.92 – 7.97
Hubraum cm^3	1984	1984	1984	1984	1781	2309	2598
Leistung kW bei 1/min Leistung PS bei 1/min	74/5500 101/5500	85/5500 115/5500	85/5400 115/5400	103/5900 140/5900	92/5800 125/5800	98/5500 133/5500	110/5750 150/5750
Drehmoment Nm bei 1/min	157/2750	168/3200	166/3200	185/4500	173/3950	186/4000	225/3500
Bohrung Ø mm	82,5	82,5	82,5	82,5	81,0	82,5	82,5
Hub mm	92,8	92,8	92,8	92,8	86,4	86,4	81,0
Verdichtung	9,2	10,5	10,5	10,8	10,3	10,0	10,0
Kraftstoff bleifrei ROZ	Normal 91	Super 95	Super 95	Super 95	Super 95	Super 95	Super 95
Einspritzung	Mono-Motronic	KE-Motronic	Digifant	KE-Motronic	Motronic 3.2	KE-III-Jetronic	MPFI[2]
Zündfolge	1–3–4–2	1–3–4–2	1–3–4–2	1–3–4–2	1–3–4–2	1–2–4–5–3	1-4-3-6-2-5

Motor/Modell	2.8	2.8-30V	S4 / S6 2.2[4]	1.9 TDI	2.4 D	2.5 TDI	2.5 TDI
Motor-Kennbuchstabe	AAH	ACK	AAN	1Z/AHU[5]	AAS	AAT/ABP[3]	AEL
Fertigung von – bis	11.90 – 7.97	10.95 – 7.97	7.91 – 7.97	7.94 – 7.97	3.91 – 5.94	7.91 – 7.97	9.94 – 7.97
Hubraum cm^3	2771	2771	2226	1896	2370	2460	2460
Leistung kW bei 1/min Leistung PS bei 1/min	128/5500 174/5500	142/6000 193/6000	169/5900 230/5900	66/4000 90/4000	60/4400 82/4400	85/4250 115/4250	103/4000 140/4000
Drehmoment Nm bei 1/min	245/3000[1]	280/3200	350/1900	182/2300	164/2400	265/2250	290/1900
Bohrung Ø mm	82,5	82,5	81,0	79,5	79,5	81,0	81,0
Hub mm	86,4	86,4	86,4	95,5	95,5	95,5	95,5
Verdichtung	10,3	10,6	9,3	21	23	21	20,5
Kraftstoff bleifrei ROZ	Super 95/98	Super 98	Super 95	Diesel	Diesel	Diesel	Diesel
Einspritzung	MPI[2]	Motronic	Motronic	Direkt-Einspr.	VE-Pumpe	Direkt-Einspr.	Direkt-Einspr.
Zündfolge	1-4-3-6-2-5	1-4-3-6-2-5	1–2–4–5–3	1–3–4–2	1–2–4–5–3	1–2–4–5–3	1–2–4–5–3

[1]) Bei Verwendung von Super Plus beträgt das Drehmoment 250 Nm bei 3000/min.
[2]) MP(F)I = Multipoint-(Fuel)-Injection = vollelektronisches Motorsteuerungssystem.
[3]) Ohne Kat. und Abgasrückführung: Kennbuchstabe ABP.
[4]) Von diesem Motor sind nur Füllmengen und Wartungsdaten enthalten.
[5]) Motor 1Z und Motor AHU sind identisch. Der 4-Zylinder-TDI erhält ab ca. 7/96 die Kennbuchstaben AHU.

6-Zylindermotor

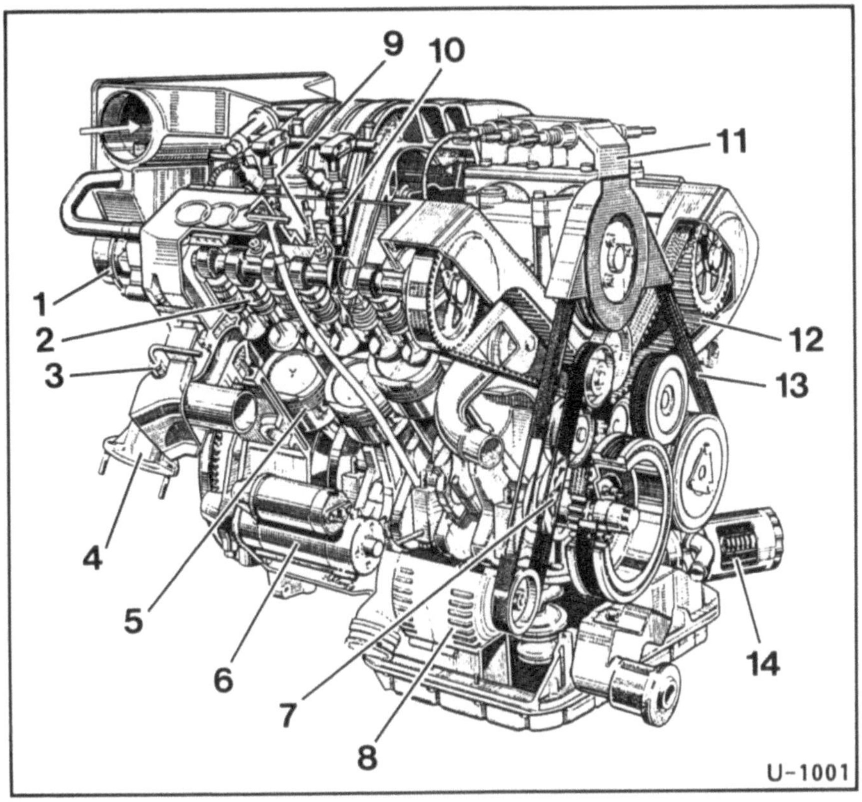

1 – Vakuumpumpe
2 – Hydrostößel
3 – CO-Entnahmerohr
4 – Abgaskrümmer
5 – Kolben
6 – Anlasser
7 – Ölpumpe
8 – Generator
9 – Zündkerze
10 – Einspritzventil
11 – Doppelzündspulen (3 Stück)
12 – Zahnriemen
13 – Keilrippenriemen
14 – Ölfilter

4-Zylinder-Benzinmotor mit Mono-Motronic

1 – Zündspulenanschluß Klemme 4
2 – Zündspule
3 – Unterdruckleitung Bremskraftverstärker
4 – Stecker für Geber Kühlmitteltemperatur
5 – Stecker für Geber Kühlmitteltemperaturanzeige und Schalter Heißleuchte
6 – Anschlußstecker für Einspritzventil und Geber für Ansauglufttemperatur
7 – Gaszug
8 – Stecker für Drosselklappensteller und Leerlaufschalter
9 – Generator
10 – Abdeckblech Abgaskrümmer
11 – Ansaugkrümmer
12 – Schließdämpfer für Drosselklappe
Nur bei Schaltgetriebe.
13 – Abdeckung Einspritzventil
14 – CO-Entnahmerohr
15 – Vorwärmschlauch
16 – Luftfilter
17 – Kraftstoffilter
18 – Verbindungsluftschlauch
19 – Kurbelgehäuseentlüftung

Motor aus- und einbauen

4-Zylinder-Benzinmotor

Der Motor wird ohne Getriebe nach oben ausgebaut. Zum Ausbau des Motors wird ein Kran benötigt. In **keinem Fall** darf der Motor mit einem Rangierheber nach unten abgesenkt werden, da der Heber am Motor schwere Schäden verursachen würde.

Da auch auf der Wagenunterseite einige Verbindungen gelöst werden müssen, werden vier Unterstellböcke sowie zum Aufbocken des Wagens ein Rangierheber benötigt. Vor der Montage im Motorraum sollten die Kotflügel mit Decken geschützt werden.

Je nach Baujahr und Ausstattung können die elektrischen Leitungen beziehungsweise Unterdruck- oder Kühlmittelschläuche unterschiedlich im Motorraum verlegt sein. Da im einzelnen nicht auf jede Variante eingegangen werden kann, empfiehlt es sich, die jeweilige Leitung mit Tesaband zu kennzeichnen, bevor sie abgezogen wird. Im folgenden wird der Ausbau des 4-Zylinder-Benzinmotors beschrieben.

Ausbau

- Abdeckung für Wasserkasten, zwischen Spritzwand und Windschutzscheibe im hinteren Teil des Motorraums, ausclipsen und herausnehmen.
- Batterie-Massekabel (–) abklemmen. **Achtung:** Dadurch werden aus dem Speicher des Radios der Code für die Diebstahlsicherung sowie die eingestellten Sender gelöscht. Die Batterie darf nur bei ausgeschalteter Zündung abgeklemmt werden, **da sonst das Steuergerät der Einspritzanlage beschädigt wird.** Vor dem Abklemmen sollten auch die Hinweise im Kapitel »Radio-« bzw. »Batterie aus- und einbauen« durchgelesen werden.

Achtung: Bei Fahrzeugen mit Klimaanlage befindet sich die Batterie unter der Rücksitzbank.

- Luftschlauch am Ende des Luftfilters abziehen, vorher Schlauchklemme lösen.
- Abdeckung für Zentraleinspritzventil mit 3 Schrauben abschrauben und zusammen mit Luftschlauch abnehmen.
- Vorwärmschlauch am Abdeckblech des vorderen Abgasrohres abziehen, vorher Schlauchklemme lösen.
- Folgende Unterdruckschläuche abziehen. Zum leichteren Einbau Schläuche vorher mit Tesaband kennzeichnen.
  – Unterdruckschlauch zum Aktivkohlebehälter an der Zentraleinspritzeinheit.
  – Unterdruckschlauch für Unterdruckdose Ansaugluftvorwärmung an der Zentraleinspritzeinheit.
- Kraftstoffleitungen hinten an der Zentraleinspritzeinheit mit Tesaband kennzeichnen, damit sie beim Einbau nicht verwechselt werden. Kraftstoffvor- und Rücklaufleitung abziehen, vorher Schlauchklemmen lösen. Beim Abziehen Lappen unterlegen und eventuell auslaufenden Kraftstoff auffangen. Leitungen umgehend mit geeignetem Stopfen verschließen. Dazu saubere Schrauben mit gleichem Gewindedurchmesser in die Schläuche stecken.
- Gaszug abklemmen, Steckraste nicht entfernen, siehe Seite 100.
- Folgende elektrischen Leitungen abziehen bzw. abklemmen. Für den leichteren Einbau Leitungen mit Tesaband kennzeichnen.
  – Stecker vom Drosselklappenpotentiometer an der Zentraleinspritzeinheit.
  – Hochspannungskabel, mittleres Kabel vom Zündverteiler zur Zündspule an der Spritzwand.
  – Stecker vom Hallgeber seitlich am Zündverteiler.
  – Stecker für Ansaugrohrvorwärmer an der Zentraleinspritzeinheit.
  – Stecker für Einspritzventil an der Zentraleinspritzeinheit.
  – Stecker für Drosselklappensteller und Leerlaufschalter an der Zentraleinspritzeinheit.
  – Stecker vom Geber für Kühlmitteltemperaturanzeige und Schalter für Heißleuchte am Anschlußstutzen für Kühlflüssigkeit links am Zylinderkopf zwischen Zylinder 3 und 4.
  – Stecker vom Geber für Kühlmitteltemperatur am Anschlußstutzen für Kühlflüssigkeit links am Zylinderkopf zwischen Zylinder 3 und 4.
  – Vom Generator Leitung B+ und D+ abklemmen, dazu Mutter abschrauben.
  – Stecker von Öldruckschalter 1,8 bar und vom Öltemperaturgeber oben am Anschlußstutzen für den Ölfilter.
  – Stecker vom Öldruckschalter 0,0 bar an der hinteren Stirnseite des Zylinderkopfes.

Achtung: Kabelbinder lösen oder, falls erforderlich, aufschneiden. Kabelbinder nicht ausbauen, damit beim Einbau des Motors die neuen Kabelbinder an der gleichen Stelle wieder angebracht werden können.

- Kühlmittel ablassen, siehe Seite 87.
- Kühlmittelschlauch zwischen Zylinderkopf und oberem Anschluß Kühler vom Anschlußstutzen links am Zylinderkopf zwischen Zylinder 3 und 4 abziehen, vorher Schlauchklemme lösen.
- Heizungsschlauch vom Wärmetauscher, also von der Spritzwand her kommend, an der Kühlmittelpumpe abziehen, vorher Schlauchklemme lösen.
- Heizungsschlauch zum Wärmetauscher von der hinteren Stirnseite des Zylinderkopfes abziehen, vorher Schlauchklemme lösen.
- Kühlmittelschlauch zum Saugrohr abziehen, vorher Schlauchklemme lösen.
- Unteren Kühlmittelschlauch zwischen Kühlmittelpumpe und Kühler am Thermostatgehäuse abziehen, vorher Schlauchklemme lösen.
- Kühlerhutze mit Lüfter abschrauben und herausnehmen.
- Fahrzeug aufbocken.
- Untere Motorraumabdeckung ausbauen, siehe Seite 17.
- Abgasrohr am Abgaskrümmer abschrauben. Abgasanlage etwas absenken und mit Draht aufhängen, siehe auch Seite 141.

- Kupplungsnehmerzylinder am Getriebe abschrauben und mit angeschlossener Leitung zur Seite legen. **Achtung:** Leitung nicht abschrauben.
- Flügelpumpe für Servolenkung vom Halter abschrauben und am Aufbau mit Draht aufhängen. Die Schläuche bleiben angeschlossen. **Achtung:** Die Schläuche dürfen **nicht** geknickt werden. Wenn die Hydraulikleitungen geöffnet werden, muß das System nach dem Einbau entlüftet werden, siehe Seite 184.

Fahrzeuge mit Klimaanlage

- Keilriemen für Kompressor entspannen und abnehmen, siehe Seite 63.
- Kältekompressor mit Halter abschrauben und mit angeschlossenen Leitungen seitlich am Aufbau aufhängen.

Achtung: Der Kältemittelkreislauf darf nicht geöffnet werden.

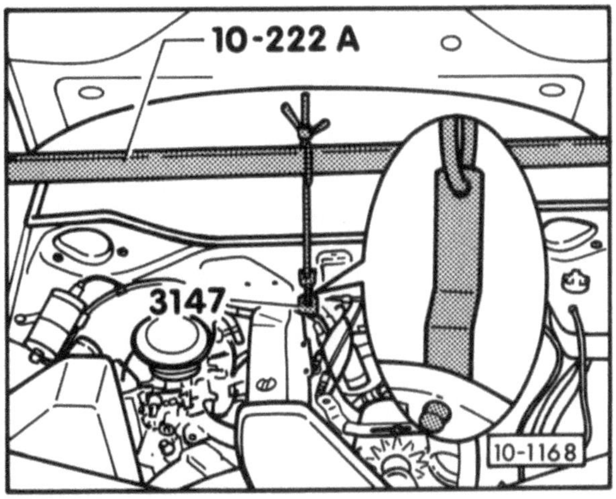

- Getriebe mit Abfangvorrichtung V.A.G-10-222A und 3147 abfangen. Dazu Getriebeaufnahme 3147 in die obere linke Bohrung für die Motor/Getriebe-Befestigungsschraube einsetzen. Abfangvorrichtung auf die Kotflügelverschraubung aufsetzen und Zughaken in die Getriebeaufnahme einhängen. **Achtung:** Steht das V.A.G-Werkzeug nicht zur Verfügung, Werkstattwagenheber mit breiter Holzauflage unter das Getriebe fahren und Getriebe leicht vorspannen.

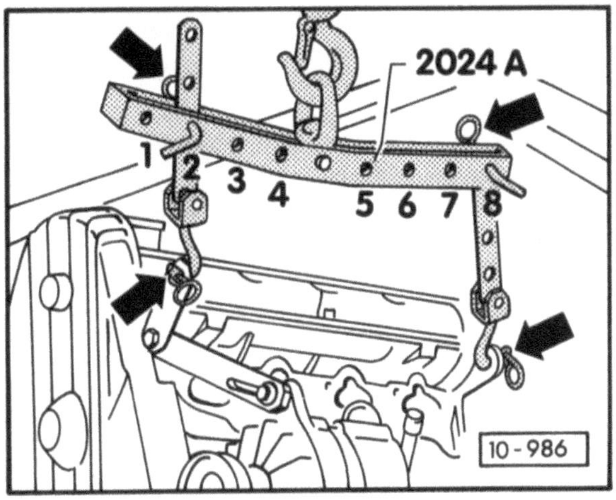

- Aufhängevorrichtung V.A.G-2024A wie folgt in die Aufhängeösen –Pfeile– des Motors einhängen. Riemenscheibenseite: 2. Bohrung der Lochschiene in Position 1; Schwungradseite: 3. Bohrung der Lochschiene in Position 8; Bolzen mit Sicherungsbügel sichern.

Achtung: Zur Abstimmung auf die Schwerpunktlage des Aggregates müssen die Lochschienen der Aufnahmehaken in Position und Länge richtig abgesteckt werden. Die mit 1–4 beschrifteten Absteckpositionen des Tragbügels zeigen zur Riemenscheibe. Die Bohrungen in den Lochschienen werden vom Haken ab gezählt.

- Steht die Aufhängevorrichtung nicht zur Verfügung, geeignete Kette in die Aufhängeösen des Motors einhängen.
- Motor mit Werkstattkran so weit anheben, bis die Motorlager entlastet sind.
- Motorlager links und rechts abschrauben.
- Haltevorrichtung für Getriebe an der Flügelmutter nachspannen beziehungsweise Wagenheber etwas anheben.
- Anlasser ausbauen, siehe Seite 273.
- Motorstütze am Motorlager abschrauben.
- Verbindungsschrauben Motor/Getriebe herausschrauben.
- Abdeckblech für Schwungrad abschrauben.
- Motor mit Montierhebel vom Getriebe abdrücken.

Achtung: Bei automatischem Getriebe vorher Drehmomentwandler von der Mitnehmerscheibe mit 3 Schrauben abschrauben und Drehmomentwandler gegen herausfallen sichern.

- Prüfen, ob sämtliche Schläuche und Leitungen, die vom Motor zum Aufbau führen, abgezogen sind. Anschließend Motor herausheben.

Achtung: Der Motor muß beim Herausheben sorgfältig geführt werden, um Beschädigungen an Kupplung, Aufbau und Kühler zu vermeiden.

Einbau

- Motorlager, Kühlmittel-, Öl- und Kraftstoffschläuche auf Porosität oder Risse prüfen, falls erforderlich erneuern.
- Kupplungs-Mitnehmerscheibe auf ausreichende Belagdicke sowie Belagzustand prüfen. Bei fortgeschrittenem Verschleiß beziehungsweise hoher Kilometerleistung Kupplung komplett austauschen. Falls das Kupplungsausrücklager beim Treten des Kupplungspedals Geräusche verursachte, Lager auswechseln.
- Kupplungsausrücklager auf Verschleiß prüfen, gegebenenfalls ersetzen, siehe Seite 149.
- Kupplungsausrücklager und Verzahnung der Antriebswelle reinigen und dünn mit MoS_2- oder V.A.G-Fett G 000 100 schmieren. **Achtung:** Führungshülse des Ausrücklagers **nicht** schmieren.
- Prüfen, ob die Paßhülsen zur Zentrierung von Motor und Getriebe im Motorblock vorhanden sind, gegebenenfalls Paßhülsen einsetzen.
- Zwischenplatte auf Paßhülsen aufsetzen und an einigen Punkten mit etwas Fett am Motorblock ankleben.
- Motor vorsichtig in den Motorraum einführen. Beim Absenken darauf achten, daß der Motor sorgfältig geführt wird, um Beschädigungen an Antriebswelle, Kupplung und Aufbau zu vermeiden.
- **Neue,** selbstsichernde Muttern für Motorlager anschrauben, nicht festziehen.
- Motor am Getriebe anflanschen. Dabei Getriebe-Antriebswelle so verdrehen, daß sie in Kupplung und Schwungrad eingreift. Es kann auch die Kurbelwelle an der Zentralschraube entsprechend verdreht werden.
- Bei automatischem Getriebe Drehmomentwandler an die Mitnehmerscheibe mit 3 Schrauben und 60 Nm anschrauben.
- Verbindungsschrauben Motor/Getriebe mit folgendem Anzugsdrehmoment festziehen: M8-Schrauben mit **25 Nm**; M10-Schrauben: **45 Nm**; M12-Schrauben: **60 Nm**.
- Anlasser einbauen, siehe Seite 273.
- Abdeckblech für Schwungrad mit 10 Nm anschrauben.
- Motor durch kräftige Schüttelbewegungen spannungsfrei einrichten. Anschließend Motorlager am Aufbau mit **45 Nm** festziehen.
- Motorstütze an Motorlager mit **40 Nm** anschrauben.
- Aufhängevorrichtung aushängen.
- Getriebe-Abfangvorrichtung abnehmen.
- Vorderes Abgasrohr am Krümmer mit 35 Nm festschrauben.
- Falls ausgebaut, Kältekompressor und Servopumpe anschrauben. Anzugsdrehmomente: Kompressorhalter an Motorblock, M8-Schrauben: 25 Nm, M10-Schrauben: 30 Nm; Befestigungsschrauben Servopumpe: 20 Nm. Keilriemen auflegen und spannen, siehe Seite 63.
- Kupplungsnehmerzylinder mit angeschlossener Leitung am Getriebe einsetzen und soweit nachdrücken, bis sich die Befestigungsschraube eindrehen läßt. Zur Erleichterung gibt es als Ersatzteil eine Befestigungsschraube mit angedrehter Spitze.
- Untere Motorraumabdeckung einbauen, siehe Seite 17.
- Fahrzeug ablassen.
- Unteren Kühlmittelschlauch zwischen Kühlmittelpumpe und Kühler am Thermostatgehäuse aufschieben und mit Schlauchklemme sichern.
- Kühlmittelschlauch am Saugrohr aufschieben und mit Schlauchklemme sichern.
- Heizungsschlauch zum Wärmetauscher an der hinteren Stirnseite des Zylinderkopfes aufschieben und mit Schlauchklemme sichern.
- Heizungsschlauch vom Wärmetauscher, also von der Spritzwand her kommend, an der Kühlmittelpumpe aufschieben und mit Schlauchklemme sichern.
- Kühlmittelschlauch zwischen Zylinderkopf und oberem Anschluß Kühler am Anschlußstutzen links am Zylinderkopf zwischen Zylinder 3 und 4 aufschieben und mit Schlauchklemme sichern.
- Kühlerhutze mit Lüfter einsetzen und anschrauben.
- Folgende elektrischen Leitungen entsprechend der Kennzeichnung mit Tesaband aufschieben und einrasten bzw. anklemmen.
  – Stecker vom Drosselklappenpotentiometer an der Zentraleinspritzeinheit.
  – Hochspannungskabel, mittleres Kabel vom Zündverteiler zur Zündspule an der Spritzwand.
  – Stecker vom Hallgeber seitlich am Zündverteiler.
  – Stecker für Ansaugrohrvorwärmer an der Zentraleinspritzeinheit.
  – Stecker für Einspritzventil an der Zentraleinspritzeinheit.
  – Stecker für Drosselklappensteller und Leerlaufschalter an der Zentraleinspritzeinheit.
  – Stecker vom Geber für Kühlmitteltemperaturanzeige und Schalter für Heißleuchte am Anschlußstutzen für Kühlflüssigkeit links am Zylinderkopf zwischen Zylinder 3 und 4.
  – Stecker vom Geber für Kühlmitteltemperatur am Anschlußstutzen für Kühlflüssigkeit links am Zylinderkopf zwischen Zylinder 3 und 4.
  – Am Generator Leitung B+ und D+ anklemmen, dazu Mutter anschrauben.
  – Stecker vom Öldruckschalter 1,8 bar und vom Öltemperaturgeber oben am Anschlußstutzen für den Ölfilter.
  – Stecker vom Öldruckschalter 0,3 bar an der hinteren Stirnseite des Zylinderkopfes.
- Elektrische Leitungen an denselben Stellen wie bisher mit neuen Kabelbindern sichern.
- Gaszug anklemmen und einstellen, siehe Seite 100.
- Kraftstoffleitungen hinten an der Zentraleinspritzeinheit entsprechend der angebrachten Tesaband-Kennzeichnung aufschieben und mit Schellen sichern. Kraftstoffvor- und Rücklaufleitung nicht verwechseln.
- Folgende Unterdruckschläuche entsprechend der angebrachten Tesaband-Kennzeichnung aufschieben. Anschließend durch Hin- und Herbewegen festen Sitz prüfen.
  – Unterdruckschlauch zum Aktivkohlebehälter an der Zentraleinspritzeinheit.
  – Unterdruckschlauch für Unterdruckdose Ansaugluftvorwärmung an der Zentraleinspritzeinheit.

- Prüfen, ob alle elektrischen Leitungen, Unterdruck-, Kühlmittel- und Kraftstoffschläuche entsprechend den angebrachten Markierungen angeschlossen sind.
- Vorwärmschlauch am Abdeckblech des vorderen Abgasrohres aufschieben und mit Schlauchklemme sichern.
- Abdeckung für Zentraleinspritzventil mit 3 Schrauben anschrauben. Luftschlauch am Luftfilter aufschieben und mit Schlauchklemme sichern.
- Ölstand in Motor und Getriebe prüfen, gegebenenfalls auffüllen.
- Kühlmittel auf Gefrierschutz prüfen und auffüllen, siehe Seite 86.
- Batterie-Massekabel (–) anklemmen. Code für die Diebstahlsicherung eingeben, Sender programmieren und Zeituhr einstellen. **Achtung:** Die Batterie darf nur bei **ausgeschalteter Zündung angeklemmt werden, da sonst das Steuergerät der Einspritzanlage beschädigt wird.**
- Abdeckung für den Wasserkasten einclipsen bzw. Rücksitzbank einbauen.
- Motor auf Betriebstemperatur bringen, Ölstand und Kühlmittelstand überprüfen und sämtliche Schlauchanschlüsse auf Dichtheit prüfen.
- Zündzeitpunkt prüfen, siehe Seite 72.
- Leerlauf und CO-Gehalt prüfen, siehe Seite 104, 110.

Keilriementrieb/Zahnriementrieb

4-Zylinder-Benzinmotor

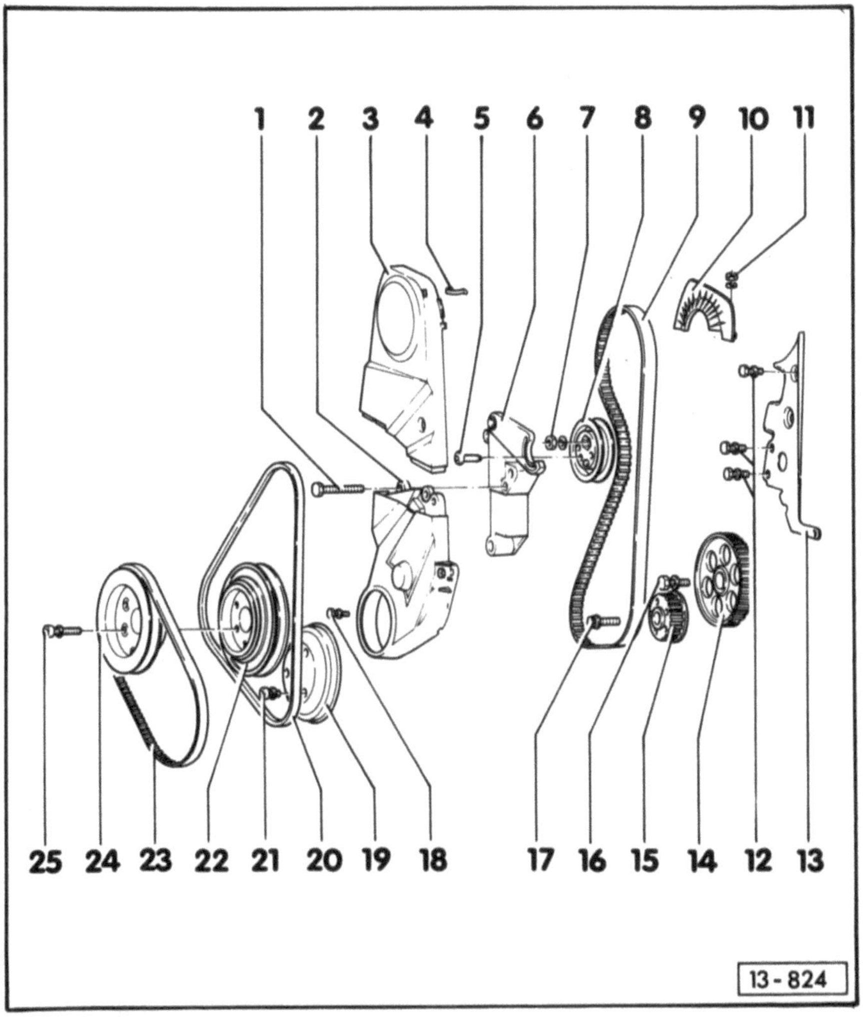

1 – **Schraube, 10 Nm**

2 – **Zahnriemenschutz unten**

3 – **Zahnriemenschutz oben**

4 – **Klammer**

5 – **Schraube, 20 Nm**

6 – **Thermo-Zahnriemenspanner**
Zahnriemenspannung nur bei **kaltem** Motor einstellen.

7 – **Mutter, 10 Nm**

8 – **Spannrolle**

9 – **Zahnriemen**
Vor dem Ausbau Laufrichtung kennzeichnen. Der Zahnriemen darf **nicht** geknickt werden.

10 – **Zahnriemenschutz**

11 – **Mutter, 10 Nm**

12 – **Schraube, 20 Nm**

13 – **Zahnriemenschutz hinten**

14 – **Zwischenwellenrad**

15 – **Zahnriemenrad Kurbelwelle**

16 – **Schraube, 80 Nm**

17 – **Schraube, Anzugsdrehmoment: 90 Nm + ½ Umdrehung (180°)**
Schraube immer ersetzen. Zum Lösen und Anziehen wird der Gegenhalter AUDI-3099 benötigt. Schraube mit geöltem Gewinde einsetzen. Das Weiterdrehen der Schraube um 180° kann in mehreren Stufen erfolgen.

18 – **Schraube, 10 Nm**

19 – **Riemenscheibe Kühlmittelpumpe**

20 – **Keilriemen für Generator**
Spannung durch Daumendruck prüfen. Keilriemen für Generator: Neu – ca. 2 mm, gelaufen – ca. 5 mm.

21 – **Schraube, 20 Nm**
Zum Lösen und Anziehen wird der Gegenhalter AUDI-1590 benötigt.

22 – **Schwingungsdämpfer**
Montage ist nur in **einer** Stellung möglich, da Bohrungen versetzt sind.

23 – **Keilriemen für Flügelpumpe Servolenkung**

24 – **Riemenscheibe**
Bei Fahrzeugen mit Klimaanlage ist zusätzlich eine zweite Riemenscheibe mit Abstandscheiben vorhanden. Die Keilriemenspannung wird durch zufügen oder weglassen von Abstandscheiben eingestellt.

25 – **Schraube, 20 Nm**

Untere Motorraumabdeckung aus- und einbauen

Alle Motoren

Ausbau

- Fahrzeug aufbocken.

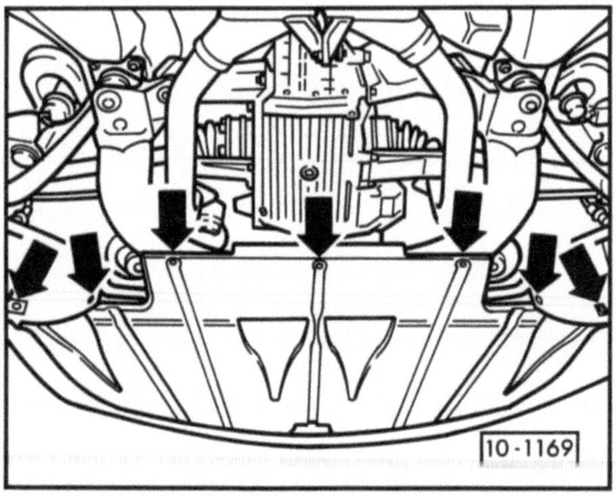

10-1169

- 7 Klemmstifte um 180° drehen und herausnehmen.
- Abdeckung hinten etwas herunterziehen, dann nach hinten abziehen.

Einbau

- Abdeckung vorn in den Stoßfängerüberzug einschieben.
- 7 Klemmstifte mit Unterlegscheiben einsetzen und um 180° drehen. **Achtung:** Die Unterlegscheiben müssen unbedingt eingebaut werden, da sonst keine Klemmwirkung vorhanden ist.
- Fahrzeug ablassen.

Zahnriemen entspannen/spannen

4-Zylinder-Benzinmotor

Der 4-Zylinder-Benzinmotor ist ebenso wie der 5-Zylindermotor mit einer Thermospannrolle am Zahnriementrieb ausgestattet. Die Thermospannrolle hält die Zahnriemenspannung bei allen Motortemperaturen konstant. Dadurch wird die Lebensdauer und Laufruhe des Zahnriemens erhöht. **Achtung:** Seit 2/94 wird bei einigen Motoren eine halbautomatische Spannrolle eingebaut. Besonderheiten beim 1,8-l-Motor, siehe Kapitelende.

Entspannen

- Oberen Zahnriemenschutz ausbauen.

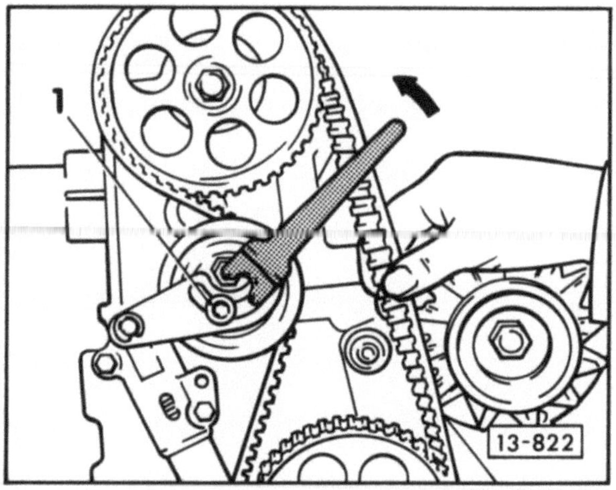

13-822

- Mutterndreher, zum Beispiel HAZET 2587, an der Spannrolle ansetzen.
- **Thermospannrolle:** Befestigungsschraube für Spannrolle –1– lösen.
- Spannrolle nach rechts drehen (entgegen der Pfeilrichtung) und Zahnriemen entspannen.

Spannen

Achtung: Die Einstellung der Spannrolle darf nur bei **kaltem** Motor erfolgen.

- Spannrolle nach links drehen –Pfeilrichtung– und Zahnriemen spannen.
- Der Zahnriemen muß sich mittig zwischen Nocken- und Zwischenwellenrad mit Daumen und Zeigefinger gerade noch um 90° verdrehen lassen.
- Klemmschraube –1– an der Spannrolle mit **20 Nm** festziehen.

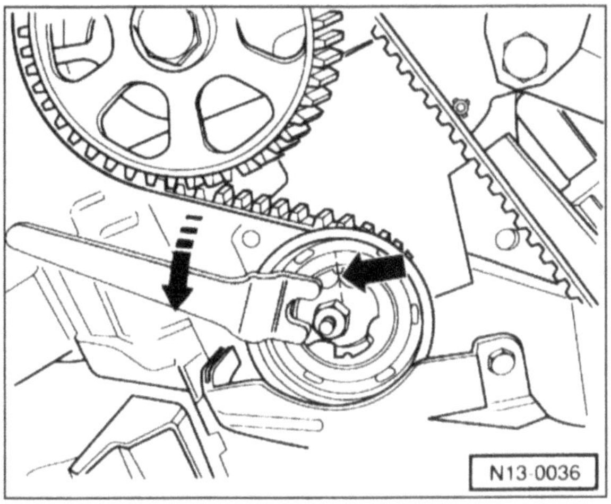

- **Halbautomatische Spannrolle (seit 2/94):** Spannrolle mit Mutterndreher bei gelöster Klemmutter in Pfeilrichtung bis zum Anschlag drehen. Anschließend Spannrolle zurückdrehen, bis sich die Markierungen –Pfeil– genau gegenüberstehen. In dieser Stellung Klemmutter mit **45 Nm** festziehen.
- Kurbelwelle 2 Umdrehungen durchdrehen und Einstellung nochmals prüfen, gegebenenfalls wiederholen.
- Oberen Zahnriemenschutz einbauen.
- Motor laufen lassen. Ein pfeifender Zahnriemen ist in der Regel zu stark gespannt.
- Zündzeitpunkt prüfen, siehe Seite 72.

1,8-l-Motor:

Entspannen

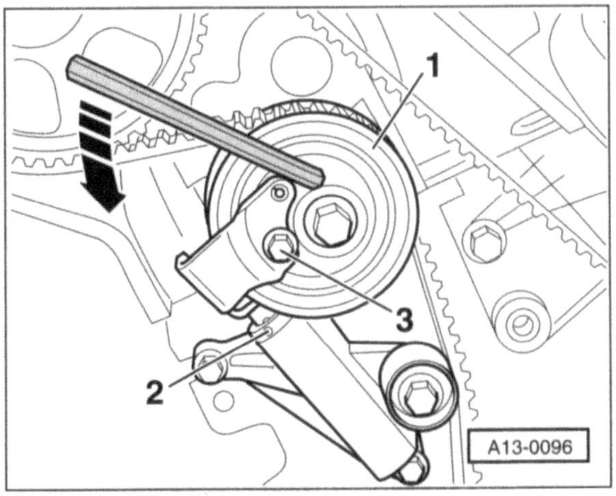

- Zahnriemenspannrolle –1– mit Innensechskantschlüssel 8 mm in Pfeilrichtung (linksherum) drehen, bis sich Kolben und Gehäuse des Spannelements überschneiden. In dieser Stellung Arretierdorn in die Bohrung –2– stecken. **Achtung:** Schraube –3– **nicht** lösen.

Spannen

- Spannrolle –1– mit Innensechskantschlüssel 8 mm in Pfeilrichtung drehen, bis sich die Stecksicherung (Dorn) aus dem Spannelement herausziehen läßt.
- Spannelement langsam entspannen und Innensechskantschlüssel abnehmen.
- Motorkurbelwelle mit 12kant-Steckschlüssel 19 mm am Schwingungsdämpfer 2 Umdrehungen in Motor-Laufrichtung, also rechtsherum, durchdrehen und auf OT für Zylinder 1 stellen.

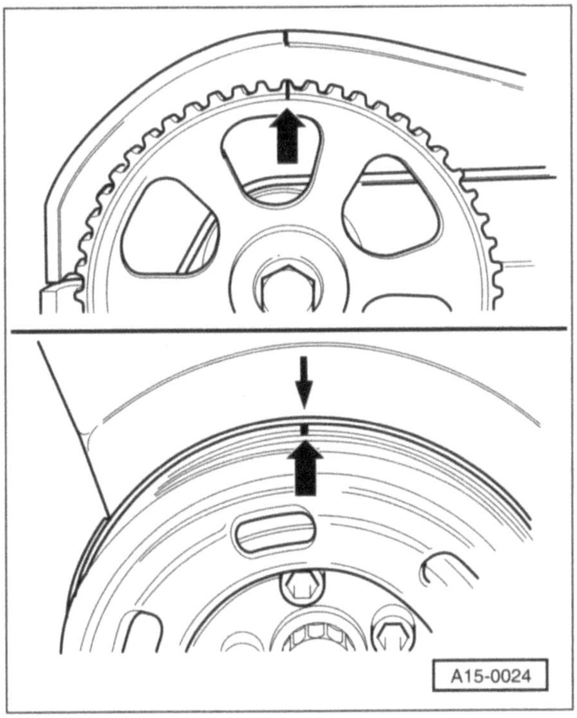

- **Achtung**: Die OT-Markierungen am Nockenwellen-Zahnrad –obere Abbildung– und am Schwingungsdämpfer –untere Abbildung– **müssen** mit den jeweiligen Bezugsmarken übereinstimmen. Andernfalls Zahnriemen ausbauen und Stellung korrigieren. Anschließend Zahnriemen einbauen.

Zahnriemen aus- und einbauen

4-Zylinder-Benzinmotor

Ausbau

- Keilriemen ausbauen, siehe Seite 63.
- Kurbelwelle auf OT für Zylinder 1 stellen, siehe Seite 71.
- Schwingungsdämpfer von der Kurbelwelle abschrauben.
- Oberen und unteren Zahnriemenschutz ausbauen.
- Laufrichtung auf dem Zahnriemen mit Filz- oder Fettstift durch einen Pfeil kennzeichnen. Der Motor dreht, von vorn gesehen, rechts herum, also im Uhrzeigersinn.
- Zahnriemen entspannen und abnehmen.

Achtung: Der Zahnriemen darf nicht geknickt werden. Ein einmal geknickter Zahnriemen muß immer ersetzt werden, da der Riemen im späteren Betrieb reißen kann, was zu schwerwiegenden Motorschäden führt.

- Stellung der Zahnriemenräder möglichst nicht verändern.

Einbau

- Zahnriemen auf Kurbelwellen- und Zwischenwellenrad auflegen. **Achtung:** Wird der bisherige Zahnriemen wiederverwendet, unbedingt Laufrichtung beachten. Der Einbau des Zahnriemens in umgekehrter Laufrichtung kann zum Reißen des Riemens und dadurch zu Motorschäden führen. Daher Zahnriemen immer so einbauen, daß der angebrachte Pfeil in Drehrichtung des Motors zeigt (von vorn gesehen in Uhrzeigersinn).
- Schwingungsdämpfer mit einer Schraube befestigen.

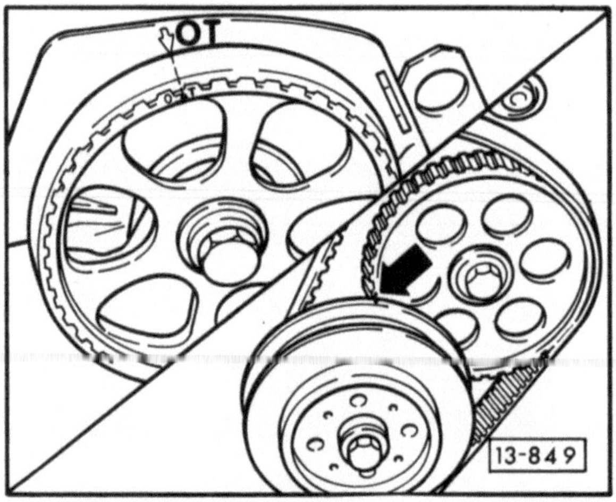

- Linker Teil der Abbildung: Prüfen, ob sich die Nockenwelle in OT-Stellung für Zylinder 1 befindet. Gegebenenfalls Nockenwelle verdrehen, bis die OT-Markierung auf dem Nockenwellenrad mit dem Pfeil am Zahnriemenschutz übereinstimmt. **Achtung:** Falls die Nockenwelle über einen größeren Winkel verdreht werden muß, darauf achten, daß kein Kolben im oberen Totpunkt (OT) steht, sonst können Ventile oder Kolben beschädigt werden. Gegebenenfalls Kurbelwelle ca. 90° (¼ Umdrehung) vor oder nach OT stellen. Dabei Riemenscheibe jedoch insgesamt nicht weiter als 90° verdrehen.
- Rechter Teil der Abbildung: Prüfen, ob die Markierungen an der Kurbelwellen-Riemenscheibe und am Zwischenwellenrad übereinstimmen –Pfeil–. Der Motor befindet sich dann in OT-Stellung für Zylinder 1.
- Zahnriemen auf das Nockenwellenrad auflegen.

Achtung: Beim Auflegen des Zahnriemens darf weder die Nockenwellenstellung noch die Kurbelwellen- oder Zwischenwellenstellung verändert werden. Sonst können schwerwiegende Schäden am Motor entstehen beziehungsweise der Motor gibt nicht mehr seine volle Leistung ab. **Nachdem der Zahnriemen gespannt wurde, Einstellung von Nockenwelle, Zwischenwelle und Riemenscheibe nochmals kontrollieren.** Das bedeutet: Wenn die Markierung auf dem Nockenwellenrad mit der Bezugsmarke übereinstimmt, muß gleichzeitig die Markierung auf der Riemenscheibe an der Kurbelwelle mit der Markierung am Zwischenwellenrad übereinstimmen. Andernfalls ist die Einstellung von Nockenwellenrad und Riemenscheibe bei abgenommenem Zahnriemen zu wiederholen.

- Zahnriemen spannen.
- Kurbelwelle zweimal in Motordrehrichtung durchdrehen und Einstellung nochmals überprüfen.
- Schwingungsdämpfer ausbauen.
- Zahnriemenschutz unten einbauen.
- Oberen Zahnriemenschutz einbauen.
- Schwingungsdämpfer ansetzen und mit 20 Nm festschrauben.
- Keilriemen einbauen und spannen, siehe Seite 63.
- Zündzeitpunkt prüfen, gegebenenfalls einstellen.

Achtung: Bei Reparaturen, die das Abnehmen des Zahnriemens nur vom Nockenwellenrad erfordern, ist die Zahnriemeneinstellung wie folgt vorzunehmen:

- Kurbelwelle auf OT für Zylinder 1 stellen, siehe Seite 71.
- Markierung am Nockenwellenrad muß dann mit dem Pfeil auf der Zahnriemenabdeckung übereinstimmen.
- Zahnriemen entspannen und vom Nockenwellenrad abnehmen. **Achtung:** Anschließend Stellung von Kurbelwelle und Zwischenwelle nicht mehr verändern.
- Zahnriemen auflegen und spannen.
- Prüfen, ob der Verteilerläufer zur Markierung für Zylinder 1 am Verteilergehäuse zeigt. Sollte das nicht der Fall sein, ist der Zündverteiler so weit zu drehen, bis die Markierungen übereinstimmen – vorher Klemmbefestigung lösen. Gegebenenfalls Zündverteiler neu einsetzen, siehe Seite 71.
- Kurbelwelle zweimal durchdrehen und prüfen, ob Nockenwellen- und Kurbelwellenmarkierung mit ihren Bezugspunkten übereinstimmen.
- Zündzeitpunkt prüfen, gegebenenfalls einstellen, siehe Seite 72.
- Motor laufen lassen. Ein pfeifender Zahnriemen ist in der Regel zu stark gespannt.

Nockenwelle/Ventiltrieb

4-Zylindermotor mit 8 Ventilen

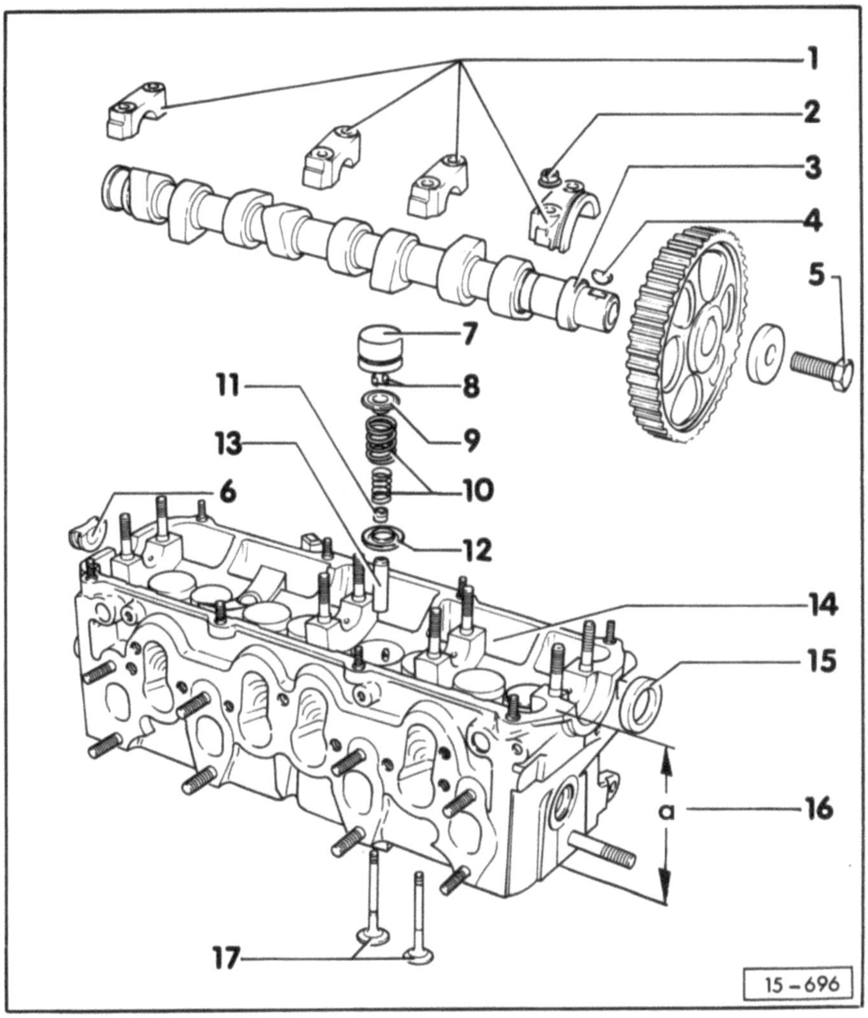

1 – **Lagerdeckel**
Auf Mittenversatz der Bohrungen achten.

2 – **Mutter, 20 Nm**

3 – **Nockenwelle**
Radialspiel mit Plastikgage prüfen (Werkstattarbeit). Verschleißgrenze: 0,1 mm. Max. Schlag: 0,01 mm.

4 – **Scheibenfeder**
Auf festen Sitz prüfen

5 – **Befestigungsschraube, 80 Nm**

6 – **Verschlußstopfen**

7 – **Tassenstößel (Hydrostößel)**
Mit der Lauffläche nach unten ablegen. Vor dem Einbau Axialspiel der Nockenwelle prüfen. Lauffläche der Tassenstößel ölen, beim Einbau Stößel nicht vertauschen.

8 – **Ventilkegelstücke**

9 – **Ventilfederteller oben**
Kennzeichnung: Fase innen, breite Fase außen. Fase = abgeschrägte Kante.

10 – **Ventilfeder außen**
Ventilfeder innen

11 – **Ventilschaftabdichtung**

12 – **Ventilfederteller unten**

13 – **Ventilführung**
Verschleiß prüfen.

14 – **Zylinderkopf**

15 – **Dichtring**

16 – **a = Zylinderkopfhöhe**
Mindesthöhe vom Benzinmotor-Zylinderkopf nach dem Nacharbeiten: a = 132,6 mm.

17 – **Ventile**
Dürfen nur eingeschliffen, nicht nachgearbeitet werden.

Nockenwelle aus- und einbauen

4-Zylindermotor mit 8 Ventilen

Ausbau

- Oberen Zahnriemenschutz ausbauen, siehe Seite 18.
- Zylinderkopfdeckel ausbauen.
- Kurbelwelle auf OT Zylinder 1 stellen, siehe Seite 71.

Achtung: Motorstellung nicht mehr verändern.

- Zahnriemen entspannen und nur oben vom Nockenwellenrad abnehmen, siehe Seite 19.
- Nockenwellenrad von vorn mit einem Dorn arretieren. Dazu einen geeigneten Dorn oder stabilen Schraubendreher durch eine Bohrung im Nockenwellenrad schieben und auf der Oberkante des Zylinderkopfes abstützen. Um eine Beschädigung der Dichtfläche des Zylinderkopfes zu vermeiden ein Stück Holz unterlegen. Schraubendreher festhalten und Befestigungsschraube für Nockenwelle lösen. Nockenwellenrad abschrauben und abnehmen, gegebenenfalls mit leichten Schlägen eines Gummihammers abtreiben. Scheibenfeder für Nockenwelle entfernen.
- Sämtliche Lagerdeckel kennzeichnen. Die 5 Lagerdeckel werden von vorn nach hinten mit den Zahlen 1 bis 5 gekennzeichnet.
- Lagerdeckel 5, 1 und 3 ausbauen. Dann Lagerdeckel 2 und 4 abwechselnd über Kreuz lösen. **Achtung:** Lagerdeckel Nr. 4 ist in Abbildung 15-696 nicht eingezeichnet.
- Nockenwelle herausnehmen.

Achtung: Falls die Tassenstößel herausgenommen werden, diese kennzeichnen, damit sie an gleicher Stelle wieder eingesetzt werden können. Tassenstößel mit der **Lauffläche** (Nokkenwellenseite) **nach unten** ablegen.

Einbau

- Vor dem Einbau kann die Nockenwelle gegebenenfalls von einer Werkstatt auf Schlag geprüft werden. Verschleißgrenze: 0,01 mm.

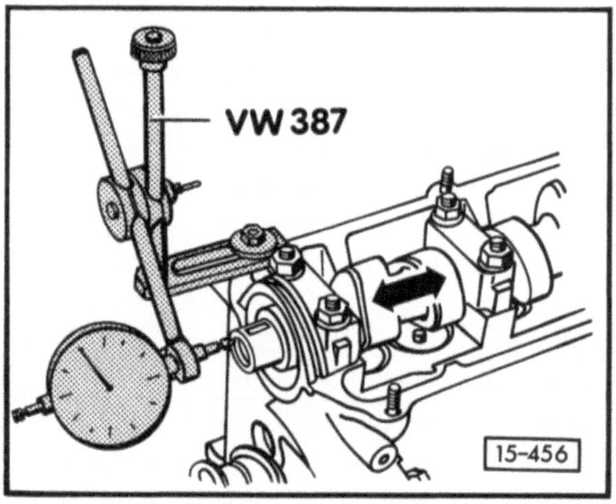

- Wird bei Motoren mit höherer Laufleistung oder Geräuschen im Ventiltrieb die bisherige Nockenwelle wieder eingebaut, ist es zweckmäßig, das Axialspiel prüfen zu lassen. Verschleißgrenze: 0,15 mm. Die Messung erfolgt bei ausgebauten Tassenstößeln und montierten Lagerdeckeln 1 und 5.
- Neuen Dichtring für Nockenwelle einsetzen. Vorher Dichtlippe und äußeren Rand des Dichtringes leicht einölen.
- Verschlußstopfen bei Beschädigungen erneuern.

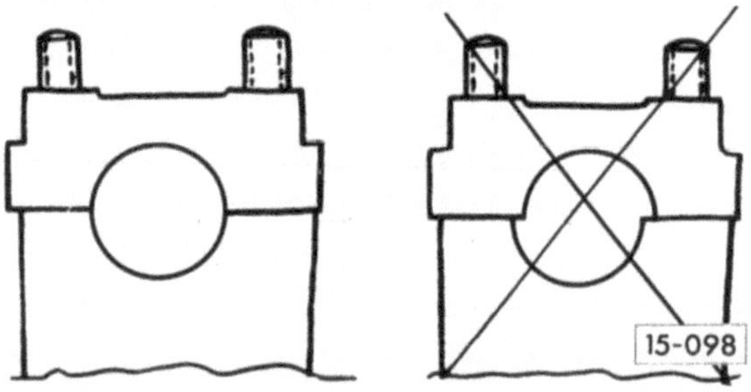

- Lagerdeckel probeweise aufsetzen und auf Mittenversatz der Bohrung achten. Die Lagerdeckel müssen so aufgesetzt werden, daß die Bohrungen von Lagerdeckel und Zylinderkopf übereinstimmen. Auf Markierung der Lagerdeckel achten.
- Falls die Tassenstößel herausgenommen waren, Tassenstößel an der gleichen Stelle wieder einsetzen. Tassenstößel leicht einölen und beim Einsetzen nicht verkanten.

Achtung: Die Tassenstößel dürfen nicht vertauscht werden.

- Nockenwelle einölen und einsetzen. **Achtung:** Dabei müssen die Nocken für Zylinder 1 nach oben zeigen. Lagerdeckel entsprechend der Markierung einsetzen. Auf Mittenversatz achten: Lagerdeckel 2 und 4 abwechselnd über Kreuz mit **20 Nm** anziehen.
- Lagerdeckel 5, 1 und 3 einbauen und mit **20 Nm** festziehen.
- Scheibenfeder für Nockenwellenrad einsetzen. Nockenwellenrad aufsetzen und mit **80 Nm** festziehen. Dabei Nokkenwellenrad mit Dorn gegenhalten.
- Zahnriemen auf Nockenwellenrad auflegen. Auf richtige Stellung von Zwischenwelle und Schwingungsdämpfer achten, siehe Seite 19.
- Zahnriemen spannen, siehe Seite 19.
- Neue Deckeldichtungen für Zylinderkopfdeckel verwenden, Schrauben für Zylinderkopfdeckel vorsichtig mit 10 Nm festziehen.
- Zahnriemenschutz einbauen.

Achtung: Falls neue Tassenstößel eingebaut wurden, darf der Motor ca. 30 Minuten nicht gestartet werden, sonst setzen die Ventile auf den Kolben auf.

Der Zylinderkopf

4-Zylindermotor mit 8 Ventilen

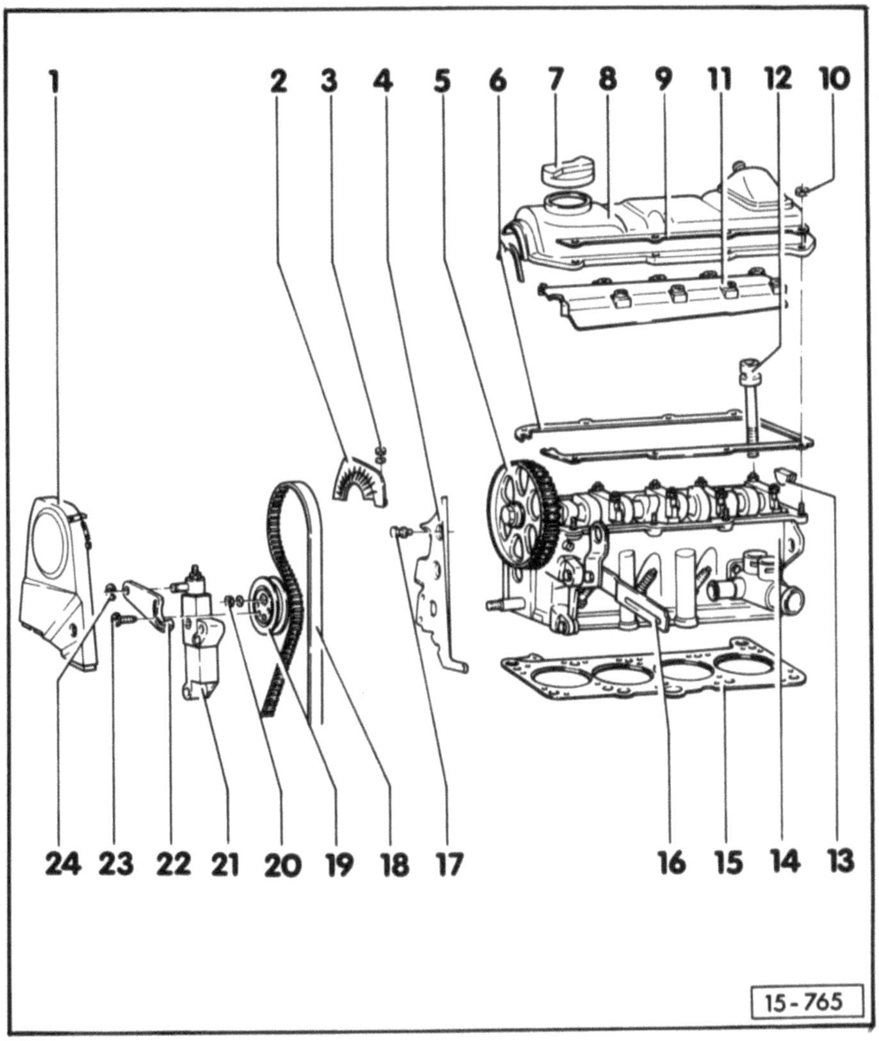

1 – Zahnriemenschutz oben
2 – Zahnriemenschutz
3 – Mutter, 10 Nm
4 – Zahnriemenschutz hinten
5 – Nockenwellenrad
6 – Dichtung für Zylinderkopfdeckel
7 – Verschluß
8 – Zylinderkopfdeckel
9 – Verstärkungsleiste
10 – Mutter, 10 Nm
11 – Ölabweiser
12 – Zylinderkopfschraube
13 – Verschlußstopfen
14 – Zylinderkopf
15 – Zylinderkopfdichtung
16 – Generatorstütze
17 – Schraube, 20 Nm
18 – Zahnriemen
19 – Spannrolle
20 – Mutter, 10 Nm
21 – Thermo-Zahnriemenspanner
22 – Bügel
23 – Schraube, 20 Nm
24 – Sicherungsscheibe

Zylinderkopf aus- und einbauen

4-Zylindermotor

Achtung: Es wird der Ausbau am Benzinmotor beschrieben. Die Anzugsmomente für Zylinderkopfschrauben gelten für alle 4-Zylindermotoren (Benziner und Diesel). Da jedoch nicht auf jede Modellvariante eingegangen werden kann, vor dem Abheben des Zylinderkopfes nochmals prüfen, ob alle Leitungen und sonstigen Verbindungen vom und zum Zylinderkopf gelöst wurden. Besonderheiten, die den Dieselmotor betreffen, stehen am Ende des Kapitels.

Zylinderkopf nur bei abgekühltem Motor (Raumtemperatur) ausbauen. Abgas- und Ansaugkrümmer bleiben angeschlossen.

Eine defekte Zylinderkopfdichtung ist an einem oder mehreren der folgenden Merkmale erkennbar:

- Leistungsverlust.
- Kühlflüssigkeitsverlust. Weiße Abgaswolken bei warmem Motor.
- Ölverlust.
- Kühlflüssigkeit im Motoröl, Ölstand nimmt nicht ab, sondern zu. Graue Farbe des Motoröls, Schaumbläschen am Peilstab, Öl dünnflüssig.
- Motoröl in der Kühlflüssigkeit.
- Kühlflüssigkeit sprudelt stark.
- Keine Kompression auf 2 benachbarten Zylindern.

Ausbau

- Abdeckung für Wasserkasten, zwischen Spritzwand und Windschutzscheibe im hinteren Teil des Motorraums, ausclipsen und herausnehmen.
- Batterie-Massekabel (–) abklemmen. **Achtung:** Dadurch werden aus dem Speicher des Radios der Code für die Diebstahlsicherung sowie die eingestellten Sender gelöscht. Die Batterie darf nur bei ausgeschalteter Zündung abgeklemmt werden, **da sonst das Steuergerät der Einspritzanlage beschädigt wird.** Vor dem Abklemmen sollten auch die Hinweise im Kapitel »Radio-« bzw. »Batterie aus- und einbauen« durchgelesen werden.

Achtung: Bei Fahrzeugen mit Klimaanlage befindet sich die Batterie unter der Rücksitzbank.

- Luftschlauch am Ende des Luftfilters abziehen, vorher Schlauchklemme lösen.
- Abdeckung für Zentraleinspritzventil mit 3 Schrauben abschrauben und zusammen mit Luftschlauch abnehmen.
- Vorwärmschlauch am Abdeckblech des vorderen Abgasrohres abziehen, vorher Schlauchklemme lösen.
- Folgende Unterdruckschläuche abziehen. Zum leichteren Einbau Schläuche vorher mit Tesaband kennzeichnen.
  – Unterdruckschlauch zum Aktivkohlebehälter an der Zentraleinspritzeinheit.
  – Unterdruckschlauch für Unterdruckdose Ansaugluftvorwärmung an der Zentraleinspritzeinheit.
- Kraftstoffleitungen hinten an der Zentraleinspritzeinheit mit Tesaband kennzeichnen, damit sie beim Einbau nicht verwechselt werden. Kraftstoffvor- und Rücklaufleitung abziehen, vorher Schlauchklemmen lösen. Beim Abziehen Lappen unterlegen und eventuell auslaufenden Kraftstoff auffangen. Leitungen umgehend mit geeignetem Stopfen verschließen. Dazu saubere Schrauben mit gleichem Gewindedurchmesser in die Schläuche stecken.
- Gaszug abklemmen, Steckraste nicht entfernen, siehe Seite 100.
- Folgende elektrischen Leitungen abziehen bzw. abklemmen. Für den leichteren Einbau Leitungen mit Tesaband kennzeichnen.
  – Stecker vom Drosselklappenpotentiometer an der Zentraleinspritzeinheit.
  – Stecker für Ansaugrohrvorwärmer an der Zentraleinspritzeinheit.
  – Stecker für Einspritzventil an der Zentraleinspritzeinheit.
  – Stecker für Drosselklappensteller und Leerlaufschalter an der Zentraleinspritzeinheit.
  – Stecker vom Geber für Kühlmitteltemperaturanzeige und Schalter für Heißleuchte am Anschlußstutzen für Kühlflüssigkeit links am Zylinderkopf zwischen Zylinder 3 und 4.
  – Stecker vom Geber für Kühlmitteltemperatur am Anschlußstutzen für Kühlflüssigkeit links am Zylinderkopf zwischen Zylinder 3 und 4.
  – Vom Generator Leitung B+ und D+ abklemmen, dazu Mutter abschrauben.
  – Stecker vom Öldruckschalter 0,3 bar an der hinteren Stirnseite des Zylinderkopfes.

Achtung: Kabelbinder lösen oder, falls erforderlich, aufschneiden. Kabelbinder nicht ausbauen, damit beim Einbau des Motors die neuen Kabelbinder an der gleichen Stelle wieder angebracht werden können.

- Generatorstütze am Zylinderkopf abschrauben.
- Kühlmittel ablassen, siehe Seite 87.
- 2 Kühlmittelschläuche vom Anschlußstutzen links am Zylinderkopf zwischen Zylinder 3 und 4 abziehen, vorher Schlauchklemmen lösen.
- Heizungsschlauch zum Wärmetauscher von der hinteren Stirnseite des Zylinderkopfes abziehen, vorher Schlauchklemme lösen.
- Kühlmittelschlauch zum Saugrohr abziehen, vorher Schlauchklemme lösen.
- 1,8-l-Motor: Ansaugrohr vom Zylinderkopf abschrauben.
- Fahrzeug aufbocken.
- Untere Motorraumabdeckung ausbauen, siehe Seite 18.
- Abgasrohr am Abgaskrümmer abschrauben. Abgasanlage etwas absenken und mit Draht aufhängen, siehe auch Seite 141.
- Schutzhaube oben für Zahnriemen ausbauen, siehe Seite 18.
- Zahnriemen entspannen und oben von der Nockenwelle abnehmen, siehe Seite 19.
- Zündkerzenstecker abziehen.
- Kurbelgehäuseentlüftungsschlauch vom Zylinderkopfdeckel abziehen.
- Zylinderkopfdeckel abschrauben. Ölabweiser herausnehmen, siehe Seite 23.
- Dichtungen für Zylinderkopfdeckel abnehmen.

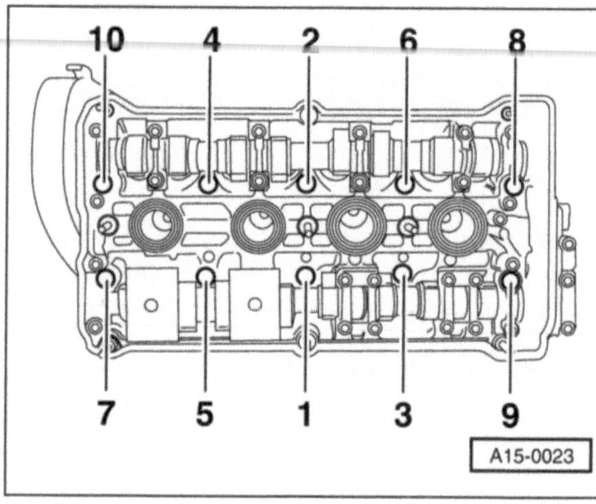

- Zylinderkopfschrauben herausdrehen. Beim 1,8-l-Motor (Abbildung) wird ein langer 8mm Innensechskantschlüssel, bei den anderen Motoren ein Innenvielzahnschlüssel (z. B. HAZET 990 Slg-12) benötigt.

Achtung: Die Schrauben müssen entgegen ihrer Numerierung von 10 nach 1 gelöst werden.

- Prüfen, ob sämtliche Leitungen und Schläuche, die zum Zylinderkopf führen, abgezogen sind.
- Zylinderkopf abheben und auf zwei Holzleisten legen.
- Zylinderkopfdichtung abnehmen.

Einbau

Vor dem Einbau Zylinderkopf und Motorblock mit geeignetem Schaber von Dichtungsresten freimachen. Darauf achten, daß kein Schmutz in die Motorblock-Öffnungen fällt. Bohrungen mit Lappen verschließen.

- Prüfen, ob die Bohrungen für die Zylinderkopfschrauben frei von Öl sind, gegebenenfalls Öl entfernen.
- Zylinderkopf mit Stahllineal auf Verzug prüfen.

- Verzug mit Stahllineal und Fühlerblattlehre an verschiedenen Stellen des Zylinderkopfes prüfen. Die zulässigen Unebenheiten dürfen maximal 0,1 mm nicht überschreiten.

Achtung: Werden die Dichtflächen des Zylinderkopfes nachgearbeitet, darf die zulässige Mindesthöhe –16a– in Abbildung 15-696 nicht unterschritten werden. Mindesthöhe 2,0-l-Motor: a = 132,6 mm; 1,8-l-Motor: 139,25 mm. Der Dieselmotor-Zylinderkopf darf **nicht** nachgeplant werden.

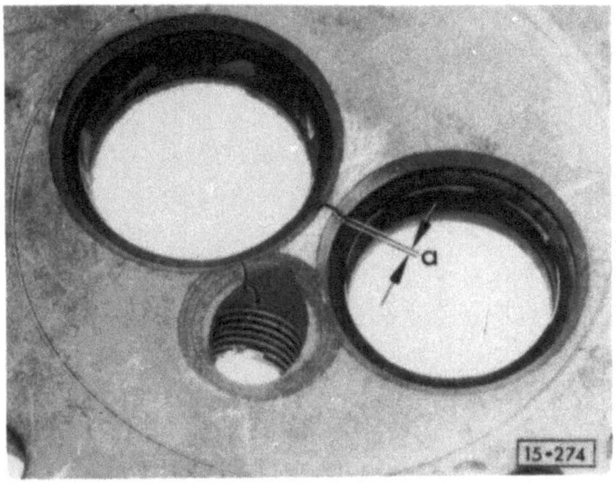

- Zylinderköpfe mit Rissen zwischen den Ventilsitzen beziehungsweise dem Ventilsitzring und den ersten Gewindegängen des Zündkerzengewindes können ohne Herabsetzung der Lebensdauer weiterverwendet und überholt werden, wenn der oder die Risse eine Breite von a = max. 0,5 mm nicht überschreiten.
- Zylinderkopfdichtung grundsätzlich ersetzen.

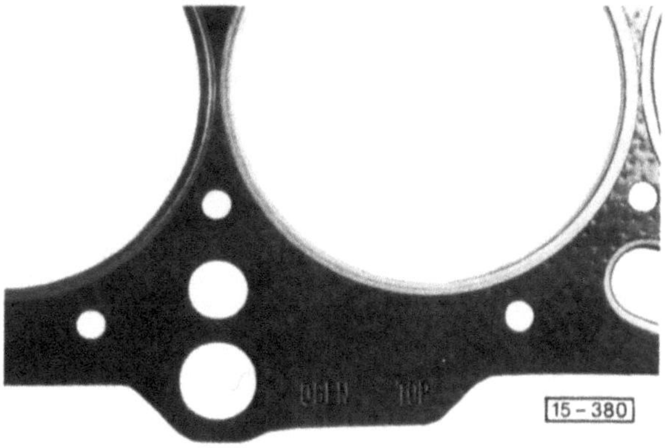

- Die Aufschrift »oben« muß zum Zylinderkopf zeigen. Zylinderkopfdichtung ohne Dichtungsmittel so auflegen, daß keine Bohrungen verdeckt werden.

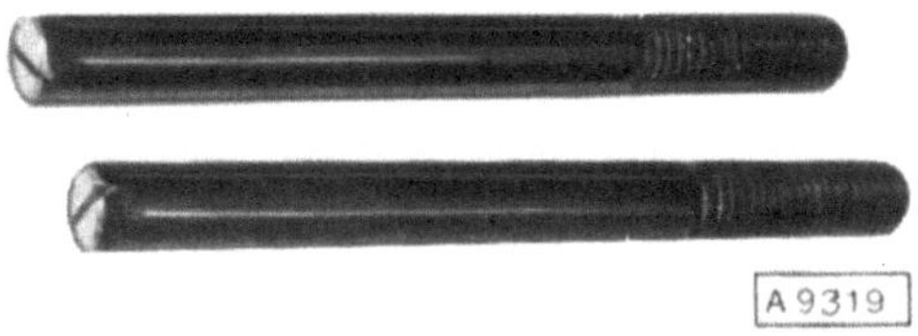

- Zum Zentrieren des Zylinderkopfes Führungsstifte anfertigen, indem man an zwei alten Zylinderkopfschrauben den Kopf absägt und jeweils eine Nut für den Schraubendreher anbringt.
- Führungsstifte in die Bohrungen 8 und 10 einschrauben.
- Kurbelwelle an der Riemenscheibe so verdrehen, daß alle Kolben ungefähr auf gleicher Höhe stehen.
- Zylinderkopf aufsetzen.
- Die übrigen 8 Zylinderkopfschrauben mit Unterlegscheiben ansetzen und handfest anziehen. **Zylinderkopfschrauben grundsätzlich ersetzen.**
- Führungsstifte mit Schraubendreher herausschrauben, die restlichen 2 Zylinderkopfschrauben mit Unterlegscheiben einsetzen und handfest anziehen.

Achtung: Das Anziehen der Zylinderkopfschrauben ist mit größter Sorgfalt durchzuführen. Vor dem Anziehen der Schrauben sollte der Drehmomentschlüssel auf seine Genauigkeit geprüft werden. Die Zylinderkopfschrauben müssen bei kaltem Motor angezogen werden.

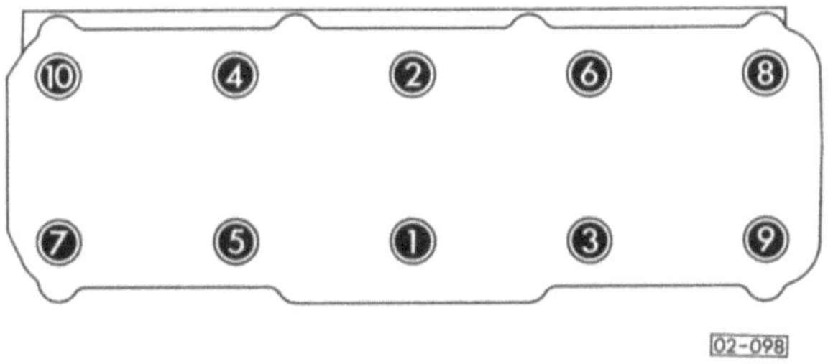

- Die Zylinderkopfschrauben werden in 4 Stufen angezogen. Kopfschrauben in jeder Stufe jeweils in der Reihenfolge von 1 bis 10 anziehen. Die Werte gelten für alle 4-Zylindermotoren:

1. Stufe: mit Drehmomentschlüssel **40 Nm**
2. Stufe: mit Drehmomentschlüssel **60 Nm**
3. Stufe: ¼ **Umdrehung (90°)** mit **starrem** Schlüssel ohne abzusetzen weiterdrehen.
4. Stufe: ¼ **Umdrehung (90°)** mit **starrem** Schlüssel ohne abzusetzen weiterdrehen.

- Beim Anziehen der Zylinderkopfschrauben Drehwinkel abschätzen. Schlüsselgriff längs zum Motor ansetzen und in einem Zug drehen, bis der Griff quer zum Motor steht (¼ Umdrehung = 90°).

Achtung: Ein Nachziehen der Zylinderkopfschrauben bei warmem Motor im Rahmen der Wartung oder nach Reparaturen ist beim Benzinmotor **nicht zulässig.** Beim Dieselmotor Zylinderkopfschrauben bei warmem Motor nachziehen.

- Zahnriemen montieren, siehe Seite 19.

Achtung: Beim Einbau eines Austausch-Zylinderkopfes mit montierter Nockenwelle müssen die Berührungsflächen zwischen Tassenstößel und Nockenbahn nach Einbau des Zylinderkopfes geölt werden.

- Zylinderkopfhaube mit Ölabweiser und neuen Dichtungen aufsetzen und mit 10 Nm anschrauben.
- Kurbelgehäuseentlüftungsschlauch am Zylinderkopfdeckel aufschieben.
- Schutzhaube für Zahnriemen einbauen, siehe Seite 18.
- Generatorstütze am Zylinderkopf anschrauben.
- **1,8-l-Motor:** Ansaugrohr mit **neuer** Dichtung und 10 Nm über Kreuz am Zylinderkopf anschrauben. Ansaugrohr unten an beiden Gummimetallagern anschrauben.
- Keilriemen spannen, siehe Seite 63.
- Abgasrohr am Abgaskrümmer montieren, siehe Seite 141.
- Untere Motorraumabdeckung einbauen, siehe Seite 18.
- Fahrzeug ablassen.
- Kühlmittelschlauch zum Saugrohr aufschieben und mit Schlauchklemme sichern.
- Heizungsschlauch zum Wärmetauscher an der hinteren Stirnseite des Zylinderkopfes aufschieben und mit Schlauchklemme sichern.
- 2 Kühlmittelschläuche am Anschlußstutzen links am Zylinderkopf zwischen Zylinder 3 und 4 aufschieben und mit Schlauchklemmen sichern.
- Folgende elektrischen Leitungen entsprechend den angebrachten Tesaband-Markierungen aufschieben und einrasten bzw. anklemmen.
  – Stecker vom Drosselklappenpotentiometer an der Zentraleinspritzeinheit.
  – Stecker für Ansaugrohrvorwärmer an der Zentraleinspritzeinheit.
  – Stecker für Einspritzventil an der Zentraleinspritzeinheit.
  – Stecker für Drosselklappensteller und Leerlaufschalter an der Zentraleinspritzeinheit.
  – Stecker vom Geber für Kühlmitteltemperaturanzeige und Schalter für Heißleuchte am Anschlußstutzen für Kühlflüssigkeit links am Zylinderkopf zwischen Zylinder 3 und 4.
  – Stecker vom Geber für Kühlmitteltemperatur am Anschlußstutzen für Kühlflüssigkeit links am Zylinderkopf zwischen Zylinder 3 und 4.
  – Am Generator Leitung B+ und D+ anklemmen, dazu Mutter anschrauben.
  – Stecker vom Öldruckschalter 0,3 bar an der hinteren Stirnseite des Zylinderkopfes.
  – Zündkerzenstecker in Zündreihenfolge 1–3–4–2 aufstecken.

Achtung: Elektrische Leitungen mit neuen Kabelbindern an denselben Stellen wie bisher fixieren.

- Kraftstoffleitungen hinten an der Zentraleinspritzeinheit entsprechend der Tesaband-Kennzeichnung für Kraftstoffvor- und Rücklaufleitung aufstecken und mit Schlauchklemmen sichern.
- Folgende Unterdruckschläuche entsprechend der Tesaband-Kennzeichnung aufschieben.
  – Unterdruckschlauch zum Aktivkohlebehälter an der Zentraleinspritzeinheit.
  – Unterdruckschlauch für Unterdruckdose Ansaugluftvorwärmung an der Zentraleinspritzeinheit.
- Vorwärmschlauch am Abdeckblech des vorderen Abgasrohres aufschieben und mit Schlauchklemme sichern.
- Abdeckung für Zentraleinspritzventil mit 3 Schrauben anschrauben, Luftschlauch am Ende des Luftfilters aufschieben und mit Schlauchklemme sichern.
- Batterie-Massekabel (–) anklemmen. Code für die Diebstahlsicherung eingeben, Sender programmieren und Zeituhr einstellen. **Achtung:** Die Batterie darf nur **bei ausgeschalteter Zündung angeklemmt werden, da sonst das Steuergerät der Einspritzanlage beschädigt wird.**
- Abdeckung für den Wasserkasten einclipsen bzw. Rücksitzbank einbauen.
- Kühlmittel auffüllen. Kühlmittel immer erneuern, siehe Seite 87.
- Ölstand im Motor kontrollieren. Falls die Zylinderkopfdichtung defekt war, Ölwechsel durchführen.
- Motor auf Betriebstemperatur bringen, Kühlmittelstand überprüfen und sämtliche Schlauchanschlüsse auf Dichtheit prüfen.
- Zündzeitpunkt prüfen, siehe Seite 72.
- Leerlauf und CO-Gehalt prüfen, siehe Seite 104, 110.

Ausbau Dieselmotor

- Elektrische Leitungen vom Absteller und den Glühkerzen abklemmen.
- Einspritzleitungen an den Anschlüssen der Pumpe und den Einspritzdüsen mit Kaltreiniger reinigen und abschrauben. Öffnungen mit entsprechenden Kappen verschließen.
- Glühkerzen und Einspritzdüsen ausbauen, siehe Seite 131, 136.

Einbau

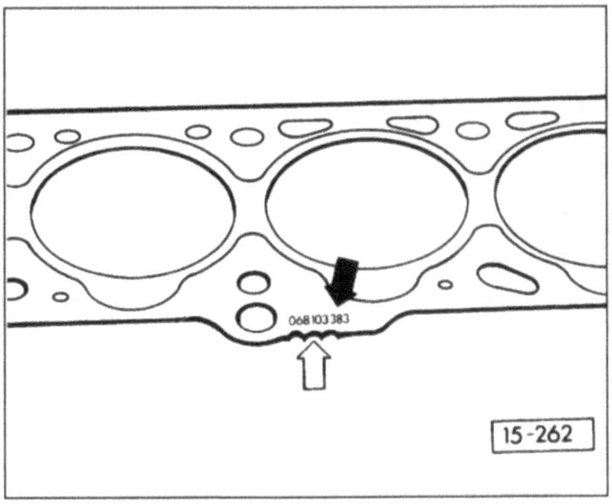

- Je nach Kolbenüberstand werden in der Dicke unterschiedliche Zylinderkopfdichtungen eingebaut. Beim Ersetzen der Dichtung Kennzeichnung beachten und nur eine neue Dichtung gleicher Kennzeichnung einbauen. Schwarzer Pfeil = Ersatzteil-Nummer, weißer Pfeil = Kennzeichnung (Löcher oder Kerben), ist auch bei eingebauter Dichtung sichtbar.

- Zylinderkopfschrauben bei warmem Motor nachziehen. Dazu Motor warmfahren und im Leerlauf drehen lassen bis der Lüfter für Kühler einschaltet (Öltemperatur über +50° C). Schrauben mit starrem Schlüssel **ohne vorheriges Lösen und ohne abzusetzen** ¼ Umdrehung (90°) weiterdrehen. Reihenfolge beachten, siehe Abb. 02-098.

Achtung: Seit 11.93 wird serienmäßig in den 1,9-l-Dieselmotor (Kennbuchstabe 1Z, AHU) eine Metall-Zylinderkopfdichtung eingebaut, die auch als Ersatzteil erhältlich ist. Das Nachziehen der Zylinderkopfschrauben bei warmem Motor um ¼ Umdrehung (90°) ist bei dieser Dichtung **nicht** mehr erforderlich. Bei dieser Dichtung ist noch mehr als bisher auf saubere Dichtflächen am Motor zu achten. Dichtung erst unmittelbar vor Einbau aus der Verpackung nehmen.

- Glühkerzen einbauen, siehe Seite 131.
- Einspritzventile einbauen, siehe Seite 136.
- Anschlüsse der Einspritzleitungen mit Kaltreiniger säubern. Überwurfmutter mit **25 Nm** festziehen.
- Elektrische Leitungen an Absteller und Glühkerzen anklemmen.
- Förderbeginn der Einspritzpumpe überprüfen, siehe Seite 133.

Zahnriementrieb

5-Zylinder-Benzinmotor

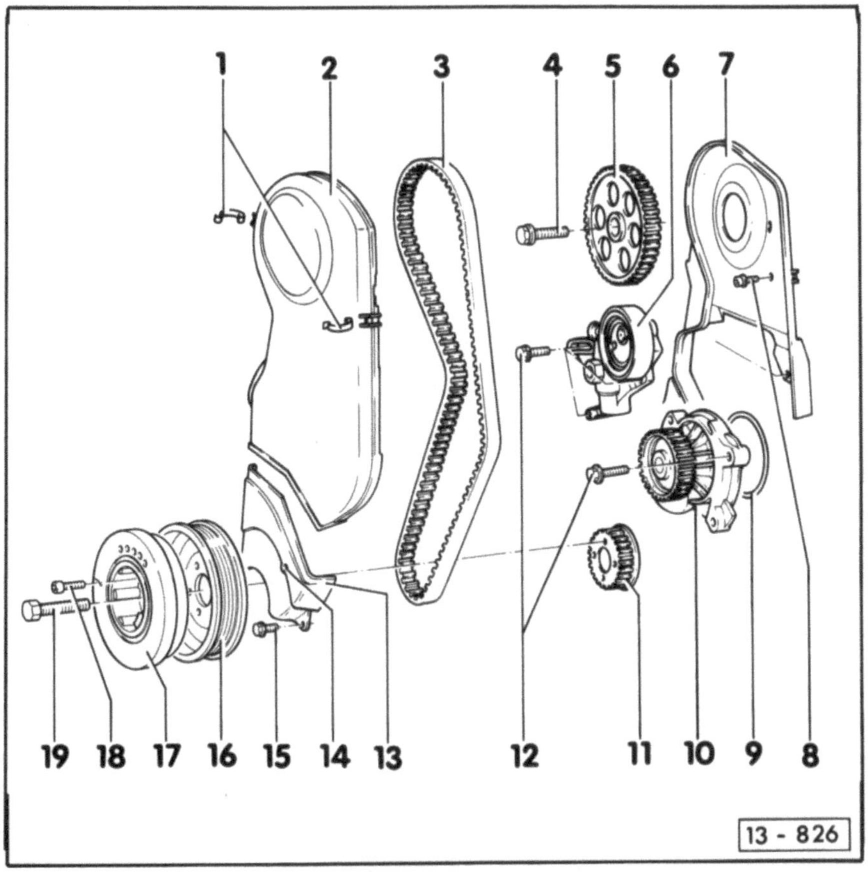

1 – **Klammer**

2 – **Zahnriemenschutz, oben**

3 – **Zahnriemen**

4 – **Schraube, 65 Nm**

5 – **Nockenwellenrad**

6 – **Spannrolle mit Spannvorrichtung**
Zahnriemenspannung nur bei **kaltem** Motor einstellen.

7 – **Zahnriemenschutz hinten**

8 – **Schraube, 10 Nm**

9 – **O-Ring**

10 – **Kühlmittelpumpe**
Auf leichten Lauf der Welle prüfen. Bei Beschädigungen und Undichtigkeiten Kühlmittelpumpe komplett ersetzen.

11 – **Zahnriemenrad Kurbelwelle**

12 – **Schraube, 20 Nm**

13 – **Zahnriemenschutz unten**

14 – **OT-Markierung**

15 – **Schraube, 10 Nm**

16 – **Riemenscheibe**

17 – **Schwingungsdämpfer**
Die Montage von Schwingungsdämpfer und Riemenscheibe auf das Zahnriemenrad ist nur in einer Stellung möglich – die Bohrungen sind versetzt.

18 – **Schraube, 25Nm**

19 – **Schraube, 350 Nm**
Anzugsdrehmoment gilt nur bei Verwendung der Hebelverlängerung V.A.G-2079. Ohne die Verlängerung ist ein Drehmoment von **450 Nm** erforderlich. Gewindegänge und Auflagefläche des Schraubenkopfes mit Dichtmittel AMV 18800102 einstreichen. Gegenhalter V.A.G-3256 verwenden. **Das Fahrzeug muß beim Anziehen der Schraube auf den Rädern stehen.**

Zahnriemen entspannen/spannen Zahnriemenspannung prüfen

5-Zylinder-Benzinmotor

Entspannen

- Oberen Zahnriemenschutz ausbauen.

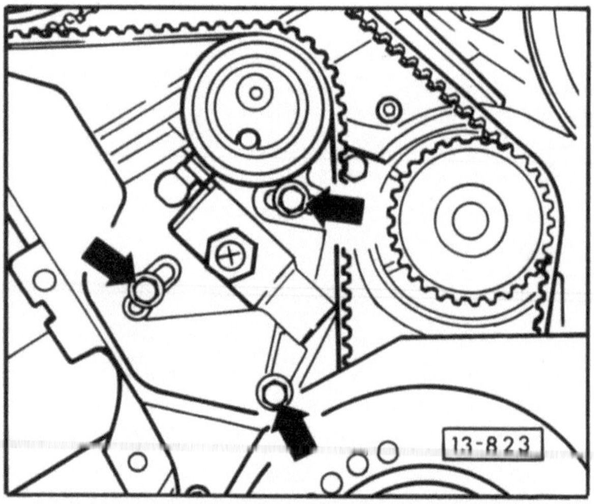

- Die beiden oberen Schrauben der Spannvorrichtung in den Langlöchern lösen und 1 Umdrehung herausdrehen. Die untere Schraube so weit lösen, bis sich die Spannvorrichtung verschieben läßt.
- Spannvorrichtung nach links verschieben und Zahnriemen entspannen.

Spannen

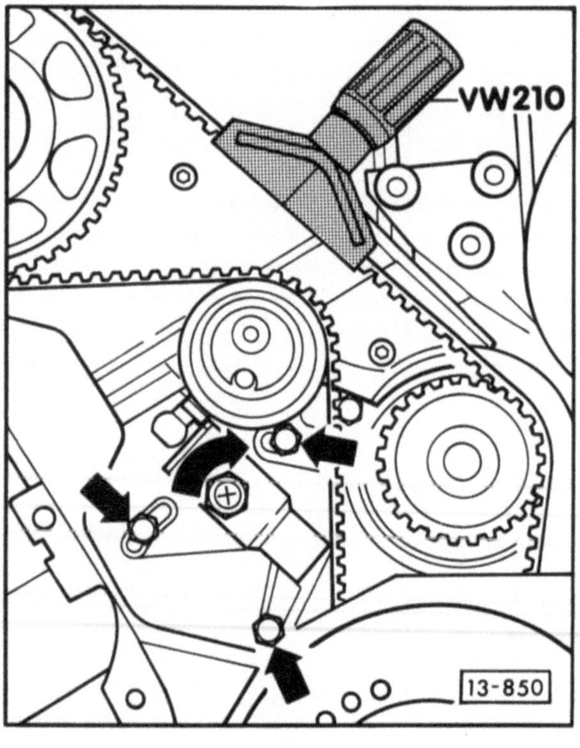

- Sechskant der Spannvorrichtung mit **25 Nm** nach rechts drehen (Pfeilrichtung). Der Drehmomentschlüssel muß anschließend nach oben zeigen. In dieser Stellung die 3 Befestigungsschrauben mit 20 Nm festziehen.
- Kurbelwelle 2mal durchdrehen und Einstellung der Zahnriemenspannung mit Spezialwerkzeug VW 210 prüfen, gegebenenfalls Einstellung korrigieren. Wie die Kurbelwelle gedreht wird steht im Kapitel »Zahnriemen aus- und einbauen«.

Zahnriemenspannung prüfen

- Am Prüfgerät VW 210 durch Drehen am Griff Feder entspannen.
- Prüfgerät zwischen Nockenwellenrad und Einspritzpumpenrad so einsetzen, daß der Zahnriemen zwischen den Kufen und dem Meßfühler des Prüfgerätes anliegt.
- Prüfgerät am Griff auf den Skalenwert 13 . . . 13,5 vorspannen. Seitlich am Meßfühler ragt eine Stahlzunge aus dem Prüfgerät, auf der ein weißer, waagerechter Strich angebracht ist. Dieser waagerechte Strich muß sich jetzt mit dem Rand des Prüfgerätes decken. Wenn nicht, Zahnriemenspannung neu einstellen.

Zahnriemen aus- und einbauen

5-Zylinder-Benzinmotor

Ausbau

- Fahrzeug aufbocken.
- Untere Motorraumverkleidung ausbauen, siehe Seite 17.
- Fahrzeug ablassen.
- Schloßträger ausbauen, siehe Seite 223.
- Stoßfänger vorn ausbauen, siehe Seite 216.

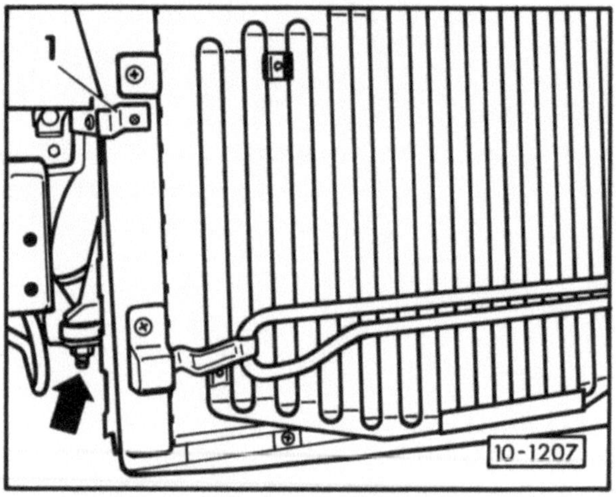

- Halter für Zierblende –1– abschrauben.
- Rechte und linke Kühlerbefestigung abschrauben.

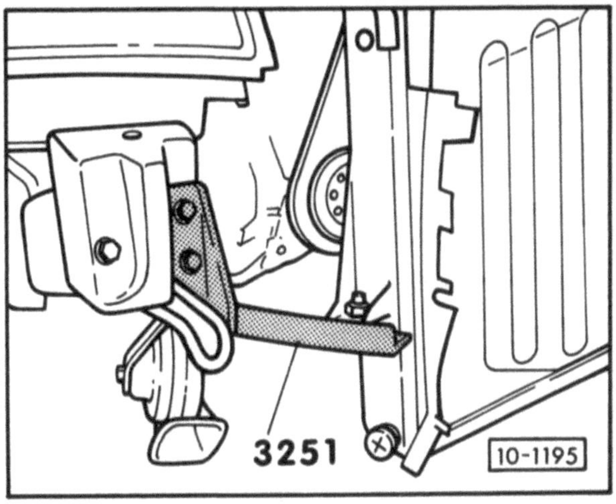

- Spezialwerkzeug V.A.G-3251 an der Stoßfängeraufnahme anschrauben, Kühler nach vorn ziehen und am Spezialwerkzeug anschrauben. Steht das Spezialwerkzeug nicht zur Verfügung, Kühlerhalter entsprechend der Abbildung selbst anfertigen oder Kühler mit Unterstellbock abstützen beziehungsweise Kühler komplett ausbauen.
- Keilrippenriemen ausbauen, siehe Seite 65.
- Spannvorrichtung für Keilrippenriemen abschrauben.

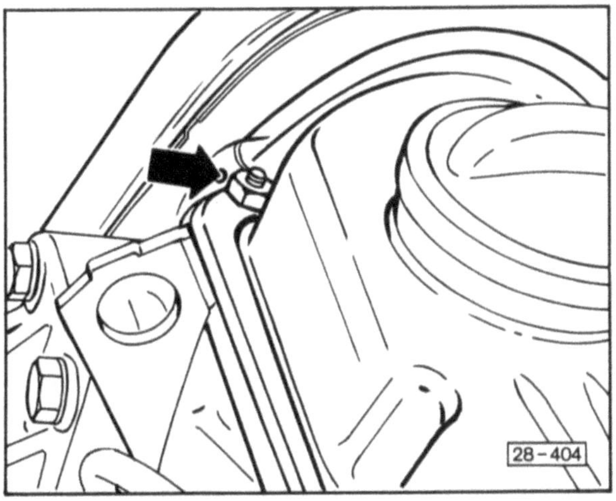

- Kurbelwelle auf OT für Zylinder 1 stellen. Dazu Getriebe in Leerlaufstellung bringen, Handbremse anziehen und an der Zentralschraube der Kurbelwellen-Riemenscheibe die Kurbelwelle im Uhrzeigersinn drehen, bis die Markierung am Nockenwellenrad mit der Oberkante der Zylinderkopfdeckeldichtung fluchtet.
- Oberen Zahnriemenschutz ausbauen.
- Laufrichtung auf dem Zahnriemen mit Filz- oder Fettstift durch einen Pfeil kennzeichnen. Der Motor dreht, von vorn gesehen, rechts herum, also im Uhrzeigersinn.
- Zahnriemen entspannen, siehe Seite 28.
- Beide Befestigungsschrauben vom unteren Zahnriemenschutz herausdrehen.
- Zentralschraube für Schwingungsdämpfer/Riemenscheibe an der Kurbelwelle herausdrehen. Dazu wird der Gegenhalter V.A.G-3256 benötigt. Aufgrund des hohen Drehmoments muß das **Fahrzeug beim Lösen der Schraube auf den Rädern stehen.**
- Zahnriemen mit Kurbelwellen-Zahnriemenrad, Schwingungsdämpfer und Riemenscheibe von der Kurbelwelle abziehen.

Achtung: Der Zahnriemen darf nicht geknickt werden. Ein einmal geknickter Zahnriemen muß immer ersetzt werden, da der Riemen im späteren Betrieb reißen kann, was zu schweren Motorschäden führt.

- Stellung der Zahnriemenräder möglichst nicht verändern.

Einbau

Achtung: Wird der bisherige Zahnriemen wiederverwendet, unbedingt Laufrichtung beachten. Der Einbau des Zahnriemens in umgekehrter Laufrichtung kann zum Reißen des Riemens und dadurch zu Motorschäden führen. Daher Zahnriemen immer so einbauen, daß der angebrachte Pfeil in Drehrichtung des Motors zeigt (von vorn gesehen in Uhrzeigersinn).

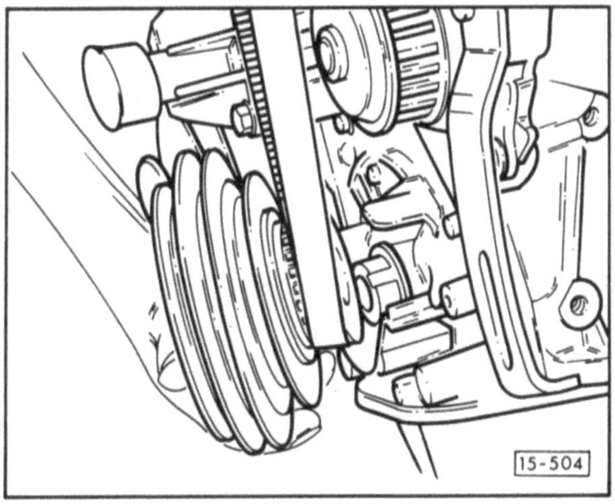

- Zahnriemen auf das Zahnriemenrad der Kurbelwelle auflegen und mit Schwingungsdämpfer/Riemenscheibe an der Kurbelwelle ansetzen.
- Zahnriemenschutz unten einsetzen.
- Schwingungsdämpfer/Riemenscheibe mit der Zentralschraube anschrauben. Vorher Gewindegänge und Auflagefläche des Schraubenkopfes mit Dichtungsmittel AMV 188 001 02 einstreichen. Zentralschraube mit richtigem Anzugsdrehmoment festziehen, vorher Gegenhalter V.A.G-3256 einsetzen. **Achtung:** Aufgrund des hohen Anzugsdrehmoments muß das Fahrzeug hierbei auf den Rädern stehen.
  Anzugsdrehmoment **mit** Spezialwerkzeug V.A.G-2079 (Hebelarmverlängerung): **350 Nm.**
  Anzugsdrehmoment **ohne** Spezialwerkzeug V.A.G-2079 (Hebelarmverlängerung): **450 Nm.**
- Zahnriemenschutz unten anschrauben.

- Prüfen, ob sich die Nockenwelle in OT-Stellung für Zylinder 1 befindet. Gegebenenfalls Nockenwelle verdrehen, bis die Markierung auf dem Nockenwellenrad mit dem der Oberkante der Zylinderkopfdeckeldichtung übereinstimmt. **Achtung:** Falls die Nockenwelle über einen größeren Winkel verdreht werden muß, darauf achten, daß kein Kolben im oberen Totpunkt (OT) steht, sonst können Ventile oder Kolben beschädigt werden. Gegebenenfalls Kurbelwelle ca. 90° (¼ Umdrehung) vor oder nach OT stellen.

- Prüfen, ob die Kurbelwelle auf OT für Zylinder 1 steht. Im Fenster der Kupplungsglocke muß die OT-Markierung –O– auf dem Schwungrad genau unterhalb der Einstellkante stehen.

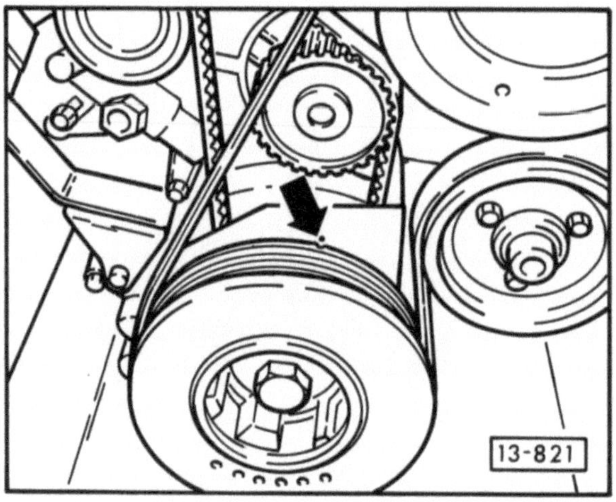

- Falls der Zahnriemen am ausgebauten Motor eingebaut wird, muß die Kerbe an der Riemenscheibe mit der Einstellmarke an der Zahnriemenabdeckung übereinstimmen. Die Kurbelwelle befindet sich dann in OT-Stellung für Zylinder 1.
- Zahnriemen auflegen und spannen, siehe Seite 28.

Achtung: Beim Auflegen des Zahnriemens darf weder die Nockenwellen- noch die Kurbelwellenstellung verändert werden. Sonst können schwerwiegende Schäden am Motor entstehen beziehungsweise der Motor gibt nicht mehr seine volle Leistung ab. **Nachdem der Zahnriemen gespannt wurde, Stellung von Nockenwelle und Kurbelwelle nochmals kontrollieren.** Das bedeutet: Wenn die Markierung auf dem Nokkenwellenrad mit der Oberkante der Zylinderkopfdeckeldichtung übereinstimmt, muß gleichzeitig die OT-Markierung am Schwungrad mit der Bezugsmarke übereinstimmen. Andernfalls ist die Einstellung von Nockenwellenrad und Kurbelwellenrad bei abgenommenem Zahnriemen zu wiederholen.

- Zahnriemen spannen.
- Kurbelwelle zweimal in Motordrehrichtung durchdrehen und Einstellung sowie Spannung nochmals überprüfen.
- Oberen Zahnriemenschutz einbauen.
- Spannvorrichtung für Keilrippenriemen anschrauben.
- Keilrippenriemen einbauen, siehe Seite 65.
- Kühler vom Spezialwerkzeug abschrauben, Werkzeug abschrauben. Kühler zurückklappen und festschrauben beziehungsweise Kühler einbauen, siehe Seite 90.
- Halter für Zierblende anschrauben.
- Stoßfänger vorn einbauen, siehe Seite 216.
- Schloßträger einbauen, siehe Seite 223.
- Fahrzeug aufbocken.
- Untere Motorraumverkleidung einbauen, siehe Seite 17.
- Fahrzeug ablassen.

Achtung: Bei Reparaturen, die das Abnehmen des Zahnriemens nur vom Nockenwellenrad erfordern, ist die Zahnriemeneinstellung wie folgt vorzunehmen:

- Kurbelwelle auf OT für Zylinder 1 stellen.
- Markierung am Nockenwellenrad muß mit Zylinderkopfdekkel übereinstimmen, siehe Abbildung 28-404.
- Zahnriemen entspannen und vom Nockenwellenrad abnehmen. **Achtung:** Anschließend Stellung von Nockenwelle und Kurbelwelle nicht mehr verändern.
- Zahnriemen auflegen und spannen.

Der Zylinderkopf

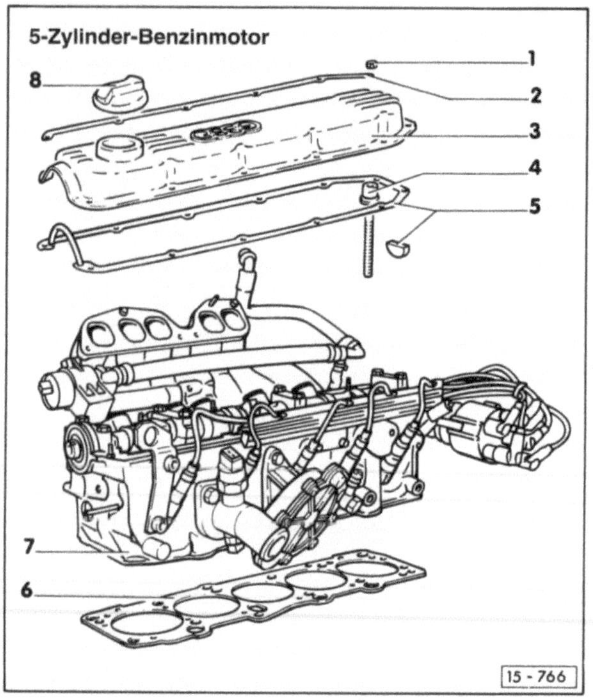

1 – Mutter, 12 Nm
2 – Verstärkungsleiste
3 – Zylinderkopfdeckel
4 – Zylinderkopfschraube
5 – Dichtungen Kopfdeckel
6 – Zylinderkopfdichtung
7 – Zylinderkopf
8 – Verschluß

Zylinderkopf aus- und einbauen

5-Zylinder-Benzinmotor

Zylinderkopf nur bei abgekühltem Motor (Raumtemperatur) ausbauen. Abgas- und Ansaugkrümmer bleiben angeschlossen. Der Zylinderkopf kann bei eingebautem Motor ausgebaut werden.

Eine defekte Zylinderkopfdichtung ist an einem oder mehreren der folgenden Merkmale erkennbar:

- Leistungsverlust.
- Kühlflüssigkeitsverlust. Weiße Abgaswolken bei warmem Motor.
- Ölverlust.
- Kühlflüssigkeit im Motoröl, Ölstand nimmt nicht ab, sondern zu. Graue Farbe des Motoröls, Schaumbläschen am Peilstab, Öl dünnflüssig.
- Motoröl in der Kühlflüssigkeit.
- Kühlflüssigkeit sprudelt stark.
- Keine Kompression auf 2 benachbarten Zylindern.

Ausbau

- Abdeckung für Wasserkasten, zwischen Spritzwand und Windschutzscheibe im hinteren Teil des Motorraums, ausclipsen und herausnehmen.
- Batterie-Massekabel (–) abklemmen. **Achtung:** Dadurch werden aus dem Speicher des Radios der Code für die Diebstahlsicherung sowie die eingestellten Sender gelöscht. Die Batterie darf nur bei ausgeschalteter Zündung abgeklemmt werden, **da sonst das Steuergerät der Einspritzanlage beschädigt wird.** Vor dem Abklemmen sollten auch die Hinweise im Kapitel »Radio-« bzw. »Batterie aus- und einbauen« durchgelesen werden.

Achtung: Bei Fahrzeugen mit Klimaanlage befindet sich die Batterie unter der Rücksitzbank.

- Sammelsaugrohr-Oberteil ausbauen, siehe Seite 112.
- Einspritzventile ausbauen, siehe Seite 113.
- Vorwärmschlauch am Abdeckblech des vorderen Abgasrohres abziehen, vorher Schlauchklemme lösen.
- Folgende Unterdruckschläuche abziehen. Zum leichteren Einbau Schläuche vorher mit Tesaband kennzeichnen.
  – Unterdruckleitung für den Bremskraftverstärker am Sammelsaugrohr und beide Leitungen an der Vakuumpumpe seitlich am Zylinderkopf.
  – Unterdruckschlauch am Drosselklappenstutzen.
- Gaszug am Drosselklappenstutzen und am Widerlager aushängen.
- Folgende elektrischen Leitungen abziehen bzw. abklemmen. Um den Einbau zu erleichtern Leitungen mit Tesaband kennzeichnen.
  – Vom Generator Leitung B+ und D+ abklemmen, dazu Muttern abschrauben.
  – Stecker vom Thermoschalter für Kühlmitteltemperatur am Wassereinlaßstutzen vorn links am Zylinderkopf abziehen. Gummikappe zurückschieben, mit schmalem Schraubendreher links und rechts die Nasen des braunen Steckers etwas zurückbiegen und Stecker abziehen. Kabelbinder am Heizungsrohr durchschneiden.
  – Stecker vom Geber für Kühlmitteltemperatur unten am Wassereinlaßstutzen vorn links am Zylinderkopf. Drahtklammer eindrücken und schwarzen Stecker abziehen.
  – Vom Leerlaufstabilisierungsventil grauen Stecker abziehen, vorher Drahtklammer eindrücken. Das Ventil sitzt vorn rechts neben dem Zylinderkopf.
  – 2 Masseleitungen unterhalb vom Gaszug am Sammelsaugrohr abschrauben.
  – Steckverbindung für Drosselklappenschalter trennen, dazu Drahtklammer eindrücken. Die Steckverbindung befindet sich direkt neben dem Schalter am Drosselklappenteil.
  – Vom Thermoschalter für Lüfternachlauf hinten am Zylinderkopfdeckel 2 einzelne Stecker abziehen.
  – Massekabel am Zylinderkopfdeckel hinten rechts abschrauben.
  – Vom Hallgeber am Zündverteiler schwarzen Stecker abziehen, vorher Drahtbügel eindrücken.
  – Steckverbindung für Klopfsensor an der Spritzwand trennen. Dazu grünen Stecker abziehen, vorher Drahtklammer eindrücken.
  – Hochspannungsleitung von der Zündspule abziehen.
  – Vom Kaltstartventil blauen Stecker abziehen, vorher Drahtklammer eindrücken. Das Kaltstartventil sitzt zwischen dem 3. und 4. Ansaugrohr.

Achtung: Kabelbinder lösen oder, falls erforderlich, aufschneiden. Kabelbinder nicht ausbauen, damit beim Einbau des Motors die neuen Kabelbinder an der gleichen Stelle wieder angebracht werden können.

- Zündkerzenstecker abziehen.
- Verteilerkappe ausbauen. Dazu 2 seitliche Blechklammern mit Schraubendreher ausclipsen.
- Verteilerläufer abziehen.

- Ansauglufthutze ausbauen, dazu Schlauchklemmen lösen.
- Sämtliche Kraftstoffleitungen am Kraftstoffmengenteiler abschrauben. **Achtung:** Vorher Anschlußstellen am Kraftstoffmengenteiler sorgfältig mit Kaltreiniger säubern. Nach dem Ausbau Anschlüsse der Kraftstoffleitungen mit Folie verschließen und dadurch gegen das Eindringen von Schmutz sichern.
- Kühlmittel ablassen, siehe Seite 87.
- Kühlmittelschlauch vom Anschlußstutzen links vorn am Zylinderkopf abziehen, vorher Schlauchklemmen lösen.
- Fahrzeug aufbocken.
- Untere Motorraumabdeckung ausbauen, siehe Seite 17.
- Abgasrohr am Abgaskrümmer und Getriebehalter abschrauben. Abgasanlage etwas absenken und mit Draht aufhängen, siehe auch Seite 141.
- Schutzhaube oben für Zahnriemen ausbauen, siehe Seite 27.
- Zahnriemen entspannen und oben von der Nockenwelle abnehmen, siehe Seite 28.
- Zylinderkopfdeckel abschrauben.
- Dichtungen für Zylinderkopfdeckel abnehmen.

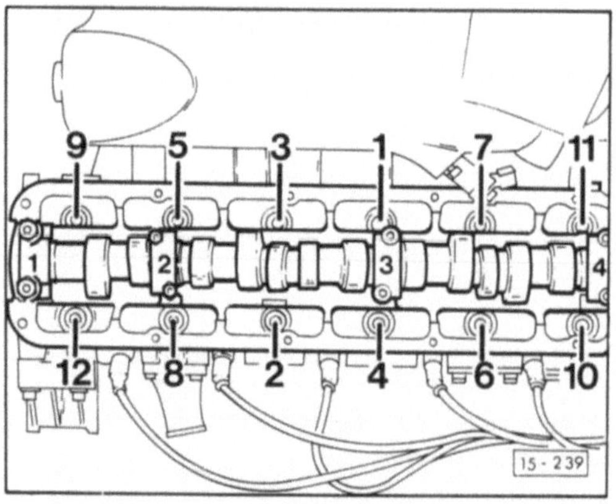

- Zylinderkopfschrauben entgegen ihrer Numerierung von 12 nach 1 zunächst ½ Umdrehung lösen, dann herausdrehen.
- Prüfen, ob sämtliche Leitungen und Schläuche, die zum Zylinderkopf führen, abgezogen sind.
- Zylinderkopf abheben und auf zwei Holzleisten legen.
- Zylinderkopfdichtung abnehmen.

Einbau

Vor dem Einbau Zylinderkopf und Motorblock mit geeignetem Schaber von Dichtungsresten freimachen. Darauf achten, daß kein Schmutz in die Motorblock-Öffnungen fällt. Bohrungen mit Lappen verschließen.

- Zylinderkopf mit Stahllineal auf Verzug prüfen.

- Verzug mit Stahllineal und Fühlerblattlehre an verschiedenen Stellen des Zylinderkopfes prüfen. Die zulässigen Unebenheiten dürfen maximal 0,1 mm nicht überschreiten.

Achtung: Werden die Dichtflächen des Zylinderkopfes nachgearbeitet, darf die zulässige Mindesthöhe von 132,75 mm nicht unterschritten werden.

- Zylinderköpfe mit Rissen zwischen den Ventilsitzen beziehungsweise dem Ventilsitzring und den ersten Gewindegängen des Zündkerzengewindes können ohne Herabsetzung der Lebensdauer weiterverwendet und überholt werden, wenn der oder die Risse eine Breite von a = max. 0,5 mm nicht überschreiten.
- Prüfen, ob die Bohrungen für die Zylinderkopfschrauben frei von Öl sind, gegebenenfalls Öl entfernen.
- Zylinderkopfdichtung grundsätzlich ersetzen. Die Aufschrift »oben« muß zum Zylinderkopf zeigen. Zylinderkopfdichtung ohne Dichtungsmittel so auflegen, daß keine Bohrungen verdeckt werden.

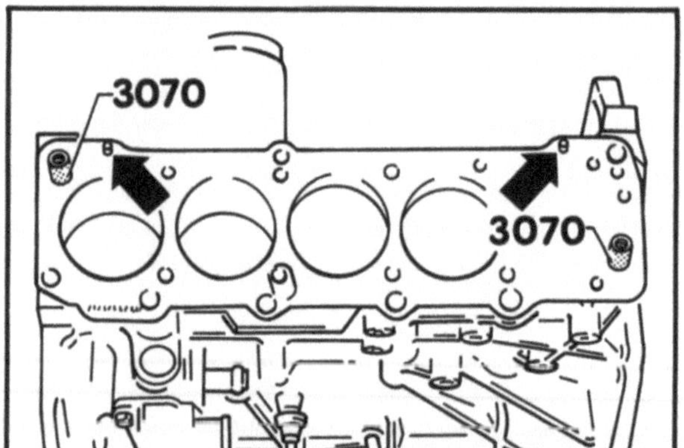

- Zum Zentrieren des Zylinderkopfes Führungsbolzen V.A.G-3070 in die Bohrungen 9 und 10 für die Zylinderkopfschrauben einschrauben. Stehen die Bolzen nicht zur Verfügung, Führungsstifte selbst anfertigen. Dazu an zwei alten Zylinderkopfschrauben den Kopf absägen und jeweils eine Nut für den Schraubendreher anbringen.

- Kurbelwelle an der Riemenscheibe so verdrehen, daß alle Kolben ungefähr auf gleicher Höhe stehen.
- Zylinderkopf aufsetzen. Dabei Zentrierstifte –Pfeile– beachten.
- Die übrigen 10 Zylinderkopfschrauben mit Unterlegscheiben ansetzen und handfest anziehen. **Zylinderkopfschrauben grundsätzlich ersetzen.**
- Führungsstifte mit Schraubendreher oder Bolzendreher herausschrauben, die restlichen 2 Zylinderkopfschrauben mit Unterlegscheiben einsetzen und handfest anziehen.

Achtung: Das Anziehen der Zylinderkopfschrauben ist mit größter Sorgfalt durchzuführen. Vor dem Anziehen der Schrauben sollte der Drehmomentschlüssel auf seine Genauigkeit geprüft werden. Die Zylinderkopfschrauben müssen bei kaltem Motor angezogen werden.

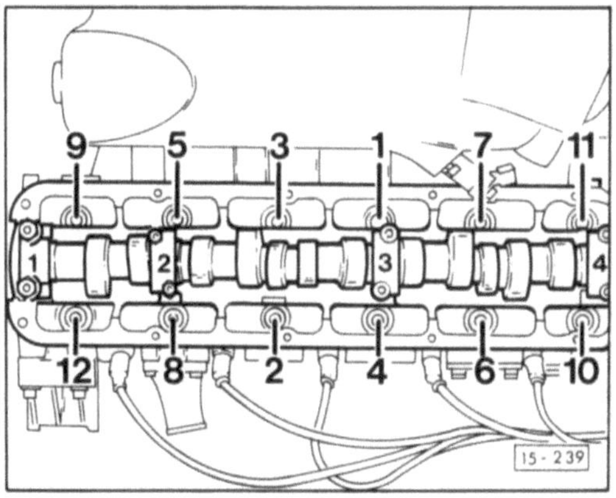

- Die Zylinderkopfschrauben werden in 3 Stufen angezogen. Kopfschrauben in jeder Stufe jeweils in der Reihenfolge von 1 bis 12 anziehen.

1. Stufe: mit Drehmomentschlüssel **40 Nm**
2. Stufe: mit Drehmomentschlüssel **60 Nm**
3. Stufe: **½ Umdrehung (180°)** mit **starrem** Schlüssel ohne abzusetzen weiterdrehen. Stattdessen 2 x 90° weiterdrehen ist ebenfalls zulässig.

- Beim Anziehen der Zylinderkopfschrauben Drehwinkel abschätzen. Schlüsselgriff längs zum Motor ansetzen und in einem Zug drehen, bis der Griff quer zum Motor steht (¼ Umdrehung, 90°). Anschließend Schlüssel weiterdrehen bis der Griff wieder längs zum Motor steht.

Achtung: Ein Nachziehen der Zylinderkopfschrauben bei warmem Motor, im Rahmen der Wartung oder nach Reparaturen ist **nicht zulässig.**

- Zahnriemen montieren, siehe Seite 28.

Achtung: Beim Einbau eines Austausch-Zylinderkopfes mit montierter Nockenwelle müssen die Berührungsflächen zwischen Tassenstößel und Nockenbahn nach Einbau des Zylinderkopfes geölt werden.

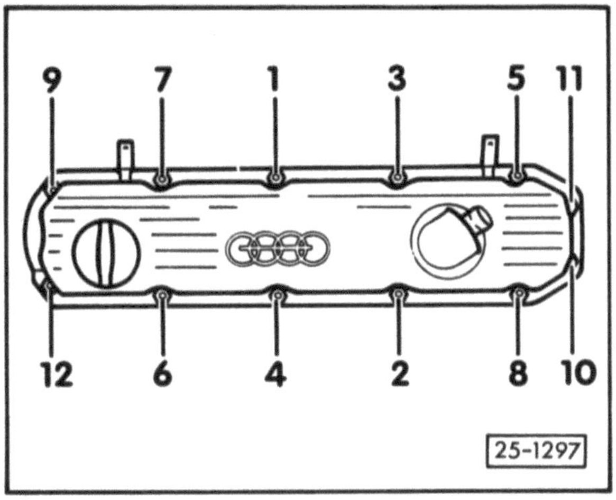

- Zylinderkopfdeckel mit neuen Dichtungen aufsetzen, die Schrauben in der abgebildeten Reihenfolge von 1 bis 12 in 3 Stufen anschrauben:
  1. Stufe – **5 Nm**
  2. Stufe – **10 Nm**
  3. Stufe – **12 Nm**
- Abgasrohr am Abgaskrümmer montieren, siehe Seite 141.
- Untere Motorraumabdeckung einbauen, siehe Seite 17.
- Fahrzeug ablassen.
- Kühlmittelschlauch am Anschlußstutzen links vorn am Zylinderkopf aufschieben und mit Schlauchklemme sichern.
- Folgende elektrischen Leitungen entsprechend den angebrachten Tesaband-Markierungen aufschieben und einrasten bzw. anklemmen.
  – Leitung B+ und D+ am Generator.
  – Stecker für Thermoschalter für Kühlmitteltemperatur am Wassereinlaßstutzen vorn links am Zylinderkopf. Gummikappe aufschieben.
  – Stecker für Geber für Kühlmitteltemperatur unten am Wassereinlaßstutzen vorn links am Zylinderkopf.
  – Grauen Stecker für Leerlaufstabilisierungsventil.
  – 2 Masseleitungen unterhalb vom Gaszug am Sammelsaugrohr.
  – Stecker für Drosselklappenschalter.
  – 2 Stecker für Thermoschalter für Lüfternachlauf hinten am Zylinderkopfdeckel.
  – Massekabel am Zylinderkopfdeckel hinten rechts anschrauben.
  – Stecker für Hallgeber am Zündverteiler.
  – Grünen Stecker für Klopfsensor an der Spritzwand.
  – Hochspannungsleitung für Zündspule.
  – Blauen Stecker für Kaltstartventil.

Achtung: Elektrische Leitungen mit neuen Kabelbindern an denselben Stellen wie bisher fixieren.

- Verteilerläufer aufstecken. Durch Hin- und Herbewegen festen Sitz prüfen.
- Verteilerkappe aufsetzen und 2 seitliche Blechklammern einrasten.
- Zündkerzenstecker entsprechend der Zündfolge 1–2–4–5–3 aufschieben. Die Zylinder werden von vorn nach hinten gezählt. Zylinder 1 befindet sich vorn beim Kühler.

- Sämtliche Kraftstoffleitungen am Kraftstoffmengenteiler anschrauben.
- Ansauglufthutze einbauen, Schlauchklemmen festziehen.
- Unterdruckschläuche entsprechend der Tesaband-Kennzeichnung aufschieben.
  - Unterdruckleitung für den Bremskraftverstärker am Sammelsaugrohr und beide Leitungen an der Vakuumpumpe seitlich am Zylinderkopf.
  - Unterdruckschlauch am Drosselklappenstutzen.
- Gaszug am Drosselklappenstutzen und am Widerlager einhängen.
- Vorwärmschlauch am Abdeckblech des vorderen Abgasrohres aufschieben und mit Schlauchklemme sichern.
- Einspritzventile einbauen, siehe Seite 113.
- Sammelsaugrohr-Oberteil einbauen, siehe Seite 112.
- Batterie-Massekabel (–) anklemmen. Code für die Diebstahlsicherung eingeben, Sender programmieren und Zeituhr einstellen. **Achtung:** Die Batterie darf nur **bei ausgeschalteter Zündung angeklemmt werden, da sonst das Steuergerät der Einspritzanlage beschädigt wird.**
- Abdeckung für den Wasserkasten einclipsen bzw. Rücksitzbank einbauen.
- **Neues** Kühlmittel auffüllen, siehe Seite 87.
- Ölstand im Motor kontrollieren. Falls die Zylinderkopfdichtung defekt war, Ölwechsel durchführen.
- Motor auf Betriebstemperatur bringen, Kühlmittelstand überprüfen und sämtliche Schlauchanschlüsse auf Dichtheit prüfen.
- Zündzeitpunkt prüfen, siehe Seite 72.
- Leerlauf und CO-Gehalt prüfen, siehe Seite 109.
- Kompressionsdruck prüfen, siehe Seite 60.

Zahnriemen aus- und einbauen/ spannen

6-Zylinder-Benzinmotor

Achtung: Eine falsche Zahnriemenmontage kann sehr teure Motorschäden verursachen. Bei mangelnder Erfahrung Werkstatt aufsuchen. Es empfiehlt sich, den Zahnriemen nach dem Ausbau grundsätzlich zu ersetzen.

Folgendes Spezialwerkzeug ist erforderlich:
- Kurbelwellenbefestigung AUDI-3242
- Nockenwellenbefestigung AUDI-3243
- Klauenabzieher, z.B. KUKKO 20-10

Ausbau

- Untere Motorraumverkleidung ausbauen, siehe Seite 18.
- Keilrippenriemen ausbauen, siehe Seite 65.
- Spannvorrichtung für Keilrippenriemen ausbauen. Dazu Spannvorrichtung langsam entspannen und Innensechskantschraube SW-10 herausdrehen.
- Zahnriemenschutz auf beiden Seiten abclipsen und abnehmen.

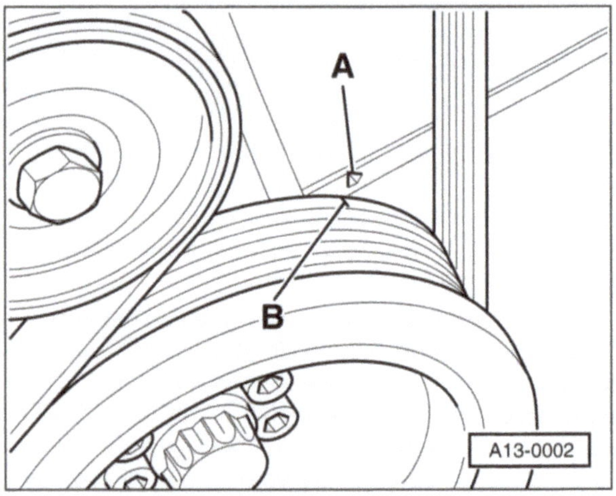

- Kurbelwelle auf OT für Zylinder 3 stellen. Dazu Getriebe in Leerlaufstellung bringen, Handbremse anziehen und an der Zentralschraube der Kurbelwellen-Riemenscheibe die Kurbelwelle im Uhrzeigersinn drehen, bis die Markierung an der Riemenscheibe –B– der Bezugsmarke –A– gegenüber steht. Hierzu wird ein tiefgekröpfter Ringschlüssel oder eine Stecknuß SW-24 (Doppelsechskant) benötigt.
- Gleichzeitig müssen die großen Bohrungen der Fixierplatten an den Nockenwellenrädern nach innen zueinander stehen, andernfalls Kurbelwelle um eine Umdrehung weiterdrehen.

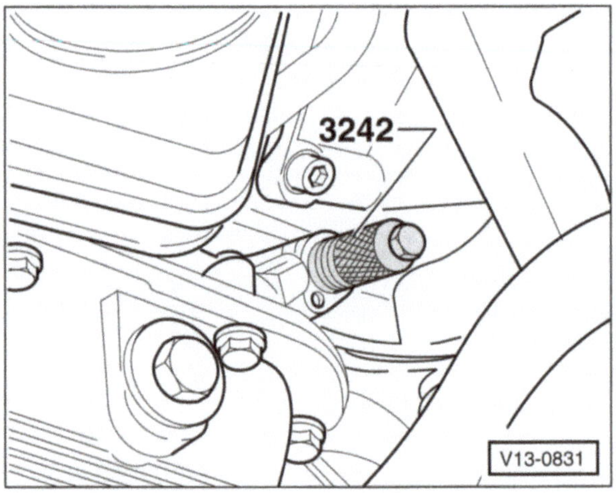

- Kurbelwelle in dieser Stellung arretieren. Dazu Zündzeitpunktgeber auf der linken Seite aus dem Kurbelgehäuse herausschrauben. Der Geber befindet sich oberhalb des Ölwannenoberteils auf Höhe des mittleren Zylinders.
- Anstelle des Gebers den Dorn AUDI-3242 einschrauben und leicht festziehen. Der Dorn greift dabei in eine Bohrung am Gegengewicht der Kurbelwelle ein und arretiert diese. Bevor der Dorn eingeschraubt wird, prüfen ob die Bohrung sicht- oder fühlbar ist.
- Schwingungsdämpfer (Keilriemenrad der Kurbelwelle) mit 8 Innensechskantschrauben SW-6 abschrauben. **Achtung:** Zentralschraube **nicht** lösen.
- Zahnriemenschutz unten ausbauen.

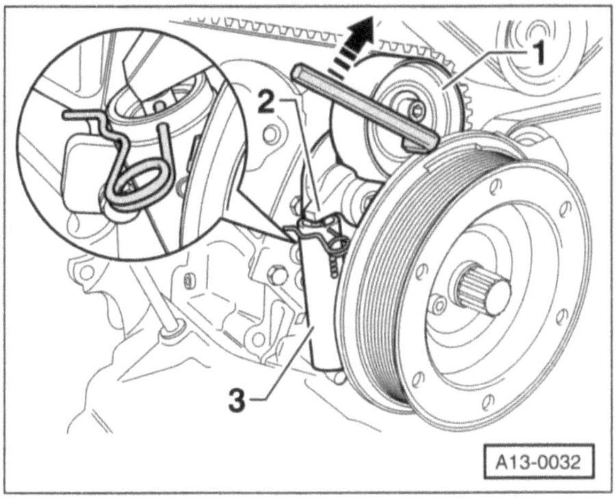

- Klemmschraube für Zahnriemenspannrolle –1– mit 8mm-Innensechskantschlüssel lösen. Spannrolle mit 8mm-Innensechskantschlüssel nach rechts in Pfeilrichtung drehen, dadurch wird der Zahnriemen entspannt.
- **Motor 2.8-30V:** Spannrolle nach rechts mit gleichmäßiger Kraft drehen, bis der Spannhebel –2– das Spannelement so weit zusammengedrückt hat, daß ein 2-mm-Dorn, zum Beispiel Bohrer oder Federsplint, eingesetzt werden kann. Dorn einsetzen, die Spannrolle ist nun arretiert.

Achtung: Wird der bisherige Zahnriemen wiederverwendet, unbedingt Laufrichtung auf dem Zahnriemen mit Filz- oder Fettstift durch einen Pfeil kennzeichnen. Der Motor dreht, von vorn gesehen, rechts herum, also im Uhrzeigersinn. Der Einbau des Zahnriemens in umgekehrter Laufrichtung kann zum Reißen des Riemens und dadurch zu Motorschäden führen.

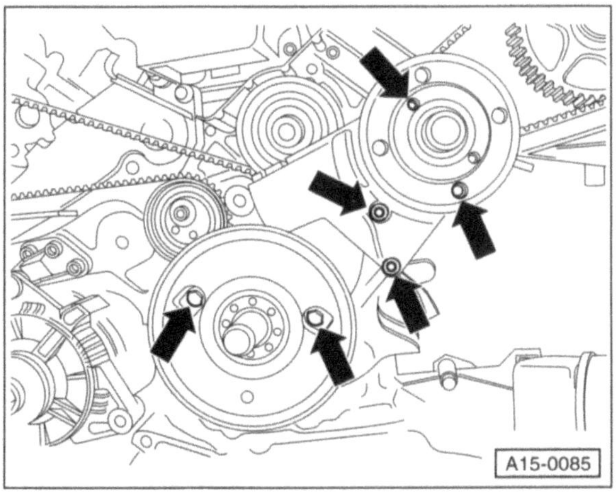

- **Motor 2.8-30V:** Umlenkrolle für Keilrippenriemen abschrauben. Zahnriemenschutz an Kurbelwelle ausbauen.
- Zahnriemen abnehmen. **Achtung:** Der Zahnriemen darf nicht geknickt werden. Ein einmal geknickter Zahnriemen muß immer ersetzt werden, da der Riemen im späteren Betrieb reißen kann, was zu schweren Motorschäden führt. Stellung der Zahnriemenräder möglichst nicht verändern.

Einbau

- Befestigungsschrauben der Nockenwellenräder links und rechts um ca. 3 Umdrehungen lösen, nicht abschrauben.

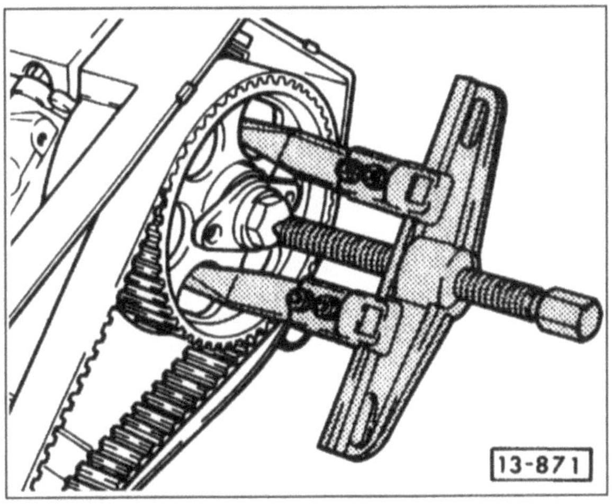

- Nockenwellenräder links und rechts mit Klauenabzieher, zum Beispiel KUKKO 20-10 vom Konus lösen. Die Klauen des Abziehers müssen an der hinteren Nabe angesetzt werden.

Achtung: Die Nockenwellenräder müssen auf dem Konus so lose sein, daß sie sich auf den Nockenwellen noch bewegen lassen, jedoch nicht kippen können.

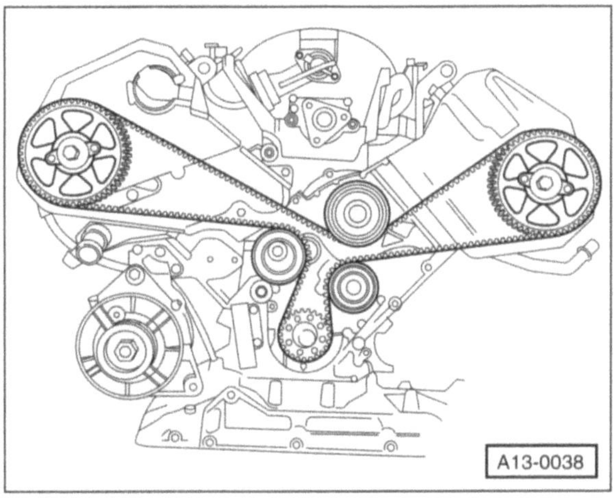

- Zahnriemen über beide Nockenwellenräder legen, dann über die Umlenkrolle und das Kurbelwellenzahnrad und zuletzt über die Spannrolle.

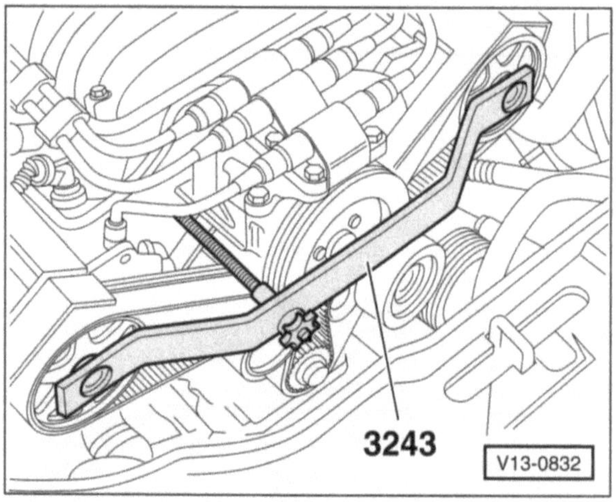

- Nockenwellenbefestigung AUDI-3243 (beim 2.8-30V: AUDI 3391) einsetzen.

2-Ventil-Motor (150/174 PS):

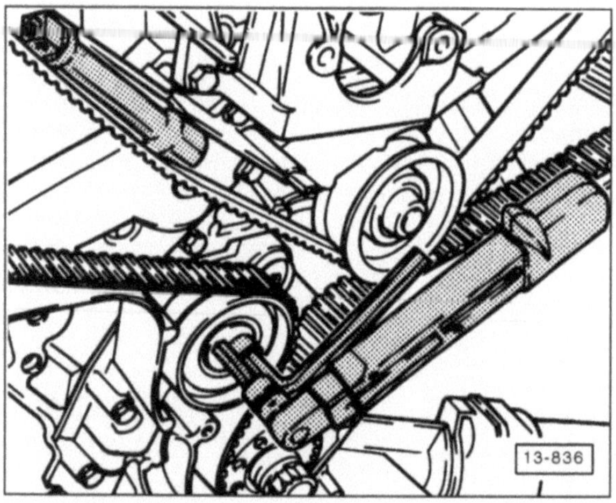

- Klemmschraube der Zahnriemenspannrolle mit Innensechskantschlüssel SW-8 so festziehen, daß sich die Rolle im Exzenter von Hand noch leicht bewegen läßt.
- Zahnriemenspannrolle mit Innensechskantschlüssel SW-8 nach rechts drehen und festhalten. Der Zahnriemen wird dadurch gespannt.
- Klemmschraube der Zahnriemenspannrolle mit zweitem Innensechskantschlüssel SW-8 festziehen.

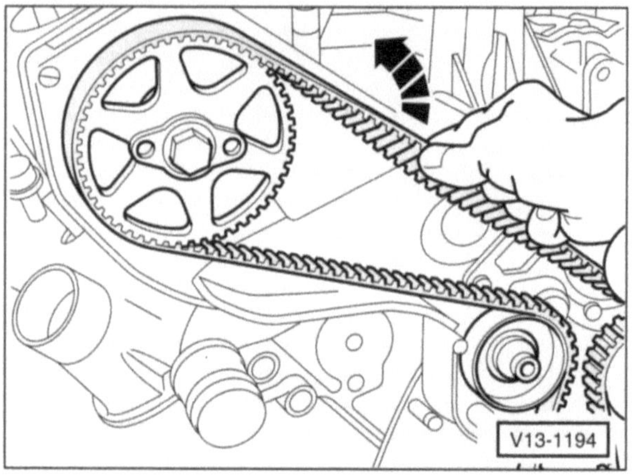

- Zahnriemenspannung prüfen. Dazu den Zahnriemen in der Mitte zwischen rechtem Nockenwellenrad und Kühlmittelpumpe mit Daumen und Zeigefinger verdrehen. Der **neue** Riemen muß sich gerade noch um 90° verdrehen lassen.
- Andernfalls Klemmschraube für Spannrolle lösen und Spannrolle entsprechend verdrehen, bis die richtige Riemenspannung erreicht ist.
- Motor von Hand einmal in Drehrichtung durchdrehen und Prüfung der Riemenspannung wiederholen, gegebenenfalls Zahnriemen nachspannen.
- Klemmschraube für Spannrolle festziehen. **Anzugsdrehmoment** M8-Schraube: **22 Nm**; M10-Schraube: **45 Nm.**

5-Ventil-Motor (2.8-30V, 193 PS):

- Zahnriemenspannrolle mit 8-mm-Innensechskantschlüssel so weit nach rechts drehen, bis sich der Arretierdorn am Spannelement herausnehmen läßt. Dorn abziehen.
- Drehmomentschlüssel am 8-mm-Innensechskant der Zahnriemenspannrolle ansetzen.
- Spannrolle mit **15 Nm** im Uhrzeigersinn drehen und dadurch den Zahnriemen vorspannen. In dieser Stellung Klemmschraube für Spannrolle mit **22 Nm** festziehen.
- Umlenkrolle für Keilrippenriemen mit **45 Nm** anschrauben.

- Nockenwellenräder mit **70 Nm** (beim Motor 2.8-30V: **55 Nm**) festziehen. Nockenwellenbefestigung abschrauben.
- Dorn für Kurbelwellenarretierung herausschrauben.
- Zündzeitpunktgeber mit **10 Nm** einschrauben.
- Zahnriemenschutz unten einbauen.
- Schwingungsdämpfer so ansetzen, daß die Nase am Kurbelwellen-Zahnriemenrad in die Kerbe des Schwingungsdämpfers eingreift. Schwingungsdämpfer mit 8 Innensechskantschrauben und **25 Nm** anschrauben.
- Zahnriemenschutz links und rechts einbauen.
- Spannvorrichtung für Keilrippenriemen so einsetzen, daß der Arretierdorn in die Bohrung am Motorblock eingreift. Innensechskantschraube mit **45 Nm** festziehen.
- Zahnriemenschutz auf beiden Seiten anclipsen.
- Keilrippenriemen einbauen, siehe Seite 65.
- Untere Motorraumverkleidung einbauen, siehe Seite 18.
- Fahrzeug ablassen.

Die Zylinderköpfe

6-Zylinder-Benzinmotor (2-Ventiler, bis 174 PS)

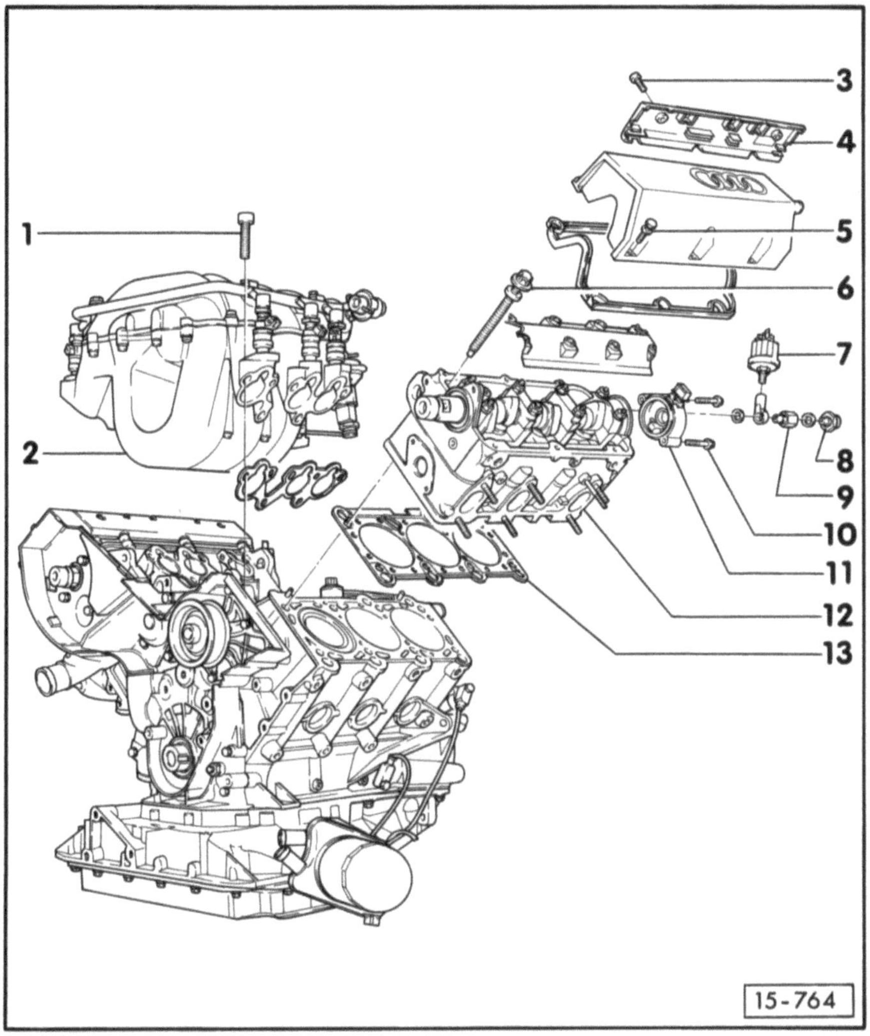

1 – **Schraube, 20 Nm**
Motor ABC seit 12/94: Nach dem Lösen der Befestigungsschrauben für das Saugrohr müssen die Zylinderkopfschrauben um 90° (¼ Umdrehung) nachgezogen werden.

2 – **Saugrohr**

3 – **Schraube, 10 Nm**

4 – **Abdeckung**

5 – **Schraube, 10 Nm**

6 – **Zylinderkopfschraube**

7 – **Öldruckgeber, 25 Nm**

8 – **Öldruckschalter, 25 Nm**

9 – **Hohlschraube, 25 Nm**

10 – **Schraube, 10 Nm**

11 – **Gehäuse Hallgeber**

12 – **Zylinderkopf**
Ein Ersatz-Zylinderkopf kann links und rechts verwendet werden. Er muß deshalb vor dem Einbau mit einem Verschlußdeckel versehen werden.

13 – **Zylinderkopfdichtung**
Die Schrift muß nach oben zeigen.

Zylinderkopf aus- und einbauen

6-Zylinder-Benzinmotor

Zylinderkopf nur bei abgekühltem Motor (Raumtemperatur) ausbauen. Der Abgaskrümmer bleibt angeschlossen. Der Zylinderkopf kann bei eingebautem Motor ausgebaut werden. Die Beschreibung bezieht sich auf den linken Zylinderkopf. Der rechte Zylinderkopf wird auf die gleiche Weise ausgebaut, Besonderheiten stehen am Ende des Kapitels.

Eine defekte Zylinderkopfdichtung ist an verschiedenen Merkmalen erkennbar, siehe Seite 31.

Achtung: Das Anziehen der Zylinderkopfschrauben ist mit größter Sorgfalt durchzuführen. Vor dem Anziehen der Schrauben sollte der Drehmomentschlüssel auf seine Genauigkeit geprüft werden. Die Zylinderkopfschrauben müssen bei kaltem Motor angezogen werden.

Ausbau

- Abdeckung für Wasserkasten, zwischen Spritzwand und Windschutzscheibe im hinteren Teil des Motorraums, ausclipsen und herausnehmen.
- Batterie-Massekabel (–) abklemmen. **Achtung:** Vor dem Abklemmen sollten auch die Hinweise im Kapitel »Radio« bzw. »Batterie aus- und einbauen« durchgelesen werden.

Achtung: Bei Fahrzeugen mit Klimaanlage befindet sich die Batterie unter der Rücksitzbank.

- Keilrippenriemen ausbauen, siehe Seite 65.
- Fahrzeug aufbocken.
- Untere Motorraumabdeckung ausbauen, siehe Seite 17.
- Zahnriemen entspannen und von den Nockenwellenrädern abnehmen. Der Schwingungsdämpfer bleibt eingebaut, siehe Seite 35.

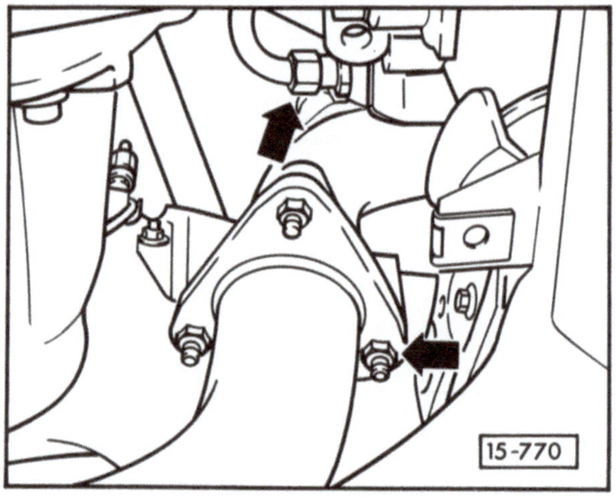

- Abgasrohr vom Krümmer abschrauben.
- Abgasleitung zum mechanischen AGR-Ventil am Abgaskrümmer abschrauben. Der Anschluß befindet sich am linken Krümmer neben der Lambdasonde.
- Kühlmittel ablassen, siehe Seite 87.
- Luftführungsschlauch zwischen Luftmassenmesser und Saugrohr ausbauen.
- Kurbelgehäuseentlüftungen am Zylinderkopf links und rechts abschrauben.
- Kraftstoffvor- und -rücklaufleitung links und rechts von der Ringleitung hinten beim Sammelsaugrohr abschrauben. Dabei Lappen um den Anschluß legen, Muttern langsam lösen um den Druck abzubauen. Leitungen mit geeigneten Stopfen verschließen.
- Abdeckung am Geräuschdämpfer abclipsen. Dabei Schraubendreher zwischen Sammelsaugrohr und Abdeckung einsetzen und Abdeckung nach oben abhebeln.
- Beide Schrauben unter der Abdeckung herausschrauben.
- Geräuschdämpfer nach hinten drücken, vom Drosselklappenstutzen abziehen und nach oben herausheben.
- Folgende Unterdruckschläuche abziehen. Zum leichteren Einbau Schläuche vorher mit Tesaband kennzeichnen.
  - Unterdruckleitung am Geräuschdämpfer links.
  - Schlauch am Anschlußstutzen linke Kurbelgehäuseentlüftung.
- Geräuschdämpfer herausnehmen.
- Weitere Unterdruckleitungen markieren und abziehen:
  - Die Unterdruckleitung für den Bremskraftverstärker hinten rechts am Sammelsaugrohr und von der Vakuumpumpe hinten am rechten Zylinderkopf abziehen.
  - Unterdruckschlauch oben von der AGR-Dose (Metall-Unterdruckdose) abziehen. Die AGR-Dose (AGR = Abgasrückführung) mit mechanischem Ventil ist links hinten am Sammelsaugrohr angeflanscht.
  - Unterdruckleitung von der GRA-Dose abziehen. Die GRA-Dose (schwarze Kunststoffdose) bewirkt die Umschaltung der Saugrohrklappen und befindet sich neben der AGR-Dose.
  - Unterdruckleitung zum Taktventil für Aktivkohlefilter am Drosselklappenteil abschrauben.
  - Unterdruckleitungen am Ventil für Saugrohrumschaltung (blau) und am elektrischen AGR-Ventil (braun) abziehen. Die beiden Ventile befinden sich unterhalb des Luftmassenmessers.
- Abdeckung links für die elektrischen Leitungen der Einspritzventile mit Innensechskantschlüssel SW 5 abschrauben.
- Gaszug abclipsen, aushängen und zur Seite legen.
- Folgende elektrischen Leitungen abziehen bzw. abklemmen. Für den leichteren Einbau Leitungen mit Tesaband kennzeichnen.
  - Alle Zündkerzenstecker abziehen.
  - Alle Stecker an den Einspritzventilen abziehen.
  - Stecker vom Leerlaufstabilisierungsventil rechts hinten am Sammelsaugrohr abziehen.
  - Stecker vom Drosselklappenpotentiometer unten am Drosselklappenstutzen abziehen.
  - Stecker vom Öldruckgeber und -schalter hinten am linken Zylinderkopf abziehen.
  - Stecker vom Hallgeber hinten am linken Zylinderkopf abziehen.
  - Stecker für Lambdasonde und Lambdasondenheizung an der Stirnwand, nähe linker Zylinderkopf, trennen.

Achtung: Kabelbinder lösen oder, falls erforderlich, aufschneiden. Kabelbinder nicht ausbauen, damit beim Einbau des Motors die neuen Kabelbinder an der gleichen Stelle wieder angebracht werden können.

- Mechanisches AGR-Ventil am Saugrohr abschrauben.
- Halter der Hydraulikleitung und Masseleitungen am Saugrohr rechts abschrauben.

2-Ventil-Motoren (bis 174 PS):

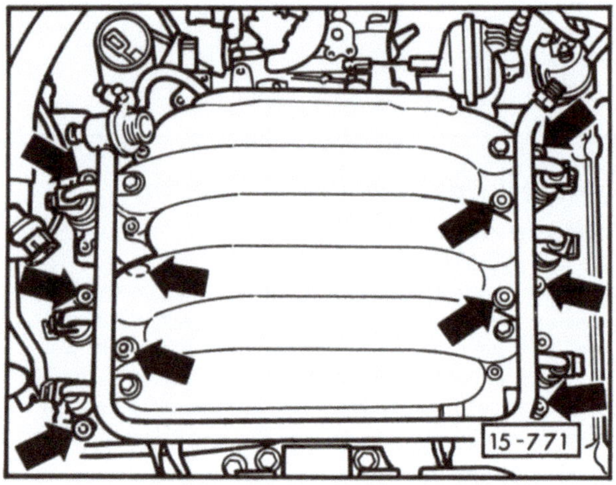

- Saugrohr abschrauben –Pfeile– und herausnehmen.
- Öffnungen mit sauberen Lappen verschließen, damit kein Schmutz hineinfallen kann.
- Kühlmittelrohr hinten am Zylinderkopf abschrauben.
- CO-Entnahmerohr am vorderen Abgasrohr und am Halter abschrauben.
- Lambdasonde ausbauen, siehe Seite 119.
- Wärmeschutzblech am Abgaskrümmer abschrauben.

- Zylinderkopfdeckel mit Innensechskantschlüssel SW 5 abschrauben und mit Ölabweiser abnehmen.
- Dichtung für Zylinderkopfdeckel abnehmen.

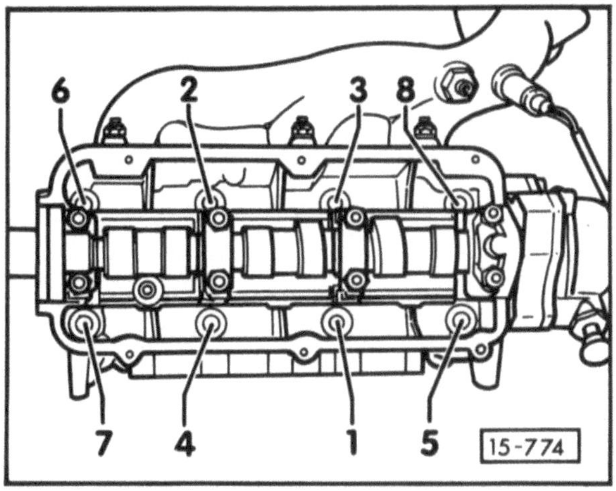

- Zylinderkopfschrauben entgegen der Numerierung von 8 nach 1 zunächst ½ Umdrehung lösen, dann herausdrehen.

5-Ventil-Motor (2.8-30V, 193 PS):

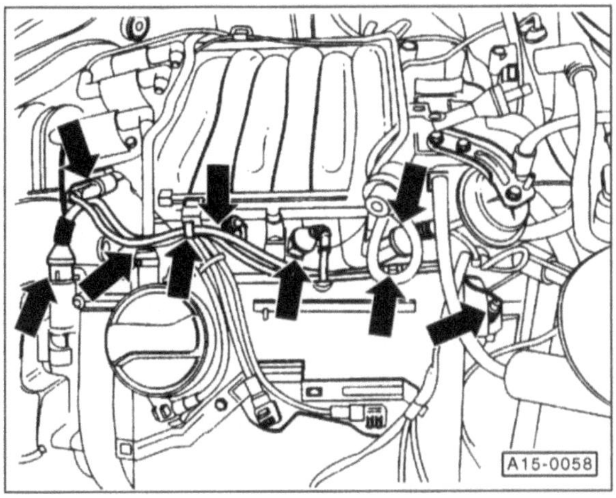

- Stecker an Nockenwellenverstellung und Einspritzventilen abziehen.
- Kabelbinder am Ventildeckel aufschneiden, Leitungshalter an der Einspritzleiste abclipsen, Kurbegehäuseentlüftung an der Zylinderkopfhaube abziehen.
- 4 Schrauben der Kraftstoffsammelleitung am Saugrohr ausschrauben.
- Kraftstoffvor- und rücklaufleitung am Halter ausclipsen.
- Kraftstoffsammelleitung mit Einspritzventilen am Saugrohr herausziehen und seitlich ablegen. Einspritzventile mit sauberem Lappen abdecken.
- Zündspulen mit Halter (4 Schrauben) am Zylinderkopf abschrauben.
- Ca. 90 mm hohen Holzklotz unter das Gaspedal legen. Dose für GRA (Geschwindigkeitsregelanlage) abschrauben, Kugelkopf am Drosselklappenteil aushängen. Gaszug aushängen.
- Sammelsaugrohr abschrauben.

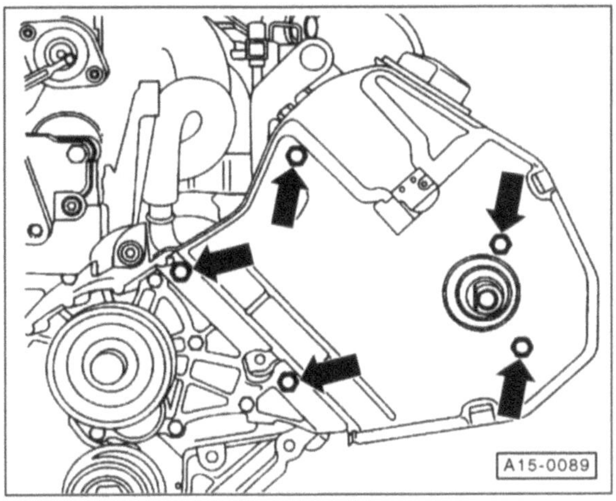

- Zahnriemenschutz hinten links abschrauben.
- Kühlmittelrohr mit 2 Schrauben am Zylinderkopf abschrauben.
- Prüfen, ob sämtliche Leitungen und Schläuche, die zum Zylinderkopf führen, abgezogen sind.
- Zylinderkopfschrauben entgegen ihrer Numerierung von zunächst ½ Umdrehung lösen, dann herausdrehen, siehe Abbildung A15-0063 unter »Einbau«.

Achtung: Seit ca. 7/96 können Zylinderkopfschrauben mit Polydrive-Schraubenkopf (Sechszahn) eingebaut sein, bisher Innenvielzahn. Für die neuen Schrauben wird der Steckschlüsseleinsatz AUDI-3452 benötigt.

- Zylinderkopf abheben und auf zwei Holzleisten legen.
- Zylinderkopfdichtung abnehmen.

Einbau

Vor dem Einbau Zylinderkopf und Motorblock mit geeignetem Schaber von Dichtungsresten freimachen. Darauf achten, daß kein Schmutz in die Motorblock-Öffnungen fällt. Bohrungen mit Lappen verschließen.

- Verzug mit Stahllineal und Fühlerblattlehre an verschiedenen Stellen des Zylinderkopfes prüfen. Die zulässigen Unebenheiten dürfen maximal 0,1 mm (Motor ABC seit 12/94: 0,05 mm) nicht überschreiten. **Achtung:** Werden die Dichtflächen des Zylinderkopfes nachgearbeitet, darf die zulässige Mindesthöhe von 132,75 mm (Modell 2.8-30V: 139,25 mm) nicht unterschritten werden.
- Prüfen, ob die Bohrungen für die Zylinderkopfschrauben frei von Öl sind, gegebenenfalls Öl entfernen. Wenn keine Preßluft zum Ausblasen der Bohrungen zur Verfügung steht, nimmt man einen kleinen Schraubendreher und einen saugfähigen Lappen und reinigt damit die Bohrungen vom Öl.
- Zylinderkopfdichtung grundsätzlich ersetzen. Die Aufschrift muß zum Zylinderkopf zeigen. Zylinderkopfdichtung ohne Dichtungsmittel so auflegen, daß keine Bohrungen verdeckt werden. Zum Zentrieren von Dichtung und Zylinderkopf sind Paßhülsen vorhanden. Korrekten Sitz der Paßhülsen sicherstellen.

Achtung: Wird ein neuer Zylinderkopf eingebaut, muß an der vorderen Stirnseite vorher ein Verschlußdeckel eingebaut werden. Das ist deshalb erforderlich, weil der Ersatzteil-Zylinderkopf sowohl rechts als auch links eingebaut werden kann.

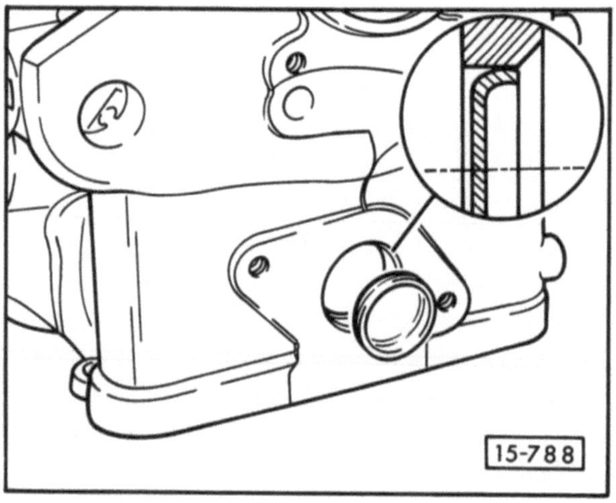

- Rand des Verschlußdeckels mit Dichtpaste AMV1880002 einstreichen. Verschlußdeckel mit Dorn VW-295 so weit eintreiben, bis der äußere Rand des Veschlußdeckels mit dem Fasenende am Zylinderkopf abschließt.
- Zylinderkopf mit Helfer vorsichtig aufsetzen.
- **Neue** Zylinderkopfschrauben mit Unterlegscheiben ansetzen und handfest anziehen. **Zylinderkopfschrauben grundsätzlich ersetzen.**

2-Ventil-Motoren (bis 174 PS):

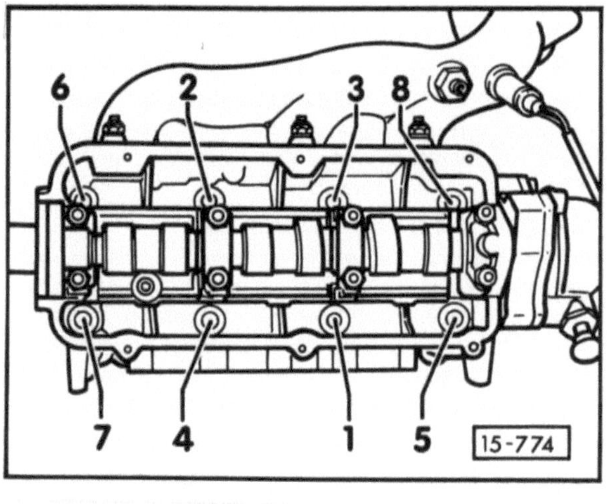

- Die Zylinderkopfschrauben werden in 2 Stufen angezogen. Kopfschrauben in jeder Stufe jeweils in der Reihenfolge von 1 bis 8 anziehen.

1. Stufe: mit Drehmomentschlüssel **60 Nm**

2. Stufe: ½ Umdrehung (180°) mit **starrem** Schlüssel ohne abzusetzen weiterdrehen. Stattdessen 2 x 90° weiterdrehen ist ebenfalls zulässig.

- Beim Anziehen der Zylinderkopfschrauben Drehwinkel abschätzen. Schlüsselgriff längs zum Motor ansetzen und in einem Zug drehen, bis der Griff quer zum Motor steht (¼ Umdrehung, 90°). Anschließend Schlüssel weiterdrehen bis der Griff wieder längs zum Motor steht.

Achtung: Ein späteres Nachziehen der Zylinderkopfschrauben ist nicht erforderlich und auch nicht zulässig. **Ausnahme: Motor ABC ab 12/94: Nach Lösen der Befestigungsschrauben für Saugrohr müssen bei diesem Motor die Zylinderkopfschrauben um 90° nachgezogen werden.** Beim Einbau eines Austausch-Zylinderkopfes mit montierter Nockenwelle die Berührungsflächen zwischen Tassenstößel und Nockenbahn nach Einbau des Zylinderkopfes ölen.

- Zahnriemen montieren, siehe Seite 34.

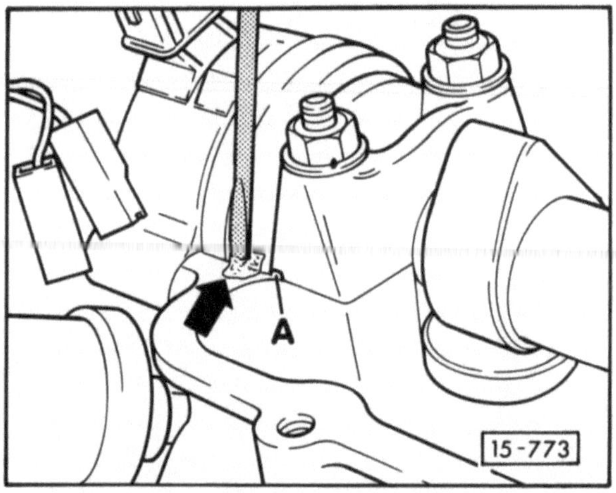

- Zylinderkopfdeckel einbauen. Vorher die 4 Kanten –Pfeil– an den Dichtflächen des Zylinderkopfes vorsichtig mit einem kleinen Schraubendreher und mit »Silmate AMV 17400401« einstreichen. **Achtung:** Die Ölöffnung –A– darf dabei **nicht** mit Silmate verschlossen werden.
- Dichtung für Zylinderkopfdeckel vor dem Aufsetzen an der Innen- und Außenseite mit Silikon-Gleitmittel D00700001 leicht einstreichen.
- Zylinderkopfdeckel mit Ölabweiser auflegen und mit 10 Nm gleichmäßig anschrauben.

5-Ventil-Motor (2.8-30V, 193 PS):

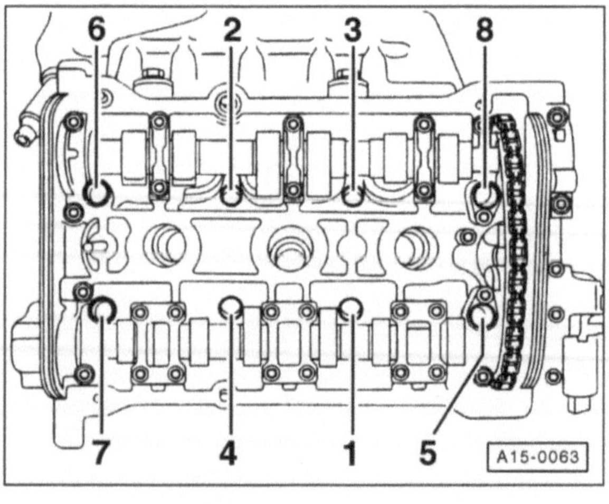

- Die Zylinderkopfschrauben werden in 2 Stufen angezogen. Kopfschrauben in jeder Stufe jeweils in der Reihenfolge von 1 bis 8 anziehen.

1. Stufe: mit Drehmomentschlüssel **60 Nm**

2. Stufe: ½ Umdrehung (180°) mit **starrem** Schlüssel ohne abzusetzen weiterdrehen. Stattdessen 2 x 90° weiterdrehen ist ebenfalls zulässig.

Achtung: Ein Nachziehen der Zylinderkopfschrauben ist nicht zulässig.

- Kühlmittelrohr und Zahnriemenabdeckblech anschrauben, siehe Abbildungen unter »Ausbau«.

- Abgasrohr am Abgaskrümmer montieren, siehe Seite 141.
- Kühlmittelrohr hinten am Zylinderkopf anschrauben.
- CO-Entnahmerohr anschrauben.
- Lambdasonde einbauen, siehe Seite 119.
- Wärmeschutzblech am Abgaskrümmer anschrauben.
- Abdecklappen von den Ansaugöffnungen abnehmen.

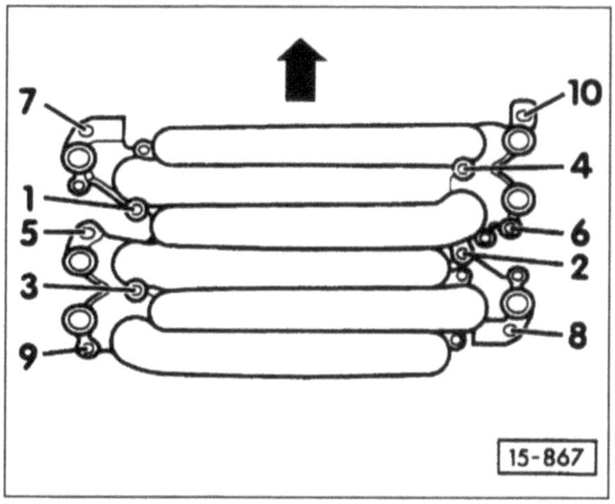

- Saugrohr mit neuer Dichtung ansetzen. Schrauben in der angegebenen Reihenfolge von 1 bis 10 in 4 Durchgängen festziehen. Der Pfeil zeigt in Fahrtrichtung.
  1. Stufe: **5 Nm**; 2. Stufe: **10 Nm**; 3. Stufe: **20 Nm**;
  4. Stufe: **20 Nm**.

Achtung: Beim 2.8-30V-Motor Saugrohr an Zylinderkopf nur mit **10 Nm** anschrauben.

- Abdeckung links für die elektrischen Leitungen der Einspritzventile mit Innensechskantschlüssel SW 5 am Zylinderkopfdeckel anschrauben.
- Folgende elektrischen Leitungen entsprechend den angebrachten Tesaband-Markierungen aufschieben und einrasten bzw. anklemmen.
  – Alle Zündkerzenstecker aufstecken.
  – Alle Stecker an den Einspritzventilen aufstecken.
  – Stecker am Leerlaufstabilisierungsventil rechts hinten am Sammelsaugrohr aufstecken.
  – Stecker am Drosselklappenpotentiometer unten am Drosselklappenstutzen aufstecken.
  – Stecker am Öldruckgeber und -schalter hinten am linken Zylinderkopf aufstecken.
  – Stecker am Hallgeber hinten am linken Zylinderkopf aufstecken.
  – Stecker für Lambdasonde und Lambdasondenheizung an der Stirnwand, nähe linker Zylinderkopf, zusammenstecken.
- Halter der Hydraulikleitung und Masseleitungen am Saugrohr anschrauben.
- AGR-Ventil am Saugrohr anschrauben.
- Gaszug einhängen.
- Abdeckung links für die Leitungen der Einspritzventile anschrauben.
- Unterdruckschläuche entsprechend der Tesaband-Kennzeichnung aufschieben.
  – Unterdruckleitung für Bremskraftverstärker hinten rechts am Sammelsaugrohr und an der Vakuumpumpe hinten am rechten Zylinderkopf aufstecken.
  – Unterdruckschlauch oben an der AGR-Dose (Metall-Unterdruckdose) aufstecken. Die AGR-Dose (AGR = Abgasrückführung) mit mechanischem Ventil ist links hinten am Sammelsaugrohr angeflanscht.
  – Unterdruckleitung an der GRA-Dose (schwarze Kunststoffdose) aufstecken.
  – Unterdruckleitung zum Taktventil für Aktivkohlefilter am Drosselklappenteil anschrauben.
  – Unterdruckleitungen am Ventil für Saugrohrumschaltung (blau) und am elektrischen AGR-Ventil (braun) aufstecken. Die beiden Ventile befinden sich unterhalb des Luftmassenmessers.
- Geräuschdämpfer auf Drosselklappenteil schieben und anschrauben. Abdeckung am Geräuschdämpfer einclipsen.
- Unterdruckleitung am Geräuschdämpfer links aufschieben.
- Schlauch am Anschlußstutzen linke Kurbelgehäuseentlüftung aufstecken.
- Luftführungsschlauch zwischen Luftmassenmesser und Saugrohr einbauen.
- Kurbelgehäuseentlüftungen am Zylinderkopf links und rechts anschrauben.
- Kraftstoffvor- und -rücklaufleitung anschrauben.
- Abgasleitung zum AGR-Ventil am Krümmer anschrauben.
- Keilrippenriemen einbauen, siehe Seite 65.
- Untere Motorraumabdeckung einbauen, siehe Seite 18.
- Batterie-Massekabel (–) anklemmen. Code für die Diebstahlsicherung eingeben, Sender programmieren und Zeituhr einstellen. **Achtung:** Die Batterie darf nur bei ausgeschalteter Zündung angeklemmt werden, **da sonst das Steuergerät der Einspritzanlage beschädigt wird.**
- Abdeckung für den Wasserkasten einclipsen bzw. Rücksitzbank einbauen.
- Kühlmittel auffüllen, immer erneuern, siehe Seite 87.
- Ölstand im Motor kontrollieren. Falls die Zylinderkopfdichtung defekt war, Ölwechsel durchführen.
- Motor auf Betriebstemperatur bringen, Kühlmittelstand überprüfen und sämtliche Schlauchanschlüsse auf Dichtheit prüfen.

Besonderheiten rechter Zylinderkopf (nur 174-PS-Motor)

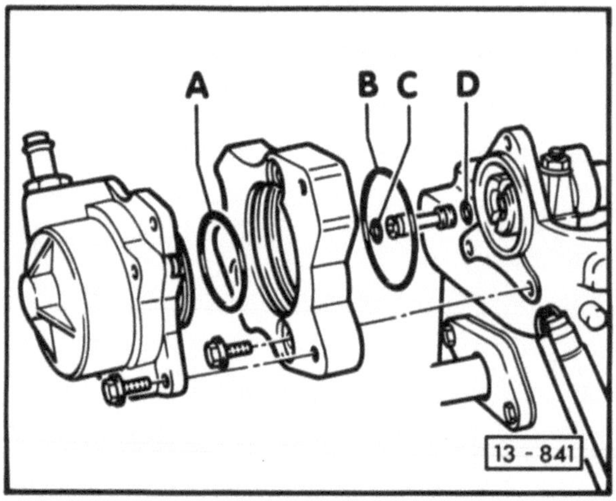

- Unterdruckpumpe bzw. Verschlußdeckel abbauen.
- Zwischenflansch abbauen.
- Kolben aus der Nockenwelle ziehen.
- Rundschnurdichtringe A, B, C und D ersetzen.
- Kolben, Zwischenflansch und Unterdruckpumpe wieder einbauen und mit 10 Nm anschrauben.

Zahnriementrieb

4-Zylinder-Dieselmotor

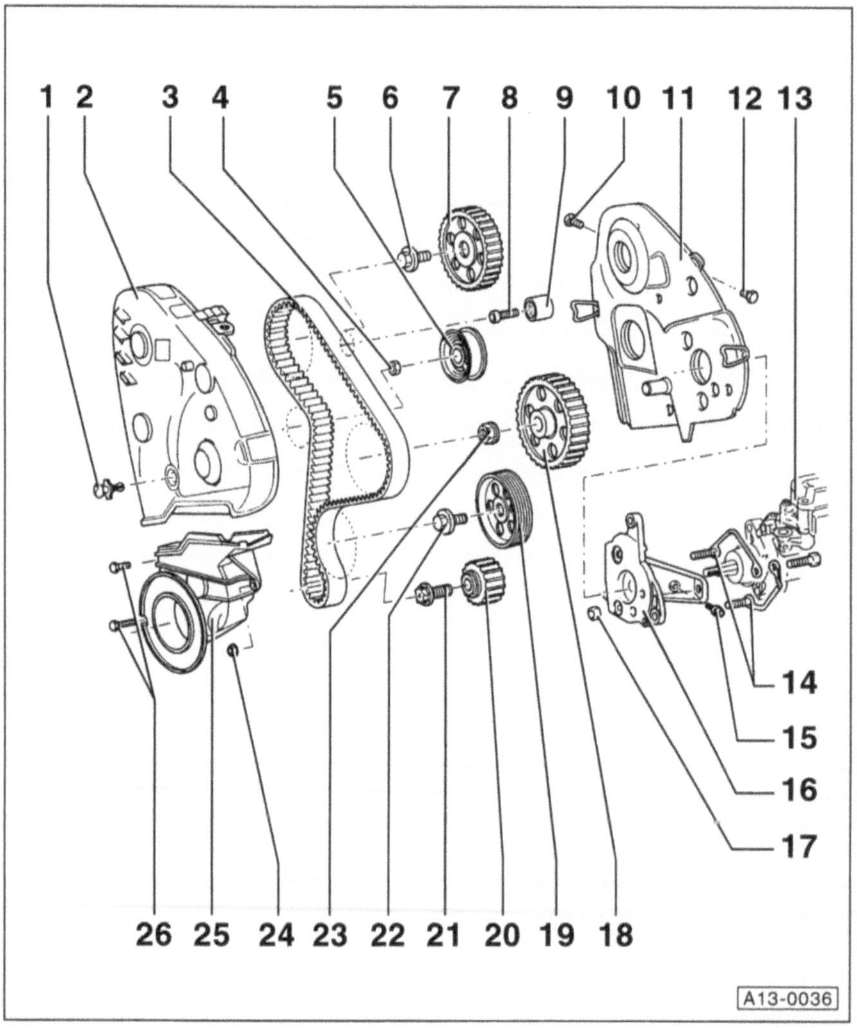

1 – **Spreizclip**
2 – **Zahnriemenschutz-Oberteil**
3 – **Zahnriemen**
Vor dem Ausbau, Laufrichtung kennzeichnen. Nicht knicken.
4 – **Mutter, 20 Nm**
5 – **Spannrolle**
6 – **Schraube, 45 Nm**
7 – **Nockenwellenrad**
8 – **Schraube, 25 Nm**
9 – **Umlenkrolle**
10 – **Schraube, 10 Nm**
11 – **Zahnriemenschutz hinten**
12 – **Schraube, 10 Nm**
13 – **Einspritzpumpe**
14 – **Halter**
15 – **Schraube, 25 Nm**
16 – **Konsole**
17 – **Mutter, 25 Nm**
18 – **Einspritzpumpenrad**
19 – **Zwischenwellenrad**
20 – **Zahnriemenrad**
An Kurbelwelle
21 – **Zentralschraube**
90 Nm + ¼ Umdrehung (90°)
Schraube immer ersetzen. Das Weiterdrehen kann in mehreren Stufen erfolgen. Zum Anziehen, Gegenhalter AUDI-3099 verwenden.
22 – **Schraube. 45 Nm**
23 – **Mutter, 55 Nm**
24 – **Mutter, 10 Nm**
25 – **Zahnriemenschutz-Unterteil**
26 – **Schraube, 10 Nm**

Zahnriemen entspannen/spannen

4-Zylinder-Dieselmotor

Achtung: Nach Spannen des Zahnriemens, Förderbeginn der Einspritzpumpe prüfen, gegebenenfalls neu einstellen.

Entspannen

- Oberen Zahnriemenschutz ausbauen.
- Mutterndreher, zum Beispiel HAZET 2587, an der Spannrolle ansetzen.
- Befestigungsmutter für Spannrolle lösen.

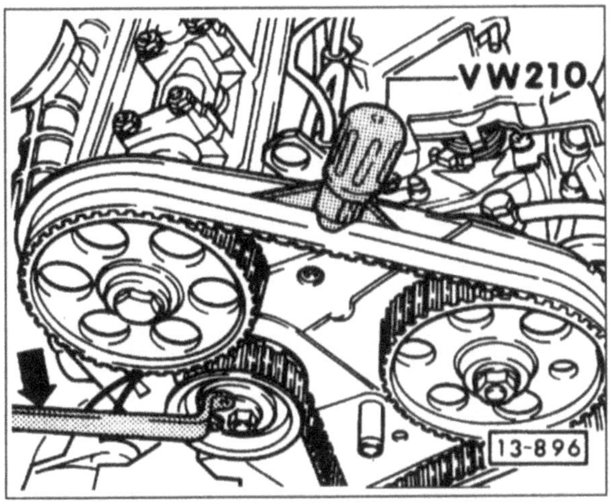

- Spannrolle nach links drehen (entgegen dem Uhrzeigersinn) und Zahnriemen entspannen.

Spannen

Achtung: Die Spannrolle ist mit einer automatischen Riemenspannvorrichtung ausgestattet. Nach Einstellen der Spannrolle in die richtige Position ist ein Nachprüfen der Riemenspannung nicht mehr erforderlich.

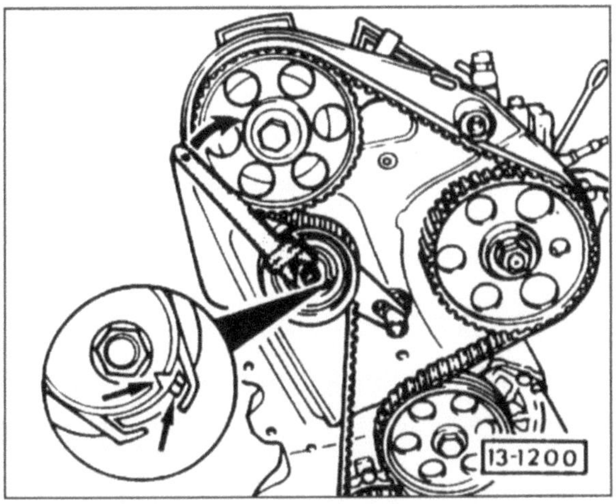

- Mutterndreher, zum Beispiel HAZET 2587, an der Spannrolle ansetzen. Mutter für Spannrolle ist gelöst.
- Spannrolle nach rechts drehen –im Uhrzeigersinn–, bis sich die Kerbe und die Erhebung –Pfeile– gegenüberstehen.
- Mutter mit **20 Nm** anziehen.
- Oberen Zahnriemenschutz einbauen.
- Förderbeginn der Einspritzpumpe einstellen, siehe Seite 133.

Zahnriemen aus- und einbauen

4-Zylinder-Dieselmotor

Achtung: Nach dem Einbau des Zahnriemens muß der Förderbeginn der Einspritzpumpe neu eingestellt werden.

Ausbau

- Leitung zu den Lüftermotoren abschrauben.
- Lüfterzarge am Kühler oben abschrauben und herausziehen.
- Keilriemen und Keilrippenriemen ausbauen, siehe Seite 64.
- Oberen Zahnriemenschutz ausbauen.
- 4 Schrauben für Riemenscheibe/Schwingungsdämpfer an der Kurbelwelle lösen und Riemenscheibe/Schwingungsdämpfer abnehmen.
- Unteren Zahnriemenschutz ausbauen.
- Zylinderkopfdeckel ausbauen.

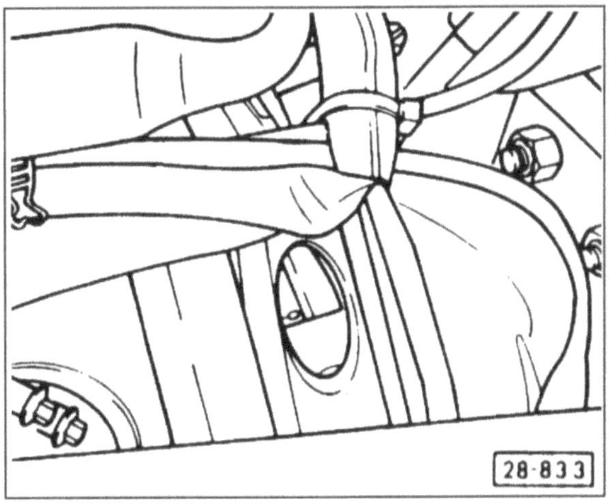

- Kurbelwelle auf OT für Zylinder 1 drehen. Dazu Kurbelwelle mit Stecknuß an der Zentralschraube des Kurbelwellenzahnrades verdrehen (Getriebe in Leerlaufstellung), bis die OT-Markierung –0– im Fenster der Kupplungsglocke genau unterhalb der Einstellkante steht.

Achtung: Motor **nicht** an der Befestigungsschraube des Nockenwellenrades durchdrehen. Dadurch wird der Zahnriemen überbeansprucht.

- Laufrichtung auf dem Zahnriemen mit Filz- oder Fettstift durch einen Pfeil kennzeichnen. Der Motor dreht, von vorn gesehen, rechts herum, also im Uhrzeigersinn.

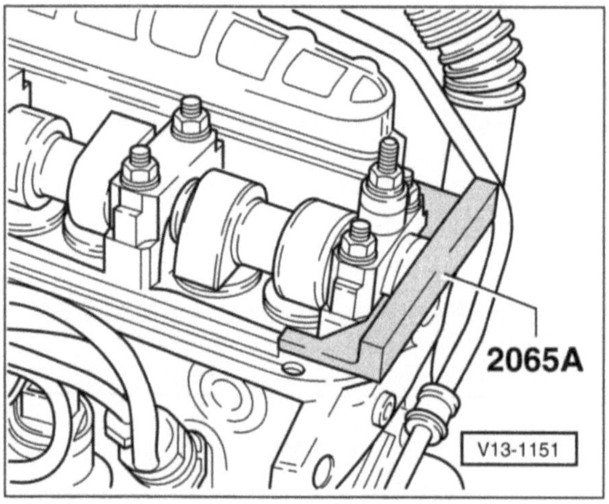

- Das Einstellineal AUDI-2065 A muß sich nun ohne Widerstand in die Nut am hinteren Ende der Nockenwelle einsetzen lassen. Wenn nicht, Kurbelwelle um eine Umdrehung weiterdrehen. Steht das Spezialwerkzeug nicht zur Verfügung, Lineal wie in Abbildung U-1016 dargestellt anfertigen, siehe Seite 46.
- Nockenwelle mit Einstellineal arretieren.

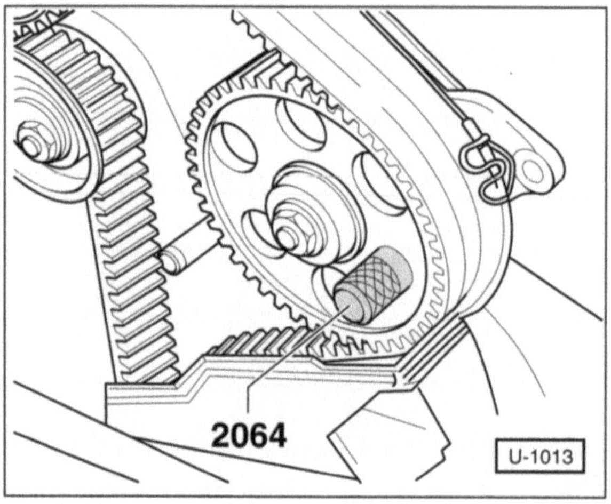

- Arretierdorn AUDI-2064 in die Bohrung für Einspritzpumpenrad und Einspritzpumpenhalter einstecken und dadurch Einspritzpumpenrad arretieren. **Hinweis:** Anstelle des AUDI-Werkzeugs kann auch ein anderer Dorn ∅ 15 mm, Länge 36 mm verwendet werden, zum Beispiel ein Bohrerschaft.
- Mutter der Zahnriemenspannrolle lösen und Zahnriemen abnehmen.

Achtung: Wenn die Nockenwelle bei abgenommenem Zahnriemen gedreht wird, darf **kein Kolben auf OT** stehen. Es können sonst schwerwiegende Schäden an Kolben oder Ventilen entstehen.
Soll die Nockenwelle gedreht werden, vorher alle Kolben gleichmäßig unter OT stellen.
Dazu oben an der Kurbelwellen-Riemenscheibe einen Kreidestrich anbringen (Voraussetzung: Kurbelwelle steht in OT-Stellung für Zylinder 1), dann Kurbelwellen-Riemenscheibe um ¼ Umdrehung (90°) nach links oder rechts drehen. Die Kreidemarkierung zeigt nun nach links oder nach rechts.
Der ausgebaute Zahnriemen darf **nicht geknickt** werden. Ein einmal geknickter Zahnriemen muß immer ersetzt werden, da der Riemen im späteren Betrieb reißen kann, was zu schweren Motorschäden führt.

- Stellung der Zahnriemenräder bei ausgebautem Zahnriemen möglichst nicht verändern.

Einbau

- Befestigungsschraube für Nockenwellenrad ca. ½ Umdrehung lösen.

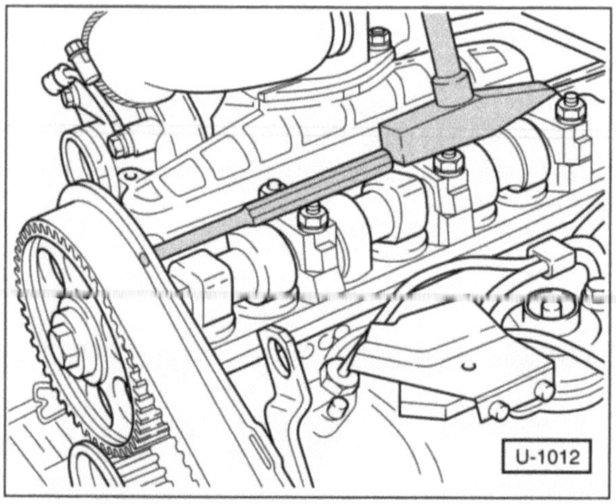

- Nockenwellenrad durch Hammerschläge mit einem Dorn durch die 6 mm-Bohrung im hinteren Zahnriemenschutz vom Konus der Nockenwelle lösen.
- OT-Stellung nochmals kontrollieren.
- Zahnriemen auflegen. **Achtung:** Wird der bisherige Zahnriemen wiederverwendet, unbedingt Laufrichtung beachten. Der Einbau des Zahnriemens in umgekehrter Laufrichtung kann zum Reißen des Riemens und dadurch zu Motorschäden führen. Daher Zahnriemen immer so einbauen, daß der angebrachte Pfeil in Drehrichtung des Motors zeigt.
- Unteren Zahnriemenschutz einbauen.
- Riemenscheibe mit Schwingungsdämpfer montieren. Die Schrauben mit 25 Nm anziehen. Die Riemenscheibe gegebenenfalls mit einem Ölfilterspannband festhalten.
- Zahnriemen spannen.
- Mutter für Spannrolle mit **20 Nm** festziehen.

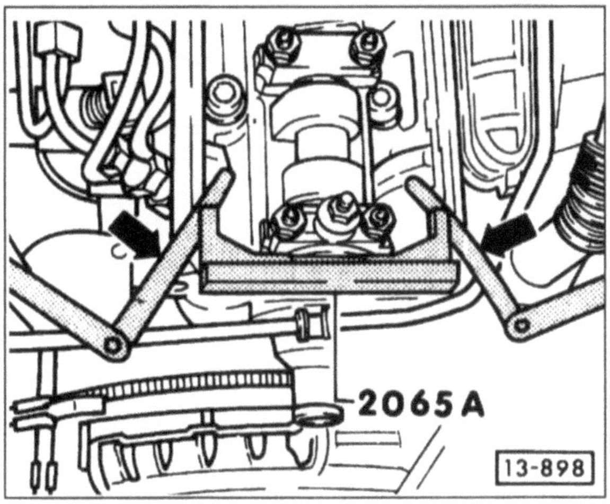

- Befestigungsschraube für Nockenwellenrad mit **45 Nm** festziehen. Dabei Nockenwellenrad mit AUDI-3036 gegenhalten. Steht das Spezialwerkzeug nicht zur Verfügung, stabilen Schraubendreher durch ein Loch des Nockenwellenrades stecken und am Zylinderkopf abstützen. Um die Dichtfläche nicht zu beschädigen, Holz unterlegen.
- **Einstellineal ausmitteln:** Dazu arretierte Nockenwelle so verdrehen, daß ein Ende des Einstellineals am Zylinderkopf aufstößt. Am anderen Ende des Lineals mit Fühlerblattlehre das entstandene Spiel messen. 2 Lehren mit halbiertem Spielmaß auf beiden Seiten zwischen Einstellineal und Zylinderkopf einführen.
- Befestigungsschraube für Nockenwellenrad ca. ½ Umdrehung lösen. Nockenwellenrad mit Gegenhalter AUDI-3036 halten.
- Nochmals kontrollieren ob sich die Kurbelwelle in OT-Stellung für Zylinder 1 befindet, siehe Abbildung 28-833.
- Befestigungsschraube für Nockenwellenrad in dieser Stellung festziehen. Dabei Nockenwellenrad mit Gegenhalter AUDI-3036 halten. Anzugsmoment **45 Nm.**
- Mit Absteckdorn AUDI-2064 kontrollieren, ob die OT-Stellung der Einspritzpumpe noch stimmt.
- Einsteckdorn und Einstellineal entfernen.
- Zylinderkopfdeckel mit neuer Dichtung anschrauben.
- Oberen Zahnriemenschutz einbauen.
- Keilriemen/Keilrippenriemen einbauen, siehe Seite 64.
- Lüfterzarge am Kühler oben ansetzen und anschrauben.
- Leitungen zu den Lüftermotoren anschrauben.

Zahnriemenspannung prüfen/einstellen

5-Zylinder-Dieselmotor bis 5/94

Achtung: Motor seit 6/95, siehe Kapitel »Zahnriemeneinbau«.

Prüfen

- Obere Zahnriemen-Abdeckung abnehmen.
- Auf Zahnriemen zwischen Nockenwellenrad und Kühlmittelpumpenrad mit Gummihammer einen Schlag ausführen.
- Am Prüfgerät VW 210 durch Drehen am Griff Feder entspannen.

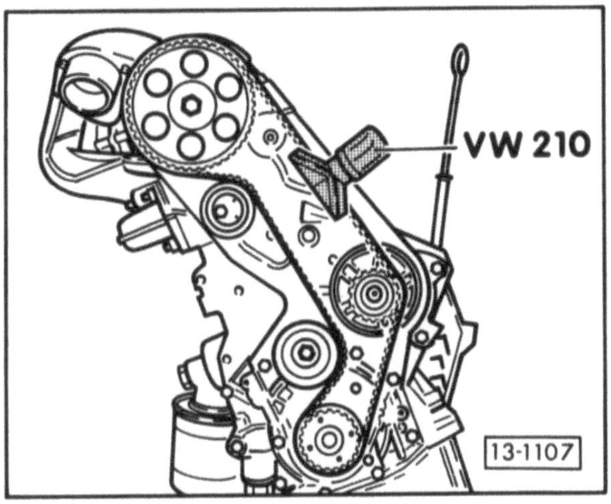

- Prüfgerät zwischen Nockenwellenrad und Kühlmittelpumpenrad so einsetzen, daß der Zahnriemen zwischen den Kufen und dem Meßfühler des Prüfgerätes anliegt.
- Prüfgerät am Griff auf den Skalenwert 12 . . . 13 vorspannen. Seitlich am Meßfühler ragt eine Stahlzunge aus dem Prüfgerät, auf der ein weißer, waagerechter Strich angebracht ist. Dieser waagerechte Strich muß sich jetzt mit dem Rand des Prüfgerätes decken. Wenn nicht, Zahnriemenspannung einstellen.

Einstellen

- Prüfgerät einsetzen
- Prüfgerät durch Rechtsdrehen am Griff des Prüfgerätes auf Sollwert 12 . . . 13 vorspannen.
- Klemmutter für Spannrolle lösen.
- Spannrolle mit Mutterndreher (z. B. MATRA-V 159 oder HAZET 2587) verdrehen bis am Prüfgerät der weiße waagerechte Strich auf der Stahlzunge mit dem Gehäuserand übereinstimmt.
- Mutter für Spannrolle mit 45 Nm festziehen.
- Kurbelwelle eine Umdrehung weiterdrehen und Messung wiederholen, gegebenenfalls Einstellung wiederholen.
- Obere Zahnriemenabdeckung einbauen.

Achtung: Steht das Einstell- und Prüfwerkzeug nicht zur Verfügung (Ausland, Panne), kann die Zahnriemenspannung auch behelfsmäßig eingestellt werden. Und zwar ist der Zahnriemen so zu spannen, daß er sich mit Daumen und Zeigefinger kaum noch um 90° verdrehen läßt. Die Zahnriemenspannung muß dann jedoch umgehend mit dem Prüfgerät überprüft werden. Bis dahin sind hohe Motor-Drehzahlen zu vermeiden.

Zahnriemen für Nockenwelle

5-Zylinder-Dieselmotor

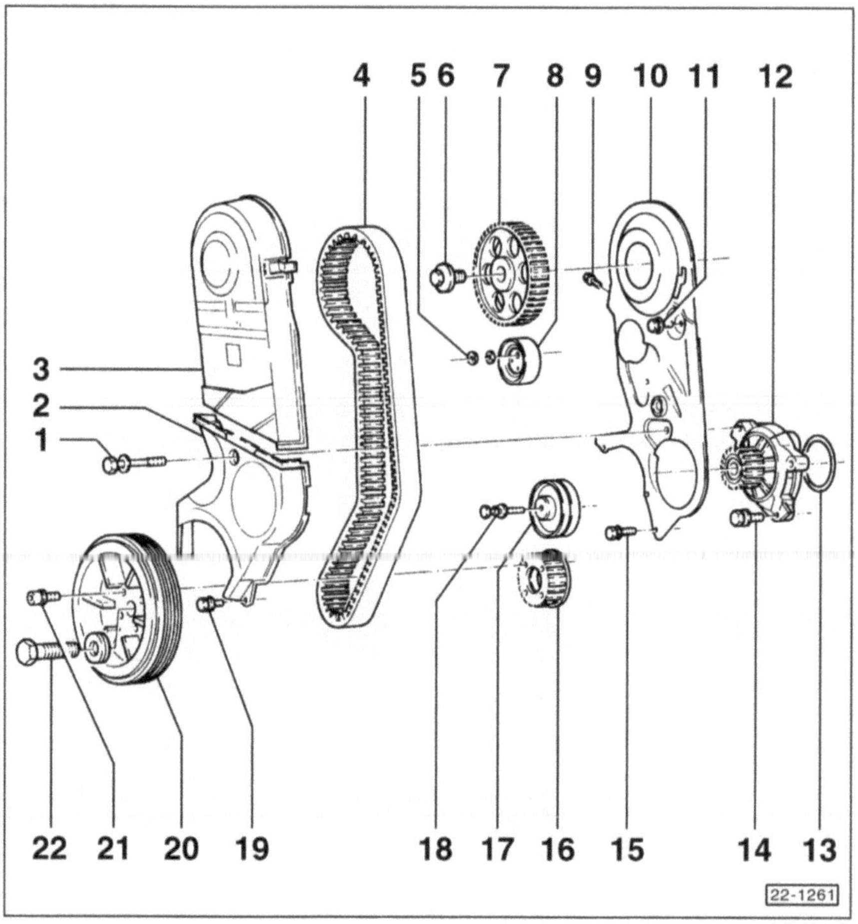

1 – **Schraube, 20 Nm**

2 – **Zahnriemenschutz unten**

3 – **Zahnriemenschutz oben**

4 – **Zahnriemen**

5 – **Mutter, 45 Nm**

6 – **Schraube für Nockenwellenrad**
Unterschiedliche Anzugsdrehmomente beachten!
- Schraube mit Kennzeichnung 8.8: **85 Nm**
- Schraube mit Kennzeichnung 10.9: **30 Nm + ¼ Umdrehung (90°)**

7 – **Nockenwellenrad**

8 – **Spannrolle**

9 – **Schraube, 10 Nm**

10 – **Zahnriemenschutz hinten**

11 – **Schraube, 10 Nm**

12 – **Kühlmittelpumpe**

13 – **O-Ring**

14 – **Schraube, 20 Nm**

15 – **Schraube, 10 Nm**
Gewindegänge dünn mit Sicherungsmittel D6 bestreichen.

16 – **Zahnriemenrad Kurbelwelle**

17 – **Umlenkrolle**

18 – **Schraube, 10 Nm**

19 – **Schraube, 10 Nm**

20 – **Schwingungsdämpfer**
Kann nur in einer Stellung am Zahnriemenrad Kurbelwelle montiert werden: Die Erhebung am Zahnriemenrad muß in die Sackbohrung der Riemenscheibe eingreifen.

21 – **Schraube, 20 Nm**

22 – **Zentralschraube**
2,4-l-Motor: Anzugsmoment **350 Nm.** Anzugsdrehmoment gilt nur bei Verwendung der Hebelverlängerung AUDI-2079. Ohne die Verlängerung ist ein Drehmoment von **450 Nm** erforderlich. Gewindegänge und Auflagefläche des Schraubenkopfes mit Dichtmittel AMV18800102 einstreichen.
2,5-l-Motor: Schraube nach jedem Lösen **erneuern**, vor dem Einsetzen an Gewinde und Kopfauflagefläche einölen. Anzugsmoment **160 Nm + ½ Umdrehung (180°) weiterdrehen.** Das Weiterdrehen um 180° kann in mehreren Stufen erfolgen

Nockenwellen-Einstellineal

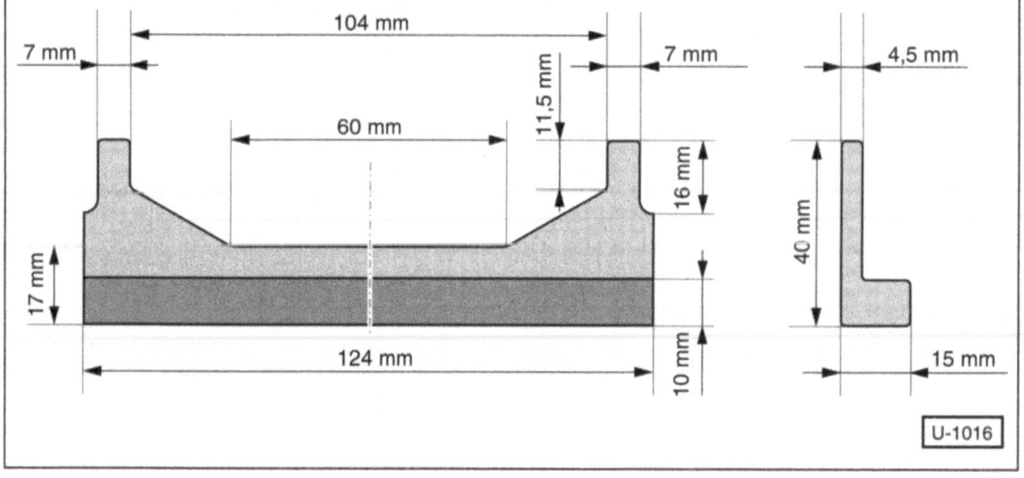

Zahnriemen aus- und einbauen

5-Zylinder-Dieselmotor

Ausbau

- Fahrzeug aufbocken, siehe Seite 145.
- Untere Motorraumverkleidung ausbauen, siehe Seite 17.
- Fahrzeug ablassen, siehe Seite 145.
- Schloßträger ausbauen, siehe Seite 223.
- Stoßfänger vorn ausbauen, siehe Seite 216.

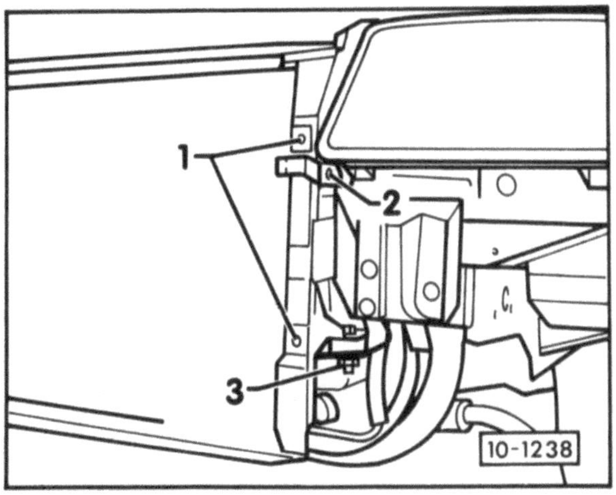

- Halter für Zierblende –2– an der rechten Fahrzeugseite abschrauben.
- Rechte und linke Kühlerbefestigung –3– abschrauben.
- Luftführung links am Kühler abschrauben –1–.

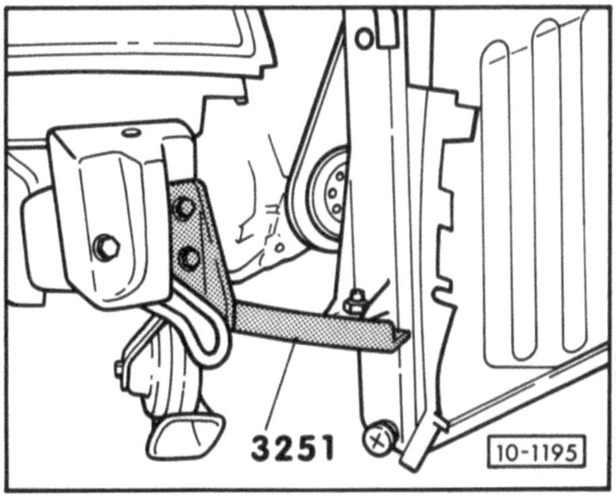

- Spezialwerkzeug AUDI-3251 an der Stoßfängeraufnahme anschrauben, Kühler nach vorn ziehen und am Spezialwerkzeug anschrauben. Steht das Spezialwerkzeug nicht zur Verfügung, Kühlerhalter entsprechend der Abbildung selbst anfertigen oder Kühler mit Unterstellbock abstützen beziehungsweise Kühler komplett ausbauen.
- Keilrippenriemen ausbauen, siehe Seite 65.
- Spannvorrichtung für Keilrippenriemen abschrauben.
- Zylinderkopfdeckel abschrauben.
- Zahnriemenschutz für Einspritzpumpenantrieb hinten am Zylinderkopf abschrauben.
- Zahnriemenschutz für Nockenwellenantrieb vorn abschrauben.
- Laufrichtung auf dem Zahnriemen mit Filz- oder Fettstift durch einen Pfeil kennzeichnen. Der Motor dreht, von vorn gesehen, rechts herum, also im Uhrzeigersinn.

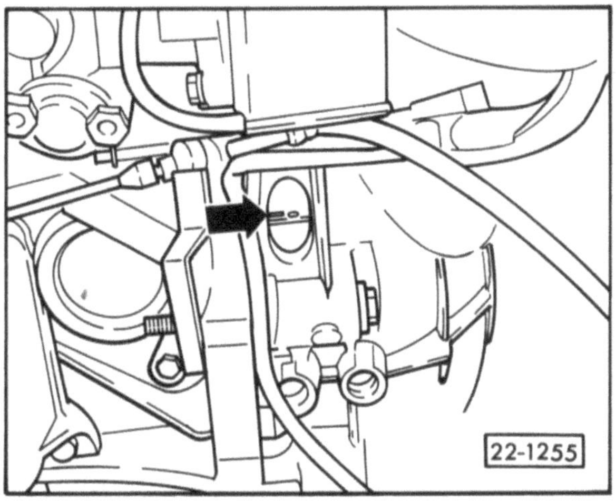

- Kurbelwelle auf OT für Zylinder 1 stellen. Dazu Getriebe in Leerlaufstellung bringen, Handbremse anziehen und an der Zentralschraube der Kurbelwellen-Riemenscheibe (Schwingungsdämpfer) Kurbelwelle im Uhrzeigersinn drehen, bis die Markierungen in der Kupplungsglocke übereinstimmen. **Achtung:** Die OT-Markierung ist beim 2,5-l-Motor ab Baudatum 6/94 geändert, siehe unter »Einbau«. Falls keine Markierungen vorhanden sind, Markierungen mit Fettstift anbringen. Außerdem befinden sich bei einigen Motoren 2 Markierungen am Schwungrad, wovon die kleinere die OT-Markierung ist.

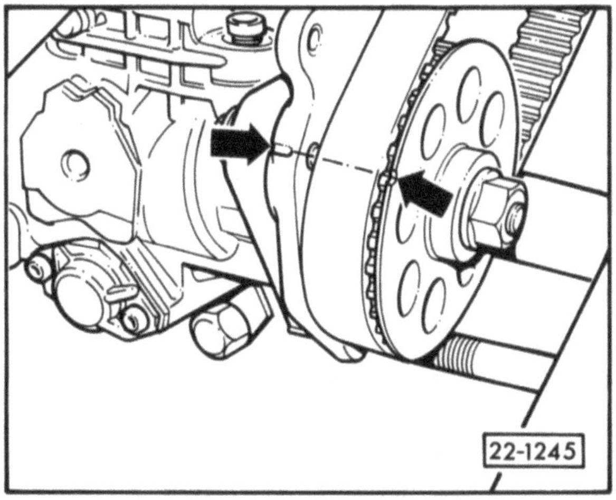

- Gleichzeitig müssen die Markierungen auf dem Einspritzpumpenrad und der Konsole –Pfeile– übereinstimmen. Wenn die Markierungen nicht übereinstimmen, Kurbelwelle 1 Umdrehung weiterdrehen.

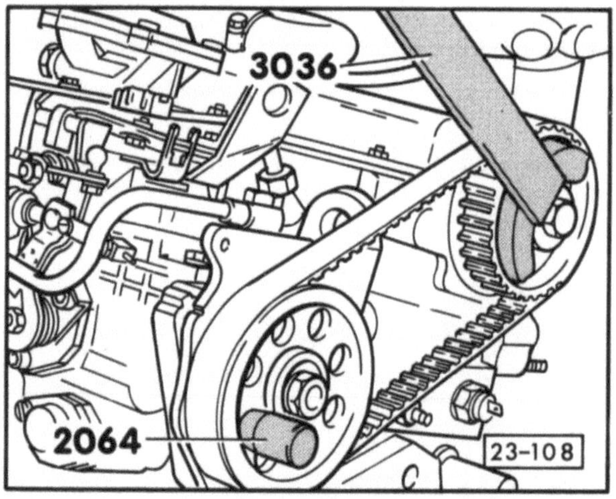

- **2,4-l-Motor:** Einspritzpumpenrad mit geeignetem Absteckdorn arretieren, zum Beispiel AUDI-2064 oder einem Bohrerschaft mit 15 mm ∅.

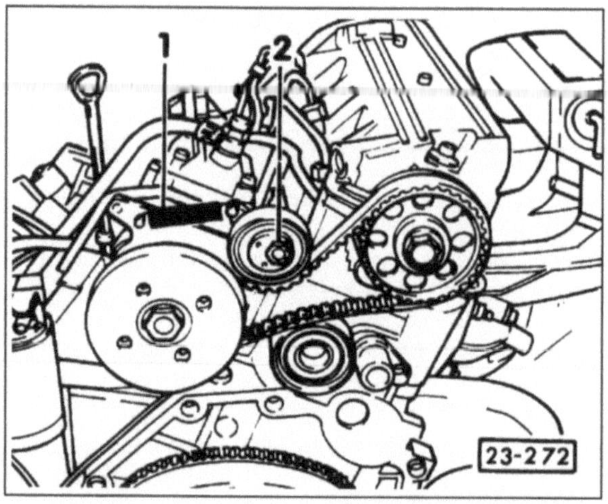

- **2,5-l-Motor (TDI):** Mutter –2– der Spannrolle am Zahnriemen für Einspritzpumpe (hinten) lösen, Spannfeder –1– aushängen.
- Antriebsrad für Einspritzpumpe mit Gegenhalter AUDI-3036 festhalten. Befestigungsschraube herausdrehen, Antriebsrad und Zahnriemen für Einspritzpumpe herausnehmen.

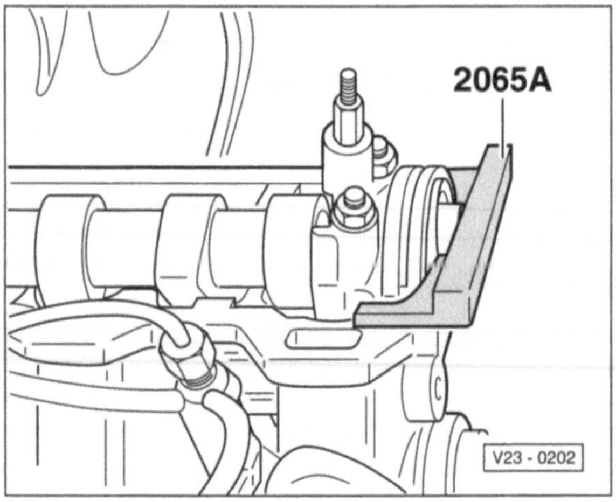

- Nockenwelle mit Einstellineal AUDI-2065A arretieren. Steht das Spezialwerkzeug nicht zur Verfügung, Lineal wie in Abbildung U-1016 dargestellt, anfertigen. Das Einstellineal hat eine Ausbuchtung, die verhindert, daß sich die Nockenwelle verdrehen kann.
- Mutter für Spannrolle (vorn) lösen und Zahnriemen entspannen.
- Zahnriemen für Nockenwelle (vorn) abnehmen.

Achtung: Wenn die Nockenwelle bei abgenommenem Zahnriemen gedreht wird, darf kein Kolben auf OT stehen. Es können sonst schwerwiegende Schäden an Kolben oder Ventilen entstehen.

Soll die Nockenwelle gedreht werden, vorher alle Kolben gleichmäßig unter OT stellen. Dazu oben an der Kurbelwellen-Riemenscheibe einen Kreidestrich anbringen (Voraussetzung: Kurbelwelle steht in OT-Stellung für Zylinder 1), dann Kurbelwellen-Riemenscheibe um ¼ Umdrehung (90°) nach links oder rechts drehen. Die Kreidemarkierung zeigt nun nach rechts oder nach links.

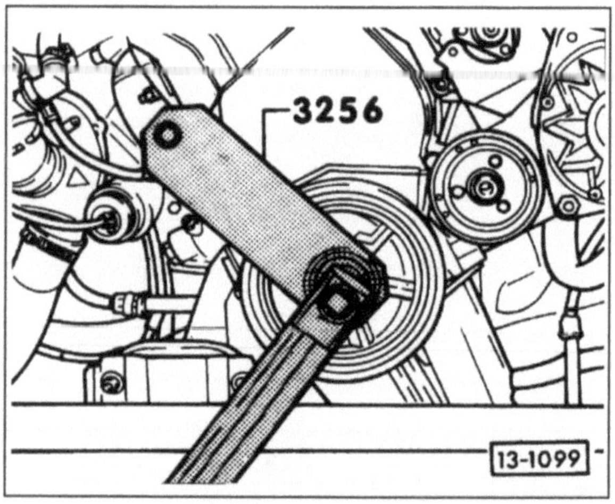

- Zentralschraube für Schwingungsdämpfer/Riemenscheibe an der Kurbelwelle herausdrehen. Dazu wird der Gegenhalter AUDI-3256 (2,4-l-Motor: AUDI 3248) benötigt. Der Ausleger des Werkzeugs wird am Motorblock angeschraubt. Aufgrund des hohen Drehmoments muß das **Fahrzeug beim Lösen der Schraube auf den Rädern stehen.**
- M8-Schrauben am Schwingungsdämpfer herausdrehen.
- Schwingungsdämpfer abnehmen.
- Unteren Zahnriemenschutz abschrauben.
- Zahnriemen vom Kurbelwellen-Zahnriemenrad abnehmen.

Achtung: Der Zahnriemen darf nicht geknickt werden. Ein einmal geknickter Zahnriemen muß immer ersetzt werden, da der Riemen im späteren Betrieb reißen kann, was zu schweren Motorschäden führt.

Einbau

- In der Getriebeöffnung prüfen, ob OT-Markierung am Schwungrad und Bezugsmarke übereinstimmen.
- Nockenwelle mit Einstellineal arretieren.
- Befestigungsschraube des Nockenwellenrades um ½ Umdrehung lösen.

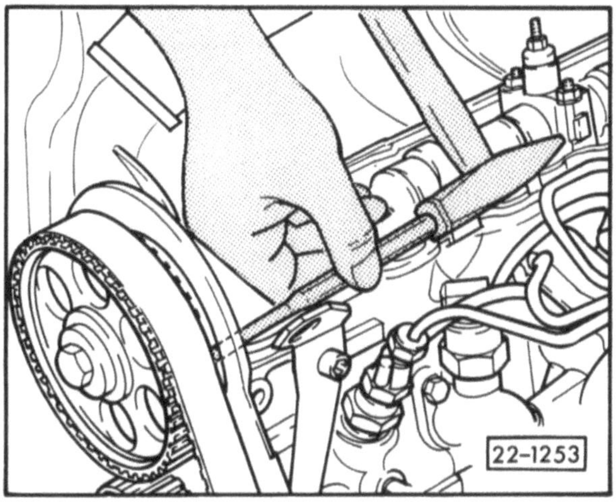

22-1253

- Nockenwellenrad durch Hammerschlag mit einem Dorn durch die 6 mm-Bohrung im hinteren Zahnriemenschutz vom Konus der Nockenwelle lösen.
- Zahnriemen für Nockenwelle auflegen. **Achtung:** Wird der bisherige Zahnriemen wiederverwendet, unbedingt Laufrichtung beachten. Der Einbau des Zahnriemens in umgekehrter Laufrichtung kann zum Reißen des Riemens und dadurch zu Motorschäden führen. Daher Zahnriemen immer so einbauen, daß der angebrachte Pfeil in Drehrichtung des Motors zeigt (von vorn gesehen in Uhrzeigersinn).
- Zahnriemen spannen.
- Mutter für Spannrolle mit 45 Nm festziehen.
- Befestigungsschraube für Nockenwellenrad zunächst mit **50 Nm** festziehen.

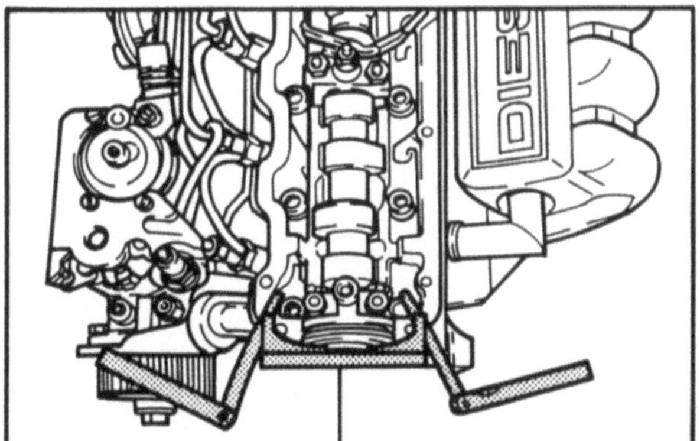

22-1244

- **Einstellineal ausmitteln:** Dazu arretierte Nockenwelle so drehen, bis ein Ende des Einstellineals am Zylinderkopf anschlägt. Am anderen Ende des Einstellineals mit Fühlerlehre das entstandene Spiel messen. Fühlerlehre mit halbiertem Spielmaß zwischen Einstellineal und Zylinderkopf einschieben. Nockenwelle nun so drehen, bis das Einstellineal auf der Fühlerlehre aufliegt. Zweite Fühlerlehre mit dem gleichen Maß am anderen Ende zwischen Einstellineal und Zylinderkopf einführen.
- Befestigungsschraube für Nockenwellenrad vorn ca. ½ Umdrehung lösen. Gegebenenfalls Nockenwellenrad lösen, siehe Abbildung 22-1253.
- Kurbelwelle in OT-Stellung für Zylinder 1 drehen, siehe Abbildung 22-1255.
- Nockenwellenrad in dieser Stellung festziehen. Dabei unterschiedliche Anzugsdrehmomente beachten:
  2,4-l-Motor: 30 Nm + ¼ Umdrehung (90°).
  2,5-l-Motor: Schraube mit Kennzeichnung 8.8: **85 Nm**; Schraube mit Kennzeichnung 10.9: **30 Nm + ¼ Umdrehung (90°)**. Die Kennzeichnung ist auf dem Schraubenkopf eingeprägt.
- Kurbelwelle 2 Umdrehungen in Motordrehrichtung weiterdrehen. Auf Zahnriemen zwischen Nockenwellenrad und Einspritzpumpenrad mit Gummihammer einen Schlag ausführen und Zahnriemenspannung nochmals auf Sollwert überprüfen, gegebenenfalls nachspannen.
- Antriebsrad und Zahnriemen für Einspritzpumpe aufsetzen (hinten).
- Schraube für Antriebsrad mit ca. 50 Nm festziehen und anschließend um ca. ½ Umdrehung lockern. Das Antriebsrad muß sich nun von Hand drehen lassen.

2,4-l-Motor:

- Zahnriemenspannung für hinteren Zahnriemen mit Prüfgerät AUDI-210 kontrollieren. Sollwert: 13 . . . 14 auf der Skala des Prüfgeräts.

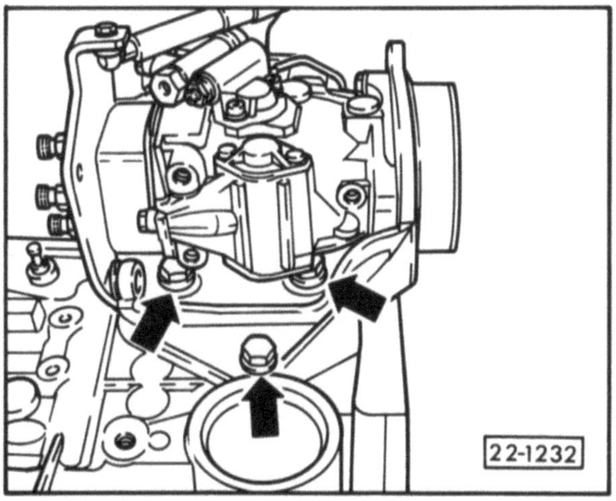

22-1232

- Gegebenenfalls Zahnriemenspannung hinten einstellen: Dazu 3 Schrauben –Pfeile– lösen und Konsole mit Einspritzpumpe nach unten bzw. nach oben verschieben.
- Schrauben an der Konsole mit **50 Nm** festziehen.

2,5-l-Motor bis 5/94:

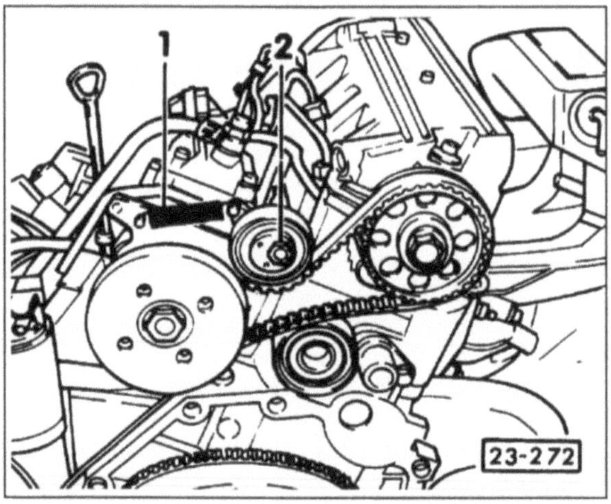

- Neuen Zahnriemen auflegen und Feder der Spannvorrichtung –1– einhängen. Mutter –2– ist noch 1 Umdrehung gelöst, die Spannrolle wird von der Feder gegen den Zahnriemen gedrückt.
- Motor an der Kurbelwellen-Riemenscheibe ½ Umdrehung rechtsherum (in Motor-Laufrichtung) durchdrehen, damit der Zahnriemen sich setzt. Anschließend Mutter der Spannrolle –2– mit **45 Nm** festziehen.

2,5-l-Motor seit 6/94:

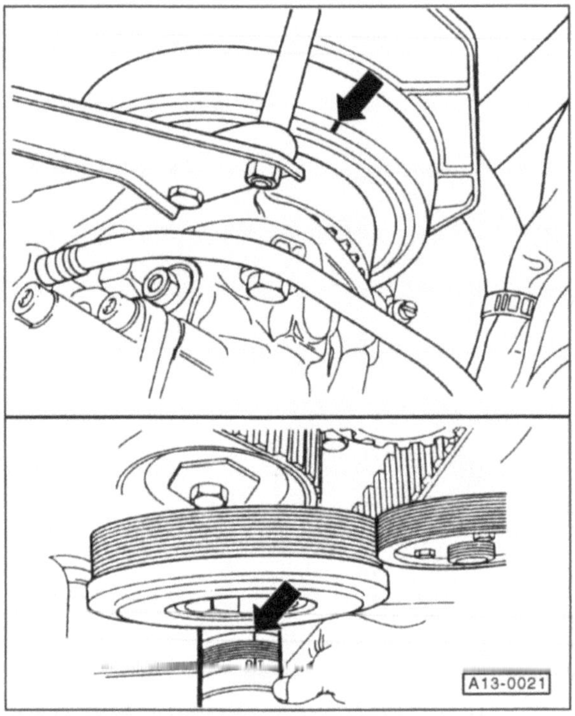

- Neuen Zahnriemen auflegen. Motor steht auf OT-Markierung. **Hinweis:** Die OT-Markierung muß über einen Spiegel auf der unteren Seite des Schwingungsdämpfers (Kurbelwellen-Riemenrades) abgelesen werden. Gleichzeitig muß die Markierung an der Einspritzpumpe übereinstimmen.

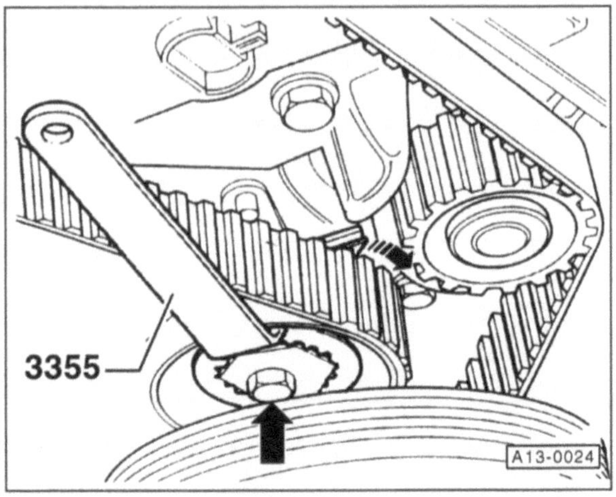

- Zahnriemenspannung einstellen. An der automatischen Spannrolle ist ein Zeiger, welcher der Markierung am Zylinderkopf gegenüber stehen muß. Abweichungen ± 3 mm sind erlaubt. Beim Auflegen den Zahnriemens die Spannrolle mit Sonderwerkzeug ca. 3 mm überziehen –Pfeilrichtung–, dann auf Markierung stellen und Befestigungsschraube –Pfeil– mit **25 Nm** festziehen.
- Motor 2 Umdrehungen drehen und Markierung überprüfen, bei Abweichung über 3 mm Einstellung wiederholen.

- **Achtung:** Förderbeginn der Einspritzpumpe prüfen und einstellen, siehe Seite 134.
- Zahnriemenschutz unten einsetzen.
- Schwingungsdämpfer/Riemenscheibe mit der Zentralschraube anschrauben, vorher Gegenhalter AUDI-3248 bzw. 3256 einsetzen. **Achtung:** Aufgrund des hohen Anzugsdrehmoments muß das Fahrzeug hierbei auf den Rädern stehen.

  2,4-l-Motor: Gewindegänge und Auflagefläche des Schraubenkopfes mit Dichtungsmittel AMV18800102 einstreichen. Zentralschraube mit richtigem Anzugsdrehmoment festziehen. Anzugsdrehmoment **mit** Spezialwerkzeug AUDI-2079 (Hebelarmverlängerung): **350 Nm.** Anzugsdrehmoment **ohne** Spezialwerkzeug AUDI-2079: **450 Nm.**

  2,5-l-Motor: Schraube nach jedem Lösen erneuern, vor dem Einsetzen an Gewinde und Kopfauflagefläche einölen. Anzugsmoment **bis 5/94: 160 Nm + ½ Umdrehung (180°)** weiterdrehen. **Ab 6/94: 220 Nm + ¾ Umdrehung (270°)** weiterdrehen. Das Weiterdrehen kann in mehreren Stufen erfolgen, wichtig ist, daß die Winkel eingehalten werden.
- Zylinderkopfdeckeldichtungen ersetzen, Zylinderkopfdeckel aufsetzen und nur leicht anschrauben.
- Zahnriemenschutz vorn und hinten anschrauben.
- Spannvorrichtung für Keilrippenriemen anschrauben.
- Keilrippenriemen einbauen, siehe Seite 65.
- Viscolüfter mit 20 Nm anschrauben.
- Kühler zurückklappen und festschrauben, siehe Seite 90.
- Halter für Zierblende anschrauben.
- Luftführung links am Kühler anschrauben.
- Schloßträger einbauen, siehe Seite 223.
- Stoßfänger vorn einbauen, siehe Seite 216.
- Untere Motorraumverkleidung einbauen, siehe Seite 17.

Der Zylinderkopf

5-Zylinder-Dieselmotor

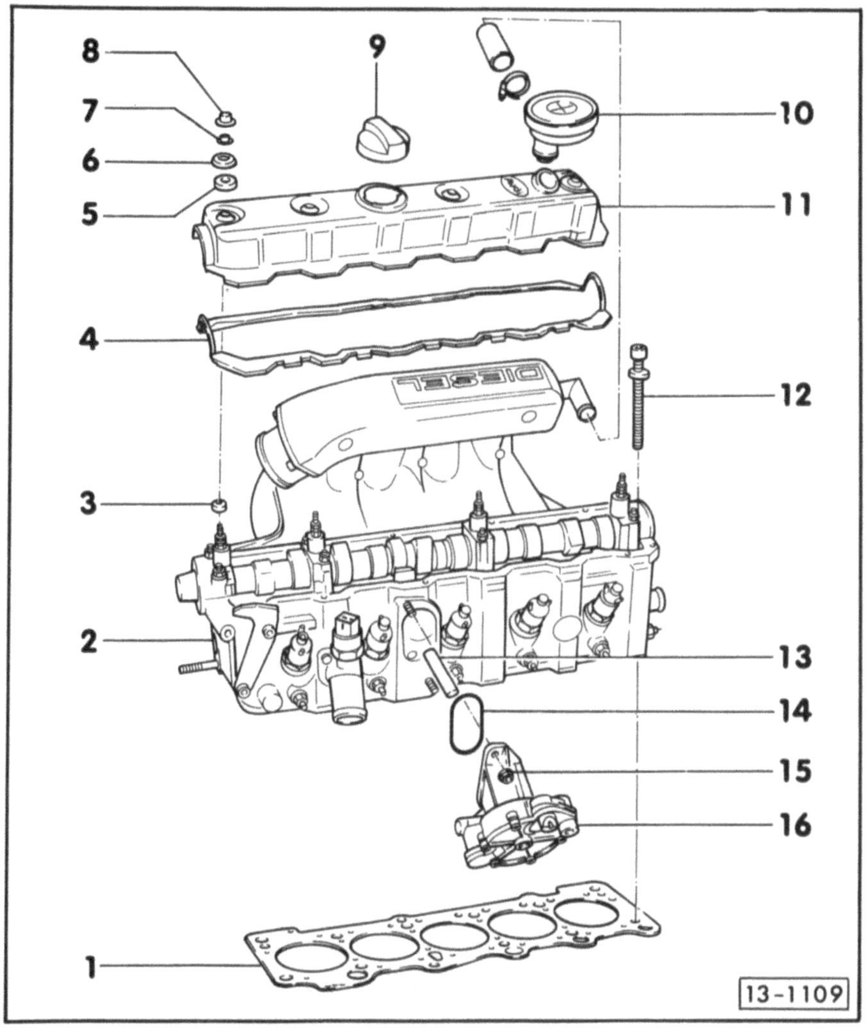

1 – **Zylinderkopfdichtung**
Markierung »TOP« zeigt nach oben.
2 – **Zylinderkopf**
3 – **Dichtkegel unten**
Nur bei Beschädigung ersetzen.
4 – **Dichtung für Zylinderkopfdeckel**
Nur bei Beschädigung ersetzen. Noppen in die Bohrungen am Zylinderkopf einsetzen.
5 – **Dichtscheibe oben**
6 – **Tellerscheibe**
7 – **Mutter, 10 Nm**
8 – **Abdeckkappe**
9 – **Verschlußdeckel**
10 – **Druckregelventil**
Für Kurbelgehäuseentlüftung.
11 – **Zylinderkopfdeckel**
12 – **Zylinderkopfschrauben**
13 – **Stößel**
Länge 67,5 mm.
14 – **O-Ring**
15 – **Mutter, 20 Nm**
16 – **Unterdruckpumpe**
Für Bremskraftverstärker.

Zylinderkopf aus- und einbauen

5-Zylinder-Dieselmotor

Zylinderkopf nur bei abgekühltem Motor (Raumtemperatur) ausbauen. Abgas- und Ansaugkrümmer bleiben angeschlossen. Der Zylinderkopf kann bei eingebautem Motor ausgebaut werden.

Eine defekte Zylinderkopfdichtung ist an einem oder mehreren der folgenden Merkmale erkennbar:

- Leistungsverlust.
- Kühlflüssigkeitsverlust. Weiße Abgaswolken bei warmem Motor.
- Ölverlust.
- Kühlflüssigkeit im Motoröl, Ölstand nimmt nicht ab, sondern zu. Graue Farbe des Motoröls, Schaumbläschen am Peilstab, Öl dünnflüssig.
- Motoröl in der Kühlflüssigkeit.
- Kühlflüssigkeit sprudelt stark.
- Keine Kompression auf 2 benachbarten Zylindern.

Ausbau

- Abdeckung für Wasserkasten, zwischen Spritzwand und Windschutzscheibe im hinteren Teil des Motorraums, ausclipsen und herausnehmen.
- Batterie-Massekabel (–) abklemmen. **Achtung:** Dadurch werden aus dem Speicher des Radios der Code für die Diebstahlsicherung sowie die eingestellten Sender gelöscht. Die Batterie darf nur bei ausgeschalteter Zündung abgeklemmt werden, da sonst das Steuergerät der Einspritzanlage (nur TDI) beschädigt wird. Vor dem Abklemmen sollten auch die Hinweise im Kapitel »Radio-« bzw. »Batterie aus- und einbauen« durchgelesen werden.

Achtung: Bei Fahrzeugen mit Klimaanlage befindet sich die Batterie unter der Rücksitzbank.

- Die Unterdruckleitung für den Bremskraftverstärker an der Vakuumpumpe seitlich am Zylinderkopf abziehen.
- Gaszug und Leerlaufzug am Verstellhebel und am Widerlager aushängen.
- Folgende elektrischen Leitungen abziehen bzw. abklemmen. Für den leichteren Einbau Leitungen mit Tesaband kennzeichnen.
  – Vom Generator Leitung B+ und D+ abklemmen, dazu Mutter abschrauben. Stecker von Klemme W abziehen.
  – Stecker vom Geber für Kühlmitteltemperatur hinten am Zylinderkopf.
  – Stecker von den Dehnstoffelementen an der Einspritzpumpe abziehen.
  – Kabel vom elektrischen Absteller oben an der Einspritzpumpe abklemmen, dazu Mutter abschrauben.
  – Masseleitung der Einspritzpumpe abschrauben.
  – Stecker vom Temperaturgeber im Kühlmittelstutzen.
  – Elektrische Leitung von der Glühkerze für Zylinder 1 (Kontrolleitung) abschrauben.
  – Elektrische Leitung von der Glühkerze für Zylinder 3 (Zuleitung) abschrauben.

Achtung: Kabelbinder lösen oder, falls erforderlich, aufschneiden. Kabelbinder nicht ausbauen, damit beim Einbau des Motors die neuen Kabelbinder an der gleichen Stelle wieder angebracht werden können.

- Kühlmittel ablassen, siehe Seite 87.
- Kühlmittelschlauch vom Anschlußstutzen links vorn am Zylinderkopf abziehen, vorher Schlauchklemme lösen.
- Kühlmittelschlauch an der hinteren Stirnfläche des Zylinderkopfes abziehen, vorher Schlauchklemme lösen.
- Fahrzeug aufbocken.
- Untere Motorraumabdeckung ausbauen, siehe Seite 17.
- Abgasrohr am Abgaskrümmer und Getriebehalter abschrauben. Abgasanlage etwas absenken und mit Draht aufhängen, siehe auch Seite 141.
- Schutzhaube oben für Zahnriemen ausbauen, siehe Seite 46.
- Zahnriemen entspannen und vorn oben von der Nockenwelle abnehmen, hinteren Zahnriemen ganz ausbauen, siehe Seite 47.
- Schlauch für Kurbelgehäuseentlüftung am Ansaugrohr abziehen, vorher Schlauchklemme lösen. Druckregelventil am Zylinderkopfdeckel herausziehen und mit angeschlossenem Schlauch abnehmen.
- Zylinderkopfdeckel abschrauben.
- Dichtung für Zylinderkopfdeckel abnehmen.
- Einspritzleitungen an den Anschlüssen der Pumpe und den Einspritzdüsen mit Kaltreiniger reinigen und abschrauben. Öffnungen mit entsprechenden Kappen verschließen und so gegen Verschmutzungen schützen. **Achtung:** Biegung der Einspritzleitungen nicht verändern.
- Glühkerzen und Einspritzdüsen ausbauen, siehe Seite 131, 136.

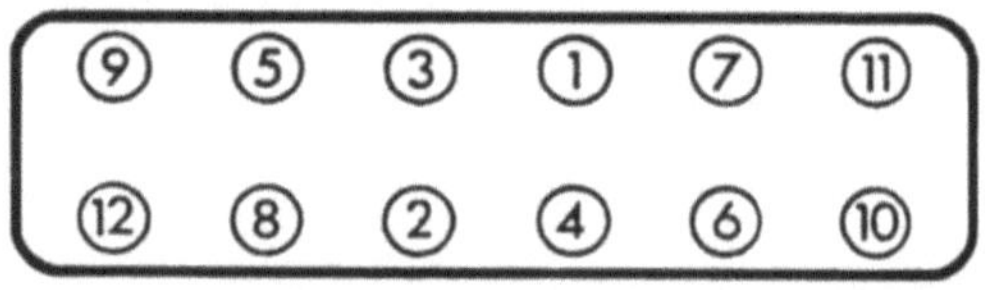

15-479

- Zylinderkopfschrauben entgegen ihrer Numerierung von 12 nach 1 zunächst ½ Umdrehung lösen, dann herausdrehen.
- Prüfen, ob sämtliche Leitungen und Schläuche, die zum Zylinderkopf führen, abgezogen sind.
- Zylinderkopf abheben und auf zwei Holzleisten legen.
- Zylinderkopfdichtung abnehmen.

Einbau

Vor dem Einbau Zylinderkopf und Zylinderblock mit geeignetem Schaber von Dichtungsresten freimachen. Darauf achten, daß kein Schmutz in die Motorblock-Öffnungen fällt. Bohrungen mit Lappen verschließen.

- Zylinderkopf mit Stahllineal auf Verzug prüfen.

15-018

- Verzug mit Stahllineal und Fühlerblattlehre an verschiedenen Stellen des Zylinderkopfes prüfen. Die zulässigen Unebenheiten dürfen maximal 0,1 mm nicht überschreiten.
- Zylinderköpfe mit Rissen zwischen den Ventilsitzen können ohne Herabsetzung der Lebensdauer weiterverwendet und überholt werden, wenn der oder die Risse eine Breite von a = max. 0,5 mm nicht überschreiten.
- Prüfen, ob die Bohrungen für die Zylinderkopfschrauben frei von Öl sind, gegebenenfalls Öl entfernen.

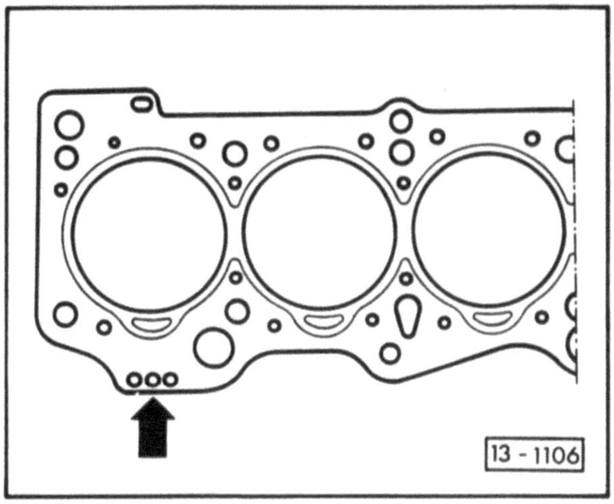

- Beim Ersetzen der Dichtung Kennzeichnung beachten und nur eine neue Dichtung mit gleicher Kennzeichnung einbauen. Die Kennzeichnung der Zylinderkopfdichtung mit Löchern und Kerben –Pfeil– ist auch bei eingebautem Zylinderkopf sichtbar. Entsprechend dem Kolbenüberstand werden in der Dicke unterschiedliche Zylinderkopfdichtungen eingebaut.
- Zylinderkopfdichtung grundsätzlich ersetzen. Dabei muß die neue Dichtung die gleiche Kennzeichnung wie die bisherige aufweisen. Nur nach dem Einbau neuer Kolben oder eines Teilemotors muß der Kolbenüberstand neu vermessen und die richtige Dichtungsdicke neu ermittelt werden.

Achtung: Für Motoren seit 6/94 sind neue Zylinderkopfdichtungen erhältlich, die unterschiedliche Anzugsweisen erfordern. Beim Kauf klären, um welche Dichtung es sich handelt. Es gibt eine Metall-Dichtung oder eine Dichtung mit blauem Dreieck neben der Ersatzteilnummer-Aufschrift.

- Zylinderkopfdichtung ohne Dichtungsmittel so auf die Zentrierstifte am Zylinderkopf auflegen, daß keine Bohrungen verdeckt werden. Die Aufschrift »TOP« muß nach oben zeigen.
- Zum Zentrieren des Zylinderkopfes Führungsbolzen AUDI-3070 in die Bohrungen 9 und 10 für die Zylinderkopfschrauben einschrauben. Stehen die Bolzen nicht zur Verfügung, Führungsstifte selbst anfertigen. Dazu an zwei alten Zylinderkopfschrauben den Kopf absägen und jeweils eine Nut für den Schraubendreher anbringen.
- Kurbelwelle an der Riemenscheibe so verdrehen, daß alle Kolben ungefähr auf gleicher Höhe stehen.
- Zylinderkopf aufsetzen. Dabei Zentrierstifte beachten.

Achtung: Beim Einbau eines Austausch-Zylinderkopfes mit montierter Nockenwelle müssen die Berührungsflächen zwischen Tassenstößel und Nockenbahn nach Einbau des Zylinderkopfes geölt werden.

- Die übrigen 10 Zylinderkopfschrauben mit Unterlegscheiben ansetzen und handfest anziehen. **Zylinderkopfschrauben grundsätzlich ersetzen.**
- Führungsstifte mit Schraubendreher oder Bolzendreher herausschrauben, die restlichen 2 Zylinderkopfschrauben mit Unterlegscheiben einsetzen und handfest anziehen.

Achtung: Das Anziehen der Zylinderkopfschrauben ist mit größter Sorgfalt durchzuführen. Vor dem Anziehen der Schrauben sollte der Drehmomentschlüssel auf seine Genauigkeit geprüft werden. Die Zylinderkopfschrauben müssen bei kaltem Motor angezogen werden.

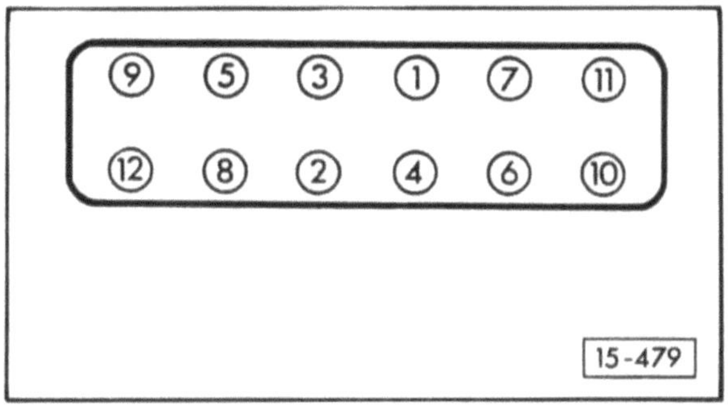

- Die Zylinderkopfschrauben werden zunächst in 3 Stufen angezogen. Kopfschrauben in jeder Stufe jeweils in der Reihenfolge von 1 bis 12 anziehen.

1. Stufe: mit Drehmomentschlüssel **40 Nm**
2. Stufe: mit Drehmomentschlüssel **60 Nm**
3. Stufe: ½ Umdrehung (180°) mit **starrem** Schlüssel ohne abzusetzen weiterdrehen. Stattdessen 2 x 90° weiterdrehen ist ebenfalls zulässig.

- Beim Anziehen der Zylinderkopfschrauben Drehwinkel abschätzen. Schlüsselgriff längs zum Motor ansetzen und in einem Zug drehen, bis der Griff quer zum Motor steht (¼ Umdrehung, 90°). Anschließend Schlüssel weiterdrehen bis der Griff wieder längs zum Motor steht.
- Zylinderkopfschrauben später bei warmem Motor nachziehen (entfällt bei Metallzylinderkopfdichtung).
- Abgasrohr am Abgaskrümmer und Getriebehalter montieren, siehe Seite 141.
- Untere Motorraumabdeckung einbauen, siehe Seite 18.
- Fahrzeug ablassen.
- Glühkerzen einbauen, siehe Seite 131.
- Einspritzventile einbauen, siehe Seite 136.
- Anschlüsse der Einspritzleitungen mit Kaltreiniger säubern. Überwurfmutter mit 25 Nm festziehen.
- Beide Zahnriemen einbauen.
- Zylinderkopfdeckel einbauen. Muttern mit 10 Nm anziehen.
- Schlauch für Kurbelgehäuseentlüftung am Ansaugrohr aufschieben und mit Schlauchklemme sichern. Druckregelventil am Zylinderkopfdeckel einstecken.
- Kühlmittelschlauch am Anschlußstutzen links vorn am Zylinderkopf aufschieben und mit Schlauchklemme sichern.
- Kühlmittelschlauch an der hinteren Stirnfläche des Zylinderkopfes aufschieben und mit Schlauchklemme sichern.
- Folgende elektrischen Leitungen entsprechend den angebrachten Tesaband-Markierungen aufschieben und einrasten beziehungsweise anklemmen.
  – Am Generator Leitung B+ und D+ anklemmen, dazu Mutter anschrauben. Stecker für Klemme W aufschieben.

– Stecker vom Geber für Kühlmitteltemperatur hinten am Zylinderkopf.
– Stecker von den Dehnstoffelementen an der Einspritzpumpe.
– Kabel am elektrischen Absteller oben an der Einspritzpumpe anklemmen.
– Masseleitung der Einspritzpumpe anschrauben.
– Stecker für Temperaturgeber im Kühlmittelstutzen.
– Elektrische Leitung von der Glühkerze für Zylinder 1 (Kontrolleitung) anschrauben.
– Elektrische Leitung von der Glühkerze für Zylinder 3 (Zuleitung) anschrauben.

Achtung: Elektrische Leitungen mit neuen Kabelbindern an denselben Stellen wie bisher fixieren.

- Unterdruckleitung für Bremskraftverstärker an der Vakuumpumpe seitlich am Zylinderkopf aufschieben.
- Gaszug am Verstellhebel und am Widerlager einhängen.
- Förderbeginn der Einspritzpumpe überprüfen, siehe Seite 134.
- Batterie-Massekabel (–) anklemmen. Code für die Diebstahlsicherung eingeben, Sender programmieren und Zeituhr einstellen. **Achtung:** Die Batterie darf nur bei ausgeschalteter Zündung angeklemmt werden, da sonst das Steuergerät der Einspritzanlage (nur TDI) beschädigt wird.
- Abdeckung für den Wasserkasten einclipsen bzw. Rücksitzbank einbauen.
- Kühlmittel auffüllen. Kühlmittel immer erneuern, siehe Seite 87.
- Ölstand im Motor kontrollieren. Falls die Zylinderkopfdichtung defekt war, Ölwechsel durchführen.
- Motor auf Betriebstemperatur bringen (Kühlmitteltemperatur ca. +80° C).
- Kühlmittelstand überprüfen und sämtliche Schlauchanschlüsse auf Dichtheit prüfen.
- Alle Motoren, bei denen **keine Metall-**Zylinderkopfdichtung eingebaut wurde: Motor warmlaufen lassen (Kühlmitteltemperatur +80° C). Zylinderkopfdeckel ausbauen und sämtliche Zylinderkopfschrauben nachziehen:

4. Stufe: Schrauben mit starrem Schlüssel **ohne vorheriges Lösen und ohne abzusetzen** ¼ Umdrehung (90°) weiterdrehen. Reihenfolge beachten, siehe Abb. 15-479.

- Nach ca. **1000 km** Fahrstrecke Zylinderkopfschrauben bei kaltem oder warmem Motor in der richtigen Reihenfolge wie folgt nachziehen. **Achtung:** Dies ist **nicht** notwendig für den 2,4-l-Motor sowie Motoren, bei denen eine Metall-Zylinderkopfdichtung oder eine Dichtung mit blauem Dreieck neben der aufgedruckten Ersatzteilnummer eingebaut ist.

5. Stufe: Schrauben mit starrem Schlüssel **ohne vorheriges Lösen und ohne abzusetzen** ¼ Umdrehung (90°) weiterdrehen. Reihenfolge beachten, siehe Abb. 15-479.

Hydraulische Tassenstößel prüfen

Alle Motoren

Alle Motoren sind mit hydraulischen Tassenstößeln ausgerüstet. Dadurch ergibt sich eine Geräuschminderung im Ventiltrieb, außerdem muß das Ventilspiel im Rahmen der Wartung **nicht** mehr eingestellt werden.

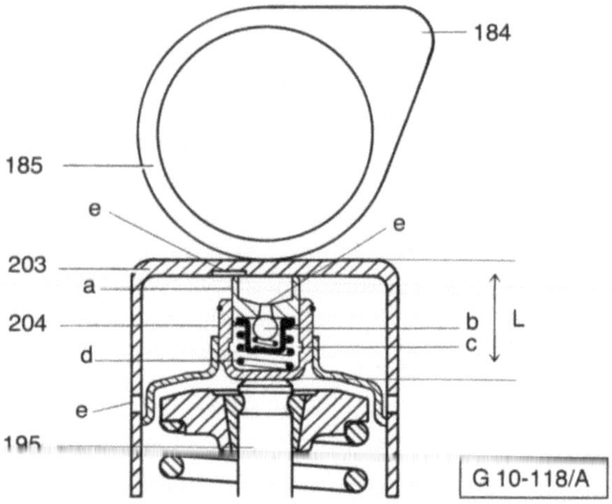

Bei laufendem Motor wird der Tassenstößel –203– entlastet, wenn der Nocken –184– der Nockenwelle –185– nach oben zeigt.

Die Feder –d– drückt dann das Ausgleichelement –204– auseinander, so daß es unten am Ventilschaft –195– anliegt und oben der Druckbolzen –a– den Tassenstößel –203– gegen die Nockenwelle drückt. In dieser Stellung kann über kleine Bohrungen –e– Motoröl in oder aus dem Arbeitsraum –c– fließen. Sobald der Tassenstößel durch den Nocken der sich drehenden Nockenwelle wieder belastet wird, schließt sich das Kugelventil –b– und das eingeschlossene Öl wirkt, da es sich nicht verdichten läßt, wie ein fester Körper. Die Länge –L– wird also bei jeder Umdrehung der Nockenwelle den entsprechenden Größenänderungen der Bauteile im Ventiltrieb angepaßt.

Äußerliches Kennzeichen der hydraulischen Tassenstößel sind eine umlaufende Ölnut und fehlende Einstellscheiben. Reparaturen an den Hydrostößeln sind nicht möglich.
Achtung: Geräusche im Ventiltrieb beim Anlassen des Motors sind normal. Beim Motorstillstand wird je nach Stellung des Nockens mehr oder weniger Öl aus dem einzelnen Ventilstößel herausgedrückt. Dies führt zu Geräuschen, bis sich die Hydrostößel bei laufendem Motor wieder mit Motoröl gefüllt haben. Unter Umständen kann dieser Vorgang so lange dauern, bis der Motor seine Betriebstemperatur erreicht hat. Um eine einwandfreie Funktion der Hydrostößel zu gewährleisten, befindet sich im Zylinderkopf eine Ölrücklaufsperre, welche verhindert, daß sich die Ölkanäle im Zylinderkopf bei abgestelltem Motor vollständig entleeren.

Prüfen

Die hydraulischen Ventilstößel sind zu prüfen, wenn nach Erreichen der Betriebstemperatur Geräusche im Ventiltrieb auftreten.

- Motor warmfahren, dann im Leerlauf drehen lassen, bis der Lüfter für Kühler einschaltet.
- Motordrehzahl 2 Minuten lang auf ca. 2500/min erhöhen.
- Falls die hydraulischen Stößel immer noch laut sind, Motor abstellen und Zylinderkopfdeckel ausbauen.
- Nockenwelle so weit drehen, bis die Nocken des zu prüfenden Zylinders nach oben stehen. Dazu Getriebe in Leerlaufstellung bringen, Handbremse anziehen und Kurbelwelle an der Befestigungsschraube der Riemenscheibe mit geeignetem Schlüssel im Uhrzeigersinn drehen. **Achtung:** Nicht an der Befestigungsschraube des Nockenwellenrades drehen, da hierdurch der Zahnriemen überbeansprucht wird. Die Kurbel- und Nockenwelle können auch folgendermaßen verdreht werden: Fahrzeug auf ebener Fläche abstellen, 5. Gang einlegen und Fahrzeug etwas vor- oder zurückschieben.

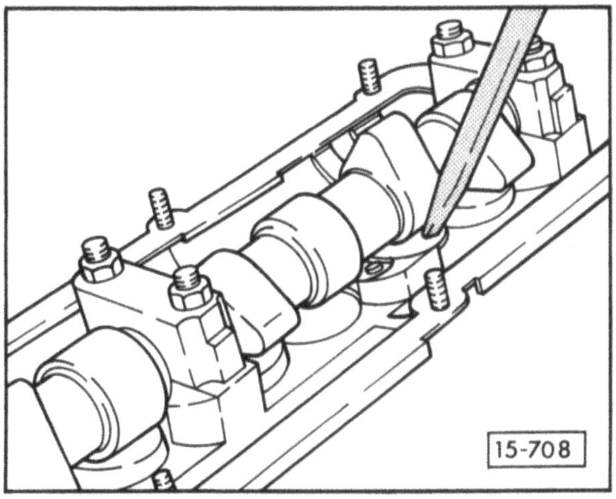

- Tassenstößel mit Holz- oder Kunststoffkeil nach unten drücken. Falls dabei ein Leerweg von mehr als 0,1 mm (Motor ABC seit 12/94: 0,2 mm) zu spüren ist, bevor das Ventil bewegt wird, Tassenstößel austauschen.

Achtung: Nach dem Einbau eines neuen Hydrostößels darf der Motor ca. 30 Minuten nicht gestartet werden, sonst kann das Ventil auf dem Kolben aufsetzen und dadurch Kolben und/oder Ventil beschädigen.

Ventil aus- und einbauen

Alle Motoren

Achtung: Die Auslaßventile des 6-Zylinder-Benziners bis 174 PS sind zur besseren Wärmeabfuhr mit Natrium gefüllt. Diese Auslaßventile dürfen nicht ohne weiteres verschrottet werden, denn es besteht durch das Natrium Explosionsgefahr beim Einschmelzen. Ebenso ist die Verwendung dieser Ventile als »Werkzeug«, zum Beispiel als Treibdorn, nicht zulässig. Es empfiehlt sich daher, diese Ventile der AUDI-Werkstatt zur Entsorgung zu übergeben. Ist dies nicht möglich, vor der Verschrottung folgendermaßen vorgehen: Mit einer Eisensäge den Ventilschaft durchsägen und die Teile in einen großen, mit Wasser gefüllten Eimer werfen. Durch eine plötzlich eintretende chemische Reaktion verbrennt die Natriumfüllung, daher zurücktreten und Augen schützen.

Ausbau

- Zylinderkopf ausbauen, siehe Seite 23, 31, 37, 51.

Achtung: Werden Teile der Ventilsteuerung wieder verwendet, müssen diese an gleicher Stelle eingebaut werden. Damit keine Verwechslungen vorkommen, empfiehlt es sich, ein entsprechendes Ablagebrett anzufertigen.

- Nockenwelle ausbauen, siehe Seite 21.
- Tassenstößel markieren und herausnehmen. **Achtung:** Tassenstößel mit der **Lauffläche** (Nockenwellenseite) **nach unten** ablegen.

- Ventilfedern ausbauen. Hierzu benutzen die Werkstätten ein Spezialwerkzeug (V.A.G 2037). Man kann die Ventilkegelstücke – und damit die Ventile einschließlich der Ventilfedern – auch mit Hilfe einer handelsüblichen Ventilfederzange ausbauen. Allerdings müssen dann unter Umständen Ansaug- oder Abgaskrümmer abgeschraubt werden.
- Ventilfedern zusammendrücken und Ventilkegelstücke herausnehmen. Ventilfederteller oben und Ventilfedern abnehmen. Ventil herausziehen.
- Ventilschaftabdichtung herausziehen, siehe Seite 56.

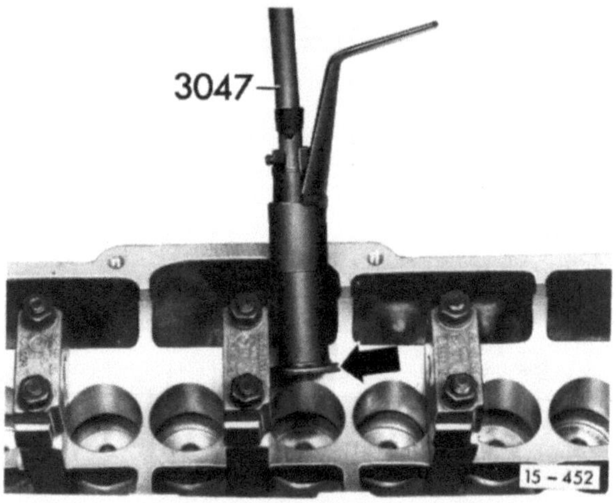

- Unteren Ventilfederteller –Pfeil– mit Werkzeug V.A.G-3047 oder HAZET-Werkzeug 791-5/791-2 ausbauen.

Einbau

Vor Einbau der Ventile Ventilführungen prüfen und eventuell Ventilsitze nacharbeiten bzw. einschleifen, siehe Seite 58.

Achtung: Neue Ventilfederteller sind an der Unterkante der Bohrung für die Kegelstücke vereinzelt sehr scharfkantig. Dadurch können die Ventilschäfte beschädigt werden (Riefen etc.). Beschädigte Ventile ersetzen, Ventilfederteller vor dem Einbau gegebenenfalls entgraten.

- Untere Federauflage einsetzen.
- Ventilschaft an den Anlageflächen der Ventilkegelstücke entgraten.
- Aus Sicherheitsgründen Ventilschaftabdichtungen **grundsätzlich erneuern.**
- Ventilschaft leicht einölen und Ventil einsetzen.
- Neue Ventilschaftabdichtung aufschieben, siehe Seite 56.

Achtung: Erfolgt die Montage ohne Verwendung der Kunststoffhülse, werden die Ventilschaftabdichtungen beschädigt! Der Motor braucht dann übermäßig viel Öl!

- Ventilfedern einsetzen. Werden die Ventilfedern ersetzt, Ventilfedern nur paarweise auswechseln.

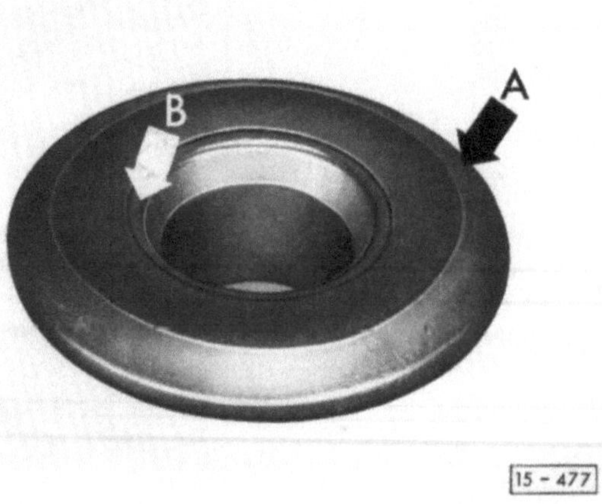

- Ventilteller oben einsetzen. Die Ventilfederteller haben außen eine breite Fase –A– und eine Fase innen –Pfeil B–.
- Ventilfedern mit Ventilfederzange zusammendrücken und Ventilkegelstücke so einsetzen, daß sie in den Nuten des Ventils einrasten. Ventilfederzange entspannen und nächstes Ventil einsetzen.
- Axialspiel der Nockenwelle prüfen, siehe Seite 21.
- Alle Tassenstößel mit Motoröl einölen und nach der Kennzeichnung in die Bohrung einsetzen.
- Nockenwelle einbauen, siehe Seite 21.
- Zylinderkopfdichtung erneuern, Zylinderkopf einbauen, siehe Seite 23, 31, 37, 51.

Ventilschaftabdichtungen ersetzen

Alle Motoren

Hoher Ölverbrauch kann auf verschlissene Ventilschaftabdichtungen zurückzuführen sein. Die Ventilschaftabdichtungen können auch **bei eingebautem Zylinderkopf** ausgebaut werden, allerdings werden dann das Spezialwerkzeug V.A.G 2036 mit V.A.G 541/1 oder HAZET 2577-2 sowie beim Benzinmotor Preßluft benötigt.

Achtung: Beschrieben wird der Ausbau am Benzinmotor. Beim Dieselmotor wird **keine** Preßluft benötigt, allerdings muß der Kolben des betreffenden Zylinders im **oberen Totpunkt (OT)** stehen. Motor auf OT für Zylinder 1 stellen, siehe S. 43, 47.

Ausbau

- Nockenwelle und Tassenstößel ausbauen, siehe Seite 21.
- Kolben des jeweiligen Zylinders in den **unteren** Totpunkt (UT) stellen. Dazu Kurbelwelle mit Steckschlüssel an der Kurbelwellen-Riemenscheibe so verdrehen, daß die Kerbe auf der Riemenscheibe mit der Bezugsmarke der Zahnriemenabdeckung übereinstimmt (Zylinder 1 steht jetzt im OT). Gleichzeitig stehen die Zylinder 2 und 3 im unteren Totpunkt (UT). Kurbelwellen-Riemenscheibe von unten mit Kreide markieren, dann Riemenscheibe um ½ Umdrehung (180°) weiterdrehen, bis die Kreidemarkierung mit der Bezugsmarke übereinstimmt. Jetzt stehen die Zylinder 1 und 4 im UT.
- Sämtliche Zündkerzen herausschrauben.
- Druckluft-Adapter V.A.G 653/3 oder HAZET 3428 mit Druckschlauch in das Zündkerzengewinde des betreffenden Zylinders einschrauben.

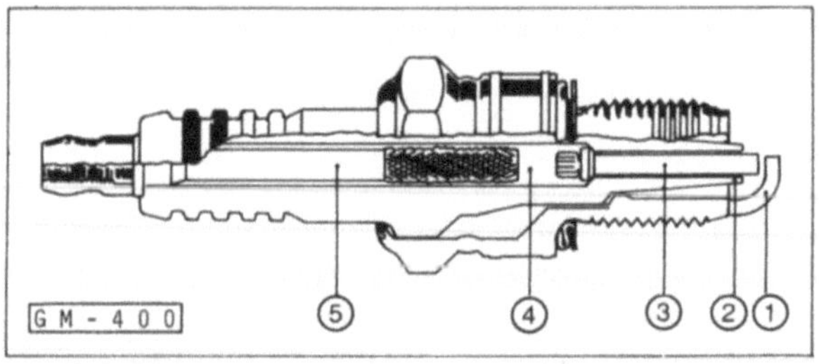

- Falls das Spezialwerkzeug nicht zur Verfügung steht, Druckluft-Adapter aus einer alten Zündkerze anfertigen. Dazu Masseelektrode –1– abkneifen. Keramik-Isolator –2– mit Schraubendreher abbrechen und Mittelelektrode –3– durch Hin- und Herbiegen abbrechen und herausnehmen. Rest der Mittelelektrode zusammen mit Glasschmelze –4– und Anschlußbolzen –5– mit geeignetem Durchschlag (ca. 3 mm) heraustreiben. Dabei Zündkerze in Schraubstock einspannen oder in entsprechendem Schraubendrehereinsatz (Stecknuß) einsetzen. **Achtung:** Das Gewinde der Zündkerze darf nicht beschädigt werden, um Folgeschäden an der Gewindebohrung im Zylinderkopf zu vermeiden.

- Vorbereitete Zündkerze in den betreffenden Zylinder einschrauben und mit Druckluftschlauch verbinden.
- Über Druckluftschlauch ständig mindestens 6 bar Überdruck in den Zylinder blasen.

- V.A.G-Werkzeug 2036 am Lagerbock 1 und 4 anschrauben und Ventilfedern mit Werkzeug V.A.G 541/1 zusammendrücken. Es kann auch das HAZET-Werkzeug 2577-2 verwendet werden. In diesem Fall die am Werkzeug angebrachte Gegenhaltevorrichtung am Stehbolzen für die Nokkenwellenbefestigung anschrauben und Ventilfedern mit Spannwerkzeug zusammendrücken.

Achtung: Der Kolben muß dabei im UT stehen.

- Ventilkegelstücke herausnehmen, Ventilfedern entspannen.

Achtung: Festsitzende Ventilkegelstücke mit **leichten** Hammerschlägen auf den Montagehebel lösen.

- Ventilfederteller und Ventilfedern herausnehmen.

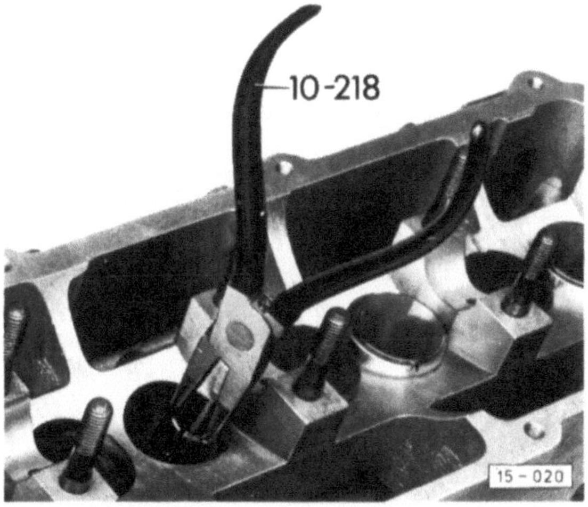

- Ventilschaftabdichtung herausziehen. Zum Ausbau benutzen die Werkstätten ein Spezialwerkzeug (V.A.G 10-218 oder V.A.G 3047, HAZET 791-5 oder Schlagauszieher HAZET 791-2). Die Ventilschaftabdichtungen sitzen in der Regel sehr fest. Für den Ausbau sollte deshalb möglichst ein Schlagauszieher benutzt werden.

Einbau

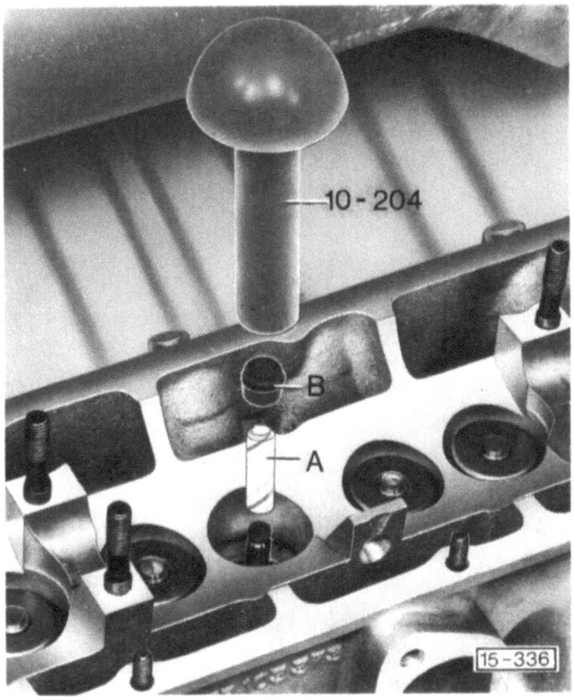

- Kunststoffhülse –A– (wird mit Dichtungen mitgeliefert) auf Ventilschaft stecken. Ventilschaftabdichtung –B– leicht einölen, in den Aufdrücker V.A.G 10-204 oder HAZET 2577 einsetzen und vorsichtig auf die Ventilführung schieben. Hülse und Aufdrücker abnehmen.

Achtung: Erfolgt die Montage ohne Verwendung der Kunststoffhülse, werden die Ventilschaftabdichtungen beschädigt! Der Motor braucht dann übermäßig viel Öl!

- Ventilfedern und Ventilfederteller einsetzen und spannen.
- Ventilkegelstücke einsetzen, Ventilfedern entspannen.
- Auf die gleiche Weise sämtliche Ventilschaftabdichtungen erneuern. Tassenstößel und Nockenwelle einbauen, siehe Seite 21.

Ventilführungen prüfen

Alle Motoren

Bei Instandsetzungsarbeiten von Motoren mit undichten Ventilen genügt es nicht, die Ventile zu bearbeiten beziehungsweise zu ersetzen. Es ist außerdem dringend erforderlich, die Ventilführungen auf Verschleiß zu prüfen. Besonders wichtig ist die Prüfung an Motoren mit längerer Laufzeit. Ist der Verschleiß zu groß, sind entweder die Ventilführungen zu erneuern (Werkstattarbeit!), oder der Zylinderkopf ist auszutauschen.

- Rückstände an Ventilführungen mit Reinigungsahle entfernen.
- Neues Ventil ersetzen. Ventilschaftende muß mit Führung abschließen.

Achtung: Wegen der unterschiedlichen Schaftdurchmesser nur **Einlaßventil in Einlaßführung** beziehungsweise **Auslaßventil in Auslaßführung** verwenden.

- Kippspiel am Ventilteller mit Meßuhr ermitteln. **Verschleißgrenze** 1,8-l-Motor: 0,8 mm; andere Motoren: Einlaßventilführung: 1,0 mm, Auslaßventilführung: 1,3 mm.
- Bei zu großem Kippspiel Ventilführungen von Werkstatt erneuern lassen.

Ventilsitz im Zylinderkopf/ Ventil nacharbeiten

Alle Motoren

Ventilsitze mit Verschleiß- oder Verbrennungsspuren können nachgearbeitet werden, solange das maximal zulässige Nacharbeitungsmaß eingehalten wird. Wird das Nacharbeitungsmaß überschritten, ist die Funktion des hydraulischen Ventilspielausgleiches nicht mehr gewährleistet. In diesem Fall Zylinderkopf ersetzen. Ventilsitze immer nur so weit nacharbeiten, daß ein einwandfreies Tragbild erreicht wird. Ventilsitzringe können mit den üblichen Werkstattmitteln erneuert werden. Für das Nacharbeiten werden Reibahlen benötigt. Da der Umgang mit diesen Werkzeugen eine spezielle Erfahrung erfordert, sollte man die Arbeiten von einer Werkstatt durchführen lassen.

Achtung: Auslaßventilsitzringe sind zusätzlich mit einer Verengung versehen. Beim Nacharbeiten ist unbedingt darauf zu achten, daß der Radius der Verengung nicht beschädigt wird.

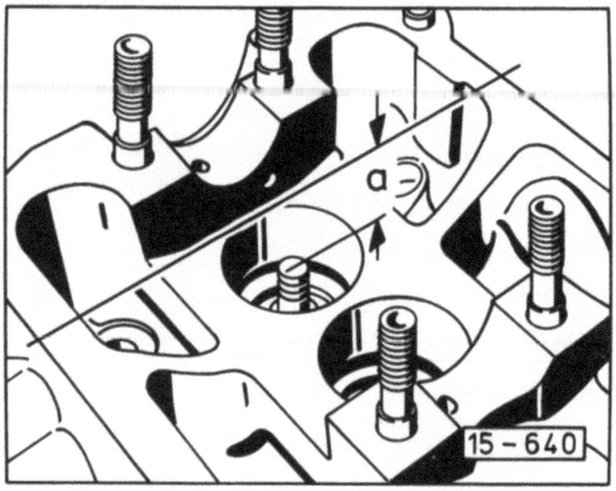

Maximal zulässiges Nacharbeitungsmaß errechnen

- Ventil einstecken und fest gegen den Ventilsitz drücken.
- Abstand –a– zwischen Ventilschaftende und Zylinderkopf-Oberkante messen.

Motor	Einlaßventil	Auslaßventil
2,0-/2,3-l (8V)	33,8 mm	34,1 mm
2,0 l/140 PS (16V)	34,4 mm	34,7 mm
1,8 l/2.8-30V	32,2 mm[1]	33,0 mm
2,6-/2,8-l (12V)	33,8 mm	34,1 mm
Diesel	35,8 mm	36,1 mm

[1] Mittleres Einlaßventil: 33,2 mm

- Um das maximal zulässige Nacharbeitungsmaß zu erhalten, muß das Mindestmaß vom gemessenen Abstand –a– abgezogen werden.
  Also:

  . . . mm = gemessener Abstand –a–
  – . . . mm = Mindestmaß

  . . . mm = max. zulässiges Nacharbeitungsmaß (b)

Einlaßventilsitz Benzinmotor

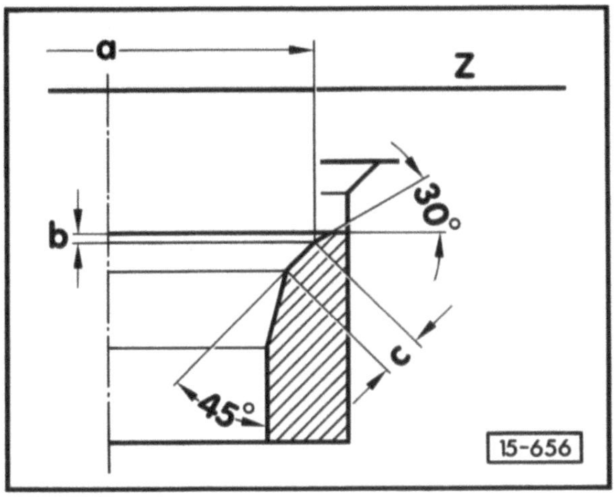

Auslaßventilsitz Benzinmotor

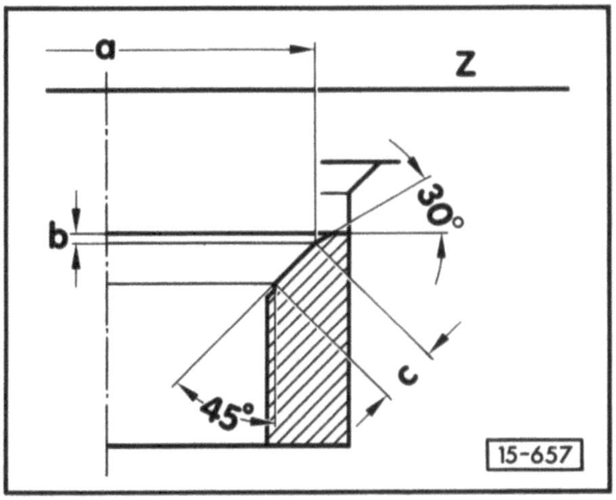

Bearbeitungswinkel und Sitzbreiten Ventilsitz

Benzinmotor	Einlaßventil	Auslaßventil
a =	39,2 mm ∅	32,4 mm ∅
c =	ca. 2,0 mm	ca. 2,4 mm

b = maximal zulässiges Nacharbeitungsmaß (errechnet)
Z = Zylinderkopf-Unterkante
30° = Korrekturwinkel oben
45° = Ventilsitzwinkel

Ventilsitz Dieselmotor

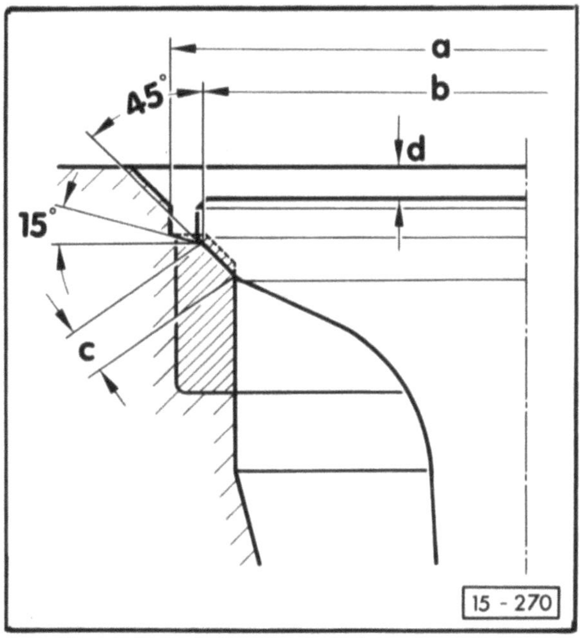

5-Zyl. Diesel	Einlaßventil	Auslaßventil
a =	37,2 mm Ø max.[1]	33,2 mm Ø max.[1]
b =	34,8 mm ∅	30,4 mm ∅
c =	2,7 mm	2,05 mm

[1]) Maximaler Außendurchmesser des Korrekturfräsers

Korrekturwinkel = 15° Ventilsitzwinkel = 45°

d = maximal zulässiges Nacharbeitungsmaß (errechnet)

4-Zyl. Diesel	Einlaßventil	Auslaßventil
b =	35,7 mm ∅	31,4 mm ∅
c =	1,6 mm	2,7 mm

Achtung: Wegen der Strömungsverhältnisse im Einlaßkanal ist eine 30°-Hinterfräsung des Einlaßventilsitzes unbedingt erforderlich.

Ventilmaße

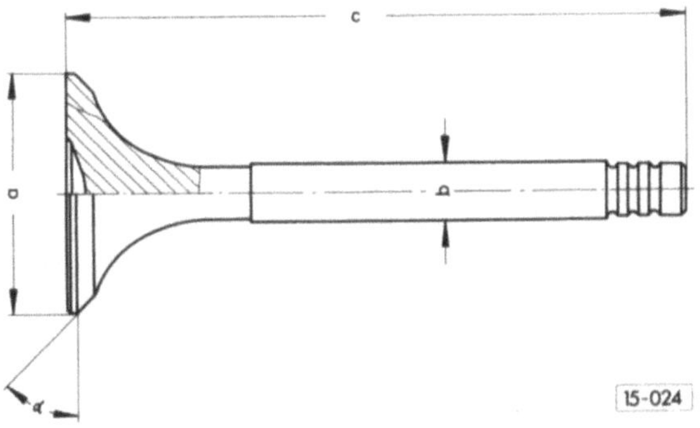

Motor	Einlaßventil	Auslaßventil
4-Zylinder Benziner (außer ACE/ADR)	a = 40,0 mm Ø b = 7,97 mm Ø c = 91,90 mm	a = 33,0 mm Ø b = 7,95 mm Ø c = 91,20 mm
2,3-l- (5-Zyl.) Benziner	a = 40,0 mm Ø b = 7,97 mm Ø c = 91,00 mm α = 45°	a = 33,0 mm Ø b = 7,95 mm Ø c = 90,80 mm α = 45°
2,4-l- Diesel	a = 36,0 mm Ø b = 7,97 mm Ø c = 95,00 mm α = 45°	a = 33,0 mm Ø b = 7,95 mm Ø c = 90,80 mm α = 45°
1,9- und 2,5-l- Diesel	a = 36,0 mm Ø b = 7,97 mm Ø c = 96,85 mm α = 45°	a = 31,5 mm Ø b = 7,95 mm Ø c = 96,85 mm α = 45°

Ventile nacharbeiten

Achtung: Ventile an 4- und 5-Zylinder-Benzinmotoren sowie Auslaßventile an 6-Zylinder-Benzinmotoren und Dieselmotoren dürfen **nicht** nachgearbeitet werden. Nur das Einschleifen ist zulässig.

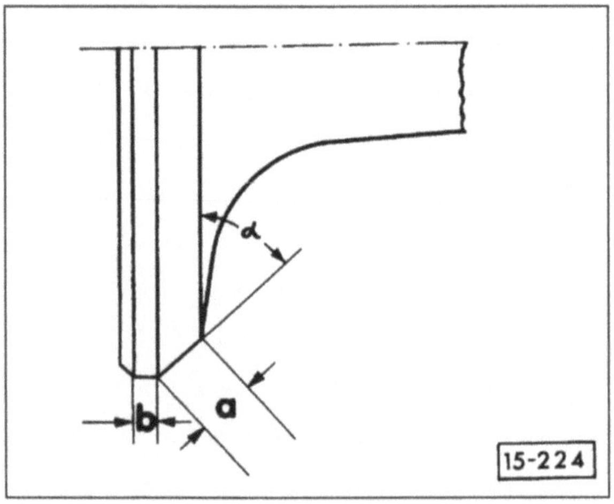

- **6-Zylinder-Benzinmotor:** a = max. 3,5 mm; b = min. 0,5 mm; α = 45°.
- **4-Zylinder-Dieselmotor:** b = min. 0,5 mm.

Ventilsitz einschleifen

Alle Motoren

Bei einwandfrei bearbeiteten Ventilsitzringen und neuen Ventilen ist das Einschleifen der Ventilsitze im Zylinderkopf nicht unbedingt erforderlich.

- Die Ventile dürfen nur mit feinkörniger Schleifpaste eingeschliffen werden. Für die notwendigen Drehbewegungen wird ein Gummisauger auf den Ventilteller gesetzt. Rillenbildung auf den Sitzflächen beim Einschleifen läßt sich durch häufiges Anheben und gleichmäßiges Weiterdrehen des Ventils während des Schleifvorgangs vermeiden.

Achtung: Die Schleifpaste ist nach dem Einschleifen sorgfältig zu entfernen.

- Geprüft werden kann der Schleifvorgang am Tragbild sowie mit Kraftstoff: Ventil lose einsetzen, Kraftstoff in Brennraum einfüllen, Kraftstoff darf nicht aus der Ventilführung auslaufen. Sonst Schleifvorgang wiederholen.

Kompression prüfen

Alle Motoren

Die Kompressionsprüfung erlaubt Rückschlüsse über den Zustand des Motors. Und zwar läßt sich bei der Prüfung feststellen, ob die Ventile oder die Kolben (Kolbenringe) in Ordnung beziehungsweise verschlissen sind. Außerdem zeigen die Prüfwerte an, ob der Motor austauschreif ist beziehungsweise komplett überholt werden muß. Für die Prüfung wird ein Kompressionsdruckprüfer benötigt, der für Benzinmotoren recht preiswert in Fachgeschäften angeboten wird.

Achtung: Für den Dieselmotor wird ein Kompressiondruckprüfer mit größerem Meßbereich benötigt.

Der Druckunterschied zwischen den einzelnen Zylindern darf maximal 3,0 bar (Diesel 5,0 bar) betragen. Falls ein oder mehrere Zylinder gegenüber den anderen einen Druckunterschied von mehr als 3,0 bar (Diesel 5,0 bar) haben, ist dies ein Hinweis auf defekte Ventile, verschlissene Kolbenringe beziehungsweise Zylinderlaufbahnen. Ist die Verschleißgrenze erreicht, muß der Motor überholt beziehungsweise ausgetauscht werden.

Motor		**Kompressionsdruck in bar**	
		Neu	Verschleißgrenze
Benziner	4-Zylinder	9 – 12	7,0
	5-Zylinder	10 – 14	8,0
	6-Zylinder	11 – 16	9,0
Diesel	4-Zylinder	25 – 31	19,0
	5-Zylinder	34	26,0

Benzinmotor

- Zur Prüfung der Kompression sollte der Motor betriebswarm sein. Die Motoröltemperatur muß jedoch mindestens +30° C betragen.
- Zündung ausschalten.
- Stecker von der Leistungsendstufe der Zündspule abziehen. Die Leistungsendstufe befindet sich direkt neben der Zündspule. Beim 6-Zylindermotor müssen 2 Stecker abgezogen werden.
- **Benzinmotoren:** Sicherung Nr. 17 (für Kraftstoffpumpe) im Sicherungskasten herausziehen.
- **4- und 6-Zylinder-Benzinmotoren:** Alle elektrischen Stecker für die Einspritzventile abziehen. Bei Mono-Motronic ist nur 1 Einspritzventil vorhanden.
- Sämtliche Zündkerzenstecker abziehen. Hierzu gibt es eine spezielle Zange, zum Beispiel HAZET 1849. Damit dürfen die Stecker jedoch nur an den Blechhülsen, falls vorhanden, gefaßt werden.
- Anschließend Zündkerzen-Nischen im Zylinderkopf mit Preßluft ausblasen, und alle Zündkerzen mit geeignetem Kerzenschlüssel herausschrauben.
- Motor mit Anlasser ein paarmal durchdrehen, damit Rückstände und Ruß herausgeschleudert werden. **Achtung:** Getriebe in Leerlaufstellung und Handbremse angezogen.
- Kompressionsdruckprüfer entsprechend der Bedienungsanleitung in die Zündkerzenöffnung drücken oder einschrauben.
- Von Helfer Gaspedal ganz durchtreten lassen und während der ganzen Prüfung mit dem Fuß festhalten.
- Motor ca. 8 Umdrehungen drehen lassen, bis kein Druckanstieg mehr auf dem Meßgerät erfolgt.
- Nacheinander sämtliche Zylinder prüfen und mit Sollwert vergleichen.
- Anschließend Zündkerzen einschrauben und Zündkabel aufstecken, siehe Seite 307.
- Stecker für Leistungsendstufe aufstecken.
- Stecker für Einspritzventil(e) aufstecken.
- Sicherung Nr. 17 im Sicherungskasten einsetzen.

2,4- und 2,5-l-Dieselmotor

- Motor warmfahren, Kühlmitteltemperaturanzeige steht auf +80° C.
- **2,5-l-Motor:** Steckverbindung für Einspritzpumpe trennen. Die Steckverbindung befindet sich an der Spritzwand hinten im Motorraum zwischen der weißen Steckverbindung für Ventil-Einspritzbeginn und der grauen Steckverbindung für Geber-Motordrehzahl.
- Elektrische Leitung vom Absteller an der Einspritzpumpe abschrauben und isoliert ablegen.
- Einspritzleitungen mit Kaltreiniger reinigen und ausbauen, dabei Biegeform der Einspritzleitungen nicht verändern.
- Einspritzdüsen ausbauen, siehe Seite 136.

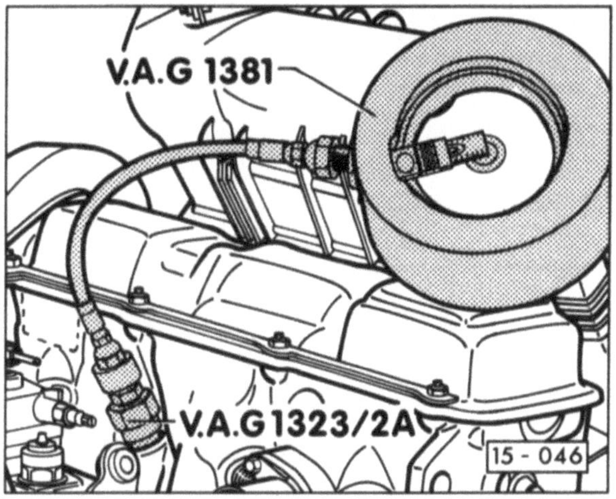

- Kompressionsdruckprüfer anstelle der Einspritzdüsen einschrauben. Dabei zwischen Druckprüfer und Zylinderkopf alte Wärmeschutzdichtung einlegen.

Achtung: Der angegebene Kompressionsdruck hat nur für die Prüfung mit dem Kompressionsdruckprüfer V.A.G-1381 und Adapter V.A.G-1323/2A Gültigkeit. Mit anderen Meßgeräten kann nur die Abweichung der einzelnen Zylinder untereinander geprüft werden.

- Motor ca. 8 Umdrehungen drehen lassen, bis kein Druckanstieg mehr auf dem Meßgerät erfolgt.

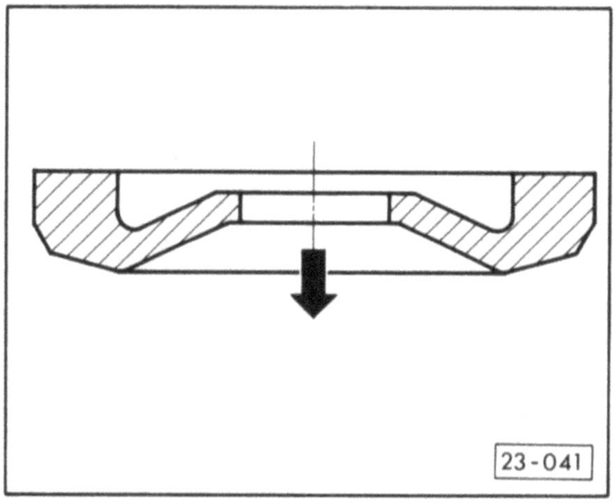

- Einspritzdüsen einschrauben und mit **70 Nm** festziehen. **Achtung:** Wärmeschutzdichtung zwischen Zylinderkopf und Einspritzdüse immer ersetzen. Die Vertiefung muß nach oben zeigen.
- Einspritzleitungen mit 25 Nm anschrauben.
- Leitung am Absteller anschrauben.
- **2,5-l-Motor:** Steckverbindung für Einspritzpumpe zusammenstecken.

1,9-l-Dieselmotor

- Elektrische Leitung vom Absteller an der Einspritzpumpe abschrauben und isoliert ablegen.
- Glühkerzen ausbauen, siehe Seite 131.

- Kompressiondruckprüfer anstelle der Glühkerzen einschrauben.
- Motor drehen lassen, bis kein Druckanstieg mehr auf dem Meßgerät erfolgt.
- Nacheinander sämtliche Zylinder prüfen.
- Glühkerzen mit **15 Nm** anschrauben.
- Elektrische Leitung am Absteller anschrauben.

Starthilfe

Alle Motoren

Bei der Starthilfe mit einem Starthilfekabel sind einige Punkte zu beachten:

- Der Leitungsquerschnitt der Starthilfekabel soll bei Ottomotoren bis ca. 2,5 l Hubraum mindestens 16 mm² (Durchmesser ca. 5 mm) betragen. Bei Dieselmotoren oder Ottomotoren über ca. 2,5 l Hubraum soll der Leitungsquerschnitt mindestens 25 mm² betragen. Maßgebend ist dabei jeweils das Fahrzeug mit der entladenen Batterie. Der Leitungsquerschnitt ist in der Regel auf der Packung der Starthilfekabel angegeben. Beim Neukauf ist grundsätzlich ein Starthilfekabel mit isolierten Kabelzangen und 25 mm² Querschnitt empfehlenswert, da es sich auch für Motoren mit geringerem Hubraum eignet.
- Beide Batterien müssen eine Spannung von 12 Volt haben.
- Eine entladene Batterie kann bereits bei –10° C gefrieren. Vor Anschluß der Starthilfekabel muß eine gefrorene Batterie unbedingt aufgetaut werden.
- Die entladene Batterie muß ordnungsgemäß am Bordnetz angeklemmt sein.
- Flüssigkeitsstand der entladenen Batterie prüfen, gegebenenfalls mit destilliertem Wasser auffüllen.
- Fahrzeuge so weit auseinanderstellen, daß kein metallischer Kontakt besteht. Andernfalls könnte bereits beim Verbinden der Pluspole ein Strom fließen.
- Bei beiden Fahrzeugen Handbremse anziehen. Schaltgetriebe in Leerlaufstellung, automatisches Getriebe in Parkstellung »P« schalten.
- Alle Stromverbraucher ausschalten.
- Motor des stromgebenden Fahrzeuges im Leerlauf laufen lassen.

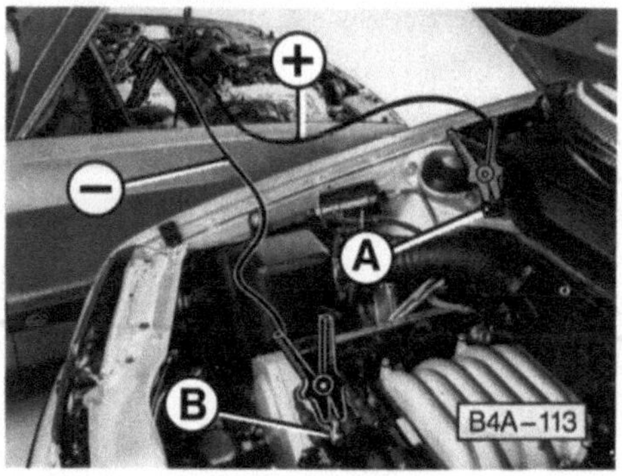

- Starthilfekabel in folgender Reihenfolge anschließen:
  1. Rotes Kabel (+) an den Pluspol der entladenen Batterie beziehungsweise an den Starthilfeanschluß –A– anklemmen.
  2. Das andere Ende des roten Kabels (+) an den Pluspol der stromgebenden Batterie anklemmen.
  3. Schwarzes Kabel (–) an den Minuspol der stromgebenden Batterie anklemmen.
  4. Das andere Ende des schwarzen Kabels (–) an eine gute Massestelle des Empfängerfahrzeuges anschließen, beispielsweise an die Aufhängeöse –B– am Motorblock oder an ein fest mit dem Motorblock verschraubtes Metallteil. Dadurch werden Masseverluste vermieden. Unter ungünstigen Umständen könnte beim Anschließen des Kabels an den Minuspol der leeren Batterie, durch Funkenbildung und Knallgasentwicklung, die Batterie explodieren.
- Polzangen nochmals auf festen Sitz prüfen. Darauf achten, daß die Starthilfekabel nicht durch sich drehende Teile, wie etwa durch den Kühlerventilator, beschädigt werden können.

Achtung: Die Klemmen der Starthilfekabel dürfen bei angeschlossenen Kabeln nicht in Kontakt miteinander kommen, beziehungsweise die Plusklemmen dürfen keine Massestellen (Karosserie oder Rahmen) berühren.

- Motor des Empfängerfahrzeuges (leere Batterie) starten und laufen lassen. Beim Starten Anlasser nicht länger als 10 Sekunden ununterbrochen betätigen, da sich durch die hohe Stromaufnahme Polzangen und Kabel erwärmen. Deshalb zwischendurch eine »Abkühlpause« von mindestens ½ Minute einlegen.
- Grundsätzlich Motor des Spenderfahrzeuges während des Startvorganges mit Leerlaufdrehzahl drehen lassen. Dadurch wird eine eventuelle Beschädigung des Generators durch Spannungsspitzen beim Startvorgang vermieden. Sinkt allerdings die Leerlaufdrehzahl stark ab, kann etwas Gas gegeben werden.
- Während des Starthilfevorganges offene Flammen oder brennende Zigaretten in der Nähe der Batterie vermeiden, weil aus der Batterie brennbare Gase austreten können.
- Nicht über die Batterien beugen – Verätzungsgefahr!
- **Nach der Starthilfe** Kabel in **umgekehrter** Reihenfolge abklemmen.

Achtung: Werden die vorgeschriebenen Anschlußhinweise nicht genau eingehalten, besteht die Gefahr der Verätzung durch austretende Batteriesäure. Außerdem können Verletzungen oder Schäden durch eine Batterieexplosion entstehen. Zudem können Defekte an den elektrischen Anlagen beider Fahrzeuge auftreten.

Fahrzeug abschleppen

Alle Motoren

- Die Abschleppösen befinden sich vorn und hinten jeweils rechts unter den Stoßfängern. Um an die vordere Abschleppöse zu gelangen, muß das Luftführungsgitter nach vorn abgezogen werden.

- Zündung einschalten, damit das Lenkrad nicht blockiert ist und die Blinkleuchten, das Signalhorn und gegebenenfalls die Scheibenwischer betätigt werden können.
- Da der Bremskraftverstärker nur bei laufendem Motor arbeitet, muß bei Fahrzeugen mit Bremskraftverstärker bei nicht laufendem Motor das Bremspedal entsprechend kräftiger getreten werden!
- Bei Fahrzeugen mit Servolenkung muß zum Lenken mehr Kraft aufgewendet werden, da bei stehendem Motor die Servo-Unterstützung fehlt.
- Das Abschleppseil soll elastisch sein, damit das schleppende und das gezogene Fahrzeug geschont werden. Nur Kunstfaserseile oder Seile mit elastischen Zwischengliedern verwenden.
- Fahrzeuge, bei denen ein Defekt an der Zündanlage besteht oder vermutet wird, dürfen nur mit abgezogenem Stecker an der Leistungsendstufe der Zündspule abgeschleppt werden. Die Leistungsendstufe befindet sich seitlich an der Zündspule oder im Motorraum an der Spritzwand (6-Zylindermotor).
- Ohne Getriebeöl darf das Fahrzeug nur mit angehobenen Antriebsrädern abgeschleppt werden.
- Bei Allrad-Fahrzeugen darauf achten, daß beim Abschleppen mit angehobener Vorderachse die Differentialsperre nicht eingelegt ist. Falls sich die angehobenen Räder nicht frei drehen können, darf nicht schneller als 50 km/h und nicht weiter als 50 km gefahren werden.
- Fahrzeuge mit automatischem Getriebe abschleppen, siehe Seite 158.

Keilriemen ersetzen/spannen

4-Zylinder-Benzinmotor

Keilriemen für Generator und Kühlmittelpumpe

- Befestigungsschraube für Spannbügel –A– und Generator ca. 1 Umdrehung lösen. **Achtung:** Der Generator muß nun leicht beweglich sein, das heißt, er muß durch sein eigenes Gewicht zur Seite fallen.
- Spannmutter –B– nach links drehen, dadurch Keilriemen entspannen und abnehmen.
- Keilriemen auflegen.
- Spannmutter nach rechts drehen und dadurch Keilriemen spannen. Der Keilriemen ist richtig gespannt, wenn die Spannmutter bei einem gelaufenen Keilriemen mit einem Drehmoment von 4 Nm nach rechts gedreht wird, bei einem neuen Keilriemen mit 8 Nm. Mutter in dieser Stellung halten und Befestigungsschraube mit **35 Nm** festziehen.

Achtung: Zum Anziehen der Spannmutter wird ein Drehmomentschlüssel mit Ringschlüsseleinsatz SW 22 benötigt. Es kann auch der offene Steckschlüsseleinsatz HAZET 2593-22 in Verbindung mit einem Drehmomentschlüssel und einem tiefgekröpften Ringschlüssel SW 13 verwendet werden.

- Befestigungsschrauben »Generator an Lagerung« mit 35 Nm und »Spannbügel an Zylinderkopf« mit 20 Nm festziehen.

Keilriemen für Servo-Pumpe (Lenkhilfe)

Der Keilriemen ist richtig gespannt, wenn er sich zwischen den beiden Keilriemenscheiben mit dem Daumen ca. 10 mm durchdrücken läßt.

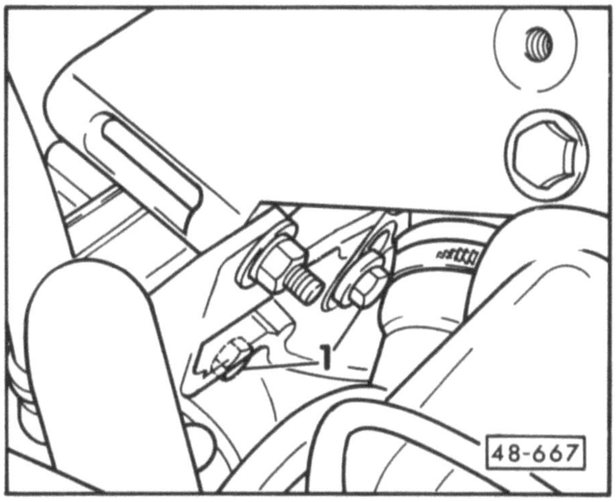

- Schrauben –1– lösen.

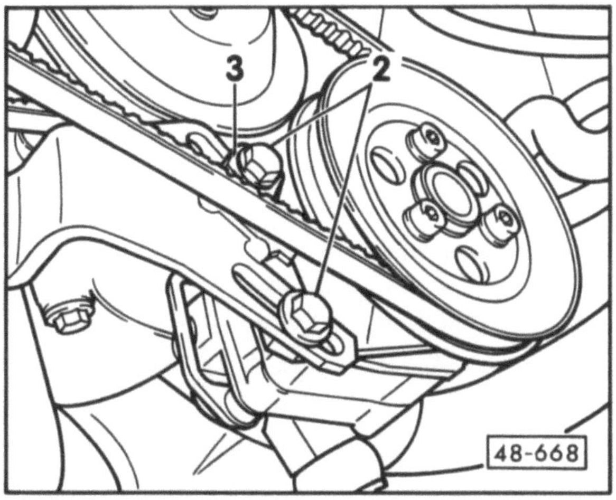

- Befestigungsschrauben –2– lösen.
- Keilriemen entspannen. Dazu die Spannmutter –3– so verdrehen, daß sich die Pumpe zum Motor hin bewegt.

- Keilriemen abnehmen.
- Neuen Keilriemen auflegen.
- Spannmutter –3– so verdrehen, daß sich die Pumpe vom Motor weg bewegt.
- Mutter festhalten und Keilriemenspannung prüfen. Der Keilriemen ist richtig gespannt, wenn er sich zwischen den beiden Keilriemenscheiben mit dem Daumen ca. 10 mm durchdrücken läßt.
- Anschließend Befestigungsschrauben mit 20 Nm festziehen.

Keilriemen für Kältekompressor

Der Keilriemen ist richtig gespannt, wenn er sich in der Mitte zwischen den Riemenscheiben mit dem Daumen ca. 5 mm durchdrücken läßt. Das entspricht einer Spannung von ca. 50 N (Newton).

Der Kompressor ist starr mit dem Motor verbunden und wird von der Kurbelwelle angetrieben. Die Riemenscheibe an der Kurbelwelle ist in 2 Hälften geteilt, dazwischen befinden sich Abstandscheiben. Zum Entspannen und Spannen werden mehr oder weniger Abstandscheiben zwischen die Riemenscheibenhälften eingelegt.

- Fahrzeug aufbocken, siehe Seite 145.
- Untere Motorraumverkleidung ausbauen, siehe Seite 17.

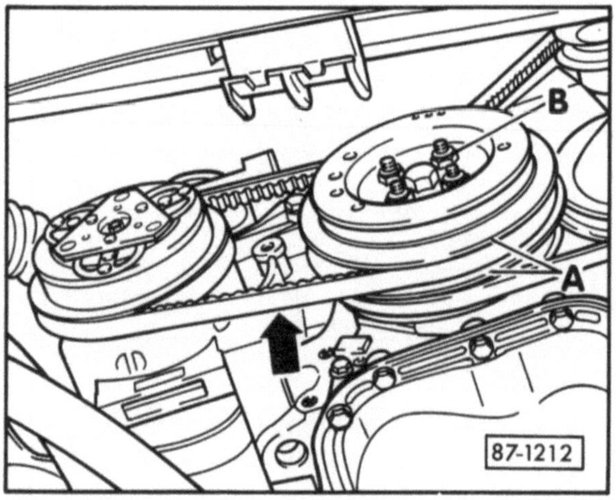

- 4 Befestigungsmuttern –B– herausdrehen und vordere Riemenscheibenhälfte –A– und Abstandscheiben abnehmen.
- Keilriemen abnehmen.
- Neuen Keilriemen auflegen
- Abstandscheiben einsetzen und Riemenscheibenhälfte mit 20 Nm festschrauben. Beim Festziehen der Muttern Kurbelwelle an der Zentralschraube weiterdrehen.

Achtung: Überzählige Abstandscheiben gleichmäßig vor und hinter der Riemenscheibe ablegen.

- Spannung des Keilriemens prüfen. Dazu Keilriemen zwischen den beiden Keilriemenscheiben mit dem Daumen durchdrücken. Wenn sich der Riemen ca. 5 mm durchdrücken läßt, ist die Keilriemenspannung richtig eingestellt. Soll der Riemen beispielsweise stärker gespannt werden, eine Abstandscheibe zwischen den Riemenscheibenhälften herausnehmen und vor oder hinter der Riemenscheibe ablegen.
- Untere Motorraumverkleidung einbauen, siehe Seite 17.
- Fahrzeug ablassen, siehe Seite 145.

Keilriemen/Keilrippenriemen aus- und einbauen

4-Zylinder-Dieselmotor

Der 4-Zylinder-Dieselmotor besitzt sowohl einen Keilriemen als auch einen Keilrippenriemen. Der Keilriemen treibt die Kühlmittel- und die Servopumpe an. Vom Keilrippenriemen wird der Generator und, falls vorhanden, der Klimakompressor angetrieben. Die Riemenspannung des Keilrippenriemens wird von einer federbelasteten Spannrolle konstant gehalten. Er ist daher wartungsfrei.

Ausbau des Keilriemens

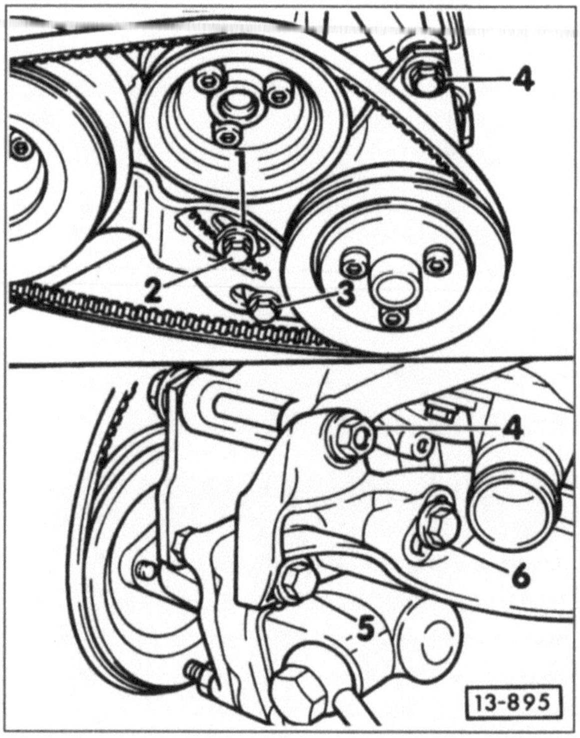

- Befestigungsschrauben –2– bis –6– lösen.
- Spannmutter –1– verdrehen, dadurch Keilriemen entspannen und abnehmen.

Einbau

- Neuen Keilriemen auflegen.
- Mit Spannmutter –1– Keilriemen spannen. Der Keilriemen ist richtig gespannt, wenn zwischen Kurbelwellenriemenscheibe und Servopumpe ein neuer Keilriemen sich 2 mm und ein gelaufener Keilriemen sich 5 mm durchdrücken läßt.

- Alle Befestigungsschrauben –2– bis –6– mit **25 Nm** festziehen.

Ausbau des Keilrippenriemens

- Fahrzeug aufbocken.
- Untere Motorraumverkleidung ausbauen, siehe Seite 17.
- Wenn Keilrippenriemen abgenommen werden soll, Keilriemen ausbauen.
- Abdeckung für Spannrolle vorsichtig mit Schraubendreher abhebeln.
- Laufrichtung auf dem Keilrippenriemen mit Filz- oder Fettstift durch einen Pfeil kennzeichnen. Der Motor dreht, von vorn gesehen, rechts herum, also im Uhrzeigersinn.

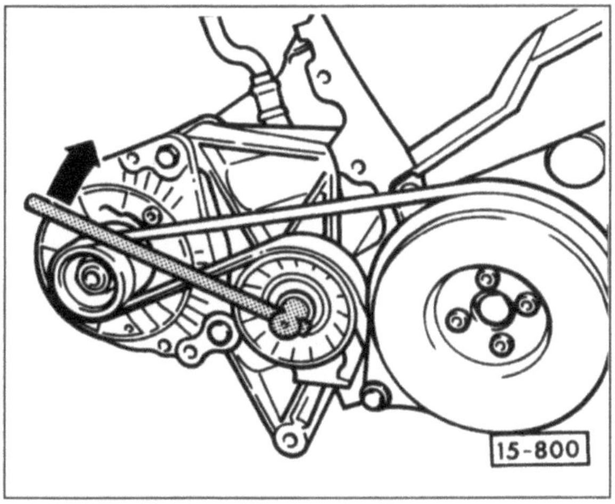
15-800

- Keilrippenriemen entspannen. Dazu Steckschlüssel, SW 13, wie in der Abbildung gezeigt aufsetzen und in Pfeilrichtung drehen.
- Keilrippenriemen abnehmen.

Einbau

- Keilrippenriemen auf die Riemenscheiben auflegen. **Achtung:** Wird der bisherige Riemen wieder eingebaut, Markierung der Laufrichtung beachten. Ein Einbau entgegen der bisherigen Laufrichtung erhöht den Verschleiß des Riemens beziehungsweise kann diesen zerstören. Daher Keilrippenriemen immer so einbauen, daß der angebrachte Pfeil in Drehrichtung des Motors zeigt (von vorn gesehen in Uhrzeigersinn).
- Spannvorrichtung in Pfeilrichtung drücken, bis sich der Keilrippenriemen auf die Spannrolle auflegen läßt. Anschließend Spanner langsam entgegen der Pfeilrichtung drehen, dabei auf richtige Lage der Keilriemenrippen auf den Riemenscheiben achten.
- Kunststoffkappe auf die Spannrolle aufdrücken.
- Untere Motorraumverkleidung einbauen, siehe Seite 17.
- Fahrzeug ablassen.

Keilrippenriemen aus- und einbauen

5-/6-Zylindermotor

Der Keilrippenriemen treibt sämtliche Nebenaggregate an. Das sind beim 5-Zylindermotor: Generator, Visco-Lüfter, Servopumpe und, falls vorhanden, Klimakompressor. Die Riemenspannung wird von einer federbelasteten Spannrolle konstant gehalten. Der Keilrippenriemen ist daher wartungsfrei.

5-Zylinder-Benzin- und Dieselmotor

Ausbau

- Laufrichtung auf dem Keilrippenriemen mit Filz- oder Fettstift durch einen Pfeil kennzeichnen. Der Motor dreht, von vorn gesehen, rechts herum, also im Uhrzeigersinn.
- Schloßträger ausbauen, siehe Seite 223.
- **Dieselmotor:** Luftführung zum Luftfilter vom Kühler abschrauben und abziehen.

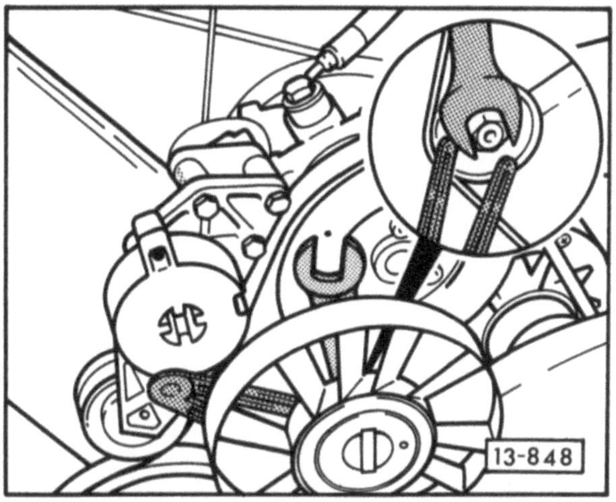
13-848

- Viscolüfter abschrauben, dabei zum Gegenhalten den Zweiloch-Mutterndreher V.A.G-3212 einsetzen.

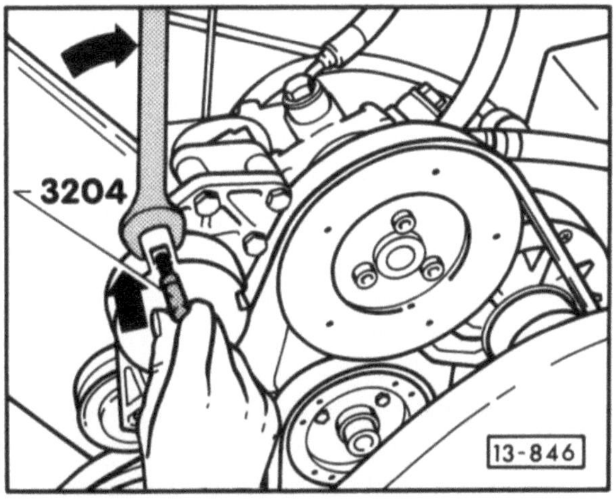

13-846

- Keilrippenriemen entspannen. Dazu Spannvorrichtung mit Maulschlüssel in Pfeilrichtung drehen und geeigneten Absteckdorn einsetzen, z. B. V.A.G-3204.
- Keilrippenriemen abnehmen.

Einbau

- Keilrippenriemen auf die Riemenscheiben auflegen. **Achtung:** Wird der bisherige Riemen wieder eingebaut, Markierung der Laufrichtung beachten. Ein Einbau entgegen der bisherigen Laufrichtung erhöht den Verschleiß des Riemens beziehungsweise kann den Riemen zerstören. Daher Keilrippenriemen immer so einbauen, daß der angebrachte Pfeil in Drehrichtung des Motors zeigt (von vorn gesehen in Uhrzeigersinn).
- Spannvorrichtung etwas in Pfeilrichtung drücken, Absteckdorn herausziehen. Anschließend Spanner langsam entgegen der Pfeilrichtung drehen, dabei auf richtige Lage der Keilriemenrippen auf den Riemenscheiben achten.
- **Dieselmotor:** Viscolüfter zusammen mit Lüfterverkleidung einsetzen. Lüfterverkleidung am Kühler anschrauben.
- Viscolüfter einsetzen und mit 20 Nm anschrauben, dabei Lüfter mit Mutterndreher gegenhalten.
- Schloßträger einbauen, siehe Seite 223.
- **Dieselmotor:** Luftführung zum Luftfilter einsetzen und am Kühler anschrauben.

6-Zylindermotor

- Abdeckung für Keilrippenriemen ausbauen. Dazu 2 Schrauben SW 10 herausdrehen und Abdeckung von der Zündspulenverkleidung abclipsen.

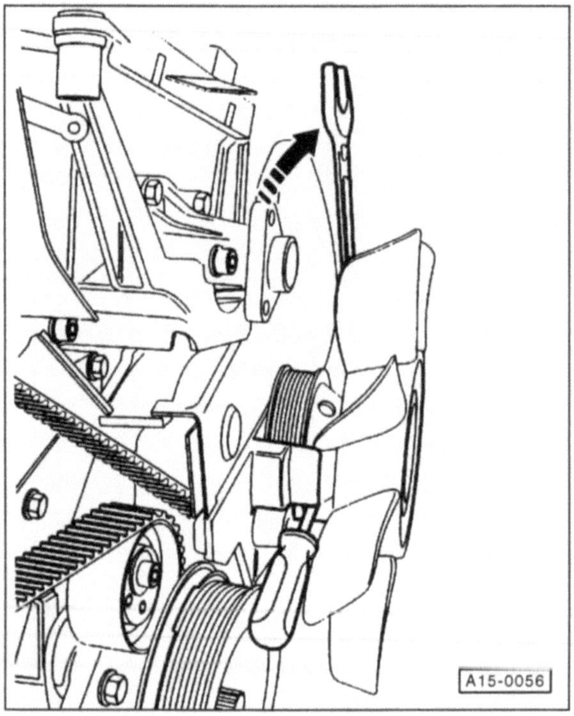

- **Motor 2.8-30V (193 PS):** Viscolüfter abschrauben, dazu zum Gegenhalten Schraubendreher in eine der 4 Öffnungen der Keilrippenriemenscheibe schieben und am Lagergehäuse des Viscolüfters anstehen lassen. Mit Gabelschlüssel **rechtsherum** abschrauben (Linksgewinde). Lüfter abnehmen.
- Laufrichtung auf dem Keilrippenriemen mit Filz- oder Fettstift durch einen Pfeil kennzeichnen. Der Motor dreht, von vorn gesehen, rechts herum, also im Uhrzeigersinn.

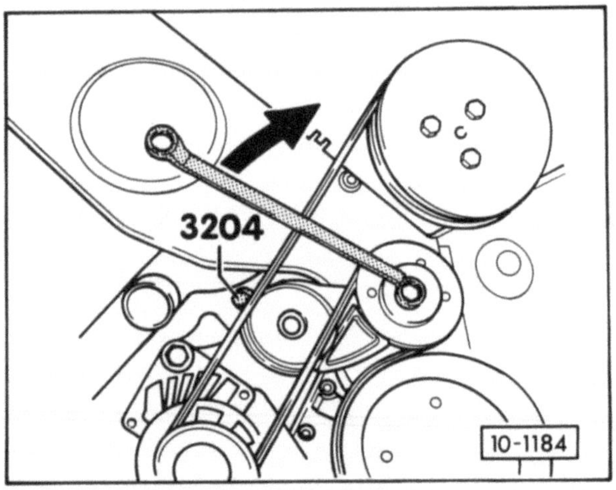

- Keilrippenriemen entspannen. Dazu Spannvorrichtung mit Ringschlüssel SW 15, wie in der Abbildung gezeigt in Pfeilrichtung drehen und mit geeignetem Dorn (∅ 6 mm) arretieren, z. B. AUDI-3204. Vorher Kunststoffkappe mit Schraubendreher von der Spannrolle abhebeln. **Achtung:** Beim 193-PS-Motor mit 17mm-Ringschlüssel am Sechskant unterhalb der Spannrolle ansetzen, Spannrollenträger nach rechts schwenken und arretieren.
- Keilrippenriemen abnehmen.

Einbau

- Keilrippenriemen zuerst über die Antriebsrollen und über die Umlenkrolle legen und **zuletzt** auf die Spannrolle schieben. **Achtung:** Wird der bisherige Riemen wieder eingebaut, Markierung der Laufrichtung beachten. Ein Einbau entgegen der bisherigen Laufrichtung erhöht den Verschleiß des Riemens beziehungsweise kann den Riemen zerstören. Daher Keilrippenriemen immer so einbauen, daß der angebrachte Pfeil in Drehrichtung des Motors zeigt (von vorn gesehen in Uhrzeigersinn).
- Keilrippenriemen auf die Riemenscheiben auflegen.
- Spannvorrichtung etwas in Pfeilrichtung drücken, Absteckdorn herausziehen. Anschließend Spanner langsam entgegen der Pfeilrichtung drehen, dabei auf richtige Lage der Keilriemenrippen auf den Riemenscheiben achten.
- 193-PS-Motor: Viscolüfter linksherum mit 40 Nm anziehen.
- Abdeckung für Keilrippenriemen einbauen. Kunststoffkappe auf die Spannrolle aufdrücken.

Störungsdiagnose Motor

Wenn der Motor nicht anspringt, Fehler systematisch einkreisen. Damit der Motor überhaupt anspringen kann, müssen immer zwei Grundvoraussetzungen erfüllt sein. Das Kraftstoff-Luftgemisch muß bis in die Zylinder gelangen, und der Zündfunke muß an den Zündkerzen vorhanden sein. Als erstes ist deshalb immer zu prüfen, ob überhaupt Kraftstoff gefördert wird. Wie man dabei vorgeht, steht in den Kapiteln »Kraftstoff-« und »Einspritzanlage«.

Um festzustellen, ob ein Zündfunke vorhanden ist, Zündkerzen herausschrauben, in Zündkerzenstecker stecken und einzeln gegen Masse halten. Dabei Kerzenstecker oder Zündkabel **nicht** mit der Hand festhalten, sondern eine gut isolierte Zange nehmen. Von Hilfsperson Motor starten lassen. Wenn kein Zündfunke überspringt, Fehler entsprechend dem Kapitel »Zündanlage« aufspüren. **Achtung: Sicherheitshinweise für elektronische Zündanlagen beachten.**

Beim Dieselmotor Vorglühanlage prüfen.

Störung: Der Motor springt schlecht oder gar nicht an

Ursache		Abhilfe
Bedienungsfehler beim Starten	**Benzinmotor:**	■ Zündschlüssel drehen und starten bis der Motor anspringt. Dann erst Zündschlüssel loslassen. Kupplung beim Startvorgang durchtreten. Kein Gas geben. ■ **Nur bei heißem Motor** nach dem Anspringen etwas Gas geben.
	Dieselmotor:	■ **Bei kaltem Motor:** Zündung einschalten, bis die Vorglüh-Kontrollampe erlischt. Kupplung durchtreten. Sofort nach Verlöschen der Kontrollampe Motor anlassen, kein Gas geben. ■ **Bei warmem Motor:** Es braucht nicht vorgeglüht zu werden, der Motor kann sofort angelassen werden.
Sicherung defekt für: – Elektrische Kraftstoffpumpe – Elektronische Einspritzanlage – Vorglühanlage		■ Sicherung prüfen, siehe »Elektrische Anlage«
Kraftstoffanlage defekt, verschmutzt Leitung geknickt, verstopft		■ Kraftstoffanlage entsprechend Störungsdiagnose überprüfen
Anlasser dreht zu langsam		■ Batterie laden. Falls Einbereichs-Motoröl eingefüllt ist, in der kalten Jahreszeit Winteröl einfüllen. Anlasser überprüfen
Kompressionsdruck zu niedrig		■ Hydrostößel prüfen, Motor überholen
Falsche Steuerzeiten		■ Steuerzeiten überprüfen, Zahnriemenspannung kontrollieren
Zylinderkopfdichtung defekt		■ Dichtung ersetzen

Die Zündanlage

Die Zündanlage erzeugt für jeden Zylinder des Benzinmotors im richtigen Augenblick den Zündfunken. Dieser setzt das angesaugte Kraftstoffluftgemisch in Brand. In der Zündspule wird hierzu die Batteriespannung von 12 Volt auf 25.000 bis 30.000 Volt umgeformt.

Der AUDI 100 / A6 besitzt eine vollelektronische Zündanlage unterschiedlicher Ausstattung.

Die Zündanlage besteht aus:

Motor	Zündanlage
101 PS (AAE*)	❑ 4 Zündkerzen ❑ Zündspule mit Leistungsendstufe ❑ Zündverteiler mit Hallgeber ❑ Mono-Motronic-Steuergerät
115 PS (ABK*)	❑ 4 Zündkerzen ❑ Zündspule mit Leistungsendstufe ❑ Zündverteiler mit Hallgeber ❑ Klopfsensor ❑ Digifant-Steuergerät
115, 140 PS (AAD, ACE*)	❑ 4 Zündkerzen ❑ Zündspule mit Leistungsendstufe ❑ Zündverteiler mit Hallgeber ❑ 2 Klopfsensoren ❑ KE-Motronic-Steuergerät
125 PS (ADR*)	❑ 4 Zündkerzen ❑ 2 Doppelzündspulen ❑ 1 Leistungsendstufe ❑ Geber für Motordrehzahl ❑ 2 Klopfsensoren ❑ Motronic-Steuergerät
133 PS (AAR*)	❑ 5 Zündkerzen ❑ Zündspule mit Leistungsendstufe ❑ Zündverteiler mit Hallgeber ❑ Klopfsensor ❑ VEZ-Steuergerät
150 – 193 PS (ABC, AAH, ACK*)	❑ 6 Zündkerzen ❑ 3 Doppelzündspulen ❑ 1 Leistungsendstufe ❑ Geber für Zündzeitpunkt/Drehzahl ❑ 2 Klopfsensoren ❑ MPI/Motronic-Steuergerät

*) Motor-Kennbuchstaben

Das Steuergerät der Zündanlage (im Steuergerät der Einspritzanlage integriert, außer beim 5-Zylindermotor) ist mit einem Fehlerspeicher ausgestattet. Hier werden Fehler gespeichert, die in der Motorelektronik während der Fahrt auftreten. Vor Reparaturen an der Zündanlage muß zunächst der Fehlerspeicher abgerufen werden. Abgerufen wird der Fehlerspeicher mit dem Fehlerauslesegerät V.A.G 1551 über den schwarzen und braunen Diagnosestecker im Relaiskasten, der sich im Motorraum links hinten (im Wasserkasten) befindet.

Da das Fehlerauslesegerät dem Heimwerker in der Regel nicht zur Verfügung steht, die Darstellung aller Fehlercodes beziehungsweise Prüfabläufe äußerst umfangreich ist, kann sie im vorliegenden Buch nicht abgedruckt werden.

Achtung: Bei Arbeiten an der Zündung sind die Sicherheitsmaßnahmen bei elektronischen Zündanlagen zu beachten.

Funktion der Zündanlage

Kennfeldzündung in den 2,0- und 2,3-l-Motoren

Die Zündanlage ist bei diesen Motoren im Prinzip gleich aufgebaut. Die Unterschiede liegen in der Ausstattung mit oder ohne Klopfsensor, Zünd-Steuergerät separat oder in das Steuergerät der Einspritzanlage integriert.

Das Steuergerät hat die Aufgabe, die Zündverstellung durch ein fest eingespeichertes Kennfeld zu steuern.

Bei der kennfeldgesteuerten Zündanlage ist der optimale Zündzeitpunkt vom jeweiligen Betriebszustand des Motors abhängig. Als Meßgrößen dienen die Motordrehzahl, die Motortemperatur und der Lastzustand (Saugrohrunterdruck, Drosselklappenstellung).

Das erforderliche Kennfeld für die Zündanlage wird durch Versuche auf dem Motorprüfstand ermittelt und anschließend in Fahrversuchen so abgestimmt, daß sich die günstigsten Werte für Verbrauch, Abgas und Fahrverhalten ergeben. Die ermittelten Werte werden im Steuergerät gespeichert.

Während der Fahrt werden aus den Funktionen Motordrehzahl, Motortemperatur und Lastzustand Signale an das Steuergerät gegeben, welches dann aus dem festgelegten Zündkennfeld für den momentanen Betriebszustand den richtigen Zündzeitpunkt, zum Beispiel 10° vor OT oder 0°, bestimmt.

Neben diesen Steuerungsgrößen wird der Zündzeitpunkt auch noch von einem Klopfsensor beeinflußt. Da der Kraftstoffverbrauch bei hoher Verdichtung am besten ist, werden die modernen Motoren möglichst hoch verdichtet. Durch die hohe Verdichtung kann es jedoch zu einer unkontrollierten Verbrennung kommen, man spricht dann vom Motorklopfen.

Das Motorklopfen kann auf Dauer zu Motorschäden führen. Um das zu vermeiden, ist ein Klopfsensor erforderlich, der die falsche Verbrennung registriert und dafür sorgt, daß die Zündung in Richtung spät verändert wird. Der Klopfsensor sitzt am Motorblock und ist über eine elektrische Leitung mit dem Zünd-Steuergerät verbunden.

Bei Ausfall der Steuerungsgrößen können Mängel im Fahrverhalten auftreten, und zwar durch verringerte Motorleistung. Eventuell kann sich auch der Verbrauch erhöhen. Langfristige Schäden am Motor sind nicht zu befürchten, wenn der Defekt alsbald behoben wird.

Der Zündverteiler ist mit einem wartungsfreien Hallgeber ausgestattet. Der Hallgeber besteht aus einer berührungslos arbeitenden Magnetschranke und einer an der Verteilerwelle befestigten Rotorblende.

Der Hallgeber bestimmt über das Steuergerät der Zündanlage den Aus- und Einschaltzeitpunkt des Zündspulenstromes. Außerdem dient er der Zuordnung von Klopfsignalen zu den einzelnen Zylindern.

Zündanlage im 1,8-, 2,6- und 2,8-l-Motor

Diese Motoren besitzen keinen Zündverteiler. Hier ermöglichen 2, bei 6-Zylinder 3 Doppelzündspulen eine »ruhende« Hochspannungsverteilung.

Die Doppelzündspulen befinden sich vorn am Zylinderkopf. Sie werden vom Steuergerät der Benzin-Einspritzanlage über eine Leistungsendstufe, die an der Spritzwand befestigt ist, angesteuert. Dabei versorgt je eine Doppelzündspule ein Zylinderpaar mit Zündstrom. Die Doppelzündspule erzeugt im Zündzeitpunkt zwei Zündfunken gleichzeitig. Wobei jeweils eine Doppelzündspule demjenigen Zylinderpaar zugeordnet ist, dessen Kolben gleichtzeitig auf OT sind.

Beispiel: Beim 6-Zylindermotor zündet die eine Zündkerze in den Verdichtungstakt des Zylinders 1, während die andere Zündkerze gleichzeitig in den Ausstoßtakt des Zylinders 6 zündet. Für diese »Leerzündung« wird nur eine Spannung von ca. 1 kV benötigt. Das bedeutet für die Zündkerzen keinen erhöhten Verschleiß.

Eine Kurbelwellenumdrehung später befindet sich Zylinder 6 im Verdichtungstakt und Zylinder 1 im Ausstoßtakt. Für die Zylinder 2+4 und 3+5 gilt diese Arbeitsweise analog.

Sicherheitsmaßnahmen zur elektronischen Zündanlage/ Einspritzanlage

Bei elektronischen Zündanlagen beträgt die Zündspannung bis zu 30 kV (Kilovolt). Unter ungünstigen Umständen, zum Beispiel Feuchtigkeit im Motorraum, können Spannungsspitzen die Isolation durchschlagen, was bei Berührung zu Elektroschocks führt.

Um Verletzungen von Personen und/oder die Zerstörung der elektronischen Zündanlage zu vermeiden, ist bei Arbeiten an Fahrzeugen mit elektronischer Zündanlage folgendes zu beachten:

- Bevor der Motor mit Anlaßdrehzahl betrieben wird (z. B. Kompressionsdruckprüfung), Zündung ausschalten und Stecker von der Leistungsendstufe abziehen. Die Leistungsendstufe befindet sich seitlich an der Zündspule oder im Motorraum an der Spritzwand (6-Zylindermotor, 1,8-l-Motor). Zusätzlich Sicherung Nr. 17 für Kraftstoffpumpe herausziehen.
- Zündkabel nicht bei laufendem Motor bzw. bei Anlaßdrehzahl mit der Hand berühren bzw. abziehen.
- Leitungen der Zündanlage nur bei ausgeschalteter Zündung abklemmen.
- Das An- und Abklemmen von Meßgeräteleitungen (Drehzahlmesser/Zündungstester) nur bei ausgeschalteter Zündung vornehmen.
- An Klemme 1 (–) dürfen kein Entstörkondensator und keine Prüflampe angeschlossen werden.
- Beim Abschleppen von Fahrzeugen, bei denen ein Defekt an der Zündanlage besteht oder vermutet wird, vorher Stecker an der Leistungsendstufe der Zündspule abziehen. Die Leistungsendstufe befindet sich seitlich an der Zündspule oder im Motorraum an der Spritzwand (6-Zylindermotor).
- Die Starthilfe mit einem Schnellader ist nur bis zu 1 Minute mit maximal 16,5 Volt zulässig. Nach jedem Startversuch muß eine Pause von mindestens 1 Minute eingelegt werden.
- Die Zündspule darf nicht durch eine andere Ausführung ersetzt werden. Auf keinen Fall darf eine für unterbrechergesteuerte Zündanlagen vorgesehene Zündspule eingebaut werden.
- Den Zündverteilerläufer mit 1 kΩ (Kennzeichnung R1) nicht gegen einen anderen tauschen, auch nicht bei Radioentstörung.
- Bei der Entstörung an den Hochspannungsleitungen nur Widerstände mit 1 kΩ und Zündkerzenstecker mit 5 kΩ verwenden.
- Die Batterie darf nur bei ausgeschalteter Zündung komplett abgeklemmt werden. Sonst kann das Steuergerät der Einspritzanlage beschädigt werden.
- Motorwäsche nur bei ausgeschalteter Zündung durchführen.
- Personen mit einem Herzschrittmacher sollen keine Arbeiten an der elektronischen Zündanlage durchführen.

Beim 5-Zylindermotor zusätzlich zu beachten:

- Bei Erhitzung auf mehr als +80° C (z. B. Lackieren, Dampfstrahlen) darf der Motor nicht unmittelbar nach der Aufheizphase gestartet werden.
- Bei Elektro- und Punktschweißen Batterie komplett abklemmen.
- Die Sekundärseite der Zündspule muß mit mindestens 2 kΩ entstört sein, wobei der Zündverteiler 1 kΩ haben muß.

Zündverteiler/Zündspule

4-Zylindermotor mit 115 PS

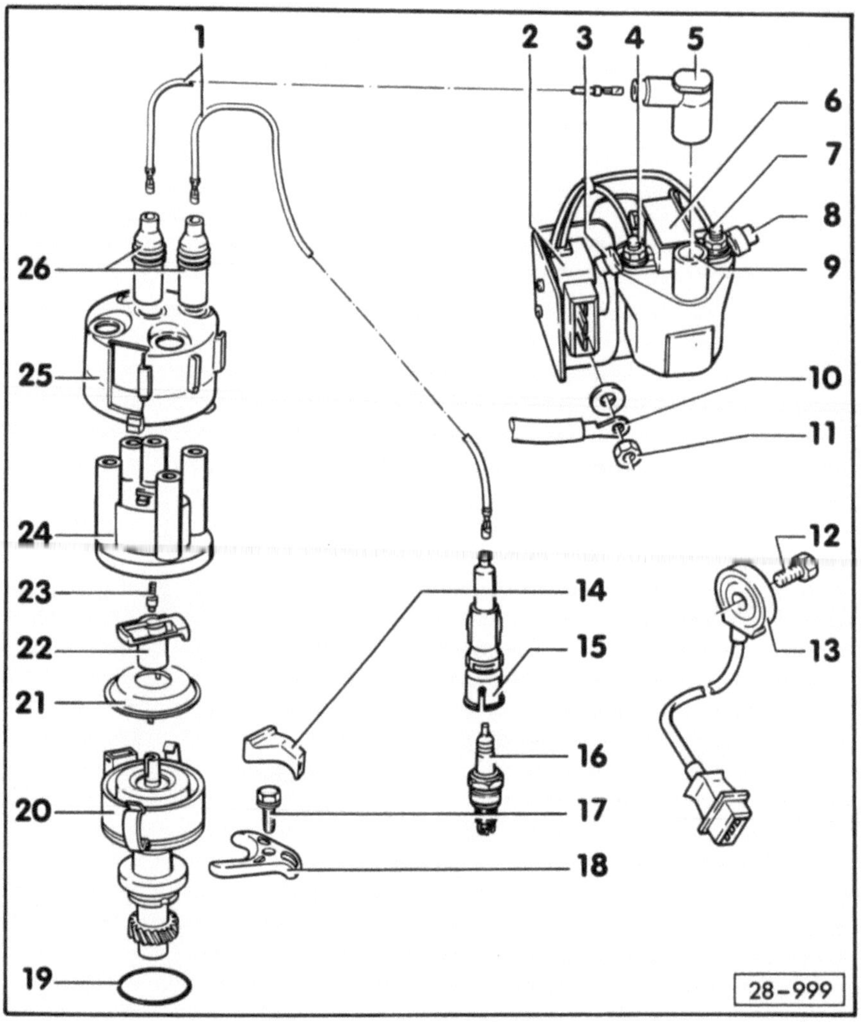

1 – **Zündleitung**

2 – **Leistungsendstufe – N70**

3 – **Schutzkappe**

4 – **Klemme 1 (–)**

5 – **Entstörstecker**
0,6 bis 1,4 kΩ

6 – **Zündspule – N**

7 – **Klemme 15 (+)**

8 – **Schutzkappe**

9 – **Klemme 4**

10 – **Masseband**
Zum Zylinderkopfdeckel.

11 – **Mutter, 10 Nm**

12 – **Spezialschraube, 15 bis 25 Nm**
Achtung: Das Anzugsdrehmoment hat Einfluß auf die Funktion des Klopfsensors.

13 – **Klopfsensor – G61**

14 – **Sicherungskappe**

15 – **Zündkerzenstecker**
5 bis 6 kΩ.

16 – **Zündkerze, 20 Nm**

17 – **Klemmschraube, 25 Nm**

18 – **Klemme**

19 – **O-Ring**

20 – **Zündverteiler mit Hallgeber – G40**

21 – **Staubschutzkappe**

22 – **Zündverteilerläufer**
Kennzeichnung: R1. Widerstand: 0,6 bis 1,4 kΩ

23 – **Schleifkohle mit Feder**

24 – **Verteilerkappe**

25 – **Entstörkappe**

26 – **Entstörstecker**
0,6 bis 1,4 kΩ.

Zündspule prüfen

2,0-/2,3-l-Motor

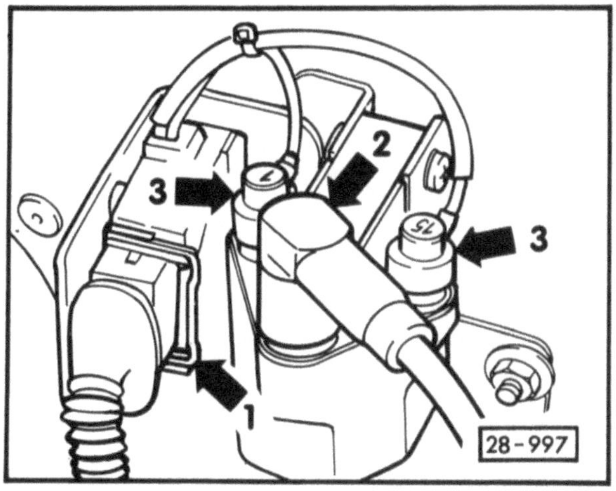

28-997

- Stecker –1– von der Leistungsendstufe abziehen.
- 2 Kappen –3– von den Niederspannungsanschlüssen Klemme 1 und Klemme 15 abnehmen.

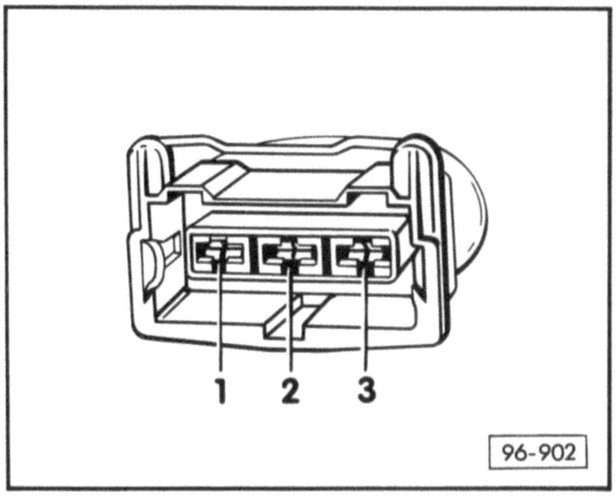

96-902

- Voltmeter nacheinander zwischen Kontakt 1 und Masse (–) sowie zwischen Kontakt 1 und 3 anlegen.
- Zündung einschalten, Sollwert: Batteriespannung, also 12 bis 14 Volt. Gegebenenfalls Leitungsunterbrechung nach Stromlaufplan beseitigen.
- Voltmeter zwischen Kontakt 2 und 3 anschließen.
- Anlasser betätigen.
  Sollwert 101-PS-Motor: mindestens 2 Volt. Andernfalls Leitung zwischen Kontakt 2 und Kontakt 13 des Mono-Motronic-Steuergerätesteckers prüfen.
  Sollwert 115-PS-Motor: mindestens 1 Volt. Andernfalls Leitung zwischen Kontakt 2 und Kontakt 11 des KE-Motronic-Steuergerätesteckers prüfen.
  Sollwert 133-PS-Motor: mindestens 2 Volt. Andernfalls Leitung zwischen Kontakt 2 und Kontakt 16 des VEZ-Steuergerätesteckers prüfen.
- Wird kein Fehler gefunden, dürfte das Steuergerät defekt sein.
- Zündung ausschalten.

Sekundärwiderstand prüfen

- Stecker für Leistungsendstufe ist abgezogen.

Achtung: Leitung zwischen Leistungsendstufe und Zündspule sowie Masseband zwischen Leistungsendstufe und Motor auf Korrosion beziehungsweise Beschädigung prüfen.

- Stecker –2–, Klemme 4 von der Zündspule abziehen, siehe Abbildung 28-997.
- Ohmmeter an die Klemmen 15 und 4 anschließen.
- Sollwert: 5 – 9 kΩ.
- Wird der Sollwert nicht erreicht, Zündspule ersetzen.

Primärwiderstand prüfen

- Ohmmeter an die Klemmen 1 und 15 anschließen.
- Sollwert: 0,5 – 1,5 Ω.
- Wird der Sollwert nicht erreicht, Zündspule ersetzen.

Achtung: Werden die Sollwerte bei der Prüfung der Zündspule mit Leistungsendstufe erreicht und der Motor läuft nicht, weil kein Zündfunke erzeugt wird, Zündspule mit Leistungsendstufe ersetzen. Die Leistungsendstufe kann nicht in Funktion geprüft werden.

- Stecker für die Leistungsendstufe und für Klemme 4 aufstecken. Abdeckkappen aufdrücken.

Achtung: Wird die Zündspule ersetzt, auf keinen Fall eine Zündspule für eine herkömmliche, unterbrechergesteuerte Zündanlage einbauen, sonst wird das Steuergerät zerstört.

Zündverteiler aus- und einbauen

2,0-/2,3-l-Motor

Ein kompletter Ausbau des Zündverteilers ist nur bei größeren Reparaturen notwendig.

Ausbau

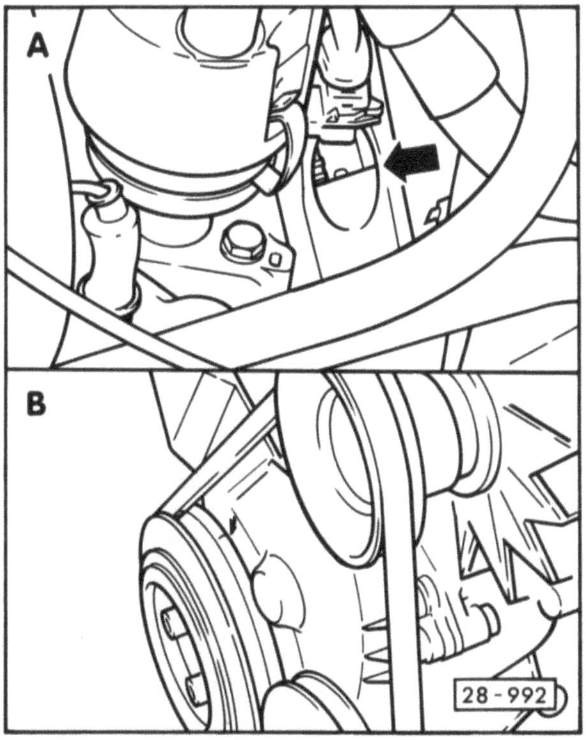

28-992

- Kurbelwelle auf OT für Zylinder 1 stellen. Dazu Getriebe in Leerlaufstellung bringen, Handbremse anziehen und an der Zentralschraube der Kurbelwellen-Riemenscheibe die Kurbelwelle im Uhrzeigersinn drehen, bis in der Kupplungsglocke die Markierung auf dem Schwungrad mit der Bezugsmarke übereinstimmt –A–. Falls der Motor ausgebaut ist, Markierung auf dem Schwingungsdämpfer (Riemenscheibe) mit dem Pfeil auf dem Zahnriemenschutz in Übereinstimmung bringen –B–.
- Oberen Zahnriemenschutz ausbauen.

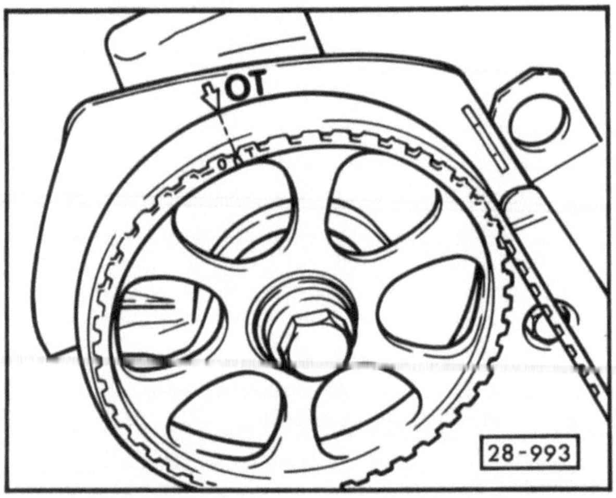

- Prüfen, ob die Markierung am Nockenwellenrad mit dem Pfeil auf dem hinteren Zahnriemenschutz oben fluchtet. Gegebenenfalls Kurbelwelle um 1 Umdrehung weiterdrehen.
- Zündkabel am Verteiler abziehen oder Verteilerkappe abnehmen, dazu Klemmbügel mit Schraubendreher seitlich abhebeln.
- Klemmschraube am Verteilerfuß herausdrehen, Halter abnehmen und Zündverteiler herausziehen.

Achtung: Motorstellung bei ausgebautem Verteiler **nicht** verändern.

Einbau

Vor dem Einbau prüfen, ob der Motor auf OT für Zylinder 1 steht. Das heißt, die Markierungen an Kurbelwellen-Riemenscheibe beziehungsweise Schwungrad und Nockenwellenrad müssen gleichzeitig übereinstimmen.

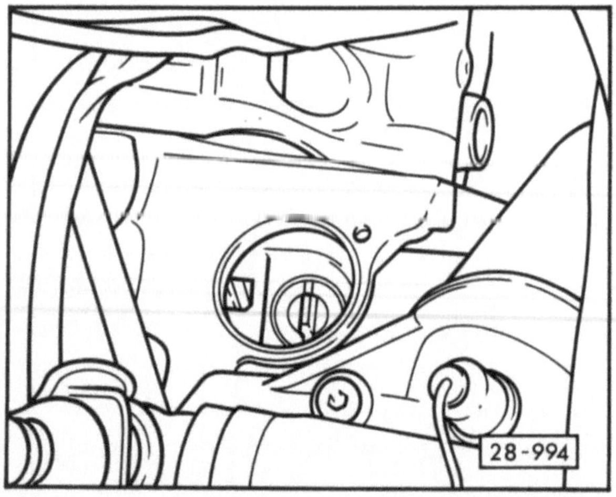

- In der Zündverteilerbohrung Aufnahmezapfen der Ölpumpenwelle parallel zur Kurbelwelle (Längsachse des Motors) stellen.

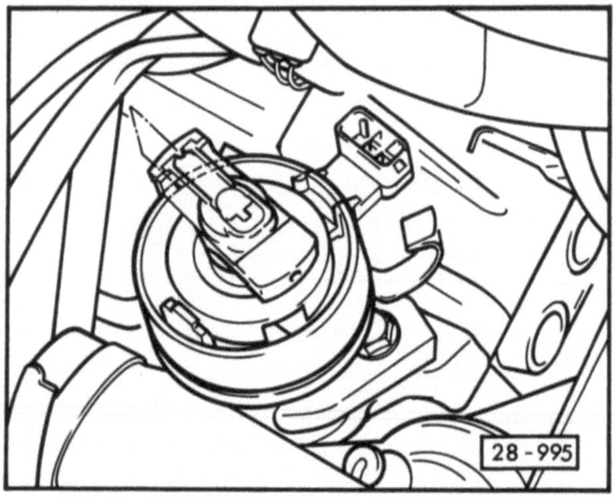

- Verteilerläufer so stellen, daß die Markierung an der Zunge über der Kerbe am Rand des Verteilergehäuses steht. Dazu muß die Staubkappe abgenommen werden.
- Zündverteiler in dieser Stellung einsetzen und mit Schraube und Halter befestigen. O-Ring nicht vergessen.
- Verteilerläufer abnehmen, Staubkappe aufsetzen und Läufer wieder aufstecken. Durch leichtes Hin- und Herdrehen prüfen, ob der Verteilerläufer eingerastet ist.
- Zündverteilerkappe aufsetzen, Blechklammern aufdrükken. Vorher Verteilerkappe auf Risse Spuren von Kriechströmen prüfen, gegebenenfalls ersetzen.
- Falls ausgebaut, Zündkabel auf Verteilerkappe aufstecken.
- Zündzeitpunkt einstellen.

Zündzeitpunkt prüfen/einstellen

2,0-/2,3-l-Motor

Zum Prüfen und Einstellen werden ein Drehzahlmesser und eine Zündblitzlampe benötigt.

Achtung: Zündzeitpunkt nur einstellen nach dem Einbau des Verteilers oder wenn der Zündzeitpunkt beim Prüfen von Leerlaufdrehzahl und CO-Gehalt außerhalb des Prüfwertes liegt. Beim 6-Zylindermotor kann der Zündzeitpunkt nicht eingestellt werden.

- Motor auf Betriebstemperatur bringen. Die Betriebstemperatur ist erreicht, wenn die Kühlmittelanzeige ca. +80° C anzeigt.
- Klimaanlage ausschalten.
- Drehzahlmesser an Klemme 1 und Klemme 15 der Zündspule anschließen. **Achtung:** Zündung ist dabei ausgeschaltet.

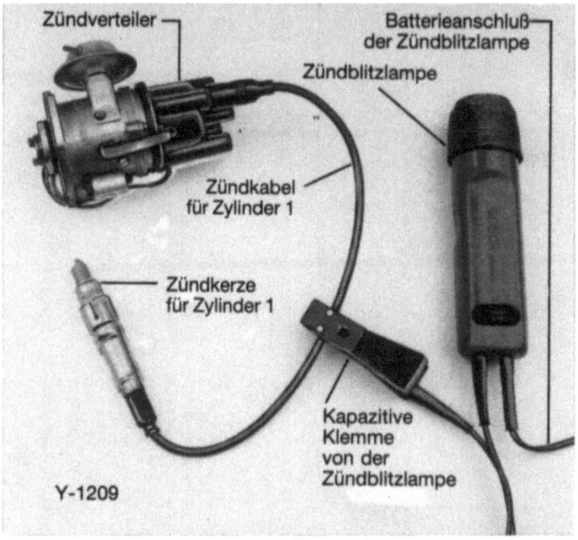

- Zündblitzlampe an Plus- und Minuspol der Batterie anschließen. Kapazitive Klemme an Zündkabel für Zylinder 1 anklemmen.
- Motor starten und im Leerlauf drehen lassen.

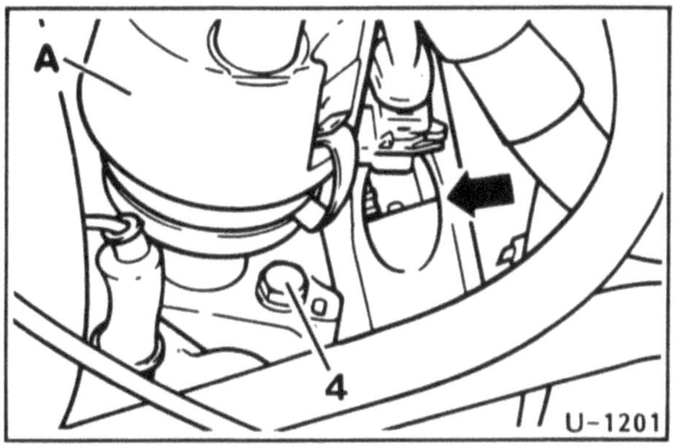

- Mit Zündblitzlampe in das Sichtfenster der Kupplungsglocke –Pfeil– blitzen.

Achtung: Verletzungsgefahr durch drehende Riemenscheiben und Keilriemen.

- Die Zündung ist richtig eingestellt, wenn beim Anblitzen die Zündzeitpunktkerbe unterhalb der Bezugskante scheinbar stillsteht.
- Falls der Zündzeitpunkt nicht innerhalb des Prüfwertes liegt, Zündzeitpunkt auf Einstellwert einstellen.
- Dazu Klemmschraube –4– am Verteiler etwas lösen und Zündverteiler –A– verdrehen, bis sich der Einstellwert mit der Bezugsmarke deckt.
- Befestigungsschraube mit 25 Nm festziehen.
- Drehzahl kurzfristig auf über 2500/min erhöhen, anschließend Motor wieder im Leerlauf laufen lassen. Dabei kann der Zündzeitpunkt im Bereich von 2 bis 10° vor OT schwanken (5-Zylindermotor: 0 – 10°).
- Leerlaufeinstellung prüfen.
- Anschließend Zündzeitpunkt nochmals prüfen.
- Meßgeräte bei ausgeschalteter Zündung entfernen.

Zündzeitpunktwerte

Der 1,8-l-Motor besitzt ebenso wie der 6-Zylindermotor eine verteilerlose Zündanlage. Der Zündzeitpunkt kann daher bei diesen Motoren nicht eingestellt werden.

Motor	Motor-Kenn-buchstaben	Zündzeitpunkt vor OT		Drehzahl 1/min
		Prüfwert	Einstellwert	
74 kW/101 PS	AAE	4° – 8°	6° ± 1°	750 – 1000[1]
85 kW/115 PS (Digifant)	ABK	4° – 8°	6° ± 1°	2000 – 2500[2]
85 kW/115 PS (KE-Motronic)	AAD	4° – 8°	6° ± 1°	750 – 950[1]
98 kW/133 PS	AAR	13° – 17°	15° ± 1°	650 – 790[1]
103 kW/140 PS	ACE	4° – 8°	6° ± 1°	800 – 1000[1]

[1]) Leerlaufdrehzahl ist nicht einstellbar.
[2]) Prüfdrehzahl zur Einstellung des Zündzeitpunktes. Die Leerlaufdrehzahl beträgt 770 – 870/min.

Die Zündkerzen

Die Zündkerze besteht aus dem Isolator mit Gehäuse und einer Mittel- und Masse-Elektrode. Die Mittel-Elektrode ist gasdicht im Isolator befestigt, der Isolator ist fest mit dem Gehäuse verbunden. Zwischen Mittel- und Masse-Elektrode springt der Zündfunke über, der das Kraftstoffluftgemisch entzünden soll. Von der Zündkerze hängen Startbereitschaft, Leerlaufverhalten, Beschleunigung und Höchstgeschwindigkeit ab. Man sollte deshalb nicht ohne Grund von dem vom Werk vorgeschriebenen Zündkerzentyp abweichen, der durch die Wärmewert-Kennzahl bestimmt wird. Die Wärmewert-Kennzahl gibt den Grad der Wärmebelastbarkeit einer Zündkerze im Motor unter bestimmten Betriebsbedingungen an. Die Zündkerzen für den Motor sind so ausgewählt, daß sie möglichst unter allen Fahrbedingungen die Selbstreinigungstemperatur erreichen. Je niedriger die Wärmewert-Kennzahl einer Zündkerze ist, desto höher ist ihr Widerstand gegen Glühzündungen und desto kleiner ist ihr Widerstand gegen Verschmutzung. Je höher die Wärmewert-Kennzahl der Zündkerze ist, desto kleiner ist ihr Widerstand gegen Glühzündungen und desto höher ist ihr Widerstand gegen Verschmutzung.

Die Wärmewert-Kennzahl ist im Zündkerzencode enthalten. Der Code schlüsselt sich wie folgt auf.

Bosch-Zündkerze

Beispiel F R 6 D C R
① ② ③ ④ ⑤ ⑥

① W = Gewinde M 14 × 1,25 mit Flachdichtsitz, SW 21; F = Gewinde M 14 × 1,25 mit Flachdichtsitz, SW 16; M = Gewinde M 18 × 1,5 mit Flachdichtsitz, SW 25; H = Gewinde M 14 × 1,25 mit Kegeldichtsitz, SW 16; D = Gewinde M 18 × 1,5 mit Kegeldichtsitz, SW 21; SW = Schlüsselweite.

② R = Mit Widerstand zur Entstörung. Die Funktion der Zündanlage wird dadurch nicht beeinflußt.

③ Wärmewert-Kennzahl. Die Wärmewertskala wird von 06 (»kalt«) bis 13 (»warm«) angegeben. Dabei entspricht die Kennzahl 7 dem alten Wärmewert 175 (frühere Bezeichnung), 6 – 200,5 – 225 usw.

④ A = Gewindelänge 12,7 mm, normale Funkenlage; B = Gewindelänge 12,7 mm, vorgezogene Funkenlage; C = Gewindelänge 19 mm, normale Funkenlage; D = Gewindelänge 19 mm, vorgezogene Funkenlage; DT = Gewindelänge 19 mm, vorgezogene Funkenlage, 3 Masseelektroden; L = Gewindelänge 19 mm, weit vorgezogene Funkenlage.

⑤ = Elektrodenwerkstoff der Mittelelektrode: Cr-Ni-Legierung, C = Ni-Cu-Verbund-Mittelelektrode, S = Silber-Mittelelektrode, P = Platin-Mittelelektrode, O = Standard-Zündkerze mit verstärkter Mittelelektrode.

⑥ R = 1 kΩ Abbrandwiderstand, X = Elektrodenabstand 1,1 mm.

Durch den Kupferkern (Cu) in der Mittelelektrode und noch mehr durch die Silber-Mittelelektrode wird die Wärmeleitfähigkeit und damit die Wärmebelastbarkeit erhöht. Der Vorteil einer Zündkerze mit Platin-Mittelelektrode liegt in hoher Zündwilligkeit, geringem Verschleiß und größerem Wärmewertbereich.

Beru-Zündkerze

Beispiel 14 F 6 D U R
① ② ③ ④ ⑤ ⑥

① Gewindedurchmesser in mm, hier M 14 × 1,25.

② Konstruktionsmerkmal, z. B. K für Konussitz, F für Flachdichtsitz, SW 16, R für Entstörwiderstand.

③ Wärmewert-Kennzahl (wie bei Bosch).

④ Gewindelänge (wie bei Bosch).

⑤ Elektrodenwerkstoff, z. B. U für Kupferkern.

⑥ R = 1 kΩ Abbrandwiderstand.

Zündkerzen einbauen

- Zündkerzen nur bei kaltem oder handwarmem Motor wechseln. **Achtung:** Wenn die Kerzen bei heißem Motor herausgedreht werden, kann das Kerzengewinde des Leichtmetall-Zylinderkopfes ausreißen.
- Zündkerzen von Hand bis zur Anlage am Zylinderkopf einschrauben. **Achtung:** Dabei Kerzen nicht verkanten.
- Zündkerzen mit 20 Nm festziehen.
- Kerzenstecker aufstecken. Durch Hin- und Herbewegen festen Sitz der Kerzenstecker und Zündkabel prüfen.

Die richtige Zündkerze für die Benzinmotoren

Achtung: Die technische Entwicklung geht ständig weiter. Es kann sein, daß inzwischen für einzelne Motoren andere Zündkerzenwerte gelten und daher die Tabelle möglicherweise nicht auf dem neuesten Stand ist. Um die aktuelle Zündkerze für Ihren Fahrzeugmotor zu ermitteln, benötigt der Fachhandel die **Fahrzeug-Ident-Nummer** (FIN) sowie die **3 Schlüsselnummern** aus dem Kfz-Schein. Diese Nummern sollten beim Kauf von Zündkerzen angegeben werden.

Motor	Kennbuchstaben	Zündkerzen				
		BOSCH	BOSCH	BERU	BERU	NGK
74 kW	AAE	W 7 LTCR	WR 78 X	14 GH-7 DTUR	UX 79	BUR 6 ET
85 kW	AAD	–	–	14 GH-7 DTUR	UX 79	BUR 6 ET
85 kW	ABK	W 7 LTCR	WR 78 X	14 GH-7 DTUR	UX 79	BUR 6 ET
92 kW	ADR	F 7 LTCR	FR 78 X	14 FGH-7 DTURX	UXF 79	BKUR 6 ET-10
98 kW	AAR	W 8 LTCR	WR 78	14 GR-8 DTU	UX 79	BPR 5 EKU
103 kW	ACE	F 6 LTCR	–	14 FGH-6 DTUR	UXF 56	BKUR 7 ET
110 kW	ABC	F 7 LTCR	FR 78 X	14 FGH-7 DTURX	UXF 79	BKUR 6 ET-10
128 kW	AAH	F 7 LTCR	FR 78 X	14 FGH-7 DTURX	UXF 79	BKUR 6 ET-10
142 kW	ACK	FGR 7 DQE0 [2)]	–	14 FGR-6 DDU [2)]	–	BKR 6 EKUB
169 kW	AAN	F 5 DPOR	–	–	–	PFR 7 B [1)]
206 kW	ABH	HGR 7 KQC	–	14 KGR-7 KQU [2)]	UXK 79	BUR 6 EFSZ
240 kW	AHK	HGR 6 KQC [2)]	–	–	–	–

Hinweis: Das Anzugsmoment für die Zündkerzen beträgt bei den Motoren AAD, ABC, AAR, ACE und AAE bis 6/92: **20 Nm**; bei allen anderen Motoren und beim Motor AAE ab 7/92: **30 Nm**.

Elektrodenabstand: 0,9 mm, außer [1)]: 0,6 mm, [2)]: 1,5 mm. Bei neuen Zündkerzen ist der Elektrodenabstand in Regel bereits korrekt eingestellt.

Störungsdiagnose Zündanlage

Feststellen, ob ein Zündfunke vorhanden ist. Dazu Zündkerzen herausschrauben, in Zündkerzenstecker stecken und einzeln gegen Masse halten. Dabei Kerzenstecker oder Zündkabel **nicht** mit der Hand festhalten, sondern eine gut isolierte Zange nehmen. Von Hilfsperson Motor starten lassen. **Achtung:** Um Schäden am Katalysator zu vermeiden, darf dabei kein Benzin eingespritzt werden. Daher alle elektrischen Stecker von den Einspritzventilen abziehen. Bei Mono-Motronic ist nur 1 Einspritzventil vorhanden. Sicherheitshinweise für elektronische Zündanlage beachten.
Hinweis: Es empfiehlt sich, zuerst den Fehlerspeicher der Motorsteuerung abzufragen (Werkstattarbeit).

Störung: Der Motor springt schlecht oder gar nicht an

Ursache	Abhilfe
Kein Zündfunke vorhanden, Verteilerkappe feucht, verschmutzt	■ Verteilerkappe reinigen und trocknen, innen mit Zündspray einsprühen
Verteilerläufer defekt	■ Verteilerläufer erneuern
Risse in der Verteilerkappe, Brandkanäle	■ Verteilerkappe erneuern
Schleifkohle in der Zündverteilerkappe abgenutzt	■ Schleifkohle erneuern
Widerstand in Zündkerzenleitung/-stecke zu hochr	■ Betreffende Zündleitung/Zündkerzenstecker erneuern
Zündkerzenstecker in falscher Reihenfolge aufgesteckt	■ Zündkerzenstecker nach Zündfolge aufstecken: 4-Zylindermotor: **1-3-4-2** 5-Zylindermotor: **1-2-4-5-3** Beim 6-Zylindermotor Zündkerzenstecker in Einbaureihenfolge von vorn nach hinten aufstecken. Rechter Zylinderkopf: **1-2-3**; linker Zylinderkopf: **4-5-6**.
Zündkerzen wegen zu vieler Startversuche naß	■ Zündkerzen ausbauen und trocknen
Zündspule/Endstufe defekt	■ Zündspule/Endstufe prüfen, ggf. erneuern
Zündkerze defekt	■ Grundsätzlich alle Zündkerzen ersetzen. Nur bei ganz geringer Laufleistung einzelne Zündkerze austauschen
Spannungsverlust durch Berührung elektrischer Anschlüsse bzw. Leitungen mit Schläuchen des Motors	■ Elektrische Leitungen richtig führen
Keine Stromversorgung des Steuergerätes	■ Elektrische Leitungen nach Stromlaufplan prüfen

Motor-Schmierung

Für die AUDI 100/A6-Motoren sollen Mehrbereichsöle verwendet werden, so daß das Motoröl jahreszeitbedingt (Sommer/Winter) nicht gewechselt werden muß. Mehrbereichsöle bauen auf einem dünnflüssigen Einbereichsöl (z. B. 15 W) auf. Durch sogenannte Viskositätsindexverbesserer wird das Öl im heißen Zustand stabilisiert, so daß für jeden Betriebszustand die richtige Schmierfähigkeit gegeben ist. Das »W« in der SAE-Bezeichnung weist das Öl als wintertauglich aus.

Bei Leichtlaufölen handelt es sich um Mehrbereichsöle denen unter anderem Reibwertverminderer zugesetzt wurden, wodurch sich die Reibung innerhalb des Motors vermindert. Für das Leichtlauföl wird als Grundöl ein Synthetiköl verwendet. Beim Kauf eines Leichtlauföles sollte man darauf achten, daß es von AUDI freigegeben wurde (steht auf dem Behälter).

Anwendungsbereich/Viskositätsklassen

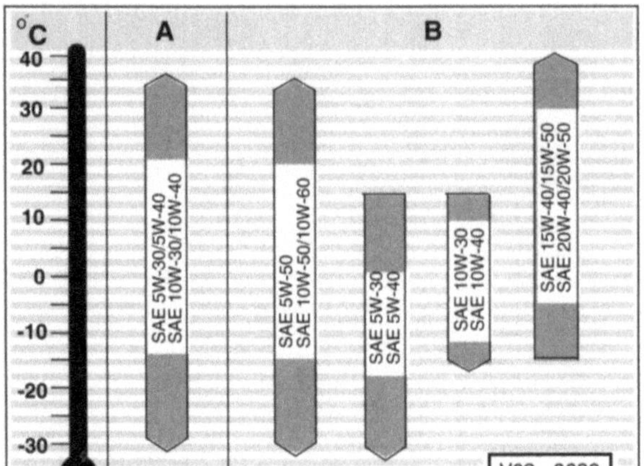

A – Mehrbereichs-Leichtlauföle, Spezifikation VW-500 00.
B – Mehrbereichsöle, Spezifikation VW-501 01 beziehungsweise API-SF oder SG.

Da sich die Einsatzbereiche benachbarter SAE-Klassen überschneiden, können kurzfristige Temperaturschwankungen unberücksichtigt bleiben. Es ist zulässig, Öle verschiedener Viskositätsklassen miteinander zu mischen, wenn einmal Öl nachgefüllt werden muß und die Außentemperaturen nicht mehr der Viskositätsklasse des im Motor befindlichen Öles entsprechen.

Zusatzschmiermittel – gleich welcher Art – sollen weder dem Kraftstoff noch den Schmierölen beigemischt werden.

Für unsere gemäßigte Klimazone sind Motoröle empfehlenswert, wie sie in den ersten beiden Säulen der Graphik V02-0630 aufgeführt werden.

Spezifikation des Motoröls

Die Qualität eines Motoröls wird durch Normen der Automobil- sowie der Ölhersteller gekennzeichnet.

Die Klassifikation der Motoröle amerikanischer Ölhersteller erfolgt nach dem **API**-System. Die Kennzeichnung erfolgt durch jeweils zwei Buchstaben. Der erste Buchstabe gibt den Anwendungsbereich an: **S** = Service, für **Ottomotoren** geeignet; **C** = Commercial, für **Dieselmotoren** geeignet. Der zweite Buchstabe gibt die Qualität in alphabetischer Reihenfolge an. Von höchster Qualität sind Öle der Spezifikation **SL** für Ottomotoren und **CF** für Dieselmotoren.

Europäische Ölhersteller geben eine **ACEA**-Spezifikation an (ACEA: **A**ssociation des **C**onstructeurs **E**uropéens de l'**A**utomobile). Dabei wird insbesondere die europäische Motorentechnologie berücksichtigt. Öle für Benzinmotoren erhalten die Klassen ACEA A1-96 bis A3-96; Dieselmotoröle erhalten die Klassen B1-96 bis B4-96. Von höchster Qualität sind Öle **A3** für Benzin- und **B3** für Dieselmotoren, B4 ist speziell auf Diesel-Direkteinspritzer abgestimmt. **»96«** steht für den Beginn der Gültigkeit der ACEA-Klassifikation im Jahr 1996. Motoröle mit höheren Jahreszahlangaben können ebenfalls verwendet werden.

Achtung: Motoröle, die vom Hersteller ausdrücklich als Öle für Diesel-Motoren bezeichnet werden, sind für Ottomotoren nicht geeignet. Bei Motorölen für Benzin- **und** Diesel-Motoren sind beide Spezifikationen (Beispiel: ACEA A3-96/B3-96 oder API SH/CF) auf der Öldose angegeben.

Das richtige Motoröl für den AUDI 100/A6

VW/AUDI hat für seine Modelle **eigene Ölnormen** festgelegt. Grundsätzlich sollen nur Öle verwendet werden, die diese Normen erfüllen. Die VW/AUDI-Norm steht dann auf der Öldose. **Achtung:** Hinter der Norm muß ein Datum nicht älter als 10/91 stehen.

Für den **Benzinmotor** ist ein Motoröl erforderlich, das eine oder mehrere der folgenden Normen erfüllen muß: **VW-**

Norm 500 00, 501 01 oder 502 00. Das Motoröl 502 00 ist besonders auf Turbo-Benzinmotoren abgestimmt. Sollte kein Öl der angegebenen VW/AUDI-Spezifikationen zur Verfügung stehen, kann zum Nachfüllen ein Mehrbereichsöl der Spezifikation API-SF oder SG verwendet werden.

Für den **Dieselmotor** ist ein Motoröl entsprechend der **VW-Norm 505 00** erforderlich. Sollte kein Öl dieser VW/AUDI-Spezifikation zur Verfügung stehen, kann zum Nachfüllen ein Mehrbereichsöl der Spezifikation API-CD verwendet werden.

Achtung:
Seit 10/99 sind für neue AUDI-Fahrzeuge spezielle Longlife-Motorenöle vorgeschrieben, die nicht in bisherige Fahrzeuge eingefüllt werden dürfen. Longlife-Motorenöle nach den VW-Normen **503 00** für Benziner und **506 00** für Dieselmotoren dürfen **nicht** im AUDI 100/A6 bis 7/97 verwendet werden, sonst können Motorschäden auftreten.

Ölverbrauch

Bei einem Verbrennungsmotor versteht man unter dem Ölverbrauch diejenige Ölmenge, die als Folge des Verbrennungsvorganges verbraucht wird. Auf keinen Fall ist Ölverbrauch mit Ölverlust gleichzusetzen, wie er durch Undichtigkeiten an Ölwanne, Zylinderkopfdeckel usw. auftritt.

Normaler Ölverbrauch entsteht durch Verbrennung jeweils kleiner Mengen im Zylinder; durch Abführen von Verbrennungsrückständen und Abrieb-Partikeln. Zudem verschleißt das Öl durch hohe Temperaturen und hohe Drücke, denen es im Motor fortwährend ausgesetzt ist.

Ferner haben auch äußere Betriebsverhältnisse, Fahrweise sowie Fertigungstoleranzen einen Einfluß auf den Ölverbrauch. Der Ölverbrauch darf höchstens 1,0 l/1000 km betragen.

Unbedingt muß Öl nachgefüllt werden, wenn die »Nachfüll«-Markierung erreicht ist. **Achtung:** Nicht zuviel Öl auf einmal nachfüllen. Nachfüllmenge: max. 1 l.

Ölwanne/Ölpumpe/Ölfilter

4-Zylindermotor mit 101 PS

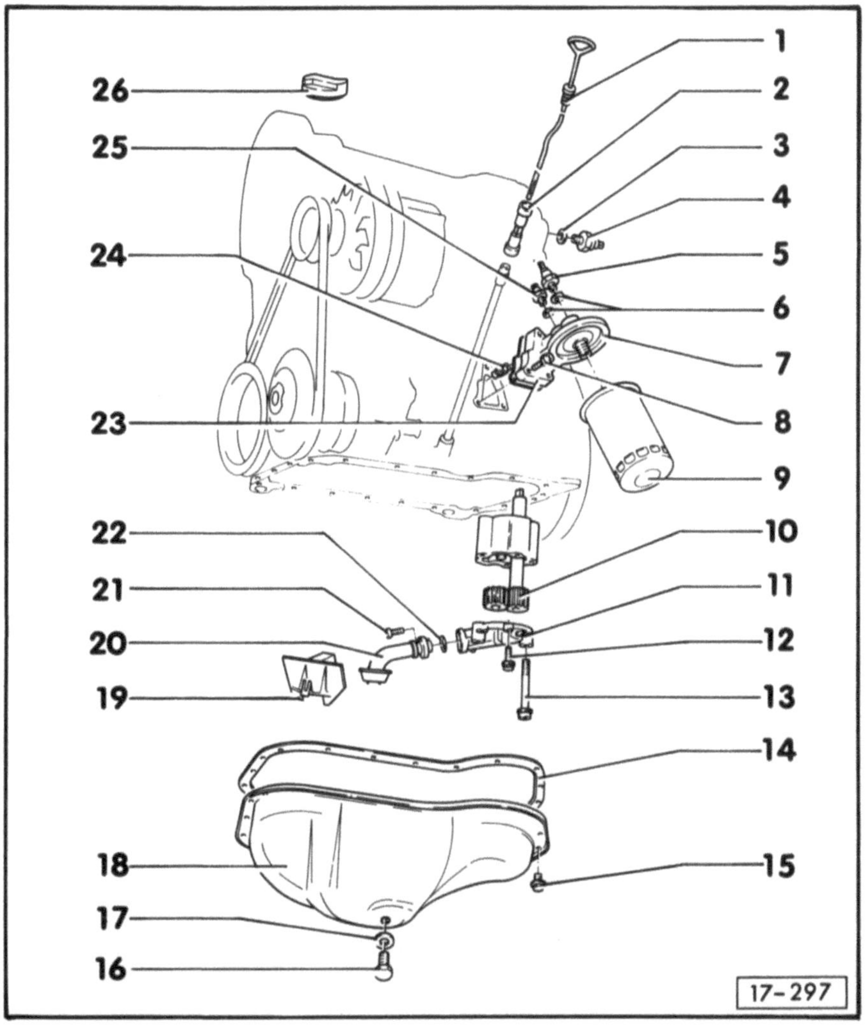

1 – **Ölmeßstab**
Mengendifferenz zwischen Min.- und Max.-Markierung beträgt 1,0 Liter. Bei Ölstand über Max.-Markierung besteht die Gefahr von Katalysatorschäden.

2 – **Einführtrichter**

3 – **Dichtring**

4 – **0,3-bar-Öldruckschalter, 25 Nm**

5 – **1,8-bar-Öldruckschalter, 25 Nm**

6 – **Dichtring**

7 – **Ölfilterhalter**

8 – **Schraube, 25 Nm**

9 – **Ölfilter**
Von Hand anziehen.

10 – **Zahnräder**

11 – **Ölpumpendeckel mit Überdruckventil**

12 – **Schraube, 10 Nm**

13 – **Schraube, 20 Nm**

14 – **Dichtung für Ölwanne**
Nicht ankleben, auf richtige Lage achten.

15 – **Schraube, 20 Nm**

16 – **Ölablaßschraube, 30 Nm**

17 – **Dichtring**

18 – **Ölwanne**

19 – **Schwallblech**

20 – **Saugleitung**

21 – **Schraube, 10 Nm**

22 – **O-Ring**

23 – **Dichtung**

24 – **Rückschlagventil**
Ölrücklaufsperre für hydraulische Tassenstößel.

25 – **Geber für Öltemperaturanzeige, 10 Nm**

26 – **Verschlußdeckel**

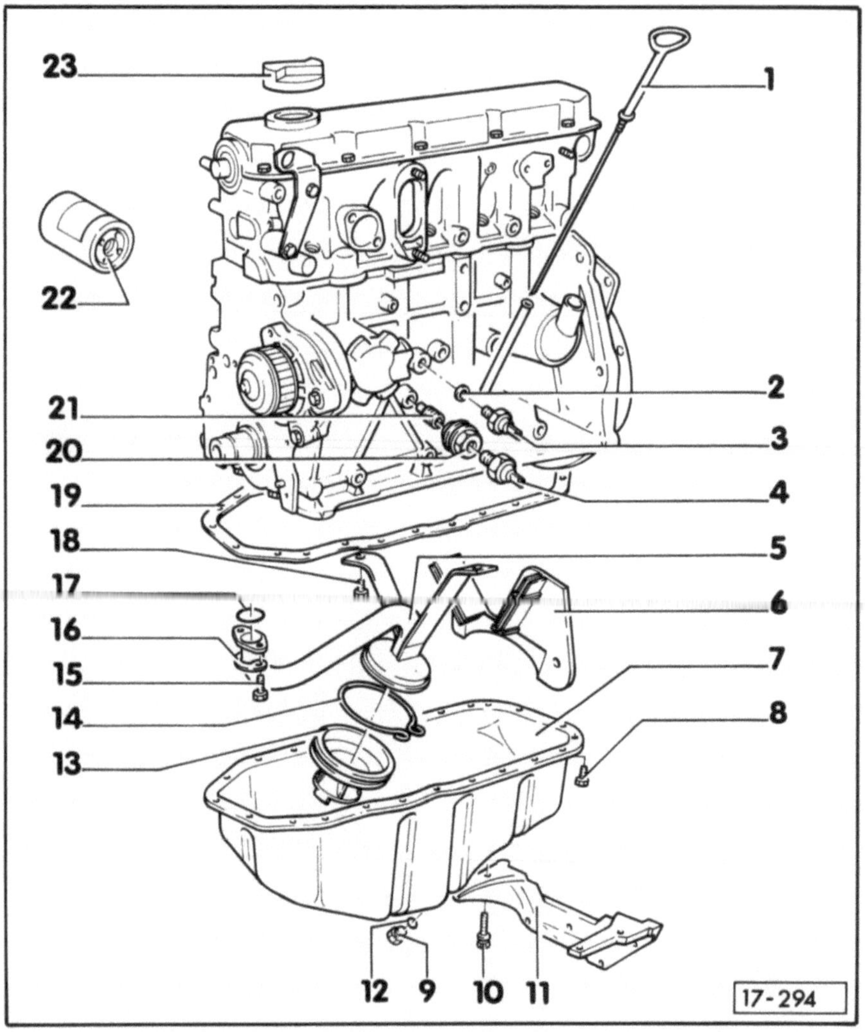

1 – **Ölmeßstab**
Mengendifferenz zwischen Min.- und Max.-Markierung beträgt 1,0 Liter. Bei Ölstand über Max.-Markierung besteht die Gefahr von Katalysatorschäden.

2 – **Dichtring**

3 – **0,3-bar-Öldruckschalter, 25 Nm**

4 – **1,8-bar-Öldruckschalter, 25 Nm**

5 – **Saugleitung**

6 – **Schwallplatte**

7 – **Ölwanne**

8 – **Schraube, 20 Nm**

9 – **Ölablaßschraube, 40 Nm**

10 – **Schraube, 25 Nm**

11 – **Schwungradabdeckung**

12 – **Dichtring**

13 – **Gummischnorchel**

14 – **Spannring**

15 – **Schraube, 10 Nm**

16 – **Sicherungsblech**
Immer ersetzen.

17 – **O-Ring**
Immer ersetzen.

18 – **Schraube, 10 Nm**

19 – **Dichtung für Ölwanne**
Immer ersetzen. Nicht ankleben, auf richtige Lage achten.

20 – **Adapter, 50 Nm**

21 – **Öldruckhalteventil, 6 Nm**
Mit Innenvielzahn-Steckschlüsseleinsatz SW 8 ausbauen. Mit Sicherungsmittel D6 einsetzen.

22 – **Ölfilter**
Von Hand anziehen.

23 – **Verschlußdeckel**
Dichtung bei Beschädigung ersetzen.

Der Ölkreislauf

Die Ölpumpe saugt das Motoröl über den Ölsaugkorb aus der Ölwanne an und drückt es in den Hauptstromölfilter. An der Druckseite der Ölpumpe befindet sich ein Überdruckventil (Öldruckregelventil). Bei zu hohem Öldruck öffnet das Ventil, und ein Teil des Öls kann in die Ölwanne zurückfließen.

Durch die Mittelachse der Filterpatrone gelangt das gefilterte Öl in den Hauptölkanal. Bei verstopftem Ölfilter leitet ein Kurzschlußventil das Öl direkt und ungefiltert in den Hauptölkanal. Beim 4-Zylinder-Motor befindet sich im Ölfilterstutzen ein Rückschlagventil, das ein Leerlaufen der Ölkanäle und der hydraulischen Tassenstößel verhindert. Der 6-Zylindermotor besitzt 2 Rückschlagventile, die im Beruhigungsraum der Kurbelgehäuseentlüftung, also im Motorblock zwischen den beiden Zylinderköpfen untergebracht sind.

Vom Hauptölkanal zweigen Kanäle ab zur Schmierung der Kurbelwellenlager. Durch schräge Bohrungen in der Kurbelwelle wird das Öl an die Pleuellager geleitet und von dort gegen Kolbenbolzen und Zylinder gespritzt.

Gleichzeitig gelangt Motoröl über Steigleitungen in den Zylinderkopf und versorgt dort die Nockenwellenlager und Tassenstößel.

6-Zylinder-Benzinmotor

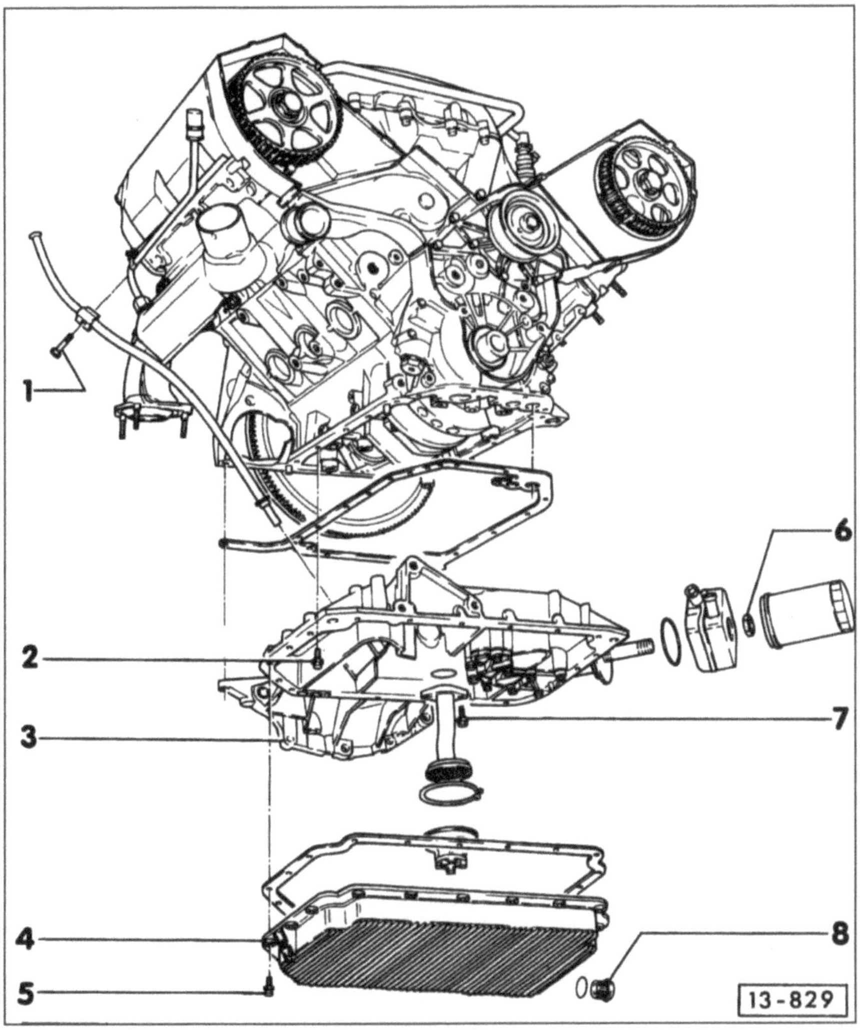

1 – **Schraube, 10 Nm**
2 – **Schraube, 10 Nm**
3 – **Ölwanne-Oberteil**
4 – **Ölwanne-Unterteil**
5 – **Schraube, 10 Nm**
6 – **Mutter, 30 Nm**
7 – **Schraube, 10 Nm**
8 – **Ölablaßschraube, 40 Nm**

Achtung: Mit Einsatz des A6 (6/95) wurden Ölansaugrohr/Ölpumpendeckel und die Dichtung für untere Ölwanne geändert. Bei Ersatzteilkauf beachten.

Öldruckschalter/Öldruck überprüfen

Es sind 2 Öldruckschalter eingebaut, die bei unterschiedlichem Öldruck ansprechen. Der 0,3-bar-Öldruckschalter hat eine braune Isolierung wohingegen der 1,8-bar-Öldruckschalter an der weißen Isolierung erkennbar ist. Anstelle des 1,8-bar-Öldruckschalters besitzt der 6-Zylinder-Benzinmotor und der 4-Zylinder-Dieselmotor einen 0,9-bar-Schalter mit grauer Isolierung.

4-Zylinder-Benzinmotor

Der 0,3-bar-Öldruckschalter befindet sich über dem Ölfilter am Ölfilterhalter.

Der 1,8-bar-Öldruckschalter ist von unten in den Ölfilterhalter eingeschraubt.

4-Zylinder-Dieselmotor

Der 0,3-bar- und der 0,9-bar-Öldruckschalter befinden sich über dem Ölfilter am Ölfilterhalter.

5-Zylinder-Benzin- und Dieselmotor

Beide Öldruckschalter befinden sich auf der linken Seite des Motorblocks vor dem Ölmeßstab-Führungsrohr.

6-Zylindermotor

Beide Öldruckschalter (0,3 und 1,8 bar) befinden sich an der Ölwanne links hinter dem Ölfilter. Bei Fahrzeugen mit Öldruckanzeige ist der Druckgeber im 0,3-bar-Schalter integriert.

Prüfen

- Ölstand kontrollieren.
- Elektrische Leitungen für beide Öldruckschalter nach Stromlaufplan überprüfen.

0,3-bar-Öldruckschalter prüfen

- 1,8-bar-Öldruckschalter (weiße Isolierung) ausbauen. Beim 4-Zylinder-Dieselmotor und 6-Zylinder-Benzinmotor 0,9-bar-Öldruckschalter (graue Isolierung) herausschrauben.

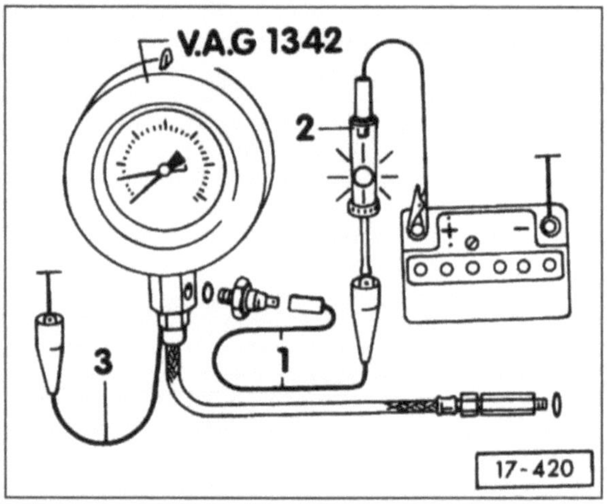

- Anstelle des Öldruckschalters geeignetes Manometer einschrauben.
- Falls das V.A.G-Meßgerät verwendet wird, Öldruckschalter am Prüfgerät einschrauben.
- Elektrische Leitung vom 0,3 bar Schalter (braune Isolierung) unten am Ölfilterflansch abziehen. Schalter mit Hilfsleitung und Spannungsmesser an den Pluspol der Batterie anlegen. Dabei muß Spannung angezeigt werden, Prüflampe oder Leuchtdiode leuchtet.
- Motor starten und Drehzahl langsam erhöhen.
- Sobald das Manometer 0,15 – 0,45 bar anzeigt, darf keine Spannung mehr angezeigt werden; Prüflampe verlöscht. Andernfalls 0,3 bar Öldruckschalter ersetzen.

Achtung: Gegebenenfalls Schaltpunkt des Öldruckschalters bei Anlaßdrehzahl prüfen.

1,8/0,9-bar-Öldruckschalter

Achtung: Die beschriebene Prüfung kann nur durchgeführt werden, wenn der Schalter am Meßgerät eingeschraubt werden kann.

- Prüfgerät mit Hilfsleitung –3– gegen Masse legen.
- Steckkontakt am Schalter mit Hilfsleitung –1– und Spannungsmesser –2– an den Pluspol der Batterie anlegen. Bei abgestelltem Motor darf keine Spannung angezeigt werden, sonst Schalter ersetzen.
- Motor starten und Drehzahl langsam erhöhen.
- Bei Erreichen des Prüfdruckes muß Spannung angezeigt werden, Prüflampe leuchtet.
  Beim Benziner mit 1,8-bar-Schalter beträgt der Prüfdruck **1,6 – 2,0 bar**.
  Beim Diesel mit 0,9-bar-Schalter beträgt der Prüfdruck **0,75 – 1,05 bar**.

Öldruck prüfen

- Motor starten, Drehzahl auf 2000/min erhöhen.
- **4-/5-Zylindermotor:** Bei einer Öltemperatur von +80° C und 2000/min soll der Öldruck mindestens 2,0 bar betragen.
- **6-Zylindermotor:** Bei einer Öltemperatur von +80° C und 2000/min soll der Öldruck mindestens 4,5 – 6,0 bar betragen. Dieser Druck darf nicht wesentlich überschritten werden. **Achtung:** Bei stark überhöhtem Öldruck hängt das Überdruckventil oder es ist falsch eingebaut worden. Dadurch werden die Hydrostößel überdrückt, der Motor stirbt kurz nach dem Start ab und wird bei erneutem Startversuch vom Anlasser wegen fehlender Kompression auffällig schnell durchgedreht.
- Geringerer Öldruck weist auf verschlissene Kurbelwellenlager hin.
- Öldruckschalter mit Dichtring einsetzen und mit 25 Nm festziehen.

Achtung: Werden die Leitungen am Öldruckgeber vertauscht aufgesteckt, erscheint im Auto-Check-System das Warnsymbol »Motoröldruck«.

Ölwanne aus- und einbauen/ Dichtung für Ölwanne ersetzen

4- und 5-Zylindermotor

Ausbau

- Fahrzeug aufbocken und untere Motorraumabdeckung ausbauen, siehe Seite 17.
- Motoröl ablassen. Ölmeßstab herausziehen.

Achtung: Wenn beim 4-Zylindermotor keine Platzprobleme beim Ausbau der Ölwanne auftreten, muß der Aggregateträger nicht gelöst werden, wie nachfolgend beschrieben.

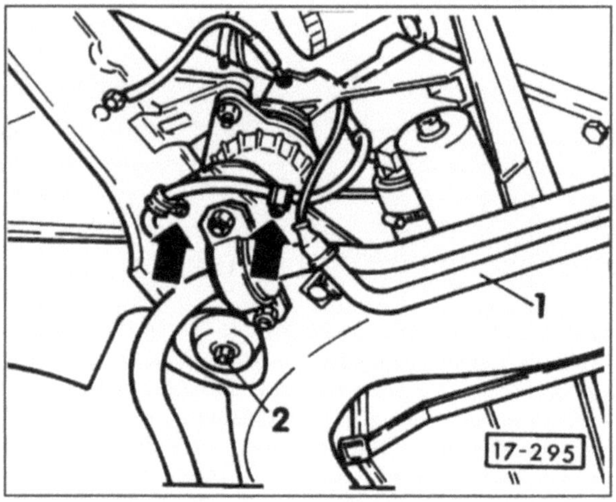

- Halteschellen –Pfeile– am Aggregateträger abschrauben.
- Halter für Leitung –1– abschrauben.
- Befestigungsschrauben –2– für Aggregateträger vorn links und rechts bis auf die letzten 3 Gewindegänge herausdrehen. **Achtung:** Werden die beiden vorderen Schrauben des Aggregateträgers ganz herausgedreht, fällt der Aggregateträger vorn ca. 10 cm nach unten.

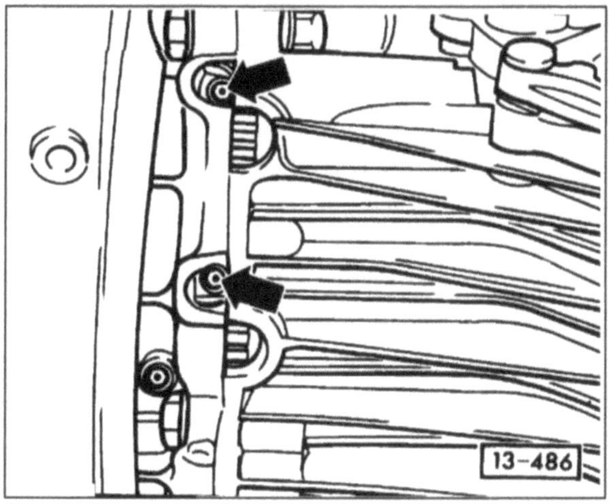

- 5-Zylindermotoren: An der Schwungradabdeckung und am Schwungrad sind 2 Ausbuchtungen angebracht. Motor mit Stecknuß an der Kurbelwellen-Keilriemenscheibe verdrehen, bis die 2 Befestigungsschrauben –Pfeile– der Ölwanne sichtbar sind.
- Ölwanne abschrauben und herausnehmen.

Einbau

- Dichtung für Ölwanne ersetzen, vorher Dichtungsreste sorgfältig entfernen.

Achtung: Dichtung nicht ankleben. Auf richtige Lage der Dichtung zu den Bohrungen achten.

- Ölwanne gleichmäßig über Kreuz in 2 Durchgängen mit **20 Nm** anschrauben.
- Aggregateträger vorn anschrauben. Dazu Schrauben und Unterlegscheiben grundsätzlich erneuern. Zum Erneuern der Schrauben den Aggregateträger mit einem Werkstatt-Wagenheber abstützen, damit er nicht nach unten fällt. Die gerippten Seiten der Unterlegscheiben müssen nach oben, zum Aggregateträger zeigen. Schrauben mit **110 Nm** anziehen und anschließend um **90° (¼ Umdrehung)** weiterdrehen.
- Untere Motorraumabdeckung einbauen, siehe Seite 17.
- Fahrzeug ablassen, Öl auffüllen.
- Nach Probefahrt Ölwannendichtung auf Ölaustritt kontrollieren, gegebenfalls Schrauben für Ölwanne leicht nachziehen.

Die dynamische Öldruckkontrolle

Die AUDI-Modelle sind mit einer dynamischen Öldruckkontrolle ausgerüstet. Das heißt, die Öldruckkontrolle erfolgt in Abhängigkeit von der Motordrehzahl.

Liegt die Motordrehzahl unter 2000/min und sinkt gleichzeitig der Öldruck unter 0,3 bar, so blinkt die Warnleuchte für Öldruck am Armaturenbrett. Bei einer Motordrehzahl über 2000/min muß der Öldruck mindestens 1,8 bar (6-Zylindermotor: 0,9 bar) betragen, sonst blinkt wiederum die Warnleuchte und der Summer ertönt.

Blinkt während der Fahrt die Öl-Warnleuchte und der Summer ertönt, so kann das folgende Ursachen haben:

1. Ölstand zu niedrig
2. Störung in der Elektrik von Schalter und Warnleuchte
3. Ölpumpe fördert nicht
4. Lager der Kurbelwelle defekt

Zunächst also sofort den Motor abstellen und den Ölstand kontrollieren, gegebenenfalls Öl nachfüllen. Anschließend Motor starten und im Leerlauf drehen lassen, die Warnleuchte darf nun nicht mehr blinken; Drehzahl auf über 2000/min erhöhen, Leuchte darf nicht blinken und der Summer darf nicht ertönen. Ist dies der Fall, kann die Fahrt fortgesetzt werden.

Ist der Ölstand jedoch in Ordnung und besteht am Ort keine weitere Prüf-Möglichkeit, keinesfalls weiterfahren, sondern Fahrzeug abschleppen lassen und Öldruck prüfen.

Bei ausreichendem Öldruck beide Öldruckschalter und die elektrischen Zuleitungen nach Schaltplan prüfen. Falls kein Fehler gefunden wurde, Öldruck-Kontrollrelais ersetzen.

Ölpumpe aus- und einbauen/prüfen

4-Zylindermotor

Ausbau

- Ölwanne ausbauen.
- Befestigungsschrauben abschrauben, Ölpumpe herausnehmen.

Prüfen

- Ölpumpe zerlegen. Das Flankenspiel darf maximal 0,05–0,20 mm betragen.

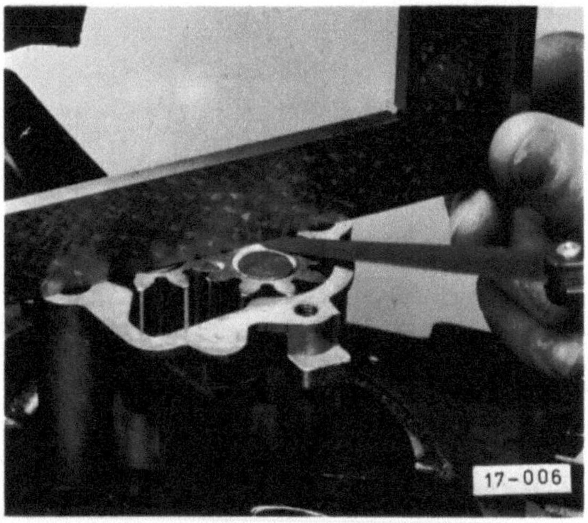

- Axialspiel mit Stahllineal und Fühlerblattlehre prüfen. Das Axialspiel darf maximal 0,15 mm betragen.

Einbau

- Saugleitung vom Ölpumpendeckel abschrauben und in Kraftstoff reinigen.
- Ölpumpe komplettieren und einsetzen.
- Befestigungsschrauben mit 10 Nm bzw. 20 Nm festziehen, siehe Seite 77.
- Ölwanne montieren.
- Ölablaßschraube: Dichtring erneuern, Schraube mit 30 Nm festziehen.
- Öl auffüllen, Ölmeßstab einsetzen.
- Probefahrt durchführen und Ölwanne auf Dichtigkeit prüfen.

Ausbau 5-Zylinder-Motor

Die Ölpumpe befindet sich vorn im Motorblock und wird von der Kurbelwelle angetrieben.

- Keilrippenriemen ausbauen, siehe Seite 65.
- Zahnriemen ausbauen, siehe Seite 28, 47.

Achtung: Kurbelwelle oder Nockenwelle anschließend nicht mehr verdrehen.

- Ölwanne ausbauen.
- Ölsaugleitung abschrauben. Vorher Sicherungsblech an den Schrauben zurückbiegen.
- Ölpumpe abschrauben, siehe auch Abbildung 17-294 auf Seite 78.

Einbau

- Dichtring für Ölpumpe erneuern. Dichtlippe und äußeren Rand des Dichtringes leicht einölen. Dichtring bündig einpressen. Zeigt die Kurbelwelle Einlaufspuren, Dichtring bis zum Anschlag einpressen.
- Ölpumpe nur komplett erneuern.
- Bei den Ölpumpenrädern zeigt die Kennzeichnung in Richtung Abschlußdeckel. Weist der Abschlußdeckel Einlaufspuren auf, Abschlußdeckel für Ölpumpe erneuern.
- Dichtungen für Ölpumpe erneuern, Ölpumpe ansetzen und Schrauben mit 20 Nm festziehen. Beim Einsetzen der Ölpumpe auf Mitnehmer an der Kurbelwelle achten.
- Dichtung für Ölansaugrohr erneuern, Ölansaugrohr ansetzen und Schrauben mit 10 Nm festziehen. **Achtung:** Neues Sicherungsblech für die Schrauben des Ölansaugrohres verwenden, Blech umschlagen und somit Schrauben sichern.
- Ölwanne einbauen.
- Zahnriemen einbauen, siehe Seite 28, 47.
- Keilrippenriemen einbauen, siehe Seite 65.
- Öl auffüllen, Ölmeßstab einsetzen.
- Probefahrt durchführen und Ölwanne auf Dichtigkeit prüfen.

Ausbau 6-Zylinder-Motor

Die Ölpumpe befindet sich vorn im Motorblock und wird von der Kurbelwelle angetrieben.

- Keilrippenriemen ausbauen, siehe Seite 65.
- Zahnriemen ausbauen, siehe Seite 35.

Achtung: Kurbelwelle oder Nockenwelle anschließend nicht mehr verdrehen.

- Ölwannenunter- und -oberteil ausbauen.
- Zahnriemen-Spannrolle abschrauben.
- Zahnriemen-Umlenkrolle abschrauben.
- Verschlußschraube rechts oberhalb der Spannrolle herausdrehen.
- Ölpumpe abschrauben.

Einbau

- Dichtring für Ölpumpe erneuern. Dichtlippe und äußeren Rand des Dichtringes leicht einölen. Dichtring bündig einpressen.
- Ölpumpe nur komplett erneuern.
- Dichtungen für Ölpumpe erneuern, Ölpumpe ansetzen und Schrauben mit 10 Nm festziehen. Beim Einsetzen der Ölpumpe auf Mitnehmer an der Kurbelwelle achten.
- Verschlußschraube oberhalb der Spannrolle mit 45 Nm reindrehen.
- Zahnriemen-Spannrolle mit 45 Nm anschrauben.
- Zahnriemen-Umlenkrolle mit 20 Nm anschrauben.
- Ölwannenunter- und -oberteil mit 10 Nm anschrauben. ausbauen.
- Zahnriemen einbauen, siehe Seite 35.
- Keilrippenriemen einbauen, siehe Seite 65.
- Öl auffüllen, Ölmeßstab einsetzen.
- Probefahrt durchführen und Ölwanne auf Dichtigkeit prüfen.

Störungsdiagnose Ölkreislauf

Störung	Ursache	Abhilfe
Kontrolleuchte blinkt nicht nach Einschalten der Zündung	0,3-bar-Öldruckschalter (braune Isolierung) defekt	■ Zündung einschalten, Leitung vom Öldruckschalter abziehen und gegen Masse halten. Wenn die Kontrolleuchte blinkt, Schalter ersetzen
	Strom zum Schalter unterbrochen, Kontakte korrodiert	■ Elektrische Leitung und Anschlüsse prüfen
	Kontrollampe defekt	■ Kontrollampe ersetzen
	Steuergerät defekt	■ Steuergerät ersetzen. Das Steuergerät sitzt im Schalttafeleinsatz
Kontrollicht verlischt nicht nach Anspringen des Motors	Öl sehr warm	■ Unbedenklich, wenn Kontrollicht beim Gasgeben verlischt
Kontrollicht verlischt nicht beim Gasgeben bzw. leuchtet während der Fahrt	Öldruck zu gering	■ Ölstand prüfen, ggf. auffüllen; Öldruck nach Vorschrift prüfen
	Elektrische Leitung zum 0,3-bar-Öldruckschalter hat Kurzschluß gegenüber Masse	■ Kabel am Schalter abziehen und isoliert ablegen (nicht gegen Masse legen), Zündung einschalten. Wenn die Kontrollampe aufleuchtet, Leitung überprüfen
	0,3-bar-Öldruckschalter defekt	■ Schalter auswechseln
Kontrolleuchte blinkt während der Fahrt, Summer ertönt	Öldruckschalter 1,8 bar (4-, 5-Zylindermotor), bzw. 0,9 bar (6-Zylindermotor) ist defekt	■ Öldruck prüfen, Öldruckschalter prüfen. Ist der Öldruck in Ordnung obwohl der Summer ertönt, kann für die Weiterfahrt kurzfristig die elektrische Leitung abgezogen und gegen Masse gelegt werden. Falls der Summer immer noch ertönt, Steuerrelais aus der Fassung ziehen. Öldruckschalter sowie Steuergerät sobald wie möglich prüfen, ggf. ersetzen.
Zu niedriger Öldruck im gesamten Drehzahlbereich	Zu wenig Öl im Motor	■ Motoröl nachfüllen
	Ansaugsieb in der Saugglocke verschmutzt	■ Ölwanne ausbauen, Ansaugsieb reinigen
	Ölpumpe verschlissen	■ Ölpumpe ausbauen und prüfen, gegebenenfalls ersetzen
	Lagerschaden	■ Motor demontieren
Zu niedriger Öldruck im unteren Drehzahlbereich	Öldruckregelventil klemmt in offenem Zustand durch Verschmutzung	■ Ventil ausbauen und prüfen
Zu hoher Öldruck bei Drehzahlen über 2000/min	Öldruckregelventil öffnet nicht wegen Verschmutzung	■ Ventil ausbauen und prüfen

Die Motor-Kühlung

4-Zylindermotor

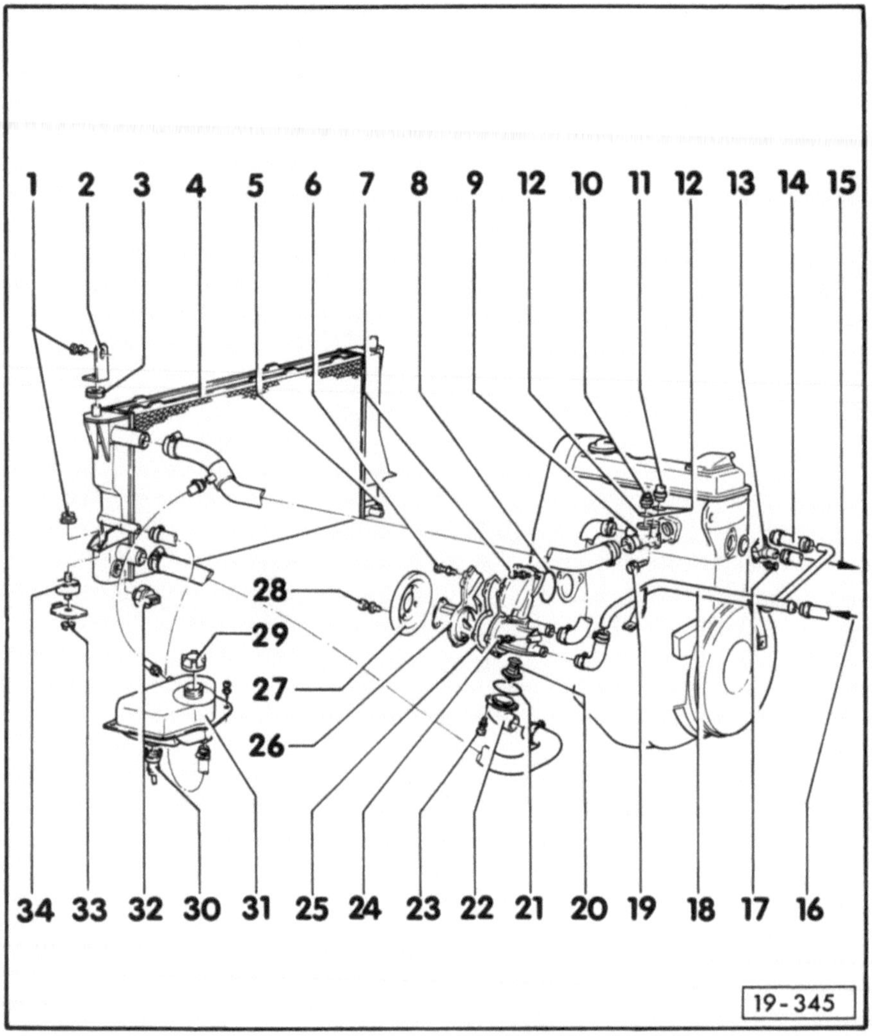

1 – **Mutter, 10 Nm**
2 – **Halter**
3 – **Gummibuchse**
4 – **Kühler**
Achtung: Zum Ausbau des Kühlers darf bei Fahrzeugen mit Klimaanlage der Kältemittelkreislauf **nicht** geöffnet werden. Die Kühlmittelrohre sind knickempfindlich.
5 – **Ablaßschraube**
6 – **Schraube, 10 Nm**
7 – **Schraube, 20 Nm**
8 – **O-Ring**
9 – **Anschlußstutzen**
10 – **Geber für Kühlmitteltemperaturanzeige und Schalter für Heißleuchte**
11 – **Geber für Kühlmitteltemperatur**
12 – **O-Ring**
13 – **Anschlußstutzen**
14 – **zum Ansaugrohr**
15 – **zum Wärmetauscher**
16 – **vom Wärmetauscher**
17 – **Schraube, 10 Nm**
18 – **Kühlmittelrohr**
19 – **Schraube, 10 Nm**
20 – **Kühlmittelregler**
21 – **O-Ring**
22 – **Anschlußstutzen**
23 – **Schraube, 10 Nm**
24 – **Schraube, 20 Nm**
25 – **Dichtung**
26 – **Kühlmittelpumpe**
27 – **Riemenscheibe**
28 – **Schraube, 20 Nm**
29 – **Verschlußdeckel**
30 – **Anschlußstecker**
Für Schalter Kühlmittelmangelanzeige
31 – **Ausgleichbehälter**
Mit Schalter für Kühlmittelmangelanzeige.
32 – **Thermoschalter für Lüfter, 25 Nm**
33 – **Mutter, 10 Nm**
34 – **Gummimetallager**

Der Kühlmittelkreislauf

Der Kühlmittelkreislauf wird thermostatisch geregelt. Solange der Motor kalt ist, zirkuliert das Kühlmittel nur im Zylinderkopf sowie im Motorblock und im Wärmetauscher. Mit zunehmender Erwärmung öffnet der Kühlmittelregler den großen Kühlmittelkreislauf. Das Kühlmittel wird von der ständig im Einsatz befindlichen Kühlmittelpumpe über den Kühler geleitet. Die Kühlflüssigkeit durchströmt den Kühler von oben nach unten und wird dabei durch die an den Kühlrippen vorbeistreichende Luft gekühlt.

Liegt die Kühlmitteltemperatur im Bereich zwischen +92° bis +97° C, schaltet ein Thermoschalter beim 4- und 6-Zylindermotor den Lüfter zu. Der Lüfter wird von einem Elektromotor angetrieben und dreht sich so lange, bis die Kühlmitteltemperatur unter +84° bis +91° C abgesunken ist.

Achtung: Der Elektrolüfter kann sich auch bei ausgeschalteter Zündung einschalten. Durch Stauwärme im Motorraum ist auch **mehrmaliges Einschalten möglich.**

Durch den nicht immer mitlaufenden Lüfter erhöht sich die nutzbare Motorleistung und der Kraftstoffverbrauch vermindert sich.

Beim 5-Zylindermotor steuert der Thermoschalter über eine Visco-Kupplung in der Nabe des Lüfterrotors die Drehzahl des Lüfters. Der Lüfter wird durch den Keilrippenriemen angetrieben, bei niedrigerer Kühlmitteltemperatur aber durch die Visco-Kupplung ausgekuppelt. Sobald sich die Kühlmitteltemperatur erhöht, wird der Lüfterrotor eingekuppelt und dadurch die Lüftergeschwindigkeit erhöht. Allerdings kann die Lüfterdrehzahl nicht die Motordrehzahl übersteigen. Je nach Ausstattung besitzt der 5-Zylindermotor zusätzlich noch einen Elektrolüfter.

5-Zylindermotor

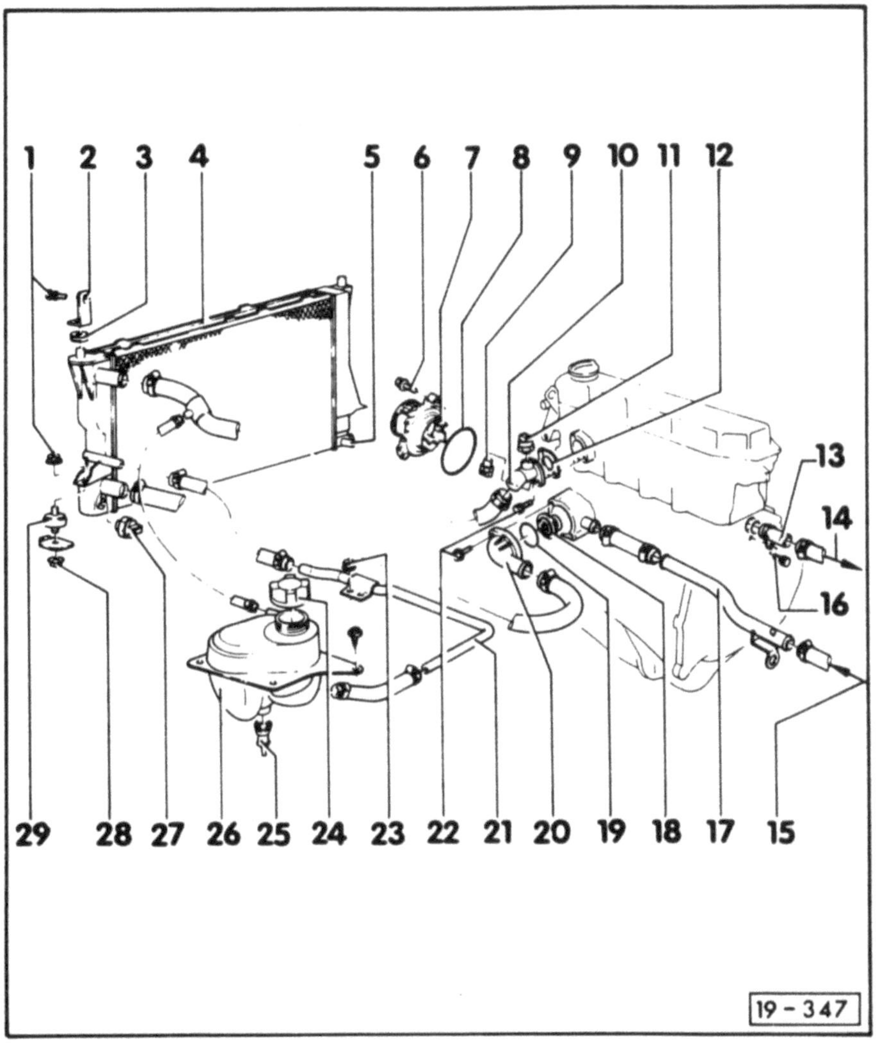

1 – **Mutter, 10 Nm**
2 – **Halter**
3 – **Gummibuchse**
4 – **Kühler**
Achtung: Zum Ausbau des Kühlers darf bei Fahrzeugen mit Klimaanlage der Kältemittelkreislauf **nicht** geöffnet werden. Die Kühlmittelrohre sind knickempfindlich.
5 – **Ablaßschraube**
6 – **Schraube, 20 Nm**
7 – **Kühlmittelpumpe**
8 – **O-Ring**
9 – **Geber für Kühlmitteltemperatur**
10 – **Anschlußstutzen**
11 – **Elektronischer Thermoschalter**
12 – **Dichtung**
13 – **Anschlußstutzen**
14 – **zum Wärmetauscher**
15 – **vom Wärmetauscher**
16 – **Schraube, 20 Nm**
17 – **Kühlmittelrohr**
18 – **Kühlmittelregler**
19 – **O-Ring**
20 – **Anschlußstutzen**
21 – **Kühlmittelrohr**
22 – **Schraube, 10 Nm**
23 – **Schraube, 10 Nm**
24 – **Verschlußdeckel**
25 – **Anschlußstecker**
Für Schalter Kühlmittelmangelanzeige
26 – **Ausgleichbehälter**
Mit Schalter für Kühlmittelmangelanzeige.
27 – **Thermoschalter für Lüfter, 25 Nm**
28 – **Mutter, 10 Nm**
29 – **Gummimetallager**

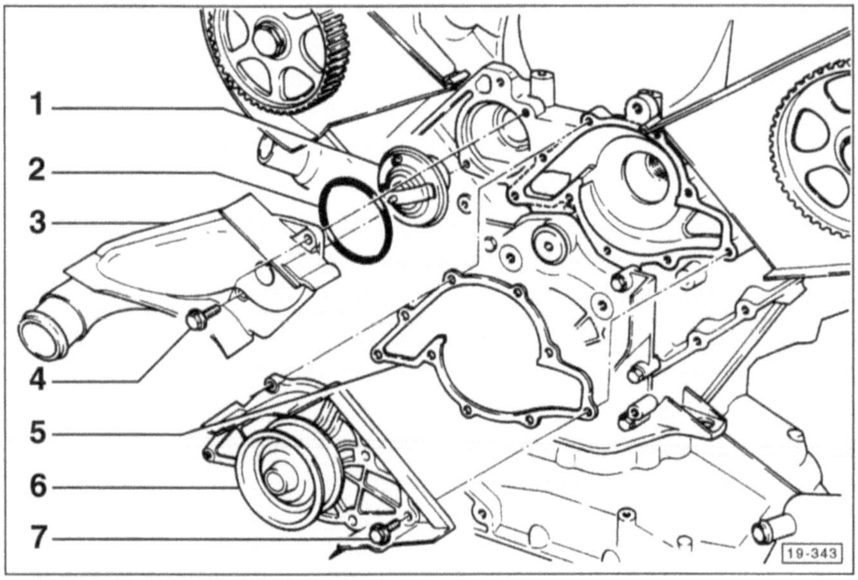

1 – **Kühlmittelregler**

2 – **Dichtungsring**

3 – **Gehäuse für Kühlmittelregler**

4 – **Schraube, 10 Nm**

5 – **Dichtung**

6 – **Kühlmittelpumpe**
Zum Ausbau Keilrippenriemen und Zahnriemen ausbauen.

7 – **Schraube, 10 Nm**

Kühler- Frostschutzmittel

Die Kühlanlage wird ganzjährig mit einer Mischung aus Wasser und Kühlerfrost- und Korrosions-Schutzmittel befüllt. Dies verhindert Frost- und Korrosionsschäden, Kalkansatz und hebt außerdem die Siedetemperatur des Kühlmittels an. Im Kühlkreislauf entsteht durch die Ausdehnung der Flüssigkeit bei Erwärmung ein Überdruck, was ebenfalls zur Siedepunkterhöhung der Kühlflüssigkeit beiträgt. Der Druck wird durch ein Ventil im Verschlußdeckel am Ausgleichbehälter begrenzt, das bei 1,2 - 1,5 bar öffnet. Erforderlich ist der höhere Siedepunkt der Kühlflüssigkeit für ein einwandfreies Funktionieren der Motor-Kühlung. Bei zu niedrigem Siedepunkt der Flüssigkeit kann es zu einem Hitzestau kommen, wodurch der Kühlkreislauf behindert und die Kühlung des Motors vermindert wird. Deshalb muß das Kühlsystem unbedingt ganzjährig mit einer Kühlkonzentrat-Mischung gefüllt sein.

Bis 6/96 wird serienmäßig der VW-Kühlmittelzusatz **G11-A8C** verwendet. Zum Nachfüllen kann **G11-A8C** oder ein anderes Kühlkonzentrat mit dem Vermerk »gemäß TL-VW 774 C« verwendet werden. **Hinweis:** Das Kühlkonzentrat **G11** ist an der **grünen Farbe** erkennbar.

Seit 7/96 wird serienmäßig der VW-Kühlmittelzusatz **G12** verwendet. Zum Nachfüllen kann **G12** oder ein anderes Kühlkonzentrat mit dem Vermerk »gemäß TL-VW 774 **D**« verwendet werden. **Hinweis:** Das Kühlkonzentrat **G12** ist an der **roten Farbe** erkennbar.

Achtung: Die Kühlmittelzusätze **G11** und **G12** dürfen **nicht vermischt** werden, sonst kommt es zu **schwerwiegenden Motorschäden.** Braunes Kühlmittel (G11 und G12 vermischt) sofort wechseln.

Hinweis: Bei allen Fahrzeugen kann auch der VW-Kühlmittelzusatz **G12 Plus** (Spezifikation TL-VW-774-**F**) eingefüllt werden; er ist an der **lila** Farbe erkennbar. G12 Plus (lila) **darf** sowohl mit G11 (grün) als auch mit G12 (rot) **gemischt** werden.

Fahrzeuge **bis 6/96** können auf das bessere G12 umgestellt werden. Dazu Kühlsystem vollständig entleeren. Kühlsystem mit reinem Wasser auffüllen und Motor 2 Minuten laufen lassen, damit es durchgespült wird. Wasser wieder ablassen und anschließend mit Druckluft in den Ausgleichbehälter blasen, damit das Kühlsystem vollständig entleert wird. Ablaßschraube schließen und neue Wasser/G12-Mischung einfüllen.

Kühlmittel-Mischungsverhältnis in Litern

Der Frostschutz sollte in unseren Breiten bis –25° C reichen.

Motor	Frostschutz				Füllmenge
	bis –25° C		bis –35° C		
	G11/ G12	Wasser	G11/ G12	Wasser	
4-Zyl.-Benziner	2,8	4,2	3,5	3,5	7,0
5-Zyl.-Benziner	3,2	4,8	4,0	4,0	8,0
6-Zyl.-Benziner	4,4	6,6	5,5	5,5	11,0
5-Zyl.-Diesel	2,6	3,9	3,25	3,25	6,5

Bei automat. Getriebe erhöht sich die Füllmenge um 0,2 l.

Achtung: Bei Arbeiten am Kühlsystem unbedingt darauf achten, daß **kein Kühlmittel auf den Zahnriemen** gelangt. Der Glykolanteil des Kühlmittels kann das Gewebe des Zahnriemens so schädigen, daß der Riemen nach einiger Betriebszeit reißt, wodurch schwerwiegende Motorschäden auftreten können.

Kühlmittel wechseln

Das Kühlmittel muß nur nach Reparaturen am Kühlsystem, bei denen das Kühlmittel abgelassen wurde, erneuert werden. Ein Wechsel im Rahmen der jährlichen Wartung ist nicht vorgesehen. Falls bei Reparaturen der Zylinderkopf, die Zylinderkopfdichtung, der Kühler, der Wärmetauscher oder der Motor ersetzt werden, muß die Kühlflüssigkeit auf jeden Fall ersetzt werden. Das ist erforderlich, weil sich die Korrosionsschutzanteile in der Einlaufphase an den neuen Leichtmetallteilen absetzen und somit eine dauerhafte Korrosionsschicht bilden. Bei gebrauchter Kühlflüssigkeit ist der Korrosionsschutzanteil in der Regel nicht mehr groß genug, um eine ausreichende Schutzschicht an den neuen Teilen zu bilden.

Achtung: Kühlmittel ist leicht giftig und sollte nicht einfach weggeschüttet werden. Gemeinde- und Stadtverwaltungen informieren darüber, wo sich die nächste Problemstoff-Sammelstelle befindet beziehungsweise wie das alte Kühlmittel entsorgt werden soll.

Ablassen

- Heizungsschalter im Innenraum auf maximale Heizleistung stellen.
- Fahrzeug aufbocken.
- Untere Motorraumabdeckung ausbauen, siehe Seite 17.
- Verschlußdeckel am Ausgleichbehälter öffnen.

Achtung: Bei heißem Motor vor dem Öffnen des Deckels einen dicken Lappen auflegen, um Verbrühungen durch heiße Kühlflüssigkeit oder Dampf zu vermeiden. Deckel nur bei Kühlmitteltemperaturen unter 90° C abnehmen.

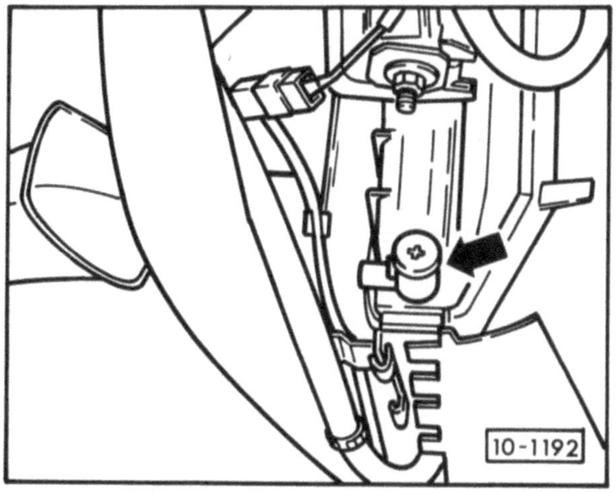

- Sauberes Auffanggefäß unter die Ablaßschraube am Kühler stellen. Gegebenenfalls Ablaufschlauch über den Ablaßstutzen stecken.
- Ablaßschraube öffnen und Kühlmittel aus dem Kühler ablassen.

4-Zylindermotor

- Auffanggefäß unter das Kühlmittelreglergehäuse stellen.
- Kühlmittel am Kühlmittelreglergehäuse ablassen. Dazu Anschlußschlauch vom Wärmetauscher abziehen, vorher Schelle lösen und zurückschieben.

5-Zylinder-Benzinmotor

- Auffanggefäß unter Motor stellen.

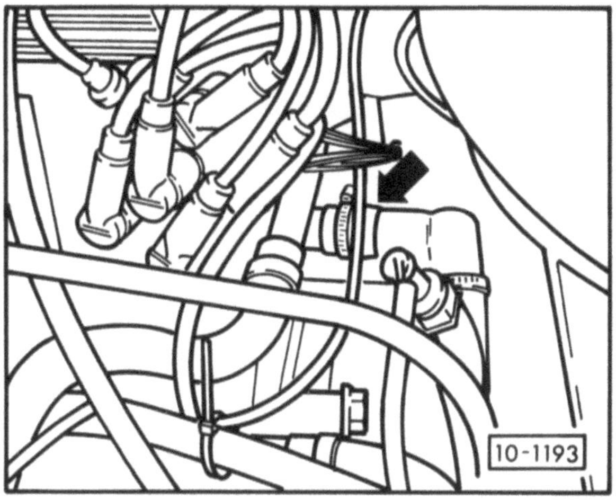

- Kühlmittelschlauch –Pfeil– zum Wärmetauscher am Zylinderblock hinten abziehen, vorher Schelle lösen.

5-Zylinder-Dieselmotor

- Zahnriemenschutz für Einspritzpumpenantrieb ausbauen.

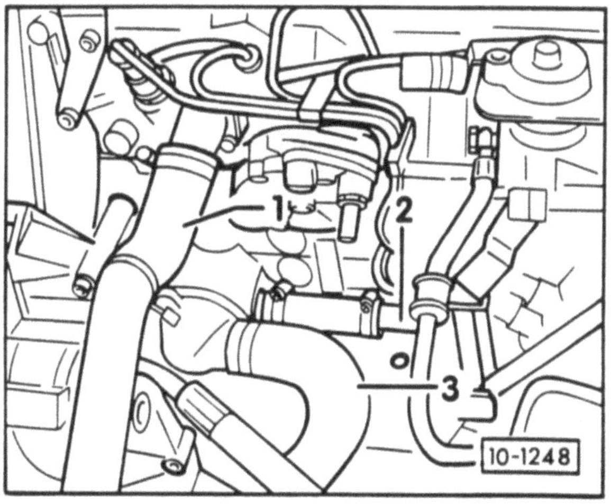

- Befestigungsschraube hinten am Kühlmittelrohr herausdrehen –1–. Kabelbinder am Kühlmittelrohr lösen.
- Schlauch des Kühlmittelrohres –2– abziehen.

6-Zylindermotor

- Auffanggefäß unter den Motorblock stellen.

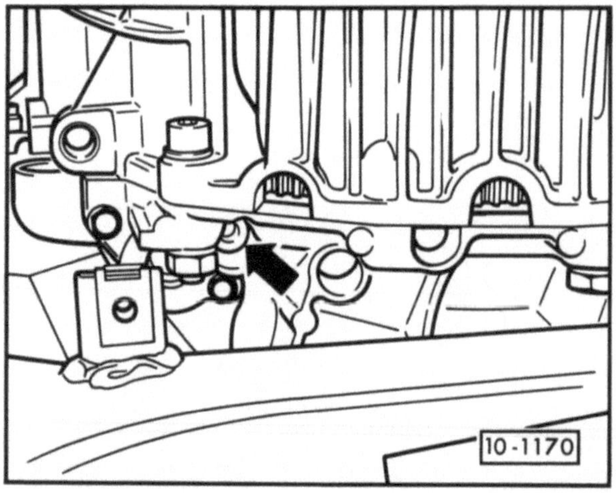

- Ablaßschraube –Pfeil– am Motorblock mit Innensechskantschlüssel herausdrehen. Die Schraube befindet unten auf der linken Seite im Bereich des Dichtflansches Motor/Getriebe.

- Kühlmittel vollständig ablassen.

Auffüllen

- Kühlmittelschlauch aufschieben, Schelle festziehen. Beim 4-Zylindermotor am Reglergehäuse; beim 5-Zylinder-Benzinmotor hinten am Motorblock; beim 5-Zylinder-Dieselmotor am Reglergehäuse, Befestigungsschraube festziehen.
- Ablaßstutzen am Kühler schließen.
- Untere Motorraumabdeckung einbauen, siehe Seite 17.
- Fahrzeug ablassen.
- Heizregulierung voll öffnen.

6-Zylindermotor

- Beide Entlüftungsschrauben ca. 2 Umdrehungen öffnen. Eine Entlüftungsschraube befindet sich unter der Wasserkastenabdeckung links neben dem Gebläsemotor. Die andere Entlüftungsschraube sitzt im großen Kühlmittelrohr hinten links neben dem Temperaturfühler im Bereich zwischen AGR-Ventil und Öldruckschalter; zum Lösen wird ein Innensechskantschlüssel SW 5 benötigt, z.B. HAZET 986-5-Lg.
- Kühlmittel auffüllen, bis es an den Entlüftungsschrauben austritt. Entlüftungsschrauben schließen.

- Kühlmittel bis zur MAX-Markierung am Ausgleichbehälter auffüllen, dabei beim 4-Zylindermotor oberen Kühlmittelschlauch zum Kühler leicht anheben.
- Ausgleichbehälter verschließen.
- Motor laufen lassen, bis die Betriebstemperatur erreicht ist. Beim 6-Zylindermotor anschließend Motordrehzahl für ca. 30 Sekunden auf 2000/min erhöhen.
- Motor abstellen.
- Kühlmittelstand prüfen und gegebenenfalls bis etwas über die MAX-Markierung ergänzen. Bei betriebswarmem Motor muß der Kühlmittelstand etwas über der MAX-Markierung, bei kaltem Motor zwischen der MAX- und der MIN-Markierung liegen.

Kühlmittelregler aus- und einbauen/prüfen

Ausbau

Achtung: Die Bezeichnungen für die Bauteile beziehen sich auf das Kühlsystem des 4-Zylindermotors, siehe Abbildung 19-345. Der Aus- und Einbau für die 5-Zylindermotoren erfolgt analog.

- Geeignetes Gefäß unter den Kühlmittel-Anschlußstutzen –22– stellen.
- Anschlußstutzen –22– für Kühlmittelregler –20– abschrauben, Kühlmittel ablassen und auffangen.
- Kühlmittelregler –20– herausnehmen.
- Dichtring –21– herausnehmen.

Prüfen

- Maß –a– am Regler messen, siehe Abbildung 19-003.

- Regler wegen des höheren Siedepunktes im Kühlmittelbad erwärmen. Dabei darf der Thermostat nicht die Wände des Behälters berühren.
- Temperatur mit einem Thermometer kontrollieren. Regler-Öffnungsbeginn ca. 87° C, Ende ca. 102° C.

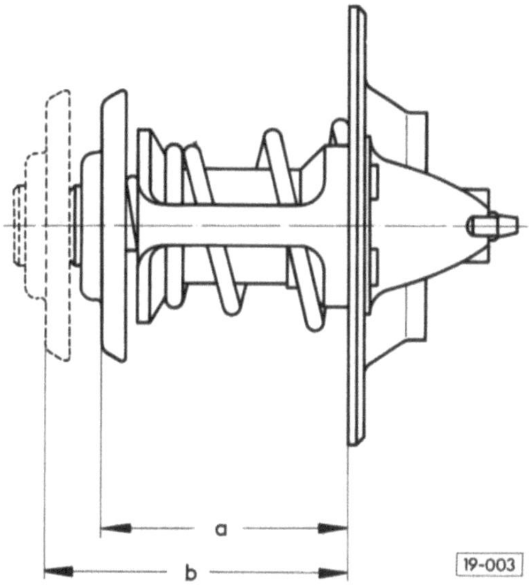

- Nach Erhitzen des Reglers auf 105° C muß Maß –b– gegenüber Maß –a– um mindestens 8 mm größer sein.

Einbau

- Dichtring ersetzen, Kühlmittelregler einsetzen und Deckel anschrauben, Kühlflüssigkeit auffüllen.
- Motor laufen lassen, bis Kühlmittelregler öffnet. Deckel-Dichtung und Kühlmittelschlauch auf Dichtigkeit überprüfen.

Ausbau 6-Zylinder-Motor

Der Kühlmittelregler befindet sich vorn im Motorblock, siehe Abbildung 19-343.

- Kühlmittel ablassen, siehe Seite 87.
- Keilrippenriemen ausbauen, siehe Seite 65.
- Zahnriemen ausbauen, siehe Seite 35.

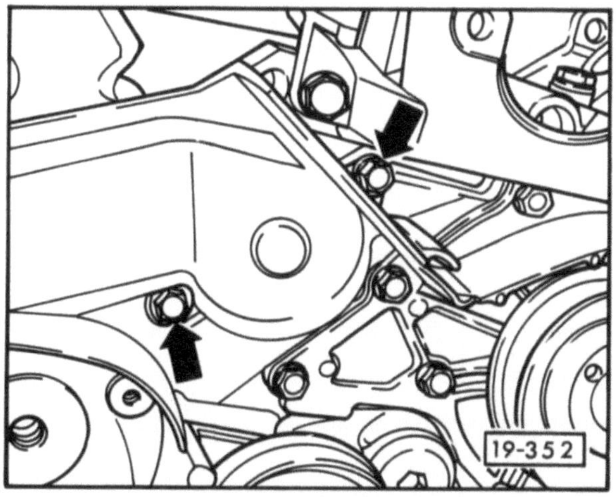

- Gehäuse für Kühlmittelregler mit 2 Schrauben –Pfeile– abschrauben und Regler herausnehmen.
- Kühlmittelregler prüfen.

Einbau

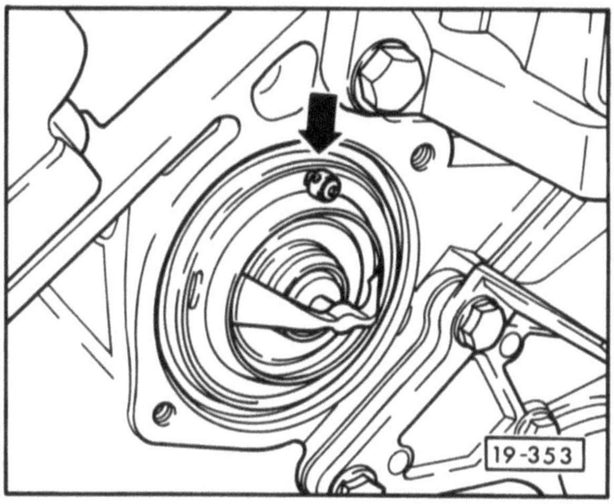

- Regler so einsetzen, daß sich das Entlüftungsventil oben befindet.
- Gehäuse mit **neuem** Dichtring und 10 Nm anschrauben.

Kühlmittelpumpe aus- und einbauen

Ausbau

- Kühlmittel ablassen.
- Kühlmittelregler ausbauen.
- Schrauben für Keilriemenscheibe lösen, dazu Keilriemen eindrücken und festhalten.
- Keilriemen ausbauen, siehe Seite 63.
- Schellen für Kühlmittelschläuche am Kühlmittelpumpengehäuse lösen.
- Kühlmittelschläuche abziehen.
- Befestigungsschrauben herausdrehen und Pumpe abnehmen.
- Welle der Kühlmittelpumpe drehen und auf leichten Lauf prüfen.
- Bei Beschädigung sowie Undichtigkeiten am Pumpenlager, Kühlmittelpumpe komplett ersetzen.

Einbau

- Kühlmittelpumpe mit **neuem** Dichtring ansetzen und mit **20 Nm** anschrauben.

Achtung: Wurde nur die Papierdichtung oder das Lagergehäuse mit Pumpenrad ersetzt, Lagergehäuse mit **10 Nm** anschrauben. Dabei Schrauben auf keinen Fall zu stark anziehen.

- Kühlmittelregler einbauen.
- Kühlmittelschläuche aufsetzen und Schellen festziehen.
- Keilriemenscheibe anschrauben.
- Keilriemen montieren, siehe Seite 63.
- Kühlflüssigkeit auffüllen.
- Nach Probefahrt: Kühlmittelschläuche und Kühlmittelpumpe auf Dichtheit überprüfen.

Ausbau 5-/6-Zylinder-Motor

Die Kühlmittelpumpe befindet sich vorn im Motorblock und wird durch den Zahnriemen angetrieben.

- Kühlmittel ablassen, siehe Seite 87.
- Zahnriemen ausbauen, siehe Seite 28, 35.
- Kühlmittelpumpe abschrauben und herausnehmen.

Einbau

- Dichtring ersetzen, Kühlmittelpumpe anschrauben, Schrauben mit **20 Nm** (6-Zylindermotor: **10 Nm**) festziehen.
- Zahnriemen einbauen, siehe Seite 28, 35.
- Kühlflüssigkeit auffüllen.
- Nach Probefahrt: Dichtigkeit der Kühlmittelpumpe prüfen.

Thermoschalter für Elektrolüfter prüfen

Der Thermoschalter ist zu prüfen, wenn bei heißem Motor der Lüfter nicht einschaltet. Prüfvoraussetzung: Kühlmittelregler, Kühler und Verschlußdeckel für Kühlsystem sind in Ordnung.

Der Thermoschalter für den Elektrolüfter sitzt beim 4-Zylinder-Motor links unten am Kühler. Der Thermoschalter hat zwei Schaltstufen. Bei erhöhter Temperatur schaltet er den Lüfter auf eine höhere Geschwindigkeit.

- Sicherung Nr. 13 prüfen, gegebenenfalls ersetzen.

Schalter (Klemmenbezeichnung)	Schalttemperatur	
	Ein	Aus
1 = 1. Stufe	92 – 97° C	84 – 91° C
2 = 2. Stufe	99 – 105° C	91 – 98° C
+ = Zuleitung		

- Prüfen, ob der Kühler im Bereich des Thermoschalters überhaupt heiß wird.
- Stecker vom Thermoschalter abziehen. Am Kabelstecker der Zuleitung zuerst Klemme + (plus) mit Klemme 1 verbinden, dann mit Klemme 2. Wenn der Elektrolüfter jetzt beidesmal anläuft, Thermoschalter ersetzen.
- Wenn der Lüfter nicht anläuft beziehungsweise wenn der Lüfter nur einmal anläuft, elektrische Leitungen gemäß Stromlaufplan prüfen. Anschlüsse auf guten Kontakt und festen Sitz kontrollieren. Gegebenenfalls Lüftermotor ersetzen.
- Anzugsdrehmoment für Thermoschalter: **25 Nm**.
- Neuen Thermoschalter auf Funktion überprüfen. Motor warmfahren und so lange im Leerlauf laufen lassen, bis der Lüfter für Kühlmittel einschaltet.

Kühler aus- und einbauen

Ausbau

- Kühlmittel ablassen und auffangen.
- Elektrischen Stecker vom Thermoschalter unten links am Kühler abziehen.
- Elektrische Leitung für Lüftermotor trennen. Masseleitung vom Aufbau abschrauben.
- Leitungen aus den Kabelbindern lösen.
- Kühlmittelschlauch oben und unten vom Kühler abnehmen, vorher Schlauchschellen lösen.
- Vordere Kühlerabdeckungen abschrauben.
- Luftansaughutze oben am Kühler abschrauben.
- Kühler unten links und rechts mit je 1 Mutter vom Gummimetallager abschrauben und Muttern mit Unterlegscheiben abnehmen.
- 2 Schrauben für obere Kühlerhalterung aus dem Schloßträger herausschrauben.
- Kühler nach vorn schwenken und komplett mit Lüfterring und Lüfter herausheben.

Einbau

- Verschlissene Gummibuchsen und Gummimetallager ersetzen.
- Kühler mit Lüfter von vorn einsetzen.
- Gummimetallager mit 10 Nm anschrauben.
- Obere Kühlerhalter gefühlvoll mit 10 Nm anschrauben. Der Kühler darf nicht unter starker Spannung stehen.
- Kühlmittelschläuche unten und oben aufschieben und mit Schellen sichern.

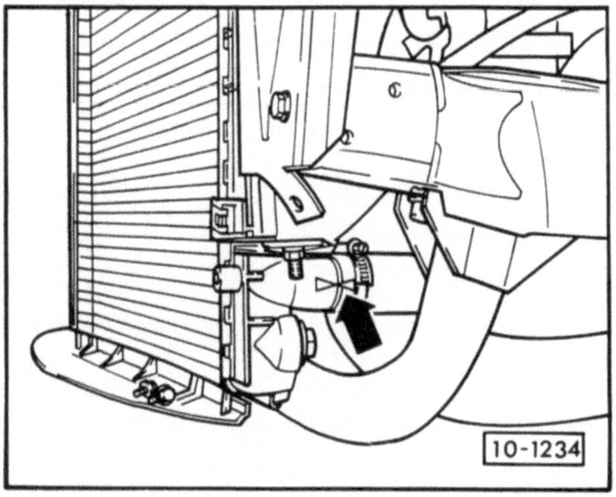

10-1234

Achtung: Beim Dieselmotor müssen sich die Pfeilmarkierungen unten am Kühler gegenüberstehen.

- Elektrische Leitungen für Lüfter und Thermoschalter verbinden beziehungsweise aufschieben, Leitungen mit Kabelbindern befestigen. Masseleitung für Lüfter am Aufbau anschrauben.
- Luftansaughutze anschrauben.
- Neues Kühlmittel auffüllen.

Achtung: Wird ein neuer Kühler eingebaut, muß das gesamte Kühlmittel erneuert werden.

- Nach Probefahrt sämtliche Anschlüsse Kühler/Kühlmittelschlauch auf Dichtigkeit überprüfen.

Kühlsystem prüfen

Undichtigkeiten im Kühlsystem und die Funktion des Überdruckventils im Kühler-Verschluß können mit dem Prüfgerät V.A.G 1274 und 1274/1A überprüft werden.

- Prüfgerät auf den Einfüllstutzen am Ausgleichbehälter aufsetzen. Mit der Handpumpe des Gerätes einen Überdruck von ca. 1,0 bar erzeugen und halten. Fällt der Druck ab, Kühlsystem auf Undichtigkeit sichtprüfen und Leckstelle beseitigen.
- Zum Überprüfen des Überdruckventils im Verschlußdeckel des Ausgleichbehälters Prüfgerät auf Verschlußdeckel aufsetzen. Überdruck mit der Handpumpe erzeugen. Bei einem Überdruck von 1,2–1,5 bar muß das Überdruckventil öffnen.

Viscolüfter prüfen

Der 5-Zylindermotor und der 6-Zylindermotor mit 193 PS besitzen einen Viscolüfter, der vom Keilrippenriemen angetrieben wird.

- Sichtprüfung der Viscokupplung auf Ölaustritt. Das Kupplungsgehäuse muß an der Rückseite sauber und trocken sein.
- Leichtgängigkeit des Lüfterrades bei stehendem Motor prüfen. Das Lüfterrad muß sich ohne Widerstand durchdrehen lassen.
- Axialspiel prüfen. Das Spiel soll, am Außenumfang des Lüfterrades gemessen, ca. 15 mm nicht überschreiten.

Achtung: Die Kupplung des Viscolüfters kann nicht auf Funktion geprüft werden.

Störungsdiagnose Motorkühlung

Störung: Die Kühlmitteltemperatur ist zu hoch, Warnleuchte blinkt bei heißem Motor

Ursache	Abhilfe
Zu wenig Kühlmittel im Kreislauf	■ Ausgleichbehälter muß bis zur Markierung voll sein. Kühlsystem auf Dichtheit prüfen
Kühlmittelregler öffnet nicht	■ Prüfen, ob oberer Kühlmittelschlauch am Kühler warm wird. Wenn nicht, Regler prüfen ggf. ersetzen
Kühlmittelpumpe defekt	■ Kühlmittelpumpe ausbauen und überprüfen
Geber für Kühlmitteltemperaturanzeiger defekt	■ Geber überprüfen
Kühlmitteltemperaturanzeige defekt	■ Anzeigegerät überprüfen lassen
Ausgleichbehälter-Verschlußdeckel defekt	■ Druckprüfung durchführen lassen (Werkstattarbeit)
Keilriemenspannung für Kühlmittelpumpe zu gering	■ Spannung prüfen und einstellen
Kühlerlamellen verschmutzt	■ Kühler von der Motorseite her mit Preßluft durchblasen
Kühler innen durch Kalkablagerungen oder Rost zugesetzt. Kühler wird nur im oberen Teil warm, unterer Kühlmittelschlauch vom Kühler wird nicht warm	■ Kühler erneuern
Elektrolüfter läuft nicht an	■ Elektrische Anschlüsse am Thermoschalter und am Lüftermotor auf festen Sitz und guten Kontakt prüfen. ■ Thermoschalter prüfen ■ Elektrische Leitungen gemäß Stromlaufplan prüfen, ggf. Lüftermotor ersetzen

Die Kraftstoffanlage

Zur Kraftstoffanlage gehören der Kraftstoffbehälter, die Kraftstoffleitungen, der Kraftstoff-Filter, die Kraftstoffpumpe und die Einspritzanlage mit Luftfilter.

Der Kraftstoffbehälter ist hinter der Hinterachse unter dem Kofferraum angeordnet. Der jeweilige Kraftstoffvorrat wird dem Fahrer durch eine Kraftstoffvorratsanzeige angezeigt. Über ein Entlüftungssystem wird der Tank entlüftet.

Achtung: Kraftstoffbehälter nur ausbauen, wenn eine geeignete Pumpe zum Absaugen des Kraftstoffs vorhanden ist. Kraftstoff nicht über einen Schlauch mit dem Mund absaugen. Kraftstoffbehälter nicht entleeren, wenn das Fahrzeug über einer Grube steht. **Kein offenes Feuer oder Funkenbildung in der Nähe des Arbeitsplatzes! Nicht rauchen! CO_2-Feuerlöscher bereithalten. Bindemittel bereithalten, um ausgelaufenen Kraftstoff aufzusaugen. Für gute Belüftung des Arbeitsplatzes sorgen. Kraftstoffdämpfe sind giftig und sehr leicht entflammbar!**

Sauberkeitsregeln bei Arbeiten an der Kraftstoffversorgung

Bei Arbeiten an der Kraftstoffversorgung sind die folgenden Regeln zur Sauberkeit sorgfältig zu beachten:

- Verbindungsstellen und deren Umgebung vor dem Lösen gründlich reinigen.
- Ausgebaute Teile auf einer sauberen Unterlage ablegen und abdecken. Folien oder Papier verwenden. Keine fasernden Lappen benutzen!
- Geöffnete Bauteile sorgfältig abdecken bzw. verschließen, wenn die Reparatur nicht umgehend ausgeführt wird.
- Nur saubere Teile einbauen.
- Ersatzteile erst unmittelbar vor dem Einbau aus der Verpackung nehmen.
- Keine Teile verwenden, die unverpackt (z. B. in Werkzeugkästen usw.) aufgehoben wurden.
- Bei geöffneter Kraftstoff-Anlage möglichst nicht mit Druckluft arbeiten.
- Das Fahrzeug möglichst nicht bewegen.

Fernbedienung herstellen/anschließen

Die Fernbedienung wird für Arbeiten benötigt, bei denen die elektrische Kraftstoffpumpe Kraftstoff fördern soll, ohne daß der Motor läuft.

Folgende Bauteile werden benötigt:
1 Druckkontaktschalter.
1 Krokodilklemme (ausreichend groß für Batteriepol).
1 „Fliegende Sicherung:" Gehäuse und 8-Ampere-Sicherung.
1 geeigneter Flachstecker, der in einen Sicherungssockel im Sicherungskasten, seitlich am Armaturenbrett eingesteckt werden kann.
1 doppeladriges Kabel mit je 1,5 mm^2 Querschnitt und ca. 5 m Länge.

Achtung: Vor dem Anschließen der Fernbedienung Sicherung Nr. 17 im Sicherungskasten prüfen.

- Sicherung Nr. 17 am Sicherungshalter herausziehen.
- Fernbedienung mit dem Flachstecker am Sicherungssockel für Sicherung 17 einstecken, und zwar am rechten Anschluß.
- Fernbedienung mit der Krokodilklemme an den Batterie-Pluspol (+) anschließen. Bei Fahrzeugen mit Klimaanlage kann der Anschluß an der Starthilfedose (+) oder an Klemme B+ des Drehstromgenerators erfolgen.

Kraftstoffpumpe prüfen

Prüfvoraussetzungen: Batterie voll geladen (12 Volt), Kraftstoffilter in einwandfreiem Zustand.

Spannungsversorgung prüfen

- Sicherung Nr. 17 für Kraftstoffpumpe prüfen. Defekte Sicherung auswechseln.
- Zündung einschalten, die Kraftstoffpumpe muß kurzzeitig hörbar anlaufen. Bei hohem Umgebungsgeräuschpegel ist zur Hörprobe eine Hilfsperson in der Nähe der Kraftstoffpumpe erforderlich.
- Läuft die Pumpe nicht, Fernbedienung anschließen.
- Schalter der Fernbedienung drücken. Wenn die Pumpe jetzt anläuft, Kraftstoffpumpenrelais prüfen.

Läuft die Kraftstoffpumpe nicht an, ist folgendermaßen vorzugehen:

- Kofferraumverkleidung unterhalb der Rücksitzlehne ausbauen. Dazu 3 bis 4 Kunststoffclips abschrauben.

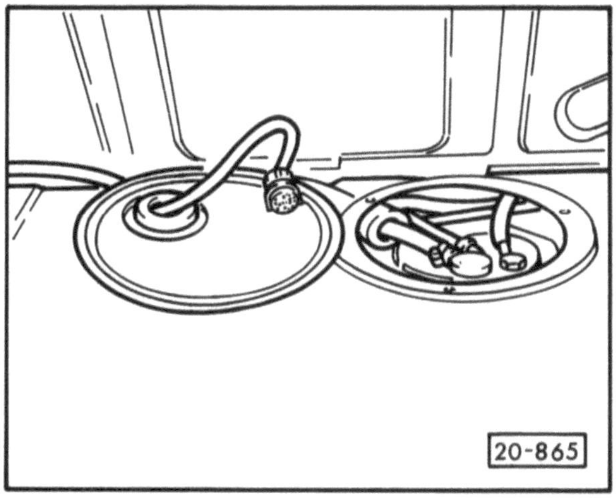

- Abdeckung für Geber Kraftstoffvorratsanzeige (Tankgeber) und Kraftstoffpumpe abschrauben, gegebenenfalls hierzu Abdeckklappe für Skisack öffnen.
- Steckverbindung für Tankgeber und Kraftstoffpumpe abziehen, dazu die seitlichen Haltenasen mit kleinem Schraubendreher etwas abheben.

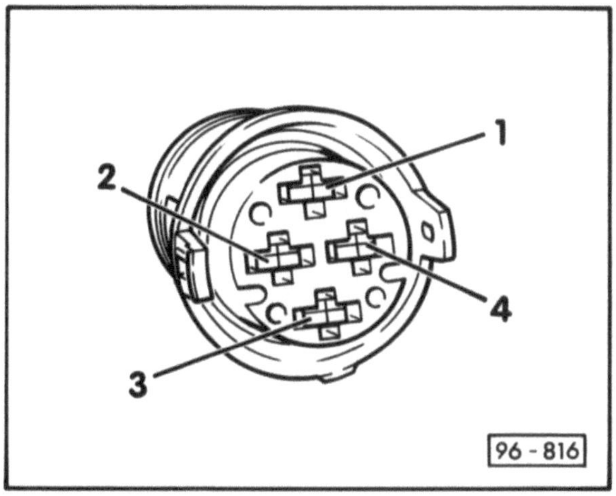

- Voltmeter an die Kontakte –1– (grün/gelb (+)) und –4– (braun (–)) anschließen.
- Fernbedienung drücken. Das Meßgerät muß ca. Batteriespannung (12 Volt) anzeigen, sonst Leitungsunterbrechung nach Stromlaufplan ermitteln und beseitigen.
- Wenn Batteriespannung angezeigt wird, Tankgeber ausbauen.

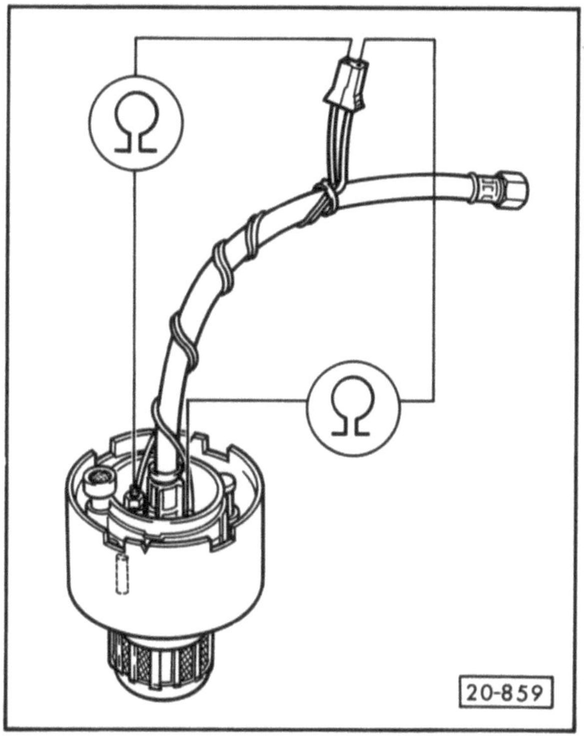

- Leitungen vom Gebergehäuse zur Kraftstoffpumpe mit Ohmmeter und Hilfsleitungen auf Durchgang prüfen und ggf. Unterbrechung beseitigen.
- Liegt keine Unterbrechung vor, Kraftstoffpumpe ersetzen.
- Tankgeber einbauen, elektrische Leitungen anschließen.

Fördermenge prüfen

- Voltmeter mit 2 Hilfsleitungen an die Kraftstoffpumpe anschließen. Fernbetätigung drücken, Spannung ablesen und als Meßwert **) notieren (ca. 2 Volt weniger als Batteriespannung, 12 V).
- Zum Druckabbau Tank-Verschlußdeckel kurzzeitig abnehmen.

101-PS-Motor

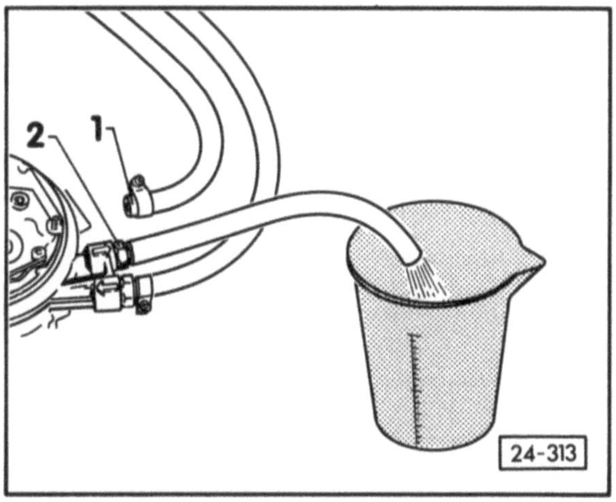

- Kraftstoff-Rücklaufleitung –1– vom Anschlußstutzen –2– der Einspritzeinheit abziehen.

- Kraftstoffresistenten Hilfsschlauch auf den Anschluß –2– stecken und in ein Meßgefäß halten.

115-PS-Motor

- Kraftstoff-Rücklaufleitung an der Verbindung trennen und in ein Meßgefäß halten.

133-PS-Motor

- Kraftstoffvorlaufleitung am Kraftstoffilter abschrauben. Hilfsschlauch auf die Vorlaufleitung stecken und in Meßgefäß halten.

150- und 174-PS-Motor

- Rücklaufleitung –1– von der Kraftstoffsammelleiste abschrauben.

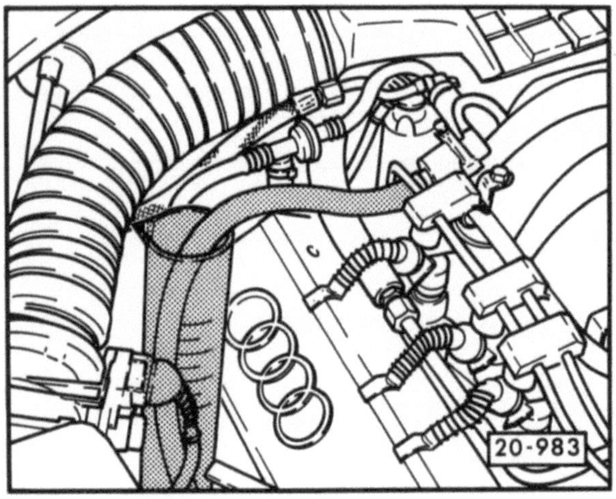

- Hilfsschlauch auf den Rücklaufanschluß der Kraftstoffsammelleiste –2– aufstecken und in ein Meßgefäß halten.

- Schalter der Fernbedienung **30** Sekunden drücken und Fördermenge messen. Beim 5- und 6-Zylindermotor Fernbedienung nur **15** Sekunden drücken.

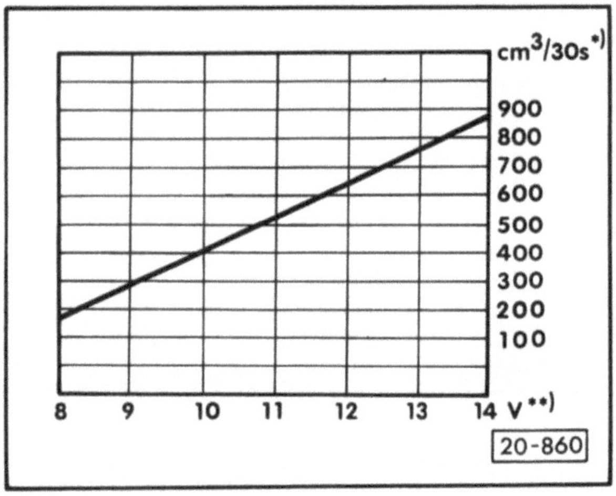

- Anhand des notierten Spannungs-Meßwertes **) Sollwert der Mindestfördermenge *) aus dem Diagramm ermitteln. Beispiel: Dem Spannungswert **) = 10 Volt entspricht eine Mindestfördermenge von *) = 400 cm³.

Achtung: Das Diagramm bezieht sich auf die Fördermenge des 101-PS-Motors. Die Fördermengen für die anderen Motoren stehen am Ende des Kapitels.

- Mindestfördermenge *) mit gemessener Fördermenge vergleichen.

Achtung: Ist die Spannungsversorgung in Ordnung, die Fördermenge jedoch zu gering, Kraftstoffpumpe ersetzen.

- Rückschlagventil der Kraftstoffpumpe durch Messen des Haltedrucks prüfen lassen.
- Fernbedienung ausbauen.
- Abdeckung für Tankgeber anschrauben.
- Kofferraumverkleidung einbauen, Clipse aufdrücken.

Fördermenge 115-/133-PS-Motor

Spannung	9 V	10 V	11 V	12 V	13 V	14 V
cm³/30s	100	150	220	280	340	400

Fördermenge, 150- und 174-PS-Motor

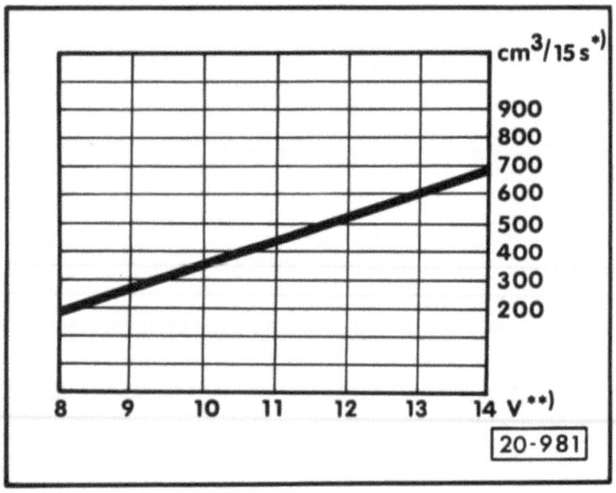

Kraftstoffpumpenrelais prüfen

4-/5-Zylinder-Benzinmotor

Das Kraftstoffpumpenrelais ist zu prüfen, wenn die Kraftstoffpumpe nicht läuft.

- Abdeckung im linken Fußraum unter der Armaturentafel ausbauen.
- Abdeckung für Sicherungskasten abziehen.
- Sicherung Nr. 17 herausziehen.
- Diodenprüflampe mit 2 Hilfsleitungen an einen der beiden Kontakte des Sicherungssockels und an Masse (–) anschließen.
- Anlasser kurz betätigen.
- Die Diodenprüflampe muß leuchten.

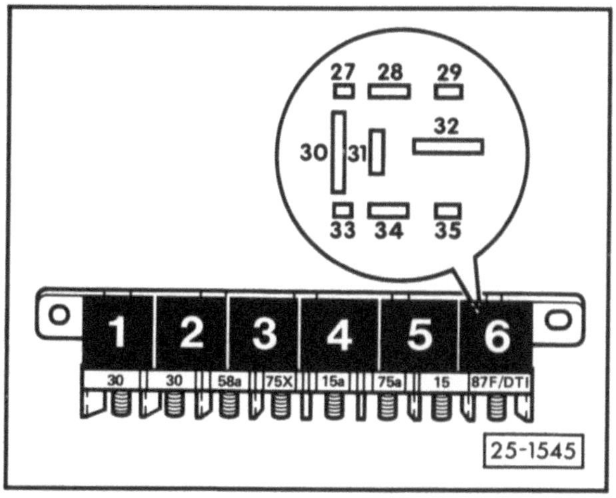

- Gleichzeitig muß das Kraftstoffpumpenrelais fühl- und hörbar anziehen. Das Kraftstoffpumpenrelais befindet sich in der Zentralelektrik ganz rechts auf Steckplatz 6.
- Zieht das Relais nicht an, obwohl die Diodenprüflampe leuchtet, Ansteuerung für Kraftstoffpumpenrelais prüfen.
- Leuchtet die Diodenprüflampe nicht und zieht das Relais nicht an, Prüfung am anderen Sockel von Sicherung 17 wiederholen.
- Leuchtet die Diodenprüflampe wieder nicht, Leitungsverbindung von Sicherung 17 zu Kontakt 30 vom Relaisplatz 6 nach Stromlaufplan auf Durchgang prüfen, ggf. Unterbrechung beseitigen.
- Wird keine Leitungsunterbrechung festgestellt, Ansteuerung der Kraftstoffpumpenrelais prüfen.

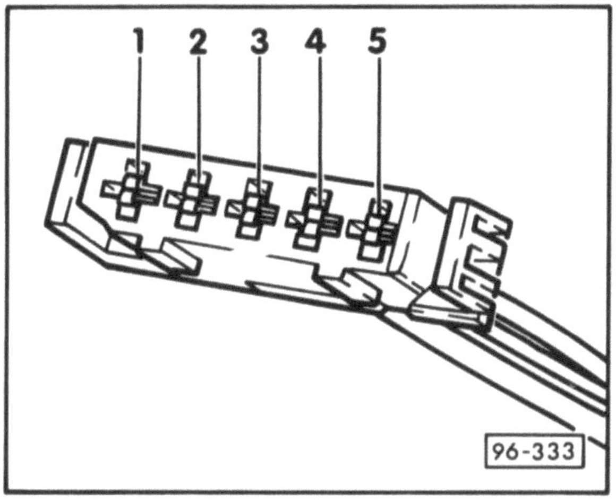

- Stecker für Einspritzventil abziehen und Diodenprüflampe mit Hilfsleitungen an Kontakt 2 am Stecker und an Masse (–) anschließen.
- Anlasser kurz betätigen.
- Die Diodenprüflampe muß leuchten.
- Gleichzeitig muß das Kraftstoffpumpenrelais fühl- und hörbar anziehen.
- Zieht das Relais nicht an obwohl die Diodenprüflampe leuchtet, Ansteuerung für Kraftstoffpumpenrelais prüfen.
- Zieht das Relais an, aber die Diodenprüflampe leuchtet nicht, Leitungsverbindung von Kontakt 2 des Steckers zu Kontakt 31 von Relaisplatz 6 nach Stromlaufplan auf Durchgang prüfen ggf. Leitungsunterbrechung beseitigen.
- Wird keine Leitungsunterbrechung festgestellt, Ansteuerung Kraftstoffpumpenrelais prüfen.

Ansteuerung Kraftstoffpumpenrelais prüfen

- Kraftstoffpumpenrelais abziehen.
- Zündung einschalten.
- **101-/115-PS-Motor:** Voltmeter nacheinander zwischen den Kontakten 32 und 34 sowie 28 und 34 anschließen. Sollwert: ca. 12 Volt.
- **133-PS-Motor:** Voltmeter nacheinander zwischen den Kontakten 32 und Masse sowie 28 und Masse anschließen. Sollwert: ca. 12 Volt.
- Zündung ausschalten.
- Werden die Sollwerte nicht erreicht, Leitungsunterbrechung nach Stromlaufplan beseitigen.
- Diodenprüflampe an die Kontakte 28 und 29 des Relaissockels anschließen.

- Zündung einschalten. Die Diodenprüflampe muß für ca. 1 Sekunde leuchten und bei Betätigung des Anlassers muß die Diodenprüflampe ständig aufleuchten.
- Leuchtet die Diodenprüflampe nicht, Leitung wie folgt prüfen:
- Stecker am Steuergerät der Einspritzanlage abziehen, siehe Seite 102.
- Ohmmeter zwischen Kontakt 29 des Relaissockels und Kontakt 12 (133-PS-Motor: Kontakt 14) des Steckers anschließen und Durchgang prüfen. Sollwert: max. 1,0 Ω.
- Wird der Sollwert nicht erreicht, Leitungsunterbrechung nach Stromlaufplan beseitigen.
- Liegt keine Unterbrechung vor und die Diodenprüflampe leuchtet nicht, Steuergerät ersetzen.
- Ist die Ansteuerung für das Kraftstoffpumpenrelais sowie die Leitungsverbindung in Ordnung, Relais ersetzen.
- Sicherung Nr. 17 einsetzen.
- Abdeckung für Sicherungskasten aufdrücken.
- Abdeckung linker Fußraum anschrauben.

Kraftstoffpumpenrelais prüfen

6-Zylinder-Benzinmotor

Das Kraftstoffpumpenrelais ist zu prüfen, wenn die Kraftstoffpumpe nicht läuft.

- Abdeckung im linken Fußraum unter der Armaturentafel ausbauen.
- Deckel für Elektronikbox ausbauen, siehe Seite 102.
- Thermosicherungen aus braunem und rotem Halter herausziehen.
- Abdeckung für Sicherungskasten abziehen.
- Sicherung Nr. 17 herausziehen.
- Diodenprüflampe mit 2 Hilfsleitungen an einen der beiden Kontakte des Sicherungssockels Nr. 17 und an Masse (−) anschließen.
- Anlasser kurz betätigen.
- Die Diodenprüflampe muß leuchten.

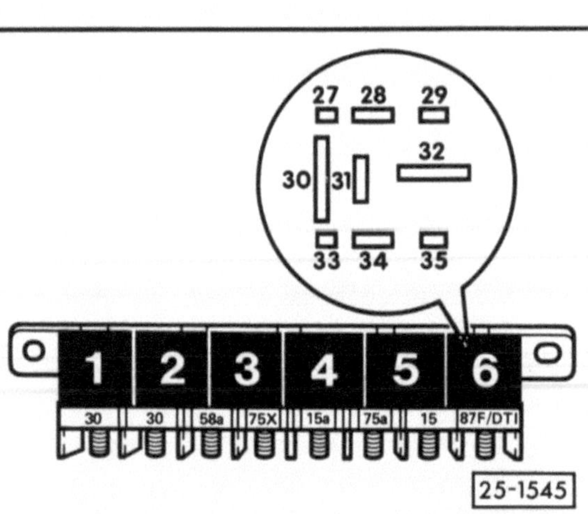

25-1545

- Gleichzeitig muß das Kraftstoffpumpenrelais fühl- und hörbar anziehen. Das Kraftstoffpumpenrelais befindet sich in der Zentralelektrik ganz rechts auf Steckplatz 6.
- Zieht das Relais nicht an, obwohl die Diodenprüflampe leuchtet, Ansteuerung für Kraftstoffpumpenrelais prüfen.
- Leuchtet die Diodenprüflampe nicht und zieht das Relais nicht an, Prüfung am anderen Sockel von Sicherung 17 wiederholen.
- Leuchtet die Diodenprüflampe wieder nicht, Leitungsverbindung von Sicherung 17 zu Kontakt 30 vom Relaisplatz 6 nach Stromlaufplan auf Durchgang prüfen, ggf. Unterbrechung beseitigen.
- Dieselben Prüfvorgänge zwischen den Kontakten der beiden Sicherungshalter für Thermosicherungen und Kontakt 30 vom Relaisplatz durchführen
- Wird keine Leitungsunterbrechung festgestellt, Ansteuerung des Kraftstoffpumpenrelais prüfen.

Ansteuerung Kraftstoffpumpenrelais prüfen

- Kraftstoffpumpenrelais abziehen.
- Zündung einschalten.
- Voltmeter nacheinander zwischen den Kontakten 32 und 34 sowie 28 und 34 anschließen. Sollwert: ca. 12 Volt.
- Zündung ausschalten.
- Werden die Sollwerte nicht erreicht, Leitungsunterbrechung nach Stromlaufplan beseitigen.
- Diodenprüflampe an die Kontakte 28 und 29 des Relaissockels anschließen.
- Zündung einschalten. Die Diodenprüflampe muß für ca. 1 Sekunde hell, danach schwach leuchten. Bei Betätigung des Anlassers muß die Diodenprüflampe sichtbar heller leuchten.
- Leuchtet die Prüflampe beim Einschalten der Zündung schwach, wird aber beim Betätigen des Anlassers nicht heller, ist in der Regel das MPI-Steuergerät defekt.
- Leuchtet die Diodenprüflampe nicht, elektrische Prüfung der MPI-Einspritz- und Zündanlage durchführen lassen.
- Ohmmeter zwischen Kontakt 15 am Stecker −D− vom MPI-Steuergerät und Kontakt 29 am Relaisplatz 6 anschließen und Durchgang prüfen. Sollwert: max. 1,0 Ω. Gegebenenfalls Unterbrechung beseitigen. Anordnung der Stecker vom MPI-Steuergerät siehe in Abbildung 24-546 auf Seite 119.
- Liegt keine Unterbrechung vor und die Diodenprüflampe leuchtet nicht, ist in der Regel das MPI-Steuergerät defekt.
- Ist die Ansteuerung für das Kraftstoffpumpenrelais sowie die Leitungsverbindung in Ordnung, Relais ersetzen.
- Thermosicherungen in braunen und roten Halter einsetzen.
- Deckel für Elektronikbox einbauen, siehe Seite 102.
- Sicherung Nr. 17 einsetzen.
- Abdeckung für Sicherungskasten aufdrücken.
- Abdeckung linker Fußraum anschrauben.

Die Kraftstoffpumpe

101-PS-Motor

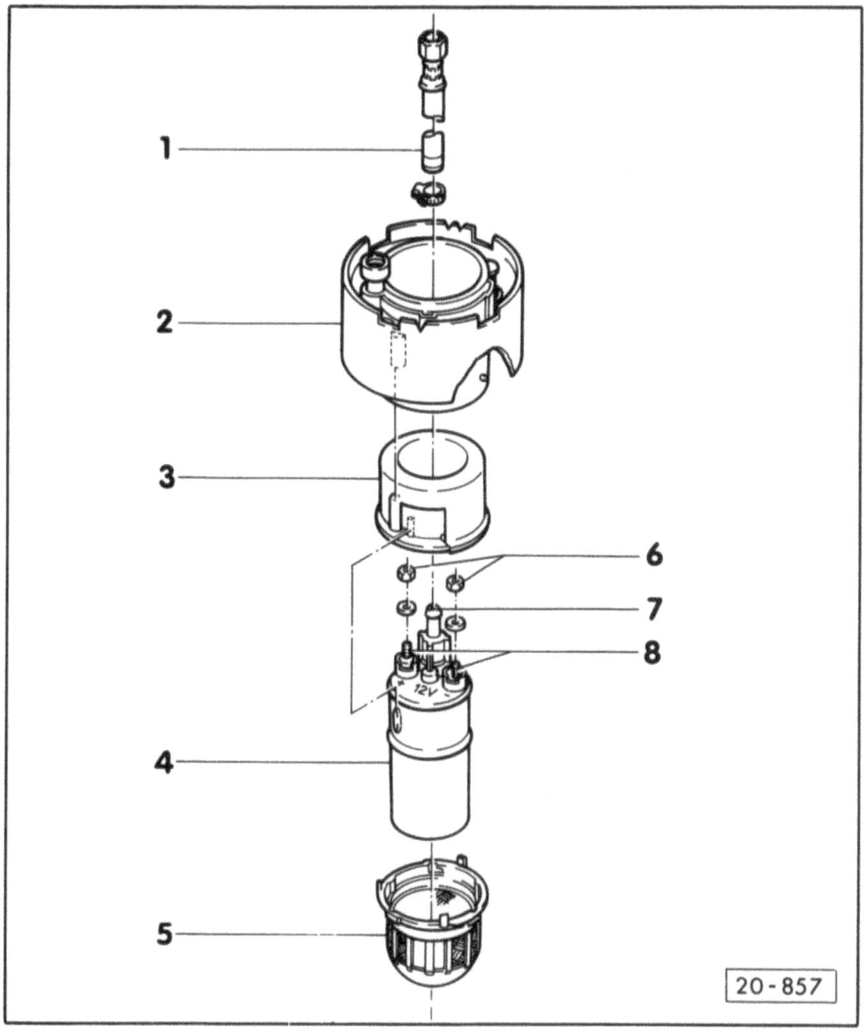

1 – **Kraftstoffvorlaufleitung**
2 – **Staugehäuseoberteil**
3 – **Staugehäuseinnenteil**
4 – **Kraftstoffpumpe**
5 – **Sieb**
Zum Abnehmen nach links drehen (Bajonettverschluß).
6 – **Befestigungsmuttern, M6 – Plus (+), M5 – Minus (–)**
7 – **Anschluß für Kraftstoffvorlaufleitung**
8 – **Elektrische Anschlüsse, M6 – Plus (+), M5 – Minus (–)**

Kraftstoffpumpe aus- und einbauen

Die Kraftstoffpumpe befindet sich unterhalb des Tankgebers im Kraftstoffvorratsbehälter.

Achtung: Beim Ausbau der Kraftstoffpumpe kann etwas Kraftstoff austreten. Kraftstoffdämpfe sind giftig und feuergefährlich, deshalb auf besonders gute Belüftung des Arbeitsplatzes achten.

Ausbau

- Abdeckung für Wasserkasten, zwischen Spritzwand und Windschutzscheibe im hinteren Teil des Motorraums, ausclipsen und herausnehmen.
- Batterie-Massekabel (–) abklemmen. **Achtung:** Dadurch werden aus dem Speicher des Radios der Code für die Diebstahlsicherung sowie die eingestellten Sender gelöscht. Die Batterie darf nur bei ausgeschalteter Zündung abgeklemmt werden, da sonst das Steuergerät der Einspritzanlage beschädigt wird. Vor dem Abklemmen sollten auch die Hinweise im Kapitel »Radio« bzw. »Batterie aus- und einbauen« durchgelesen werden.

Achtung: Bei Fahrzeugen mit Klimaanlage befindet sich die Batterie unter der Rücksitzbank.

- Tankgeber ausbauen.
- Kraftstoffpumpe mit Spezialschlüssel V.A.G-3214 ca. 15 mm nach links drehen und anschließend nach oben herausheben. Der Spezialschlüssel ist so geformt, daß er in die Oberkante des Staugehäuseoberteils genau eingreift, siehe auch –2– in Abbildung 20-857. Steht das Spezialwerkzeug nicht zur Verfügung, geeigneten Kunststoffkeil verwenden.

Einbau

- Kraftstoffpumpe so in das Staugehäuse einsetzen, daß die einzelne V-förmige Kerbe am oberen Rand des Staugehäuseoberteiles mit der Markierung links von der Aufschrift »ZU« übereinstimmt.
- Kraftstoffpumpe nach rechts drehen, bis die Kerbe mit der Strichmarkierung rechts von »ZU« übereinstimmt. Die Pumpe rastet dann ein.
- Tankgeber einbauen.
- Batterie-Massekabel (–) anklemmen. Code für die Diebstahlsicherung eingeben, Sender programmieren und Zeituhr einstellen. **Achtung:** Die Batterie darf nur bei ausgeschalteter Zündung angeklemmt werden, da sonst das Steuergerät der Einspritzanlage beschädigt wird.
- Abdeckung für den Wasserkasten einclipsen bzw. Rücksitzbank einbauen.

Kraftstofftank/Tankgeber

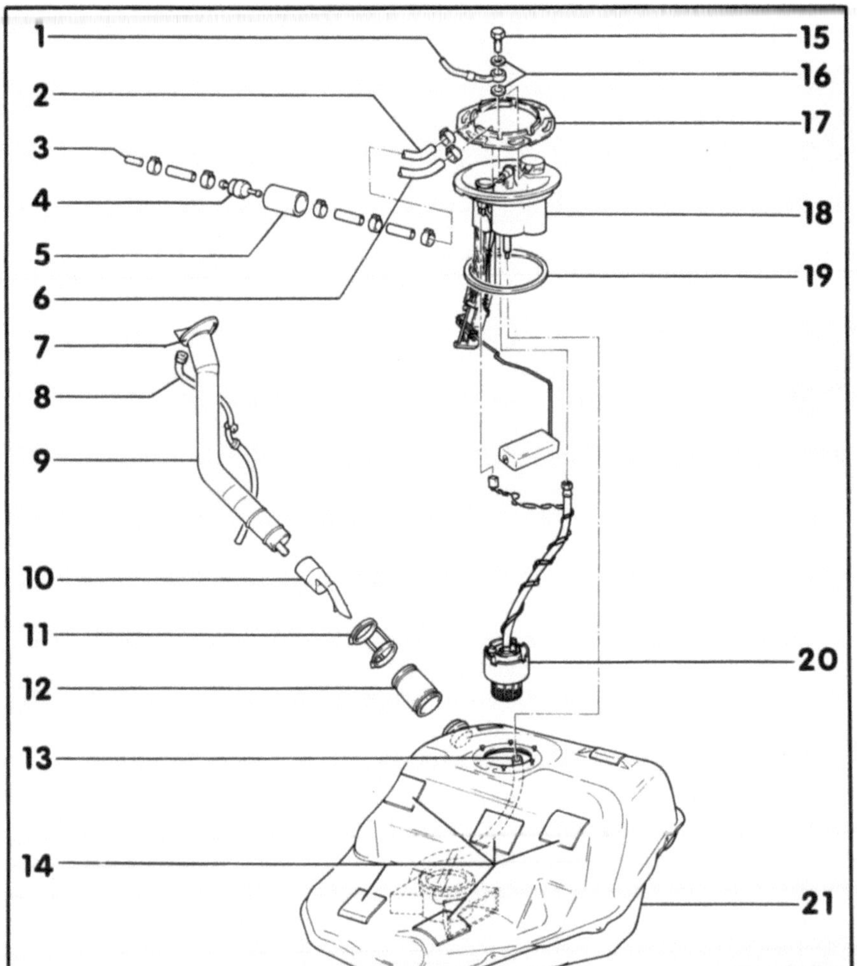

1 – **Vorlaufleitung**
Zum Kraftstoffilter.

2 – **Schlauch für Entlüftungsleitung**

3 – **Entlüftungsleitung**
Zum Aktivkohlebehälter.

4 – **Be- und Entlüftungsventil**
Befindet sich entweder in der Entlüftungsleitung, wie abgebildet, oder im Gehäuse des Tankgebers.

5 – **Stützschlauch**

6 – **Rücklaufleitung**
Von der Einspritzeinheit.

7 – **Einfüllstutzen**

8 – **Überlaufleitung**

9 – **Einfüllrohr**

10 – **Einsatz für Einfüllstutzen**

11 – **Doppelschelle**

12 – **Schlauch für Einfüllrohr**

13 – **Rücklaufleitung im Kraftstoffbehälter**

14 – **Dämpfungsstreifen**

15 – **Hohlschraube, 20 Nm**

16 – **Dichtring**
Ersetzen, dabei Ausführung beachten.

17 – **Verschlußring**

18 – **Geber für Kraftstoffvorratsanzeige (Tankgeber)**

19 – **O-Ring**

20 – **Kraftstoffpumpe**

21 – **Kraftstoffbehälter (Tank)**

Tankgeber aus- und einbauen

Der Tankgeber ist oben am Tank eingebaut. Er besteht aus einem Schwimmer und einem Potentiometer.

Mit sinkendem Kraftstoffspiegel sinkt auch der Schwimmer des Tankgebers ab. Ein mit dem Schwimmer verbundenes Potentiometer erhöht dabei den elektrischen Widerstand des Gebers. Dadurch sinkt die Spannung am Anzeigeinstrument, und der Zeiger der Kraftstoffanzeige geht in Richtung »leer« zurück.

Ausbau

Achtung: Kein offenes Feuer, Brandgefahr!

Achtung: Der Kraftstoffbehälter darf maximal zu ¾ gefüllt sein, gegebenenfalls Kraftstoffbehälter soweit wie nötig entleeren.

- Abdeckung für Wasserkasten, zwischen Spritzwand und Windschutzscheibe im hinteren Teil des Motorraums, ausclipsen und herausnehmen.
- Batterie-Massekabel (–) abklemmen. **Achtung:** Dadurch werden aus dem Speicher des Radios der Code für die Diebstahlsicherung sowie die eingestellten Sender gelöscht. Die Batterie darf nur bei ausgeschalteter Zündung abgeklemmt werden, da sonst das Steuergerät der Einspritzanlage beschädigt wird. Vor dem Abklemmen sollten auch die Hinweise im Kapitel »Radio« bzw. »Batterie aus- und einbauen« durchgelesen werden.

Achtung: Bei Fahrzeugen mit Klimaanlage befindet sich die Batterie unter der Rücksitzbank.

- Kofferraumverkleidung unterhalb der Rücksitzlehne ausbauen. Dazu 3 bis 4 Kunststoffclips abschrauben.
- Abdeckung für Kraftstoffvorratsanzeige (Tankgeber) und Kraftstoffpumpe abschrauben, gegebenenfalls hierzu Abdeckklappe für Skisack öffnen.
- Steckverbindung für Tankgeber und Kraftstoffpumpe abziehen, dazu die seitlichen Haltenasen mit kleinem Schraubendreher etwas abheben.

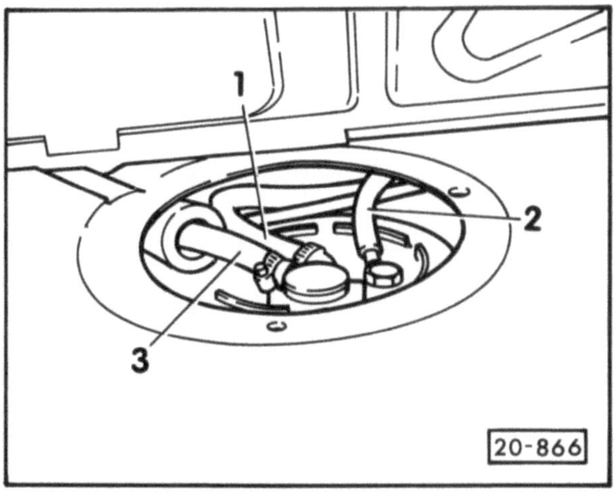

- Rücklaufleitung –1– und Entlüftungsleitung –3– abziehen. **Achtung:** Für den leichteren Einbau Leitungen mit Tesaband markieren.
- Vorlaufleitung –2– abschrauben.
- Einbaulage des Tankgebers kennzeichnen, dazu mit Filzstift einen Strich über Tankgeber und Einbauöffnung ziehen.
- Metallverschlußring mit Spezialwerkzeug V.A.G-3087 lösen und Geber aus dem Kraftstoffbehälter herausziehen. Falls das Werkzeug nicht zur Verfügung steht, Bajonettverschluß mit Holzstange und leichten Hammerschlägen lösen. **Achtung:** Es dürfen keine Funken entstehen.
- Tankgeber hochziehen und herausnehmen. **Achtung:** Dabei Leitungen nicht beschädigen. Beim Herausziehen Lappen unterlegen und eventuell austretenden Kraftstoff auffangen.
- Vor- und Rücklaufleitung auf der Innenseite vom Gebergehäuse abschrauben.
- Elektrischen Anschluß zur Kraftstoffpumpe abziehen.

Einbau

- Tankgeber mit neuem Dichtring so einsetzen, daß der elektrische Steckanschluß bei festgezogenem Tankgeber in Fahrtrichtung zeigt. Dichtring vorher mit Motoröl einölen.
- Metallverschlußring nach rechts drehen und einrasten.
- Kraftstoffschläuche aufschieben und mit neuen Schlauchschellen sichern.
- Elektrischen Stecker aufschieben.
- Kraftstoffanzeige im Armaturenbrett auf Funktion prüfen.
- Abdeckung für Tankgeber anschrauben.
- Kofferraumverkleidung einbauen, Clipse aufdrücken.
- Batterie-Massekabel (–) anklemmen. Code für die Diebstahlsicherung eingeben, Sender programmieren und Zeituhr einstellen. **Achtung:** Die Batterie darf nur bei ausgeschalteter Zündung angeklemmt werden, da sonst das Steuergerät der Einspritzanlage beschädigt wird.
- Abdeckung für den Wasserkasten einclipsen bzw. Rücksitzbank einbauen.

Das Aktivkohlesystem

Bedingt durch wechselnde Temperaturverhältnisse entstehen im Kraftstofftank Kraftstoffdämpfe, die bei konventionellen Tankbe- und Entlüftungssystemen ins Freie gelangen. Um diese Verdunstungsemissionen zu vermeiden, wird ein Aktivkohlesystem eingesetzt.

Bei stehendem und laufendem Motor gelangen infolge von Benzinaufheizung Kraftstoffdämpfe über eine Schlauchverbindung in den Aktivkohlebehälter und werden dort gespeichert. Der Aktivkohlebehälter befindet sich unter dem rechten Kotflügel hinten im Radkasten.

Im Fahrbetrieb wird Frischluft, die vom Motor angesaugt wird, in den Aktivkohlebehälter geleitet. Die Frischluft löst die an der Aktivkohle haftenden Kraftstoffteilchen und leitet sie durch die Entlüftungsleitung zur Verbrennung in den Motor. In der Entlüftungsleitung befindet sich ein Magnetventil, das die Entlüftungsmenge reguliert. Angesteuert wird das Ventil vom Steuergerät der Einspritzanlage. Dabei läßt sich der Öffnungsquerschnitt vom Steuergerät je nach Drehzahl, Last und Lambda-

Regelfunktion stufenlos regulieren. Bei Vollast ist das Ventil beispielsweise ganz geöffnet, bei Schubabschaltung ganz geschlossen. Wenn der Stromkreis unterbrochen ist, dann ist das Ventil ebenfalls vollständig geschlossen.

In den Abbildungen zur Einspritzanlage wird dieses Ventil als Magnetventil I bezeichnet, da bei früheren Motorversionen zwei Magnetventile vorhanden waren. Magnetventil II hatte dann die Funktion eines Abschaltventils um Startprobleme beziehungsweise Nachdieseln des Motors zu verhindern und Magnetventil I regelte die Durchflußmenge.

Gaszug einstellen

Achtung: Der Gaszug ist sehr knickempfindlich und daher beim Einbau besonders sorgfältig zu behandeln. Ein einziger leichter Knick kann zum späteren Bruch im Fahrbetrieb führen. Züge, die geknickt wurden, dürfen deswegen **nicht** eingebaut werden.

Beim Einbau darauf achten, daß der Gaszug zwischen seinen Stützlagern und den Zugbefestigungspunkten fluchtet.

4-Zylindermotor

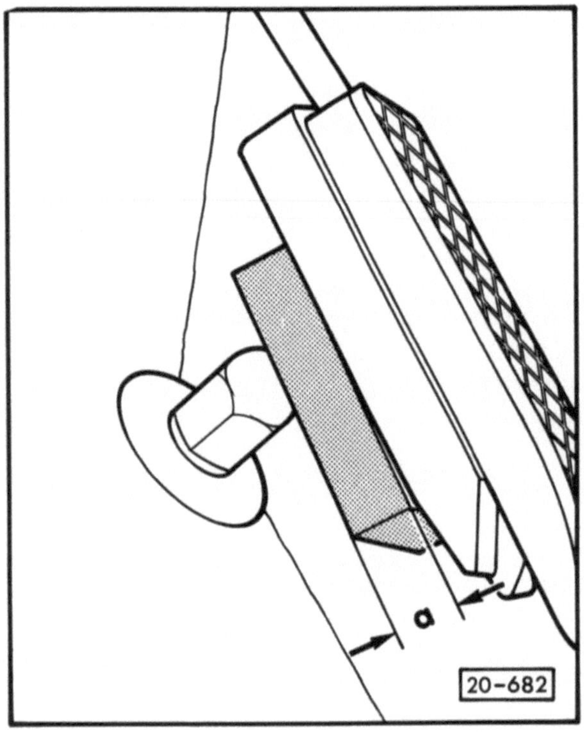

- Zwischen Gaspedal und Anschlagschraube ein a = 9 mm dickes Distanzstück einsetzen und festklemmen.

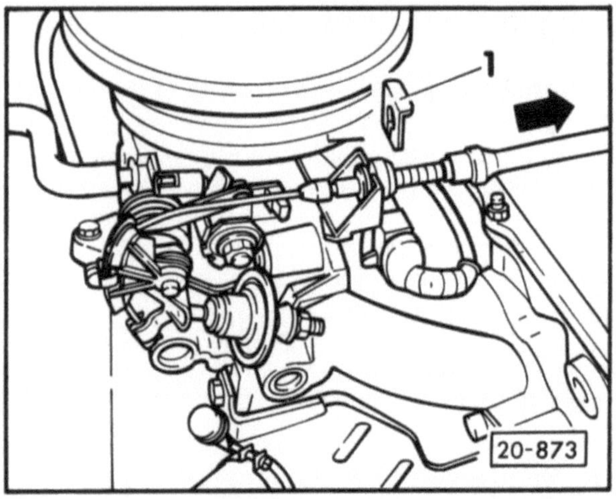

- Gaszughülle so weit in Pfeilrichtung ziehen, bis der Drosselklappenhebel am Vollastanschlag anliegt. Gaszug am Widerlager mit der Sicherungsklammer –1– fixieren.
- Gaspedal in Leerlaufstellung bringen.
- Der Drosselklappenhebel muß am eingezogenen Stößel anliegen.

Achtung: Bei Fahrzeugen mit automatischem Getriebe nach der Gaszugeinstellung den Kick-down-Schalter prüfen.

5-/6-Zylindermotor

- **6-Zylindermotor:** Geräuschdämpfer ausbauen, siehe Seite 37.

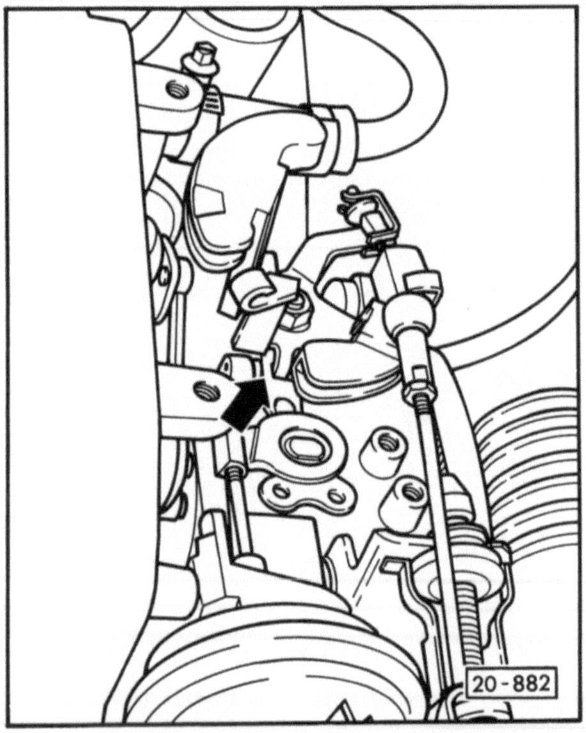

- **Schaltgetriebe:** Gaspedal in Vollgasstellung drücken, dabei muß der Drosselklappenhebel am Vollastanschlag –Pfeil– anliegen. Die Abbildung zeigt den 6-Zylindermotor.

- **Automatikgetriebe:** Zwischen Gaspedal und Anschlagschraube ein a = 9 mm dickes Distanzstück einsetzen und festklemmen. Dabei muß der Drosselklappenhebel am Vollastanschlag –Pfeil– anliegen, siehe Abbildung 20-682.
- Andernfalls Sicherungsklammer am Widerlager herausziehen.
- Gaspedal in Vollgasstellung festklemmen.
- Gaszughülle so weit zurückziehen, bis der Drosselklappenhebel am Vollastanschlag anliegt.

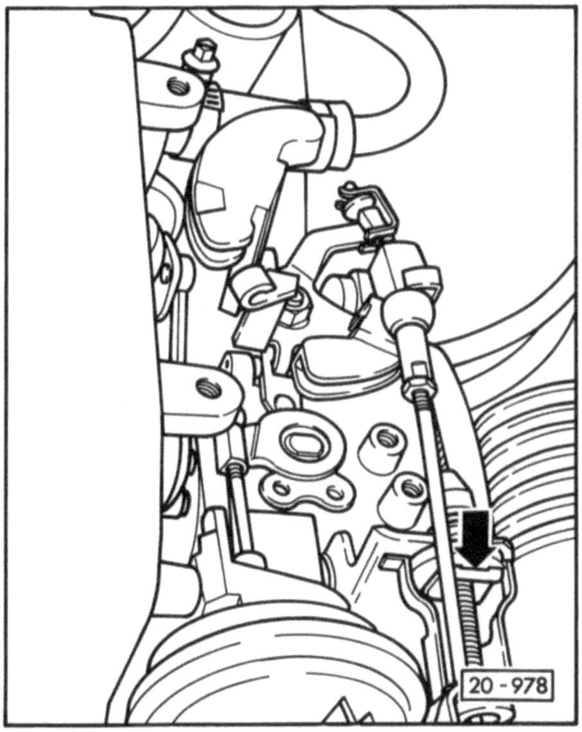

- Gaszug mit Sicherungsklammer –Pfeil– in dieser Stellung fixieren.
- Gaspedal in Leerlaufstellung bringen.

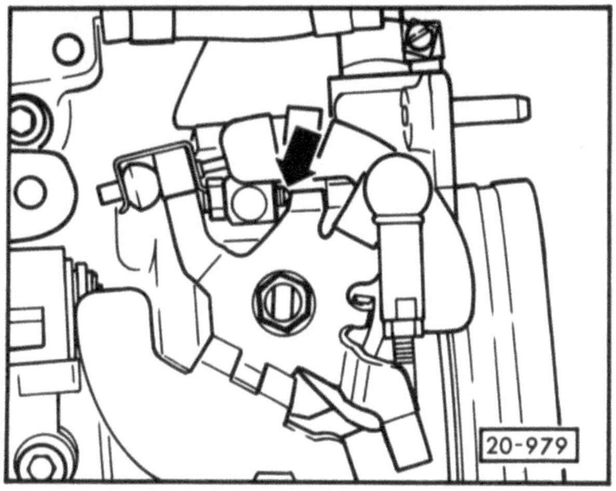

- Der Drosselklappenhebel muß jetzt am Leerlaufanschlag –Pfeil– anliegen.
- Geräuschdämpfer einbauen, siehe Seite 37.

Die Benzin-Einspritzanlage

Die Benzinmotoren im AUDI sind mit unterschiedlichen Einspritzanlagen ausgestattet:

Motor (Kennbuchstaben)	Einspritzanlage
2,0 l/101 PS	Mono-Motronic
1,8 l/125 PS, 2,8 l/193 PS	Motronic
2,0 l/115 PS (AAD) 2,0 l/140 PS	KE-Motronic
2,0 l/115 PS (ABK)	Digifant
2,3 l/133 PS	KE-III-Jetronic
2,6 l/150 PS 2,8 l/174 PS	MPFI/MPI

Die Vorteile der Benzineinspritzung gegenüber dem Vergaser sind:

- Genau dosierte Kraftstoffmenge in jedem Betriebszustand des Motors, dadurch geringerer Verbrauch bei guten Fahrleistungen.
- Reduzierung der Abgas-Schadstoffe durch exakte Kraftstoffzumessung.
- Abgasreinigung durch Lambda-geregelten Katalysator möglich.
- Eigendiagnose des Einspritz-Steuergerätes, dadurch schnelleres Auffinden von Defekten.

Alle Einspritzanlagen sind langzeitstabil und praktisch wartungsfrei, nur der Luftfiltereinsatz muß alle 30000 km gewechselt werden. Wesentliche Einstell- und Reparaturarbeiten können nur mit Hilfe von teuren Prüfgeräten durchgeführt werden, so daß diese Arbeiten nur noch von entsprechend ausgerüsteten Fachwerkstätten ausgeführt werden können.

Achtung: Bei Arbeiten an der Einspritzanlage sind die Sauberkeitsregeln für die Kraftstoffanlage ebenso zu beachten wie die Sicherheitshinweise zur Zündanlage, siehe Seite 69.

Steuergerät für Einspritzanlage aus- und einbauen

Alle Motoren

Ausbau

- Zündung ausschalten.
- Verkleidung unten rechts im Beifahrer-Fußraum abschrauben.
- Teppich zurückschlagen.
- 2 Schrauben unten an der Elektronikbox herausdrehen.
- Oberen und unteren Deckel vorsichtig aushängen.
- Querstrebe über dem Mehrfachstecker herausziehen.
- 2 Schrauben herausdrehen und Steuergerät mit Stecker herausziehen.
- Sicherungsklemme für Stecker an der Kabelanschlußseite aufbiegen und Stecker abziehen. **Achtung:** Vor Abziehen des Steckers muß die **Zündung mindestens 30 Sekunden lang ausgeschaltet** sein, sonst kann das Steuergerät beschädigt werden. Durch Abziehen des Steckers wird die Dauerstromversorgung unterbrochen und somit der Fehlerspeicher gelöscht.

Einbau

- Steuergerätestecker aufstecken. **Achtung:** Vor Aufstekken des Steckers muß die **Zündung mindestens 30 Sekunden lang ausgeschaltet** sein, sonst kann das Steuergerät beschädigt werden.
- Steuergerätenase in die Halterung der Elektronikbox schieben.
- Querstrebe einsetzen.
- Unteren Deckel vorsichtig in die beiden Öffnungen der Elektronikbox einführen und einrasten.
- Oberen Deckel vorsichtig in die beiden Öffnungen der Elektronikbox einhängen.
- Beide Deckel an der Elektronikbox verschrauben.
- Teppich im Fußraum zurückschlagen.
- Abdeckung unten an der A-Säule anschrauben.

Die Mono-Motronic

Die Mono-Motronic ist eine elektronische Benzineinspritzung, die den Kraftstoff intermittierend, also stoßweise in das Ansaugrohr einspritzt. Dabei hat die Mono-Motronic, im Gegensatz zu den anderen Einspritzsystemen nur **ein** zentrales Einspritzventil für alle Zylinder. Die Verteilung des Kraftstoffs auf die einzelnen Zylinder erfolgt wie beim Vergaser durch das Sammelsaugrohr.

Die Luftmenge wird vom Motor über den Luftfilter angesaugt und gelangt in die Einspritzeinheit. Im Gehäuse der Einspritzeinheit befindet sich eine durch den Gaszug betätigte Drosselklappe wie beim Vergaser. Die Winkelstellung der Drosselklappe wird über ein Potentiometer erfaßt und dient dem Steuergerät zusammen mit der momentanen Motordrehzahl als Maß für die angesaugte Luftmenge.

Das Steuergerät regelt entsprechend der gemessenen Luftmenge und der jeweiligen Motordrehzahl, die durch die Zündanlage übermittelt wird, die Einspritzzeit und dadurch die Einspritzmenge. Bei längerer Öffnung des Einspritzventils wird mehr Kraftstoff eingespritzt. Zusätzliche Fühler und Geber sorgen in jeder Fahrsituation für die richtig bemessene Kraftstoffmenge.

- Der Drosselklappenschalter übermittelt dem Steuergerät die Leerlaufstellung der Drosselklappe. Das Steuergerät öffnet oder schließt über einen Stellmotor die Drosselklappe und regelt die Leerlaufdrehzahl auf den Sollwert.
- Der Temperaturfühler am Kühlmittelstutzen mißt die Motortemperatur.
- Der Lufttemperaturfühler im Ansaugkanal mißt die Lufttemperatur.
- Die Lambda-Sonde (Sauerstoffsensor) mißt den Sauerstoffgehalt im Abgasstrom. Das Steuergerät hält anhand der Signale die Abgasschadstoffe immer auf dem geringsten Wert. Bei Katalysatorfahrzeugen wird die Abgaszusammensetzung auf dem besten Wert für den Katalysator gehalten.
- Die Steuerung der Zündung ist in das Einspritzsteuergerät integriert.

Einspritzeinheit-Oberteil

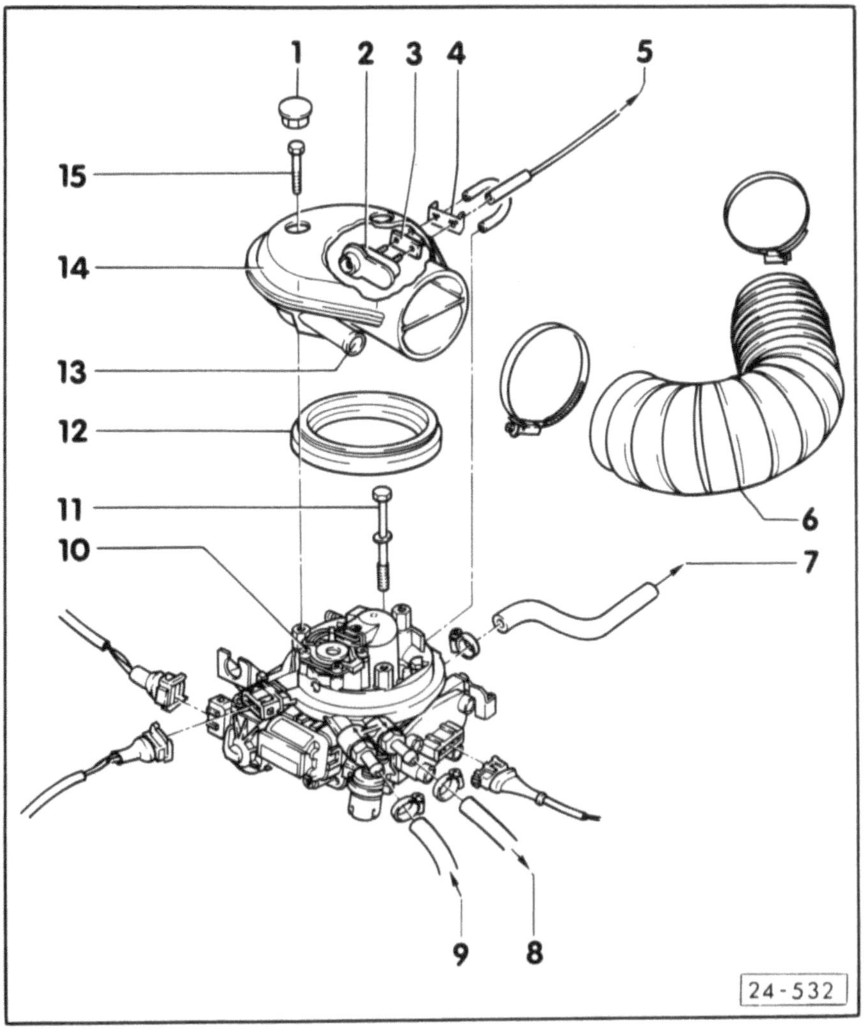

1 – **Deckel**

2 – **Temperaturregler für Ansaugluftvorwärmung**
Einbaulage: Schlauchanschluß aus Messing geht zur Unterdruckdose am Luftfilter.

3 – **Dichtung**

4 – **Sicherungsblech**

5 – **Unterdruckschlauch**
Zur Unterdruckdose am Luftfilter.

6 – **Luftschlauch**

7 – **Schlauch**
Zum Magnetventil I für Aktivkohlebehälter.

8 – **Rücklaufleitung**

9 – **Vorlaufleitung**

10 – **Einspritzeinheit**

11 – **Schraube, 10 Nm**

12 – **Dichtring**

13 – **Anschluß für Kurbelgehäuseentlüftung**

14 – **Ansaugluftluthutze**

15 – **Schraube, 10 Nm**

Einspritzeinheit-Unterteil

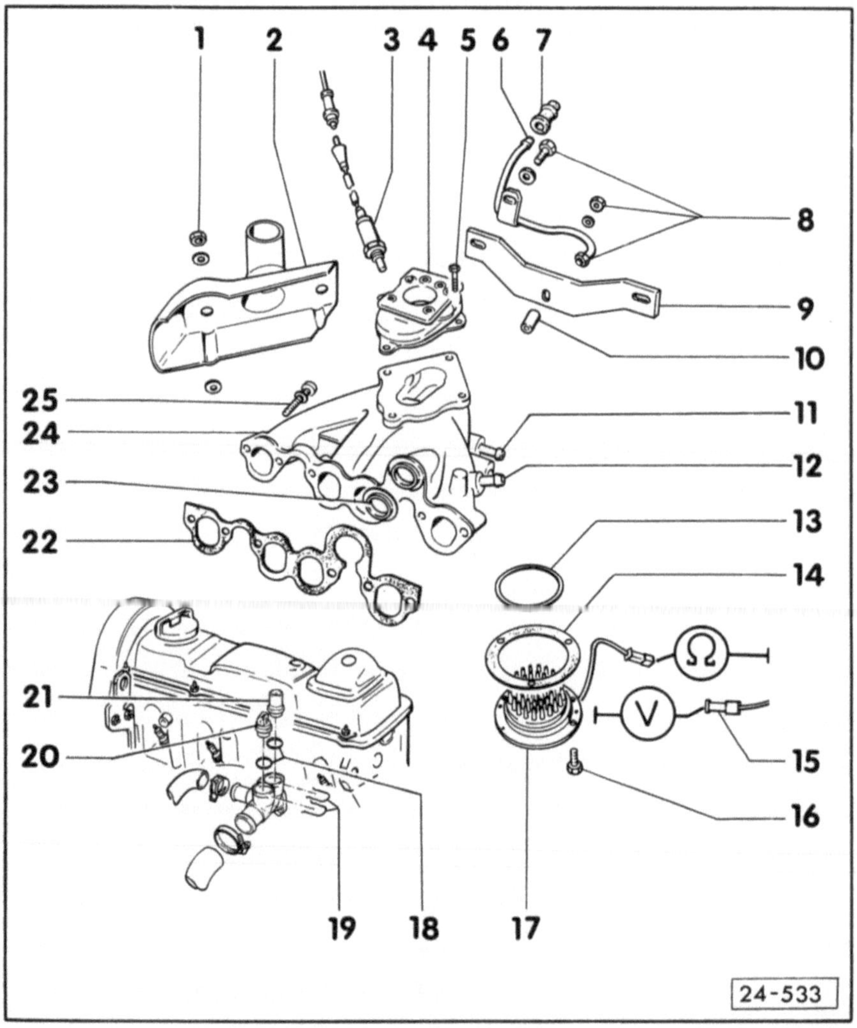

1 – **Mutter, 20 Nm**

2 – **Warmluftblech**

3 – **Lambda-Sonde, 50 Nm**
Einbauort: Am Abgaskrümmer. Vor dem Einbau Gewinde mit G5 fetten. **Achtung:** Das Fett darf nicht an die Schlitze des Sondenkörpers gelangen.

4 – **Flansch**

5 – **Schraube, 13 Nm**
Die Schraube unter dem Drosselklappenhebel immer mit Sicherungsblech sichern.

6 – **CO-Entnahmerohr**

7 – **Verschlußkappe**

8 – **Anzugsdrehmoment: 20 Nm**

9 – **Stütze für Ansaugrohr**

10 – **Abstandshülse**

11 – **Anschlußstutzen**
Zum Kühlmittelrohr.

12 – **Unterdruckanschluß**

13 – **O-Ring**

14 – **Dichtung**

15 – **Anschlußstecker**
Für Ansaugrohrvorwärmer.

16 – **Schraube, 10 Nm**

17 – **Ansaugrohrvorwärmer**

18 – **O-Ring**

19 – **Sicherungsklemme**

20 – **Geber für Kühlmitteltemperatur**

21 – **Geber für Kühlmitteltemperaturanzeige und Schalter für Heißleuchte**

22 – **Dichtung**

23 – **Dichtring**

24 – **Ansaugrohr**

25 – **Schraube, 25 Nm**

Leerlauf und CO-Gehalt prüfen

Achtung: Leerlaufdrehzahl und CO-Gehalt müssen zusammen geprüft werden. Sie sind **nicht** einstellbar.

- Fehlerspeicher abfragen, gegebenenfalls Fehler beseitigen. Der Fehlerspeicher kann nur mit dem Fehlerauslesegerät V.A.G-1551 ausgelesen werden. Hierzu wird das Meßgerät über 2 Diagnosestecker an die Diagnose-Buchsen im Relaiskasten I im Wasserkasten links angeschlossen.
- Motor warmfahren, Motoröltemperatur mindestens +80° C.
- Alle elektrischen Verbraucher ausschalten. Klimaanlage ausschalten.
- Zündzeitpunkt prüfen, siehe Seite 72.
- Thermosicherung rot (12 A) prüfen. Die Thermosicherung befindet sich in der Elektronikbox oberhalb des Einspritz-Steuergeräts
- Abgasanlage auf Dichtheit prüfen.
- Lambda-Regelung prüfen, dazu Fehlerspeicher abfragen.

Achtung: Prüfgeräte nur bei ausgeschalteter Zündung anschließen.

- Drehzahlmesser nach Bedienungsanleitung anschließen. In der Regel wird der Drehzahlmesser an Klemme 1 und Klemme 15 der Zündspule angeschlossen.
- CO-Meßgerät am CO-Meßrohr im Motorraum anschließen. Das Meßrohr ist am Abgaskrümmer unterhalb der Lambdasonde angeschraubt und in der Regel mit einer hellblauen Kappe verschlossen. **Achtung:** Schlauch des Meßgerätes fest auf das Meßrohr schieben. Darauf achten, daß keine Abgasundichtigkeit entstehen kann.
- Motor starten und im Leerlauf drehen lassen.

Achtung: Während der Prüf- und Einstellarbeiten darf der Lüfter für Kühler nicht laufen.

- Leerlaufdrehzahl prüfen. Sollwert: 750 bis 1000/min.
- CO-Gehalt prüfen. Sollwert: 0,2 – 1,2 Vol.%.
- CO-Wert und Leerlaufdrehzahl können nicht eingestellt werden. Bei Abweichung vom Sollwert sämtliche Unterdruckschläuche auf Porosität und festen Sitz prüfen.

- Einspritzeinheit auf festen Sitz sowie Dichtheit Einspritzeinheit/Flansch prüfen.
- Fehlerspeicher abfragen lassen.
- Stellglieddiagnose durchführen lassen (ebenfalls mit Meßgerät V.A.G-1551).
- Prüfgeräte bei ausgeschalteter Zündung abklemmen.

Anordnung der Unterdruckanschlüsse

101-PS-Motor

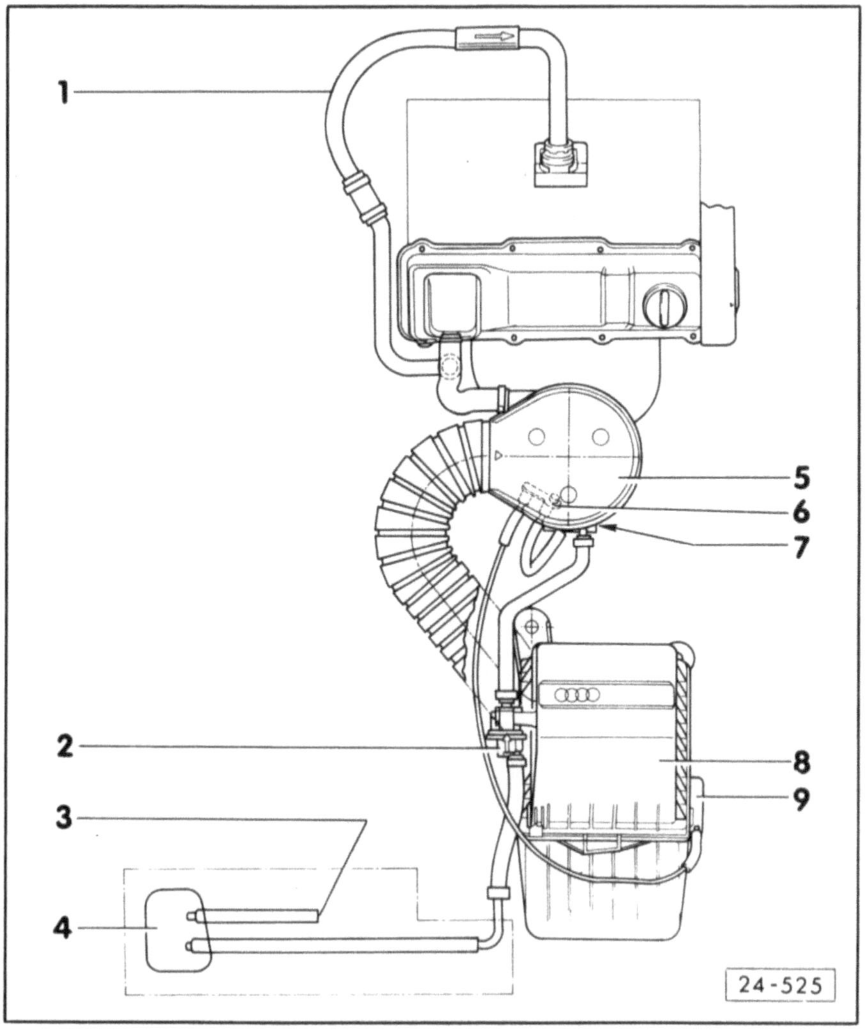

1 – **Kurbelgehäuseentlüftung**

2 – **Magnetventil I für Aktivkohlebehälter**

3 – **Schlauch vom Kraftstoffbehälter**

4 – **Aktivkohlebehälter**

5 – **Ansauglufthutze**

6 – **Temperaturregler für Ansaugluftvorwärmung**
Einbaulage: Schlauchanschluß aus Messing führt zur Unterdruckdose für Ansaugluftvorwärmung

7 – **Einspritzeinheit**

8 – **Luftfiltergehäuse**

9 – **Unterdruckdose für Ansaugluftvorwärmung**

Ansaugluftvorwärmung prüfen

Die Ansaugluftvorwärmung wird temperaturabhängig über eine Luftklappe im Luftansaugstutzen geregelt. Bei defekter Ansaugluftvorwärmung können folgende Beanstandungen auftreten:

- Schlechter Leerlauf in der Warmlaufphase.
- Übergangsstörungen.
- Schlechte Leistung, Höchstgeschwindigkeit wird nicht erreicht.
- Hoher Kraftstoffverbrauch.

Prüfvoraussetzung: Der Motor muß Umgebungstemperatur haben, die Ansaugluft max. +35° C.

- Unterdruckschläuche von der Membrandose zum Temperaturregler und vom Temperaturregler zur Einspritzeinheit auf festen Sitz prüfen.
- Schläuche durch Verbiegen auf Beschädigung und Porosität untersuchen, gegebenenfalls auswechseln.
- Luftfilterdeckel ausbauen und Luftfiltereinsatz herausnehmen, siehe Seite 307.
- Stellung und Leichtgängigkeit der Regelklappe im Luftfiltergehäuse prüfen. Die Regelklappe muß den Warmluftkanal verschließen.
- Motor starten und im Leerlauf drehen lassen (Luftfilter bleibt ausgebaut). Die Regelklappe muß jetzt den Kaltluftstutzen verschließen.
- Andernfalls Unterdruckleitungen am Temperaturregler abziehen und zusammenstecken. Bleibt der Warmluftstutzen verschlossen, ist die Unterdruckdose defekt. Verschließt die Regelklappe den Kaltluftstutzen, ist der Temperaturregler defekt.

Achtung: Bei laufendem Motor ist die Stellung der Regelklappe von der Temperatur des Temperaturreglers abhängig:
unter +35° C: Temperaturregler offen, Kaltluftstutzen verschlossen
über +45° C: Temperaturregler zu, Warmluftstutzen verschlossen

- Luftfiltereinsatz in das Gehäuse legen, Deckel einbauen, siehe Seite 307.

Technische Daten Mono-Motronic

Motorkennbuchstaben Motor	AAE 101 PS
Drehzahlbegrenzung Leerlaufdrehzahl CO-Gehalt	6400/min 750–1000/min 0,2–1,2 Vol.%
Druckregler Kraftstoffdruck bei Leerlaufdrehzahl oder beim Betätigen der Fernbedienung Haltedruck nach dem Ausschalten der Zündung oder Fernbedienung	 0,8–1,2 bar Überdruck nach 5 Minuten mind. 0,5 bar Überdruck
Drosselklappensteller/ Leerlaufschalter Widerstand zwischen Kontakt 1 + 2 Widerstand zwischen Kontakt 3 + 4 – wenn Drosselklappen geschlossen – wenn Drosselklappen geöffnet Spiel zwischen Leerlaufschalter und Anschlagschraube. Nur prüfbar bei ganz eingezogenem und von Hand auf Anschlag Prüfwert Einstellwert	 3 – 200 Ω max. 0,5 Ω ∞ Ω gedrückten Stößel 0,50 ± 10 mm 0,50 mm
Drosselklappenpotentiometer Widerstand zwischen Kontakt 1 + 5 (Schaltgetriebe) 1 + 7 (Automatik) 1 + 2 dabei Drosselklappe bis ca. ¼ öffnen: Widerstand steigt 1 + 4 (Schaltgetriebe) 1 + 6 (Automatik) dabei Drosselklappe bis ca. ¼ öffnen: Widerstand bleibt konstant, danach steigt der Widerstand	 520–1300 Ω 520–1300 Ω 600–3500 Ω 600–6600 Ω 600–6600 Ω
Einspritzventil Abspritzstrahl Widerstand zwischen Kontakt 2 + 3 bei +15 bis +30° C Umgebungstemperatur	 sichtbar auf der Drosselklappe 1,2–1,6 Ω

Widerstandswerte für Temperaturgeber

- Geber für Kühlmitteltemperatur
- Geber für Ansauglufttemperatur
  - zwischen den äußeren Klemmen messen
  - Widerstand ist abhängig von der Temperatur der Einspritzeinheit

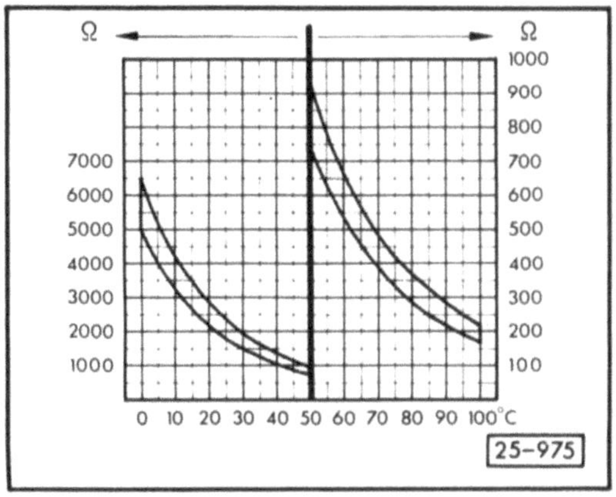

Die KE-Einspritzanlage

Die KE-Motronic im 115 PS- und 140 PS-Vierzylindermotor und die KE-III-Jetronic im 133 PS-Fünfzylindermotor sind mechanische Benzineinspritzungen, die elektronisch gesteuert werden. Das mechanische Grundsystem sorgt für ausreichende Notlaufeigenschaften bei Ausfall der Elektronik. Im Unterschied zur KE-III-Jetronic ist bei der KE-Motronic das Zündsteuergerät in das Steuergerät der Einspritzanlage integriert.

Der Kraftstoff wird aus dem Kraftstoffbehälter von der elektrischen Kraftstoffpumpe angesaugt und über den Kraftstoffilter zum Kraftstoffmengenteiler gefördert. Die Luftmenge wird vom Motor über das Saugrohr angesaugt und vom Luftmengenmesser gemessen. Der Kraftstoffmengenteiler teilt entsprechend der gemessenen Luftmenge den einzelnen Zylindern über das jeweilige Einspritzventil die Kraftstoffmenge zu. Zusätzliche Fühler und Geber sorgen auch in extremen Temperatur- und Fahrsituationen für die richtig bemessene Kraftstoffmenge.

Zur Senkung des Kraftstoffverbrauchs ist die Einspritzanlage mit einer Schubabschaltung ausgestattet. Dadurch wird, wenn der Fahrer den Fuß vom Gaspedal nimmt, automatisch die Kraftstoffzufuhr zu den Einspritzventilen gesperrt. Das Einschalten der Schubabschaltung ist abhängig von der Motordrehzahl und der Betriebstemperatur.

- Der Membrandruckregler regelt den Systemdruck auf 6,1 – 6,5 bar.
- Das elektrohydraulische Stellglied sitzt am Kraftstoffmengenteiler und regelt die zu den Einspritzventilen fließende Kraftstoffmenge in Abhängigkeit vom Betriebszustand des Motors. Das heißt, es sorgt für die Gemischanfettung beim Kaltstart und Warmlauf beziehungsweise für die Beschleunigungs- und Vollastanreicherung. Zusätzlich verschließt es die Kraftstoffzufuhr im Schiebebetrieb oberhalb von 1400/min.
- Der Leerlaufsteller reguliert die Leerlaufluftmenge unter Umgehung der Drosselklappe. Dadurch wird eine gleichbleibende Leerlaufdrehzahl erreicht, unabhängig davon, ob gerade Zusatzverbraucher, wie etwa Servolenkung, oder Kältekompressor, eingeschaltet sind. Angesteuert wird der Leerlaufsteller vom elektronischen Steuergerät für KE-Einspritzung.
- Die Lambda-Sonde ist vorn am Katalysator eingeschraubt. Sie mißt den Restsauerstoffgehalt im Abgas und gibt dabei ein charakteristisches Spannungssignal an das KE-Steuergerät ab. Daraufhin regelt das Steuergerät das angesaugte Kraftstoff-/Luftverhältnis so, daß die Abgase im Katalysator optimal nachverbrannt werden können. Damit die Betriebstemperatur der Sonde von über +300° C möglichst schnell erreicht und anschließend konstant gehalten werden kann, wird sie elektrisch beheizt.
- Ein Aktivkohlesystem verhindert, daß schädliche Kraftstoffdämpfe vom Tank ins Freie gelangen: Die auftretenden Dämpfe werden in einem Aktivkohlebehälter gespeichert. Im Fahrbetrieb werden dem Motor die Dämpfe über 1 Magnetventil kontrolliert wieder zur Verbrennung zugeführt.
- Ein Fehlerspeicher im Steuergerät erkennt während des Betriebs auftretende Fehler und speichert sie ab, bei Ausfall wichtiger Geber schaltet das Steuergerät auf ein Notlaufprogramm um, damit der Motor nicht stehenbleibt. In der V.A.G-Werkstatt kann der Fehler abgerufen und gezielt behoben werden.

Achtung: Bei Arbeiten an der Einspritzanlage ist auf peinliche Sauberkeit zu achten. Vor der Demontage sind die entsprechenden Teile mit Benzin zu säubern. **Die Anlage steht unter hohem Druck. Deshalb ist vor dem Auswechseln von Teilen zum Druckabbau die Kraftstoffleitung am Kaltstartventil langsam zu lösen. Dabei Lappen um Kraftstoffanschluß legen. Spritzgefahr!** Austretenden Kraftstoff mit Lappen auffangen.

Achtung: Bei eingeschalteter Zündung beziehungsweise bei laufendem Motor darf der Stecker am KE-Steuergerät **nicht** abgezogen werden, da durch Spannungs- oder Stromspitzen das Steuergerät zerstört werden kann.

Achtung: Sicherheitmaßnahmen für elektronische Zündanlage beachten, siehe Seite 69.

Bauteile KE-III-Jetronic

133-PS-Motor

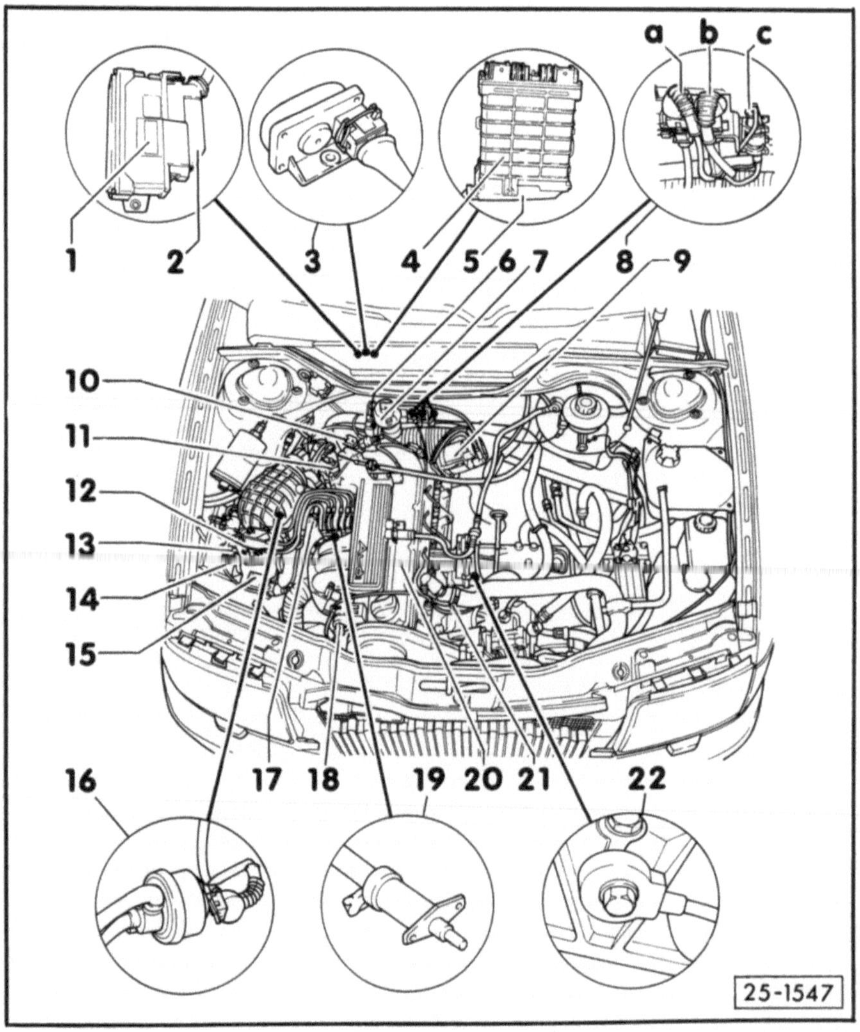

1 – **VEZ-Steuergerät**
VEZ = Vollelektronische Zündung. Das Steuergerät ist in der Elektronikbox im rechten Fußraum untergebracht.

2 – **Anschlußstecker für VEZ-Steuergerät**
Achtung: Stecker erst **30 Sekunden** nach Abschalten der Zündung abziehen und bei **ausgeschalteter** Zündung aufstecken.

3 – **Höhengeber**
Befindet sich in der Elektronikbox im rechten Fußraum.

4 – **Steuergerät KE-III-Jetronic**
Befindet sich in der Elektronikbox im rechten Fußraum.

5 – **Anschlußstecker für KE-III-Jetronic-Steuergerät**
Achtung: Stecker erst **30 Sekunden** nach Abschalten der Zündung abziehen und bei **ausgeschalteter** Zündung aufstecken.

6 – **Leistungsendstufe für Zündspule**

7 – **Zündspule**

8 – **Steckverbindung**
a – Klopfsensor
b – Lambda-Sondenheizung
c – Lambda-Sondensignal

9 – **Zündverteiler mit Hallgeber**

10 – **Vollastschalter**

11 – **Leerlaufschalter**

12 – **Kraftstoffmengenteiler**

13 – **Membrandruckregler**

14 – **Potentiometer**

15 – **Drucksteller**

16 – **Magnetventil I für Aktivkohlebehälter**

17 – **CO-Meßanschluß**

18 – **Leerlaufstabilisierungsventil**

19 – **Kaltstartventil**

20 – **Sammelsaugrohr**

21 – **Geber für Kühlmitteltemperatur**

22 – **Klopfsensor**

Leerlauf und CO-Gehalt prüfen

KE-III-Jetronic (133-PS-Motor)

Achtung: Leerlaufdrehzahl, CO-Gehalt und Zündzeitpunkt müssen zusammen geprüft werden.

- Fehlerspeicher abfragen, gegebenenfalls Fehler beseitigen. Der Fehlerspeicher kann nur mit dem Fehlerauslesegerät V.A.G-1551 ausgelesen werden. Hierzu wird das Meßgerät über 2 Diagnosestecker an die Diagnose-Buchsen im Relaiskasten I im Wasserkasten links angeschlossen.
- Motor warmfahren, Motoröltemperatur mindestens +80° C.
- Alle elektrischen Verbraucher ausschalten. Klimaanlage ausschalten.
- Wurden Einspritzleitungen gelöst beziehungsweise gewechselt, ist vor Prüfen des Motors dieser mehrmals auf 3000/min zu bringen und anschließend mindestens 2 Minuten im Leerlauf zu belassen.
- Zündzeitpunkt prüfen, siehe Seite 72.
- Thermosicherung (15 A) im braunen Halter in der Elektronikbox prüfen. Die Elektronikbox ist im rechten Fußraum angeordnet und beinhaltet ebenfalls das Einspritz-Steuergerät.
- Abgasanlage auf Dichtheit prüfen.
- Fehlerspeicher abfragen lassen.
- Lambdaregelung prüfen, dazu Fehlerspeicher abfragen.

Achtung: Prüfgeräte nur bei ausgeschalteter Zündung anschließen.

- Drehzahlmesser nach Bedienungsanleitung anschließen. In der Regel wird der Drehzahlmesser an Klemme 1 und Klemme 15 der Zündspule angeschlossen.
- CO-Meßgerät am CO-Meßrohr im Motorraum anschließen. **Achtung:** Schlauch des Meßgerätes fest auf das Meßrohr schieben. Darauf achten, daß keine Abgasundichtigkeit entstehen kann.
- Stecker vom Drucksteller abziehen.
- Ampèremeter mit Meßleitung V.A.G 1315A/1 zwischen Drucksteller und Stecker für Drucksteller anschließen. Meßbereich von 200 mA einstellen.
- Schlauch zwischen dem Magnetventil für Aktivkohlebehälter und der Drosselklappe mit Klemmschelle abklemmen.
- Ölmeßstab herausziehen und zur Vermeidung von Ölspritzern Lappen auf das Führungsrohr legen.
- Schlauch für Kurbelgehäuseentlüftung abziehen und Rohr mit dem Verschlußstopfen des CO-Entnahmerohres verschließen.
- Motor starten und im Leerlauf drehen lassen.

Achtung: Während der Prüf- und Einstellarbeiten darf der Lüfter für Kühler nicht laufen.

- Leerlaufdrehzahl prüfen. Sollwert: 650 bis 790/min.
- Funktion Schubabschaltung und Leerlaufschalter prüfen. Dazu Drehzahl kurz auf ca. 4000/min erhöhen und Drosselklappe schlagartig schließen (loslassen). Dabei muß das Meßgerät kurzzeitig minus 50 – 60 mA anzeigen. Wird ein positiver Wert angezeigt, Meßleitungen umstecken; wird kein Wert angezeigt, Leerlaufschalter prüfen.

Prüfort unter 1000 m Meereshöhe

- Stromanzeige im Leerlauf prüfen. Sollwert: 0 ± 3 mA. Dabei muß der CO-Wert 0,1 – 1,1 Vol.% betragen
- Zündzeitpunkt prüfen, siehe Seite 72.
- Werden beide Sollwerte nicht erreicht, zuerst CO-Gehalt, dann Zündzeitpunkt einstellen.
- Liegt nur der Prüfwert des Druckstellerstromes außerhalb der Toleranz, CO-Gehalt folgendermaßen einstellen:
- Zündung ausschalten.
- Verschlußstopfen für CO-Einstellschraube in der Mitte ankörnen.
- Verschlußstopfen mit Bohrer ∅ 2,5 mm ca. 3,5 bis 4,0 mm tief anbohren.
- Späne entfernen.
- Blechschraube ∅ 3 mm einschrauben.
- Blechschraube und damit Verschlußstopfen mit Flachzange herausziehen.
- Motor starten und im Leerlauf drehen lassen.
- Druckstellerstrom durch Verstellen der CO-Einstellschraube auf 0 ± 1 mA schwankend einstellen. Dazu wird ein langer 3 mm Inbusschlüssel benötigt.

Achtung: Während der CO-Einstellung die Einstellschraube mit dem Einstellschlüssel nicht nach unten drücken beziehungsweise anheben. Bei eingesetztem Einstellschlüssel kein Gas geben. Einstellschlüssel nach jeder Verstellung sofort entfernen und kurz Gas geben, ehe Steuerstrom und CO-Gehalt abgelesen werden.

- Bei korrekter Einstellung ergibt sich ein CO-Gehalt von 0,1 bis 1,1 Vol.%. **Achtung:** Das Messen des CO-Gehalts dient nur zur Kontrolle.
- Zündzeitpunkt nochmals prüfen und gegebenenfalls korrigieren.

Prüfort über 1000 m Meereshöhe

- Steckverbindung zur Lambdasonde (grüne Leitung) trennen.
- Motor im Leerlauf drehen lassen. Steuerstrom am Drucksteller messen und notieren. Dieser Wert ist der Korrekturwert des Höhengebers.
- Stecker für Lambdasonde verbinden und Steuerstrom erneut messen. Weicht der nun angezeigte Wert um mehr als ± 3 mA vom vorher notierten Wert ab, CO-Gehalt durch Verstellen des Steuerstromes einstellen.
- Schlauch für Kurbelgehäuseentlüftung aufstecken.

Achtung: Wenn jetzt der CO-Gehalt ansteigt, liegt das nicht an einer falschen Einstellung, sondern an einer Anfettung aus dem Kurbelgehäuse infolge Ölverdünnung bei überwiegendem Kurzstreckenverkehr.

Bei längeren zügigen Überlandfahrten verringert sich der Kraftstoffanteil im Öl und der CO-Gehalt normalisiert sich wieder. Kurzfristig läßt sich das auch durch eine ca. 30-minütige Fahrt oder durch einen sowieso anstehenden Ölwechsel erreichen.

- Zündung ausschalten.

- Prüfgeräte abklemmen.
- Ölmeßstab einsetzen.
- Klemmschelle vom Schlauch zwischen dem Magnetventil für Aktivkohlebehälter und der Drosselklappe abnehmen.
- CO-Entnahmerohr verschließen.

Leerlauf und CO-Gehalt prüfen

KE-Motronic

Achtung: Leerlaufdrehzahl, CO-Gehalt und Zündzeitpunkt müssen zusammen geprüft werden.

- Motor warmfahren, Motoröltemperatur mindestens +80° C.
- Alle elektrischen Verbraucher ausschalten. Klimaanlage ausschalten.
- Wurden Einspritzleitungen gelöst beziehungsweise gewechselt, ist vor Prüfen des Motors dieser mehrmals auf 3000/min zu bringen und mindestens 2 Minuten im Leerlauf zu belassen.
- Zündzeitpunkt prüfen, siehe Seite 72.
- Abgasanlage auf Dichtheit prüfen.
- Fahrzeuge mit automatischem Getriebe: Gaszugeinstellung prüfen.
- Drehzahlmesser nach Bedienungsanleitung anschließen. In der Regel wird der Drehzahlmesser an Klemme 1 und Klemme 15 der Zündspule angeschlossen.

Achtung: Prüfgeräte nur bei ausgeschalteter Zündung anschließen.

- CO-Meßgerät am CO-Meßrohr im Motorraum anschließen. **Achtung:** Schlauch des Meßgerätes fest auf das Meßrohr schieben. Darauf achten, daß keine Abgasundichtigkeit entstehen kann.
- Motor starten und im Leerlauf drehen lassen.

Achtung: Während der Prüf- und Einstellarbeiten darf der Lüfter für Kühler nicht laufen.

- Leerlaufdrehzahl prüfen. **Sollwert** 115 PS-Motor: 750 bis 950/min; 140 PS-Motor: 800 bis 1000/min.
- CO-Gehalt prüfen. Sollwert: 0,2 – 1,2 Vol.%. Liegt der CO-Gehalt außerhalb der Toleranz, Einstellung wie folgt vornehmen.
- Zündung ausschalten.
- Schlauch für Kurbelgehäuseentlüftung am Zylinderkopfdeckel abziehen und so verlegen, daß nur Frischluft angesaugt werden kann.
- Stecker vom Drucksteller abziehen.
- Amperemeter mit Meßleitung V.A.G 1315A/1 zwischen Drucksteller und Stecker für Drucksteller anschließen. Meßbereich von 200 mA einstellen.
- Zündung einschalten. Der Steuerstrom muß 90 – 110 mA betragen. Bei negativer Anzeige Prüfanschlüsse vertauschen.
- Zündung ausschalten.
- 115 PS-Motor: Verschlußstopfen für CO-Einstellschraube in der Mitte ankörnen. Verschlußstopfen mit Bohrer ∅ 2,5 mm ca. 3,5 bis 4,0 mm tief anbohren. Späne entfernen und Blechschraube ∅ 3 mm einschrauben.
- Blechschraube und damit Verschlußstopfen mit Flachzange herausziehen.
- Motor starten und im Leerlauf drehen lassen.
- Druckstellerstrom durch Verstellen der CO-Einstellschraube auf 2,5 ± 2,5 mA schwankend einstellen. Dazu wird ein langer 3 mm Inbusschlüssel benötigt. Der Steuerstrom muß schwanken, andernfalls Lambdasonde und Lambdaregelung prüfen, dazu Fehlerspeicher abfragen.

Achtung: Während der CO-Einstellung die Einstellschraube mit dem Einstellschlüssel nicht nach unten drücken beziehungsweise anheben. Bei eingesetztem Einstellschlüssel kein Gas geben. Einstellschlüssel nach jeder Verstellung sofort entfernen und kurz Gas geben, ehe Steuerstrom und CO-Gehalt abgelesen werden.

- Schlauch für Kurbelgehäuseentlüftung aufstecken.

Achtung: Wenn jetzt der CO-Gehalt ansteigt, liegt das nicht an einer falschen Einstellung, sondern an einer Anfettung aus dem Kurbelgehäuse infolge Ölverdünnung bei überwiegendem Kurzstreckenverkehr.

Bei längeren, zügigen Überlandfahrten verringert sich der Kraftstoffanteil im Öl und der CO-Gehalt normalisiert sich wieder. Kurzfristig läßt sich das auch durch eine ca. 30-minütige Fahrt oder durch einen sowieso anstehenden Ölwechsel erreichen.

- Zündung ausschalten.
- Prüfgeräte abklemmen.
- CO-Entnahmerohr verschließen.

Kraftstoffmengenteiler/Luftmengenmesser

KE-III-Jetronic (133-PS-Motor)

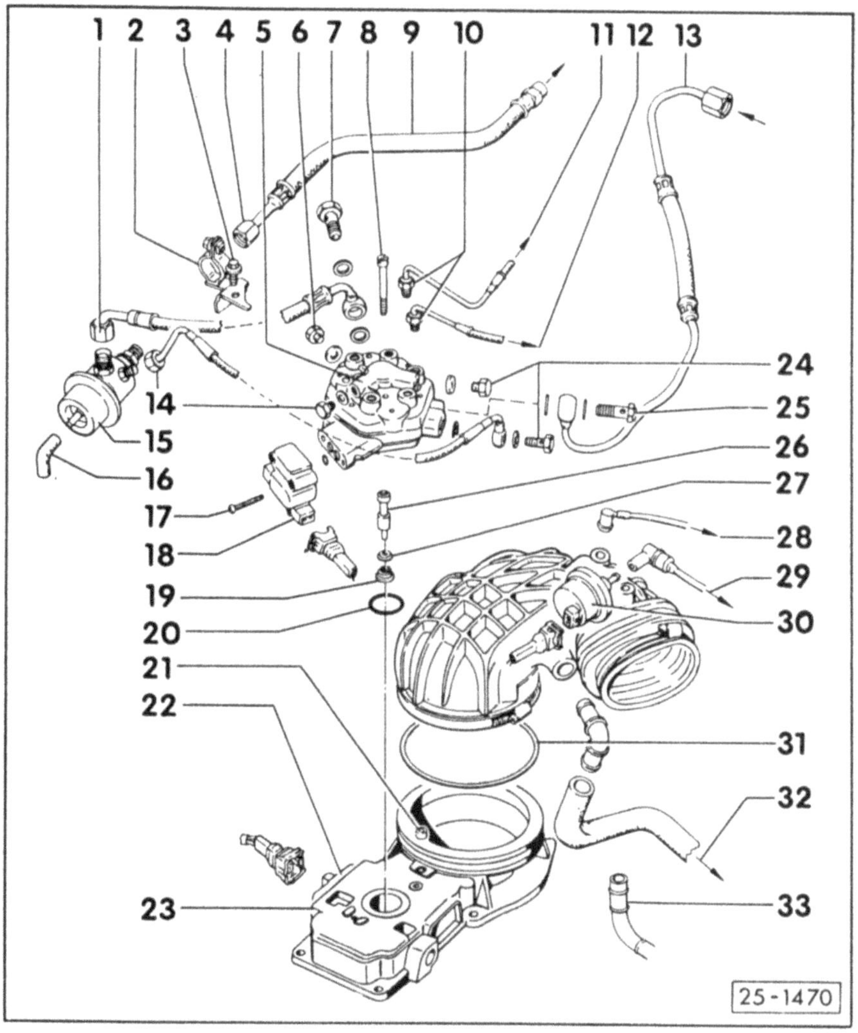

1 – **Überwurfmutter, 20 Nm**

2 – **Halter**

3 – **Schraube, 3,5 Nm**

4 – **Überwurfmutter, 20 Nm**

5 – **Kraftstoffmengenteiler**

6 – **Verschlußschraube, 10 Nm**
Meßanschluß für Druckprüfungen.

7 – **Hohlschraube, 20 Nm**

8 – **Schraube, 3,5 Nm**
Nach dem Festziehen mit Sicherungslack sichern.

9 – **Rücklaufleitung**
Zum Kraftstoffbehälter.

10 – **Überwurfmutter, 10 Nm**

11 – **Druckleitung**
Zum Einspritzventil.

12 – **Druckleitung**
Zum Kaltstartventil.

13 – **Vorlaufleitung**
Vom Kraftstoffilter.

14 – **Schraube, 10 Nm**

15 – **Membrandruckregler**

16 – **Belüftungsschlauch**
Zum Luftfilteroberteil.

17 – **Schraube, antimagnetisch**

18 – **Drucksteller**

19 – **Anschlagschraube für Steuerkolben**

20 – **O-Ring**

21 – **Sicherungsstopfen**
Für CO-Einstellung herausziehen.

22 – **Potentiometer**

23 – **Luftmengenmesser**

24 – **Schraube, 10 Nm**

25 – **Hohlschraube, 20 Nm**

26 – **Steuerkolben**

27 – **Dichtring**
Kleiner Ø zeigt zum Steuerkolben, dichtet nur in Ruhelage der Stauscheibe ab.

28 – **Schlauch**
Zum Abschaltventil für Aktivkohlebehälter-Anlage.

29 – **Schlauch**
Zum Aktivkohlebehälter.

30 – **Magnetventil I für Aktivkohlebehälter**

31 – **Sieb**
Einbaulage: Wölbung nach oben.

32 – **Luftschlauch**
Zur Leerlaufstabilisierung.

33 – **Schlauch**
Für Kurbelgehäuseentlüftung.

Sammelsaugrohr, Drosselklappenstutzen, Einspritzventile

KE-III-Jetronic (133-PS-Motor)

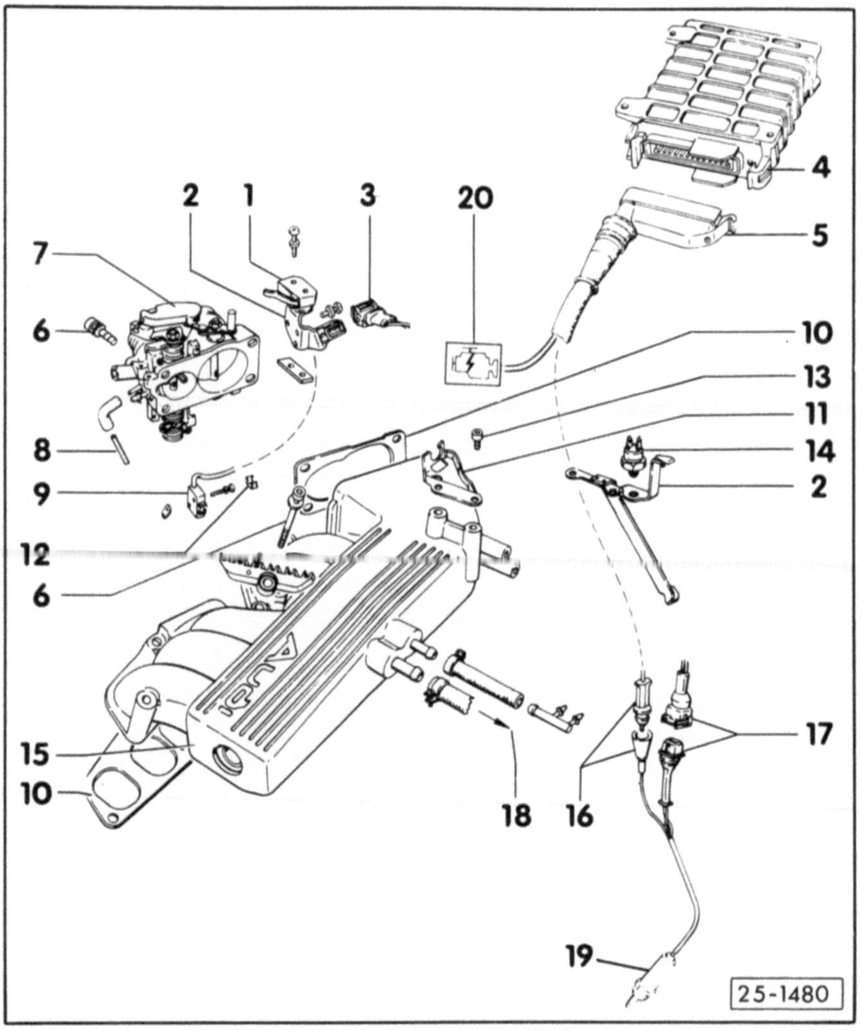

Sammelsaugrohr-Oberteil

1 – **Vollastschalter**
Einschaltpunkt: 10±2° vor Vollgasanschlag

2 – **Halter**

3 – **Anschlußstecker**
Zum Abziehen Drahtsicherung drükken.

4 – **KE-III-Jetronic-Steuergerät**

5 – **Anschlußstecker**
Achtung: Stecker erst **30 Sekunden** nach dem Ausschalten der Zündung abziehen und **nur** bei **ausgeschalteter Zündung aufstecken.** Zum Abziehen Haltefeder am Steuergerät ausklinken.

6 – **Schraube, 20 Nm**

7 – **Drosselklappenstutzen**

8 – **Schlauch**
Zum Abschaltventil für Aktivkohlefilter-Anlage.

9 – **Leerlaufschalter**

10 – **Dichtung**

11 – **Gaszugwiderlager**

12 – **Clip**

13 – **Schraube, 10 Nm**

14 – **Thermoschalter für Lüfternachlauf**

15 – **Sammelsaugrohr-Oberteil**

16 – **Steckverbindung**
Für Lambdasonden-Signal

17 – **Steckverbindung**
Für Lambdasonden-Heizung

18 – **Unterdruckschlauch**
Zum Bremskraftverstärker.

19 – **Lambdasonde, 50 Nm**
Gewinde mit G5 fetten. **Achtung:** G5 darf nicht an den Schlitzbereich des Sondenkörpers kommen. Die Lambdasonde ist vorn im Katalysator eingeschraubt.

20 – **Fehlerlampe**
Nur bei CARB-Fahrzeugen (Ausstattungsvariante).

Einspritzventile aus- und einbauen

KE-Motronic

Ausbau

- Unterdruckschlauch zum Bremskraftverstärker am Sammelsaugrohr abziehen.
- Steckverbindung für Leerlauf- und Vollastschalter trennen. Die Steckverbindung befindet sich unterhalb des Verbindungsschlauches der Kurbelgehäuseentlüftung.
- Halteleisten für Einspritzventile abschrauben.
- Einspritzventile aus den Haltern ziehen. Die Einspritzventile können auch mit den Haltern aus dem Sammelsaugrohr gezogen werden.
- Kraftstoffleitungen abschrauben.

Einbau

- Kraftstoffleitungen mit 20 Nm anschrauben.
- 2 neue O-Ringe auf das Einspritzventil aufschieben, vorher O-Ringe mit Benzin anfeuchten. Einspritzventil in den Einsatz stecken. Restliche Ventile auf die gleiche Art einbauen.
- Falls die Einspritzventile mit den Haltern ausgebaut waren, 2 neue O-Ringe auf den Einsatz stecken, vorher O-Ringe mit Benzin anfeuchten. Ventil mit Einsatz in die Öffnung am Sammelsaugrohr einschieben. Restliche Ventile auf die gleiche Art einbauen.
- Halteleisten für Einspritzventile anschrauben.
- Steckverbindung für Leerlauf- und Vollastschalter zusammenstecken.
- Unterdruckschlauch für Bremskraftverstärker am Sammelsaugrohr aufstecken und mit Schelle sichern.

Einspritzventile aus- und einbauen

KE-III-Jetronic (133-PS-Motor)

Ausbau

- Sammelsaugrohr-Oberteil ausbauen, siehe Seite 112.
- Halteleiste für Einspritzventile abschrauben.
- Einspritzventile aus den Haltern ziehen. Die Einspritzventile können auch mit den Haltern aus dem Sammelsaugrohr-Unterteil gezogen werden.
- Kraftstoffleitungen abschrauben.

Einbau

- Kraftstoffleitungen mit 20 Nm anschrauben.
- 2 neue O-Ringe auf das Einspritzventil aufschieben, Sicherungsring zwischen die O-Ringe einsetzen. Einspritzventil in den Einsatz stecken, vorher O-Ringe mit Benzin anfeuchten. Restliche Ventile auf die gleiche Art einbauen.
- Falls die Einspritzventile mit den Haltern ausgebaut waren, 2 neue O-Ringe auf den Einsatz stecken. Ventil mit Einsatz in die Öffnung am Sammelsaugrohr-Unterteil einschieben, vorher O-Ringe mit Benzin anfeuchten. Restliche Ventile auf die gleiche Art einbauen.
- Halteleiste für Einspritzventile anschrauben.
- Sammelsaugrohr-Oberteil einbauen, siehe Seite 112.

Einspritzventile prüfen

KE-Einspritzung (115-/133-/140-PS-Motor)

Die Einspritzventile spritzen den Kraftstoff ständig vor das Einlaßventil. Die Einspritzmenge wird über den Kraftstoffdruck geregelt. Das Ventil spritzt den Kraftstoff kegelförmig ein und muß nach dem Abstellen des Motors dicht abschließen. Undichte Ventile bewirken Heißstartschwierigkeiten. Defekte Einspritzventile lassen den Motor bisweilen nachdieseln und führen zu Motoraussetzern.

Strahlbild und Dichtheit prüfen

- Einspritzventile mit angeschlossenen Kraftstoffleitungen ausbauen.
- Einspritzventile in ein geeignetes Auffanggefäß halten.
- Anlasser von Hilfsperson einige Sekunden betätigen lassen, dabei Strahlbild der Einspritzventile miteinander vergleichen. Der Kraftstoff muß kegelförmig austreten und bei allen Einspritzventilen gleich aussehen.
- Anlasser ca. 10 Sekunden betätigen lassen (Helfer), austretenden Kraftstoff auffangen.
- Zündung ausschalten.
- Einspritzventile an den Düsen abtrocknen und beobachten. Die Einspritzventile dürfen innerhalb von 2 Minuten nicht nachtropfen, sonst Ventil ersetzen.
- Die Werkstatt kann die Einspritzmengen der Einspritzventile überprüfen.
- Ventile einbauen.

Achtung: Beim Wiedereinstecken der Ventile darauf achten, daß die O-Ringe (Dichtringe) nicht beschädigt werden. Dichtringe immer ersetzen. Dichtring vor dem Einsetzen mit Kraftstoff anfeuchten.

Anordnung der Unterdruckanschlüsse

KE-III-Jetronic (133-PS-Motor)

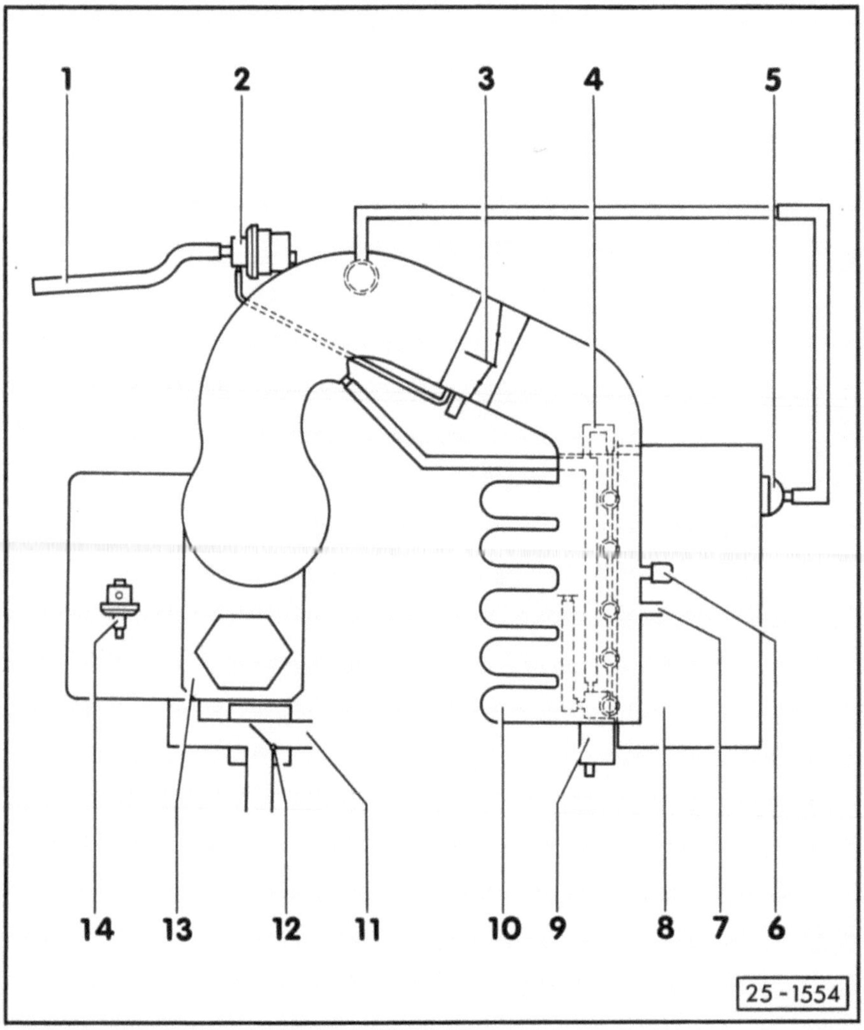

1 – Schlauch zum Aktivkohlebehälter
2 – Magnetventil I für Aktivkohlebehälter
3 – Drosselklappenteil
4 – Zu den luftumspülten Einspritzventilen
5 – Kurbelgehäuseentlüftung
6 – Verschlußkappe
7 – Anschluß für Bremskraftverstärker
8 – Zylinderkopf
9 – Leerlaufstabilisierungsventil
10 – Sammelsaugrohr
11 – Ansaugluftvorwärmung
12 – Regelkasten
13 – Gemischregler
14 – Druckregler

Technische Daten KE-Einspritzanlage

Motorkennbuchstaben Motor	AAR 133 PS	AAD / ACE 115 PS / 150 PS
Drehzahlbegrenzung Leerlaufdrehzahl CO-Gehalt	6500 – 6700/min 650 – 790/min 0,1 – 1,1 Vol.%	6400 ± 100 / ca. 7000/min 850 ± 50 / 900 ± 100/min 0,7 ± 0,5 Vol.%
Druckstellerstrom bis 1000 m Meereshöhe Prüfwert Einstellwert	 0 ± 3 mA 0 ± 1 mA	 – 2,5 ± 2.5 mA
Leerlaufschalter Einschaltpunkt mit Fühlerlehre gemessen	 0,15 – 0,5 mm vor Leerlaufanschlag	 0,15 – 0,5 mm[1] vor Leerlaufanschlag
Vollastschalter Einschaltpunkt mit Winkelmesser[1] gemessen	 10 ± 2° vor Vollgasanschlag	 –
Kraftstoffdruck Systemdruck Differenzdruck 1. Stecker vom Drucksteller abgezogen 2. Stecker vom Drucksteller aufgesteckt, Zündung eingeschaltet Haltedruck nach 10 Minuten nach 20 Minuten	 6,1 – 6,5 bar ca. 0,3 – 0,5 bar unter Systemdruck ca. 1,2 – 1,5 bar unter Systemdruck mindestens 3,5 bar mindestens 3,4 bar	 6,1 – 6,5 bar ca. 0,3 – 0,5 bar unter Systemdruck ca. 1,3 – 1,6 bar unter Systemdruck mindestens 3,3 bar mindestens 3,2 bar
Einspritzventile Abspritzdruck Einspritzmengentoleranz innerhalb eines Satzes 1. Leerlaufmessung (1. Arretierstufe) bei 20 ml Kraftstoffmenge 2. Vollastmessung (2. Arretierstufe) bei 80 ml Kraftstoffmenge 1. Leerlaufmessung (Stauscheibe 15 mm nach oben ausgelenkt, Fernbedienung 20 s betätigt) 2. Vollastmessung (Stauscheibe 30 mm nach oben ausgelenkt, Fernbedienung 30 s betätigt)	 4,3 – 4,6 bar maximal 2,5 ml maximal 8,0 ml – –	 3,7 – 4,8 bar – – maximal 2,0 ml maximal 8,0 ml
Widerstände Drucksteller Ventil für Leerlaufstabilisierung Kaltstartventil Magnetventil 1 für Aktivkohlebehälter	 17,5 – 21,5 Ω – – –	 15 – 25 Ω 4 – 12 Ω 8 – 15 Ω 18 – 26 Ω

[1]) Nur prüfen, **nicht** einstellbar, gegebenenfalls Drosselklappenteil ersetzen.

Achtung: Geber für Kühlmitteltemperatur prüfen, siehe Seite 124.

Die MPI / MPFI-Einspritzanlage

150-/174-PS-Motor

MPI steht für Multi-Point-Injection, MPFI für Multi-Point-Fuel-Injection; beides bedeutet Mehrstelleneinspritzung. Es handelt sich dabei um ein kombiniertes Zünd- und Einspritzsystem mit nur einem Steuergerät. In diesem Kapitel wird hauptsächlich auf den Einspritzteil des Systems eingegangen.

Unterschiede der beiden Einspritzsysteme

Die MPI besitzt ein zweiteiliges Schaltsaugrohr, während die MPFI mit einem dreiteiligen, aus Kunststoff gefertigten Saugrohr ohne Umschaltung ausgestattet ist. Außerdem ist für die MPFI ein Luftmassenmesser nicht mehr erforderlich.

Der Kraftstoff wird aus dem Kraftstoffbehälter von der elektrischen Kraftstoffpumpe angesaugt und über den Kraftstoffilter zum Verteilerrohr, welches als Ringleitung ausgelegt ist, und dann zu den Einspritzventilen gefördert. Ein Druckregler am Ende des Verteilerrohres sorgt dafür, daß der Druck im Kraftstoffsystem konstant gehalten wird. Die Einspritzventile werden elektrisch angesteuert und spritzen den Kraftstoff intermittierend, also stoßweise, in das Ansaugrohr vor die Einlaßventile.

Die Kraftstoffeinspritzung erfolgt sequentiell. Das heißt, die Einspritzventile werden getrennt und dadurch einzeln angesteuert und spritzen den Kraftstoff entsprechend der Zündfolge vor die Einlaßventile des Motors. Durch die Wahl des Einspritzzeitpunktes im Verhältnis zu den Öffnungszeiten der Einlaßventile können Abgas- und Leistungsverhalten besser abgestimmt werden. Außerdem spricht der Motor beim Beschleunigen schneller an.

Im Gegensatz zur KE-Einspritzung wird bei der MPI anstelle des Luft**mengen**messers ein Luft**massen**messer eingebaut. Der Luftmassenmesser hat folgende Vorteile: geringe Baugröße, automatischer Ausgleich von Temperatur- und Höheneinflüssen, keine beweglichen Bauteile und daher geringer Verschleiß. Für die Luftmassenmessung wird ein elektrisch erwärmter Hitzdraht durch die vorbeistreichende Ansaugluft abgekühlt. Um die Temperatur des Hitzdrahtes konstant zu halten, ändert sich der Heizstrom entsprechend der angesaugten Luft. Anhand der Schwankungen des Heizstromes erkennt das Steuergerät den Lastzustand des Motors und regelt dementsprechend die Einspritzmenge. Um eine Verfälschung durch Verunreinigungen zu vermeiden, glüht sich der Hitzdraht nach jedem Abschalten des Motors automatisch frei.

Das Steuergerät regelt entsprechend den Signalen vom Luftmassenmesser und der jeweiligen Motordrehzahl die Einspritzzeit und dadurch die Einspritzmenge. Bei längerer Öffnung des Einspritzventils wird mehr Kraftstoff eingespritzt. Zusätzliche Fühler und Geber sorgen auch in extremen Fahrsituationen für die richtig bemessene Kraftstoffmenge.

Sensoren:

- Der Geber für Kühlmitteltemperatur ist in das Kühlmittel-Umlaufrohr der beiden Zylinderköpfe eingeschraubt. Es handelt sich dabei um einen NTC-Widerstand, das heißt, der Widerstand ändert sich entsprechend der Kühlmitteltemperatur und damit auch entsprechend der Motortemperatur. Die Information über die Kühlmitteltemperatur dient als Korrekturfaktor für Zündzeitpunkt und Einspritzzeit bei kaltem und warmem Motor. Andere Funktionen wie Klopfregelung und Abgasrückführung werden nur bei entsprechender Motortemperatur eingeschaltet.
- Der Geber für Zündzeitpunkt ist ein Induktivgeber und auf der linken Seite des Kurbelgehäuses eingesteckt. Das Signal des Zündzeitpunktgebers ist beim Motorstart erforderlich, um zusammen mit dem Hallgebersignal den Zünd-OT des 3. Zylinders zu erkennen. Bei fehlendem Signal springt der Motor nicht an.
- Der Hallgeber befindet sich an der hinteren Stirnseite des linken Zylinderkopfes. Das Arbeitsprinzip des Hallgebers ist bei der Beschreibung der verteilergesteuerten Zündanlage erläutert. Das Signal des Hallgebers ist beim Motorstart erforderlich, um zusammen mit dem Signal des Zündzeitpunktgebers den Zünd-OT des 3. Zylinders zu erkennen. Bei fehlendem Signal springt der Motor nicht an.
- Der Geber für Motordrehzahl ist am Anlasserzahnkranz angeschraubt. Er dient dem Steuergerät zur Berechnung von Zünd- und Einspritzzeitpunkt. Bei fehlendem Signal springt der Motor nicht an.
- Leerlaufschalter und Drosselklappenpotentiometer sind in einem gemeinsamen Gehäuse am Drosselklappenteil untergebracht. Sie übermitteln dem Steuergerät die Stellung der Drosselklappe. Dadurch wird insbesondere die Schubabschaltung gesteuert, denn solange der Leerlaufkontakt des Schalters geschlossen ist und gleichzeitig die Drehzahl über einem bestimmten Wert liegt, wird vom Steuergerät die Kraftstoffzufuhr für den Motor gesperrt.
- Die beiden Klopfsensoren sitzen innen am Motorblock etwa auf Höhe der mittleren Zylinder etwas unterhalb der Zylinderköpfe. Eine selektive Klopfregelung sorgt dafür, daß der Zündzeitpunkt an der Klopfgrenze gehalten und automatisch an die verwendete Kraftstoffqualität angepaßt wird. Die Klopfregelung erlaubt eine hohe Verdichtung des Motors. Dadurch kann die Energie des Kraftstoffes besser ausgenutzt werden, was gleichzeitig zu einer Senkung des Kraftstoffverbrauchs führt. Die Klopfregelung besteht aus den Klopfsensoren und der entsprechenden Auswertelektronik. Durch die hohe Verdichtung eines Motors kann klopfende Verbrennung eintreten, was auf die Dauer zu Motorschäden führt. Um das zu vermeiden, sind Klopfsensoren erforderlich, die eine falsche Verbrennung registrieren und dafür sorgen, daß die Zündung in Richtung spät verändert wird. Bei Ausfall eines Klopfsensors verstellt das Steuergerät den Zündzeitpunkt automatisch so weit in Richtung spät, daß der Motor keinen Schaden nimmt. Das ist allerdings mit einer Leistungsminderung verbunden, die ebenfalls eintritt, wenn anstelle von unverbleitem Superbenzin (ROZ 95 oder ROZ 98) bleifreies Normalbenzin (ROZ 91) getankt wird.
- Die beiden Lambdasonden sind in die jeweiligen Abgaskrümmer eingeschraubt. Sie messen bei Fahrzeugen mit geregeltem Katalysator den Sauerstoffgehalt im Abgasstrom und schicken entsprechende Spannungssignale an das Steuergerät. Daraufhin verändert das Steuergerät das angesaugte Kraftstoff-/Luftverhältnis, so daß die Abgase im Katalysator optimal nachverbrannt werden.

Leerlaufregelung:

- Das LFR-Ventil (LFR = Leerlauffüllungsregelung) ist am Schaltsaugrohr angeflanscht und reguliert die Leerlaufluftmenge unter Umgehung der Drosselklappe. Dadurch wird eine gleichbleibende Leerlaufdrehzahl erreicht, unabhängig davon, ob gerade Zusatzverbraucher, wie etwa Servolenkung oder Kältekompressor, eingeschaltet sind. Angesteuert wird das LFR-Ventil vom elektronischen Steuergerät der Einspritzanlage.
- Das Saugrohr ist so ausgelegt, daß die Ansaugluft mittels Umschaltklappen einen längeren oder kürzeren Weg zurücklegt. Unter ca. 4100/min sind die Klappen geschlossen, wodurch sich das Drehmoment des Motors erhöht. Über 4100/min öffnen die Klappen, die angesaugte Luft wird über den kürzeren Weg gelenkt und dadurch die Leistung erhöht. Gesteuert wird die Bewegung der Klappen durch das Einspritz-Steuergerät über ein Unterdruckventil, welches die Druckdose an der Klappenwelle mit Unterdruck beaufschlagt.
- Die Abgasrückführung besteht aus einem mechanischen und einem elektrischen Ventil und dient der Verringerung der NO_X-Anteile im Abgas schon vor dem Katalysator.
- Das elektronische Steuergerät befindet sich im rechten Fußraum hinter einer Kunststoffverkleidung.

Achtung: Bei Arbeiten an der Einspritzanlage ist auf peinliche Sauberkeit zu achten. Vor der Demontage sind die entsprechenden Teile mit Kaltreiniger zu säubern. Die Anlage steht unter Druck. Deshalb ist vor dem Auswechseln von Teilen der Druck im System abzubauen. Hierzu Kraftstoffleitung zwischen Kraftstoffpumpe und Filter vorsichtig lösen. Beim Abziehen Lappen um die Leitung legen.

Der Überdruck baut sich von selbst ab (ohne Lösen der Leitung), wenn der Motor einige Stunden abgestellt ist.

Bauteile MPI-Einspritzanlage

1 – **Kraftstoffilter**
2 – **Magnetventil für Aktivkohlebehälter**
3 – **Luftmassenmesser**
4 – **Ölmeßstab**
5 – **Luftfilter**
6 – **Vorwärmschlauch**
7 – **Taktventile**
a) für Abgasrückführung
b) für Saugrohrumschaltung
8 – **Kraftstoff-Rücklaufleitung**
9 – **Luftschlauch**
10 – **LFR-Ventil**
LFR = Leerlauffüllungsregelung
11 – **Kraftstoff-Druckregler**
12 – **Kraftstoff-Ringleitung**
13 – **Hydraulikleitung Servopumpe**
14 – **3 Doppelzündspulen**
15 – **Riemenscheibe Servopumpe**
16 – **Abdeckung Keilrippenriemen**
17 – **Zündkerzenkabel Zylinder 4**
18 – **Einspritzventil**
19 – **Schaltsaugrohr**
20 – **Druckdose Saugrohrumschaltung**
21 – **Abdeckung Geräuschdämpfer**
22 – **Geräuschdämpfer**
23 – **Kraftstoff-Vorlaufleitung**
24 – **Kurbelgehäuseentlüftungsschlauch**
25 – **Abdeckung elektrische Leitungen**
26 – **Zylinderkopfdeckel**
27 – **Linke Zahnriemenabdeckung**

Einspritzventile aus- und einbauen

MPI-/MPFI-Einspritzanlage

Die Abbildung zeigt die MPI-Anlage.

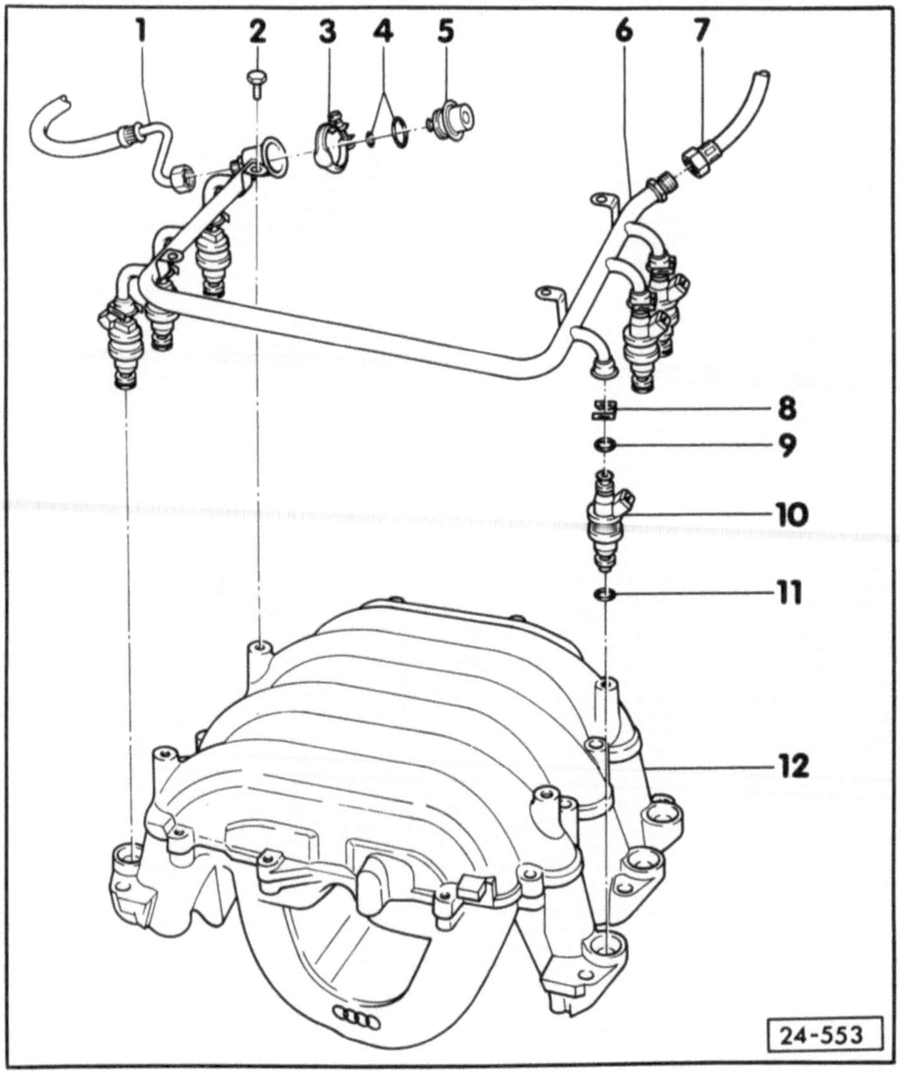

1 – **Kraftstoffrücklaufleitung, 25 Nm**

2 – **Schraube, 10 Nm**

3 – **Klemmschelle**

4 – **Dichtring**

5 – **Druckregler**

6 – **Kraftstoff-Sammelleitung (Ringleitung)**

7 – **Kraftstoff-Vorlaufleitung, 25 Nm**

8 – **Sicherungsklammer für Einspritzventile**

9 – **Dichtring**

10 – **Einspritzventil**
Widerstand: 15 – 17Ω.

11 – **Dichtring**

12 – **Registersaugrohr**

Hinweis: Dichtungen immer ersetzen.

Ausbau

- Ansaugschlauch zwischen Luftmassenmesser und Geräuschdämpfer ausbauen.
- Zündleitungen an den Zündspulen abziehen, an der Ringleitung ausclipsen und zur Seite legen.
- Stecker von den Einspritzventilen abziehen.
- Ringleitung vom Registersaugrohr abschrauben.
- Sicherungsklammern für Einspritzventile abziehen.
- Ringleitung nach oben abheben.
- Einspritzventile aus dem Saugrohr herausziehen.

Einbau

- Einspritzventile mit neuen O-Ringen in das Saugrohr stekken. Vorher O-Ringe leicht mit sauberem Motoröl benetzen.
- Ringleitung aufsetzen.
- Sicherungsklammern für Einspritzventile aufstecken.
- Ringleitung mit 10 Nm am Registersaugrohr anschrauben.
- Stecker auf die Einspritzventile aufstecken.
- Zündleitungen an den Zündspulen aufstecken und an der Ringleitung einclipsen.
- Ansaugschlauch zwischen Luftmassenmesser und Geräuschdämpfer einbauen.

Einspritzventile prüfen

MPI-/MPFI-Einspritzung

Widerstand prüfen

- Stecker am Einspritzventil abziehen.
- Ohmmeter zwischen die beiden Kontakte am Einspritzventil anschließen.
- Der Widerstand muß 15 bis 17Ω betragen, andernfalls Einspritzventil ersetzen. **Achtung:** Genauigkeit des verwendeten Meßgerätes berücksichtigen, gegebenfalls Ventil in der Werkstatt nochmals prüfen lassen, bevor es ersetzt wird.
- Stecker aufschieben und nächstes Ventil prüfen.

Spannungsversorgung prüfen

Prüfvoraussetzung:

- Kraftstoffpumpenrelais sowie Ansteuerung Kraftstoffpumpenrelais in Ordnung.
- Thermosicherung 3 (roter Halter) in der Elektronikbox im Fußraum Beifahrerseite in Ordnung.

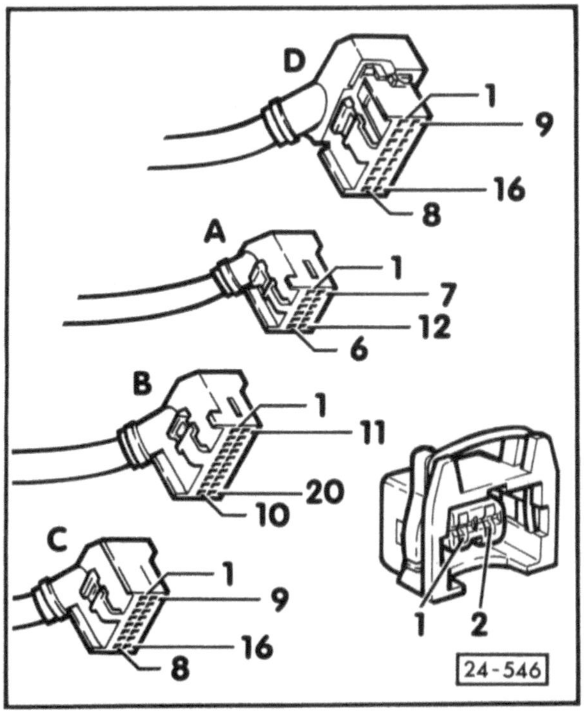

- Stecker am Einspritzventil abziehen, in der Abbildung rechts unten dargestellt. A bis D = Stecker am MPI-Steuergerät.
  Stecker A: Lambdaregelung, Leerlaufschalter, Luftmassenmesser usw.
  Stecker B: Drehzahlmesser, Bordcomputer, Automatikgetriebe-Steuerung
  Stecker C: Registersaugrohrumschaltung, Abgasrückführung, usw.
  Stecker D: Einspritzventile, Aktivkohlesystem usw.
- Diodenprüflampe an Kontakt –1– des Steckers und an Motormasse (–) anschließen.
- Durch Helfer den Anlasser einige Sekunden betätigen lassen, dabei muß die Diodenprüflampe leuchten.
- Andernfalls Leitungsverbindung zur Sicherung Nr.13 auf Durchgang prüfen.

Ansteuerung prüfen

- Diodenprüflampe zwischen die Kontakt –1– und –2– des Steckers anschließen.
- Durch Helfer den Anlasser einige Sekunden betätigen lassen (der Motor kann dabei auch anspringen). Die Diodenprüflampe muß blinken.
- Andernfalls elektrische Prüfung der MPI/MPFI durchführen lassen. Gegebenenfalls Leitungsunterbrechung beziehungsweise Kurzschluß in der Leitung zum Kontakt des Steckers –D– am MPI/MPFI-Steuergerät beseitigen.

Kontakt **1** am Einspritzventil für Zylinder . . .	1	2	3	4	5	6
Kontakt am Stecker D, „**MPI**“	4	5	6	9	10	13
Kontakt am Stecker D, „**MPFI**“	6	7	8	13	14	15

- Stecker aufschieben und nächstes Ventil prüfen. Blinkt die Diodenprüflampe bei allen Einspritzventilen nicht, Spannungsversorgung für Steuergerät prüfen lassen.
- Ist die Spannungsversorgung in Ordnung, ist in der Regel das MPI-/MPFI-Steuergerät defekt.

Lambdasonde aus- und einbauen

6-Zylindermotor

Hinweise für die 4- und 5-Zylindermotoren befinden sich bei den Abbildungen 24-533 und 25-1480 auf Seite 104,112.

Ausbau

- Steckverbindung für Lambdasonde trennen. Die Steckverbindung ist an der Spritzwand befestigt.
  Der 6-Zylindermotor besitzt 2 Lambdasonden. Entsprechend sind 4 Steckverbindungen vorhanden, je 2 für die Sondenheizung und 2 für das Sondensignal. Die Steckverbindungen für die Sondenheizung sind schwarz und sitzen links und rechts an der Steckerleiste der Spritzwand. Die Steckverbindungen für die Signalleitungen befinden sich etwas unterhalb der Steckerleiste neben den schwarzen Steckverbindungen.
- Sämtliche Kabelbinder öffnen, dabei Lage der Kabelbinder mit Fettstift markieren.
- Lambdasonde aus dem Abgaskrümmer herausschrauben.

Einbau

- Gewinde der Lambdasonde mit Montagepaste G5 bestreichen. **Achtung:** Die Paste darf nicht in den Schlitzbereich der Sonde gelangen.
- Lambdasonde einsetzen und mit **50 Nm** festziehen.
- Stecker für Heizung und Signalleitung verbinden.
- Elektrische Leitungen mit Kabelbindern fixieren. Darauf achten, daß die Kabelbinder an der gleichen Stelle angebracht werden wie vor dem Ausbau. Das ist erforderlich, um eine Berührung der Leitungen mit der Abgasanlage zu vermeiden.

Unterdruckanschlüsse

6-Zylindermotor (174-PS-Motor)

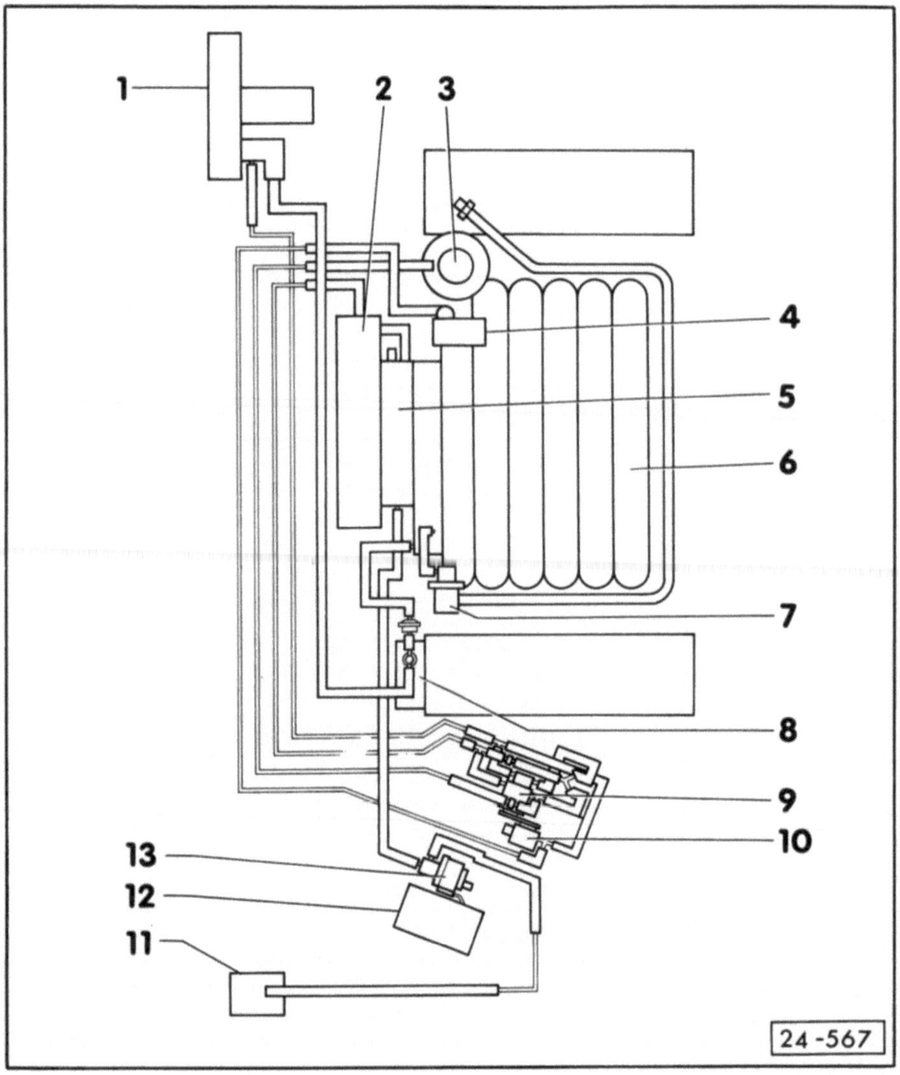

1 – **Bremskraftverstärker**
2 – **Geräuschdämpfer**
3 – **Mechanisches Abgasrückführungsventil**
4 – **Unterdruckdose für Registersaugrohrumschaltung**
5 – **Drosselklappenteil**
6 – **Registersaugrohr**
7 – **Kraftstoffdruckregler**
8 – **Unterdruckpumpe**
9 – **Ventil für Abgasrückführung**
10 – **Ventil für Registersaugrohrumschaltung**
11 – **Aktivkohlebehälter**
12 – **Luftfilter**
13 – **Magnetventil I für Aktivkohlebehälter**

Die Digifant-Einspritzanlage

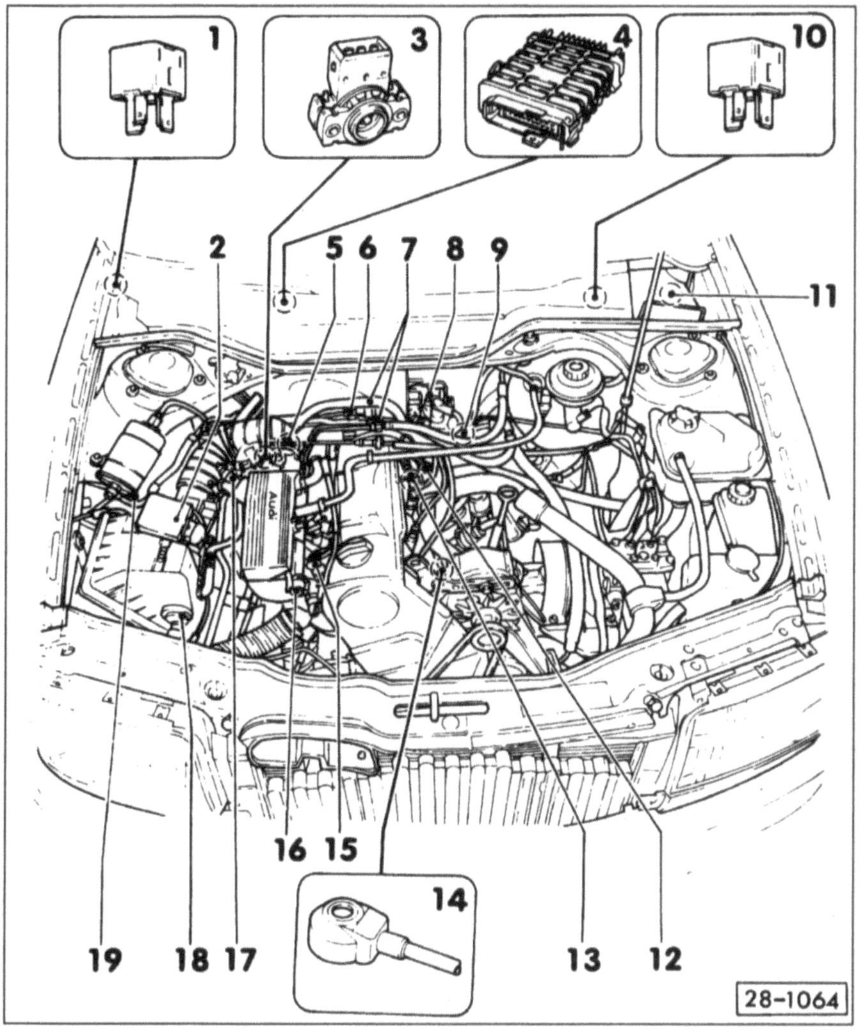

1 – **Spannungsversorgungsrelais**
Für Digifant-Steuergerät. Befindet sich am Zusatzrelaisträger auf Beifahrerseite.

2 – **Luftmengenmesser**
Mit Geber für Ansauglufttemperatur.

3 – **Drosselklappenpotentiometer**

4 – **Steuergerät**
Für Digifant Einspritz- und Zündanlage.

5 – **Leerlaufschalter**

6 – **Steckverbindung Klopfsensor**

7 – **Steckverbindung**
Für Lambdasonde und Lambdasondenheizung.

8 – **Zündtrafo mit Endstufe**

9 – **Zündverteiler mit Hallgeber**

10 – **Kraftstoffpumpenrelais**
Befindet sich auf Relaisplatz 6 im Sicherungskasten.

11 – **Diagnosestecker**

12 – **Zentralelektrik**
Mit Diagnoseanschlüssen und Kraftstoffpumpenrelais.

13 – **Geber**
Für Kühlmitteltemperaturanzeige und Schalter für Heißleuchte.

14 – **Klopfsensor**

15 – **Einspritzventile**

16 – **Kraftstoffdruckregler**

17 – **Kaltstartventil**

18 – **Leerlaufstabilisierungsventil**

19 – **Magnetventil Aktivkohlebehälter**

Die Digifant-Anlage ist eine elektronisch gesteuerte Benzineinspritzung, die den Kraftstoff intermittierend, also stoßweise in das Ansaugrohr vor jedes Einlaßventil einspritzt. Bei der Digifant-Anlage ist, im Gegensatz zur Mono-Jetronic, für jeden Zylinder ein Einspritzventil vorhanden.

Der Kraftstoff wird aus dem Kraftstoffbehälter von der elektrischen Kraftstoffpumpe angesaugt und über den Kraftstoffilter zum Verteilerrohr und dann zu den Einspritzdüsen gefördert. Ein Druckregler am Verteilerrohr sorgt dafür, daß der Druck im Kraftstoffsystem konstant auf ca. 2,5 bar gehalten wird. Der Schwingungsdämpfer im Druckregler verringert Druckschwingungen in der Rücklaufleitung.

Die Luftmenge wird vom Motor über Luftfilter und Sammelsaugrohr angesaugt und vom Luftmengenmesser gemessen. Im Gehäuse des Luftmengenmessers befindet sich eine Stauklappe, die von der Luftströmung in eine bestimmte Stellung ausgelenkt und gehalten wird. Die Winkelstellung der Stauklappe dient als Maß für die durchströmende Luftmenge. Über ein Potentiometer werden entsprechende Signale von der Stauklappe an das Steuergerät übermittelt.

Das Steuergerät regelt entsprechend der gemessenen Luftmenge und der jeweiligen Motordrehzahl die Einspritzzeit und dadurch die Einspritzmenge. Bei längerer Öffnung des Einspritzventils wird mehr Kraftstoff eingespritzt. Zusätzliche Fühler und Geber sorgen auch in besonderen Betriebszuständen für die richtig bemessene Kraftstoffmenge.

Im Steuergerät ist sowohl die Steuerung für die Zündung als auch für die Einspritzung untergebracht.

- Das Steuerventil für Leerlaufstabilisierung regelt die Leerlaufdrehzahl insbesondere während der Warmlaufphase und wenn der Motor durch elektrische Verbraucher belastet wird.
- Der Drosselklappenschalter sitzt direkt an der Drosselklappenwelle. Er übermittelt dem Steuergerät die Leerlauf- und die Vollaststellung der Drosselklappe. Dadurch wird insbesondere die Schubabschaltung gesteuert, denn so lange der Leerlaufkontakt des Schalters geschlossen ist und gleichzeitig die Drehzahl über ca. 1500/min liegt (fahren ohne Gas geben), wird vom Steuergerät die Kraftstoffzufuhr für den Motor gesperrt.

- Fallen wichtige Geber aus, schaltet das Steuergerät auf ein Notlaufprogramm um, damit Motorschäden vermieden werden und weitergefahren werden kann. In diesem Fall ruckelt der Motor extrem und neigt beim Gasgeben zum Absterben.

Leerlauf und CO-Gehalt prüfen

Digifant-Einspritzanlage

Achtung: Leerlaufdrehzahl, CO-Gehalt müssen zusammen geprüft werden. Sie können **nicht** eingestellt werden.

- Fehlerspeicher abfragen, gegebenenfalls Fehler beseitigen. Der Fehlerspeicher kann nur mit dem Fehlerauslesegerät V.A.G-1551 (AUDI-Werkstatt) ausgelesen werden. Hierzu wird das Meßgerät über 2 Diagnosestecker an die Diagnosebuchsen im Sicherungskasten im Wasserkasten links angeschlossen.
- Motor warmfahren. Motoröltemperatur beträgt ca. +80° C.
- Alle elektrischen Verbraucher sowie Klimaanlage ausschalten.
- Lambda-Regelung prüfen, dazu Fehlerspeicher abfragen.
- Abgasanlage auf Dichtheit prüfen.
- Wurden Einspritzleitungen gelöst beziehungsweise gewechselt, ist vor dem Prüfen des Motors dieser mehrmals auf 3000/min zu bringen und mindestens 2 Minuten bei Leerlaufdrehzahl zu belassen.

Achtung: Prüfgeräte nur bei ausgeschalteter Zündung anschließen.

- Zündzeitpunkt prüfen, siehe Seite 72.
- Sicherstellen, daß das Ventil für Leerlaufstabilisierung arbeitet. Dazu Zündung einschalten und Hand auf das Ventil legen. Es muß vibrieren und hörbar summen. Das Ventil sitzt oben im Luftfilterkasten.
- Drehzahlmesser nach Bedienungsanleitung anschließen.
- CO-Meßgerät am CO-Meßrohr im Motorraum anschließen. Das Meßrohr ist am vorderen Abgasrohr eingeschweißt und in der Regel mit einer hellblauen Kappe verschlossen. **Achtung:** Schlauch des Meßgerätes fest auf das Meßrohr schieben. Darauf achten, daß keine Abgasundichtigkeit entstehen kann.
- Motor starten und im Leerlauf drehen lassen.

Achtung: Während der Prüf- und Einstellarbeiten darf der Lüfter für den Kühler **nicht** laufen.

- Nach ca. 1 Minute Werte von den Meßgeräten ablesen. Leerlaufdrehzahl: 770–870/min; CO-Gehalt: 0,2 – 1,2 Volumenprozent.
- CO-Gehalt und Leerlaufdrehzahl können nicht eingestellt werden. Bei Abweichung vom Sollwert sämtliche Unterdruckschläuche auf Porosität und festen Sitz prüfen.
- Fehlerspeicher abfragen lassen.
- Stellglieddiagnose durchführen lassen (ebenfalls mit Meßgerät V.A.G-1551).
- Prüfgeräte bei ausgeschalteter Zündung abklemmen.

Einspritzventile aus- und einbauen/prüfen

Digifant-Einspritzanlage

Undichte Ventile bewirken Heißstartschwierigkeiten. Defekte Einspritzventile lassen den Motor bisweilen nachdieseln und führen zu Motoraussetzern.

Widerstand prüfen

- Fehlerspeicher abfragen, gegebenenfalls Fehler beseitigen. Der Fehlerspeicher kann nur mit dem Fehlerauslesegerät V.A.G-1551 ausgelesen werden. Hierzu wird das Meßgerät über 2 Diagnosestecker an die Diagnosebuchsen im Sicherungskasten links im Wasserkasten angeschlossen.
- Sicherung für Einspritzanlage kontrollieren.
- Kraftstoffpumpenrelais prüfen, siehe Seite 95.
- Stecker vom zu prüfenden Einspritzventil abziehen.

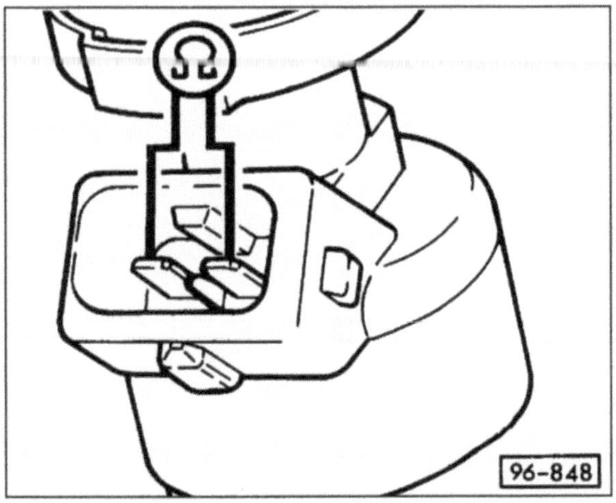

- Widerstand des Einspritzventils mit einem Ohmmeter, z. B. Handmultimeter V.A.G 1526, zwischen den Kontakten am Einspritzventil messen. **Sollwert:**

  BOSCH-Einspritzventil: Meßwert 15 Ω – 17 Ω
  SIEMENS-Einspritzventil: Meßwert 13,5 Ω – 15,5 Ω
- Gegebenenfalls defektes Einspritzventil ersetzen.

Ausbau

- Saugschlauch zwischen Luftmengenmesser und Drosselklappenteil abbauen.
- Gaszug am Widerlager aushängen.
- Unterdruckleitung zum Bremskraftverstärker abbauen.
- Wärmeschutzblech für Drosselklappenpotentiometer seitlich am Drosselklappenteil abschrauben.
- Drosselklappenteil vom Saugrohr abschrauben und nach hinten ablegen.
- Kraftstoffleitung für Kaltstartventil vom Saugrohr abschrauben.
- Vor- und Rücklaufleitung vom Kraftstoffverteiler abschrauben. **Achtung:** Die Kraftstoffvorlaufleitung steht unter Druck. Zum Schutz gegen Kraftstoffspritzer die Leitung beim Öffnen mit einem sauberen Lappen abdecken.
- Stecker an den Einspritzventilen abziehen.

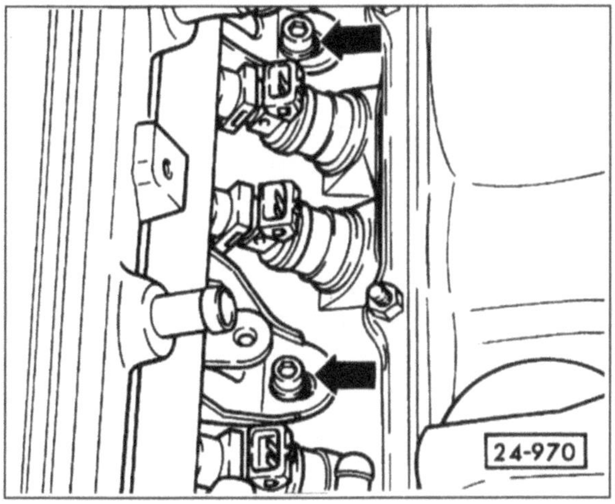

- Befestigungsschrauben des Kraftstoffverteilers herausschrauben und Einspritzventile komplett mit Kraftstoffverteiler aus dem Ansaugkrümmer ziehen.
- Halteklammern an der Verbindung von Einspritzventilen und Kraftstoffverteiler abziehen. Einspritzventile aus dem Kraftstoffverteiler herausziehen. Die Einspritzventile sind nur eingesteckt.

Einbau

Achtung: Beim Wiedereinstecken der Ventile darauf achten, daß die O-Ringe und Düseneinsätze im Zylinderkopf nicht beschädigt werden. Teile auf Beschädigungen prüfen, gegebenenfalls ersetzen.

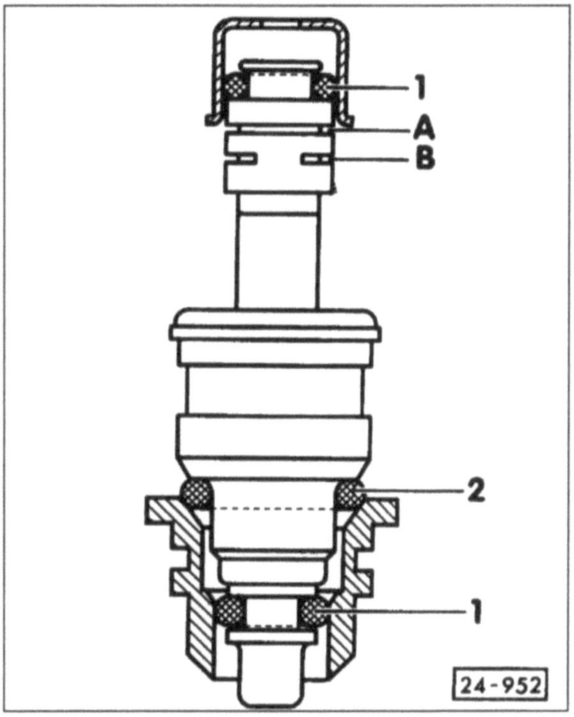

- Dichtringe –1– vor dem Einsetzen leicht mit sauberem Motoröl bestreichen.
- Einspritzventile bis zur zweiten Einkerbung –B– senkrecht in den Kraftstoffverteiler einsetzen und mit Halteklammern sichern. A – Erste Einkerbung.
- Kraftstoffverteiler mit gesicherten Einspritzventilen vorsichtig in den Ansaugkrümmer einsetzen und bis zum Anschlag am großen O-Ring –2– eindrücken
- Befestigungsschrauben ansetzen, Kraftstoffverteiler von Hand leicht in Richtung Saugrohr drücken und Schrauben anziehen.
- Stecker der Einspritzventile aufstecken.
- Vor- und Rücklaufleitung am Kraftstoffverteiler anschrauben. **Achtung:** Die Leitungen dürfen nicht am Zylinderkopfdeckel anliegen.
- Kraftstoffleitung für Kaltstartventil am Saugrohr anschrauben.
- Drosselklappenteil mit **25 Nm** am Saugrohr anschrauben.
- Wärmeschutzblech für Drosselklappenpotentiometer seitlich am Drosselklappenteil anschrauben.
- Unterdruckleitung zum Bremskraftverstärker anschrauben.
- Gaszug an Widerlager und Kraftstoffleitungen einhängen, Einstellung prüfen, siehe Seite 100.
- Saugschlauch zwischen Luftmengenmesser und Drosselklappenteil einbauen.

Strahlbild und Dichtheit prüfen

Digifant-Einspritzanlage

- Kraftstoffverteiler komplett mit Einspritzventilen ausbauen.
- Stecker vom Kaltstartventil abziehen.

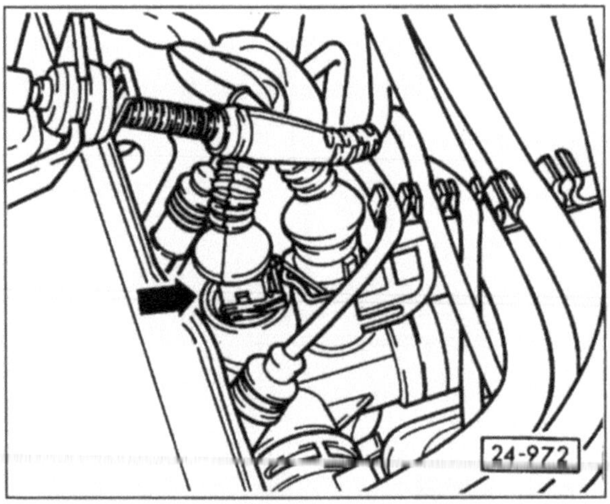

- Stecker vom Geber für Kühlmitteltemperatur abziehen.
- Vor- und Rücklaufleitung am Kraftstoffverteiler anschrauben.
- Kaltstartventil mit Kraftstoffleitung vom Saugrohr abschrauben und Leitung am Kraftstoffverteiler anschrauben.
- Einspritzventile anschließen.
- Einspritzventile in ein geeignetes Meßgefäß halten.
- Anlasser von Hilfsperson einige Sekunden betätigen lassen, dabei Strahlbilder der Einspritzventile miteinander vergleichen. Der Kraftstoff muß kegelförmig austreten und bei allen Einspritzventilen gleich aussehen.
- Zündung ausschalten. Stecker von den Einspritzventilen abziehen.
- Zündung ca. 5 Sekunden einschalten, Anlasser nicht betätigen. Pro Minute dürfen nicht mehr als 2 Tropfen Kraftstoff an den Einspritzventilen austreten.
- Stecker vom Kaltstartventil und vom Geber für Kühlmitteltemperatur aufstecken.
- Einspritzventile einbauen.

Technische Daten Digifant-Einspritzanlage

Motorkennbuchstaben	ABK
Leistung	115 PS/85 kW
Drehzahlbegrenzer	6400–6500/min
Leerlaufdrehzahl	770–870/min
CO-Gehalt	0,2–1,0 Vol.%
über 300m Höhenlage pro 100m zuzüglich	0,2 Vol.%
Druckregler	
Kraftstoffdruck (Überdruck)	
bei Leerlaufdrehzahl und aufgestecktem Unterdruckschlauch	2,5 bar
bei Leerlaufdrehzahl und abgestecktem Unterdruckschlauch	3,0 bar
Haltedruck nach 10 Min.	min. 2 bar
Einspritzventile	
Abspritzstrahl	an allen Ventilen gleich
Widerstand am Einspritzventil,	
Fabrikat BOSCH	15 – 17 Ω
Fabrikat SIEMENS	13,5 – 15,5 Ω

Widerstandswerte für Geber Kühlmittel- und Ansauglufttemperatur

- Geber für Kühlmitteltemperatur
- Geber für Ansauglufttemperatur
  - zwischen den äußeren Klemmen messen
  - Widerstand ist abhängig von der Temperatur der Einspritzeinheit

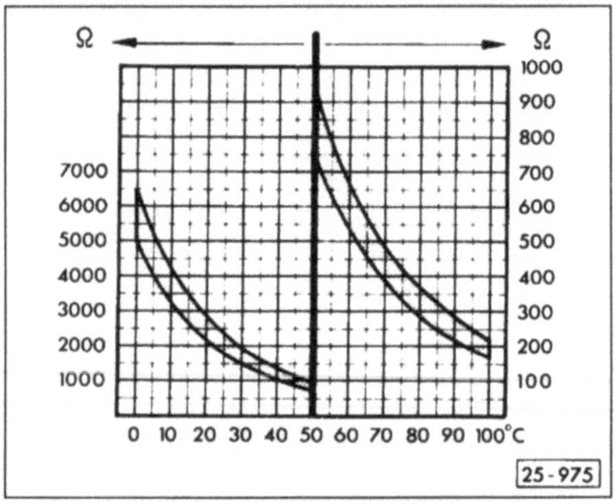

Technische Daten MPI-/MPFI-Einspritzanlage

Motorkennbuchstaben		AAH	ABC
Leistung	kW	128	110
	PS	174	150
Einspritzanlage		**MPI**	**MPFI**
Drehzahlbegrenzer	1/min	6500	6500
Leerlaufdrehzahl	1/min	700–800	680–810
CO-Gehalt	Vol.%	0,3–1,2	0,15–1,0
Druckregler			
Systemdruck	bar	3,8 – 4,2	3,8 – 4,2
Haltedruck 10 Minuten nach Abstellen des Motors			
Bei kaltem Motor	bar	2,2	2,2
Bei heißem Motor	bar	3,0	3,0
Einspritzventile			
Einspritzmenge bei 30 Sekunden Betätigung	ml	85 – 100	85 – 100

Motorkennbuchstaben		AAH	ABC
Leistung	kW	128	110
	PS	174	150
Einspritzanlage		**MPI**	**MPFI**
Widerstände			
Leerlaufstabilisierungsventil	Ω	7–11	45–60
Einspritzventil	Ω	15–17	13,5–17
Magnetventil für Aktivkohlebehälter	Ω	20–28	20–28
Ventil für Registersaugrohrumschaltung	Ω	25–35	–
Ventil für Abgasrückführung	Ω	25–35	–
Drosselklappenpotentiometer			
Zwischen Kontakt 1 und 2	kΩ	1,5–2,6	1,5–2,6
Zwischen Kontakt 2 und 3			
bei Leerlaufstellung	kΩ	0,75–1,3	0,75–1,3
bei Vollgasstellung	kΩ	max. 3,6	max. 3,6
Geber für Motordrehzahl	kΩ	ca. 1	ca. 1
Geber für Zündzeitpunkt	kΩ	ca. 1	ca. 1
Elektrische Leitungen	kΩ	max. 1	max. 1
Lambdaregelung			
Signal	mV	400 ± 50	400 ± 50
Sondenheizung	Ω	–	3 – 15

Störungsdiagnose Benzin-Einspritzanlage

Bevor anhand der Störungsdiagnose der Fehler aufgespürt wird, müssen folgende Prüfvoraussetzungen erfüllt sein: Bedienungsfehler beim Starten ausgeschlossen. Sowohl für den kalten wie warmen Motor gilt: Vor und während des Startens **kein Gas geben.** Bei heißem Motor kann es nach dem Anspringen des Motors erforderlich sein, etwas Gas zu geben.
Kraftstoff im Tank, Motor mechanisch in Ordnung, Batterie geladen, Anlasser dreht mit ausreichender Drehzahl, Zündeinstellung und Zündanlage sind in Ordnung, keine Undichtigkeiten an der Kraftstoffanlage, Verschmutzungen im Kraftstoffsystem ausgeschlossen, Kurbelgehäuse-Entlüftung in Ordnung, elektrische Masseverbindung (Motor-Getriebe-Aufbau) vorhanden. **Achtung:** Wenn Kraftstoffleitungen gelöst werden, müssen diese vorher mit Kaltreiniger gesäubert werden.

Störung	Ursache	Abhilfe
Motor springt nicht an	Elektro-Kraftstoffpumpe läuft beim Betätigen des Anlassers nicht an (keine Laufgeräusche hörbar)	■ Leicht gegen das Pumpengehäuse klopfen, damit sich eine eventuell hängengebliebene Pumpe lösen kann ■ Prüfen, ob Spannung an der Pumpe anliegt. Elektrische Kontakte auf gute Leitfähigkeit überprüfen
	Kraftstoffpumpenrelais defekt	■ Relais überprüfen
	Einspritzventile verklebt	■ Ventile prüfen, ggf. ersetzen
	Luftmengenmesser defekt (KE-Einspritzung)	■ Luftmengenmesser überprüfen
	MPI: Kein Signal von folgenden Sensoren: Zündzeitpunktgeber, Motordrehzahlgeber, Hallgeber	■ Elektrische Leitungen prüfen, ■ Fehlerspeicher abfragen lassen
Der kalte Motor springt schlecht an, läuft unrund	CO-Gehalt falsch	■ CO-Gehalt und Leerlauf prüfen
	Kaltstartventil defekt (KE-Einspritzung)	■ Kaltstartventil überprüfen
	Temperaturfühler defekt	■ Temperaturfühler prüfen
	Kraftstoffdrücke falsch	■ Kraftstoffdrücke prüfen lassen

Störung	Ursache	Abhilfe
Der warme Motor springt schlecht an, läuft unrund	Kaltstartventil undicht (KE-Einspritzung)	■ Kaltstartventil prüfen
	Luftansaugsystem undicht	■ Ansaugsystem prüfen. Dazu Motor im Leerlauf drehen lassen und Dichtstellen sowie Anschlüsse im Ansaugtrakt mit Benzin bestreichen. Wenn sich die Drehzahl kurzfristig erhöht, undichte Stelle beseitigen. **Achtung:** Benzindämpfe sind giftig, nicht einatmen!
Der Motor setzt aus	Elektrische Verbindungen zur Kraftstoffpumpe zeitweise unterbrochen	■ Steckverbindungen und Anschlüsse von elektrischen Leitungen an der Kraftstoffpumpe, dem Luftmengenmesser und dem Kraftstoffpumpen-Relais auf feste und widerstandslose Verbindung prüfen. Sicherung und Kontaktstellen am Kraftstoffpumpen-Relais prüfen. Kontakte reinigen bzw. erneuern.
	Schlechte Kraftstoffqualität, Dampfblasenbildung	■ Marken-Kraftstoff tanken
	Kraftstoff-Fördermenge zu gering	■ Fördermenge prüfen
	Kraftstoffilter defekt	■ Kraftstoffilter erneuern
	Kraftstoffpumpe defekt	■ Kraftstoffpumpe prüfen
	Einspritzventil defekt	■ Einspritzventile prüfen
	Drosselklappenschalter defekt	■ Drosselklappenschalter prüfen
Der Motor hat Übergangs-, Leerlaufstörungen	Luftansaugsystem undicht	■ Dichtstellen und Anschlüsse im Ansaugsystem prüfen
	Leerlaufregelung fehlerhaft	■ Drehzahlregelung, Drosselklappenschalter, Lambdaregelung prüfen
	Vollastschalter defekt oder falsch eingestellt	■ Drosselklappenschalter prüfen
Der heiße Motor springt nicht an	CO-Gehalt falsch	■ CO-Gehalt und Leerlauf prüfen
	Druck im Kraftstoffsystem zu hoch	■ Kraftstoffdruck prüfen lassen, ggf. Druckregler ersetzen
	Rücklaufleitung zwischen Druckregler und Tank verstopft, geknickt	■ Leitung reinigen oder ersetzen
	Motortemperaturfühler defekt	■ Temperaturfühler prüfen
	Luftmengenmesser defekt (KE-Einspritzung)	■ Luftmengenmesser prüfen
	Kraftstoffsystem undicht	■ Sichtprüfung an allen Verbindungsstellen im Bereich des Motors und der elektrischen Kraftstoffpumpe. Alle Anschlüsse nachziehen
	Luftansaugsystem undicht	■ Dichtstellen und Anschlüsse im Ansaugsystem prüfen
Der Motor läuft nach	Einspritzventile undicht	■ Einspritzventile überprüfen
	Kaltstartventil undicht (KE-Einspritzung)	■ Kaltstartventil prüfen

Die Diesel-Einspritzanlage

Das Diesel-Prinzip

Beim Dieselmotor wird reine Luft in die Zylinder angesaugt und dort sehr hoch verdichtet. Dadurch steigt die Temperatur in den Zylindern über die Zündtemperatur des Dieselöls an. Wenn der Kolben kurz vor dem oberen Totpunkt steht, wird in die hochverdichtete und etwa +700 bis +900° C heiße Luft Dieselöl eingespritzt. Das Dieselöl zündet von selbst, Zündkerzen sind also nicht erforderlich.

Der Kraftstoff wird direkt von der Verteiler-Einspritzpumpe aus dem Kraftstoff-Vorratsbehälter angesaugt. In der Einspritzpumpe wird der für die Diesel-Einspritzung erforderliche hohe Druck aufgebaut und der Kraftstoff entsprechend der Zündfolge auf die einzelnen Zylinder verteilt.

Für die Einspritzung beim Dieselmotor gibt es 2 unterschiedliche Verfahren: Die Wirbelkammereinspritzung sowie die Direkteinspritzung. Der 2,4-l-Saugdieselmotor besitzt die bei Personenwagen übliche Wirbelkammereinspritzung, während die 1,9- und 2,5-l-TDI-Motoren als Direkteinspritzer ausgelegt wurden.

Um die Schadstoffe im Abgas zu verringern, sorgt eine Abgasrückführung für eine weitgehende Verminderung der Stickoxide im Abgas. Erreicht wird das durch Beimischung von Abgas zur angesaugten Frischluft, wodurch der Sauerstoffgehalt der Verbrennungsluft reduziert wird. Dies führt zu kürzerem Zündverzug und zu niedrigeren Verbrennungstemperaturen und vermindert damit die NO_X-Bildung. Die Abgasrückführung muß jedoch genau dosiert werden, da sonst die Rußemission ansteigen würde. Dazu wird die angesaugte Luftmenge mittels eines Luftmengenmessers festgestellt und die Abgasrückführung durch das elektronische Steuergerät entsprechend geregelt. Gleichzeitig besitzen die AUDI-Dieselmotoren mit Kennbuchstaben 1Z, AHU, AAT und AEL einen speziellen Diesel-Oxidationskatalysator.

2,4-l-Saugdieselmotor (Wirbelkammerverfahren)

Ein Regler in der Einspritzpumpe steuert die eingespritzte Kraftstoffmenge entsprechend der Betätigung des Gaspedals. Über die Einspritzventile wird der Diesel-Kraftstoff jeweils zum richtigen Zeitpunkt in die Vorkammer des betreffenden Zylinders eingespritzt (Abspritzdruck 120 – 140 bar). Durch die Form der Wirbelkammer erhält die angesaugte Luft beim Verdichtungshub eine bestimmte Wirbelbewegung, so daß sich der eingespritzte Kraftstoff optimal mit Luft vermischt. Das heiße Gemisch entzündet sich sofort. Die Sauerstoffmenge, die in der Vorkammer vorhanden ist, reicht aber nur zur Verbrennung eines Teils des eingespritzten Kraftstoffs. Der übrige, unverbrannte Teil wird durch den bei der Verbrennung entstandenen Überdruck in den Verbrennungsraum geblasen. Dort verbrennt der Kraftstoff vollständig. Die Vorteile des Wirbelkammerverfahrens gegenüber dem Direkteinspritzverfahren sind eine weiche Verbrennung und dadurch ein ruhiger Motorlauf sowie eine weitgehend rauchfreie Verbrennung. Nachteile sind ein schlechteres Kaltstartverhalten aufgrund der größeren Brennraumoberfläche sowie ein höherer Kraftstoffverbrauch.

Bei kaltem Motor wird allein durch die Verdichtung die Zündtemperatur nicht erreicht. In diesem Fall muß vorgeglüht werden. Dazu befindet sich in jeder Wirbelkammer eine Glühkerze, die den Brennraum aufheizt. Durch ein Glühzeit-Steuergerät werden die Glühkerzen auch noch während und nach dem Starten des Motors mit Strom versorgt.

1,9- und 2,5-l-Turbodieselmotor (Direkteinspritzverfahren)

Der Kraftstoff wird von der Hochdruck-Einspritzpumpe direkt in den Brennraum eingespritzt, und zwar in die Brennmulde im Kolben. Dabei baut die Einspritzpumpe einen Druck von 900 bar auf, um den Kraftstoff in 2 Stufen einzuspritzen. Durch die Mehrstrahl-Einspritzdüsen erfolgt zunächst eine Voreinspritzung von einer geringen Menge Kraftstoff, wodurch die Zündbedingungen für die Hauptkraftstoffmenge verbessert werden. Daraus resultiert eine weichere und damit auch leisere Verbrennung, ähnlich wie bei der Wirbelkammereinspritzung. Die Einspritzmenge wird dabei durch das Motor-Steuergerät in der Elektronikbox vollelektronisch geregelt. Die Vorteile liegen in geringerem Kraftstoffverbrauch und höherer Leistung. Als Steuerungsgrößen werden die Signale der unterschiedlichsten Sensoren herangezogen. Das sind:

- Pedalwertgeber. Dadurch wird die Stellung des Gaspedals dem Steuergerät übermittelt. Ein Gaszug zur Einspritzpumpe ist nicht mehr vorhanden.
- Drehzahlgeber
- Nadelbewegungsfühler an der Einspritzdüse. Dadurch wird der Spritzbeginn erfaßt und die last- und drehzahlabhängige Spritzverstellung gesteuert.

- Ladedruckfühler
- Ladelufttemperaturgeber
- Kühlmitteltemperaturgeber
- Kraftstofftemperaturgeber
- Regelschieberweg-Potentiometer. Die Signale dienen dem Steuergerät als Rückmeldung für die genaue Position des Regelschiebers, die der tatsächlichen Kraftstoffabspritzmenge entspricht.

Um eine gute Verbrennung zu erzielen, ist der Ansaugkanal so ausgelegt, daß die Luft auf dem Weg zum Brennraum in eine Drallbewegung versetzt wird. Aufgrund der besseren Kaltstarteigenschaften des Direkteinspritzers ist ein Vorglühen überwiegend erst unter ca. –10° C erforderlich.

Bevor der Kraftstoff in die Einspritzpumpe gelangt, durchfließt er den Kraftstoffilter. Dort werden Verunreinigungen und Wasser zurückgehalten. Es ist deshalb äußerst wichtig, den Kraftstoffilter entsprechend der Wartungsvorschrift zu entwässern beziehungsweise auszuwechseln.

Die Einspritzpumpe ist wartungsfrei. Alle beweglichen Teile der Pumpe werden mit Dieselöl geschmiert. Angetrieben wird die Einspritzpumpe von der Kurbelwelle über den Zahnriemen.

Da der Dieselmotor als Selbstzünder nicht durch Spannungsunterbrechung der Zündanlage abgeschaltet werden kann, besitzt er ein Magnetventil. Durch Ausschalten der Zündung wird die Spannungsversorgung für das Magnetventil unterbrochen und das Ventil verschließt den Kraftstoffkanal. Dadurch ist sichergestellt, daß die Kraftstoffzufuhr vor Einrasten des Lenkschlosses gesperrt ist. Das Magnetventil wird beim Starten des Motors über den Zünd-Anlaßschalter mit Spannung versorgt und öffnet daraufhin den Kraftstoffkanal.

Der Abgasturbolader

1,9- und 2,5-l-Dieselmotor

Die Diesel-Direkteinspritzer sind mit einem Abgas-Turbolader und Ladeluftkühlung ausgerüstet.

Beim Turbolader sitzen auf einer Welle zwei Turbinenräder, die in zwei voneinander getrennten Gehäusen untergebracht sind. Für den Antrieb der Turbinenräder sorgen die Abgase. Sie bringen die Laderwelle auf bis zu 120.000 Umdrehungen in der Minute. Und da Abgas- und Frischluftrotor auf gleicher Welle sitzen, wird mit gleicher Drehzahl Frischluft in die Zylinder gedrückt.

Aufgrund des guten Füllungsgrades lassen sich bei vorhandenen Motoren Leistungszuwachsraten von bis zu 100 Prozent verwirklichen. Abhängig ist der Leistungszuwachs unter anderem vom Ladedruck, der bei einem Pkw-Motor zwischen 0,4 bis 0,8 bar (Reifenfülldruck etwa 1,8 bar) liegt. Der Ladedruck wird über einen Druckfühler laufend vom Steuergerät überprüft und geregelt. Dadurch ist auch sichergestellt, daß der maximale Ladedruck nicht überschritten werden kann.

Neben der Motorleistung steigt bei der Verwendung eines Abgasladers auch das Drehmoment an, was vor allem im Hinblick auf einen elastischen Motorlauf wünschenswert ist. Voraussetzung ist allerdings, daß die Laderwelle mit ausreichender Drehzahl rotiert und somit einen ordentlichen Füllungsgrad garantiert. In der Regel muß der Motor schon mit rund 2.000/min drehen, damit ein spürbarer Ladedruck einsetzt.

Um die Füllung der Zylinder noch weiter zu verbessern, befindet sich zwischen Turbolader und Einlaßkanal des Motors ein Ladeluftkühler, der die vorverdichtete Luft abkühlt. Dadurch wird die Leistungsausbeute erhöht, da sich die Luft durch die Verdichtung im Turbolader aufheizt, so daß die Luftdichte und der Sauerstoffanteil abnehmen.

Gegenüber einem Ottomotor ist es beim Dieseltriebwerk nicht erforderlich, aufgrund der Aufladung die normale Verdichtung zu verringern, so daß auch im unteren Drehzahlbereich der eingespritzte Kraftstoff vollständig ausgenutzt wird.

Der Turbolader ist ein äußerst präzise hergestelltes Bauteil. Es empfiehlt sich deshalb im Falle einer Reparatur, diese nur von einem Fachmann ausführen zu lassen. In der Regel wird der Turbolader bei einem Defekt komplett ausgetauscht.

2,5-l-Turbodieselmotor

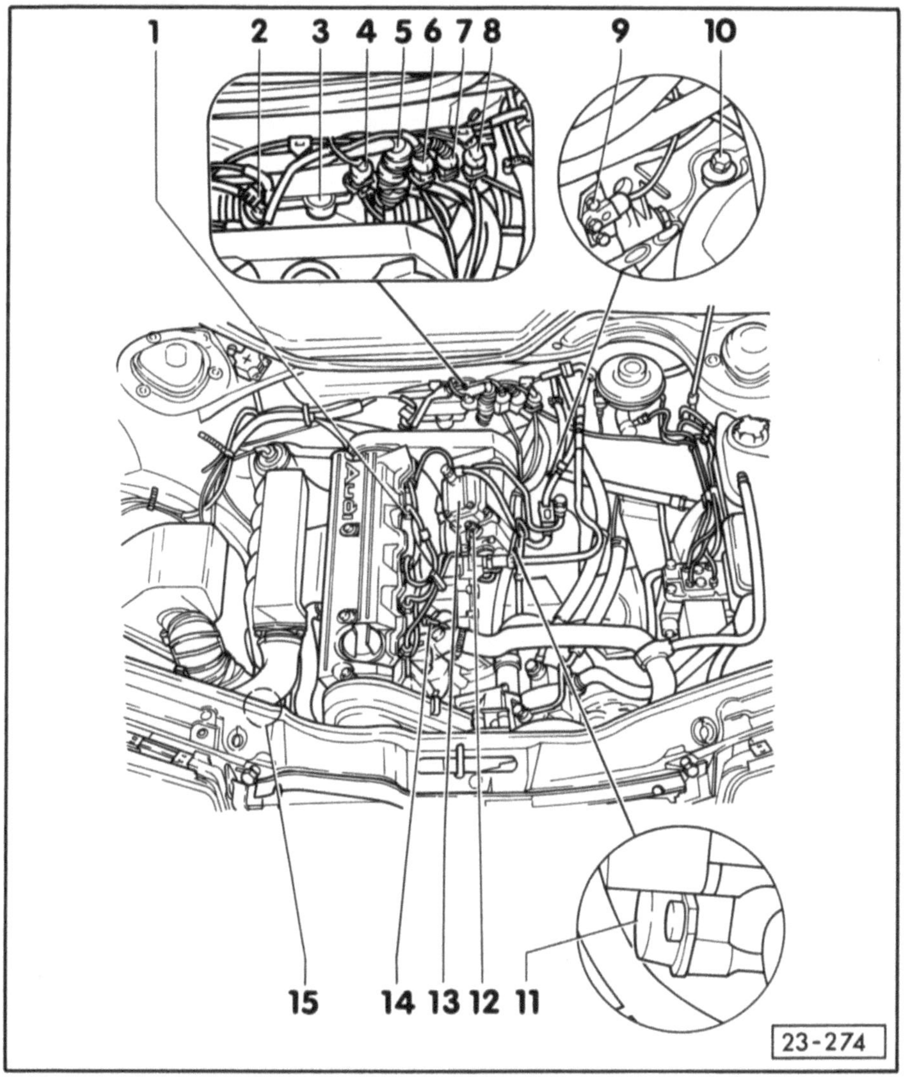

1 – **Einspritzdüse mit Geber für Nadelhub**

2 – **Magnetventil für Ladedruckbegrenzung**

3 – **Geber für Saugrohrdruck**

4 – **Steckverbindung weiß**
Für Ventil Einspritzbeginn.

5 – **Steckverbindung**
Für Einspritzpumpe. Wenn der Motor mit Anlaßdrehzahl betrieben werden soll, ohne daß er anspringt, z.B. bei der Kompressionsdruckprüfung, Steckverbindung trennen.

6 – **Steckverbindung grau**
Für Geber Motordrehzahl.

7 – **Steckverbindung braun**
Für Geber Nadelhub.

8 – **Steckverbindung schwarz**
Für Geber Wasserabscheider.

9 – **Geber für Motordrehzahl**

10 – **Geber für Fahrgeschwindigkeit**

11 – **Ventil für Einspritzbeginn**

12 – **Kraftstoffabschaltventil**

13 – **Mengenstellwerk der Einspritzpumpe**
Mit Mengensteller, Potentiometer für Schieberweg und Geber für Kraftstofftemperatur.

14 – **Geber für Kühlmitteltemperatur**

15 – **Geber für Ansauglufttemperatur**
Am Ladeluftkühler eingebaut.

Vorglühanlage/Glühkerzen prüfen

2,4-l-Saugdieselmotor

Achtung: Eine defekte Vorglühanlage führt zu Kaltstartschwierigkeiten insbesondere bei Außentemperaturen unter +10° C.

Spannungszufuhr prüfen

Prüfvoraussetzungen: Motor ist kalt (Umgebungstemperatur), die Batterie ist geladen (mind. 12 Volt).

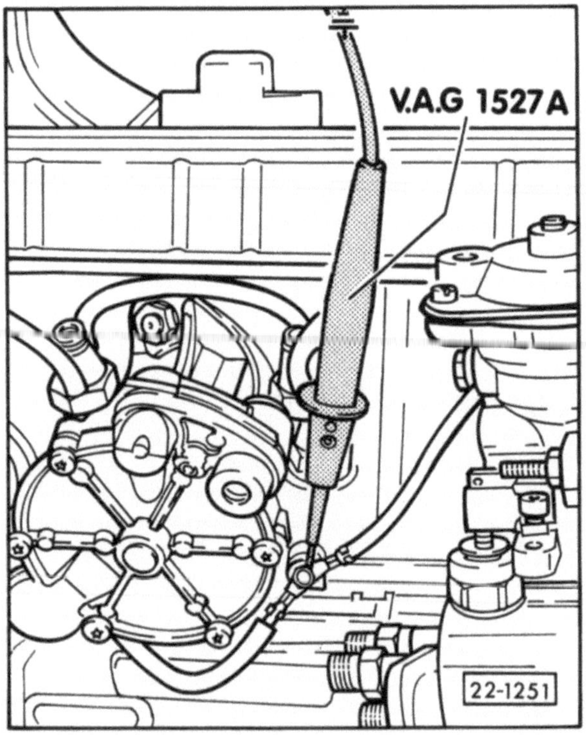

- Spannungsprüfer am Zuleitungskabel zu den Glühkerzen und an Masse (–) anschließen.
- Zündschlüssel auf »Vorglühen« drehen (Zündung einschalten).
- Wenn keine Spannung angezeigt wird, Streifensicherung mit 80 A für Glühkerzen auf Beschädigung (Haarrisse), festen Sitz und ausreichenden Kontakt prüfen, gegebenenfalls Kontakte reinigen, Schrauben festziehen oder Sicherung ersetzen. Die Streifensicherung befindet sich im Beifahrerfußraum hinter der rechten Seitenverkleidung.

Stromaufnahme prüfen

Um die Stromaufnahme der einzelnen Glühkerzen zu prüfen, wird von der Werkstatt ein Amperemeter mit Gleichstromzange verwendet. Die Stromzange wird über das isolierte Kabel geklemmt und der Stromwert durch Induktion gemessen.

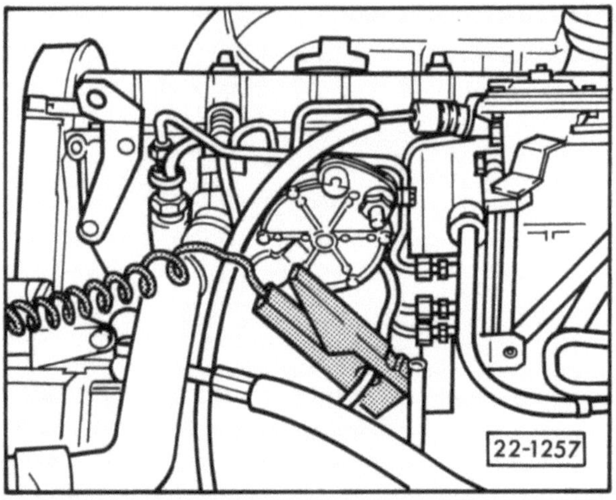

- Stromzange, wenn vorhanden, über die Zuleitung für Glühkerzen klemmen.
- Zündung einschalten, Motor vorglühen, starten und im Leerlauf drehen lassen.
- Während des **Nachglühens** (bis 120 s) die Stromaufnahme bei laufendem Motor ablesen:
  Die Stromaufnahme liegt bei ca. 10 A pro Glühkerze. Wenn die gemessene Stromaufnahme ca. 50 A beträgt, sind die Glühkerzen in Ordnung.
  Bei 40 A = 1 Glühkerze defekt
  Bei 30 A = 2 Glühkerzen defekt
  Bei 20 A = 3 Glühkerzen defekt
  Bei 10 A = 4 Glühkerzen defekt
  Bei 0 A = alle Glühkerzen defekt

Defekte Glühkerze ermitteln

- Alle Einspritzdüsen ausbauen.
- Wärmeschutzdichtungen abnehmen.
- Zündung einschalten und »Vorglühen«.

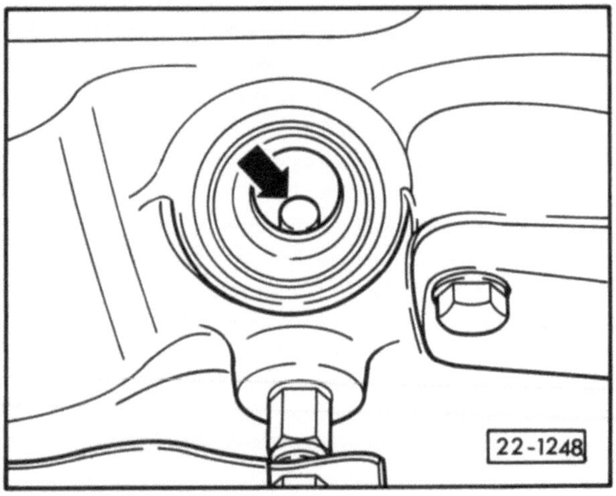

- Durch die Einspritzdüsenbohrungen beobachten, welche Glühkerzen glühen beziehungsweise defekt sind.

Achtung: Indem der Stromdurchgang einer Glühkerze geprüft wird, kann deren Funktionsfähigkeit nicht mit Sicherheit festgestellt werden. Auch Glühkerzen mit Durchgang können defekt sein.

Glühkerzen mit verbrannten Glühstiften

Verbrannte Glühstifte von Glühkerzen sind häufig Folgeschäden von Düsenstörungen. Derartige Schäden sind nicht auf Mängel in oder an der Glühkerze zurückzuführen.

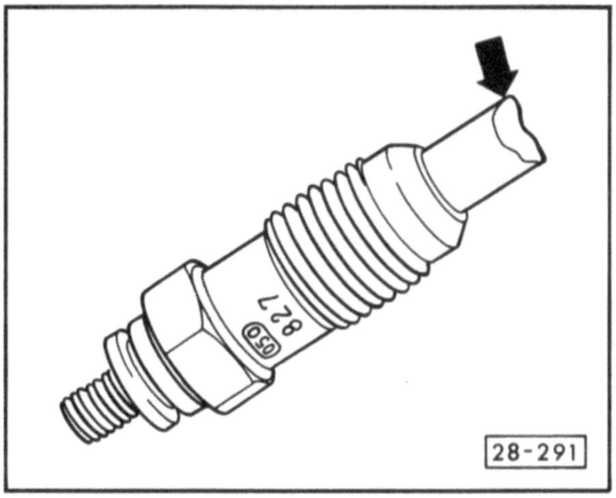

Werden im Beanstandungsfall derartige Glühkerzen gefunden –Pfeil–, genügt es nicht, diese nur zu ersetzen. Es muß eine Überprüfung der Einspritzdüsen auf Abspritzdruck und Dichtigkeit erfolgen (Werkstattarbeit).

1,9- und 2,5-l-Turbodieselmotor: Vorglühanlage prüfen

Prüfvorraussetzungen:

- Batterie geladen, Batteriespannung mindestens 12 Volt.
- Steuergerät für Diesel-Einspritzanlage ist in Ordnung.
- Zündung ausgeschaltet.

Prüfen

- Streifensicherung für Glühkerzen auf Beschädigung (Haarrisse), festen Sitz und ausreichenden Kontakt prüfen, gegebenenfalls Kontakte reinigen, Schrauben festziehen oder Sicherung ersetzen. Die Streifensicherung befindet sich im Beifahrerfußraum hinter der rechten Seitenverkleidung.
- Anschlußstecker für Kühlmitteltemperaturgeber abziehen. Der Temperaturgeber befindet sich oben am Kühlmittelanschlußstutzen links am Zylinderkopf.
- Glühkerzenstecker von den Glühkerzen abziehen.
- Voltmeter zwischen Glühkerzenstecker und Fahrzeugmasse anschließen.
- Zündung einschalten. Für ca. 20 Sekunden muß Batteriespannung angezeigt werden. Auf diese Weise sämtliche Anschlüsse kontrollieren.
- Falls keine Spannung angezeigt wird, elektrische Leitungen nach Stromlaufplan überprüfen.

Glühkerzen prüfen

- Zündung ausgeschaltet.
- Glühkerzenstecker von den Glühkerzen abziehen.
- Diodenprüflampe an den Pluspol der Batterie (+) anklemmen und nacheinander an jede Glühkerze anlegen.
- Wenn die Leuchtdiode leuchtet, ist die Glühkerze in Ordnung.
- Wenn die Leuchtdiode nicht aufleuchtet, Glühkerze ersetzen. Anzugsdrehmoment: **15 Nm**.
- Stecker für Glühkerzen aufstecken.

Glühkerzen aus- und einbauen

Ausbau

- Elektrische Leitungen an der Glühkerze abschrauben.
- Glühkerze herausschrauben. Vor Ausbau der Glühkerze für Zylinder 5, Einspritzleitungen und Einspritzdüse für Zylinder 5 ausbauen.

Einbau

- Glühkerze einschrauben und mit folgendem Drehmoment festziehen: 2,4-l-Saugdieselmotor: **30 Nm**; Turbodieselmotoren: **15 Nm**.

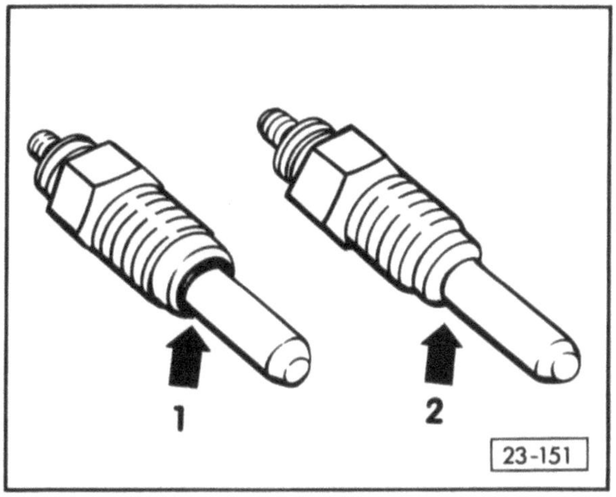

Achtung: Anzugsdrehmoment **nicht** überschreiten, sonst wird der Ringspalt zwischen Glühstab und Gewindeteil zugezogen –2–. Die Größe des Ringspalts –1– beträgt normalerweise 0,5 mm. Ein zugezogener Ringspalt führt zu vorzeitigem Ausfall der Glühkerze.

- Elektrische Leitungen anschrauben. Falls ausgebaut, Einspritzdüse und -leitung für Zylinder 5 einbauen.

Leerlaufdrehzahl/Höchstdrehzahl prüfen und einstellen

2,4-l-Saugdieselmotor

Da Dieselmotoren keine Zündanlage besitzen, wird ein spezieller Drehzahlmesser (VDO) benötigt. Dieser kann an Klemme W des Generators angeschlossen werden. Falls im Fahrzeug ein Drehzahlmesser eingebaut ist, kann auch dieser verwendet werden.

- Motor auf Betriebstemperatur bringen, Motoröltemperatur mindestens +60° C.

- Drehzahlmesser anschließen.
- Handgas ganz zurückdrehen. Der Drehgriff für das Handgas befindet sich links neben der Lenksäule auf der Instrumententafel. Die Drehrichtung ist mit + und – gekennzeichnet. Drehgriff ganz nach links (–) drehen.
- Elektrische Verbraucher (Radio, Licht) müssen ausgeschaltet sein.
- Leerlaufdrehzahl prüfen, Sollwert: 850 ± 50/min.

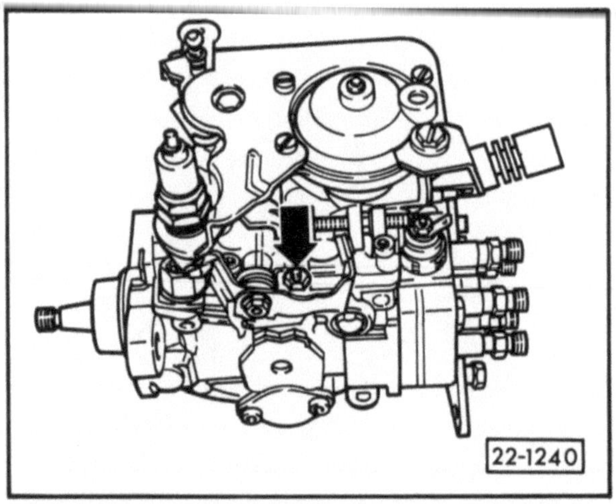

- Wird der Sollwert nicht erreicht, Kontermutter der Leerlaufdrehzahl-Einstellschraube –Pfeil– lösen.
- Drehzahl mit Einstellschraube auf den Sollwert einstellen.
- Einstellschraube kontern.

Höchstdrehzahl prüfen/einstellen

- Vollgas geben. Sollwert: 4800 ± 100/min.

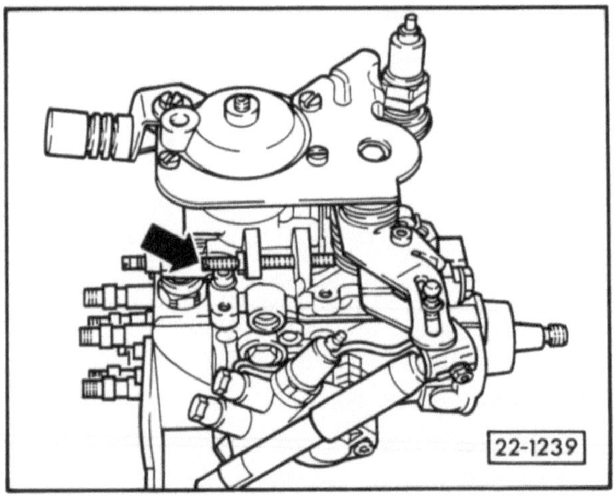

- Wird der Sollwert nicht erreicht, Kontermutter der Höchstdrehzahl-Einstellschraube –Pfeil– lösen.
- Drehzahl mit Einstellschraube auf den Sollwert einstellen
- Einstellschraube kontern.

Leerlaufdrehzahlanhebung einstellen

2,4-l-Saugdieselmotor

Die Leerlaufdrehzahlanhebung steigert nach dem Kaltstart die Leerlaufdrehzahl auf 900 ± 50/min, damit der kalte Motor rund läuft. Sie besteht aus einem elektrisch beheiztem Dehnstoffelement, welches Spannung vom Steuergerät erhält. Nach spätestens 2 Minuten sinkt die Drehzahl auf die normale Leerlaufdrehzahl von 850 ± 50/min. Die Leerlaufdrehzahlanhebung ist nur einzustellen, wenn nach dem Kaltstart die Drehzahl zu niedrig ist beziehungsweise nach 2 Minuten nicht abfällt.

- Leerlaufdrehzahl einstellen.
- Motor im Leerlauf laufen lassen.

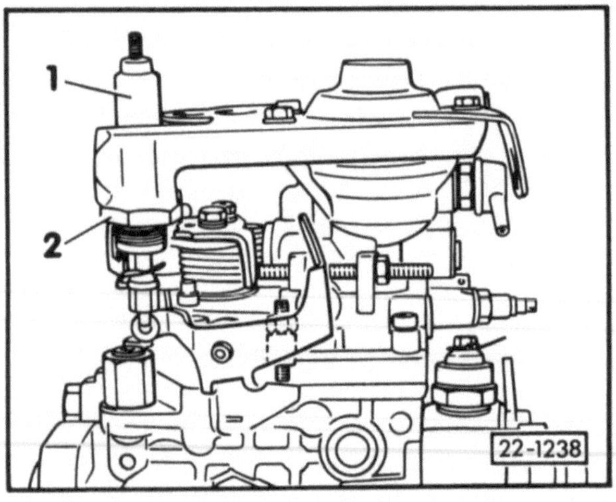

- Stromversorgung vom Dehnstoffelement –1– abklemmen.

- Dehnstoffelement unter +30° C abkühlen, zum Beispiel mit Kältespray.
- Die Drehzahl muß auf den Sollwert von 900 ± 50/min ansteigen.
- Andernfalls Kontermutter –2– am Halter lösen.
- Dehnstoffelement drehen, bis die Drehzahl von 900/min erreicht ist. Kontermutter festziehen.
- Stromversorgung an Dehnstoffelement anschließen. Die Drehzahl muß spätestens nach 2 Minuten auf 850/min abfallen.
- Fällt die Drehzahl nicht ab, ist das Dehnstoffelement oder das Steuergerät defekt.

Förderbeginn der Einspritzpumpe überprüfen

4-Zylinder-Dieselmotor (1,9-l-TDI)

Der Förderbeginn der Einspritzpumpe kann bei ein- oder ausgebautem Motor überprüft werden. Beschrieben wird hier die Prüfung bei eingebautem Motor. Zur Prüfung werden eine Meßuhr mit entsprechendem Adapter zum Einschrauben in die Pumpe benötigt.

Der Förderbeginn der Einspritzpumpe muß nach dem Spannen, Abnehmen oder Ersetzen des Zahnriemens sowie Lösen von Verschraubungen an der Einspritzpumpe oder der Zahnriemenräder grundsätzlich neu eingestellt werden.

Achtung: Nach der hier beschriebenen statischen Einstellung muß der Einspritzbeginn dynamisch, also bei laufendem Motor, überprüft und gegebenenfalls eingestellt werden (Werkstattarbeit).

Prüfvoraussetzungen:

- Zahnriemen für Nockenwellen- und Einspritzpumpenantrieb richtig gespannt, siehe Seite 43.
- Motorsteuerung richtig eingestellt, siehe »Zahnriemen einbauen«.

Prüfen

- Kurbelwelle auf Oberen Totpunkt (OT) für Zylinder 1 stellen. Dazu Kurbelwelle drehen, bis OT-Markierung auf dem Schwungrad und Anguß an der Kupplungsglocke sowie die Markierung auf Einspritzpumpenrad und Konsole übereinstimmen. Markierungen, siehe Seite 43.

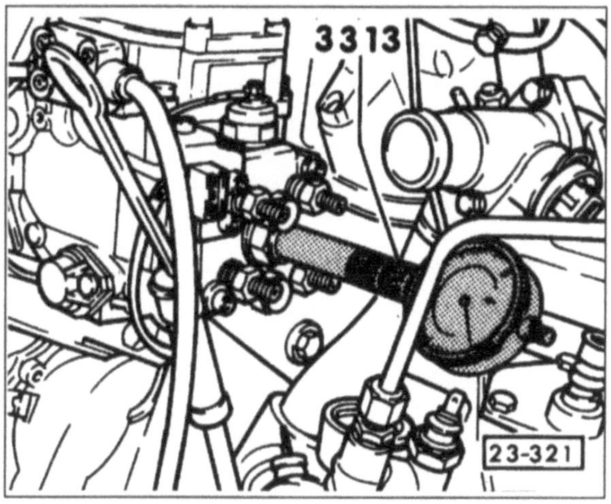

- Verschlußschraube an der Einspritzpumpe herausdrehen und abnehmen.
- Adapter für Meßuhr 3313 anstelle der Verschlußschraube einschrauben.
- Stößel des Adapters mit seiner Gewindeseite fest in die Meßuhr (Meßbereich 0 bis 3 mm) einschrauben.
- Meßuhr mit Stößel in den Adapter einsetzen.
- Meßuhr auf 2,0 mm Vorspannung bringen, Spannmutter des Adapters festziehen.

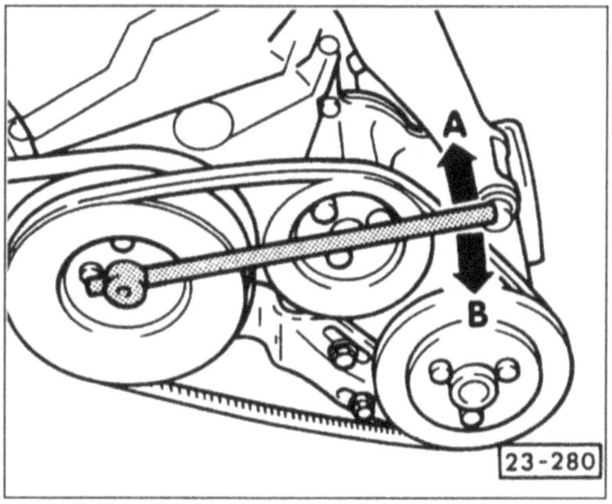

- Kurbelwelle mit einer 12-Kant-Steckschlüsselnuß SW 19 langsam entgegen Motordrehrichtung –Pfeilrichtung A– drehen, bis der Zeiger der Meßuhr sich nicht mehr bewegt.
- Spannmutter des Adapters lösen und Meßuhr einschieben, bis ca. 1 mm Hub angezeigt wird. Spannmutter wieder anziehen.
- Meßuhr auf »0« stellen.
- Kurbelwelle in Motordrehrichtung (im Uhrzeigersinn, Pfeil –B–) drehen, bis die OT-Markierung auf dem Schwungrad mit der Bezugsmarke fluchtet. **Achtung:** Die OT-Markierung muß durch Drehung der Kurbelwelle in Motordrehrichtung angefahren werden. Wurde versehentlich über die OT-Markierung hinausgedreht: Kurbelwelle

zurückdrehen, bis die Meßuhr wieder auf »0« steht und OT-Markierung erneut anfahren.

- Wenn die Kurbelwelle auf OT für Zylinder 1 steht, muß die Meßuhr den Prüfwert anzeigen.

Motor	Meßuhranzeige (Hub) Prüfwert	Einstellwert
90 PS-Diesel	0,65 – 0,75 mm	0,70 ± 0,02 mm

Achtung: Sofern der Prüfwert innerhalb der angegebenen Toleranz liegt, ist keine neue Einstellung erforderlich. Falls eine Neueinstellung vorgenommen werden muß, ist der Einstellwert einzustellen.

Einstellen

- Oberen Zahnriemenschutz ausbauen.

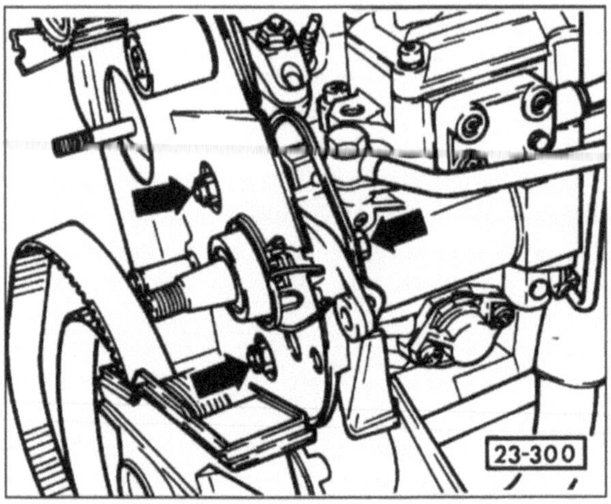
23-300

- Verschraubung an der Einspritzpumpenkonsole ca. 1 Umdrehung lösen. Das Zahnriemenrad muß nicht abgenommen werden, es wird aus Gründen der besseren Darstellung nicht gezeigt.

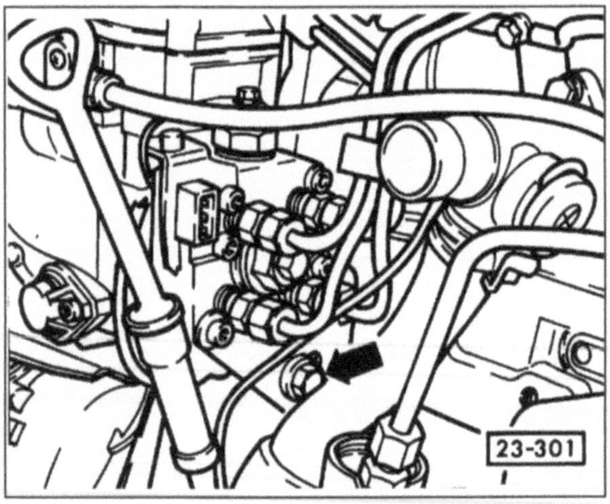
23-301

- Befestigungsschraube –Pfeil– an der hinteren Abstützung ca. eine Umdrehung lösen.

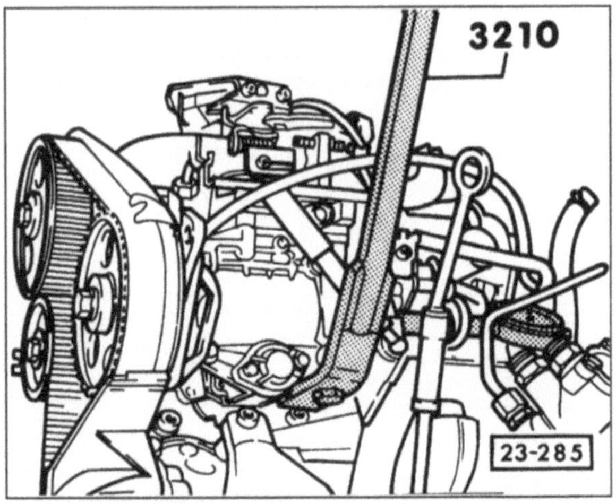

23-285

- AUDI-Einstellhebel 3210 wie in der Abbildung gezeigt montieren. Man kann die Einspritzpumpe auch mit einem Montierhebel verstellen, jedoch muß dabei vorsichtig vorgegangen werden, damit nichts beschädigt wird.
- Prüfen, ob Kurbelwelle noch auf OT steht, gegebenenfalls auf OT stellen.
- Förderbeginn durch Verdrehen der Einspritzpumpe auf Sollwert einstellen.

Achtung: Entsteht beim Verdrehen der Einspritzpumpe eine spürbare Verspannung in den Einspritzleitungen, so müssen die Überwurfmuttern der Einspritzleitungen gelöst werden.

- Befestigungsschrauben der Einspritzpumpe mit **25 Nm** anziehen.
- Förderbeginn durch Zurück- und Vordrehen der Kurbelwelle prüfen.
- Falls gelöst, die Überwurfmuttern der Einspritzleitungen mit **25 Nm** anschrauben.
- Meßuhr entfernen und Verschlußschraube am Pumpendeckel mit **20 Nm** einschrauben.
- Oberen Zahnriemenschutz einbauen.

Förderbeginn der Einspritzpumpe überprüfen

5-Zylinder-Dieselmotor

Der Förderbeginn der Einspritzpumpe kann bei ein- oder ausgebautem Motor überprüft werden. Beschrieben wird hier die Prüfung bei eingebautem Motor. Zur Prüfung werden eine Meßuhr mit entsprechendem Adapter zum Einschrauben in die Pumpe benötigt.

Prüfvoraussetzungen:

- Zahnriemen für Nockenwellen- und Einspritzpumpenantrieb richtig gespannt, siehe Seite 45.
- Motorsteuerung richtig eingestellt, siehe »Zahnriemen einbauen«.

Prüfen

- Zahnriemenschutz für Einspritzpumpenantrieb ausbauen.
- Kurbelwelle auf Oberen Totpunkt (OT) für Zylinder 1 stellen. Dazu Kurbelwelle drehen, bis OT-Markierung auf dem Schwungrad und Anguß an der Kupplungsglocke sowie die Markierung auf Einspritzpumpenrad und Konsole übereinstimmen. Bei eingebautem Motor kann aus Platzgründen die Kurbelwelle nicht an der Zentralschraube der Riemenscheibe gedreht werden. Stattdessen den Wagen bei eingelegtem 5. Gang durch Hilfsperson schieben lassen. Markierungen, siehe Seite 45.

Achtung: Beim 2,5-l-Turbodiesel befindet sich zum Durchdrehen des Motors von Hand an der Hydraulikpumpe ein Sechskantansatz SW 32.

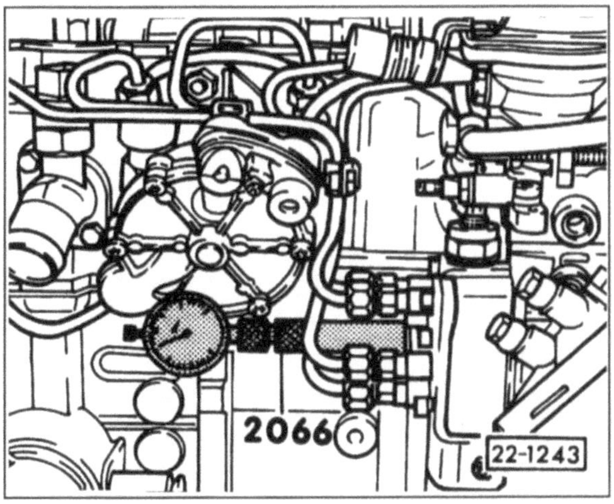

- Verschlußschraube an der Einspritzpumpe herausdrehen und mit Dichtring abnehmen. **Achtung:** Der Dichtring muß immer ersetzt werden.
- Adapter für Meßuhr 2066 anstelle der Verschlußschraube einschrauben.
- Stößel des Adapters mit seiner Gewindeseite fest in die Meßuhr (Meßbereich 0 bis 3 mm) einschrauben.
- Meßuhr mit Stößel in den Adapter einsetzen.
- Meßuhr auf 2,0 mm Vorspannung bringen, Spannmutter des Adapters festziehen.

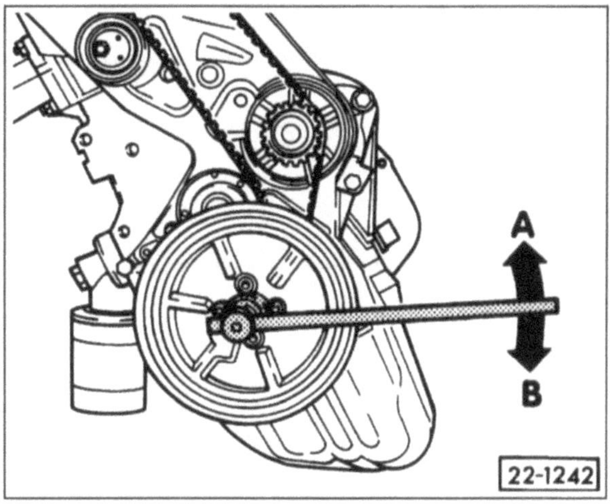

- Kurbelwelle langsam entgegen Motordrehrichtung –Pfeilrichtung A– drehen, bis der Zeiger der Meßuhr sich nicht mehr bewegt.
- Meßuhr auf »0« stellen.
- Kurbelwelle in Motordrehrichtung (im Uhrzeigersinn, Pfeil –B–) drehen, bis die OT-Markierung auf dem Schwungrad mit der Bezugsmarke fluchtet. **Achtung:** Die OT-Markierung muß durch Drehung der Kurbelwelle in Motordrehrichtung angefahren werden. Wurde versehentlich über die OT-Markierung hinausgedreht: Kurbelwelle zurückdrehen, bis die Meßuhr wieder auf »0« steht und OT-Markierung erneut anfahren.
- Wenn die Kurbelwelle auf OT für Zylinder 1 steht, muß die Meßuhr den Prüfwert anzeigen.

Motor/Kennbuchstabe	Meßuhranzeige (Hub) Prüfwert	Einstellwert
2,4 l	0,93 – 1,07 mm	1,00 ± 0,02 mm
2,5 l / ABP	0,28 – 0,42 mm	0,35 ± 0,02 mm
2,5 l /AAT/AEL	0,18 – 0,32 mm	0,25 ± 0,02 mm

Achtung: Sofern der Prüfwert innerhalb der angegebenen Toleranz liegt, ist keine neue Einstellung erforderlich. Falls eine Neueinstellung vorgenommen werden muß, ist der Einstellwert einzustellen.

Einstellen

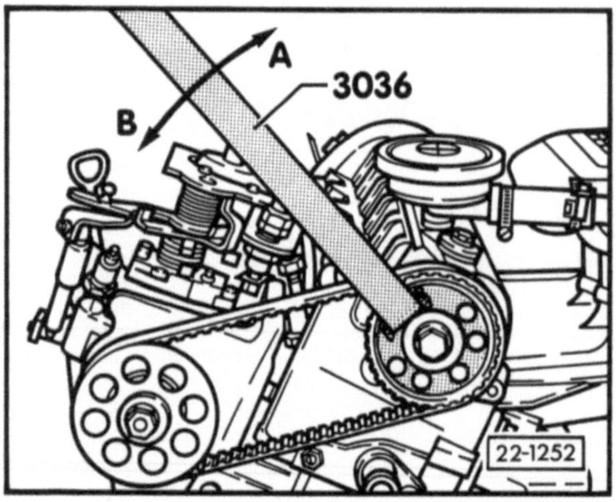

- Antriebsrad für Einspritzpumpe mit Gegenhalter festhalten, Schraube ½ Umdrehung lösen.
- Prüfen, ob die Kurbelwelle noch auf OT steht, gegebenenfalls auf OT stellen.
- Antriebsrad für Einspritzpumpe mit Gegenhalter entgegen der Motordrehrichtung –Pfeilrichtung A– drehen, bis der Zeiger der Meßuhr sich nicht mehr bewegt.
- Meßuhr auf »0« stellen.
- Antriebsrad für Einspritzpumpe mit Gegenhalter in Motordrehrichtung –Pfeilrichtung B– drehen, bis die Meßuhr den Einstellwert anzeigt (Förderbeginn).
- Antriebsrad für Einspritzpumpe in dieser Position mit Gegenhalter festhalten und Befestigungsschraube zunächst mit ca. 50 Nm anziehen.
- Förderbeginn nochmals durch Zurück- und Vordrehen der Kurbelwelle prüfen. Beim 2,5-l-Motor Kurbelwelle in Motordrehrichtung um 2 Umdrehungen durchdrehen und wieder auf OT stellen. Anschließend Förderbeginn nochmals überprüfen. **Achtung:** Aufgrund des Zahnriemenschlupfes weicht der Prüfwert vom eingestellten Wert etwas ab.

Beispiel 2,4-l-Saugdieselmotor:

Eingestellter Wert (Sollwert)	= 1,00 mm Hub
Überprüfter Wert	= 0,93 mm Hub
Abweichung (1,00 minus 0,93)	= 0,07 mm Hub
Abweichung + Sollwert ergibt **Einstellwert mit Vorhaltung** (für 2. Einstellung)	**= 1,07 mm Hub**

Zweite Einstellung wie folgt durchführen:

- Antriebsrad für Einspritzpumpe mit Gegenhalter festhalten, Schraube ½ Umdrehung lösen.
- Prüfen, ob die Kurbelwelle noch auf OT steht, gegebenenfalls auf OT stellen.
- Antriebsrad für Einspritzpumpe mit Gegenhalter entgegen der Motordrehrichtung –Pfeilrichtung A– drehen, bis der Zeiger der Meßuhr sich nicht mehr bewegt.
- Meßuhr auf »0« stellen.
- Antriebsrad für Einspritzpumpe mit Gegenhalter in Motordrehrichtung –Pfeilrichtung B– drehen, bis die Meßuhr den **Einstellwert mit Vorhaltung** anzeigt (im Beispiel: 1,07 mm).
- Antriebsrad für Einspritzpumpe in dieser Position mit Gegenhalter festhalten und Befestigungsschraube zunächst mit ca. 50 Nm anziehen.
- Förderbeginn nochmals durch Zurück- und Vordrehen der Kurbelwelle prüfen: Es muß der genaue Einstellwert für den jeweiligen Motor erreicht werden, siehe Tabelle.

Achtung: Die Einstellung muß gegebenenfalls so oft wiederholt werden, bis der Sollwert erreicht wird.

- Antriebsrad für Einspritzpumpe mit Gegenhalter festhalten und mit folgendem Drehmoment festziehen: 2,4-l-Saugdieselmotor – **100 Nm**; 2,5-l-Turbodieselmotor **160 Nm**.
- Meßuhr entfernen und Verschlußschraube am Pumpendeckel einschrauben.

Achtung: Dichtring für Verschlußschraube immer ersetzen. Anzugsdrehmoment 2,4-l-Saugdieselmotor: **20 Nm**; 2,5-l-Turbodieselmotor: **30 Nm**. Bei Undichtigkeiten ganz leicht nachziehen.

Achtung: Wurde die Einspritzpumpe verdreht, so müssen die Überwurfmuttern der Einspritzleitungen gelöst werden da sonst eine Verspannung in den Einspritzleitungen auftritt, die zum späteren Bruch führen kann.

- Falls gelöst, die Überwurfmuttern der Einspritzleitungen mit **25 Nm** anschrauben.

Achtung Motor AAT/AEL (2,5-l-Diesel mit Katalysator): Nach der hier beschriebenen statischen Einstellung muß der Einspritzbeginn dynamisch, also bei laufendem Motor, überprüft und gegebenenfalls eingestellt werden (Werkstattarbeit).

Einspritzdüsen aus- und einbauen

Defekte Einspritzdüsen können zu starkem Klopfen des Motors führen und Lagerschäden vermuten lassen. Bei derartigen Beanstandungen Motor im Leerlauf laufen lassen und Einspritzleitungs-Überwurfmuttern der Reihe nach lösen. Verschwindet das Klopfen nach dem Lösen einer Überwurfmutter, so zeigt dies eine defekte Düse an.

Defekte Düsen macht man auch ausfindig, indem man der Reihe nach die Einspritzleitungs-Überwurfmuttern löst, während der Motor in schnellerem Leerlauf dreht. Bleibt die Motordrehzahl nach Lösen einer Überwurfmutter konstant, zeigt dies eine defekte Düse an. Geprüft werden kann die Einspritzdüse mit Hilfe eines Manometers (Werkstattarbeit).

Die ersten Anzeichen von Düsenstörungen treten wie folgt auf.

- Fehlzündungen
- Klopfen in einem oder mehreren Zylindern
- Motor überhitzt
- Leistungsabfall des Motors
- Übermäßig starker schwarzer Auspuffqualm
- Hoher Kraftstoffverbrauch
- Verstärkter Blaurauch beim Kaltstart

Ausbau

- Einspritzleitungen mit Kaltreiniger reinigen.

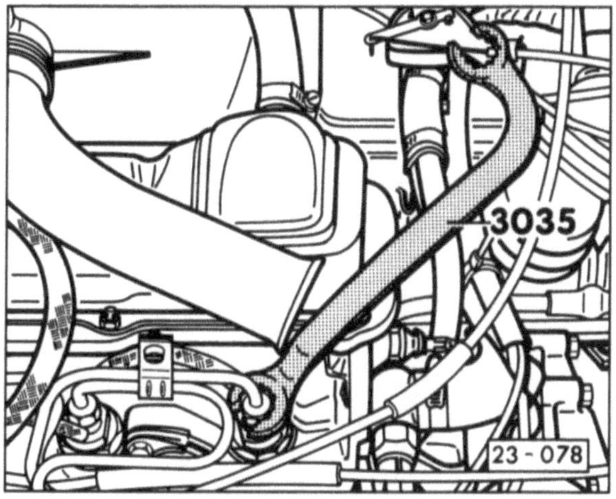

- Einspritzleitungen komplett ausbauen, dazu Überwurfmuttern mit offenem Ringschlüssel, z. B. HAZET 4560, lösen. **Achtung:** Biegeform nicht verändern. Leitungssatz immer komplett ausbauen, auch wenn nur eine Einspritzdüse ausgebaut wird.

2,4-l-Saugdieselmotor

- Falls die Einspritzdüsen für Zylinder 4 und 5 ausgebaut werden, Halter für Dehnstoffelement und Haltewinkel für Leerlaufzug abbauen.
- Einspritzdüsen mit Steckschlüsseleinsatz SW 27 ausbauen.

2,5-l-Turbodieselmotor

- An der Einspritzdüse für Zylinder 4 Steckverbindung für Nadelbewegungsfühler trennen.
- Klemmuttern abschrauben und Spannbügel herausnehmen. Gegebenenfalls Lagerböcke abnehmen.
- Einspritzdüsen herausziehen.

- Wärmeschutzdichtung aus der Einspritzdüsenbohrung im Zylinderkopf nehmen.

Einbau

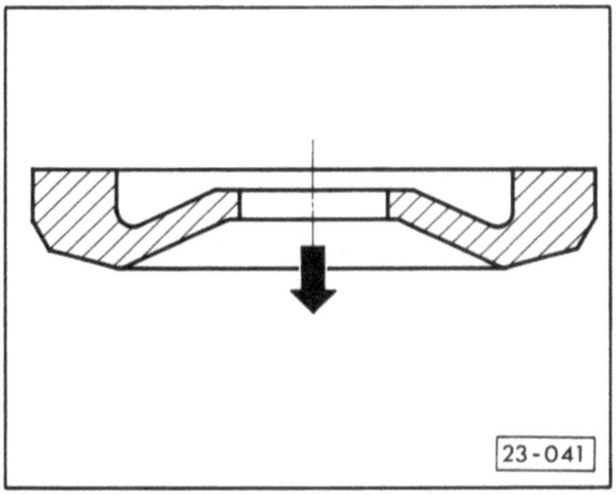

- Grundsätzlich **neue** Wärmeschutzdichtungen zwischen Zylinderkopf und Einspritzventil verwenden. Die Vertiefung muß nach oben zeigen, Pfeil zeigt zum Zylinderkopf.

2,4-l-Saugdieselmotor

- Einspritzdüsen mit **70 Nm** festziehen.
- Gegebenenfalls Halter für Dehnstoffelement und Haltewinkel für Leerlaufzug anschrauben.

2,5-l-Turbodieselmotor

- Einspritzdüsen einsetzen.
- Richtigen Sitz der Lagerböcke im Zylinderkopf überprüfen, gegebenenfalls Lagerböcke einsetzen.
- Spannbügel einsetzen und Klemmuttern mit **20 Nm** festziehen.
- Elektrische Leitung für Nadelbewegungsfühler zusammenstecken.

- Einspritzleitungen mit **25 Nm** festziehen.

Gasbetätigung einstellen

2,4-l-Saugdieselmotor

Gaszug einstellen

Achtung: Der Gaszug ist sehr knickempfindlich und daher beim Einbau besonders sorgfältig zu behandeln. Ein einziger leichter Knick kann zum späteren Bruch im Fahrbetrieb führen. Züge, die geknickt wurden, dürfen deswegen **nicht** eingebaut werden.

- Gaspedal von Hilfsperson ganz durchdrücken lassen (Vollgasstellung), oder in dieser Stellung mit geeignetem Brett zwischen Sitz und Pedal festklemmen.

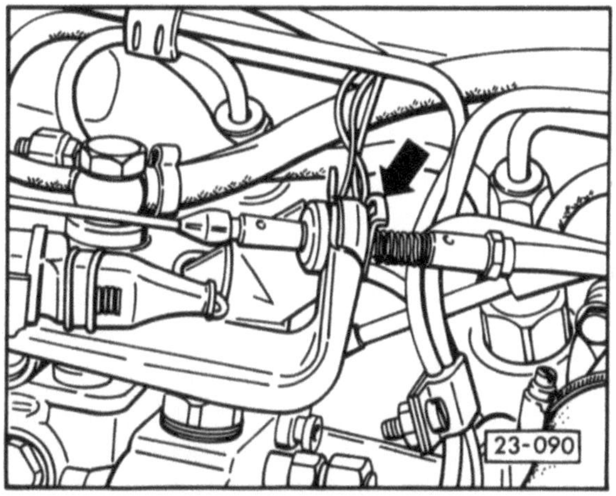

- Bei Vollgasstellung Gaszug durch Umstecken der Sicherung an der Steckraste so einstellen, daß der Einspritzpumpenhebel spannungsfrei am Anschlag liegt.

Koppelstange einstellen

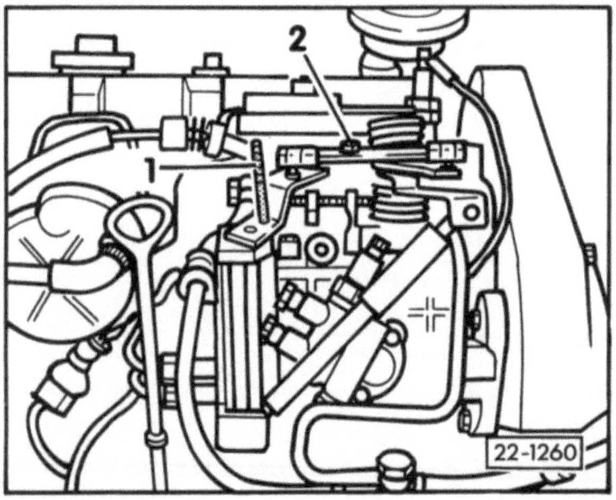

- Einstellschraube –2– der Koppelstange lösen. Beide Hälften der Koppelstange müssen sich frei zueinander bewegen können.
- Einstellbohrungen an Umlenkhebel und Lagerbock zu Dekkung bringen.
- Bohrerschaft mit ∅ = 3,5 mm –1– zum Arretieren des Umlenkhebels in die Einstellbohrungen stecken.
- Einstellschraube festziehen, Bohrer entfernen.

Handgas einstellen

- Verstellknopf an der Armaturentafel bis zum Anschlag nach links drehen (gegen den Uhrzeigersinn).
- Klemmhülse lösen und so auf dem Leerlaufzug befestigen, daß sie spannungsfrei am Hebel der Einspritzpumpe anliegt.

1,9- und 2,5-l-Turbodieselmotor

Zum Einstellen wird die AUDI-Lehre 3226 benötigt.

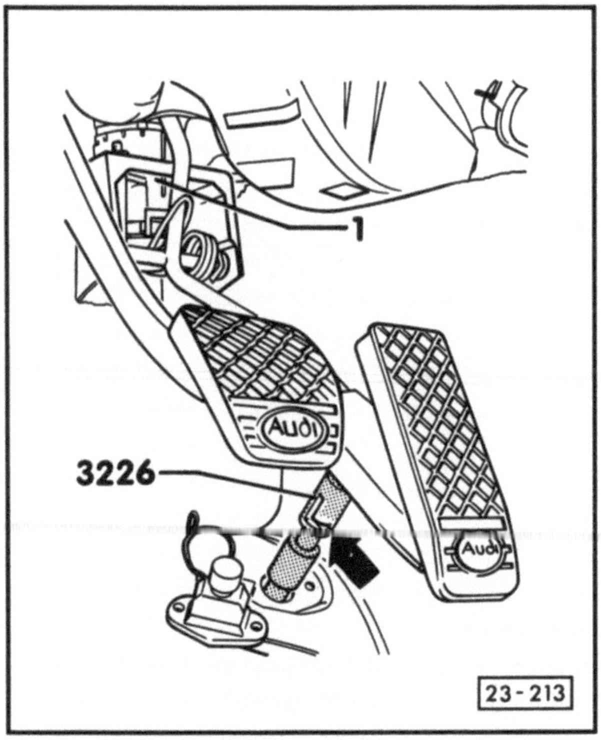

- Vollgasanschlag beziehungsweise Kickdown-Schalter für Klimaanlage abschrauben.
- Einstellehre 3226 in zusammengeschobenem Zustand anstelle des Vollgasanschlages einschrauben. Darauf achten, daß das Gewindestück der Einstellehre bis zum Anschlag eingeschraubt wird.
- Einstellehre auseinanderziehen und mit Arretierstift –Pfeil– einrasten.
- Befestigungsschrauben des Geber für Gaspedalstellung lösen und Geber –1– so verdrehen, daß der Gasfußhebel spannungsfrei auf der Einstellehre aufliegt.
- Geber für Gaspedalstellung in dieser Lage festschrauben.
- Einstellehre entfernen und Vollastanschlag beziehungsweise Kickdown-Schalter für Klimaanlage einbauen.

Elektromagnetischen Absteller prüfen/ersetzen

2,4-l-Saugdieselmotor

Der elektromagnetische Absteller an der Einspritzpumpe gibt den Kraftstoffzulauf bei Einschalten der Zündung frei. Er ist zu prüfen, wenn der Motor nicht anspringt oder nach Ausschalten der Zündung weiterläuft. **Achtung:** Beim 2,5-l-Turbodieselmotor erfolgt die Prüfung des Abstellers innerhalb der Stellglied-diagnose (Werkstattarbeit).

- Zündung ein- und ausschalten. Der elektromagnetische Absteller muß dabei hörbar klicken.
- Klickt der Absteller nicht, schwarz/weiße Zuleitung und schwarze Leitung zum Relais für Leerlaufdrehzahlanhebung auf Durchgang überprüfen, ggf. ersetzen.
- Wurde kein Fehler gefunden, Kabel abziehen und Absteller herausschrauben.
- Neuen Absteller einschrauben, mit 40 Nm festziehen. Kabel aufstecken. **Achtung:** Dabei auch Ventil, Feder und O-Ring ersetzen.
- Motor starten. Die Kraftstoffanlage entlüftet sich dabei von selbst.

Die Diesel-Kraftstoffversorgung

Zur Kraftstoffanlage gehören der Kraftstoffbehälter (Tank), die Kraftstoffleitungen, die Einspritzpumpe mit den Einspritzventilen sowie der Kraftstoffilter. Durch ein Belüftungssystem wird der Tank belüftet. Falls der Tank leer gefahren wird, ist ein Entlüften der Anlage nicht erforderlich, da sich diese während des Anlassens automatisch entlüftet.

Achtung: Um bei Startschwierigkeiten zu prüfen, ob Kraftstoff zu den Einspritzventilen gefördert wird, an zwei Einspritzventilen die Überwurfmuttern lösen und den Motor ohne vorzuglühen starten, bis Kraftstoff an den Überwurfmuttern austritt. Überwurfmuttern festziehen und Motor vorschriftsmäßig starten.

Achtung: Wenn sich die Kraftstoffanlage nicht automatisch entlüftet, dann ist folgendermaßen vorzugehen:

- Einspritzpumpe mit Dieselkraftstoff anfüllen.
- Kraftstoff-Filter mit Diesel anfüllen.
- Fahrzeug anschleppen.

Durch diese Maßnahmen ist eine schnelle Entlüftung sichergestellt.

Bei Arbeiten an der Einspritzanlage Sauberkeitshinweise beachten, siehe Seite 92.

Außerdem ist darauf zu achten, daß kein Dieselkraftstoff auf die Kühlmittelschläuche läuft. Gegebenenfalls müssen die Schläuche sofort wieder gereinigt werden. Angegriffene Schläuche sind zu ersetzen.

Die Kraftstoffilter-Vorwärmanlage

Damit der Kraftstoff auch bei niedrigen Außentemperaturen fließfähig bleibt, wird er vorgewärmt. Das geschieht durch den zuviel geförderten Kraftstoff, der normalerweise von der Einspritzpumpe in den Tank zurückfließt. Dieser Kraftstoff erwärmt sich automatisch beim Durchfluß durch die Einspritzpumpe. In der Kraftstoffrücklaufleitung befindet sich ein Regelventil, welches in Abhängigkeit von der Filtertemperatur den erwärmten Kraftstoff umleitet. Bei Temperaturen unter 0° C wird der wärmere Kraftstoff von der Einspritzpumpe in den Filter geleitet. Steigt die Kraftstofftemperatur im Filter auf über +10° C, schaltet das Regelventil um, und der zuviel geförderte Kraftstoff gelangt über die Rücklaufleitung direkt in den Tank. Das Regelventil sitzt oben im Kraftstoffilter.

Störungsdiagnose Diesel-Einspritzanlage

Bevor anhand der Störungsdiagnose der Fehler aufgespürt wird, müssen folgende Prüfvoraussetzungen erfüllt sein: Bedienungsfehler beim Starten ausgeschlossen. Kraftstoff im Tank, Motor mechanisch in Ordnung, Batterie geladen, Anlasser dreht mit ausreichender Drehzahl. **Achtung:** Wenn Kraftstoffleitungen gelöst werden, müssen diese vorher mit Kaltreiniger gesäubert werden.

Störung	Ursache	Abhilfe
Motor springt nicht an Motor springt schlecht an	1. Motor glüht nicht vor	■ Vorglühanlage prüfen
	2. Elektromagnetischer Absteller erhält keine Spannung	■ Spannungsprüfer an Absteller anschließen, Zündung einschalten. Leuchtdiode muß leuchten, sonst Leitungsunterbrechung ermitteln und beseitigen
	3. Elektromagnetischer Absteller lose, defekt	■ Absteller auf festen Sitz und Massekontakt prüfen. Zündung abwechselnd ein- und ausschalten, dabei muß der Absteller klicken
	4. Kraftstoffversorgung defekt.	■ Prüfen, ob Kraftstoff gefördert wird
	a) Kraftstoffleitungen geknickt, verstopft, undicht, porös	■ Kraftstoffleitungen reinigen
	b) Kraftstoffilter verstopft	■ Kraftstoffilter ersetzen
	c) Im Winter: Eis oder Wachs in Filter und Leitungen	■ Fahrzeug in beheizte Garage schieben, Ottokraftstoff beimischen
	d) Tankbelüftung verschlossen. Kraftstoffsieb im Tank verschmutzt.	■ Reinigen
	5. Förderbeginn verstellt	■ Förderbeginn prüfen, einstellen
	6. Einspritzdüsen defekt	■ Einspritzdüsen prüfen, Überwurfmuttern nacheinander lösen und prüfen, ob die Zylinder arbeiten
	7. Einspritzpumpe defekt	■ Versuchsweise neue Pumpe einbauen
Motor ruckelt im Leerlauf, beim Anfahren	1. Leerlaufdrehzahl falsch	■ Leerlaufdrehzahl einstellen
	2. Gasbetätigung schwergängig	■ Gangbar machen, einstellen
	3. Kraftstoffschläuche an der Kraftstoffpumpe bzw. am Kraftstoffilter lose	■ Kraftstoffschläuche ersetzen, mit Schlauchschellen befestigen, Hohlschrauben festziehen
	4. Stützplatte (hintere Befestigung) bzw. Konsole (vordere Befestigung) für Einspritzpumpe lose, gerissen oder gebrochen	■ Stützplatte bzw. Konsole prüfen
	5. Hohlschrauben der Zu- und Rücklaufleitung an der Einspritzpumpe vertauscht	■ Hohlschrauben richtig einsetzen. Die Hohlschraube für die Rücklaufleitung ist mit einer Rücklaufdrossel versehen und mit »OUT« auf dem Sechskantkopf gekennzeichnet
	6. Wie unter 1.4–7	■ Wie unter 1.4–7
Kraftstoffverbrauch zu hoch	1. Luftfilter verschmutzt	■ Filtereinsatz ersetzen
	2. Kraftstoffanlage undicht	■ Sichtprüfung an allen Kraftstoffleitungen (Saug- Rücklauf- und Einspritzleitungen), Kraftstoffilter und Einspritzpumpe durchführen
	3. Rücklaufleitung verstopft	■ Rücklaufleitung von Einspritzpumpe zum Kraftstoffbehälter mit Luft durchblasen. Überströmdrossel in der Hohlschraube der Rücklaufleitung ersetzen
	4. Leerlauf- bzw. Höchstdrehzahl zu hoch	■ Einstellen
	5. Wie unter 1.5–7	■ Wie unter 1.5-7

Die Abgasanlage

Die Abgasanlage besteht aus dem Abgaskrümmer, dem vorderen Abgasrohr, dem Katalysator beim Benzinmotor und beim TDI sowie den Schalldämpfern. Die für die Regelung des Katalysators erforderliche Lambdasonde (nur Benziner) ist im Katalysatorgehäuse oder im Abgaskrümmer eingeschraubt.

Das vordere Abgasrohr ist mit dem Abgaskrümmer verschraubt, der am Zylinderkopf angeflanscht ist. Alle Teile sind miteinander verschraubt und lassen sich einzeln auswechseln. Selbstsichernde Muttern und Dichtungen sind nach dem Ausbau zu ersetzen. Halteringe und Gummipuffer auf Porosität und Beschädigung prüfen, gegebenenfalls auswechseln.

Beim Einbau einer neuen Abgasanlage empfiehlt es sich, alle Befestigungsteile ebenfalls zu erneuern.

Abgasanlage aus- und einbauen

Ausbau

- Fahrzeug aufbocken.
- Untere Motorraumabdeckung ausbauen, siehe Seite 17.
- Sämtliche Schrauben und Muttern der Abgasanlage mit rostlösendem Mittel einsprühen. Rostlöser einige Zeit einwirken lassen.
- **Benziner:** Steckverbindung für Lambdasonde(n) im Motorraum trennen. Lambdasonde(n) herausschrauben, siehe Seite 119.

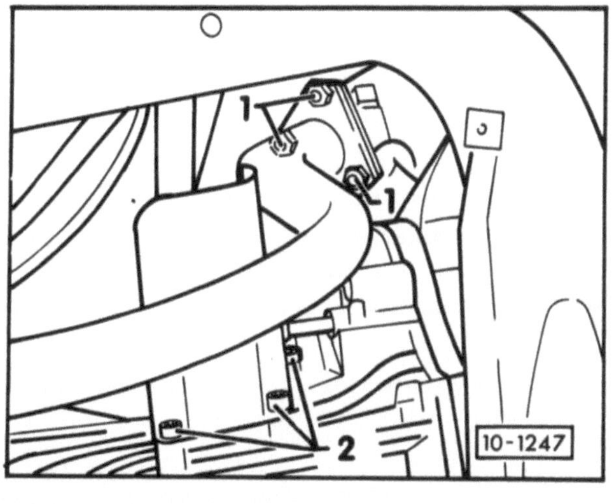

- Vorderes Abgasrohr am Abgaskrümmer von unten abschrauben –1–. Die Abbildung zeigt den Dieselmotor.
- Abdeckung für Gelenkwelle rechts abschrauben –2–.
- Abgasanlage durch Holzunterlagen abstützen.

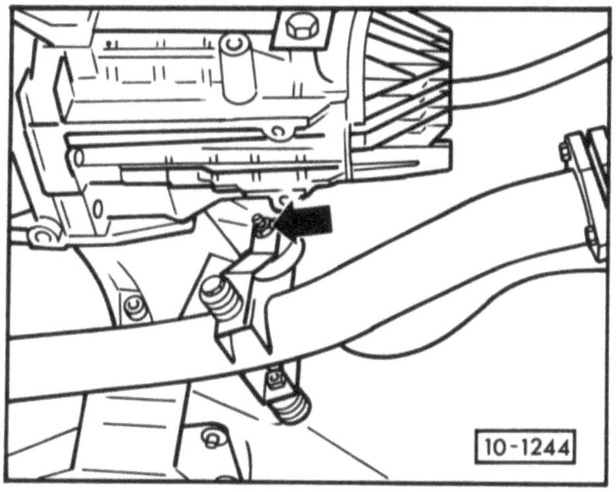

- Abgasrohr vorn am Getriebehalter abschrauben –Pfeil–. Die Abbildung zeigt den Dieselmotor.

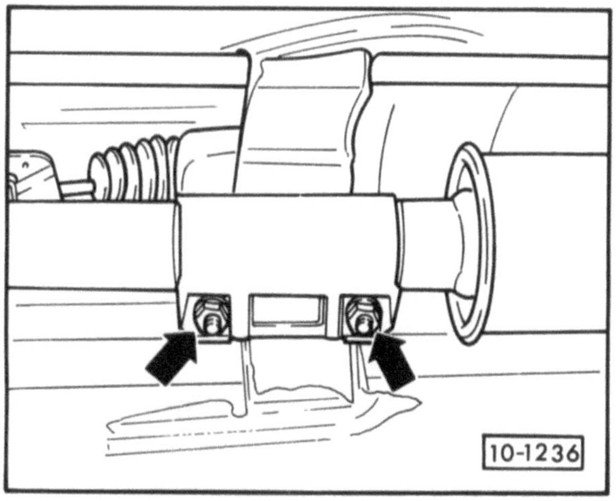

- Schelle für Verbindungsrohr abschrauben –Pfeile–. **Achtung:** Schrauben und Muttern immer ersetzen. Die Abbildung zeigt den Dieselmotor.

- Verbindungsrohr Katalysator trennen. Die Abbildung zeigt den 6-Zylinder-Benzinmotor.
- Abgasanlage aus den Halteschlaufen aushängen und herausnehmen.
- Die Teile der Abgasanlage können auch einzeln ausgebaut werden. Falls sich Verbindungsstücke oder Schrauben nicht lösen lassen, Abgasrohr an der Verbindungsstelle mit Schweißbrenner erhitzen. Asbest unterlegen! **Achtung:** Brandgefahr!

Einbau

Achtung: Gummiringe, Muttern und Schrauben grundsätzlich erneuern. Um die Muttern und Schrauben der Abgasanlage später leichter lösen zu können, empfiehlt es sich, diese mit einer Hochtemperaturpaste, zum Beispiel Liqui Moly LM-508-ASC, einzustreichen.

- Falls vorhanden, Lambdasonde(n) einbauen, siehe Seite 119.
- Vorderes Abgasrohr und Katalysator zusammenstecken und Schelle leicht beiziehen. Falls erforderlich, Konus-Anschlußstücke vom vorderen Abgasrohr zum Vorschalldämpfer vor dem Zusammenfügen mit Schmirgelleinen von Verbrennungsrückständen reinigen. Beim Zusammensetzen der Rohre auf richtigen Sitz des Dichtringes achten.
- Getriebehalter anschrauben.
- Vor- und Hauptschalldämpfer zusammenstecken und in die Gummiringe einhängen. Schrauben nur beiziehen, nicht festziehen.
- Sicherungslaschen umbiegen. Darauf achten, daß zwischen Lasche und Gummi noch ca. 2 mm Abstand bleiben.

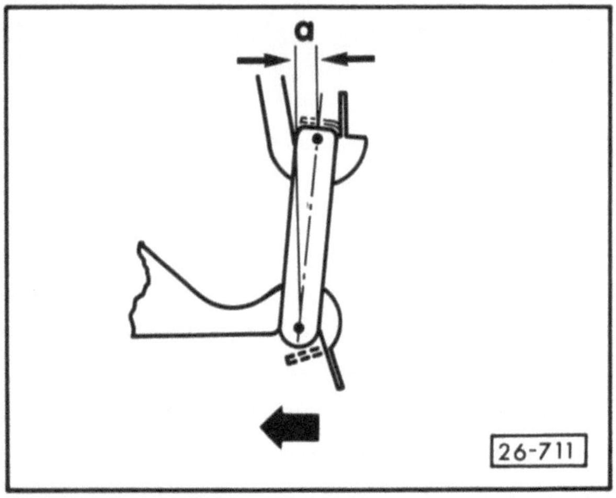

- Vor dem Anziehen der Schrauben, Abgasanlage ausrichten. Dabei auf ausreichend Abstand zum Aufbau achten (mindestens 25 mm), gegebenenfalls Anlage verdrehen oder in Längsrichtung verschieben. Die Halteringe müssen gleichmäßig belastet werden; auf ausreichende Vorspannung, wie in der Abbildung angegeben, achten. Die Vorspannung muß a ≈ 7 mm an der hinteren Aufhängung des Hauptschalldämpfers (Frontantrieb) beziehungsweise des vorderen Schalldämpfers (quattro) betragen. Der Pfeil zeigt in Fahrtrichtung. **6-Zylinder-Benzinmotor:** Vorspannung an der hinteren Aufhängung des Nachschalldämpfers: a≈ 10 mm.
- Schrauben und Muttern festziehen.

Anzugsdrehmomente:

4- und 5-Zylinder-Benzinmotor

Abgaskrümmer an Zylinderkopf	25 Nm
Abgasrohr vorn an Abgaskrümmer	35 Nm
Katalysator an Abgasrohr	25 Nm
Lambdasonde an Katalysator	50 Nm
Doppelschelle	40 Nm
Frontantrieb: Schelle zwischen Haupt- und Nachschalldämpfer	15 Nm

5-Zylinder-Saugdieselmotor

Abgaskrümmer an Zylinderkopf	25 Nm
Abgasrohr vorn an Abgaskrümmer	40 Nm
Abgasrohr vorn an Getriebehalter	25 Nm
Flansch Abgasrohr vorn an Vorschalldämpfer	25 Nm
Doppelrohrschelle Mittel- an Hauptschalldämpfer	40 Nm
Schelle Haupt- an Nachschalldämpfer	25 Nm

5-Zylinder-Turbodieselmotor

Abgaskrümmer an Zylinderkopf	25 Nm
Abgasrohr vorn an Turbolader	40 Nm
Abgasrohr vorn an Getriebehalter	25 Nm
Flanschverbindungen	25 Nm

6-Zylinder-Benzinmotor

Abgaskrümmer an Zylinderkopf	20 Nm
Katalysator an Abgaskrümmer	25 Nm
Aufhängung an Getriebe	20 Nm
Aufhängung an Katalysator	25 Nm
Verbindung Katalysator/Abgasrohr	25 Nm
Lambdasonden an Abgaskrümmer	55 Nm
Gewindestutzen für CO-Entnahmerohr	25 Nm
Gewindestutzen für AGR-Ventil	35 Nm

- Untere Motorraumabdeckung einbauen.
- Fahrzeug ablassen.
- Falls vorhanden, Kabel für Lambdasonde verbinden.

Falls nur Teile der Abgasanlage ausgewechselt werden:

quattro-Modell mit 4- und 5-Zylinder-Motor:

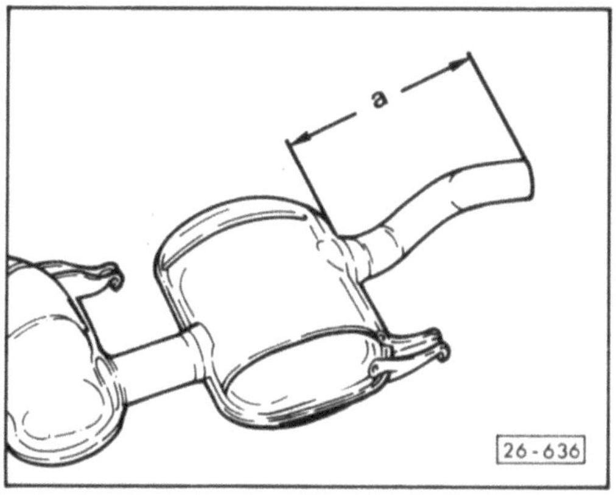

- Trennstelle bei Ersatz des Zwischenrohrs mit Schalldämpfer: a = 307 mm.
- Trennstelle bei Ersatz des Nachschalldämpfers: a = 291 mm.

Achtung: Beim Einbau der Doppelschelle muß die Einstecktiefe der Rohrenden mindestens 42,5 mm betragen.

quattro-Modell mit 6-Zylinder-Motor:

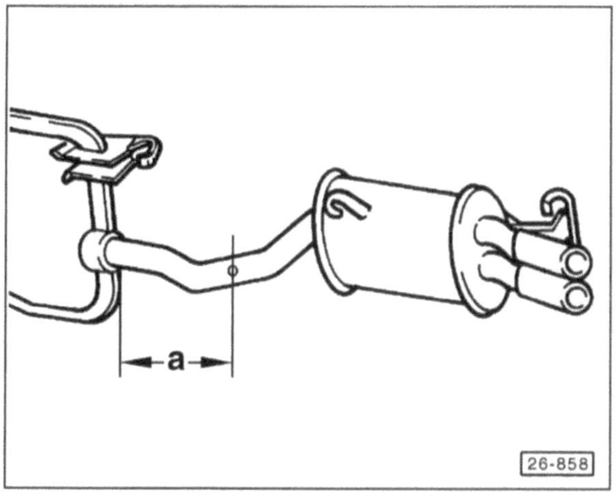

- Trennstelle bei Ersatz des Nachschalldämpfers ist durch eine Nut gekennzeichnet: Maß a ≈ 220 mm. Zum Verbinden der Rohre wird dann eine kurze Doppelschelle verwendet. Die Verschraubung der Doppelschelle muß rechts neben dem Abgasrohr stehen, in Fahrtrichtung gesehen.

Abgasanlage auf Dichtigkeit prüfen

Bei Fahrzeugen mit geregeltem Katalysator können Undichtigkeiten der Abgasanlage vor der Lambdasonde zu folgenden Störungen führen:

- Startschwierigkeiten; Motor geht aus, schüttelt im Leerlauf, ruckelt beim Beschleunigen.

Prüfvoraussetzung: Motor kalt oder handwarm. Zur Prüfung ist eine Druckluftanlage erforderlich.

- Motor starten und bei laufendem Motor Abgasanlage auf Undichtigkeit abhören.
- Motor abstellen.
- Druckluftpistole in das Endrohr der Abgasanlage einführen und mit einem Lappen abdichten.
- Betriebsdruck der Druckluftanlage auf ca. 6 bar einstellen. Druckluftpistole andauernd betätigen.
- Verbindungsstellen Zylinderkopf/Krümmer, Krümmer/Abgasrohr vorn und Abgasrohr vorn/Katalysator mit handelsüblichem »Leck-Sucher« einsprühen und auf Blasenbildung untersuchen.
- Undichtigkeit beseitigen.

Fahrzeuge mit Katalysator

Die Motoren im AUDI 100/A6 (außer Dieselmotoren mit Kennbuchstaben AAS und ABP) sind mit einem oder mehreren Katalysatoren zur Abgasreinigung ausgestattet. Die 6-Zylindermotoren sind mit einer Stereo-Lambdaregelung ausgestattet. 2 Lambdasonden und 2 Katalysatoren sorgen hier für die Abgasreinigung. Zusätzlich verringert eine Abgasrückführung (AGR) den Anteil von Stickoxiden schon vor dem Katalysator.

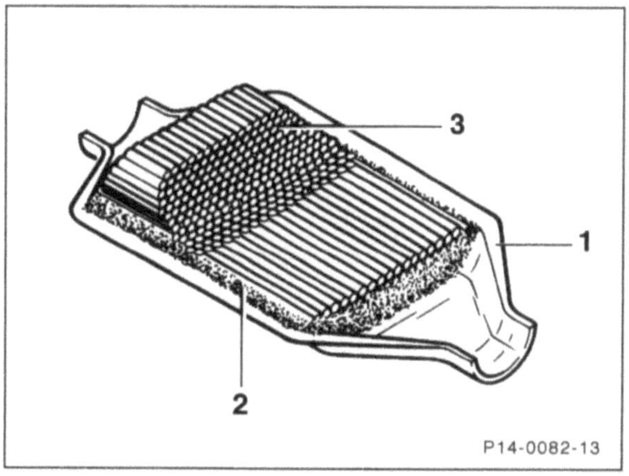

Der Katalysator –1– besteht aus einem Keramik-Wabenkörper –3–, der mit einer Trägerschicht überzogen ist. Auf der Trägerschicht befinden sich Edelmetallsalze, die den Umwandlungsprozeß bewirken. Im Gehäuse wird der Katalysator durch eine Isolations-Stützmatte –2– fixiert, die außerdem Wärmeausdehnungen ausgleicht.

Benzinmotoren

In Verbindung mit der elektronischen Einspritzanlage und der Lambdasonde wird die Kraftstoffmenge für die Verbrennung exakt dosiert, damit der Katalysator die Schadstoffe reduzieren kann. Die Lambdasonde sitzt im Abgasrohr vor dem Katalysator und wird hier vom Abgasstrom umspült. Bei der Lambdasonde handelt es sich um einen elektrischen Meßfühler, der den Restgehalt an Sauerstoff im Abgas durch elektrische Spannungsschwankungen anzeigt und Rückschlüsse auf die Zusammensetzung des Luft-Benzin-Gemisches ermöglicht. In Bruchteilen von Sekunden kann die Lambdasonde entsprechende Signale an die Steuereinheit der Einspritzanlage weitergeben und dadurch das Kraftstoff-Luftverhältnis ständig verändern. Das ist einerseits erforderlich, da sich ja die Betriebsverhältnisse (Leerlauf, Vollgas) ständig ändern, zum anderen aber auch, weil nur dann eine optimale Nachverbrennung im Katalysator erfolgt, wenn noch genügend Benzin-Anteile im Motor-Abgas vorhanden sind.

Damit es also bei einer Temperatur von +300° bis +800° C im Katalysator überhaupt zu einer Nachverbrennung kommen kann, muß das Kraftstoff-Luftgemisch mehr Kraftstoffanteile aufweisen, als für die reine Verbrennung erforderlich wären.

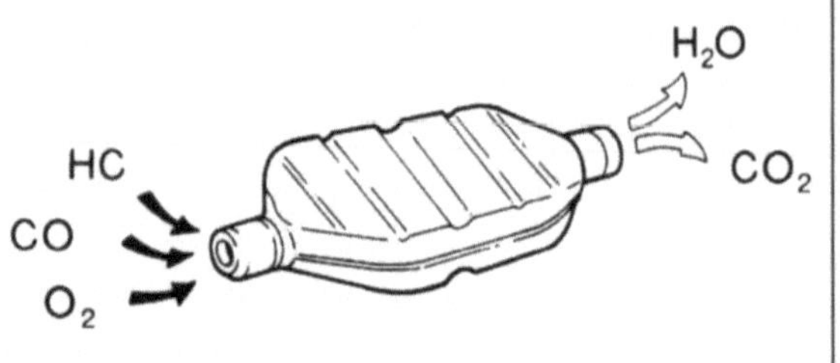

P15-0153-13

Bei dem verwendeten Katalysator handelt es sich um einen sogenannten 3-Wege-Katalysator. Das bedeutet, daß bei diesem Katalysator aufgrund der Lambda-Regelung die Oxidation von Kohlenmonoxid (CO) und Kohlenwasserstoffen (HC) sowie die Reduktion der Stickoxide (NO_X) gleichzeitig durchgeführt werden.

Katalysator beim TDI-Dieselmotor

Auch beim TDI-Dieselmotor ist serienmäßig ein Katalysator eingebaut. Allerdings ist hier keine Gemischanpassung möglich. Der Katalysator reduziert jedoch die umweltschädlichen Kohlenmonoxid- und Kohlenwasserstoff-Emissionen auf ein Niveau, das deutlich unter dem von Benzin-Motoren mit geregeltem Katalysator liegt. Außerdem vermindert sich der dieseltypische Abgasgeruch. Der bei Dieselmotoren höhere Anteil von Stickoxiden im Abgas wird durch ein zusätzliches Abgas-Rückführungssystem auf geringem Niveau gehalten.

Der Umgang mit Katalysator-Fahrzeugen

Um Beschädigungen an der Lambdasonde und am Katalysator zu vermeiden, sind nachstehende Hinweise unbedingt zu beachten:

Benzinmotoren

- Grundsätzlich nur **bleifreies** Benzin tanken.
- Falls irrtümlich bleihaltiger Kraftstoff getankt wurde, müssen das Abgasrohr vor dem Katalysator sowie der Katalysator erneuert werden. Vor Einbau der Neuteile mindestens 2 Tankfüllungen mit bleifreiem Kraftstoff fahren.
- Das Anlassen des Motors durch Anschieben oder Anschleppen ist nicht erlaubt. Unverbrannter Kraftstoff könnte bei einer Zündung zur Überhitzung des Katalysators und zu seiner Zerstörung führen. Starthilfekabel verwenden.
- Häufige Kaltstarts hintereinander sollten vermieden werden. Sonst sammelt sich im Katalysator unverbrannter Kraftstoff, der bei Erwärmung schlagartig verbrennt und dabei den Katalysator beschädigt.
- Bei Startschwierigkeiten nicht unnötig lange den Anlasser betätigen. Während des Anlassens wird permanent Kraftstoff eingespritzt. Fehlerursache ermitteln und beseitigen.
- Treten Zündstörungen auf, muß bis zur Fehleridentifizierung verhindert werden, daß beim Starten des Motors Kraftstoff eingespritzt wird. Dazu ist folgendermaßen vorzugehen:

  – **4-Zylindermotor:** Stecker vom Einspritzventil abziehen.
  – **5-Zylindermotor:** Sicherung Nr. 17 im Sicherungskasten herausziehen.
  – **6-Zylindermotor:** Alle elektrischen Stecker für die Einspritzventile abziehen.
- Keine Funkenprüfung mit abgezogenem Zündkerzenstecker durchführen.
- Es darf kein Zylindervergleich (Balancetest) durch Zündabschaltung eines Zylinders durchgeführt werden. Bei Zündabschaltung der einzelnen Zylinder – auch über Motortester – gelangt unverbrannter Kraftstoff in den Katalysator.
- Treten Zündaussetzer auf, hohe Motor-Drehzahlen vermeiden und Fehler umgehend beheben.

Benzin- und Dieselmotoren

- Fahrzeug nicht über trockenem Laub, Gras oder auf einem Stoppelfeld abstellen. Die Abgasanlage wird im Bereich des Katalysators sehr heiß und strahlt die Wärme auch nach Abstellen des Motors noch ab.
- Beim Ein- oder Nachfüllen von Motoröl besonders darauf achten, daß auf keinen Fall die Maximum-Markierung am Ölpeilstab überschritten wird. Das überschüssige Öl gelangt sonst aufgrund unvollständiger Verbrennung in den Katalysator und kann das Edelmetall beschädigen oder den Katalysator vollständig zerstören.

Fahrzeug aufbocken

Für viele Wartungs- und Reparaturarbeiten muß das Fahrzeug aufgebockt beziehungsweise hochgehoben werden. In der Werkstatt wird der Wagen in der Regel mit der Hebebühne angehoben, man kann ihn jedoch auch mit dem Fahrzeug- oder Werkstatt-Wagenheber anheben. Grundsätzlich darf das Fahrzeug nur an den abgebildeten Aufnahmepunkten angehoben werden.

Bei Arbeiten unter dem Fahrzeug muß dieses, falls es nicht auf einer Hebebühne steht, auf vier stabilen Unterstellböcken stehen. **Auf keinen Fall dürfen Arbeiten unter dem Fahrzeug ausgeführt werden, wenn dieses nicht ausreichend gesichert ist.**

- Hebewerkzeuge zum Anheben des Fahrzeuges dürfen nur an den nachstehend gezeigten Stellen angesetzt werden, da sonst bleibende Verformungen am Fahrzeug nicht auszuschließen sind.

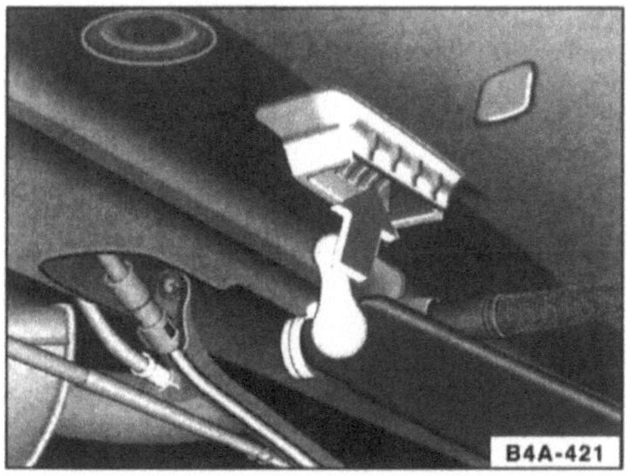

B4A-421

- Vorn und hinten sind am Fahrzeugboden an der Unterseite der Türschweller die Aufnahmen für den Werkstatt-Wagenheber oder die Hebebühne angebracht.
- Gekennzeichnet sind diese Aufnahmen durch seitliche Prägungen am Schweller.
- Die Räder, die beim Anheben auf dem Boden stehen bleiben, mit Keilen gegen Vor- oder Zurückrollen sichern. Nicht auf die Feststellbremse verlassen, diese muß bei einigen Reparaturarbeiten gelöst werden.
- Fahrzeug nur auf ebener, fester Fläche aufbocken.

Achtung: Muß das Fahrzeug auf weichem Untergrund hochgebockt werden, müssen breite Bretter unter den Wagenheber und die Unterstellböcke gelegt werden, damit sich das Gewicht auf eine größere Fläche verteilt.

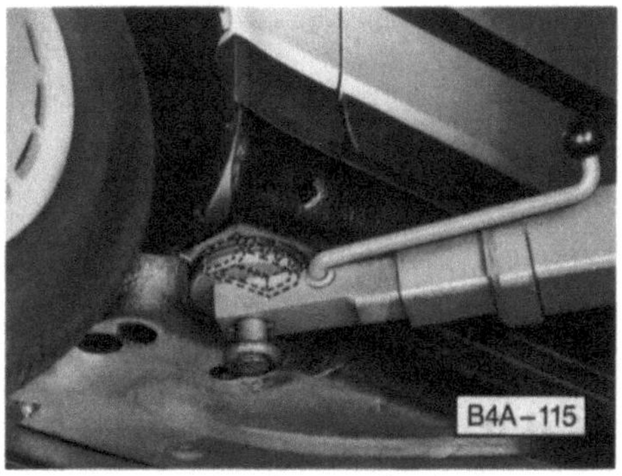

B4A-115

- Durch eine geeignete Gummi- oder Holzzwischenlage werden beim Anheben Beschädigungen an der Karosserie vermieden. Die Abbildung zeigt den Anhebepunkt vorn links.
- Fahrzeug mit Unterstellböcken so abstützen, daß jeweils ein Bein seitlich nach außen zeigt.
- Das Fahrzeug darf nur in unbeladenem Zustand angehoben werden.

Achtung: Keinesfalls darf der Wagen an Motor- oder Getriebeteilen sowie an Vorder- oder Hinterachse angehoben oder abgestützt werden. Niemals bei angehobenem Fahrzeug den Motor anlassen und einen Gang einlegen, solange auch nur ein Antriebsrad am Boden steht.

Die Kupplung

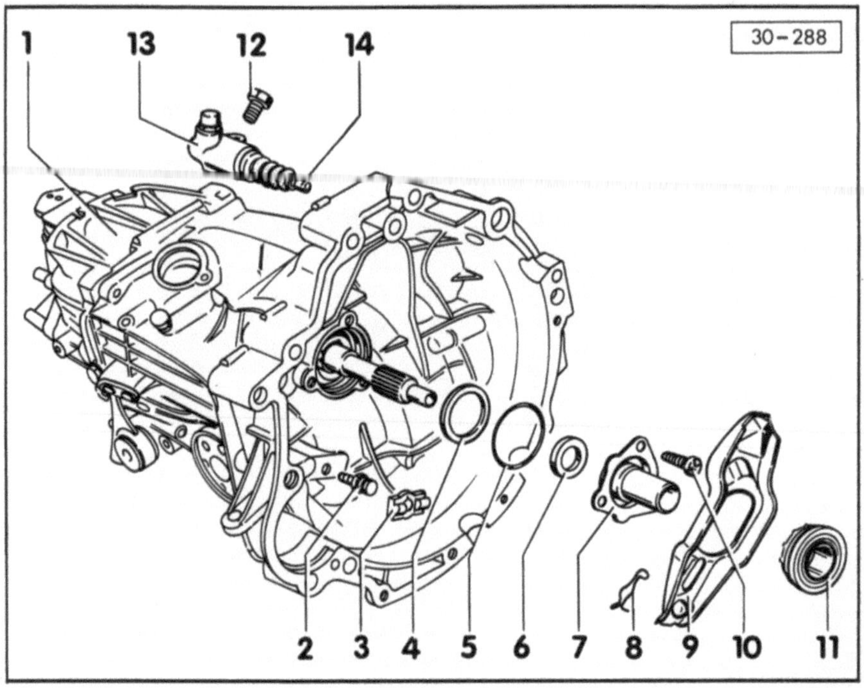

1 – **Getriebe**

2 – **Kugelzapfen, 25 Nm**

3 – **Zwischenstück**

4 – **Tellerfeder**
Kleiner Durchmesser zeigt zur Führungshülse (gewölbte Seite).

5 – **Rundschnurring**
Immer ersetzen.

6 – **Dichtring für Antriebswelle**
Bis zum Anschlag eintreiben.

7 – **Führungshülse**

8 – **Haltefeder**
Am Kupplungsausrückhebel befestigen.

9 – **Kupplungsausrückhebel**

10 – **Torxschraube, 35 Nm**
Selbstsichernd, immer ersetzen.

11 – **Ausrücklager**
Lager nicht auswaschen, nur abwischen. Laute Lager ersetzen.

12 – **Schraube, 25 Nm**

13 – **Kupplungsnehmerzylinder**
Beim Einsetzen mit Montierhebel so weit nachdrücken, bis sich die Befestigungsschraube montieren läßt. Zur Erleichterung verwendet die Werkstatt eine als Ersatzteil aufgeführte Befestigungsschraube mit angedrehter Spitze.

14 – **Stößel**
Stößelende fetten.

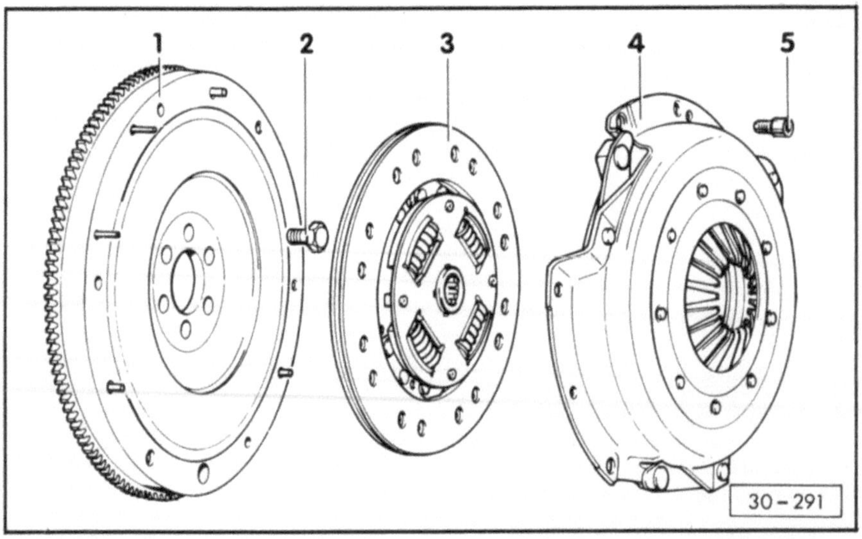

1 – **Schwungrad**
Anlagefläche für Kupplungsbelag muß frei von Rillen, Öl und Fett sein.

2 – **Schraube**
Mit VW-Sicherungsmittel D 000 600 einsetzen. Anzugsdrehmoment: **30 Nm + ¼ Umdrehung (90°)** weiterdrehen. Schrauben immer ersetzen. Das Weiterdrehen der Schrauben kann in mehreren Stufen erfolgen.

3 – **Kupplungsscheibe**
Einbaulage beachten, Federkäfig zeigt zur Druckplatte. Nicht fetten.

4 – **Druckplatte**

5 – **Zylinderschraube, 25 Nm**
Stufenweise über Kreuz anziehen.

Die Kupplung besteht aus der Kupplungsdruckplatte, der Kupplungsscheibe und dem hydraulischen Betätigungssystem. Druckplatte und Kupplungsscheibe sind am Schwungrad des Motors angebracht.

In der Getriebeglocke befindet sich der Ausrückhebel. Er trägt das wartungsfreie Ausrücklager, das beim Auskuppeln gegen die Kupplungsdruckplatte gedrückt wird. Am Ausrückhebel liegt der Kolben des Nehmerzylinders vom Hydrauliksystem an. Das Hydrauliksystem der Kupplung arbeitet mit Bremsflüssigkeit und wird über den gemeinsamen Ausgleichbehälter für Bremsflüssigkeit versorgt.

In eingekuppeltem Zustand wird durch die Kupplungsmembranfeder die Kupplungsscheibe von der Druckplatte gegen das Schwungrad gepreßt und so der Kraftschluß zwischen Kurbelwelle und Getriebeantriebswelle hergestellt.

Beim Niedertreten des Kupplungspedals wird über den Geberzylinder im Fußraum des Fahrzeuges Druck aufgebaut und über eine Hydraulikleitung auf den am Getriebe angeflanschten Kupplungs-Nehmerzylinder übertragen. Der Kolben des Nehmerzylinders drückt über die Ausrückgabel das Ausrücklager gegen die Membranfeder der Druckplatte und hebt diese etwas an. Dadurch wird die Kupplungsscheibe zwischen Schwungrad und Druckplatte frei, und der Kraftschluß zwischen Motor und Getriebe somit aufgehoben.

Die Kupplungshydraulik

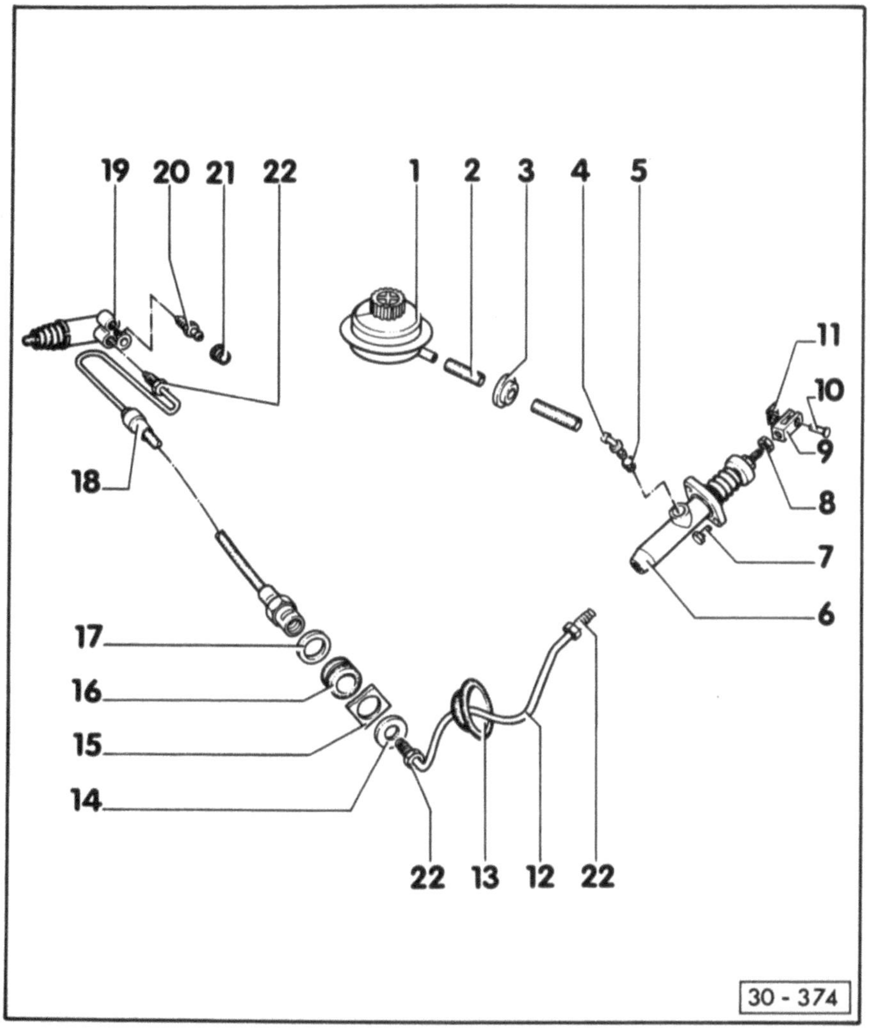

1 – **Bremsflüssigkeitsbehälter**

2 – **Nachlaufschlauch**

3 – **Tülle**

4 – **Winkelstück**

5 – **Dichtungsstopfen**
Zum Einsetzen mit Bremsflüssigkeit anfeuchten.

6 – **Geberzylinder**

7 – **Schraube, 10 Nm**

8 – **Kontermutter**

9 – **Gabelkopf**

10 – **Bolzen**

11 – **Sicherung**

12 – **Rohrleitung**

13 – **Tülle**

14 – **Scheibe**
Kleiner Innendurchmesser.

15 – **Halter**

16 – **Buchse**

17 – **Scheibe**
Großer Innendurchmesser.

18 – **Druckschlauch**
Der Schlauch darf das Getriebe oder umliegende Bauteile nicht berühren. **Achtung:** Je nach Motorisierung gibt es unterschiedliche Ausführungen.

19 – **Nehmerzylinder**
Nach dem Einbau Kupplungsbetätigung am Nehmerzylinder entlüften. **Achtung:** Kupplungspedal nach dem Ausbau des Nehmerzylinders nicht mehr betätigen.

20 – **Entlüfterventil**
Achtung: Vor dem Entlüften der hydraulischen Kupplungsanlage mit dem Bremsentlüftungsgerät Bremsflüssigkeitsbehälter bis zur Markierung »max« mit Bremsflüssigkeit füllen.

21 – **Staubkappe**

22 – **Rohranschlußmutter, 15 Nm**

Das Kupplungspedal

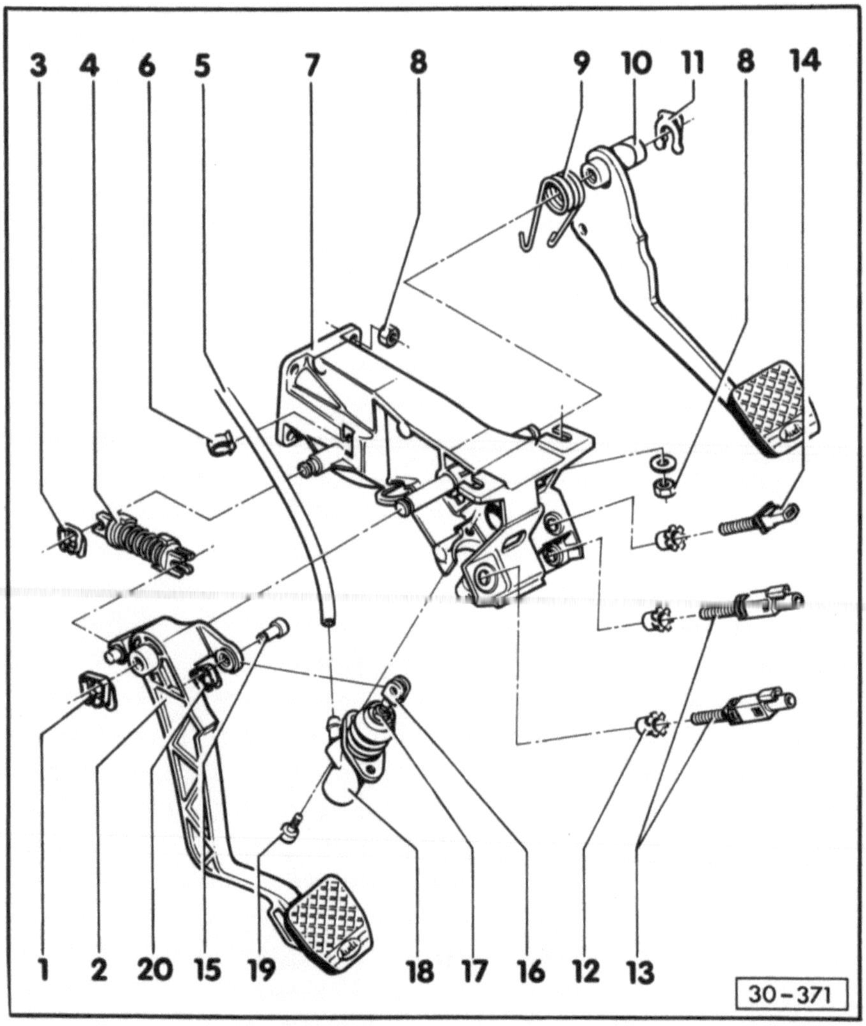

1 – **Sicherung**

2 – **Kupplungspedal**
Wird durch die Einstellung des Gabelkopfs fixiert. Zum Einbau auf die Welle des Pedalbocks aufstekken. Die Lagerbuchse ist eingespritzt und kann nicht ersetzt werden, ggf. Kupplungspedal ersetzen.

3 – **Sicherung**
Bleibt beim Ausbau der Übertotpunktfeder eingebaut.

4 – **Übertotpunktfeder**
Mit Festschmierstoffpaste fetten.

5 – **Nachlaufschlauch**
Achtung: Der Nachlaufschlauch für den Geberzylinder darf die Übertotpunktfeder nicht berühren.

6 – **Clip**

7 – **Pedalbock**

8 – **Selbstsichernde Mutter, 25 Nm**

9 – **Rückholfeder**

10 – **Bremspedal**

11 – **Sicherung**

12 – **Clips für Belüftungsventile der Geschwindigkeitsregelanlage und für Bremslichtschalter**

13 – **Belüftungsventile für Geschwindigkeitsregelanlage**

14 – **Bremslichtschalter**

15 – **Bolzen**
Zur Befestigung des Gabelkopfes am Kupplungspedal. Der Bolzen kann zur leichteren Montage auch um 180° gedreht eingebaut werden.

16 – **Gabelkopf**
So einstellen, daß das Kupplungspedal ca. 10 mm über dem Bremspedal steht. Hierbei ist zu beachten, daß die Übertotpunktfeder das Kupplungspedal wieder zurückstellt und das Pedal in Ruhestellung nicht am Pedalbock anliegt. Andernfalls tritt erhöhter Belagverschleiß auf.
Achtung: Stellt sich das Kupplungspedal bei richtig eingestelltem Gabelkopf nicht von selbst zurück, kann Luft in der Hydraulikanlage sein, oder das Pedal ist in der Lagerung schwergängig oder die Übertotpunktfeder ist schwergängig.

17 – **Kontermutter**
Nach Einstellen des Gabelkopfs festziehen.

18 – **Kupplungsgeberzylinder**

19 – **Schraube, 20 Nm**

20 – **Sicherung**

Hinweis: Sämtliche Lager- und Berührungsflächen mit MoS_2-Schmierfett oder Festschmierstoffpaste AOS 126 000 05 fetten.

Achtung: Der Weg des Bremspedals darf nicht durch zusätzliche Bodenbeläge verkürzt werden.

Kupplung aus- und einbauen/prüfen

Ausbau

- Getriebe ausbauen, siehe Seite 152.
- Befestigungsschrauben der Kupplungsdruckplatte nacheinander jeweils um 1 bis 1½ Umdrehungen lösen, bis die Druckplatte entspannt ist.

Achtung: Wenn die Schrauben sofort ganz gelöst werden, kann die Membranfeder beschädigt werden.

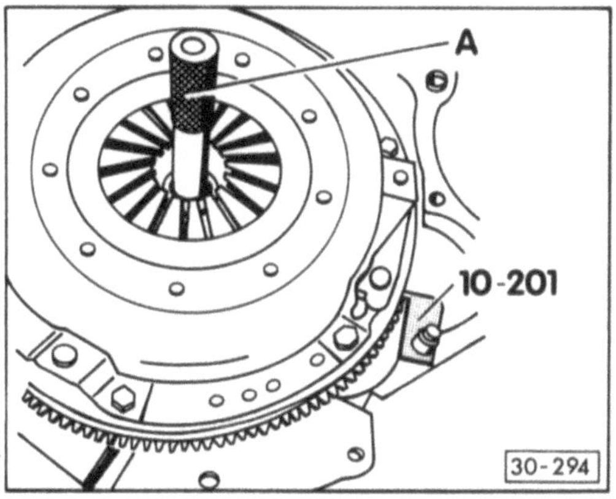

30-294

- Damit das Schwungrad beim Lösen der Schrauben nicht mitdreht, Schwungrad entweder mit V.A.G-Werkzeug 10-201 oder mit Schraubendreher und Dorn arretieren.
- Anschließend Schrauben ganz herausdrehen.
- Druckplatte und Kupplungsscheibe herausnehmen. **Achtung:** Druckplatte und Kupplungsscheibe beim Herausnehmen nicht fallen lassen, sonst können nach dem Einbau Rupf- und Trennschwierigkeiten auftreten.
- Ausrücklager vom Lagerrohr am vorderen Getriebedeckel abnehmen. **Achtung:** Lager nur abwischen, nicht auswaschen.
- Schwungrad mit benzingetränktem Lappen auswischen.

Prüfen

- Kupplungsdruckplatte auf Brandrisse und Riefen prüfen.

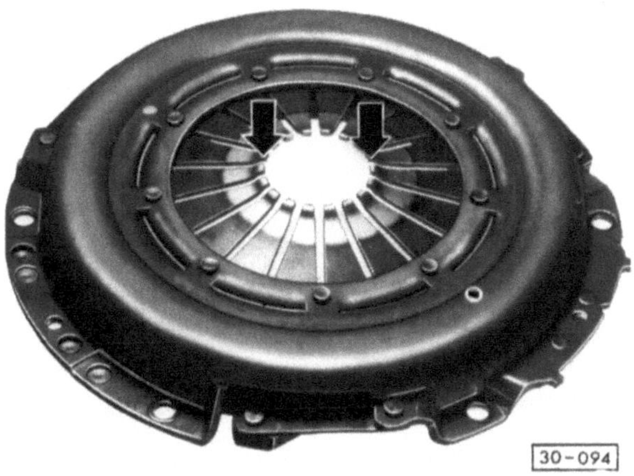
30-094

- Membranfeder auf Brüche untersuchen –Pfeile–. Einlaufspuren an den Enden der Membranfeder bis zur halben Membranfederdicke sind zulässig.

30-093

- Federverbindungen zwischen Druckplatte und Deckel auf Risse, Nietbefestigungen auf festen Sitz prüfen. Kupplungen mit beschädigten oder losen Nietverbindungen ersetzen.

30-006

- Auflagefläche der Druckplatte auf Risse, Brandstellen und Verschleiß prüfen. Druckplatten, die bis zu 0,3 mm nach innen durchgebogen sind, dürfen noch eingebaut werden. Die Prüfung erfolgt mit Lineal und Fühlerblattlehre.
- Schwungrad auf Brandrisse und Riefen prüfen.
- Verölte, verfettete oder mechanisch beschädigte Kupplungsscheiben austauschen.
- Kupplungsscheibe auf ausreichende Belagstärke und Belagrisse prüfen.
- In der Werkstatt kann die Kupplungsscheibe auf Schlag geprüft werden. Der Seitenschlag darf bei der Kupplungsscheibe maximal 0,5 mm betragen (2,5 mm vom Außenrand gemessen). **Achtung:** Diese Prüfung ist nur notwendig, wenn die alte Kupplungsscheibe wieder eingebaut werden soll und die Kupplung vorher nicht richtig ausgekuppelt hat.
- Ausrücklager von Hand prüfen. Dazu Lager leicht zusammenpressen und drehen. Das Lager muß sich leicht drehen lassen, sonst austauschen.
- In eingebautem Zustand macht sich ein defektes Ausrücklager durch Geräusche bei getretenem Kupplungspedal bemerkbar. In diesem Fall Lager austauschen.

Einbau

- Vor dem Einbau einer neuen Kupplung, Korrosionsschutzfett an der Anlauffläche restlos entfernen. An den anderen Stellen darf das Fett auf keinen Fall entfernt werden, da sonst die Lebensdauer der Kupplung erheblich verkürzt wird.
- Zentrierstifte am Schwungrad auf festen Sitz prüfen.
- Kupplungsscheibe und Kupplungsdruckplatte in Schwungrad einsetzen. Die Kupplungsdruckplatte in die entsprechenden Paßstifte setzen. Die Kupplungsscheibe muß mit einem passenden Dorn (zum Beispiel von HAZET) oder mit einer alten Getriebe-Antriebswelle zentriert werden.
- Beim Einsetzen der Mitnehmerscheibe darauf achten, daß der Federkäfig zur Druckplatte zeigt.
- Kerbverzahnung der Kupplungsscheibe von Korrosion reinigen und **hauchdünn** mit Moly-Gleitpaste schmieren. Die V.A.G-Werkstätten verwenden das Fett G 000 100. Danach die Kupplungsscheibe auf der Antriebswelle hin- und herbewegen, bis die Nabe auf der Welle leichtgängig ist. Überschüssiges Fett **unbedingt** entfernen.
- Druckplatte ansetzen und folgendermaßen festziehen: Befestigungsschrauben für Kupplungsdruckplatte nacheinander mit 1 bis 1½ Umdrehungen anziehen, bis die Druckplatte festgezogen ist. Anzugsdrehmoment: **25 Nm**.

Achtung: Die Druckplatte muß **vollständig** am Schwungrad anliegen. **Dann** erst Befestigungsschrauben einsetzen. **Keinesfalls** Druckplatte mit den Schrauben heranziehen, sonst werden die Zentrierbohrungen der Druckplatte und Zentrierstifte am Schwungrad beschädigt.

- Anschließend Zentrierdorn entfernen.
- Getriebe einbauen, siehe Seite 152.

Kupplungsbetätigung entlüften

Die Kupplungsbetätigung muß entlüftet werden, wenn das Kupplungspedal nicht oder nur verzögert zurückkommt, beziehungsweise wenn das Hydrauliksystem geöffnet wurde. Vorher Leichtgängigkeit der Lagerung des Kupplungspedals und der Übertotpunktfeder prüfen.

Da das Hydrauliksystem der Kupplung mit Bremsflüssigkeit arbeitet, sind ebenfalls die entsprechenden Kapitel im Abschnitt »Bremsanlage entlüften« durchzulesen.

Achtung: Bei dem hier beschriebenen Entlüftungsvorgang ohne Entlüftergerät kann etwas Luft im System bleiben. Erkennbar ist das am Kratzen und nicht richtigen Trennen der Kupplung. In diesem Fall Kupplungshydraulik umgehend in der Werkstatt mit dem Spezialgerät entlüften lassen.

- Fahrzeug vorn aufbocken.
- Bremsflüssigkeitsstand im gemeinsamen Vorratsbehälter prüfen, gegebenenfalls bis zur Max.-Markierung auffüllen.
- Staubkappen vom Entlüfterventil am Nehmerzylinder und am vorderen linken Bremssattel abziehen.
- Entlüfterventile vorsichtig gangbar machen.
- Durchsichtigen Schlauch auf das Entlüfterventil am Bremssattel aufschieben.
- Schlauch mit Bremsflüssigkeit füllen. Dazu Entlüfterschraube am Bremssattel öffnen. Bremspedal langsam durchtreten (Helfer) und in dieser Stellung halten. Entlüfterventil schließen und Bremspedal loslassen. Anschließend Entlüfterventil wieder öffnen und Bremspedal erneut durchtreten. Vorgang so lange wiederholen, bis der Schlauch vollständig mit Bremsflüssigkeit gefüllt ist. Schlauch mit dem Finger zuhalten, damit keine Bremsflüssigkeit ausläuft. **Achtung:** Der Flüssigkeitsstand im Vorratsbehälter darf nicht zu weit absinken, gegebenenfalls **neue** Bremsflüssigkeit nachfüllen.
- Freies Schlauchende auf die Entlüfterschraube am Kupplungs-Nehmerzylinder stecken und beide Entlüfterschrauben öffnen.
- Bremspedal durchtreten, Entlüfterschraube am Bremssattel schließen und Bremspedal entlasten. Diesen Vorgang so oft wiederholen, bis im Ausgleichbehälter keine Luftblasen mehr herausgedrückt werden. Dabei stets neue Bremsflüssigkeit nachfüllen.
- Entlüfterschrauben am Bremssattel und am Nehmerzylinder verschließen. Schlauch abziehen und Staubkappen aufschieben.
- Fahrzeug ablassen.
- Bremsflüssigkeit bis zur Max.-Markierung auffüllen.
- Funktion von Brems- und Kupplungssystem prüfen.

Entlüften mit Entlüftergerät

In den Werkstätten wird die Kupplungshydraulik in der Regel mit einem Entlüftergerät entlüftet. Das Entlüftergerät gibt Druck (max. 2,5 bar) auf die Bremsflüssigkeit.

- Verschraubung am Bremsflüssigkeits-Ausgleichbehälter abschrauben. Entlüftergerät nach Vorschrift anschließen.
- Am Kupplungsnehmerzylinder Schlauch auf Entlüfterschraube aufschieben. Schlauchende in eine mit Bremsflüssigkeit gefüllte Flasche stecken.
- Entlüfterschraube so lange öffnen, bis keine Luftblasen mehr entweichen.
- Bremsflüssigkeit bis zur Max.-Markierung auffüllen. Deckel für Bremsflüssigkeitsbehälter aufschrauben.

Störungsdiagnose Kupplung

Störung	Ursache	Abhilfe
Kupplung rupft	Zu niedrige Leerlaufdrehzahl	■ Drehzahl einstellen
	Motor- und Getriebelager defekt	■ Prüfen, gegebenenfalls auswechseln
	Getriebe liegt in der Aufhängung nicht fest	■ Befestigungsschrauben nachziehen
	Druckplatte trägt ungleichmäßig	■ Druckplatte auswechseln
	Mitnehmerscheibe kein Original-AUDI-Teil	■ Original-AUDI-Kupplungsscheibe einbauen
	Kurbelwelle fluchtet nicht zur Getriebe-Antriebswelle	■ Zentrierflächen von Motor und Getriebe überprüfen
	Ausrücker drückt einseitig	■ Ausrücker überprüfen
Kupplung rutscht	Kupplungsscheibe verschlissen	■ Dicke der Kupplungsscheibe prüfen, gegebenenfalls auswechseln
	Nehmerzylinder klemmt	■ Nehmerzylinder ersetzen
	Spannung der Membranfeder zu gering	■ Druckplatte auswechseln
	Nehmerzylinder undicht	■ Sichtprüfung durchführen
	Belag verhärtet oder verölt	■ Kupplungsscheibe austauschen
	Kupplung wurde überhitzt	■ Original-AUDI-Teil einbauen
Kupplung trennt nicht richtig	Belag durch Abrieb verklebt	■ Kupplungsscheibe austauschen
	Kupplungsscheibe klemmt auf der Antriebswelle, Kerbverzahnung trocken oder verklebt	■ Kerbverzahnung reinigen, entgraten, ggf. Rost entfernen und neu schmieren; z. B. MoS_2-Puder einbürsten
	Kupplungsscheibe hat Seitenschlag	■ Kupplungsscheibe prüfen lassen, ersetzen
	Geberzylinder undicht	■ Bei durchgetretenem Kupplungspedal beobachten, ob Flüssigkeit im Bremsflüssigkeitsvorratsbehälter aufwallt, ggf. Kupplung entlüften oder Geberzylinder austauschen
	Kupplungspedal erreicht den Begrenzungsanschlag nicht	■ Prüfen, ob Begrenzungsanschlag erreicht wird, gegebenenfalls Fußmatte ausschneiden
	Ausrücker defekt	■ Ausrücker auf Verformung prüfen
	Luft im Hydrauliksystem	■ Kupplungshydraulik entlüften
	Führungslager für die Getriebe-Antriebswelle in der Kurbelwelle defekt	■ Führungslager in der Kurbelwelle ersetzen
	Mitnehmerscheibe stark verbogen, oder Belag gebrochen	■ Mitnehmerscheibe ersetzen
Geräusch bei betätigtem Kupplungspedal	Ausrücklager defekt	■ Ausrücklager prüfen, ersetzen
	Kupplungsscheibe schlägt an die Druckplatte	■ Kupplungsscheibe auswechseln
Auf- und abschwellendes Geräusch bei Zug- oder Schubzustand, oder wenn das Fahrzeug in ausgekuppeltem Zustand rollt	Torsionsdämpfer der Kupplungsscheibe schwergängig	■ Kupplungsscheibe erneuern
	Nietverbindungen der Kupplung locker	■ Kupplung ersetzen
	Unwucht der Kupplung zu groß	■ Kupplung und Mitnehmerscheibe ersetzen

Das Getriebe

Das Getriebe kann ohne Ausbau des Motors ausgebaut werden. Ein Ausbau ist dann erforderlich, wenn die Kupplung ausgewechselt werden soll oder wenn das Getriebe erneuert beziehungsweise überholt werden muß. Da es jedoch in keinem Fall anzuraten ist, Reparaturen am Getriebe mit Heimwerkermitteln in Angriff zu nehmen, beschreibe ich lediglich den Ausbau des Aggregates beim frontgetriebenen Fahrzeug.

Getriebe aus- und einbauen

Ausbau

- Abdeckung für Wasserkasten, zwischen Spritzwand und Windschutzscheibe im hinteren Teil des Motorraums, ausclipsen und herausnehmen.
- Batterie-Massekabel (–) abklemmen. **Achtung:** Dadurch werden aus dem Speicher des Radios der Code für die Diebstahlsicherung sowie die eingestellten Sender gelöscht. Die Batterie darf nur bei ausgeschalteter Zündung abgeklemmt werden, **da sonst das Steuergerät der Einspritzanlage beschädigt wird.** Vor dem Abklemmen sollten auch die Hinweise im Kapitel »Radio« bzw. »Batterie aus- und einbauen« durchgelesen werden.

Achtung: Bei Fahrzeugen mit Klimaanlage befindet sich die Batterie unter der Rücksitzbank.

- Obere Verbindungsschrauben Motor/Getriebe herausschrauben, dabei gegebenenfalls Lenkung einschlagen. **Achtung:** Für den leichteren Einbau, Position der Verbindungsschrauben notieren.
- **6-Zylindermotor:** Ansaugrohr zwischen Luftfilter und Sammelsaugrohr ausbauen.
- Stecker vom Multifunktionsschalter und vom Geber für Geschwindigkeitsmesser abziehen, dazu Klammern hineindrücken.

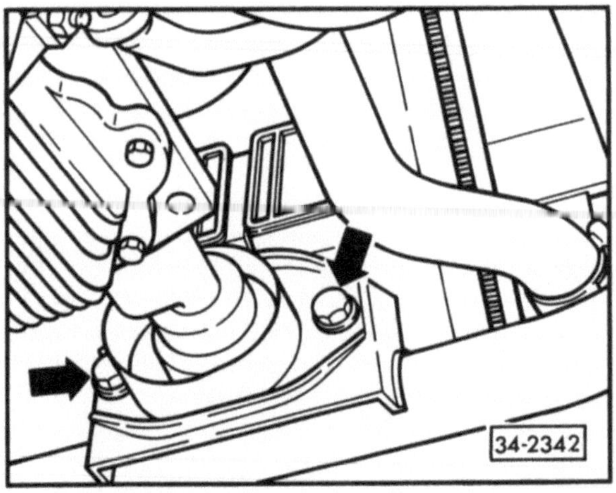

- **5-/6-Zylindermotor:** Befestigungsschrauben für Drehmomentstütze –Pfeile– von oben lösen. In der Abbildung ist die Drehmomentstütze von unten dargestellt.
- Aufhängevorrichtung, z. B. V.A.G 10-222 A, einhängen und Motor mit Spindel vorspannen. Steht die Aufhängevorrichtung nicht zur Verfügung, geeignete Stange auf Böcken lagern und Motor mit Seil vorspannen. Beim 6-Zylindermotor Aufnahmehaken nur in die linke Motoraufnahme einhängen. Motor vorspannen, siehe auch Seite 15.
- Fahrzeug aufbocken.
- Untere Motorraumabdeckung ausbauen, siehe Seite 17.
- Halter für Motorraumabdeckung abschrauben.

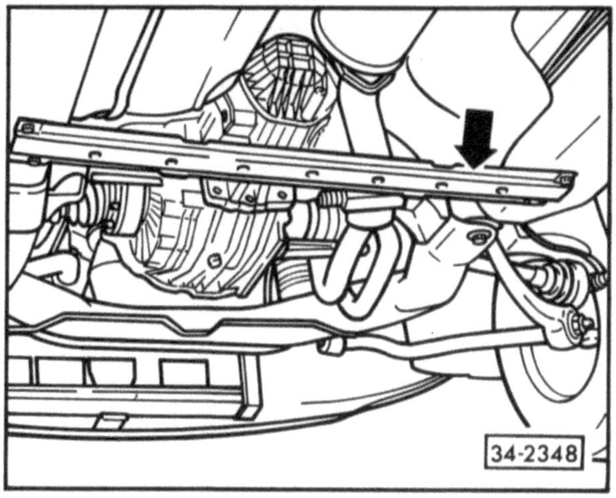

- Querträger –Pfeil– unterhalb des Getriebes abschrauben. In der Abbildung ist der 4-Zylindermotor dargestellt.
- Abgasanlage komplett ausbauen, siehe Seite 141.
- Befestigungsschraube für Schaltstange am Getriebe herausdrehen und Schaltstange abnehmen.

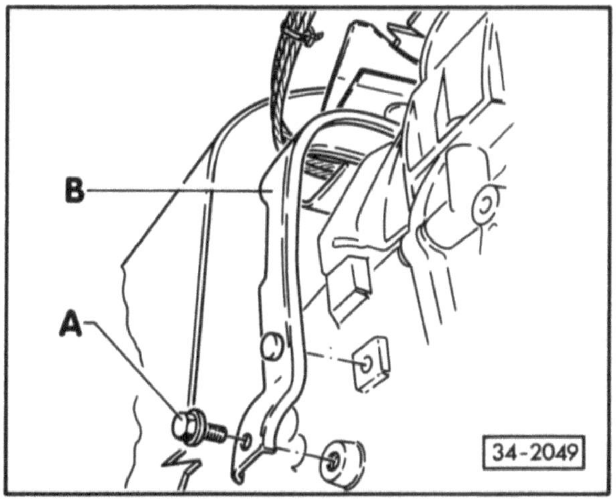

- Halterung und Seile für »proconten«-System vom Getriebe abbauen. Dazu Seilhalter –B– mit Schrauben –A– abschrauben und mit dem proconten-Seil über den Seilfänger drücken. Funktion des proconten-Systems siehe Seite 179.
- Wärmeschutzblech für inneres rechtes Gelenk vom Getriebe abschrauben. Beim 6-Zylindermotor Wärmeschutzbleche für beide Gelenke abschrauben.
- Gelenkwelle rechts und links ausbauen, Lenkung nach rechts einschlagen und beide Gelenkwellen hochbinden.
- Falls vorhanden, Wärmeschutzblech für Gummimetallager rechts abschrauben.
- Anlasser ausbauen, siehe Seite 273.
- Getriebe mit Getriebeheber V.A.G-1383-A leicht anheben. Steht der Getriebeheber nicht zur Verfügung, Getriebe mit Werkstattwagenheber anheben. **Achtung:** Zwischen Getriebe und Wagenheber Holz zwischenlegen.
- Befestigungsschrauben für Getriebestützen/Aggregateträger rechts und links ausbauen.
- Kupplungsnehmerzylinder abschrauben und am Aufbau mit Draht aufhängen. **Achtung:** Die Hydraulikleitung bleibt angeschlossen, sonst muß die Anlage nach dem Einbau entlüftet werden. Bei ausgebautem Nehmerzylinder nicht auf das Kupplungspedal treten.
- Verbindungsschrauben Motor/Getriebe unten herausdrehen.
- **4-Zylindermotor:** Kupplungsabdeckblech abschrauben.
- Getriebe von den Paßhülsen abdrücken und vorsichtig absenken.

Einbau

- Vor dem Einbau Kupplung prüfen, siehe Seite 149.
- Kupplungsausrücklager auf leichten Lauf prüfen. **Achtung:** Lager nur abwischen, nicht auswaschen. Sind vor dem Ausbau Laufgeräusche des Ausrücklagers beim Auskuppeln aufgetreten, Lager auswechseln, siehe Seite 149.
- Kerbverzahnung der Antriebswelle reinigen und leicht mit Moly-Gleitpaste oder Moly-Spray schmieren.
- Prüfen, ob die Paßhülsen zur Zentrierung von Motor/Getriebe im Motorblock vorhanden sind, gegebenenfalls einsetzen.
- Getriebe anheben und waagerecht in die Kupplung einfahren. Falls beim Einsetzen die Getriebe-Antriebswelle nicht in die Kupplungsscheibe einrastet, Antriebswelle von hinten am Flansch für die Gelenkwelle mit der Hand entsprechend verdrehen.

Befestigungsschrauben Motor/Getriebe

4-Zylinder-Motor

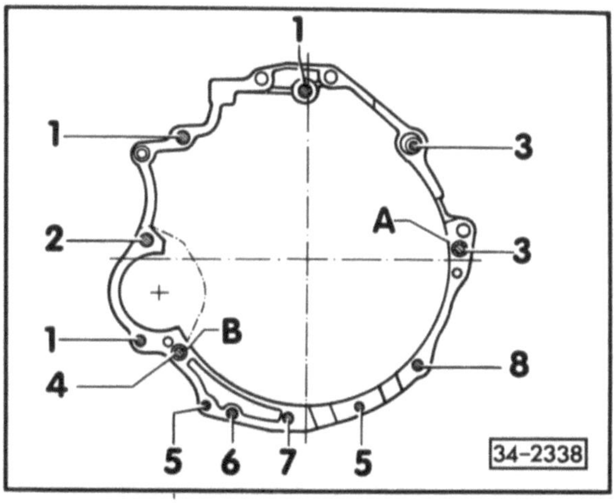

1 – Schraube M 12x67, 65 Nm	5 – Schraube M 8x32, 25 Nm
2 – Schraube M 12x80, 65 Nm	6 – Schraube M 10x45, 45 Nm
3 – Schraube M 12x90, 65 Nm	7 – Schraube M 10x30, 45 Nm
4 – Schraube M 12x100, 65 Nm	8 – Schraube M 10x50, 45 Nm

Paßhülsen zur Zentrierung in Position A und B.

5-Zylinder-Motor

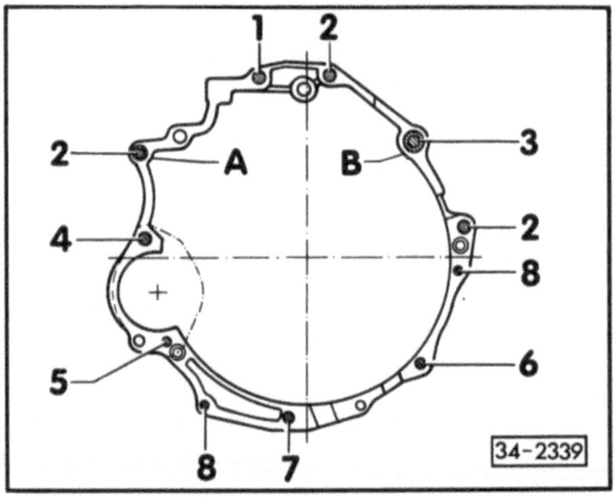

1 – Schraube M12x67, 65 Nm
2 – Schraube M12x80, 65 Nm
3 – Schraube M12x90, 65 Nm
4 – Schraube M12x100, 65 Nm
5 – Schraube M10x120, 65 Nm
6 – Schraube M10x50, 45 Nm
7 – Schraube M10x38, 45 Nm
8 – Schraube M8x40, 25 Nm

Paßhülsen zur Zentrierung in Position A und B.

6-Zylinder-Motor

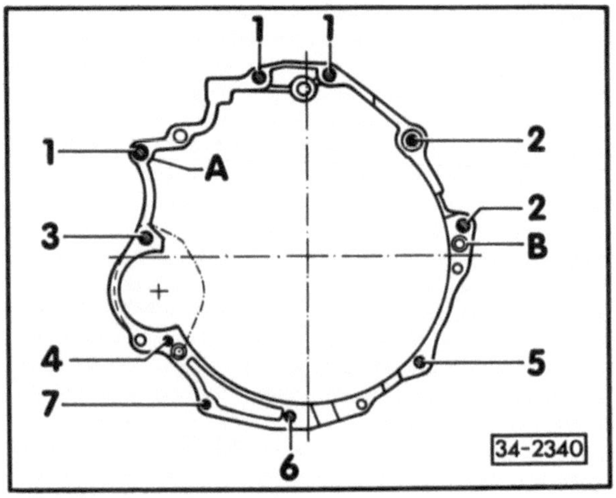

1 – Schraube M12x67, 65 Nm
2 – Schraube M12x80, 65 Nm
3 – Schraube M12x110, 65 Nm
4 – Schraube M10x130, 65 Nm
5 – Schraube M10x50, 45 Nm
6 – Schraube M10x38, 45 Nm
7 – Schraube M8x40, 25 Nm

Paßhülsen zur Zentrierung in Position A und B.

- Verbindungsschrauben Motor/Getriebe abwechselnd festziehen.
- Anlasser einbauen, siehe Seite 273.
- Befestigungsschrauben für Getriebestützen/Aggregateträger rechts und links mit **45 Nm** anschrauben.
- Getriebe-Heber abnehmen.
- Kupplungsnehmerzylinder einbauen. Dazu Kupplungsgeberzylinder mit Montierhebel so weit vorspannen, daß sich die Befestigungsschraube für den Nehmerzylinder leicht einsetzen läßt. Schraube mit **25 Nm** festziehen. Zur Montageerleichterung kann eine als Ersatzteil erhältliche Schraube mit angedrehter Spitze verwendet werden.
- Falls vorhanden, Wärmeschutzblech für Gummimetallager rechts anschrauben.
- Gelenkwelle einbauen, siehe Seite 171.
- Schutzblech(e) anschrauben.
- Kupplungsabdeckblech mit 10 Nm anschrauben.
- Schaltstange am Getriebe mit **20 Nm** anschrauben, Schaltbetätigung einstellen, siehe Seite 157.
- Halterung und Seile für »proconten«-System am Getriebe anbauen. Befestigungsschraube –A– mit **40 Nm** festziehen, siehe Abbildung 34-2049.
- Querträger mit **45 Nm** anschrauben.
- Abgasanlage einbauen, siehe Seite 141.
- Halter für Motorraumabdeckung anschrauben.
- Untere Motorraumabdeckung einbauen, siehe Seite 17.
- Motor-Aufhängevorrichtung abnehmen.
- **5-/6-Zylindermotor:** Drehmomentstütze mit **45 Nm** anschrauben.
- Stecker für Multifunktionsschalter und Geber für Geschwindigkeitsmesser aufstecken und einrasten.
- **6-Zylindermotor:** Ansaugrohr zwischen Luftfilter und Sammelsaugrohr einbauen.
- Batterie-Massekabel (–) anklemmen. Code für die Diebstahlsicherung eingeben, Sender programmieren und Zeituhr einstellen. **Achtung:** Die Batterie darf nur bei ausgeschalteter Zündung angeklemmt werden, **da sonst das Steuergerät der Einspritzanlage beschädigt wird.**
- Abdeckung für den Wasserkasten einclipsen bzw. Rücksitzbank einbauen.
- Ölstand im Getriebe kontrollieren.

Der Allradantrieb

Die quattro-Ausführungen der AUDI 100/A6-Modelle sind mit Allradantrieb ausgestattet. Um auch die Hinterräder antreiben zu können, sind zusätzlich folgende Bauteile erforderlich: Für die Hinterachse ein Ausgleichgetriebe sowie 2 Antriebswellen. Außerdem muß die Verbundlenker-Hinterachse einer Schräglenker-Hinterachse mit Einzelradaufhängung weichen. Die Verbindung zwischen dem Vorder- und Hinterradantrieb erfolgt über eine Kardanwelle.

Um die unterschiedlichen Raddrehzahlen der Vorder- und Hinterachse auszugleichen, ist bei einem permanenten Allradantrieb, wie er den quattro-Modellen eigen ist, ein zusätzliches Ausgleichgetriebe zwischen Vorder- und Hinterachsantrieb notwendig.

Bei den quattro-Modellen handelt es sich dabei um ein sogenanntes Torsen-Zwischendifferential (Torsen = torque-sensing = drehmomentfühlend). Dieses Differential sorgt dafür, daß die unterschiedlichen Drehzahlen von Vorder- und Hinterachse ausgeglichen werden. Zusätzlich verteilt das Differential je nach Bedarf auch noch die Antriebsmomente. Tendiert nämlich eine Antriebsachse zum Durchdrehen, wird automatisch mehr Antriebsmoment der anderen Achse zugeteilt. Dadurch packen immer die Räder mit der besseren Bodenhaftung kräftiger zu. An der Achse mit der geringeren Bodenhaftung wird die

Antriebskraft reduziert, so daß sich die Sicherheit gegen seitliches Ausbrechen erhöht. Unabhängig von der Antriebsmoment-Aufteilung erlaubt das Torsen-Differential Drehzahlunterschiede an seinen beiden Ausgängen, so daß die quattro-Modelle voll ABS-tauglich sind. Die Aufteilung der Antriebsmomente erfolgt im Torsen-Differential über Zahnräder und Schneckenradgetriebe.

Das Torsen-Differential arbeitet vollautomatisch und rein mechanisch ohne hydraulische oder elektronische Steuerelemente. Seine Regelungscharakteristik wird durch die Auslegung der Schneckenradgetriebe festgelegt. Man nutzt dabei den Effekt aus, daß Schneckenradgetriebe von einer Seite aus leicht und von der anderen Seite her schwer, beziehungsweise überhaupt nicht mehr durchgedreht werden können. Die innere Regelung funktioniert so schnell, daß der Regelvorgang nicht spürbar ist und keinerlei Beeinträchtigungen des Fahrverhaltens eintreten.

Das Torsen-Differential ist direkt am vorderen Getriebe angeflanscht, so daß es mit dem gleichen Öl befüllt ist. Ein Ölwechsel ist nicht erforderlich. Die Ölkontrolle erfolgt seitlich an der Ölkontrollbohrung für Getriebeöl.

Das Hinterachs-Differential ist mit 1,7 l Getriebeöl GL 5 SAE 90 befüllt. Ein Ölwechsel ist nicht erforderlich. Die Ölkontrolle erfolgt seitlich an der Ölkontrollbohrung entsprechend der Prüfung des Getriebeölstandes.

Reparaturarbeiten am Torsen-Differential wie auch am Hinterachs-Differential sollten von einer Fachwerkstatt ausgeführt werden.

quattro-Antrieb

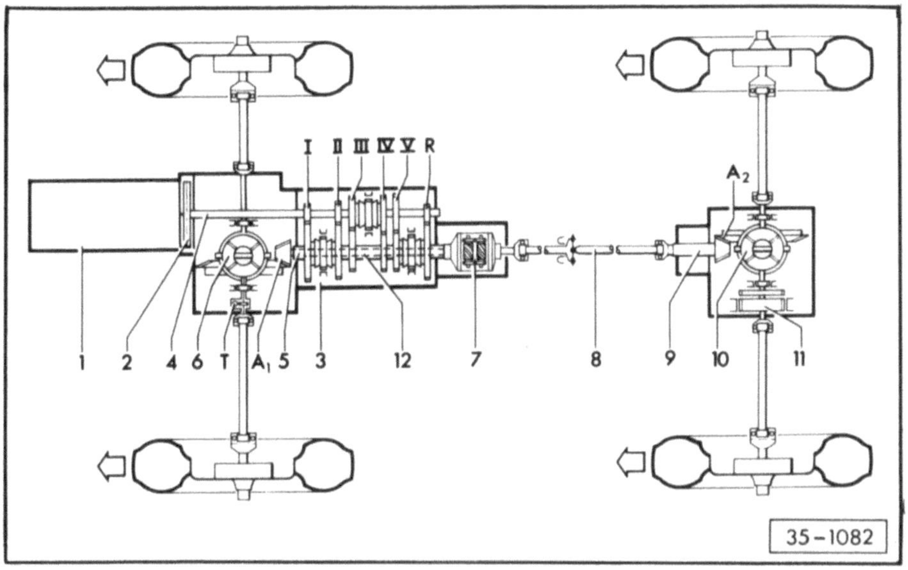

1 – **Motor**
2 – **Kupplung**
3 – **Wechselgetriebe**
4 – **Antriebswelle**
5 – **Triebling (Abtriebswelle)**
6 – **Ausgleichgetriebe**
7 – **Torsen-Differential**
8 – **Kardanwelle**
9 – **Triebling hinten**
10 – **Ausgleichgetriebe hinten**
11 – **Differentialsperre**
12 – **Vorgelege (Hohlwelle)**

I – **1. Gang**
II – **2. Gang**
III – **3. Gang**
IV – **4. Gang**
V – **5. Gang**
R – **Rückwärtsgang**
A1 – **Achsantrieb vorn**
A2 – **Achsantrieb hinten**
T – **Tachoantrieb (elektronisch)**

Hinweis: Pfeile zeigen in Fahrtrichtung.

Getriebeölstand prüfen/auffüllen

Der Ölstand muß im Rahmen der Wartung alle 30.000 km, nach Reparaturen oder bei Undichtigkeiten kontrolliert, gegebenenfalls ergänzt werden. Ein Wechsel des Getriebeöls während der Wartung ist nicht vorgesehen.

Getriebeöl-Spezifikation: G 052 911A SAE 75 W 90 (Synthetiköl). **Füllmenge** Frontantrieb: **2,25** Liter; Allradantrieb **2,75** Liter; 5- und 6-Gang-Getriebe 01E: **2,4** Liter.

- Motorunterschutz ausbauen, siehe Seite 18.
- Öleinfüllschraube herausdrehen. Die Schraube befindet sich links am Getriebe – Deckel für Ausgleichgetriebe.
- Ölstand prüfen. Der Ölstand muß an der Unterkante der Schraubenbohrung liegen. Gegebenenfalls Öl auffüllen.
- Öleinfüllschraube mit **25 Nm** festziehen.

Die Schaltung

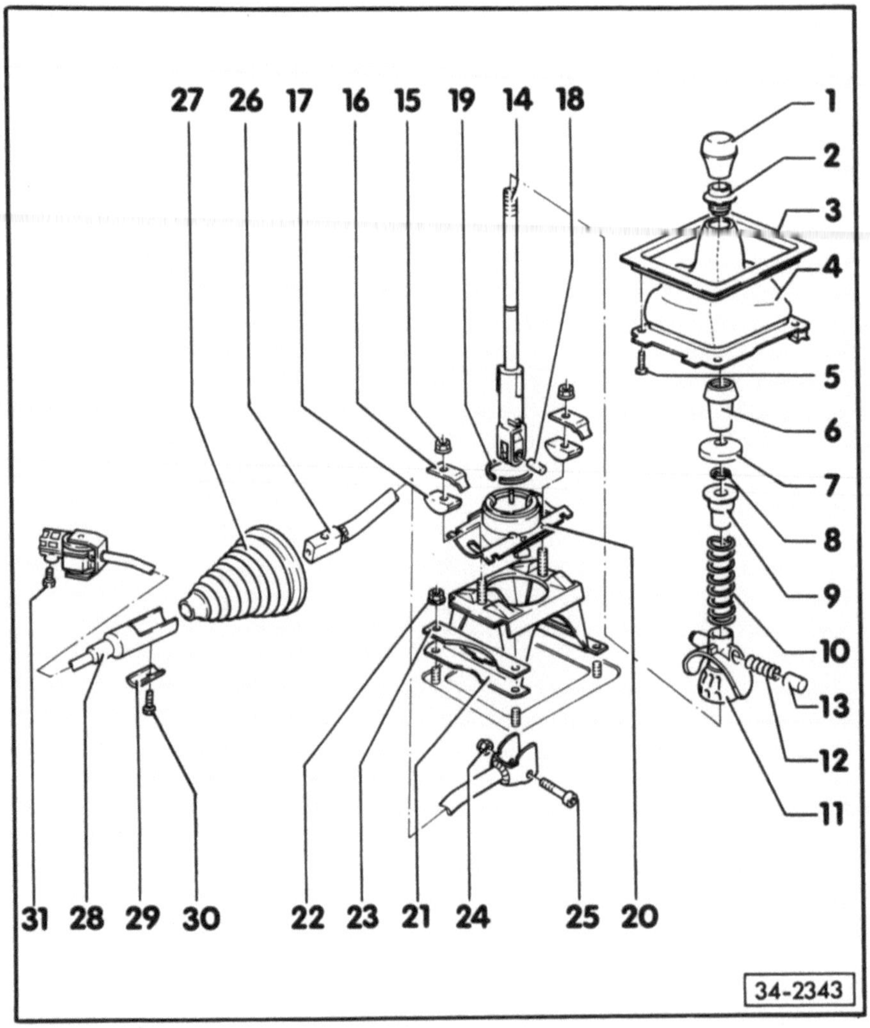

1 – **Schaltknopf**

2 – **Buchse**

3 – **Halterahmen**

4 – **Abdeckung**
Rasten im hinteren Bereich von der Mittelkonsole aus vorsichtig abheben.

5 – **Schraube**

6 – **Buchse**

7 – **Manschette**

8 – **Sicherungsring**
Achtung: Beim Einbau nicht überdehnen.

9 – **Distanzbuchse**

10 – **Druckfeder**

11 – **Kugelanschlag**
Druckfeder und Buchse in den Kugelanschlag setzen und so auf den Schalthebel montieren, daß Buchse und Feder in Fahrtrichtung rechts angeordnet sind. Kugelanschlag vor Einsetzen des Sicherungsringes –19– einbauen.

12 – **Druckfeder**

13 – **Buchse**
Rundung zeigt zum Schalthebel.

14 – **Schalthebel**
Läßt sich nur in einer Stellung in das Kugelgehäuse einsetzen.

15 – **Mutter, 25 Nm**

16 – **Blattfeder**

17 – **Verbindungsstück**

18 – **Distanzrohr**

19 – **Sicherungsring**
Vor dem Ausbau des Kugelanschlages herausnehmen. Sicherungsring immer ersetzen; abgerundete Seite zeigt zum Kugelgehäuse.

20 – **Kugelgehäuse**
So einsetzen, daß die Rastierung für den Rückwärtsgang nach links zeigt. Die Begrenzung für den Kugelanschlag rechts und links muß eingeknüpft sein.

21 – **Gehäuse für Schaltbetätigung**

22 – **Mutter, 10 Nm**

23 – **Verstärkungsblech**

24 – **Mutter, 10 Nm**
Selbstsichernd, immer ersetzen.

25 – **Schraube**

26 – **Schaltstange hinten**

27 – **Faltenbalg**
Zum Aus- und Einbau Katalysator ausbauen, Querträger vorn und hinten abschrauben und Wärmeschutzblech lösen. **Achtung:** Wenn die komplette Schaltbetätigung ausgebaut wurde, kann der Faltenbalg auch vom Innenraum aus eingesetzt werden. Faltenbalg vorsichtig über die Schaltstange ziehen.

28 – **Schaltstange mit Schaltgelenk**
5-Zylinder-Motor: Schaltgabel ist blau gekennzeichnet.

29 – **Klemmstück**

30 – **Schraube, 25 Nm**
Vor dem Lösen Querträger vorn und ggf. hinten abbauen, Wärmeschutzblech lösen und zum Achsantrieb hinten schieben.

31 – **Schraube, 20 Nm**
Selbstsichernd, immer ersetzen.

Schaltbetätigung einstellen

- Fahrzeug aufbocken.
- Untere Motorraumverkleidung ausbauen, siehe Seite 17.
- Getriebe in Leerlaufstellung bringen.
- Schaltknopf abschrauben.
- Abdeckung für Schalthebel ausbauen, siehe Seite 156.
- Unter dem Fahrzeug Wärmeschutzblech lösen und zum Achsantrieb hinten schieben, damit die Verbindungsschraube für die Schaltstangen zugänglich ist.

- Verbindungsschraube –Pfeil– für Schaltstangen lösen. Der Katalysator ist in der Abbildung nur zur Verdeutlichung weggelassen worden.
- Schalthebel senkrecht stellen.

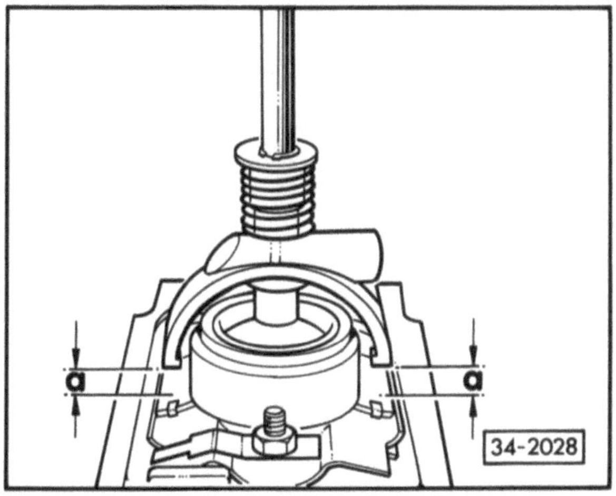

- Schalthebel so ausrichten, daß beide Nasen des Kugelanschlages den gleichen Abstand –a– zum Kugelgehäuse aufweisen.
- Befestigungsschraube für Schaltstange festziehen. **Achtung:** Dabei darf die Lage des Schalthebels nicht verändert werden.
- Prüfen, ob der Schalthebel im Leerlauf in der Gasse 3./4. Gang steht.
- Alle Gänge durchschalten. Dabei besonders auf Wirksamkeit der Rückwärtsgangsperre achten. Gegebenenfalls Schrauben für Kugelgehäuse lösen und Kugelgehäuse etwas verdrehen.
- Abdeckung für Schalthebel einbauen, Schaltknopf aufschrauben.
- Untere Motorraumverkleidung einbauen.
- Fahrzeug ablassen.

Die Vollautomatik

Der AUDI 100/A6 wird auf Wunsch mit einer Getriebevollautomatik ausgestattet. Das automatische Getriebe hat vier Vorwärtswählbereiche, die automatisch geschaltet werden.

Um schneller beschleunigen zu können, zum Beispiel bei Überholvorgängen, hat die Automatik einen sogenannten Kickdown-Schalter, der sich beim vollen Niedertreten des Gaspedals einschaltet. Der Kickdown-Effekt sorgt dafür, daß das Getriebe entweder länger im kürzeren Gang verweilt oder von einem höheren in einen niedrigeren Gang zurückschaltet.

Für die Beurteilung der Funktion der Getriebeautomatik und für die richtige Fehlersuche ist Erfahrung mit automatischen Getrieben und die Kenntnis der Arbeitsweise unerläßlich. Da diese Materie nur durch lange Berufserfahrung erworben werden kann, wird nur der Ölwechsel beschrieben, siehe Kapitel »Wartung«.

Abschleppen von Fahrzeugen mit Automatik

- Wählhebelstellung „N".

Maximale Schleppgeschwindigkeit: 50 km/h!

Maximale Schleppentfernung: 50 Kilometer!

- Über große Entfernungen muß der Wagen vorn angehoben werden. Grund: Bei stehendem Motor arbeitet die Getriebeölpumpe nicht, das Getriebe wird für höhere Drehzahlen und längere Laufzeiten daher nicht ausreichend geschmiert.

Einsatz eines Abschleppwagens

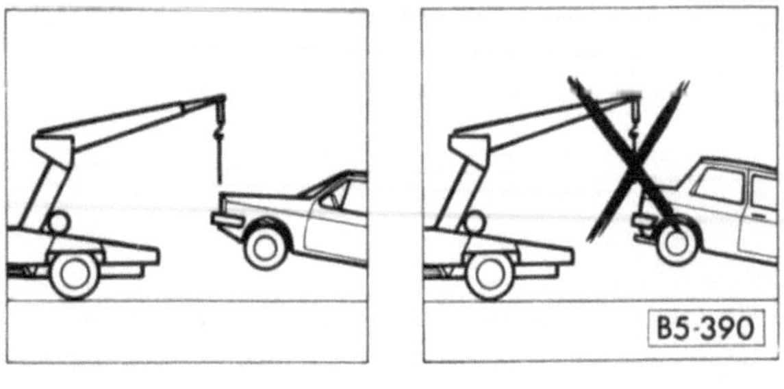

B5-390

Achtung: Frontangetriebene Fahrzeuge dürfen nur auf den Hinterrädern abgeschleppt werden. Fahrzeug vorne anheben! Grund: Bei hinten angehobenem Wagen würden die rückwärts drehenden Antriebswellen der Vorderräder die Planetenräder im automatischen Getriebe in extrem hohe Drehzahlen zwingen. Das Getriebe würde dadurch in kurzer Zeit schwer beschädigt werden. Fahrzeuge mit quattro-Antrieb können sowohl mit angehobener Vorder- wie auch Hinterachse abgeschleppt werden. Allerdings muß darauf geachtet werden, daß die Differentialsperre nicht eingelegt ist. Sonst ist kein Differentialausgleich bei Kurvenfahrt möglich.

- Zündung einschalten, damit das Lenkrad nicht blockiert ist und die Blinkleuchten, das Signalhorn und gegebenenfalls die Scheibenwischer betätigt werden können.
- Da Bremskraftverstärker und Servolenkung nur bei laufendem Motor arbeiten, muß bei nicht laufendem Motor das Bremspedal entsprechend kräftiger getreten werden beziehungsweise für die Lenkbewegungen entsprechend mehr Kraft aufgewendet werden!
- Das Abschleppseil soll elastisch sein, damit das schleppende und das gezogene Fahrzeug geschont werden. Nur Kunstfaserseile oder Seile mit elastischen Zwischengliedern verwenden.

Die Vorderachse

Tragendes Element der Vorderachse ist der Aggregateträger, der über Gummilager mit der Karosserie verschraubt ist. An dem Aggregateträger sind die beiden Querlenker befestigt, die wiederum die Federbeine aufnehmen. Die Federbeine, oben durch Federbeinlager mit der Karosserie verbunden, führen zusammen mit den Querlenkern die Vorderräder. Die Anlenkpunkte sind so gewählt, daß sich ein spurstabilisierender Lenkrollradius ergibt. Die Radlagergehäuse sind über die Achsgelenke mit dem Achslenker verbunden. Die Radlagerung erfolgt durch Schrägkugellager. Die Übertragung der Motor-Antriebskraft erfolgt über zwei Gelenkwellen, die über jeweils zwei Gleichlaufgelenke mit den Rädern und dem Achsantrieb verbunden sind.

Achtung: Schweiß- und Richtarbeiten an tragenden und radführenden Teilen der Vorderradaufhängung sind nicht zulässig.

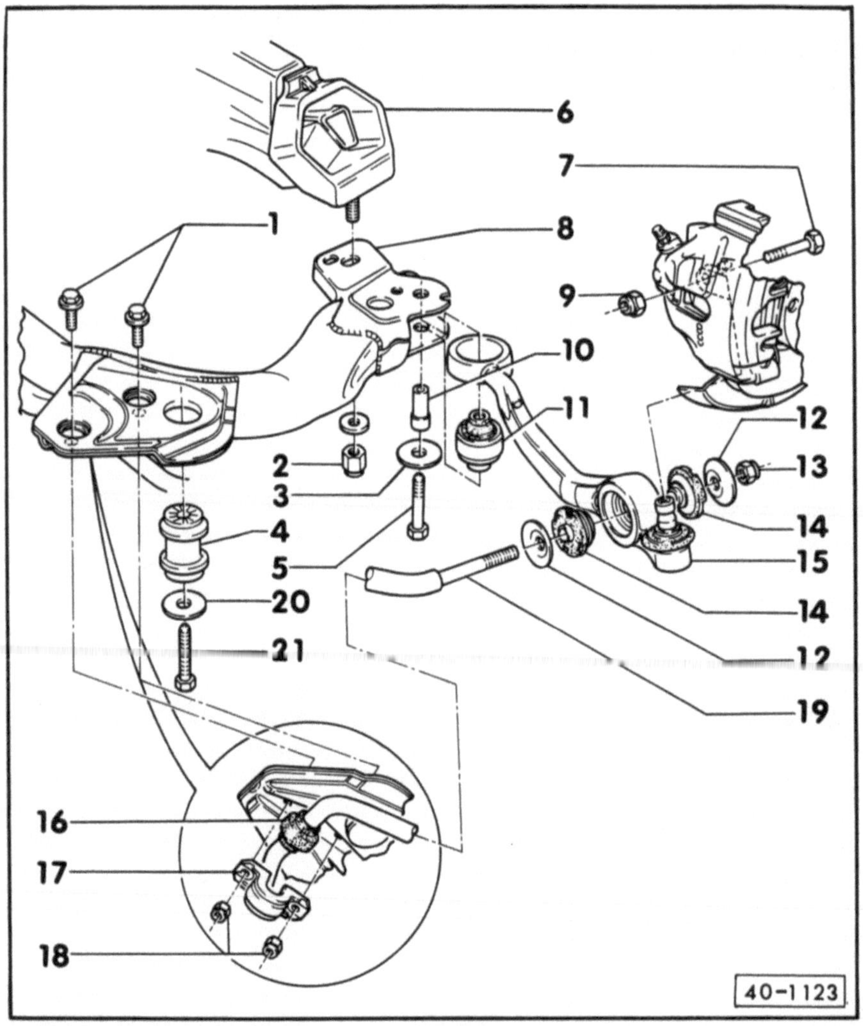

1 – **Kombischrauben**

2 – **Mutter, 40 Nm**
Selbstsichernd, immer ersetzen.

3 – **Unterlegscheibe**
Immer ersetzen.

4 – **Vorderes Lager für Aggregateträger**
Vor dem Einbau mit säurefreiem Gleitmittel versehen. Gerippte Seite zeigt nach oben.

5 – **Sechskantschraube**
Grundsätzlich ersetzen. Anzugsdrehmoment: **110 Nm** und anschließend **90°** weiterdrehen.

6 – **Getriebelager links**

7 – **Sechskantschraube**
Immer erneuern. Darauf achten, daß der Schraubenkopf zur Hinterachse zeigt.

8 – **Aggregateträger**
Nach dem Aus- und Einbauen muß die Vorderachse nur vermessen werden, wenn die beiden hinteren Lager ausgebaut oder gelöst wurden.

9 – **Mutter, 65 Nm**
Selbstsichernd, immer ersetzen.

10 – **Lagerhülse**
In Aggregateträger bzw. Achslenkerlager bündig einsetzen, erst anschließend mit der Karosserie verschrauben.

11 – **Achslenkerlager innen**

12 – **Beilagscheiben**

13 – **Mutter**
Selbstsichernd, immer ersetzen. Anzugsdrehmoment: **120 Nm** und anschließend **90°** weiterdrehen.

14 – **Achslenker außen**

15 – **Achslenker**
Links und rechts unterschiedliche Ausführung. Zum Aus- und Einbauen Lagerhülse –10– ausbauen und beide Schellen für Stabilisatorbefestigung am Aggregateträger abschrauben. **Achtung:** Beim 6-Zylindermotor Aggregateträger komplett ausbauen.

16 – **Stabilisatorlager**
Unterschiedliche Ausführung je nach Stabilisator-∅ beachten. Mit Talkum einsetzen.

17 – **Schelle**

18 – **Mutter, 105 Nm**
Selbstsichernd, immer ersetzen.

19 – **Stabilisator**
Zum Aus- und Einbauen muß das Fahrzeug auf den Rädern stehen. Befestigungsschellen für Stabilisator vom Aggregateträger beidseitig abschrauben. Befestigungsmuttern Stabilisator/Achslenker beidseitig abschrauben. Stabilisator aus dem Achslenker herausziehen bzw. einsetzen während die Vorderachse aus- und eingefedert wird. Achtung: Beim 6-Zylindermotor Aggregateträger komplett ausbauen. Unterschiedliche Durchmesser (∅ 24 mm, ∅ 25 mm, ∅ 26 mm, ∅ 28 mm) beachten.

20 – **Unterlegscheibe**
Grundsätzlich erneuern. Mit der gerippten Seite nach oben einbauen.

21 – **Sechskantschraube**
Grundsätzlich ersetzen. Anzugsdrehmoment: **110 Nm** und anschließend **90°** weiterdrehen.

Das Federbein

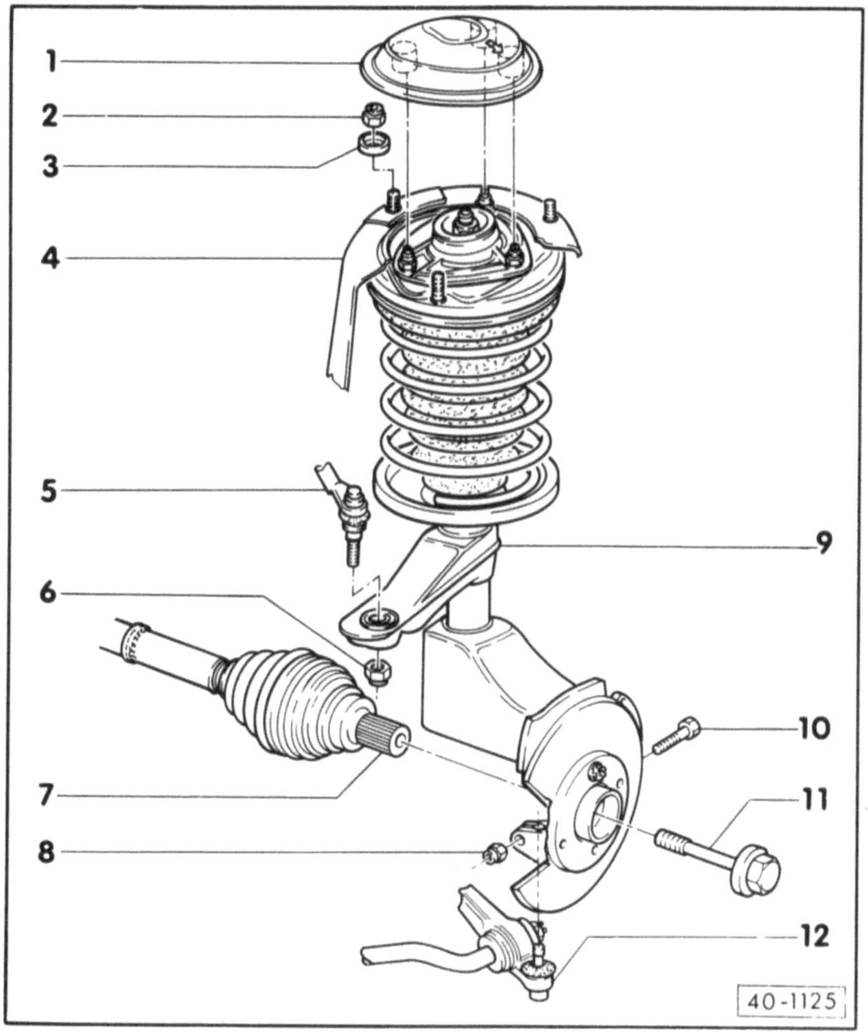

1 – **Abdeckkappe**
Pfeil zeigt zum Rad.

2 – **Mutter, 30 Nm**
Selbstsichernd, immer ersetzen.

3 – **Topfscheibe**

4 – **Radhaus/Federbeindom**

5 – **Spurstange**

6 – **Mutter, 50 Nm**
Selbstsichernd, immer ersetzen.

7 – **Gelenkwelle**
Braucht zum Ausbauen des Federbeins nicht ausgebaut zu werden. Vor Einbau des Federbeins Anlagefläche des Radlagerinnenrings an Gelenkwelle flächendeckend mit Moly-Paste AOS 115 000 01 bestreichen.

8 – **Mutter, 65 Nm**
Selbstsichernd, immer ersetzen.

9 – **Federbein**

10 – **Sechskantschraube**
Immer erneuern. Schraubenkopf zeigt zur Hinterachse.

11 – **Sechskant-Kombischraube**
Grundsätzlich erneuern. Anzugsmoment: **190 Nm** und anschließend **180°** weiterdrehen. **Achtung:** Lösen und Anziehen der Schraube **nur bei auf den Rädern stehendem Fahrzeug. Unfallgefahr!** Verschraubung wurde von Außen- auf Innensechskant umgestellt. Mischverbauung ist zulässig.

12 – **Achslenker mit Führungsgelenk**
Achtung: Beim Ausbau Schlitz im Radlagergehäuse nicht aufweiten.

Federbein aus- und einbauen

Ausbau

- Radzierblende/Abdeckkappe abnehmen.
- Radschrauben lösen.
- Befestigungsschraube für Radnabe an Gelenkwelle abschrauben. **Achtung:** Das Fahrzeug muß dabei auf dem Boden stehen. Unfallgefahr!
- Fahrzeug aufbocken, siehe Seite 145.
- Rad abnehmen.
- Untere Motorraumabdeckung ausbauen, siehe Seite 17.

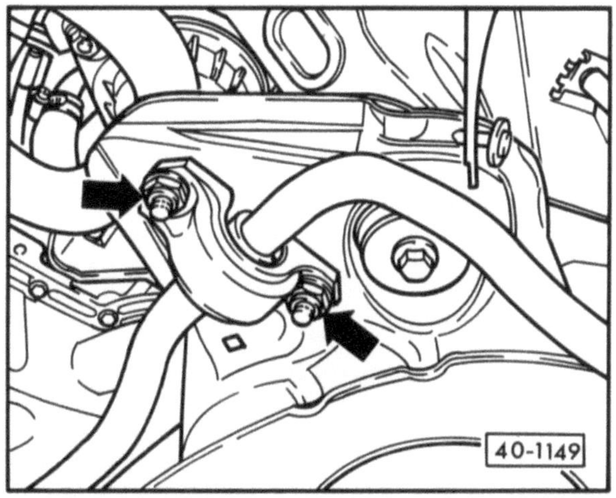

- Beide Lagerschalen ausbauen.
- **6-Zylindermotor:** Befestigungsschrauben Radnabe/Gelenkwelle herausschrauben. Aggregateträger komplett ausbauen.

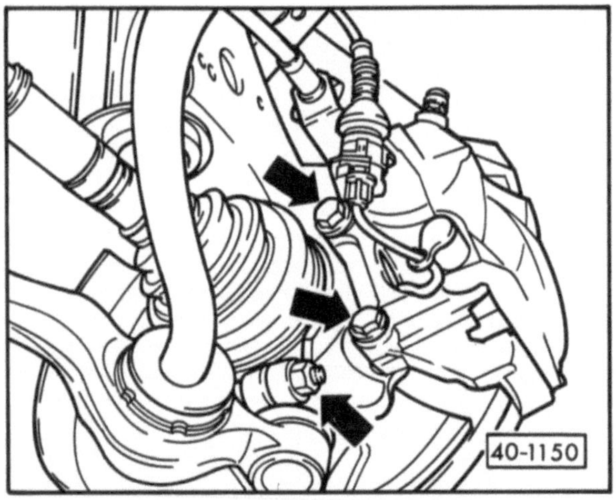

- Bremssattel abschrauben.
- Halter für Bremsschlauch abziehen und Bremssattel am Aufbau mit Bindedraht befestigen. **Achtung:** Nicht den Bremsschlauch vom Bremssattel lösen.
- Bremsscheibe abnehmen.
- Befestigungsschraube Führungsgelenk-Radlagergehäuse ausbauen.

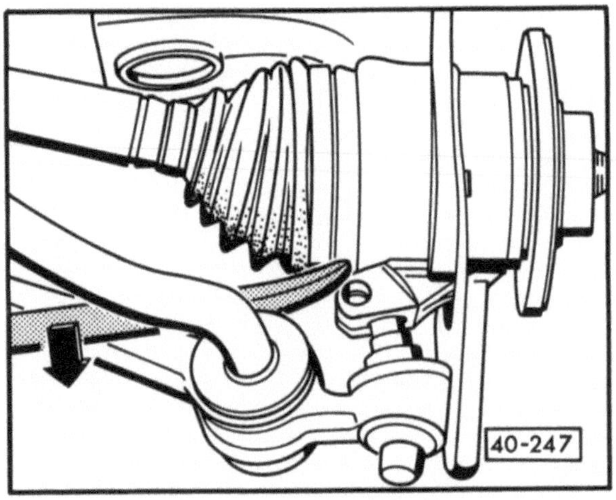

- Gelenkzapfen mit Montierhebel abdrücken. **Achtung:** Dabei Manschette des Führungsgelenks nicht beschädigen.

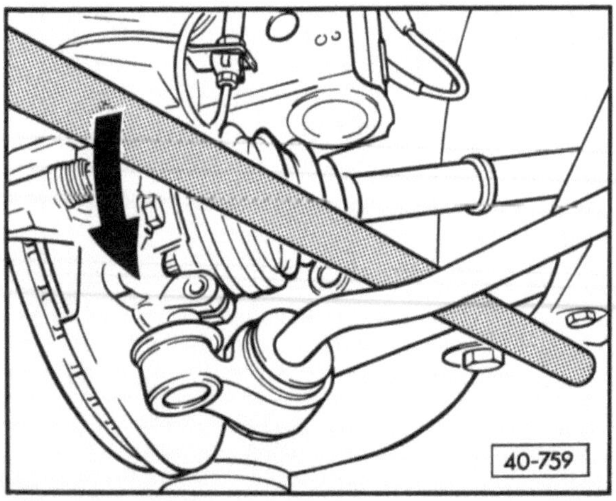

Achtung: Falls der Gelenkzapfen **sehr fest** sitzt, Rohrstück mit einer Länge von ca. 1,5 m wie in der Abbildung dargestellt ansetzen und Gelenkzapfen herausdrücken.

Zum Ausdrücken des Gelenkzapfens darf auf keinen Fall der Schlitz am Radlagergehäuse mit einem Meißel oder sonstigem Werkzeug aufgeweitet werden. Um die Verbindungsstelle Radlagergehäuse/Gelenkzapfen zu trennen, können handelsübliche Rostlöser verwendet werden.

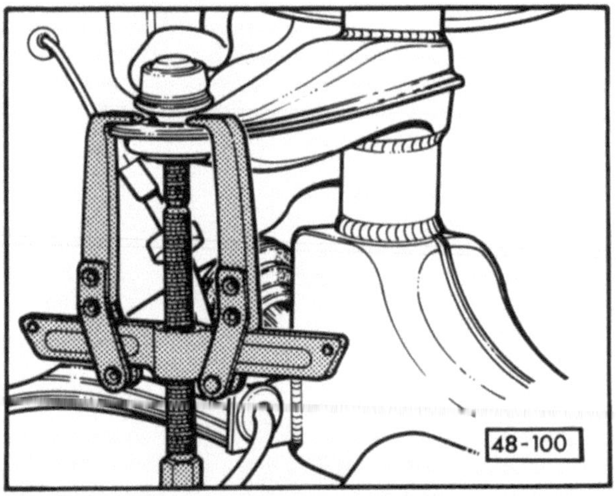

- Selbstsichernde Mutter für Spurstangenkopf lösen, Spurstangengelenk mit handelsüblichem Ausdrücker abdrükken, Mutter vollständig abschrauben.
- Bei Fahrzeugen mit ABS (Antiblockiersystem) Drehzahlfühler am Radlagergehäuse herausziehen.
- Federbein unten mit Wagengeber abstützen oder gegen Herunterfallen sichern.

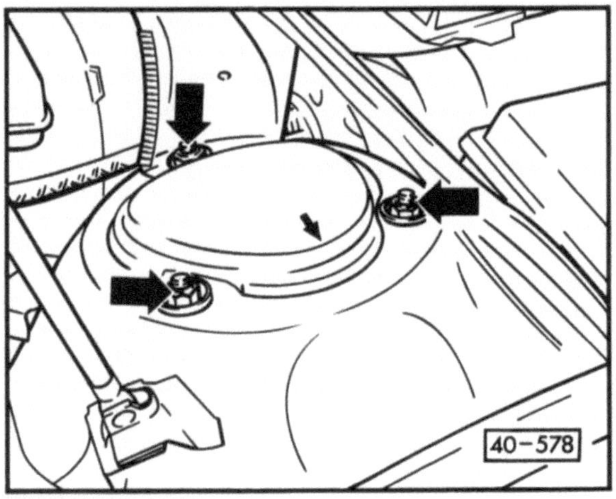

- Im Motorraum Abdeckung für Federbein abnehmen.
- Federbein oben abschrauben und anschließend von der Gelenkwelle abziehen.

Einbau

Achtung: Grundsätzlich selbstsichernde Muttern für Achsgelenk und Spurstangenkopf erneuern.

- Verzahnung der Gelenkwelle und Radnabe mit Benzin reinigen (fett- und ölfrei) sowie alle Rückstände von Sicherungsmittel entfernen. Vor Einbau des Federbeins Anlagefläche des Radlagerinnenrings an Gelenkwelle mit Moly-Paste AOS 115 000 01 bestreichen.
- Federbein von unten einsetzen und gleichzeitig Gelenkwelle einschieben.
- Federbein oben mit **neuen, selbstsichernden Muttern** anschrauben und mit **30 Nm** festziehen.
- Unteren Gelenkzapfen einsetzen, **Schraube und selbstsichernde Mutter erneuern.** Mutter mit **65 Nm** festziehen.
- Spurstangengelenk einsetzen, **neue selbstsichernde Mutter** mit **50 Nm** festziehen.
- **Fahrzeuge mit ABS:** Drehzahlfühler von Hand bis zum Anschlag in das Radlagergehäuse eindrücken. Vor dem Einbau Fühler ringsum mit Bremszylinderpaste einfetten.
- Bremsscheibe einsetzen, Bremssattel ansetzen und mit Rippschrauben und **125 Nm** festschrauben. Vorher Verrippung der Schrauben reinigen.
- Lagerschale für Stabilisator anschrauben, eventuell Stabilisator mit Wagenheber andrücken. **Neue selbstsichernde** Muttern mit **105 Nm** festziehen.
- Rad anschrauben.
- **Neue selbstsichernde** Befestigungsschraube für Radnabe anschrauben, nicht festziehen.
- Fahrzeug ablassen.
- Befestigungsschraube für Radnabe festziehen. **Achtung:** Wegen des hohen Anzugsdrehmomentes muß das Fahrzeug dabei auf den Rädern stehen, sonst besteht Unfallgefahr! Anzugsdrehmoment, siehe Pos. 11 auf Seite 161.
- Radschrauben über Kreuz mit **120 Nm** festziehen.
- Muttern und Schrauben für Stabilisator festziehen, siehe Seite 160.
- Radblende aufdrücken.

Stoßdämpfer/Schraubenfeder vorn

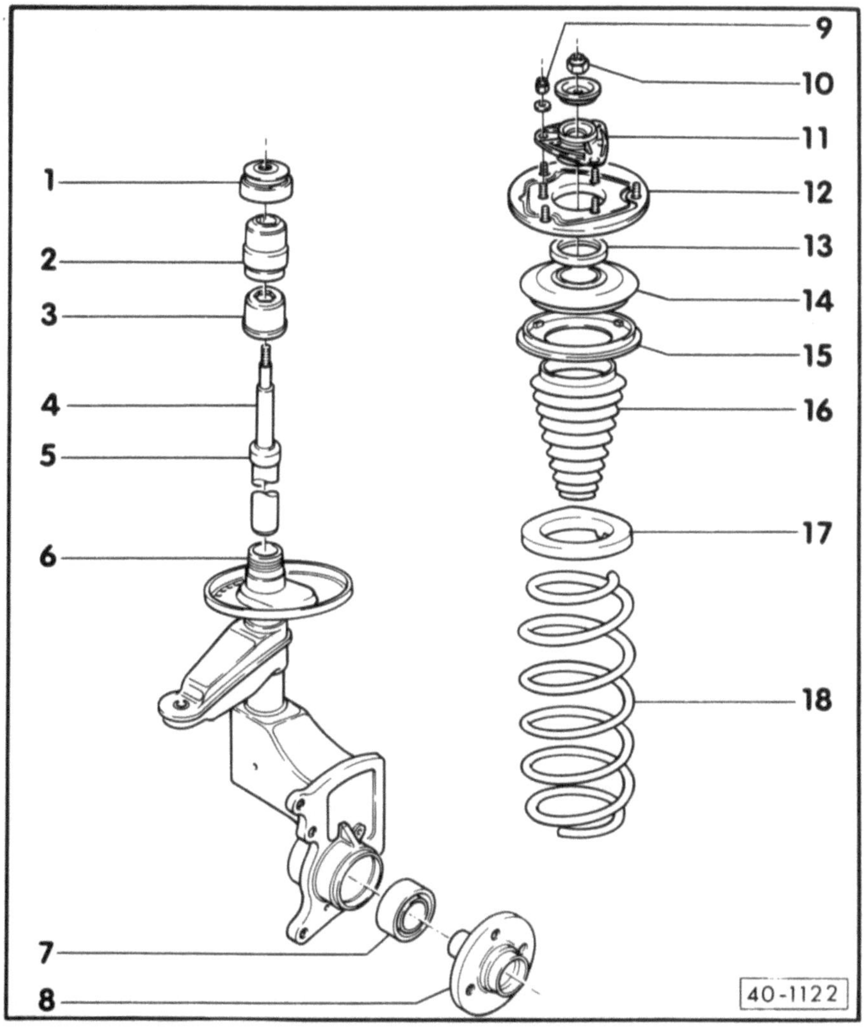

1 – **Topf**

2 – **Anschlagpuffer**

3 – **Schraubkappe mit Abdeckkappe, 240 Nm**

4 – **Kolbenstange**
Beim Lösen und Festziehen der Befestigungsmutter mit Innensechskantschlüssel gegenhalten.

5 – **Stoßdämpfer**
Einzeln austauschbar.

6 – **Radlagergehäuse**
Zum Ausdrücken des Gelenkzapfens auf keinen Fall die Schlitze im Radlagergehäuse aufweiten.

7 – **Radlager**

8 – **Radnabe**

9 – **Mutter, 55 Nm**
Selbstsichernd, daher grundsätzlich ersetzen.

10 – **Mutter, 60 Nm**
Selbstsichernd, daher grundsätzlich ersetzen. Mit Drehmomentschlüssel anziehen.

11 – **Federbeinlager**

12 – **Lagerteller**

13 – **Axiallager**

14 – **Federteller**

15 – **Schutzring**

16 – **Faltenbalg**
Unteres Ende auf Schraubkappe, oberes Ende auf Federteller montieren.

17 – **Unterlage**
In Federteller einlegen.

18 – **Schraubenfeder**
Einbaulage: Farbkennzeichnung auf der Schraubenfeder zeigt nach unten.

Stoßdämpfer aus- und einbauen

Der Stoßdämpfer kann auch bei eingebautem Federbein ersetzt werden. Benötigt wird zum Abschrauben der Stoßdämpfer-Schraubkappe der AUDI-Sechskantschlüssel 2069.

Ausbau

- Fahrzeug auf den Rädern stehen lassen.
- Abdeckkappe oben abnehmen.

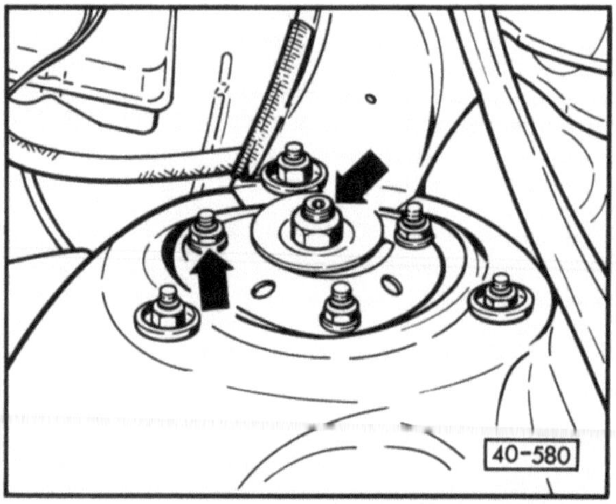

- Mutter –oberer Pfeil– von der Kolbenstange abschrauben. Dabei Kolbenstange mit Innensechskantschlüssel, z.B. HAZET 2170-7, festhalten.
- Einbaulage des Federbeinlagers für die Sturzeinstellung kennzeichnen. Dazu mit einer Reißnadel die Unterlegscheiben des Federbeinlagers umkreisen –linker Pfeil–.
- Federbeinlager ausbauen.
- Lenkung so einschlagen, daß die Kolbenstange mittig zum oberen Federteller ausgerichtet werden kann (Holzstück zwischen Feder und Radhaus klemmen).
- Scheibe und Anschlagpuffer von der Kolbenstange abnehmen.
- Zwischen den Federwindungen durchfassen und Faltenbalg von der Abdeckkappe abnehmen.

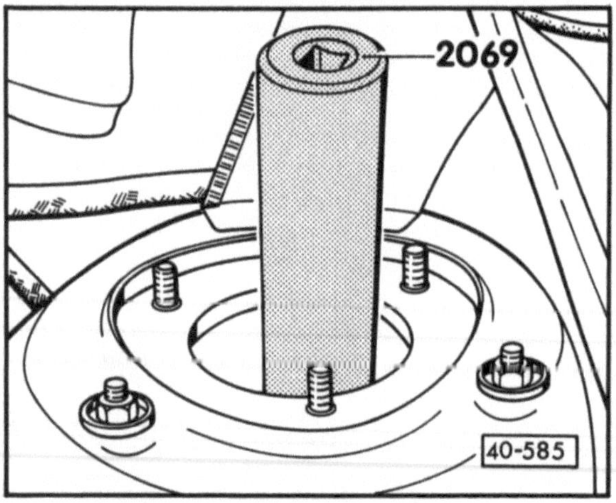

- Schraubkappe mit AUDI-Werkzeug 2069 abschrauben.
- Stoßdämpfer herausziehen.

Einbau

- Stoßdämpfer einsetzen.
- Schraubkappe mit Abdeckkappe aufschrauben.
- Zwischen den Federwindungen durchfassen und den Faltenbalg sorgfältig auf die Schraubkappe montieren.
- Schutzring einsetzen.
- Federteller einsetzen, Faltenbalg daran befestigen.
- Axiallager und komplettes Federbeinlager einsetzen.

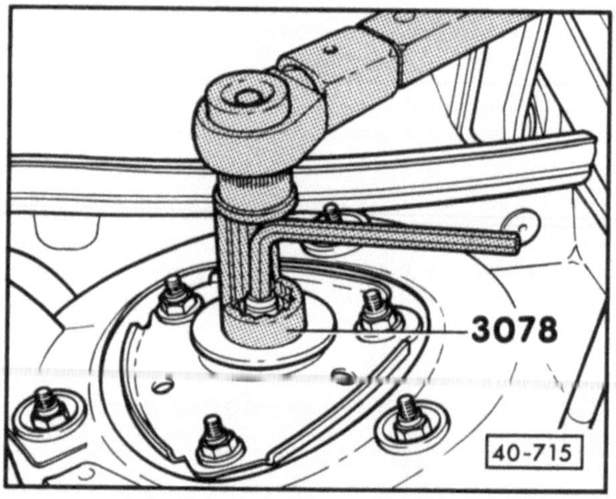

- Scheibe für Federbeinlager aufsetzen, **neue Mutter für Federbeinlager mit 60 Nm anziehen.** Hierfür sind ein Drehmomentschlüssel und das AUDI-Werkzeug 3078 beziehungsweise HAZET 2593-22 erforderlich. Beim Festziehen Kolbenstange mit Innensechskantschlüssel, z.B. HAZET 2120-7, festhalten.
- **Neue selbstsichernde Muttern** für Federbeinlager mit **30 Nm** festziehen.
- Holzstück zwischen Feder und Radhaus entfernen.
- Sturzeinstellung überprüfen, siehe Seite 185.

Schraubenfeder aus- und einbauen/ Federbein zerlegen

- Federbein ausbauen, siehe Seite 161.
- Um den Stoßdämpfer bei ausgebautem Federbein ausbauen zu können, muß die Schraubenfeder vorgespannt werden. Die V.A.G-Werkstätten benutzen dazu eine Spezialvorrichtung.

Achtung: Auf keinen Fall Stoßdämpfer lösen, wenn die Feder nicht mit einem geeigneten Federspanner gespannt ist.

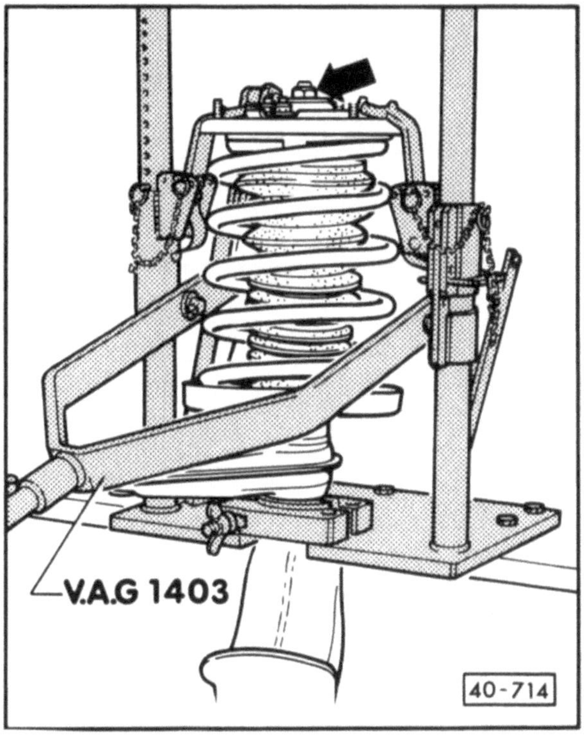

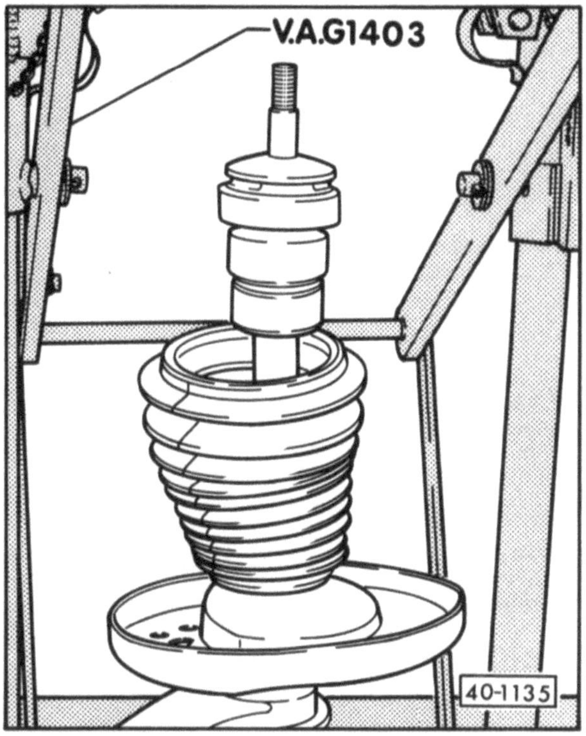

- Schraubenfeder mit geeigneter Vorrichtung spannen. **Achtung: Falls der Federspanner in die Windungen der Feder eingesetzt wird, darauf achten, daß die Federwindungen sicher umfaßt werden und der Federspanner nicht abrutschen kann. Feder grundsätzlich an 3 gegenüberliegenden Seiten spannen. Die Schraubenfeder steht unter großer Vorspannung, deshalb nur stabiles Werkzeug verwenden. Keinesfalls Feder mit Draht zusammenbinden. Unfallgefahr!**

Achtung: Die Nutmutter darf nur dann gelöst werden, wenn die Feder sicher gespannt ist.

- Mutter –oberer Pfeil– von der Kolbenstange abschrauben. Dabei Kolbenstange mit Innensechskantschlüssel, z.B. HAZET 2170-7, festhalten.
- Schraubenfeder langsam entspannen, Einzelteile abnehmen.
- Stoßdämpfer prüfen, siehe Seite 177.

Einbau

- Eine neue Schraubenfeder ist gegen Korrosion mit einem Schutzlack versehen. Vor dem Einbau Federn auf Lackschäden untersuchen und gegebenenfalls ausbessern.
- Federbein in die Spannvorrichtung einsetzen.
- Faltenbalg unten auf die Schraub- bzw. Abdeckkappe aufsetzen.
- Anschlagpuffer und Topf auf die Kolbenstange aufstecken.
- Schraubenfeder auf unteren Federteller aufsetzen, so daß die Farbkennzeichnung auf der Feder zum unteren Federteller zeigt und das Ende der Federwindung am Anschlag des Federtellers anliegt.
- Federbein nach Abbildung 40-1122 zusammensetzen.

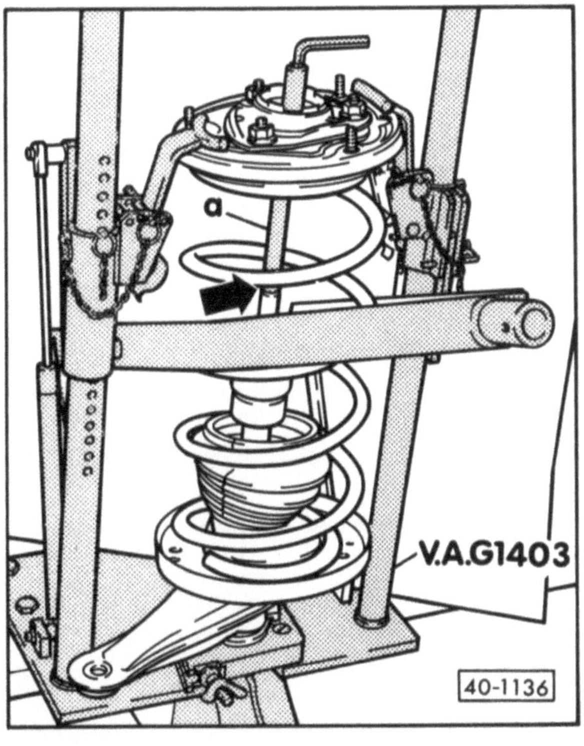

- Federteller oben mit Unterlage auf die Schraubenfeder so aufsetzen, daß das Ende der Federwindung am Anschlag der Unterlage anliegt.
- Führungsrohr –a– (Bestandteil des V.A.G-Spanners) durch das Federbeinlager führen und bis zum Anschlag auf die Kolbenstange aufschrauben.
- Kolbenstange bis zum Anschlag aus dem Stoßdämpfer herausziehen.
- Führungsrohr und Kolbenstange außen leicht fetten.
- Federteller oben bzw. Federbeinlager zur Kolbenstange ausrichten.
- Führungsrohr festhalten und Feder vorspannen. Dazu ist ein zweiter Monteur erforderlich. Darauf achten, daß das Federende richtig in der Führung anliegt.
- Führungsrohr von der Kolbenstange abschrauben.
- Unterlegscheibe auf die Kolbenstange aufstecken.

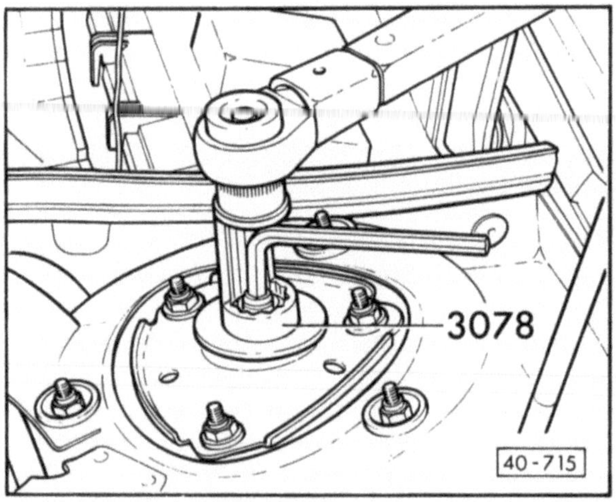

- **Neue Mutter für Federbeinlager mit 60 Nm** anziehen. Hierfür sind ein Drehmomentschlüssel und das AUDI-Werkzeug 3078 beziehungsweise HAZET 2593-22 erforderlich. Beim Festziehen Kolbenstange mit Innensechskantschlüssel, z.B. HAZET 2120-7, festhalten.
- Faltenbalg in Federteller oben einsetzen.
- Feder langsam entspannen.
- Federbein einbauen, siehe Seite 161.

Der Aggregateträger

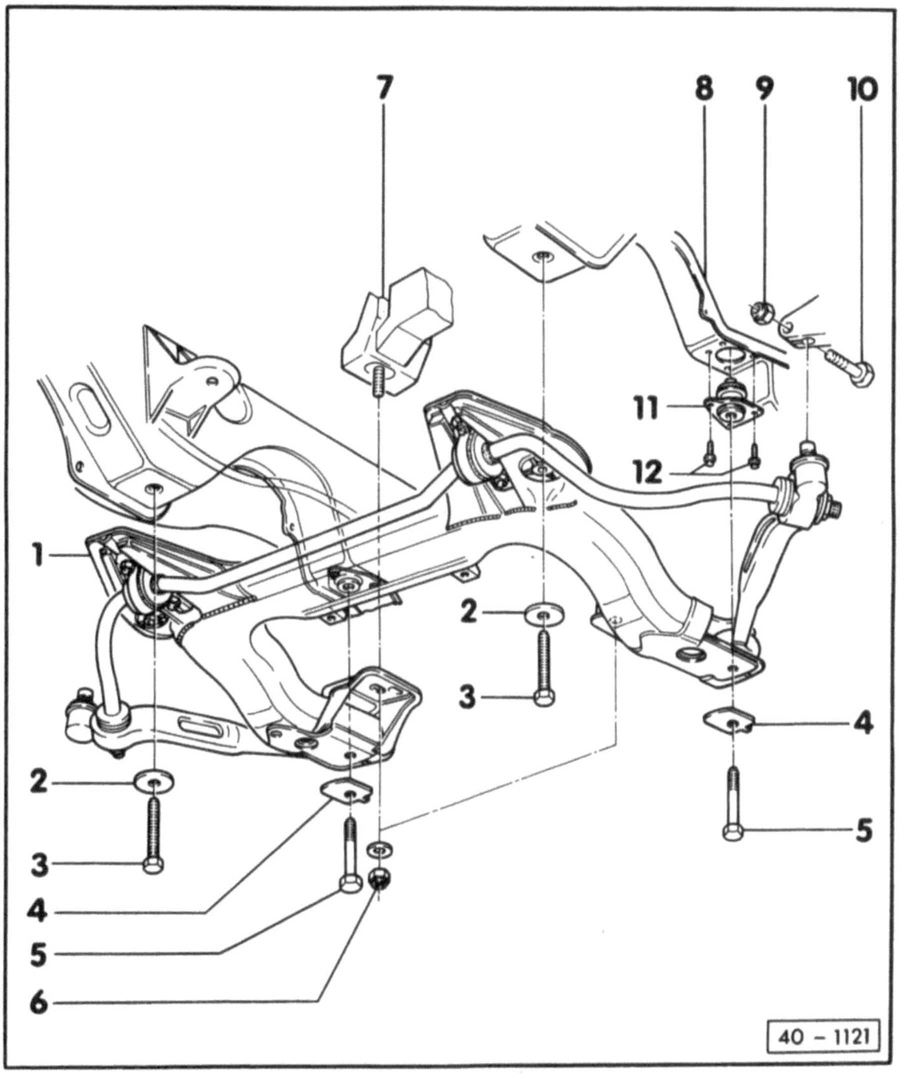

1 – **Aggregateträger**
Vorderachse muß nur vermessen werden, wenn die beiden Lager für den Aggregateträger hinten gelöst bzw. ausgebaut wurden bzw. der Aggregateträger ersetzt wurde.

2 – **Unterlegscheiben**
Grundsätzlich ersetzen, mit der gerippten Seite nach oben einbauen.

3 – **Sechskantschrauben**
Grundsätzlich erneuern. Anzugsdrehmoment: **110 Nm** + **90°** weiterdrehen.

4 – **Unterlegplatten mit Nase**
Grundsätzlich erneuern. Die Nasen der Unterlegplatten greifen in die Schlitze des Aggregateträgers ein.

5 – **Sechskantschrauben**
Grundsätzlich erneuern. Anzugsdrehmoment: **110 Nm** + **90°** weiterdrehen. Vor dem Anziehen darauf achten, daß die Nasen der Unterlegplatten in die Schlitze des Aggregateträgers eingreifen.

6 – **Mutter, 40 Nm**
Selbstsichernd, daher immer ersetzen.

7 – **Getriebeträger mit Lager rechts**

8 – **Längsträger links**

9 – **Mutter, 65 Nm**
Selbstsichernd, daher immer ersetzen.

10 – **Sechskantschraube**
Immer ersetzen. Darauf achten, daß beim Einbau der Schraubenkopf zur Hinterachse zeigt.

11 – **Lager für Aggregateträger hinten**
Unterschiedliche Ausführung links und rechts. Nach dem Aus- und Einbauen Vorderachse vermessen lassen. Vor Anziehen der Kombischrauben Aggregateträger wie folgt ausmitteln:
1. Beide Lager mit den Kombischrauben –12– lose einschrauben.
2. Aggregateträger mit den 4 Befestigungsschrauben –3– und –5– lose einschrauben.
3. Aggregateträger durch seitliches Verschieben in den Langlöchern der hinteren Aggregatelager –11– mittig zu den Kombischrauben –12– ausmitteln.
4. Alle Schrauben mit richtigem Drehmoment anziehen.
5. Fahrzeug vermessen lassen.

12 – **Kombischrauben**
Anzugsmoment **40 Nm**, anschließend **90°** weiterdrehen.

Aggregateträger aus- und einbauen

Ausbau

- Motor mit Abfangvorrichtung, z.B. 10-222A, leicht vorspannen, siehe Seite 15.

Achtung: Abfangvorrichtung folgendermaßen einsetzen:

- **4-Zylindermotor:** Hintere Motoraufhängeöse.
- **5-Zylindermotor:** Verteilerkappe ausbauen. Befestigungsschraube Motor/Getriebe oben links ausbauen und Getriebeaufnahme AUDI-3147 (Aufhängeöse) einschrauben.
- **6-Zylindermotor:** Aufhängöse hinten rechts.

- Radschrauben der beiden Vorderräder lösen.
- Fahrzeug aufbocken.
- Stellung der Vorderräder zur Radnabe markieren, dazu mit einem Filzstift einen Strich über Felge und Nabe ziehen. Vorderräder abschrauben und abnehmen.
- Untere Motorraumabdeckung ausbauen, siehe Seite 17.

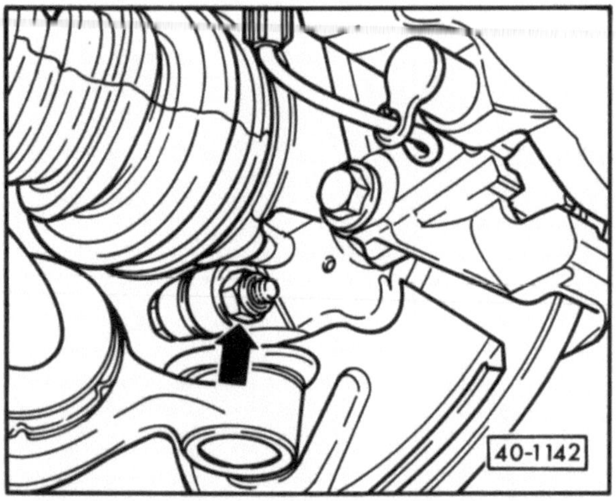

- Klemmschraube für Gelenkzapfen links und rechts ausbauen.

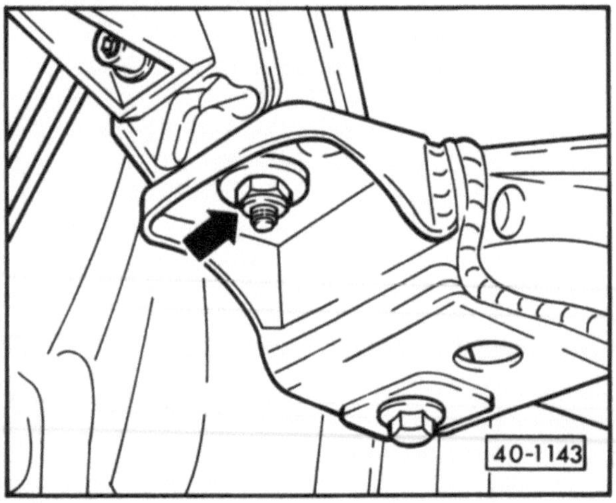

- Lager für Getriebeträger links und recht abschrauben.

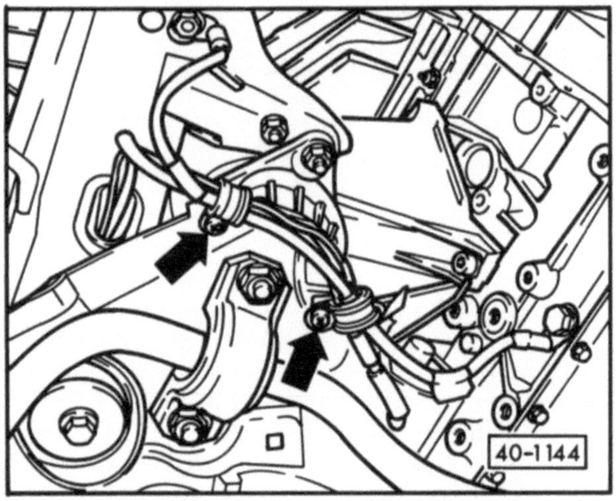

- **4-, 5-Zylindermotor:** Elektrische Leitungen vom Aggregateträger abschrauben.
- **5-Zylindermotor:** Schutzrohr für Generatorleitung links und rechts vom Aggregateträger abschrauben.

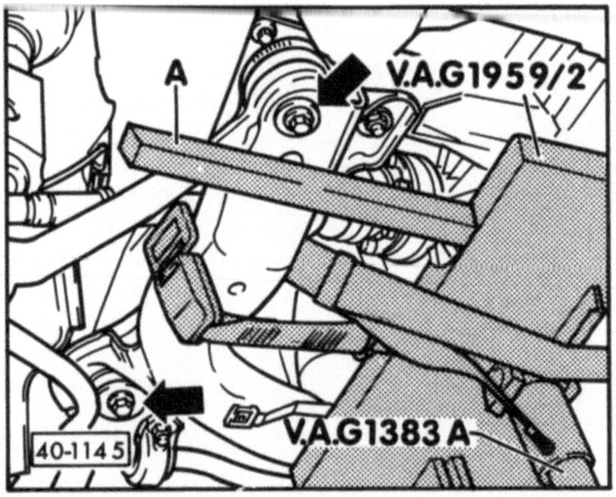

- Aggregateträger mit Getriebeheber abstützen, hierzu auf der hinteren Seite ein geeignetes Vierkantrohr –A–, wie in der Abbildung gezeigt, verwenden. Aggregateträger mit dem Gurt des Hebers sichern, siehe Abbildung.
- Steht der Getriebeheber nicht zur Verfügung, Werkstattwagenheber mit Holzunterlage verwenden. **Achtung:** Auf sichere Lage des Aggregateträgers achten. Verletzungsgefahr!
- Befestigungsschrauben für Aggregateträger links und rechts herausschrauben.
- Getriebeheber langsam und vorsichtig ablassen. Darauf achten, daß sich die beiden Gelenkzapfen aus dem Radlagergehäuse lösen.

Einbau

- Aggregateträger mit dem Getriebeheber anheben.

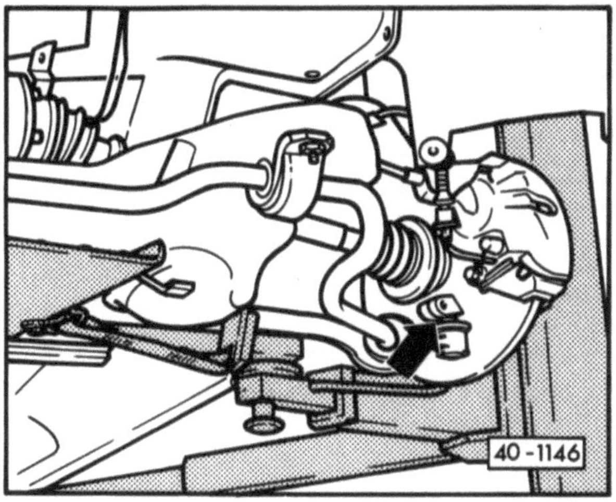

- Gelenkzapfen der Achsgelenke zu den Radlagergehäusen links und rechts ausrichten, so daß sich beide Gelenkzapfen in die Radlagergehäuse einführen lassen.

Achtung: Faltenbälge der Achsgelenke während des Einführens der Gelenkzapfen in die Radlagergehäuse nicht beschädigen.

- Links und rechts **neue** Klemmschrauben einsetzen. Darauf achten, daß die Schraubenköpfe zu Hinterachse zeigen.
- **Neue** Befestigungsschrauben für Aggregateträger und Unterlegscheiben hinten ansetzen, noch nicht festschrauben.

Achtung: Die Fixiernasen der Aggregateträgerlager hinten müssen in die Aussparungen des Aggregateträgers eingreifen.

- Aggregateträger weiter anheben, bis sich die beiden Muttern für die Befestigung der Getriebeträgerlager ansetzen lassen.

Achtung: Die Fixiernasen der Getriebeträgerlager müssen in die Aussparungen des Aggregateträgers eingreifen.

- **Neue** Befestigungsschrauben für Aggregateträger und Unterlegscheiben vorn ansetzen. Darauf achten, daß die Verrippung der Unterlegscheiben zum Aggregateträger zeigt.
- Befestigungsgurt vom Aggregateträger lösen.
- Getriebeheber vorsichtig ablassen.
- Aggregateträger sowie Lager für Getriebeträger und Klemmschrauben für Achsgelenk mit richtigem Drehmoment festziehen, siehe Seite 167.
- Untere Motorraumabdeckung einbauen, siehe Seite 17.
- Vorderräder entsprechend den angebrachten Markierungen ansetzen und anschrauben.
- Fahrzeug ablassen.
- Radschrauben über Kreuz mit **120 Nm** festziehen.
- Abfangvorrichtung abnehmen.

5-Zylindermotor:

- Aufhängeöse abschrauben.
- Befestigungsschraube Motor/Getriebe oben links mit **65 Nm** festschrauben.
- Verteilerkappe einbauen.

- Wenn hintere Aggregateträgerlager ausgetauscht wurden, Vorderachse optisch vermessen lassen.

Gelenkwelle aus- und einbauen

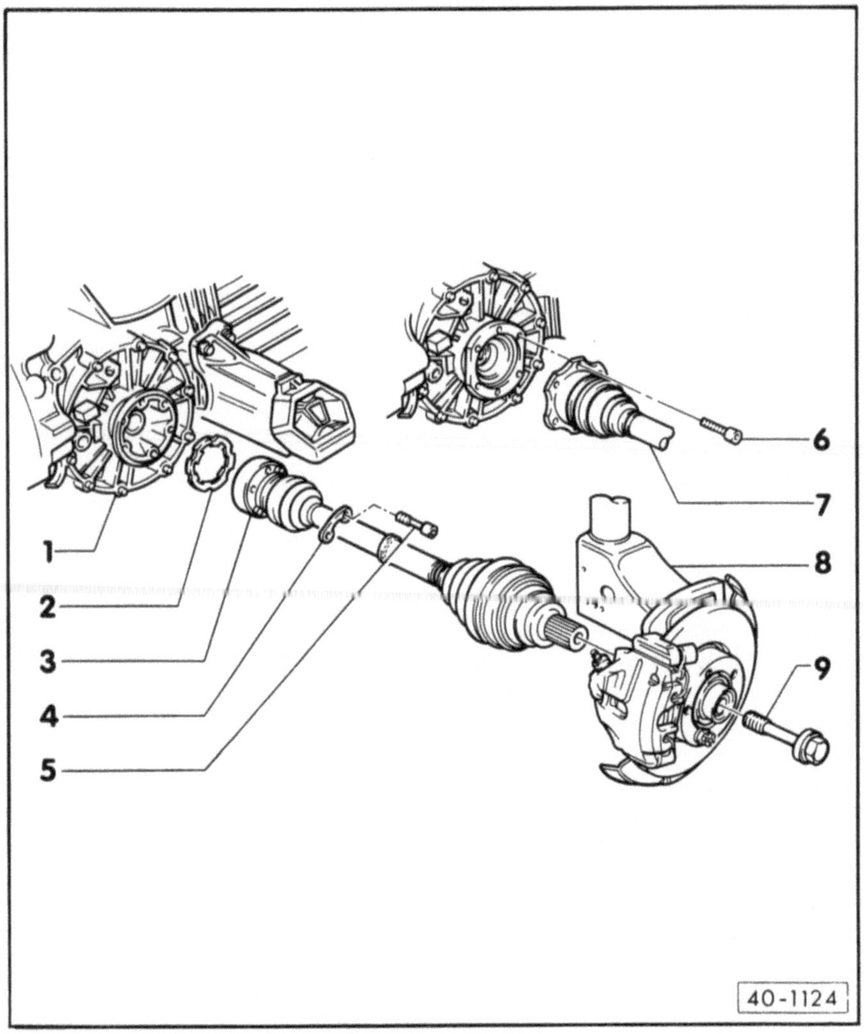

1 – **Getriebe**

2 – **Dichtung**
Nur bei Fahrzeugen mit Schaltgetriebe und 4- bzw. 5-Zylinder-Benzinmotoren vorhanden. Dichtung immer ersetzen. Vor dem Einbau Schutzfolie abziehen und in das Gelenk kleben.

3 – **Gelenkwelle**
Fahrzeuge mit Schaltgetriebe und 4- oder 5-Zylinder-Benzinmotor. Unterschiedliche Länge links und rechts je nach Getriebeausführung beachten. Die Gelenkausführungen sind je nach Motor- und Getriebeausführung unterschiedlich.
Vor Einbau der Gelenkwelle Anlagefläche des Radlagerinnenrings an Gelenkwelle flächendeckend mit Moly-Paste AOS 115 000 01 bestreichen.

4 – **Unterlegplatte**

5 – **Zylinderschraube**
Anzugsmoment M8-Gewinde: **40 Nm**; M10-Gewinde: **77 Nm**.

6 – **Zylinderschraube, 77 Nm**

7 – **Gelenkwelle**
Ausführung für alle Fahrzeuge mit automatischem Getriebe, außerdem Frontantrieb mit folgenden Motoren: Dieselmotor und 6-Zylinder-Benzinmotor mit Schaltgetriebe.
Vor Einbau der Gelenkwelle Anlagefläche des Radlagerinnenrings an Gelenkwelle flächendeckend mit Moly-Paste AOS 115 000 01 bestreichen.

8 – **Federbein**

9 – **Sechskant-Kombischraube**
Immer erneuern. Anzugsdrehmoment: **190 Nm**, anschließend Schraube um **180°** weiterdrehen.
Achtung: Aufgrund des hohen Drehmoments muß das Fahrzeug beim Lösen und Anziehen auf den Rädern stehen. **Unfallgefahr!**

Ausbau

- Radzierblende/Abdeckkappe abnehmen.
- Befestigungsschraube für Radnabe an Gelenkwelle abschrauben. **Achtung:** Das Fahrzeug muß dabei auf dem Boden stehen. Unfallgefahr!
- Fahrzeug aufbocken, siehe Seite 145.
- **Fahrzeuge mit ABS:** Drehzahlfühler aus dem Radlagergehäuse etwas herausziehen.
- Gelenkwelle von der Flanschwelle abschrauben.

Achtung: Für den Ausbau der rechten Gelenkwelle muß zusätzlich das rechte Rad abgebaut werden, anschließend Spurstangenkopf vom Lenkhebel abdrücken. Dadurch läßt sich das Federbein weiter einschlagen.

- Lenkung entsprechend einschlagen und Gelenkwelle herausnehmen.

Achtung: Bei demontierter Gelenkwelle darf das Fahrzeug nicht geschoben werden, da bei fehlender axialer Vorspannung die Wälzkörper des Radlagers beschädigt werden. Gegebenenfalls statt der Gelenkwelle ein Außengelenk einbauen.

Einbau

- Verzahnung der Gelenkwelle und Radnabe mit Benzin reinigen (fett- und ölfrei) sowie alle Rückstände von Sicherungsmittel entfernen. Vor Einbau des Federbeins Anlagefläche des Radlagerinnenrings an Gelenkwelle mit Moly-Paste AOS 115 000 01 bestreichen.
- Dichtung am inneren Gleichlaufgelenk, falls vorhanden, immer ersetzen.
- Gelenkwelle in Radnabe einsetzen.
- Großen Schraubendreher durch die Radnabe in die Gewindebohrung des Außengelenkzapfens stecken und diesen in die Verzahnung der Radnabe einführen.
- Gelenkwelle bis zum Anschlag in Radnabe einschieben.
- Gelenkwelle an Flanschwelle anschrauben.
- **Fahrzeuge mit ABS:** Drehzahlfühler bis zum Anschlag in das Radlagergehäuse eindrücken.

- Falls ausgebaut, Rad anschrauben.
- Fahrzeug ablassen.
- **Neue** Befestigungsschraube Radnabe/Gelenkwelle einschrauben und bei **auf den Rädern stehendem Fahrzeug festziehen. Unfallgefahr!**
- Radschrauben über Kreuz mit **120 Nm** festziehen.
- Radblende aufdrücken.
- Gegebenenfalls Sturzeinstellung überprüfen, siehe Seite 185.

Die Gelenkwelle

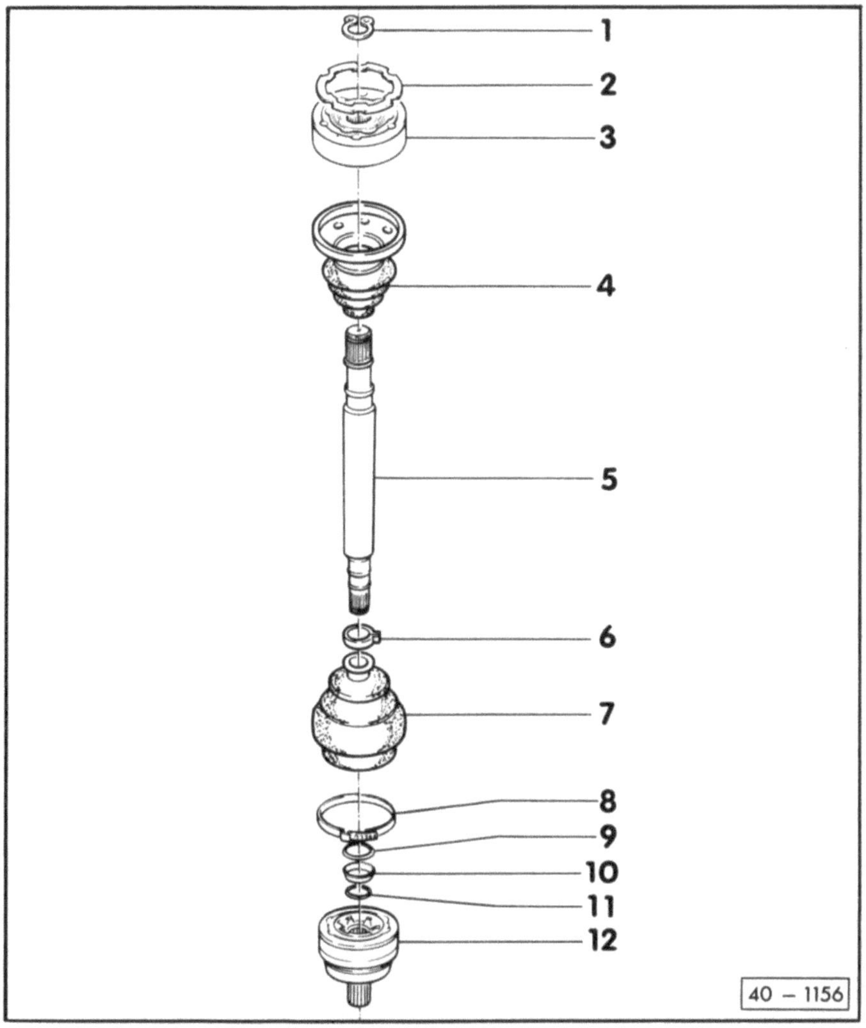

In der Abbildung ist die Gelenkwelle für Fahrzeuge mit 4- oder 5-Zylinder-Benzinmotor und Schaltgetriebe dargestellt.

1 – **Sicherungsring**
Mit handelsüblicher Sicherungsringzange aus- und einfedern.

2 – **Dichtung**
Immer ersetzen. Schutzfolie abziehen und in das Gelenk einkleben

3 – **Gleichlaufgelenk innen**
Außendurchmesser: 108 mm, nur Allrad bis 150 PS mit Schaltgetriebe: 100 mm. Gelenk nur komplett ersetzen.

4 – **Gelenkschutzhülle mit Kappe**
Mit Dorn abtreiben. Stirnseite des Gleichlaufgelenks mit Dichtmittel D3 bestreichen, bevor die Schutzhülle aufgetrieben wird. Auf Risse und Scheuerstellen achten. Freigängigkeit der Belüftungsbohrung prüfen. Beim Erneuern der Gelenkschutzhülle Gelenk nachfetten.

5 – **Profilwelle**
Unterschiedliche Länge links und rechts.

6 – **Klemme**
Immer erneuern.

7 – **Gelenkschutzhülle**
Auf Risse und Scheuerstellen prüfen.

8 – **Schlauchbinder**

9 – **Tellerfeder**

10 – **Abstandscheibe**

11 – **Sicherungsring**

12 – **Gleichlaufgelenk außen**
Unterschiedlichen Gelenkdurchmesser beachten:
– 101 bis 140 PS: ∅ = 89 mm;
– ab 150 PS und TDI 5-Zylinder: ∅ = 98 mm.

Fettfüllung der Gleichlaufgelenke mit Schmierfett G6:

	Gesamtfettmenge	davon in Gelenk	davon in Faltenbalg
Außengelenk			
∅ = 89 mm	90 g	40 g	50 g
∅ = 98 mm	120 g	80 g	40 g
Innengelenk			
∅ = 100 mm	80 g	30 g	50 g
∅ = 108 mm	120 g	35 g	85 g

Achtung: Für folgende Fahrzeuge wird das innere Gleichlaufgelenk mit Gelenkwelle als Ersatzteil komplett mit Schutzhülle und 250 g Fettfüllung (G 000 604) geliefert:

- 6-Zylinder-Benzinmotor und Schaltgetriebe
- Alle Fahrzeuge mit automatischem Getriebe
- Diesel- und Turbodieselmotor

Zerlegen

- Gelenkwelle ausbauen.
- Schlauchbinder an beiden Gelenkschutzhüllen mit Seitenschneider aufschneiden und abnehmen. Gelenkschutzhülle zurückschieben.

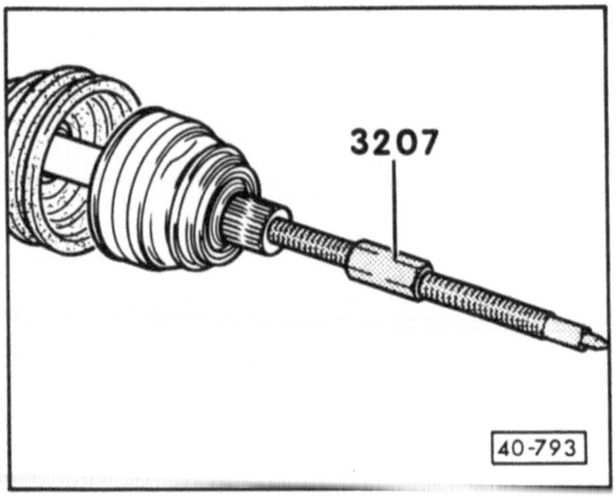

- Äußeres Gelenk abdrücken. Dazu Gelenkwelle mit Schutzbacken in einen Schraubstock einspannen. Faltenbalg zurückstülpen. Werkzeug V.A.G-3207 mit M16-Gewindeseite einschrauben, bis sich das Gleichlaufgelenk von der Profilwelle abdrückt.
- Inneres Gelenk: Mit geeignetem Dorn Schutzkappe vom Gelenk abtreiben.
- Inneres Gelenk: Sicherungsring –1– in Abbildung 40-1156 mit geeigneter Zange, z. B. VW-161a oder HAZET 2525K, ausfedern.

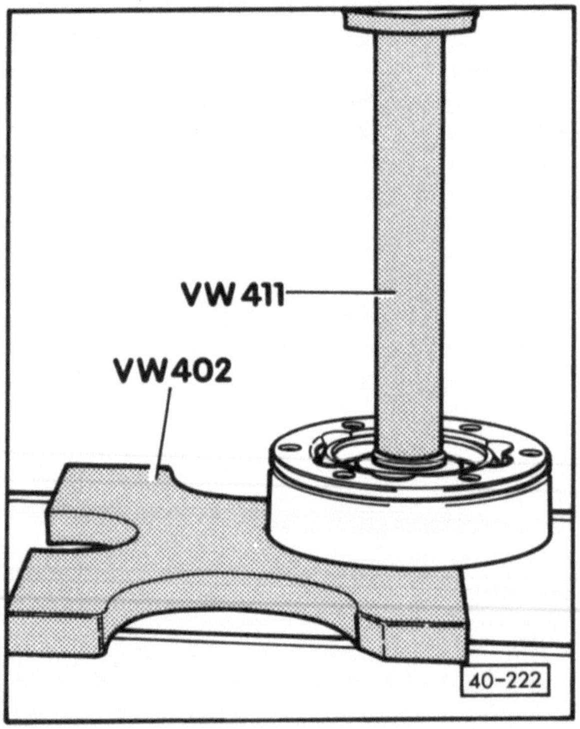

- Inneres Gelenk mit geeigneter Presse abpressen. Dabei die Kugelnabe abstützen.
- Inneres Gelenk: Bei 4-und 5-Zylinder-Benzinmotoren mit Schaltgetriebe zusätzliche Dichtung entfernen.

Zusammenbau

- Spröde oder defekte Gelenkschutzhüllen erneuern.
- Gelenkschutzhülle mit Schlauchbinder für inneres Gelenk auf die Welle schieben.

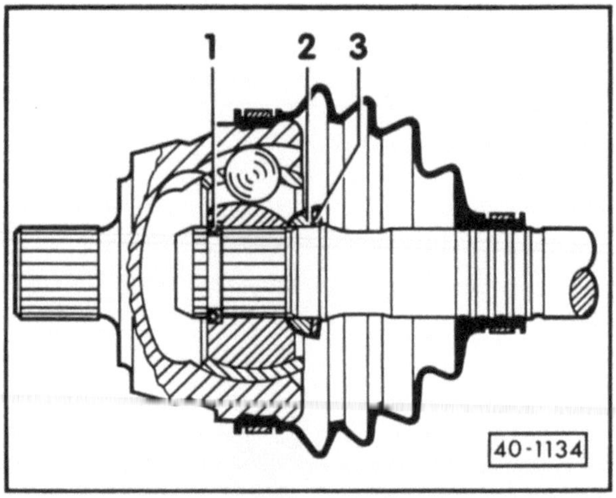

- Tellerfeder –1–, Abstandscheibe –2– und Sicherungsring –3– auf die Profilwelle schieben. Dabei Tellerfeder lagerichtig aufsetzen. Der große Durchmesser der Tellerfeder stützt sich an der Abstandscheibe ab.
- Äußeres Gelenk und Gelenkhülle fetten.
- Äußeres Gelenk mit Kunststoffhammer auf die Welle auftreiben, bis der Sicherungsring einrastet.

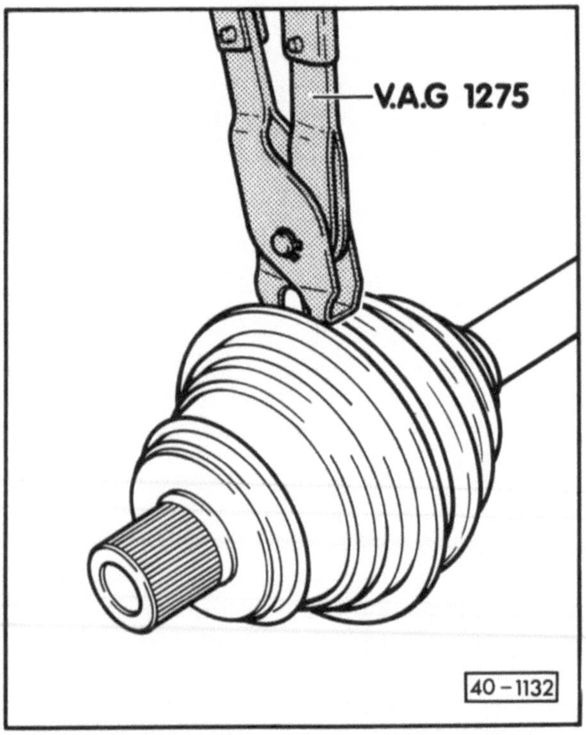

- Gelenkschutzhülle aufziehen und Schlauchbinder am großen Durchmesser mit geeigneter Zange spannen.

- Zum Spannen wird die Zange V.A.G-1275 oder Hazet 1847-1 benötigt.

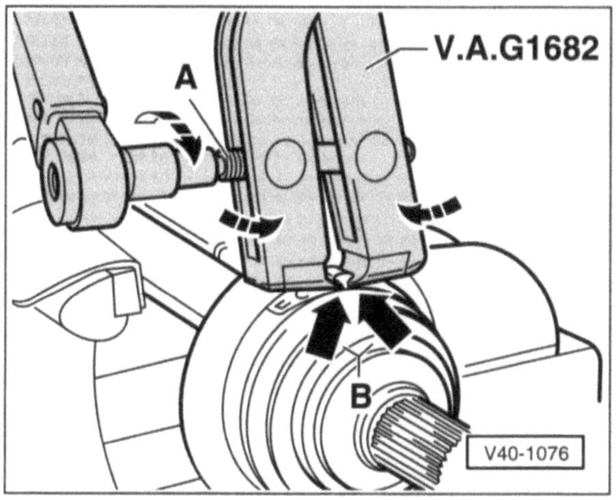

Achtung: Seit ca. 7/96 wird ein Faltenbalg aus härterem Material verwendet. Zum Spannen der dafür erforderlichen Edelstahl-Schlauchbinder ist eine Spezialzange (V.A.G-1682 oder Hazet-1847) erforderlich, sonst wird die erforderliche Spannkraft nicht erreicht. Zange wie in Abbildung gezeigt ansetzen, die Schneiden der Zange müssen in den Ecken –B– anliegen. In dieser Stellung Schraube –A– mit Drehmomentschlüssel und **25 Nm** anziehen und dadurch Schlauchbinder spannen. Das Spannen des Schlauchbinders am kleinen Durchmesser der Gelenkschutzhülle erfolgt in gleicher Weise. Der neue Faltenbalg kann nicht für Gelenkwellen von bisherigen Fahrzeugen verwendet werden.

Hinweis: Das Gewinde der Zange muß leichtgängig sein, gegebenenfalls vorher mit MoS_2-Fett schmieren.

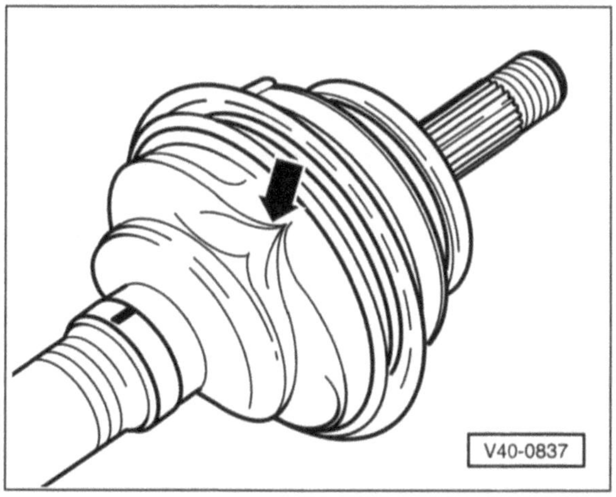

Achtung: Die Gelenkschutzhülle wird beim Aufsetzen auf den Gelenkkörper häufig eingedrückt. Dadurch entsteht in der Gelenkschutzhülle ein Unterdruck, der im Fahrbetrieb eine Falte nach innen zieht. Deshalb nach der Montage Schutzhülle am kleinen Durchmesser kurz mit einem Schraubendreher anlüften und so für einen Druckausgleich sorgen.

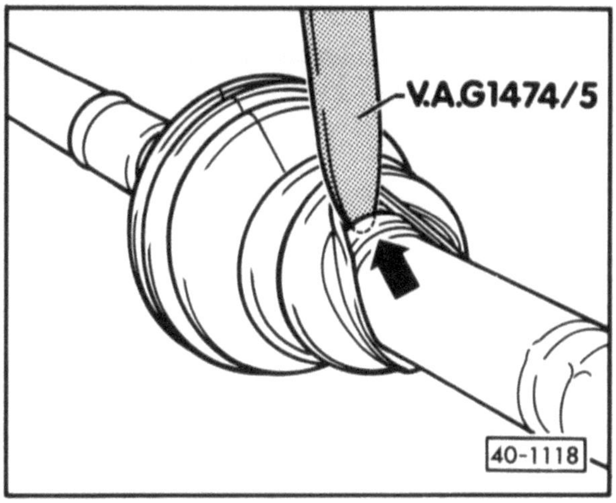

- Gelenkschutzhülle über den Wulst der Profilwelle stülpen.
- Schlauchbinder am kleinen Durchmesser spannen.
- Inneres Gelenk: Neues Gelenk mit **G-6**-Schmierfett füllen. Wenn nur die Gelenkschutzhülle erneuert wird, gegebenenfalls Gelenk nur nachfetten.

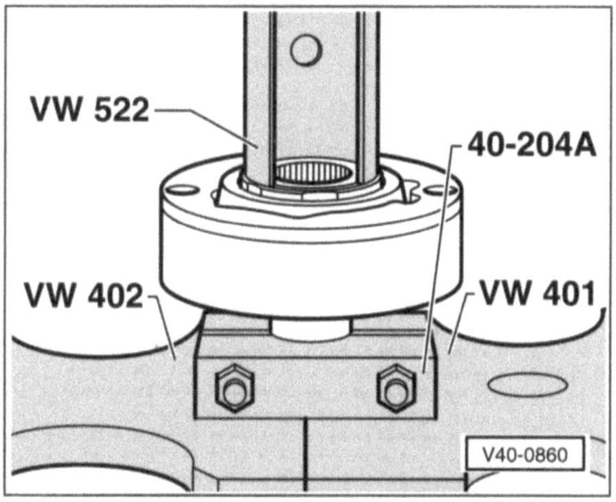

- Inneres Gelenk mit geeigneter Presse bis zum Anschlag aufpressen. **Achtung:** Fase am Innendurchmesser der Kugelnabe (Verzahnung) muß zum Anlagebund der Gelenkwelle zeigen.
- Neuen Sicherungsring mit VW 161a oder HAZET 2525K in die Nut der Welle einfedern.
- Inneres Gelenk: Saubere Stirnseite der Kappe für Gelenkschutzhülle mit V.A.G-Dichtmittel D3 bestreichen. Kappe auf Lager auftreiben.
- Inneres Gelenk: Bei 4-und 5-Zylinder-Benzinmotoren mit Schaltgetriebe zusätzliche neue Dichtung in das Gelenk einkleben, vorher Schutzfolie von der Dichtung abziehen.

Die Hinterachse

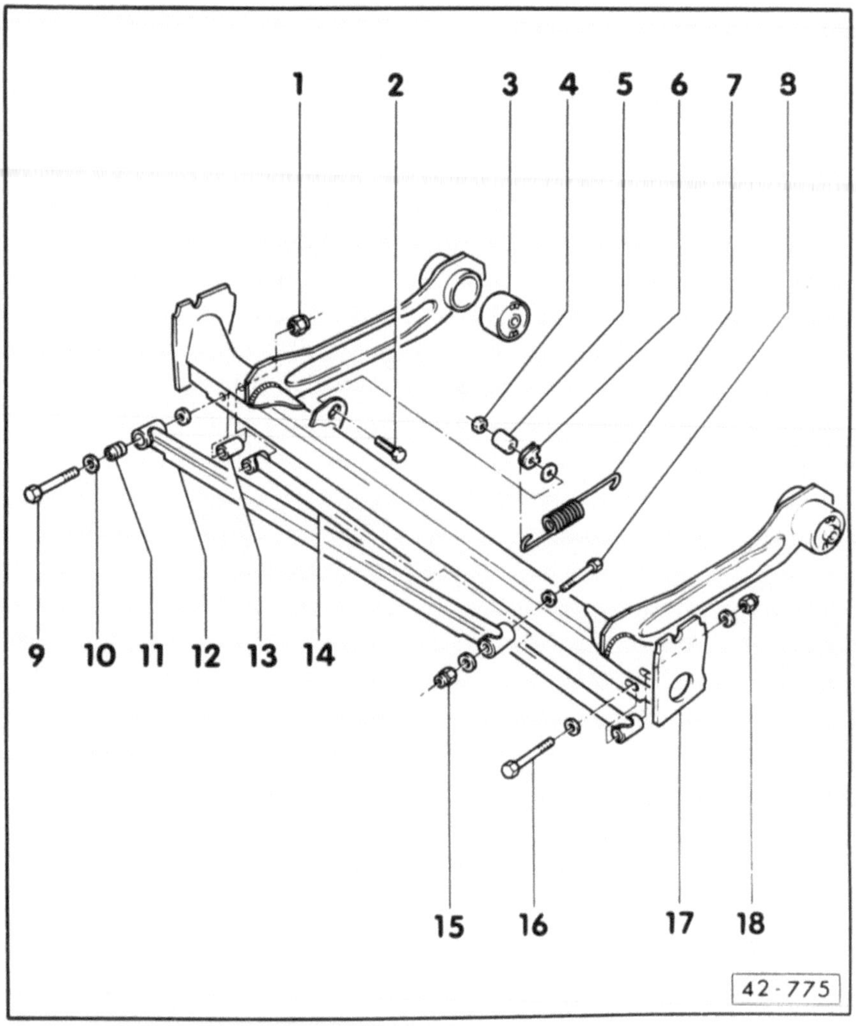

1 – **Mutter, 100 Nm**
Selbstsichernd, daher grundsätzlich ersetzen. **Achtung:** Beim Festziehen muß das Fahrzeug auf den Rädern stehen.

2 – **Sechskantschraube**

3 – **Torsionslager**

4 – **Mutter, 20 Nm**
Selbstsichernd, daher grundsätzlich ersetzen.

5 – **Distanzhülse**
Vor dem Einsetzen in das Lager mit Feststoffschmierpaste AOS-126 00005 fetten.

6 – **Lager**

7 – **Feder für Bremskraftregler**

8 – **Sechskantschraube**

9 – **Sechskantschraube**

10 – **Unterlegscheibe**

11 – **Gummimetallager**

12 – **Diagonalstrebe**

13 – **Buchse**
Nur bei 4-Zylindermotor.

14 – **Stabilisator**
Nur bei 5- und 6-Zylindermotor.

15 – **Mutter, 80 Nm**
Selbstsichernd, daher grundsätzlich ersetzen. **Achtung:** Beim Festziehen muß das Fahrzeug auf den Rädern stehen.

16 – **Sechskantschraube**

17 – **Achskörper**
Unterschiedliche Ausführung bei Fahrzeugen mit Trommel- oder Scheibenbremse. Achskörper für Fahrzeuge mit Scheibenbremse sind mit einer Buchse zur Aufnahme der Drehzahlfühler versehen. Bei Fahrzeugen ohne ABS beide Buchsen austreiben.

18 – **Mutter, 100 Nm**
Selbstsichernd, daher grundsätzlich ersetzen. **Achtung:** Beim Festziehen muß das Fahrzeug auf den Rädern stehen.

Die Hinterachse des Audi 100 mit Frontantrieb besteht aus einem U-Profil, in das bei 5- und 6-Zylindermotoren ein Stabilisator integriert ist. Auch das U-Profil selbst wirkt schon als Stabilistor und verringert die Kurvenneigung des Fahrzeugs. An dem U-Profil ist auf jeder Seite ein Längslenker angeschweißt, der die Bremskräfte abstützt. Die Längslenker sind mit Torsionslagern am Aufbau befestigt. Eine zusätzliche Diagonalstrebe, am Fahrzeugaufbau und am Hinterachskörper befestigt, übernimmt die seitliche Abstützung der Hinterachse. Die Abfederung der Hinterachse erfolgt über 2 Federbeine.

Achtung: Schweiß- und Richtarbeiten am Achskörper sind nicht zulässig. Fahrzeuge mit Allradantrieb sind in diesem Kapitel nicht berücksichtigt.

Federbein hinten aus- und einbauen

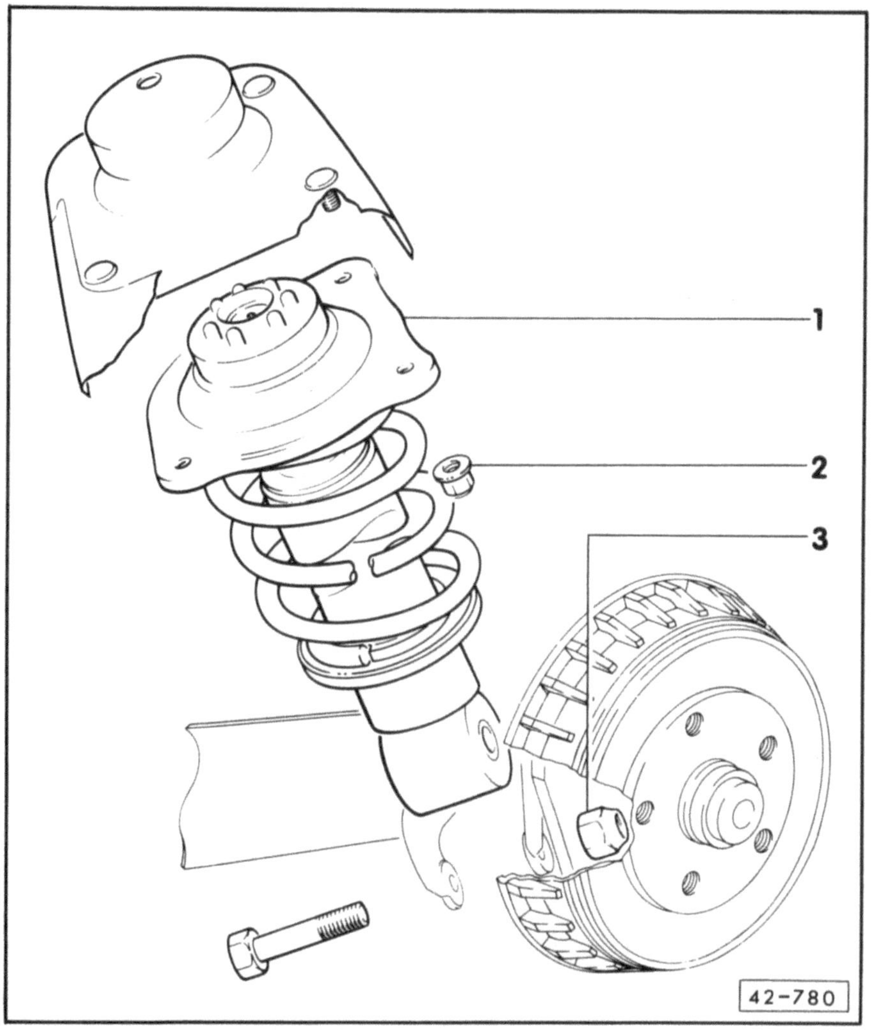

1 – **Federbein**

2 – **Mutter, 25 Nm**
Selbstsichernd, daher grundsätzlich ersetzen.

3 – **Mutter, 95 Nm**
Selbstsichernd, daher grundsätzlich ersetzen. **Achtung:** Beim Festziehen muß das Fahrzeug auf den Rädern stehen.

Ausbau

Achtung: Jeweils nur das Federbein auf einer Seite aus- und einbauen, da sonst die Bremsschläuche überdehnt werden.

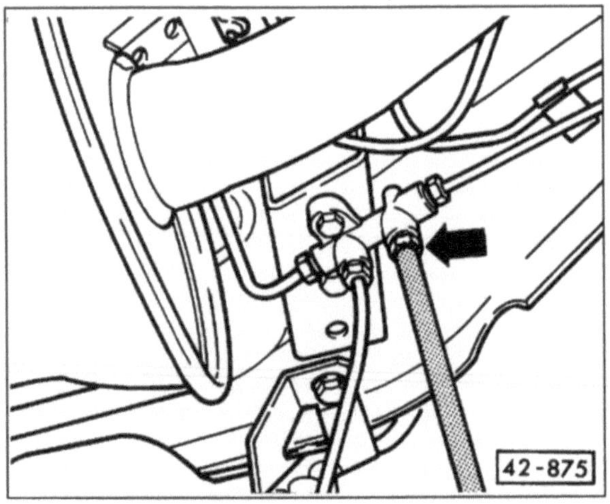

- Fahrzeuge mit **Niveauregulierung:** Hydraulikölan Entlüfterschraube im Verteilerstück ablassen, dazu Schlauch aufstecken –Pfeil–. Entlüfterschraube festziehen, Staubkappe aufsetzen. Anschließend Hydraulikleitung mit Schlüssel AUDI-3150 am Stoßdämpfer, oberhalb der Schraubenfeder, abschrauben.
- Radschrauben lösen.
- Fahrzeug hinten aufbocken und Rad abnehmen.
- Hinterachse mit Werkstattwagenheber auf der Seite unterstützen, wo das Rad abgebaut wurde.
- Untere Befestigungsschraube für Federbein abschrauben und herausnehmen.
- Befestigungsmuttern oben abschrauben.
- Hinterachse mit Wagenheber absenken und Federbein herausnehmen.

Einbau

- Federbein unten ansetzen, Schraube durchschieben, Mutter noch nicht festziehen.
- Hinterachse mit Wagenheber langsam anheben bis die oberen Muttern angesetzt werden können.
- **Neue** Befestigungsmuttern oben mit **25 Nm** festziehen.
- **Niveauregulierung:** Hydraulikleitung anschrauben.
- Hinterachse ablassen.
- Rad anschrauben.
- Fahrzeug ablassen.
- Untere Befestigungsmutter für Federbein mit **95 Nm** festziehen. **Achtung:** Beim Festziehen muß das Fahrzeug auf den Rädern stehen.
- Radschrauben über Kreuz mit **120 Nm** anziehen.

Federbein hinten zerlegen

Fahrzeuge ohne Niveauregulierung

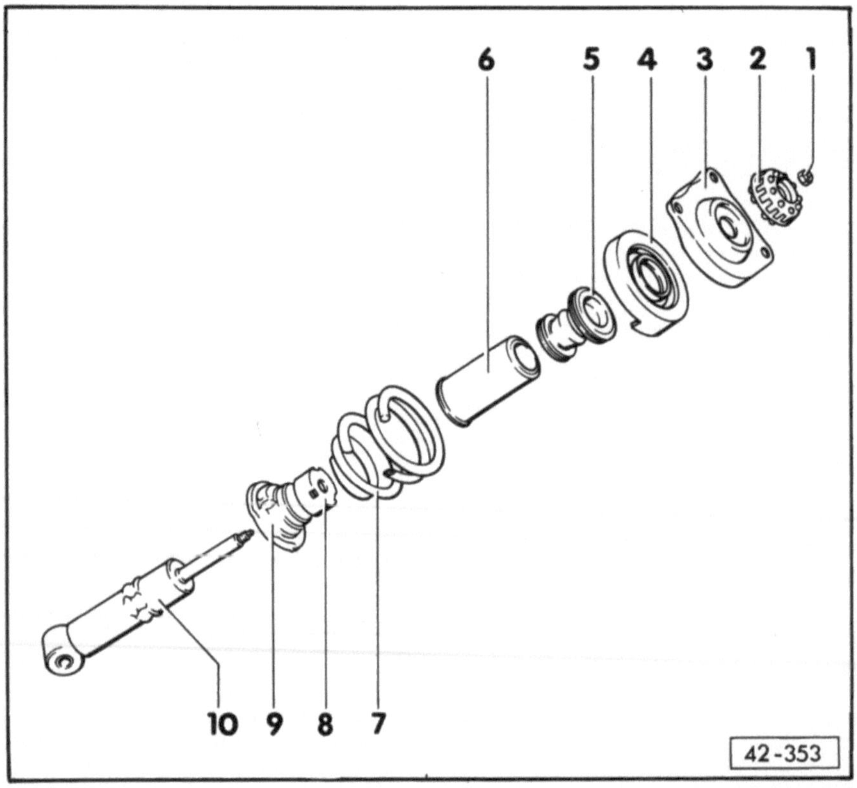

1 – **Mutter, 30 Nm**
Selbstsichernd, daher grundsätzlich ersetzen.

2 – **Gummilager**
Mit Talkum einsetzen.

3 – **Federteller oben**

4 – **Dämpfungsring**
Mit Talkum einsetzen.

5 – **Anschlagpuffer**
In die Schutzhülle einsetzen und gemeinsam in den Dämpfungsring einknöpfen.

6 – **Schutzhülle**
Mit Anschlagpuffer und Dämpfungsring auf die Kolbenstange und die Schraubenfeder aufsetzen, so daß der Anschlag des Dämpfungsrings am Schraubenfederende anliegt.

7 – **Schraubenfeder**
Farbkennzeichnung auf der Feder zeigt zum Federteller unten.

8 – **Schutzkappe**

9 – **Federteller unten**
Mit Anschlag für Schraubenfeder.

10 – **Stoßdämpfer**
Einzeln austauschbar.

Zerlegen

- Federbein ausbauen.

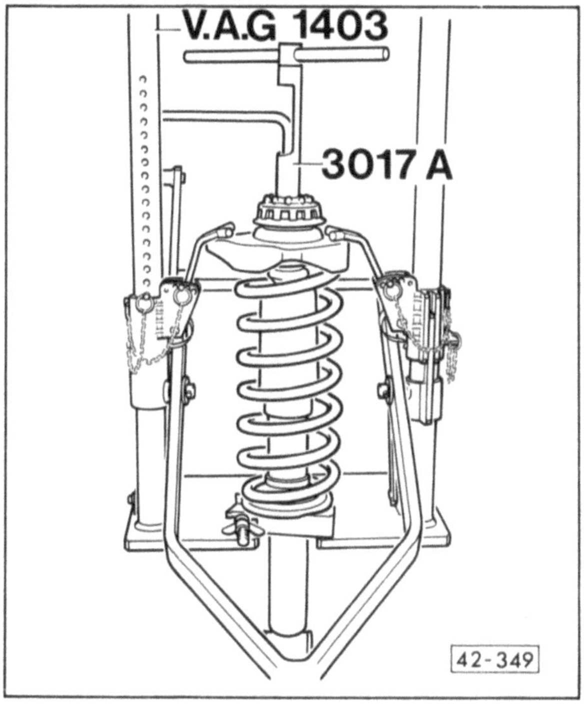

- Federbein in eine geeignete Spannvorrichtung einsetzen, z.B. V.A.G-1403. Schraubenfeder vorspannen. **Achtung:** Mutter darf nur dann gelöst werden, wenn die Schraubenfeder mit einem zulässigen Spanner vorgespannt ist.
- Mutter von der Kolbenstange abschrauben. Zum Abschrauben benutzen die Werkstätten das Spezialwerkzeug V.A.G-3017. Es kann auch das Werkzeug HAZET 2593 Lg-17 verwendet werden.
- Einzelteile abnehmen, Feder vorsichtig entspannen.

Zusammenbau

- Vor dem Zusammenbau Stoßdämpfer prüfen.
- Einzelteile entsprechend der Übersichtszeichnung 42-353 auf den Stoßdämpfer aufschieben.

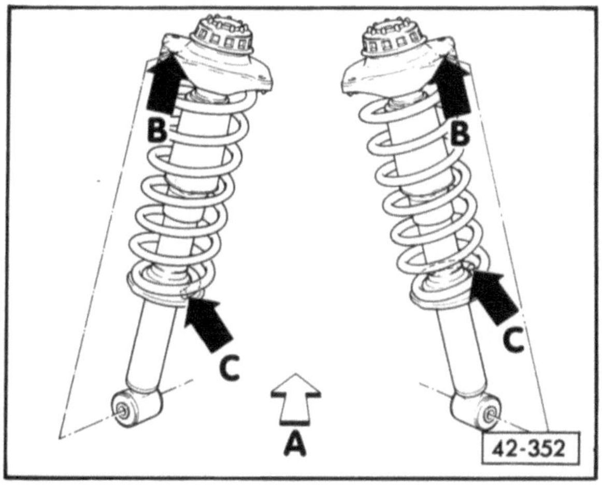

- Einbaulage der Federbeine beachten. A = Fahrtrichtung. B = mittlere Bohrung im Federteller oben. C = Federende unten; links: nach vorne, rechts: nach hinten.
- Beim Aufschieben des Anschlußteils darauf achten, daß der Gewindeanschluß zum Durchbruch im Federteller nach oben zeigt. Auf richtigen Sitz der Rundschnurringe achten. Beim Festziehen der selbstsichernden Mutter Anschlußteil nicht verdrehen.
- Dämpfungsring mit Talkum einsetzen.
- Feder spannen.
- Federteller aufsetzen. Richtige Lage beachten, siehe Abbildung 42-353.
- Gummilager oben mit Talkum einsetzen.
- **Neue selbstsichernde Mutter** mit **30 Nm** festziehen. Dabei Mutter in Verbindung mit 3017A oder HAZET 2593-17 und Drehmomentschlüssel anziehen. Beim Festziehen der Mutter darauf achten, daß sich das Anschlußteil nicht verdreht.

Stoßdämpfer prüfen

Der Stoßdämpfer kann von Hand geprüft werden.

- Stoßdämpfer ausbauen.
- Stoßdämpfer in Einbaulage halten, Stoßdämpfer auseinanderziehen und zusammendrücken.
- Der Stoßdämpfer muß sich über den gesamten Hub gleichmäßig schwer und ruckfrei bewegen lassen.
- Defekte Dämpfer erkennt man auch während der Fahrt an Polter- und Knackgeräuschen. Allerdings haben diese Geräusche häufig auch andere Ursachen, zum Beispiel lockere Schrauben, Muttern, defektes Radlager, Gleichlaufgelenk. Daher Dämpfer vor dem Ersetzen immer prüfen, gegebenenfalls am Stoßdämpferprüfstand prüfen lassen.
- Bei einwandfreier Funktion sind geringe Spuren von Stoßdämpferöl kein Grund zum Austausch. Als Faustregel gilt: Wenn ein Ölfleck sichtbar ist und sich nicht weiter ausbreitet als vom oberen Stoßdämpferverschluß (Kolbenstangendichtring) bis zum unteren Federteller, gilt der Dämpfer als in Ordnung. Voraussetzung ist, daß der Ölfleck stumpf, matt beziehungsweise durch Staub getrocknet ist. Ein geringfügiger Ölaustritt ist sogar von Vorteil, weil dadurch der Dichtring geschmiert wird und sich somit die Lebensdauer erhöht.
- Bei starkem Ölverlust Stoßdämpfer austauschen.

Radlager hinten aus- und einbauen

Ausbau

- Fahrzeuge mit **Trommelbremse:** Hinterrad und Bremstrommel ausbauen, siehe Seite 196.
- Fahrzeuge mit **Scheibenbremse:** Bremsscheibe und Radnabe ausbauen, siehe Seite 193.
- Radlager abnehmen.
- Lagerlaufringe mit Kupferdorn austreiben. Dabei Dorn kreisförmig an verschiedenen Stellen des Laufringes ansetzen, um ein Verkanten zu verhindern.

Achtung: Nur einwandfreien Dorn benutzen, damit sich kein Grat am Laufringsitz bilden kann.

- Fahrzeuge mit ABS: Rotor für Raddrehzahlabnahme mit Dorn gleichmäßig durch die Gewindebohrungen der Radnabe abtreiben.
- Achszapfen und Bremstrommel beziehungsweise Radnabe mit sauberem Lappen und Spiritus reinigen.

Einbau

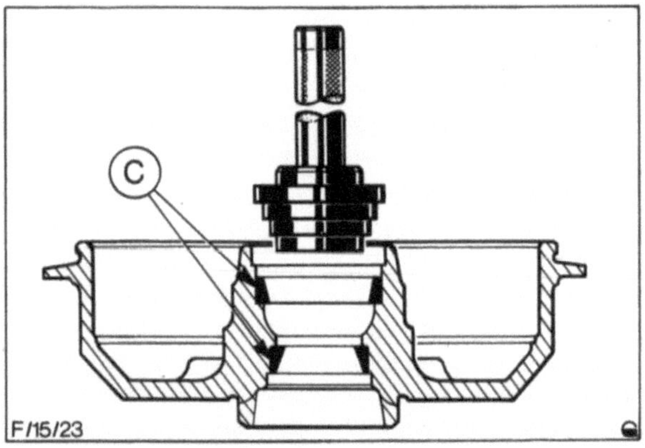

- Lagerlaufringe –C– bis zum Anschlag eintreiben. Die Werkstatt verwendet hierzu das Werkzeug VW-447h und VW-512 bei Fahrzeugen mit Trommelbremse beziehungsweise VW-512 und 30-506b bei Fahrzeugen mit Scheibenbremse. Steht das Spezialwerkzeug nicht zur Verfügung, Laufring mit geeignetem Rohr vorsichtig eintreiben.
- Fahrzeuge mit ABS: Rotor mit geeigneter Presse aufpressen. Die Werkstatt verwendet hierfür die Werkzeuge VW-407, 2050, 32-119, 401.
- Kegelrollenlager mit Radlagerfett (Lithiumfett) füllen.
- Inneres Lager einsetzen.
- Dichtring mit Radlagerfett zwischen den Dichtlippen einfetten.
- Dichtring mit Kunststoffhammer bis zum Anschlag eintreiben.
- **Trommelbremse:** Bremstrommel einbauen und dabei auch äußeres Kegelrollenlager einsetzen, siehe Seite 196.
- **Scheibenbremse:** Radnabe mit Radlagerfett füllen und mit äußerem Kegelrollenlager einsetzen, siehe Seite 193.
- Radlagerspiel einstellen.
- Hinterrad einbauen und Radschrauben mit **120 Nm** über Kreuz festziehen.

Radlagerspiel einstellen

- Fahrzeug hinten aufbocken.
- Schutzkappe ausbauen, siehe Seite 196.
- Splint herausziehen und Kronensicherung abnehmen.

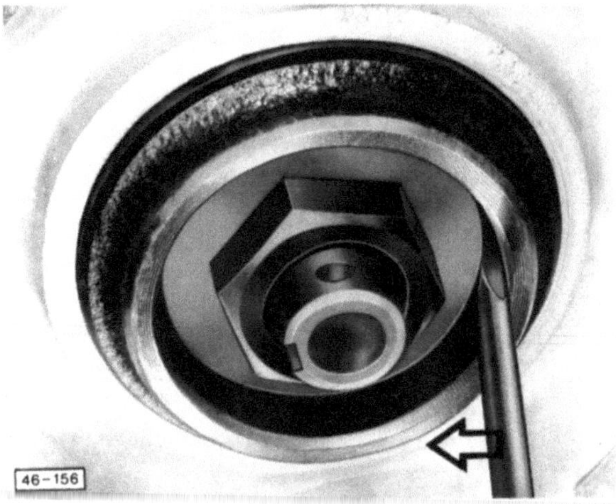

- Sechskantmutter leicht lösen und wieder anziehen. Das Radlagerspiel ist richtig eingestellt, wenn sich die Druckscheibe mit einem Schraubenzieher durch Fingerdruck –Pfeil– noch verschieben läßt. **Dabei darf auf keinen Fall der Schraubenzieher durch Dreh- oder Hebelbewegung abgestützt werden.**

Achtung: Rad beim Anziehen der Mutter drehen, damit sich das Radlager nicht verklemmt.

- Kronensicherung so aufsetzen, daß sich der Splint einstekken läßt.
- Neuen Splint einsetzen und an den Enden umbiegen.
- Fettkappe mit geeignetem Rohr auftreiben, das Rohr liegt am Wulst der Fettkappe an. **Achtung:** Verbeulte Fettkappen unbedingt ersetzen, da durch Undichtigkeiten Feuchtigkeit ins Radlager eindringt und dieses in kurzer Zeit zerstört wird.
- Fahrzeug ablassen.

Die Lenkung

Die Lenkung besteht im wesentlichen aus dem Lenkrad, der Lenksäule, dem Zahnstangen-Lenkgetriebe, den Spurstangen und der Lenkhilfe. Das Lenkrad ist auf der Lenksäule aufgeschraubt, die die Lenkbewegungen auf das Lenkgetriebe überträgt. Im Lenkgetriebe wird eine Zahnstange entsprechend dem Lenkradeinschlag nach links oder rechts bewegt. Spurstangen, die am Mitnehmer der Zahnstange befestigt sind, übertragen die Lenkkräfte über die Radlagergehäuse auf die Räder.

Die Zahnstangenlenkung ist leichtgängig und spielfrei von Anschlag zu Anschlag. Sie ist wartungsfrei, allerdings müssen die Abdicht-Manschetten auf einwandfreien Zustand geprüft werden.

Die Bedienung der Lenkung wird durch eine hydraulische Lenkhilfe erleichtert. Die hydraulische Lenkhilfe (Servolenkung) sorgt dafür, daß der Kraftaufwand beim Einschlagen der Lenkung möglichst gering gehalten wird. Die Lenkhilfe besteht aus der Ölpumpe, dem Vorratsbehälter und den Öldruckleitungen. Angetrieben wird die Ölpumpe über einen Keilriemen. Die Pumpe saugt das Hydrauliköl aus dem Vorratsbehälter an und fördert es mit hohem Druck zum Ventilkörper. Der Ventilkörper sitzt im Lenkgetriebe. Er ist mit der Lenksäule mechanisch verbunden und leitet das Öl je nach Lenkeinschlag in die entsprechende Seite des Arbeitszylinders. Dort drückt das Öl gegen den Zahnstangenkolben und unterstützt dadurch die Lenkbewegung. Gleichzeitig preßt der Kolben das Öl auf der anderen Seite des Arbeitszylinders über die Rücklaufnut des Drehschieberventils durch die Rücklaufleitung zurück zum Nachfüllbehälter.

Serienmäßig ist der AUDI 100 mit dem sogenannten **Procon/ Ten-System** ausgestattet: Procon = Programmed Contraction, programmiertes Zusammenziehen der Lenksäule bei einem Unfall; Ten = Tension = Spannung, automatisches Spannen der vorderen Sicherheitsgurte. Beim Procon/Ten-Sicherheitssystem ist ein wartungsfreies Edelstahlseil oben an der Lenksäule eingehängt, sein unterer Teil flaschenzugartig um das Getriebe gelegt und an der Karosserie befestigt. Im Fall einer starken Frontalkollision verschiebt sich der Motor mit Getriebe relativ zur Karosserie nach hinten. Dadurch zieht das Stahlseil das Lenkrad nach vorn in Richtung Armaturentafel und aus dem Bereich des Fahrers heraus.

Achtung: Schweiß- und Richtarbeiten an Lenkungsteilen sind nicht zulässig.

Sicherheitshinweise für Airbagsystem

- Airbag-Teile dürfen nicht geöffnet oder repariert werden. Es dürfen nur Neuteile verwendet werden.
- Die Airbageinheit hat ein Verfalldatum (Aufkleber im Handschuhkasten). Nach 10 Jahren muß der Airbag aus Sicherheitsgründen erneuert werden.
- Sind die Airbageinheit oder das Auslösegerät aus einer Höhe von mehr als 0,5 m zu Boden gefallen, dürfen diese nicht mehr eingebaut werden. Teile der Airbaganlage, die mechanisch beschädigt sind (Beule, Riß) müssen grundsätzlich erneuert werden.
- Bei allen **Arbeiten am Airbagsystem** ist die **einpolige Steckverbindung** für die **Spannungsversorgung** zu **trennen.**
- Airbageinheit nicht unbeaufsichtigt liegen lassen.
- Airbageinheit in ausgebautem Zustand immer so ablegen, daß das Prallpolster nach oben zeigt.
- Die Airbageinheit darf nicht mit Fett, Reinigungs- oder ähnlichen Mitteln behandelt oder kurzfristig Temperaturen über +100° C ausgesetzt werden.
- Die Airbageinheit ist ein pyrotechnischer Gegenstand und muß vor dem Verschrotten unbrauchbar gemacht werden (Werkstattarbeit).

Lenkrad aus- und einbauen

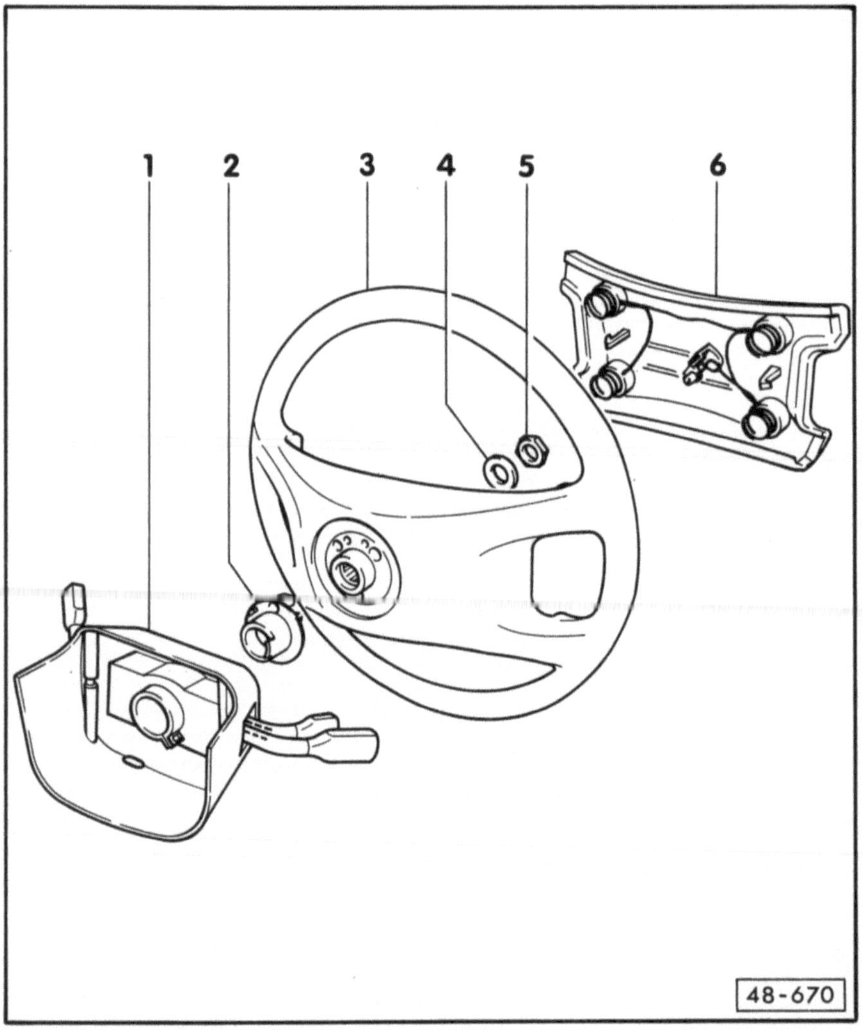

1 – Lenkstockschalter mit Konsole
2 – Mitnehmer mit Schleifkohle
3 – Lenkrad
4 – Federscheibe
5 – Sechskantmutter, 40 Nm
6 – Abdeckkappe

Ausbau
Fahrzeuge ohne Airbag

- Abdeckkappe von Hand abziehen. Dazu ist allerdings ein relativ hoher Kraftaufwand erforderlich. Zunächst obere Hälfte der Abdeckkappe kräftig zurückziehen und die Spiralfedern aus den oberen beiden Befestigungspunkten lösen. Danach untere Hälfte lösen, Abdeckung nicht abziehen. Abdeckkappe nach links drücken, bis auf der rechten Seite der Haken frei wird und die Abdeckung herausgenommen werden kann. Dabei auf der rechten Seite nicht zu stark ziehen, sonst bricht der Haken ab beziehungsweise die Haltenut reißt ein. Da die Befestigungshaken links und rechts identisch sind, kann die Abdeckung auch nach rechts gedrückt und links herausgezogen werden. Andernfalls können die Befestigungskrallen abbrechen.
- Anschließend elektrische Leitung für Abdeckkappe abziehen.
- Lenkrad drehen und Räder in Geradeausstellung bringen.
- Befestigungsmutter abschrauben.
- Lenkrad und Lenksäule besitzen jeweils eine Kerbe, die sich in eingebautem Zustand gegenüberstehen. Ist das nicht der Fall, Versatz anhand der Kerbverzahnung zählen und notieren.
- Lenkrad abziehen beziehungsweise mit dem Handballen abschlagen.

Einbau

- Lenkrad entsprechend den Markierungen oder Notizen auf die Lenksäule aufschieben. Vor dem Einbau prüfen, ob sich der Blinkerhebel in Mittelstellung befindet, sonst wird der Rückstellnocken beschädigt.
- Sechskantmutter mit **40 Nm** festschrauben.
- Nach dem Einbau Probefahrt durchführen. Bei Geradeausfahrt muß die Lenkradspeiche waagerecht stehen, gegebenenfalls Lenkrad umsetzen.
- Elektrische Leitung für Abdeckkappe anschließen.
- Abdeckkappe aufdrücken.
- Signalhorn Blinkerrückstellung auf Funktion prüfen.

Fahrzeuge mit Airbag

Ausbau

- Abdeckung für Wasserkasten, zwischen Spritzwand und Windschutzscheibe im hinteren Teil des Motorraums, ausclipsen und herausnehmen.
- Batterie-Massekabel (–) abklemmen. **Achtung:** Dadurch werden aus dem Speicher des Radios der Code für die Diebstahlsicherung sowie die eingestellten Sender gelöscht. Die Batterie darf nur bei ausgeschalteter Zündung abgeklemmt werden, **da sonst das Steuergerät der Einspritzanlage beschädigt wird.** Vor dem Abklemmen sollten auch die Hinweise im Kapitel »Radio« bzw. »Batterie aus- und einbauen« durchgelesen werden.

Achtung: Bei Fahrzeugen mit Klimaanlage befindet sich die Batterie unter der Rücksitzbank.

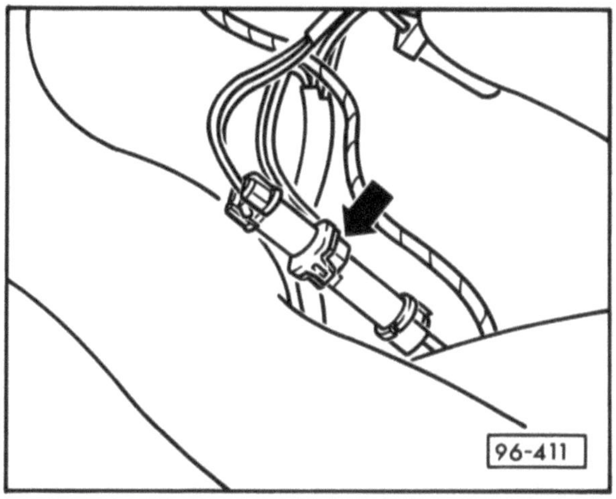

- Fahrzeuge bis 8/95: Einpolige Steckverbindung für die Spannungsversorgung des Airbag-Systems trennen. Die Steckverbindung befindet sich hinter der Mittelkonsole. Ab 9/95 entfällt die Steckverbindung.

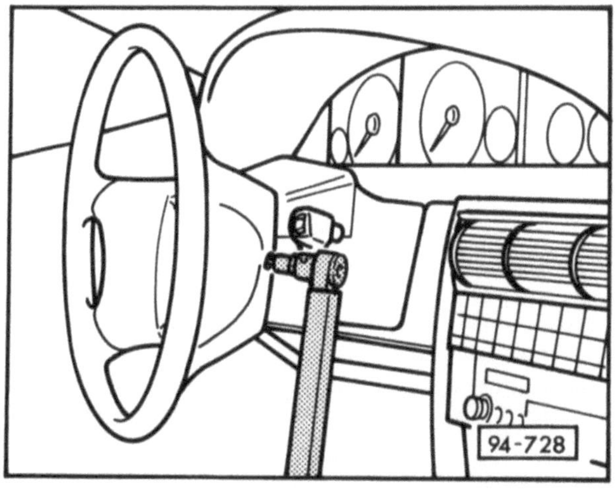

- Abdeckkappe am Lenkrad links und rechts mit einem Torxeinsatz, z. B. HAZET T30, abschrauben.

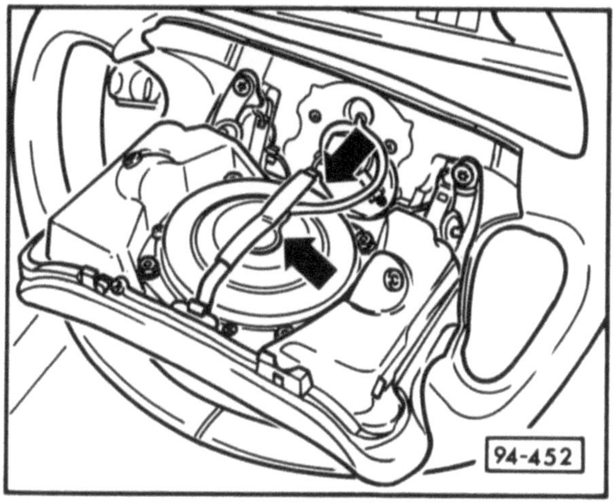

- Abdeckkappe nach hinten klappen.
- Sicherheitsbügel –Pfeil– für Stecker der Airbageinheit aushängen. **Achtung:** Seit Fahrzeug-Nr. 4ASN... (etwa ab 9/94) ist der Bügel nicht mehr vorhanden.
- Stecker von Airbageinheit abziehen.

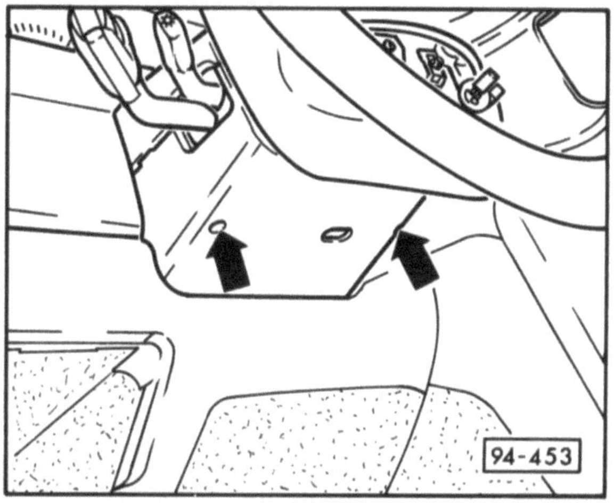

- Verkleidungs-Oberteil des Lenkstockschalters abschrauben.

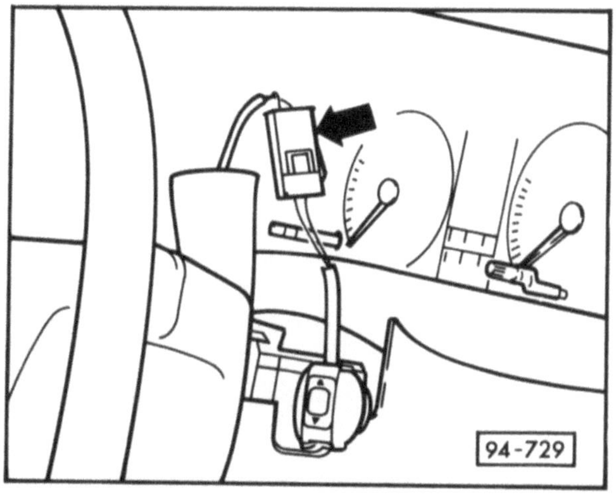

- Steckverbindung der Verbindungsleitung für Airbageinheit trennen.
- Lenkrad wie bei Fahrzeugen ohne Airbag ausbauen.

Einbau

- Lenkrad wie bei Fahrzeugen ohne Airbag einbauen.
- Anschlüsse für Verbindungsleitung zusammenstecken.
- Obere Verkleidung für Lenkstockschalter anschrauben.
- Stecker für Airbageinheit aufschieben und Sicherheitsbügel einhängen.
- Airbageinheit ansetzen und Befestigungsschrauben von Hand reindrehen. Anschließend die Schrauben ganz leicht, mit 6 Nm festziehen.
- Einpolige Spannungsversorgung zusammenstecken.

Achtung: Beim folgenden Anklemmen der Batterie ist der Aufenthalt im Fahrzeuginnern verboten. Reihenfolge unbedingt einhalten.

- Zündung einschalten und **anschließend** Batterie-Massekabel (-) anklemmen. Zündschlüssel steht dabei auf Position »Fahren«.
- Abdeckung für den Wasserkasten einclipsen bzw. Rücksitzbank einbauen.

Das Servolenkgetriebe

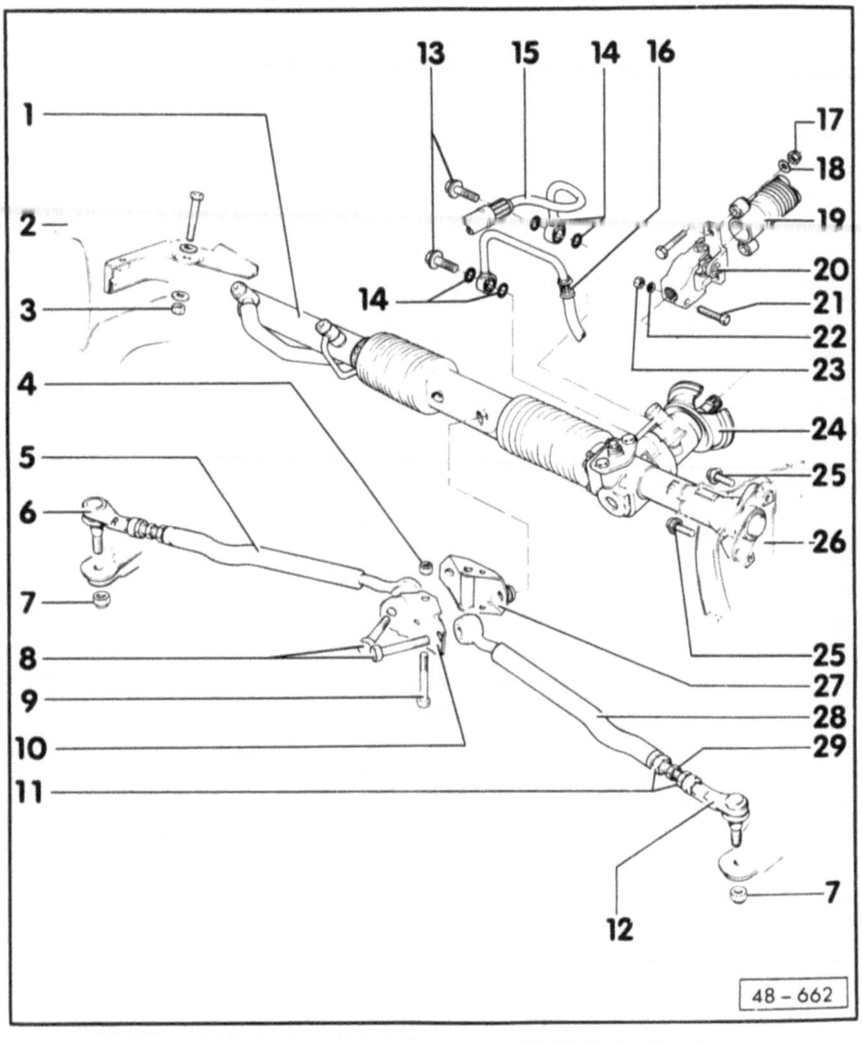

1 – Lenkgetriebe
Achtung: Bei Fahrzeugen mit Airbag sind vor dem Ausbau des Lenkgetriebes die Räder in Geradeausstellung zu bringen, anschließend ist erst das Lenkrad auszubauen. Dadurch wird sichergestellt, daß die Wickelfeder im Lenkrad nicht beschädigt wird.

2 – Radhaus

3 – Mutter, 25 Nm
Selbstsichernd, immer ersetzen. Ab FG-Nr. PN 050 668 ist eine höherwertige Schraubverbindung der Festigkeitsklasse 10.9 (siehe Schraubenkopf) eingebaut. Das Anzugsmoment für M8-10.9-Schrauben beträgt **35 Nm**, und bei M10-10.9-Schrauben **55 Nm**. Alte Schraubverbindungen (8.8) durch 10.9-Schraubverbindungen ersetzen. Bei Einbau eines neuen Lenkgetriebes (Bohrung 10 mm) in alte Karosserie, muß in das Lenkgetriebe ein Spannstift für Schraubverbindung M8 getrieben werden.

4 – Mutter, 40 Nm

5 – Spurstange rechts

6 – Spurstangengelenk rechts
Mit »R« gekennzeichnet.

7 – Mutter, 50 Nm
Selbstsichernd, daher grundsätzlich ersetzen.

8 – Sechskantschraube, 80 Nm
Beim Festziehen muß das Fahrzeug auf den Rädern stehen.

9 – Sechskantschraube

10 – Sicherungsblech

11 – Kontermuttern, 50 Nm

12 – Spurstangengelenk links
Mit »L« gekennzeichnet.

13 – Hohlschrauben, 40 Nm

14 – Rundschnurringe
Grundsätzlich ersetzen.

15 – Dehnschlauch

16 – Rücklaufschlauch

17 – Mutter, 25 Nm
Selbstsichernd, daher grundsätzlich ersetzen.

18 – Unterlegscheibe

19 – Lenksäule

20 – Kreuzgelenk

21 – Klemmschraube
Immer ersetzen.

22 – Unterlegscheibe

23 – Mutter, 25 Nm
Selbstsichernd, daher grundsätzlich ersetzen.

24 – Stirnwandabdichtung

25 – Sechskantschraube, 50 Nm

26 – Radhaus links

27 – Reiter

28 – Spurstange links

29 – Gewindestück

Spurstange aus- und einbauen

Die Spureinstellung erfolgt grundsätzlich an beiden Spurstangen durch Verdrehen der Gewindestücke. Die Spurstangenköpfe müssen spielfrei sein. Die Staubkappen dürfen nicht beschädigt sein, gegebenenfalls sofort erneuern.

Ausbau

- Fahrzeug auf den Rädern stehen lassen.
- Spurstange am Mitnehmer lösen. **Achtung:** Dabei muß das Fahrzeug auf den Rädern stehen, sonst kann sich die Zahnstange verspannen.
- Radschrauben lösen.
- Fahrzeug aufbocken, Rad abnehmen.
- Mutter für Spurstangengelenk abschrauben.

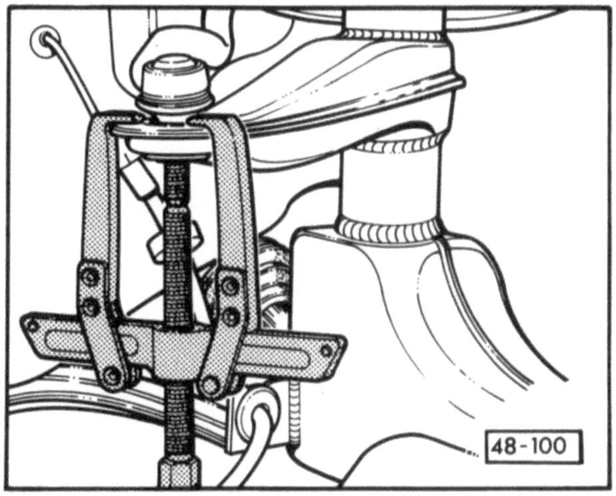

- Spurstange mit handelsüblichem Ausdrücker ausdrücken.
- Spurstange herausnehmen.

Einbau

- Spurstange oder Spurstangengelenk erneuern.
- Beim Ausbau des Spurstangengelenkes Umdrehungen zählen. Neues Spurstangengelenk mit der gleichen Umdrehungsanzahl aufschrauben.
- Neue Spurstange auf das Maß der alten Spurstange bringen, dabei gegebenenfalls Gewindestück verdrehen, vorher beide Seiten entkontern.
- Kontermuttern mit **50 Nm** festziehen.
- Spurstange einsetzen und am Mitnehmer anschrauben, **nicht festziehen. Achtung:** Die Kröpfung der Spurstangenhebelaugen zeigt immer in Fahrtrichtung, siehe Abbildung 48-662. Die Kröpfung im Mittelbereich der beiden Rohre zeigt nach unten zur Fahrbahn.
- Spurstangenkopf einsetzen, **neue** selbstsichernde Mutter mit **50 Nm** festziehen. **Achtung:** Darauf achten, daß die beiden Gelenkköpfe zu den Gelenkzapfen weder nach vorn noch nach hinten gekippt sind.
- Rad anschrauben, Fahrzeug ablassen.
- Erst jetzt Schraube am Mitnehmer mit **80 Nm** festziehen.
- Spur prüfen, siehe Seite 185.
- Radschrauben über Kreuz mit **110 Nm** festziehen.

Flügelpumpe für Servolenkung

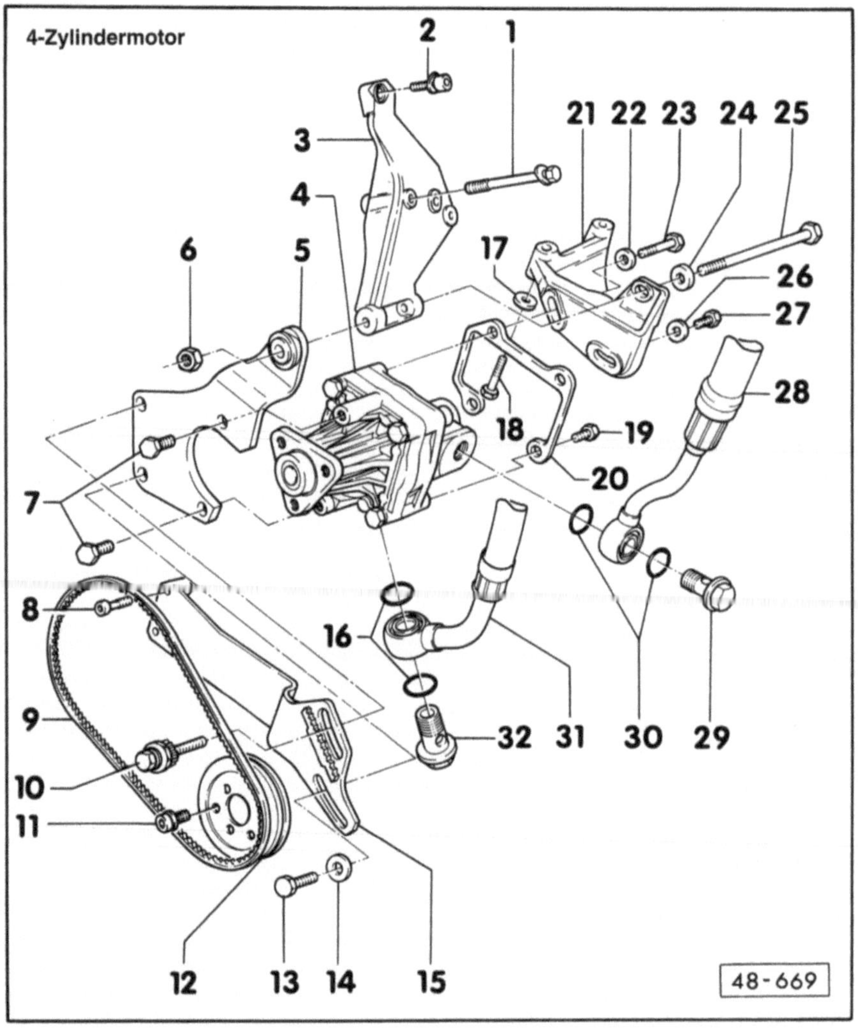

1 – **Sechskantschraube, 20 Nm**

2 – **Zylinderschraube, 20 Nm**

3 – **Halter**

4 – **Flügelpumpe**
Kann nur komplett ersetzt werden. Vor dem Abschrauben des Saug- und Dehnschlauches an der Flügelpumpe. Saug- und Rücklaufschlauch mit Schlauchklemme abklemmen. Bevor die Flügelpumpe eingebaut wird, Pumpe an der Saugseite mit Hydrauliköl G002000 füllen und von Hand durchdrehen, bis Öl aus der Druckseite austritt. **Achtung:** Es werden Flügelpumpen von verschiedenen Herstellern eingebaut. Beim Ersetzen kann auch die Pumpe eines anderen Herstellers eingebaut werden.

5 – **Schwenkbügel vorn**

6 – **Mutter, 20 Nm**
Selbstsichernd, daher grundsätzlich ersetzen.

7 – **Sechskantschraube, 20 Nm**

8 – **Zylinderschraube, 20 Nm**

9 – **Keilriemen**

10 – **Schraube mit Spannmutter**

11 – **Zylinderschraube, 25 Nm**

12 – **Keilriemenscheibe**
Einbaulage: Bei montierter Riemenscheibe muß von vorne betrachtet »5Z« sichtbar sein. Keilriemenscheiben von Kurbelwelle und Flügelpumpe müssen fluchten.

13 – **Sechskantschraube, 25 Nm**

14 – **Unterlegscheibe**
Dicke 4 mm.

15 – **Spannbügel**

16 – **Rundschnurringe**
Grundsätzlich ersetzen, beidseitig in das Ringstück des Saugschlauches einlegen.

17 – **Unterlegscheibe**
Dicke 2,5 mm.

18 – **Sechskantschraube, 25 Nm**

19 – **Sechskantschraube, 25 Nm**

20 – **Distanzstück**
Nur bei ZF-Flügelpumpen vorhanden.

21 – **Schwenkbügel hinten**

22 – **Unterlegscheibe**
Dicke 4 mm.

23 – **Sechskantschraube, 25 Nm**

24 – **Unterlegscheibe**
Dicke 2,5 mm.

25 – **Sechskantschraube**

26 – **Unterlegscheibe**
Dicke 4 mm.

27 – **Sechskantschraube, 25 Nm**

28 – **Dehnschlauch**
Zum Ersetzen Bremskraftverstärker ausbauen.

29 – **Hohlschraube, 50 Nm**

30 – **Rundschnurringe**
Grundsätzlich ersetzen, beidseitig in das Ringstück des Dehnschlauches einlegen.

31 – **Saugschlauch**

32 – **Hohlschraube/ Einschraubstutzen, 50 Nm**

Achtung: Seit Fg.-Nr. 4APN080168 sind anstelle Rundschnurringen (Pos. –16–, –30–) verzinkte Kupferdichtringe eingebaut. Kupferdichtringe nach jedem Lösen ersetzen.

Die Fahrwerkvermessung

Optimale Fahreigenschaften und geringster Reifenverschleiß sind nur dann zu erzielen, wenn die Stellung der Räder einwandfrei ist. Bei unnormaler Reifenabnutzung sowie mangelhafter Straßenlage – bei schlechter Richtungsstabilität in Geradeausfahrt sowie schlechten Lenkeigenschaften in Kurvenfahrt – sollte die Werkstatt aufgesucht werden, um den Wagen optisch vermessen zu lassen.
Die Fahrzeugvermessung kann ohne eine entsprechende Meßanlage nicht durchgeführt werden. Ich beschränke mich deshalb hier auf die Beschreibung der für die Vermessung erforderlichen Grundbegriffe.

Spur/Sturz/Spreizung/Nachlauf

Als **Spur** bezeichnet man den seitlichen Abstand der Räder voneinander. Vorspur bedeutet, daß die Räder – in Höhe des Radmittelpunktes gemessen – vorn etwas enger zusammenstehen als hinten. Nachspur bedeutet, daß die Vorderräder vorn etwas weiter auseinanderstehen als hinten.

Der AUDI 100/A6 wird auf Vorspur von $+15' \, ^{+5'}/_{-10'}$ eingestellt.

Sturz und Spreizung vermindern die Übertragung von Fahrbahnstößen auf die Lenkung und halten bei Kurvenfahrt die Reibung möglichst gering.

Sturz ist der Winkel α, um den die Radebene von der Senkrechten abweicht. Die Vorderräder stehen also schräg, bei negativem Sturz beispielsweise im Radaufstandspunkt mehr auseinander als oben. Der AUDI hat einen negativen Sturz.

Spreizung ist der Winkel β zwischen der Schwenkachse des Achsschenkels und der Senkrechten im Reifenaufstandspunkt, in Längsrichtung des Wagens gesehen.
Sturz- und Spreizwinkel beeinflussen gemeinsam den sogenannten Lenkrollhalbmesser. Beim AUDI 100/A6 ist der Lenkrollhalbmesser (Lenkrollradius) negativ. Dadurch wird größte Richtungsstabilität beim Bremsen erreicht, insbesondere wenn die Räder sich auf unterschiedlichem Fahrbahnbelag befinden (z.B. linkes Rad bremst auf trockener, rechtes Rad auf nasser Fahrbahn).

Nachlauf ist der Winkel zwischen der Schwenkachse des Achsschenkels und der Senkrechten im Reifenaufstandspunkt in Querrichtung des Fahrzeuges gesehen.
Der Nachlauf beeinflußt maßgeblich die Geradeausführung der Vorderräder. Zu geringer Nachlauf begünstigt ein Abweichen aus der Fahrtrichtung auf schlechten Straßen oder bei Seitenwind und läßt zudem nach der Kurvenfahrt die Lenkung nicht weit genug zur Mittelstellung zurücklaufen.

Prüfvoraussetzung

- Vorschriftsmäßiger Reifenfülldruck
- Genau ebene, waagerechte Meßfläche
- Fahrzeug in Leergewichtszustand: unbeladen, mit Reserverad, Wagenheber und vollem Tank.
- Fahrzeug vorher kräftig durchgefedert
- Lenkung richtig eingestellt
- Kein unzulässiges Spiel im Lenkgestänge
- Kein unzulässiges Spiel in der Radaufhängung

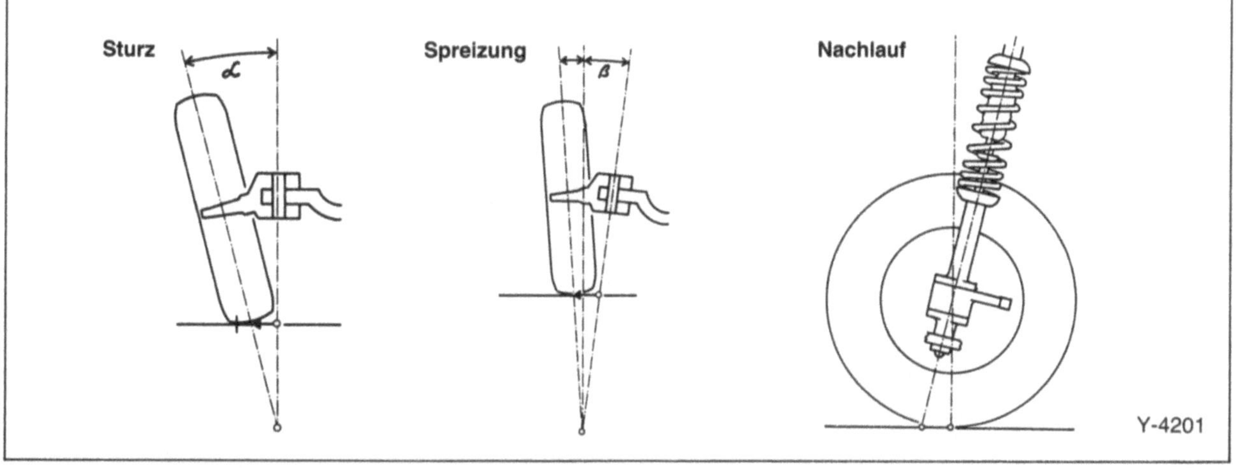

Y-4201

Die Bremsanlage

Das hydraulische Fußbremssystem im AUDI besteht aus dem Hauptbremszylinder, dem Bremskraftverstärker und den Bremsen an den Vorder- und Hinterrädern. Die Handbremse wirkt über Seilzüge auf die Bremsbeläge der Hinterräder.

An den Vorderrädern sind Scheibenbremsen eingebaut, die beim 6-Zylinder-Modell zur besseren Wärmeabfuhr innenbelüftet sind. Die Hinterräder werden je nach Modell durch selbstnachstellende Trommelbremsen oder Scheibenbremsen verzögert. Die Verschleißgrenze für die vorderen Scheibenbremsbeläge wird dem Fahrer im Kombiinstrument angezeigt.

Das hydraulische Bremssystem ist in zwei Kreise aufgeteilt, die diagonal wirken. Ein Bremskreis arbeitet vorn rechts/hinten links, der zweite vorn links/hinten rechts. Dadurch bremst bei Ausfall eines Bremskreises trotzdem noch ein Vorderrad und das entgegengesetzte Hinterrad, das Fahrzeug kann zum Stehen gebracht werden.

Der Druck für beide Bremskreise wird im Hauptbremszylinder über das Bremspedal aufgebaut. Über dem Hauptbremszylinder im Motorraum sitzt der Vorratsbehälter für die Bremsflüssigkeit. Auch die hydraulische Kupplungsbetätigung (bei Schaltgetriebe) wird über den Bremsflüssigkeitsbehälter mit Bremsflüssigkeit versorgt. Bei allen Modellen wird ein zu niedriger Bremsflüssigkeitsstand durch Aufleuchten einer Kontrolleuchte an der Schalttafel angezeigt, trotzdem sollte die Füllmenge regelmäßig kontrolliert werden.

Der Bremskraftverstärker arbeitet mit Luft-Unterdruck. Über entsprechende Ventile wird dann bei Bedarf die Pedalkraft durch den Unterdruck verstärkt. Der Unterdruck wird aus dem Saugrohr des Motors entnommen. 5-Zylindermotoren und einige 6-Zylindermotoren mit 2,8 l Hubraum besitzen eine spezielle Unterdruckpumpe, die seitlich am Motor angeflanscht ist und den Unterdruck für den Bremskraftverstärker erzeugt.

Ein Bremskraftregler an der Hinterachse sorgt dafür, daß beim scharfen Bremsen die Hinterräder nicht überbremst werden (blockieren).

Je nach Modell und Ausstattung wird der AUDI auch mit Antiblockiersystem (ABS) angeboten. Die hier beschriebenen Arbeiten gelten für alle Versionen, ob mit oder ohne ABS-System.

Beim Reinigen der Bremsen fällt Bremsstaub an. Dieser Staub kann zu gesundheitlichen Schäden führen. Deshalb beim Reinigen der Bremsanlage darauf achten, daß der Bremsstaub nicht eingeatmet wird.

Die Bremsbeläge sind Bestandteil der Allgemeinen Betriebserlaubnis (ABE), außerdem sind sie vom Werk auf das jeweilige Fahrzeugmodell abgestimmt. Es empfiehlt sich deshalb, nur von AUDI beziehungsweise vom Kraftfahrtbundesamt freigegebene Bremsbeläge zu verwenden. Diese Bremsbeläge haben eine KBA-Freigabenummer.

Das Arbeiten an der Bremsanlage erfordert peinliche Sauberkeit und exakte Arbeitsweise. Falls die nötige Arbeitserfahrung fehlt, sollten die Arbeiten an der Bremse von einer Fachwerkstatt durchgeführt werden.

Hinweis: Auf stark regennassen Fahrbahnen sollte während des Fahrens die Bremse von Zeit zu Zeit betätigt werden, um die Bremsscheiben von Rückständen zu befreien. Durch die Zentrifugalkraft wird zwar das Wasser von den Bremsscheiben geschleudert, doch bleibt teilweise ein dünner Film von Silikonen, Gummiabrieb, Fett und Verschmutzungen zurück, der das Ansprechen der Bremse vermindert.

Nach dem Einbau von neuen Bremsbelägen müssen diese eingebremst werden. Während einer Fahrtstrecke von rund 200 km sollten unnötige Vollbremsungen unterbleiben.

Korrodierte Scheibenbremsen erzeugen beim Abbremsen einen Rubbeleffekt, der sich auch durch längeres Abbremsen nicht beseitigen läßt. In diesem Fall müssen die Bremsscheiben erneuert werden.

Eingebrannter Schmutz auf den Bremsbelägen und zugesetzte Regennuten in den Bremsbelägen führen zur Riefenbildung auf den Bremsscheiben. Dadurch kann eine verminderte Bremswirkung eintreten.

Achtung: Das Prüfen der Bremskraft kann auf allen handelsüblichen Bremsprüfständen vorgenommen werden, vorausgesetzt, die Geschwindigkeit der Antriebsrollen am Prüfstand ist nicht größer als 5,5 km/h.

Technische Daten Bremsanlage

	Neu	Verschleiß-grenze
Bremsbelagdicke vorn	14 mm	7 mm[1]
Scheibenbrems-Belagdicke hinten	12 mm	7 mm[1]
Trommelbrems-Belagdicke hinten[2]	5,2 mm	2,5 mm
Bremsscheibendicke vorn belüftete Bremsscheibe unbelüftete Bremsscheibe	 25 mm 15 mm	 23 mm 13 mm
Bremsscheibendicke hinten	10 mm	8 mm
Bremstrommel-Ø	230 mm	231 mm
Bremsflüssigkeits-Spezifikation	FMVSS 116 DOT 4	

[1]) Einschließlich Rückenplatte; ohne Rückenplatte: 2 mm.

[2]) Ohne Bremsbelagträger.

Scheibenbremsbeläge vorn aus- und einbauen

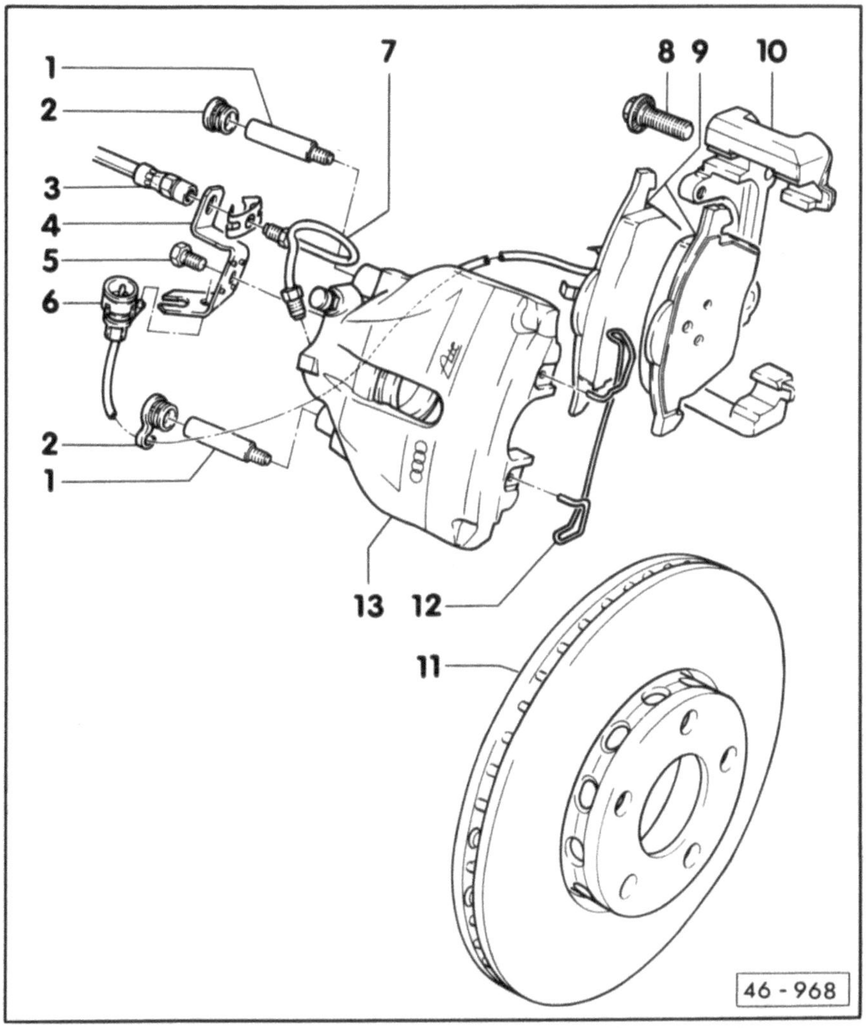

1 – **Führungsbolzen, 25 Nm**

2 – **Abdeckkappen**

3 – **Bremsschlauch**

4 – **Halter**

5 – **Sechskantschraube, 25 Nm**

6 – **Steckverbindung**
Für Bremsbelag-Verschleißanzeige.

7 – **Bremsleitung, 15 Nm**

8 – **Rippschraube, 125 Nm**
Bei Wiederverwendung Verrippung reinigen.

9 – **Bremsbeläge**
Die äußeren Bremsbeläge sind auf der Belagrückenplatte mit einer Klebefolie versehen. Diese ist vor dem Einsetzen abzuziehen.

10 – **Bremsträger**

11 – **Bremsscheibe**

12 – **Haltefeder**
In beide Bohrungen des Bremssattelgehäuses einsetzen.

13 – **Bremssattelgehäuse**

Achtung: Die Bremsbeläge haben für alle Fahrzeuge gleiche Abmessungen. Die Bremssättel haben jedoch unterschiedliche Abmessungen, je nachdem ob die Bremsscheiben massiv oder innenbelüftet (dicker) sind.

Ausbau

- Radvollblende mit dem Abziehhaken, der sich im Bordwerkzeug befindet, abziehen. Bei Leichtmetallrädern Radkappe mit Schraubendreher abhebeln.
- Radschrauben lösen, noch nicht abschrauben. Dabei muß das Fahrzeug auf dem Boden stehen.
- Scheibenrad zur Radnabe mit Farbe kennzeichnen. Dadurch kann das ausgewuchtete Rad wieder an gleicher Stelle montiert werden.
- Wagen vorn aufbocken, Räder abnehmen.

Achtung: Sollen die Bremsbeläge wiederverwendet werden, so müssen sie beim Ausbau gekennzeichnet werden. Ein Wechsel der Beläge von der Außen- zur Innenseite und umgekehrt oder auch vom rechten zum linken Rad ist nicht zulässig. Der Wechsel kann zu ungleichmäßiger Bremswirkung führen. Es empfiehlt sich, nur Original AUDI-Bremsbeläge zu verwenden. **Grundsätzlich alle Scheibenbremsbeläge vorn gleichzeitig ersetzen, auch wenn nur ein Belag die Verschleißgrenze erreicht hat.**

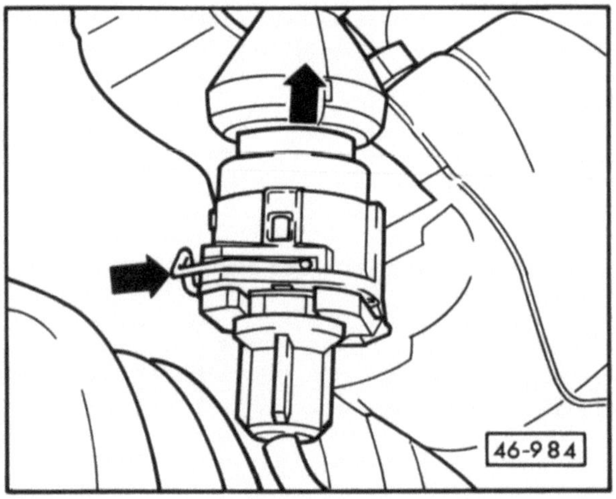

- Kabel für Bremsbelag-Verschleißanzeige an der Steckverbindung trennen, dabei Drahtsicherung niederdrücken.

- Abdeckkappe vom oberen Führungsbolzen mit Schraubendreher abhebeln, –oberer Pfeil–.
- Fixierlasche am Steckerunterteil vorsichtig mit Schraubendreher etwas anheben, anschließend ¼ Umdrehung (90°) nach links oder rechts verdrehen und aus dem Halteblech herausziehen, siehe Abbildung.
- Leitung für Bremsbelag-Verschleißanzeige aus der unteren Abdeckung herausziehen, dann untere Abdeckkappe vom Führungsbolzen abhebeln.

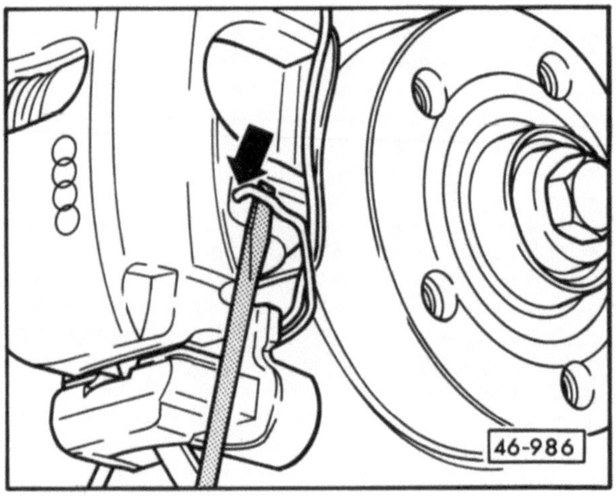

- Haltefeder für Bremsbeläge mit Schraubendreher am Bremssattelgehäuse heraushebeln und abnehmen.

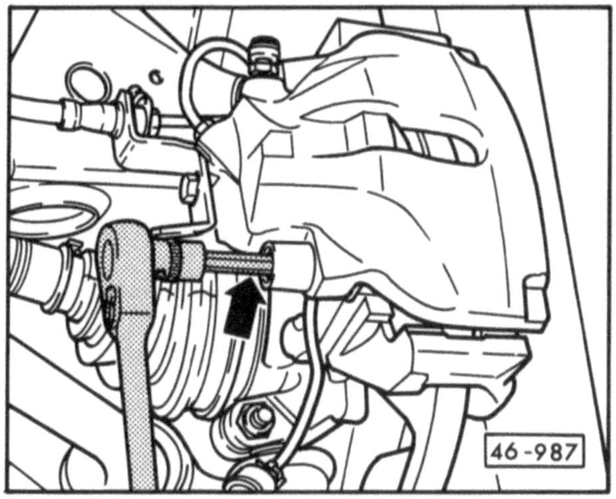

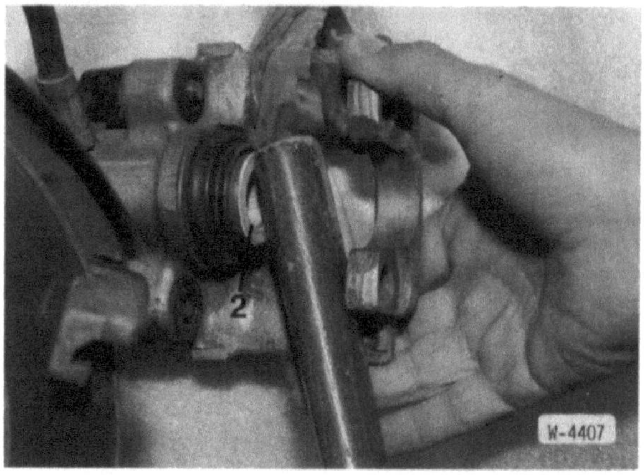

- Unteren und oberen Führungbolzen für Bremssattelgehäuse herausschrauben.
- Bremssattelgehäuse nach oben abnehmen und so ablegen, daß das Gewicht des Bremssattels den Bremsschlauch nicht belastet oder beschädigt. Am besten Bremssattelgehäuse mit Draht am Aufbau aufhängen.
- Bremsbeläge herausnehmen.

Einbau

Achtung: Bei ausgebauten Bremsbelägen nicht auf das Bremspedal treten, sonst wird der Kolben aus dem Gehäuse herausgedrückt.

- Führungsfläche beziehungsweise Sitz der Beläge im Gehäuseschacht mit geeigneter Weichmetallbürste reinigen oder mit einem Lappen und Spiritus auswischen. Keine mineralölhaltigen Lösungsmittel oder scharfkantigen Werkzeuge verwenden.
- Vor Einbau der Beläge ist die Bremsscheibe durch Abtasten mit den Fingern auf Riefen zu untersuchen. Riefige Bremsscheiben können abgedreht werden (Werkstattarbeit), sofern sie noch eine ausreichende Dicke aufweisen. Bremsscheibe immer beidseitig abdrehen lassen und auf ausreichende Verschleißreserve achten. Verschleißgrenze, siehe Tabelle auf Seite 187.
- Bremsscheibendicke messen, siehe Seite 193.
- Staubkappe auf Anrisse prüfen. Eine beschädigte Staubkappe umgehend ersetzen lassen, da eingedrungener Schmutz schnell zu Undichtigkeiten des Bremssattels führt. Der Bremssattel muß hierzu ausgebaut und zerlegt werden (Werkstattarbeit).
- Bremskolben –2– mit Rücksetzvorrichtung zurückdrücken. Es geht auch mit einem Hartholzstab (Hammerstiel), dabei jedoch besonders darauf achten, daß der Kolben nicht verkantet wird und Kolbenfläche sowie Staubkappe nicht beschädigt werden.

Achtung: Beim Zurückdrücken der Kolben wird Bremsflüssigkeit aus den Bremszylindern in den Ausgleichbehälter gedrückt. Flüssigkeit im Behälter beobachten, eventuell Bremsflüssigkeit mit einem Saugheber absaugen.

Zum Absaugen eine Entlüfterflasche oder eine Plastikflasche verwenden, die nur mit Bremsflüssigkeit in Berührung kommt. Keine Trinkflaschen verwenden! **Bremsflüssigkeit ist giftig und darf auf gar keinen Fall mit dem Mund über einen Schlauch abgesaugt werden. Saugheber verwenden. Auch nach dem Belagwechsel darf die Max.-Marke am Bremsflüssigkeitsbehälter nicht überschritten werden, da sich die Flüssigkeit bei Erwärmung ausdehnt. Ausgelaufene Bremsflüssigkeit läuft am Hauptbremszylinder herunter, zerstört den Lack und führt zur Korrosion.**

Achtung: Bei hohem Bremsbelagverschleiß Leichtgängigkeit des Kolbens prüfen. Dazu Holzklotz in den Bremssattel einsetzen und durch Helfer langsam auf das Bremspedal treten lassen. Der Bremskolben muß sich leicht heraus- und hineindrücken lassen. Zur Prüfung muß der andere Bremssattel eingebaut sein. Darauf achten, daß der Bremskolben nicht ganz herausgedrückt wird. Bei schwergängigem Kolben Bremssattel instandsetzen (Werkstattarbeit).

- Zur Vorbeugung können die Bremsbeläge vor dem Einsetzen mit Anti-Quietsch-Paste behandelt werden, siehe Seite 193.

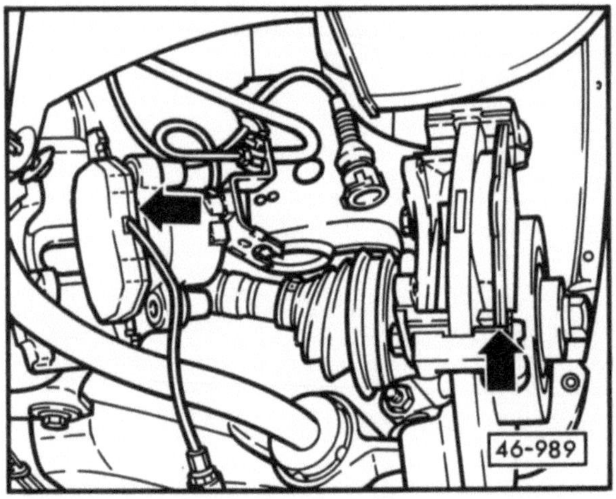

- **Inneren** Bremsbelag (mit Kabel für Bremsbelag-Verschleißanzeige) in das **Bremssattelgehäuse** einsetzen.
- Schutzfolie von der Rückenplatte des äußeren Bremsbelages abziehen.
- **Äußeren** Bremsbelag in den **Bremsträger**, nicht in das Bremssattelgehäuse einsetzen, siehe Abbildung. Dabei nicht die Klebeschicht auf der Rückenplatte beschädigen.
- Bremssattelgehäuse aufsetzen und am Bremsträger mit beiden Führungsbolzen und **25 Nm** festschrauben.
- Beide Abdeckkappen auf die Führungsbolzen aufdrücken.
- Steckerunterteil der Leitung für Bremsbelag-Verschleißanzeige in den Halter einsetzen, siehe unter »Ausbau«.
- Leitung für Bremsbelag-Verschleißanzeige in den Haken der unteren Führungsbolzen-Abdeckkappe einclipsen und ohne Knick verlegen.
- Kabelstecker zusammenfügen, die Drahtsicherung muß einrasten.
- Haltefeder in das Bremssattelgehäuse einsetzen.
- Rad anschrauben, dabei auf Markierung zur Radnabe achten. Fahrzeug ablassen und Radschrauben mit **120 Nm** über Kreuz festziehen.

Achtung: Bremspedal im Stand mehrmals kräftig niedertreten, bis fester Widerstand spürbar ist. Dadurch werden die Bremsbeläge zentriert und nehmen einen dem Betriebszustand entsprechenden Sitz ein.

- Bremsflüssigkeit im Ausgleichbehälter prüfen, gegebenenfalls bis zur Max.-Marke auffüllen.
- Neue Bremsbeläge vorsichtig einbremsen, dazu Fahrzeug mehrmals von ca. 80 km/h auf 40 km/h mit geringem Pedaldruck abbremsen. Dazwischen Bremse etwas abkühlen lassen.

Achtung: Bis zu einer Fahrstrecke von ca. 200 km sollten keine Vollbremsungen vorgenommen werden.

Scheibenbremsbeläge hinten aus- und einbauen

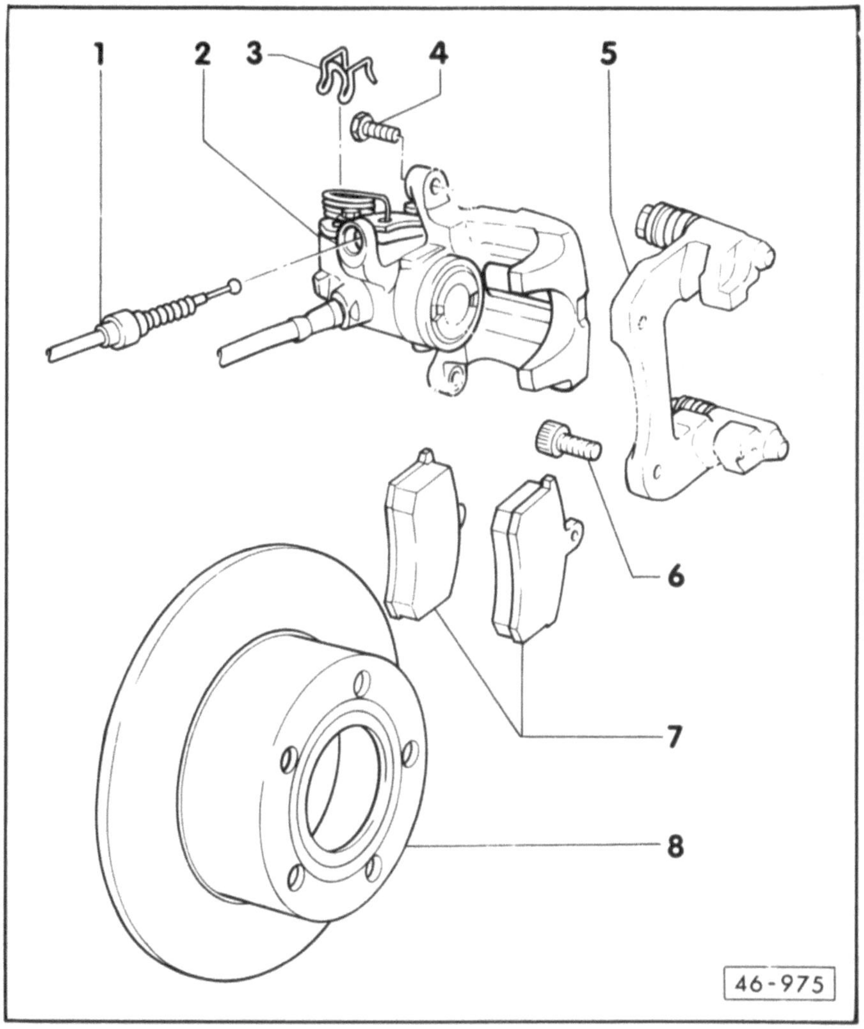

1 – **Handbremsseil**

2 – **Bremssattelgehäuse**

3 – **Federklammer**

4 – **Schraube, 35 Nm**
Selbstsichernd, immer ersetzen. Beim Lösen und Festziehen am Führungsbolzen gegenhalten.

5 – **Bremsträger**
Wird als Ersatzteil zusammengebaut mit Führungsbolzen und Schutzkappe sowie mit ausreichender Fettmenge an den Führungsbolzen geliefert. Bei Beschädigungen an den Schutzkappen kompletten Reparatursatz verwenden. Beiliegendes Fettkissen zum Einfetten der Führungsbolzen verwenden.

6 – **Zylinderschraube, 65 Nm**

7 – **Bremsbeläge**
Verschleißgrenze: 7 mm einschließlich Rückenplatte.

8 – **Bremsscheibe**
Nur achsweise ersetzen. Immer beidseitig abdrehen, dabei auf ausreichende Verschleißreserve achten.

Ausbau

- Radkappen der Hinterräder abhebeln, Radschrauben bei auf dem Boden stehendem Fahrzeug lösen.
- Scheibenrad zur Radnabe mit Farbe kennzeichnen. Dadurch kann das ausgewuchtete Rad wieder an gleicher Stelle montiert werden.
- Fahrzeug aufbocken, Hinterräder abnehmen.

Achtung: Sollen die Bremsbeläge wieder verwendet werden, so müssen sie beim Ausbau gekennzeichnet werden. Ein Wechsel der Beläge von der Außen- zur Innenseite und umgekehrt oder auch vom rechten zum linken Rad ist nicht zulässig. Der Wechsel führt zu ungleichmäßiger Bremswirkung. Es empfiehlt sich, nur Original-AUDI-Bremsbeläge zu verwenden. **Grundsätzlich alle Scheibenbremsbeläge hinten gleichzeitig ersetzen, auch wenn nur ein Belag die Verschleißgrenze erreicht hat.**

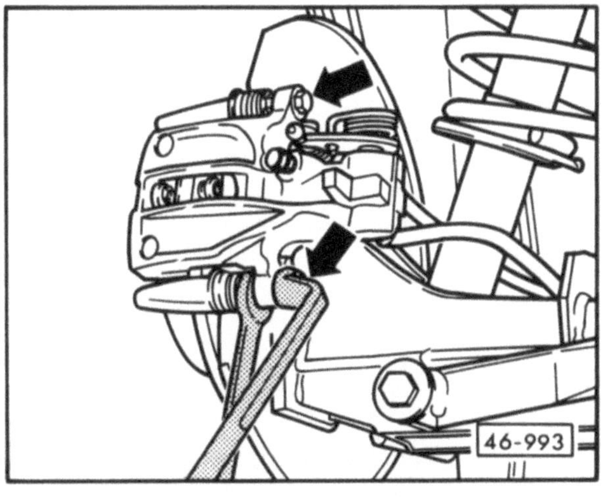

- 2 Befestigungsschrauben für Bremssattelgehäuse herausschrauben, dabei am Führungsbolzen gegenhalten. Kolbengehäuse abnehmen und mit Draht aufhängen, damit der Bremsschlauch nicht belastet wird. Bremsschlauch nicht abschrauben, sonst muß die Bremsanlage entlüftet werden.

- Bremsbeläge herausnehmen.

Einbau

Achtung: Bei ausgebauten Bremsbelägen nicht auf das Bremspedal treten, sonst wird der Kolben aus dem Gehäuse herausgedrückt.

- Führungsfläche beziehungsweise Sitz der Beläge im Gehäuseschacht mit geeigneter Weichmetallbürste reinigen oder mit einem Lappen und Spiritus auswischen. Keine mineralölhaltigen Lösungsmittel oder scharfkantigen Werkzeuge verwenden.
- Vor Einbau der Beläge ist die Bremsscheibe durch Abtasten mit den Fingern auf Riefen zu untersuchen. Riefige Bremsscheiben können abgedreht werden (Werkstattarbeit), sofern sie noch eine ausreichende Dicke aufweisen.
- Bremsscheibendicke messen, siehe Seite 193.
- Staubkappe auf Anrisse prüfen. Eine beschädigte Staubkappe umgehend ersetzen lassen, da eingedrungener Schmutz schnell zu Undichtigkeiten des Bremssattels führt. Der Bremssattel muß hierzu ausgebaut und zerlegt werden (Werkstattarbeit).

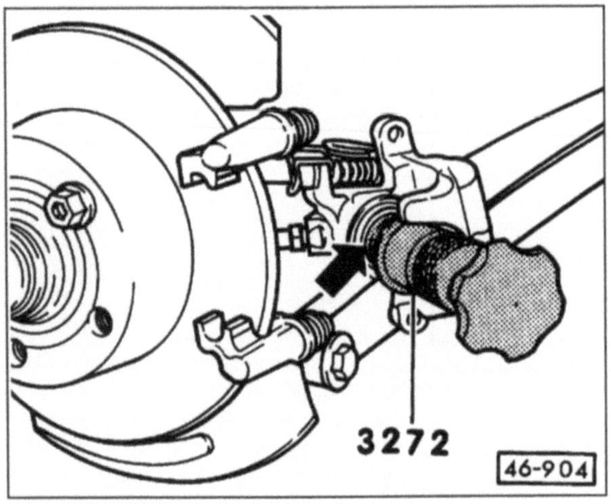

- Kolben durch Rechtsdrehen mit dem Spezial-Schlüssel AUDI 3272 und unter kräftigem Druck einschrauben. Falls das Spezialwerkzeug nicht zur Verfügung steht, Flacheisen durch die beiden Nuten des Bremskolbens führen und Kolben zurückdrehen. **Achtung:** Der Bremskolben darf **nicht** mit der Kolbenrücksetzvorrichtung zurückgedrückt werden, sonst wird die automatische Nachstellung im Bremssattel zerstört.

Achtung: Beim Zurückdrehen des Kolbens wird Bremsflüssigkeit aus dem Bremszylinder in den Ausgleichbehälter gedrückt. Flüssigkeit im Behälter beobachten, eventuell vorher Bremsflüssigkeit mit einem Saugheber absaugen.

Zum Absaugen eine Entlüfterflasche oder eine Plastikflasche verwenden, die nur mit Bremsflüssigkeit in Berührung kommt. Keine Trinkflaschen verwenden! **Bremsflüssigkeit ist giftig und darf auf gar keinen Fall mit dem Mund über einen Schlauch abgesaugt werden. Saugheber verwenden. Auch nach dem Belagwechsel darf die Max.-Marke am Bremsflüssigkeitsbehälter nicht überschritten werden, da sich die Flüssigkeit bei Erwärmung ausdehnt. Ausgelaufene Bremsflüssigkeit läuft am Hauptbremszylinder herunter, zerstört den Lack und führt zur Korrosion.**

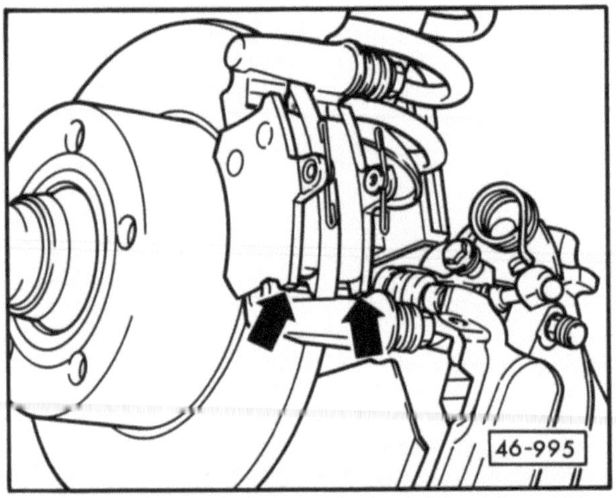

- Beide Bremsbeläge in den Bremsträger einsetzen. Dabei darauf achten, daß die Druckfedern gleichmäßig nach oben und parallel zur Belagoberkante stehen.
- Kolbengehäuse einsetzen und am Bremsträger mit **neuen** selbstsichernden Befestigungsschrauben und **35 Nm** festschrauben, dabei am Führungsbolzen gegenhalten.

Achtung: Jedem Original-AUDI-Bremsbelag-Reparatursatz liegen für jeden Bremssattel 2 neue Sechskantschrauben bei. **Diese Schrauben sind in jedem Fall zu benutzen.**

- Nach jedem Bremsbelagwechsel Grundeinstellung der Hinterrad-Scheibenbremse durchführen, siehe Seite 194.
- Rad anschrauben, dabei auf Markierung zur Radnabe achten. Fahrzeug ablassen und Radschrauben mit **120 Nm** über Kreuz festziehen.

- Bremsflüssigkeit im Ausgleichbehälter prüfen, gegebenenfalls bis zur Max.-Marke auffüllen.

Achtung: Nach jedem Belagwechsel Bremspedal im Stand mehrmals kräftig durchtreten, damit die Bremsbeläge den richtigen Sitz einnehmen.

Quietschgeräusche der Scheibenbremse beseitigen

- Bremsbeläge ausbauen.
- Beläge und Bremssattel mit einer Weichmetallbürste oder einem Lappen und Spiritus reinigen.

Achtung: Bremsstaub nicht einatmen!

- Folgende Stellen mit Anti-Quietsch-Paste »Plastilube« oder Hochtemperaturpaste, z. B. »Liqui Moly LM-508-ASC«, bestreichen:
- ■ Alle zugänglichen Stellen der Bremsbelag-Rückenplatte.
- ■ Kolbenstirnseite.
- ■ Anlagefläche des Bremsträgers.
- ■ Gleitführungen des Bremssattels.

Achtung: Plastilube oder Hochtemperaturpaste darf **nicht** auf die Reibflächen der Bremsscheibe oder der Bremsbeläge kommen. Eventuell auf die Reibflächen gelangte Reste der Paste mit einem Lappen abwischen, gegebenenfalls mit Spiritus reinigen.

- Bremsbeläge einbauen.

Bremsscheibendicke prüfen

- Radvollblende mit dem Abziehhaken, der sich im Bordwerkzeug befindet, abziehen. Bei Leichtmetallrädern Radkappe mit Schraubendreher abhebeln.
- Radschrauben lösen, noch nicht abschrauben. Dabei muß das Fahrzeug auf dem Boden stehen.
- Scheibenrad zur Radnabe mit Farbe kennzeichnen. Dadurch kann das ausgewuchtete Rad wieder an gleicher Stelle montiert werden.
- Wagen vorn aufbocken, Räder abnehmen.

- Bremsscheibendicke messen. Die Werkstätten benutzen dazu eine spezielle Lehre oder eine Mikrometerlehre, da sich durch Abnutzung der Bremsscheibe ein Rand bildet. Man kann die Bremsscheibendicke auch mit einer normalen Schieblehre messen, allerdings muß dann auf jeder Seite der Bremsscheibe eine entsprechend starke Unterlage zwischengelegt werden (beispielsweise 1 bis 2 Zehn-Pfennig-Stücke). Um die exakte Bremsscheibendicke zu haben, müssen von dem gemessenen Maß die Dicke für die untergelegten Zehn-Pfennig-Stücke beziehungsweise die Unterlage abgezogen werden. **Achtung:** Messung an mehreren Punkten der Bremsscheibe vornehmen.
- Maße für Bremsscheiben, siehe Seite 187.
- Wird die Verschleißgrenze erreicht, Bremsscheibe erneuern.
- Bei größeren Rissen oder bei Riefen, die tiefer als 0,5 mm sind, Bremsscheibe erneuern.

Bremsscheibe/Bremssattel aus- und einbauen

Ausbau

- Radvollblende mit dem Abziehhaken, der sich im Bordwerkzeug befindet, abziehen. Bei Leichtmetallrädern Radkappe mit Schraubendreher abhebeln.
- Radschrauben lösen, noch nicht abschrauben. Dabei muß das Fahrzeug auf dem Boden stehen.
- Scheibenrad zur Radnabe mit Farbe kennzeichnen. Dadurch kann das ausgewuchtete Rad wieder an gleicher Stelle montiert werden.
- Wagen vorn aufbocken, Räder abnehmen.
- 2 Rippschrauben für Bremssattel vorn beziehungweise 2 Sechskantschrauben für Bremssattel hinten herausdrehen und Bremssattel komplett mit Bremsträger vom Radlagergehäuse abnehmen. Einbauort der Befestigungsschrauben, siehe auch Übersichts-Abbildungen der Vorder- und Hinterrad-Bremssättel.
- Gegebenenfalls Bremsschlauch am Radlagergehäuse ausclipsen.
- Bremssattel mit selbstangefertigtem Drahthaken so am Aufbau aufhängen, daß der Bremsschlauch nicht verdreht oder auf Zug beansprucht wird.

Achtung: Bremsschlauch nicht lösen, sonst muß das Bremssystem entlüftet werden.

- Soll der Bremssattel ganz abgenommen werden, muß vorher der Bremsschlauch an der Bremsschlauchkupplung abgeschraubt werden. Der Bremsschlauch kann sonst nicht am Bremssattel abgeschraubt werden. **Achtung:** Bremsflüssigkeit läuft aus. Bremsflüssigkeit in einer Flasche sammeln, die ausschließlich für Bremsflüssigkeit vorgesehen ist. Man kann auch die Bremsflüssigkeit mit einem Saugheber aus dem Vorratsbehälter absaugen. Beim hinteren Bremssattel muß zusätzlich das Handbremsseil ausgehängt werden.
- Bremsscheibe abnehmen.

Achtung: Die Bremsscheibe darf **nicht** durch Gewaltanwendung (Hammerschläge) von der Radnabe getrennt werden. Statt dessen handelsübliche Rostlöser anwenden, um Schäden an den Bremsscheiben zu vermeiden. Falls der Ausbau nur durch kräftige Hammerschläge möglich ist, aus Sicherheitsgründen sowohl die Bremsscheiben wie auch die Radlager erneuern. Das Erneuern der vorderen Radlager sollte der Werkstatt vorbehalten bleiben, da in der Regel nur dort eine entsprechende Presse vorhanden ist. Auch bei der Verwendung eines geeigneten Abziehers Bremsscheiben erneuern.

Einbau

Um ein gleichmäßiges Bremsen beidseitig zu gewährleisten, müssen beide Bremsscheiben die gleiche Oberfläche bezüglich Schliffbild und Rauhtiefe aufweisen. Deshalb **grundsätzlich beide** Bremsscheiben ersetzen, beziehungsweise abdrehen lassen. **Achtung:** Bei Bremsenreparaturen werden häufig Haarrisse auf der Reibfläche der Bremsscheibe festgestellt. Diese Risse sind jedoch kein technischer Mangel, die Bremsscheiben können weiterhin verwendet werden, solange sie noch nicht die Verschleißdicke erreicht haben. Nur bei ganz durchgerissener Reibfläche sollten die Bremsscheiben erneuert werden.

Die Werkstatt kann die Bremsscheibe auf Schlag prüfen. Maximaler Scheibenschlag an der Bremsfläche gemessen: 0,03 mm. Maximal zulässige Dickentoleranz: 0,01 mm.

- Bremsscheibendicke messen, siehe Seite 193.
- Falls vorhanden, Rost am Flansch der Bremsscheibe und der Vorderradnabe mit einer Drahtbürste entfernen.
- Neue Bremsscheiben mit Nitro-Verdünnung vom Schutzlack reinigen.
- Bremsscheibe auf Radnabe aufsetzen.
- Bremssattel mit den eingesetzten Bremsbelägen ansetzen. Dabei darf der Bremsschlauch nicht verdreht oder gedehnt werden. Freigängigkeit des Bremsschlauches bei vollem Lenkradeinschlag prüfen. Am hinteren Bremssattel Handbremsseil einhängen.
- Gegebenenfalls Bremsschlauch am Radlagergehäuse einclipsen.
- Vorderen Bremssattel mit **125 Nm** anschrauben. Werden die bisherigen Rippschrauben wiederverwendet, vorher Verrippung mit Drahtbürste reinigen.
- Hinteren Bremssattel mit **65 Nm** festschrauben.

Achtung: War der Bremsschlauch demontiert, Bremsschlauch anschrauben und Bremsanlage entlüften, siehe Seite 201.

- Rad anschrauben, dabei auf Markierung zur Radnabe achten. Fahrzeug ablassen und Radschrauben mit **120 Nm** über Kreuz festziehen.

Achtung: Bremspedal im Stand mehrmals kräftig niedertreten, bis fester Widerstand spürbar ist.

- Falls die hintere Bremsscheibe ausgebaut war, Grundeinstellung der Hinterradbremse durchführen.
- Bremsflüssigkeitsstand im Ausgleichbehälter prüfen, gegebenenfalls Bremsflüssigkeit nachfüllen.

Grundeinstellung der Hinterrad-Scheibenbremse

Nach dem Ausbau der Scheibenbremsbeläge oder des Bremssattels ist grundsätzlich die Grundeinstellung der Hinterradbremse zu überprüfen.

Achtung: Bei der Grundeinstellung darf das Handbremsseil nicht vorgespannt sein. Handbremshebel lösen.

- Fahrzeug aufbocken, die Hinterräder müssen frei hängen. Die Grundeinstellung kann auch bei ausgebauten Hinterrädern durchgeführt werden (außer bei Niveauregelung).

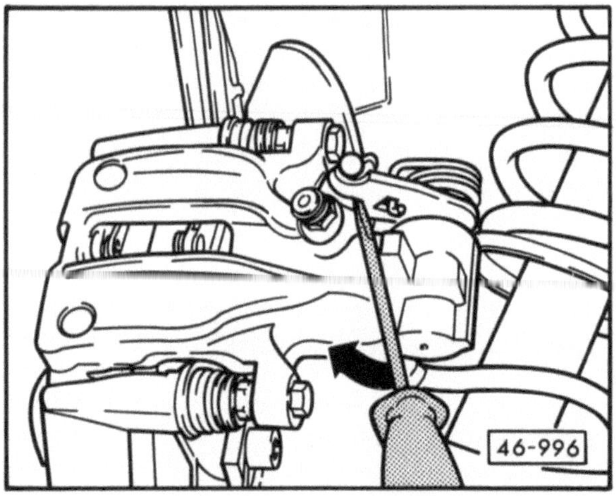

- Am Bremssattel Hebel für Handbremsseil mit einem Schraubendreher gegen den Anschlag drücken. Dazu Schraubendreher wie in der Abbildung ansetzen und in Pfeilrichtung schwenken.

- Die Abbildung zeigt zur besseren Verdeutlichung den Anschlag bei ausgebautem Bremssattel.
- Wenn an einem Bremssattel der Hebel bis zum Anschlag gedrückt ist, darf am anderen Bremssattel der entsprechende Hebel nicht vom Anschlag abheben. Das Handbremsseil ist sonst zu stark vorgespannt.

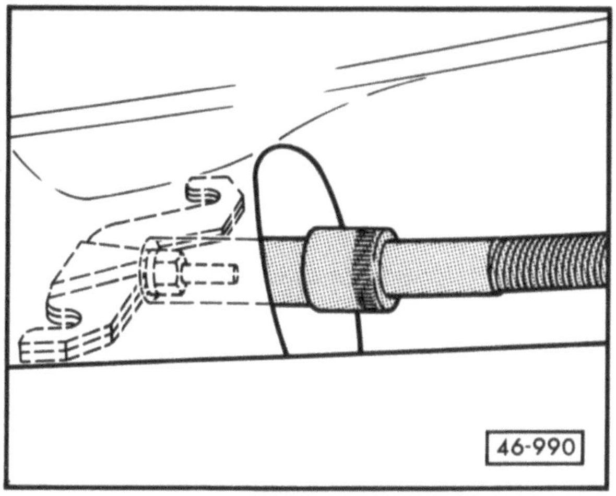

- In diesem Fall Nachstellmutter am Handbremshebel entsprechend lösen, bis beide Hebel am Anschlag anliegen.

Fahrzeuge ohne Niveauregelung:

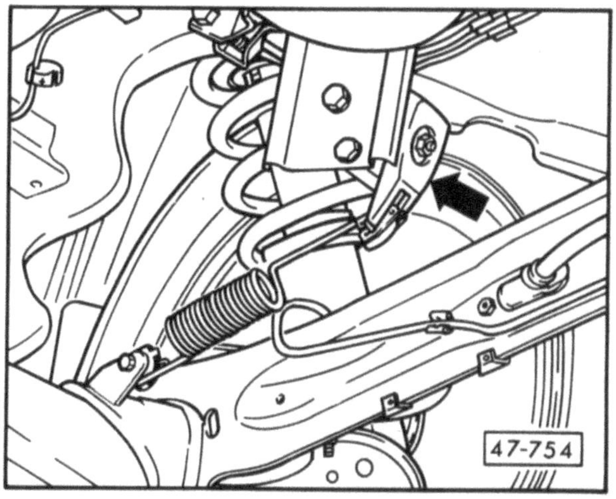

- **Frontantrieb:** Anschließend Hebel für Bremskraftregler in Pfeilrichtung bis zum Anschlag drücken. Gleichzeitig von Hilfsperson das Bremspedal bei stehendem Motor 2mal mit mäßiger Kraft betätigen lassen.

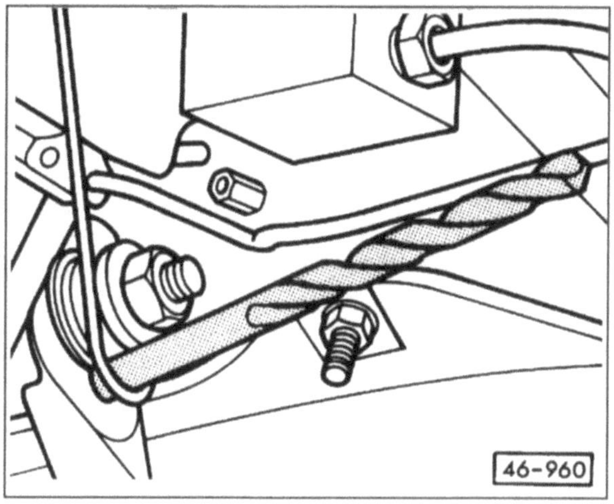

- **Allradantrieb:** Bohrer mit mindestens ∅ 6mm zwischen Federöse und Lager unten am Bremskraftregler klemmen. Dadurch wird der Bremskraftregler betätigt. In dieser Stellung das Bremspedal bei stehendem Motor 2mal mit mäßiger Kraft betätigen.
- Bremspedal und Hebel für Bremskraftregler loslassen, bei Allradantrieb den Bohrer herausnehmen. Beide Hinterräder müssen sich jetzt frei durchdrehen lassen.

Abweichung bei Fahrzeugen mit Niveauregelung:

- Fahrzeug auf die Räder stellen.
- Motor starten und ca. 2 Minuten im Leerlauf drehen lassen.
- Motor abstellen.
- Bremspedal 2mal mit mäßiger Kraft betätigen.
- Fahrzeug aufbocken, die Hinterräder müssen sich jetzt frei drehen lassen.

Bremstrommel aus- und einbauen

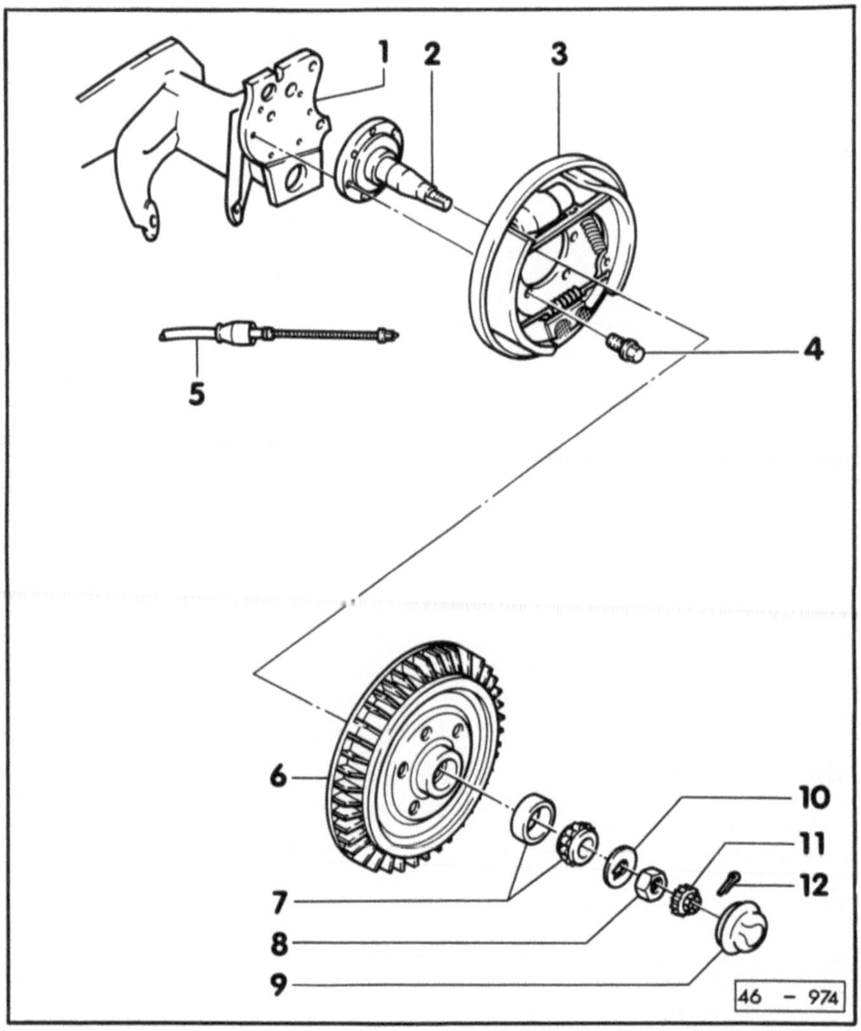

1 – **Achskörper**

2 – **Achszapfen**

3 – **Bremsträger**

4 – **Kombischraube, 30 Nm**

5 – **Handbremsseil**

6 – **Bremstrommel**
Innendurchmesser 230 mm; Verschleißgrenze: 231 mm. Zulässiger Seitenschlag an der Radschraubenfläche: 0,2 mm; Höhenschlag an der Bremsfläche: 0,05 mm. Bremstrommel sorgfältig reinigen, auf Verschleiß, Beschädigungen, Maßhaltigkeit, beschädigte Gewinde für die Radschrauben und einwandfreie Bremsfläche prüfen. Radnabe mit Mehrzweckfett füllen.

7 – **Radlager außen**

8 – **Sechskantmutter**
Einstellen des Radlagerspiels.

9 – **Fettkappe**
Deformierte Fettkappen grundsätzlich ersetzen.

10 – **Druckscheibe**

11 – **Kronensicherung**

12 – **Splint**
Immer ersetzen.

Ausbau

Achtung: Einige Arbeitsanweisungen sind in den Kapiteln »Radlager aus- und einbauen« beziehungsweise »Radlagerspiel einstellen« genauer beschrieben, daher diese Kapitel ebenfalls durchlesen.

- Radschrauben lösen, Fahrzeug aufbocken, Rad abnehmen. Vor dem Abnehmen die Räder zur Radnabe markieren, damit das (ausgewuchtete) Rad nachher wieder in gleicher Stellung aufgesetzt wird.

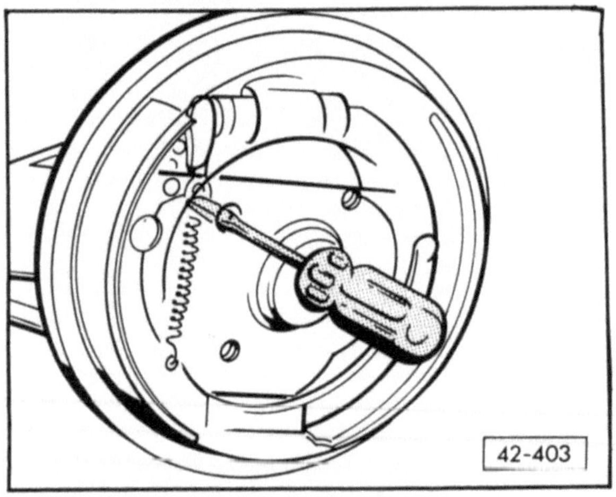

- Bremse zurückstellen. Dazu durch eine Gewindebohrung in der Bremstrommel mit einem Schraubendreher den Keil für selbstnachstellende Bremse bis zum Anschlag nach oben drücken.

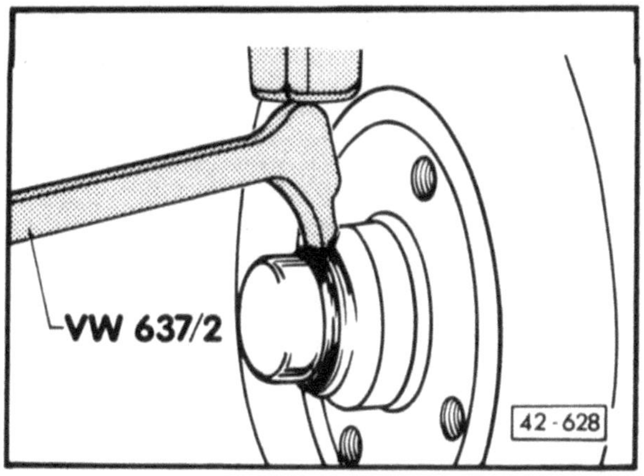

- Fettkappe abdrücken. Das Abdrücken der Fettkappe kann mit unterschiedlichen Werkzeugen erfolgen, dabei ist jedoch darauf zu achten, daß die Fettkappe nicht beschädigt wird. Durch eine verbeulte oder deformierte Fettkappe dringt später Wasser in das Radlager ein, wodurch dieses in kurzer Zeit zerstört wird. Beschädigte Fettkappe daher immer ersetzen.
- Splintenden geradebiegen, Splint herausziehen. Kronensicherung abnehmen, Mutter abschrauben, Druckscheibe abnehmen.
- Äußeres Radlager herausnehmen.

Achtung: Das Lager kann herausfallen, sicherheitshalber sauberen Lappen unterlegen. Gegebenenfalls Radlager mit Radlagerfett (Lithiumfett) nachfetten.

- Bremstrommel abnehmen. Falls erforderlich, Bremstrommel mit einem Universalabzieher vom Achszapfen ziehen.
- Dichtring und inneres Radlager herausnehmen, falls es nicht mit der Bremstrommel herausgezogen wurde.

Einbau

- Bremstrommel sorgfältig reinigen. Auf Verschleiß, Beschädigungen, Maßhaltigkeit, beschädigtes Gewinde für die Radschrauben und einwandfreie Bremsfläche prüfen. Nabe mit Mehrzweckfett füllen.
- Inneres Radlager mit Radlagerfett in die Bremstrommel einsetzen, Dichtring mit Gummihammer kreuzweise einschlagen. Vorher Gummilippe leicht fetten.
- Bremstrommel aufschieben.
- Äußeres Radlager mit Radlagerfett einfetten und auf Achszapfen aufschieben.
- Druckscheibe mit Sechskantmutter anschrauben.
- Radlagerspiel einstellen, siehe Seite 178.
- Kronensicherung so aufsetzen, daß sich der Splint einstekken läßt. Neuen Splint verwenden, Enden umbiegen.

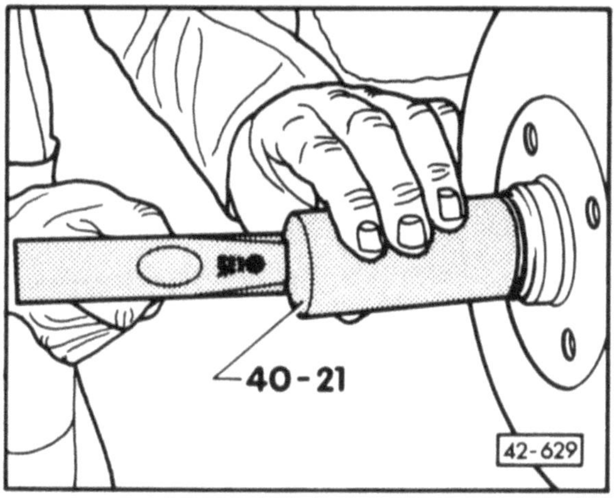

- Fettkappe vorsichtig auftreiben. Statt dem Sonderwerkzeug kann auch ein geeignetes Rohr verwendet werden. Der Innendurchmesser des Rohrs muß dabei am Wulst der Fettkappe anliegen. Ist die Fettkappe auch nur geringfügig verformt, ist sie zu erneuern.
- Hinterrad anschrauben, dabei auf Markierung zur Radnabe achten. Fahrzeug ablassen und Radschrauben mit **120 Nm** über Kreuz festziehen.
- Bremspedal mehrmals voll durchtreten und dadurch Bremsbacken in Betriebsstellung bringen.

Bremsbacken aus- und einbauen

Die Hinterrad-Trommelbremse stellt sich automatisch nach. Dabei verändert die Druckstange durch eine Nachstelleinheit ihre Länge und sorgt für ein immer gleichbleibendes, konstruktiv vorgegebenes Lüftspiel zwischen Bremstrommel und Bremsbacken. Für die automatische Nachstellung ist zwischen Primärbacke und Druckstange ein Keil mit einer Zugfeder angeordnet, der die Druckstange verlängert. Nach einmaligem Betätigen der Fußbremse ist ein Lüftspiel zwischen Bremsbacken und Bremstrommel vorgegeben. Ist die Backenbewegung aufgrund von Belagverschleiß größer als das vorgegebene Lüftspiel, wird der Keil durch die Anordnung der Druckstange und der Feder ein Stück nach unten gezogen. Dadurch verändert sich die Länge der Druckstange, und die Bremsbacken sind automatisch nachgestellt.

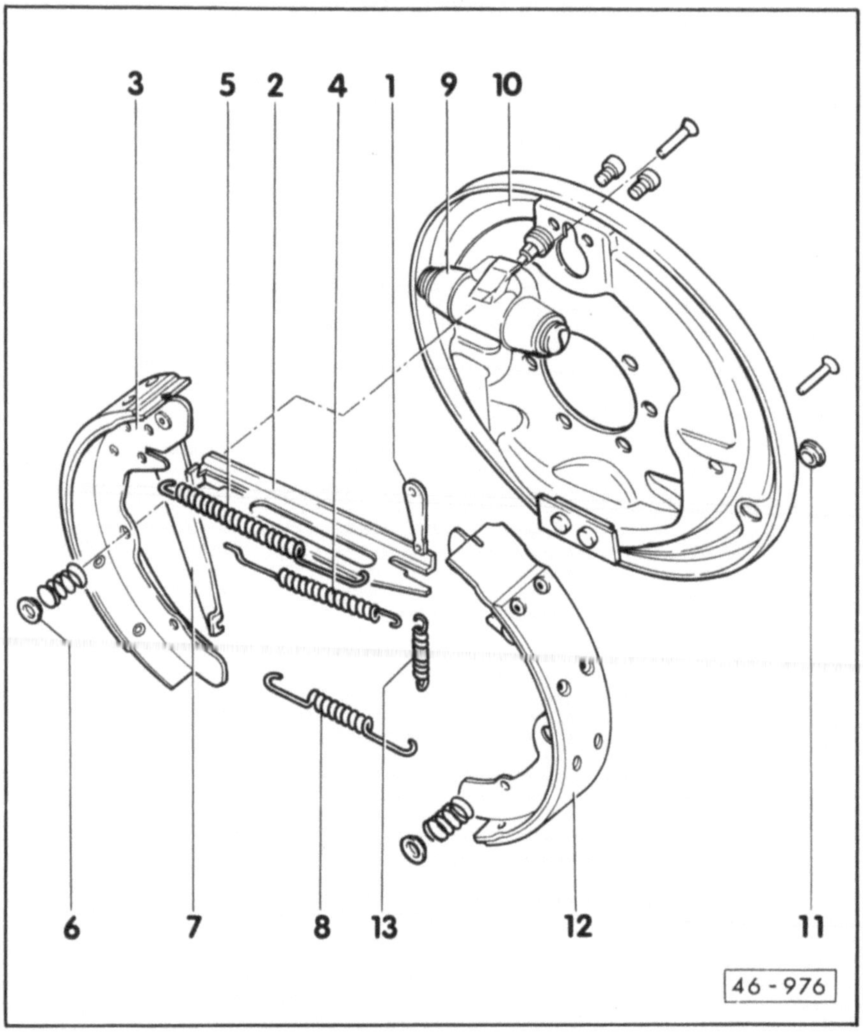

1 – **Keil**

2 – **Druckstange**
Anlagestellen mit AUDI-Schmierfett G 6 fetten.

3 – **Bremsbacken**
Anlagestellen an Radbremszylinder mit AUDI-Schmierfett G 6 fetten.

4 – **Anlagefeder**
Mit Bremsfederzange aushängen.

5 – **Anlagefeder**
Mit Bremsfederzange aushängen.

6 – **Federteller**
Gegen die Druckfeder drücken und um 90° verdrehen.

7 – **Bremshebel**
Anlagestellen mit AUDI-Schmierfett G 6 fetten.

8 – **Rückzugfeder unten**
Mit Bremsfederzange aushängen.

9 – **Radbremszylinder**

10 – **Bremsträger**

11 – **Verschlußkappe**
Zum Prüfen des Bremsbelagverschleißes abnehmen.

12 – **Bremsbacke**

13 – **Zugfeder**

Ausbau

- Bremstrommel ausbauen, siehe Seite 196.

- Federteller für Druckfeder mit Kombizange kräftig zurückdrücken und um 90° drehen (¼ Umdrehung). Während des Zurückdrückens von hinten am Bremsträger den Stift nach vorn drücken.
- 2. Federteller ausbauen.
- Rückzugfeder unten aushängen.
- Bremsbacken von Hand aus der unteren Abstützung heben. Rückzugfeder unten herausnehmen.
- Handbremsseil aushängen.
- Bremsbacken in Schraubstock einspannen.

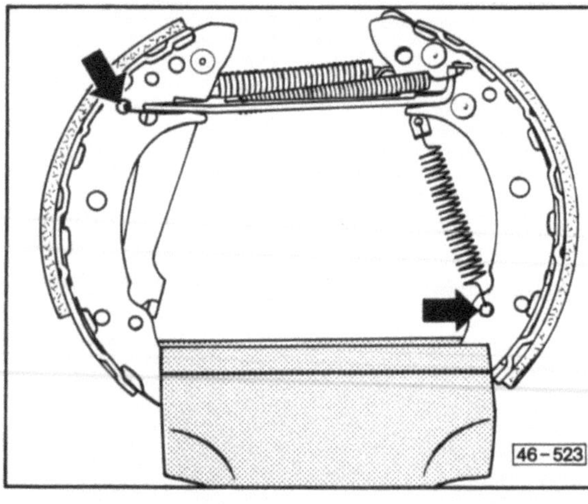

- Zugfeder für Keil und obere Rückzugfeder mit einer Kombizange aushängen.

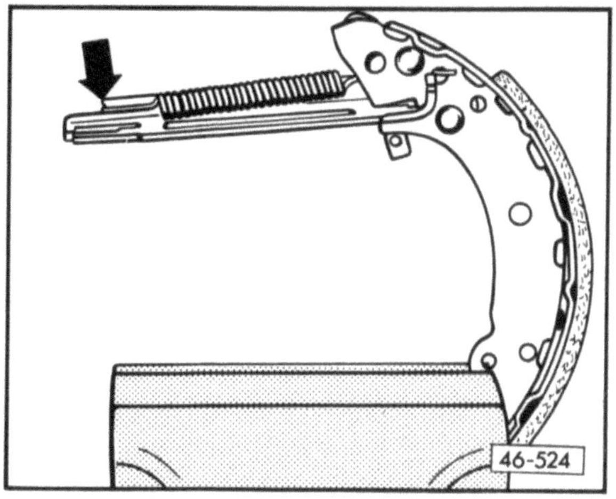

- Bremsbacke in Schraubstock spannen und Anlagefeder aushängen.

Einbau

Grundsätzlich nur Bremsbacken gleicher Qualität verwenden, Bremstrommel und Bremsträger möglichst mit Preßluft ausblasen. Während die Bremsbacken ausgebaut sind, nicht auf die Bremse treten, da sonst die Bremskolben aus dem Radbremszylinder rutschen. Falls der Radbremszylinder feucht ist, Radbremszylinder überholen. Riefige Bremstrommel ausdrehen lassen. Dabei immer beide Trommeln einer Achse ausdrehen lassen.

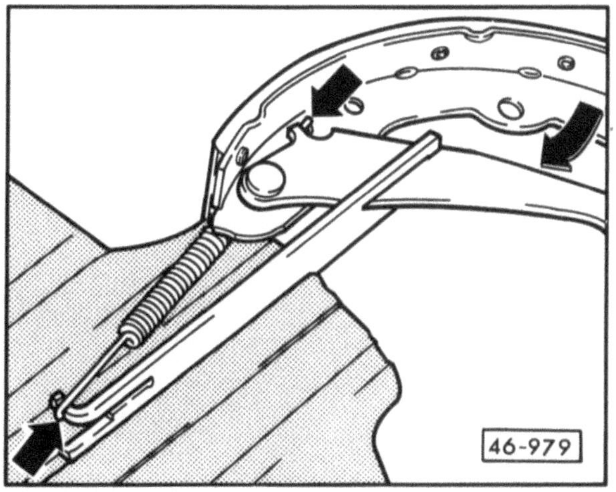

- Druckstange in Schraubstock spannen, Anlagefeder einhängen und Bremsbacke auf die Druckstange setzen. Hebel der Bremsbacke in Pfeilrichtung bewegen, so daß die Anlagefeder vorgespannt wird.
- Keil einsetzen. Der Keil lagert zwischen Bremsbacke und Bremsträger. **Achtung:** Nase zeigt zum Bremsträger.

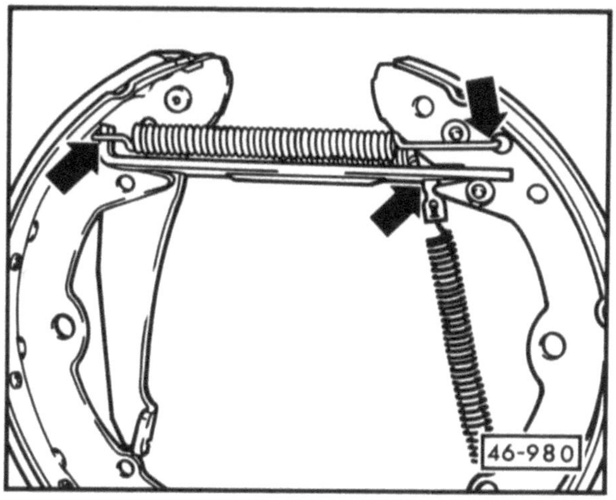

- Andere Bremsbacke in den Schlitz der Druckstange einsetzen.
- Rückzugfeder oben und Zugfeder für den Keil einhängen.
- Handbremsseil am Hebel der Bremsbacke einhängen.
- Bremsbacken auf die Kolben des Radbremszylinders setzen.
- Rückzugfeder unten einsetzen und Bremsbacken auf die untere Abstützung heben.
- Stifte für Druckfedern durch die Bremsbacken schieben. Druckfedern aufsetzen, Federteller mit Kombizange ansetzen und Feder zusammendrücken. Dabei Stift von hinten gegenhalten. Federteller um 90° (¼ Umdrehung) verdrehen und dadurch arretieren.
- Bremstrommel einbauen und Radlagerspiel einstellen, siehe Seite 178.
- Fußbremse mehrmals kräftig durchtreten. Damit ist die Hinterradbremse eingestellt.
- Rad anschrauben, dabei auf Markierung zur Radnabe achten. Fahrzeug ablassen und Radschrauben mit **120 Nm** über Kreuz festziehen.
- Probebremsung aus mittlerer Geschwindigkeit durchführen.

Radbremszylinder aus- und einbauen

Hinterrad-Trommelbremse

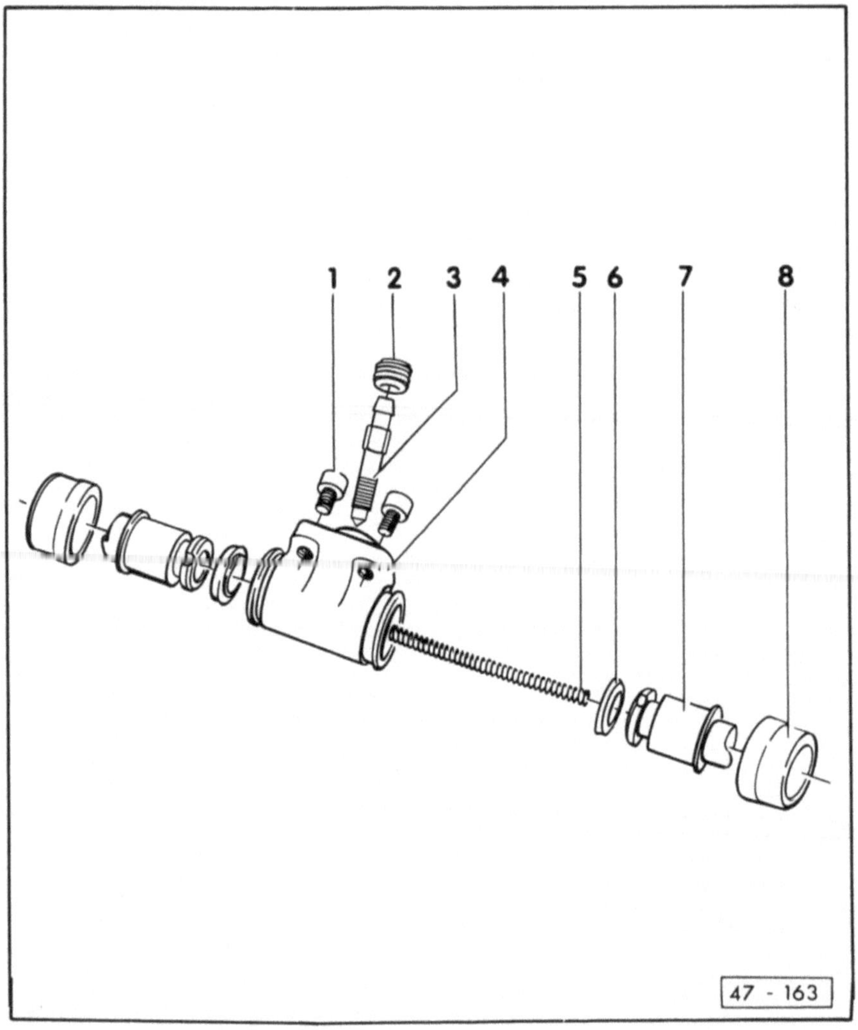

1 – **Zylinderschraube, 10 Nm**

2 – **Staubkappe**

3 – **Entlüfterventil**

4 – **Radbremszylindergehäuse**
Bei Riefen oder Rostnarben Radbremszylinder komplett ersetzen.

5 – **Feder**

6 – **Manschette**
Mit Bremszylinderpaste einsetzen; **die Dichtlippe zeigt zum Gehäuse des Radbremszylinders.**

7 – **Kolben**
Mit Bremszylinderpaste einsetzen.

8 – **Schutzkappe**

Ausbau

- Bremsbacken ausbauen.
- Überwurfmutter für Bremsleitung lösen, nicht abschrauben.
- 2 Befestigungsschrauben für Radbremszylinder hinten am Bremsträger herausdrehen.

Achtung: Wird der alte Radbremszylinder instandgesetzt, kompletten Reparatursatz einbauen. Seit 9/95 werden nur noch Radbremszylinder mit Aluminiumgehäuse als Ersatzteil geliefert. Der wesentliche Unterschied zu dem bisherigen Graugußzylinder besteht darin, daß der Aluminium-Radbremszylinder mit nur **einer** Schraube am Bremsträgerblech befestigt wird. Der Einbau eines neuen Radbremszylinders auf nur einer Seite (zum Beispiel rechts Grauguß-Zylinder, links Alu-Zylinder) ist erlaubt. Bei mangelnder Erfahrung Arbeit der Fachwerkstatt überlassen.

Einbau

- Lappen unter Bremsträgerblech legen.
- Mutter für Bremsleitung herausschrauben und sofort am neuen Radbremszylinder handfest anschrauben. Dadurch ist sichergestellt, daß nur wenig Bremsflüssigkeit ausläuft.
- Schrauben für Radbremszylinder einschrauben und mit 10 Nm festziehen.
- Überwurfmutter für Bremsleitung möglichst mit offenem Ringschlüssel und 5 Nm, also leicht, festziehen.
- Bremsbacken einbauen. **Achtung:** Die abgesetzte Seite der beiden Radbremszylinder-Druckkolben muß nach außen, zum Betrachter hin zeigen.
- Bremsanlage entlüften.

Die Bremsflüssigkeit

Beim Umgang mit Bremsflüssigkeit ist zu beachten:

- Bremsflüssigkeit ist giftig. Keinesfalls Bremsflüssigkeit mit dem Mund über einen Schlauch absaugen. Bremsflüssigkeit nur in Behälter füllen, bei denen ein versehentlicher Genuß ausgeschlossen ist.
- Bremsflüssigkeit ist ätzend und darf deshalb nicht mit dem Autolack in Berührung kommen, gegebenenfalls sofort abwischen und mit viel Wasser abwaschen.
- Bremsflüssigkeit ist hygroskopisch, das heißt, sie nimmt aus der Luft Feuchtigkeit auf. Bremsflüssigkeit deshalb nur in geschlossenen Behältern aufbewahren.
- **Bremsflüssigkeit, die schon einmal im Bremssystem verwendet wurde, darf nicht wieder verwendet werden. Auch beim Entlüften der Bremsanlage nur neue Bremsflüssigkeit verwenden.**
- Bremsflüssigkeits-Spezifikation: **FMVSS 116 DOT 4.**
- **Bremsflüssigkeit darf nicht mit Mineralöl in Berührung kommen.** Schon geringe Spuren Mineralöl machen die Bremsflüssigkeit unbrauchbar, beziehungsweise führen zum Ausfall des Bremssystems. Stopfen und Manschetten der Bremsanlage werden beschädigt, wenn sie mit mineralölhaltigen Mitteln zusammenkommen. Zum Reinigen keine mineralölhaltigen Putzlappen verwenden.
- Bremsflüssigkeit alle 2 Jahre wechseln, möglichst nach der kalten Jahreszeit. Alte Bremsflüssigkeit bei der örtlichen Deponie für Sondermüll abgeben.

Bremsanlage entlüften

Nach jeder Reparatur an der Bremse, bei der die Anlage geöffnet wurde, kann Luft in die Druckleitungen eingedrungen sein. Dann ist das Bremssystem zu entlüften. Luft ist auch dann in den Leitungen, wenn sich beim Tritt auf das Bremspedal der Bremsdruck schwammig anfühlt. In diesem Fall Undichtigkeit beseitigen und Bremsanlage entlüften.

Die Bremsanlage wird durch Pumpen mit dem Bremspedal entlüftet, dazu ist eine zweite Person notwendig.

Der Arbeitsvorgang ist für Fahrzeuge mit und ohne ABS (Antiblockiersystem) identisch.

Achtung: Fahrzeuge mit **ABS** bzw. **ABS/EDS** (elektronische Differentialsperre) **müssen** unter folgenden Voraussetzungen **in der Fachwerkstatt entlüftet werden**:

- ◆ Mindestens eine Kammer des Bremsflüssigkeits-Vorratsbehälters ist leergelaufen.
- ◆ Bremsleitungen an Hauptbremszylinder und/oder ABS-Hydraulikeinheit wurden gelöst
- ◆ Fahrzeuge mit EDS bis 9/93.

Muß die ganze Anlage entlüftet werden, jede Radbremse einzeln entlüften. Das ist immer dann der Fall, wenn Luft in jeden einzelnen Bremszylinder gedrungen ist. Falls nur ein Bremssattel beziehungsweise Radbremszylinder erneuert bzw. überholt wurde, genügt in der Regel das Entlüften des betreffenden Zylinders.

Die Reihenfolge der Entlüftung: 1. Bremssattel beziehungsweise Radbremszylinder hinten rechts, 2. Bremssattel beziehungsweise Radbremszylinder hinten links, 3. Bremssattel vorn rechts, 4. Bremssattel vorn links.

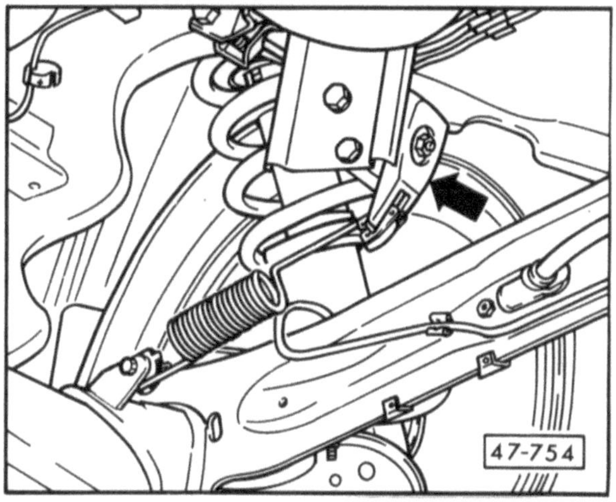

- Während die Hinterradbremsen entlüftet werden, Hebel des Bremskraftreglers kräftig in Richtung Hinterachse drücken. Es kann, um den gleichen Effekt zu erzielen, auch ein 6 mm-Bohrer zwischen Federöse und Federlager geklemmt werden, wodurch die Federspannung erhöht wird. **Achtung:** Dies ist **nicht** notwendig für den AUDI A6 (ab 6/95) und Fahrzeuge mit Niveauregulierung.

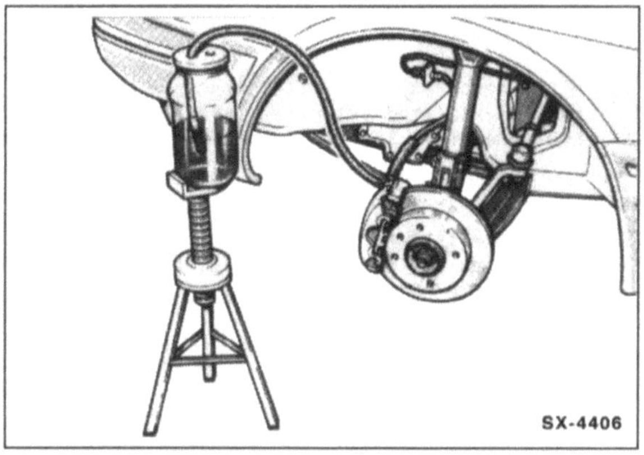

- Staubkappe vom Entlüfterventil des Bremszylinders abnehmen. Entlüfterventil reinigen, sauberen Schlauch aufstecken, anderes Schlauchende in eine mit Bremsflüssigkeit halbvoll gefüllte Flasche stecken (geeigneten Schlauch und passendes Gefäß gibt es auch im Autozubehör-Handel).
- Motor starten und im Leerlauf drehen lassen. **Achtung:** Bremse nur bei laufendem Motor entlüften.
- Von einer Hilfsperson Bremspedal so oft niedertreten lassen, »pumpen«, bis sich im Bremssystem Druck aufgebaut hat. Zu spüren am wachsenden Widerstand beim Betätigen des Pedals.
- Ist genügend Druck vorhanden, Bremspedal ganz durchtreten, Fuß auf dem Bremspedal halten.
- Entlüfterventil am Bremssattel (beziehungsweise Radbremszylinder) etwa eine halbe Umdrehung mit Ringschlüssel öffnen. Ausfließende Bremsflüssigkeit in der Flasche sammeln. Darauf achten, daß sich das Schlauchende in der Flasche ständig unterhalb des Flüssigkeitsspiegels befindet.

- Sobald der Flüssigkeitsdruck nachläßt, Entlüfterventil schließen.
- Pumpvorgang wiederholen, bis sich Druck aufgebaut hat. Bremspedal niedertreten, Fuß auf dem Bremspedal lassen, Entlüfterschraube öffnen, bis der Druck nachläßt, Entlüfterschraube schließen.
- Entlüftungsvorgang an einem Bremszylinder so lange wiederholen, bis sich in der Bremsflüssigkeit, die in die Entlüfterflasche strömt, keine Luftblasen mehr zeigen.
- Nach dem Entlüften Schlauch von Entlüfterschraube abziehen, Staubkappe auf Ventil stecken.
- Die Bremszylinder an den anderen Rädern auf gleiche Weise entlüften, Reihenfolge einhalten.

Achtung: Während des Entlüftens ab und zu den Ausgleichbehälter beobachten. Der Flüssigkeitsspiegel darf nicht zu weit sinken, sonst wird über den Ausgleichbehälter Luft angesaugt. **Immer nur neue Bremsflüssigkeit nachgießen!**

- Nach dem Entlüften den Ausgleichbehälter bis zur Max.-Markierung auffüllen.
- Falls vorhanden, Bohrer am Bremskraftregler abnehmen.

Bremsleitung/Bremsschlauch ersetzen

Für das Bremsleitungssystem, das zusammen mit den druckfesten Bremsschläuchen für die Räder die Verbindung vom Hauptbremszylinder zu den vier Radbremsen herstellt, werden Rohre verwendet.

Achtung: Bei Fahrzeugen mit **ABS**-Anlage dürfen die Bremsleitungen an Hydraulikeinheit oder Hauptbremszylinder **nicht** geöffnet werden, da sonst die Hydraulikeinheit entlüftet werden muß. Daher Bremsleitungen in der Fachwerkstatt ersetzen lassen.

Die Bremsschläuche stellen die flexiblen Verbindungen zwischen den starren und beweglichen Fahrzeugteilen her.

- Fahrzeug aufbocken.
- Bremsleitung an den Überwurfmuttern lösen und abnehmen.
- Leitungsanschluß in Richtung Hauptbremszylinder mit geeignetem Stopfen verschließen oder vorher Bremsflüssigkeit mit Saugheber aus dem Vorratsbehälter absaugen.
- Neue Bremsleitung möglichst an gleicher Stelle verlegen.
- Soll der Bremsschlauch am Bremssattel erneuert werden, muß vorher der Bremssattel ausgebaut werden.
- Neuen Bremsschlauch so einbauen, daß er ohne Drall durchhängt und mit **15 Nm** festziehen.
- Nur vom Werk freigegebene Bremsschläuche einbauen.
- Nach dem Einbau bei entlastetem Rad prüfen (Wagen angehoben), ob der Schlauch allen Radbewegungen folgt, ohne irgendwo anzuscheuern.

Achtung: Bremsschläuche nicht mit Öl oder Petroleum in Berührung bringen, nicht lackieren oder mit Unterbodenschutz besprühen.

- Bremsanlage entlüften, Fahrzeug ablassen.

Bremskraftverstärker prüfen

Der Bremskraftverstärker ist auf Funktion zu überprüfen, wenn zur Erzielung ausreichender Bremswirkung die Pedalkraft außergewöhnlich hoch ist.

- Bremspedal bei stehendem Motor mindestens 5mal kräftig durchtreten, dann bei belastetem Bremspedal Motor starten. Das Bremspedal muß jetzt unter dem Fuß spürbar nachgeben.
- Andernfalls Unterdruckschlauch am Bremskraftverstärker abschrauben, Motor starten. Durch Fingerauflegen am Ende des Unterdruckschlauches prüfen, ob Unterdruck erzeugt wird.
- Ist kein Unterdruck vorhanden: Unterdruckschlauch auf Undichtigkeiten und Beschädigungen prüfen, gegebenenfalls ersetzen. Sämtliche Schellen fest anziehen. Beim 4-Zylinder-Motor wird der Unterdruck aus dem Saugrohr des Motors entnommen, die 5- und 6-Zylinder-Versionen besitzen eine spezielle Unterdruckpumpe, die seitlich am Motor angeflanscht ist und den Unterdruck für den Bremskraftverstärker erzeugt.
- Unterdruckschlauch von der Vakuumpumpe abziehen und mit dem Finger prüfen ob Unterdruck am Schlauchanschluß anliegt.
- Ist Unterdruck vorhanden: Unterdruck messen, gegebenenfalls Bremsservo ersetzen (Werkstattarbeit).

Bremskraftregler prüfen/einstellen

Der Bremskraftregler steuert in Abhängigkeit von der Fahrzeugbelastung den Bremsdruck für die Hinterräder. Dadurch wird ein Überbremsen (Blockieren) der Hinterräder vermieden und die Stabilität des Fahrzeuges beim Bremsen verbessert.

Der Bremskraftregler ist unten am Aufbau befestigt und wird über eine Feder von der Hinterachse aus gesteuert.

Achtung: Bei Fahrzeugen mit **Niveauregulierung** wird der Bremskraftregler hydraulisch gesteuert und ist **nicht** einstellbar.

Hinweis: Bei Fahrzeugen mit ABS von Bosch, ab Modelljahr 95, entfällt der Bremskraftregler.

Funktion prüfen
Fahrzeuge mit Frontantrieb:

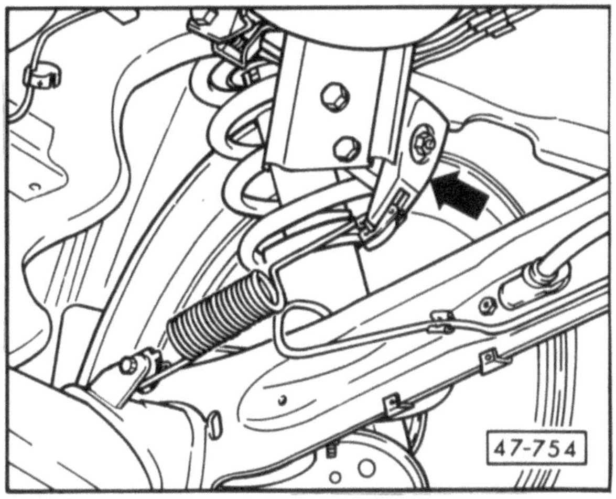

Fahrzeuge mit Allradantrieb:

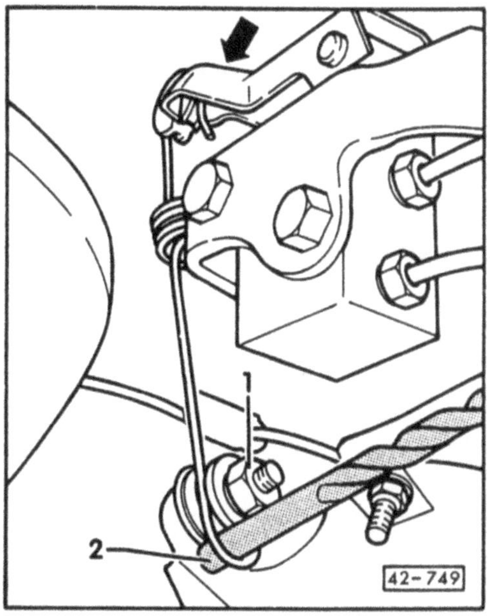

- Das Fahrzeug muß auf den Rädern stehen.
- Von 2. Person Bremskraftregler beobachten lassen.
- Bremspedal kräftig durchtreten und schnell loslassen. Dabei muß sich der Hebel –Pfeil– des Bremskraftreglers bewegen. (Der Spiralbohrer –2– darf nicht eingelegt sein, wie in der Abbildung dargestellt).

Einstellen

- Bremsanlage muß befüllt und entlüftet sein, dies gegebenenfalls vorher durchführen.
- Fahrzeug aufbocken, die Hinterräder dürfen nicht den Boden berühren.
- Hebel des Bremskraftreglers in Pfeilrichtung bis zum Anschlag drücken, siehe Abbildungen 47-754 und 42-749.
- Mutter –2– (Allradantrieb: Mutter –1–, siehe Abbildung 42-749) lösen.
- Allradantrieb: Spiralbohrer mit ∅ 4 mm oder entsprechenden Draht zwischen Zugfeder und Lager legen, siehe Abbildung 42-749.
- Alle Modelle: Mutter mit Federlager soweit verschieben, bis die Zugfeder spannungs- und spielfrei zwischen den Befestigungspunkten sitzt. In dieser Stellung Mutter mit **20 Nm** festziehen.
- Spiralbohrer herausnehmen, Zugfeder in das Lager einhängen.
- Die Werkstatt kann zusätzlich eine Dichtheitsprüfung des Bremskraftreglers vornehmen, dazu werden allerdings Manometer zum Messen der Bremsdrücke benötigt.

Handbremshebel aus- und einbauen

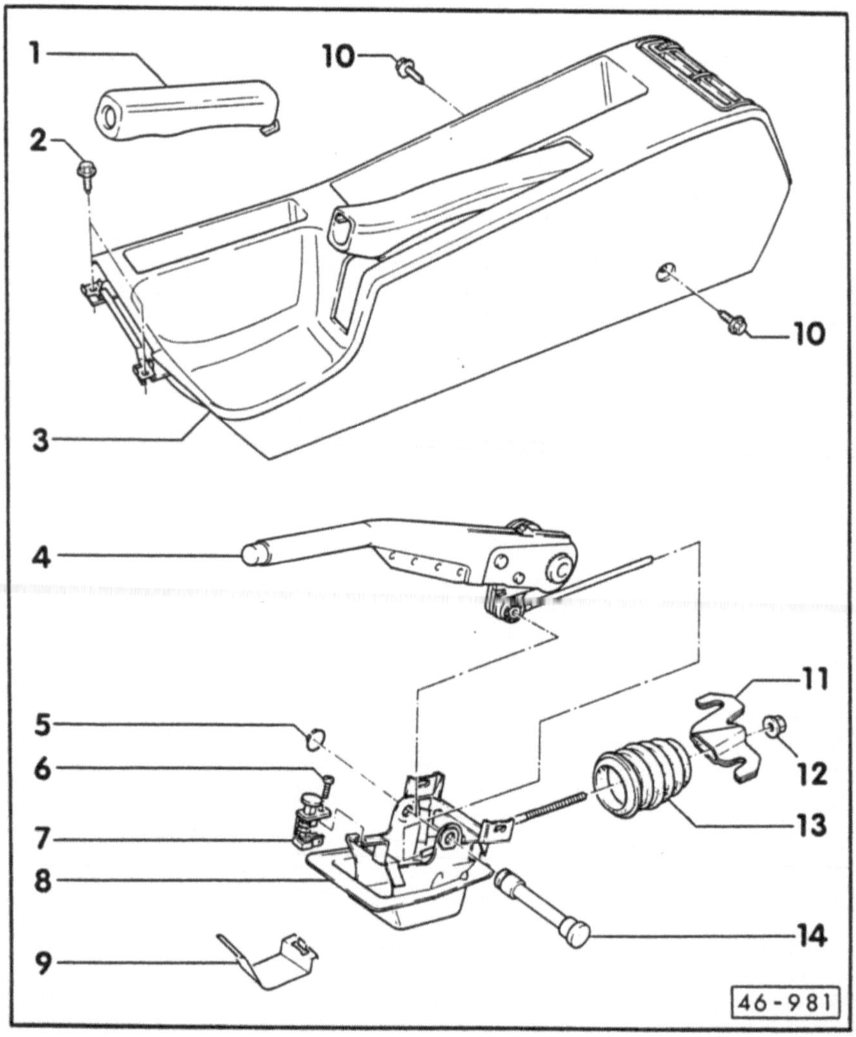

Hinweis: Alle Lagerstellen vor der Montage mit weißer Festschmierstoffpaste, ET-Nr. AOS 126 000 05, fetten.

1 – **Handgriff**
Zum Ausbau Lasche am Handgriff mit Schraubendreher vorsichtig abdrücken und Handgriff abziehen.

2 – **Kombischrauben**

3 – **Mittelkonsole**

4 – **Handbremshebel**
Sperrsegment auch einzeln als Ersatzteil lieferbar.

5 – **Sicherungsring**
Zum Ausbau des Handbremshebels ausfedern, immer ersetzen.

6 – **Blechschraube**

7 – **Schalter für Handbremskontrollampe**

8 – **Lagerbock**

9 – **Blattfeder**

10 – **Schrauben**

11 – **Ausgleichbügel**
Einbaulage: lange Seite zeigt in Fahrtrichtung gesehen nach rechts.

12 – **Einstellmutter für Handbremse**

13 – **Faltenbalg**

14 – **Lagerbolzen**

Handbremse einstellen

Durch die automatische Nachstellung der Hinterradbremse ist ein Nachstellen der Handbremse in der Regel nicht erforderlich. Die Neueinstellung ist nur bei Ersatz der Handbremsseile, der Bremssättel, Bremsträgerplatte und der Bremsbeläge erforderlich.

Achtung: Zur Einstellung wird eine lange 10 mm-Sechskant-Stecknuß mit flexibler Verlängerung benötigt.

Fahrzeuge mit Scheibenbremse hinten

- Grundsätzlich zuvor die Grundeinstellung der Hinterradbremse durchführen, siehe Seite 194
- Handbremse lösen, Handbremshebel in unterster Stellung.

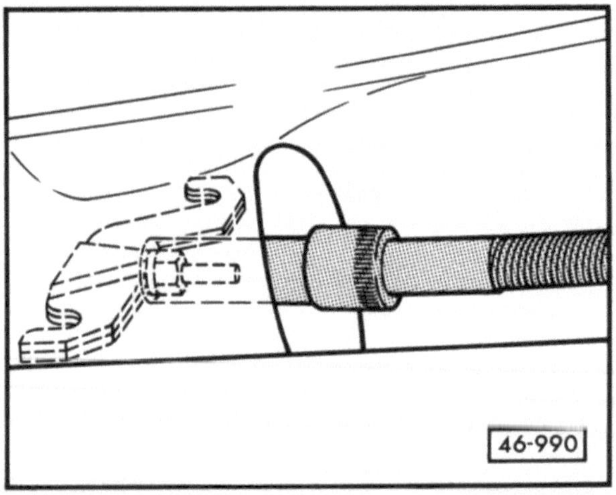

- Nachstellmutter am Handbremshebel so weit lösen, bis beide Hebel am Anschlag der Bremssättel anliegen.

- Nachstellmutter anziehen, bis die Hebel an den Bremssätteln vom Anschlag abheben –Pfeil–. Zur Kontrolle ist eine Hilfsperson erforderlich, die die beiden Hebel beobachtet.
- Nachstellmutter wieder 2 volle Umdrehungen lösen.

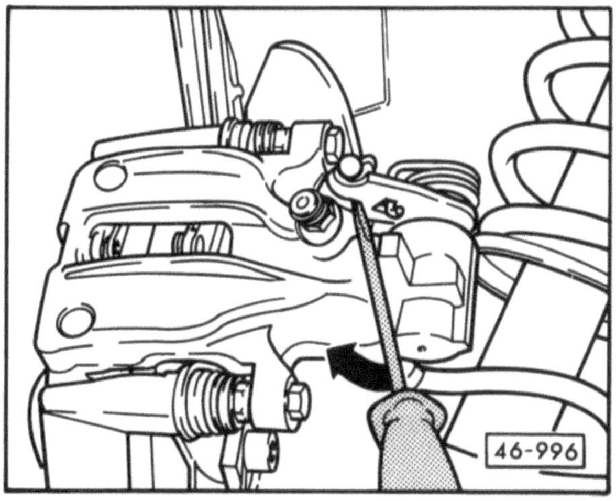

- Zur Kontrolle der richtigen Einstellung Hebel für Handbremsseil an einem Bremssattel mittels Schraubendreher gegen den Anschlag drücken. Wird dabei am gegenüberliegenden Bremssattel der Hebel vom Anschlag weggezogen, ist das Handbremsseil zu weit vorgespannt, Einstellung wiederholen.
- Handbremse anziehen und anschließend wieder lösen.
- Prüfen, ob beide Räder frei durchdrehen, gegebenenfalls Leichtgängigkeit der Handbremsbetätigung prüfen.

Fahrzeuge mit Trommelbremse

- Fahrzeug aufbocken.
- Handbremse lösen.
- Nachstellmutter für Handbremsseil so weit wie möglich lösen. Die Nachstellmutter ist von der Fahrzeugunterseite aus zu erreichen, Lage wie bei den Fahrzeugen mit hinteren Scheibenbremsen.
- Bremspedal einmal kräftig betätigen.
- Handbremshebel **3 Zähne** anziehen.
- Einstellmutter so weit anziehen, bis sich beide Räder von Hand schwer durchdrehen lassen.
- Handbremshebel lösen und prüfen, ob sich beide Räder frei durchdrehen lassen. Sonst Einstellung wiederholen.

Bremslichtschalter aus- und einbauen/einstellen

Der Bremslichtschalter befindet sich am Pedalbock für das Bremspedal. Bremslichtschalter prüfen, siehe Seite 264.

Ersetzen/Einstellen

- Untere Abdeckung im linken Fußraum ausbauen, siehe Seite 250.

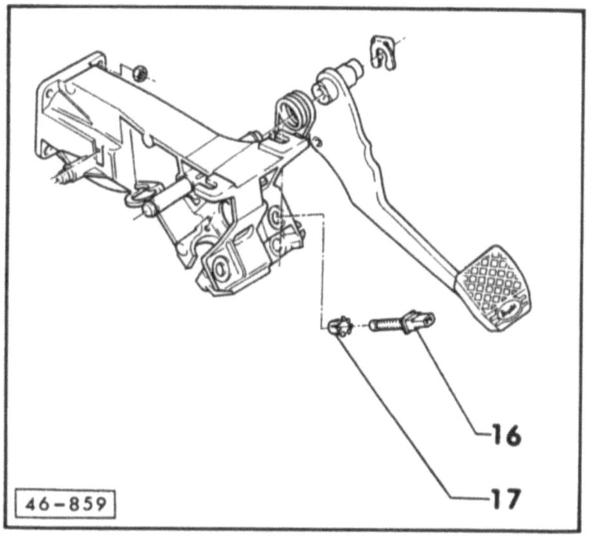

- Bremslichtschalter –16– herausziehen und Halteclip –17– vom Pedalbock abnehmen.
- Neuen Blechclip am Pedalbock einsetzen.
- Bremspedal von Hand betätigen (herunterdrücken).
- Bremslichtschalter bei betätigtem Pedal bis zum Anschlag in die Öffnung am Pedalbock eindrücken.
- Bremspedal von Hand bis zum Anschlag zurückziehen. Dadurch ist der Bremslichtschalter eingestellt.
- Stecker aufschieben.
- Bremslicht- und Schalterfunktion kontrollieren.
- Untere Abdeckung einbauen.

Die ABS / EDS / ASR-Anlage

Je nach Ausstattung besitzt der AUDI das BOSCH-Anti-Blockier-System (ABS). Ein nachträglicher Einbau des ABS ist nicht möglich.

Das Antiblockiersystem (ABS) verhindert, daß bei scharfem Abbremsen die Räder blockieren. Dadurch bleibt das Fahrzeug bei einer Vollbremsung lenkbar.

Durch Drehzahlfühler, je zwei für die Vorder- und die Hinterräder, wird die Radgeschwindigkeit gemessen. Aus den Signalen der einzelnen Drehzahlfühler errechnet das elektronische Steuergerät eine Durchschnittsgeschwindigkeit, die in etwa der Fahrzeuggeschwindigkeit entspricht. Durch Vergleich der Radgeschwindigkeit für ein einzelnes Rad und der Durchschnittsgeschwindigkeit aller Räder erkennt das Steuergerät den Schlupfzustand des einzelnen Rades und kann dadurch feststellen, wann sich ein Rad kurz vor dem Blockieren befindet.

Sobald ein Rad zum Blockieren neigt, der Bremsflüssigkeitsdruck im jeweiligen Bremssattel ist dann zu hoch im Verhältnis zur Haftfähigkeit des Reifens auf der Straße, hält das Hydrauliksystem aufgrund von Signalen des Steuergerätes den Flüssigkeitsdruck konstant. Das heißt, der Druck im Bremssattel erhöht sich nicht, auch wenn stärker auf das Bremspedal getreten wird. Besteht weiterhin Blockierneigung, wird der Flüssigkeitsdruck durch Öffnen eines Auslaßventils abgesenkt. Jedoch nur so weit, bis das Rad wieder geringfügig beschleunigt, dann wird der Druck wieder konstant gehalten.

Beschleunigt das Rad über einen bestimmten Wert hinaus, wird der Druck durch das Hydrauliksystem wieder erhöht, jedoch nicht über das Maß des allgemeinen Bremsdrucks hinaus.

Dieser Vorgang wiederholt sich bei scharfem Bremsen für jedes einzelne Rad so lange, bis das Bremspedal zurückgenommen wird, beziehungsweise bis kurz vor Stillstand (2–3 km/h) des Fahrzeuges.

Eine Sicherheitsschaltung im elektronischen Steuergerät sorgt dafür, daß sich das ABS bei einem Defekt (z. B. Kabelbruch) oder bei zu niedriger Betriebsspannung (Batteriespannung unter 10,5 Volt) selbst abschaltet. In diesem Fall leuchtet die ABS-Kontrolleuchte am Armaturenbrett während der Fahrt auf. Die herkömmliche Bremsanlage bleibt dabei in Betrieb. Das Fahrzeug verhält sich beim Bremsen dann so, als ob kein ABS eingebaut wäre.

Im AUDI A6 seit 7/94 ist ein verbessertes ABS eingebaut, das auch die Bremskraftverteilung zwischen Vorder- und Hinterachse elektronisch steuert und dabei eine hohe Bremsstabilität sichert. Der bisherige, mechanische Bremskraftregler an der Hinterachse ist bei der elektronischen Bremskraftverteilung (EBV) daher nicht mehr nötig.

Bei Geradeausfahrt wird die Hinterradbremse voll an der Bremsleistung beteiligt. Um auch bei Kurvenfahrt die Fahrstabilität zu gewährleisten, muß der Bremskraftanteil der Hinterachse reduziert werden. Über die Drehzahlsensoren des ABS erkennt die EBV, ob der AUDI geradeaus oder durch eine Kurve fährt. Bei Kurvenfahrt wird der Bremsdruck für die Hinterräder individuell reduziert. Dadurch können die Hinterräder die maximale Seitenführungskraft aufbringen. Darüber hinaus werden verschiedene Fahrbahnbeschaffenheiten ebenso berücksichtigt wie Veränderungen in der Zuladung oder im Reifenverschleiß. **Hinweis:** Bei Ausfall der EBV leuchtet die Kontrollampe für Bremsflüssigkeit auf.

ABS mit elektronischer Differentialsperre (EDS)

Je nach Modell und Ausstattung besitzt der AUDI zusätzlich zum ABS eine elektronische Differentialsperre, kurz **EDS**. Aufbauend auf den Komponenten des ABS, verbessert EDS die Traktion (Übertragung der Motorkraft) unter ungünstigen Fahrbahnverhältnissen besonders beim Bergauffahren, Beschleunigen oder Anfahren.

Auf Fahrbahnen mit unterschiedlicher Bodenhaftung kann es zum Durchdrehen eines Rades kommen, da die Ausgleichwirkung des Differentials dafür sorgt, daß beide Räder nur soviel Kraft übertragen können, wie es dem Reibwert zwischen Reifen und Fahrbahn auf der glatten Seite entspricht. Durch mechanisches Sperren der Ausgleichwirkung (Sperrdifferential) wird eine Traktionsverbesserung erreicht, da dann die Seite mit dem höheren Reibwert auch eine höhere Vortriebskraft übertragen werden kann. Herkömmliche, mechanische Differentialsperren können jedoch an einer angetriebenen Vorderachse aus zwei Gründen nicht eingesetzt werden: Der Lenkkomfort würde zu stark eingeschränkt, außerdem würde die Wirkung des ABS beeinträchtigt.

Funktionsweise des EDS: Das elektronische Steuergerät erfaßt über die Drehzahlsensoren des ABS die Drehzahlen der Antriebsräder (bei Allradantrieb aller vier Räder) und vergleicht sie laufend miteinander. Treten Drehzahlunterschiede über ca. 110/min auf, greift EDS automatisch ein und bremst das durchdrehende Rad soweit ab, bis es annähernd die

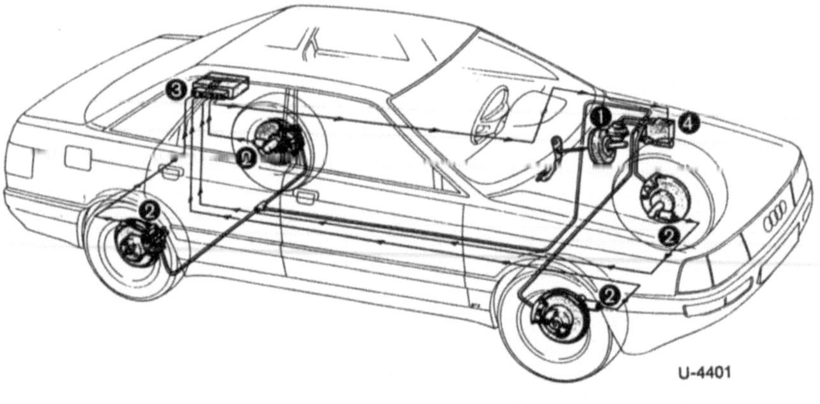

1 – Hauptbremszylinder, Bremskraftverstärker, Bremsflüssigkeitsbehälter
2 – Drehzahlfühler
3 – Elektronisches Steuergerät
Einbauort: Unter der Rücksitzbank.
4 – Hydraulikeinheit

gleiche Drehzahl wie das nicht durchdrehende Rad hat. Mit dieser Regelung wird wie beim mechanisch gesperrten Differential erreicht, daß das Rad mit den besseren Haftverhältnissen eine höhere Zugkraft übertragen kann. Bei Allradmodellen mit EDS entfällt somit die sonst eingebaute, zuschaltbare mechanische Differentialsperre an der Hinterachse. Bei Fahrzeuggeschwindigkeiten über 40 km/h schaltet sich das EDS ebenso wie bei Kurvenfahrt oder überhitzten Bremsen aus. Das System ist mehrfach gegen Fehlsteuerungen der Bremse abgesichert – sowohl elektronisch als auch hydraulisch.

ABS mit EDS und Antischlupfregelung (ASR)

ASR wird als Zusatzausstattung bei einigen Modellen mit Frontantrieb angeboten. Dieses System beinhaltet alle EDS-Funktionen. Jedoch reduziert ASR zusätzlich zum Bremseneingriff die Motorleistung, indem direkt in das Motormanagement eingegriffen wird. Dadurch wird beim Beschleunigen, über den gesamten Geschwindigkeitsbereich, das Durchdrehen der Antriebsräder verhindert.

Beim ABS/EDS/ASR-System werden Bauteile wie Drehzahlfühler, Bremshydraulik und Steuergerät gemeinsam genutzt. Durch die Vernetzung des Steuergeräts mit den Motor- und Automatiksteuerungen ist beste Abstimmung gegeben.

Leuchtet während der Fahrt eine Kontrollampe auf, dann weist dies darauf hin, daß sich das betreffende System abgeschaltet hat.

- Fahrzeug kurz anhalten, Motor abstellen und wieder starten.
- Batteriespannung prüfen. Wenn die Spannung unter 10,5 Volt liegt, Batterie laden.

Achtung: Wenn die ABS/EDS-Kontrolleuchte am Anfang einer Fahrt aufleuchtet und nach einiger Zeit wieder erlöscht, deutet das darauf hin, daß die Batteriespannung zunächst zu gering war, bis sie sich während der Fahrt durch Ladung über den Generator wieder erhöht hat.

- Prüfen, ob die Batterieklemmen richtig festgezogen sind und einwandfreien Kontakt haben.
- Fahrzeug aufbocken, Vorderräder abnehmen, elektrische Leitungen an den Drehzahlfühlern auf äußere Beschädigungen (durchgescheuert) prüfen.
- Weitere Prüfungen des sollten der AUDI-Werkstatt vorbehalten bleiben. Das ABS/EDS/ASR-Steuergerät besitzt einen Fehlerspeicher, der während des Betriebs auftretende Fehler erkennt und speichert. Die Werkstatt ruft den Speicher ab und kann den Fehler gezielt beseitigen.

Achtung: Vor Schweißarbeiten mit einem elektrischen Schweißgerät muß der Stecker vom elektronischen Steuergerät abgezogen werden. Stecker nur bei ausgeschalteter Zündung abziehen. Bei Lackierarbeiten darf das Steuergerät kurzzeitig mit max. +95° C und langfristig (ca. 2 Stunden) mit max. +85° C belastet werden.

Störungsdiagnose Bremse

Störung	Ursache	Abhilfe
Leerweg des Bremspedals zu groß	Ein Bremskreis ausgefallen	■ Bremskreise auf Flüssigkeitsverlust prüfen
Bremspedal läßt sich weit und federnd durchtreten	Luft im Bremssystem	■ Bremse entlüften
	Zu wenig Bremsflüssigkeit im Ausgleichbehälter	■ Neue Bremsflüssigkeit nachfüllen Bremse entlüften
	Dampfblasenbildung. Tritt meist nach starker Beanspruchung auf, z. B. Paßabfahrt	■ Bremsflüssigkeit wechseln. Bremse entlüften
Bremswirkung läßt nach, und Bremspedal läßt sich durchtreten	Undichte Leitung	■ Leitungsanschlüsse nachziehen oder Leitung erneuern
	Beschädigte Manschette im Haupt- oder Radbremszylinder	■ Manschette erneuern. Beim Hauptbremszylinder Innenteile ersetzen, ggf. Hauptbremszylinder ersetzen
	Speziell bei Scheibenbremse: Stationärer Gummidichtring beschädigt	■ Bremssattel überholen
Schlechte Bremswirkung trotz hohen Fußdrucks	Bremsbeläge verölt	■ Bremsbeläge erneuern
	Ungeeigneter oder verhärteter Bremsbelag	■ Beläge erneuern Original VW/AUDI-Beläge verwenden
	Bremskraftverstärker defekt	■ Bremsservo prüfen
	Speziell bei Scheibenbremse: Bremsbeläge abgenutzt	■ Bremsbeläge erneuern
Bremse zieht einseitig	Unvorschriftsmäßiger Reifendruck	■ Reifendruck prüfen und berichtigen
	Bereifung ungleichmäßig abgefahren	■ Abgefahrene Reifen ersetzen
	Bremsbeläge verölt	■ Bremsbeläge erneuern
	Verschiedene Bremsbelagsorten auf einer Achse	■ Beläge erneuern. Original VW/AUDI-Beläge verwenden
	Schlechtes Tragbild der Bremsbeläge	■ Bremsbeläge austauschen
	Speziell bei Scheibenbremse: Verschmutzte Bremssattelschächte	■ Sitz- und Führungsflächen der Bremsbeläge im Bremssattel reinigen
	Korrosion in den Bremssattelzylindern	■ Bremssattel erneuern
	Bremsbelag ungleichmäßig verschlissen	■ Bremsbeläge erneuern (beide Räder)
	Speziell bei Trommelbremse: Kolben in den Radbremszylindern schwergängig	■ Radbremszylinder instand setzen

Störung	Ursache	Abhilfe
Bremse zieht von selbst an	Ausgleichsbohrung im Hauptbremszylinder verstopft	■ Hauptbremszylinder reinigen und Innenteile erneuern lassen
	Spiel zwischen Betätigungsstange und Hauptbremszylinderkolben zu gering	■ Spiel prüfen
Bremsen erhitzen sich während der Fahrt	Ausgleichsbohrung im Hauptbremszylinder verstopft	■ Hauptbremszylinder reinigen und Innenteile erneuern lassen
	Spiel zwischen Betätigungsstange und Hauptbremszylinder zu gering	■ Spiel prüfen
	Speziell bei Scheibenbremse: Drosselbohrung im Spezial-Bodenventil verstopft	■ Hauptbremszylinder reinigen, Innenteile ersetzen und Bremsflüssigkeit erneuern
	Speziell bei Trommelbremse: Bremsbacken-Rückzugfedern erlahmt	■ Rückzugfedern erneuern
Bremsen rattern	Ungeeigneter Bremsbelag	■ Beläge erneuern Original VW/AUDI-Beläge verwenden
	Speziell bei Scheibenbremse: Bremsscheibe stellenweise korrodiert	■ Scheibe mit Schleifklötzen sorgfältig glätten
	Bremsscheibe hat Seitenschlag	■ Scheibe nacharbeiten oder ersetzen
	Speziell bei Trommelbremse: Bremsbeläge verschlissen	■ Beläge erneuern. Original VW/AUDI-Beläge verwenden
	Bremstrommel unrund	■ Bremstrommel ausdrehen, gegebenenfalls ersetzen
Bremsbeläge lösen sich nicht von der Bremsscheibe, Räder lassen sich schwer von Hand drehen	**Speziell bei Scheibenbremse:** Korrosion in den Bremssattelzylindern	■ Bremssattel überholen, eventuell austauschen
Ungleichmäßiger Belag-Verschleiß	**Speziell bei Scheibenbremse:** Ungeeigneter Bremsbelag	■ Bremsbeläge erneuern Original VW/AUDI-Beläge verwenden
	Bremssattel verschmutzt	■ Bremssattelschächte reinigen
	Kolben nicht leichtgängig	■ Kolben gangbar machen
	Bremssystem undicht	■ Bremssystem auf Dichtigkeit prüfen
Keilförmiger Bremsbelag-Verschleiß	**Speziell bei Scheibenbremse:** Bremsscheibe läuft nicht parallel zum Bremssattel	■ Anlagefläche des Bremssattels prüfen
	Korrosion in den Bremssätteln	■ Verschmutzung beseitigen
	Kolben arbeitet nicht richtig	■ Kolbenstellung (Kolbenring) prüfen

Störung	Ursache	Abhilfe
Bremse quietscht	Oft auf atmosphärische Einflüsse (Luftfeuchtigkeit) zurückzuführen	■ Keine Abhilfe erforderlich, und zwar dann, wenn Quietschen nach längerem Stillstand des Wagens bei hoher Luftfeuchtigkeit auftrat, aber nach den ersten Bremsungen sich nicht wiederholt
	Speziell bei Scheibenbremse: Ungeeigneter Bremsbelag	■ Beläge erneuern. Original VW / AUDI-Beläge verwenden Rückenplatte mit Anti-Quietsch-Paste bestreichen
	Bremsscheibe läuft nicht parallel zum Bremssattel	■ Anlagefläche des Bremssattels prüfen
	Verschmutzte Schächte im Bremssattel	■ Bremssattelschächte reinigen
	Belaghaltefedern verbogen	■ Haltefedern erneuern
	Spreizfedern ausgeleiert	■ Spreizfedern erneuern
	Speziell bei Trommelbremse: Ungeeigneter Bremsbelag	■ Beläge erneuern
	Belag liegt nicht satt auf	■ Beläge erneuern
	Bremse verschmutzt	■ Radbremsen reinigen
	Rückzugfedern zu schwach	■ Rückzugfedern erneuern
Bremse pulsiert	**ABS** in Funktion	■ Normal, keine Abhilfe
	Speziell bei Scheibenbremse: Seitenschlag oder Dickentoleranz der Bremsscheibe zu groß	■ Schlag und Toleranz prüfen. Scheibe nacharbeiten oder ersetzen
	Bremsscheibe läuft nicht parallel zum Bremssattel	■ Anlagefläche des Bremssattels prüfen
	Speziell bei Trommelbremse: Anlagefläche des Scheibenrades an der Bremstrommel nicht plan, dadurch Verzug der Bremstrommel	■ Es kann versucht werden, die Scheibenräder untereinander auszutauschen. Besser: Bremstrommel mit angeschraubtem Rad auf einer geeigneten Drehbank ausdrehen

Räder und Reifen

Der AUDI 100/A6 ist je nach Modell und Ausstattung mit unterschiedlichen Reifen- und Felgengrößen ausgestattet.

Alle Scheibenräder haben eine Einpreßtiefe von 45 mm. Die Einpreßtiefe ist das Maß von der Felgenmitte bis zur Anlagefläche der Felge an die Radnabe.

Die Radschrauben der ab Werk lieferbaren Stahl- und Leichtmetallräder haben die gleichen Abmessungen. **Achtung:** Werden nachträglich Leichtmetallräder anderer Hersteller eingebaut, können unter Umständen andere Radschrauben erforderlich werden.

Das richtige Anzugsmoment für alle Radschrauben beträgt **120 Nm**. Radschrauben nicht ölen.

Räder- und Reifenmaße

Motor-Leistung	**Reifengröße**[1]	**Stahlscheibenrad (»Felge«)**	**Leichtmetall-Scheibenrad**	**Einpreßtiefe/ Lochkreis-∅ mm**
60 kW Diesel 74 kW Benzin	195/65 R 15 91 T 195/65 R 15 91 H 195/65 R 15 91 V 205/60 R 15 91 H 205/60 R 15 91 V	6 J x 15	6 J x 15 7 J x 15	45/112
	215/60 R 15 93 V	–	7 J x 15	45/112
85 – 128 kW Benzin	195/65 R 15 91 H[2] 195/65 R 15 91 V 205/60 R 15 91 H 205/60 R 15 91 V	6 J x 15	6 J x 15 7 J x 15	45/112
	215/60 R 15 93 V	–	7 J x 15	45/112
Winterbereifung: 60 – 128 kW	195/65 R 15 91 Q 195/65 R 15 91 T	6 J x 15	–	45/112
alle Motoren	**Platzsparendes Notrad** (Sonderausstattung) T 125/90 R 15 auf Felge 4.00 B x 15			45/112

[1]) Reifenfülldrücke siehe Betriebsanleitung und Aufkleber am Fahrzeug
[2]) Reifengröße nicht beim 128 kW-Motor

Achtung: Die technische Entwicklung geht ständig weiter. Es kann sein, daß inzwischen auch für ältere Fahrzeug-Modelle andere Reifen-Felgen-Kombinationen zugelassen sind. Maßgebend sind die in den Fahrzeugpapieren angegebenen Größen.

- Bei sportlicher Fahrweise empfiehlt es sich, den Reifenüberdruck an Vorder- und Hinterrädern um 0,2 bar zu erhöhen. Bei dieser Erhöhung ist vom Basisüberdruck auszugehen, wie er für die verschiedenen Belastungszustände vorgeschrieben ist.
- Winterreifen werden in der Regel mit einem um 0,2 bar höheren Überdruck als Sommerreifen gefahren. Die Luftdruckempfehlungen des jeweiligen Reifenherstellers bei Winterreifen sind zu beachten.
- Da Winterreifen einer Geschwindigkeitsbeschränkung unterliegen, muß ein Hinweis über die zulässige Höchstgeschwindigkeit im Blickfeld des Fahrers angebracht werden (§ 36, Absatz 1 StVZO).

Reifen- und Scheibenrad-Bezeichnungen

Reifen-Bezeichnungen

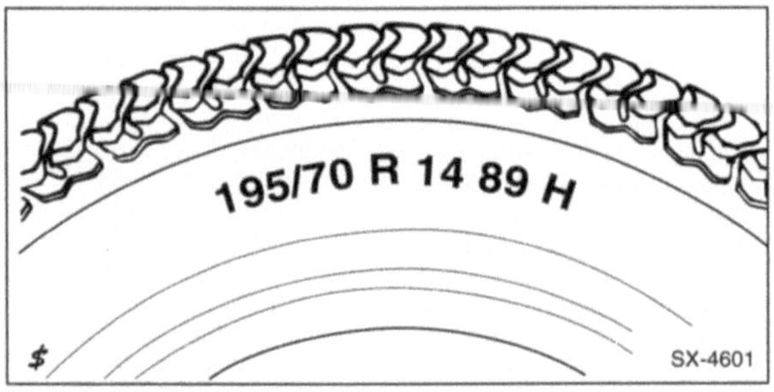

195 = Reifenbreite in mm.

/70 = Verhältnis Höhe zu Breite (die Höhe des Reifenquerschnitts beträgt 70 % von der Breite).

Fehlt eine Angabe des Querschnittverhältnisses (zum Beispiel 155 R 13), so handelt es sich um das »normale« Höhen-Breiten-Verhältnis. Es beträgt bei Gürtelreifen 82 %.

R = Radial-Bauart (= Gürtelreifen).

14 = Felgendurchmesser in Zoll.

89 = Tragfähigkeits-Kennzahl.

Achtung: Steht zwischen den Angaben 14 und 89 die Bezeichnung M+S, dann handelt es sich um einen Reifen mit Winterprofil.

H = Kennbuchstabe für zulässige Höchstgeschwindigkeit, H: bis 210 km/h.

Die Geschwindigkeitsbuchstaben gelten sowohl für Sommer- als auch für Winterreifen.

Geschwindigkeits-Kennbuchstabe

Kennbuchstabe	Zulässige Höchstgeschwindigkeit
Q	160 km/h
S	180 km/h
T	190 km/h
H	210 km/h
V	240 km/h
W	270 km/h

Reifen-Herstellungsdatum

Das Herstellungsdatum steht auf dem Reifen im Hersteller-Code.

Beispiel: DOT CUL2 UM8 1502 TUBELESS

DOT = Department of Transportation (US-Verkehrsministerium)
CU = Kürzel für Reifenhersteller
L2 = Reifengröße
UM8 = Reifenausführung
1502 = Herstellungsdatum = 15. Produktionswoche 2002
Hinweis: Falls anstelle der 4-stelligen Ziffer eine 3-stellige Ziffer gefolgt von einem ◁-Symbol aufgeführt ist, dann wurde der Reifen im vergangenen Jahrzehnt produziert. Die Bezeichnung 509◁ bedeutet beispielsweise: 50. Produktionswoche 1999.
TUBELESS = schlauchlos (TUBETYPE = Schlauchreifen)

Achtung: Neureifen müssen seit 10/98 zusätzlich mit einer ECE-Prüfnummer an der Reifenflanke versehen sein. Diese Prüfnummer weist nach, dass der Reifen dem ECE-Standard entspricht. Werden Reifen seit 10/98 **ohne** ECE-Prüfnummer montiert, erlischt die Allgemeine Betriebserlaubnis (ABE) des Fahrzeuges.

Beispiel Scheibenrad-Bezeichnungen: 6 J x 15

6 = Maulweite der Felge in Zoll
J = Kennbuchstabe für Höhe und Kontur des Felgenhorns (B = niedrigere Hornform)
x = Kennzeichen für einteilige Tiefbettfelge
15 = Felgen-Durchmesser in Zoll

- Der AUDI 100 kann mit unterschiedlichen Scheibenrädern (Felgen) und Reifen bestückt sein. Es sind jedoch nur Scheibenräder mit einer Einpreßtiefe von 45 mm zulässig. Die Einpreßtiefe ist das Maß von der Felgenmitte bis zur Anlagefläche der Radschüssel an die Bremsscheibe beziehungsweise Bremstrommel.
- Zulässiger Seitenschlag am Felgenhorn: 1,2 mm; Zulässiger Höhenschlag an der Felgenschulter: 0,8 mm.

Austauschen der Räder

Es ist nicht zweckmäßig, bei einem Austausch der Räder die Drehrichtung der Reifen zu ändern, da sich die Reifen nur unter vorübergehend stärkerem Verschleiß der veränderten Drehrichtung anpassen. Bei deutlich stärkerer Abnutzung der vorderen Reifen empfiehlt es sich, die Vorderräder gegen die Hinterräder zu tauschen. Dadurch haben alle 4 Reifen etwa die gleiche Lebensdauer.

Reifen nicht einzeln, sondern mindestens achsweise ersetzen. Dabei Reifen mit der größeren Profiltiefe immer vorn montieren. Bei Fahrzeugen mit Allradantrieb sollen an allen 4 Rädern nur Reifen gleichen Typs und gleicher Profilart verwendet werden.

Achtung: Beim Erneuern und Demontieren schlauchloser Reifen ist unbedingt das Gummiventil aus Sicherheitsgründen mit auszutauschen.

Zum Festziehen der Radschrauben sollte immer ein Drehmomentschlüssel verwendet werden. Dadurch wird sichergestellt, daß die Radschrauben gleichmäßig fest angezogen sind.

- Zum Schutz gegen Festrosten ist der Zentriersitz des Scheibenrades an den Radnaben vorn und hinten bei jeder Demontage des jeweiligen Rades mit Wälzlagerfett leicht einzufetten.
- Leichtmetallfelgen sind durch einen Klarlacküberzug gegen Korrosion geschützt. Beim Radwechsel darauf achten, daß die Schutzschicht nicht beschädigt wird, andernfalls mit Klarlack ausbessern.
- Verschmutzte Schrauben reinigen. Schrauben erneuern, wenn das Gewinde beschädigt oder korrodiert ist.
- Radschrauben über Kreuz in mehreren Durchgängen festziehen.

Achtung: Durch einseitiges oder unterschiedlich starkes Anziehen der Radschrauben können das Rad und/oder die Radnabe verspannt werden. **Das Anzugsdrehmoment beträgt für alle Radschrauben 120 Nm.** Radschrauben **nicht** ölen oder fetten.

Regeln zur Reifenpflege

Generell gilt, daß Reifen sozusagen ein »Gedächtnis« haben und unsachgemäße Behandlung – dazu zählt beispielsweise auch schnelles oder häufiges Überfahren von Bordstein- oder Schienenkanten – oft erst viel später zu Reifenpannen führt.

Reifen reinigen

- Reifen möglichst nicht mit einem Dampfstrahlgerät reinigen. Wird die Düse des Dampfstrahlers zu nahe an den Reifen gehalten, dann wird dessen Gummischicht innerhalb weniger Sekunden irreparabel zerstört, selbst bei Verwendung von kaltem Wasser. Ein auf diese Weise gereinigter Reifen sollte sicherheitshalber ersetzt werden.
- Ersetzt werden sollte auch ein Reifen, der über längere Zeit mit Öl oder Fett in Berührung kam. Der Reifen quillt an den betreffenden Stellen zunächst auf, nimmt jedoch später wieder seine normale Form an und sieht äußerlich unbeschädigt aus. Die Belastungsfähigkeit des Reifens nimmt aber ab.

Reifen lagern

- Reifen sollten kühl, dunkel, trocken und möglichst auch zugfrei untergebracht werden, auch dürfen sie nicht mit Fett und Öl in Berührung kommen.
- Räder liegend oder an den Felgen aufgehängt in der Garage oder im Keller lagern.
- Bevor die Räder abmontiert werden, Reifenfülldruck etwas erhöhen (ca. 0,3 – 0,5 bar).
- Für Winterreifen eigene Felgen verwenden, denn das Ummontieren der Reifen auf dieselben Felgen lohnt sich aus Kostengründen nicht.

Gleitschutzketten (Schneeketten)

Die Verwendung von Gleitschutzketten ist nur an der Antriebsachse (Vorderachse) erlaubt. Bei allradgetriebenen Fahrzeugen sind in der Regel keine Ketten erforderlich. Falls für das Befahren bestimmter Straßen (Paß) Ketten vorgeschrieben sind, dürfen diese nur an den Vorderrädern montiert werden. Vor der Montage Radblenden abnehmen.

Mit Gleitschutzketten darf nicht schneller als 50 km/h gefahren werden. Auf schnee- und eisfreien Straßen sind die Gleitschutzketten abzunehmen.

Auf allen Modellen dürfen nur feingliedrige Gleitschutzketten verwendet werden, die auf der Reifenfläche und an der Reifeninnenseite nicht mehr als 15 mm auftragen, einschließlich Kettenschloß. Es sollten nur von AUDI freigegebene Gleitschutzketten verwendet werden.

Das Notrad

(Nur auf Sonderwunsch beziehungsweise als Exportausstattung erhältlich)

Bei der Benutzung des platzsparenden Reserve-Notrades sind folgende Punkte zu beachten:

- Das Notrad darf an Vorder- und Hinterachse montiert werden.
- Das Notrad ist nur für den vorübergehenden und kurzzeitigen Einsatz bestimmt. Muß das Rad bei einer Reifenpanne montiert werden, ist es deshalb so schnell wie möglich wieder durch ein Normalrad zu ersetzen.
- Nach Montage des Notrades muß **der Reifenfülldruck so schnell wie möglich geprüft werden,** der Druck muß **4,2 bar** betragen.
- Mit montiertem Notrad darf **nicht über 80 km/h** gefahren werden. Vollgasbeschleunigungen, starkes Bremsen und rasante Kurvenfahrten sind zu vermeiden.
- Das Notrad ist kleiner als das Normalrad. Deshalb verringert sich die Bodenfreiheit der jeweiligen Achse um etwa 30 mm. Um Schäden an tiefliegenden Fahrzeugteilen zu verhindern, sollte nicht über größere Hindernisse oder Vertiefungen gefahren werden. Auch automatische Waschanlagen sollten mit montiertem Notrad nicht benutzt werden – der Wagen könnte aufsetzen.
- Das Notrad ist speziell für den Wagentyp entwickelt. Es darf daher nicht für andere Wagentypen benutzt werden. Ebensowenig dürfen Noträder anderer Fahrzeugtypen verwendet werden.
- Die Verwendung von Gleitschutzketten (Schneeketten) auf dem platzsparenden Notrad ist aus technischen Gründen nicht zulässig. Falls mit Gleitschutzketten gefahren werden muß, ist bei einer Vorderrad-Reifenpanne das Notrad an der Hinterachse zu montieren und der hintere Reifen auf die Vorderachse zu wechseln. Dabei empfiehlt es sich, bereits vor der Montage des Rades die Gleitschutzkette aufzulegen.
- Auf die Felge des Notrades darf kein Sommer- oder Winterreifen montiert werden.
- Niemals zwei oder mehr Noträder gleichzeitig montieren.

Fehlerhafte Reifenabnutzung

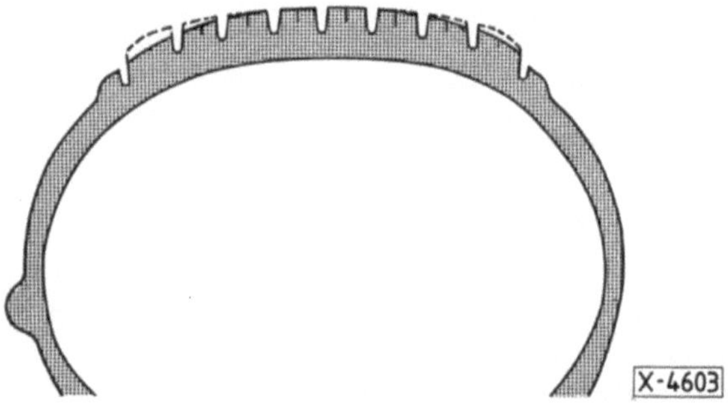

- An den Vorderrädern ist eine etwas größere Abnutzung der Reifenschultern gegenüber der Laufflächenmitte normal, wobei aufgrund der Straßenneigung die Abnutzung der zur Straßenmitte zeigenden Reifenschulter (linkes Rad: außen, rechtes Rad: innen) deutlicher ausgeprägt sein kann.
- Ungleichmäßiger Reifenverschleiß ist zumeist die Folge zu geringen oder zu hohen Reifenfülldrucks und kann auf Fehler in der Radeinstellung oder Radauswuchtung sowie auf mangelhafte Stoßdämpfer oder Felgen zurückzuführen sein.
- In erster Linie ist auf vorschriftsmäßigen Reifenfülldruck zu achten, wobei spätestens alle vier Wochen eine Prüfung vorgenommen werden sollte.
- Reifenfülldruck nur bei kühlen Reifen prüfen. Der Reifenfülldruck steigt nämlich mit zunehmender Erhitzung bei schneller Fahrt an. Dennoch ist es völlig falsch, aus erhitzten Reifen Luft abzulassen.
- Bei zu hohem Reifenfülldruck wird die Laufflächenmitte mehr abgenutzt, da der Reifen an der Lauffläche durch den hohen Innendruck mehr gewölbt ist.
- Bei zu niedrigem Reifenfülldruck liegt die Lauffläche an den Reifenschultern stärker auf, und die Laufflächenmitte wölbt sich nach innen durch. Dadurch ergibt sich ein stärkerer Reifenverschleiß der Reifenschultern.

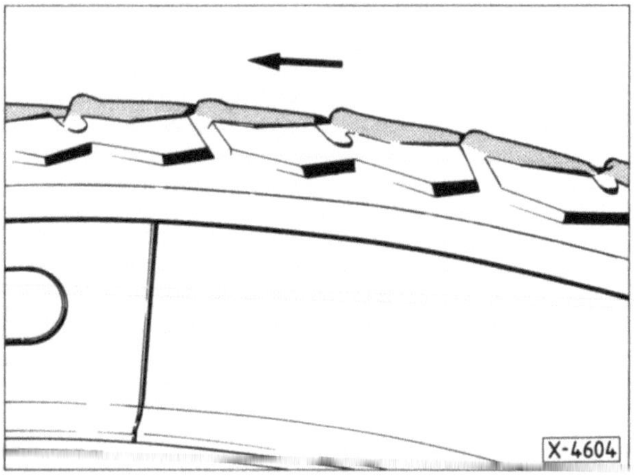

- Sägezahnförmige Abnutzung des Profils ist in der Regel auf eine Überbelastung des Fahrzeuges zurückzuführen.
- Falsche Radeinstellung und Unwucht ergeben jeweils typische Reifenverschleißbilder, auf die in der Störungsdiagnose hingewiesen wird.

Störungsdiagnose Reifen

Abnutzung	Ursache
Stärkerer Reifenverschleiß auf beiden Seiten der Lauffläche	■ Zu niedriger Reifenfülldruck
Stärkerer Reifenverschleiß in der Mitte der Lauffläche, über den gesamten Umfang	■ Zu hoher Reifenfülldruck
Auswaschungen der Profilseite	■ Statische und dynamische Unwucht des Rades. Eventuell zu großer Seitenschlag der Felge, zu großes Spiel in den Traggelenken
Auswaschungen in der Mitte des Reifenprofils	■ Statische Unwucht des Rades. Eventuell Folge von zu großem Höhenschlag
Starke Abnutzung an einzelnen Stellen in der Mitte der Lauffläche	■ Blockierspuren von Vollbremsungen
Schuppenförmige oder sägezahnähnliche Abnutzung des Profils. In krassen Fällen mit Gewebebrüchen verbunden, die nach einiger Zeit außen sichtbar werden	■ Überbelastung des Wagens. Innenseite der Reifen auf Gewebebrüche untersuchen!
Gummizungen an den seitlichen Profilkanten	■ Fehlerhafte Radeinstellung. Reifen radiert. Bei Hinterrädern auch Zustand der Stoßdämpfer prüfen!
Gratbildung an einer Profilseite des Vorderrades	■ Falsche Spureinstellung. Reifen radiert. Häufiges Fahren auf stark gewölbter Fahrbahn. Schnelle Kurvenfahrt
Stoßbrüche im Reifenunterbau. Anfangs nur im Inneren des Reifens sichtbar	■ Überfahren von kantigen Steinen, Schienenstößen und ähnlichem bei hohen Geschwindigkeiten
Einseitig abgefahrene Laufflächen	■ Sturzeinstellung überprüfen

Die Karosserie

Die Karosserie des AUDI 100/A6 ist selbsttragend. Bodengruppe, Seitenteile, Dach und die hinteren Kotflügel sind miteinander verschweißt. Die Reparatur größerer Karosserieschäden sowie das Ersetzen der eingeklebten Front- und Heckscheibe sollten einer Fachwerkstatt vorbehalten bleiben.

Motorhaube, Kofferraumdeckel, Türen und die vorderen Kotflügel sind angeschraubt und lassen sich leicht auswechseln. Beim Einbau sind dann unbedingt die richtigen Luftspaltmaße einzuhalten, sonst klappert beispielsweise die Tür, oder es können erhöhte Windgeräusche während der Fahrt auftreten. Der Luftspalt muß auf jeden Fall parallel verlaufen, das heißt, der Abstand zwischen den Karosserieteilen muß auf der gesamten Länge des Spaltes gleich groß sein.

Um einen größeren Schutz gegen Rost sicherzustellen, ist die Karosserie vollverzinkt.

Muß an der Karosserie geschweißt werden, soll dies grundsätzlich durch Widerstandspunktschweißen (RP) durchgeführt werden. Nur wenn sich die Schweißzange nicht ansetzen läßt, ist das Schutzgas-Schweißverfahren anzuwenden. Folgende Punkte sind zu beachten:

- Schweißstrom (Ampere) um 10 % bis max. 30 % erhöhen.
- Hartkupfer-Elektroden mit hoher Warmfestigkeit (größer als +400° C) verwenden.
- Elektroden häufig säubern, bzw. Kontaktflächendurchmesser auf 4 mm ∅ seitlich nacharbeiten.
- Elektroden-Anpreßkraft erhöhen.
- Schweißzeit verlängern. Die Schweißzeit ist richtig gesetzt, wenn sich die Schweißpunkte ohne Spritzer setzen lassen.

Achtung: Beim Schweißen von verzinkten Stahlblechen entsteht giftiges Zinkoxid, daher für eine gute Arbeitsplatzbelüftung sorgen.

An Teilen der gefüllten **Klimaanlage** oder in deren Nähe darf weder geschweißt noch hart- oder weichgelötet werden. Bei einer Reparatur-Lackierung dürfen im Trockenofen Objekttemperaturen bis lediglich +80° C auftreten.

B4A–118

Stoßfänger vorn aus- und einbauen

AUDI 100

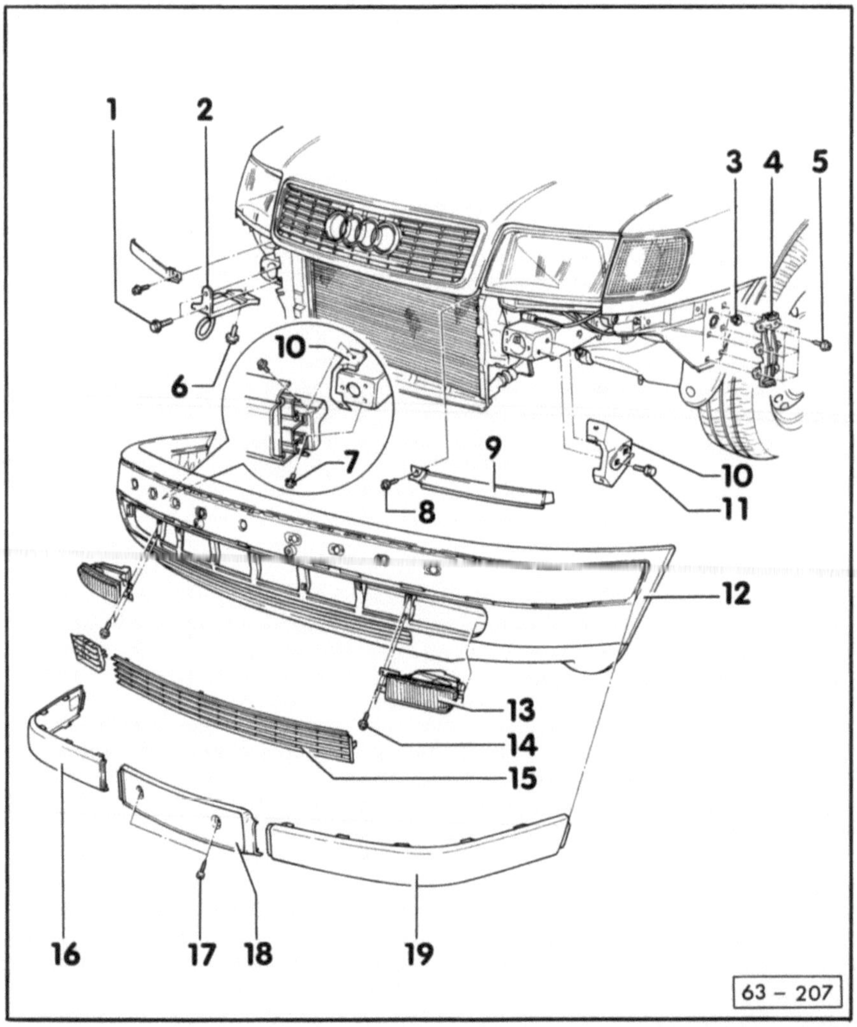

1 – **Kombischraube, 23 Nm**
2 – **Abschleppöse**
3 – **Einsteckmutter**
4 – **Seitlicher Halter**
Seit 4/92 geändert. Änderungen bei Einbau von neuem Halter auf älteres Fahrzeug erforderlich.
5 – **Blechschraube**
6 – **Blechschraube, 23 Nm**
7 – **Kombischraube, 23 Nm**
8 – **Blechschraube**
9 – **Windleiste (cW-Leiste)**
10 – **Vorderer Halter**
11 – **Kombischraube, 27 Nm**
12 – **Stoßfänger**
13 – **Nebelscheinwerfer**
14 – **Blechschrauben**
15 – **Ziergitter**
16 – **Blende rechts**
17 – **Blechschraube**
18 – **Blende mitte**
19 – **Blende links**

Ausbau

- Windleisten –9– unterhalb der Scheinwerfer mit je 1 Schraube abschrauben und abnehmen.
- Ziergitter –15– vom Stoßfänger abziehen.
- Falls vorhanden, beide Nebelscheinwerfer –13– mit Schraube –14– lösen und nach vorn aus dem Stoßfänger herausziehen.
- Durch die Öffnung für das Ziergitter die Kombischrauben –7– an beiden Stoßfängerhaltern herausschrauben. Wird ein neuer Stoßfänger eingebaut, Schrauben –11– lösen, da mit diesen Schrauben der Stoßfänger ausgerichtet wird.
- Innenkotflügel an den Stoßfängerenden abschrauben. Stoßfänger an den Enden kräftig beidseitig von der Karosserie wegziehen, sonst wird der Lack beim Abnehmen beschädigt. Der Stoßfänger rastet dabei aus dem Halter –4– aus.
- Stoßfänger parallel nach vorn ziehen und abnehmen.

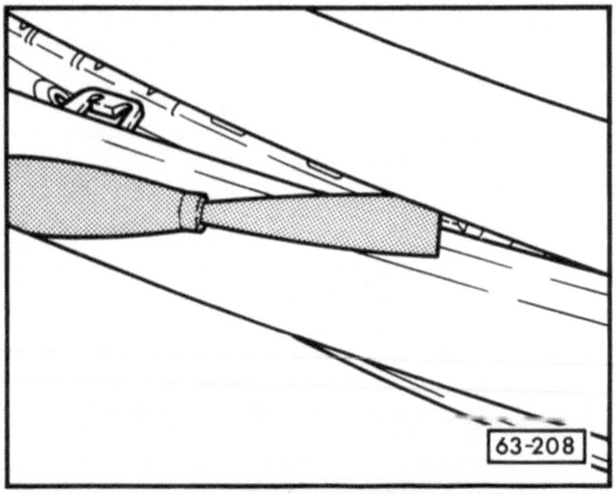

- Der Stoßfänger hat ein integriertes Trägerteil. Nach Kollisionen bei niedrigen Geschwindigkeiten ist oft das Innenteil noch intakt. Zum Zerlegen der Stoßstange Blenden an der Vorderseite abziehen, dabei mit Kunststoffspachtel Verrastungen entriegeln.

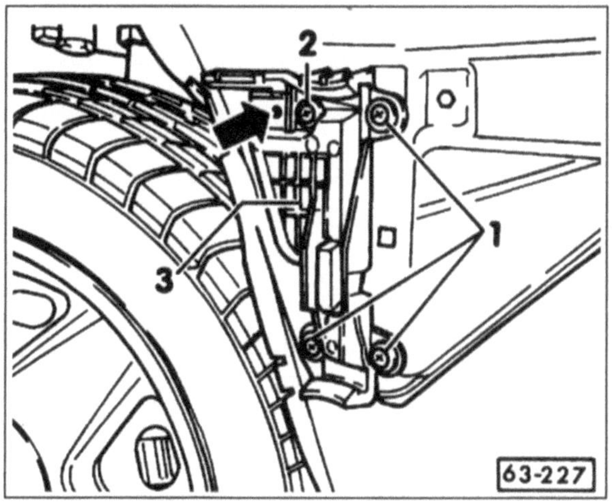

- Bei Fahrzeugen ab Fg.-Nr. 4ANN 108 155 (ab etwa 4/92) wird ein neuer Halter –3– mit geändertem Anschraubpunkt –Pfeil– verbaut. Der Anschraubpunkt –2– wird auf die Bohrung –Pfeil– verlegt. Die Punkte –1– bleiben unverändert.

Achtung: Wird ein neuer Halter/Stoßfänger an einem bisherigen Fahrzeug (bis 4/92) eingebaut, muß zusätzlich ein Distanzhalter am Stoßfänger befestigt werden. Bei neuen Fahrzeugen ist dieser Distanzhalter nicht vorhanden.

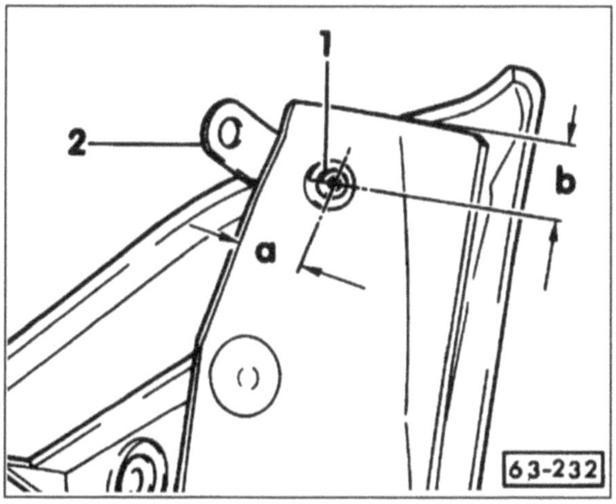

- Distanzhalter einbauen: Maße a=16 mm, b=20 mm am Stoßfänger anzeichnen. Bohrung mit 4 mm Durchmesser anbringen. Distanzhalter –2– mit Niet und Unterlegscheibe –1– (Ersatzteile) annieten, siehe Abbildung.

Einbau

- Stoßfänger ansetzen und zuerst unten in den seitlichen Halter –4– einsetzen, dann oben in den Halter eindrücken.
- Schrauben –11– (4 Stück) einsetzen, Stoßfänger in den Langlöchern für Schrauben –11– parallel zur Karosserie ausrichten und anschrauben.
- Beide Nebelscheinwerfer einsetzen und anschrauben. Sicherstellen, daß das elektrische Anschlußkabel aufgesteckt ist.
- Ziergitter einclipsen.
- Beide Windleisten unterhalb der Scheinwerfer einsetzen und anschrauben.
- Nebelscheinwerfer einstellen, siehe Seite 281.

Stoßfänger vorn aus- und einbauen

AUDI A6

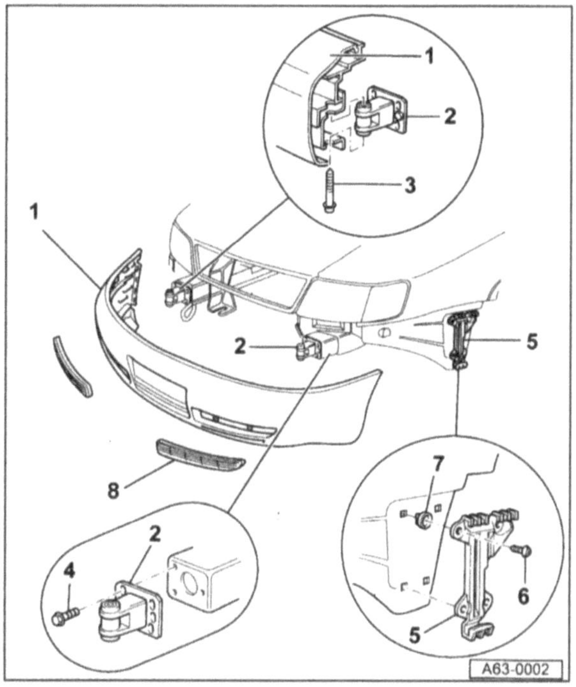

1 – **Stoßfänger vorn**
Ausbau: Ziergitter –8– nach vorne abziehen. Kreuzschlitzschraube an Radlaufschale oben und Schraube –3– abschrauben. Stoßfänger aus den seitlichen Haltern –5– durch Drücken von oben ausclipsen und nach vorne vom Fahrzeug abnehmen.
Einbau: Stoßfänger zuerst unten in den Halter einsetzen und dann oben eindrücken. Schraube –3– mit 25 Nm festziehen.

2 – **Halter**
Die Höheneinstellung des Stoßfängers erfolgt durch Verstellen der Gewindehülse im Halter. Falls der Verstellweg nicht ausreicht, kann zusätzlich der Halter in den Langlöchern verschoben werden. Anschließend Schrauben –4– mit **25 Nm** festziehen.

3 – **Innensechskantschraube, 25 Nm**

4 – **Schraube, 25 Nm**

5 – **Halter**

6 – **Schraube, 2 Nm**

7 – **Spreizniet**

8 – **Ziergitter**

Stoßfänger hinten aus- und einbauen

AUDI 100

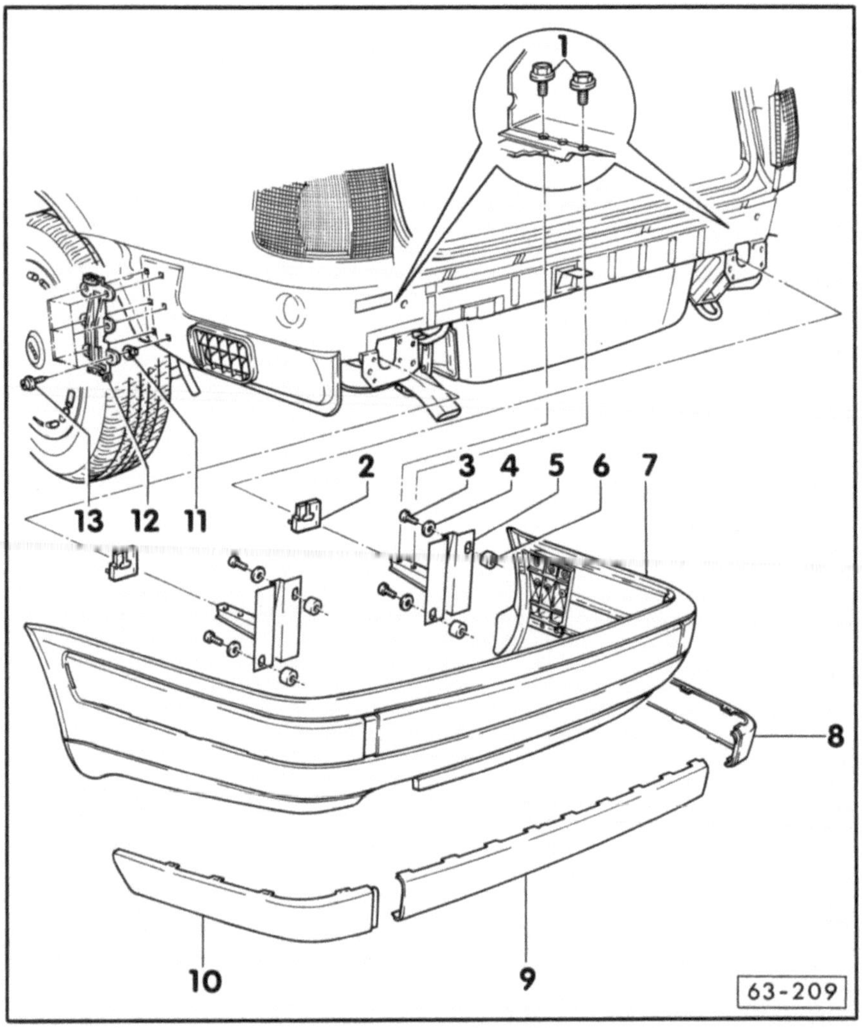

1 – **Sechskantschraube, 15 Nm**
2 – **Abdeckplatte hinten**
Nicht vorhanden beim Modell AVANT.
3 – **Innensechskantschraube, 25 Nm**
4 – **Unterlegscheibe**
5 – **Halter**
6 – **Distanzscheibe**
7 – **Stoßfänger**
8 – **Blende rechts**
9 – **Blende mitte**
10 – **Blende links**
11 – **Einsteckmutter**
12 – **Seitlicher Halter**
13 – **Blechschraube**

Ausbau

- Stoßfängerenden an beiden Seiten kräftig von der Karosserie wegziehen, sonst wird beim Abnehmen der Lack beschädigt. Der Stoßfänger rastet dabei aus dem Halter –12– aus.
- Kofferraum-Bodenmatte zurückschlagen, 4 Schrauben –1– abschrauben und nach oben herausziehen.
- Stoßfänger parallel nach hinten aus den seitlichen Haltern –12– ziehen und abnehmen.
- Zum Zerlegen des Stoßfängers Blenden –8– bis –10– abziehen, dabei mit Kunststoffspachtel Verrastungen entriegeln, siehe auch unter Kapitel »Vorderen Stoßfänger aus- und einbauen«.

Achtung: Soll der Halter am Stoßfänger abgebaut werden, vorher Einbaulage kennzeichnen. Dazu Muttern mit Filzstift umkreisen.

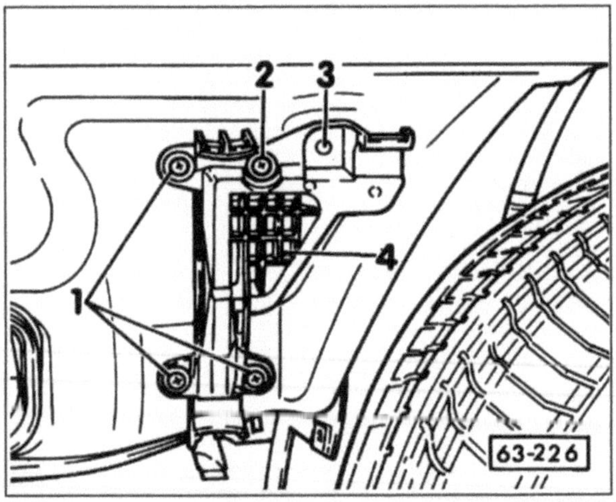

- Bei Fahrzeugen ab Fg.-Nr. 4ANN 128 892 ist ein Gewindebolzen –3– am Seitenteil verschweißt und der neue Halter –4– mit einer zusätzlichen Mutter befestigt. Die bisherige Schraube –2– entfällt. Die Anschraubpunkte –1– bleiben unverändert.

Achtung: Bei Fahrzeugen mit Frontantrieb ab Fg.-Nr. 4ANN131100 ist keine hintere Radhausschale vorhanden. Bei diesen Fahrzeugen muß bei Einbau eines neuen Halters auch der neue Stoßfänger (Et.-Nr. 4A0 807 305A GRU) mit neuer seitlicher Aufnahme eingebaut werden, da sonst eine sichere Befestigung ohne seitliche Distanzhalter nicht gewährleistet ist.

Achtung: Wird ein neuer Stoßfänger an einem bisherigen Fahrzeug mit alten Haltern eingebaut, muß zusätzlich ein Distanzhalter am Stoßfänger befestigt werden. Bei neuen Fahrzeugen ist dieser Distanzhalter nicht vorhanden.

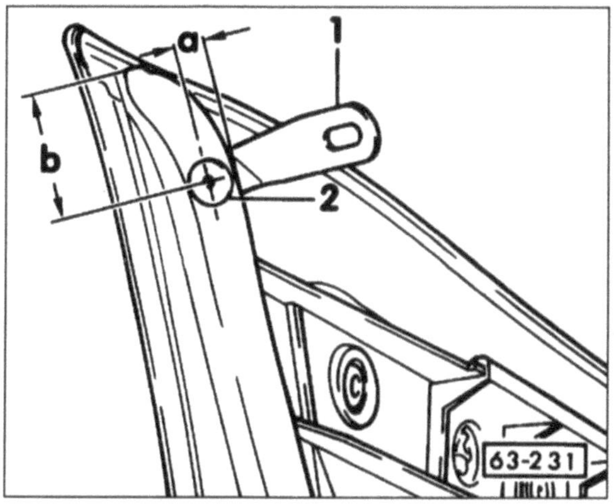

- Distanzhalter einbauen: Maße a=8 mm, b=32 mm am Stoßfänger anzeichnen. Bohrung mit 4 mm Durchmesser anbringen. Distanzhalter –1– mit Niet –2– (Ersatzteile) annieten, siehe Abbildung.

Einbau

- Stoßfänger ansetzen und zuerst unten in den seitlichen Halter –12– einsetzen, dann oben in den Halter eindrücken.
- Stoßfänger mit 4 Schrauben an den mittleren Haltern anschrauben.

Stoßfänger hinten aus- und einbauen

AUDI A6

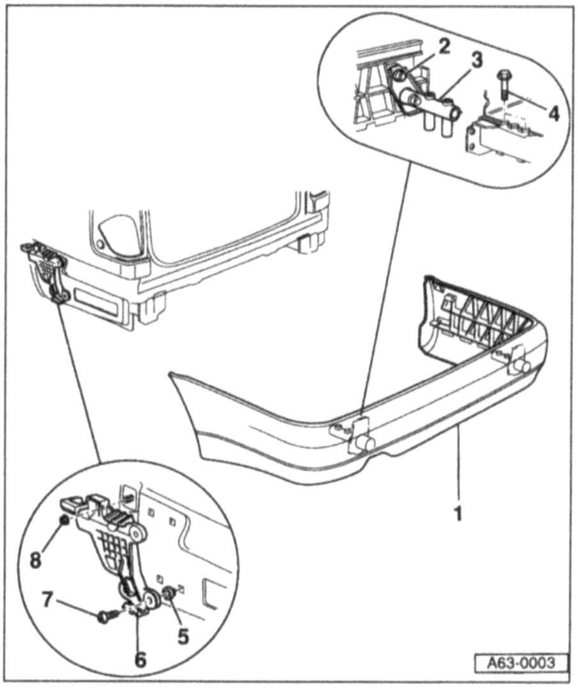

1 – **Stoßfänger hinten**
Ausbau: Schraube –4– abschrauben. Stoßfänger aus den seitlichen Haltern –6– durch Drücken von oben ausclipsen und nach hinten vom Fahrzeug abziehen.
Einbau: Stoßfänger zuerst unten in den Halter einsetzen und dann oben eindrücken. Schraube –4– mit 25 Nm festziehen.

2 – **Innensechskantschraube, 25 Nm**

3 – **Halter**
Mit Schrauben –2– von Stoßfänger abschrauben. Beim Einbau mit **25 Nm** festziehen.

4 – **Schraube, 25 Nm**

5 – **Spreizclip**

6 – **Halter**
Zum Ausbau Schraube –7– und Mutter –8– abschrauben.

7 – **Schraube, 2 Nm**

8 – **Sechskantmutter, 3 Nm**

Kotflügel vorn aus- und einbauen

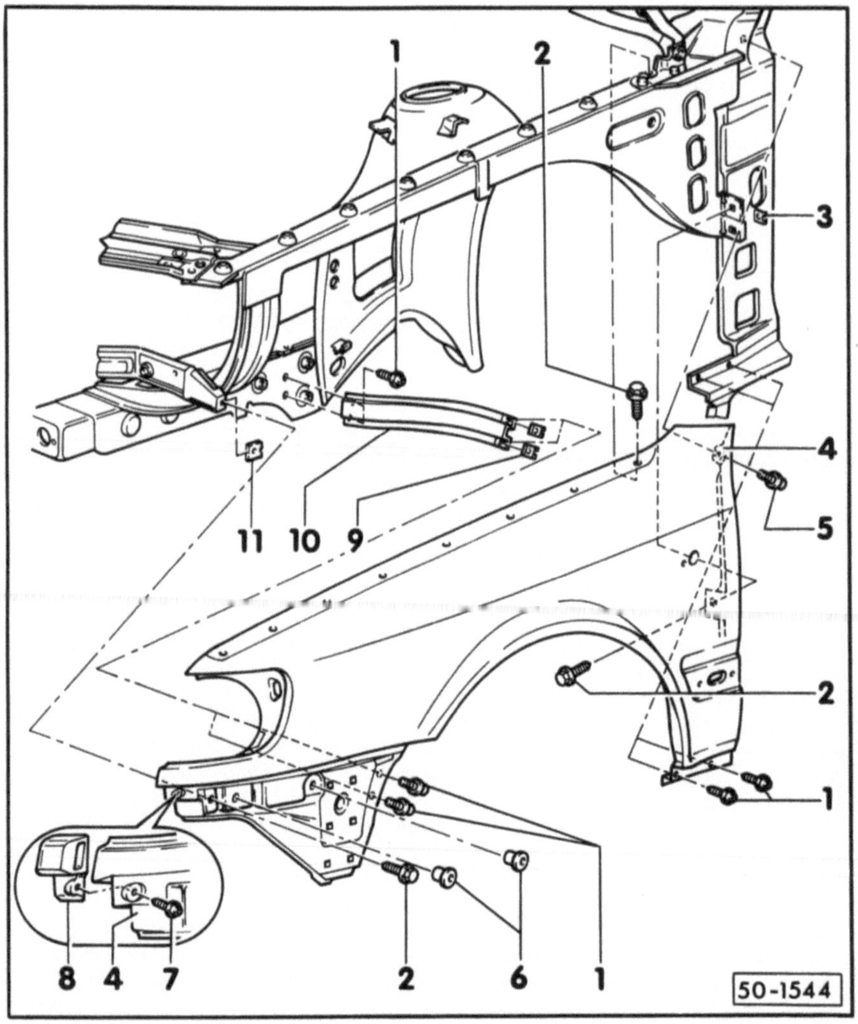

1 – **Blechschraube**
2 – **Blechschraube**
3 – **Schnappmutter**
4 – **Kotflügel**
5 – **Blechschraube**
6 – **Blindnietmutter**
Nur bei USA-Ausführung.
7 – **Blechschraube**
8 – **Aufnahme für Blende**
9 – **Schnappmutter**
10 – **Strebe**
11 – **Schnappmutter**

Ausbau

- Stoßfänger vorn ausbauen.
- Radhausschale ausbauen, siehe Seite 222.

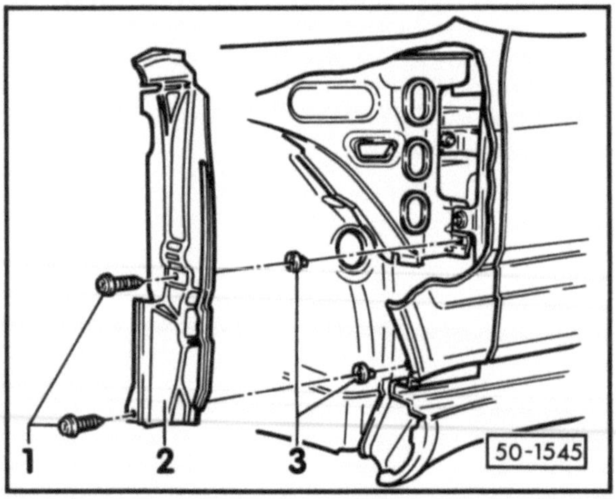

- Schließteil hinten im Radausschnitt ausbauen. Dazu Blechschrauben –1– abschrauben und heraushebeln, da das Schließteil mit Dichtmasse abgedichtet ist und fest sitzt. Die Einsteckmuttern –3– verbleiben im Fahrzeug.

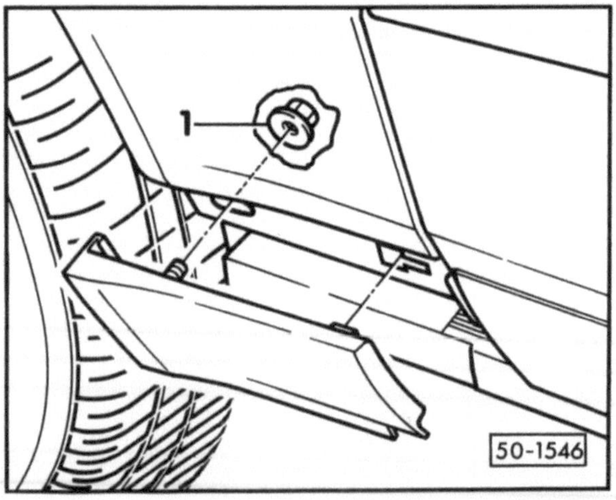

- Schraube –1– von der Innenseite abschrauben. Abdeckung bis zum Anschlag nach vorn schieben und am Kotflügel abnehmen.

- Vordere Blinkleuchte abbauen, siehe Seite 276.
- Motorhaube abstützen.
- Befestigungsschrauben –1–, –2–, –5– und –7– für Kotflügel herausdrehen.
- Durch den Unterbodenschutz und das Abdichtband sitzt der Kotflügel sehr fest. Zum Lösen des Kotflügels ist deshalb ein Fön erforderlich, der mindestens eine Temperatur von +600° C erreicht. Oft hilft auch ein altes Messer zum Lösen des Kotflügels.
- Kotflügel Stück für Stück vorsichtig abziehen.

Einbau

- Kotflügel gegebenenfalls lackieren.
- Anlageflächen des Kotflügels reinigen, gegebenenfalls ausrichten.
- Auf den Anlageflächen handelsübliches Kotflügelabdichtband auflegen.

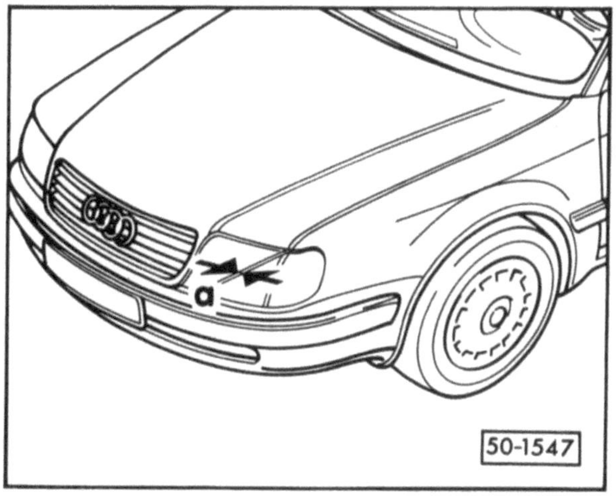

- Kotflügel ansetzen, ausrichten und anschrauben. Sollwert für das Fugenmaß zwischen Motorhaube und Kotflügel: a = 4,0 + 1 mm.

Achtung: Die Befestigungsschrauben (Blechschrauben) dürfen nur mit ca. 5 Nm, also nur leicht, festgezogen werden.

- Schließteil von Dichtmittel reinigen und neue Butyldichtschnur von AUDI, ET-Nr. AKD 541 007, anbringen. Schließteil in den Radausschnitt einsetzen, mit 2 Blechschrauben festschrauben.
- Auf der Innenseite des Kotflügels Unterbodenschutz auftragen.
- Untere Abdeckung für Kotflügel einsetzen, nach hinten schieben und von innen festschrauben.
- Radhausschale einbauen.
- Stoßfänger einbauen, siehe Seite 216.
- Blinkleuchte einbauen, siehe Seite 276.

Kühlergrill aus- und einbauen

Hinweis: Bei Deformationen an der Motorhaube im Bereich des Kühlergrills ist von AUDI eine Abschnittsteil-Reparatur vorgesehen. Somit muß bei Bagatellschäden im Frontbereich nicht die komplette Motorhaube ersetzt werden.

Ausbau

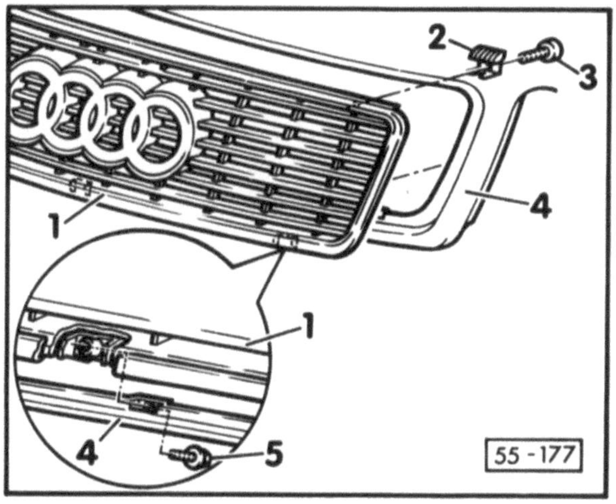

1 – Kühlergrill
2 – Befestigungsclip
3 – Innensechskantschraube, 5 Nm
4 – Motorhaube
5 – Kombischraube, 5 Nm

- Motorhaube öffnen und Schrauben an der Rückseite des Kühlergrills herausdrehen. Kühlergrill ausclipsen und abnehmen.

Einbau

- Kühlergrill einsetzen und anschrauben.

Radhausschale vorn aus- und einbauen

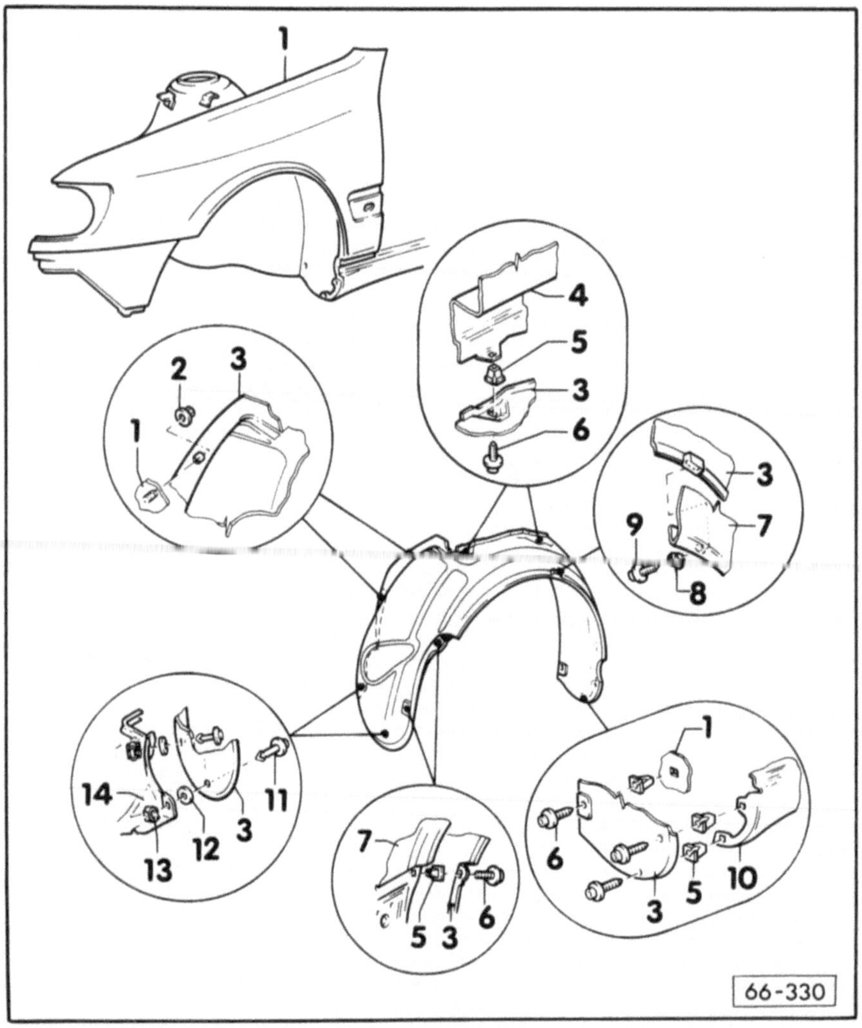

1 – Radhaus vorn
2 – Clipmutter
3 – Radhausschale
4 – Verbindungsteil
5 – Einsteckmutter
6 – Kombischraube
7 – Kotflügel vorn
8 – Schutzclip
9 – Blechschraube
10 – Schweller vorn
11 – Klemmstift
12 – Sicherungsscheibe
13 – Clip
14 – Geräuschdämmung

Ausbau

- Radkappe abziehen, Radschrauben bei auf dem Boden stehendem Fahrzeug lösen.
- Scheibenrad zur Radnabe mit Farbe kennzeichnen. Dadurch kann das ausgewuchtete Rad wieder an gleicher Stelle montiert werden.
- Fahrzeug aufbocken.
- Vorderrad abnehmen.
- Muttern –2– ausschrauben.
- Schrauben –6– und –9– ausschrauben.
- Klemmstifte –11– entriegeln. Dazu mit kleinem Schraubendreher Kern der Stifte etwas heraushebeln.
- Radhausschale vom Kotflügelflansch nach innen abdrücken und nach unten herausnehmen.

Einbau

- Vor dem Einbau Lage und Zustand der Clipmuttern im Radhaus kontrollieren. Gegebenenfalls alte Muttern herausheben und ersetzen.
- Radhausschale einsetzen und in den Kotflügel einrasten.
- Klemmstifte –11– an der Vorderseite einsetzen, dabei Lage der Sicherungsscheiben beachten.
- Sämtliche Befestigungsschrauben von Hand einsetzen und einige Umdrehungen anziehen. Erst wenn alle Schrauben eingesetzt sind, festziehen. **Achtung:** Alle Schrauben nur mit 1 bis 2 Nm, also ganz leicht, festziehen.
- Rad anschrauben, dabei auf Markierung zur Radnabe achten. Fahrzeug ablassen und Radschrauben mit **120 Nm** über Kreuz festziehen.

Schloßträger/Scheinwerferträger aus- und einbauen

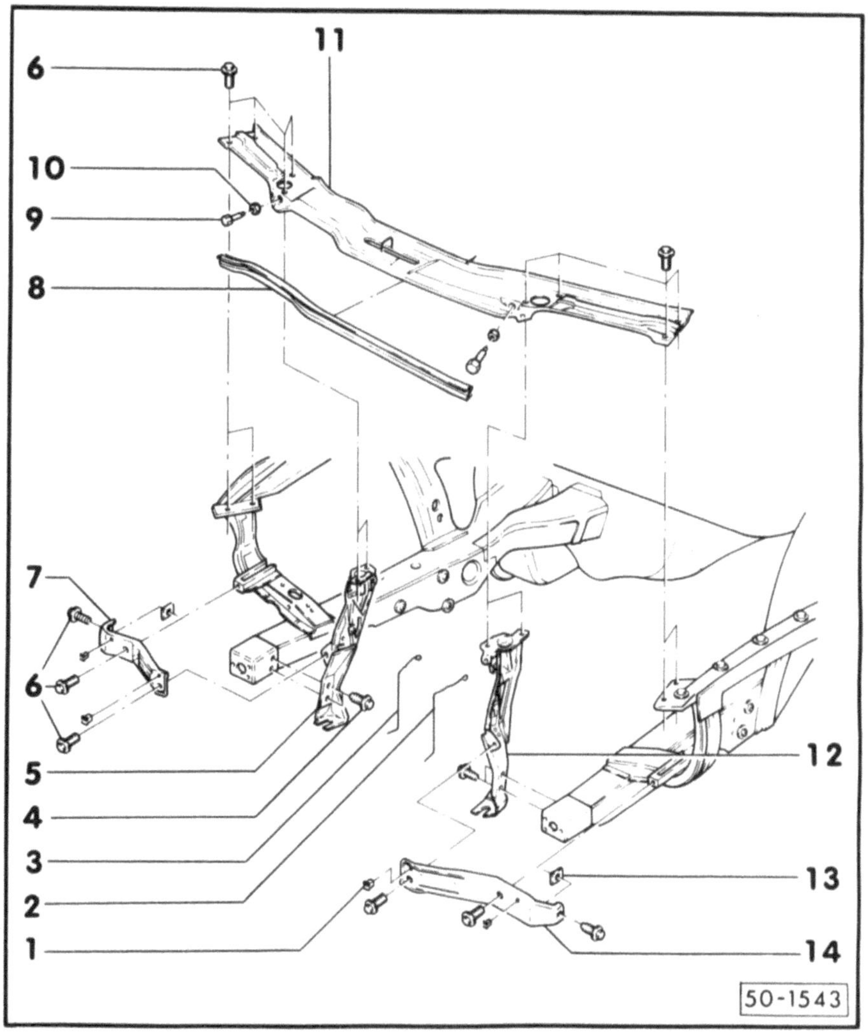

1 – Einsteckmutter
2 – Schließhebel für Schloßzapfen links
3 – Schließhebel für Schloßzapfen rechts
4 – Schrauben, 23 Nm
5 – Stütze rechts
6 – Blechschraube
7 – Aufnahme Scheinwerfer rechts
8 – Abdichtung
9 – Einstellpuffer
10 – Sechskantmutter, 15 Nm
11 – Schloßträger
12 – Stütze links
13 – Schnappmutter
14 – Aufnahme Scheinwerfer links

Ausbau

- Stoßfänger vorn ausbauen.
- Beide Scheinwerfer ausbauen, siehe Seite 280.
- Befestigungsschrauben für Kühler abschrauben und Kühler etwas nach unten absenken, siehe Seite 90.
- Seilzug für Motorhaube am Schloßträger aushängen.
- 8 obere Schrauben –6– abschrauben und Schloßträger abnehmen.
- Abdichtung –8– vom Schloßträger abziehen.

Einbau

- Der Einbau erfolgt in umgekehrter Reihenfolge wie der Ausbau.
- Nach dem Einbau Scheinwerfer einstellen, siehe Seite 281.
- Bowdenzug für Motorhaube einstellen, siehe Seite 226.
- Motorhaube an den Puffern –9– einstellen, siehe Seite 224.

Motorhaube aus- und einbauen/ einstellen

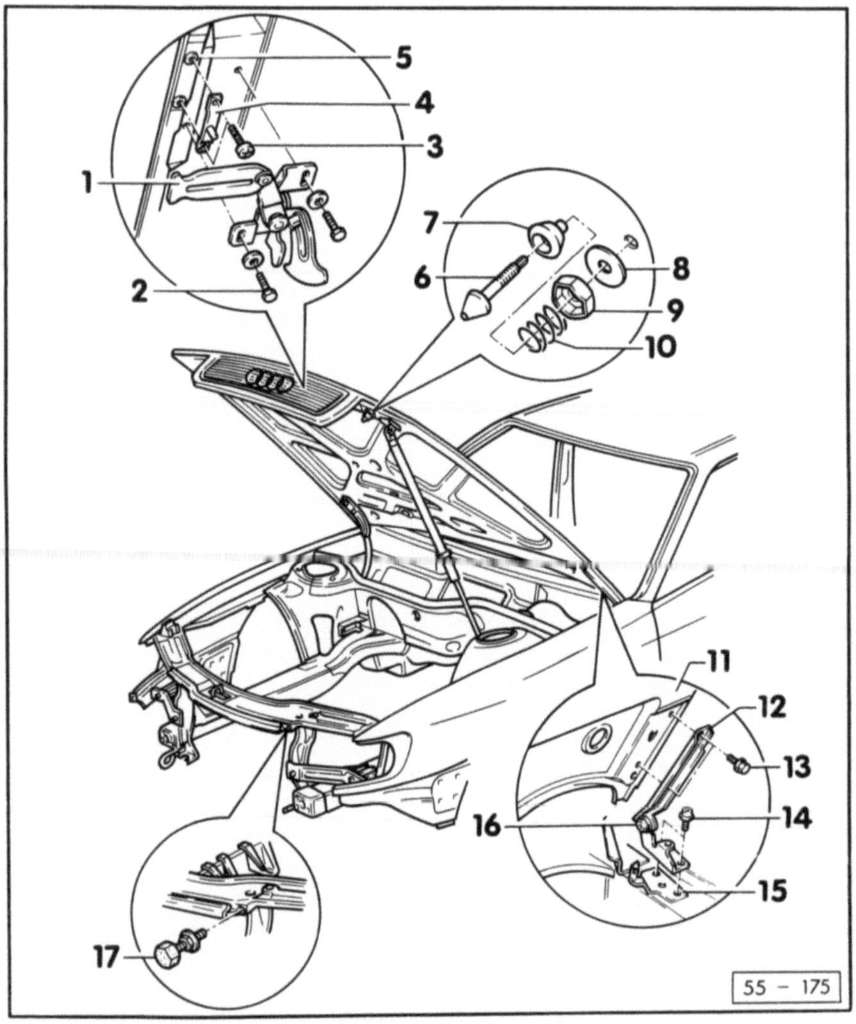

1 – Fanghaken
2 – Schraube, 10 Nm
3 – Blechschraube
4 – Laschenführung
5 – Blindnietmuttern
6 – Schloßzapfen
7 – Führungsbuchse
8 – Scheibe
9 – Kronenmutter
10 – Druckfeder
11 – Motorhaube
12 – Klappenscharnier
13 – Schraube, 21 Nm
14 – Innensechskantschraube, 21 Nm
15 – Halter
16 – Innensechskantschraube, 15 Nm
17 – Einstellpuffer

Ausbau

- Zuleitungsschlauch und elektrische Steckverbindung an der Scheibenwaschdüse abziehen.
- Einbaulage der Motorhaube kennzeichnen, dazu Schrauben –13– am Scharnier mit Filzstift umkreisen.
- Motorhaube abstützen.

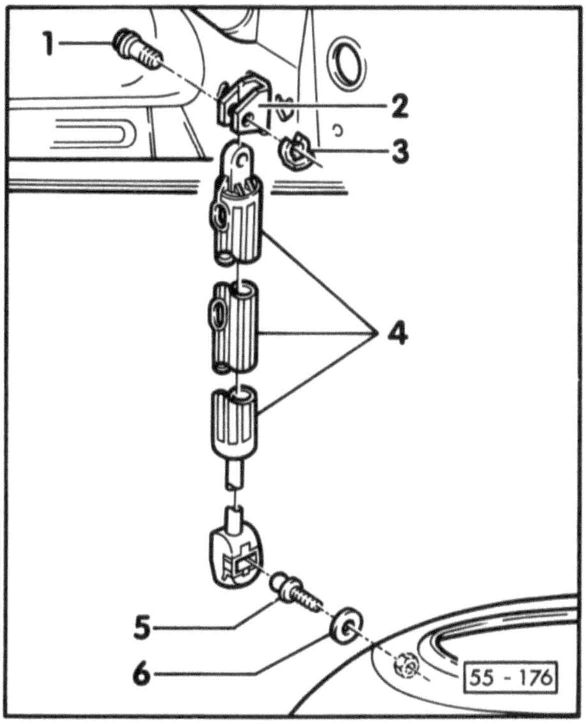

- Gasdruckfeder von der Haube abbauen. Dazu Sicherungsklammer –3– abziehen und Haltebolzen herausziehen, gegebenenfalls mit Durchschlag heraustreiben. Soll die Gasdruckfeder demontiert werden, Gasdruckfeder unten vom Kugelzapfen –5– abhebeln.

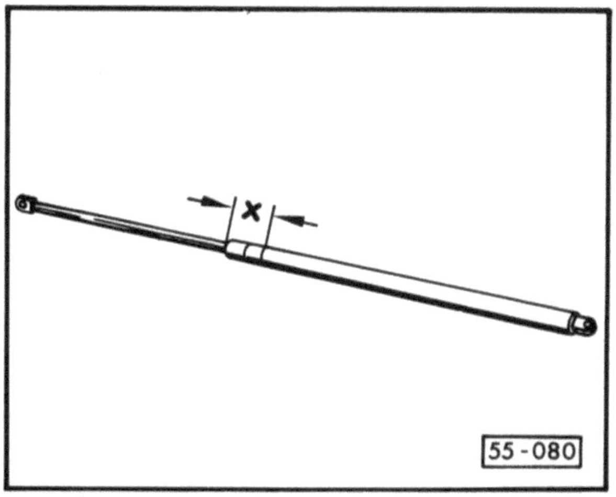

Achtung: Falls die Gasdruckfeder ersetzt wird, muß die alte Feder entgast werden, bevor sie auf den Müll gegeben wird. Dazu Gasdruckfeder **im Bereich x = 50 mm** in den Schraubstock einspannen. Feder unbedingt nur in diesem Bereich einspannen, sonst besteht Unfallgefahr! Anschließend Zylinder im ersten Drittel der Zylindergesamtlänge – ausgehend von der Bezugskante auf der Kolbenstangenseite – aufsägen. Um herausspritzendes Öl aufzufangen, Bereich des Sägetrennschnittes mit einem Lappen abdecken. Außerdem ist während des Sägevorganges eine Schutzbrille zu tragen.

- Schrauben –13– (siehe große Abbildung) am Scharnier herausdrehen und Motorhaube abnehmen. Dazu ist eine Hilfsperson erforderlich. Vor dem Lösen der Scharnierschrauben Stoff als Lackschutz zwischen Haube und Karosserie legen.

Einbau

- Motorhaube ansetzen, Schrauben reindrehen, Haube ausrichten und Schrauben festziehen.
- Gasdruckfeder mit Schutzkappe ansetzen, Bolzen durchtreiben und mit Klammer sichern.

Motorhaube einstellen

- Schrauben –13– lösen und Motorhaube in Längs- und Querrichtung verschieben, bis die Klappe gleichmäßig und parallel zu den Kotflügeln steht. Fugenmaß zu den Kotflügeln: 4 + 1 mm. Wird das Maß nicht erreicht, Kotflügel entsprechend versetzen.
- Schrauben –13– mit 20 Nm festziehen.
- Soll die Motorhaube in der Höhe verstellt werden: 2 Einstellpuffer –17– soweit wie möglich in das Abschlußblech einschrauben.
- Kronenmutter –9– für Schloßzapfen lösen, dabei am Schloßzapfen gegenhalten.
- Schloßzapfen –6– so verdrehen, daß die geschlossene Motorhaube bündig mit den Kotflügeln abschließt. Nach der Einstellung Kronenmutter –9– wieder festziehen, dabei am Schloßzapfen gegenhalten.
- Anschließend Einstellpuffer –17– einstellen: Plastilin oder Knetgummi auf beide Puffer aufkleben und Motorhaube schließen. Haube öffnen und Dicke des zusammengedrückten Knetgummis messen. Einstellpuffer entsprechend weit herausschrauben. Die Klappe muß in geschlossenem Zustand spannungsfrei auf beiden Einstellpuffern aufliegen. Nach der Einstellung Kontermutter mit 15 Nm festziehen.
- Bei Schwergängigkeit oder Funktionsstörungen vom Schließmechanismus, Bowdenzug für Motorhaube einstellen.

Seilzug für Motorhaube aus- und einbauen/einstellen

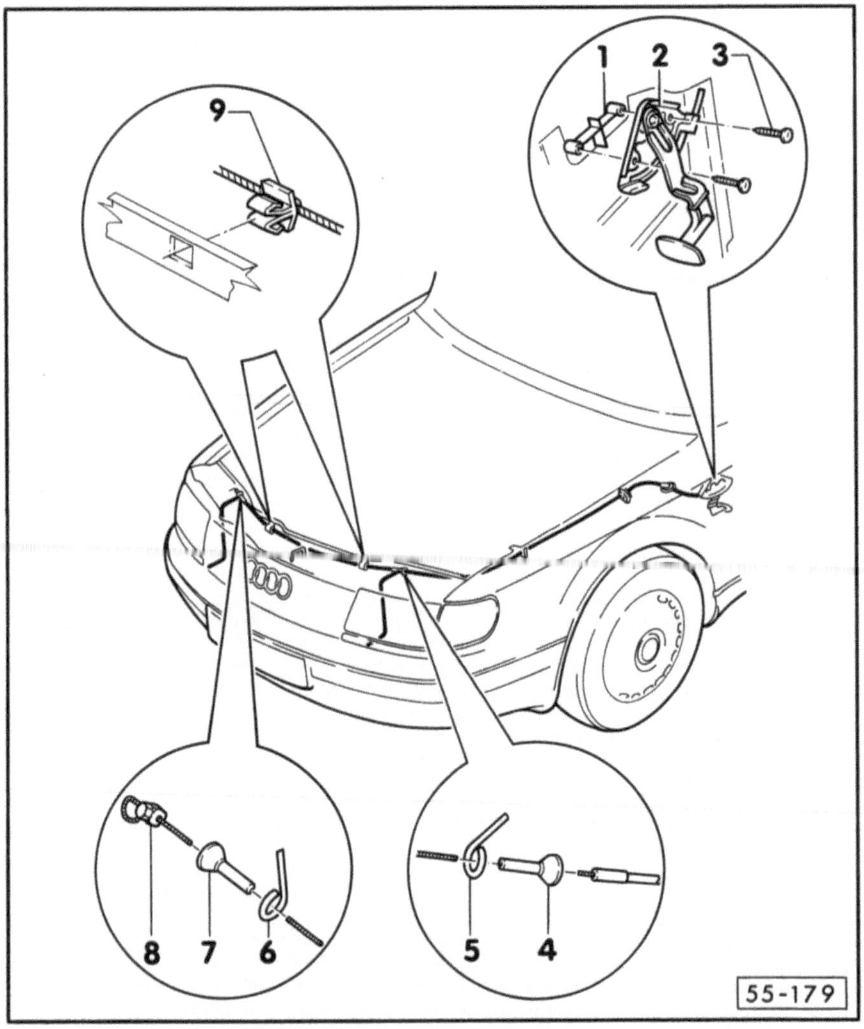

1 – **Distanzteil**
2 – **Betätigung**
3 – **Blechschraube**
4 – **Führungshülse**
5 – **Schließhebel links**
6 – **Schließhebel rechts**
7 – **Führungshülse**
8 – **Klemmnippel**
Bowdenzug hinter dem Klemmnippel umbiegen.
9 – **Clip für Bowdenzug**

Ausbau

Achtung: Seilzüge dürfen nicht geknickt werden, da sie später an dieser Stelle brechen können. Geknickte Züge sollen nicht eingebaut werden.

- Klemmnippel –8– lösen und vom Seilzug abnehmen.
- Betätigung mit 2 Schrauben abschrauben und Seilzug nach innen herausziehen.
- Clips für Bowdenzug ausknöpfen.

Einbau

- Neuen Zug wie den ausgebauten Zug verlegen. Korrekte Lage der Führungshülsen an der Schloßbetätigung beachten.
- Seilnippel in den Betätigungsgriff einhängen und Betätigung festschrauben.
- Klemmstück aufsetzen und Bowdenzug einstellen.

Einstellen

Der Bowdenzug für die Motorhaube muß nach Einbau eines neuen Haubenzugs oder bei Funktionsstörungen der Verriegelung eingestellt werden.

- Klemmstück –8– soweit aufschieben, daß bei nicht betätigtem Bedienhebel der Zug ohne Vorspannung ist. Das heißt, er darf nicht durchhängen, aber auch nicht den Hebel am Haubenschloß betätigen. In dieser Stellung Schraube am Klemmstück vorsichtig anziehen.

Achtung: Nach dem Einstellen Bowdenzug hinter dem Klemmstück umbiegen, siehe Abbildung.

Kofferraumklappe aus- und einbauen/einstellen

Limousine

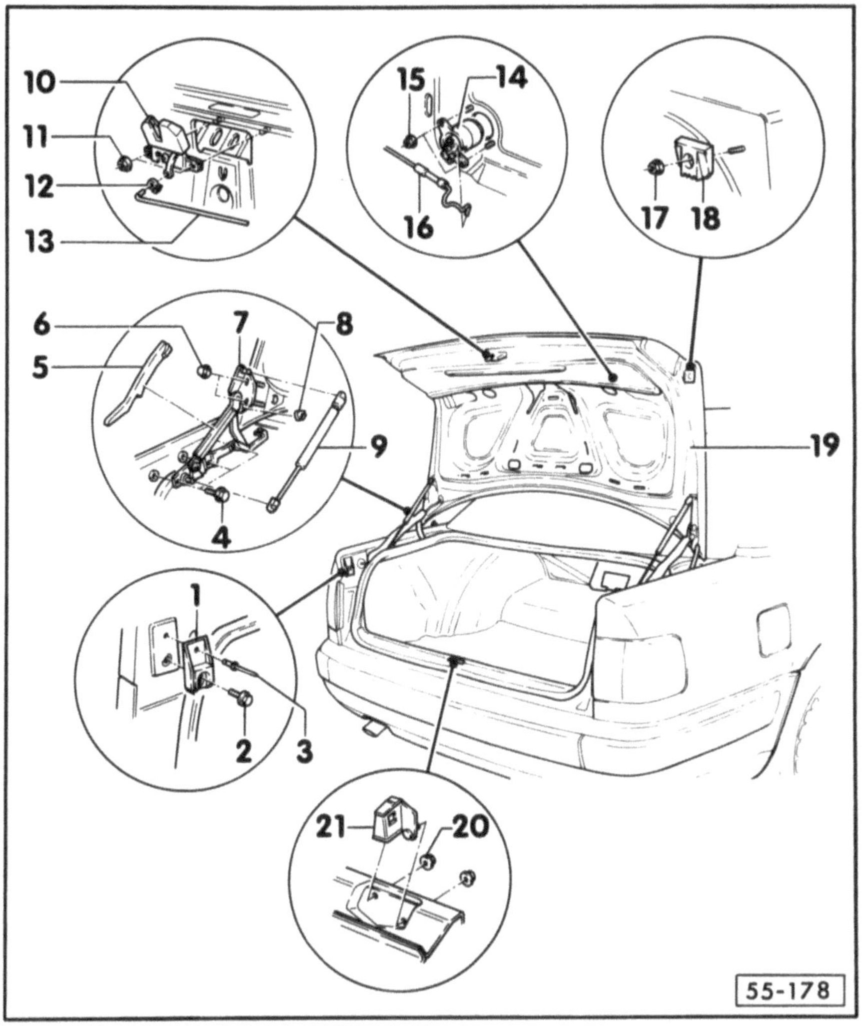

1 – **Einstellpuffer**
2 – **Kombischraube**
3 – **Hohlniet**
4 – **Kombischraube, 20 Nm**
5 – **Kabelführung**
6 – **Sechskantmutter, 20 Nm**
7 – **Klappenscharnier**
8 – **Anschlag**
9 – **Gasdruckfeder**
10 – **Schloß**
11 – **Sechskantmutter**
12 – **Gelenkbuchse**
13 – **Betätigungsstange**
14 – **Schließzylinder**
15 – **Selbstsichernde Mutter**
Immer ersetzen.
16 – **Betätigungsstange**
17 – **Sechskantmutter**
18 – **Einstellpuffer**
19 – **Heckklappe**
20 – **Sechskantmutter, 6 Nm**
21 – **Schließkeil**

Ausbau

- Heckklappe öffnen und abstützen.
- Heckklappen-Innenverkleidung an der Oberkante abschrauben und abziehen.
- Elektrische Steckverbindungen trennen und Kabelstrang aus der Klappe herausziehen.
- Gasdruckfeder –9– beidseitig vom Kugelgelenk am Klappenscharnier abhebeln. **Achtung:** Wird die Gasdruckfeder ersetzt, Altteil vor dem Entsorgen entgasen, siehe Seite 225.
- Stoff zwischen Karosserie und Klappe legen, damit der Lack nicht verkratzt wird.
- Sechskantmuttern –6– beidseitig abschrauben. Soll die alte Heckklappe wieder eingebaut werden, Lage der Scharnierschrauben mit Filzstift markieren, dies erleichtert das Ausrichten.
- Heckklappe am besten zusammen mit einer Hilfsperson abnehmen.

Einbau

- Der Einbau erfolgt in umgekehrter Reihenfolge wie der Ausbau. Anschließend Heckklappe einstellen.
- Funktion der Heckleuchten kontrollieren, gegebenenfalls Kabelstecker richtig aufstecken.

Einstellen

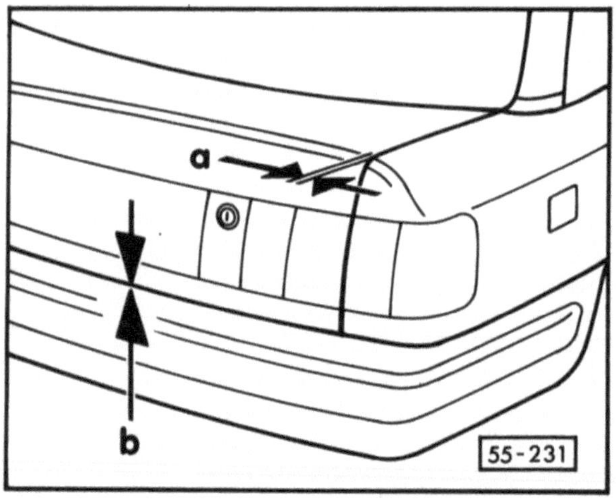

- Das Maß –a– muß 4 + 1 mm betragen, das Maß –b– 6,5 + 1 mm.
- Gegebenenfalls Scharniermuttern –6– lösen und Heckklappe entsprechend verschieben. Muttern nach der Einstellung mit 20 Nm anziehen.

Heckklappe aus- und einbauen/einstellen

AVANT Modelle

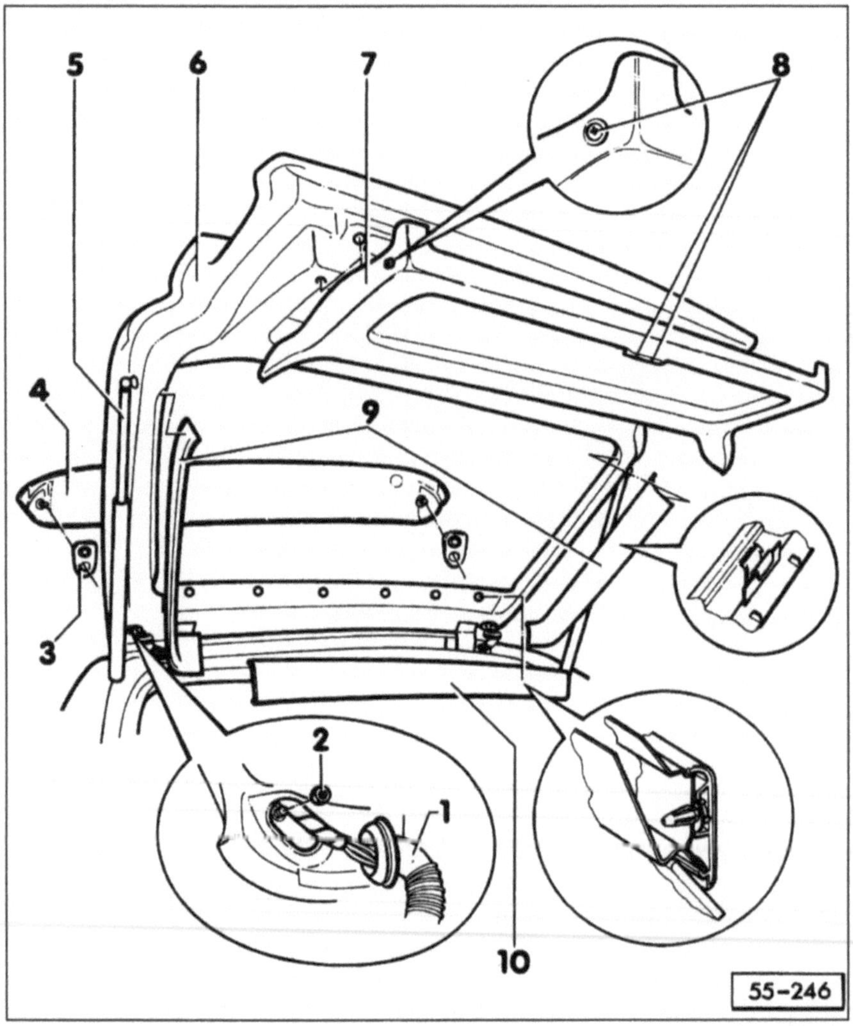

1 – Faltenbalg
2 – Mutter, 20 Nm
3 – Unterlage
4 – Spoiler
5 – Gasdruckfeder
6 – Heckklappe
7 – Verkleidung unten
8 – Blechschraube
9 – Seitliche Verkleidungen
10 – Verkleidung oben

Ausbau

- Heckklappe öffnen und abstützen. Faltenbalg –1– beidseitig an der Heckklappe ausknöpfen.
- Obere Heckklappen-Innenverkleidung –10– nach hinten abziehen.
- Linke und rechte Verkleidung in Richtung Fahrzeugmitte abziehen.
- Schrauben –8– abschrauben.
- Untere Verkleidung –7– nach unten abziehen.
- Elektrische Steckverbindungen, Schlauch für Zentralverriegelung sowie Schlauch für Heckscheibenwaschanlage trennen und Kabelführung an den Klebebändern bzw. Haltern trennen.
- Abdichtung für Kabeldurchführung aus der Klappe herausziehen. Kabel und Schläuche herausziehen.
- Sechskantmuttern –2– lösen und Spoiler –4– abnehmen. Unterlage –3– ausknöpfen.
- Gasdruckfeder –5– beidseitig vom Kugelgelenk am Klappenscharnier abhebeln. **Achtung:** Wird die Gasdruckfeder ersetzt, Altteil vor dem Entsorgen entgasen, siehe Seite 225.
- Stoff zwischen Karosserie und Klappe legen, damit der Lack nicht verkratzt wird.
- Abdeckung abhebeln und Sechskantmuttern **an der Heckklappe** beidseitig abschrauben. Soll die alte Heckklappe wieder eingebaut werden, Lage der Scharnierschrauben mit Filzstift markieren, dies erleichtert das Ausrichten. Einbaulage der Unterlagen merken.
- Heckklappe zusammen mit einer Hilfsperson abnehmen.

Einbau

- Der Einbau erfolgt in umgekehrter Reihenfolge wie der Ausbau. Anschließend Heckklappe mittig ausrichten.
- Beschädigte Clips der Verkleidungen erneuern.
- Funktion von Heckleuchten/Scheibenwischer/Waschanlage/Zentralverriegelung kontrollieren, gegebenenfalls Schläuche und Kabelstecker richtig aufstecken.

Heckklappenschloß aus- und einbauen

AVANT-Modelle

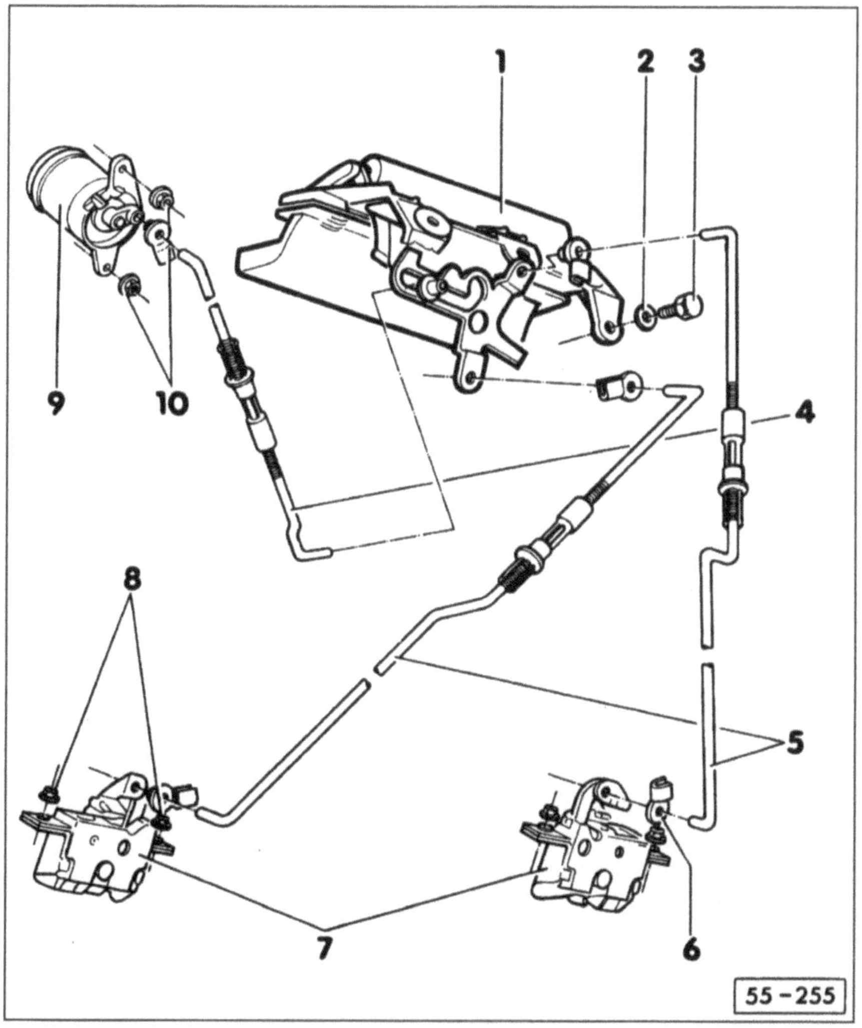

1 – **Griffbetätigung**
2 – **Scheibe**
3 – **Schraube, 10 Nm**
4 – **Verbindungsstange**
Nach dem Einbau einstellen.
5 – **Verbindungsstange**
Nach dem Einbau einstellen.
6 – **Gelenkbuchse**
7 – **Schloß links und rechts**
8 – **Sechskantmutter, 10 Nm**
9 – **Schließzylinder**
10 – **Mutter, 5 Nm**

Griffbetätigung ausbauen

- Heckklappenverkleidung ausbauen, siehe Seite 228.
- Verbindungsstange am Führungsclip der Griffbetätigung und am Übertragungshebel Griffbetätigung aushängen.

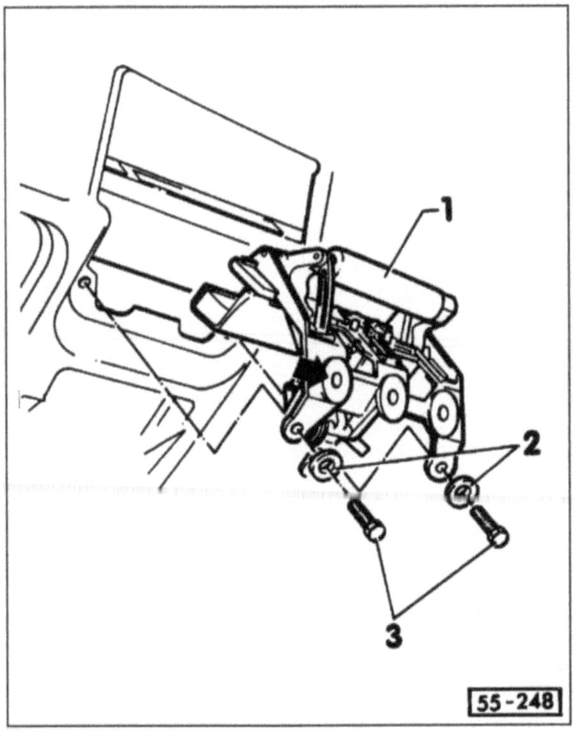

- Sechskantschrauben –3– mit Scheiben –2– lösen. Griffbetätigung –1– abschrauben.

Einbau

- Griffbetätigung lagerichtig einsetzen. Anschlag und Dichtung mit Nut müssen an der Klappe außen zur Anlage kommen. Schrauben mit Scheiben und **10 Nm** anschrauben. Verbindungsstangen einhängen und Griff einstellen.

Einstellen

- Griff hochziehen und Innensechskantschraube –Pfeil in Abbildung oben – verdrehen, bis die korrekten Fugenmaße erreicht werden. Nach der Einstellung die Schraube mit der Sechskantmutter kontern. Die Höheneinstellung an den seitlichen Langlöchern auf der linken Seite mit der Innensechskantmutter sichern, mit 3 Nm anziehen.

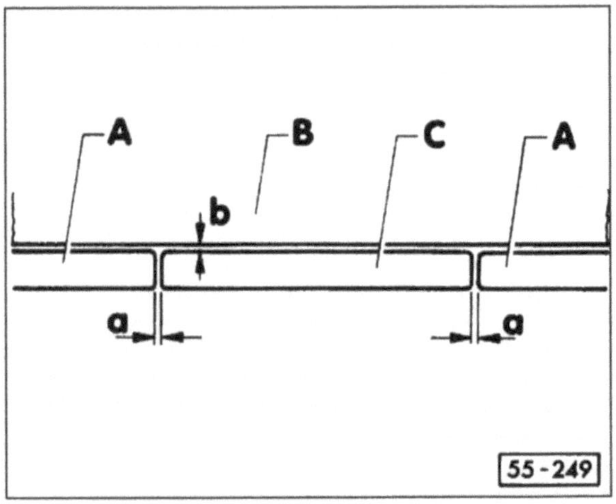

- Fugenmaße: Abstand Griff –C– zu Kennzeichenträger –A–: a= 3,0 mm ± 0,2 mm. Abstand Griff –C– zu Heckklappe –B–: a= 3,0 mm ± 0,2 mm, parallel ausrichten.

Verbindungsstangen trennen/verbinden

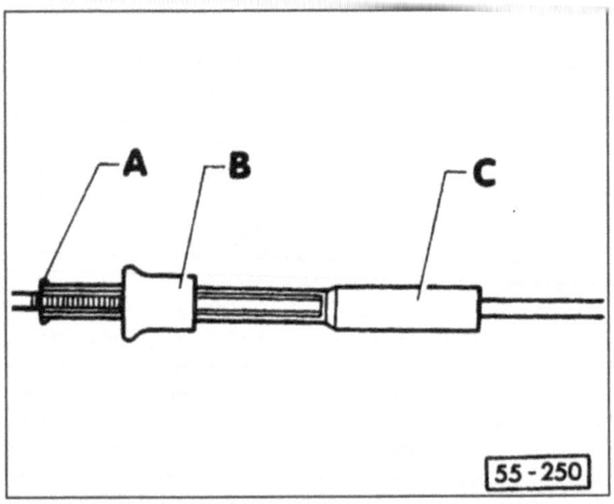

- Trennen: Knopf –B– in Richtung Gewindekupplung –C– verschieben.
- Verbinden: Verbindungsstange durch Gewindekupplung –C– verrasten. Anschließend sichern, indem Knopf –B– bis zum Anschlag –A– geschoben wird.

Schutzzierleisten aus- und einbauen

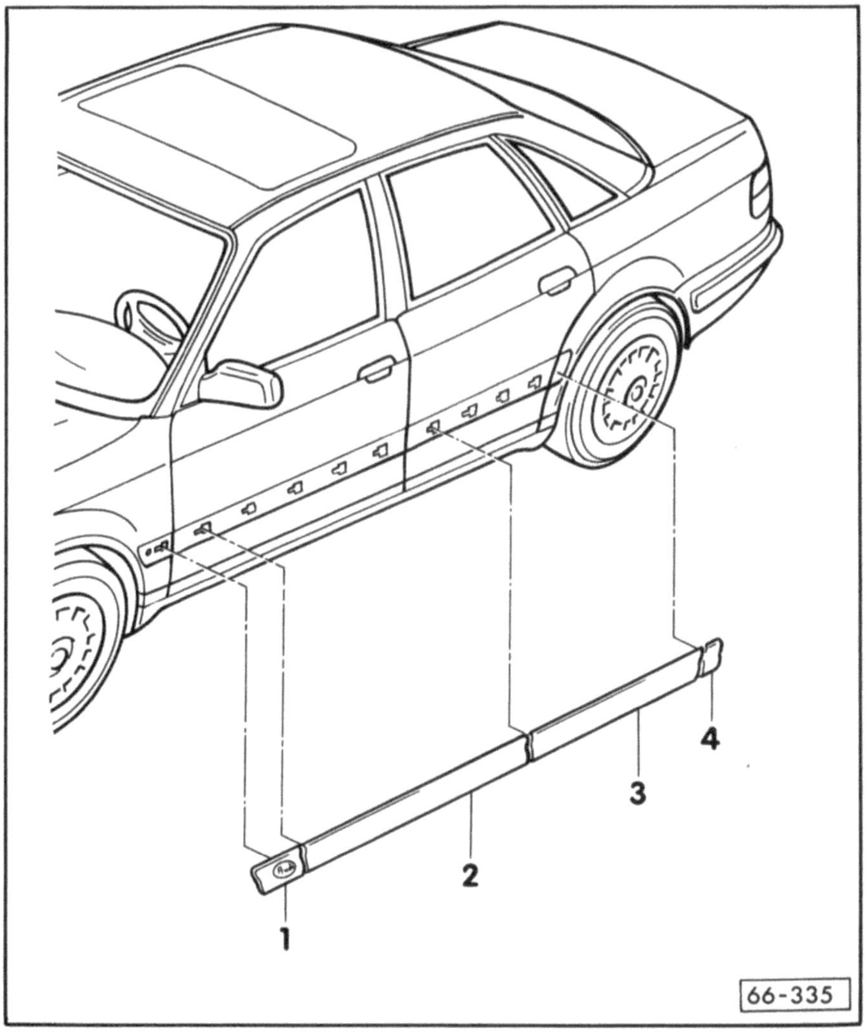

1 – Schutzleiste Kotflügel
2 – Schutzleiste Tür vorn
3 – Schutzleiste Tür hinten
4 – Schutzleiste Seitenteil

Ausbau

- Die Schutzzierleisten sind eingeclipst und mit jeweils 1 oder 2 Schrauben gesichert.
- Kotflügel-Schutzleiste ausbauen: Zuvor 4 Schrauben des Innenkotflügels im Bereich der Schutzleiste abschrauben, und Innenkotflügel zur Seite drücken.

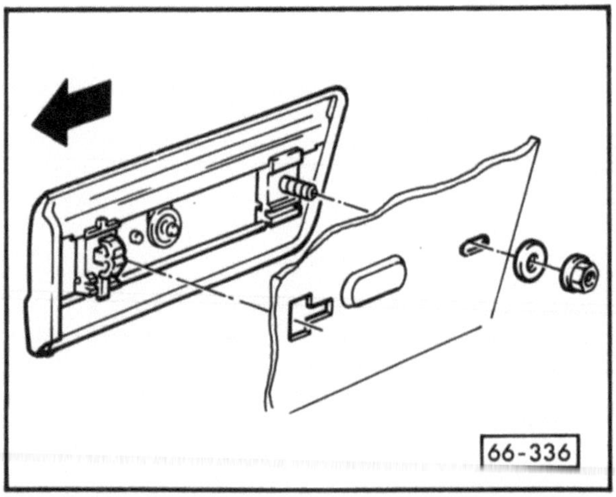

- Kunststoffmutter von der Innenseite des Kotflügels abschrauben. Schutzleiste etwas anheben und dann nach hinten schieben, also zum Fahrzeugheck hin. Dabei gleiten die Clips aus den Verrastungen.

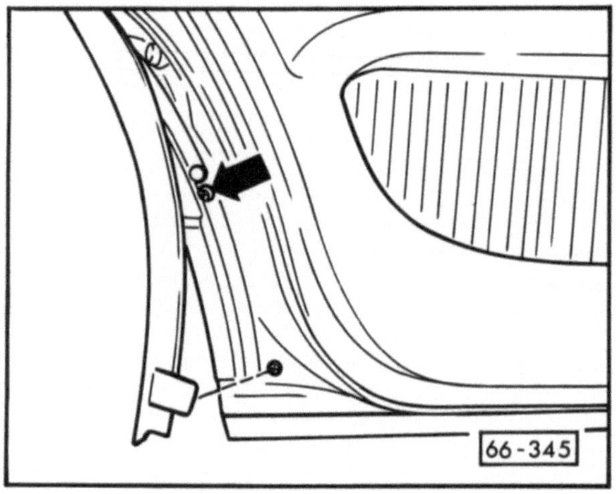

- Türschutzleiste ausbauen: 2 Kreuzschlitzschrauben an der Tür-Innenseite vorn und hinten abschrauben. Bei der hinteren Tür zuvor Türdichtung im Bereich der Schutzleiste herausziehen, siehe Abbildung.
- Schutzleiste nach hinten aus den Verrastungen schieben und abnehmen.

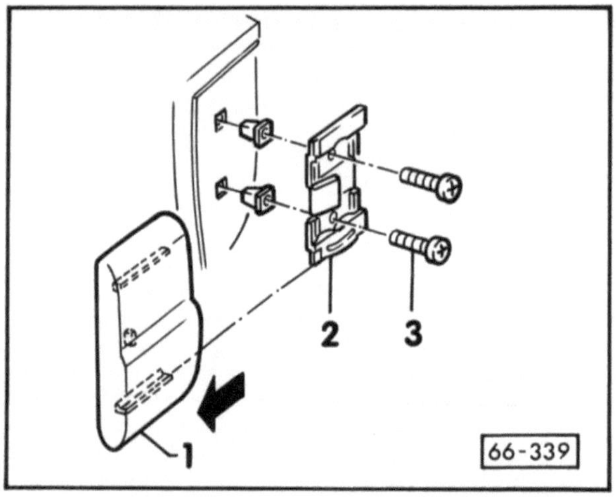

- Schutzleiste Seitenteil ausbauen: Diese Schutzleiste wird beim Ausbau zerstört, es muß also ein Neuteil eingebaut werden. Schutzleiste –1– nach vorn aus dem Halter schieben. Dabei bricht die Haltenase ab, es ist einige Kraft notwendig.

Einbau

- Jeweilige Leiste ansetzen und durch Verschieben einrasten. Schrauben von innen anschrauben.

Türschutzblenden aus- und einbauen

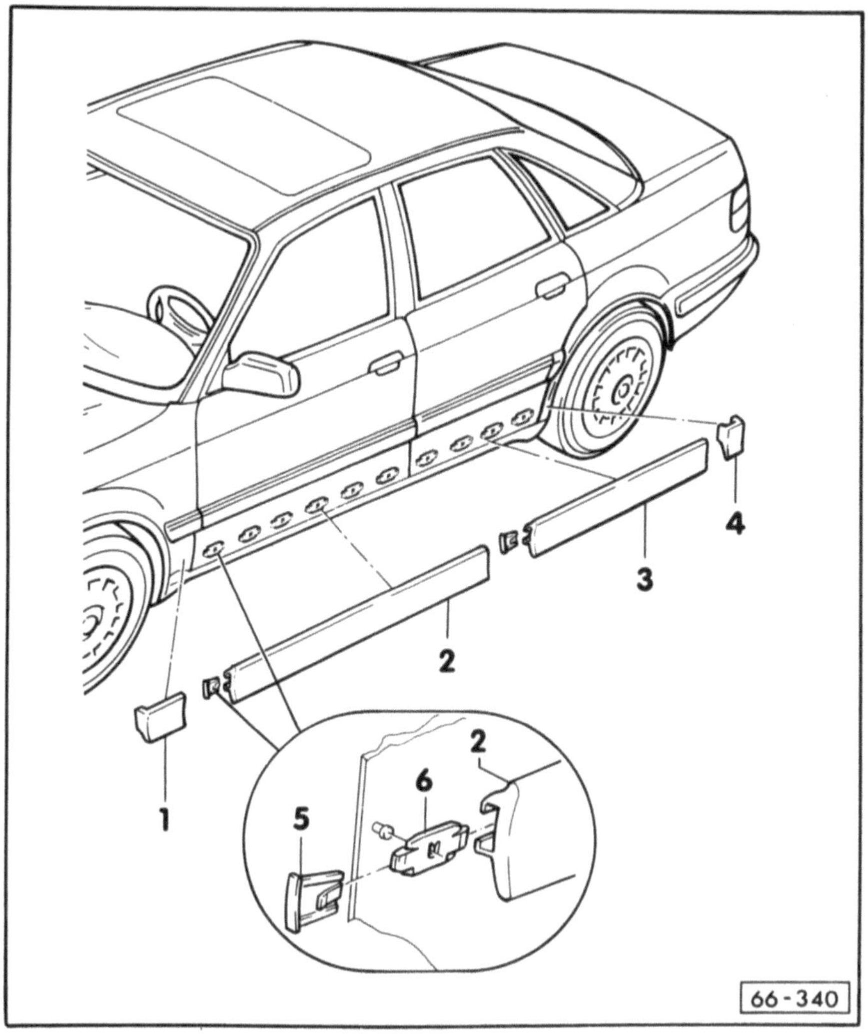

1 – Blende Kotflügel
2 – Blende Tür vorn
3 – Blende Tür hinten
4 – Blende Seitenteil
5 – Endkappe
6 – Clip

Ausbau

- Die Blenden sind auf Halter aufgeschoben, die vordere Blende am Kotflügel ist zusätzlich mit 1 Schraube gesichert.

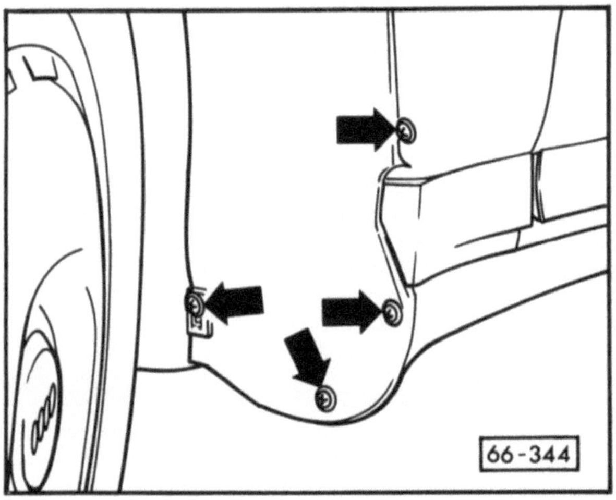

- Kotflügel-Blende ausbauen: Zuvor 4 Schrauben des Innenkotflügels im Bereich der Blende abschrauben, und Innenkotflügel zur Seite drücken.

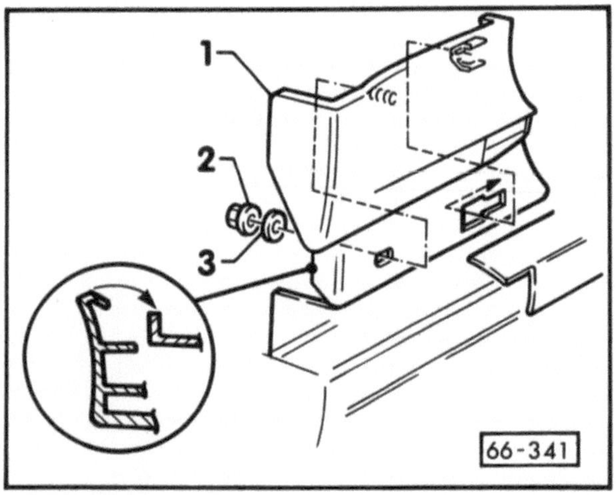

- Kunststoffmutter –2– von der Innenseite des Kotflügels abschrauben und mit Scheibe –3– abnehmen. Blende –1– vorne aushebeln und dann nach vorn aus der Verrastung schieben. Beim Einbau darauf achten, die Abdekkung wieder über den Kotflügelflansch zu hebeln.
- Türblenden ausbauen: Abschlußkappe –5– an der Vorderseite der Blende mit schmalem Schraubendreher heraushebeln. Blende nach hinten aus den Haltern schieben und abnehmen, siehe große Abbildung.

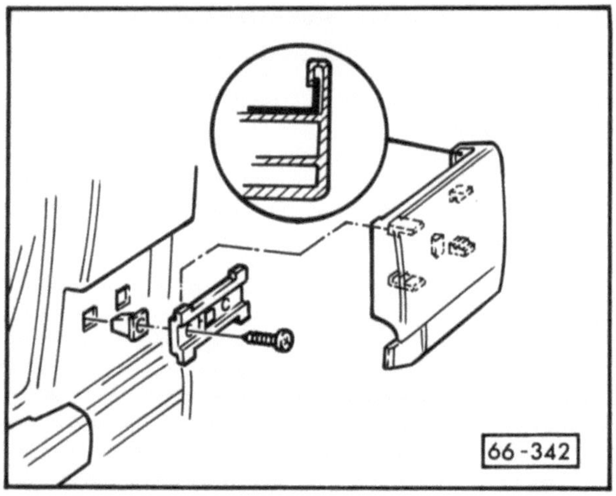

- Blende Seitenteil ausbauen: Umfassung aus der Blende aushebeln und Blende nach vorn aus der Halteklammer schieben. Beim Einbau darauf achten, daß die Lasche an der Blende unter die Schwellerverkleidung geschoben wird.

Einbau

- Jeweilige Leiste ansetzen und auf die Halterung schieben. Bei der vorderen Blende Schraube von innen anschrauben, Innenkotflügel anschrauben. Bei den Türblenden Endkappen nicht vergessen.

Fensterschachtabdichtung aus- und einbauen

Ausbau

- Inneren Türrahmen ausbauen, siehe Seite 236.

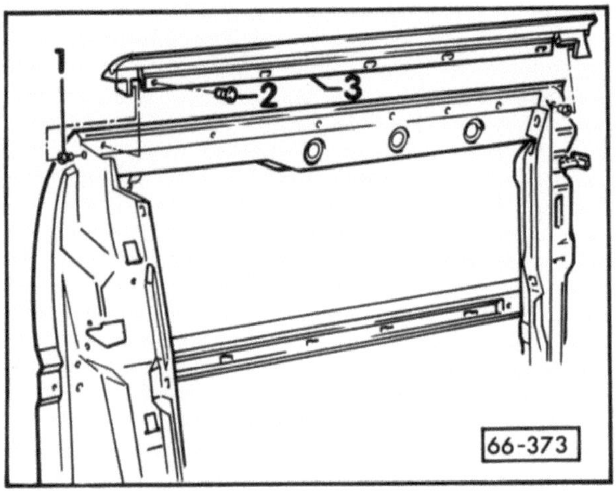

- 2 Tüllen –1– an der Türvorder- und -hinterseite herausziehen.
- Clipse –2– abhebeln.
- Fensterschachtabdichtung abnehmen.

Einbau

- Der Einbau erfolgt in umgekehrter Reihenfolge wie der Ausbau. Beschädigte Clips ersetzen.
- Inneren Türrahmen einbauen und einstellen, siehe Seite 236.

Tür aus- und einbauen

Ausbau

- Türinnenverkleidung ausbauen.
- Falls vorhanden, elektrische Steckverbindungen im Türinnern abziehen, zum Beispiel für Fensterhebermotor, elektrisch verstellbaren Außenspiegel.
- Unterdruckschlauch für Zentralverriegelung am Türschloß abziehen und aus der Führung ausclipsen.

- Tür abschrauben und abnehmen. Vorher Einbaulage markieren, dazu Schraubenköpfe mit Filzstift umkreisen.

Einbau

- Tür einsetzen, ausrichten und mit 30 Nm festschrauben.
- Tür einstellen.
- Unterdruckschlauch für Zentralverriegelung und elektrische Steckverbindungen aufstecken.
- Türverkleidung einbauen.

Tür einstellen

Die Tür muß eingestellt werden, wenn die Tür nicht korrekt in der Karosserie sitzt, beziehungsweise wenn eine neue Tür eingebaut wurde.

- Die Einstellung erfolgt durch Lösen der Scharnierschrauben und Verschieben der Tür. Die Scharniere haben größere Bohrungen als der Durchmesser der Befestigungsschrauben, das Scharnier kann also verschoben werden.

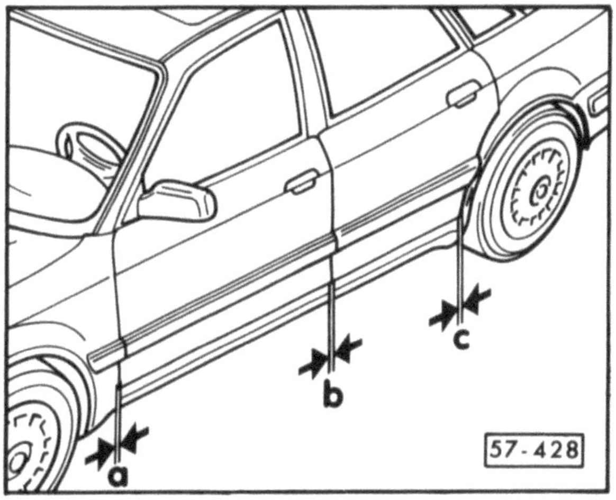

Fugenmaße: a = 4 + 1 mm
b = 4,5 + 1 mm
c = 3,5 + 1 mm

- Zum Einstellen der Fugenmaße Scharnierschrauben **an der Karosserie** (A- beziehungsweise B-Säule) lösen, nicht herausdrehen. Fugenmaß durch Verschieben der Tür einstellen. Bei den hinteren Türen muß zuvor die Innenverkleidung der Mittelsäule (B-Säule) demontiert werden, damit die Scharnierschrauben erreicht werden können.
- Tür an die Karosserie-Kontur anpassen: Schließt die Tür in geschlossenem Zustand vorn nicht bündig mit der umliegenden Karosserie ab, Scharnierschrauben **an der Tür** lösen und Tür entsprechend verschieben.

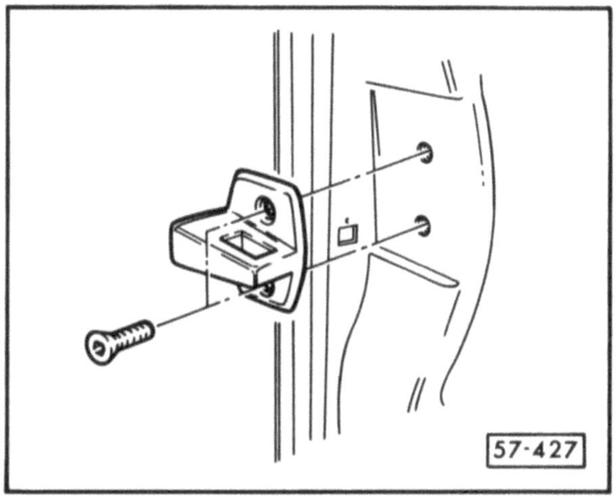

- Im hinteren Bereich der Tür ist die Einstellung am Schließkeil vorzunehmen. Dazu Schließkeil so weit lösen, daß er mit etwas Kraftaufwand verschoben werden kann (zum Lösen der Schrauben ist ein Torxschraubendreher, Größe T 40 erforderlich). Tür schließen und ausrichten. Anschließend Tür vorsichtig öffnen und Schließkeil mit den beiden Schrauben und 20 Nm festziehen. Um das Verschieben besser kontrollieren zu können, Schließkeil mit Filzstift umranden.

- Sitzt die Tür in geschlossenem Zustand einwandfrei, Scharnierschrauben mit 30 Nm festziehen.
- Eine weitere Einstellmöglichkeit der Türneigung ist durch Einrichten des inneren Türrahmens gegeben, siehe folgendes Kapitel.

Inneren Türrahmen aus- und einbauen/ einstellen

Am inneren Türrahmen sind sämtliche Einbauteile der Tür befestigt. Nach dem Lösen kann der Türrahmen mit Fensterrahmen und Fensterscheibe nach oben aus dem Türkörper gezogen werden.

Ausbau

- Türinnenverkleidung ausbauen.
- Bowdenzug für die Türschloß-Innenbetätigung aus den Clipsen aushängen.
- Falls vorhanden, Steckverbindung für elektrischen Fensterhebermotor und/oder verstellbaren Außenspiegel trennen.

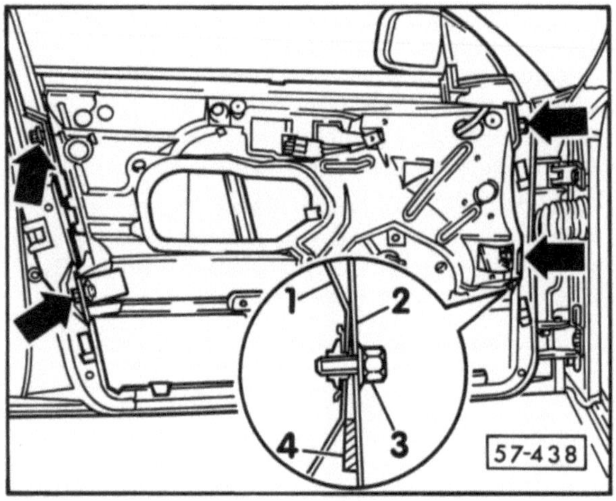

- Einbaulage markieren. Dazu die 4 Befestigungsschrauben –Pfeile– mit Filzstift oder Reißnadel umkreisen.
- Schrauben herausdrehen, dabei Türrahmen festhalten und anschließend nach oben herausziehen.

Einbau

- Türrahmen einsetzen, 4 Schrauben einsetzen, noch nicht festziehen.
- Türrahmen ausrichten und Schrauben festziehen.

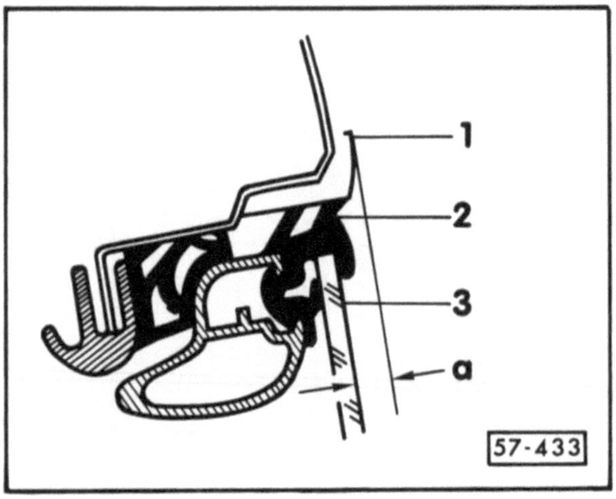

- Einbaulage des Fensterrahmens überprüfen. Die äußere Dichtlippe –2– muß bei geschlossener Tür an Säule und Dachzierleiste konturmäßig anliegen.
  Der Abstand –a– zwischen Dachzierleiste –1– und der Türscheibe –3– muß 6,5 ± 1 mm betragen. Sonst inneren Türrahmen neu einstellen.

Einstellen

- Voraussetzung für die Einstellung ist, daß der Türgrundkörper korrekt eingestellt ist, gegebenenfalls zuvor einstellen, siehe Seite 235.

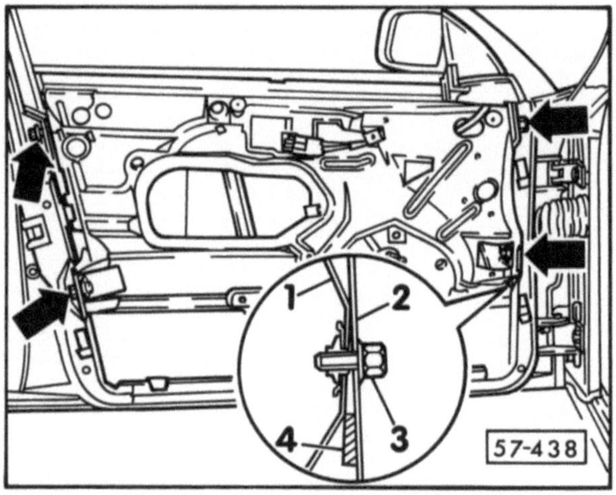

- 4 Schrauben –Pfeile– für inneren Türrahmen lösen.
- Tür schließen. Fensterrahmen von außen durch eine Hilfsperson fest gegen das Fahrzeug drücken lassen. Dadurch wird die Gummidichtung der Tür zusammengedrückt. In dieser Stellung von innen zuerst die oberen 2 Befestigungsschrauben festziehen, dann den Einstellkeil –4– an der unteren, vorderen Schraube einschieben, bis er zwischen Türgrundkörper und Türrahmen anliegt. Alle Schrauben in dieser Stellung mit 30 Nm festziehen. **Achtung:** Der Einstellkeil muß immer eingebaut sein.

- Tür öffnen, wieder schließen und die Einstellung am Fensterrahmen überprüfen, siehe unter »Einbau«.

Achtung: Durch Verstellen des Einstellkeils –4– kann die Neigung (Verwindung) der Tür an der Tür-Hinterkante eingestellt werden. Steht die geschlossene Tür beispielsweise im hinteren Bereich unten zu weit heraus, muß der Einstellkeil weiter nach oben geschoben werden. Dadurch neigt sich die Tür unten zur Fahrzeugmitte und oben nach außen.

- Wurde der Türrahmen eingestellt, ist danach der obere Endanschlag der Fensterscheibe zu überprüfen, gegebenenfalls einzustellen, siehe Seite 243.

Türverkleidung aus- und einbauen

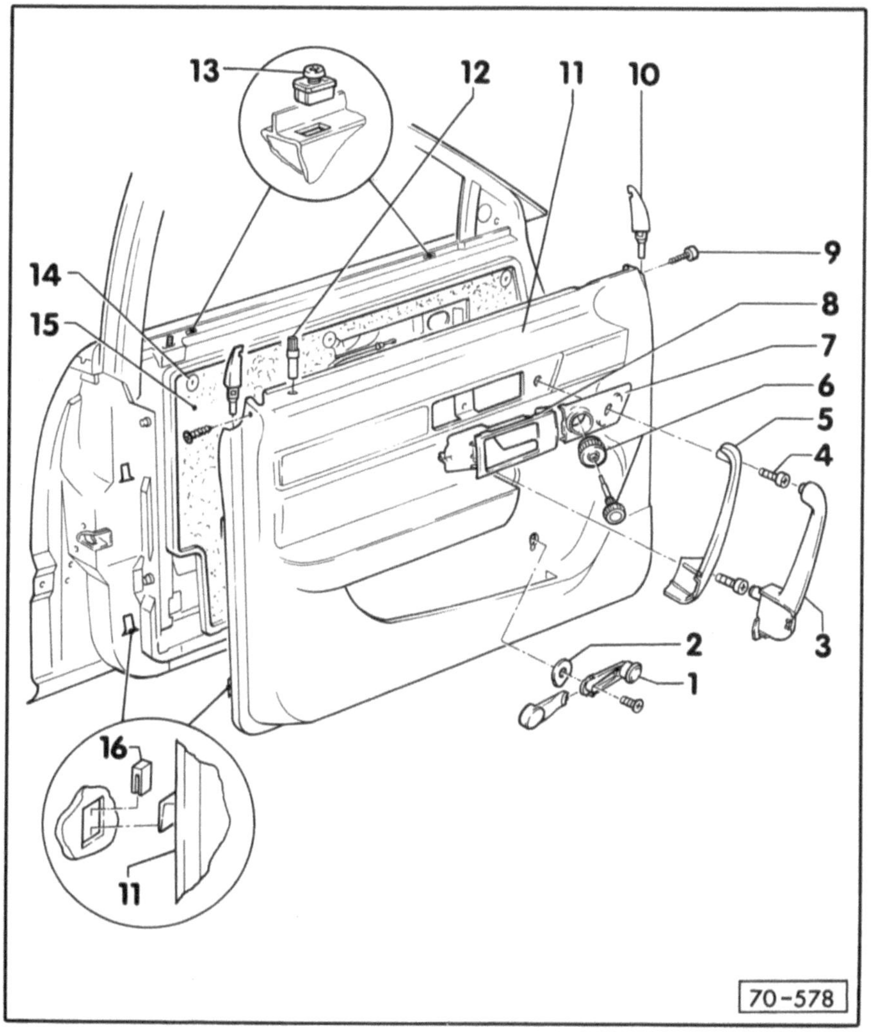

1 – **Fensterkurbel**
Schraube mit leicht lösbarem Sicherungsmittel sichern, z. B. V.A.G-AMV 197 000 01.

2 – **Unterlage**

3 – **Türgriff-Abdeckung**

4 – **Blechschraube**

5 – **Türgriff**

6 – **Spiegelverstellräder**
Verstellräder abziehen, Verstellgetriebe aus Blende –7– ausclipsen.

7 – **Blende**
In Fahrtrichtung schieben, dann herausnehmen.

8 – **Türinnenbetätigung**
In Fahrtrichtung schieben, dann herausnehmen. Seilzug aushängen.

9 – **Blechschraube**

10 – **Übergangsstück vorn**
Ist zum Teil am Rahmen angeklebt, vorsichtig ablösen und herausziehen. Ebenso beim hinteren Übergangsstück. Kleber: V.A.G-D 001 300.

11 – **Verkleidung**

12 – **Verriegelungsknopf**

13 – **Kunststoffeinsatz**
Zur Höheneinstellung beim Einbau einer neuen Verkleidung.

14 – **Stopfen**

15 – **Dämpfung**
Zum Ausbauen Stopfen –14– am Innenblech ausclipsen.

16 – **Gummiunterlagen**
Für Rasthaken. Unterlagen sind in die Türöffnungen eingesteckt, können aber zur leichteren Montage etwas angeklebt werden.

Ausbau

- Knopf für mechanische Spiegelverstellung mit kleinem Schraubendreher abhebeln und herausnehmen. Äußeres Verstellrad abnehmen.

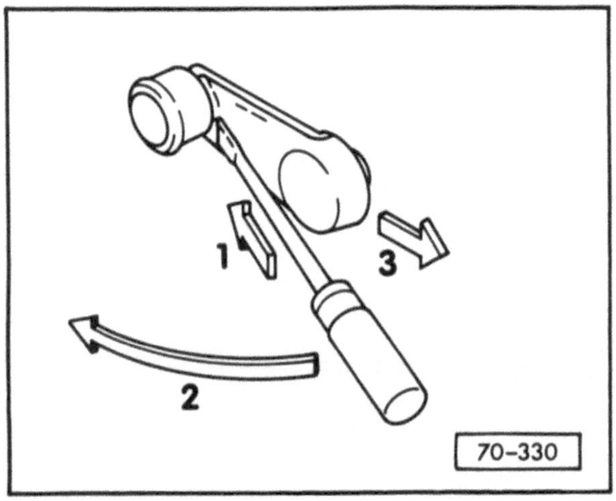

- Manuelle Fensterheber: Fensterkurbel ausbauen. Dazu schmalen Schraubendreher, wie in der Abbildung gezeigt, zwischen Drehknopf und Verkleidung einführen –1–. Dadurch wird die Verkleidung ausgerastet. Verkleidung nach hinten abziehen –3–. Gegebenenfalls Griff vorsichtig in Pfeilrichtung –2– wegdrehen.
  Kreuzschlitzschraube für Fensterkurbel herausdrehen, dabei am Hebel gegenhalten. Schraube mit Unterlegscheibe abnehmen und Hebel von der Kurbelachse abziehen. Unterlage für Kurbelachse abnehmen.

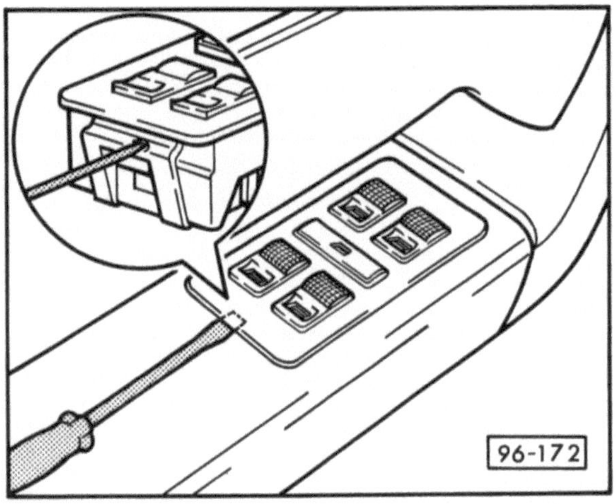

- Elektrische Fensterheber: An der Fahrertür Bedienkonsole ausbauen. Dazu Halteklammer der Konsole mit flachem Schraubendreher in Fahrtrichtung drücken, Konsole abheben, elektrische Steckverbindungen trennen.

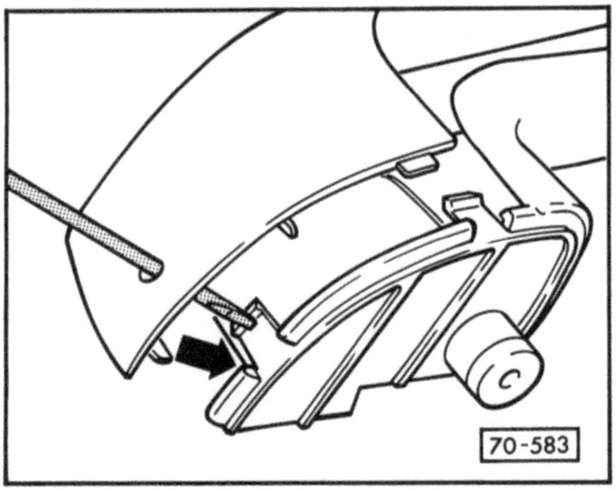

- Abdeckung für Türgriff ausbauen. Dazu mit einem schmalen Schraubendreher in die Bohrung an der Unterseite des Türgriffs drücken und Abdeckung abhebeln.
- 2 Schrauben für Türgriff herausdrehen.
- Blende für Spiegelverstellung in Fahrtrichtung drücken, dadurch aushängen und abnehmen.
- Türinnenbetätigung ausbauen. Dazu Griffschale etwas nach vorn schieben und gleichzeitig nach außen ziehen.

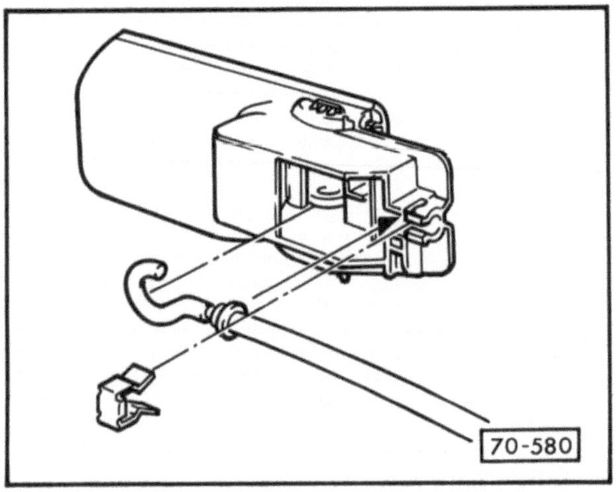

- Federklammer an der Türinnenbetätigung abziehen. Seilzug aus der Halterung herausnehmen und aushängen.
- Verklebungen der Übergangsstücke vorn und hinten oben vorsichtig lösen und Übergangsstücke nach oben herausziehen.
- Je eine Kreuzschlitzschraube an den Stirnseiten vorn und hinten oben an der Verkleidung herausdrehen.
- Türinnenverkleidung von Hand kräftig nach oben ziehen beziehungsweise von unten mit dem Handballen kräftig gegen die Türinnenverkleidung schlagen. Verkleidung dadurch aus den Rasthaken aushängen und nach oben außen herausnehmen.
- Gummiunterlagen für Rasthaken aus den Öffnungen im Türblech herausnehmen.
- Falls erforderlich, Dämpfung an den Stopfen ausknöpfen und abnehmen.

Einbau

- Dämpfung am Türkörper einknöpfen.
- Türinnenverkleidung einhängen und Einstellung prüfen. Die Verkleidung muß sich auf gleicher Höhe mit der Fensterschachtleiste außen befinden. Andernfalls beide Einstellschrauben an der Türkante entsprechend verdrehen.
- Gummiunterlagen für Rasthaken in die Öffnungen im Türblech einsetzen, gegebenenfalls etwas festkleben.

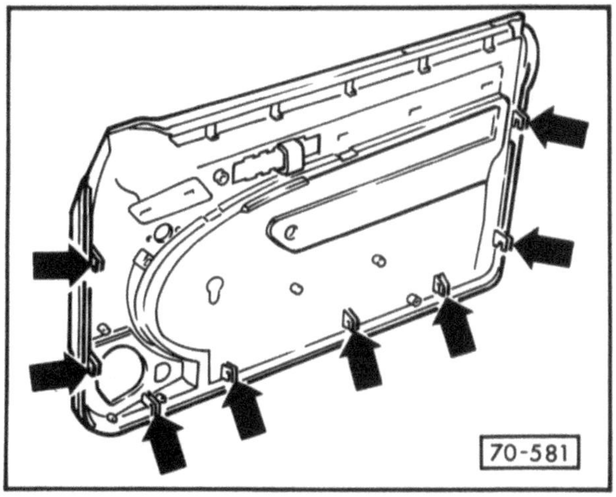

70-581

- Türinnenverkleidung mit Rastnasen in die Tür einsetzen, andrücken und gleichzeitig kräftig nach unten drücken. Vor dem Ansetzen Seilzug für Türschloßbedienung beziehungsweise Kabel für elektrische Fensterheber durch die Öffnungen der Türverkleidung nach außen führen.

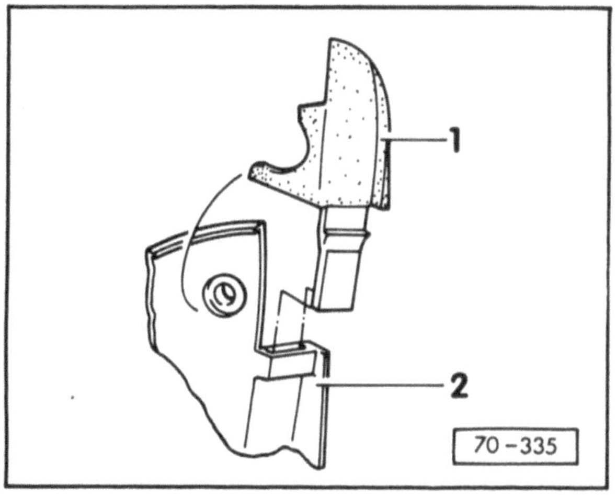

70-335

- Übergangsstücke –1– vorn und hinten einsetzen und ankleben.
- Fensterkurbel einbauen. Zuerst Abdeckstück in die Türinnenverkleidung –2– einsetzen, dann Fensterkurbel auf die Achse schieben und festschrauben. Die Kurbel zeigt bei geschlossenem Fenster schräg nach vorn oben. Befestigungsschraube vorher mit leicht lösbarem Sicherungsmittel bestreichen.
- Verkleidung für Fensterkurbel von hinten auf den Hebel aufschieben und einrasten.
- Bei elektrisch betätigtem Fensterheber, Kabel auf Bedienkonsole aufstecken und Konsole in die Armlehne einrasten.
- Türinnenbetätigung einbauen. Dazu Seilzug einhängen, in die Halterung der Griffschale einsetzen und mit Federklammer sichern. Griffschale nach hinten schieben und gleichzeitig in die Türinnenverkleidung eindrücken.
- Spiegel-Verstelleinheit einrasten.
- Blende für Spiegelverstellung einsetzen und nach hinten schieben.
- Äußeres Verstellrad für Spiegelverstellung einsetzen, Knopf für Höhenverstellung einrasten. Gegebenenfalls Spiegelverstellung einstellen, siehe Seite 249.
- 2 Halteschrauben für Türgriff festziehen. Abdeckung am Türgriff aufdrücken und einrasten lassen.
- Je eine Kreuzschlitzschraube an den Stirnseiten vorn und hinten oben in die Verkleidung einschrauben.

Türschloß aus- und einbauen

Ausbau

- Türinnenverkleidung ausbauen.
- Tür-Innenrahmen ausbauen, siehe Seite 236.

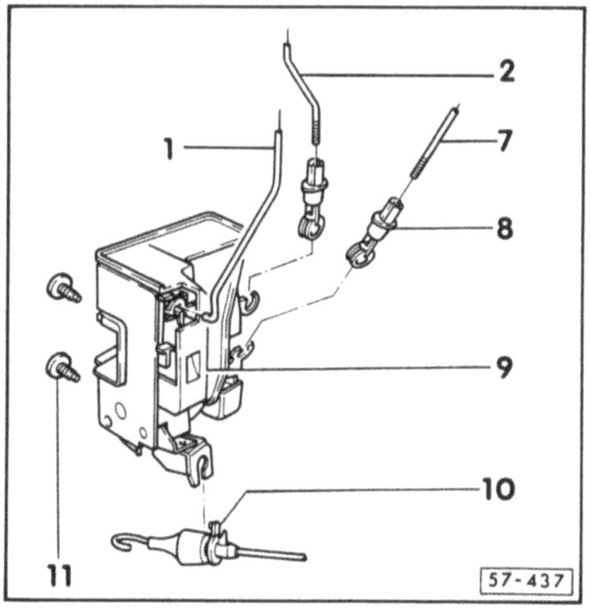

57-437

- Stange –1– zum Verriegelungsknopf am Schließzylinder aushängen. Dazu Kunststoffclip um 90° kippen und Stange –1– aus der Halterung am Schließzylinder ziehen.
- Stange –2– zum Schließzylinder und Stange –7– zum Türgriff am Schloß ausclipsen.
- 2 Schrauben –11– von außen abschrauben und Schloß herausziehen.
- Bei Zentralverriegelung: Unterdruckschlauch am Stellelement abziehen.

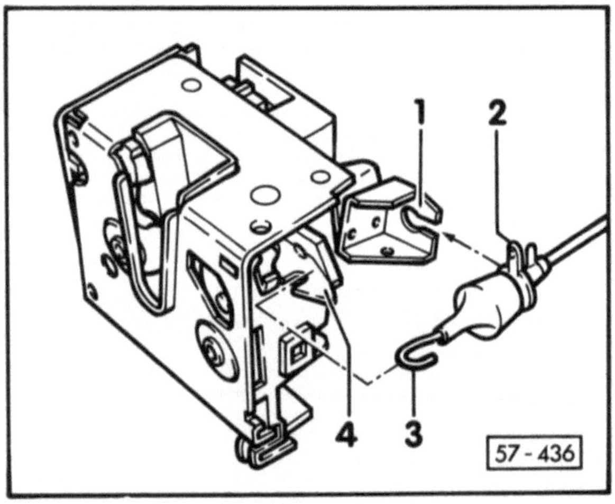

- Bowdenzug für Türinnenbetätigung am Schloß aushängen. Dazu Haken –3– vom Auslösehebel –4– aushängen. Endstück des Bowdenzugs um 90° (¼ Umdrehung) verdrehen, dabei rastet die Nase –2– aus, und aus dem Halter –1– ziehen.
- Schloß abnehmen.

Einbau

- Bowdenzug am Türschloß einhängen, dabei zeigt die offene Seite des Hakens vom Schloß weg, siehe Abbildung. Bowdenzug einsetzen und Nase am Auslösehebel einhängen, umgekehrt wie beim Ausbau.
- Wo vorhanden, Unterdruckschlauch für Zentralverriegelung aufschieben.
- Schloß einsetzen und mit 2 Schrauben und 10 Nm anschrauben.

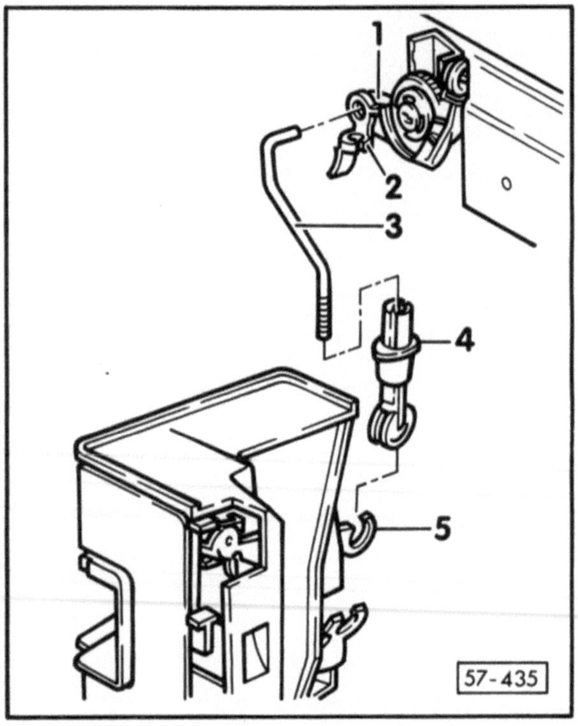

- Stange zum Schließzylinder einbauen: Betätigungsclip –4– um 90° kippen, in den Hebel –5– am Türschloß einstecken und nach oben zurückkippen.
  Stange –3– in die Gelenkbuchse –2– am Schließzylinder drücken. Gelenkbuchse seitlich über die Stange schwenken und einrasten.

Achtung: Falls der Türgriff zum Türschloß eingestellt werden muß, Stange aus dem Betätigungsclip aushängen, dazu Hülse am Betätigungsclip nach unten schieben. Anschließend Betätigungsstange spielfrei in den Clip einsetzen, ohne den Auslösehebel vom Türschloß zu verspannen; max. Spiel 1 mm. Hülse am Clip wieder nach oben schieben.

- Stange zum Schließzylinder und Stange zum Türgriff am Schloß einclipsen.
- Tür-Innenrahmen einbauen und einstellen, siehe Seite 236.
- Türinnenverkleidung einbauen.

Türgriff aus- und einbauen

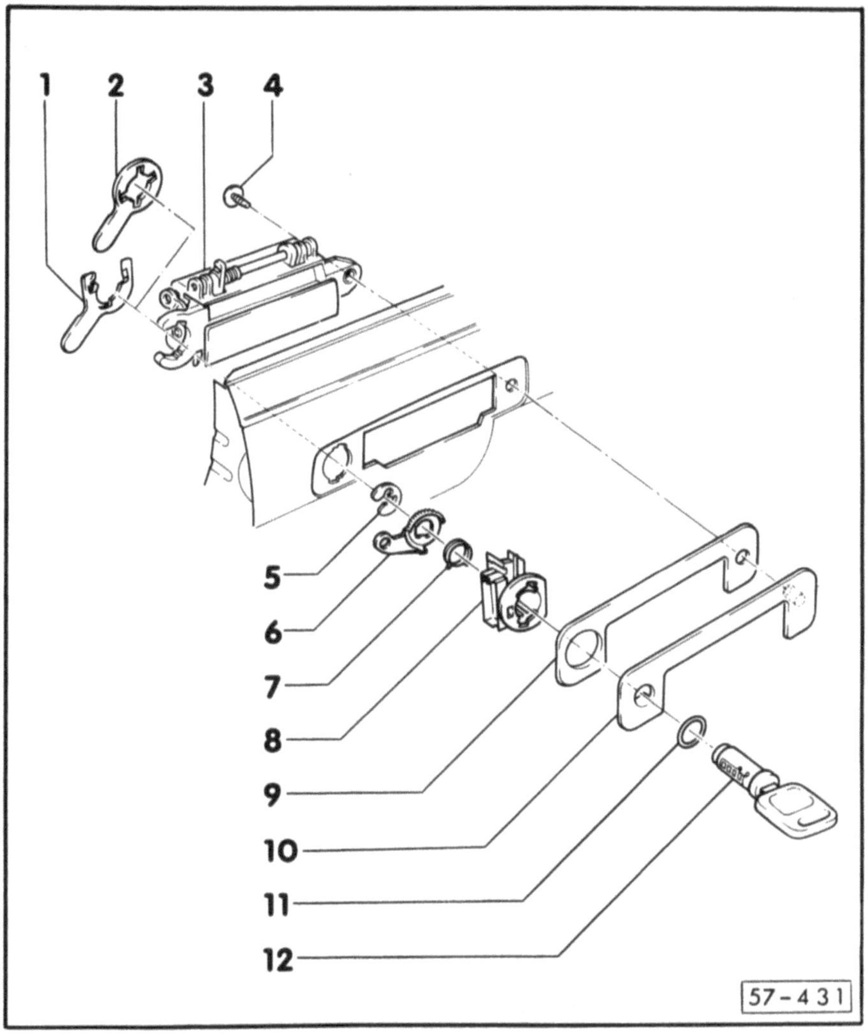

1 – **Drehklammer**
Ausführung bei beheizbarem Schließzylinder und/oder Diebstahl-Warnanlage.

2 – **Drehklammer**
Normalausführung.

3 – **Türgriff**

4 – **Kombischraube, 5 Nm**

5 – **Sicherungsring**

6 – **Mitnehmer**

7 – **Feder**

8 – **Gehäuse**

9 – **Unterlage**

10 – **Blende**

11 – **Dichtring**

12 – **Schließzylinder**
Zum Ausbau Schlüssel einstecken, Sicherungsring –5– abhebeln, Mitnehmer –6– und Feder –7– von innen abnehmen. Schließzylinder nur mit eingestecktem Schlüssel herausziehen.

Ausbau

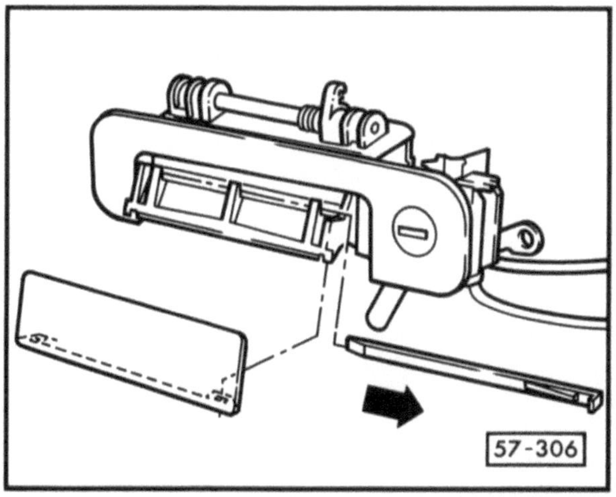

- Um Lackschäden an der Blende für den Türgriff zu vermeiden, ist diese vor dem Ausbau des Türgriffs zu demontieren. Dazu Türgriff hochziehen und mit kleinem Schraubendreher die Befestigungsleiste in Richtung Fahrzeugheck aus dem Türgriff hebeln. Blende abnehmen.
- Türinnenverkleidung ausbauen.
- Tür-Innenrahmen ausbauen, siehe Seite 236.
- Stange für Schloßbetätigung und Schließzylinder am Türgriff aushängen.
- Drehklammer –1– (beziehungsweise –2–, siehe große Abbildung) um ca. 65° nach hinten schwenken, also zum Fahrzeugheck hin.
- Kombischraube –4– abschrauben. Bei den hinteren Türen sitzt eine zweite Kombischraube anstelle der Drehklammer an der anderen Türgriffseite, diese ebenfalls herausdrehen.
- Türgriff nach innen abnehmen.

Einbau

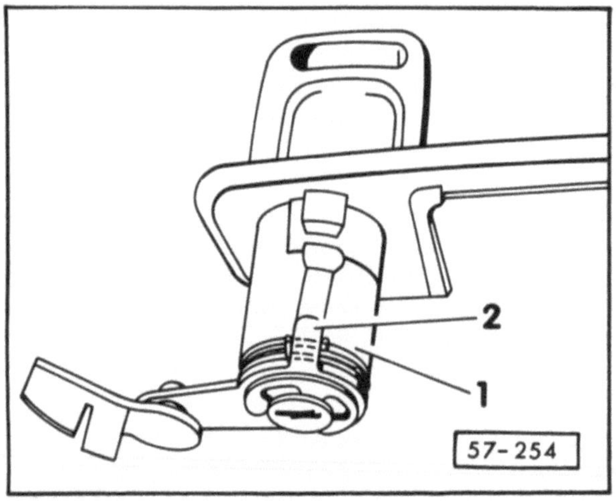

- Wurde der Schließzylinder ausgebaut, auf richtigen Sitz der Feder achten. Die Enden der Feder –1– müssen in gespanntem Zustand jeweils links und rechts vom Betätigungshebel –2– liegen. Betätigungshebel und Schließzylinder werden durch die Vorspannung immer wieder in die Mittellage gedrückt.

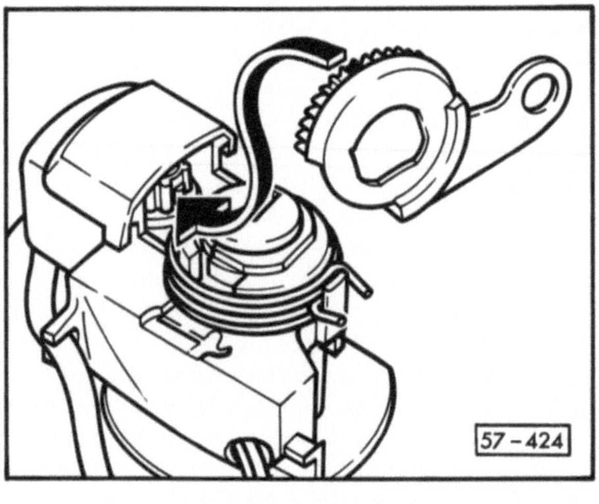

- Nur bei Zentralverriegelung und/oder Diebstahlwarnanlage: Beim Einsetzen des Mitnehmers in den Schließzylinder muß der halbe Zahn am Mitnehmer mit dem halben Zahn am Zahnrad des Mikroschalters übereinstimmen. Bei anderer Stellung treten Funktionsstörungen auf.
- Kombischraube für Türgriff reindrehen, nicht zu fest anziehen.

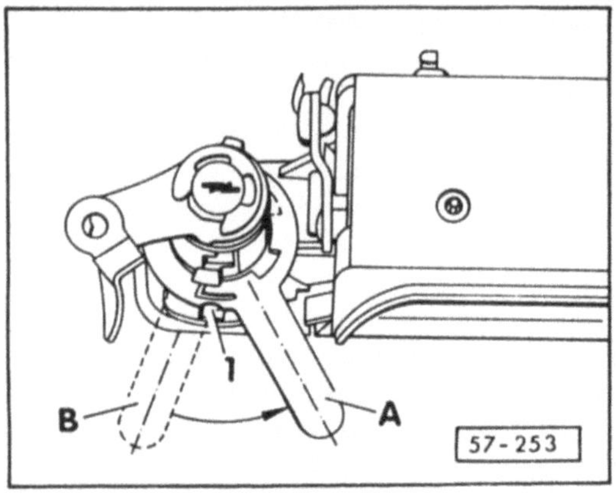

- Drehklammer –1– einsetzen und nach Stellung –A– drehen. B = Stellung der Drehklammer in gelöstem Zustand.
- Blende für den Türgriff einsetzen und Befestigungsleiste seitlich einschieben.
- Stange für Schloßbetätigung und Schließzylinder am Türgriff einhängen.
- Tür-Innenrahmen einbauen und einstellen, siehe Seite 236.
- Türinnenverkleidung einbauen.

Wasserkastenabdeckung aus- und einbauen

Der Wasserkasten sitz unterhalb der Windschutzscheibe, hinter dem Motorraum. Im Wasserkasten unterhalb der Abdeckung sind die Scheibenwischanlage, die Heizung und je nach Modell auch die Batterie untergebracht.

Ausbau

- Schnellverschlüsse im vorderen Bereich der Wasserkastenabdeckung lösen.
- Abdeckung nach vorn heruasziehen.

Einbau

- Abdeckung einsetzen, die hintere Kante muß vollständig in den entsprechenden Gummifalz eingrfeifen. Sonst kann Wasser eindringen und Schäden an den darunterliegenden Teilen verursachen.
- Halteklammern aufdrücken.

Türfensterscheibe/Fensterheber aus- und einbauen

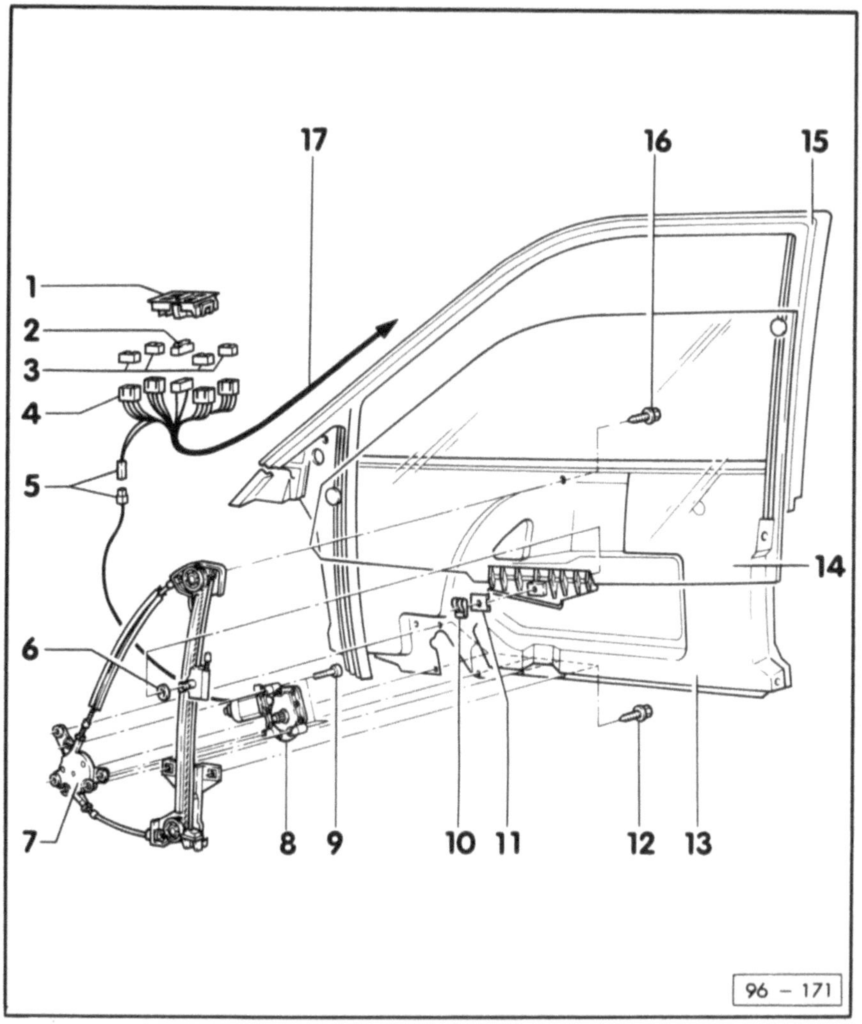

1 – **Konsole**
Für elektrischen Fensterheber.

2 – **Sperrschalter**
Für Fensteheber hinten.

3 – **Betätigungsschalter**
Für Fensterheber.

4 – **Anschlußstecker**
Für Schaltereinheit.

5 – **Anschlußstecker**
Für elektrischen Fensterheber.

6 – **Dämpfungsscheibe**
Einbaulage beachten.

7 – **Fensterheber**
Befestigung: Seit 9/95 vernietet, vorher verschraubt.

8 – **Fensterhebermotor**

9 – **Torxschrauben**

10 – **Sicherungsscheibe**

11 – **Scheibe**

12 – **Schraube, 10 Nm**

13 – **Innerer Türrahmen**

14 – **Türscheibe**

15 – **Fensterführung**

16 – **Schraube, 10 Nm**

17 – **Leitungsstrang**

Ausbau

- Fensterscheibe in halbgeöffnete Stellung bringen.
- Inneren Türrahmen ausbauen, siehe Seite 236.
- Türrahmen auf eine weiche Unterlage ablegen.

Fensterheber ausbauen

- 6 Befestigungsschrauben für den Fensterheber ausschrauben. **Achtung:** Seit 9/95 ist der Fensterheber angenietet, Nietköpfe mit Bohrer abbohren.
- Türrahmen wenden, dabei Türscheibe und Fensterheber festhalten.
- Sicherungsscheibe –1– mit einem kleinen Schraubendreher anheben und dabei aus der Nut des Mitnehmerzapfens –4– schieben, siehe Abbildung 96-173 unter »Einbau«.
- Scheibe –2– abnehmen.
- Fensterheber aus dem Halteclip aushängen, nach unten herausziehen und abnehmen. Dabei Fensterscheibe festhalten.

Türfensterscheibe ausbauen

Achtung: Der Ausbau kann nur durchgeführt werden, wenn der Fensterheber zuvor ausgebaut wurde.

- Türscheibe nach unten herausziehen, dabei schiebt der Führungsbolzen den Stopfen aus der hinteren Türscheibenführung (bei hinteren Fenstern: aus der vorderen Scheibenführung) mit heraus.

Einbau

- Beim Einbau Träger der Türscheibe mittig zum Zapfen des Fensterhebers –4– ausrichten.
- Nach dem Einschieben der Scheibe in die Führung muß der Stopfen wieder von unten in die Türscheibenführung eingeschoben werden. Sonst können später Undichtigkeiten und Windgeräusche auftreten.

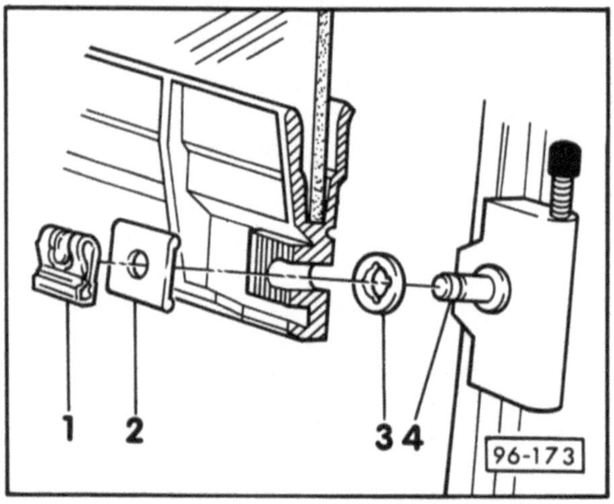

- Dämpfungsscheibe –3– auf den Mitnehmerzapfen –4– des Fensterhebers stecken.
- Türscheibe leicht anheben, Fensterheber von unten einsetzen und mit dem Mitnehmerzapfen –4– in die Türscheibe stecken.
- Scheibe –2– auflegen, Sicherungsscheibe –1– einrasten.

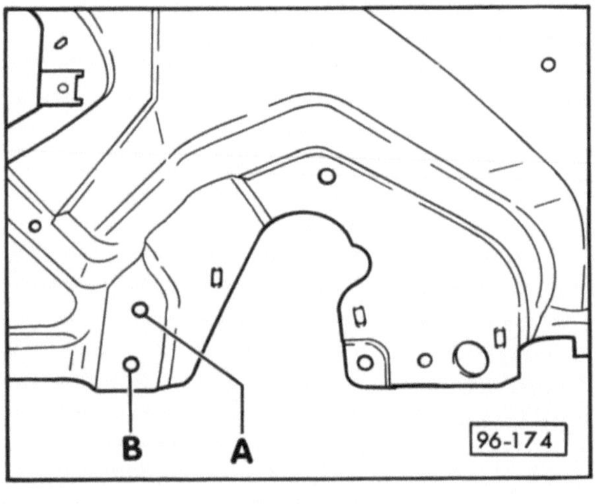

- Fensterheber am Türrahmen von unten eindrehen, unterschiedliche Befestigungen beachten. A – Befestigungspunkt für mechanischen Fensterheber; B – Befestigungspunkt für elektrischen Fensterheber.
- Türrahmen umdrehen und Schrauben mit 10 Nm anschrauben. **Achtung:** Seit 9/95 ist der Fensterheber angenietet. Zum Einbau eines neuen Fensterhebers in Türen bis 8/95 werden Muttern/Schrauben mitgeliefert. Schrauben immer so einbauen, daß die Mutter auf der Seite des Trägers liegt, nicht am Fensterheber. Wird ein alter Fensterheber in eine Tür ab 9/95 eingebaut, müssen die Bohrungen in der Tür auf 6,2 mm aufgebohrt und der Fensterheber mit M6-Schrauben befestigt werden.
- Türrahmen einbauen und einstellen, siehe Seite 236.
- Anschließend Türfensterscheibe einstellen.

Fensterhebermotor aus- und einbauen

Achtung: Der Fensterhebermotor kann getrennt von der übrigen Fenstermechanik aus- und eingebaut werden.

Ausbau

- Türverkleidung ausbauen.

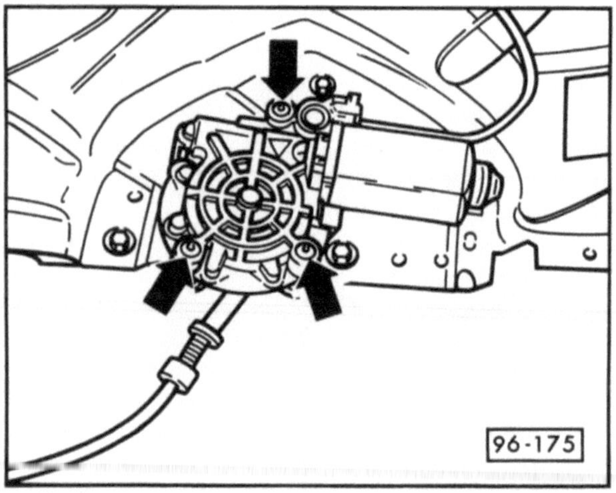

- 3 Schrauben (Torxschrauben, Größe T 20) ausschrauben.
- 2fach-Steckverbindung der elektrischen Zuleitung trennen.

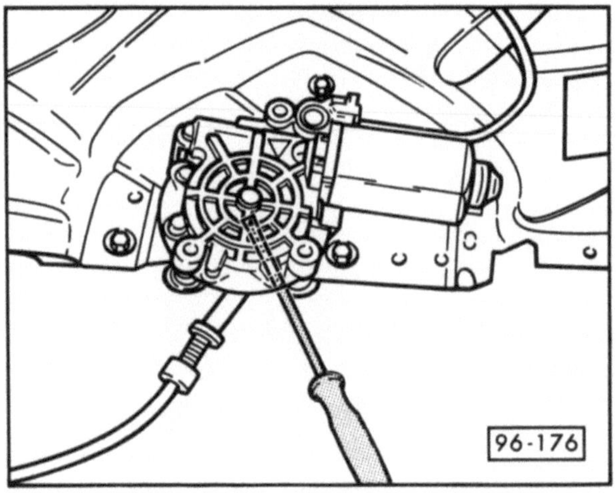

- Motor mit einem Schraubendreher vorsichtig von der Achse abhebeln.

Einbau

- Motor aufschieben und Befestigungsschrauben mit 5 Nm über Kreuz anziehen.
- Stecker zusammenstecken.
- Türverkleidung anbauen.

Türfensterscheibe einstellen

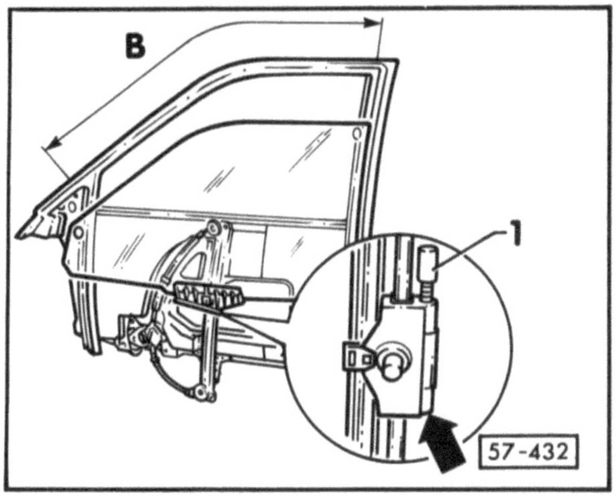

1 – Einstellbarer Scheibenanschlag des Fensterhebers.
B – Anlagebereich der Türscheibe an der inneren Dichtlippe.

Achtung: Türscheibe bei geschlossener Tür einstellen.
Zum Verstellen des Anschlags wird ein Steckschlüssel für Außentorx-Schrauben, Größe E6, benötigt.

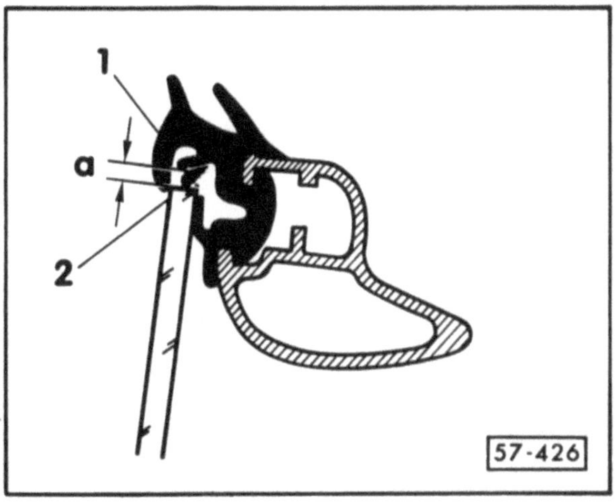

- Türscheibe ganz nach oben kurbeln.
- Oberen Anschlag vom Fensterheber so einstellen, daß die innere Dichtlippe –2– im gesamten Bereich –B– (Abbildung 57-432) unter Vorspannung an der Scheibenoberkante –2– aufliegt; a = mindestens 0,5 mm.

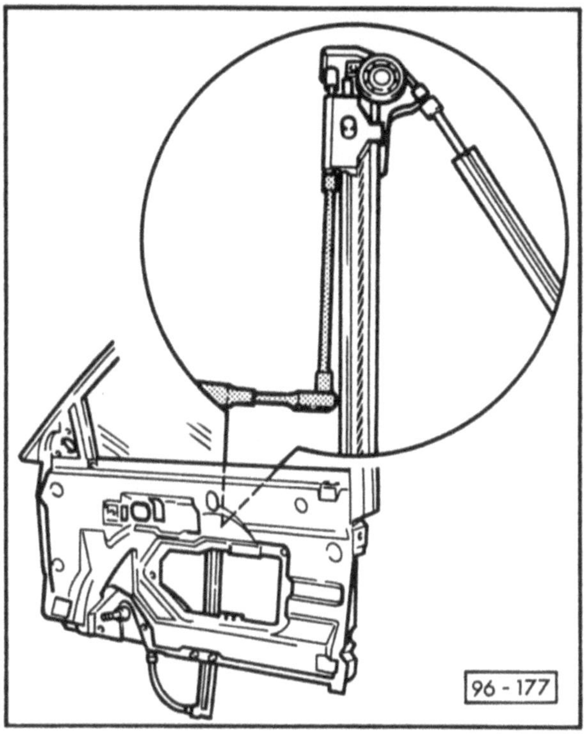

- Um den Anschlag zu erreichen, muß eine Umschaltknarre mit Verlängerung verwendet werden.

Achtung: Türscheibe nicht zu hoch einstellen, sonst sind höhere Türschließkräfte erforderlich. Die Vorspannung von mindestens 0,5 mm muß eingehalten werden, da sonst die Dichtheit nicht sichergestellt ist.

Die Zentralverriegelung

Die Zentralverriegelung besteht aus der elektrischen Versorgungspumpe, den Versorgungsleitungen und den Schaltelementen für die einzelnen Schlösser. Die elektrische Versorgungspumpe (Bi-Druckpumpe) baut zum Öffnen der Schlösser einen Überdruck und zum Schließen einen Unterdruck auf, der über Schlauchleitungen an die einzelnen Schaltelemente für die Schlösser gelangt.

Die Zentralverriegelung ist nach längerer Standzeit des Fahrzeuges und nach Ersetzen der Bi-Druckpumpe erst nach mehrfacher Betätigung wieder betriebsbereit.

Bei intakter Anlage muß die Verriegelung aller Schlösser nach ca. 2 Sekunden erfolgt sein. Läuft die Bi-Druckpumpe länger als 5 Sekunden, ist die Anlage undicht. Bei undichter Anlage darf die Bi-Druckpumpe max. 30 Sekunden laufen, danach muß die Steuereinheit in der Bi-Druckpumpe die Pumpe abschalten.

Damit die Zentralverriegelung einwandfrei funktionieren kann, müssen die Batterie geladen und die Sicherung intakt sein. Gegebenenfalls Spannungsversorgung der Druckpumpe nach Stromlaufplan prüfen.

Ist die Anlage undicht, systematisch von der Pumpe her an den T-Stücken die Schläuche abziehen. Pumpe laufen lassen, jeweiligen Anschluß am T-Stück zuhalten und dadurch undichte Seite feststellen. Undichtes Schaltelement oder undichten Schlauch ersetzen. Schläuche immer bis auf Anschlag aufschieben. Zum leichteren Aufschieben, Anschlußstücke vorher mit Seifenlösung einstreichen.

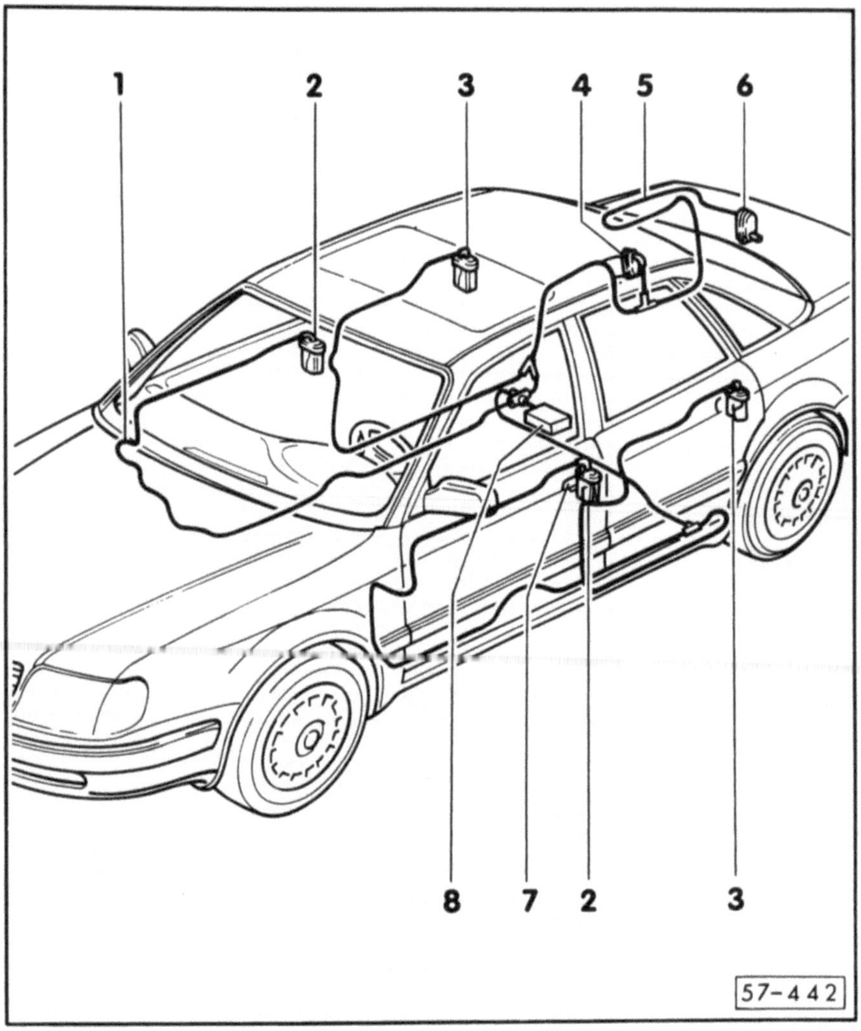

1 – **Unterdruckleitung**
2 – **Stellelemente Vordertüren**
3 – **Stellelemente Hintertüren**
4 – **Stellelement Tankklappe**
5 – **Unterdruckleitung**
6 – **Stellelement Heckklappe**
7 – **Türgriff**
Mit Mikroschalter.
8 – **Bi-Druckpumpe**
Einbauort: Unter der Rücksitzbank.

Stellelemente aus- und einbauen

An jedem Schloß sitzt ein Stellelement, das mit der zentralen Bi-Druckpumpe über einen Luftschlauch verbunden ist. Das Stellelement verriegelt und entriegelt das Schloß.

Stellelemente an den Türschlössern ausbauen

- Die Stellelemente sind untrennbar mit den Türschlössern verbunden. Zur Demontage Türschloß ausbauen, siehe Seite 239.

Stellelement für Tankklappe ausbauen

- Kofferraum-Bodenbelag hochschlagen.

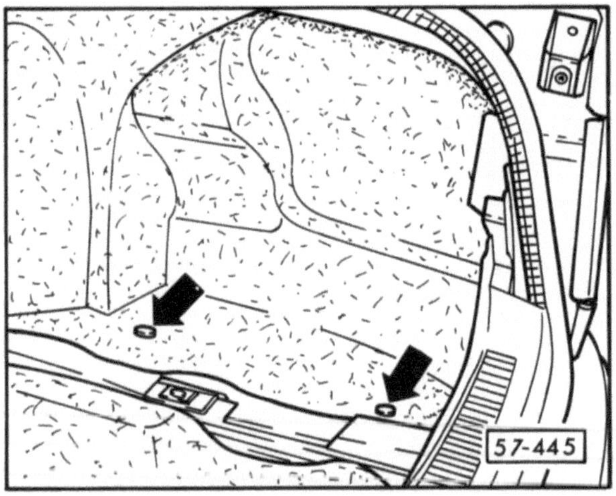

- Clipmuttern –Pfeile– abziehen und rechte Kofferraum-Seitenverkleidung zur Seite drücken.

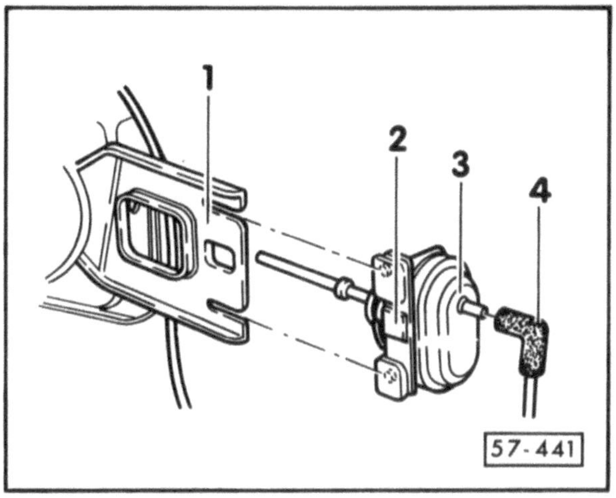

- Schlauch –4– vom Stellelement –3– abziehen. Beim AUDI A6 dabei Kunststoffanschluß zusammendrücken.
- Stellelement durch Drücken der Rastnase –2– vom Halter –1– abziehen.

Einbau

- Der Einbau erfolgt in umgekehrter Reihenfolge.

Stellelement für Heckklappe ausbauen

- Heckklappen-Abdeckung innen abschrauben und herausnehmen.

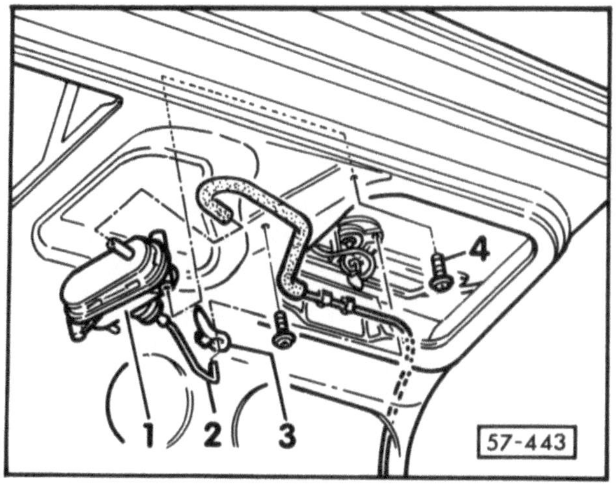

- Betätigungsstange –2– vom Clips –3– aushängen. Dazu Clips zur Seite schwenken und Betätigungsstange nach außen ziehen.
- Kreuzschlitzschrauben –4– herausdrehen.
- Schlauch vom Stellelement –1– abziehen. Beim AUDI A6 dabei Kunststoffanschluß zusammendrücken.

Einbau

- Der Einbau erfolgt in umgekehrter Reihenfolge wie der Ausbau. Kreuzschlitzschrauben –4– nur ganz leicht (2 Nm) anziehen.

Pumpe für Zentralverriegelung aus- und einbauen

Ausbau

- Rücksitzbank ausbauen, siehe Seite 255.

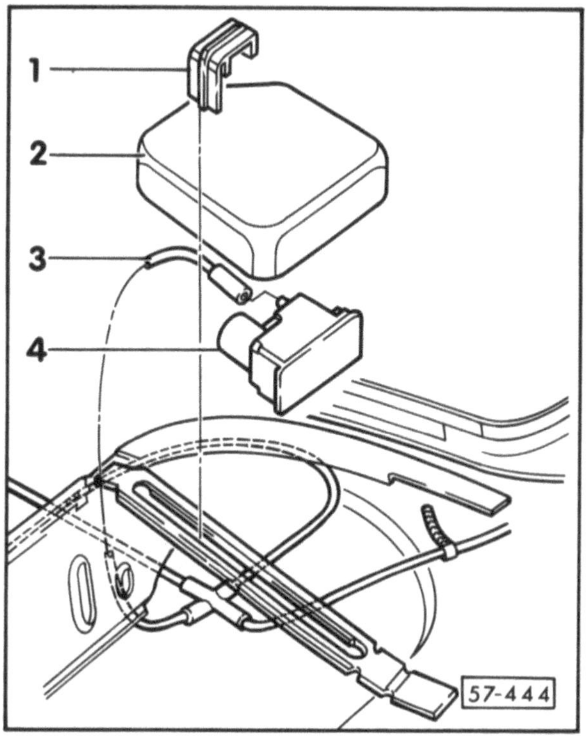

- Halteklammer –1– an der Pumpe (unterhalb der Rücksitzbank) abhebeln, Dämpfung –2– abnehmen.
- Pumpe –4– herausheben, Schlauch –3– abziehen.
- Elektrischen Anschlußstecker abziehen.

Einbau

- Einbau erfolgt in umgekehrter Reihenfolge.

Spiegelglas ersetzen

Die Spiegelgläser sind nur eingeclipst unabhängig davon, ob der Außenspiegel manuell oder elektrisch verstellbar ist.

- Gehäuse-Unterkante mit Tesaband abkleben und dadurch vor Beschädigung schützen.

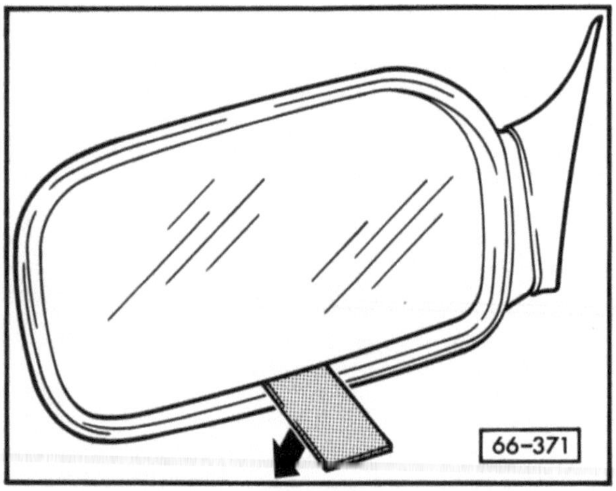

- Spiegelglas mit flachem Kunststoffspachtel nach hinten vorsichtig abdrücken, zuerst unten, dann oben.
- Falls vorhanden, Steckverbindung für Spiegelheizung an der Rückseite abziehen.

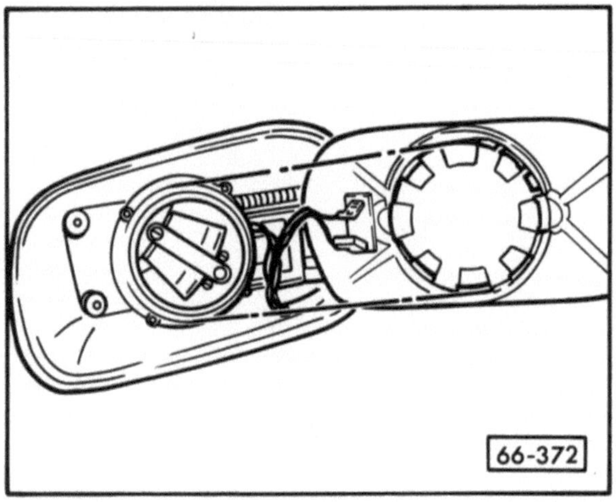

- Spiegelglas in die Führungszapfen einsetzen und einclipsen. Dabei nur auf die Glasmitte drücken. Um Verschmutzungen des Glases zu vermeiden und auch aus Sicherheitsgründen, empfiehlt es sich, einen sauberen Lappen zu unterlegen oder Handschuhe anzuziehen.

Außenspiegel aus- und einbauen

Ausbau

- Türscheibe ganz herunterfahren.

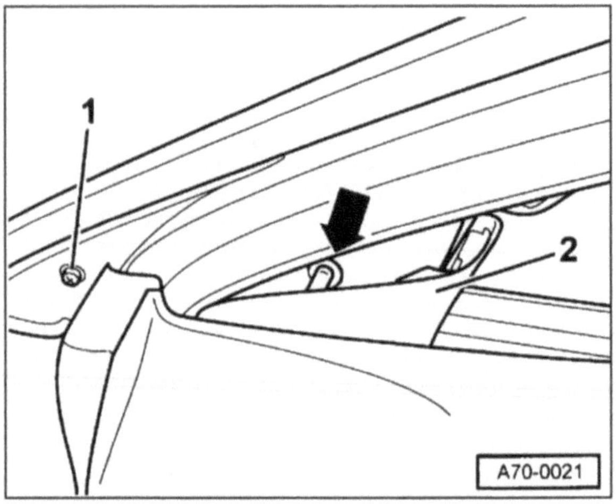

- **AUDI A6:** Blende –2– aus Haltezapfen –Pfeil– ziehen und abnehmen. Schraube –1– abschrauben. **Achtung:** Bei elektrisch abklappbarem Außenspiegel (Mehrausstattung) Türverkleidung ausbauen, damit die elektrische Steckverbindung gelöst werden kann.

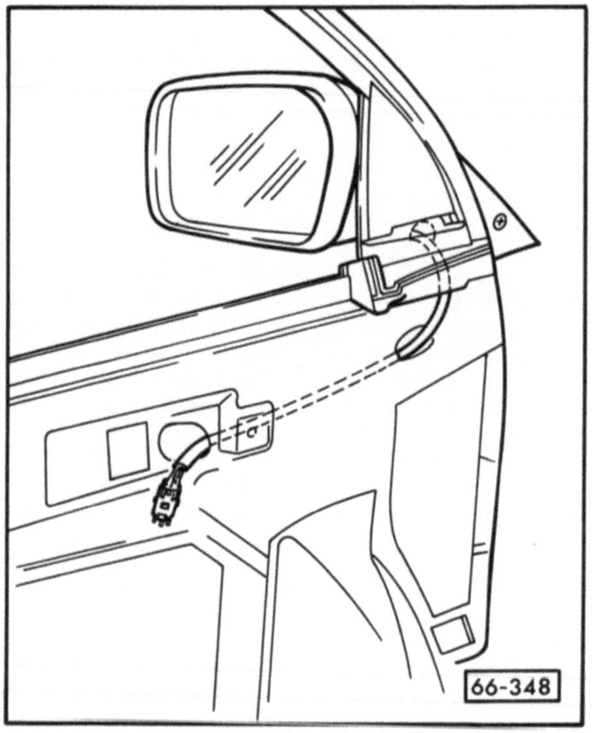

- **AUDI 100:** Bei Außenspiegel mit mechanischer Verstellung Türverkleidung ausbauen. Anschließend Einstellknopf mit Bowdenzügen aus dem inneren Türträger herausziehen.

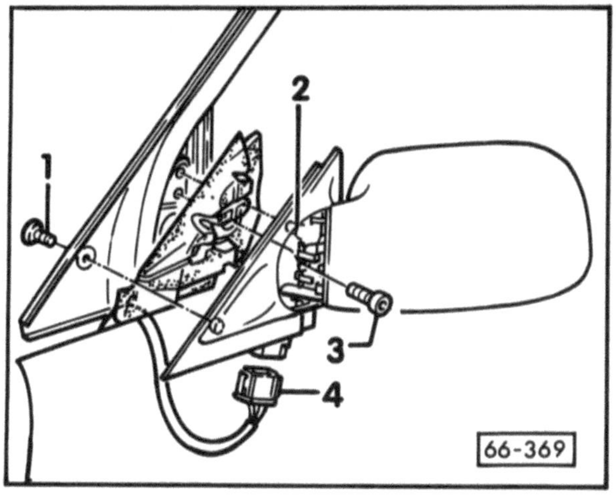

- Abdeckung abziehen und Linsenschraube –1– von innen herausdrehen. Bei AUDI 100 Zylinderschraube –3– nach zurückschwenken des Spiegels herausdrehen. Beim AUDI A6 ist die Schraube von innen her zu lösen. Außenspiegel abnehmen.
- Elektrischen Anschlußstecker –4– abziehen.

Einbau

- Kabelstecker aufstecken.
- Spiegel ansetzen, der Fixierstift –2– muß in die entsprechende Bohrung eingreifen, siehe Abbildung. Außerdem muß der Spiegelfuß unter der Fensterschachtabdichtung liegen.
- Innere Befestigungsschraube –1– nur ganz leicht (2 Nm), äußere Schraube –3– etwas fester (5 Nm) anziehen.
- Spiegel wieder in Ausgangslage klappen, er muß einrasten.
- Mechanische Verstellung: Bowdenzüge einfädeln, Türverkleidung einbauen, siehe Seite 237.
- Abdeckung an der Türinnenseite einclipsen.

Spiegelbetätigung einstellen

Die Spiegelbetätigung ist einzustellen, wenn die Verstellung zu schwer- oder zu leichtgängig ist, und wenn die Verstellräder abgezogen wurden. Der Leerweg am Verstellknopf oder Verstellring muß weniger als 90° betragen.

- Spiegelglas parallel zum Spiegelgehäuse stellen.
- Einstellknöpfe abziehen.

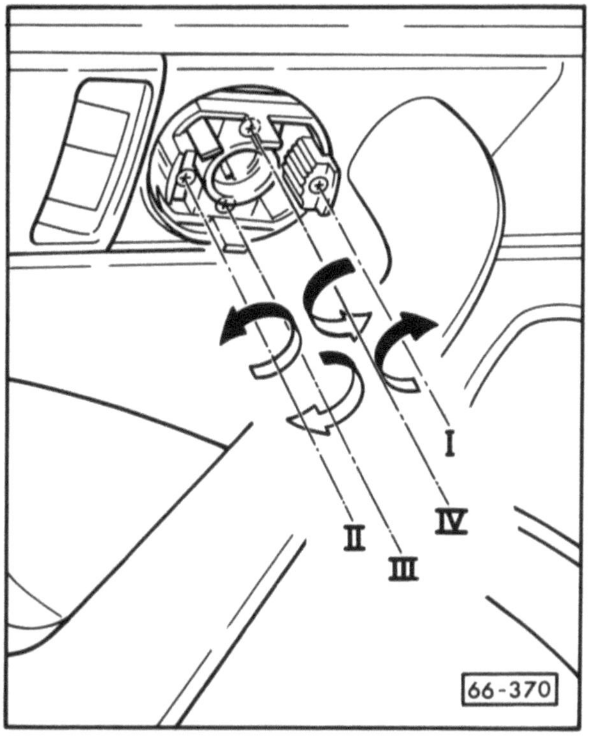

- Stellschrauben mit kleinem Schraubendreher (Feinmechaniker-Schraubendreher) folgendermaßen verdrehen:
  1. Stellschraube –I– so weit **nach rechts** drehen, bis ein leichter Widerstand spürbar ist.
  2. Gegenüberliegende Schraube –II– **nach links** drehen, bis ein leichter Widerstand spürbar ist.
  3. Stellschrauben –III– und –IV– auf die gleiche Weise wie in der Abbildung gezeigt verdrehen. Die Abbildung zeigt die Einstellung für den Fahreraußenspiegel.

Innenspiegel aus- und einbauen

Ausbau 1. Ausführung

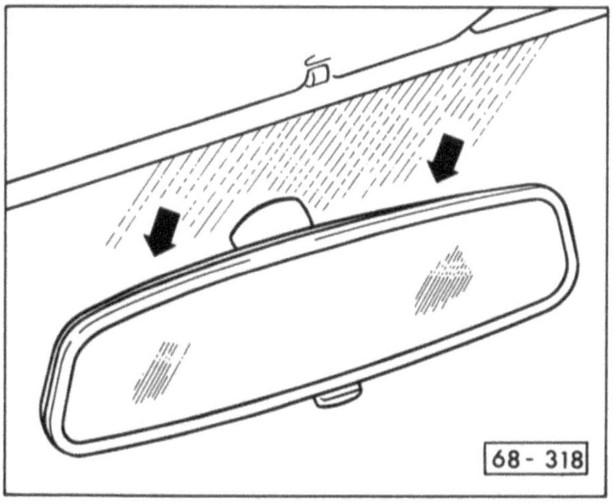

- Innenspiegel schräg nach unten von der Halteplatte abdrücken.

Einbau

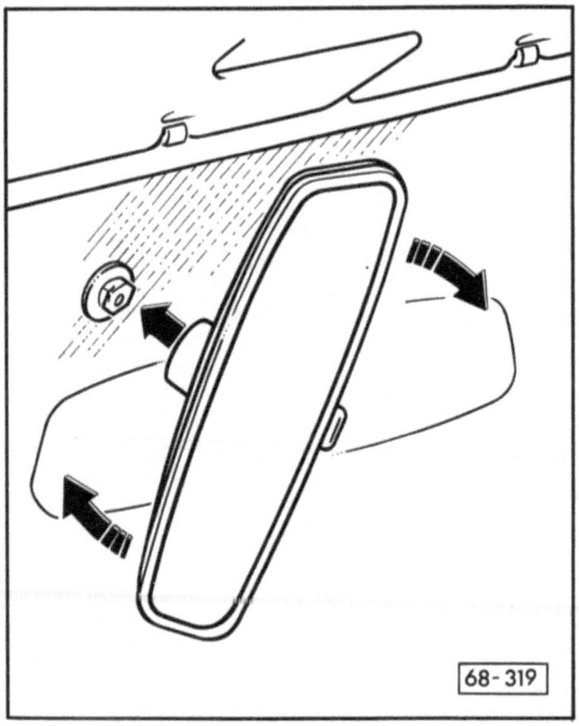

- Spiegel um 60° – 90° verdreht zur Anbaulage ansetzen und verdrehen, bis die Arretierfeder einrastet.

Achtung: Der Innenspiegel mit Doppelgelenkfuß (2. Ausführung) ist am Halter angeschraubt. Beim Ausbau zuerst eine Innensechskantschraube am Spiegelfuß, Schlüsselgröße 2 mm, lösen. Innenspiegel abnehmen.

Untere linke Ablage aus- und einbauen

Ausbau

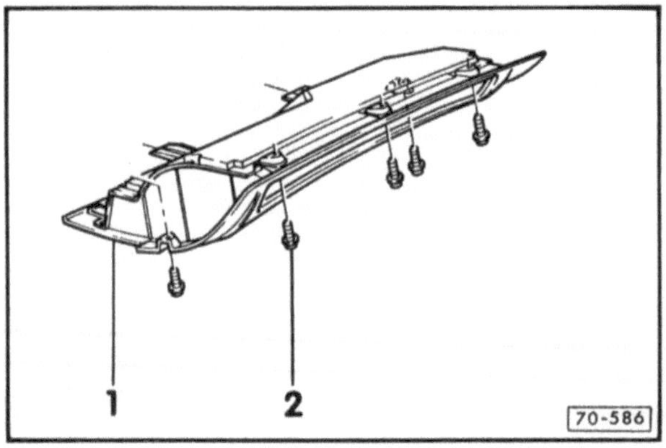

- Schrauben –2– herausdrehen, Ablage –1– nach hinten abnehmen.

Einbau

- Untere linke Ablage ansetzen und anschrauben.

Handschuhfach aus- und einbauen

Ausbau

- Handschuhfach öffnen.

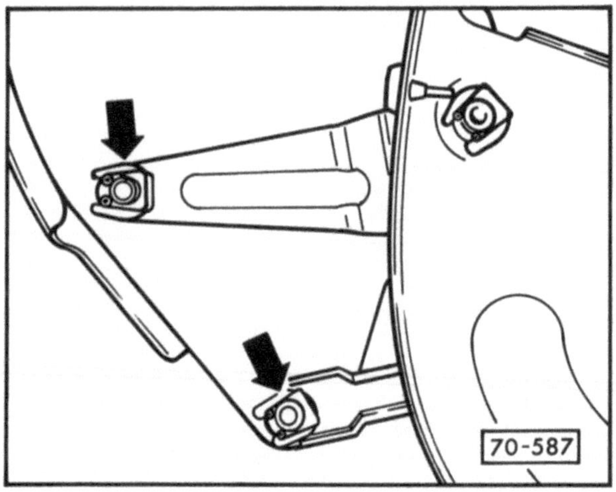

- Halteklammern –Pfeile– auf beiden Seiten abziehen.
- Bügel aushängen und Handschuhkasten abnehmen.

Rahmen für Handschuhkasten ausbauen:

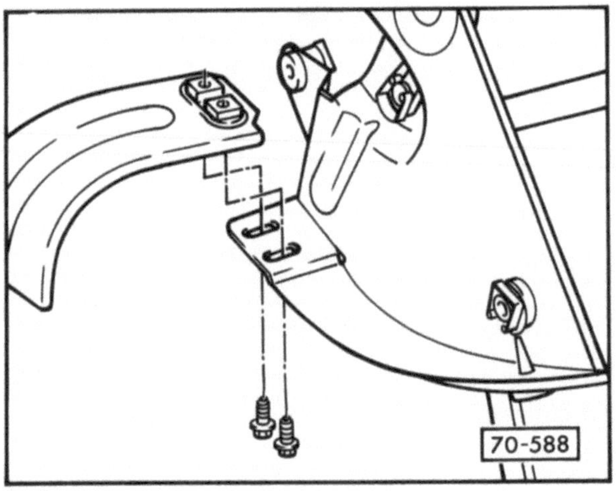

- Sechskantschrauben herausdrehen.

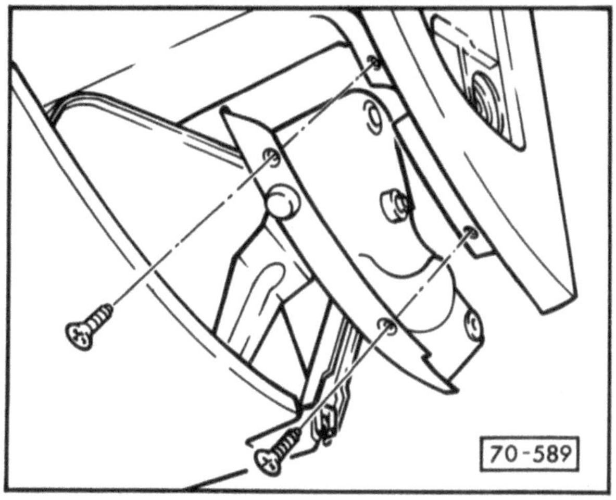

- Senkschrauben herausdrehen. **Achtung:** Die Abbildung zeigt die Halterung an der Fahrzeug-Außenseite. An der inneren Halterung ist der Rahmen nur mit einer (oberen) Senkschraube befestigt.

Einbau

- Der Einbau erfolgt in umgekehrter Reihenfolge wie der Ausbau.

Mittelkonsole aus- und einbauen

Hinterer Teil

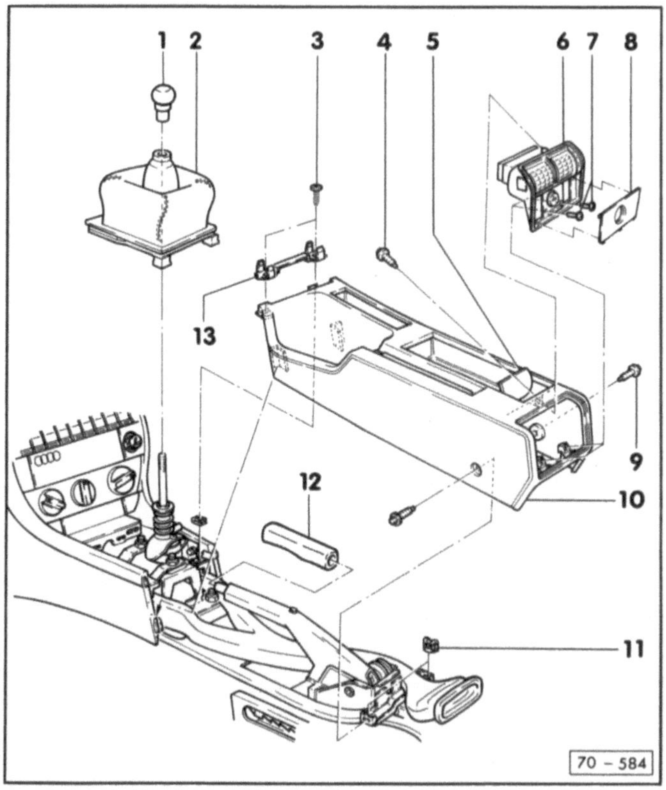

1 – **Schalthebelgriff**
2 – **Faltenbalg**
3 – **Schraube**
4 – **Blechschraube**
5 – **Auskleidung**
6 – **Fondraum-Luftkanal**
7 – **Blechschraube**
8 – **Blende**
9 – **Schraube**
10 – **Mittelkonsole hinten**
11 – **Schnappmutter**
12 – **Handgriff**
13 – **Halteklammer**

Vorderer Teil

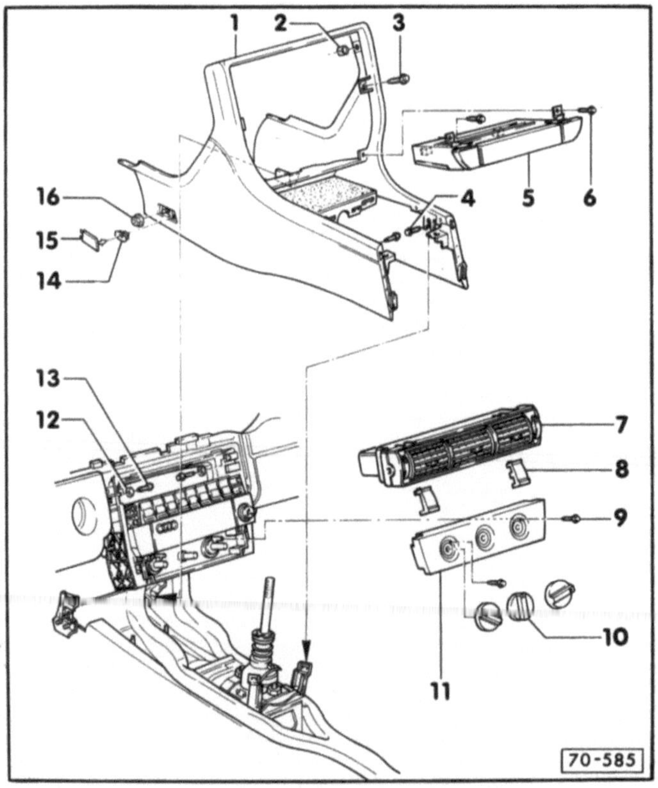

1 – Mittelkonsole vorn
2 – Schnappmutter
3 – Sechskantschraube
4 – Sechskantschraube
5 – Aschenbecher
6 – Sechskantschraube
7 – Ausströmer Mitte
8 – Blende Schalterhalter
9 – Schraube
10 – Drehschalter
11 – Blende Heizungsschalter
12 – Unterlegscheibe
13 – Sechskantschraube
14 – Klammer
15 – Deckel
16 – Sechskantmutter

Ausbau

Achtung: Der vordere Teil der Mittelkonsole kann nur ausgebaut werden, wenn zuvor der hintere Teil ausgebaut wurde.

Hintere Mittelkonsole ausbauen (Abbildung 70-584):

- Griff für Schalthebel –1– abschrauben.
- Faltenbalg für Schalthebel –2– aus der Halteklammer –13– ausclipsen und nach oben abnehmen.
- Blende für Zigarettenanzünder –8– abclipsen und darunterliegende Blechschrauben –7– herausdrehen.
- Auskleidung –5– abheben und darunterliegende Blechschraube –4– herausdrehen.
- Luftkanal für Fondraum –6– herausziehen und elektrische Steckverbindungen abziehen.

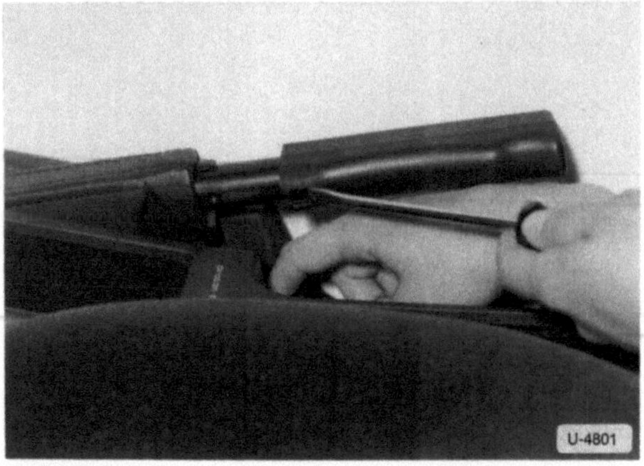

- Handbremshebel ganz hochziehen. Einsatzteil an der Handbremsgriff-Unterseite mit einem Schraubendreher heraushebeln. Lappen unterlegen, damit das Einsatzteil nicht verlorengeht. Anschließend kleine Abdeckung unterhalb vom Handbremshebel nach oben herausziehen (andere Hand, siehe Abbildung).
- Handbremsgriff –12– vom Handbremshebel abziehen.
- Fahrer- und Beifahrersitz ganz nach vorne schieben.
- 2 Schrauben –3– und 2 Sechskantschrauben –9– abschrauben.
- Konsole –10– schräg nach vorn über den Handbremshebel abziehen.

Vordere Mittelkonsole ausbauen (Abbildung 70-585):

- Zuvor hintere Mittelkonsole ausbauen.
- Deckel –15– abclipsen und darunterliegende Sechskantmutter –16– herausdrehen.
- Radio ausbauen, siehe Seite 292.
- Ausströmer –7– herausziehen und Schrauben –13– herausdrehen.
- Blende –8– abclipsen und darunterliegende Schrauben –3– herausdrehen.
- Drehschalter –10– abziehen, Schrauben –9– herausdrehen und Blende abnehmen. Bei Fahrzeugen mit Klimaanlage ist die Blende eingeclipst, Blende abziehen.
- Schrauben –6– herausdrehen und Aschenbecher herausziehen.

- 2 Schrauben –4– nur lösen, nicht abschrauben.
- Mittelkonsole schräg nach hinten über den Schalthebel herausnehmen.

Einbau

- Der Einbau erfolgt in umgekehrter Reihenfolge wie der Ausbau. Vor dem Einbau Vollständigkeit und Zustand der Schnappmuttern und Clips überprüfen, gegebenenfalls ersetzen. Blechschrauben und Kreuzschlitzschrauben nur ganz leicht festziehen (1,5 Nm).

Schwellerverkleidung aus- und einbauen

Die Schwellerverkleidung deckt die untere Kante des Türausschnitts ab.

Ausbau

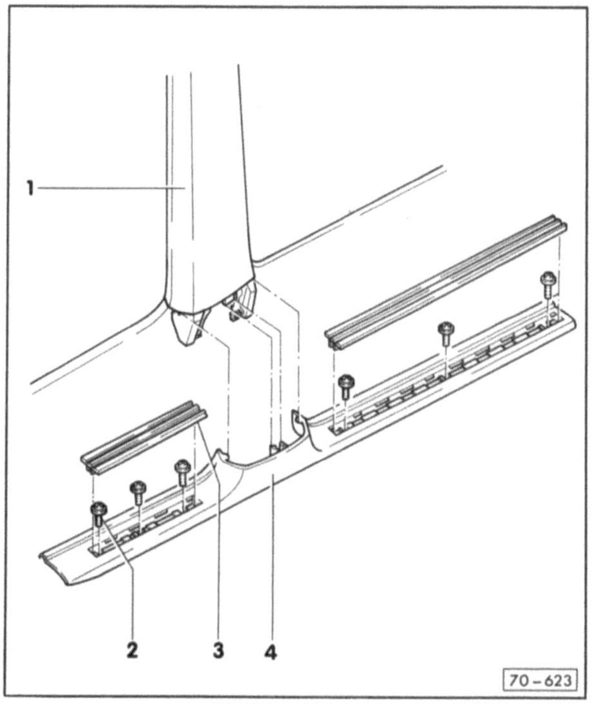

- Abdeckleiste –3– mit Kunststoffspachtel oder Schraubendreher nach oben abhebeln.
- Schrauben –2– herausschrauben.
- Schwellerverkleidung –4– abnehmen, dabei Rastnasen an der Verkleidung der B-Säule –1– aushängen.

Einbau

- Der Einbau erfolgt in umgekehrter Reihenfolge wie der Ausbau.

Verkleidung B-Säule aus- und einbauen

Die B-Säule ist der mittlere Türpfosten. An ihm ist die Hintertür angeschlagen. Die Verkleidung muß beispielsweise ausgebaut werden, wenn eine Hintertür demontiert oder eingestellt werden soll.

Ausbau

- Schwellerverkleidung ausbauen.

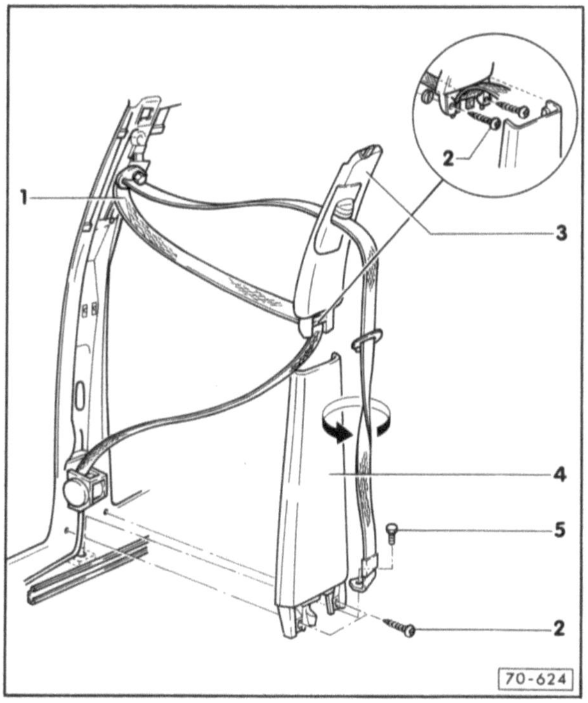

- Schrauben –2– herausschrauben, Verkleidungen –3– und –4– abnehmen.
  1 – Sicherheitsgurt, 2 – Kombischraube (2 Nm), 3 – B-Säulenverkleidung (Oberteil), 4 – B-Säulenverkleidung (Unterteil), 5 – Sechskantschraube (50 Nm).

Einbau

68-480

- Gurtband in die obere Verkleidung einfädeln.
- Verkleidung mit der Grifftaste zuerst auf den Zapfen stecken, dann gegen die B-Säule drücken und nach oben schieben. Dadurch wird die obere Klammer eingehängt. Verkleidung anschrauben.
- Untere Verkleidung einsetzen und anschrauben.
- Wurde die Schraube –5– vom Sicherheitsgurt abgeschraubt, Sicherheitsgurt mit **50 Nm** an der unteren Halterung anschrauben.
- Funktion des Sicherheitsgurts und der Höhenverstellung prüfen:
  – Der Höhenversteller muß in allen 5 Stellungen hörbar einrasten.
  – Die Verstelltaste muß nach Betätigung in die obere Lage zurückkehren.
  – Der Gurt und das Verstellkabel dürfen nicht von der Verkleidung eingeklemmt sein.
- Schwellerverkleidung einbauen.

Vordersitz aus- und einbauen

Ausbau

- Falls vorhanden, elektrische Steckverbindung für Sitzheizung vorn unter der Sitzfläche trennen.
- Sitz nach vorn schieben.

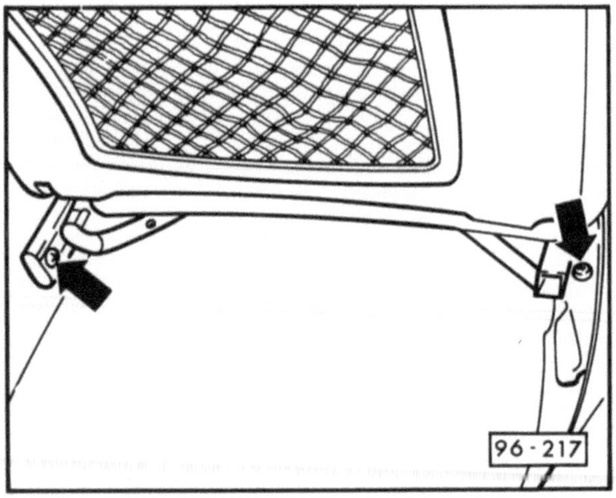
96-217

- Schrauben –Pfeile– herausdrehen.
- Endkappen, beziehungsweise Abdeckleiste nach hinten aus den Führungsschienen ziehen.

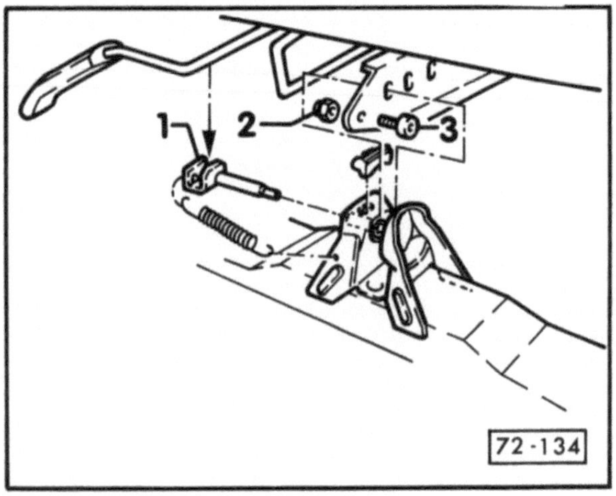

72-134

- Hutmutter –2– an der vorderen Führung abschrauben und Zylinderschraube –3– herausziehen.
- Hebel betätigen, Sitz nach hinten aus den Führungsschienen herausfahren.
- Sitz aus dem Fahrzeug ziehen.

Einbau

- Sitz in die Führungen einsetzen und nach vorn fahren.
- Zylinderschraube an der vorderen Führung einsetzen, Hutmutter mit **10 Nm** anziehen.
- Endkappen an den Führungsschienen einsetzen und festschrauben.
- Stecker für Sitzheizung zusammenfügen und in die Halterung an der Sitzunterseite einclipsen.

Rücksitzbank/Rücksitzlehne aus- und einbauen

Limousine

Ausbau

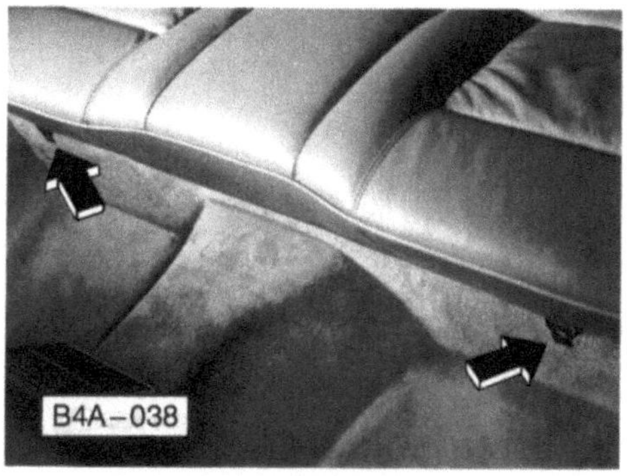

- Kreuzschlitzschrauben links und rechts an der Sitzunterkante herausdrehen.
- Sitzbank etwas anheben und nach vorn herausziehen. Bei elektrischer Sitzheizung Steckverbindungen am Sitz trennen.

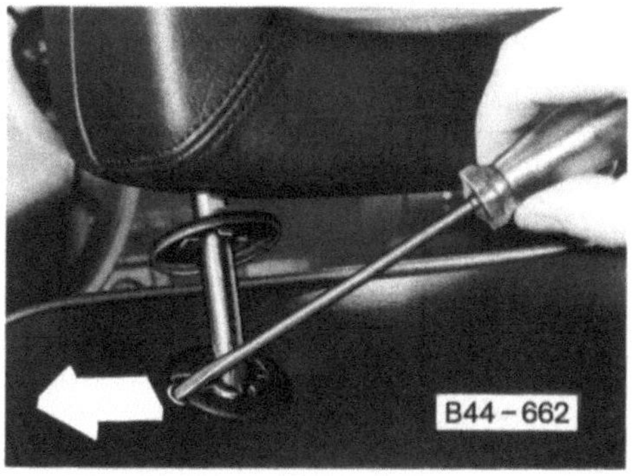

- Kopfstützen ausbauen, dazu obere Kappen von Hand abziehen und mit einem Schraubendreher die Klammern seitlich abhebeln. Kopfstützen nach oben herausziehen.

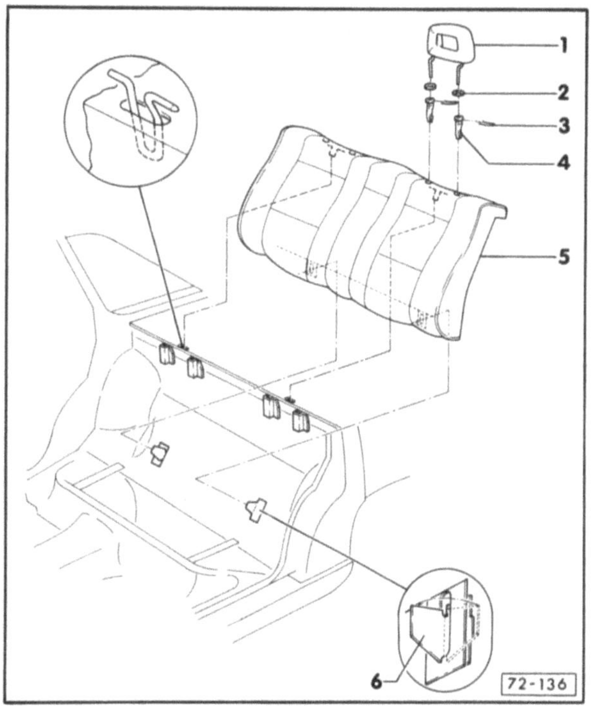

- Führungen –4– vom Kofferraum her mit einem Schraubendreher nach oben herausdrücken.
- Blechlaschen –6– aufbiegen und Rücksitzlehne nach oben herausheben. Bei elektrischer Sitzheizung Steckverbindungen trennen.

Einbau

- Falls vorhanden, Kabelstecker für Lehnen- und Sitzbank-Leitungen zusammenfügen.
- Rücksitzlehne oben einhängen.
- Beide Blechlaschen nur **zur Fahrzeugaußenseite hin** umbiegen.
- Sitzbank nach hinten unter die Lehne schieben und einrasten.
- Kopfstützen-Führungen von oben einsetzen, Kopfstützen aufschieben und mit den Klammern sichern. Abdeckkappen aufdrücken.
- Vorderteil der Sitzbank nach unten drücken und anschrauben.
- Untere Sicherheitsgurt-Laschen auf die Sitzbank legen.

Schiebedach-Wasserablaufschläuche reinigen

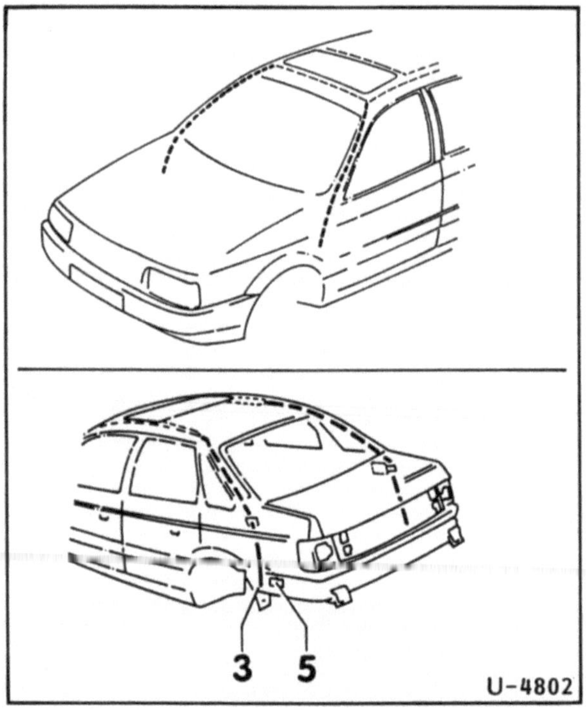

Bei Fahrzeugen mit Schiebedach sind Wasserablaufschläuche vorhanden, die das Wasser vom Schiebedach nach außen ableiten.

- Verstopfte Wasserablaufschläuche lassen sich am besten mit alten, flexiblen Tachowellen reinigen. Dazu Tachowellen zu einer ca. 230 cm langen Sonde zusammenfügen. Gegebenenfalls Tachowelle in eine elektronisch gesteuerte Bohrmaschine einspannen und mit langsamen Umdrehungen die Wasserablaufschläuche »durchbohren«.
- Die vorderen Wasserablaufschläuche verlaufen in den A-Säulen (vordere Karosseriesäulen) und enden über dem unteren Scharnier der vorderen Türen. Die Reinigung erfolgt vom Schiebe-/Ausstelldach-Ausschnitt.
- Die hinteren Wasserablaufschläuche verlaufen in den D-Säulen (hintere Karosseriesäulen) und enden seitlich hinter dem Stoßfänger –5–. Die Reinigung erfolgt vom unteren Schlauchende –3– her.

Die Heizung

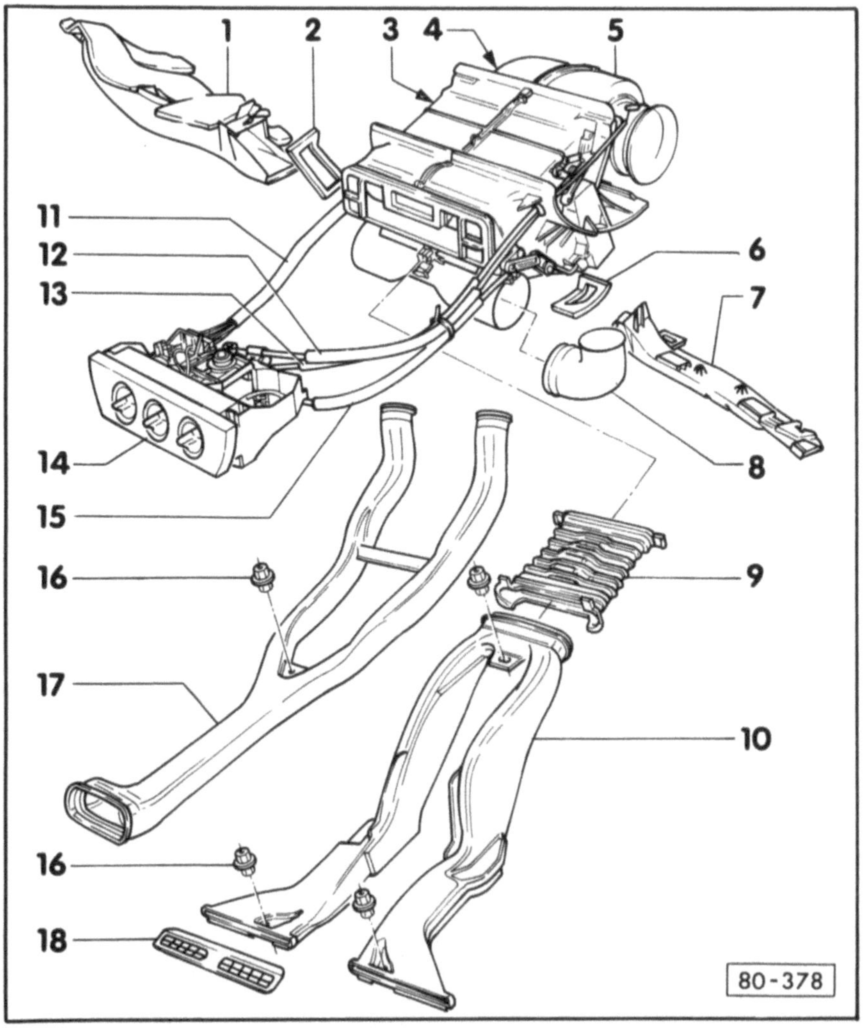

1 – **Fußraumausströmer**
2 – **Dichtung**
3 – **Vorwiderstand**
Für Frischluftgebläse.
4 – **Frischluftgebläse**
5 – **Heizungsgehäuse**
6 – **Dichtung**
7 – **Fußraumausströmer**
8 – **Defrosterschlauch**
9 – **Verbindungsbalg**
10 – **Fondraumkanal**
11 – **Leitungsstrang**
12 – **Bowdenzug zur Frischluft-Absperrklappe**
13 – **Bowdenzug zur Temperaturklappe**
14 – **Heizungsbetätigung**
15 – **Bowdenzug zu Klappen Fußraum/Schalttafelausströmer**
16 – **Clipmuttern**
17 – **Fond-Fußraumkanal**
18 – **Ausströmer**

Die Frischluft für die Heizung gelangt über das Heizgebläse in den Fahrzeuginnenraum. Dabei durchströmt die Luft das Heizungsgehäuse und wird durch verschiedene Klappen auf die einzelnen Lufteintrittsdüsen verteilt. Wird die Heizung auf »warm« gestellt, so wird die kühle Luft durch den Wärmetauscher geleitet. Der Wärmetauscher befindet sich im Heizungsgehäuse und wird durch das heiße Kühlmittel aufgeheizt. Die vorbeistreichende Frischluft erwärmt sich an den heißen Lamellen des Wärmetauschers und gelangt dann in den Fahrzeuginnenraum. Die Heizung wird luftseitig beeinflußt, das heißt, die Temperatur wird durch das Mischungsverhältnis von kalter und warmer Luft mit Hilfe der Temperaturmischklappe gesteuert.

Zur Vergrößerung des Luftdurchsatzes dient ein vierstufiges Frischluftgebläse. Damit das Gebläse in den einzelnen Stufen mit unterschiedlicher Geschwindigkeit läuft, werden Widerstände vorgeschaltet. Die Widerstände befinden sich in der Anschlußplatte am Gebläse. Bei einem Defekt ist die komplette Anschlußplatte zu ersetzen.

Sonderausstattungen: Manuelle oder vollautomatische Klimaanlage

Mit Hilfe der Klimaanlage kann die Innenraumtemperatur auch unter die gerade herrschende Außentemperatur abgesenkt werden. Bei der vollautomatischen Anlage wird eine beliebig eingestellte Temperatur beibehalten, auch Luftverteilung und Luftmenge werden von einem elektronischen Steuergerät vollautomatisch unabhängig von der Fahrzeuggeschwindigkeit geregelt: Verschiedene Temperaturfühler übermitteln dem Steuergerät die Außen- und Innenlufttemperatur. Nach vorprogrammierten Sollwerten werden unter anderem Stellmotoren an den Luftklappen sowie das Frischluftgebläse angesteuert und so das Klima geregelt. Auftretende Fehler im Steuergerät oder an Sensoren und Stellgliedern werden erkannt und in einem Fehlerspeicher abgelegt. Zur Fehlersuche kann die V.A.G-Werkstatt den Fehler durch ein entsprechendes Gerät abrufen.

Der Klimakompressor wird vom Motor über einen Keilriemen angetrieben. Der Kompressor paßt seine Förderleistung automatisch dem momentanen Kühlbedarf an. Beim Einschalten der Klimaanlage läuft der Kompressor mit lediglich 40% Förderleistung an. Dadurch werden Einschaltstöße vermieden, die Motordrehzahl fällt also nicht kurzzeitig ab.

Heizungsbetätigung/Heizungszüge aus- und einbauen

Ausbau

- Hintere und vordere Mittelkonsole ausbauen, siehe Seite 251.
- Knöpfe für Heizungsbetätigung abziehen, Blende abnehmen.

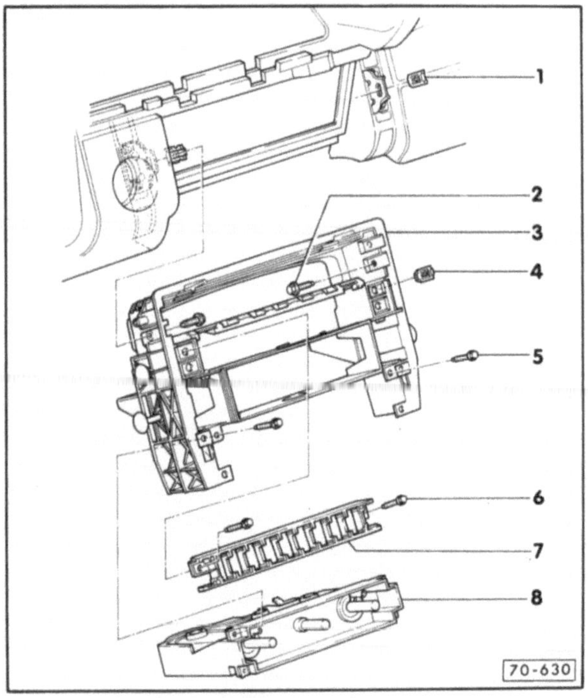

- Schalttafel-Mittelteil ausbauen. Dazu Schrauben –6– abschrauben, elektrische Steckverbindungen trennen und Schalteraufnahme herausziehen.
- Schrauben –5– und –2– abschrauben und Mittelteil herausnehmen.

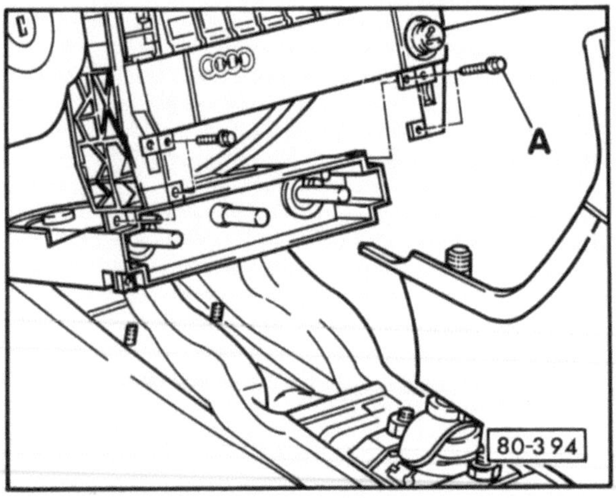

- 4 Schrauben –A– herausdrehen und Heizungsbetätigung vorsichtig herausziehen.

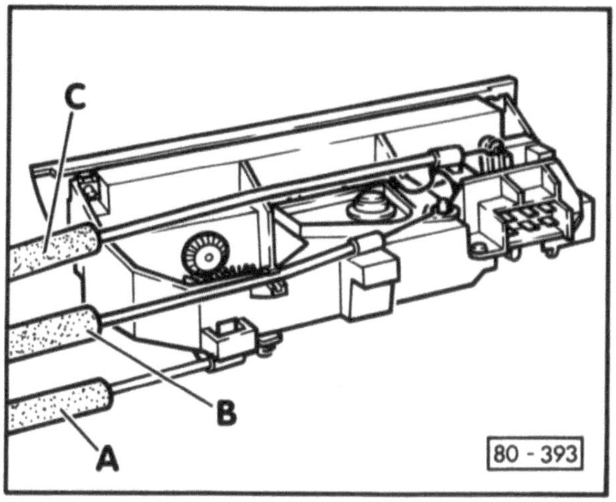

- Bowdenzüge an der Rückseite der Betätigung: A– zu den Steuerklappen Fußraum/Defrost und Schalttafelausströmer; B– zur Temperaturklappe; C– zur Frischluftabsperrklappe (nicht bei manueller Klimaanlage).

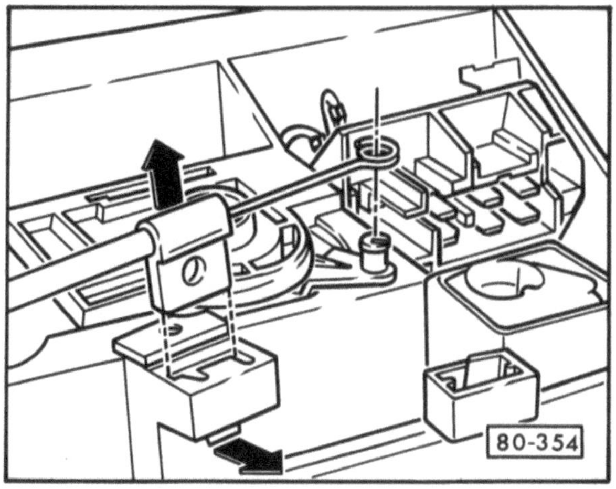

- Mit Schraubendreher Clip lösen und Bowdenzug an der Heizungsbetätigung abziehen.
- Sollen die Bowdenzüge für Frischluftklappe oder Temperaturklappe ausgebaut werden: Wasserkasten-Abdeckung ausbauen, siehe Seite 242.

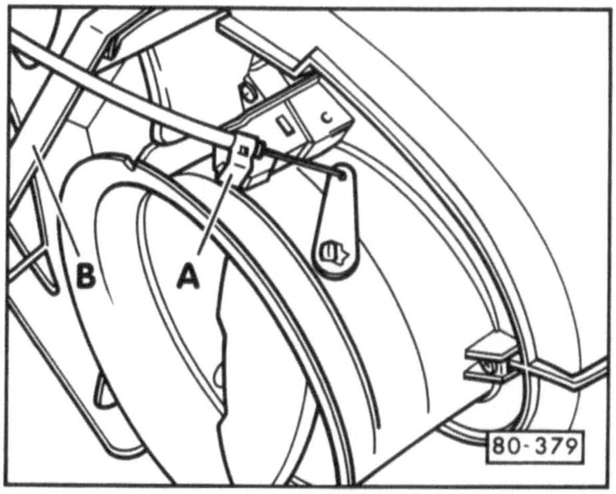

- Bowdenzug Frischluftklappe abbauen: Bowdenzugwiderlager –A– ausclipsen, Zug am Hebel aushängen. **Achtung:** Der Zug darf nicht unterhalb des Spannbandes –B– verlaufen.

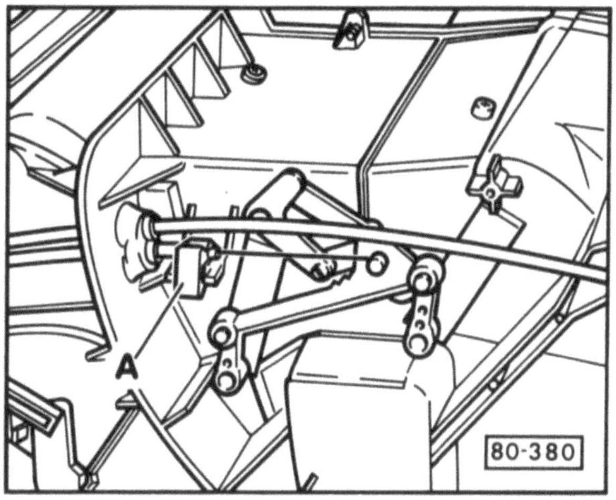

- Bowdenzug Temperaturklappe abbauen: Temperaturklappe ganz nach rechts drücken, Stellung »kalt«. Widerlager –A– ausclipsen und Zug aushängen.

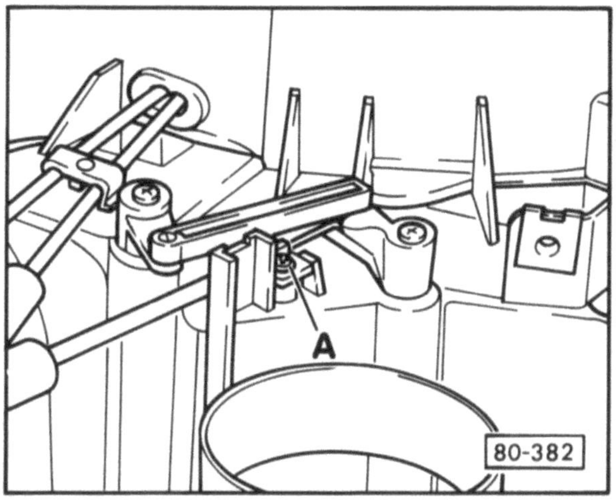

- Soll der Zug Fußraum/Defrost ausgebaut werden: Handschuhkasten ausbauen, siehe Seite 250.
- Schraube –A– ausschrauben, Zug ausrasten und herausnehmen.

Einbau

Beschädigten oder schwergängigen Bowdenzug immer ersetzen.

- Bowdenzug einhängen, Befestigungsclip einrasten, beziehungsweise Schraube eindrehen.

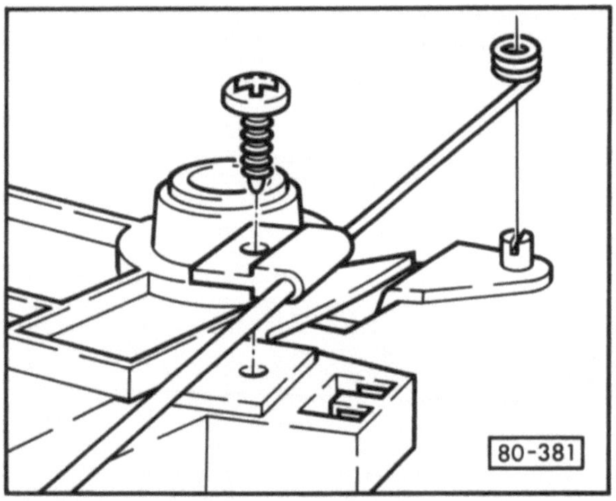

Achtung: Sollten an der Heizungsbetätigung Rasthaken für einen Clip abbrechen, Clip für Heizungszug mit Blechschraube Größe 4,2 mm x 16 mm festschrauben.

- Heizungsbetätigung hineindrücken und festschrauben. Leichtgängigkeit der Klappen prüfen.
- Schalttafel-Mittelteil einbauen.
- Betätigung einhängen und anschrauben.
- Knöpfe aufschieben.
- Mittelkonsole einbauen.
- Falls ausgebaut, Wasserkastenabdeckung beziehungsweise Handschuhfach einbauen.

Heizgebläse prüfen/ aus- und einbauen

Achtung: Bei Fahrzeugen mit Klimaanlage muß zum Ausbau des Gebläses die komplette Heizung ausgebaut werden (Fachwerkstatt-Arbeit).

Ausbau (Fahrzeuge ohne Klimaanlage)

- Batterie-Massekabel (–) abklemmen. **Achtung:** Beim Abklemmen der Batterie werden Speicher im Radio und in elektronischen Steuergeräten gelöscht. Falls das Radio codiert ist, Radiocode vor Abklemmen der Batterie feststellen. Ohne den Code kann das Autoradio nach dem Wiederanklemmen der Batterie nicht mehr in Betrieb genommen werden. Siehe auch Kapitel »Batterieausbau«.
- Wasserkasten-Abdeckung ausclipsen und abnehmen, siehe Seite 242.

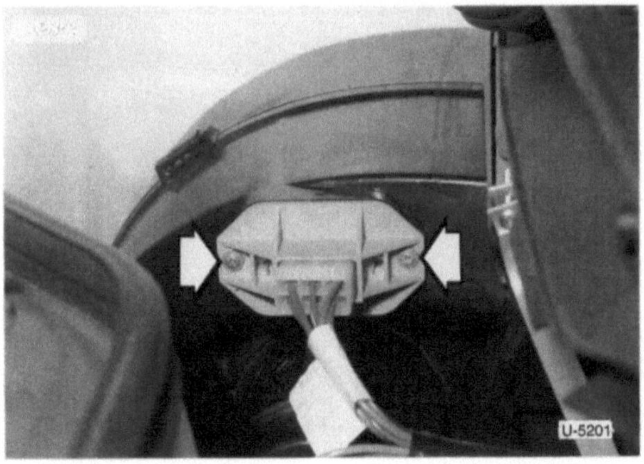

Achtung: Wenn das Heizgebläse nicht auf allen Stufen läuft, ist in der Regel ein Vorwiderstand defekt. In diesem Fall Anschlußplatte mit den Widerständen komplett ersetzen, dazu 2 Schrauben –Pfeile– lösen.

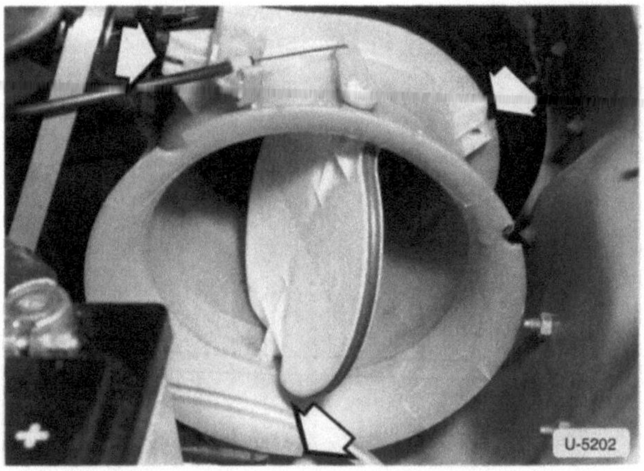

- Ansaugschacht mit Frischluftklappe ausbauen, dazu Schrauben lösen. Bowdenzug an der Frischluftklappe aushängen.

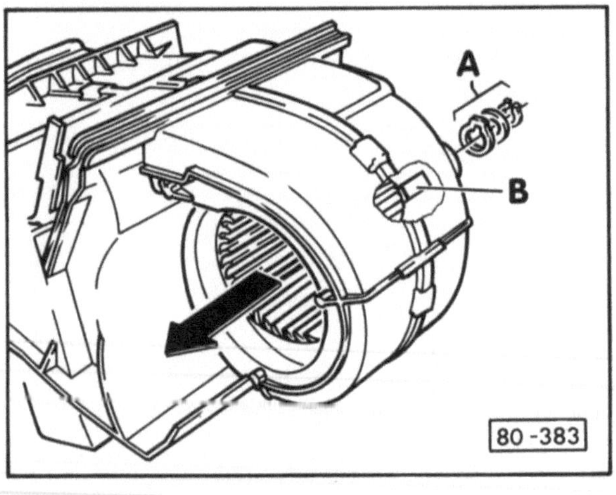

- Lüfterrad in eingebautem Zustand auf Leichtgängigkeit prüfen. Eventuell vorhandene Fremdkörper aus dem Luftführungskanal herausnehmen.

- Sicherungsring abhebeln, Haltescheibe und Tülle –A– abnehmen.
- Gebläsemotor herausnehmen. **Achtung:** Das Lüfterrad ist ausgewuchtet und darf nicht von der Achse abgezogen werden.

Einbau

- Gebläsemotor einsetzen, Tülle und Haltescheibe zwischenlegen und Sicherungsring einfedern.
- Ansaugschacht einsetzen und anschrauben.
- Bowdenzug für Frischluftklappe einbauen.
- Batterie-Massekabel anklemmen, Gebläsefunktion prüfen.
- Wasserkastenabdeckung einsetzen und anclipsen, siehe Seite 242.

Schalttafel-/Fondraumausströmer aus- und einbauen

Ausbau

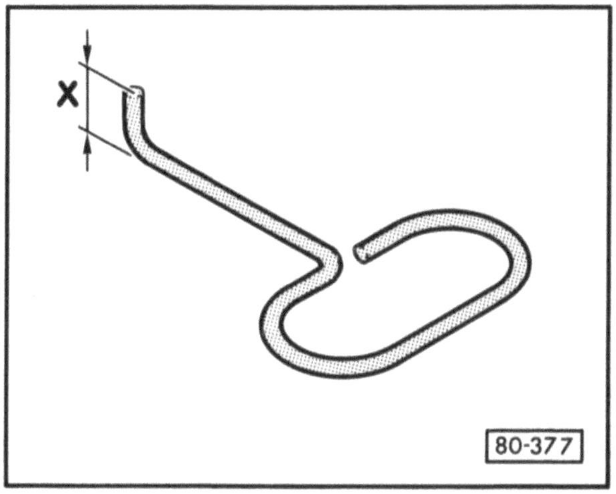

Zum Ausbau aus 3 mm starkem Draht zwei Haken biegen, Maß –X– = 6 mm.

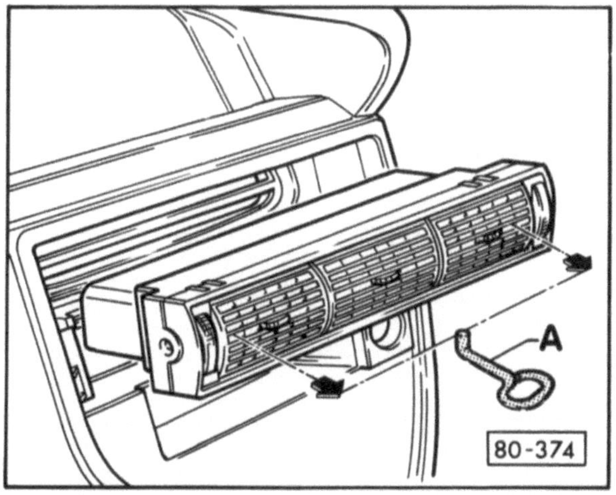

- Schalttafelausströmer mitte: 2 Haken in das Gitter einhaken und Ausströmer herausziehen.
- In gleicher Weise werden die Ausströmer links und rechts ausgebaut.

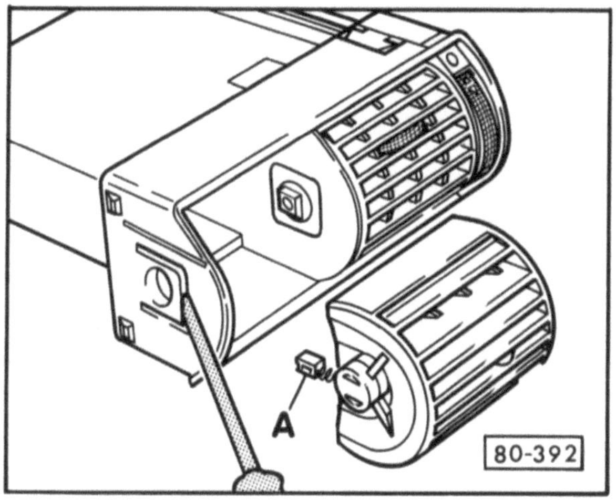

- Ausströmer rechts und links: Gegebenenfalls Schwenkeinsätze ausbauen, dazu mit Schraubendreher die seitliche Lasche vorsichtig anheben und gleichzeitig mit dem Haken den Schwenkeinsatz herausziehen.

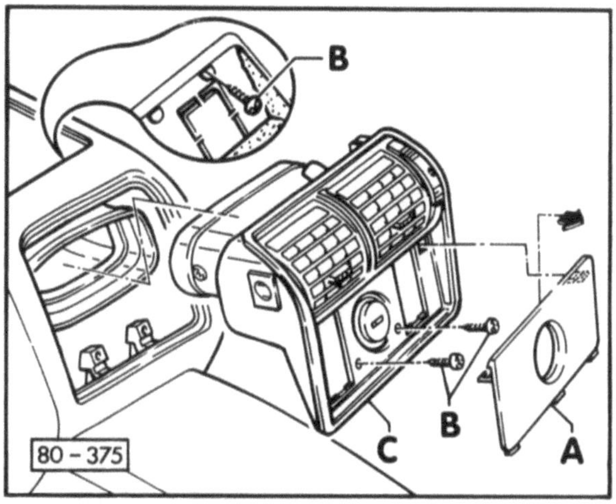

- Fondraumausströmer mitte: Blende –A– mit einem Schraubendreher oben aushebeln. Filzeinlage der Ablage hochklappen und Schrauben –B– abschrauben.

Einbau

- Schwenkeinsatz seitenrichtig einsetzen. Die federbelastete Arretierung –A– muß in das Gehäuse eingreifen.
- Schwenkeinsatz eindrücken.
- Ausströmer einsetzen, bei Fondausströmer 4 Schrauben eindrehen und Abdeckungen aufclipsen.

Störungsdiagnose Heizung

Störung	Ursache	Abhilfe
Heizgebläse läuft nicht	Sicherung für Gebläsemotor defekt	■ Sicherung für Gebläse prüfen, gegebenenfalls ersetzen
	Gebläseschalter defekt	■ Prüfen, ob an den Vorwiderständen Spannung anliegt. Wenn nicht, Gebläseschalter ausbauen und prüfen
	Elektromotor defekt	■ Prüfen, ob bei eingeschalteter Zündung und betätigtem Gebläseschalter am Kontakt des Gebläsemotors Spannung anliegt. Wenn ja, Motor auswechseln
Heizgebläse läuft nur in einer Geschwindigkeitsstellung nicht	Vorwiderstand defekt	■ Anschlußplatte ersetzen
Heizung läßt sich durch den Heizungs-Schieberegler nicht ausschalten	Schalter defekt	■ Schalter prüfen
	Seilzüge für Temperatur-Mischklappe beschädigt oder schwergängig	■ Seilzüge ersetzen
Heizleistung zu gering	Kühlmittelstand zu niedrig	■ Kühlmittelstand prüfen, gegebenenfalls Kühlmittel auffüllen
	Heizungsbetätigung schwergängig, defekt	■ Heizungsbetätigung prüfen, gegebenenfalls Bowdenzug ersetzen
Geräusche im Bereich des Heizgebläses	Eingedrungener Schmutz, Laub	■ Gebläse ausbauen, reinigen, Luftkanal säubern
	Lüfterrad hat Unwucht, Lager defekt	■ Gebläsemotor ausbauen und auf leichten Lauf prüfen

Die elektrische Anlage

Elektrisches Zubehör nachträglich einbauen

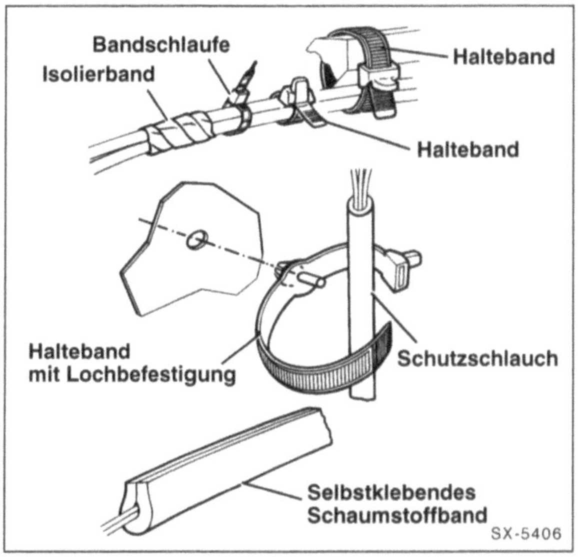

Kabel, die beim Einbau von Zubehör zusätzlich zu dem serienmäßig eingebauten Kabelsatz im Fahrzeug verlegt werden müssen, sind nach Möglichkeit immer entlang der einzelnen Kabelstränge unter Verwendung der vorhandenen Kabelschellen und Gummitüllen zu verlegen.

Falls erforderlich, sind die neu verlegten Kabel, um Geräuschen während der Fahrt vorzubeugen und das Scheuern von Kabeln zu vermeiden, mit Isolierband, plastischer Masse, Kabelbändern und dergleichen zusätzlich festzulegen. Hierbei ist besonders darauf zu achten, daß zwischen den Bremsleitungen und den festverlegten Kabeln ein Mindestabstand von 10 mm sowie zwischen den Bremsleitungen und den Kabeln, die mit dem Motor oder anderen Teilen des Fahrzeuges schwingen, ein Mindestabstand von 25 mm vorliegt.

Beim Bohren von Karosserie-Löchern müssen die Lochränder anschließend entgratet, grundiert und lackiert werden. Die beim Bohren zwangsläufig anfallenden Späne sind restlos aus der Karosserie zu entfernen.

Bei allen Einbauarbeiten, die das elektrische Leitungssystem berühren, grundsätzlich Massekabel (–) von der Fahrzeugbatterie abklemmen, um der Gefahr von Kurzschlüssen im elektrischen Leitungssystem vorzubeugen.

Achtung: Durch das Abklemmen der Batterie, werden unter Umständen die Radiosender sowie die Fehlerspeicher für Motorsteuerung, Getriebesteuerung und Antiblockiersystem gelöscht. Spezielle Hinweise zu diesem Thema stehen im Kapitel »Batterie aus- und einbauen«.

Sofern zusätzliche elektrische Verbraucher eingebaut werden, ist in jedem Fall zu überprüfen, ob die erhöhte Belastung noch von dem vorhandenen Drehstromgenerator mit übernommen werden kann. Falls erforderlich, sollte ein Generator mit größerer Leistung vorgesehen werden.

Scheibenwischermotor prüfen

Der Scheibenwischermotor sitzt im Wasserkasten unterhalb der Windschutzscheibe, beim Heckwischer in der Heckklappe. Zum Prüfen muß die jeweilige Abdeckung demontiert werden. Im nachfolgenden wird vor allem auf den Frontscheibenwischer eingegangen, beim Heckwischer dementsprechend verfahren.

Klemmenbezeichnungen

Die Klemmen am Motor sind genormt:

- Klemme 31 ist der Masseanschluß (allgemein in der Fahrzeugelektrik).
- Klemme 53 erhält Spannung für die erste Wischergeschwindigkeit.
- Klemme 53 a liefert Plusstrom (+) für die Wischer-Endabstellung: Der Motor erhält über einen Schleifkontakt so lange Spannung, bis die Wischer in Ruhestellung gelaufen sind, wenn der Fahrer den Scheibenwischer ausschaltet.
- Klemme 53 b führt die Spannung für die zweite Wischergeschwindigkeit (Nebenschlußwicklung).
- Über Klemme 53 e wird der Wischermotor beim Zurücklaufen nach dem Abschalten abgebremst, damit die Wischer nicht über ihre Parkstellung hinauslaufen.
- Nicht überall vorhanden: Klemme 53 c führt zur elektrischen Scheibenwaschpumpe, Klemme 53 i ist bei Wischermotoren mit Permanentmagnet und dritter Bürste (für höhere Wischergeschwindigkeit) vorhanden.

Wischermotor prüfen

Zunächst klären, ob der Wischermotor oder die Stromversorgung defekt ist. Dazu folgendermaßen vorgehen:

- Mehrfachstecker am Wischermotor abziehen.
- Mit 2 Hilfskabeln Spannung (+) und Masse (–) von der Fahrzeugbatterie an den Wischermotor anlegen:
  - Ein Kabel vom Batterie-Pluspol zu Klemme 53 oder 53b verlegen.
  - Das zweite vom Batterie-Minuspol zu Motor-Klemme 31 führen.
- Der Scheibenwischermotor muß jetzt je nach benutzer Klemme auf Stufe I oder II laufen. Wenn nicht, ist der Motor oder die entsprechende Stufe defekt. Wischermotor ausbauen, siehe Seite 296.

Blinkanlage prüfen

Die Takte für die Blink- und Warnblinkanlage werden von einem Relais erzeugt, dem sogenannten Blinkgeber. Die Warnblinkanlage ist ohne Sicherung an das Relais angeschlossen. Die Richtungs-Blinkanlage wird über eine Sicherung im Sicherungskasten abgesichert.

- Ist der Blinker-Rhythmus auf einer Seite schneller als auf der anderen Seite, ist auf der »schnellen« Seite eine Glühlampe defekt oder eine Leitungsunterbrechung vorhanden.
- Bei allen anderen Störungen ist meist das Blinkrelais die Ursache. Klemmenbelegung am Blinkgeber, die Anschlußfahnen sind markiert:
  - Klemme 31 ist Masse (minus, allgemein in der Fahrzeugelektrik)
  - Klemme 49 ist Relaiseingang (plus liegt ständig an), Klemme 49a ist der Relaisausgang
  - Klemme C geht zur Kontrollampe im Schalttafeleinsatz, bei Anhängevorrichtung (Zusatzausstattung) kann eine weitere Klemme C2 für die Anhänger-Blinkkontrolle vorhanden sein.
- Steht kein neues Relais zur Verfügung, dünnen Draht vorsichtig zwischen Klemme 49 und 49a im Relaisstecker einstecken. **Achtung:** Dabei dürfen die empfindlichen Relaiskontakte nicht beschädigt werden. Drahtenden vor dem Einstecken umbiegen, damit keine scharfen Kanten vorhanden sind. Defektes Blinkrelais wieder aufsetzen. Die Anschlußfahnen sind so lang, daß das Relais trotz Überbrückung wieder aufgesteckt werden kann.
- Zündung einschalten. Wird der Blinkhebel jetzt betätigt, leuchtet die betreffende Blinkerseite dauernd auf. Durch Ein- und Ausschalten mit dem Blinkerhebel kann ein Blinkrhythmus erzeugt werden. Dennoch: Umgehend neues Blinkrelais einbauen.
- Leuchtet das Blinklicht trotz Überbrückung der Relaiskontakte nicht, liegt ein Defekt im Blinkerschalter oder in der elektrischen Zuleitung vor.

Bremslicht prüfen

- Wenn das Bremslicht nicht aufleuchtet, zuerst Sicherung im Sicherungkasten überprüfen.
- War die Sicherung in Ordnung, anschließend Brems-Glühlampen überprüfen, gegebenenfalls erneuern.

Sind die Brems-Glühlampen in Ordnung, anschließend Bremslichtschalter prüfen. Oberhalb des Bremspedals sitzt am Pedalbock der Bremslichtschalter. Beim Niedertreten des Bremspedals wandert ein Druckstift aus dem Schalter heraus. Der Schalterkontakt schließt, und die Bremslichter leuchten auf.

- Bremslichtschalter überprüfen. Dazu Abdeckung oberhalb der Pedale ausbauen. Kabelstecker vom Bremslichtschalter abziehen.
- Zündung einschalten.
- Beide Kontakte im Kabelstecker des Bremslichtschalters mit einer kurzen Hilfsleitung überbrücken. Wenn die Bremslichter jetzt aufleuchten, ist der Bremslichtschalter defekt.
- Bremslichtschalter ersetzen.

Heizbare Heckscheibe prüfen

Bei eingeschalteter Heckscheibenheizung muß das Feld mit den sichtbaren Leiterbahnen nach einiger Zeit frei von Beschlag oder Eis sein.

- Bei Störungen zuerst Sicherung im Sicherungkasten überprüfen.
- Ist die Sicherung in Ordnung, anschließend festen Sitz des Kabelsteckers an der Heckscheibe überprüfen, gegebenenfalls von Korrosion reinigen.
- Falls die Heckscheibe in einer Heckklappe sitzt, Stromzufuhr zur Heckklappe prüfen. Dazu Heckklappe öffnen. Die Stromzufuhr erfolgt meistens durch am Rahmen federnd angebrachte Stifte. An der Karosserie sind entsprechende Kontaktfelder, auf welchen die Heckklappen-Kontaktstifte bei geschlossener Heckklappe aufliegen. Verbogene Kontakte vorsichtig nachbiegen. Verschmutzte Kontakte mit Spiritus oder Benzin abwischen.
- Funktioniert die Heckscheibenheizung immer noch nicht, Schalter prüfen.
- Funktion des Schaltrelais prüfen.
- Sind Heizfäden unterbrochen, hilft handelsüblicher Leitsilberlack zur Wiederherstellung der Verbindung (zum Beispiel von Fa. DODUCO, Pforzheim).

Die elektronische Wegfahrsicherung

Seit 5/94 ist der AUDI 100/A6 serienmäßig mit einer elektronischen Wegfahrsicherung ausgerüstet. Bei aktiviertem System verhindert die Anlage das Anspringen des Motors, wenn nicht der mit dem richtigen Code versehene Schlüssel verwendet wird.

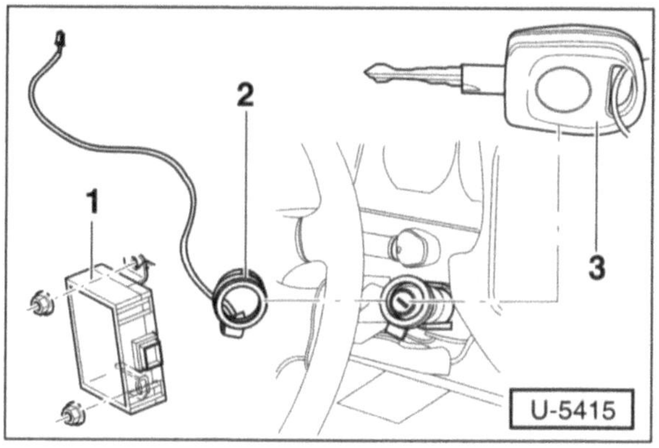

Die Anlage besteht aus:

- ❑ dem Steuergerät –1– für elektronische Wegfahrsicherung (hinter Schalttafeleinsatz, links an Lenkungsaufnahme),
- ❑ dem angepaßten Motorsteuergerät,
- ❑ der Kontrollampe für Wegfahrsicherung,
- ❑ einer Lesespule –2– am Zündschloß,
- ❑ dem Zündschlüssel –3– mit eingebautem Transponder (Antwort-Lesespeicher). Der Transponder ist eine batterielos arbeitende Empfangs- und Sendeeinheit, die für jeden Schlüssel einen anderen fest eingespeicherten Code enthält.

- ■ Die Wegfahrsicherung wird durch Einschalten der Zündung deaktiviert. Dabei wird durch die Lesespule elektrische Energie induktiv auf den Transponder im Schlüssel übertragen.
- ■ Der Schlüsselcode wird gelesen und an das Steuergerät für Wegfahrsicherung übermittelt. Dort wird der Schlüsselcode mit dem abgespeicherten Wert verglichen. Danach wird der Code des Motor-Steuergerätes geprüft.
- ■ Wenn sämtliche Codes übereinstimmen leuchtet im Schalttafeleinsatz die Kontrollampe für Wegfahrsicherung kurz auf.
- ■ Falls keine Übereinstimmung der Codes vorhanden ist, blinkt die Kontrolleuchte bei eingeschalteter Zündung und der Motor kann nicht gestartet werden. Das kann folgende Ursachen haben:
  - ◆ Lesevorgang durch zusätzliche Schlüssel am Schlüsselbund behindert,
  - ◆ Schlüsselcode defekt.
- ■ Die elektronische Überprüfung der Wegfahrsicherung erfolgt mit dem V.A.G-Diagnosegerät 1551 oder 1552 durch Abrufen des Fehlerspeichers.

Geheimnummer

Die Geheimnummer ist bei Neufahrzeugen auf einem Schlüsselanhänger angebracht. Sie ist erforderlich, um neue Schlüssel zu codieren.

Identnummer

Die Identnummer wird benötigt, um bei Verlust der Geheimnummer diese beim Werk zu erfragen. Sie befindet sich ebenfalls auf einem Schlüsselanhänger, kann aber auch aus dem Steuergerät der Wegfahrsicherung ausgelesen werden.

Einbaulage der Sicherungen/Relais/Steuergeräte

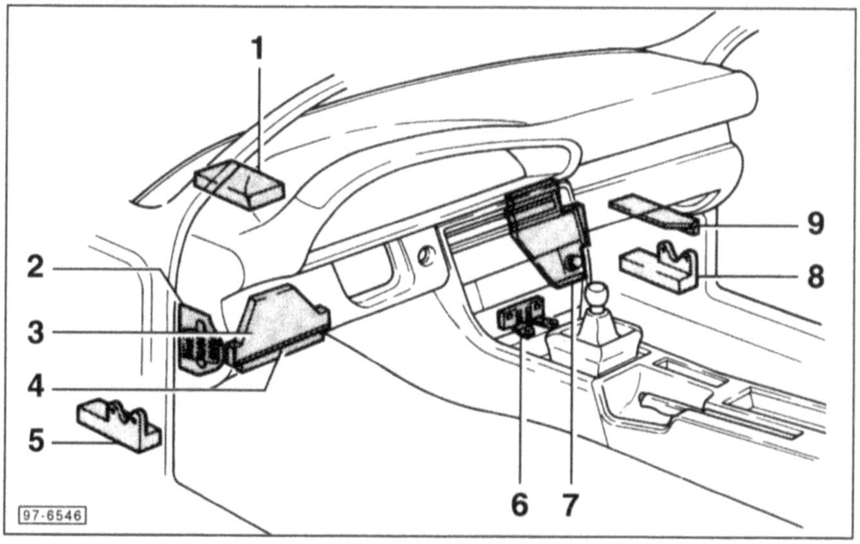

1 – Zusatzrelaisträger I
2 – Sicherungshalter
3 – Kupplungsstation I
4 – Zentralelektrik mit Relaisträger
5 – Zusatzrelaisträger II
6 – Kupplungsstation III
7 – Elektronikbox
8 – Zusatzrelaisträger III
9 – Kupplungsstation II

Die Zentralelektrik beim AUDI 100 ist auf der Fahrerseite unter der Schalttafel angeordnet. Sie übernimmt die zentrale Stromversorgung. Hier sind auch Schraubanschlüsse für die Hauptklemmen (Klemme 15, 15a, 30 etc.), was beispielsweise nachträglichen Einbau von Zubehör erleichtert. Die Sicherungen befinden sich in einem separaten Halter links neben der Zentralelektrik. Auf Zusatzrelaisträgern sitzen je nach Ausstattung die verschiedenen Relais. Die Sicherungs- und Relaisbelegung ist aus den Aufklebern auf der jeweiligen Abdeckungsinnenseite zu ersehen. Die Haupt-Steckverbindungen der Kabelstränge sind in 3 sogenannten Kupplungsstationen zusammengefaßt. Dadurch sind im Stromlaufplan gekennzeichnete Steckverbindungen leicht auffindbar.
Im Fußraum vorn rechts sitzt eine Elektronikbox. Sie beinhaltet die Steuergeräte für die Motor- und Getriebeelektronik sowie die Thermosicherungen der elektronischen Motorsteuerung.

Sicherungen auswechseln

Um Kurzschluß- und Überlastungsschäden an den Leitungen und Verbrauchern der elektrischen Anlage zu verhindern, sind die einzelnen Stromkreise durch Schmelzsicherungen geschützt. Es werden Sicherungen verwendet, die neuesten technischen Erkenntnissen entsprechen. Sie sind mit Messerkontakten ausgestattet, so daß herkömmliche Sicherungen nicht mehr verwendet werden können.

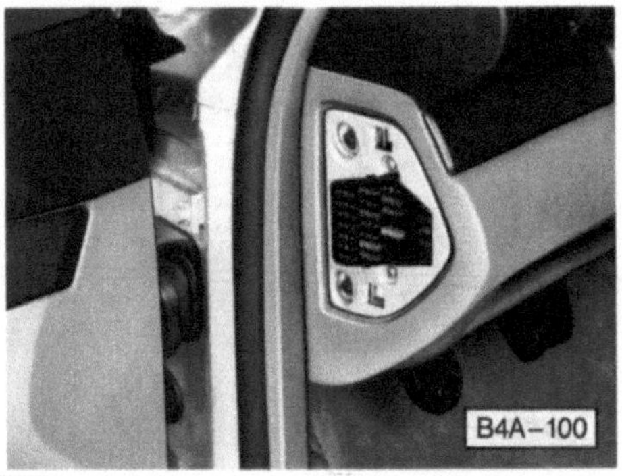

Die Sicherungen sind in einem Sicherungskasten untergebracht, der sich unter einer Abdeckung links an der Schalttafel befindet.

- Vor dem Auswechseln einer Sicherung immer zuerst den betroffenen Verbraucher ausschalten.
- Abdeckung an der unteren Aussparung mit einem schmalen Schraubendreher abhebeln und abnehmen.
- Eine durchgebrannte Sicherung erkennt man am durchgeschmolzenen Metallstreifen. Eine Übersicht der aktuellen Sicherungsbelegung befindet sich auf der Deckelinnenseite des Sicherungskastens.
- Defekte Sicherung herausziehen. Ein Klammer zum besseren Fassen der Sicherung befindet sich im Deckel. Klammer aufschieben und Sicherung herausziehen.
- Neue Sicherung **gleicher Sicherungsstärke** einsetzen.
- Brennt eine neu eingesetzte Sicherung nach kurzer Zeit wieder durch, muß der entsprechende Stromkreis überprüft werden.
- Auf keinen Fall Sicherung durch Draht oder ähnliche Hilfsmittel ersetzen, weil dadurch ernste Schäden an der elektrischen Anlage auftreten können.
- Es ist empfehlenswert, stets einige Ersatz-Sicherungen im Wagen mitzuführen. Zur Aufbewahrung befinden sich im Sicherungskasten entsprechende Freiplätze.

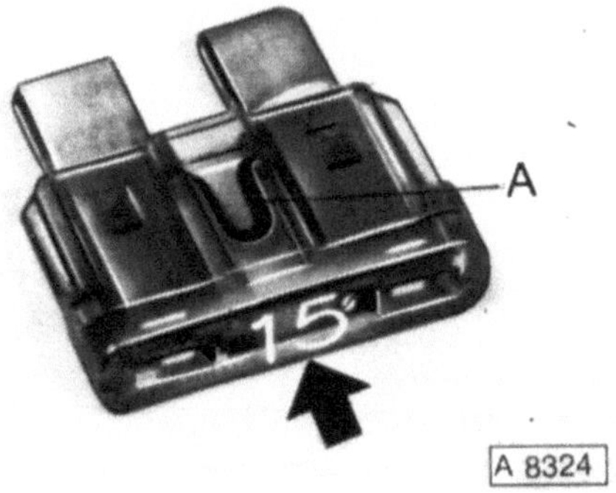

- Die Nennstromstärke der Sicherung ist auf der Rückseite des Griffes aufgedruckt. Außerdem hat der Griff eine Kennfarbe, an der ebenfalls die Nennstromstärke zu erkennen ist. A = Schmelzfaden.

Nennstromstärke Ampere	Kennfarbe
5	beige
10	rot
15	blau
20	gelb
25	weiß
30	grün

- Abdeckung aufdrücken.

Batterie aus- und einbauen

Die Batterie befindet sich im Motorraum unter der schwarzen Plastikabdeckung des Wasserkastens. Diese Abdeckung muß zum Ausbau der Batterie entfernt werden. Bei Fahrzeugen mit Klimaanlage, oder wenn ein Staub- und Pollenfilter der Heizungsanlage eingebaut ist, befindet sich die Batterie unter der hinteren Sitzbank.

Achtung: Wird die Batterie abgeklemmt, werden der Fehlerspeicher der Motor- und Getriebesteuerung, Antiblockiersystem sowie andere ständig im Eingriff befindliche Geräte (zum Beispiel Radio und Zeituhr) stillgelegt beziehungsweise gelöscht. Vor dem Abklemmen gegebenenfalls Fehlerspeicher abrufen lassen, nach dem Anklemmen betreffende Geräte neu programmieren.

Einige serienmäßig eingebaute Radios besitzen überdies eine Codierung. Die Anti-Diebstahl-Codierung verhindert die unbefugte Inbetriebnahme des Gerätes, wenn die Stromversorgung unterbrochen wurde. Die Stromversorgung ist beispielsweise unterbrochen beim Abklemmen der Batterie, beim Ausbau des Radios oder wenn die Radiosicherung durchgebrannt ist.
Falls das Radio codiert ist, Radiocode vor Abklemmen der Batterie feststellen. Ist der Code nicht bekannt, kann nur die V.A.G-Werkstatt das Autoradio wieder in Betrieb nehmen, siehe auch Seite 292.

Ausbau

- Ist die Batterie vorn eingebaut, Wasserkastenabdeckung ausbauen.
- Bei Fahrzeugen mit Klimaanlage/Pollenfilter Rücksitzbank ausbauen.
- Zündung ausschalten.
- Zuerst Batterie-Masseband abklemmen, dann Pluskabel.

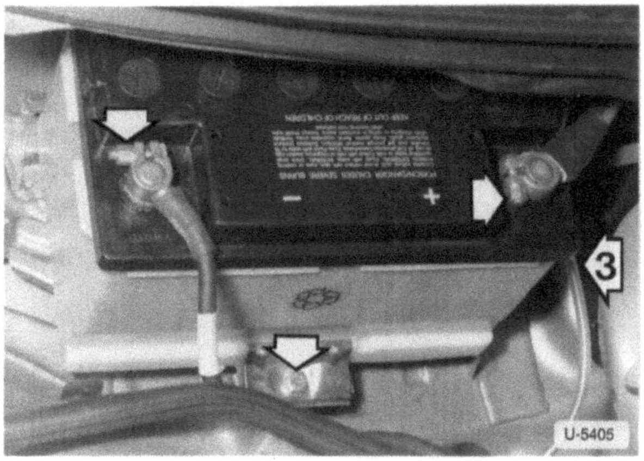

- Entlüftungsschlauch –3– abziehen.
- Halteplatte abschrauben, Batterie herausnehmen.

Achtung: Batterien enthalten giftige Substanzen, die nicht in den Hausmüll gelangen dürfen.

Hinweis:
Wenn Sie eine neue Autobatterie kaufen, nehmen Sie die Altbatterie zum Händler mit. Sonst müssen Sie Pfand für die neue Batterie bezahlen.

Einbau

- Vor dem Einbau Batterie-Pole blank kratzen, geeignet ist dazu eine Messingdrahtbürste. Zur Verhinderung von Korrosion beide Pole mit speziellem Säureschutzfett bestreichen, zum Beispiel mit BOSCH-Polfett.
- Batterie einsetzen, Halteplatte mit 20 Nm festschrauben.
- Pluskabel am Pluspol (+), dann Massekabel am Minuspol (–) anklemmen. **Achtung:** Durch eine falsch angeschlossene Batterie können erhebliche Schäden am Generator und an der elektrischen Anlage entstehen.
- Entlüftungsschlauch aufschieben.
- Abdeckung beziehungsweise Rücksitzbank wieder einbauen.
- Radio falls erforderlich, neu programmieren, siehe Seite 292.

Batterie prüfen

Nachfolgend zwei verschiedene Möglichkeiten, die Batterie zu prüfen. Je nach Prüfung werden verschiedene Testgeräte benötigt.

Säuredichte prüfen

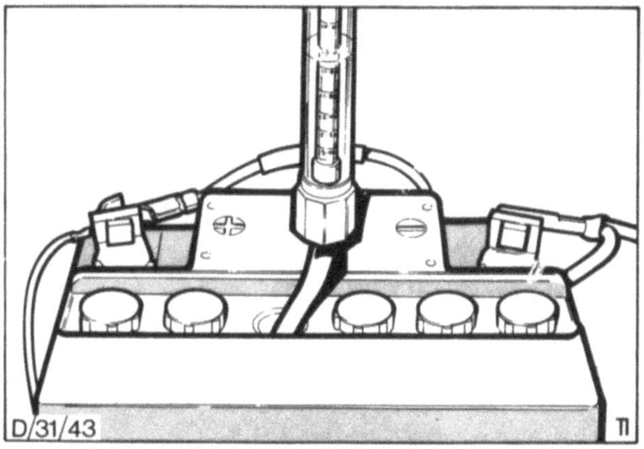

- Die Säuredichte ergibt in Verbindung mit der Spannungsmessung genauen Aufschluß über den Ladezustand der Batterie. Zur Prüfung dient ein Säureheber, der recht preiswert in Fachgeschäften angeboten wird. Je größer das spezifische Gewicht (Säuredichte) der angesaugten Batteriesäure ist, desto mehr taucht der Schwimmer auf. An der Skala kann man die Säuredichte in spezifischem Gewicht (g/ml) oder Baumégrad (+°Bé) ablesen. Folgende Werte müssen erreicht werden:

Ladezustand	norm. Klimazonen		Tropen	
	+°Bé	g/ml	+ °Bé	g/ml
entladen	16	1,12	11	1,08
halb entladen	24	1,20	18	1,16
gut geladen	32	1,28	27	1,23

- Nacheinander jede Batteriezelle prüfen, alle Zellen müssen die gleiche Säuredichte (± 0,02 g/ml) haben. Sonst kann auf eine defekte Batterie geschlossen werden.

Batterie unter Belastung prüfen

- Voltmeter an den Polen der Batterie anschließen.
- Motor starten und Spannung ablesen.
- Während des Startvorganges darf bei einer vollen Batterie die Spannung nicht unter 8 Volt (bei einer Säuretemperatur von ca. +20° C) abfallen.
- Bricht die Spannung sofort zusammen und wurde in den Zellen eine unterschiedliche Säuredichte festgestellt, so ist auf eine defekte Batterie zu schließen.
- Die Gesamtspannung kann auch mit einem Batterie-Testgerät gemessen werden. Bedienungsanweisung des Herstellers beachten.

Batterie laden

- Batterie niemals kurzschließen, das heißt Plus- und Minuspol dürfen nicht verbunden werden. Bei Kurzschluß erhitzt sich die Batterie und kann platzen. Nicht mit offener Flamme in Batterie leuchten. Batteriesäure ist ätzend und darf nicht in die Augen, auf die Haut oder die Kleidung gelangen, gegebenenfalls mit viel Wasser abspülen.

- Vor dem Laden Plus- und Massekabel von Batterie abklemmen, Massekabel zuerst.
- Vor dem Laden Säurestand prüfen, gegebenenfalls destilliertes Wasser nachfüllen.
- Gefrorene Batterie vor dem Laden auftauen. Eine geladene Batterie friert bei ca. −65° C, eine halbentladene bei ca. −30° C und eine entladene schon bei ca. −12° C.
- Batterie nur in gut belüftetem Raum laden. Beim Laden der eingebauten Batterie Motorhaube geöffnet lassen.
- Bei der Normalladung beträgt der Ladestrom ca. 10 % der Kapazität. (Bei einer 50-Ah-Batterie also etwa 5,0 A.) Als Richtwert für die Ladezeit kann dann 10 Stunden genommen werden.
- Pluspol der Batterie mit Pluspol, Minuspol der Batterie mit Minuspol des Ladegerätes verbinden.
- Die Säuretemperatur darf während des Ladens +55° C nicht überschreiten, gegebenenfalls Ladung unterbrechen oder Ladestrom herabsetzen.
- So lange laden, bis alle Zellen lebhaft gasen und bei drei im Abstand von je einer Stunde aufeinanderfolgenden Messungen das spezifische Gewicht der Säure und die Spannung nicht mehr angestiegen sind.
- Nach der Ladung Säurestand prüfen, gegebenenfalls destilliertes Wasser nachfüllen.

Achtung: Der Motor darf nicht bei abgeklemmter Batterie laufen, da sonst die elektrische Anlage beschädigt wird.

Schnelladen/Starthilfe

- Das Laden beziehungsweise Starthilfe geben mit einem Schnelladegerät darf nur ausnahmsweise durchgeführt werden, da die Batterie hierdurch kurzfristig einer sehr hohen Stromstärke ausgesetzt ist. Länger gelagerte Batterien sollten nicht mit einem Schnelladegerät aufgeladen werden, Hinweise zu gelagerten Batterien beachten.

Batterie lagern

Batterien, die längere Zeit unbenutzt waren (zum Beispiel Fahrzeug stillgelegt), entladen sich selbst und können darüber hinaus sulfatiert sein. Wenn diese Batterien mit einem Schnelladegerät geladen werden, nehmen sie keinen Ladestrom auf oder werden durch sogenannte Oberflächenladung zu früh als »voll« ausgewiesen. Sie sind anscheinend defekt.

Bevor diese Batterien als defekt angesehen werden, sind sie zu prüfen:

- Säuredichte prüfen. Weicht die Säuredichte in allen Zellen nicht mehr als 0,02 g/ml voneinander ab, so ist die Batterie mit einem Normalladegerät zu laden.
- Batterie nach der Ladung durch eine Belastungsprüfung testen. Wenn sie die Sollwerte nicht erreicht, ist sie defekt.
- Säuredichte prüfen. Weicht die Säuredichte in einer oder zwei benachbarten Zellen merklich nach unten ab (zum Beispiel 5 Zellen zeigen 1,16 g/ml und eine Zelle 1,08), hat die Batterie einen Kurzschluß und ist defekt.
- Um die Alterung der Batterie zu vermeiden, gelagerte Batterie daher etwa alle 3 Monate nachladen.

Batterie entlädt sich selbständig

Je nach Fahrzeugausstattung addiert sich zur natürlichen Selbstentladung der Batterie auch die Stromaufnahme der verschiedenen Steuergeräte im Ruhezustand. Daher sollte ein stehendes Fahrzeug spätestens alle 6 Wochen nachgeladen werden. Wenn der Verdacht auf Kriechströme besteht, Bordnetz nach folgender Anleitung prüfen:

- Zur Prüfung geladene Batterie verwenden.

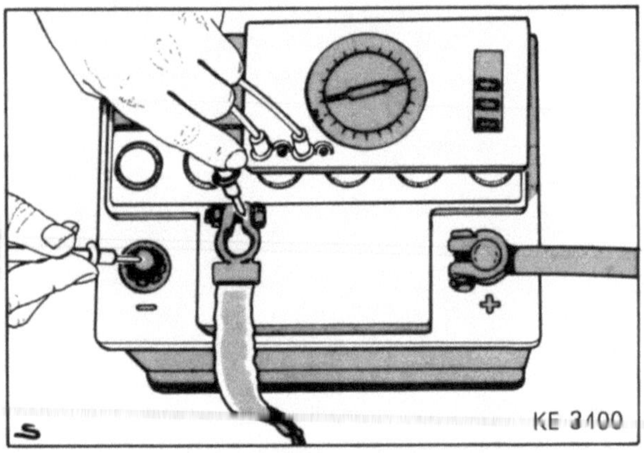

- Am Ampèremeter (Meßbereich von 0−5 mA bis 5 A) den höchsten Meßbereich einstellen. Massekabel von der Batterie abklemmen. Ampèremeter zwischen Batterie-Minuspol und Massekabel schalten. Ampèremeter-Plus-Anschluß an Massekabel und Ampèremeter-Minus-Anschluß an Batterie-Minuspol.
- Alle Verbraucher ausschalten, vorhandene Zeituhr (und andere Dauerverbraucher) abklemmen, Türen schließen.
- Vom Ampèrebereich solange auf den Milliampèrebereich zurückschalten, bis eine ablesbare Anzeige erfolgt (1−3 mA sind zulässig).
- Durch Herausnehmen der Sicherungen nacheinander die verschiedenen Stromkreise unterbrechen. Wenn bei einem der unterbrochenen Stromkreise die Anzeige auf Null zurückgeht, ist hier die Fehlerquelle zu suchen. Fehler können sein: korrodierte und verschmutzte Kontakte, durchgescheuerte Leitungen, interner Schluß in Aggregaten.
- Wird in den abgesicherten Stromkreisen kein Fehler gefunden, so sind die Leitungen an den nicht abgesicherten Aggregaten abzuziehen. Dieses sind: Generator, Anlasser, Zündanlage.
- Geht beim Abklemmen von einem der ungesicherten Aggregate die Anzeige auf Null zurück, betreffendes Bauteil überholen oder austauschen. Bei Stromverlust in Anlasser oder Zündanlage immer auch den Zündschalter nach Stromlaufplan prüfen.

Der Generator

Der AUDI 100 ist mit einem Drehstromgenerator ausgerüstet. Je nach Modell und Ausstattung können Generatoren mit unterschiedlichen Leistungen eingebaut sein. Die Leistung steht auf dem Typschild am Generator. **Achtung:** Wenn nachträglich elektrisches Zubehör eingebaut wird, sollte überprüft werden, ob die bisherige Generatorleistung noch ausreicht, gegebenenfalls stärkeren Generator einbauen.

Der Generator wird von der Kurbelwelle über den Keilriemen angetrieben. Dabei dreht sich der Läufer mit der Erregerwicklung innerhalb der feststehenden Ständerwicklung mit etwa doppelter Motordrehzahl.

Über Kohlebürsten und Schleifringe fließt der Erregerstrom durch die Erregerwicklung. Dabei bildet sich ein Magnetfeld.

Die Lage des magnetischen Feldes zur Ständerwicklung ändert sich ständig, entsprechend der Umdrehung des Läufers. Dadurch wird in der Ständerwicklung ein Drehstrom erzeugt.

Da die Batterie aber nur mit Gleichstrom geladen werden kann, wird der Drehstrom durch Gleichrichter in der Diodenplatte in Gleichstrom umgewandelt. Der Spannungsregler verändert den Ladestrom durch Ein- und Ausschalten des Erregerstromes, entsprechend dem Ladezustand der Batterie. Gleichzeitig hält der Regler die Betriebsspannung konstant bei ca. 14 Volt, unabhängig von der Drehzahl.

Achtung: Der Generator ist ein sogenanntes Austauschteil. Das bedeutet, daß ein defekter Generator bei Kauf eines überholten oder neuen Generators vom Hersteller in Zahlung genommen wird, daher Altteil zum Händler mitnehmen.

Sicherheitshinweise für den Drehstromgenerator

- Bei Arbeiten an der elektrischen Anlage im Motorraum grundsätzlich das Batterie-Massekabel (–) abklemmen. **Achtung:** Beim Abklemmen der Batterie werden Speicher im Radio und in elektronischen Steuergeräten gelöscht. Falls das Radio codiert ist, Radiocode vor Abklemmen der Batterie feststellen. Ohne den Code kann das Autoradio nach dem Wiederanklemmen der Batterie nicht mehr in Betrieb genommen werden. Siehe auch Kapitel »Batterieausbau«.
- Kabel an Spannungsregler und Generator **nicht** vertauschen. Kabel vor dem Abklemmen mit Tesaband kennzeichnen.
- Batterie oder Spannungsregler **nicht** bei laufendem Motor abklemmen.
- Generator **nicht** bei angeschlossener Batterie ausbauen.
- Beim Elektroschweißen Batterie grundsätzlich abklemmen.

Generatorspannung prüfen

- Voltmeter zwischen Plus- und Minuspol der Batterie anschließen.
- Motor starten. Die Spannung darf beim Startvorgang bis 8 Volt (bei +20° C Außentemperatur) absinken.
- Motordrehzahl auf 3000/min erhöhen. Die Spannung soll 13,5 bis 14,5 Volt betragen. Dies ist ein Beweis, daß Generator und Regler arbeiten. Die Generatorspannung (Bordspannung) muß höher als die Batteriespannung sein, damit die Batterie im Fahrbetrieb wiederaufgeladen wird.
- Regelstabilität prüfen. Dazu Fernlicht einschalten und Messung bei 3000/min wiederholen. Die gemessene Spannung darf nicht mehr als 0,4 Volt über dem vorher gemessenen Wert liegen.
- Liegen die gemessenen Werte außerhalb der Sollwerte, Generator von Fachwerkstatt überprüfen lassen.

Schaltschema des Generators

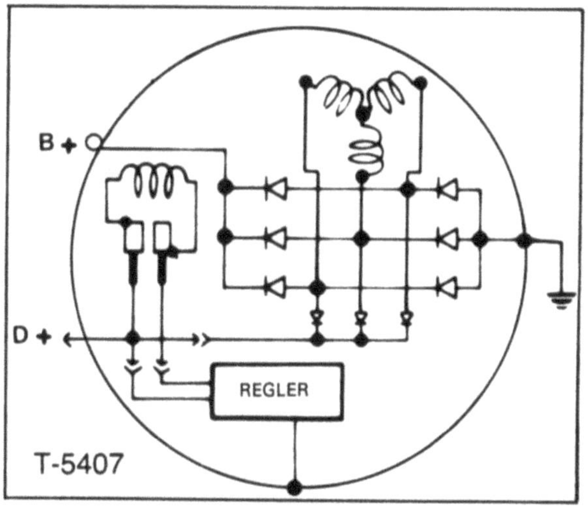

Generator aus- und einbauen

Ausbau

- Batterie-Massekabel (–) abklemmen. **Achtung:** Beim Abklemmen der Batterie werden Speicher im Radio und in elektronischen Steuergeräten gelöscht. Falls das Radio codiert ist, Radiocode vor Abklemmen der Batterie feststellen. Ohne den Code kann das Autoradio nach dem Wiederanklemmen der Batterie nicht mehr in Betrieb genommen werden. Siehe auch Kapitel »Batterieausbau«.
- 5- und 6-Zylinder-Motoren: Untere Motorraumabdeckung ausbauen, siehe Seite 17.
- Keilriemen entspannen und abnehmen, siehe Seite 63.
- Falls vorhanden, Luftschlauch hinten am Generator abziehen.

- Schutzkappe wegziehen, dicke (B+) und dünne (D+) -Leitung abklemmen.

- 4-Zylinder-Motor: Schraube für Generatorlagerung herausdrehen. Dazu 6 mm-Schlüssel für Innensechskantschrauben von vorn einsetzen und Schraube lösen, siehe Abbildung.

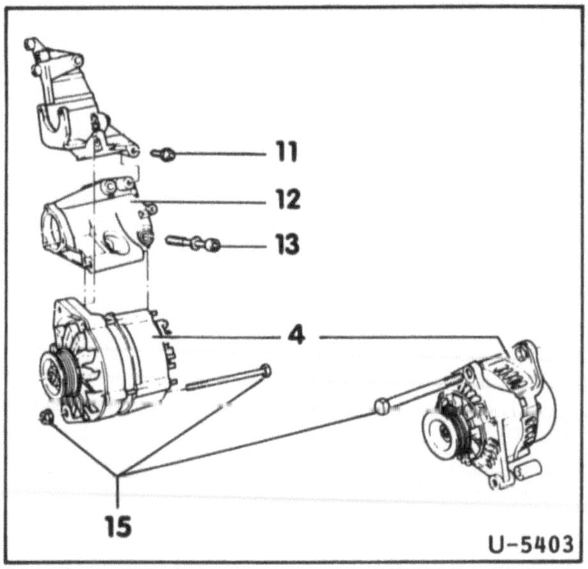

- 5- und 6-Zylindermotoren: 1 lange –15– und 1 kurze Schraube am Lagerbock –12– für Generator –4– herausdrehen, Generator abnehmen. Der linke Teil der Abbildung zeigt den Generator der 5-Zylinder-Motoren, der rechte Teil den Generator des 6-Zylinder-Motors. –11– und –13– = Befestigungsschrauben.

Einbau

- Generator einsetzen und mit 2 Schrauben (4-Zylinder-Motor: 1 Schraube) am Lagerbock anschrauben. Lange Schraube mit **45 Nm** festziehen, kurze Schraube mit **20 Nm**.
- 4-Zylinder-Motor: Spannschraube einsetzen.
- Keilriemen auf Verschleiß prüfen, gegebenenfalls ersetzen.
- Keilriemen auflegen und spannen, siehe Seite 63.
- Elektrische Leitungen für Generator anschließen.
- Batterie-Masseband anklemmen.
- Motorraumabdeckung einbauen.

Schleifkohlen für Generator/ Spannungsregler ersetzen/prüfen

Je nach Ausführung können Generatoren verschiedener Firmen eingebaut sein. Der Ausbau der Schleifkohlen (Bürsten) ist bei BOSCH und VALEO-Generatoren bei eingebautem Generator möglich.

Ausbau

- Batterie-Massekabel (–) abklemmen. **Achtung:** Beim Abklemmen der Batterie werden Speicher im Radio und in elektronischen Steuergeräten gelöscht. Falls das Radio codiert ist, Radiocode vor Abklemmen der Batterie feststellen. Ohne den Code kann das Autoradio nach dem Wiederanklemmen der Batterie nicht mehr in Betrieb genommen werden. Siehe auch Kapitel »Batterieausbau«.

BOSCH-Regler

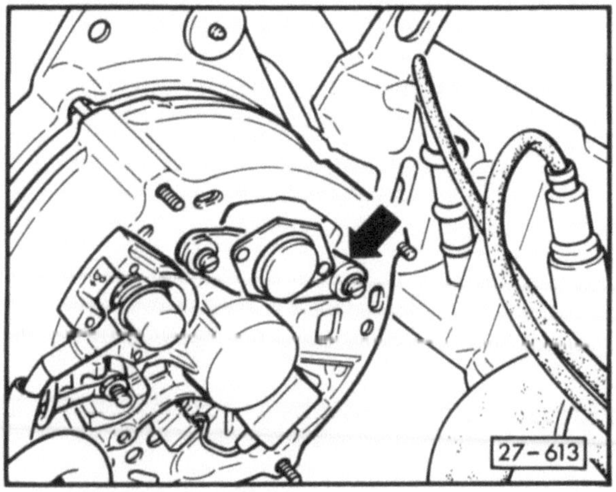

VALEO-Regler

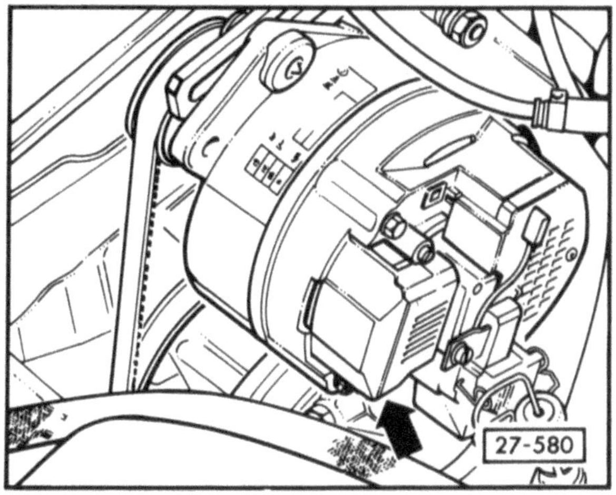

- Spannungsregler –Pfeil– an der Rückseite des Generators abschrauben (2 Schrauben) und vorsichtig herausziehen.

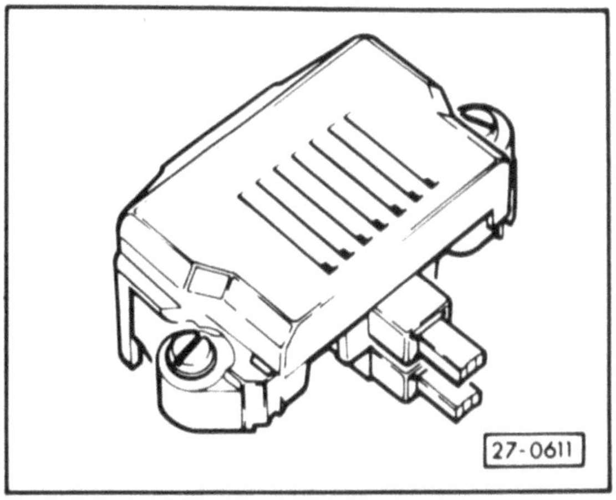

- Schleifkohlen ersetzen, wenn die Länge 5 mm oder weniger beträgt. Dazu Anschlußlitze auslöten.
- Schleifringe auf Verschleiß prüfen, gegebenenfalls feinstüberdrehen und polieren.
- Kontaktfläche reinigen und Vorspannung der Kontaktfeder prüfen, gegebenenfalls erneuern.

Einbau

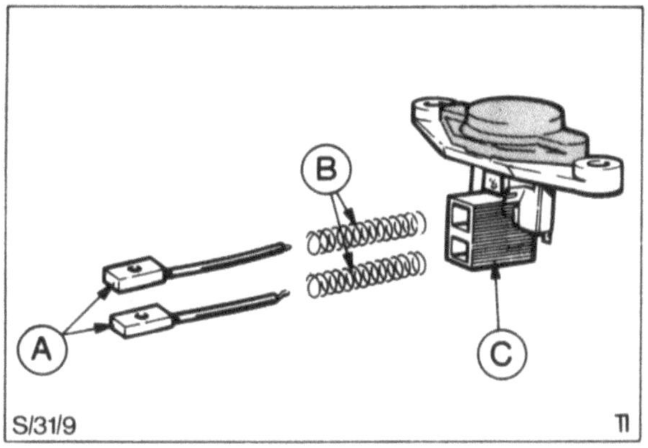

- Kohlebürsten –A– und Federn –B– in den Bürstenhalter –C– einsetzen und Anschlüsse verlöten.
- Damit beim Anlöten der neuen Bürsten kein Lötzinn in der Litze hochsteigen kann, Anschlußlitze der Bürsten mit einer Flachzange fassen. **Achtung:** Durch hochsteigendes Lötzinn würde die Litze steif und die Kohlebürste unbrauchbar werden.
- Der Isolierschlauch über der Litze muß neben der Lötstelle mit der vorhandenen Öse festgeklemmt werden.
- Nach dem Einbau neue Kohlebürsten auf leichten Lauf in den Bürstenhaltern prüfen.
- Spannungsregler erst mit einer Schraube von Hand befestigen, dann vorsichtig in endgültige Einbaulage drücken und festschrauben.
- Batterie-Massekabel anklemmen.

Störungsdiagnose Generator

Störung	Ursache	Abhilfe
Ladekontrollampe leuchtet nicht bei eingeschalteter Zündung	Batterie leer	■ Batterie laden
	Kabel an Generator locker oder korrodiert	■ Kabel auf einwandfreien Kontakt prüfen, Schraube festziehen
	Ladekontrollampe durchgebrannt	■ Prüfen, gegebenenfalls erneuern
	Unterbrechung in der Leitungsführung Generator/Zündschloß/Kontrollampe	■ Mit Ohmmeter nach Stromlaufplan untersuchen
	Steckverbindungen zwischen Gleichrichterplatte und Spannungsregler nicht gesteckt	■ Generator demontieren, gegebenenfalls Stecker ersetzen
	Kohlebürsten liegen nicht auf dem Schleifring auf	■ Freigängigkeit der Kohlebürsten und Mindestlänge (5 mm) prüfen
	Erregerwicklung im Generator durchgebrannt	■ Läufer austauschen
Ladekontrollampe erlischt nicht bei Drehzahlsteigerung	Keilriemen locker	■ Keilriemen spannen
	Kohlebürsten abgenutzt	■ Kohlebürsten sichtprüfen, gegebenenfalls austauschen
	Spannungsregler defekt	■ Prüfen, gegebenenfalls erneuern
	Leitung zwischen Drehstromgenerator und Regler defekt	■ Leitung und Kontakte prüfen, ggf Leitungsstrang ersetzen
Ladekontrollampe brennt bei ausgeschalteter Zündung	Plusdiode hat Kurzschluß	■ Dioden prüfen, gegebenenfalls Diodenplatte austauschen

Der Anlasser

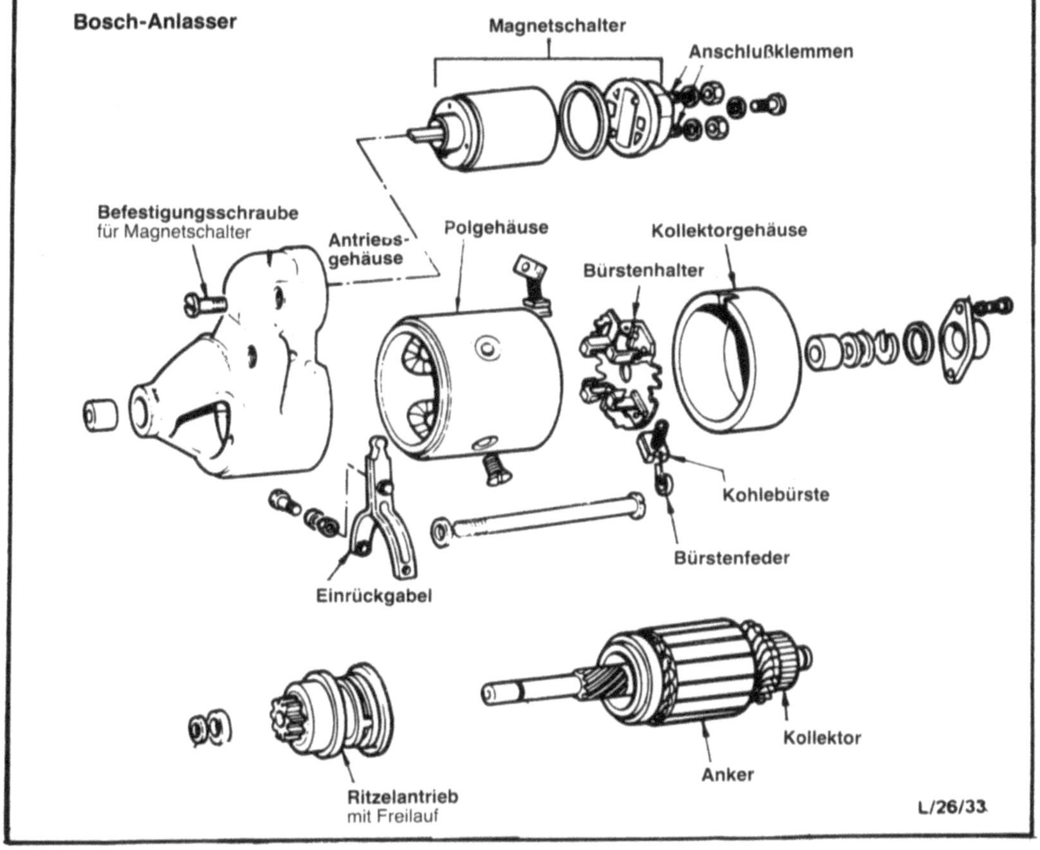

Zum Starten des Verbrennungsmotors ist ein kleiner elektrischer Motor, der Anlasser, erforderlich. Damit der Motor überhaupt anspringen kann, muß der Anlasser den Verbrennungsmotor auf eine Drehzahl von mindestens 300 Umdrehungen in der Minute beschleunigen. Das funktioniert aber nur, wenn der Anlasser einwandfrei arbeitet und die Batterie hinreichend geladen ist.

Der Anlasser besteht aus einem Antriebs-, Pol- und Kollektorgehäuse. In dem Pol- und Kollektorgehäuse sind Anker und Kollektor gelagert sowie der Bürstenhalter. Im Bürstenhalter befinden sich Kohlebürsten, die ein Verschleißteil darstellen und sich zwar langsam, aber stetig abnutzen. Bei hoher Abnutzung der Kohlebürsten kann der Anlasser nicht mehr einwandfrei arbeiten.

In dem vorderen Antriebsgehäuse ist der Ritzelantrieb untergebracht. Wenn über den Zündanlaßschalter der Anlasser Spannung erhält, wird über den Magnetschalter, der auf dem Anlassergehäuse sitzt, das Ritzel auf einem Steilgewinde gegen den Zahnkranz des Schwungrades geschoben. Sobald das Ritzel bis zum Anschlag auf der Spindel vorgelaufen ist, ist es kraftschlüssig mit dem Schwungrad verbunden. Nun kann der Anlasser den Motor auf die erforderliche Anlaßdrehzahl bringen. Wenn der Verbrennungsmotor angelaufen ist, wird das Ritzel vom Motor her beschleunigt, es läuft also kurzzeitig schneller als der Motor und spurt aus, wodurch die Verbindung zum Verbrennungsmotor aufgehoben ist.

Da zum Starten des Verbrennungsmotors eine hohe Stromaufnahme erforderlich ist, ist im Rahmen der Wartung auf eine einwandfreie Kabelverbindung zu achten. Korrodierte Anschlüsse säubern und mit Polschutzfett einstreichen.

Achtung: Der Anlasser ist ein sogenanntes Austauschteil. Das bedeutet, daß ein defekter Anlasser bei Kauf eines überholten oder neuen Anlassers vom Hersteller in Zahlung genommen wird, daher Altteil zum Händler mitnehmen.

Anlasser aus- und einbauen

Achtung: Insbesondere beim 6-Zylindermotor ist der Anlasser bei eingebautem Motor schwer zu erreichen und nur mit geeigneten Werkzeugen auszubauen.

Ausbau

- Batterie-Massekabel (–) abklemmen. **Achtung:** Beim Abklemmen der Batterie werden Speicher im Radio und in elektronischen Steuergeräten gelöscht. Falls das Radio codiert ist, Radiocode vor Abklemmen der Batterie feststellen. Ohne den Code kann das Autoradio nach dem Wiederanklemmen der Batterie nicht mehr in Betrieb genommen werden. Siehe auch Kapitel »Batterieausbau«.
- Fahrzeug aufbocken.

- 5- und 6-Zylindermotor: Motorraum-Unterschutz ausbauen, siehe Seite 17.

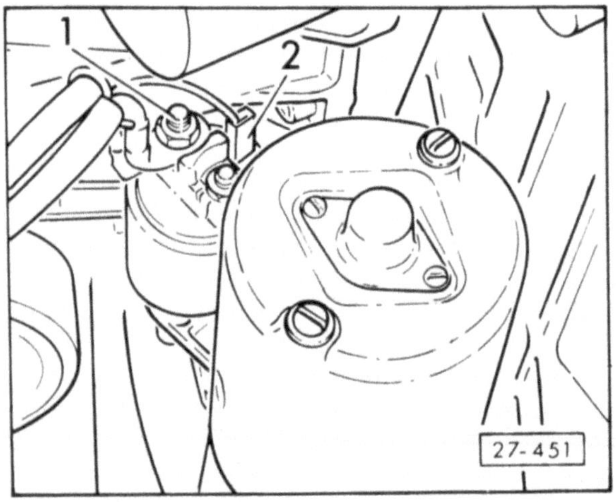

- 1 – Leitung Batterie-Anlasser und Anlasser-Generator von Klemme 30 abschrauben.
- 2 – Klemme 50 zum Zündanlaßschalter abziehen.

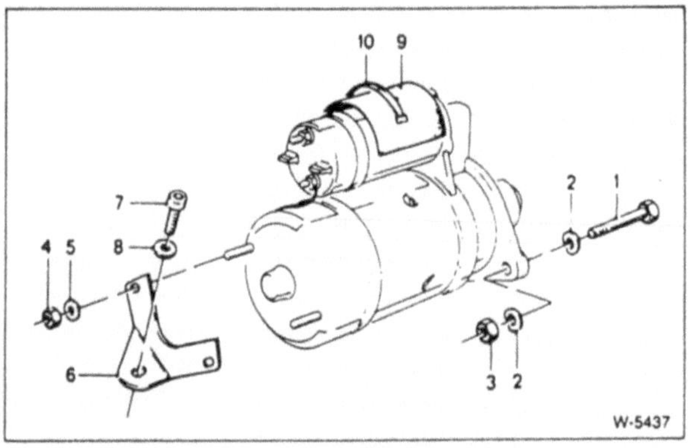

- 2 Anlassermuttern –3– vom Getriebe abschrauben. Es gibt von Hazet einen gebogenen Spezialschlüssel, damit die Anlasserschrauben leichter erreicht werden können.
- Innensechskantschraube –7– (Schlüssel 6 mm) an der hinteren Anlasserstütze herausdrehen und Anlasser nach vorn aus dem Getriebe herausziehen.

Einbau

- Anlasser einsetzen und anschrauben.
- Leitung an Klemme 30 anschrauben.
- Kabel auf Klemme 50 aufschieben.
- Motorraum-Unterschutz einbauen.
- Batterie-Massekabel anklemmen.

Magnetschalter prüfen/ersetzen

Bei einem Defekt des Magnetschalters wird das Ritzel im Anlasser nicht gegen den Zahnkranz des Schwungrades gezogen. Dadurch kann der Anlasser den Motor nicht durchdrehen.

Prüfen

- Anlasser ausbauen.
- An Klemme 50 (Stromanschluß für dickes Kabel) des Anlassers mit Starthilfekabel Batteriespannung 12 Volt anlegen.
- Mit Hilfskabel Klemme 50 und 30 am Anlasser kurz überbrücken, das Anlasserritzel muß nach vorne schnellen.

Ausbau

- 3 Befestigungsschrauben für Magnetschalter vom Antriebsgehäuse abschrauben und Magnetschalter aushängen.

Einbau

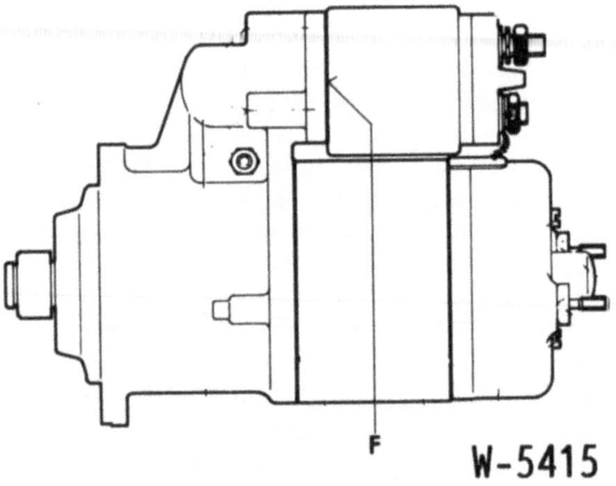

- Magnetschalter an Anlasser anschrauben, Trennfuge –F– beim Bosch-Anlasser mit geeignetem Dichtmittel abdichten.
- Leitung für Magnetschalter anschrauben.
- Anlasser prüfen, wie oben beschrieben.
- Anlasser einbauen.

Störungsdiagnose Anlasser

Wenn ein Anlasser nicht durchdreht, ist zunächst zu prüfen, ob beim Starten des Motors an der Klemme 50 des Magnetschalters die zum Einziehen benötigte Spannung von mindestens 10 Volt vorhanden ist. Liegt die Spannung unter dem genannten Wert, dann müssen die Leitungen, die zum Anlasserstromkreis gehören, nach dem Stromlaufplan überprüft werden. Ob der Anlasser bei voller Batteriespannung einzieht, kann folgendermaßen geprüft werden:

- Fahrzeug aufbocken. Keinen Gang einlegen, Zündung eingeschaltet.
- Mit einer Leitung (Querschnitt mindestens 4 mm^2) die Klemmen 30 und 50 am Anlasser überbrücken, siehe auch Stromlaufplan.

Spurt der Anlasser dabei einwandfrei ein, so liegt der Fehler in der Leitungsführung zum Anlasser. Anderenfalls Anlasser in ausgebautem Zustand überprüfen.

Prüfvoraussetzung: Leitungsanschlüsse müssen festsitzen und dürfen nicht oxydiert sein.

Störung	Ursache	Abhilfe
Anlasser dreht sich nicht beim Betätigen des Zündanlaßschalters.	Batterie entladen.	■ Batterie laden.
	Klemmen 30 und 50 am Anlasser überbrücken: Anlasser läuft an. Leitung 50 zum Zündanlaßschalter unterbrochen, Anlaßschalter defekt.	■ Unterbrechung beseitigen, defekte Teile ersetzen.
	Kabel oder Masseanschluß ist unterbrochen. Batterie entladen.	■ Batteriekabel und Anschlüsse prüfen. Spannung der Batterie messen, ggf. laden.
	Ungenügender Stromdurchgang infolge lockerer oder oxydierter Anschlüsse.	■ Batteriepole und -klemmen reinigen. Stromsichere Verbindungen zwischen Batterie, Anlasser und Masse herstellen.
	Keine Spannung an Klemme 50 (Magnetschalter).	■ Leitung unterbrochen. Zündanlaßschalter defekt.
Anlasser dreht sich zu langsam und zieht den Motor nicht durch.	Batterie entladen.	■ Batterie laden.
	Ungenügender Stromdurchgang infolge lockerer oder oxydierter Anschlüsse.	■ Batteriepole und -klemmen und Anschlüsse am Anlasser reinigen, Anschlüsse festziehen.
	Kohlebürsten liegen nicht auf dem Kollektor auf, klemmen in ihren Führungen, sind abgenutzt, gebrochen, verölt oder verschmutzt.	■ Kohlebürsten überprüfen, reinigen beziehungsweise auswechseln. Führungen prüfen.
	Ungenügender Abstand zwischen Kohlebürsten und Kollektor.	■ Kohlebürsten ersetzen und Führungen für Kohlebürsten reinigen.
	Kollektor riefig oder verbrannt und verschmutzt.	■ Kollektor abdrehen oder Anker ersetzen.
	Spannung an Klemme 50 fehlt (mind. 10 Volt).	■ Zündanlaßschalter oder Magnetschalter überprüfen.
	Magnetschalter defekt.	■ Schalter auswechseln.
Anlasser spurt ein und zieht an, Motor dreht nicht oder nur ruckweise.	Ritzelgetriebe defekt.	■ Ritzelgetriebe ersetzen.
	Ritzel verschmutzt.	■ Ritzel reinigen.
	Zahnkranz am Schwungrad defekt.	■ Zahnkranz nacharbeiten, falls erforderlich, Schwungrad erneuern.
Ritzelgetriebe spurt nicht aus.	Ritzelgetriebe oder Steilgewinde verschmutzt beziehungsweise beschädigt.	■ Ritzelgetriebe reinigen, gegebenenfalls ersetzen.
	Magnetschalter defekt.	■ Magnetschalter ersetzen.
	Rückzugfeder schwach oder gebrochen.	■ Rückzugfeder erneuern.
Anlasser läuft weiter, nachdem der Zündschlüssel losgelassen wurde.	Magnetschalter hängt, schaltet nicht ab.	■ Zündung sofort ausschalten, Magnetschalter ersetzen.
	Zündschloß schaltet nicht ab.	■ Sofort Batterie abklemmen, Zündschloß ersetzen.

Die Beleuchtungsanlage

Zur Beleuchtungsanlage zählen: Hauptscheinwerfer, Heckleuchten, Bremsleuchten, Rückfahrscheinwerfer, Blinkleuchten, Nebelscheinwerfer und Nebelschlußleuchten, Kennzeichenleuchten, Motorraumleuchte und Innenleuchten. Die Instrumentenbeleuchtung wird im Kapitel »Armaturen« behandelt.

Normale Glühlampen (nicht Halogenlampen) unterliegen dem Verschleiß. Etwa alle 2 Jahre sollten sie ausgewechselt werden, auch wenn sie noch intakt sind. Eine Glühlampe mit verminderter Leuchtkraft erkennt man auch an schwarzen Ablagerungen auf dem Glaskolben.

Vor dem Auswechseln einer Glühlampe Schalter des betreffenden Verbrauchers ausschalten. **Achtung: Glaskolben nicht mit bloßen Fingern anfassen.** Der Fingerabdruck würde verdunsten und sich – aufgrund der Wärme – auf dem Reflektor niederschlagen und diesen erblinden lassen. Grundsätzlich Glühlampe nur durch eine gleiche Ausführung ersetzen. Versehentlich entstandene Berührungsflecken mit sauberem, nicht faserndem Tuch und Alkohol oder Spiritus entfernen.

Glühlampen der Außenleuchten auswechseln

- Schalter der betreffenden Lampe ausschalten.

Scheinwerfer, AUDI 100 (ohne TDI)

- Motorhaube öffnen.

- Kunststoffabdeckung nach links drehen und von der Scheinwerferrückseite abnehmen.

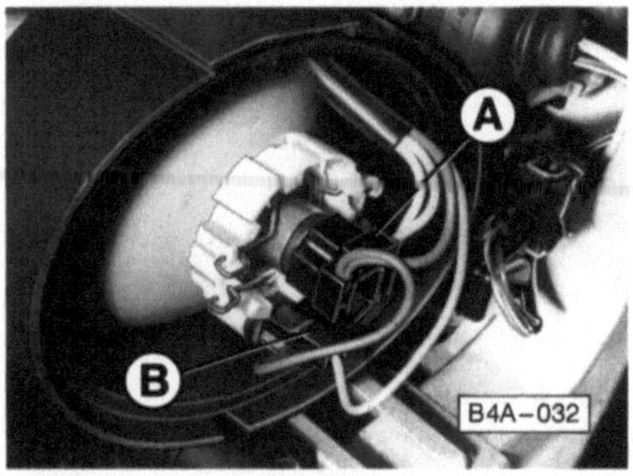

- Stecker –A– abziehen.
- Federdrahtbügel der Lampenhalterung zusammendrücken und nach hinten wegklappen.
- Defekte Lampe herausnehmen.
- Neue Glühlampe so einsetzen, daß die Nasen in die entsprechenden Aussparungen am Gehäuse passen.
- Federklammer umklappen, Drahtbügel zusammendrücken und in die Haltenasen einrasten.
- Stecker auf die Fassung aufdrücken.
- Kunststoffverkleidung an der Scheinwerferrückseite aufsetzen, nach rechts drehen und einrasten lassen. Die Aufschrift »oben« auf der Abdeckkappe muß nach oben zeigen.

Standlicht vorn, AUDI 100 (ohne TDI)

- Halterung –B– herausziehen, siehe Abbildung. Dabei Haltenase leicht zurückdrücken.
- Glühlampe herausnehmen und durch eine neue 4 Watt-Lampe ersetzen.
- Standlicht-Glühlampe mit Halter in den Reflektor stecken.
- Kunststoffverkleidung an der Scheinwerferrückseite aufsetzen, nach rechts drehen und einrasten lassen. Die Aufschrift »oben« auf der Abdeckkappe muß nach oben zeigen.

Scheinwerfer/Nebelscheinwerfer, AUDI A6 und alle TDI

- Für einen besseren Zugang zum rechten Hauptscheinwerfer muß beim 5-Zylinder-TDI-Motor in diesem Bereich der Luftansaugtrichter entfernt werden, dazu Schlauchschelle lösen.

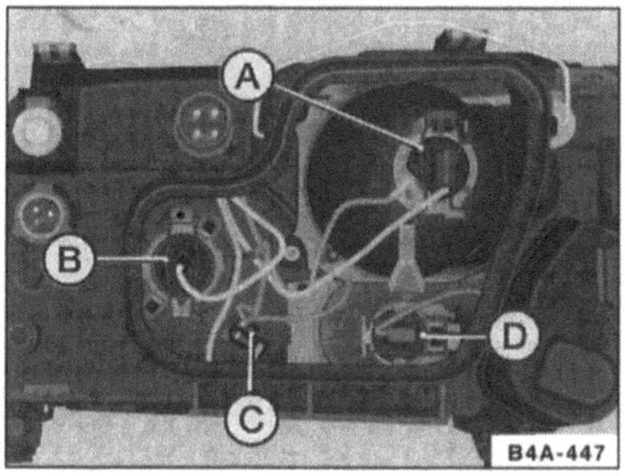

- Lampenbelegung: A-Abblendlicht, B-Fernlicht, C-Standlicht, D-Nebellicht.
- Drahtbügel für Verschlußdeckel an der Leuchtenrückseite nach oben klappen. Verschlußdeckel abnehmen.
- Kabelstecker der betreffenden Lampe abziehen.
- Federdrahtbügel der betreffenden Lampe aushängen und aufklappen.
- Neue Glühlampe so einsetzen, daß die Nasen in die entsprechenden Aussparungen am Gehäuse passen.
- Federklammer umklappen, Drahtbügel zusammendrücken und in die Haltenasen einrasten.
- **Standlicht:** Fassung aus dem Reflektor herausziehen. Defekte Lampe in die Fassung drücken und durch Linksdrehung entriegeln. Neue Lampe in die Fassung drücken und durch Rechtsdrehen verriegeln.
- Stecker auf die Fassung aufdrücken.
- Kunststoffverkleidung an der Scheinwerferrückseite mit den Laschen in die unteren Aussparungen einsetzen und mit Drahtbügel sichern.
- TDI: Luftansaugschlauch und -trichter montieren.

Vordere Blinkleuchte

- Lasche –Pfeil– nach unten drücken und Blinkergehäuse nach vorn herausschieben.
- Komplette Blinkleuchte nach vorn abziehen.
- Lampenfassung nach links drehen und aus der Blinkleuchte herausziehen.
- Lampe leicht in die Fassung hineindrücken, um 90° (¼ Umdrehung) nach links drehen und Lampe herausnehmen.
- Neue Lampe einsetzen, leicht eindrücken und nach rechts drehen.
- Fassung in die Blinkleuchte einrasten (bis zum Anschlag nach rechts drehen).
- Blinkleuchte in die Öffnung einsetzen, dabei Laschen am Scheinwerfereinsatz ausrichten. Leuchte eindrücken und mit der Lasche sichern. Auf richtige Lage des Dichtgummis am Lampenglas achten, gegebenenfalls ausrichten.

Nebelscheinwerfer, AUDI 100 (ohne TDI)

- Ziergitter neben den Nebelscheinwerfern nach vorn herausziehen.

- 2 Schrauben herausdrehen, Scheinwerfereinsatz nach vorn herausnehmen.
- Kabelstecker am Lampengehäuse um ¼ Umdrehung drehen und abnehmen.
- 2 Kreuzschrauben an der Rückseite vom Lampengehäuse herausdrehen.
- Lampenkabel vom Gehäuse abziehen.
- Federdrahtbügel der Lampenhalterung aushaken, defekte Lampe herausnehmen.
- Neue Glühlampe so einsetzen, daß die Nasen in die entsprechenden Aussparungen am Gehäuse passen.
- Federklammer umklappen und in die Haltenasen einrasten.
- Lampenkabel in den Leitungsverbinder stecken.
- Leuchtengehäuse mit 2 Schrauben zusammenschrauben.
- Kabelstecker einsetzen und durch Verdrehen am Gehäuse befestigen.
- Scheinwerfer einsetzen und mit 2 Schrauben befestigen.
- Nebel-Scheinwerfereinstellung prüfen lassen.

Äußere Heckleuchten

- Kofferraumklappe öffnen.

- Vom Kofferraum her den Schnellverschluß –Pfeil– nach links drehen und Lampenträger nach innen abnehmen.
- Defekte Lampe eindrücken, um 45° nach links drehen und herausnehmen. Die äußeren Leuchten sind Blinkleuchten, die innenliegenden Leuchten Brems- und Schlußleuchten.
- Neue Glühlampe in die Fassung eindrücken, nach rechts drehen und einrasten.
- Lampenträger in das Gehäuse einsetzen.
- Abdeckung ansetzen und Schnellverschluß rechtsherum drehen.

Innere Heckleuchten (in der Kofferraumklappe)

- Kofferraumklappe öffnen.
- Linken beziehungsweise rechten Teil der Abdeckung von der Kofferraumklappe wegziehen. Dazu an der Oberkante Schrauben abschrauben und Abdeckung an der Unterkante herausziehen.

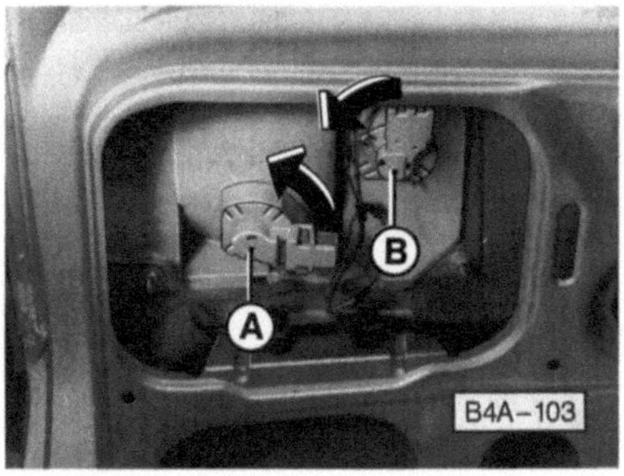

- Fassung der defekten Leuchte nach links drehen und herausnehmen. A– Nebelschlußleuchte; B– Rückfahrleuchten.
- Glühlampe aus der Fassung herausziehen und ersetzen.
- Fassung an der Heckklappe einsetzen und bis zum Anschlag nach rechts drehen.

Kennzeichenleuchten

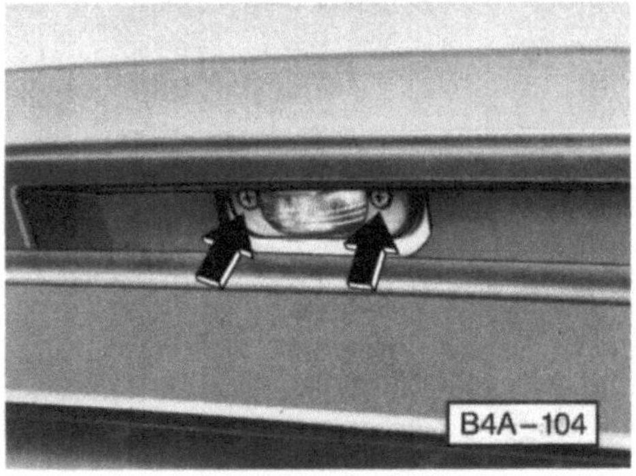

- Leuchtenglas mit Kreuzschlitzschraubendreher abschrauben.
- Lampe leicht in die Fassung hineindrücken, um 90° (1/4 Umdrehung) nach links drehen und Lampe herausnehmen.
- Neue Lampe einsetzen, leicht eindrücken und nach rechts drehen.
- Leuchtenglas aufsetzen und nicht zu fest anschrauben. Auf richtige Lage des Dichtgummis achten, gegebenenfalls ausrichten. Außerdem beachten, daß der Nocken am Leuchtenglas in die entsprechende Aussparung am Halter eingreifen muß, sonst ist die Abdeckung falsch herum montiert und das Kennzeichen wird nicht korrekt angeleuchtet.

Glühlampen der Innenleuchten auswechseln

- Schalter der betreffenden Lampe ausschalten.

Motorraumleuchte

- Motorhaube öffnen.

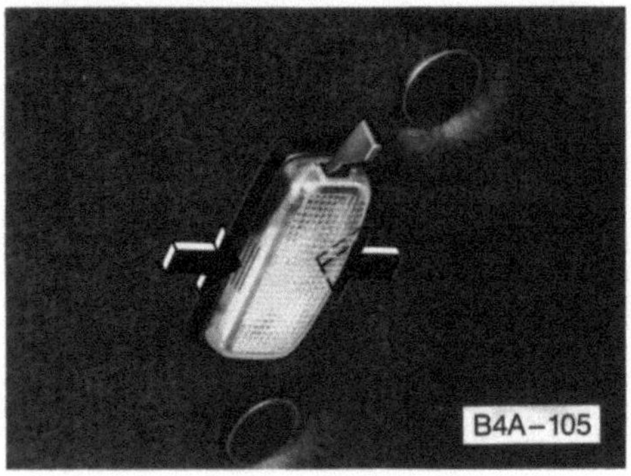

- Plastikdeckel seitlich zusammendrücken und abnehmen.

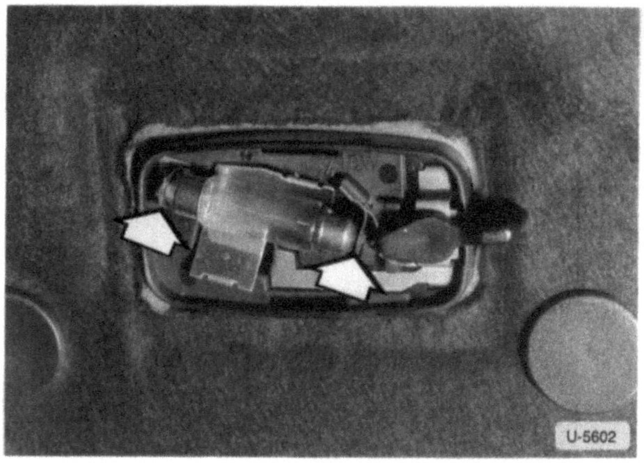

- Sofittenlampe auswechseln. Saß die Lampe locker, Kontaktzungen etwas nachbiegen.
- Deckel aufdrücken, er muß einrasten.

Kofferraumleuchte

- Kofferraum öffnen.

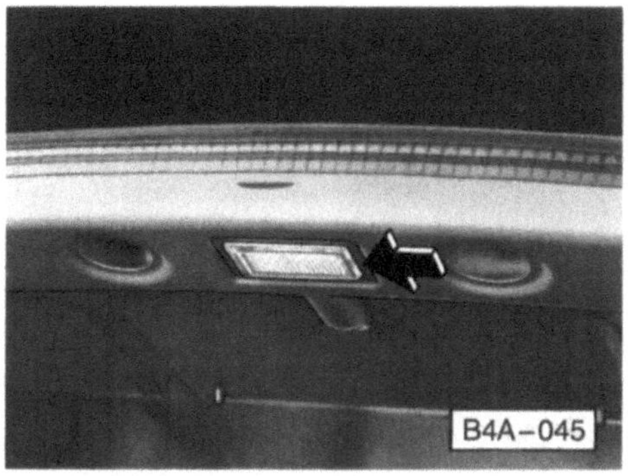

- Schmalen Schraubendreher in die seitliche Aussparung an der Leuchte stecken und Leuchte heraushebeln.
- Sofittenlampe auswechseln. Saß die Lampe locker, Kontaktzungen etwas nachbiegen.
- Leuchte an der Kabelseite zuerst wieder einsetzen und andrücken.

Innenleuchte

- Abdeckung an der Vorderkante abziehen.
- Lampe auswechseln.
- Abdeckung zuerst mit den Kunststoffnasen hinten einsetzen, dann vorn aufdrücken.

Leseleuchten

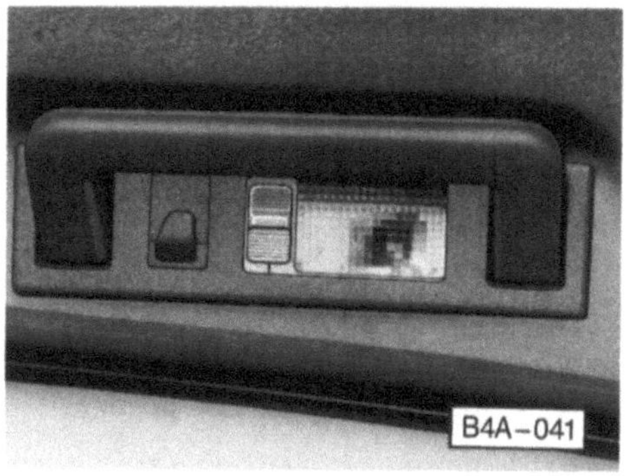

- Haltegriff herunterziehen, 2 Schraubenabdeckungen vorsichtig heraushebeln und darunterliegende Kreuzschlitzschrauben abschrauben.
- Haltegriff und Leuchtenglas abnehmen.

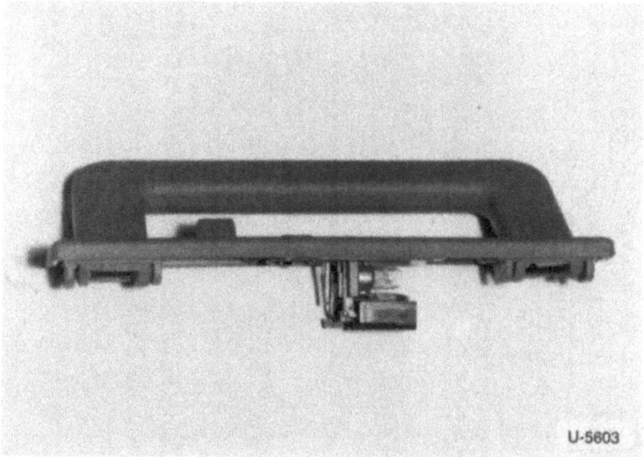

- Lampe etwas in die Fassung eindrücken, nach links drehen und abnehmen.
- Neue Lampe eindrücken und nach rechts drehen.
- Leuchte einsetzen und Haltegriff anschrauben. Abdeckungen für die Befestigungsschrauben einsetzen.

Make-up-Spiegelleuchten (in der Sonnenblende)

- Sonnenblende herunterklappen.

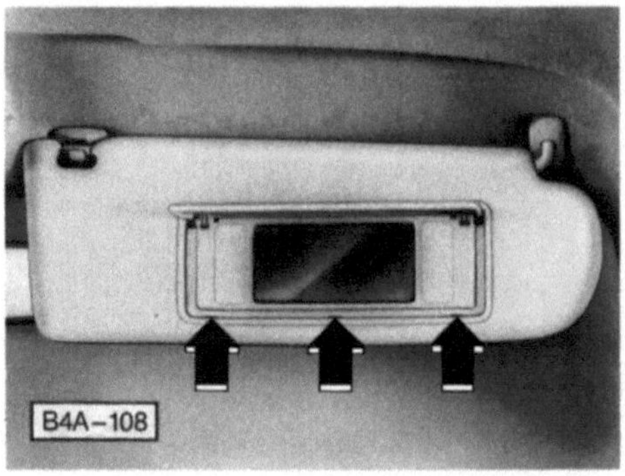

- Spiegelabdeckung nach oben klappen.

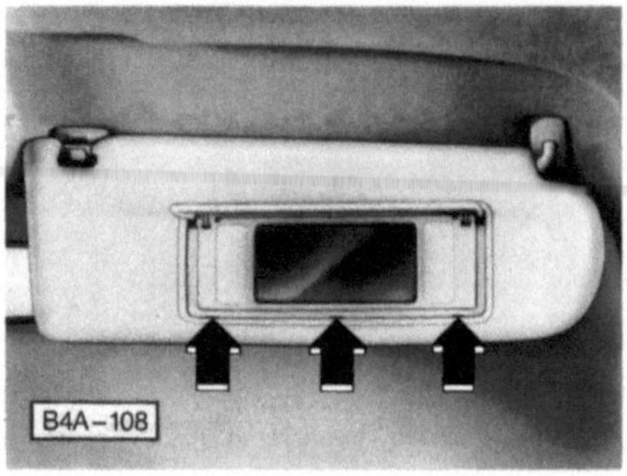

- Schraubendreher nacheinander an den Aussparungen ansetzen und Spiegeleinfassung vorsichtig heraushebeln.
- Lampe auswechseln.
- Einfassung oben ansetzen, dann unten einrasten.

Scheinwerfer aus- und einbauen

Ausbau

- Scheinwerferschalter ausschalten.
- Scheinwerfer-Glühlampe ausbauen.

- Befestigungsschraube –A– ausschrauben und die Blende unterhalb vom Scheinwerfer in Pfeilrichtung herausziehen.

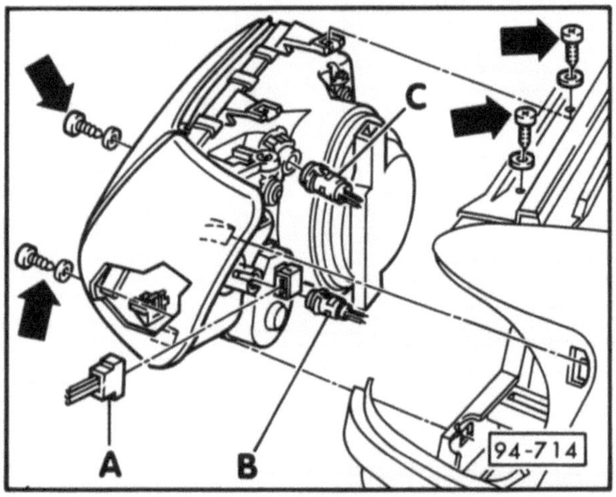

- 4 Befestigungsschrauben –Pfeile– des Scheinwerfers ausschrauben.
- Scheinwerfer mit Blinkleuchte nach vorn herausschieben.
- Stecker –A– für Leuchtweitenregulierung, –B– für Blinkleuchte und –C– für Scheinwerfer abziehen.

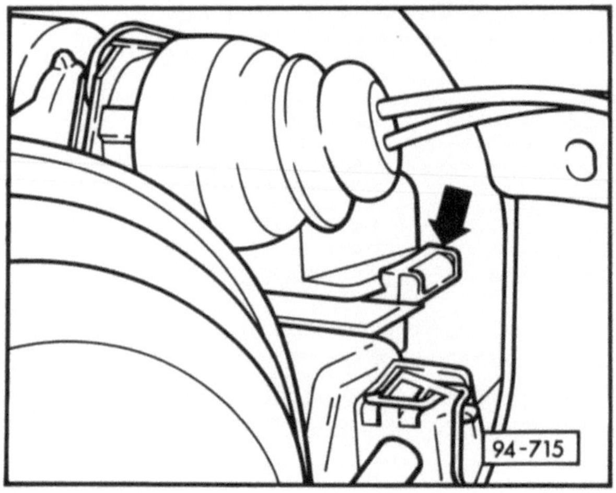

- Blinkleuchte nach Drücken der Arretierung –Pfeil– nach vorn schieben und vom Scheinwerfer trennen.

Einbau

- Blinkleuchte in das Scheinwerfergehäuse einrasten.
- Anschlußstecker für Scheinwerfer und Blinkleuchte aufstecken.
- Scheinwerfer einsetzen und mit 4 Schrauben befestigen.
- Abdeckung einsetzen und mit 1 Schraube befestigen.
- Scheinwerfer von einer Fachwerkstatt einstellen lassen.

Scheinwerfer einstellen

Für die Verkehrssicherheit ist die richtige Einstellung der Scheinwerfer von großer Bedeutung. Die exakte Einstellung der Scheinwerfer ist nur mit einem Spezialeinstellgerät möglich. Es wird deshalb nur gezeigt, wo die Scheinwerfer eingestellt werden können und welche Bedingungen zum richtigen Einstellen der Scheinwerfer erfüllt sein müssen.

- Reifen müssen den vorgeschriebenen Reifenfülldruck haben.
- Das unbeladene Fahrzeug muß mit 75 kg (eine Person) auf dem Fahrersitz belastet sein.
- Kraftstofftank füllen.
- Fahrzeug auf ebene Fläche stellen.
- Vorderwagen mehrmals kräftig nach unten drücken, damit die Federung der Vorderradaufhängung sich setzt.
- Regulierknopf für Leuchtweitenregulierung auf »0« stellen.
- Die Scheinwerfer dürfen nur bei Abblendlicht eingestellt werden. Das Neigungsmaß beträgt für Normalscheinwerfer X = 12 cm auf 10 m Entfernung. Nebelscheinwerfer X = 20 cm auf 10 m Entfernung.

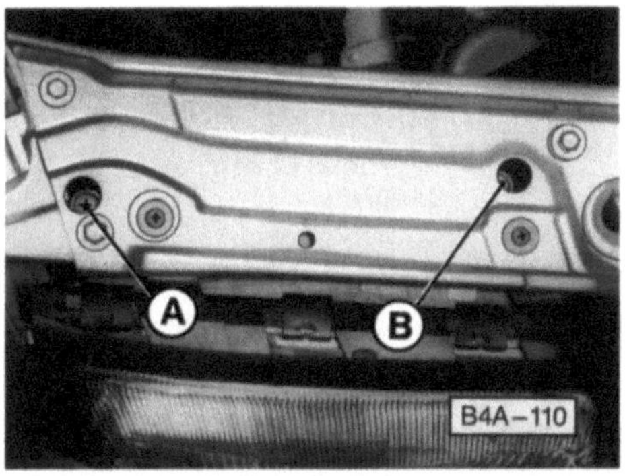

- Die Einstellschrauben sind: A – Höhenverstellung, B – Seitenverstellung.

Einstellung Nebelscheinwerfer, AUDI 100 (ohne TDI)

- An den Nebelscheinwerfern ist nur die Höheneinstellung möglich. Dazu Schraube –Pfeil– verdrehen.

Stellmotor für Leuchtweitenregulierung aus- und einbauen

Der Stellmotor für Leuchtweitenregulierung sitzt am Scheinwerfer. Im Einstellknopf am Armaturenbrett sitzt ein Potentiometer, das dem Stellmotor die gewünschte Position übermittelt.

Ausbau

- Scheinwerfer ausbauen.

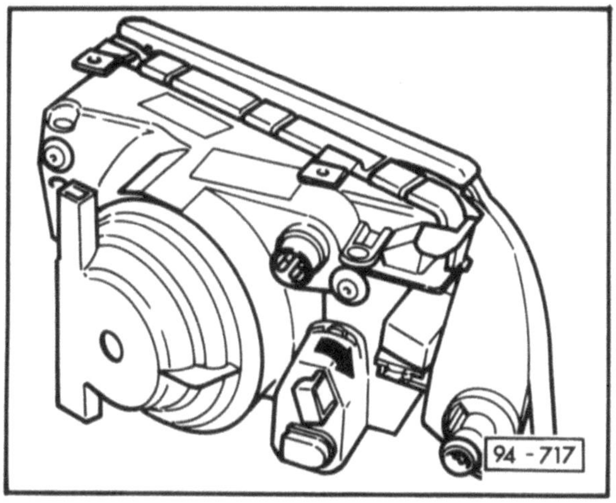

- Stellmotor durch Rechtsdrehen beim rechten und durch Linksdrehen beim linken Scheinwerfer aus dem Tragrahmen entriegeln.

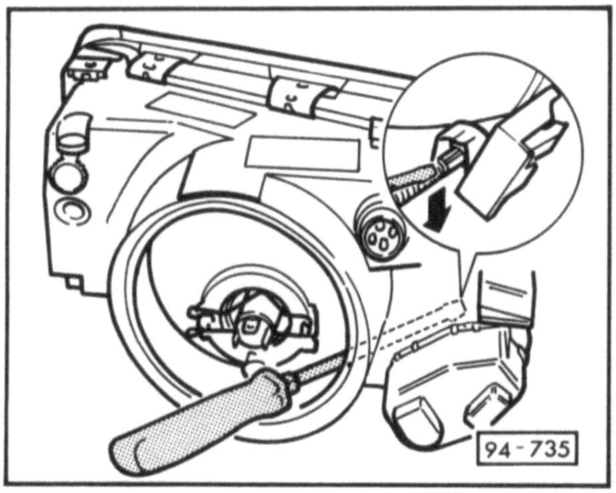

- Stellmotor anheben und mit einem dünnen Schraubendreher die Betätigungswelle nach unten aus der Verrastung drücken.
- Stellmotor nach hinten herausziehen.

Einbau

- Glühlampe aus dem Scheinwerfer ausbauen.
- Betätigungswelle mit dünnem Schraubendreher in die Verrastung eindrücken, bis sie ganz einrastet. Dabei Reflektor am Ausschnitt für die Glühlampe gegenhalten. **Achtung:** Reflektor nicht an der Innenseite anfassen, da er sonst trübe wird.
- Stellmotor schwenken und dadurch verriegeln.
- Scheinwerfer einbauen und einstellen.

Scheinwerfer zerlegen

Ist zum Beispiel die Streuscheibe defekt, muß nicht der gesamte Scheinwerfer ersetzt werden. Nach Ausbau des Scheinwerfers kann das Lampenglas einzeln ersetzt werden.

Scheinwerfer, AUDI 100 (ohne TDI)

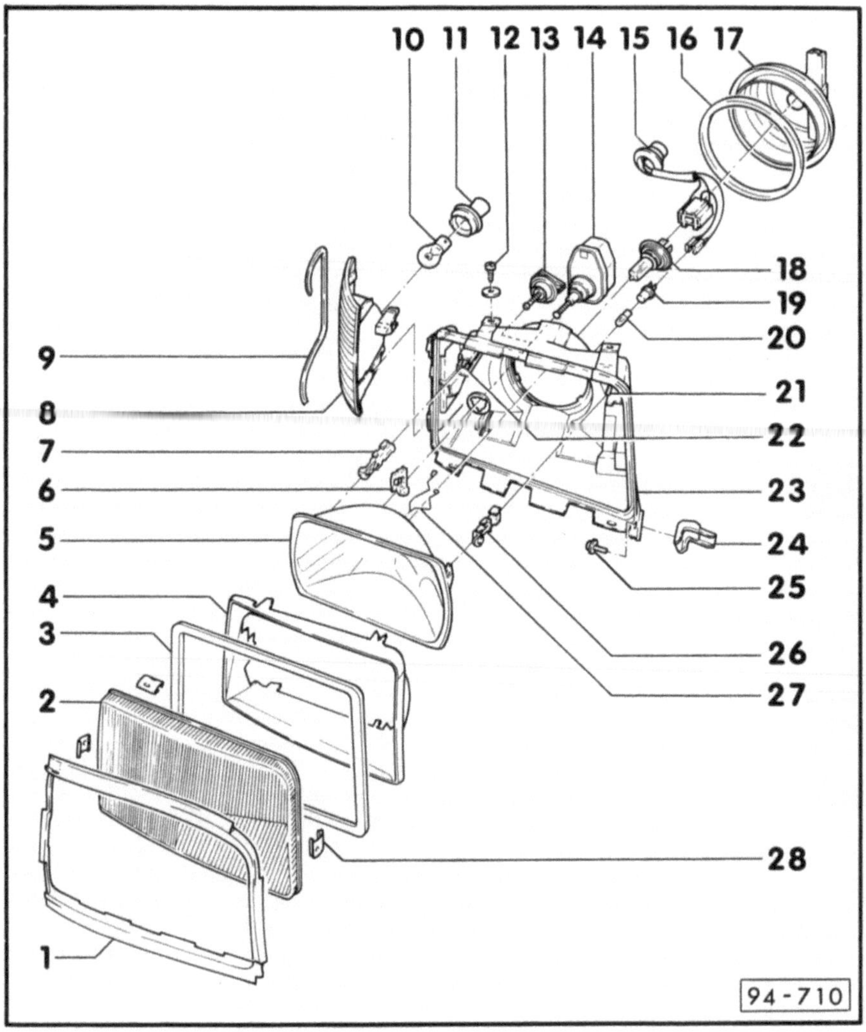

1 – **Gummiblende**
An die Streuscheibe angeklebt.

2 – **Streuscheibe**

3 – **Dichtung**

4 – **Reflektorrahmen**

5 – **Reflektor**

6 – **Lager für Verstellmotor**
Im Reflektor eingeclipst.

7 – **Festlager**
Im Reflektor eingeclipst.

8 – **Blinkleuchte**

9 – **Dichtgummi**

10 – **Glühlampe Blinker**

11 – **Lampenfassung**

12 – **Schraube mit Scheibe**

13 – **Reflektorlager**
Nur bei Fahrzeugen ohne Leuchtweitenregulierung.

14 – **Stellmotor**
Für Leuchtweitenregulierung.

15 – **Kabelstrang**

16 – **Dichtung**

17 – **Deckel**

18 – **H4-Zweifadenlampe**

19 – **Lampenfassung**

20 – **Glühlampe Standlicht**

21 – **Einstellschraube**
Für Seitenverstellung.

22 – **Einstellschraube**
Für Höhenverstellung.

23 – **Scheinwerfergehäuse**

24 – **Befestigungsbügel**

25 – **Schraube**

26 – **Festlager**
Im Reflektor eingeclipst.

27 – **Drahtbügel für Glühlampe**

28 – **Halteklammer**
Zum Ausbau mit Schraubendreher abhebeln.
Beim Einbau von Hand aufdrücken.

Scheinwerfer, A6 und alle TDI

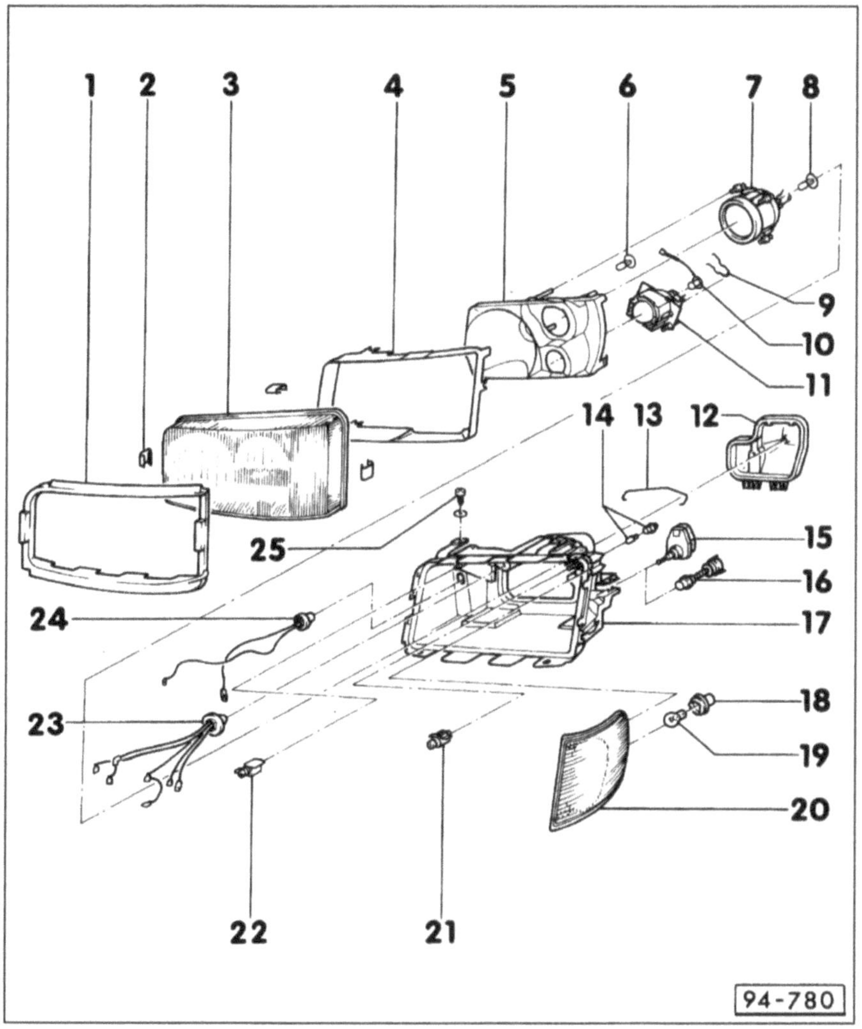

1 – **Gummiblende**

2 – **Halteklammer**
Zum Ausbau mit Schraubendreher abhebeln.

3 – **Streuscheibe**

4 – **Reflektorrahmen**

5 – **Reflektor**

6 – **Glühlampe Fernlicht**

7 – **Scheinwerfereinsatz Abblendlicht**

8 – **Glühlampe Abblendlicht**

9 – **Verschlußbügel für Glühlampe**

10 – **Glühlampe**

11 – **Scheinwerfereinsatz Nebelscheinwerfer**

12 – **Verschlußdeckel**

13 – **Verschlußbügel**

14 – **Fassung/Glühlampe Standlicht**

15 – **Stellmotor Leuchtweitenregulierung**

16 – **Festlager**
Nur Fahrzeuge ohne Leuchtweitenregulierung.

17 – **Gehäuse**

18 – **Fassung für Glühlampe Blinklicht**

19 – **Glühlampe Blinklicht**

20 – **Blinkleuchte**

21 – **Festlager**
Eingeclipst im Reflektor.

22 – **Festlager**
Eingeclipst im Reflektor.

23 – **Kabelstrang Fahrlicht**

24 – **Kabelstrang Nebelscheinwerfer**

25 – **Schraube mit Scheibe**

Heckleuchte aus- und einbauen

Ausbau

- Glühlampen der betreffenden Heckleuchte ausbauen, siehe Seite 276.

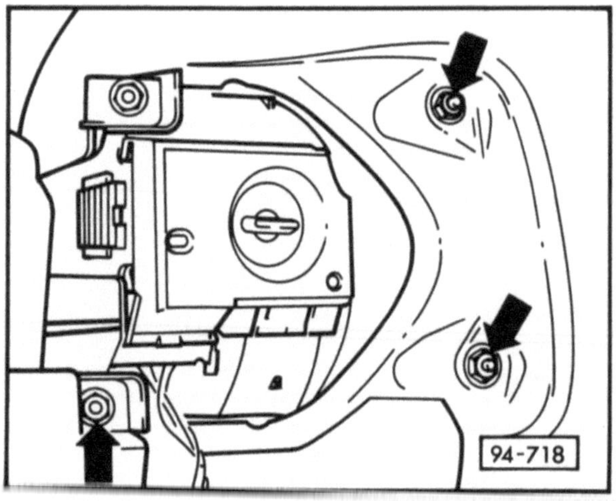

- **Heckleuchte im Seitenteil ausbauen:** 3 Muttern –Pfeile– vom Kofferraum her lösen.

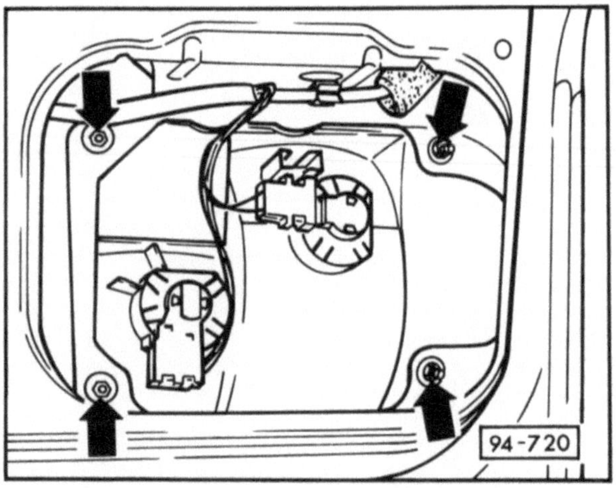

- **Heckleuchte in der Heckklappe ausbauen:** Abdeckung abziehen und 4 Muttern –Pfeile– von innen her lösen.
- Leuchte nach außen abnehmen.
- Gummidichtung zwischen Leuchte und Karosserie abnehmen.

Einbau

- Poröse oder beschädigte Gummidichtung sowie gesprungene Leuchtengläser umgehend ersetzen, sonst dringt Wasser in den Innenraum.
- Leuchten mit Dichtung ansetzen, von innen her anschrauben.
- Glühlampen einbauen.

Lampentabelle

Um jederzeit eine Lampe auswechseln zu können, sollte stets ein Kasten mit Ersatzlampen im Fahrzeug mitgeführt werden. Der AUDI-Kundendienst führt solche Ersatzlampenboxen.

12-V-Glühlampe für:	Typ	Leistung
Fern-, Abblendlicht, AUDI 100	H4	60/55 W
Fernlicht, Abblendlicht, A6	H1	55 W
Blinkleuchten vorn/hinten*	Bajonett	21 W
Rückfahrlicht	Bajonett	21 W
Nebelschlußlicht	Bajonett	21 W
Brems- und Schlußleuchte	Bajonett	21/5 W
Nebelscheinwerfer	H3	55 W
Kennzeichenleuchte	Glassockel	4 W
Gepäckraumleuchte	Soffitte	5 W
Motorraumleuchte	Soffitte	10 W

*) Beim AUDI A6 sind an den vorderen Blinkleuchten nur Glühlampen mit gelb gefärbtem Glaskolben zulässig, da das Lampenglas farblos ist.

Die Armaturen

Die Armaturen sind in einem Schalttafeleinsatz zusammengefaßt. Sollen Armaturen beziehungsweise Glühlampen ersetzt werden, muß zuvor der gesamte Schalttafeleinsatz ausgebaut werden.

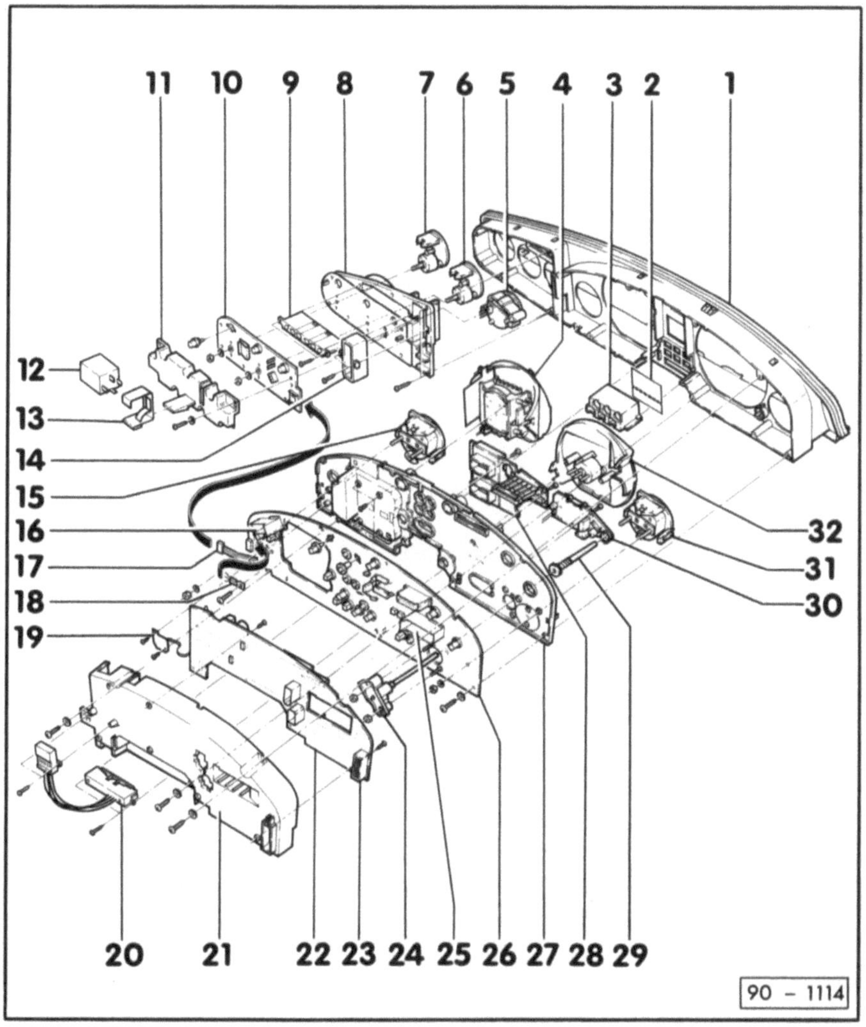

1 – **Frontrahmen mit Glas**
2 – **Symbolscheibe**
3 – **Kontrollampenschacht**
4 – **Tachometer**
5 – **Zeituhr**
6 – **Öltemperaturanzeige**
7 – **Öldruckanzeige**
8 – **Instrumententräger**
9 – **Kontrollampenschacht**
10 – **Leiterplatte**
11 – **Abdeckung**
12 – **Warnsummer**
Für Standlicht und Radio.
13 – **Haltebügel**
14 – **Ganganzeige**
15 – **Kraftstoffvorratsanzeige**
16 – **Grüner Mehrfachstecker**
17 – **Anschlußstecker 6-polig**
18 – **Spannungskonstanter**
19 – **Potentiometer**
Für Bordcomputer (Reichweite). Seit 9/91 oberhalb Stecker –23–.
20 – **Außentemperaturanzeige**
21 – **Abdeckung**
22 – **Leiterplatte**
Für Auto-Check-System und Bordcomputer.
23 – **Codierstecker**
Für Bordcomputer.
24 – **Helligkeitsregler**
Für Beleuchtung Schalttafeleinsatz.
25 – **Roter Mehrfachstecker**
26 – **Leiterplatte**
27 – **Instrumententräger**
28 – **Anzeigeeinheit**
29 – **Drehstift/Taste**
30 – **Digitaluhr**
31 – **Kühlmitteltemperaturanzeige**
32 – **Drehzahlmesser oder Uhr**

Schalttafeleinsatz aus- und einbauen

Achtung: Beim AUDI A6 ist ein codierbarer Schalttafeleinsatz eingebaut. Bei Ersatz vom vorhandenen Schalttafeleinsatz muß die Fahrzeugausführung und der Kilometerstand von der AUDI-Werkstatt mittels eines Diagnosegerätes eingegeben werden.

Ausbau

- Batterie-Massekabel (–) abklemmen. **Achtung:** Beim Abklemmen der Batterie werden Speicher im Radio und in elektronischen Steuergeräten gelöscht. Falls das Radio codiert ist, Radiocode vor Abklemmen der Batterie feststellen. Ohne den Code kann das Autoradio nach dem Wiederanklemmen der Batterie nicht mehr in Betrieb genommen werden. Siehe auch Kapitel »Batterieausbau«.
- Lenkrad ausbauen, siehe Seite 179.
- Lenkstockschalter ausbauen, siehe Seite 287.

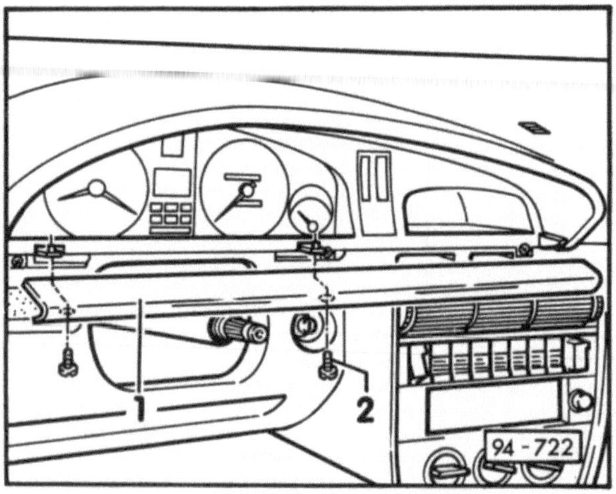

- 2 Schrauben –2– an der Unterseite abschrauben, Leiste –1– nach vorn abnehmen.

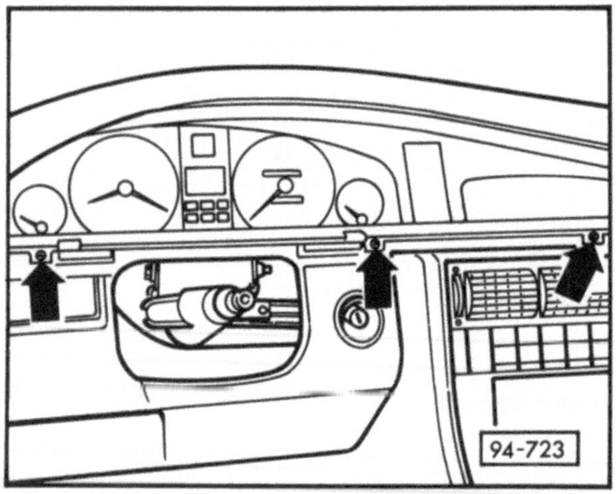

- Schrauben –Pfeile– ausschrauben.
- Schalttafeleinsatz vorsichtig aus dem Schalttafelausschnitt herausziehen.

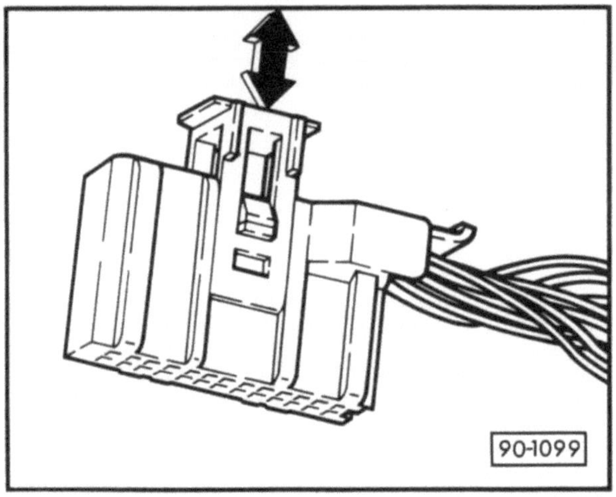

- Steckverriegelungen an der Rückseite mit einem kleinen Schraubendreher bis zum Anschlag nach oben ziehen. Stecker von Hand abziehen und Schalttafeleinsatz abnehmen.

Einbau

- Der Einbau geschieht in umgekehrter Reihenfolge wie der Ausbau. Elektrische Anschlußstecker einsetzen und Verriegelungen ganz eindrücken.
- Lenkstockschalter und Lenkrad einbauen, siehe Seite 179, 287.

Glühlampen für Schalter ersetzen

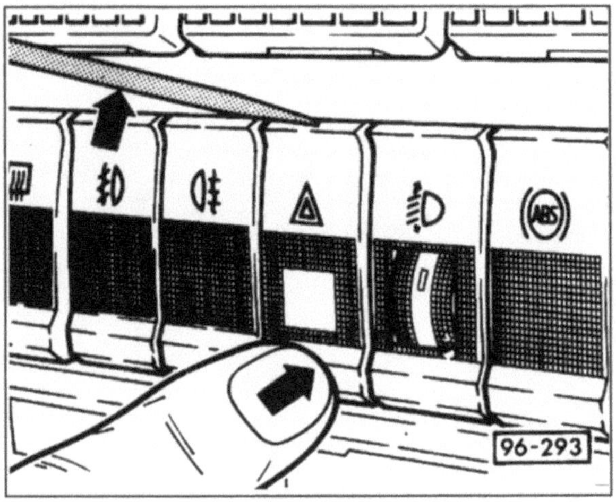

- Den Bereich über den Schaltern und die Radiovorderseite mit Abdeckband abkleben. Schaltertaste vorsichtig mit kleinem Schraubendreher von oben abhebeln, dabei an der gegenüberliegenden Seite gegendrücken.

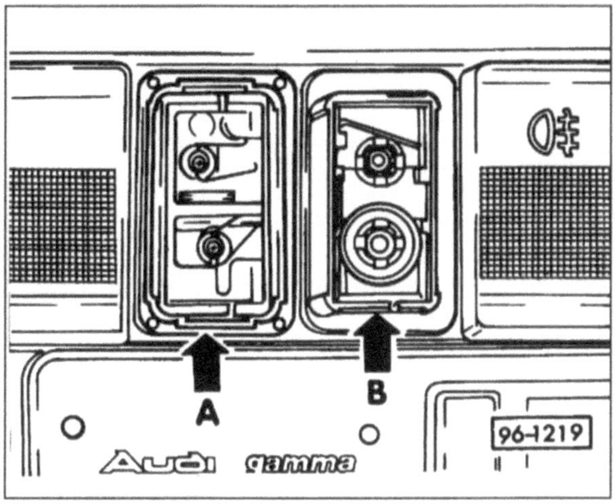

- Bei Schalter –A– ist das Ersetzen der Glühlampen nicht möglich, dagegen aber bei Schalter –B–. Beim Warnblinkschalter sind Glühlampen mit einer Leistung von 2W zu verwenden, bei allen anderen Schaltern 0,8W.
- Glühlampe mit spitzer Zange oder kräftiger Pinzette herausziehen. Neue Glühlampe einsetzen.

Lenkstockschalter aus- und einbauen

Ausbau

- Batterie-Massekabel (–) abklemmen. **Achtung:** Beim Abklemmen der Batterie werden Speicher im Radio und in elektronischen Steuergeräten gelöscht. Falls das Radio codiert ist, Radiocode vor Abklemmen der Batterie feststellen. Ohne den Code kann das Autoradio nach dem Wiederanklemmen der Batterie nicht mehr in Betrieb genommen werden. Siehe auch Kapitel »Batterieausbau«.

Fahrzeuge mit höhen- und längsverstellbarem Lenkrad

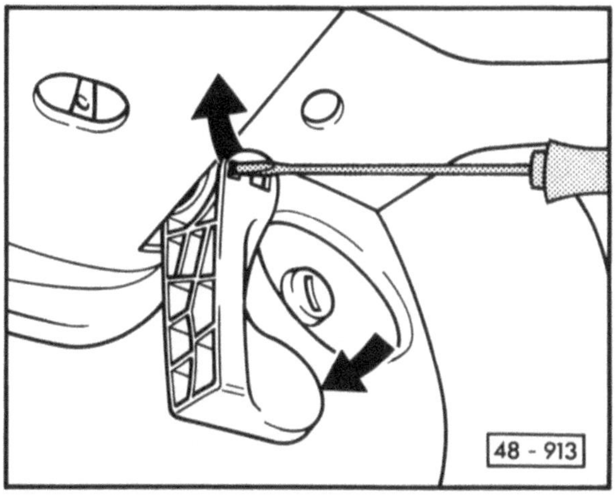

- Hebel für Längsverstellung nach unten schwenken und Sicherungsfeder mit einem kleinen Schraubendreher abhebeln. Hebel abziehen.

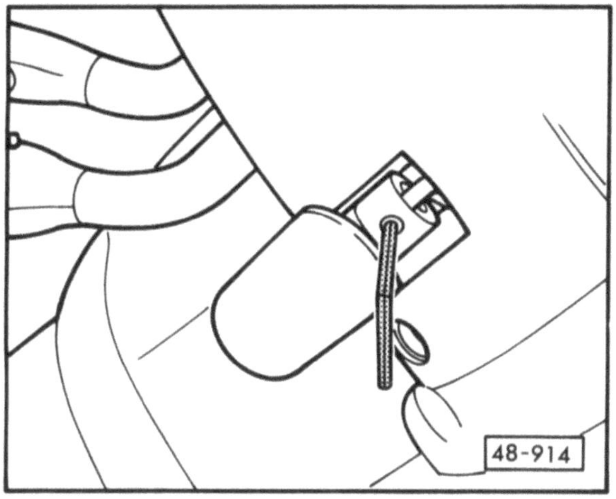

- Innensechskantschraube lösen und Hebel für Höhenverstellung abziehen.

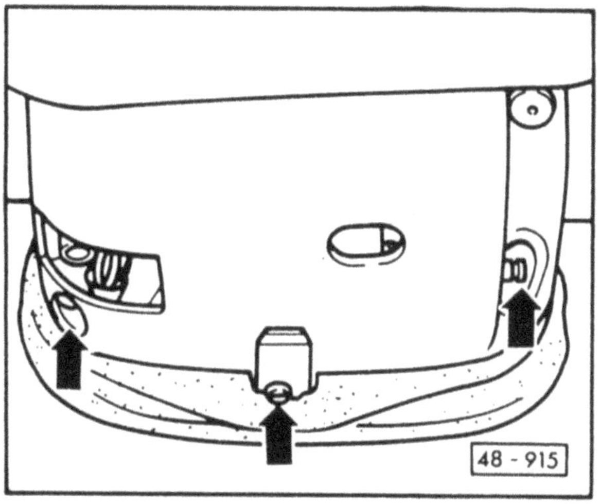

- Verkleidungs-Oberteil des Lenkstockschalters ausbauen, sowie Befestigungsschraube für Faltenbalg ausschrauben.

- Lenkrad ausbauen. **Achtung:** Dabei Hinweise für Fahrzeuge mit Airbag beachten, siehe Seite 179.

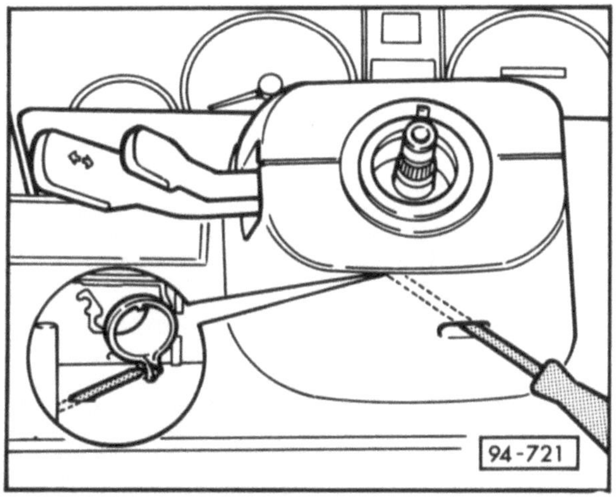

- Modelle bis 8/94: Kreuzschlitz-Schraubendreher schräg durch die Abdeckung führen und Klemmschelle des Lenkstockschalters lösen, siehe Abbildung. **Achtung:** Von 8/91 bis 8/94 ist anstelle der Kreuzschlitz- eine Innensechskantschraube, Schlüsselweite 4 mm, eingebaut.

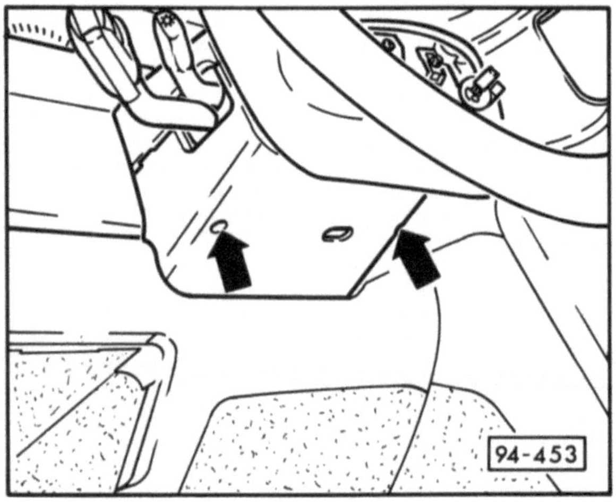

- Nur Lenkrad ohne Höhenverstellung, sowie alle ab 9/94: 2 Schrauben lösen und Verkleidungs-Oberteil abnehmen. Seit 9/94 Schelle für Lenkstockschalter mit 5 mm-Innensechskant von oben her lösen.
- Lenkstockschalter von der Lenkspindel abziehen.
- Alle Steckverbindungen abziehen.

Einbau

- Lenkstockschalter einsetzen, alle Steckverbindungen aufschieben.
- Lenkstockschalter mit Klemmschelle befestigen.
- Verkleidungen einbauen.
- Lenkrad einbauen, siehe Seite 180.
- Abdeckung anschrauben.

Schalttafeleinsatz-Kontrollampen/Beleuchtung aus- und einbauen

Lampenbelegung

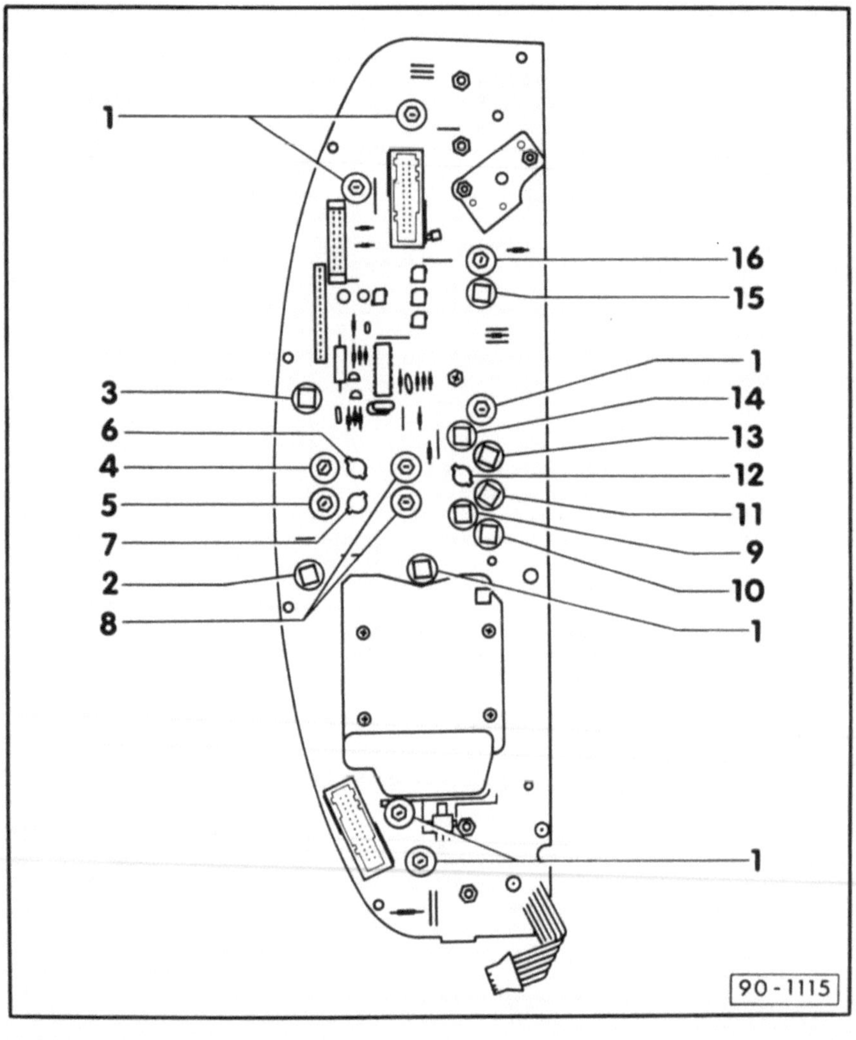

Lampen* für:

1 – Instrumentenbeleuchtung 1,1 W
2 – Blinker rechts
3 – Blinker links
4 – Kühlmitteltemperatur
5 – Bremsflüssigkeitstand
6 – Öldruck
7 – Funktionsstörung-Motorelektrik/ Leerlaufeinstellung
8 – Bordcomputerbeleuchtung 1,1 W
9 – Antiblockiersystem
10 – Antriebsschlupfregelung
11 – Bremsen/Handbremskontrolle
12 – Diesel-Vorglühung
13 – Fernlicht
14 – Ladekontrolle
15 – Digitaluhrbeleuchtung (Nacht)
16 – Digitaluhrbeleuchtung 2 W

***) Falls nicht anders angegeben, haben alle Lampen eine Leistungsaufnahme von 1,2 Watt.**

Hinweis: Seit 6/94 ist eine teilweise neue Kontrollampenbelegung gegeben.

Lampenbelegung im Seitenteil, Ausführung mit Zusatzinstrumenten

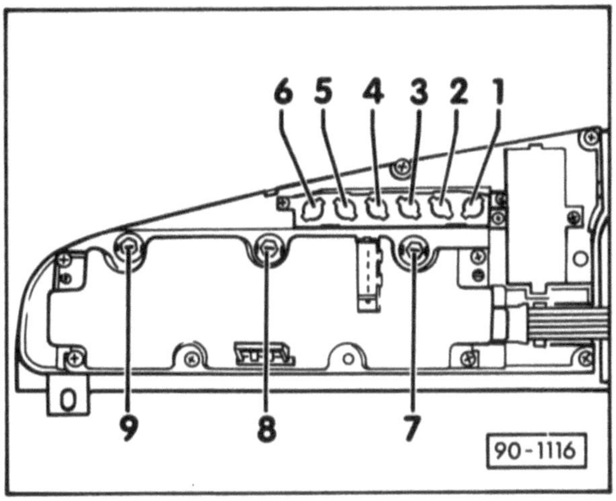

1 – **Blinker-Anhänger**
2 – **Airbag**
3 – **Motorelektrik**
4 – **Begrenzungsleuchte**
5 – **Servotronic**
6 – **Antriebsschlupfregelung Aus**
7 – **Analoguhr-Beleuchtung 1,1 W**
8 – **Öltemperaturanzeige-Beleuchtung 1,1 W**
9 – **Öldruckanzeige-Beleuchtung 1,1 W**

Lampenbelegung im Seitenteil, Ausführung ohne Zusatzinstrumente

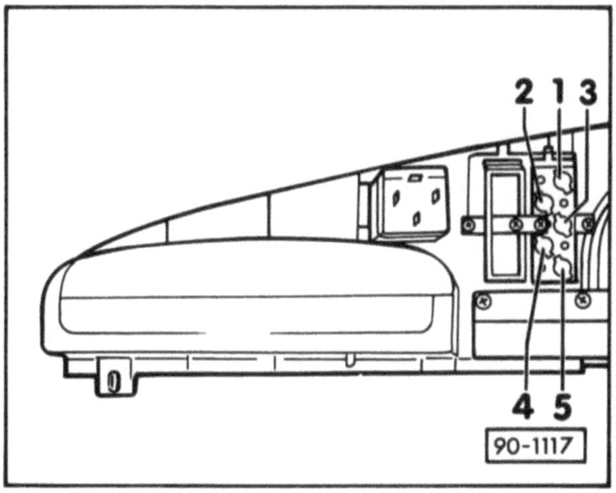

1 – **Blinker-Anhänger**
2 – **Airbag**
3 – **Motorelektrik**
4 – **Begrenzungsleuchte**
5 – **Servotronic**

Ausbau

- Schalttafeleinsatz ausbauen und auf eine saubere, weiche Unterlage ablegen.
- Lampenfassung für defekte Leuchte von Hand oder mit einem schmalen Schraubendreher nach links drehen und herausnehmen.

Einbau

- Glühlampe mit Fassung ersetzen. Fassung einsetzen und nach rechts drehen.
- Schalttafeleinsatz einbauen.

Spannungskonstanter prüfen

Der Spannungskonstanter stabilisiert für die Anzeigeinstrumente die Betriebsspannung. Der Spannungskonstanter ist zu prüfen, wenn die Kraftstoffvorrats- **und** die Kühlmitteltemperaturanzeige falsche Meßwerte anzeigen.

- Schalttafeleinsatz ausbauen. **Achtung:** Batterie-Massekabel bleibt angeschlossen, alle Stecker bleiben am Schalttafeleinsatz aufgesteckt.
- Zündung einschalten.

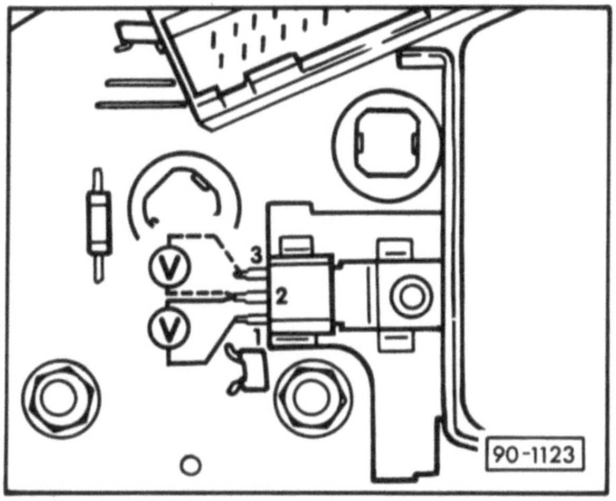

- Voltmeter an Plus-Eingang –1– und Masse –2– anschließen. Sollwert: ca. Batteriespannung (12 Volt). Andernfalls Leitungsunterbrechung nach Stromlaufplan ermitteln.
- Zündung ausschalten.
- Ausgangsspannung prüfen, dazu Voltmeter zwischen Plus-Ausgang –3– und Masse –2– anschließen. **Sollwert:** 9,75 – 10,25 Volt, andernfalls Unterbrechung auf der Leiterfolie oder Spannungskonstanter defekt, ersetzen.

Zündanlaßschalter/Lenkschloß aus- und einbauen

Fahrzeuge bis 8/94

Mit dem Einstecken und Verdrehen des Zündschlüssels im Schloß wird die Parksperre des Lenkrades aufgehoben. Über den Zündanlaßschalter wird die Zündung eingeschaltet beziehungsweise zusätzlich der Anlasser betätigt.

Ausbau

- Lenkrad ausbauen. **Achtung:** Hinweise für Airbag-Lenkrad beachten, siehe Seite 179.
- Lenkstockschalter ausbauen.
- Schalttafeleinsatz ausbauen.

Zündanlaßschalter ausbauen

- Steckverbindung am Zündanlaßschalter abziehen.

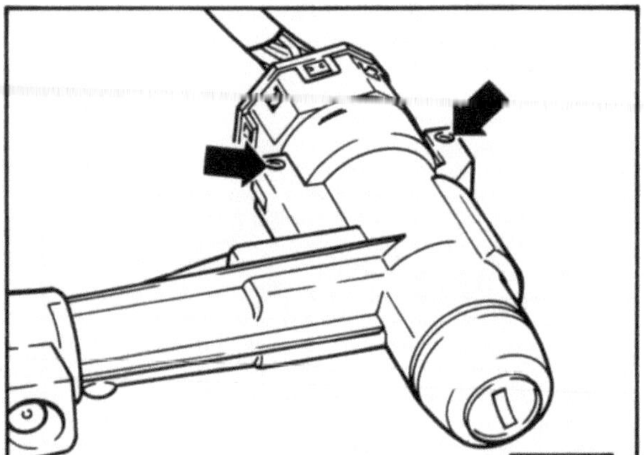
94-703

- Sicherungslack an den Befestigungsschrauben –Pfeile– entfernen. Schrauben lösen. Die Abbildung zeigt der besseren Darstellung wegen ein ausgebautes Zündschloß.

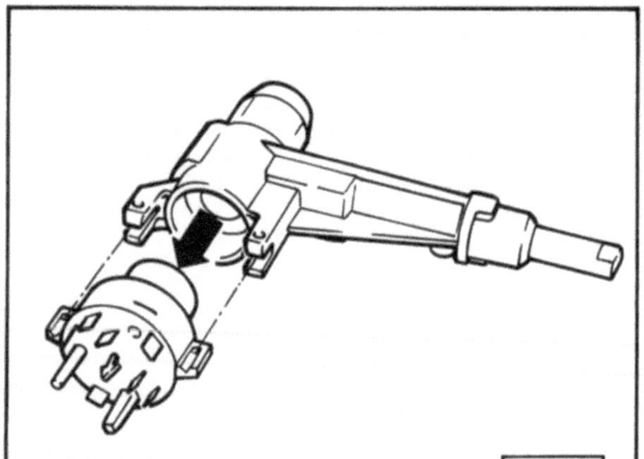
94-731

- Zündanlaßschalter nach hinten vom Zündschloß abziehen.

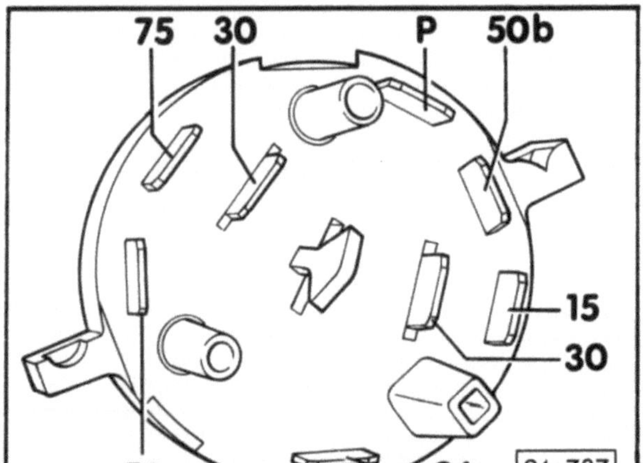

94-737

- Die Abbildung zeigt die Klemmenbelegung am Zündanlaßschalter.

Zündanlaßschalter einbauen

- Zündschlüssel ganz nach links drehen, Stellung »Zündung aus«.
- Zündanlaßschalter bis Anschlag einschieben.
- 2 Befestigungsschrauben anziehen und mit Sicherungslack sichern.

Lenkschloß ausbauen

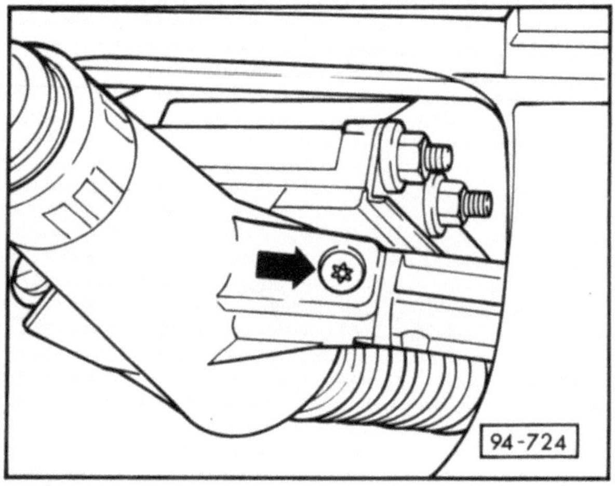
94-724

- Torxschraube mit handelsüblichem Torxschraubendreher, Größe T30 mit stirnseitiger Bohrung (zum Beispiel Hazet T 30 H) ausschrauben.

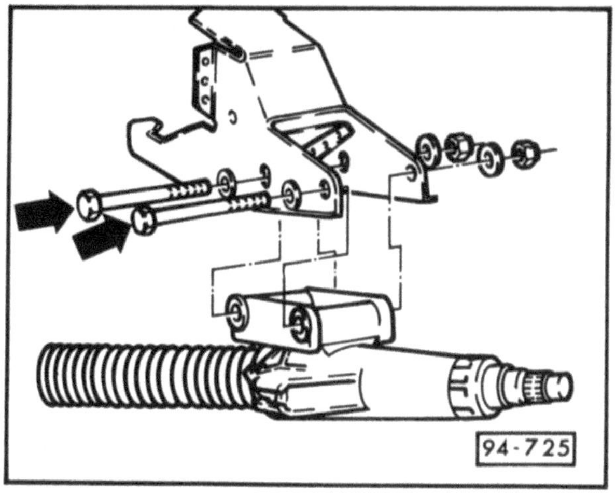

- Beide Schrauben –Pfeile– ausschrauben.
- Mantelrohr so weit nach unten schieben, bis das Lenkschloßgehäuse herausgezogen werden kann.

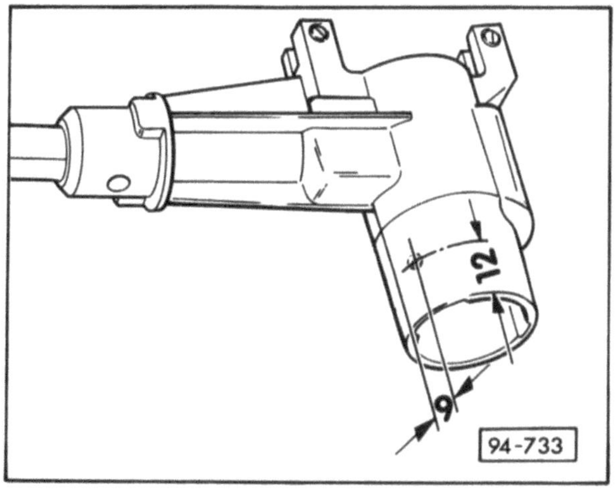

- Lenkschloßgehäuse mit einem Bohrer, ∅ 3 mm, nach vorgegebenen Maßen anbohren, siehe Abbildung.

Achtung: Beim Anbohren nicht zu fest drücken, damit der Schließzylinder nicht beschädigt wird. Bohrtiefe ca. 1,5 mm.

- Zündanlaßschalter ausbauen.

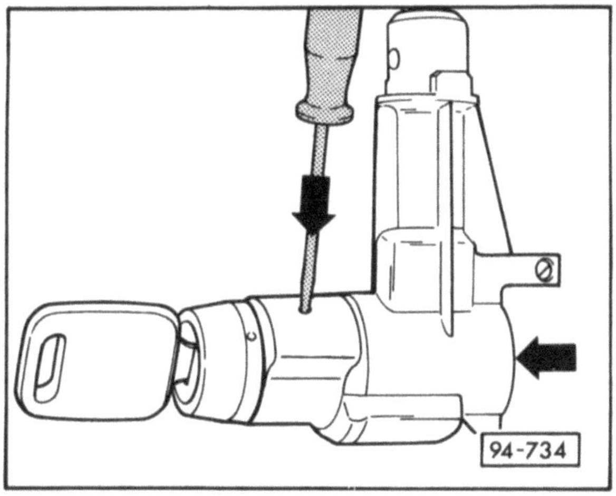

- Haltefeder durch die seitliche Bohrung nach innen drücken, dabei Schließzylinder von hinten herausdrücken.

Lenkschloß einbauen

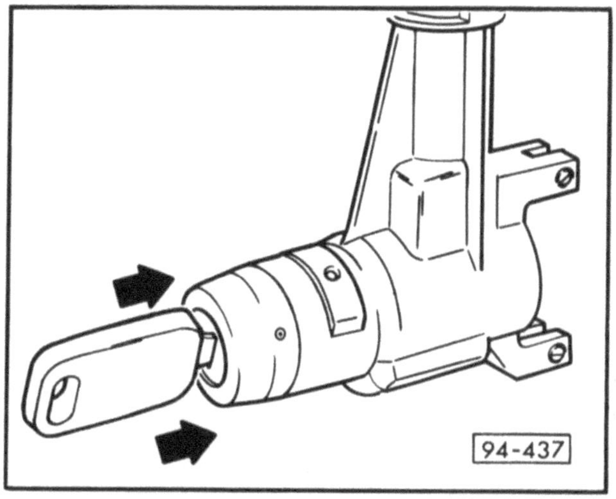

- Schließzylinder mit dem Zündschlüssel ganz nach links drehen (Stellung »Aus«) und in Pfeilrichtung einschieben, bis die Haltefeder einrastet.
- Zündanlaßschalter aufschieben und mit 2 Schrauben anschrauben.
- Lenkschloß ins Mantelrohr einsetzen.
- Mantelrohr hochklappen und mit 2 Schrauben anschrauben.
- Torxschraube einschrauben und mit 7 Nm, also nicht zu fest, anziehen.

- Schalttafeleinsatz einbauen, siehe Seite 286.
- Lenkstockschalter einbauen.
- Lenkrad einbauen, siehe Seite 180.

Radio aus- und einbauen

Die vom Werk eingebauten Radiogeräte sind mit einer Einschubhalterung ausgestattet, die den schnellen Ein- und Ausbau des Radios ermöglicht. Allerdings gelingt das nur ohne weiteres mit einem Spezialwerkzeug, welches beim Kauf des Radios beigelegt oder im Fachhandel erhältlich ist. Ob ein Radio mit Einschubhalterung eingebaut ist, erkennt man in der Regel an den 4 Bohrungen in der Frontplatte.

Ausbau

- Batterie-Massekabel (–) abklemmen. **Achtung:** Beim Abklemmen der Batterie werden Speicher im Radio und in elektronischen Steuergeräten gelöscht. Serienmäßig werden in den AUDI Radios mit Anti-Diebstahl-Codierung eingebaut. Diese verhindert die unbefugte Inbetriebnahme des Gerätes, wenn die Stromversorgung unterbrochen wurde. Die Stromversorgung ist beispielsweise unterbrochen beim Abklemmen der Batterie, beim Ausbau des Radios oder wenn die Radiosicherung defekt ist.
  Falls das Radio codiert ist, Radiocode vor Abklemmen der Batterie oder Ausbau des Radios feststellen. Ist der Code nicht bekannt, kann nur die AUDI-Werkstatt das Autoradio wieder in Betrieb nehmen.

Die individuelle Code-Nummer ist in der Radio-Bedienungsanleitung angegeben. Sie sollte nicht im Fahrzeug aufbewahrt werden.

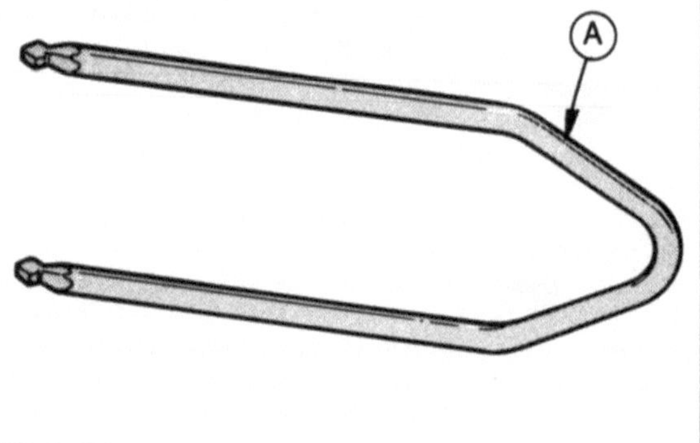

TS-3-81

- Beide Auszieher –A– links und rechts in die Öffnungen der Frontplatte einführen. Sind keine Öffnungen vorhanden, Bedienungsknöpfe und Blende abziehen. Auszieher einführen. **Achtung:** Steht kein Auszieher zur Verfügung, ersatzweise 4 Nägel mit ∅ 1,5 mm ca. 30 mm weit in die Bohrungen einschieben. Mit etwas Gefühl entriegelt sich auch dadurch die Halterung.
- Radio gleichmäßig herausziehen. Radio beim Herausziehen nicht verkanten.
- Steckverbindungen für Lautsprecher mit Tesaband kennzeichnen (links/rechts) und abziehen. Antenne herausziehen. Mehrfachsteckverbindung abziehen.

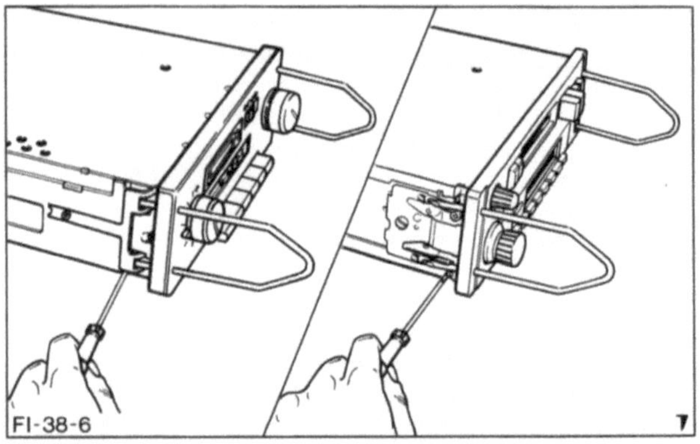

FI-38-6

- Auszieher abnehmen. Dazu Halteclipse mit kleinem Schraubendreher zusammendrücken.

Einbau

- Elektrische Anschlüsse und Antenne an der Rückseite des Radiogerätes anbringen, siehe unter »Ausbau«.
- Radio in Armaturentafel eindrücken, bis die Haltefedern einrasten.
- Batterie-Massekabel anklemmen.
- Radio einschalten und Funktion überprüfen. Falls ein Radio mit Anti-Diebstahl-Codierung eingebaut ist, zuvor Geheimcode eingeben.

Hinweise für den nachträglichen Radioeinbau

- Der serienmäßig eingebaute Mehrfachstecker des Kabelstranges paßt zu allen Radiogeräten aus dem V.A.G-Zubehörprogramm seit Modelljahr 1988. Der Versorgungsstekker hat folgende Kabelfarben und Anschlüsse:
  Rot – Dauerplus
  Braun – Minus (Fahrzeugmasse)
  Grau/Blau – Skalenbeleuchtung
  Blau/Weiß – Geschwindigkeitssignal für automatische Lautstärkeanpassung (Sonderausstattung)
- Für andere Radiogeräte ist ein V.A.G-Adapterkabel erhältlich.

Achtung: Wird das Adapterkabel nicht verwendet, unbedingt darauf achten, daß keine unisolierten Kabel frei herumliegen. Ein sonst möglicher Kurzschluß kann zu einem Kabelbrand führen.

- Darauf achten, daß nur typgeprüfte Entstörsätze (mit allgemeiner Betriebserlaubnis, ABE) verwendet werden, sonst kann die Zulassung des Fahrzeuges erlöschen. Im Handel gibt es speziell auf den AUDI abgestimmte Entstörsätze mit Einbauanleitung.

Achtung: Wurde das Radio nachträglich eingebaut, Radio auf Antenne abstimmen. Dazu schwachen Mittelwellensender einstellen und an der Antennenabgleichschraube (vorn rechts in der Blende des Radios) mit kleinem Schraubendreher auf besten Empfang einregulieren.

Radio-Codierung eingeben

Gilt nur für AUDI-Radio mit Codierung

Die Anti-Diebstahl-Codierung verhindert die unbefugte Inbetriebnahme des Gerätes, wenn die Stromversorgung unterbrochen wurde. Die Stromversorgung ist beispielsweise unterbrochen beim Abklemmen der Batterie, beim Ausbau des Radios oder wenn die Radiosicherung durchgebrannt ist.
Falls das Radio codiert ist, Radiocode vor Abklemmen der Batterie oder Ausbau des Radios feststellen. Ist der Code nicht bekannt, kann nur die V.A.G-Werkstatt das Autoradio wieder in Betrieb nehmen.

Die individuelle Code-Nummer ist in der Radio-Bedienungsanleitung angegeben. Sie sollte nicht im Fahrzeug aufbewahrt werden.

Elektronische Sperre aufheben

- Stromversorgung herstellen, Radio einschalten. Es erscheint am Radio die Anzeige »SAFE«.
- Die Wellenbereichstasten »U« und »M« **gleichzeitig** so lange drücken, bis in der Radioanzeige »1000« erscheint. Tasten loslassen.
- Mit Hilfe der Stationstasten 1 bis 4 die geheime Code-Nummer eingeben.
  Dabei wird mit Taste 1 die erste Stelle der Code-Nummer eingegeben, mit Taste 2 die zweite Stelle usw. Aus technischen Gründen kann die erste Stelle nur mit einer 1 oder keiner Zahl belegt werden, während die nachfolgenden drei Stellen mit einer Zahl von 0 bis 9 belegt werden können.
- Anschließend wieder die Tasten »U« und »M« gleichzeitig so lange drücken, bis in der Radioanzeige »SAFE« erscheint. Tasten loslassen. Das Gerät ist jetzt wieder betriebsbereit.

Achtung: Wird versehentlich eine falsche Code-Nummer eingegeben, erscheint in der Anzeige »SAFE« zunächst blinkend und dann dauernd. Jetzt kann der gesamte Vorgang **einmal** wiederholt werden. Wird erneut eine falsche Code-Nummer eingegeben, ist das Radio für ca. 1 Stunde gesperrt, es kann nicht in Betrieb genommen werden. Nach Ablauf von 1 Stunde – das Gerät muß dabei eingeschaltet bleiben – kann die elektronische Sperre wieder aufgehoben werden. Dieser Zyklus gilt für alle weiteren Versuche.

Die Heckscheibenantenne/ Antennenverstärker

In der Regel ist der AUDI 100 mit einer Heckscheibenantenne ausgestattet. Dabei werden die Heizdrähte der Heckscheibe gleichzeitig für den Radioempfang genutzt. Gleichzeitig ist ein Antennenverstärker erforderlich, der sich im hinteren Dachholm befindet.

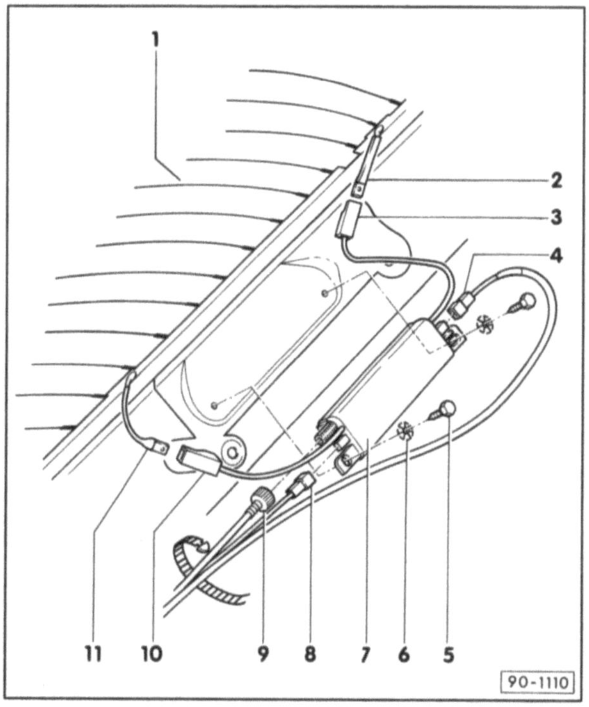

1 – **Heizbare Heckscheibe**
2 – **Anschluß für Scheibenantenne**
Nur für MW-Empfang, keine Beheizung.
3 – **Anschluß Antennenverstärker**
4 – **Steuerleitung vom Radio**
5 – **Schraube**
6 – **Unterlegscheibe**
7 – **Antennenverstärker**
8 – **Anschlußleitung**
Vom Schalter für heizbare Heckscheibe.
9 – **Antennenleitung**
10 – **Anschluß Antennenverstärker**
11 – **Anschluß Heckscheibe**
Für UKW-Empfang und Heckscheibenheizung.

Die Scheibenwischanlage

Scheibenwischergummi ersetzen

Die Scheibenwischergummis sind bei schlechtem Wischbild zu ersetzen. Im Handel werden sowohl komplette Scheibenwischerblätter (Wischergummi mit Träger) als auch einzelne Wischgummis angeboten. Wird nur das Wischgummi ersetzt, darauf achten, daß der Träger nicht verbogen wird.

Ausbau

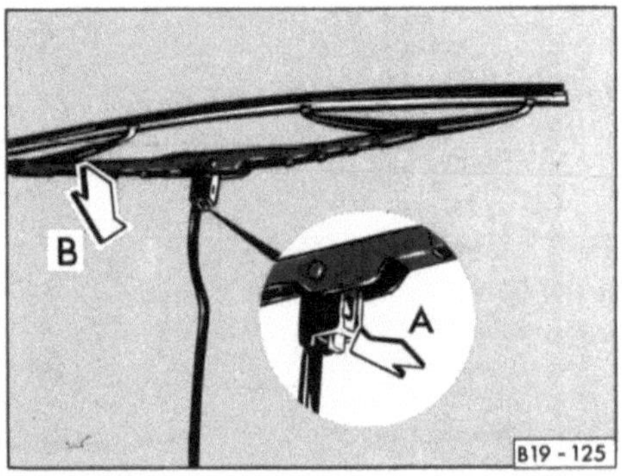

- Wischerarm hochklappen und Wischerblatt waagerecht stellen.
- Federklammer –A– niederdrücken und Wischerblatt nach unten –B– aus dem Haken am Wischerarm schieben.
- Wischerblatt nach oben schieben und vom Haken des Wischerarmes abnehmen.

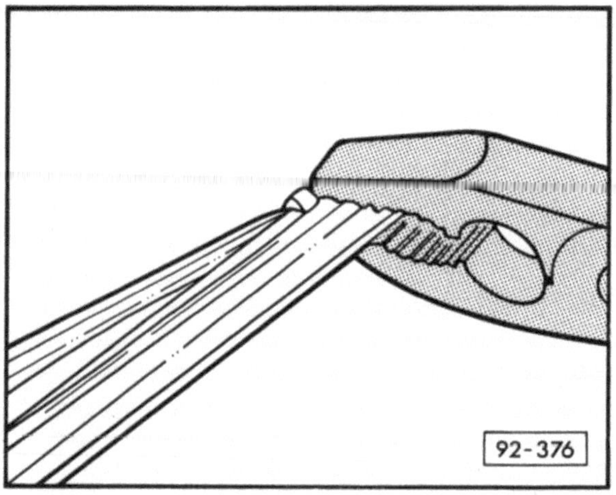

- An der geschlossenen Seite des Wischgummis beide Stahlschienen mit Kombizange zusammendrücken, seitlich aus der oberen Klammer herausnehmen und Gummi komplett mit Schienen aus den restlichen Klammern des Wischerblattes herausziehen.

Einbau

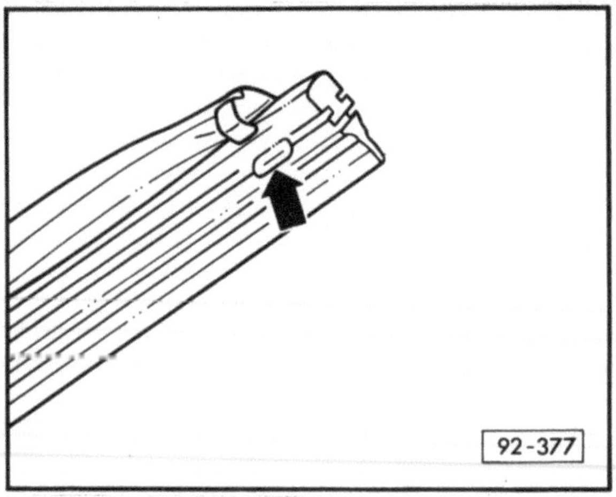

- Neues Wischgummi ohne Halteschienen in die eine Klammer des Wischerblattes lose einlegen.

- Beide Schienen so in die erste Rille des Wischergummis einführen, daß die Aussparungen zum Gummi zeigen und in die Gumminasen der Rille einrasten. **Achtung:** Die Schienen sind leicht gebogen. Schienen so einsetzen, daß der Bauch des Bogens vom Wischerblatt weg gerichtet ist.
- Wischergummi an der geschlossenen Seite mit Seifenwasser bestreichen, damit es besser in die Haltebügel gleitet.
- Beide Stahlschienen und Gummi mit Kombizange zusammendrücken und so in die andere Klammer einsetzen, daß die Klammernasen beidseitig in die Haltenuten –Pfeil– des Wischgummis einrasten.
- Wischerblatt über den Wischerarm schieben und Federklammer in den Haken des Wischerarms einclipsen.
- Wischerarm zurückklappen. Darauf achten, daß das Wischgummi überall an der Scheibe anliegt.

Scheibenwaschdüsen aus- und einbauen/einstellen

Ausbau

- Motorhaube öffnen.
- Zulaufschlauch für Düse abziehen.

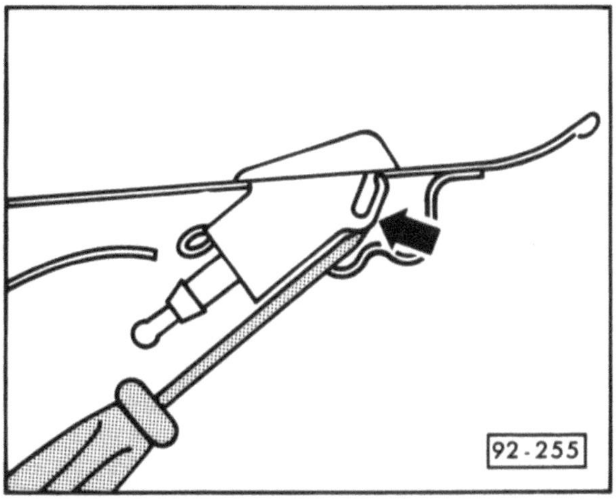

- Haltelasche der Düse mit einem dünnen Schraubendreher in Pfeilrichtung drücken und Düse nach oben abnehmen.

Einbau

- Düse von oben einsetzen und nach hinten schieben, bis sie einrastet.
- Zulaufschlauch aufschieben.

Einstellen

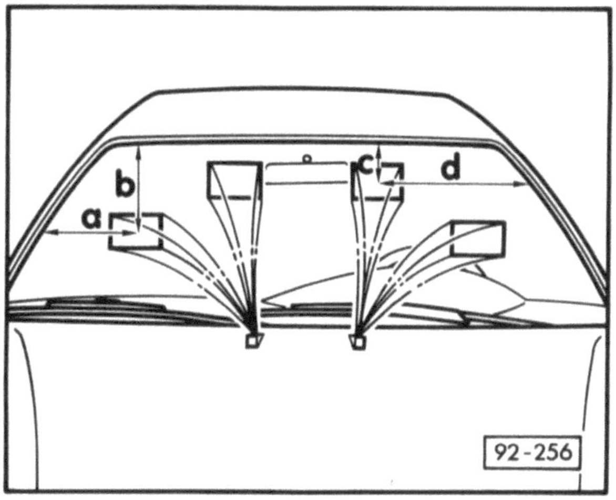

- Maße für Spritzstrahleinstellung: a = 230 mm, b = 280 mm, c = 160 mm, d = 480 mm.
- Die Düse kann mit Preßluft gereinigt werden.

- Die Spritzrichtungen der Düsen können gegebenenfalls mit einem Dorn, ∅ 0,8 mm, korrigiert werden. Keine Nadel verwenden. Die Fachwerkstatt verwendet das Spezialwerkzeug VW-3125.

Scheibenwischerantrieb/Scheibenwischermotor aus- und einbauen

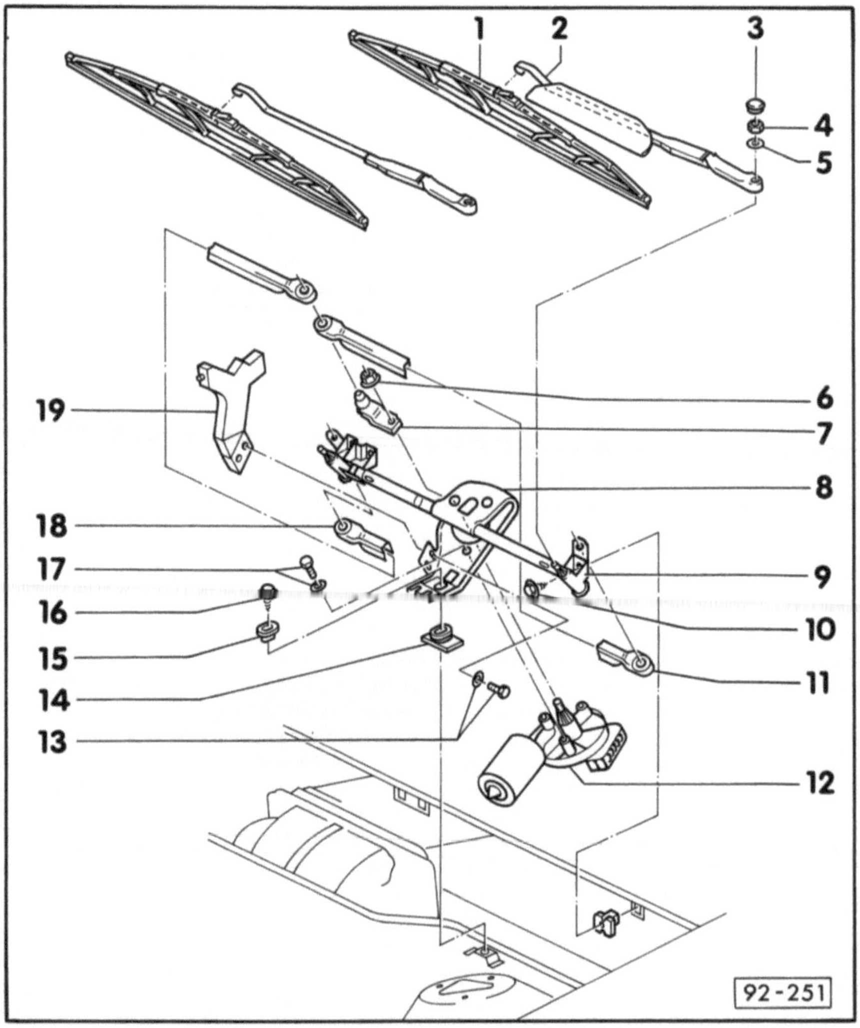

1 – **Wischerblatt**
2 – **Wischerarm**
3 – **Abdeckkappe**
4 – **Sechskantmutter, 16 Nm**
5 – **Scheibe**
6 – **Sechskantmutter, 30 Nm**
7 – **Kurbel**
8 – **Scheibenwischerrahmen**
9 – **Wischerlager**
Eingepreßt in das Wischerlager, nicht einzeln ersetzbar.
10 – **Schraube, 6 Nm**
11 – **Antriebsstange links**
Abheben, Kugelschalen mit MoS_2-Fett bestreichen.
12 – **Wischermotor**
13 – **Befestigungsteile**
14 – **Gummiplatte**
15 – **Buchse**
16 – **Schraube, 6 Nm**
17 – **Schraube für Motor**
18 – **Antriebsstange rechts**
Abheben, Kugelschalen mit MoS_2-Fett bestreichen.
19 – **Halter**

Der Wischermotor wird komplett mit dem Rahmen ausgebaut. Vor dem Ausbau Lage der Wischerblätter auf der Scheibe mit Klebeband markieren.

Ausbau

- Zündung einschalten.
- Scheibenwischer ca. 2 Minuten laufen lassen und mit dem Scheibenwischerschalter abschalten. Dadurch läuft der Wischer in die Endstellung.
- Zündung ausschalten.
- Batterie-Massekabel (–) abklemmen. **Achtung:** Beim Abklemmen der Batterie werden Speicher im Radio und in elektronischen Steuergeräten gelöscht. Falls das Radio codiert ist, Radiocode vor Abklemmen der Batterie feststellen. Ohne den Code kann das Autoradio nach dem Wiederanklemmen der Batterie nicht mehr in Betrieb genommen werden. Siehe auch Kapitel »Batterieausbau«.
- Wasserkastenabdeckung ausbauen, siehe Seite 242.
- Befestigungsleiste und Windlaufblende abziehen.
- Mehrfachstecker am Wischermotor abziehen.
- Wischerarme abschrauben und von den Wischerachsen abziehen, vorher Abdeckkappen mit schmalem Schraubendreher abhebeln.
- Wischerrahmen mit Schrauben –13– und –16– abschrauben und komplett mit Wischermotor herausnehmen.
- Antriebsstangen –11– und –18– von der Kurbel abhebeln.
- Motor vom Wischerrahmen abschrauben, dazu 3 Schrauben herausdrehen.
- Kurbel von der Motorachse abschrauben.

Einbau

- Wird ein neuer Wischermotor eingebaut, Motor vor dem Einbau in Parkstellung bringen. Dazu Mehrfachstecker anschließen und Motor laufen lassen. Anschließend Motor mit Wischerschalter ausschalten und in Endstellung laufen lassen. Mehrfachstecker abziehen.

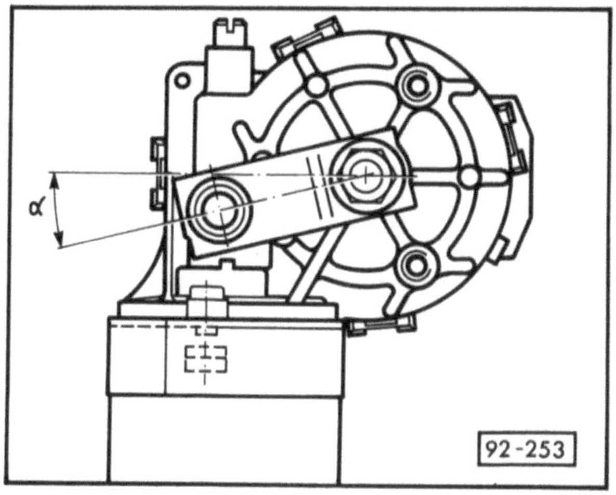

- Kurbel aufsetzen und so ausrichten, daß der Winkel α ca. 13° beträgt. Zum Abmessen des Winkels kann ein Geometrie-Dreieck genommen werden.
- Kurbel mit 30 Nm festschrauben.
- Wischermotor am Wischerrahmen anschrauben.
- Antriebsstangen auf die Kurbel aufdrücken.
- Motor mit Wischerrahmen einsetzen und mit 6 Nm, also nicht zu fest anschrauben.
- Mehrfachstecker aufschieben und Wischermotor in Parkstellung laufen lassen.

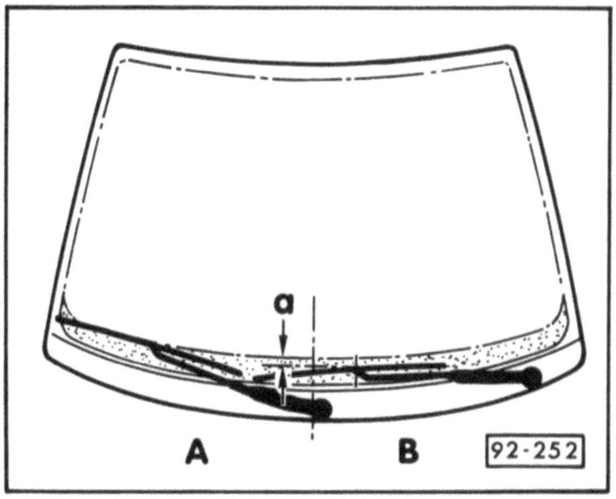

- Wischerarme entsprechend den vor dem Ausbau angebrachten Markierungen auf die Wischerlager schieben und mit 16 Nm festschrauben. Für die Neueinstellung der Endablage sind folgende Maße einzuhalten: –A– (Beifahrerseite) = Oberkante Punktraster der Windschutzscheibe, –B– (Fahrerseite) = 10 mm.
- Abdeckkappen aufdrücken.
- Batterie-Massekabel anklemmen.
- Funktion der Wischeranlage überprüfen.
- Wasserkastenabdeckung einsetzen und einclipsen.

Heckwischerarm/Wischermotor

AVANT-Modelle

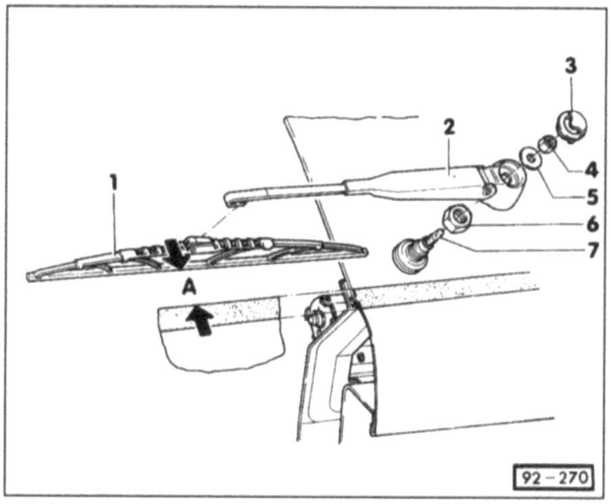

1 – Wischerblatt
2 – Heckwischerarm
3 – Kappe
4 – Befestigungsmutter, 15 Nm
5 – Federscheibe
6 – Befestigungsmutter, 10 Nm
7 – Heckwischerdüse
A – Einstellmaß zur Scheibenunterkante, beträgt 40 mm.

Wischermotor

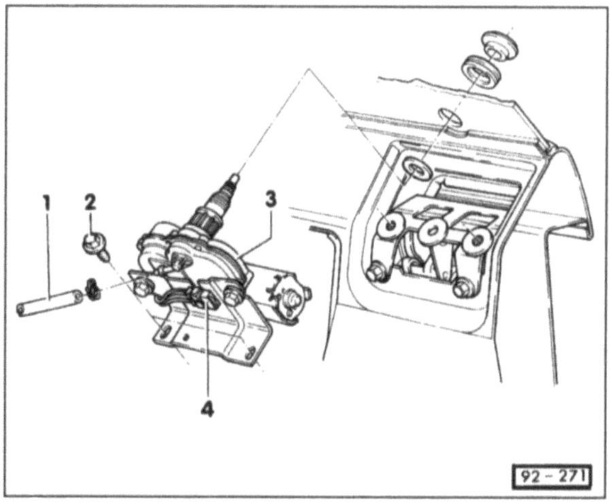

1 – Waschwasserschlauch
2 – Schraube, 10 Nm
3 – Wischermotor
4 – Anschlußstecker

Hinweis: Vor Ausbau des Heckwischermotors Wischerarm, sowie Heckklappenverkleidung ausbauen, siehe Seite 228.

Scheibenwasch- und Scheinwerferreinigungsanlage

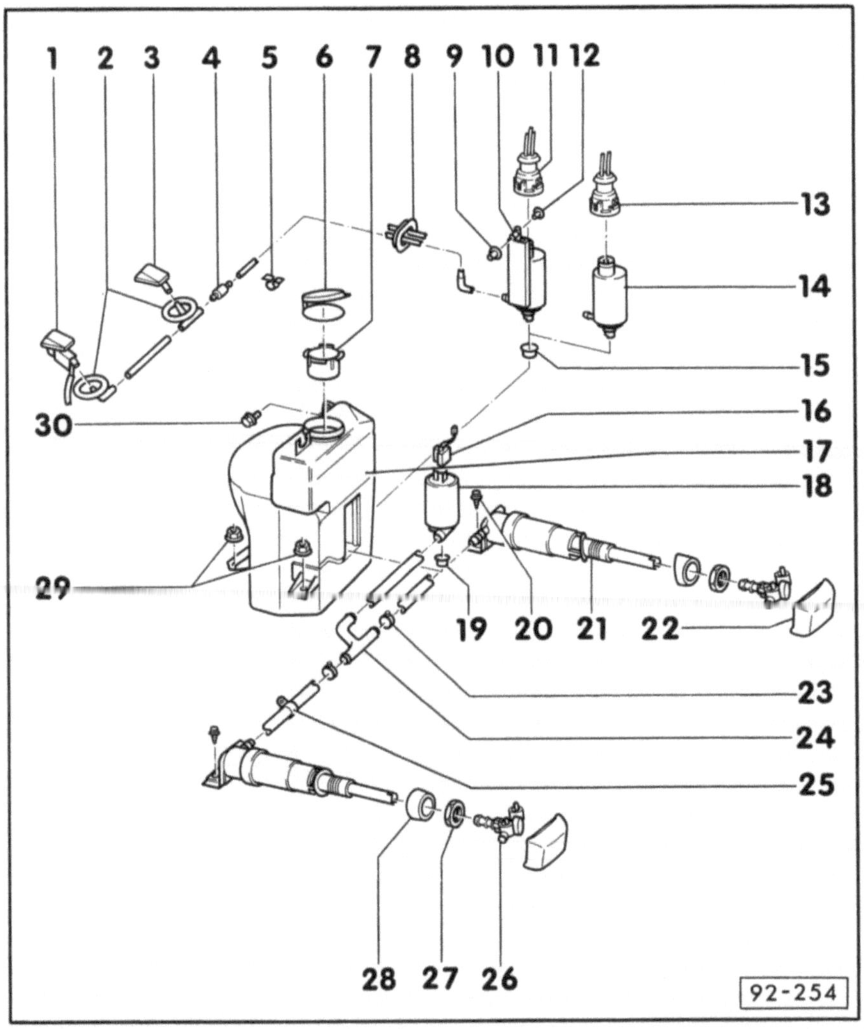

1 – **Spritzdüse Frontscheibe**
Wenn beheizt, mit elektrischem Anschluß.

2 – **Gummitüllen**

3 – **Spritzdüse Frontscheibe**

4 – **Rückschlagventil**
Einbaulage beachten.

5 – **Halter**

6 – **Verschluß**

7 – **Sieb**

8 – **Doppeltülle**

9 – **Dichtung**
Nur bei Auto-Check-System.

10 – **Pumpe für Frontscheibendüsen**
Nur bei Auto-Check-System.

11 – **Anschlußstecker**

12 – **Verschlußstopfen**

13 – **Anschlußstecker**

14 – **Pumpe für Frontscheibendüsen**
(Normalausführung).

15 – **Dichtung**

16 – **Anschlußstecker**

17 – **Waschwasserbehälter**

18 – **Pumpe für Scheinwerferdüsen**

19 – **Dichtung**

20 – **Schraube**

21 – **Scheinwerferreinigungsteleskop**

22 – **Abdeckkappe**

23 – **Schlauchklemme**

24 – **Verteilerstück**

25 – **Halter**

26 – **Spritzdüsen Scheinwerfer**
Bereits eingestellt, nicht einstellbar.

27 – **Sechskantmutter, 10 Nm**

28 – **Distanzstück**

29 – **Sechskantmutter, 5 Nm**

30 – **Sechskantmutter, 5 Nm**

Scheibenwaschpumpe aus- und einbauen

Ausbau

- Stecker abziehen.
- Scheibenwaschbehälter ausbauen, dazu Schläuche zu den Spritzdüsen abziehen und mit geeignetem Stopfen verschließen. Kunststoffmutter abschrauben und Behälter aus dem Halter herausziehen.

Achtung: Falls die Pumpe erneuert werden soll, neue Pumpe bereitlegen.

- Pumpe aus dem Vorratsbehälter herausziehen und Öffnung im Waschwasserbehälter mit dem Daumen zuhalten.

Einbau

- Neue Pumpe einsetzen, dabei läuft etwas Flüssigkeit aus.
- Vorratsbehälter einsetzen und mit Mutter festschrauben.
- Schläuche aufschieben.
- Stecker aufschieben.
- Funktion der Scheibenwaschpumpe prüfen.

Störungsdiagnose Scheibenwischergummi

Wischbild	Ursache	Abhilfe
Schlieren	Wischgummi verschmutzt	■ Wischgummi mit harter Nylonbürste und einer Waschmittellösung oder Spiritus reinigen
	Ausgefranste Wischlippe, Gummi ausgerissen oder abgenutzt	■ Wischgummi erneuern
	Wischgummi gealtert, rissige Oberfläche	■ Wischgummi erneuern
Im Wischfeld verbleibende Wasserreste ziehen sich sofort zu Perlen zusammen	Windschutzscheibe durch Lackpolitur oder Öl verschmutzt	■ Windschutzscheibe mit sauberem Putzlappen und einem Fett-Öl-Silikonentferner reinigen
Wischerblatt wischt einseitig gut - einseitig schlecht, rattert	Wischgummi einseitig verformt, »kippt nicht mehr«	■ Neues Wischgummi einbauen
	Wischerarm verdreht, Blatt steht schief auf der Scheibe	■ Wischerarm einstellen (vorsichtig verdrehen), siehe Abbildung SX-6015
Nicht gewischte Flächen	Wischgummi aus der Fassung herausgerissen	■ Wischgummi vorsichtig in die Fassung einsetzen
	Wischerblatt liegt nicht mehr gleichmäßig an der Scheibe an, da Federschienen oder Bleche verbogen	■ Wischerblatt ersetzen. Dieser Fehler tritt vor allem bei unsachgemäßem Montieren eines Ersatzblattes auf
	Anpreßdruck durch Wischerarm zu gering	■ Wischerarmgelenke und Feder leicht einölen oder neuen Arm einbauen

Einstellen der Scheibenwischerarme

- Wischerarme in Ruhestellung bringen. Dazu Windschutzscheibe mit Wasser benetzen, Scheibenwischer kurze Zeit laufen lassen und anschließend mit Wischerschalter abschalten.
- Wischerblatt ausbauen, siehe Seite 294.

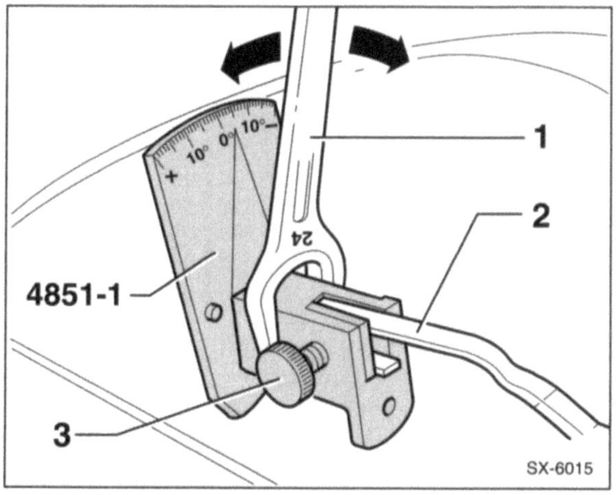

- Falls das Spezialwerkzeug Hazet-4851-1 oder VW-3358 vorhanden ist, Wischerarm –2– in Werkzeug einlegen und mit Schraube –3– arretieren.

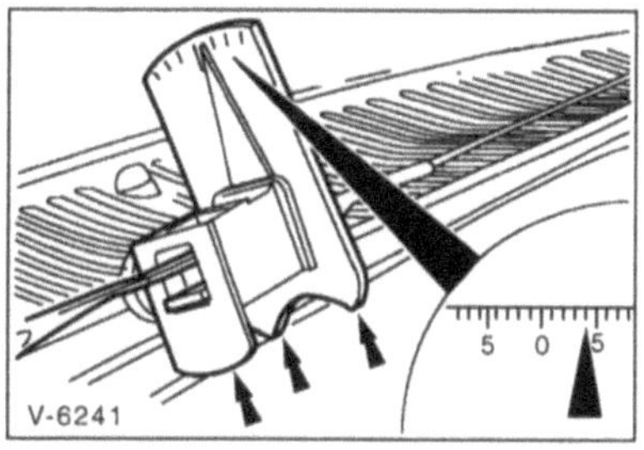

- Wischerarm mit Spezialwerkzeug zurückklappen. Darauf achten, daß die 3 Auflagepunkte –Pfeile– auf der Scheibe aufliegen.
- Einstellwinkel des Wischerarms auf der Skala ablesen.
  Sollwerte:
  Fahrerseite: – 4,0° ± 2°
  Beifahrerseite: – 2,0° ± 2°
- Falls erforderlich, Werkzeug mit Maulschlüssel –1– vorsichtig drehen bis an der Skala der Sollwert angezeigt wird. **Achtung:** Dazu Wischerarm von der Scheibe abheben, da diese sonst beschädigt werden kann.
- Anschließend Werkzeug abbauen und nochmals neu aufsetzen und arretieren. Einstellwert prüfen, gegebenenfalls korrigieren. Diesen Vorgang so oft durchführen bis der Sollwert erreicht ist.
- Einstellwerkzeug abnehmen und Scheibenwischerblatt einbauen.
- Windschutzscheibe mit Wasser benetzen und Scheibenwischer laufen lassen. Wischerblätter auf rubbelfreies Wischen prüfen.

Das Werkzeug

Das Spezialwerkzeug

Der Aufwand an Werkzeug richtet sich ganz nach dem Umfang der Arbeiten, die am AUDI 100/A6 ausgeführt werden sollen. Neben einer Grundausstattung ist in jedem Fall ein Drehmomentschlüssel empfehlenswert.

Gutes und stabiles Werkzeug wird von der Firma HAZET (42804 Remscheid, Postfach 100461) angeboten. In den Tabellen sind die Spezialwerkzeuge mit der HAZET-Bestellnummer aufgeführt. Vertrieben wird das Werkzeug über den Fachhandel.

Bauteil	**Werkzeug**	**Hazet-Nr.**
Schrauben mit vorgeschriebenem Drehmoment	Drehmomentschlüssel 20–200 Nm	6122-1CT
Zündkerzen (4- und 5-Zylindermotor)	Zündkerzenschlüssel 20,8 mm, passende Umschaltknarre ⅜ Zoll	2505-2, 8816 GK
Zündkerzen (6-Zylindermotor)	Zündkerzenschlüssel 16 mm, passende Umschaltknarre ⅜ Zoll	2506, 8816 GK
Zylinderkopfdichtungs-Zentrierung	Führungsbolzen mit Ausdreher	2570/5
Ventilschaftabdichtungen	Ventilschaftdichtungs-Aufdrücker	2577
Ventilfedern	Ventilfeder-Spanner	2577-2
Anlasserhalterung, Generatorlager 4-Zylinder-Motor etc.	Stecknuß für 6 mm Innensechskantschrauben	2584
Getriebeöl-Einfüll- und -Ablaßschraube	Stecknuß für 17 mm Innensechskantschrauben	985-17
Hintere Federbeine	Sechskant mit Gegenhalter	2593 Lg
Fensterhebermotor, Schiebedachmotor	Torx-Schraubendreher	837-T20
Fensterheberanschlag	Torx-Stecknuß	880-E6
Lenkschloß	Torx-Schraubendrehereinsatz mit Bohrung (mit Sechskantaufnahme ¼ Zoll)	2223 T30 H
Türschließbolzen	Torx-Schraubendreher	837-T40

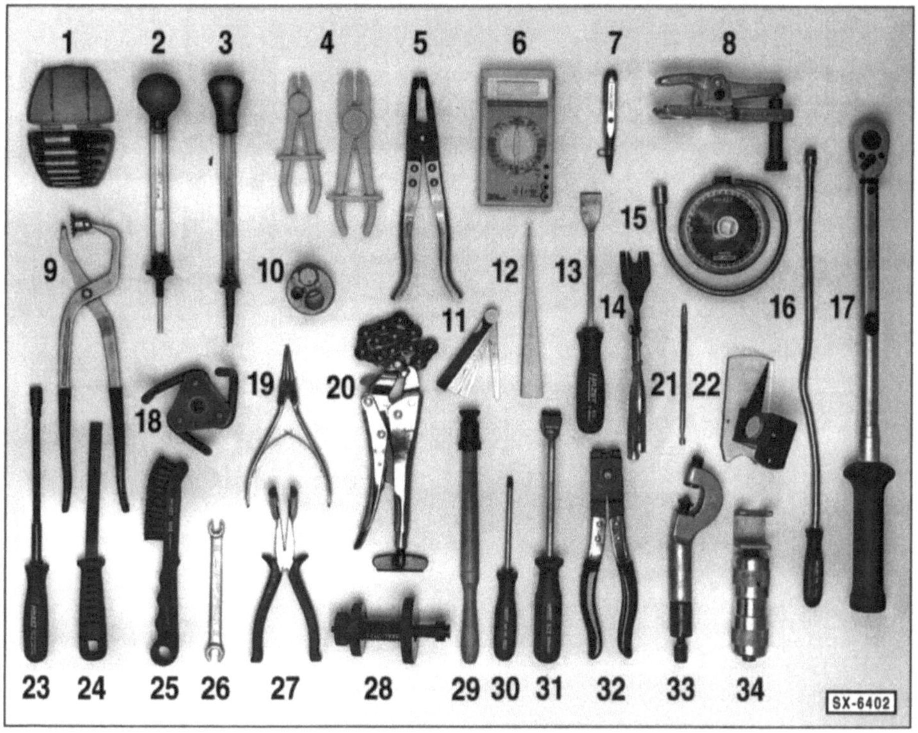

Abb.	Werkzeug	Hazet-Nr.
1	Schraubenausdrehersatz	840/5
2	Batteriesäureprüfer	4650-1
3	Kühlmittel-Frostschutzprüfer	–
4	Schlauchklemmen	4590/2
5	Zange für Ventilschaftabdichtungen	791-5
6	Multimeter	–
7	Spannungsprüflampe mit Spitze	2153
8	Ausdrücker für Spurstangenköpfe	1790-7
9	Bremsfedernzange	797
10	Stehbolzenausdreher	845
11	Fühlerblattlehre 0,05 – 1,0 mm	2147
12	Montagekeil	1965-20
13	Flachschaber zur Beseitigung von Dichtungsrückständen an Zylinderkopf sowie Motorblock	824
14	Abdrückzange für Verkleidungen	799-4
15	Winkelscheibe für drehwinkelgesteuerten Schraubenanzug	6690
16	Magnet-Sucher	1976
17	Drehmomentschlüssel 40 – 200 Nm	6122–1CT
18	Ölfilterschlüssel	2172
19	Spitzzange für Sicherungsringe	1846 c-2
20	Ketten-Abgasrohrschneider	4682
21	Spritzdüseneinsteller für Scheibenwaschanlage	4850-1
22	Winkeleinsteller für Scheibenwischerarme	4851-1

Abb.	Werkzeug	Hazet-Nr.
23	Steckschlüssel flexibel, 8 und 10 mm	426-8, -10
24	Bremssattelfeile	4968-1
25	Bremssatteldrahtbürste	4968-2/-3
26	Offene Doppelringschlüssel für Überwurfmuttern der Bremsleitungen	612-8x10, 612-10x11
27	Zündkerzensteckerzange	1849-1
28	Kupplungs-Zentrierwerkzeug	2174
29	Ventileinschleifer	795
30	Torxschraubendreher (verschiedene Größen)	837-T20 bis -T45
31	Ziehklinge zum Entfernen von Unterbodenschutz etc.	822
32	Klemmzange für Haltebänder der Gelenkwellenmanschetten	1847-1
33	Hydraulischer Muttersprenger	846-22
34	Schlag-Ausziehgerät für Bremsbeläge, Scheibenwischerarme etc.	1966
ohne Abbildung:		
	Zange für Federbandschellen (z.B. für Kühlmittelschläuche)	798-5
	Zwischenstück ¼" für Drehmomentschlüssel auf 1847	2250-2
	Offener Ringschlüssel für Einspritzleitungen (Diesel)	4560
	Gelenkschlüssel für Glühkerzenausbau	2530

Wartungsplan AUDI 100 / A6

Ölwechsel-Service

Ölwechsel-Service-Intervall:

- ◆ **Benzinmotor: alle 15.000 km,** beziehungsweise **mindestens einmal jährlich**.
- ◆ **2,4-l-Dieselmotor** (82 PS): **alle 7.500 km,** beziehungsweise **mindestens einmal jährlich.**
- ◆ **1,9- und 2,5-l-Dieselmotoren**: **alle 15.000 km,** beziehungsweise **mindestens einmal jährlich**.

Bei erschwerten Betriebsbedingungen, wie überwiegend Stadt- und Kurzstreckenverkehr, häufigen Gebirgsfahrten, Anhängerbetrieb und staubigen Straßenverhältnissen, Ölwechsel-Service entsprechend öfter durchführen.

- ● Motor: Öl- und Filterwechsel.
- ● Kraftstoffilter: Entwässern (nur Dieselmotor).
- ● Scheibenbremsbeläge: Dicke prüfen (die Verschleißgrenze der vorderen Beläge wird dem Fahrer mittels Kontrollampe automatisch angezeigt).
- ● 4-Zylinder-TDI-Motor: Zahnriemen auf Beschädigung sichtprüfen, Zahnriemenbreite messen.
- ● Aufbau: Wasserkasten und Wasserablaufventile auf Verschmutzung prüfen, gegebenenfalls reinigen.
- ● Service-Intervallanzeige: Zurücksetzen (Nur Audi A6/S6, Werkstattarbeit).

Wartung

Die Wartung ist in folgenden Abständen durchzuführen: Alle 12 Monate die mit ● gekennzeichneten Positionen und alle 30 000 km die Positionen ● und ■. Bei jeder Wartung sind entsprechend dem angegebenen Intervall auch die zusätzlichen Wartungspunkte ◆ durchzuführen.

Achtung: In der AUDI-Werkstatt werden bei der Inspektion zusätzlich die Fehlerspeicher der Motor-, Getriebe- und Klimaelektronik mit einem Spezialgerät ausgelesen. Es kann daher sinnvoll sein, in regelmäßigen Abständen eine Fachwerkstatt aufzusuchen, auch wenn die Wartung in Eigenregie durchführt wird.

Motor

- ● Motor: Öl wechseln, Ölfilter ersetzen.
- ● Kühl- und Heizsystem: Flüssigkeitsstand prüfen, Konzentration des Frostschutzmittels prüfen. Sichtprüfung auf Undichtigkeiten und äußere Verschmutzung des Kühlers.
- ● Abgasanlage: Auf Beschädigungen prüfen.
- ● Motor und Motorraum: Sichtprüfung auf Ölundichtigkeiten.
- ● 2,4-l-Dieselmotor: Leerlaufdrehzahl prüfen, gegebenenfalls einstellen (Werkstattarbeit).
- ● Dieselmotor: Kraftstoffilter entwässern.
- ● Keilriemen: Spannung und Zustand von allen Riemen prüfen.
- ● 4-Zylinder-TDI-Motor: Zahnriemen auf Beschädigung sichtprüfen, Zahnriemenbreite messen.
- ■ Benzinmotor bis 8/93: Zündkerzen erneuern.
- ■ Kraftstoffilter: Ersetzen (nur Dieselmotor).
- ■ 4- und 5-Zylinder-Motor bis 8/93: Zustand und Spannung des Keilrippenriemens prüfen.
- ■ Bis 8/94: Keilrippenriemen auf Beschädigung sichtprüfen.
- ■ 5-Zylinder-Dieselmotor: Zahnriemen für Nockenwellenantrieb auf Beschädigung und Spannung prüfen.
- ■ 5-Zylinder-TDI-Motor: Zahnriemen für Einspritzpumpe auf Beschädigung und Spannung prüfen.

Getriebe, Achsantrieb

- ● Gelenkschutzhüllen: Auf Undichtigkeiten und Beschädigungen prüfen.
- ● Schalt- und Automatikgetriebe/Achsantrieb: Sichtprüfung auf Undichtigkeiten.
- ■ Schaltgetriebe: Ölstand in Getriebe und Achsantrieb prüfen.

Vorderachse und Lenkung

- ● Spurstangenköpfe: Spiel und Befestigung prüfen, Staubkappen prüfen.
- ● Achsgelenke: Staubkappen prüfen.

- ● Lenkung: Spiel prüfen, Faltenbälge auf Undichtigkeiten und Beschädigungen prüfen.
- ■ Servolenkung bis 8/91: Flüssigkeitsstand prüfen, gegebenenfalls Hydrauliköl auffüllen.

Karosserie/Innenausstattung/Heizung

- ● Türfeststeller und Schließzylinder: Schmieren.
- ● Wasserkasten und Wasserablaufventile: Auf Verschmutzung sichtprüfen, gegebenenfalls reinigen.
- ■ Unterbodenschutz und Hohlraumkonservierung: Prüfen.
- ■ Sicherheitsgurte: Auf Beschädigungen prüfen.
- ■ Schiebedach: Führungsschienen reinigen und mit Silikon-Gleitmittel (AUDI-Nr. D 007 000 04) einsprühen.
- ■ Lüftung/Heizung: Staub- und Pollenfilter erneuern.

Bremsen, Reifen, Räder

- ● Bremsanlage: Leitungen, Schläuche, Bremszylinder und Anschlüsse auf Undichtigkeiten und Beschädigungen prüfen.
- ● Bremsflüssigkeitsstand: Prüfen, ggf. auffüllen.
- ● Bremsen: Belagstärke der vorderen und hinteren Bremsbeläge prüfen.
- ● Bereifung: Profiltiefe und Reifenfülldruck prüfen; Reifen auf Verschleiß und Beschädigungen (einschließlich Reserverad) prüfen.

Elektrische Anlage

- ● Alle Stromverbraucher: Funktion prüfen.
- ● Beleuchtungsanlage: Prüfen, gegebenenfalls Scheinwerfer einstellen.
- ● Signalhorn, Innenbeleuchtung, Kontrolleuchten: Prüfen.
- ● Scheibenwischer: Wischergummis auf Verschleiß prüfen. Ruhestellung der Wischerblätter prüfen
- ● Scheibenwaschanlage: Funktion prüfen, Düsenstellung kontrollieren, Flüssigkeit nachfüllen, Scheinwerfer-Waschanlage prüfen.
- ● Batterie prüfen.
- ● Service-Intervallanzeige: Zurücksetzen (Nur Audi A6/S6, Werkstattarbeit).

Zusätzliche Wartungsarbeiten

Alle 2 Jahre

- ◆ Bremsflüssigkeit: Erneuern.
- ◆ Abgasuntersuchung (AU) erstmalig nach 3 Jahren, dann alle 2 Jahre (Werkstattarbeit).

Alle 60.000 km oder 2 Jahre

- ◆ Motor-Luftfilter: Filtereinsatz erneuern, Luftfiltergehäuse reinigen.

Alle 3 Jahre

- ◆ 8-Zylinder-Motor: Kühlmittel G11 (grün/blau) wechseln. **Hinweis:** Das Kühlmittel G12 (rot) braucht nicht gewechselt werden.

Alle 60.000 km oder 3 Jahre

- ◆ Benzinmotor ab 9/93: Zündkerzen erneuern.

Alle 60.000 km

- ◆ Bis 8/93: Generator-Keilriemen (nicht Keilrippenriemen) erneuern.
- ◆ Automatisches Getriebe: ATF-Stand im Getriebe und im Achsantrieb prüfen, gegebenenfalls ergänzen.
- ◆ Servolenkung ab 9/91: Flüssigkeitsstand prüfen, gegebenenfalls Hydrauliköl auffüllen.

Alle 60.000 km oder 4 Jahre

- ◆ Automatisches Getriebe: ATF-Öl wechseln.

Einmalig nach 60.000 km

- ◆ 2,5-l-Dieselmotor: Zahnriemen für Nockenwellenantrieb erneuern.

Alle 90.000 km

- ◆ 6-Zylinder-Motor bis 8/94: Keilrippenriemen erneuern.
- ◆ 4-Zylinder-Dieselmotor: Zahnriemen erneuern.

Alle 120.000 km

- ◆ 4- und 5-Zylinder-Benzinmotoren: Zahnriemen erneuern. **Hinweis:** AUDI schreibt für den Motor ADR ein Wechselintervall von 180.000 km vor, wir empfehlen jedoch den Zahnriemen, wie bei den anderen Benzinmotoren, alle 120.000 km zu wechseln.
- ◆ 5-Zylinder-Dieselmotor: 2 Zahnriemen für Nockenwellenantrieb und Einspritzpumpe ersetzen (Werkstattarbeit).
- ◆ Motor ADR: Keilriemen wechseln.
- ◆ 6-Zylinder-Motor ab 9/94: Keilrippenriemen erneuern.
- ◆ 6-Zylinder-Motor ACK: Zahnriemen und Spannrolle erneuern.
- ◆ 8-Zylinder-Motor: Zahnriemen und Keilrippenriemen erneuern.

Die Wartungsarbeiten

Hier werden, aufgeteilt nach den verschiedenen Baugruppen des Fahrzeugs, alle Wartungsarbeiten beschrieben, die gemäß dem Wartungsplan durchgeführt werden müssen. Auf die erforderlichen Verschleißteile sowie das möglicherweise notwendige Sonderwerkzeug wird jeweils hingewiesen.

Es empfiehlt sich, Reifendruck, Motorölstand und Flüssigkeitsstände für Kühlung, Wisch-/Wasch-Anlage etc. alle 4 bis 6 Wochen zu prüfen und ergänzen.

Achtung: Beim **Einkauf von Ersatzteilen** ist zur Identifizierung des Fahrzeuges unbedingt der **KFZ-Schein** mitzunehmen, denn nur durch die Fahrzeug-Identnummer ist eine eindeutige Zuordnung von Ersatzteil und Fahrzeugmodell möglich. Sinnvoll ist es auch, das Altteil zum Ersatzteilhändler mitzunehmen, um es dort mit dem Neuteil vergleichen zu können.

Motor und Abgasanlage

Folgende Wartungspunkte müssen nach dem Wartungsplan durchgeführt werden:

- Öl wechseln, Ölfilter ersetzen.
- Sichtprüfung auf Ölverlust.
- Motorölstand prüfen.
- Kühlmittelstand prüfen.
- Sichtprüfung auf Kühlmittelverlust.
- Frostschutz prüfen.
- Benzinmotor: Zündkerzen erneuern.
- Motor-Luftfilter: Filtereinsatz erneuern, Luftfiltergehäuse reinigen.
- Dieselmotor: Kraftstoffilter entwässern/ersetzen.
- Keilriemen/Keilrippenriemen/Zahnriemen prüfen.
- Abgasanlage: Auf Beschädigungen prüfen.
- Keilriemen/Keilrippenriemen erneuern, siehe Kapitel »Motor«.
- Zahnriemen erneuern, je nach Motor zusätzlich Spannrolle erneuern, siehe Kapitel »Motor«.
- 2,4-l-Dieselmotor: Leerlaufdrehzahl prüfen, gegebenenfalls einstellen (Werkstattarbeit).
- Abgasuntersuchung (AU) erstmalig nach 3 Jahren, dann alle 2 Jahre (Werkstattarbeit).

Motorölwechsel

Zum Motorölwechsel ist folgendes Werkzeug erforderlich:

- Eine Grube oder ein hydraulischer Wagenheber mit Unterstellböcken.
- Ein Spezialwerkzeug zum Lösen des Ölfilters (Ölfilterzange, Spannbandschlüssel oder HAZET-Werkzeug 2172).
- Stecknuß-Satz zum Lösen der Ölablaßschraube sowie eine Ölauffangschale (wenn Öl nicht abgesaugt wird), die mindestens 6 Liter Öl faßt.

Folgende Verschleißteile werden benötigt:

- Nur wenn Öl nicht abgesaugt wird: Aluminium- oder Kupfer-Dichtring für die Ölablaßschraube (wird manchmal mit dem Ölfilter mitgeliefert).
- Öl-Filterpatrone.
- Je nach Motor 3,0 bis 5,5 Liter Motoröl. Nur von AUDI freigegebenes Motoröl verwenden, siehe Seite 76.

Ölwechselmenge mit Filterwechsel:

Motor	Füllmenge
4-Zylinder-Benziner*	3,0 l
4-Zylinder-Diesel	3,5 l
5-Zylinder-Benziner	4,5 l
5-Zylinder-Diesel	5,0 l
6-Zylinder-Benziner*	5,0 l

*) 5-Ventil-Motoren: 0,5 l größere Ölfüllmenge als Tabellenwert

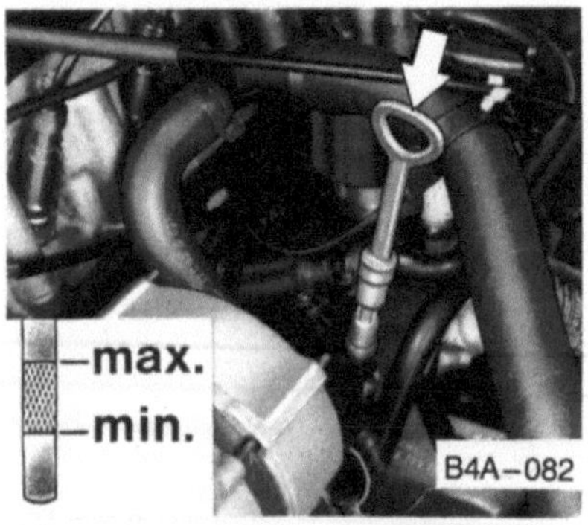

- Die Mengendifferenz zwischen der »min«- und »max«-Markierung am Ölpeilstab beträgt: **1 Liter.** Der Ölstand sollte zwischen diesen Markierungen liegen.

Der Ölwechsel ist alle 15.000 km, beim 2,4-l-Dieselmotor alle 7.500 km durchzuführen. Falls sehr wenig gefahren wird, Ölwechsel einmal im Jahr vornehmen. Dabei wird gleichzeitig die Filterpatrone gewechselt.

Bei erschwerten Einsatzbedingungen wie Kurzstreckenverkehr, häufiger Kaltstart und sehr staubigen Straßenverhältnissen, sollten Motoröl und Ölfilter in kürzeren Abständen gewechselt werden.

Hinweis: Das Motoröl darf auch mittels einer Sonde über das Führungsrohr des Ölmeßstabes abgesaugt werden.

Achtung: Altöl muß auf jeden Fall bei den Altöl-Sammelstellen abgegeben werden. Die Öl-Verkaufsstellen nehmen die entsprechende Menge Altöl kostenlos entgegen, daher beim Ölkauf Quittung und Ölkanister für spätere Altölrückgabe aufbewahren! Außerdem informieren Gemeinde- und Stadtverwaltungen darüber, wo sich die nächste Altöl-Sammelstelle befindet. **Keinesfalls darf Altöl einfach weggeschüttet oder dem Hausmüll mitgegeben werden.** Größere Umweltschäden wie beispielsweise Grundwasserverseuchung sind sonst unvermeidbar.

Motoröl ablassen

- Motor auf Betriebstemperatur bringen (+60° C Öltemperatur).
- Fahrzeug waagerecht aufbocken, siehe Seite 145.
- Untere Motorraumabdeckung abbauen, siehe Seite 17.
- Gefäß zum Auffangen des Altöls unter die Ölwanne stellen.

- Ölfilter –4– abschrauben. Der Ölfilter sitzt seitlich am Motorblock. Die Abbildung zeigt den 6-Zylindermotor. Zum Abschrauben des Ölfilters gibt es spezielle Werkzeuge, zum Beispiel HAZET 2169. Man kann auch einen spitzen Schraubendreher seitlich in den Ölfilter eintreiben. Es läuft dann allerdings Öl aus – Gefäß unterstellen.

Achtung: Das Motoröl darf auch mittels einer Sonde abgesaugt werden.

- Ölablaßschraube –3– unten an der Ölwanne herausdrehen und Altöl ganz ablassen.

Achtung: Werden im Motoröl Metallspäne und Abrieb in größeren Mengen festgestellt, deutet dies auf Freßschäden hin, zum Beispiel Kurbelwellen- oder Pleuellagerschäden. Um Folgeschäden zu vermeiden, müssen nach der Motorreparatur die Ölkanäle sorgfältig gereinigt werden.

Auffüllen

- Ölablaßschraube mit neuem Dichtring einschrauben und fest, aber nicht mit zu großer Gewalt anziehen. Anzugsdrehmoment: **40 Nm.**
- Ölfilterflansch am Motorblock mit Kraftstoff reinigen. Eventuell dort verbliebene Filterdichtung abnehmen.
- Gummidichtring am Ölfilter dünn mit Motoröl bestreichen.
- Neuen Ölfilter nur mit der Hand festschrauben. Wenn die Filterdichtung am Motorblock anliegt, Filter noch um ½ Umdrehung weiterdrehen. Hinweise auf dem Ölfilter beachten.

- Neues Öl am Einfüllstutzen –B– des Zylinderkopfdeckels einfüllen. Anschließend Ölstand mit Meßstab –A– kontrollieren.

Achtung: Grundsätzlich empfiehlt es sich zunächst ½ Liter Motoröl weniger einzufüllen, den Motor warmlaufen zu lassen und nach einigen Minuten den Ölstand mit dem Meßstab zu kontrollieren und gegebenenfalls zu ergänzen. Zuviel eingefülltes Motoröl muß wieder abgesaugt werden, da sonst Schäden am Katalysator auftreten können.

- Nach Probefahrt Dichtigkeit der Ablaßschraube und des Ölfilters überprüfen, gegebenenfalls vorsichtig nachziehen.
- Betriebswarmen Motor abstellen und Ölstand nach ca. 2 Minuten nochmals prüfen, gegebenenfalls korrigieren.
- Motorraum-Unterschutz wieder einbauen, siehe Seite 17.

Achtung: Um die Betriebsverhältnisse des Motors besser überwachen zu können, soll beim Ölwechsel immer ein Öl gleichen Typs und möglichst auch gleicher Marke verwendet werden. Daher ist es zweckmäßig, bei jedem Ölwechsel ein Hinweisschild am Motor zu befestigen, auf dem Marke und Viskosität des Öles vermerkt sind.

Sichtprüfung auf Ölverlust

Bei ölverschmiertem Motor und hohem Ölverbrauch überprüfen, wo das Öl austritt. Dazu folgende Stellen überprüfen:

- Öleinfülldeckel öffnen und Dichtung auf Porosität oder Beschädigung prüfen.
- Belüftungsschläuche vom Öleinfülldeckel zum Luftfilter auf festen Sitz prüfen.
- Zylinderkopfdeckel-Dichtung.
- Zylinderkopf-Dichtung.
- Trennstelle Zündverteilerflansch.
- Ölfilterdichtung: Ölfilter am Ölfilterflansch.
- Ölablaßschraube (Dichtring).
- Ölwannendichtung.
- Trennstelle zwischen Motor und Getriebe (Dichtung an Schwungrad oder Getriebewelle).

Da sich bei Undichtigkeiten das Öl meistens über eine größere Motorfläche verteilt, ist der Austritt des Öls nicht auf den ersten Blick zu erkennen. Bei der Suche geht man zweckmäßigerweise wie folgt vor:

- Motorwäsche durchführen. Motor mit handelsüblichem Kaltreiniger einsprühen und nach einer kurzen Einwirkungszeit mit Wasser abspritzen. Vorher Zündverteiler und Generator mit Plastiktüte abdecken.
- Motor abtrocknen lassen. Dann Trennstellen und Dichtungen am Motor von außen mit Kalk oder Talkumpuder bestäuben. Von AUDI gibt es auch einen speziellen Leck-Suchspray, der aufgesprüht wird.
- Ölstand kontrollieren, gegebenenfalls auffüllen.
- Probefahrt durchführen. Da das Öl bei heißem Motor dünnflüssig wird und dadurch schneller an den Leckstellen austreten kann, sollte die Probefahrt über eine Strecke von ca. 30 km auf einer Schnellstraße durchgeführt werden.
- Anschließend Motor mit Lampe absuchen, undichte Stelle lokalisieren und Fehler beheben.

Motorölstand prüfen

Etwa alle 1.000 km oder vor längeren Fahrten sollte der Ölstand des Motors überprüft und gegebenenfalls ergänzt werden. Auf 1.000 Kilometer soll der Motor nicht mehr als 1,0 Liter Öl verbrauchen. Mehrverbrauch ist ein Anzeichen für verschlissene Ventilschaftabdichtungen und/oder Kolbenringe beziehungsweise Öldichtungen.

- Das Fahrzeug muß beim Messen auf einer waagerechten Fläche stehen.
- Der Motor muß betriebswarm sein.
- Nach Abstellen des Motors mindestens 3 Minuten lang warten, damit sich das Öl in der Ölwanne sammelt.
- Ölpeilstab am Motor herausziehen und mit sauberem Lappen abwischen.

- Anschließend Meßstab bis zum Anschlag einführen und wieder herausziehen. Der Ölstand muß zwischen den beiden Markierungen liegen. Die Abbildung zeigt den 6-Zylindermotor.
- Neues Öl erst nachfüllen, wenn sich der Ölstand der unteren Marke nähert. Die Ölmenge von der min.- bis zur max.-Markierung beträgt bei allen Motoren **1 Liter**.
- Nachgefüllt wird am Verschluß des Zylinderkopfdeckels. Beim Nachfüllen richtige Ölsorte verwenden, keine Ölzusätze verwenden.

Wahllos abwechselnder Gebrauch verschiedener Öltypen ist ungünstig. Motorenöle gleichen Typs, aber verschiedener Marken sollen möglichst nicht gemischt werden. Motorenöle gleichen Typs und gleicher Marke, aber verschiedener Viskosität können im Bedarfsfall während jahreszeitlicher Überschneidung ohne weiteres nachgefüllt werden.

Kühlmittelstand prüfen

Der Kühlmittelstand sollte in regelmäßigen Abständen – etwa alle vier Wochen – geprüft werden, zumindest aber vor jeder größeren Fahrt. Ein zu niedriger Kühlmittelstand wird außerdem durch Dauerblinken der Kontrolleuchte am Armaturenbrett angezeigt.

Zum Nachfüllen wird – auch in der warmen Jahreszeit – eine Mischung von kalkarmem, sauberem Wasser und Frostschutzmittel verwendet.

Bis 6/96 VW/AUDI-Kühlmittelzusatz **G11-A8C** verwenden oder ein anderes Kühlkonzentrat mit dem Vermerk »gemäß TL-VW 774 **C**«. **Hinweis:** Das Konzentrat **G11** ist an der **grünen Farbe** erkennbar.

Seit 7/96 zum Nachfüllen **G12** oder ein anderes Kühlkonzentrat »gemäß TL-VW 774 **D**« verwenden. **Hinweis: G12** ist an der **roten Farbe** erkennbar

Achtung: Die Kühlmittelzusätze **G11** und **G12** dürfen **nicht vermischt** werden, sonst kommt es zu **schwerwiegenden Motorschäden.**

Hinweis: Es kann auch das **lila** Kühlkonzentrat **G12 Plus** verwendet werden; es darf mit G11 und G12 gemischt werden.

Achtung: Um die Weiterfahrt zu ermöglichen, kann auch, insbesondere im Sommer, reines Wasser nachgefüllt werden. Der Kühlerfrostschutz muß dann jedoch baldmöglichst korrigiert werden.

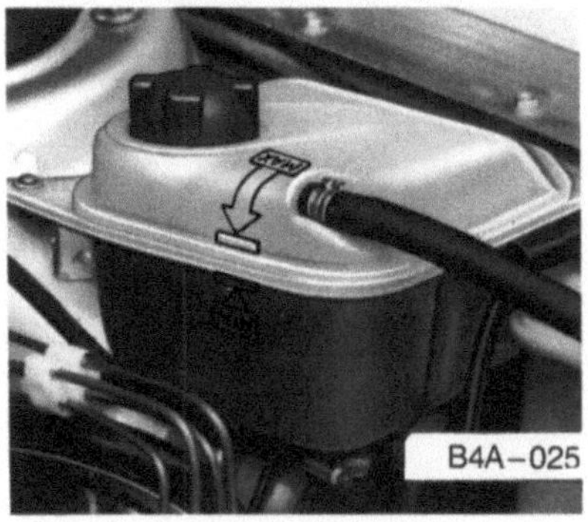

- Der Kühlmittelstand soll bei kaltem Motor (Kühlmitteltemperatur ca. +20° C) zwischen der max. und der min.-Markierung am Ausgleichbehälter liegen. Bei warmem Motor darf der Kühlmittelstand etwas über der max.-Markierung stehen.
- Größere Mengen **kaltes** Kühlmittel nur bei **kaltem Motor** nachfüllen, um Motorschäden zu vermeiden.

Achtung: Verschlußdeckel bei heißem Motor vorsichtig öffnen. Verbrühungsgefahr! Beim Öffnen Lappen über den Verschlußdeckel legen. Verschlußdeckel möglichst bei einer Kühlmittel-Temperatur unter +90° C öffnen.

- Verschlußdeckel beim Öffnen zuerst etwas aufdrehen und Überdruck entweichen lassen. Danach Deckel weiterdrehen und abnehmen.

Kühlsystem-Sichtprüfung auf Dichtheit

- Kühlmittelschläuche durch Zusammendrücken und Verbiegen auf poröse Stellen untersuchen, hartgewordene Schläuche ersetzen.
- Die Schläuche dürfen nicht zu kurz auf den Anschlußstutzen sitzen.
- Festen Sitz der Schlauchschellen kontrollieren. Gegebenenfalls neue Schraubschellen anstelle der bisherigen Klemmschellen einbauen.
- Dichtung des Verschlußdeckels für den Ausgleichbehälter auf Beschädigungen überprüfen.

Achtung: Ein zu niedriger Kühlmittelstand kann auch durch einen nicht richtig aufgeschraubten Verschlußdeckel verursacht werden.

- Wenn der Kühlmittelstand häufig absinkt, ohne daß eine undichte Stelle lokalisiert werden kann, Kühlsystem bei warmem Motor prüfen. Dazu Motor warmfahren und im Leerlauf so lange drehen lassen, bis der Lüfter einschaltet. Darauf achten, ob Kühlflüssigkeit im Bereich der Kühlmittelpumpe austritt.
- Deutlicher Kühlmittelverlust und/oder Öl in der Kühlflüssigkeit sowie weiße Abgaswolken bei warmem Motor deuten auf eine defekte Zylinderkopfdichtung hin.

Achtung: Mitunter ist es schwierig, die Leckstelle ausfindig zu machen. Dann empfiehlt sich eine Druckprüfung durch die Werkstatt (Spezialgerät erforderlich). Hierbei kann ebenfalls das Überdruckventil des Verschlußdeckels geprüft werden. **Sollwert** für Öffnungsdruck des Überdruckventils: **1,3 bis 1,5 bar.**

Frostschutz prüfen

Folgendes Prüfwerkzeug wird benötigt:

- Prüfspindel zur Frostschutzmessung.

Regelmäßig vor Winterbeginn sollte sicherheitshalber die Konzentration des Frostschutzmittels geprüft werden, insbesondere wenn zwischendurch reines Wasser nachgefüllt wurde.

- Motor warmfahren, bis der obere Kühlerschlauch handwarm wird.

- Verschlußdeckel am Ausgleichbehälter vorsichtig öffnen. **Achtung:** Nicht bei heißem Motor öffnen, siehe unter »Kühlmittelstand prüfen«.

- Mit Meßspindel Kühlflüssigkeit ansaugen und am Schwimmer Kühlmitteldichte ablesen. Der Frostschutz soll in unseren Breiten bis –25° C reichen, bei extrem kaltem Klima bis –35° C.

AUDI-Kühlkonzentrat ergänzen

Bis 6/96 wird das **blau/grüne** Kühlkonzentrat **G11** A8C verwendet. Zum Nachfüllen nur das VW-Kühlkonzentrat **G11** oder ein anderes Kühlkonzentrat der VW-Spezifikation TL-VW 774 **C** verwenden.

Seit 7/96 wird das **rote** Kühlkonzentrat **G12** verwendet. Zum Nachfüllen nur das VW-Kühlkonzentrat **G12** oder ein anderes Kühlkonzentrat der VW-Spezifikation TL-VW 774 **D** verwenden.

Achtung: Die Kühlmittelzusätze **G11** und **G12** dürfen **nicht vermischt** werden, sonst kommt es zu **schwerwiegenden Motorschäden.** Grundsätzlich nur ein Kühlkonzentrat gleicher Farbe nachfüllen.

Hinweis: Bei allen Fahrzeugen kann auch das **lila** Kühlkonzentrat **G12 Plus** (Spezifikation TL-VW-774-**F**) zum Nachfüllen verwendet werden. G12 Plus darf mit G11 und G12 gemischt werden.

Gemess. Wert in °C	0	–5	–10	–15
Motor	Differenzmenge in l			
Alle außer 6-Zyl.-Motor	4,0	3,5	3,0	2,0
6-Zylinder-Motor	6,0	5,5	4,5	3,5

Die Tabelle zeigt, wieviel Frostschutzmittel zugegeben werden muß, damit die Konzentration von 1:1 in etwa erreicht wird. **Beispiel:** Die Frostschutz-Messung mit der Spindel ergibt beim 6-Zylindermotor einen Frostschutz bis –10° C. In diesem Fall aus dem Kühlsystem 4,5 l Kühlflüssigkeit ablassen und dafür 4,5 l reines Frostschutzkonzentrat auffüllen.

- Verschlußdeckel am Kühler verschließen und nach Probefahrt Frostschutz erneut überprüfen.

Zündkerzen ersetzen

Nur Benzinmotor

Als Spezialwerkzeug wird benötigt:

- Ein Zündkerzenschlüssel, der preiswert im Zubehörhandel zu kaufen ist. Die Zündkerzen haben die Sechskant-Schlüsselweite 20,8 mm, nur am 6-Zylindermotor und 1,8-l-Motor sind Zündkerzen mit Schlüsselweite 16 mm eingebaut. **Achtung:** Am Radschraubenschlüssel des Bordwerkzeugs befindet sich an einem Ende ein passender Sechskant für die Zündkerzen. Allerdings ist dieser Schlüssel nur ein Notbehelf.
- Zusätzlich empfiehlt sich der Kauf einer speziellen Zange, zum Beispiel HAZET 1849, die das Abziehen der Kerzenstecker erleichtert.

Folgende Verschleißteile müssen gekauft werden:

- Je nach Zylinderzahl des Motors, 4 bis 6 Zündkerzen. Die richtige Zündkerze, siehe Seite 75.

Achtung: Zündkerzen nur bei kaltem oder handwarmem Motor wechseln. Wenn die Kerzen bei heißem Motor herausgedreht werden, kann das Gewinde im Leichtmetall-Zylinderkopf ausreißen.

Ausbau

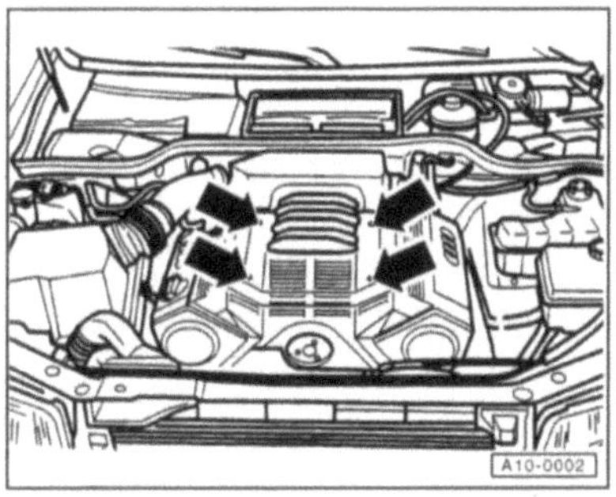

- **6-Zylinder-Motor:** 4 Clips lösen –Pfeile– und Abdeckung abheben.

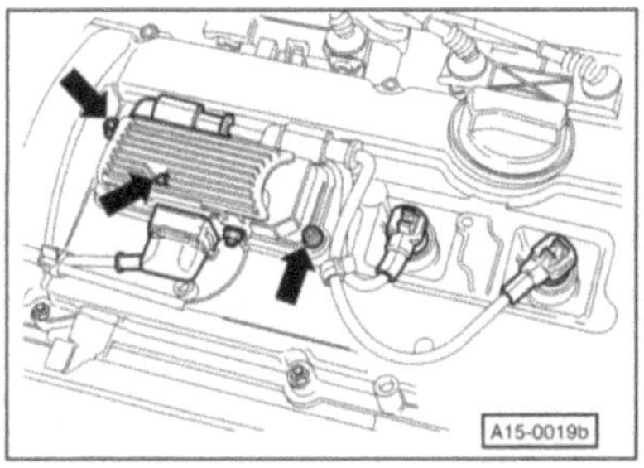

- **1,8-l-Motor:** Motorabdeckung mit 2 Klammern lösen und abheben. Schrauben –Pfeile– an der Zündspule lösen. Zündspulen mit Kerzensteckern von den Zündkerzen abziehen.
- **2,0-/2,3-l-Motor:** Zum leichteren Einbau die Zündkabel entsprechend der Zylinderreihenfolge von 1 bis 4 (5) mit Tesaband kennzeichnen.
- **6-Zylinder-Mot.:** Gegebenenfalls Luftansaugrohr zwischen Luftfilter und Drosselklappenteil ausbauen sowie Kühlmittel-Ausgleichbehälter abbauen und mit angeschlossenen Schläuchen zur Seite legen.
- Zündkerzenstecker abziehen. Dabei nur an den Steckern, nicht an den Kabeln ziehen. Bei den 4-Ventil-Motoren ist eine entsprechende Abziehkralle am Zündkerzenstecker für Zylinder 1 angebracht.
- Zündkerzen-Nischen, wenn möglich, mit Preßluft ausblasen, damit bei ausgebauten Kerzen kein Schmutz in die Gewindebohrung fällt.
- Zündkerzen mit geeignetem Kerzenschlüssel herausdrehen. Dabei darauf achten, daß der Kerzenschlüssel nicht verkantet wird, was zum Bruch des Keramikisolators führen kann.

Einbau

- Zündkerzen von Hand bis zur Anlage am Zylinderkopf einschrauben. **Achtung:** Dabei Kerzen nicht verkanten.
- Zündkerzen mit Zündkerzenschlüssel und **30 Nm** festziehen. **Achtung:** Dabei Zündkerzenschlüssel nicht verkanten, damit der Keramikisolator nicht beschädigt wird.

Achtung: Steht kein Drehmomentschlüssel zur Verfügung, neue Kerzen um 90° (¼ Umdrehung) weiterdrehen, gebrauchte Zündkerzen um ca. 15° weiterdrehen. Zu fest angezogene Zündkerzen können beim Herausschrauben abreißen oder das Gewinde im Zylinderkopf beschädigen. In diesem Fall Kerzengewinde mit UTC- oder Heli-Coil-Einsätzen reparieren.

- Kerzenstecker/Zündspulen entsprechend der angebrachten Markierungen aufstecken.
- Falls ausgebaut, Motorabdeckung einbauen. Zündspule bzw. Zündspulenträger mit **10 Nm** am Zylinderkopfdeckel anschrauben. Luftansaugrohr und Ausgleichbehälter einbauen.

Luftfiltereinsatz wechseln

Es wird kein Sonderwerkzeug benötigt.

Folgendes Verschleißteil muß gekauft werden:

- Luftfiltereinsatz. Beim Ersatzteilkauf beachten, daß je nach eingebautem Motor ein unterschiedlicher Luftfiltereinsatz benötigt wird.

Ausbau

- 4 Klammern lösen, Deckel anheben und Luftfiltereinsatz herausnehmen. Die Abbildung zeigt den Luftfilter des 6-Zylindermotors.
- Filtergehäuse mit einem Lappen auswischen.

Einbau

- Neuen Filtereinsatz in das Luftfiltergehäuse einlegen.
- Deckel von oben ansetzen und Schnellverschlüsse zuschnappen lassen.

Kraftstoffilter entwässern/ ersetzen

Nur Dieselmotor

Folgendes Werkzeug wird benötigt:

- Handelsüblichen Spannbandschlüssel (auch geeignet zum Ölfilterwechsel), zum Abschrauben des Kraftstoffilters.

Folgendes Verschleißteil muß gekauft werden:

- Kraftstoffilter für den Dieselmotor.

Zum Auffangen des Wassersatzes ist ein geeignetes Auffanggefäß erforderlich. **Achtung:** Auslaufender Dieselkraftstoff muß besonders von Gummiteilen (Kühlmittelschläuche) sofort abgewischt werden, sonst werden die Gummiteile im Lauf der Zeit zerstört.

Entwässern, 5-Zylinder-Dieselmotor

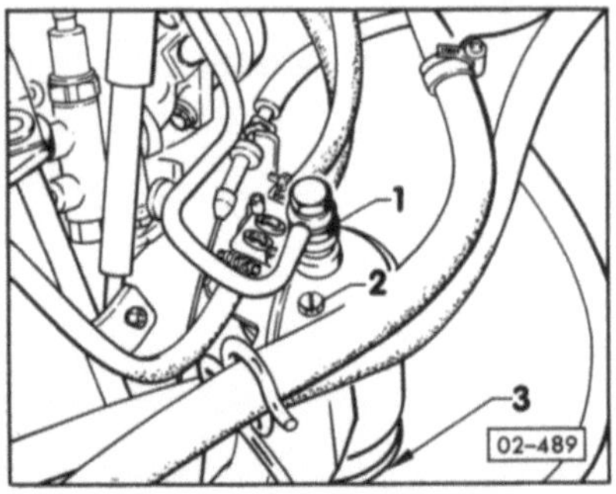

- Belüftungsschraube –2– lösen.
- Entwässerungsventil –3– unten am Filter öffnen und ca. 100 cm^3 (ca. 1 Tasse voll) Flüssigkeit aus dem in ein Auffanggefäß ablaufen lassen. Bei 2,5-l-Motor bis 8/94 wird das Entwässerungsventil –3– hochgedrückt.

Entwässern, 4-Zylinder-Dieselmotor

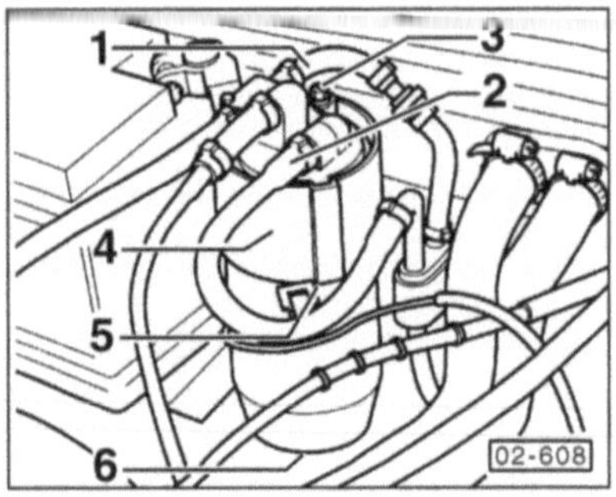

- Belüftungsschraube –3– lösen.
- Entwässerungsventil –6– unten am Filter öffnen und ca. 100 cm^3 (ca. 1 Tasse voll) Flüssigkeit aus dem Filter in ein Auffanggefäß ablaufen lassen.

- Entwässerungsventil und Belüftungsschraube festziehen.
- Die Kraftstoffanlage entlüftet sich selbsttätig nach dem Starten des Motors. Nach mehrmaligem Gasgeben muß der Kraftstoff blasenfrei durch die durchsichtige Leitung zur Einspritzpumpe fließen.

Filterwechsel

- Gesamte Flüssigkeit wie beim »Entwässern« aus dem Kraftstoffilter ablaufen lassen.

5-Zylinder-Dieselmotor:

- Hohlschraube –1– (Abbildung 02-489) lösen, dabei Kraftstoffilter mit einem Spannbandschlüssel festhalten. **Nicht** den Filter drehen, sonst wird er beschädigt.
- Filter aus dem Kraftstoffilteroberteil herausnehmen.
- Bei Kraftstoffilter mit Wasserstandswarneinrichtung, Geber –3– für Wasserabscheider vom alten auf den neuen Filter umbauen.

4-Zylinder-Dieselmotor:

- Kraftstoffschläuche –1– und –2– trennen, dazu Klemmschellen mit Seitenschneider durchkneifen, siehe Abbildung 02-608. Damit sie beim Einbau nicht vertauscht werden, Anschlüsse zu den Schläuchen markieren.
- Klemmschelle –5– am Halter lösen und Filter aus Abschirmung –4– herausnehmen. Filter vom Kraftstoffilteroberteil abschrauben.

- Neuen Dichtring und neue Gummidichtung leicht mit Dieselkraftstoff benetzen.
- Neuen Filter mit sauberem Dieselkraftstoff füllen und am Filteroberteil handfest anziehen.
- Filter einbauen, in umgekehrter Reihenfolge wie ausgebaut. Beim 4-Zylindermotor Kraftstoffschläuche mit Schlauchschellen zum Schrauben befestigen.
- Motor starten, dabei entlüftet sich die Kraftstoffanlage. Nach Probefahrt Dichtigkeit der Kraftstoffanlage überprüfen.

Keilriemen/Keilrippenriemen/ Zahnriemen prüfen

Keilriemen/Keilrippenriemen prüfen

Es wird kein Sonderwerkzeug benötigt.

Benötigte Verschleißteile:

- Keilriemen/Keilrippenriemen entsprechender Größe(n).
- Ein Keilriemen/Keilrippenriemen muß ersetzt werden bei: Übermäßiger Abnutzung, ausgefransten Flanken, Ölspuren, Porosität, Oberflächenrissen. Arbeitsbeschreibung, siehe Seite 64.
- 4-Zylindermotor mit schmalen Keilriemen: Spannung der Keilriemen durch kräftigen Daumendruck prüfen, ggf. Spannung einstellen, siehe Seite 63.

Keilriemen für		Durchdrücktiefe
Generator	Neu	2 mm
	Gelaufen	5 mm
Servopumpe	Benziner	10 mm
	TDI	5 mm
Klimakompr.		5 mm

- 4-Zylindermotor ab ca 12/91, 5- und 6-Zylindermotor: Der breite Keilrippenriemen wird automatisch von der

Spannrolle gespannt, ein Einstellen der Spannung ist nicht möglich.

Zahnriemen prüfen/spannen/ersetzen

Da die Arbeit, falsch ausgeführt, zu erheblichen Motorschäden führen kann, ist auf eine exakte Arbeitsweise zu achten. Der Zahnriemen muß je nach Motor laut Wartungsplan alle 60.000 km bis 120.000 km gewechselt werden. Der Wechsel wird im Kapitel »Motor« beschrieben.

Zahnriemenzustand prüfen

Der Zustand des Zahnriemens ist beim 4-Zylinder-Benziner bis 1/94 und 5-Zylinder-Diesel (Motoren ohne automatische Spannrolle) alle 30.000 km zu prüfen.

- Zahnriemenabdeckung ausbauen und Motor langsam von Hand durchdrehen, siehe Seite 71.

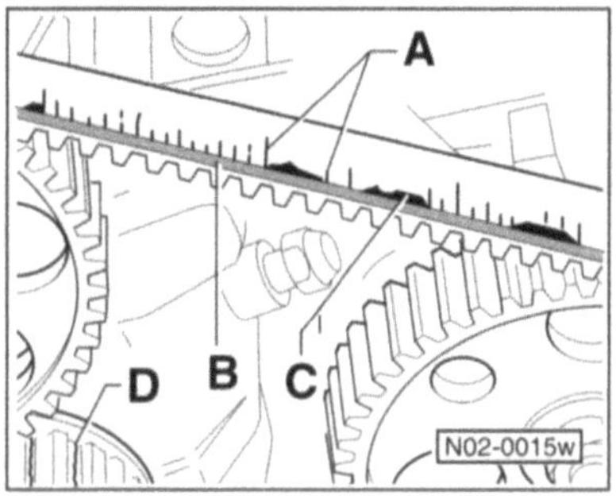

- Zahnriemenriemen sichtprüfen. Dabei besonders auf folgende Schäden achten:
  A – Risse in der Abdeckung
  B – Seitliches Anlaufen
  C – Ausfransungen
  D – Risse im Zahngrund
- Gegebenenfalls Zahnriemen ersetzen. Außerdem Ursache für den Schaden ermitteln und beseitigen.

- **4-Zylinder-TDI-Motor:** Zahnriemenbreite mit Schieblehre messen. Liegt die Breite unter 22 mm, Zahnriemen ersetzen.

Sichtprüfung der Abgasanlage

- Fahrzeug aufbocken.
- Befestigungsschellen auf festen Sitz prüfen.
- Abgasanlage mit Lampe auf Löcher, durchgerostete Teile sowie Scheuerstellen absuchen.
- Stark gequetschte Abgasrohre ersetzen.
- Gummihalterungen durch Drehen und Dehnen auf Porosität überprüfen und gegebenenfalls austauschen.

Getriebe/Achsantrieb

- Schalt- und Automatikgetriebe: Sichtprüfung auf Dichtheit.
- Achswellen (Gelenkwellen): Gelenkschutzhüllen auf Undichtigkeiten und Beschädigungen prüfen.
- Schaltgetriebe: Ölstand in Getriebe/Achsantrieb prüfen, siehe Seite 155.
- Automatik-Getriebe: Ölstand prüfen/Öl wechseln. Es empfiehlt sich, die Arbeit von einer Fachwerkstatt durchführen zu lassen, da zur Messung der genauen Getriebeöltemperatur das AUDI-Diagnosegerät benötigt wird.

Achtung: Altöl muß auf jeden Fall bei den Altöl-Sammelstellen abgegeben werden. Die Verkaufsstellen für neues Getriebeöl müssen das Altöl kostenlos entgegennehmen. Außerdem informieren Gemeinde- und Stadtverwaltungen darüber, wo sich die nächste Altöl-Sammelstelle befindet. **Keinesfalls darf Altöl einfach weggeschüttet oder dem Hausmüll mitgegeben werden.** Größere Umweltschäden wie beispielsweise Grundwasserverseuchung wären sonst unvermeidbar.

Sichtprüfung auf Dichtheit

Folgende Leckstellen sind möglich:

- Trennstelle zwischen Motorblock und Getriebe (Schwungraddichtung/Wellendichtung-Getriebe).
- Öleinfüllschraube/Ölablaßschraube.
- Gelenkwelle an Getriebe.

Bei der Suche nach der Leckstelle folgendermaßen vorgehen:

- Getriebegehäuse mit Kaltreiniger reinigen.
- Mögliche Leckstellen mit Kalk oder Talkumpuder bestäuben. Von AUDI gibt es auch einen speziellen Leck-Suchspray, der aufgesprüht wird.
- Damit das Öl besonders dünnflüssig wird, sollte eine Probefahrt auf einer Schnellstraße über eine Entfernung von ca. 30 km durchgeführt werden.
- Anschließend Fahrzeug aufbocken und Getriebe mit einer Lampe nach der Leckstelle absuchen. Leckstellen umgehend beseitigen.

Automatik-Getriebe: Ölstand prüfen/Öl auffüllen

Prüfen

Benötigtes Sonderwerkzeug:

- Falls nachgefüllt werden muß: Einfüllbogen oder Ölspritzkanne.

Verschleißteile:

- ATF-Öl ESSO LT 71 141, AUDI-ET-Nr. G052 162 A1.

Der vorgeschriebene Ölstand ist für die einwandfreie Funktion des automatischen Getriebes äußerst wichtig.

Fahrzeuge bis 12/94 (außer A6 mit 2,5-l-Diesel- oder 6-Zylindermotor)

Die Peilstaböffnung für die Prüfung befindet sich im Motorraum. Hier wird auch das ATF (Automatic Transmission Fluid) eingefüllt.

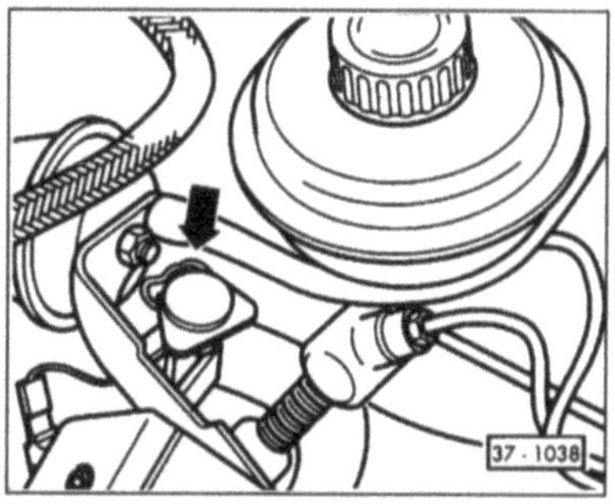

Achtung: Es sind Automatikgetriebe mit und ohne Peilstab eingebaut. Ohne Peilstab sind Getriebe vom Fabrikat »ZF«. Die Peilstaböffnung ist mit einer Kappe verschlossen, siehe Abbildung.

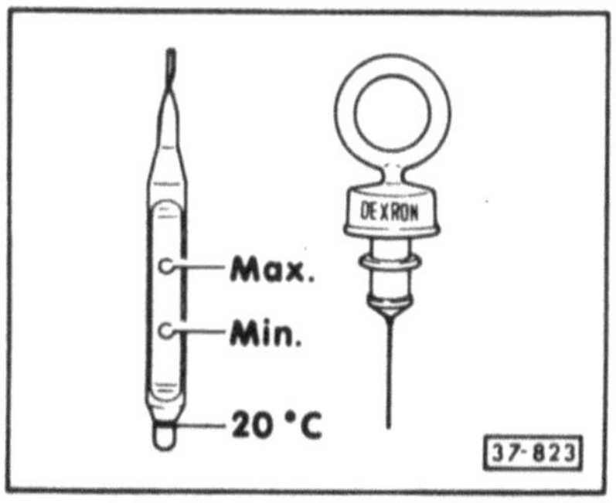

Bei ZF-Getrieben wird zur Prüfung des Ölstands ein Ölpeilstab benötigt. AUDI 100 mit V6-Motor: AUDI-Ersatzteil-Nr. 01F321431A, Kennzeichnung »02« muß am Griff des Meßstabs eingeprägt sein. 2,5-l-Dieselmotor: Ersatzteil-Nr. 01F321431B, Kennzeichnung »03« muß am Griff des Meßstabs eingeprägt sein. Verschlußkappe entfernen und Ölpeilstab einsetzen.

- Getriebe auf Betriebstemperatur bringen, Getriebeöltemperatur soll etwa +60° C betragen. Diese wird nach einer ca. 10 km langen Fahrt erreicht.
- Fahrzeug unbeladen auf ebene Fläche fahren.
- Wählhebel in Stellung »P« legen, Feststellbremse anziehen.
- Den Motor während der Prüfung im Leerlauf laufen lassen.
- Ölmeßstab herausziehen und mit einem sauberen, nicht fasernden Lappen, am besten mit Leder abwischen. Anschließend Meßstab voll eintauchen, wieder herausziehen und Ölstand ablesen.

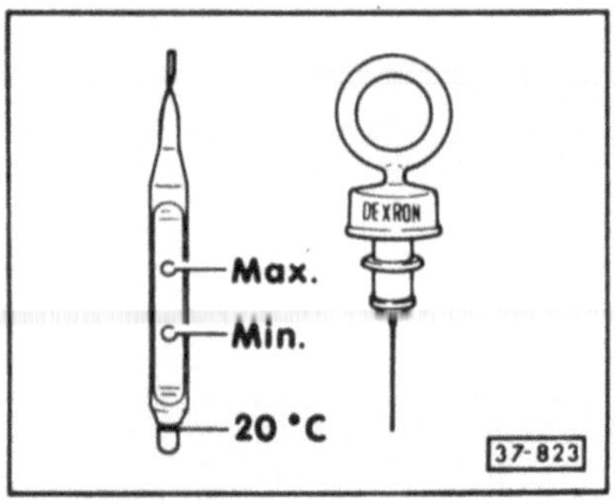

- Der Flüssigkeitsstand muß bei warmem Getriebeöl (ca. +60° C) zwischen der Min.- und Max.-Markierung des Peilstabes liegen.
- Altes Öl am Peilstab auf Aussehen und Geruch prüfen. Verbrannte Reibbeläge verursachen Brandgeruch. Durch verschmutztes Öl können Störungen in der Getriebesteuerung auftreten.
- Gegebenenfalls ATF-Öl nachfüllen. Es darf nur das vom Werk freigegebene ATF-Öl verwendet werden. Keine Zusatzschmiermittel verwenden.

Achtung: Nicht zuviel Öl einfüllen. Zuviel Öl kann Störungen in der Automatik hervorrufen. In jedem Fall muß zuviel eingefülltes Öl wieder abgelassen oder mit einer Spritze abgesaugt werden.

- Nach erfolgter Prüfung oder Korrektur des Ölstandes Meßstab wieder ganz einführen.
- Fußbremse betätigen und sämtliche Wählhebelstellungen langsam durchschalten. Anschließend Ölstand nochmals kontrollieren.
- ZF-Getriebe: Ölmeßstab entfernen, Verschlußkappe anbringen.

Fahrzeuge ab 1/95 (außer mit 2,5-l-Diesel- oder 6-Zylindermotor)

Das seitherige Ölbefüllrohr mit Ölmeßstab entfällt, stattdessen ist an der Getriebeölwanne seitlich eine Kontroll- und Einfüllbohrung angebracht. **Eine Getriebe-Ölstandkontrolle ist bei diesen Modellen nicht vorgesehen, nur der Ölwechsel ist regelmäßig vorzunehmen.**

AUDI A6 mit 2,5-l-Diesel- oder 6-Zylindermotor

Das seitherige Ölbefüllrohr mit Ölmeßstab entfällt, stattdessen ist an der Getriebeölwanne seitlich eine Kontroll- und Einfüllbohrung angebracht.

- Getriebe auf Getriebeöltemperatur +35° C bis +40° C bringen. Diese Temperatur wird schon nach kurzem Motorlauf erreicht. AUDI-Werkstätten schließen zur Temperaturüberwachung ein Diagnosegerät am Diagnoseanschluß des Fahrzeugs an. Ohne diese Maßnahme kann die Temperatur nur geschätzt werden.
- Fahrzeug unbeladen auf ebene Fläche fahren.
- Wählhebel in Stellung »P« legen, Feststellbremse anziehen. Klimaanlage ausschalten.
- Den Motor während der Prüfung im Leerlauf laufen lassen.

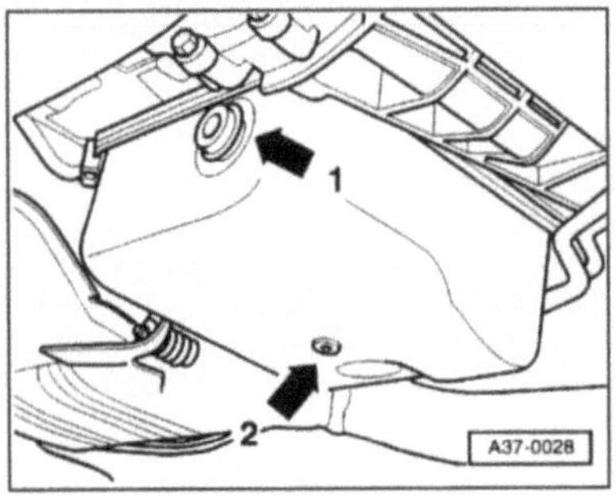

- **Achtung: Schutzbrille tragen.** Bei einer ATF-Temperatur von +35° C bis +40° C die Verschlußschraube –1– an der Getriebeölwanne öffnen. Der Ölstand ist korrekt, wenn noch ein leichter Ölaustritt (bedingt durch den Anstieg des Ölstands durch Erwärmung) erfolgt.
- Gegebenenfalls ATF-Öl nachfüllen. Es sind nur Automatic-Transmission-Öle mit der Bezeichnung »Dexron« zugelassen. Alle zugelassenen ATF Öle lassen sich miteinander mischen. Keine Zusatzschmiermittel verwenden.
- Verschlußschraube mit neuem Dichtring einschrauben, mit **60 Nm** festziehen.

Automatik-Getriebe: Öl wechseln

Die ATF-Füllung wird normalerweise alle 60.000 km gewechselt. Wir empfehlen, diese Arbeit in der AUDI-Werkstatt durchführen zu lassen. **Achtung:** Ohne ATF-Füllung darf der Motor nicht laufengelassen werden. Auch darf das Fahrzeug ohne ATF-Füllung nicht abgeschleppt werden.

Benötigtes Sonderwerkzeug:

- Einfüllbogen oder Ölspritzkanne.

Verschleißteile:

- **VW-ATF G052 162.** Bis 8/95 kann auch ATF Dexron II verwendet werden.

Fahrzeuge bis 12/94 (außer A6 mit 2,5-l-Diesel- oder 6-Zylindermotor)

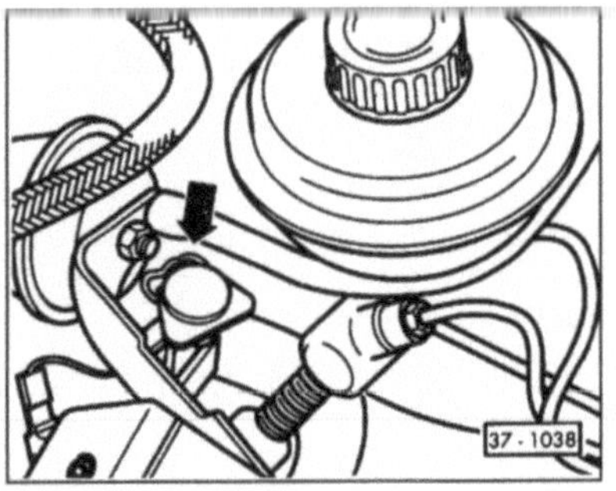

Achtung: Es sind Automatikgetriebe unterschiedlicher Ausführung eingebaut. Erkennungsmerkmal für Getriebe vom Fabrikat »ZF«: Die Peilstaböffnung im Motorraum ist mit einer Kappe verschlossen.

Fahrzeuge mit ZF-Getriebe

- Verschlußkappe von der Peilstaböffnung entfernen. Ölpeilstab (Ersatzteil) einsetzen. Modelle mit V6-Motor: AUDI-Ersatzteil-Nr. 01F321431A, Kennzeichnung »02« muß am Griff des Meßstabs eingeprägt sein. 2,5-l-Dieselmotor: AUDI-Ersatzteil-Nr. 01F321431B, Kennzeichnung »03« muß am Griff des Meßstabs eingeprägt sein.

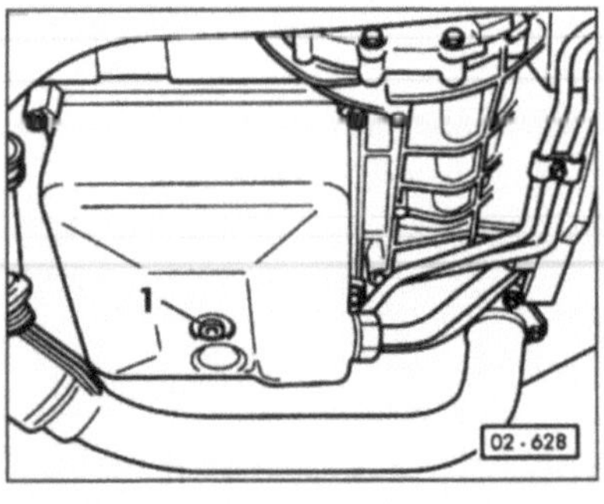

- ATF an der Ölwannen-Ablaßschraube –1– ablassen und etwa 10 Minuten abtropfen lassen. **Achtung:** Altöl bei der Sondermüllstelle abgeben.
- Ablaßschraube mit **neuem** Dichtring einsetzen und mit **40 Nm** festziehen.
- Zunächst **2,7 Liter** ATF über Trichter und Verlängerungsschlauch an der Peilstaböffnung einfüllen. **Achtung:** Es dürfen nur ATF-Öle mit der Bezeichnung »Dexron« verwendet werden.
- Motor starten und bei Leerlaufdrehzahl des Motors, Wählhebelstellung »P« und angezogener Handbremse ATF-Stand mit dem Meßstab prüfen. Bei kaltem Motor muß gegebenenfalls ATF bis zur +20° C-Markierung aufgefüllt werden.
- Getriebe warmfahren und Ölstand kontrollieren, siehe unter »Ölstand prüfen«.
- Ölmeßstab entfernen, Verschlußkappe anbringen.

Fahrzeuge mit anderem Getriebefabrikat als ZF

Beim Ölwechsel wird gleichzeitig auch das Ölsieb in der Ölwanne ersetzt.

- Getriebe-Ölwanne und ATF-Sieb oberhalb der Ölwanne ausbauen. **Achtung:** Altöl bei der Sondermüllstelle abgeben.
- Ölwanne mit sauberem, nichtfasernden Lappen reinigen. **Achtung:** Es ist bei allen Arbeiten auf peinliche Sauberkeit zu achten, da geringste Verunreinigungen zu Getriebestörungen führen.

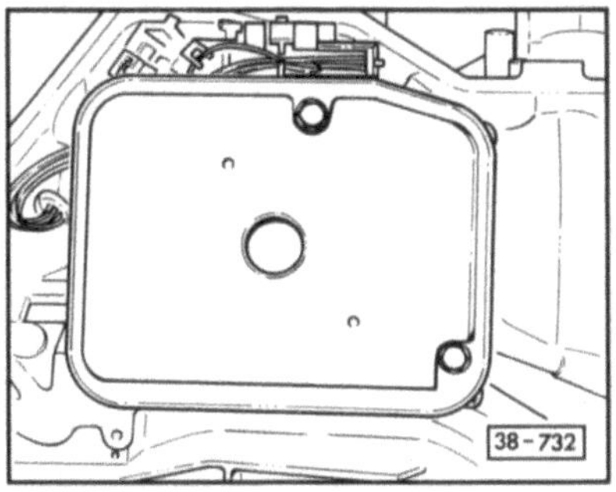

- Neue Dichtung in das neue ATF-Sieb einknöpfen.
- Abstandsbuchsen in die neue Ölwannendichtung einknöpfen.
- ATF-Sieb einbauen, Befestigungsschraube mit **8 Nm** anziehen.
- Ölwanne anschrauben, Befestigungsschrauben gleichmäßig mit **10 Nm** festziehen.
- Zunächst **3,0 Liter** ATF über Trichter und Verlängerungsschlauch an der Peilstaböffnung einfüllen.

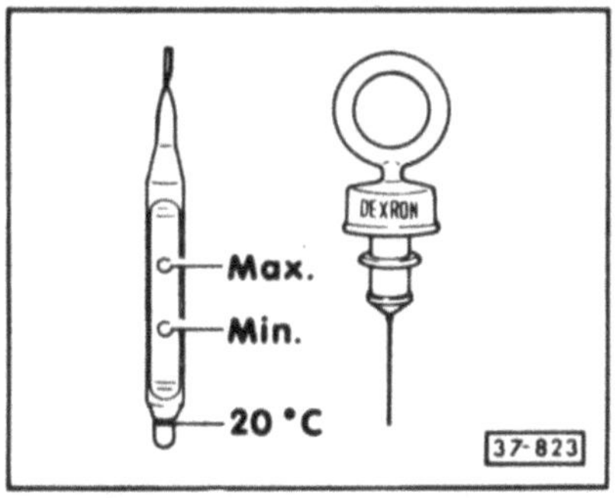

- Motor starten und bei Leerlaufdrehzahl des Motors, Wählhebelstellung »P« und angezogener Handbremse ATF-Stand mit dem Meßstab prüfen. Bei kaltem Motor muß gegebenenfalls ATF bis zur +20° C-Markierung aufgefüllt werden.
- Getriebe warmfahren und Ölstand kontrollieren, siehe unter »Ölstand prüfen«.

Fahrzeuge ab 1/95 (außer mit 2,5-l-Diesel- oder 6-Zylindermotor)

Das seitherige Ölbefüllrohr mit Ölmeßstab entfällt, stattdessen ist an der Getriebeölwanne seitlich eine Kontroll- und Einfüllbohrung angebracht.

- Fahrzeug unbeladen auf waagerechte Fläche fahren.
- Ölauffangwanne unter Getriebeölwanne stellen.

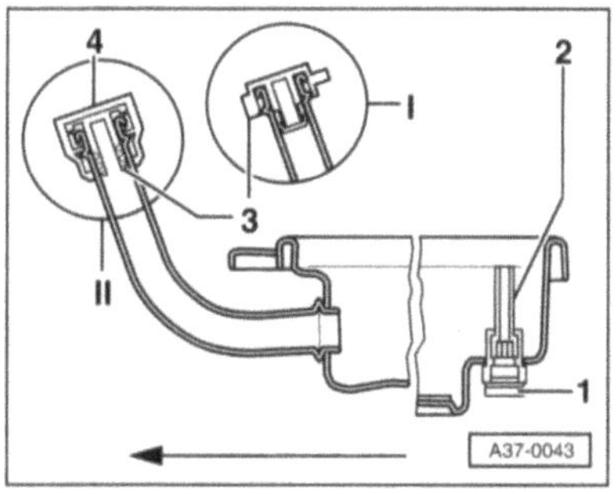

- Verschlußschraube –1– und Überlaufrohr –2– ausschrauben und Öl ablaufen lassen. **Achtung:** Altöl bei der Sondermüllstelle abgeben. Ohne ATF darf der Motor nicht gestartet und das Fahrzeug nicht abgeschleppt werden.
- Überlaufrohr –2– bis Anschlag wieder einschrauben.
- Neues ATF mit Einfüllbogen und Verlängerungsschlauch am Überlaufrohr –2– einfüllen, bis es an der Bohrung –1– austritt.

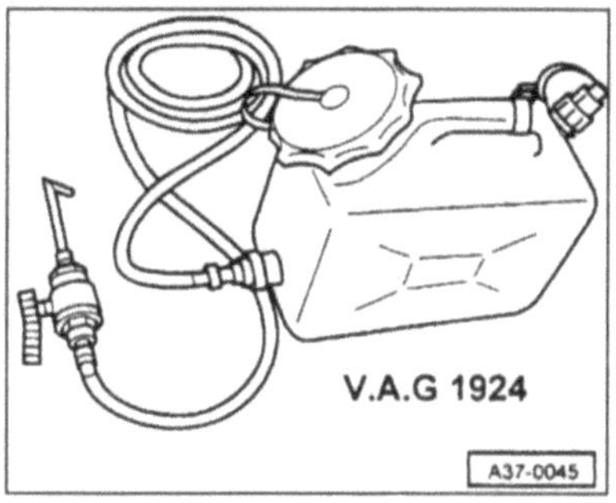

- Die AUDI-Werkstatt nimmt zum Einfüllen einen Kanister, der oberhalb der Ölwanne aufgehängt wird, von dort läuft das ATF-Öl in die Ölwanne.
- Wählhebel in Stellung »P« bringen, Motor starten und im Leerlauf drehen lassen.
- Bei laufendem Motor nochmals ATF nachfüllen, bis es an der Bohrung –1– austritt.
- Bei getretener Bremse alle Positionen (P, N, R, 3, 2, 1) bei Leerlaufdrehzahl durchschalten, wobei jede Position ca. 2 bis 3 Sekunden lang eingelegt bleiben muß.
- Anschließend Getriebe abkühlen lassen und ATF-Stand wie folgt prüfen.
- Die Getriebeöltemperatur muß zu Beginn der Prüfung etwas unter +35° C liegen. Diese Temperatur wird schon nach kurzem Motorlauf erreicht. AUDI-Werkstätten schließen zur Temperaturüberwachung ein Diagnosegerät am Diagnoseanschluß des Fahrzeugs an. Ohne diese Maßnahme kann die Temperatur nur geschätzt werden.
- Wählhebel in Stellung »P« legen, Feststellbremse anziehen. Klimaanlage und Heizung ausschalten.
- Den Motor während der Prüfung im Leerlauf laufen lassen.
- **Achtung: Schutzbrille tragen.** Bei einer ATF-Temperatur von +35° C bis +40° C die Verschlußschraube –1– an der Getriebeölwanne öffnen. Der Ölstand ist korrekt, wenn ein leichter Ölaustritt (bedingt durch den Anstieg des Ölstands durch Erwärmung) erfolgt. Andernfalls ATF-Öl auffüllen.
- Spätestens bei Erreichen einer Öltemperatur von +45° C muß die Verschlußschraube –1– wieder eingesetzt sein (Anzugs-Drehmoment 15 Nm). **Hinweis:** Das Öleinfüllrohr –I– beziehungsweise –II– wird normalerweise nicht geöffnet.

AUDI A6 mit 2,5-l-Diesel- oder 6-Zylindermotor

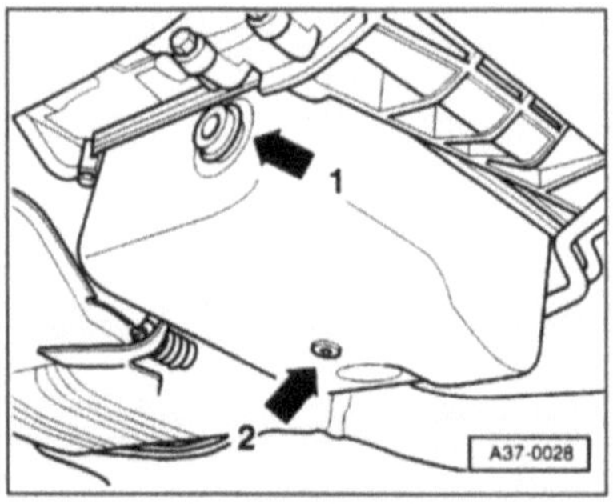

- ATF an der Ölwannen-Ablaßschraube –2– ablassen und etwa 10 Minuten abtropfen lassen. **Achtung:** Altöl bei der Sondermüllstelle abgeben.
- Ablaßschraube mit **neuem** Dichtring einsetzen und mit **35 Nm** festziehen.
- Bei kaltem Getriebe (Temperatur unter +30° C) die Verschlußschraube –1– an der Getriebeölwanne öffnen. ATF über Verlängerungsschlauch bis zur Unterkante der Bohrung einfüllen.
- Verschlußschraube einschrauben und Motor starten.
- **Achtung: Schutzbrille tragen.** Bei Leerlaufdrehzahl des Motors, Wählhebelstellung »P« und angezogener Handbremse nochmals ATF bis zur Unterkante der Bohrung einfüllen. Verschlußschraube wieder einschrauben, damit kein Öl herausspritzt.
- Bei getretener Bremse alle Wählhebelpositionen (P-N-R-3-2-1) durchschalten, wobei jede Position etwa 2 bis 3 Sekunden eingelegt bleiben muß.
- Ölstand kontrollieren, siehe unter »Ölstand prüfen«.

Automatik-Getriebe: Ölstand im Achsantrieb prüfen

Benötigtes Sonderwerkzeug:

- Stecknuß für Innensechskantschraube 12 mm.

Verschleißteile:

- Falls nachgefüllt werden muß: Getriebeöl G50 (Synthetiköl) SAE 75 W 90, AUDI-ET-Nr. G052 145.

Achtung: Wird bei der Ölstandkontrolle im Achsantrieb des Automatik-Getriebes festgestellt, daß zuviel oder zuwenig Öl im Achsantrieb ist, liegt Ölaustausch mit dem Planetengetriebe vor. Ursache von einer AUDI-Werkstatt ermitteln und reparieren lassen.

Prüfen

Der vorgeschriebene Ölstand ist für die einwandfreie Funktion des Achsantriebs beim automatischen Getriebe äußerst wichtig. Ein Ölwechsel ist nicht nötig.

- Fahrzeug waagerecht aufbocken.

Getriebe 097/01N (Frontantrieb):

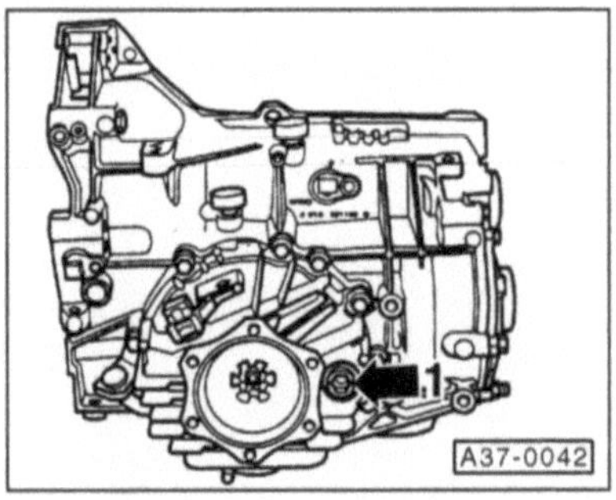

Getriebe 01K/01F (6-Zylinder ab 3/93, 5-Zylinder-Diesel, V6 quattro):

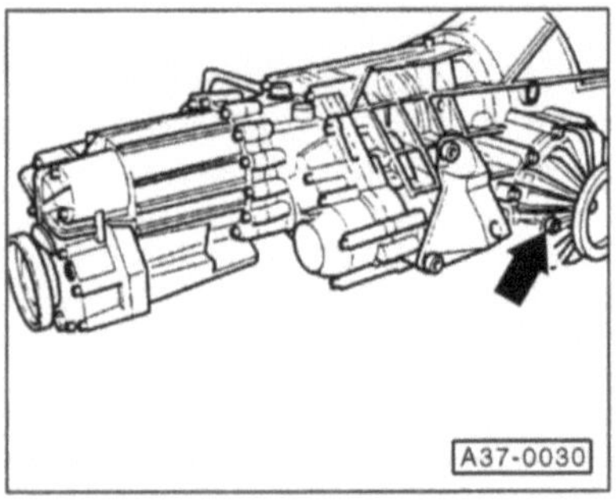

- Ölstandkontrollschraube am jeweiligen Getriebe abschrauben, dazu wird ein 12 mm-Schlüssel für Innensechskantschrauben benötigt.
- Mit dem Finger in die Bohrung fassen. Der Ölstand muß bis zum Rand der Öleinfüllöffnung reichen.
- Verschlußschraube mit 25 Nm festziehen, nur bei Getriebe 01K/01F mit 45 Nm.

Gummimanschetten der Gelenkwellen prüfen

- Fahrzeug aufbocken.
- Auf sichtbare Fettspuren an den Manschetten und in deren Umgebung achten.
- Festen Sitz der Schellen prüfen.
- Gummi der Manschette mit Lampe auf Porosität und Risse untersuchen. Eingerissene Gelenkschutzhüllen umgehend erneuern.
- Sollte die Manschette durch Unterdruck im Gelenk nach innen gezogen oder defekt sein, so ist sie umgehend auszutauschen.

Bremsen/Reifen/Räder

- Bremsflüssigkeitsstand prüfen.
- Bremsbelagstärke prüfen.
- Bremsleitungen sichtprüfen.
- Bremsflüssigkeit erneuern.
- Reifenfülldruck/Reifenprofil/Reifenventil prüfen (einschließlich Reserverad).

Bremsflüssigkeitsstand prüfen

Der Vorratsbehälter für die Bremsflüssigkeit befindet sich im Motorraum. Er hat zwei Kammern, je eine für jeden Bremskreis. Der Schraubverschluß hat eine Belüftungsbohrung, die nicht verstopft sein darf.

Der Vorratsbehälter ist durchscheinend, so daß der Bremsflüssigkeitsstand jederzeit von außen überwacht werden kann. Außerdem wird beim AUDI 100 ein zu niedriger Bremsflüssigkeitsstand durch eine Warnleuchte an der Schalttafel signalisiert. Dennoch ist es ratsam, regelmäßig einen Blick auf den Vorratsbehälter zu werfen.

- Der Flüssigkeitsstand soll zwischen der MAX. und der MIN.-Marke liegen.
- Nur **neue** Bremsflüssigkeit der Spezifikation **FMVSS 116 DOT 4** einfüllen.
- Durch Abnutzung der Scheibenbremsen entsteht ein geringfügiges Absinken der Bremsflüssigkeit. Das ist normal.
- Sinkt die Bremsflüssigkeit jedoch innerhalb kurzer Zeit stark ab, ist das ein Zeichen für Bremsflüssigkeitsverlust.

Die Leckstelle muß dann sofort ausfindig gemacht werden. In der Regel liegt es an verschlissenen Manschetten in den Radbremszylindern. Sicherheitshalber sollte die Überprüfung der Anlage von einer Fachwerkstatt durchgeführt werden.

Bremsbelagdicke prüfen

Eine zu geringe Bremsbelagdicke der **Vorderrad**-Scheibenbremse wird dem Fahrer durch eine Warnleuchte am Armaturenbrett signalisiert. Es ist dennoch ratsam, bei der regelmäßigen Kontrolle die Bremsbeläge aller 4 Räder zu kontrollieren.

Vorderrad- sowie Hinterrad-Scheibenbremse:

- Vorderrad zur Radnabe mit Farbe kennzeichnen, damit das ausgewuchtete Rad wieder an gleicher Stelle montiert werden kann. Radschrauben lösen.
- Fahrzeug aufbocken, Vorderräder abnehmen.

- Belagdicke – mit metallner Rückenplatte – von vorn durch den Bremsträger sichtprüfen. Im Zweifelsfall Bremsbeläge ausbauen und Belagdicke mit Schieblehre messen.
- Hinterrad-Scheibenbremse: Die Hinterräder brauchen nicht ausgebaut werden. Mit einer Taschenlampe durch die Radfelge strahlen und Dicke der äußeren Bremsbeläge sichtprüfen. Die inneren Bremsbeläge von der Radinnenseite her mit Hilfe einer Taschenlampe und eines Spiegels überprüfen.
- Die Verschleißgrenze der vorderen wie auch der hinteren Scheibenbremsbeläge ist erreicht, wenn der Belag nur noch eine Dicke von **7 mm** (mit Trägerplatte) aufweist.

Hinterrad-Trommelbremse

- Fahrzeug aufbocken, siehe Seite 145.

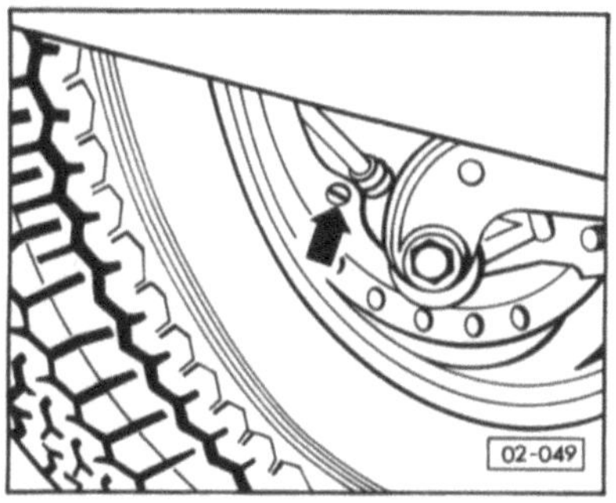

- An den hinteren Bremsträgern Verschlußstopfen abnehmen und mit Taschenlampe durch die Öffnung leuchten. Die Verschleißgrenze ist erreicht, wenn der Belag eine Stärke von **2,5 mm** (ohne Metallträgerbacke) hat. Im Zweifelsfall Bremstrommel ausbauen und Belagstärke messen. Bei der Belagkontrolle gleichzeitig auf durch Bremsflüssigkeit oder Öl verschmierte Beläge achten. In diesem Fall Bremsbeläge umgehend erneuern.
- Ist die Verschleißgrenze erreicht, Bremsbeläge auswechseln. Grundsätzlich alle Beläge einer Achse erneuern.

Hinweis: Nach einer Faustregel entspricht 1 mm Bremsbelag einer Fahrleistung von mindestens 1000 km. Diese Faustregel gilt unter ungünstigen Bedingungen. Im Normalfall halten die Beläge viel länger. Bei einer Belagdicke der Scheibenbremsbeläge von 10,0 mm (mit Rückenplatte) beträgt die Restnutzbarkeit der Bremsbeläge also noch mindestens 3000 km.

Sichtprüfung der Bremsleitungen

- Fahrzeug aufbocken, siehe Seite 145.
- Bremsleitungen mit Kaltreiniger reinigen.

Achtung: Die Bremsleitungen sind zum Schutz gegen Korrosion mit einer Kunststoffschicht überzogen. Wird diese Schutzschicht beschädigt, kann es zur Korrosion der Leitungen kommen. Aus diesem Grund dürfen Bremsleitungen nicht mit Drahtbürste, Schmirgelleinen oder Schraubendreher gereinigt werden.

- Bremsleitungen vom Hauptbremszylinder zu den einzelnen Radbremszylindern mit Lampe anstrahlen und überprüfen. Der Hauptbremszylinder sitzt im Motorraum unter dem Vorratsbehälter für Bremsflüssigkeit.
- Bremsleitungen dürfen weder geknickt noch gequetscht sein. Auch dürfen sie keine Rostnarben oder Scheuerstellen aufweisen. Andernfalls Leitung bis zur nächsten Trennstelle ersetzen.
- Bremsschläuche verbinden die Bremsleitungen mit den Radbremszylindern an den beweglichen Teilen des Fahrzeugs. Sie bestehen aus hochdruckfestem Material, können aber mit der Zeit porös werden, aufquellen oder durch scharfe Gegenstände angeschnitten werden. In einem solchen Fall sind sie sofort zu ersetzen.

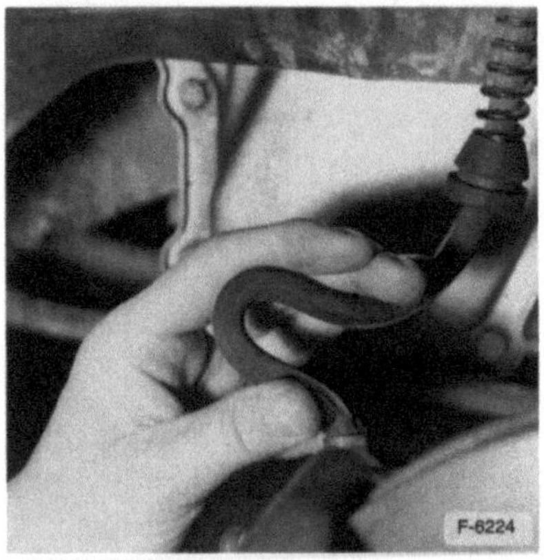

- Bremsschläuche mit der Hand hin- und herbiegen, um Beschädigungen festzustellen. Schläuche dürfen nicht verdreht sein, farbige Kennlinie beachten, falls vorhanden!
- Lenkrad nach links und rechts bis zum Anschlag drehen. Die Bremsschläuche dürfen dabei in keiner Stellung Fahrzeugteile berühren.
- Anschlußstellen von Bremsleitungen und -schläuchen dürfen nicht durch ausgetretene Flüssigkeit feucht sein.

Achtung: Wenn der Vorratsbehälter und die Dichtungen durch ausgetretene Bremsflüssigkeit feucht sind, so ist das nicht unbedingt ein Hinweis auf einen defekten Hauptbremszylinder. Vielmehr dürfte die Bremsflüssigkeit durch die Belüftungsbohrung im Deckel oder durch die Deckeldichtung ausgetreten sein.

- Fahrzeug ablassen, siehe Seite 145.

Bremsflüssigkeit wechseln

Benötigtes Sonderwerkzeug:

- Ringschlüssel für Entlüfterschrauben.

Benötigte Verschleißteile:

- Bremsflüssigkeit der Spezifikation **FMVSS 116 DOT 4**.

Die Bremsflüssigkeit nimmt durch die Poren der Bremsschläuche sowie durch die Entlüftungsöffnung des Vorratsbehälters Luftfeuchtigkeit auf. Dadurch sinkt im Laufe der Betriebszeit der Siedepunkt der Bremsflüssigkeit. Bei starker Beanspruchung der Bremse kann es deshalb zu Dampfblasenbildung in den Bremsleitungen kommen, wodurch die Funktion der Bremsanlage stark beeinträchtigt wird.

Die Bremsflüssigkeit soll alle 2 Jahre, möglichst im Frühjahr, erneuert werden. Bei vielen Gebirgsfahrten, Bremsflüssigkeit in kürzeren Abständen wechseln.

- Vorsichtsmaßregeln beim Umgang mit Bremsflüssigkeit beachten, siehe Seite 201.
- Mit einer Absaugflasche aus dem Bremsflüssigkeitsbehälter Bremsflüssigkeit bis zu einem Stand von ca. 10 mm absaugen.

Achtung: Vorratsbehälter nicht ganz entleeren, damit keine Luft in das Bremssystem gelangt.

- Vorratsbehälter bis zur Max.-Marke mit **neuer** Bremsflüssigkeit füllen.

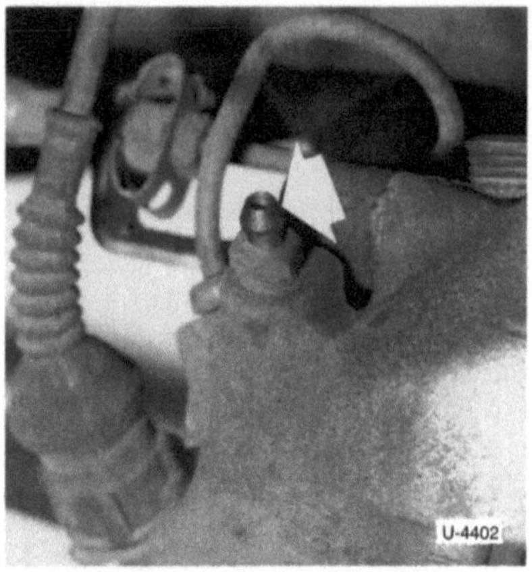

- Am rechten hinteren Bremssattel beziehungsweise Radbremszylinder saubern, durchsichtigen Schlauch auf Entlüfterventil aufschieben, geeignetes Gefäß unterstellen.
- **Achtung:** Motor starten und während des Bremsflüssigkeitswechsels im Leerlauf laufen lassen.
- Entlüfterventil öffnen. Mit dem Bremspedal »pumpen« und dabei ca. 250 cm^3 alte Bremsflüssigkeit herauspumpen. Beim AUDI 100 (gebaut bis 5/94) müssen an jedem Bremssattel beziehungsweise Radbremszylinder ca. 500 cm^3 Bremsflüssigkeit herausgepumpt werden.
- Entlüfterventil schließen, Vorratsbehälter mit **neuer** Bremsflüssigkeit auffüllen.
- Auf die gleiche Weise alte Bremsflüssigkeit aus den anderen Bremssätteln beziehungsweise Radbremszylindern in der Reihenfolge – hinten rechts, hinten links, vorne rechts, vorne links – herauspumpen.

Achtung: Die abfließende Bremsflüssigkeit muß in jedem Fall klar und blasenfrei sein.

- Pedaldruck und Leerweg am Bremspedal prüfen. Der Leerweg darf maximal ⅓ des Pedalwegs betragen.
- Alte Bremsflüssigkeit bei der örtlichen Deponie für Sondermüll abgeben.

Reifenfülldruck prüfen

- Reifenfülldruck nur am kalten Reifen prüfen.
- Reifenfülldruck einmal im Monat sowie im Rahmen der Wartung prüfen. Fülldrucktabelle, siehe Aufkleber am Fahrzeug bzw. in der Betriebsanleitung.
- Zusätzlich sollte der Fülldruck vor längeren Autobahnfahrten kontrolliert werden, da hierbei die Temperaturbelastung für den Reifen am größten ist.

Reifenprofil prüfen

Die Reifen ausgewuchteter Räder nutzen sich bei gewissenhaftem Einhalten des vorgeschriebenen Fülldrucks und bei fehlerfreier Radeinstellung und Stoßdämpferfunktion auf der gesamten Lauffläche annähernd gleichmäßig ab. Bei ungleichmäßiger Abnutzung, siehe Störungsdiagnose im Kapitel »Reifen«. Im übrigen läßt sich keine generelle Aussage über die Lebensdauer bestimmter Reifenfabrikate machen, denn die Lebensdauer hängt von unterschiedlichen Faktoren ab:

- Fahrbahnoberfläche
- Reifenfülldruck
- Fahrweise
- Witterung

Vor allem sportliche Fahrweise, scharfes Anfahren und starkes Bremsen fördern den schnellen Reifenverschleiß.

Achtung: Die Rechtsprechung verlangt, daß Reifen lediglich bis zu einer Profiltiefe von 1,6 mm abgefahren werden dürfen, und zwar müssen die Profilrillen auf der gesamten Lauffläche noch mindestens 1,6 mm Tiefe aufweisen. Es empfiehlt sich jedoch, sicherheitshalber die Reifen bereits bei einer Mindestprofiltiefe von 2 mm auszutauschen.

X-4602

Nähert sich die Profiltiefe der gesetzlich zulässigen Mindestprofiltiefe, das heißt, weist der mehrmals am Reifenumfang angeordnete 1,6 mm hohe Verschleißanzeiger an diesen Stellen kein Profil mehr auf, müssen die Reifen gewechselt werden.

Achtung: M + S-Reifen haben auf Matsch und Schnee nur ausreichende Wirkung, wenn ihr Profil noch mindestens 4 mm tief ist.

Achtung: Reifen auf Schnittstellen untersuchen und mit kleinem Schraubendreher Tiefe der Schnitte feststellen. Wenn die Schnitte bis zur Karkasse reichen, korrodiert durch eindringendes Wasser der Stahlgürtel. Dadurch löst sich unter Umständen die Lauffläche von der Karkasse, der Reifen platzt. Deshalb: Bei tiefen Einschnitten im Profil aus Sicherheitsgründen Reifen austauschen.

Reifenventil prüfen

- Staubschutzkappe vom Ventil abschrauben.
- Etwas Seifenwasser oder Speichel auf das Ventil geben. Wenn sich eine Blase bildet, Ventil mit umgedrehter Schutzkappe festdrehen.

Achtung: Zum Anziehen des Ventils kann nur eine Metallschutzkappe verwendet werden. Metallschutzkappen sind an der Tankstelle erhältlich.

- Ventil erneut prüfen. Falls sich wieder Blasen bilden oder sich das Ventil nicht weiter anziehen läßt, Ventil erneuern.
- Grundsätzlich Schutzkappe wieder befestigen.

Lenkung/Vorderachse

- Staubkappen für Spurstangen-/Achsgelenke prüfen.
- Lenkungsspiel prüfen.
- Faltenbälge der Lenkung auf Undichtigkeiten/Beschädigungen prüfen.
- Ölstand für Servolenkung prüfen, gegebenenfalls Hydrauliköl auffüllen.

Staubkappen für Spurstangen-/Achsgelenke prüfen

- Fahrzeug vorn aufbocken.

W-6233

- Staubkappen links und rechts mit Lampe anstrahlen und auf Beschädigungen überprüfen, dabei auf Fettspuren an den Manschetten und in deren Umgebung achten.
- Bei beschädigter Staubkappe, sicherheitshalber entsprechendes Gelenk mit Schutzkappe auswechseln. Eingedrungener Schmutz zerstört mit Sicherheit das Gelenk.
- Befestigungsmutter für die Gelenke auf festen Sitz prüfen, dabei Mutter jedoch nicht verdrehen.

Lenkungsspiel prüfen

- Lenkrad in Mittelstellung bringen.
- Lenkrad hin- und herbewegen, dabei Vorderräder beobachten. Am Lenkrad darf dabei maximal ein Spiel von etwa 25 mm vorhanden sein, ohne daß die Räder sich bewegen.
- Bei größerem Spiel am Lenkrad sind Lenkgestänge, Lenkgetriebe und die Lagerspiele der Vorderachse zu prüfen.
- Spurstangen kräftig von Hand hin- und herbewegen. Die Kugelgelenke dürfen kein Spiel aufweisen, andernfalls Gelenke oder Spurstange ersetzen.

Ölstand für Servolenkung prüfen

Benötigtes Sonderwerkzeug: Keines.

Benötigte Verschleißteile:

- ATF-Öl nach angegebener AUDI-Spezifikation.

Prüfen

- Vorderräder geradeaus stellen.
- Motor starten und ca. 2 Minuten im Leerlauf laufen lassen.

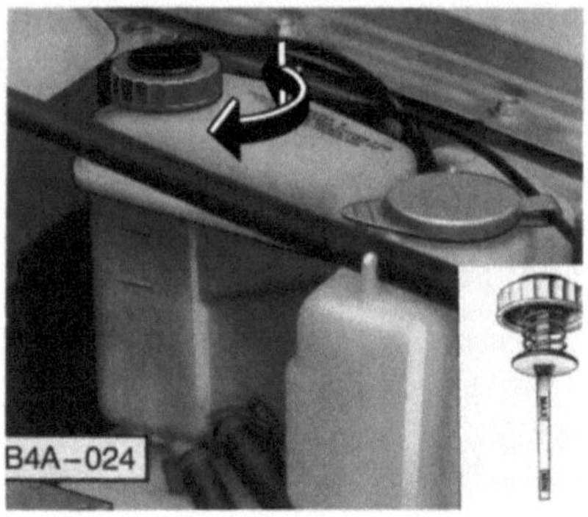

- Motor abstellen und Ölstand sofort prüfen. Verschlußkappe abschrauben. Meßstab am Deckel mit sauberem, fusselfreiem Lappen abwischen.
- Deckel wieder aufsetzen und abnehmen (nicht einschrauben). Der Ölstand soll bei aufgelegtem Deckel zwischen den Markierungen am Meßstab liegen, gegebenenfalls Ölstand berichtigen. Nachgefüllt werden darf nur »AUDI-Hydrauliköl G 002 000«, erhältlich in der AUDI-Werkstatt.

Achtung: Grundsätzlich nur **neues Öl** nachfüllen, da bereits kleinste Verunreinigungen zu Störungen an der hydraulischen Anlage führen können.

Elektrische Anlage

- Beleuchtungsanlage: Scheinwerfer, Schlußleuchten und Blinklampen prüfen, ggf. Scheinwerfer einstellen.
- Signalhorn: Prüfen.
- Scheibenwischer: Wischergummis auf Verschleiß prüfen. Ruhestellung der Wischerblätter prüfen.
- Scheiben- und Scheinwerferwaschanlage: Funktion bzw. Düsenstellung prüfen, Flüssigkeit nachfüllen.
- Batterie prüfen.

Batterie prüfen

Benötigtes Sonderwerkzeug:

- Säureschutzfett (Polfett).
- Stahldrahtbürste (Pol- und Klemmenreinigungsbürste).
- Geeignetes Spannungs-Meßgerät.

Benötigte Verschleißteile:

- Bei Flüssigkeitsmangel: Destilliertes Wasser.

Batterie-Pole reinigen

- Batterie-Pole und Anschlußklemmen reinigen und mit Polfett einreiben.

Säurestand prüfen/ergänzen

Bei der serienmäßig eingebauten Batterie reicht die einmal eingefüllte Säuremenge normalerweise für die gesamte Lebensdauer der Batterie.

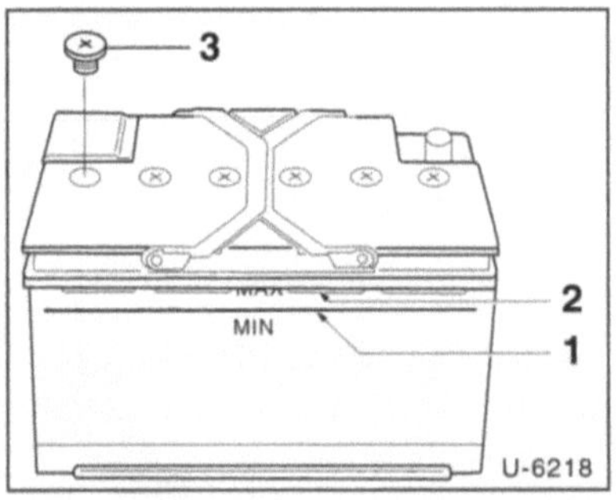

- Der Säurestand muß in den einzelnen Zellen zwischen der MIN- –1– und der MAX-Marke –2– liegen. Gegebenenfalls Batteriestopfen –3– herausschrauben und destilliertes Wasser nachfüllen.

Achtung: Nicht mit offener Flamme in die Batterie leuchten. Explosionsgefahr!

Batterie-Zellen nicht überfüllen, sonst kann, insbesondere bei großer Hitze, die Batterie überkochen. Zu viel eingefüllte Flüssigkeit mit Säureheber absaugen.

- Stopfen einschrauben, vorher O-Ring am Stopfen prüfen ggf. erneuern.

Ruhespannung messen

- Batterie abklemmen. Dabei erlischt unter anderem der Radio-Code. Deshalb vor dem Abklemmen Hinweise beachten, siehe Seite 292.
- Nach ca. 2 Stunden Spannung zwischen den Batteriepolen messen. Zeigt das Meßgerät 12,5 Volt oder darüber an, so ist die Batterie in Ordnung. Liegt sie darunter, Ursache ermitteln, ggf. Batterie ersetzen.

Ruhestellung der Wischerblätter prüfen

- Scheibenwischer in Endstellung laufen lassen. Dazu Scheibe mit Wasser benetzen, Scheibenwischer laufen lassen und mit Scheibenwischerschalter abschalten.
- Rechtes Wischerblattende (Beifahrerseite) muß an der Oberkante des Punktrasters der Scheibe liegen.
- Linkes Wischerblatt (Fahrerseite) muß 10 mm unterhalb des Punktrasters der Scheibe liegen.
- Heckwischerblatt muß an der Oberkante des Punktrasters der Heckscheibe liegen.

Karosserie/Innenausstattung

- Türfeststeller/Türschließzylinder schmieren.
- Unterbodenschutz und Hohlraumkonservierung: Prüfen.
- Sicherheitsgurte: Auf Beschädigungen prüfen.
- Schiebedach: Gleitschienen und Gleitbacken reinigen und leicht mit Silikonspray einsprühen.
- Lüftung/Heizung: Falls vorhanden, Pollen- und Staubfilter erneuern.
- Wasserkasten und Wasserablaufventile: Auf Verschmutzung sichtprüfen, gegebenenfalls reinigen.

Sichtkontrolle Unterboden/ Karosserie

Bei der regelmäßigen Pflege Augenmerk auf Lackbeschädigungen legen und auch Unterboden öfters reinigen.

Sichtprüfung aller Sicherheitsgurte

Achtung: Geräusche, die beim Aufrollen des Gurtbandes entstehen, sind funktionsbedingt. Bei störenden Geräuschen kann nur der Sicherheitsgurt ausgetauscht werden. Auf keinen Fall darf zur Behebung von Geräuschen Öl oder Fett verwendet werden. Der Aufrollautomat darf nicht zerlegt werden, da hierbei die vorgespannte Feder herausspringen kann. Unfallgefahr!

- Sicherheitsgurt ganz herausziehen und Gurtband auf durchtrennte Fasern prüfen. Beschädigungen können zum Beispiel durch Einklemmen des Gurtes oder durch brennende Zigaretten entstehen. In diesem Fall Gurt austauschen.
- Sind Scheuerstellen vorhanden, ohne daß Fasern durchtrennt sind, braucht der Gurt nicht ausgewechselt zu werden.
- Schwergängigen Gurt auf Verdrehungen prüfen, gegebenenfalls Verkleidung an der Mittelsäule ausbauen.
- Wenn die Aufrollautomatik nicht mehr funktioniert, Gurt auswechseln.
- Gurtbänder nur mit Seife und Wasser reinigen, keinesfalls Lösungsmittel oder chemische Reinigungsmittel verwenden.

Türfeststeller/Türschließzylinder schmieren

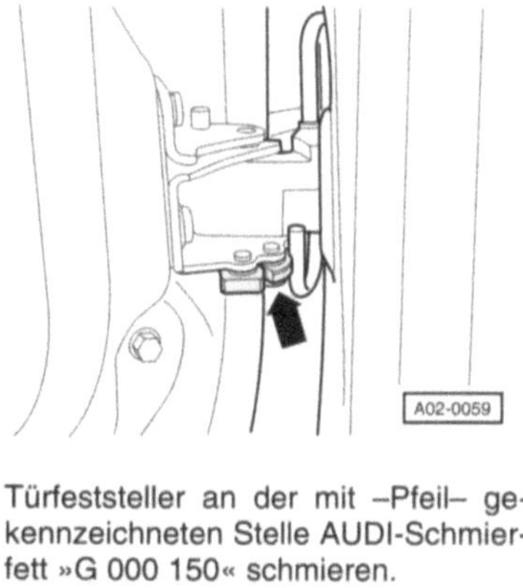

- Türfeststeller an der mit –Pfeil– gekennzeichneten Stelle AUDI-Schmierfett »G 000 150« schmieren.
- Schließzylinder an Türen und Kofferraumdeckel/Heckklappe mit AUDI-Fettspray »G 000 400 01« schmieren. Dazu Fahrzeugschlüssel mit Fettspray besprühen, Schlüssel mehrmals in das Schloß einführen und dann abwischen.

Schiebedach-Schienen schmieren

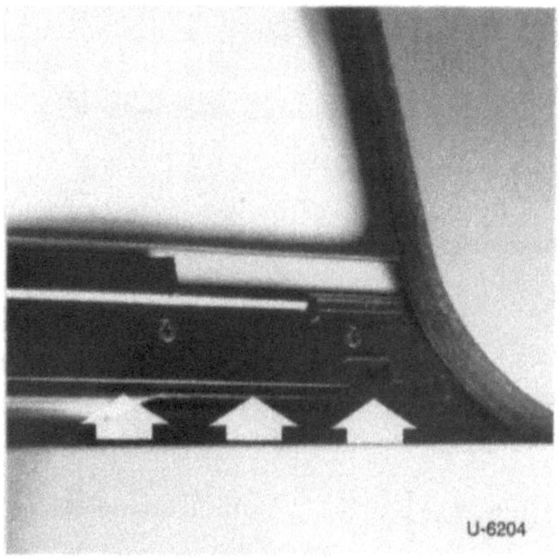

- Gleitschienen und Gleitbacken abwischen und leicht mit Silikonspray, AUDI-Nr. D 007 000 04, einsprühen.

Pollen- und Staubfilter erneuern

Der Pollen- und Staubfilter ist als Sonderausstattung erhältlich. Er befindet sich am Ansaugstutzen für die Innenraumbelüftung rechts im Wasserkasten. Er kann auch nachträglich in den AUDI eingebaut werden, beim A6 seit 7/94 muß dann allerdings ein anderer Ansauglufttrichter eingebaut werden. Nicht möglich ist die Nachrüstung beim Dieselmotor, da hier wegen der größeren Batterie Platzmangel besteht.

- Wasserkastenabdeckung ausbauen, siehe Seite 242.

AUDI 100

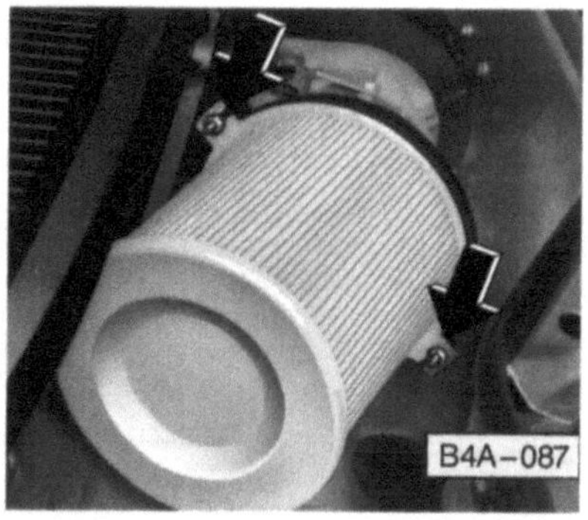

- 2 Muttern lösen.
- Filter linksherum drehen und abnehmen.
- Neuen Filter einsetzen, durch Rechsdrehen einrasten. Muttern festziehen.

AUDI A6 (seit 7/94), ohne Klimaanlage

- Bei Platzproblemen muß vorher der Batteriehalter gelöst und die Batterie in Richtung Kotflügel verschoben werden.

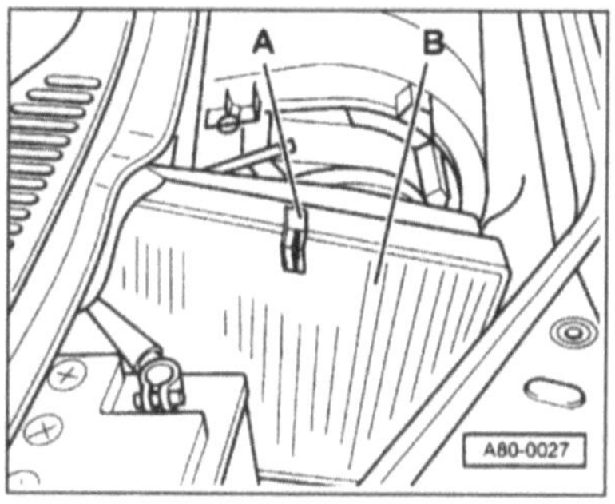

- Bügel –A– hochklappen und Filter –B– aus der Aufnahme nehmen.

AUDI A6 (seit 7/94), mit Klimaanlage

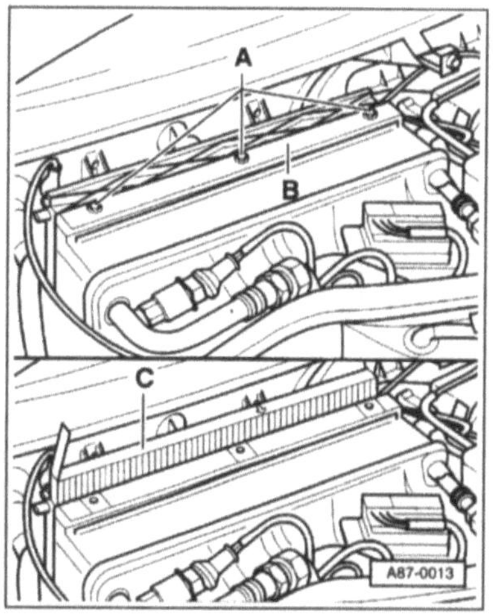

- 3 Schrauben –A– ausbauen. Abdeckung –B– abnehmen und Staub- und Pollenfilter –C– aus dem Verdampfer ziehen.
- Gegebenenfalls Verschmutzungen (z.B. Laub) aus dem Verdampfer entfernen.
- Neuen Filter seitenrichtig einbauen. Der Pfeil auf dem Filtereinsatz zeigt zum Verdampfer.

Alle Fahrzeuge

- Vor dem Einbauen der Wasserkastenabdeckung die Wasserablauföffnungen im Wasserkasten prüfen, bei Verschmutzung reinigen.
- Wasserkastenabdeckung einsetzen und einclipsen. Windlaufblende und Wasserkastenabdeckung dürfen nicht beschädigt sein und müssen korrekt montiert werden, sonst läuft Wasser auf den Filter und macht ihn unbrauchbar.

Stromlaufpläne

Der Umgang mit dem Stromlaufplan

In einem Personenwagen werden je nach Ausstattung bis zu 1000 Meter Leitungen verlegt, um alle elektrischen Verbraucher (Scheinwerfer, Radio usw.) mit Strom zu versorgen.

Will man einen Fehler in der elektrischen Anlage aufspüren oder nachträglich ein elektrisches Zubehör montieren, kommt man nicht ohne Stromlaufplan aus; anhand dessen der Stromverlauf und damit die Kabelverbindungen aufgezeigt werden. Grundsätzlich muß der betreffende Stromkreis geschlossen sein, sonst kann der elektrische Strom nicht fließen. Es reicht beispielsweise nicht aus, wenn an der Plusklemme eines Scheinwerfers Spannung anliegt, wenn nicht gleichzeitig über den Masseanschluß der Stromkreis geschlossen ist.

Deshalb ist auch das Massekabel der Batterie mit der Karosserie verbunden. Mitunter reicht diese Masseverbindung jedoch nicht aus, und der betreffende Verbraucher bekommt eine direkte Masseleitung, deren Isolierung in der Regel braun eingefärbt ist. In den einzelnen Stromkreisen können Schalter, Relais, Sicherungen, Meßgeräte, elektrische Motoren oder andere elektrische Bauteile integriert sein. Damit diese Bauteile richtig angeschlossen werden können, haben die einzelnen Kontakte entsprechende Klemmenbezeichnungen.

Um das Kabelgewirr zumindest auf dem Stromlaufplan übersichtlich zu ordnen, sind die einzelnen Strompfade senkrecht nebeneinander angeordnet und durchnumeriert.

Die senkrechten Linien münden oben in einem meist grau unterlegtem Feld. Dieses Feld symbolisiert die Relaisplatte mit Sicherungshalter und damit die plusseitigen Anschlüsse des Stromkreises. Allerdings befindet sich in der Relaisplatte auch eine interne Masseleitung (Klemme 31). Die feinen Striche in dem Feld machen deutlich, wie und welche Stromkreise intern in der Relaisplatte miteinander verschaltet sind. Unten mündet der Stromkreis auf einer waagerechten Linie, die den Masseanschluß symbolisiert. Die Masseverbindung wird normalerweise direkt über die Karosserie hergestellt oder aber über eine Leitung von einem an der Karosserie angebrachten Massepunkt.

Wenn der Stromkreis durch ein Quadrat unterbrochen wird, in dem eine Zahl steht, weist die Ziffer auf den Strompfad hin, in dem der Stromkreis weitergeführt wird.

Am sinnvollsten geht man bei der Benutzung des Stromlaufplanes folgendermaßen vor:

Zuerst sucht man in der Legende das betreffende Bauteil, zum Beispiel den Schalter für das Heizgebläse. In der rechten Spalte neben der Bauteil-Benennung wird dann der entsprechende Strompfad mit einer Nummer angezeigt, die im Stromlaufplan unten auf der waagerechten Linie wieder auftritt.

Um den Stromlaufplan lesen zu können, ist die Kenntnis einiger Bauteil-Bezeichnungen erforderlich, außerdem sollte man die wichtigsten Schaltzeichen kennen.

Die Kennbuchstaben der wichtigsten Bauteile sind:

Kenn-buchstabe	Bauteil
A	Batterie
B	Anlasser
C	Drehstromgenerator
D	Zündanlaßschalter
E	Schalter für Handbedienung,
F	Mechanische Schalter
G	Geber, Kontrollgeräte
H	Horn, Doppeltonhorn, Fanfare
J	Relais, Steuergerät
K, L, M, W, X	Kontrollampen, Lampen, Leuchten
N	Elektroventile, Widerstände, Schaltgeräte
O	Zündverteiler
P, Q	Zündkerzenstecker, Zündkerzen
R	Radio
S	Sicherungen
T	Steckverbindungen
V	Elektromotoren

Zur genaueren Unterscheidung werden zu den Kennbuchstaben noch Zahlen angefügt.

Relais und elektronische Steuergeräte sind in der Regel grau unterlegt. Die darin eingezeichneten Linien sind interne Verdrahtungen. Sie zeigen, wie Relais und andere elektrische/elektronische Bauteile sowohl zueinander als auch auf der Relaisplatte verschaltet sind.

Eine Ziffer im schwarzen Quadrat kennzeichnet den Relaisplatz auf der Relaisplatte mit Sicherungshalter. Direkt am eingezeichneten Relais befindet sich die Kontaktbezeichnung. Beispiel: Lautet die Kontaktbezeichnung im Stromlaufplan 17/87, dann ist 17 die Bezeichnung der Klemme auf der Relaisplatte, 87 ist die Bezeichnung der Klemme am Relais/Steuergerät.

Die Bezeichnung der Klemmen ist nach DIN genormt. **Die wichtigsten Klemmenbezeichnungen sind:**

Klemme 30. An dieser Klemme liegt immer die Batteriespannung an. Die Kabel sind meist rot oder rot mit farbigem Streifen.

Klemme 31 führt zur Masse. Die Masse-Leitungen sind in der Regel braun.

Klemme 15 wird über das Zündschloß gespeist. Die Leitungen führen nur bei eingeschalteter Zündung Strom. Die Kabel sind meist grün oder grün mit farbigem Streifen.

Klemme X führt ebenfalls nur bei eingeschalteter Zündung Strom, dieser wird jedoch unterbrochen, wenn der Anlasser betätigt wird. Dadurch ist sichergestellt, daß während des Startvorganges der Zündanlage die volle Batterieleistung zur Verfügung steht. Alle größeren Stromaufnehmer liegen in diesem Stromkreis. Das Fernlicht wird ebenfalls über diese Klemme mit Strom versorgt. So wird bei eingeschaltetem Fernlicht und ausgeschalteter Zündung automatisch auf Standlicht umgeschaltet.

Im Stromlaufplan sind in den einzelnen Leitungen Ziffern und darunter Buchstabenkombinationen eingefügt.

Beispiel: **1,5**
ws/ge

Die Ziffern geben an, welchen Leitungsquerschnitt die Leitung hat. Die Buchstaben weisen auf die Leitungsfarben hin. Besteht die Kennzeichnung aus zwei Buchstabengruppen, die durch einen Schrägstrich getrennt sind, wie im Beispiel, dann nennt die erste Buchstabenfolge die Leitungsgrundfarbe: ws = weiß und die zweite: ge = gelb – die Zusatzfarbe. Da es vorkommt, daß gleichfarbige Leitungen für verschiedene Stromkreise verwendet werden, empfiehlt es sich, die Farbkombination an den betreffenden Anschlußklemmen zu kontrollieren. Weiße Leitungen sind zur Unterscheidung zusätzlich mit einer Kennummer versehen, die im Stromlaufplan unter der Farbkennzeichnung steht.

Schlüssel für Leitungsfarben

bl = blau
br = braun
ge = gelb
gn = grün
gr = grau
rt = rot
sw = schwarz
li = lila
ws = weiß

Leitungen, die mittels Einzel- oder Mehrfachsteckverbindungen miteinander verbunden sind, haben zum Buchstaben »T« für die Steckverbindung eine zusätzliche Ziffern-Kombination. Beispiel: T2p = Zweifachstecker, T32/27 = 32fach Steckverbindung mit Kontaktpunkt 27.

Im Stromlaufplan sind alle Verbraucher und Schalter in Ruhestellung gezeichnet. Der geänderte Stromverlauf nach Betätigung eines Schalters wird hier am Beispiel eines Zweistufen-Schalters erläutert:

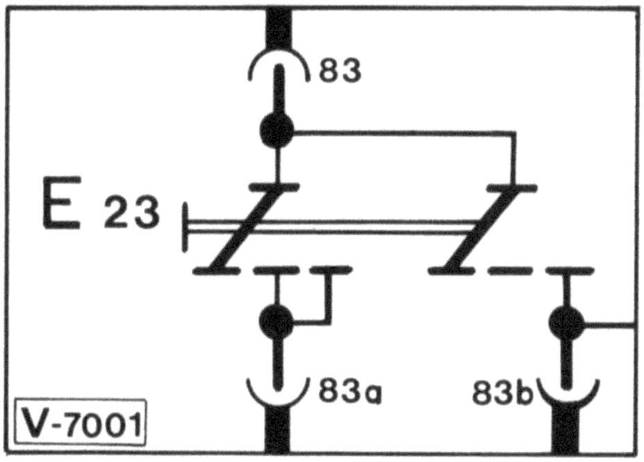

Wird am Schalter E23 die erste Stufe gedrückt, fließt der Strom von der Klemme 83 kommend über die Klemme 83a. Die zweite Brücke rückt eine Stufe weiter, jedoch ohne eine Verbindung herzustellen. Erst beim Drücken der zweiten Schalterstufe rückt die zweite Brücke von der internen Leitung 83 auf 83b und gibt den Strom über 83b weiter. Dabei bleibt über eine interne Verbindung im Schalter, der Stromfluß der ersten Schalterstufe über 83a bestehen.

Zuordnung der Stromlaufpläne

AUDI 100 / A6 Modelljahr '96

Aus Platzgründen kann nicht jeder Stromlaufplan für die einzelnen Motor- und Modellvarianten sowie aus jedem Modelljahr berücksichtigt werden. Bei einer Neuauflage wird jeweils der aktuelle Stromlaufplan veröffentlicht, an dem sich auch Fahrzeugbesitzer älterer Modelle orientieren können. **Achtung:** Zentralelektrik/Relaisplätze, siehe Seite 265.

Motor	Kennbuchstaben	Stromlaufplan
1,8-l/92 kW (125 PS)	ADR	12 - 25
1,9-l/66 kW (90 PS)	1Z	9 - 25
2,0-l/74 kW (101 PS)	AAE	9 - 31
2,0-l/85 kW (115 PS)	ABK	8 - 25
2,2-l/169 kW (230 PS)	AAN	12 - 25
2,3-l/98 kW(133 PS)	AAR	9 - 25
2,5-l/85 kW (115 PS)	AAT	9 - 25
2,5-l/103 kW (140 PS)	AEL	9 - 25
2,6-l/110 kW (150 PS)	ABC	12 - 25
2,8-l/128 kW (174 PS)	AAH	1 - 25
2,8-l/142 kW (193 PS	ACK	12 - 25
Anhängerkupplung ohne Auto-Check		32 - 34
Avant, hinten		35 - 38
Radio		39 - 42

Gebrauchsanleitung für Stromlaufpläne

Hinweis:
Alle Schalter und Kontakte sind in mechanischer Ruhestellung gezeichnet

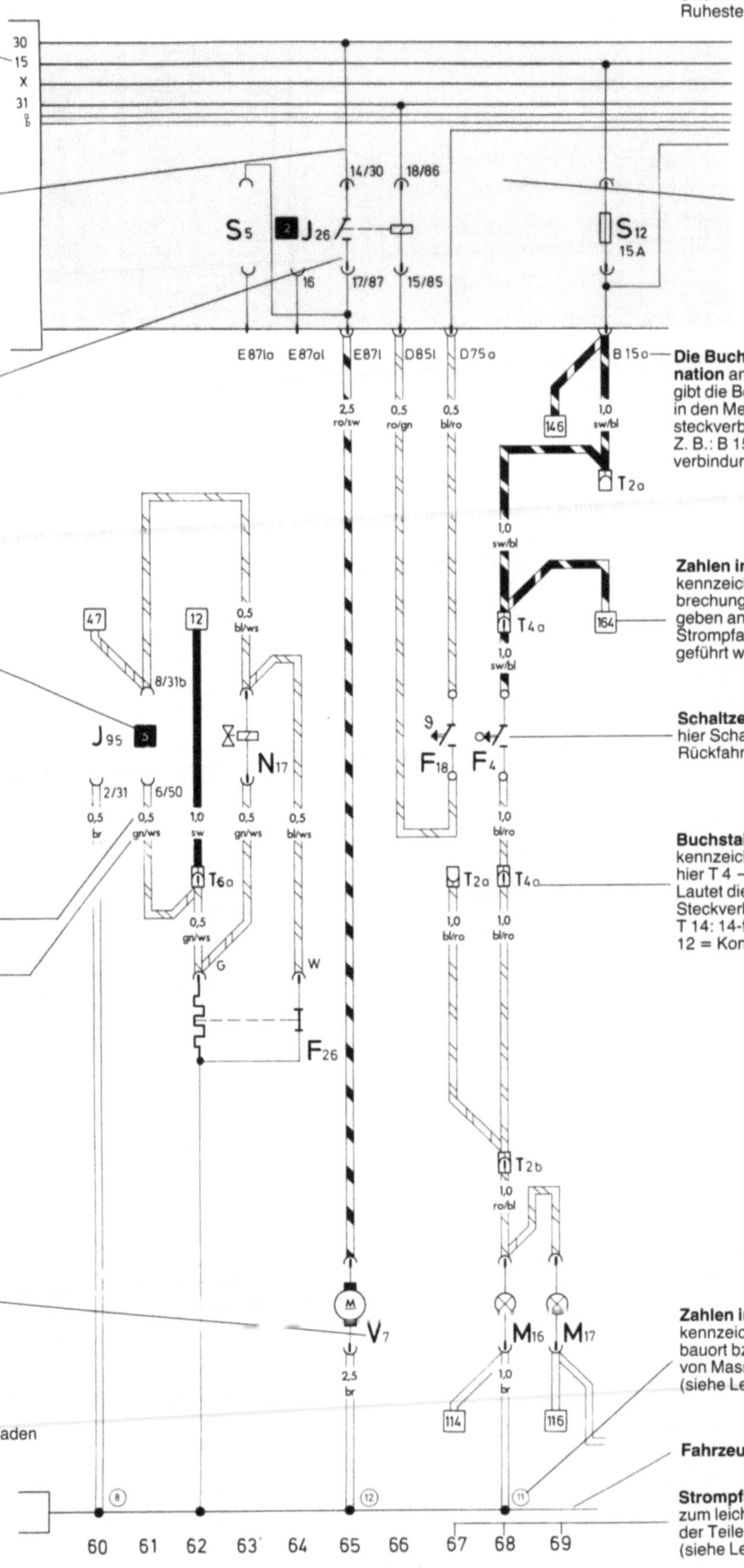

Klemmenbezeichnung
15 – bei eingeschalteter Zündung liegt Batteriespannung an.

Interne Verbindungen
(dünne Striche). Diese Verbindungen sind nicht als Leitungen vorhanden. Sie sind jedoch elektrisch leitende Verbindungen. Sie ermöglichen die Verfolgung des Stromverlaufes innerhalb von Bauteilen.

Kontaktbezeichnung
am Relais/Steuergerät und auf der Relaisplatte/Zusatzrelaisträger – z. B.: 17/87
= auf der Relaisplatte

Relaisplatz-Nummer
kennzeichnet den Relaisplatz auf der Relaisplatte bzw. auf dem Zusatzrelaisträger

Leitungsquerschnitt
in mm².

Leitungsfarbe
entspricht der Leitungsfarbe im Auto,
hier: grün/weiß.

Teile-Bezeichnung
Damit findet man in der Legende, wie das als Schaltzeichen dargestellte Bauteil heißt, hier – Lüfter für Kühlmittel.

Bezeichnung der Teile, deren Schaltzeichen sich in den Strompfaden darüber finden.

Lüfter für Kühlmittel

Dieses Feld
kennzeichnet die Relaisplatte mit Sicherungshalter.

Die Buchstaben-Zahlenkombination an den Anschlüssen gibt die Belegung der Leitungen in den Mehrfach- bzw. Einzelsteckverbindungen an.
Z. B.: B 15 a – Mehrfachsteckverbindung B, Kontakt 15 a.

Zahlen in Quadraten
kennzeichnen eine Unterbrechung der Leitung und geben an, in welchem Strompfad diese weitergeführt wird.

Schaltzeichen
hier Schalter für Rückfahrleuchte

Buchstaben/Zahlenkombination
kennzeichnen Steckverbindungen, hier T 4 – Steckverbindung 4-fach. Lautet die Bezeichnung der Steckverbindung: T 14/12, bedeutet T 14: 14-fach-Steckverbindung, 12 = Kontakt 12

Zahlen in den Kreisen
kennzeichnen den Einbauort bzw. die Lage von Masseanschlüssen (siehe Legende).

Fahrzeugmasse

Strompfadnummern
zum leichteren Auffinden der Teile im Stromlaufplan (siehe Legende).

Schaltzeichen für Stromlaufpläne

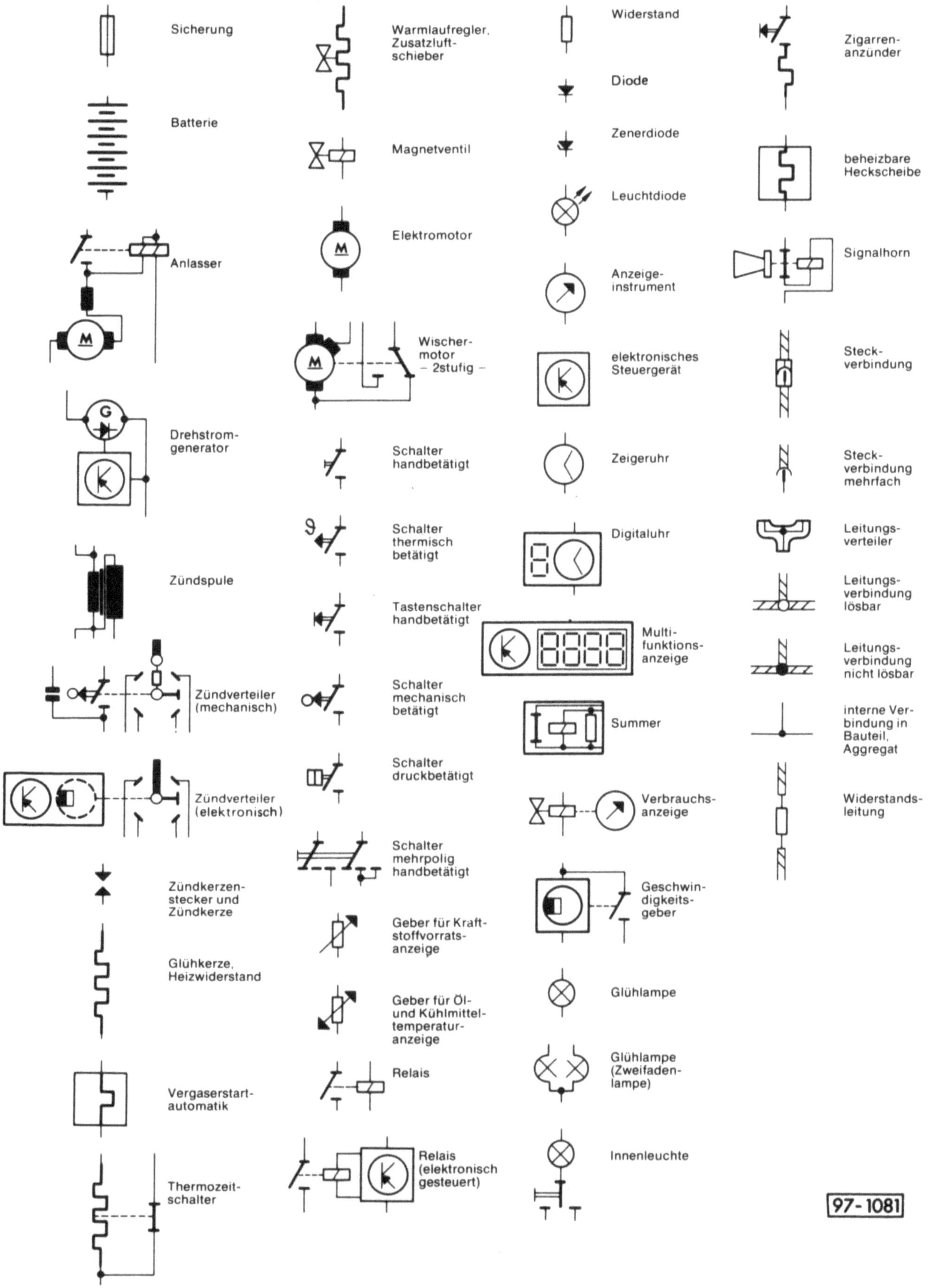

Masseverbindungen

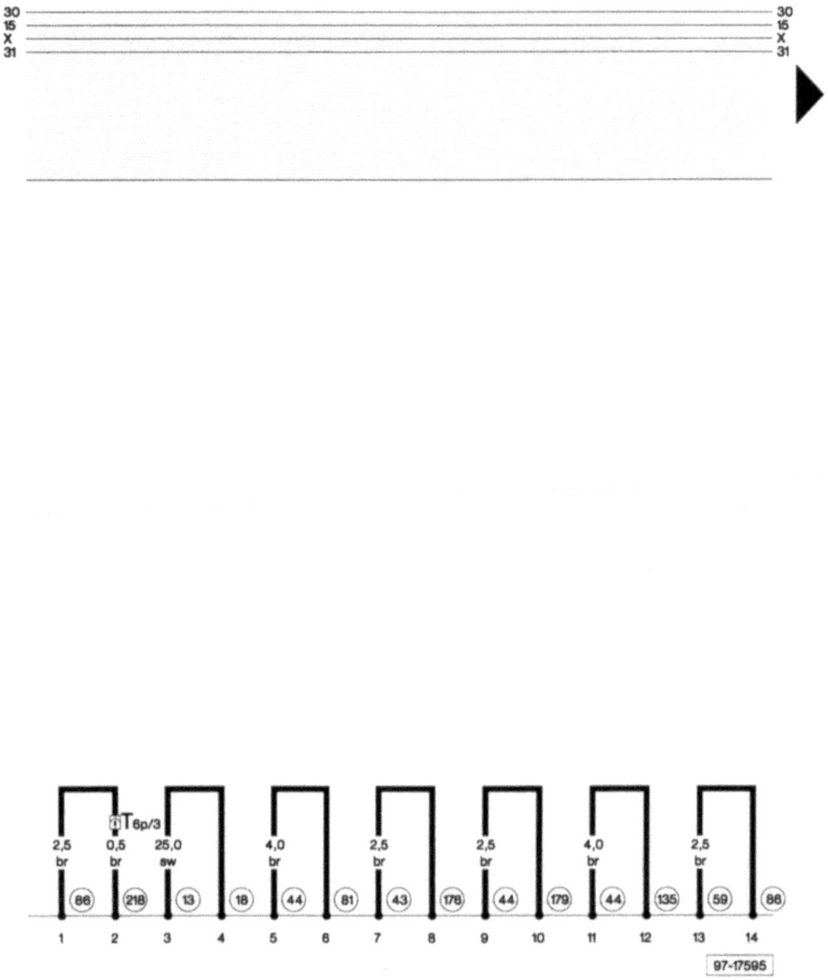

T 6 p - Steckverbindung, 6-fach, schwarz, im Kofferraum hinten links

(13) -Massepunkt, im Motorraum rechts

(18) -Massepunkt, am Motorblock

(43) -Massepunkt, Säule A - rechts, unten

(44) -Massepunkt, Säule A - links, unten

(59) -Massepunkt, Nähe Schlußleuchte links

(81) -Masseverbindung -1-, im Schalttafelleitungsstrang

(86) -Masseverbindung -1-, im Leitungsstrang hinten

(135) -Masseverbindung -2-, im Schalttafelleitungsstrang

(176) -Masseverbindung, im Leitungsstrang Scheinwerfer rechts

(179) -Masseverbindung, im Leitungsstrang Scheinwerfer links

(218) -Masseverbindung -1-, im Leitungsstrang Heckklappe

ws = weiß
sw = schwarz
ro = rot
br = braun
gn = grün
bl = blau
gr = grau
li = lila
ge = gelb

Batterie, Anlasser, Drehstromgenerator, Relais für Anlaßsperre

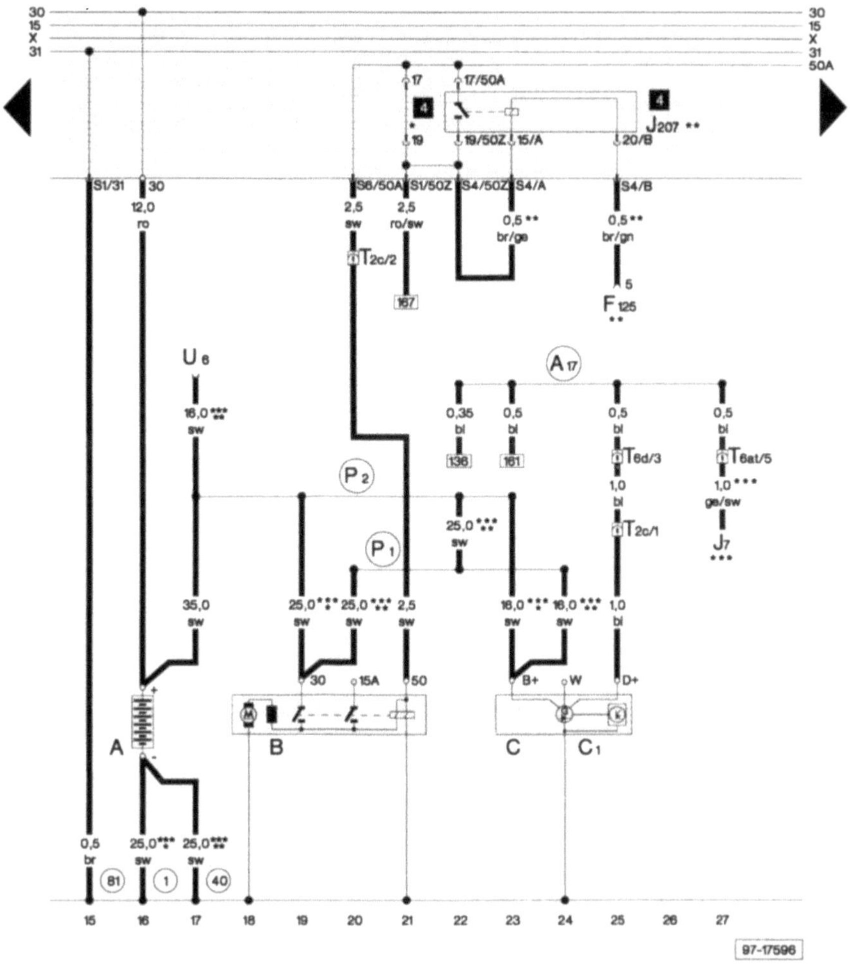

A -Batterie
B -Anlasser
C -Drehstromgenerator
C 1 -Spannungsregler
F 125 -Multifunktionsschalter
J 7 -Batterie-Trennrelais
J 207 -Relais für Anlaßsperre
T 2 c -Steckverbindung, 2-fach, Nähe Anlasser
T 6 d -Steckverbindung, 6-fach, grau, Kupplungsstation 2
T 6 at -Steckverbindung, 6-fach, braun, Kupplungsstation 3
U 6 -Fremdstartsteckdose

ws = weiß
sw = schwarz
ro = rot
br = braun
gn = grün
bl = blau
gr = grau
li = lila
ge = gelb

(1) -Masseband, Batterie - Aufbau
(40) -Massepunkt, unter Rücksitzbank rechts
(81) -Masseverbindung -1-, im Schalttafelleitungsstrang
(A17) -Verbindung (61), im Schalttafelleitungsstrang
(P1) -Plusverbindung (30), im Verteilerkasten - Motorraum
(P2) -Plusverbindung (30), im Leitungsstrang Batterie

* -Fahrzeuge mit Schaltgetriebe
** -Fahrzeuge mit automatischem Getriebe
*** -Fahrzeuge mit Standheizung
*** -Fahrzeuge mit Batterie im Wasserkasten
*** -Fahrzeuge mit Batterie unter dem Rücksitz

Steuergerät für Multipoint-Injection, Zündspulen, Einspritzventile, Hallgeber, Sicherungen

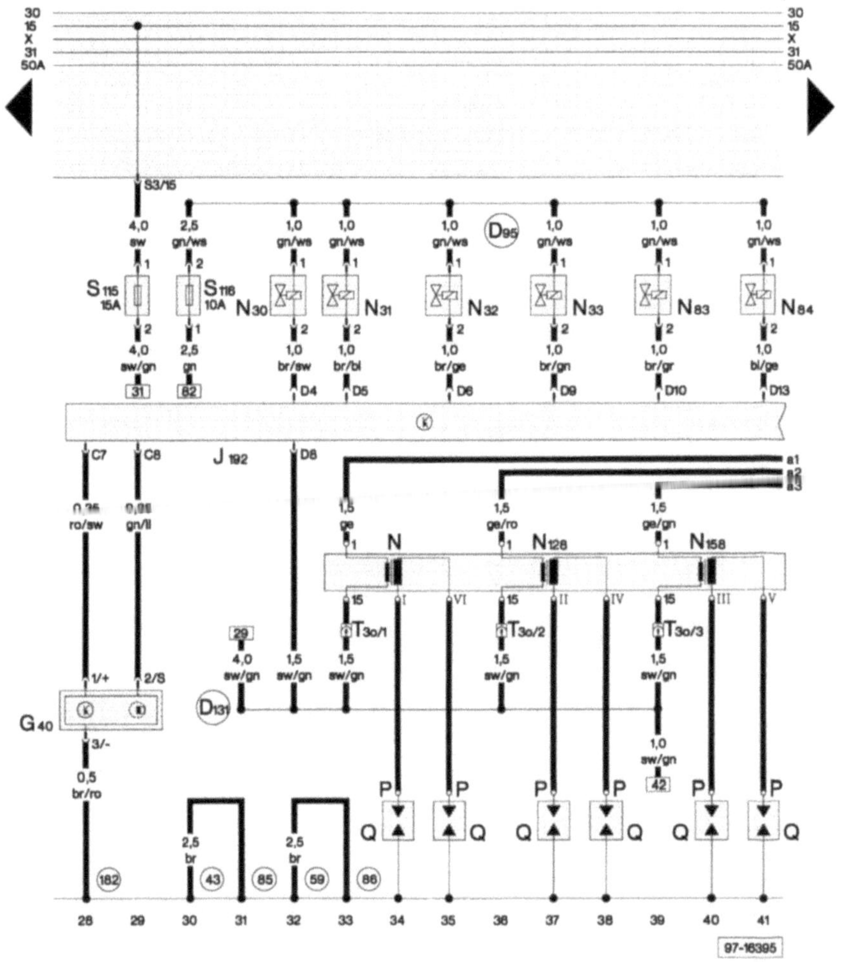

G 40 - Hallgeber
J 192 - Steuergerät für Multipoint-Injection
N - Zündspule
N 30 - Einspritzventil Zylinder 1
N 31 - Einspritzventil Zylinder 2
N 32 - Einspritzventil Zylinder 3
N 33 - Einspritzventil Zylinder 4
N 83 - Einspritzventil Zylinder 5
N 84 - Einspritzventil Zylinder 6
N 128 - Zündspule 2
N 158 - Zündspule 3
P - Zündkerzenstecker
Q - Zündkerzen
S 115 - Sicherung für Zündspule Klemme 15
S 116 - Sicherung für Einspritzventile
T 3 o - Steckverbindung, 3-fach, weiß, Anschluß Zündspule

(43) - Massepunkt, Säule A - rechts, unten

(59) - Massepunkt, Nähe Schlußleuchte links

(85) - Masseverbindung -1-, im Leitungsstrang Motorraum

(86) - Masseverbindung -1-, im Leitungsstrang hinten

(182) - Masseverbindung -1-, im Leitungsstrang Motorraum-6Zylinder

(D95) - Verbindung (Einspritzventile), im Leitungsstrang Motorraum

(D131) - Verbindung (15) über Sicherung, im Leitungsstrang Motorraum

ws = weiß
sw = schwarz
ro = rot
br = braun
gn = grün
bl = blau
gr = grau
li = lila
ge = gelb

Steuergerät für Multipoint-Injection, Klopfsensoren, Drosselklappenpotentiometer, Luftmassenmesser, Leistungsendstufe für Zündspulen

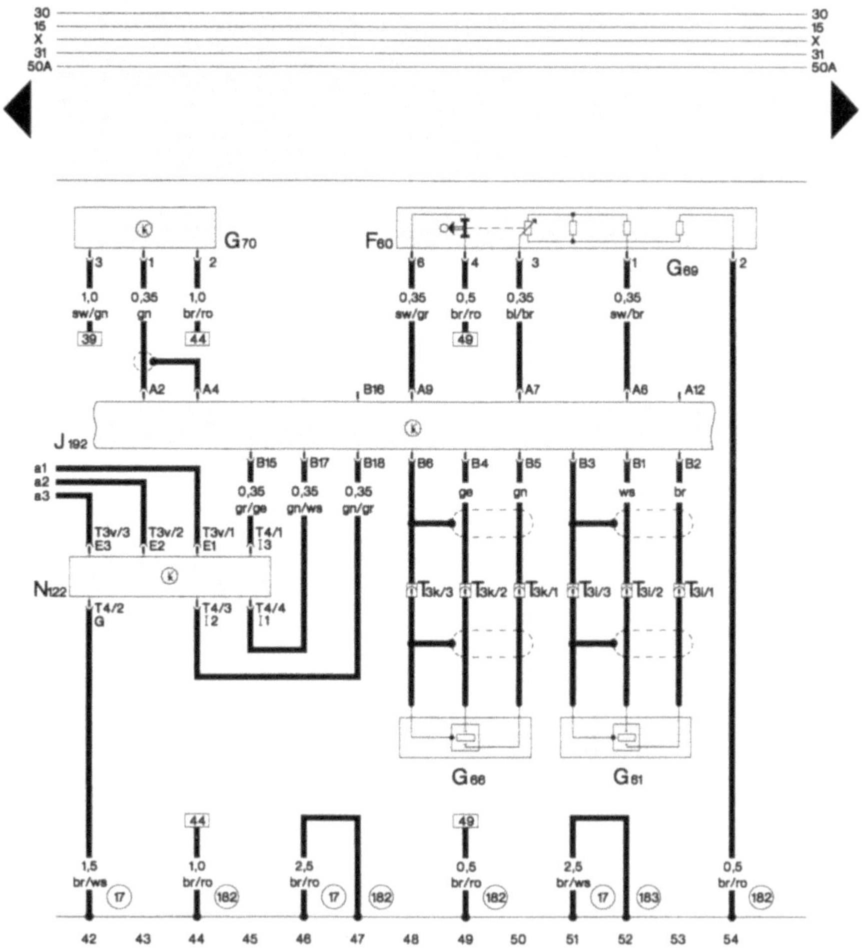

97-16396

F 60 - Leerlaufschalter
G 61 - Klopfsensor 1
G 66 - Klopfsensor 2
G 69 - Drosselklappenpotentiometer
G 70 - Luftmassenmesser
J 192 - Steuergerät für Multipoint-Injection
N 122 - Leistungsendstufe
T 3 i - Steckverbindung, 3-fach, blau, am Klopfsensor 1
T 3 k - Steckverbindung, 3-fach, blau, am Klopfsensor 2
T 3 v - Steckverbindung, 3-fach, dunkelbraun, Nähe Zündspule
T 4 - Steckverbindung, 4-fach, braun, an Leistungsendstufe für Zündspule

(17) - Massepunkt, am Saugrohr

(182) - Masseverbindung -1-, im Leitungsstrang Motorraum-6Zylinder

(183) - Masseverbindung -2-, im Leitungsstrang Motorraum-6Zylinder

ws = weiß
sw = schwarz
ro = rot
br = braun
gn = grün
bl = blau
gr = grau
li = lila
ge = gelb

–5–

Steuergerät für Multipoint-Injection, Geber für Zündzeitpunkt, Motordrehzahl und Kühlmitteltemperatur

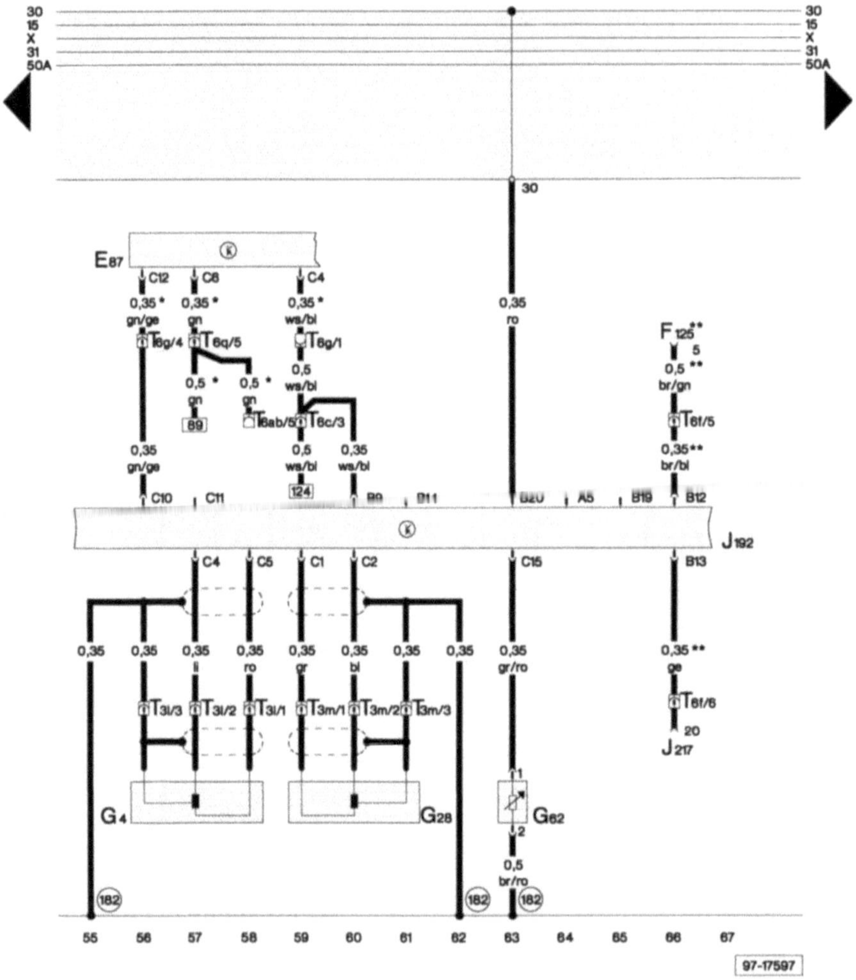

E 87 - Bedienungs- und Anzeigeeinheit für Klimaanlage
F 125 - Multifunktionsschalter
G 4 - Geber für Zündzeitpunkt
G 28 - Geber für Motordrehzahl
G 62 - Geber für Kühlmitteltemperatur
J 192 - Steuergerät für Multipoint-Injection
J 217 - Steuergerät für autom. Getriebe
T 3 l - Steckverbindung, 3-fach, schwarz, (Geber für Zündzeitpunkt) an der Spritzwand rechts
T 3 m - Steckverbindung, 3-fach, grau, (Drehzahlgeber) an der Spritzwand rechts
T 6 c - Steckverbindung, 6-fach, grün, Kupplungsstation 2
T 6 f - Steckverbindung, 6-fach, gelb, in Elektronikbox, im Fußraum vorn rechts
T 6 g - Steckverbindung, 6-fach, blau, Kupplungsstation 2
T 6 q - Steckverbindung, 6-fach, rot, Kupplungsstation 3
T 6 ab - Steckverbindung, 6-fach, gelb, Kupplungsstation 1

(182) - Masseverbindung -1-, im Leitungsstrang Motorraum-6Zylinder

ws = weiß
sw = schwarz
ro = rot
br = braun
gn = grün
bl = blau
gr = grau
li = lila
ge = gelb

* - Fahrzeuge mit Klimaanlage
** - Fahrzeuge mit Automatikgetriebe

Steuergerät für Multipoint-Injection, Lambdasonden mit Heizung, Diagnosestecker, Wegfahrsicherung

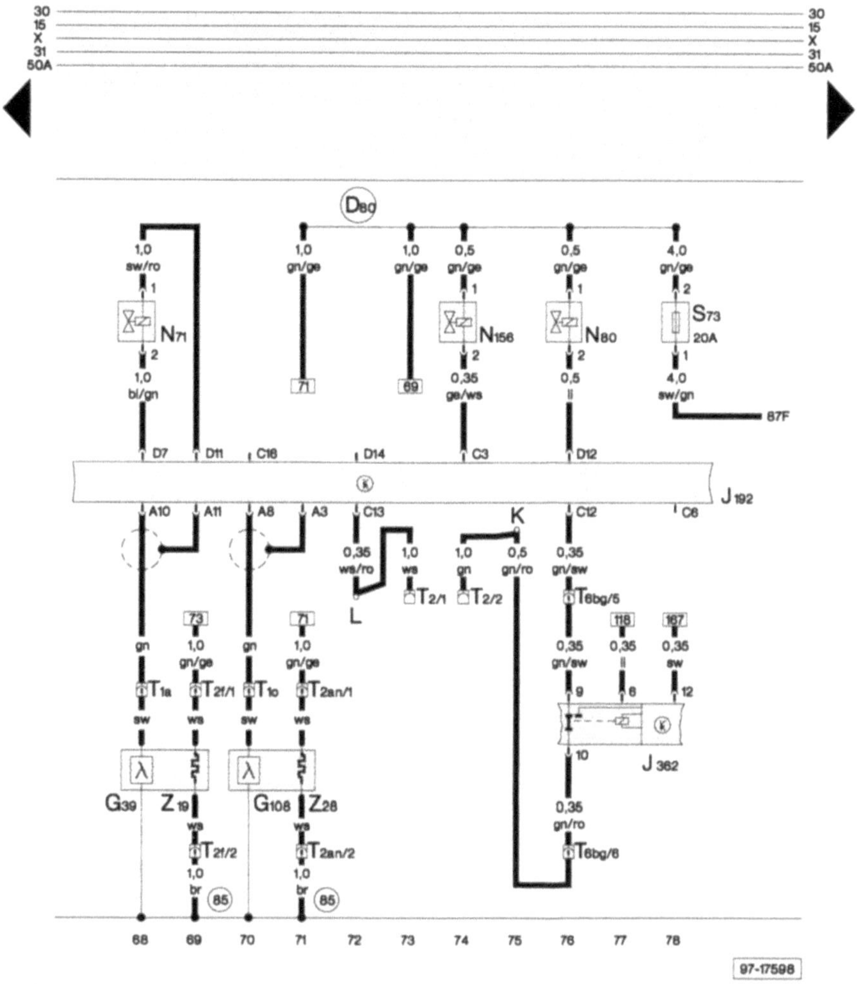

G 39 - Lambdasonde
G 108 - Lambdasonde II
J 192 - Steuergerät für Multipoint-Injection
J 362 - Steuergerät für Wegfahrsicherung
K - Diagnoseanschluß
L - Diagnoseanschluß
N 71 - Ventil für Leerlaufstabilisierung
N 80 - Magnetventil 1 für Aktivkohlebehälter-Anlage (getaktet)
N 156 - Ventil für Saugrohrumschaltung
S 73 - Sicherung für Heizung-Lambdasonde
T 1 a - Steckverbindung, 1-fach, Nähe Lambdasonde
T 1 o - Steckverbindung, 1-fach, Nähe Lambdasonde 2
T 2 - Steckverbindung, 2-fach, weiß, Diagnosestecker, auf Zusatzrelaisträger I
T 2 f - Steckverbindung, 2-fach, schwarz, Nähe Lambdasonde
T 2 an - Steckverbindung, 2-fach, schwarz, Nähe Lambdasonde 2
T 6 bg - Steckverbindung, 6-fach, lila, Kupplungsstation 2
Z 19 - Heizung für Lambdasonde
Z 28 - Heizung für Lambdasonde 2

(85) - Masseverbindung -1-, im Leitungsstrang Motorraum
(D80) - Plusverbindung (87a - für Magnetventil für Aktivkohlebehälter-Anlage), im Leitungsstrang Motorraum

ws = weiß
sw = schwarz
ro = rot
br = braun
gn = grün
bl = blau
gr = grau
li = lila
ge = gelb

Steuergerät für Multipoint-Injection, Kraftstoffpumpenrelais, Geber für Tankanzeige, Kraftstoffpumpe

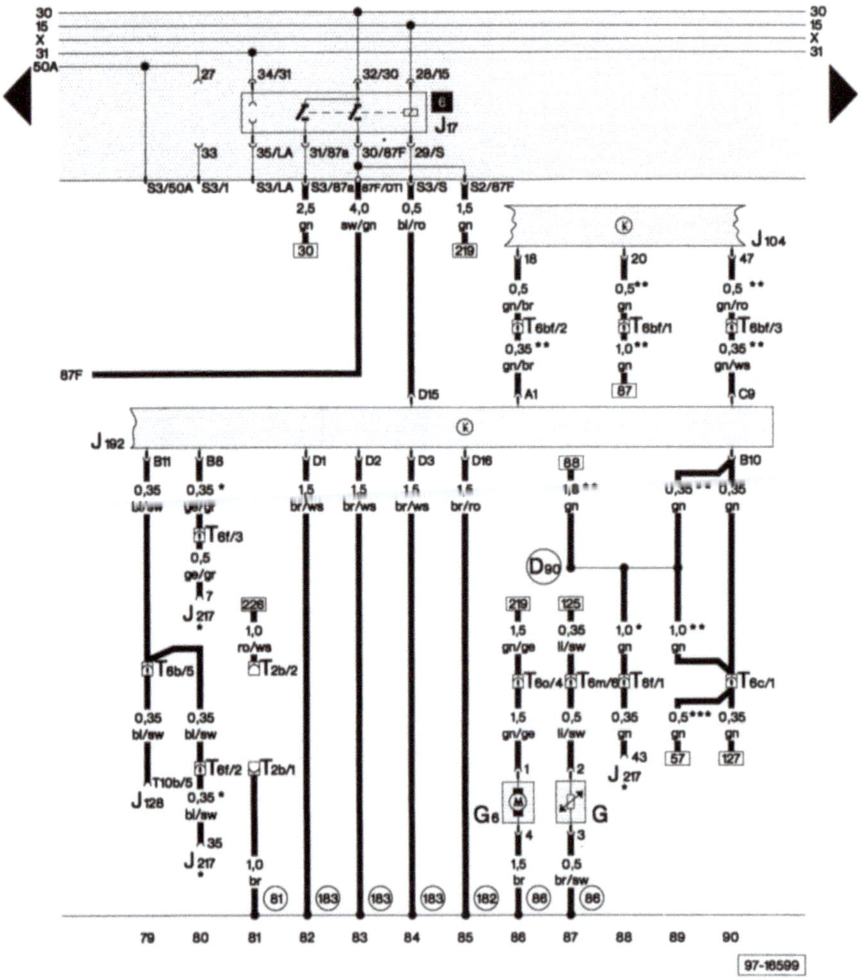

G -Geber für Kraftstoffvorrat
G 6 -Kraftstoffpumpe (Vorförderpumpe)
J 17 -Kraftstoffpumpenrelais
J 104 -Steuergerät für ABS mit EDS
J 128 -Anzeigeeinheit mit Computer
J 192 -Steuergerät für Multipoint-Injection
J 217 -Steuergerät für autom. Getriebe
T 2 b-Steckverbindung, 2-fach, schwarz, Diagnosestecker, auf Zusatzrelaisträger I
T 6 b-Steckverbindung, 6-fach, rot, Kupplungsstation 2
T 6 c-Steckverbindung, 6-fach, grün, Kupplungsstation 2
T 6 f-Steckverbindung, 6-fach, gelb, in Elektronikbox, im Fußraum vorn rechts
T 6 m-Steckverbindung, 6-fach, grün, Kupplungsstation 1
T 6 o-Steckverbindung, 6-fach, braun, Kupplungsstation 1
T 6 bf-Steckverbindung, 6-fach, braun, Kupplungsstation 2
T 10 b-Steckverbindung, 10-fach, schwarz, am Schalttafeleinsatz

(81) -Masseverbindung -1-, im Schalttafelleitungsstrang
(86) -Masseverbindung -1-, im Leitungsstrang hinten
(182) -Masseverbindung -1-, im Leitungsstrang Motorraum-6Zylinder
(183) -Masseverbindung -2-, im Leitungsstrang Motorraum-6Zylinder
(D90) -Verbindung (Drehzahlsignal), im Leitungsstrang Motorraum

* -Fahrzeuge mit Automatikgetriebe
** -Fahrzeuge mit Antriebsschlupfregelung
*** -Fahrzeuge mit Klimaanlage

ws = weiß
sw = schwarz
ro = rot
br = braun
gn = grün
bl = blau
gr = grau
li = lila
ge = gelb

Motorkühlung

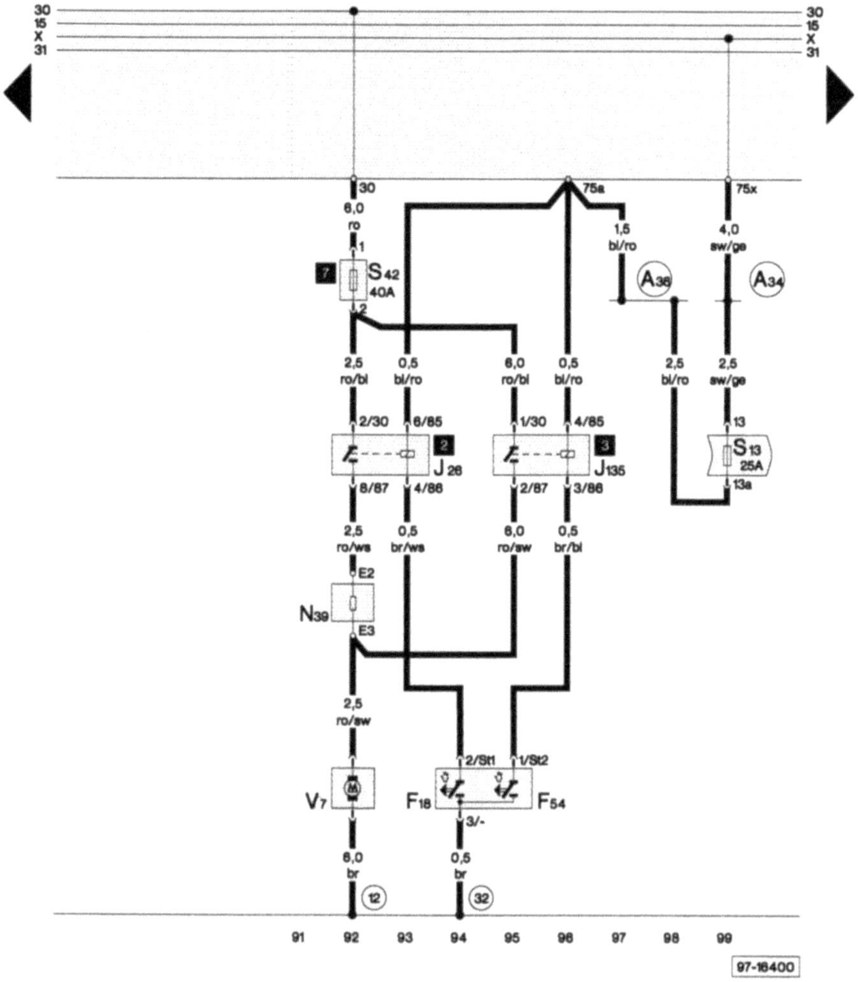

F 18 - Thermoschalter für Lüfter für Kühlmittel
F 54 - Thermoschalter für Lüfter für Kühlmittel
J 26 - Relais für Lüfter für Kühlmittel
J 135 - Relais für 3. Stufe für Lüfter für Kühlmittel
N 39 - Vorwiderstand für Lüfter für Kühlmittel
S 13 - Sicherung im Sicherungshalter
S 42 - Einzelsicherung für Lüfter für Kühlmittel
V 7 - Lüfter für Kühlmittel

(12) - Massepunkt, im Motorraum links

(32) - Massepunkt, hinter Schalttafel links

(A34) - Verbindung (75x), im Schalttafelleitungsstrang

(A36) - Verbindung (75a), im Schalttafelleitungsstrang

ws = weiß
sw = schwarz
ro = rot
br = braun
gn = grün
bl = blau
gr = grau
li = lila
ge = gelb

Autochecksystem, Kühlflüssigkeit- und Öldrucküberwachung

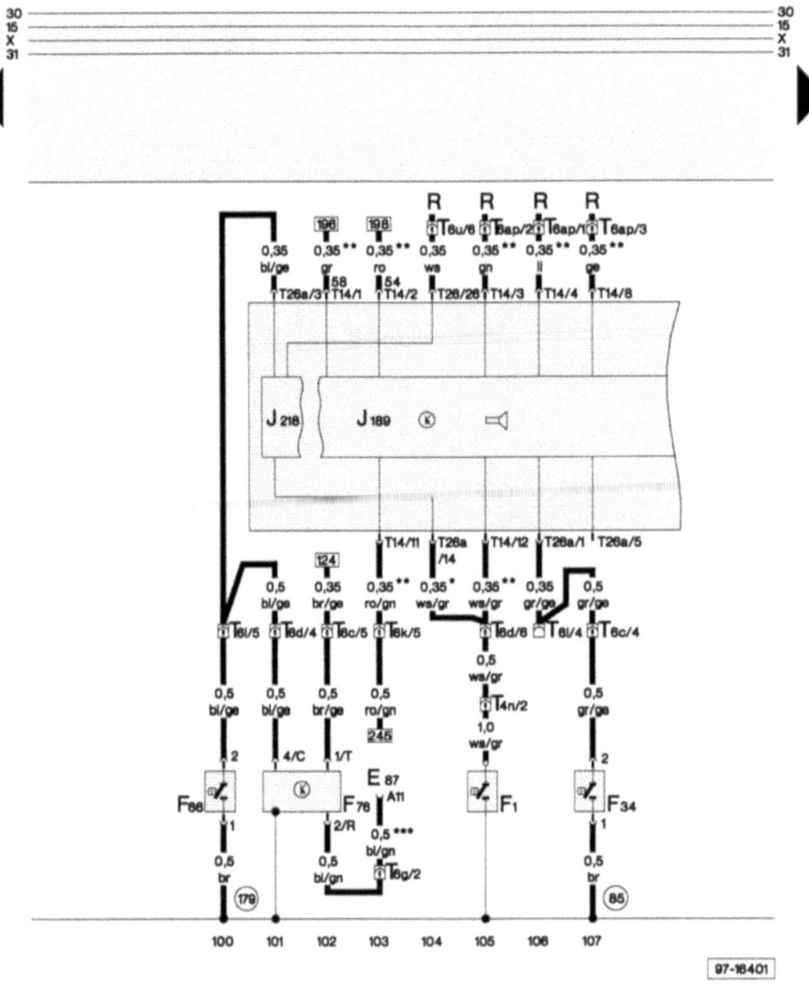

E 87 - Bedienungs- und Anzeigeeinheit für Klimaanlage
F 1 - Öldruckschalter
F 34 - Warnkontakt für Bremsflüssigkeitsstand
F 66 - Schalter für Kühlmittelmangelanzeige
F 76 - Elektronischer Thermoschalter
J 189 - Autochecksystem
J 218 - Kombi-Prozessor im Schalttafeleinsatz
R - Radio
T 4 n - Steckverbindung, 4-fach, schwarz, im Motorraum vorn links
T 6 c - Steckverbindung, 6-fach, grün, Kupplungsstation 2
T 6 d - Steckverbindung, 6-fach, grau, Kupplungsstation 2
T 6 g - Steckverbindung, 6-fach, blau, Kupplungsstation 2
T 6 k - Steckverbindung, 6-fach, rot, Kupplungsstation 1
T 6 l - Steckverbindung, 6-fach, gelb, Kupplungsstation 1
T 6 u - Steckverbindung, 6-fach, gelb, Kupplungsstation 3
T 6 ap - Steckverbindung, 6-fach, weiß, Kupplungsstation 3
T 14 - Steckverbindung, 14-fach, schwarz, am Schalttafeleinsatz
T 26 - Steckverbindung, 26-fach, rot, am Schalttafeleinsatz
T 26 a - Steckverbindung, 26-fach, grün, am Schalttafeleinsatz

(85) - Masseverbindung -1-, im Leitungsstrang Motorraum
(179) - Masseverbindung, im Leitungsstrang Scheinwerfer links

ws = weiß
sw = schwarz
ro = rot
br = braun
gn = grün
bl = blau
gr = grau
li = lila
ge = gelb

* - Fahrzeuge ohne Autochecksystem
** - Fahrzeuge mit Autochecksystem
*** - Fahrzeuge mit Klimaanlage

Autochecksystem, Bremsbelagüberwachung

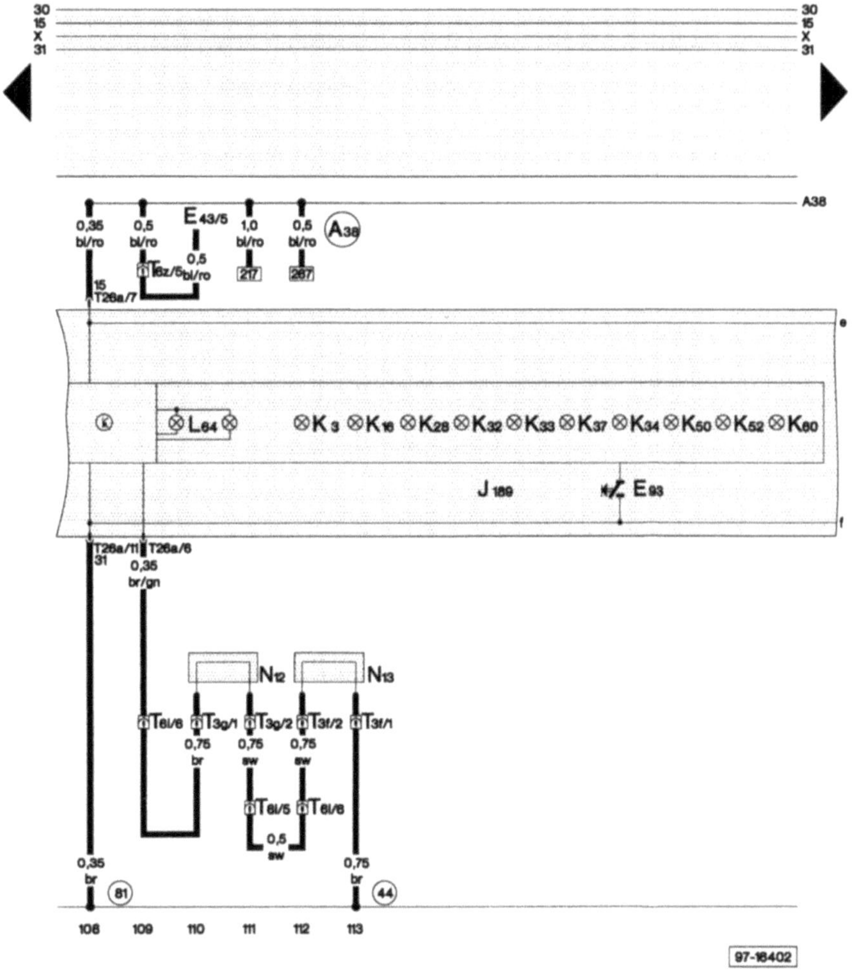

E 43 - Schalter für Spiegelverstellung
E 93 - Taste für Auto-Check-System
J 189 - Autochecksystem
K 3 - Kontrollampe für Öldruck
K 16 - Kontrollampe für Kraftstoffreserve
K 28 - Kontrollampe für Kühlmitteltemperatur/ Kühlmittelmangelanzeige
K 32 - Kontrollampe für Bremsbelag
K 33 - Kontrollampe für Bremsflüssigkeitsstand
K 34 - Kontrollampe für Bremslicht
K 37 - Kontrollampe für Scheibenwaschwasserstand
K 50 - Kontrollampe für Symbol "O.K."
K 52 - Kontrollampe für Ladezustand der Batterie
K 60 - Kontrollampe für Abblendlicht und Schlußlicht
L 64 - Anzeigenbeleuchtung für Auto-Check-System
N 12 - Bremswächter rechts (Brechelement)
N 13 - Bremswächter links (Brechelement)
T 3 f - Steckverbindung, 3-fach, an der Spritzwand links
T 3 g - Steckverbindung, 3-fach, an der Spritzwand rechts
T 6 i - Steckverbindung, 6-fach, braun, Kupplungsstation 2
T 6 l - Steckverbindung, 6-fach, gelb, Kupplungsstation 1
T 6 z - Steckverbindung, 6-fach, dunkelbraun, Kupplungsstation 1
T 26 a - Steckverbindung, 26-fach, grün, am Schalttafeleinsatz

(44) - Massepunkt, Säule A - links, unten

(81) - Masseverbindung -1-, im Schalttafelleitungsstrang

(A38) - Plusverbindung (15aII), im Schalttafelleitungsstrang

ws = weiß
sw = schwarz
ro = rot
br = braun
gn = grün
bl = blau
gr = grau
li = lila
ge = gelb

Autochecksystem, Zusatzinstrumente, Analoguhr, Kontrollampen für Airbag und Wegfahrsicherung

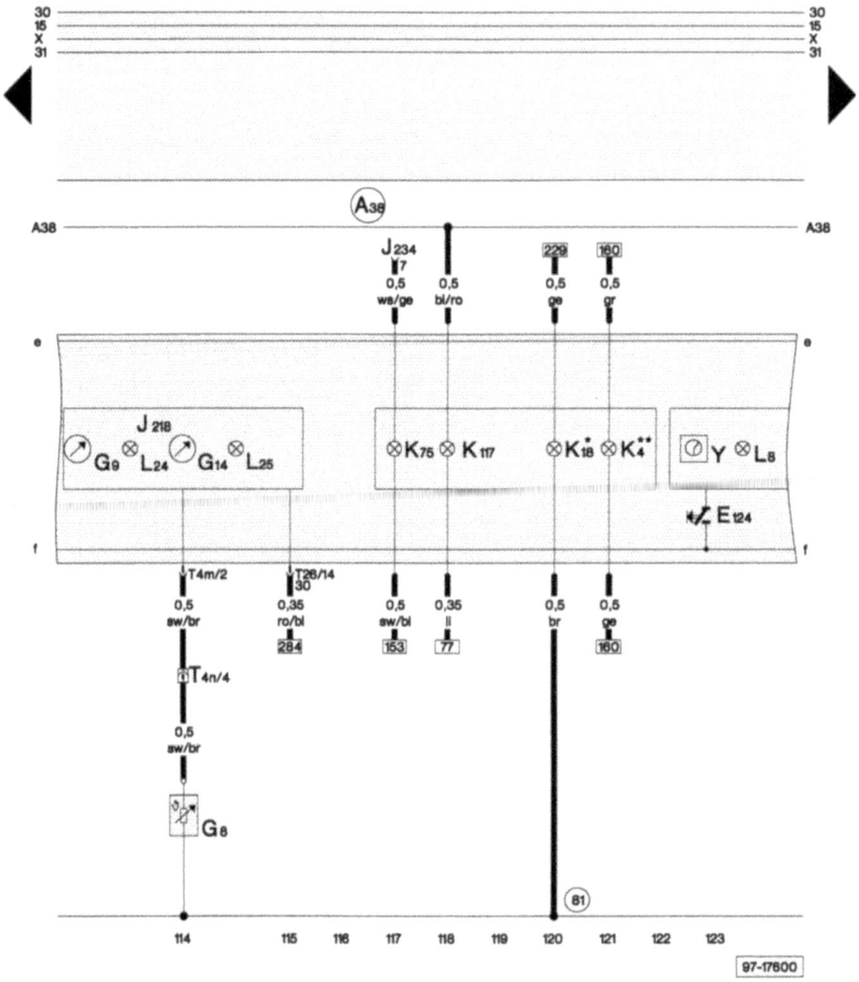

E 124 - Taste für Uhrverstellung
G 8 - Geber für Öltemperatur
G 9 - Öltemperaturanzeige
G 14 - Voltmeter
J 218 - Kombi-Prozessor im Schalttafeleinsatz
J 234 - Steuergerät für Airbag
K 4 - Kontrollampe für Standlicht
K 18 - Kontrollampe für Anhängerbetrieb
K 75 - Kontrollampe für Airbag
K 117 - Kontrollampe für Wegfahrsicherung
L 8 - Lampe für Beleuchtung Zeituhr
L 24 - Lampe für Beleuchtung Öltemperaturanzeiger
L 25 - Lampe für Beleuchtung Voltmeter
T 4 m - Steckverbindung, 4-fach, schwarz, am Schalttafeleinsatz
T 4 n - Steckverbindung, 4-fach, schwarz, im Motorraum vorn links
T 26 - Steckverbindung, 26-fach, rot, am Schalttafeleinsatz
Y - Analoguhr

(81) - Masseverbindung -1-, im Schalttafelleitungsstrang

(A38) - Plusverbindung (15all), im Schalttafelleitungsstrang

ws = weiß
sw = schwarz
ro = rot
br = braun
gn = grün
bl = blau
gr = grau
li = lila
ge = gelb

* - Fahrzeuge mit Anhängerkupplung
** - Fahrzeuge Länderausführung Italien

Schalttafeleinsatz, Kraftstoffvorratsanzeige, Kühlmitteltemperaturanzeige, Schalttafelbeleuchtung mit Regler, Schalter für Handbremse

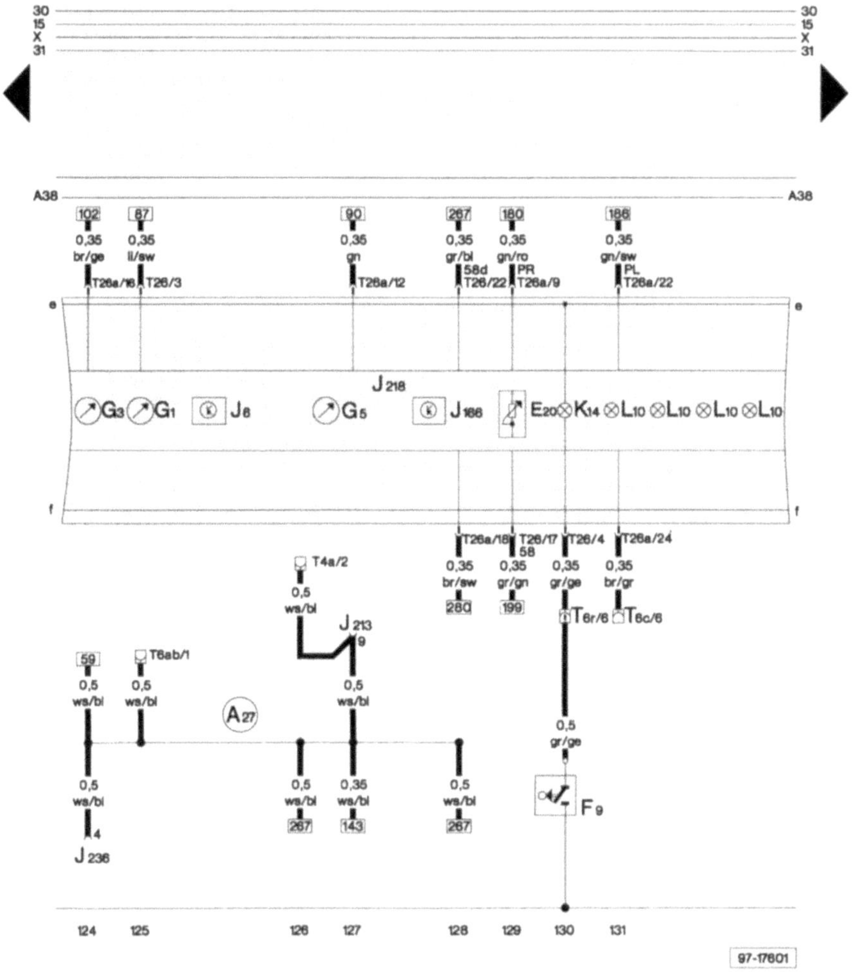

E 20 - Regler für Beleuchtung - Schalter und Instrumente
F 9 - Schalter für Handbremskontrolle
G 1 - Kraftstoffvorratsanzeige
G 3 - Kühlmitteltemperaturanzeige
G 5 - Drehzahlmesser
J 6 - Spannungskonstanter
J 166 - Verstärker für Instrumentenbeleuchtung
J 213 - Steuergerät für GRA
J 218 - Kombi-Prozessor im Schalttafeleinsatz
J 236 - Steuergerät für Servotronic
K 14 - Kontrollampe für Handbremse
L 10 - Lampe für Beleuchtung Schalttafeleinsatz
T 4 a - Steckverbindung, 4-fach, schwarz, neben Steuergerät für GRA
T 6 c - Steckverbindung, 6-fach, grün, Kupplungsstation 2
T 6 r - Steckverbindung, 6-fach, schwarz, Kupplungsstation 3
T 6 ab - Steckverbindung, 6-fach, gelb, Kupplungsstation 1
T 26 - Steckverbindung, 26-fach, rot, am Schalttafeleinsatz
T 26 a - Steckverbindung, 26-fach, grün, am Schalttafeleinsatz

(A27) - Verbindung (Geschwindigkeitssignal), im Schalttafelleitungsstrang

ws = weiß
sw = schwarz
ro = rot
br = braun
gn = grün
bl = blau
gr = grau
li = lila
ge = gelb

–13–

Schalttafeleinsatz, Kontrollampen, Geschwindigkeitsmesser mit Geber

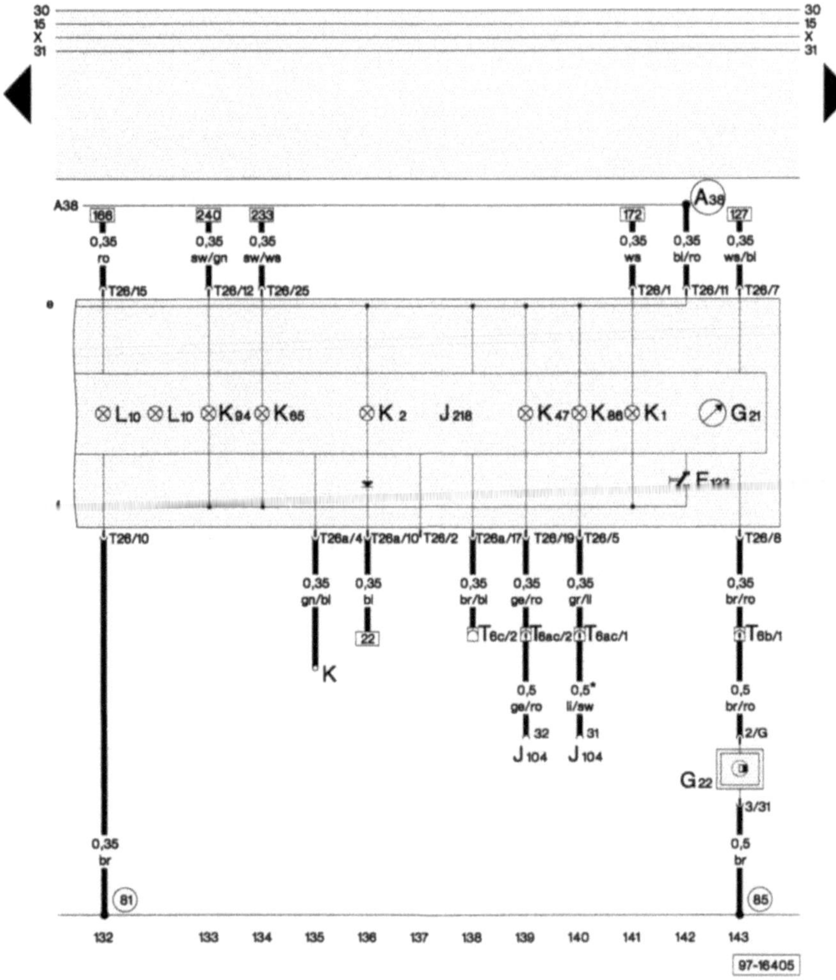

E 123 -Schalter für Tageskilometer-Rückstellung
G 21 -Geschwindigkeitsmesser
G 22 -Geber für Geschwindigkeitsmesser
J 104 -Steuergerät für ABS mit EDS
J 218 -Kombi-Prozessor im Schalttafeleinsatz
K -Diagnoseanschluß
K 1 -Kontrollampe für Fernlicht
K 2 -Kontrollampe für Generator
K 47 -Kontrollampe für ABS
K 65 -Kontrollampe für Blinker links
K 86 -Kontrollampe für Antriebsschlupfregelung
K 94 -Kontrollampe für Blinker rechts
L 10 -Lampe für Beleuchtung Schalttafeleinsatz
T 6 b -Steckverbindung, 6-fach, rot, Kupplungsstation 2
T 6 c -Steckverbindung, 6-fach, grün, Kupplungsstation 2
T 6 ac -Steckverbindung, 6-fach, blau, Kupplungsstation 1
T 26 -Steckverbindung, 26-fach, rot, am Schalttafeleinsatz
T 26 a -Steckverbindung, 26-fach, grün, am Schalttafeleinsatz

ws = weiß
sw = schwarz
ro = rot
br = braun
gn = grün
bl = blau
gr = grau
li = lila
ge = gelb

(81) -Masseverbindung -1-, im Schalttafelleitungsstrang

(85) -Masseverbindung -1-, im Leitungsstrang Motorraum

(A38) -Plusverbindung (15aII), im Schalttafelleitungsstrang

* -Fahrzeuge mit Antriebsschlupfregelung

Rückfahrleuchten mit Schalter

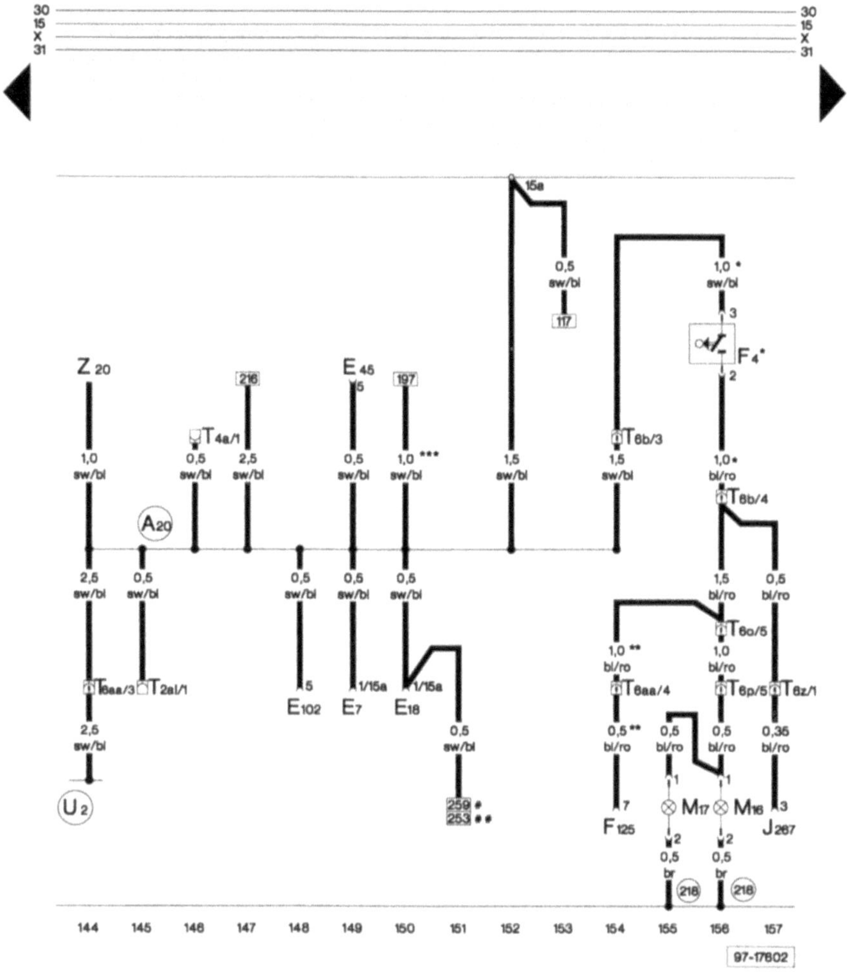

ws	=	weiß
sw	=	schwarz
ro	=	rot
br	=	braun
gn	=	grün
bl	=	blau
gr	=	grau
li	=	lila
ge	=	gelb

E 7 - Schalter für Nebelscheinwerfer
E 18 - Schalter für Nebelschlußleuchte
E 45 - Schalter für GRA
E 102 - Einsteller für Leuchtweitenregelung
F 4 - Schalter für Rückfahrleuchten
F 125 - Multifunktionsschalter
J 267 - Steuergerät für Spiegelmemory
M 16 - Lampe für Rückfahrlicht links
M 17 - Lampe für Rückfahrlicht rechts
T 2 al - Steckverbindung, 2-fach, im Fußraum vorn links
T 4 a - Steckverbindung, 4-fach, schwarz, neben Steuergerät für GRA
T 6 b - Steckverbindung, 6-fach, rot, Kupplungsstation 2
T 6 o - Steckverbindung, 6-fach, braun, Kupplungsstation 1
T 6 p - Steckverbindung, 6-fach, schwarz, im Kofferraum hinten links
T 6 z - Steckverbindung, 6-fach, dunkelbraun, Kupplungsstation 1
T 6 aa - Steckverbindung, 6-fach, rot, Kupplungsstation 1
Z 20 - Heizwiderstand für Spritzdüse links

(218) - Masseverbindung -1-, im Leitungsstrang Heckklappe
(A20) - Verbindung (15a), im Schalttafelleitungsstrang
(U2) - Verbindung -1- (15), im Leitungsstrang automatisches Getriebe

* - Fahrzeuge mit Schaltgetriebe
** - Fahrzeuge mit Automatikgetriebe
*** - Länderversion oder mit Checkpaket
\# - Fahrzeuge ohne Klimaanlage
\#\# - Fahrzeuge mit Klimaanlage

Zündanlaßschalter, Lichtschalter, Entlastungsrelais für X-Kontakt

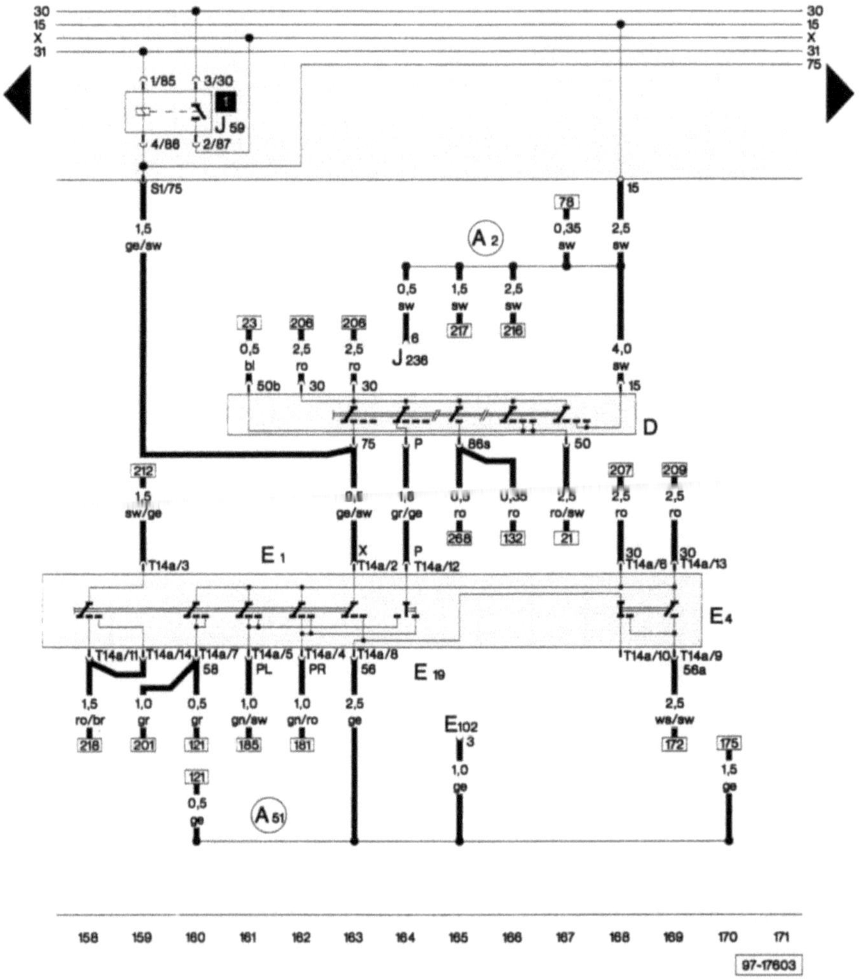

D -Zündanlaßschalter
E 1 -Lichtschalter
E 4 -Schalter für Handabblendung und Lichthupe
E 19 -Schalter für Parklicht
E 102 -Einsteller für Leuchtweitenregelung
J 59 -Entlastungsrelais für X-Kontakt
J 236 -Steuergerät für Servotronic
T 14 a -Steckverbindung, 14-fach, schwarz, hinter Verkleidung für Lenkstockschalter

(A2) -Plusverbindung (15), im Schalttafelleitungsstrang

(A51) -Verbindung (56), im Schalttafelleitungsstrang

ws = weiß
sw = schwarz
ro = rot
br = braun
gn = grün
bl = blau
gr = grau
li = lila
ge = gelb

Sicherungshalter, Lampenkontrollgerät, Scheinwerfer, Standlicht, Blinkleuchten vorn

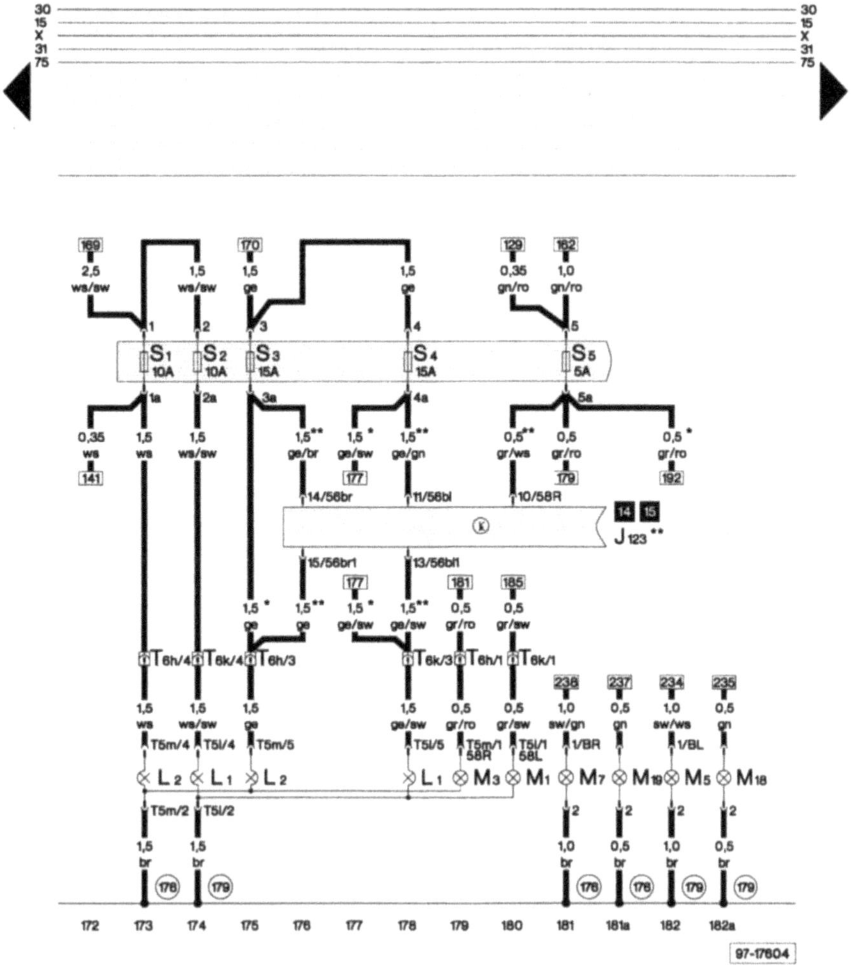

J 123 - Lampenkontrollgerät
L 1 - Zweifadenlampe für Scheinwerfer links
L 2 - Zweifadenlampe für Scheinwerfer rechts
M 1 - Lampe für Standlicht links
M 3 - Lampe für Standlicht rechts
M 5 - Lampe für Blinklicht vorn links
M 7 - Lampe für Blinklicht vorn rechts
M 18 - Lampe für Seitenblinkleuchte links
M 19 - Lampe für Seitenblinkleuchte rechts
S 1 - Sicherung im Sicherungshalter
S 2 - Sicherung im Sicherungshalter
S 3 - Sicherung im Sicherungshalter
S 4 - Sicherung im Sicherungshalter
S 5 - Sicherung im Sicherungshalter
T 5 l - Steckverbindung, 5-fach, am Scheinwerfer links
T 5 m - Steckverbindung, 5-fach, am Scheinwerfer rechts
T 6 h - Steckverbindung, 6-fach, schwarz, Kupplungsstation 2
T 6 k - Steckverbindung, 6-fach, rot, Kupplungsstation 1

(178) - Masseverbindung, im Leitungsstrang Scheinwerfer rechts
(179) - Masseverbindung, im Leitungsstrang Scheinwerfer links

ws = weiß
sw = schwarz
ro = rot
br = braun
gn = grün
bl = blau
gr = grau
li = lila
ge = gelb

* - ECE-Länder ohne Checkpaket
** - Länderversion oder mit Checkpaket

Lampenkontrollgerät, Schlußlicht, Bremslicht, Blinkleuchten hinten

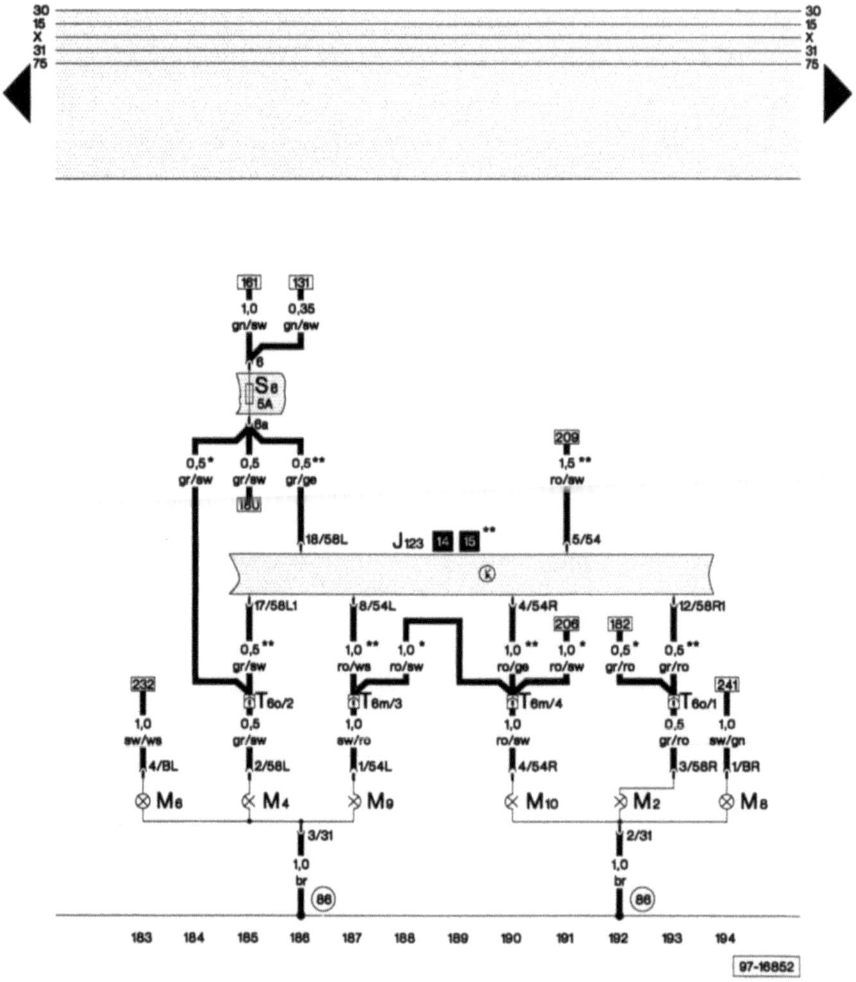

J 123 - Lampenkontrollgerät
M 2 - Lampe für Schlußlicht rechts
M 4 - Lampe für Schlußlicht links
M 6 - Lampe für Blinklicht hinten links
M 8 - Lampe für Blinklicht hinten rechts
M 9 - Lampe für Bremslicht links
M 10 - Lampe für Bremslicht rechts
S 6 - Sicherung im Sicherungshalter
T 6 m - Steckverbindung, 6-fach, grün, Kupplungsstation 1
T 6 o - Steckverbindung, 6-fach, braun, Kupplungsstation 1

(86) - Masseverbindung -1-, im Leitungsstrang hinten

ws = weiß
sw = schwarz
ro = rot
br = braun
gn = grün
bl = blau
gr = grau
li = lila
ge = gelb

* - ECE-Länder ohne Checkpaket
** - Länderversion oder mit Checkpaket

Kennzeichenbeleuchtung, Handschuhfachleuchte, Lampenkontrollgerät

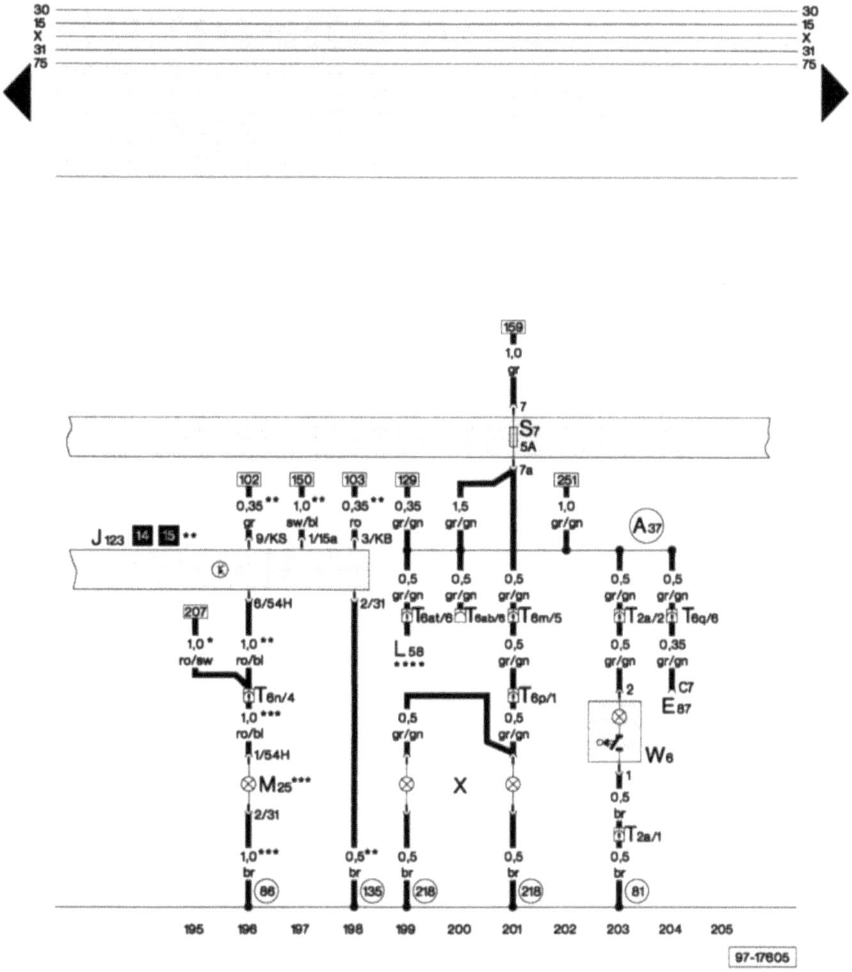

E 87 - Bedienungs- und Anzeigeeinheit für Klimaanlage
J 123 - Lampenkontrollgerät
L 58 - Beleuchtung für Vorschaltuhr
M 25 - Lampe für hochgesetztes Bremslicht
S 7 - Sicherung im Sicherungshalter
T 2 a - Steckverbindung, 2-fach, schwarz, hinter der Schalttafel rechts
T 6 m - Steckverbindung, 6-fach, grün, Kupplungsstation 1
T 6 n - Steckverbindung, 6-fach, grau, Kupplungsstation 1
T 6 p - Steckverbindung, 6-fach, schwarz, im Kofferraum hinten links
T 6 q - Steckverbindung, 6-fach, rot, Kupplungsstation 3
T 6 ab - Steckverbindung, 6-fach, gelb, Kupplungsstation 1
T 6 at - Steckverbindung, 6-fach, braun, Kupplungsstation 3
W 6 - Handschuhfachleuchte
X - Kennzeichenleuchte

(81) - Masseverbindung -1-, im Schalttafelleitungsstrang
(86) - Masseverbindung -1-, im Leitungsstrang hinten
(135) - Masseverbindung -2-, im Schalttafelleitungsstrang
(218) - Masseverbindung -1-, im Leitungsstrang Heckklappe
(A37) - Verbindung (58a), im Schalttafelleitungsstrang

ws = weiß
sw = schwarz
ro = rot
br = braun
gn = grün
bl = blau
gr = grau
li = lila
ge = gelb

* - ECE-Länder ohne Checkpaket
** - Länderversion oder mit Checkpaket
*** - Fahrzeuge mit hochgesetzter Bremsleuchte
**** - Fahrzeuge mit Standheizung

Sicherungshalter, Bremslichtschalter

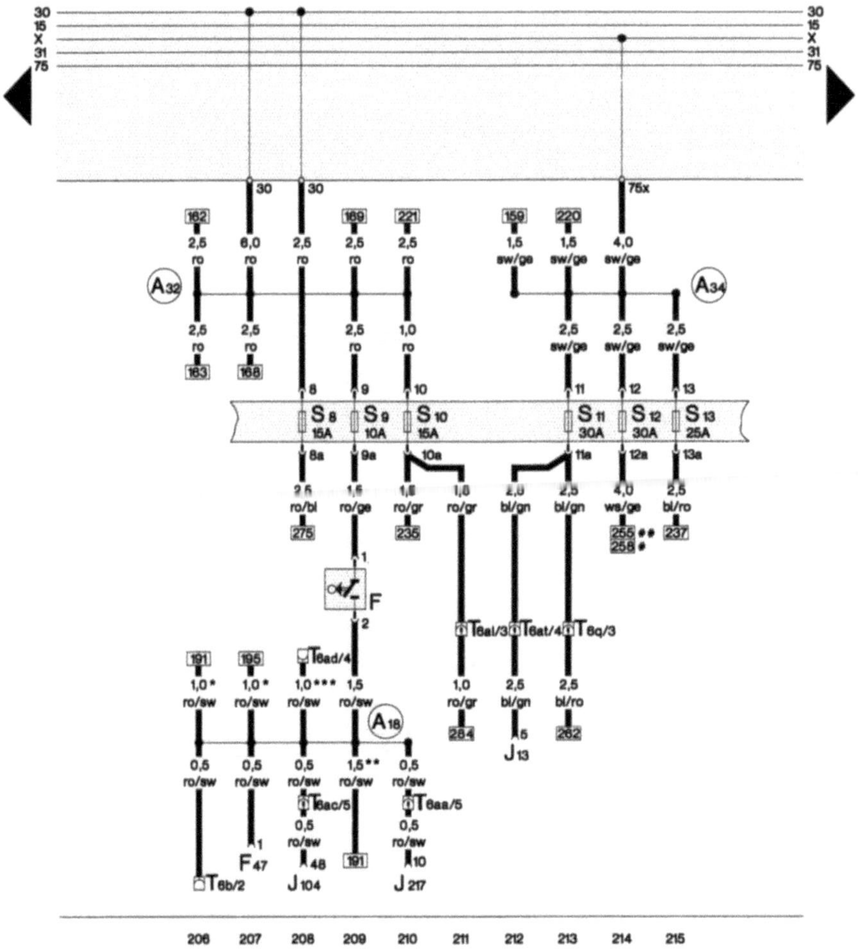

97-17606

F - Bremslichtschalter
F 47 - Bremspedalschalter für GRA
J 13 - Relais für Frischluftgebläse
J 104 - Steuergerät für ABS mit EDS
J 217 - Steuergerät für autom. Getriebe
S 8 - Sicherung im Sicherungshalter
S 9 - Sicherung im Sicherungshalter
S 10 - Sicherung im Sicherungshalter
S 11 - Sicherung im Sicherungshalter
S 12 - Sicherung im Sicherungshalter
S 13 - Sicherung im Sicherungshalter
T 6 b - Steckverbindung, 6-fach, rot, Kupplungsstation 2
T 6 q - Steckverbindung, 6-fach, rot, Kupplungsstation 3
T 6 aa - Steckverbindung, 6-fach, rot, Kupplungsstation 1
T 6 ac - Steckverbindung, 6-fach, blau, Kupplungsstation 1
T 6 ad - Steckverbindung, 6-fach, schwarz, Kupplungsstation 1
T 6 al - Steckverbindung, 6-fach, blau, Kupplungsstation 1
T 6 at - Steckverbindung, 6-fach, braun, Kupplungsstation 3

(A18) - Verbindung (54), im Schalttafelleitungsstrang
(A32) - Plusverbindung (30), im Schalttafelleitungsstrang
(A34) - Verbindung (75x), im Schalttafelleitungsstrang

ws = weiß
sw = schwarz
ro = rot
br = braun
gn = grün
bl = blau
gr = grau
li = lila
ge = gelb

* - ECE-Länder ohne Checkpaket
** - Länderversion oder mit Checkpaket
*** - Fahrzeuge mit Anhängerkupplung
# - Fahrzeuge ohne Klimaanlage
- Fahrzeuge mit Klimaanlage

Sicherungshalter, Signalhorn

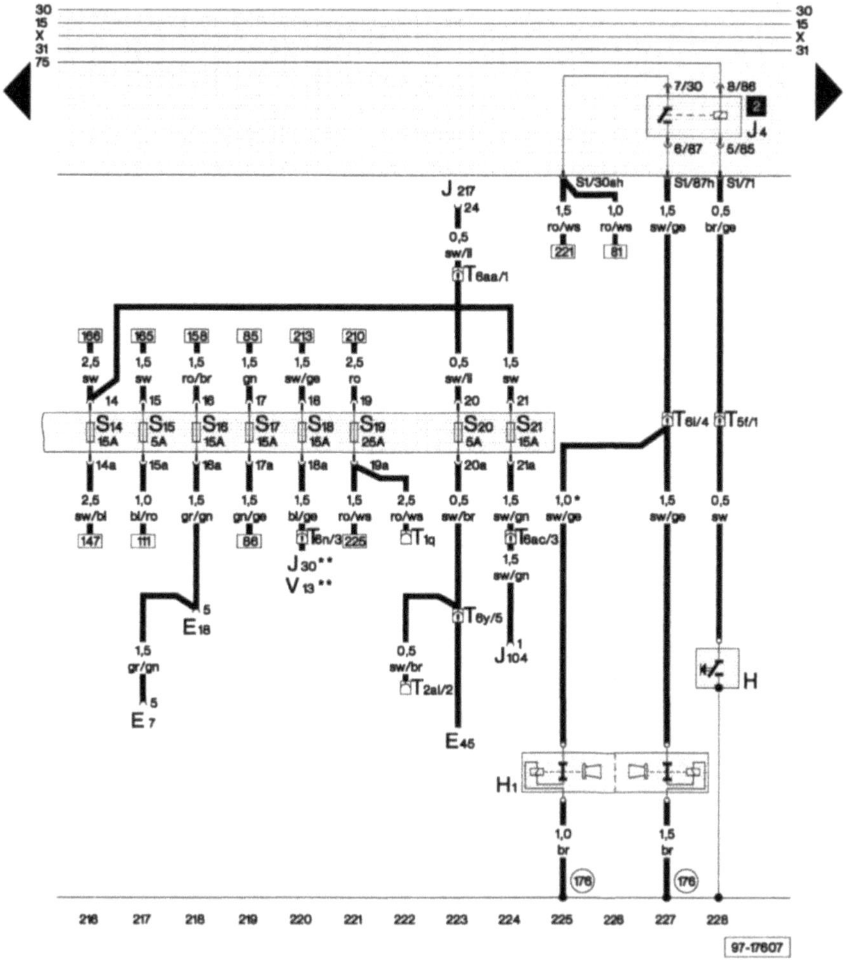

E 7 - Schalter für Nebelscheinwerfer
E 18 - Schalter für Nebelschlußleuchte
E 45 - Schalter für GRA
H - Signalhornbetätigung
H 1 - Signalhorn/Doppeltonhorn
J 4 - Relais für Doppeltonhorn
J 30 - Relais für Heckscheibenwischer und -wascher
J 104 - Steuergerät für ABS mit EDS
J 217 - Steuergerät für autom. Getriebe
S 14 - Sicherung im Sicherungshalter
S 15 - Sicherung im Sicherungshalter
S 16 - Sicherung im Sicherungshalter
S 17 - Sicherung im Sicherungshalter
S 18 - Sicherung im Sicherungshalter
S 19 - Sicherung im Sicherungshalter
S 20 - Sicherung im Sicherungshalter
S 21 - Sicherung im Sicherungshalter
T 1 q - Steckverbindung, 1-fach, rot, Nähe Zentralelektrik
T 2 al - Steckverbindung, 2-fach, im Fußraum vorn links
T 5 f - Steckverbindung, 5-fach, schwarz, hinter Verkleidung für Lenkstockschalter
T 6 i - Steckverbindung, 6-fach, braun, Kupplungsstation 2
T 6 n - Steckverbindung, 6-fach, grau, Kupplungsstation 1
T 6 y - Steckverbindung, 6-fach, schwarz, hinter Verkleidung für Lenkstockschalter
T 6 aa - Steckverbindung, 6-fach, rot, Kupplungsstation 1
T 6 ac - Steckverbindung, 6-fach, blau, Kupplungsstation 1
V 13 - Heckscheibenwaschpumpe

(176) - Masseverbindung, im Leitungsstrang Scheinwerfer rechts

* - Länderausführung
** - Avant-Fahrzeuge

ws = weiß
sw = schwarz
ro = rot
br = braun
gn = grün
bl = blau
gr = grau
li = lila
ge = gelb

Blinkerschalter, Warnlichtschalter, Warnblinkrelais

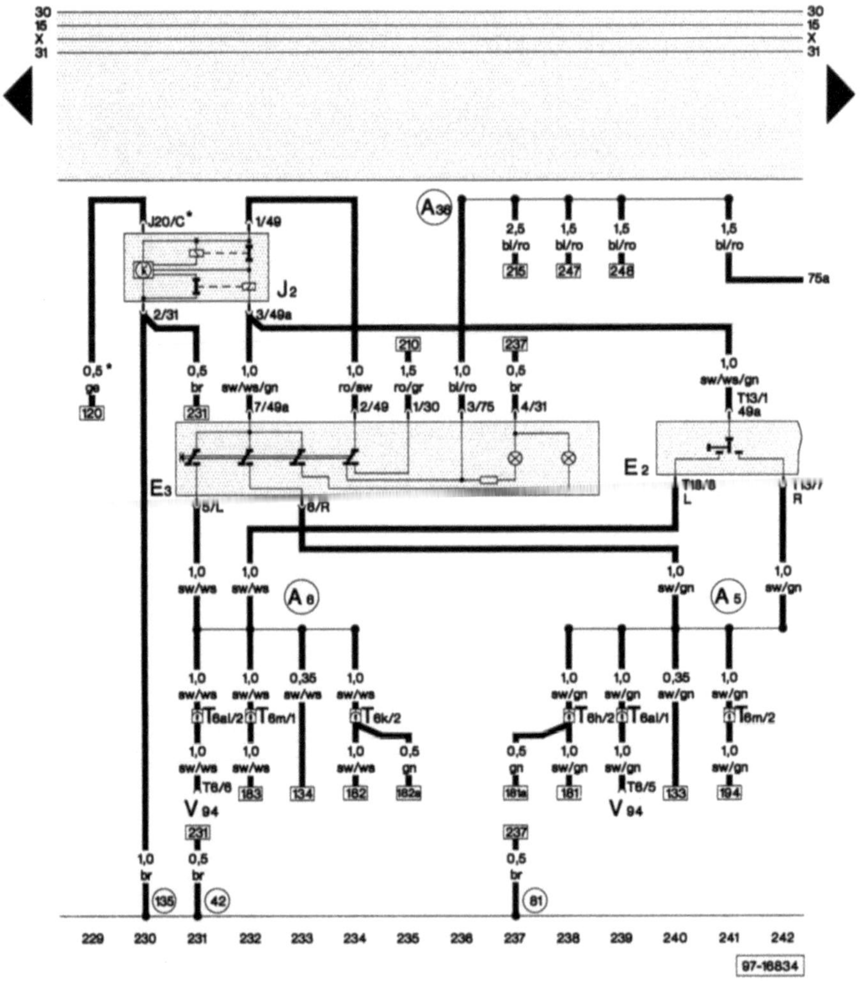

E 2 - Blinkerschalter
E 3 - Warnlichtschalter
J 2 - Warnblinkrelais
J 20 - Blinkwarnlichtrelais für Anhängerbetrieb
T 6 - Steckverbindung, 6-fach, Anschlußstecker B an V94 unter dem Rücksitz rechts
T 6 h - Steckverbindung, 6-fach, schwarz, Kupplungsstation 2
T 6 k - Steckverbindung, 6-fach, rot, Kupplungsstation 1
T 6 m - Steckverbindung, 6-fach, grün, Kupplungsstation 1
T 6 al - Steckverbindung, 6-fach, blau, Kupplungsstation 1
T 13 - Steckverbindung, 13-fach, braun, hinter Verkleidung für Lenkstockschalter
V 94 - Motor für Zentralverriegelung mit Steuergerät für Abschaltverzögerung - Innenleuchten und Diebstahlwarnanlage

(42) - Massepunkt, neben Lenksäule

(81) - Masseverbindung -1-, im Schalttafelleitungsstrang

(135) - Masseverbindung -2-, im Schalttafelleitungsstrang

(A5) - Plusverbindung (Blinker rechts), im Schalttafelleitungsstrang

(A6) - Plusverbindung (Blinker links), im Schalttafelleitungsstrang

(A36) - Verbindung (75a), im Schalttafelleitungsstrang

ws = weiß
sw = schwarz
ro = rot
br = braun
gn = grün
bl = blau
gr = grau
li = lila
ge = gelb

• - Fahrzeuge mit Anhängerkupplung

Scheibenwischerschalter für Intervallbetrieb, Scheibenwisch- und -waschanlage, Scheinwerferreinigungsanlage

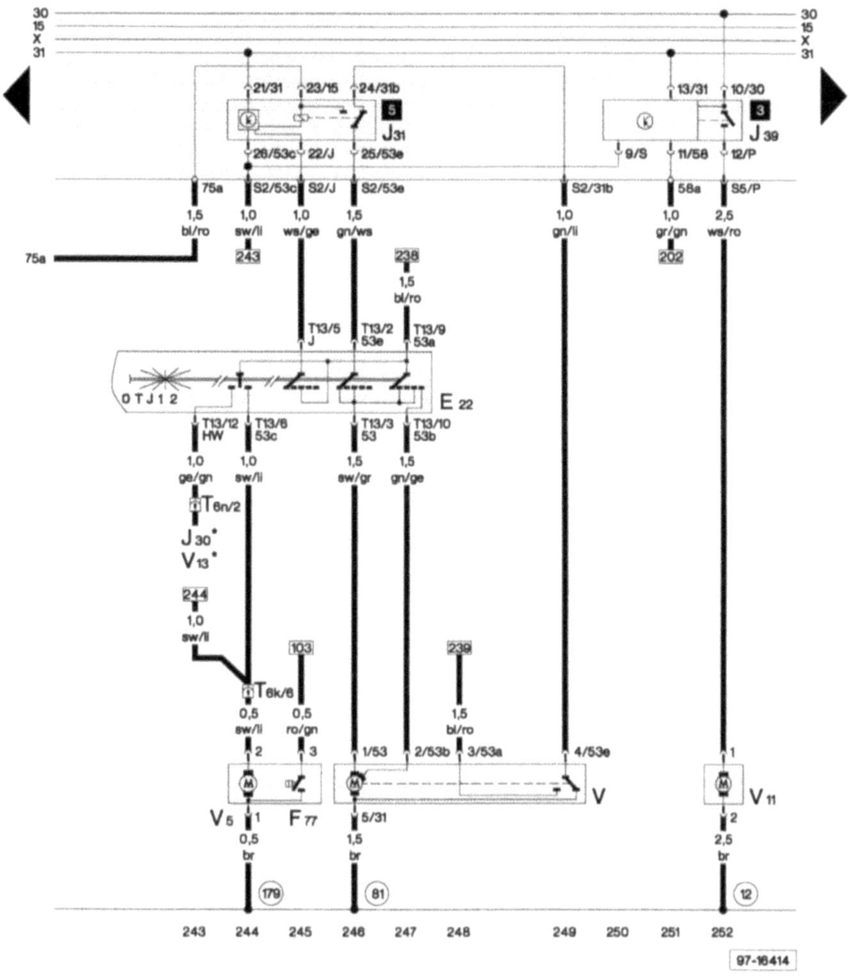

E 22 - Scheibenwischerschalter für Intervallbetrieb
F 77 - Warnkontakt für Scheibenwaschwasser
J 30 - Relais für Heckscheibenwischer und -wascher
J 31 - Relais für Wasch-Wisch-Intervallautomatik
J 39 - Relais für Scheinwerfer-Reinigungsanlage
T 6 k - Steckverbindung, 6-fach, rot, Kupplungsstation 1
T 6 n - Steckverbindung, 6-fach, grau, Kupplungsstation 1
T 13 - Steckverbindung, 13-fach, braun, hinter Verkleidung für Lenkstockschalter
V - Scheibenwischermotor
V 5 - Scheibenwaschpumpe
V 11 - Pumpe für Scheinwerfer-Reinigungsanlage
V 13 - Heckscheibenwaschpumpe

ws = weiß
sw = schwarz
ro = rot
br = braun
gn = grün
bl = blau
gr = grau
li = lila
ge = gelb

(12) - Massepunkt, im Motorraum links

(81) - Masseverbindung -1-, im Schalttafelleitungsstrang

(179) - Masseverbindung, im Leitungsstrang Scheinwerfer links

• - Avant-Fahrzeuge

Heizbare Heckscheibe, Frischluftgebläse

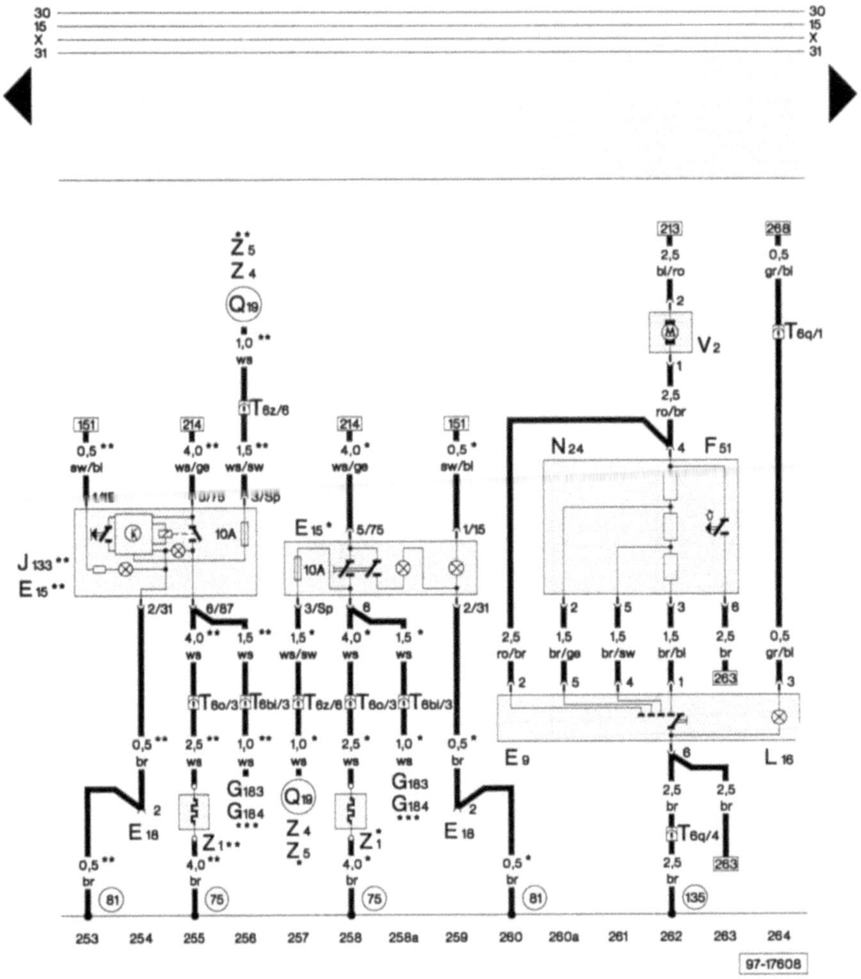

E 9 - Schalter für Frischluftgebläse
E 15 - Schalter für beheizbare Heckscheibe
E 18 - Schalter für Nebelschlußleuchte
F 51 - Thermoschalter für Kühlmittelumlauf
G 183 - Glasbruchsensor Seitenscheibe hinten links
G 184 - Glasbruchsensor Seitenscheibe hinten rechts
J 133 - Verzögerungsrelais für beheizbare Heckscheibe
L 16 - Lampe für Beleuchtung Frischluftregulierung
N 24 - Vorwiderstand für Frischluftgebläse mit Überhitzungssicherung
T 6 o - Steckverbindung, 6-fach, braun, Kupplungsstation 1
T 6 q - Steckverbindung, 6-fach, rot, Kupplungsstation 3
T 6 z - Steckverbindung, 6-fach, dunkelbraun, Kupplungsstation 1
T 6 bi - Steckverbindung, 6-fach, blau, Kupplungsstation 3
V 2 - Frischluftgebläse
Z 1 - beheizbare Heckscheibe
Z 4 - beheizbarer Außenspiegel (Fahrerseite)
Z 5 - beheizbarer Außenspiegel (Beifahrerseite)

(75) - Massepunkt, Säule hinten, rechts

(81) - Masseverbindung -1-, im Schalttafelleitungsstrang

(135) - Masseverbindung -2-, im Schalttafelleitungsstrang

(Q19) - Verbindung (Spiegelheizung), im Leitungsstrang Fensterheber

ws = weiß
sw = schwarz
ro = rot
br = braun
gn = grün
bl = blau
gr = grau
li = lila
ge = gelb

* - Fahrzeuge ohne Klimaanlage
** - Fahrzeuge mit Klimaanlage
*** - nur Avant

Außentemperaturanzeige, Zigarrenanzünder vorn und hinten, Radiovorbereitung

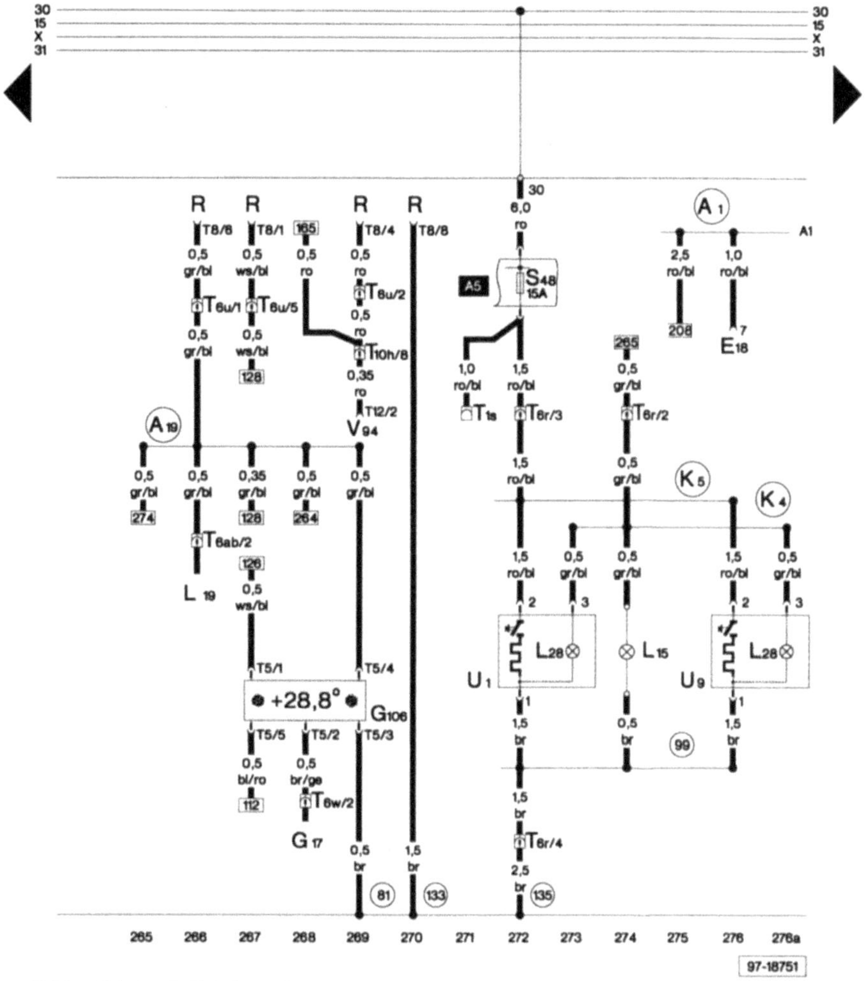

E 18 - Schalter für Nebelschlußleuchte
G 17 - Temperaturfühler für Außentemperatur
G 106 - Außentemperaturanzeiger
L 15 - Lampe für Ascherbeleuchtung
L 19 - Lampe für Skala für Schaltbetätigung
L 28 - Lampe für Beleuchtung Zigarrenanzünder
R - Radio
S 48 - Sicherung für Zigarrenanzünder
T 1 s - Steckverbindung, 1-fach, schwarz, hinter der Schalttafel links
T 5 - Steckverbindung, 5-fach, gelb, am Schalttafeleinsatz
T 6 r - Steckverbindung, 6-fach, schwarz, Kupplungsstation 3
T 6 u - Steckverbindung, 6-fach, gelb, Kupplungsstation 3
T 6 w - Steckverbindung, 6-fach, orange, Kupplungsstation 1
T 6 ab - Steckverbindung, 6-fach, gelb, Kupplungsstation 1
T 8 - Steckverbindung, 8-fach, Radiostecker 3, am Radio
T 10 h - Steckverbindung, 10-fach, braun, Kupplungsstation 1
T 12 - Steckverbindung, 12-fach, Anschlußstecker A an V 94 unter dem Rücksitz rechts
U 1 - Zigarrenanzünder
U 9 - Zigarrenanzünder, hinten
V 94 - Motor für Zentralverriegelung mit Steuergerät für Abschaltverzögerung - Innenleuchten und Diebstahlwarnanlage

(81) - Masseverbindung -1-, im Schalttafelleitungsstrang
(99) - Masseverbindung, im Leitungsstrang Konsole
(133) - Masseverbindung, im Leitungsstrang Lautsprecher
(135) - Masseverbindung -2-, im Schalttafelleitungsstrang
(A1) - Plusverbindung (30a), im Schalttafelleitungsstrang
(A19) - Verbindung (58d), im Schalttafelleitungsstrang
(K4) - Plusverbindung (58d), im Leitungsstrang Konsole
(K5) - Plusverbindung (30a), im Leitungsstrang Konsole

ws = weiß
sw = schwarz
ro = rot
br = braun
gn = grün
bl = blau
gr = grau
li = lila
ge = gelb

Türkontaktschalter, Kofferraumleuchte, Innenleuchte, Beleuchtung Make-up-Spiegel

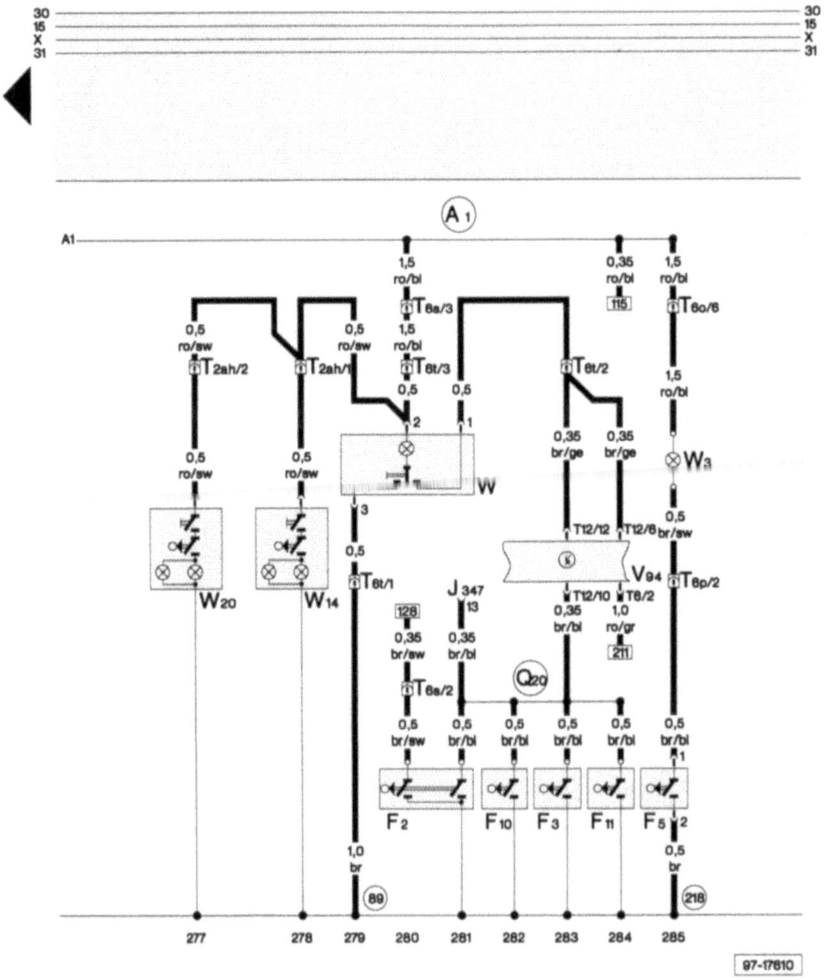

F 2 - Türkontaktschalter vorn links
F 3 - Türkontaktschalter vorn rechts
F 5 - Schalter für Kofferraumbeleuchtung
F 10 - Türkontaktschalter hinten links
F 11 - Türkontaktschalter hinten rechts
J 347 - Steuergerät für Ultraschallsensoren
T 2 ah - Steckverbindung, 2-fach, Nähe Innenleuchte
T 6 - Steckverbindung, 6-fach, Anschlußstecker B an V94 unter dem Rücksitz rechts
T 6 o - Steckverbindung, 6-fach, braun, Kupplungsstation 1
T 6 p - Steckverbindung, 6-fach, schwarz, im Kofferraum hinten links
T 6 s - Steckverbindung, 6-fach, braun, Kupplungsstation 1
T 6 t - Steckverbindung, 6-fach, schwarz, Kupplungsstation 1
T 12 - Steckverbindung, 12-fach, Anschlußstecker A an V 94 unter dem Rücksitz rechts
V 94 - Motor für Zentralverriegelung mit Steuergerät für Abschaltverzögerung - Innenleuchten und Diebstahlwarnanlage
W - Innenleuchte vorn
W 3 - Kofferraumleuchte
W 14 - beleuchteter Make-up-Spiegel (Beifahrerseite)
W 20 - beleuchteter Make-up-Spiegel (Fahrerseite)

(89) - Masseverbindung -1-, im Leitungsstrang Fensterheber
(218) - Masseverbindung -1-, im Leitungsstrang Heckklappe
(A1) - Plusverbindung (30a), im Schalttafelleitungsstrang
(Q20) - Verbindung -1- (Türkontaktschalter), im Leitungsstrang Fensterheber

ws = weiß
sw = schwarz
ro = rot
br = braun
gn = grün
bl = blau
gr = grau
li = lila
ge = gelb

Masseverbindungen, Batterie, Anlasser, Drehstromgenerator

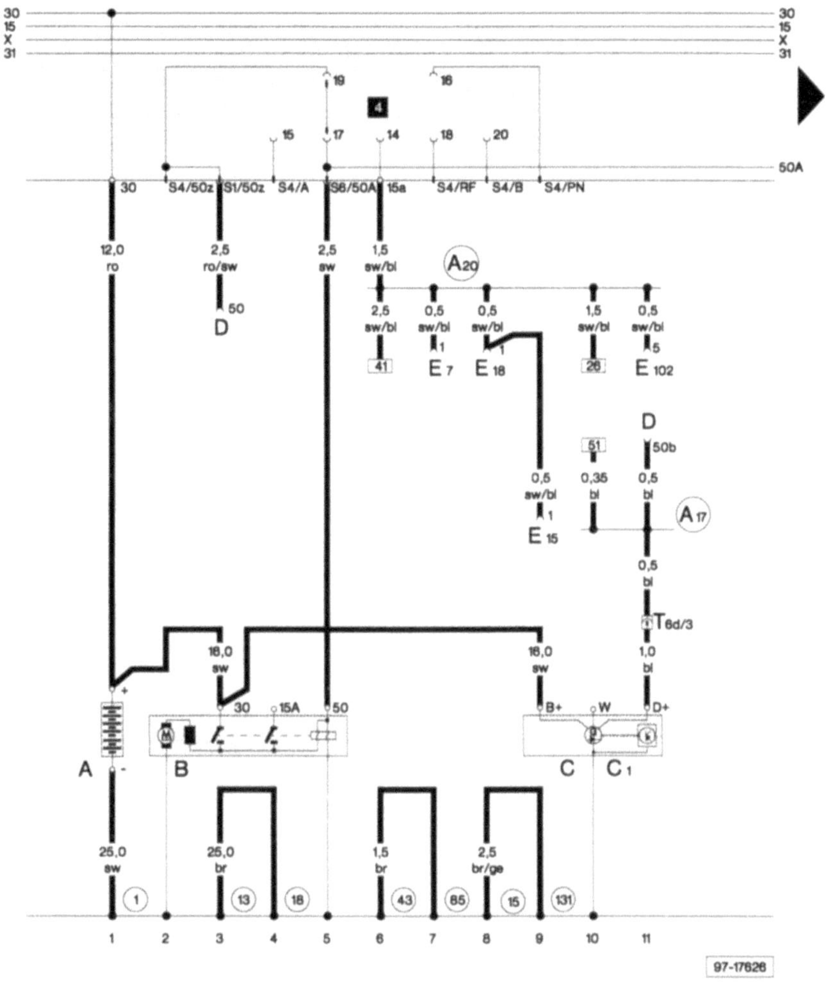

A - Batterie
B - Anlasser
C - Drehstromgenerator
C 1 - Spannungsregler
D - Zündanlaßschalter
E 7 - Schalter für Nebelscheinwerfer
E 15 - Schalter für beheizbare Heckscheibe
E 18 - Schalter für Nebelschlußleuchte
E 102 - Einsteller für Leuchtweitenregelung
T 6 d - Steckverbindung, 6-fach, grau, Kupplungsstation 2

ws = weiß
sw = schwarz
ro = rot
br = braun
gn = grün
bl = blau
gr = grau
li = lila
ge = gelb

(1) - Masseband, Batterie - Aufbau

(13) - Massepunkt, im Motorraum rechts

(15) - Massepunkt, am Zylinderkopf

(18) - Massepunkt, am Motorblock

(43) - Massepunkt, Säule A - rechts, unten

(85) - Masseverbindung -1-, im Leitungsstrang Motorraum

(131) - Masseverbindung -2-, im Leitungsstrang Motorraum

(A17) - Verbindung (61), im Schalttafelleitungsstrang

(A20) - Verbindung (15a), im Schalttafelleitungsstrang

Steuergerät für Mono-Motronic, Kraftstoffpumpenrelais, Geber für Kühlmitteltemperatur, Drosselklappenpotentiometer, Lambdasonde, Einspritzventil, Heizwiderstand für Ansaugluftvorwärmung, Sicherung für Heizung Lambdasonde

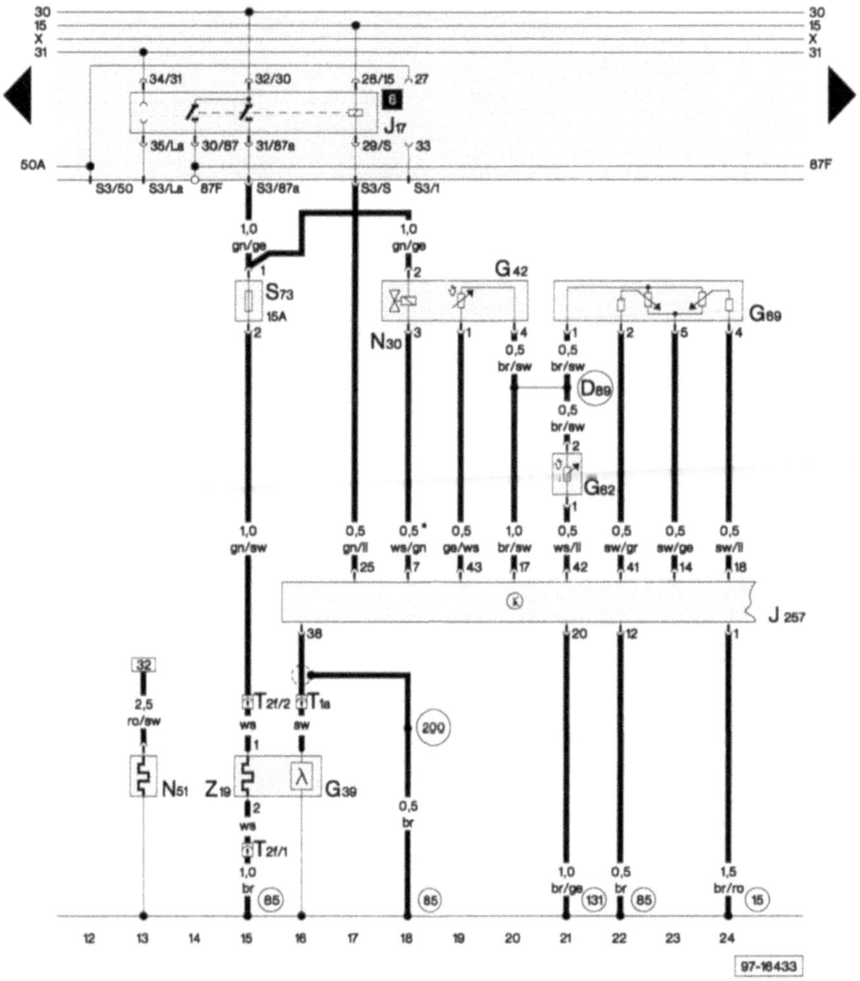

G 39 - Lambdasonde
G 42 - Geber für Ansauglufttemperatur
G 62 - Geber für Kühlmitteltemperatur
G 69 - Drosselklappenpotentiometer
J 17 - Kraftstoffpumpenrelais
J 257 - Steuergerät für Mono-Motronic
N 30 - Einspritzventil
N 51 - Heizwiderstand für Ansaugrohrvorwärmung
S 73 - Sicherung für Heizung-Lambdasonde
T 1 a - Steckverbindung, 1-fach, Nähe Lambdasonde
T 2 f - Steckverbindung, 2-fach, schwarz, Nähe Lambdasonde
Z 19 - Heizung für Lambdasonde

(15) - Massepunkt, am Zylinderkopf

(85) - Masseverbindung -1-, im Leitungsstrang Motorraum

(131) - Masseverbindung -2-, im Leitungsstrang Motorraum

(200) - Masseverbindung (Abschirmung), im Leitungsstrang Motorraum

(D89) - Verbindung (Steuergeräte), im Leitungsstrang Motorraum

ws = weiß
sw = schwarz
ro = rot
br = braun
gn = grün
bl = blau
gr = grau
li = lila
ge = gelb

* - Widerstandsleitung

Steuergerät für Mono-Motronic, Drosselklappensteller, Hallgeber, Sicherungen, Relais für Ansaugrohrvorwärmung, Ventil für Aktivkohlefilter, Zündspule mit Leistungsendstufe

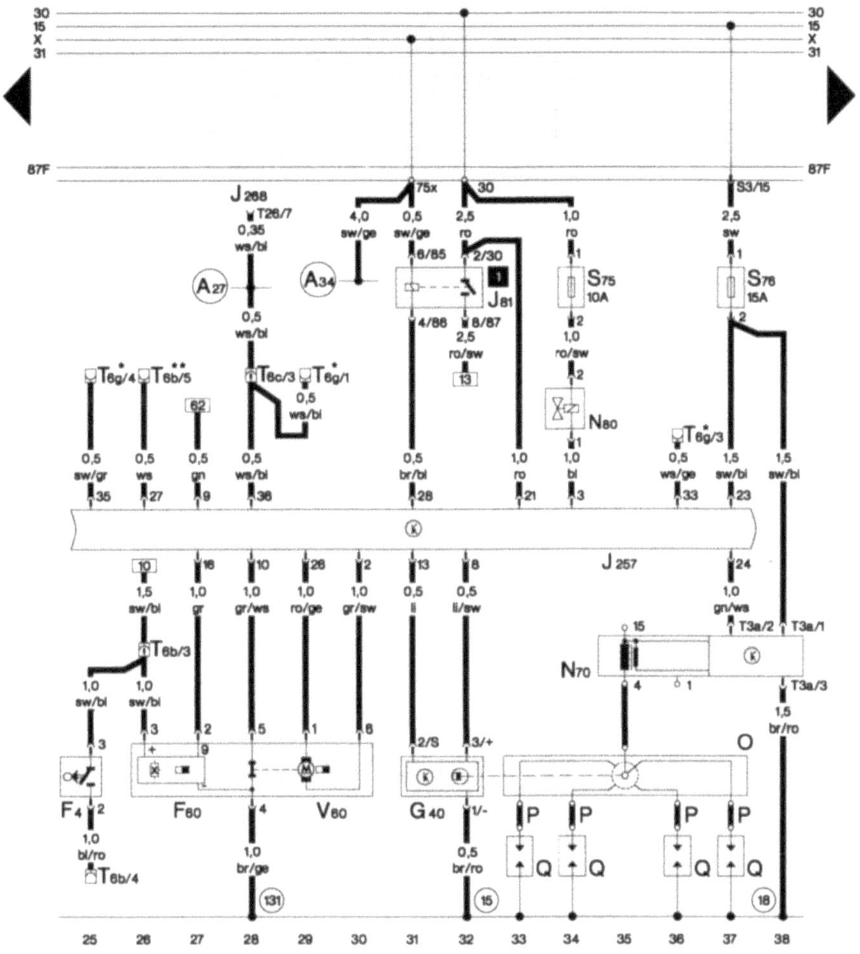

97-16434

F 4 - Schalter für Rückfahrleuchten
F 60 - Leerlaufschalter
G 40 - Hallgeber
J 81 - Relais für Ansaugrohrvorwärmung
J 257 - Steuergerät für Mono-Motronic
J 268 - Steuergerät für Mini-Checksystem
N 70 - Zündspule mit Leistungsendstufe 1
N 80 - Magnetventil 1 für Aktivkohlebehälter-Anlage (getaktet)
O - Zündverteiler
P - Zündkerzenstecker
Q - Zündkerzen
S 75 - Sicherung für N80
S 76 - Sicherung für J257
T 3 a - Steckverbindung, 3-fach, Anschluß Zündspule
T 6 b - Steckverbindung, 6-fach, rot, Kupplungsstation 2
T 6 c - Steckverbindung, 6-fach, grün, Kupplungsstation 2
T 6 g - Steckverbindung, 6-fach, blau, Kupplungsstation 2
T 26 - Steckverbindung, 26-fach, rot, am Schalttafeleinsatz
V 60 - Drosselklappensteller

ws = weiß
sw = schwarz
ro = rot
br = braun
gn = grün
bl = blau
gr = grau
li = lila
ge = gelb

(15) - Massepunkt, am Zylinderkopf
(18) - Massepunkt, am Motorblock
(131) - Masseverbindung -2-, im Leitungsstrang Motorraum
(A27) - Verbindung (Geschwindigkeitssignal), im Schalttafelleitungsstrang
(A34) - Verbindung (75x), im Schalttafelleitungsstrang

* - Fahrzeuge mit Klimaanlage
** - Fahrzeuge mit Bordcomputer

Sicherungen, Kraftstoffpumpe, Temperaturüberwachung, Geber für Kraftstoffvorratsanzeige, Schalter für Kühlmittelmangelanzeige, Diagnoseanschluß

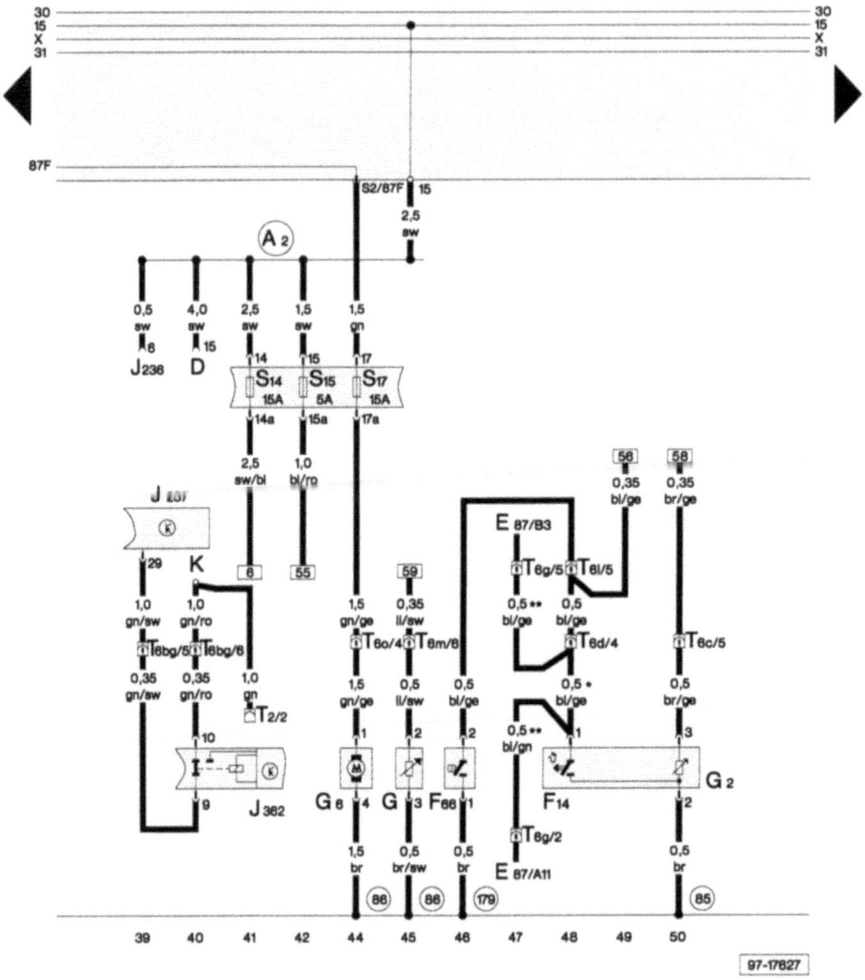

D - Zündanlaßschalter
E 87 - Bedienungs- und Anzeigeeinheit für Klimaanlage
F 14 - Kühlmittel-Temperatur-Kontrollschalter (zu heiß)
F 66 - Schalter für Kühlmittelmangelanzeige
G - Geber für Kraftstoffvorrat
G 2 - Geber für Kühlmitteltemperatur
G 6 - Kraftstoffpumpe (Vorförderpumpe)
J 236 - Steuergerät für Servotronic
J 257 - Steuergerät für Mono-Motronic
J 362 - Steuergerät für Wegfahrsicherung
K - Diagnoseanschluß
S 14 - Sicherung im Sicherungshalter
S 15 - Sicherung im Sicherungshalter
S 17 - Sicherung im Sicherungshalter
T 2 - Steckverbindung, 2-fach, weiß, Diagnosestecker, auf Zusatzrelaisträger I
T 6 c - Steckverbindung, 6-fach, grün, Kupplungsstation 2
T 6 d - Steckverbindung, 6-fach, grau, Kupplungsstation 2
T 6 g - Steckverbindung, 6-fach, blau, Kupplungsstation 2
T 6 l - Steckverbindung, 6-fach, gelb, Kupplungsstation 1
T 6 m - Steckverbindung, 6-fach, grün, Kupplungsstation 1
T 6 o - Steckverbindung, 6-fach, braun, Kupplungsstation 1
T 6 bg - Steckverbindung, 6-fach, lila, Kupplungsstation 2

(85) - Masseverbindung -1-, im Leitungsstrang Motorraum
(86) - Masseverbindung -1-, im Leitungsstrang hinten
(179) - Masseverbindung, im Leitungsstrang Scheinwerfer links
(A2) - Plusverbindung (15), im Schalttafelleitungsstrang

* - Fahrzeuge ohne Klimaanlage
** - Fahrzeuge mit Klimaanlage

ws = weiß
sw = schwarz
ro = rot
br = braun
gn = grün
bl = blau
gr = grau
li = lila
ge = gelb

Schalttafeleinsatz, Öldruckschalter, Warnkontakt für Bremsflüssigkeitsstand

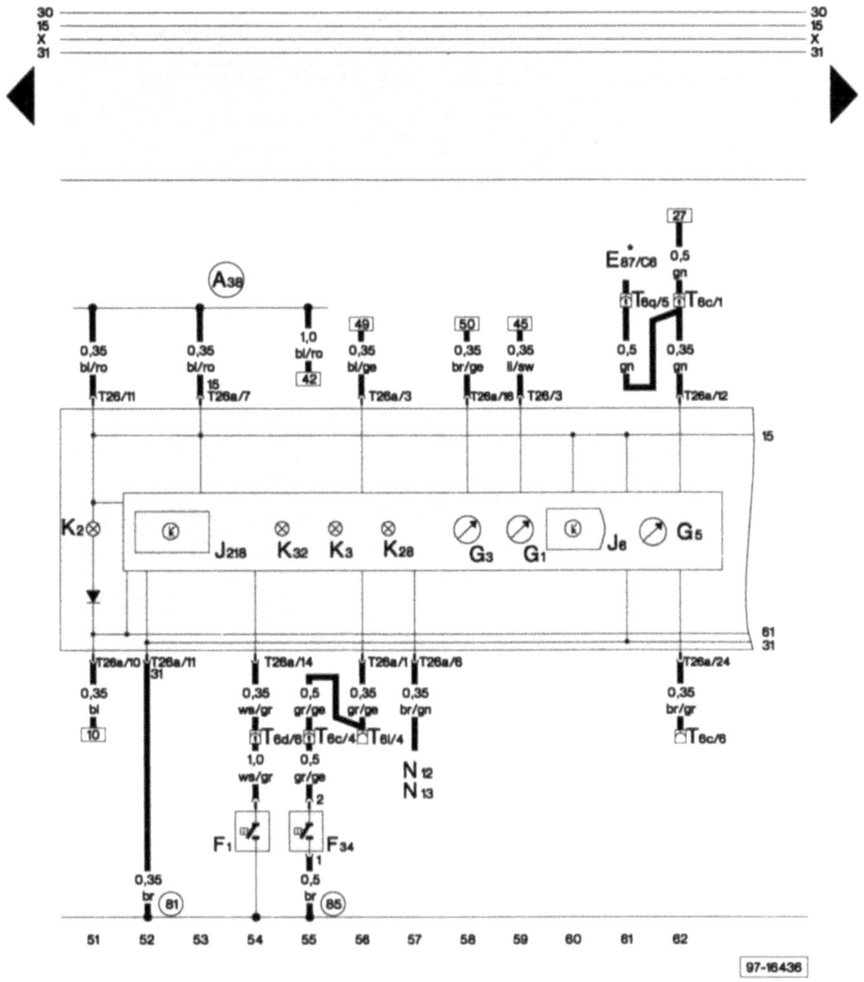

ws = weiß
sw = schwarz
ro = rot
br = braun
gn = grün
bl = blau
gr = grau
li = lila
ge = gelb

E 87 - Bedienungs- und Anzeigeeinheit für Klimaanlage
F 1 - Öldruckschalter
F 34 - Warnkontakt für Bremsflüssigkeitsstand
G 1 - Kraftstoffvorratsanzeige
G 3 - Kühlmitteltemperaturanzeige
G 5 - Drehzahlmesser
J 6 - Spannungskonstanter
J 218 - Kombi-Prozessor im Schalttafeleinsatz
K 2 - Kontrollampe für Generator
K 3 - Kontrollampe für Öldruck
K 28 - Kontrollampe für Kühlmitteltemperatur/ Kühlmittelmangelanzeige
K 32 - Kontrollampe für Bremsbelag
N 12 - Bremswächter rechts (Brechelement)
N 13 - Bremswächter links (Brechelement)
T 6 c - Steckverbindung, 6-fach, grün, Kupplungsstation 2
T 6 d - Steckverbindung, 6-fach, grau, Kupplungsstation 2
T 6 l - Steckverbindung, 6-fach, gelb, Kupplungsstation 1
T 6 q - Steckverbindung, 6-fach, rot, Kupplungsstation 3
T 26 - Steckverbindung, 26-fach, rot, am Schalttafeleinsatz
T 26 a - Steckverbindung, 26-fach, grün, am Schalttafeleinsatz

(81) - Masseverbindung -1-, im Schalttafelleitungsstrang

(85) - Masseverbindung -1-, im Leitungsstrang Motorraum

(A38) - Plusverbindung (15aII), im Schalttafelleitungsstrang

• - Fahrzeuge mit Klimaanlage

Motorkühlung

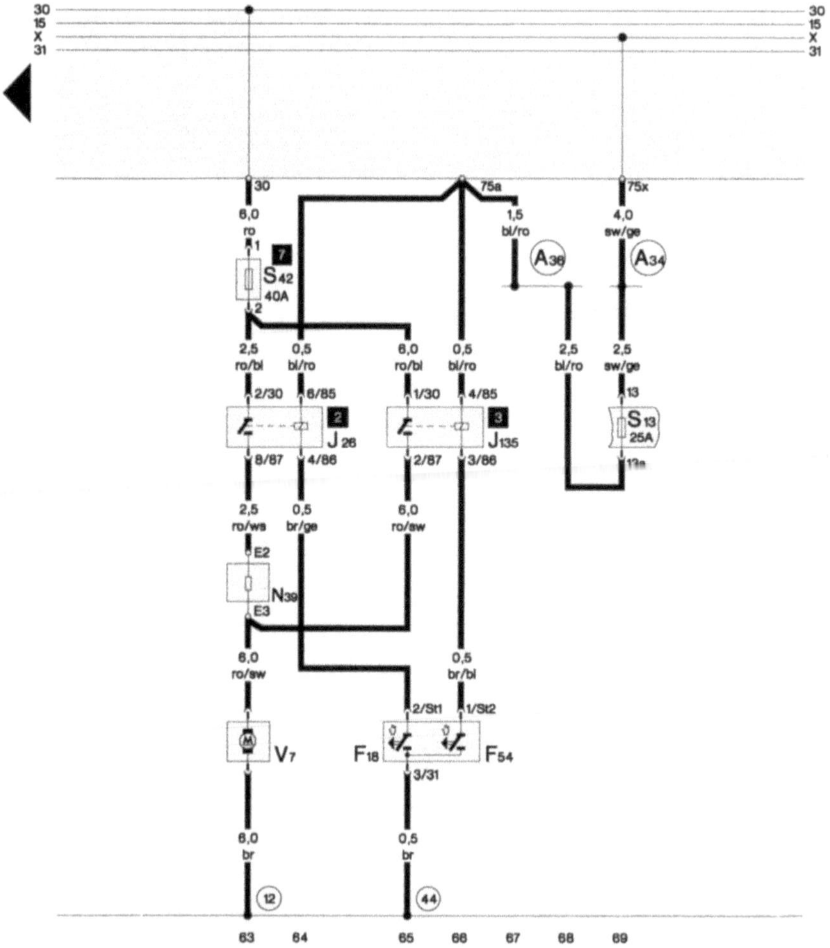

97-16437

F 18 - Thermoschalter für Lüfter für Kühlmittel
F 54 - Thermoschalter für Lüfter für Kühlmittel
J 26 - Relais für Lüfter für Kühlmittel
J 135 - Relais für 3. Stufe für Lüfter für Kühlmittel
N 39 - Vorwiderstand für Lüfter für Kühlmittel
S 13 - Sicherung im Sicherungshalter
S 42 - Einzelsicherung für Lüfter für Kühlmittel
V 7 - Lüfter für Kühlmittel

(12) - Massepunkt, im Motorraum links

(44) - Massepunkt, Säule A - links, unten

(A34) - Verbindung (75x), im Schalttafelleitungsstrang

(A36) - Verbindung (75a), im Schalttafelleitungsstrang

ws = weiß
sw = schwarz
ro = rot
br = braun
gn = grün
bl = blau
gr = grau
li = lila
ge = gelb

Anhängerkupplung 1

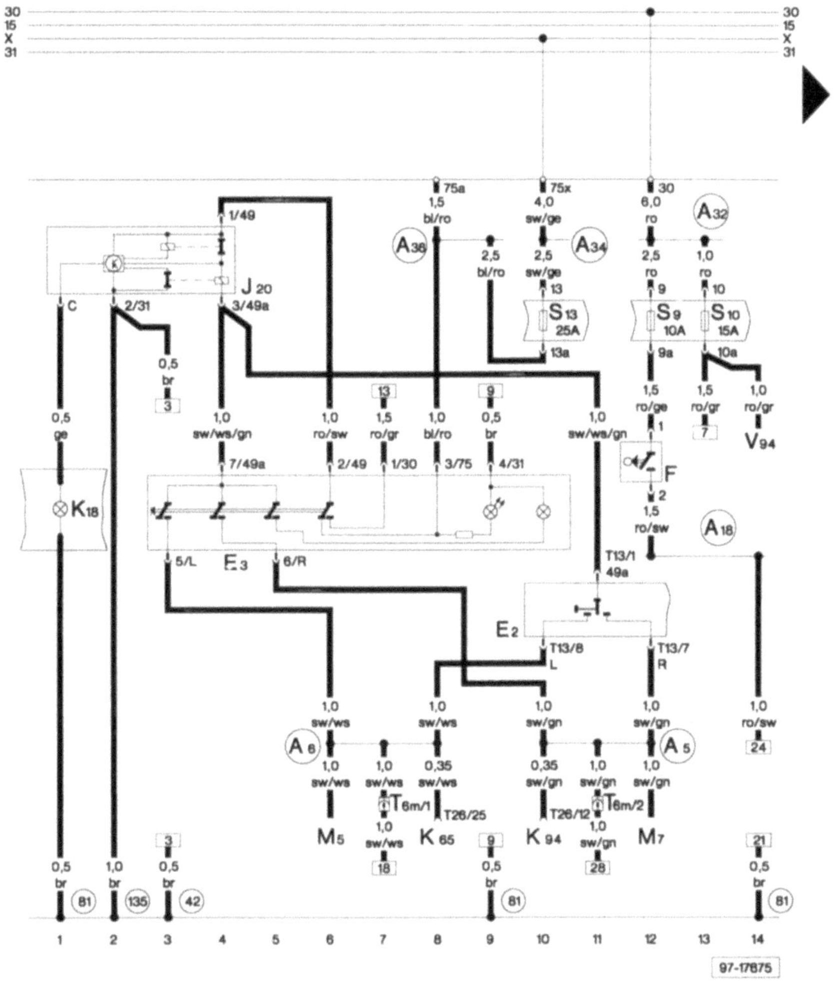

E 2 - Blinkerschalter
E 3 - Warnlichtschalter
F - Bremslichtschalter
J 20 - Blinkwarnlichtrelais für Anhängerbetrieb
K 18 - Kontrollampe für Anhängerbetrieb
K 65 - Kontrollampe für Blinker links
K 94 - Kontrollampe für Blinker rechts
M 5 - Lampe für Blinklicht vorn links
M 7 - Lampe für Blinklicht vorn rechts
S 9 - Sicherung im Sicherungshalter
S 10 - Sicherung im Sicherungshalter
S 13 - Sicherung im Sicherungshalter
T 6 m - Steckverbindung, 6-fach, grün, Kupplungsstation 1
T 13 - Steckverbindung, 13-fach, braun, hinter Verkleidung für Lenkstockschalter
T 26 - Steckverbindung, 26-fach, rot, am Schalttafeleinsatz
V 94 - Motor für Zentralverriegelung mit Steuergerät für Abschaltverzögerung - Innenleuchten und Diebstahlwarnanlage

(42) - Massepunkt Lenksäule

(81) - Masseverbindung -1-, im Schalttafelleitungsstrang

(135) - Masseverbindung -2-, im Schalttafelleitungsstrang

(A5) - Plusverbindung (Blinker rechts), im Schalttafelleitungsstrang

(A6) - Plusverbindung (Blinker links), im Schalttafelleitungsstrang

(A18) - Verbindung (54), im Schalttafelleitungsstrang

(A32) - Plusverbindung (30), im Schalttafelleitungsstrang

(A34) - Verbindung (75x), im Schalttafelleitungsstrang

(A36) - Verbindung (75a), im Schalttafelleitungsstrang

ws = weiß
sw = schwarz
ro = rot
br = braun
gn = grün
bl = blau
gr = grau
li = lila
ge = gelb

Anhängerkupplung 2

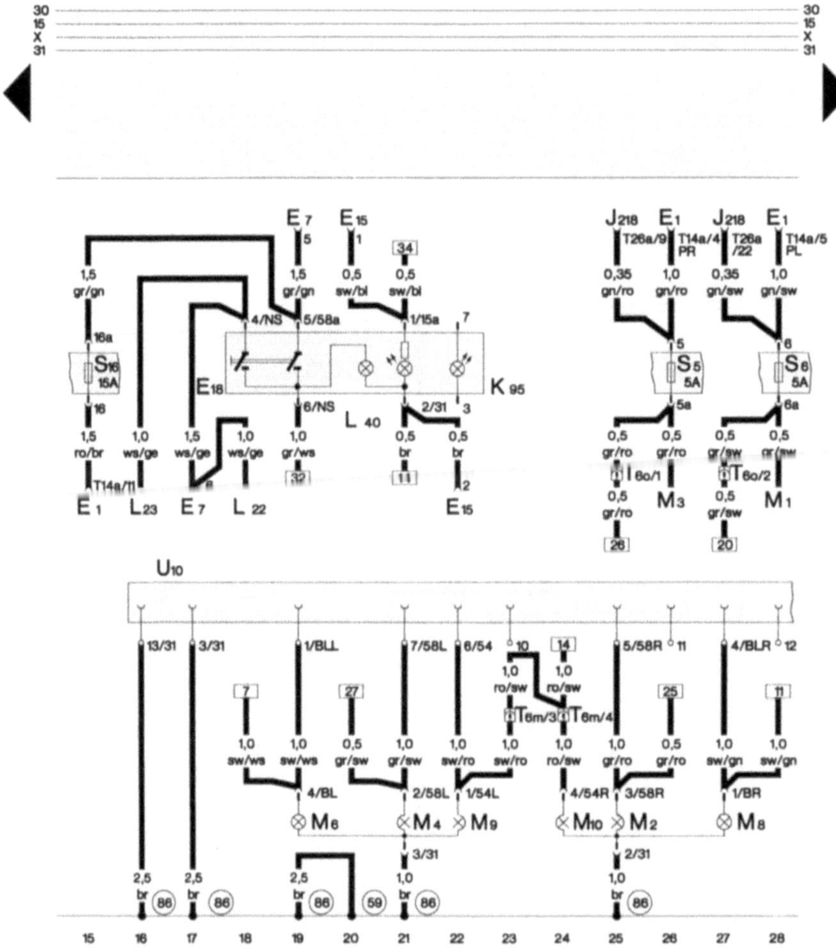

97-17676

E 1 - Lichtschalter
E 7 - Schalter für Nebelscheinwerfer
E 15 - Schalter für beheizbare Heckscheibe
E 18 - Schalter für Nebelschlußleuchte
J 218 - Kombi-Prozessor im Schalttafeleinsatz
K 95 - Kontrollampe für Alarmanlage
L 22 - Lampe für Nebelscheinwerfer links
L 23 - Lampe für Nebelscheinwerfer rechts
L 40 - Lampe für Beleuchtung - Schalter für Nebelscheinwerfer- und -schlußleuchte
M 1 - Lampe für Standlicht links
M 2 - Lampe für Schlußlicht rechts
M 3 - Lampe für Standlicht rechts
M 4 - Lampe für Schlußlicht links
M 6 - Lampe für Blinklicht hinten links
M 8 - Lampe für Blinklicht hinten rechts
M 9 - Lampe für Bremslicht links
M 10 - Lampe für Bremslicht rechts
S 5 - Sicherung im Sicherungshalter
S 6 - Sicherung im Sicherungshalter
S 16 - Sicherung im Sicherungshalter
T 6 m - Steckverbindung, 6-fach, grün, Kupplungsstation 1
T 6 o - Steckverbindung, 6-fach, braun, Kupplungsstation 1
T 14 a - Steckverbindung, 14-fach, schwarz, hinter Verkleidung für Lenkstockschalter
T 26 a - Steckverbindung, 26-fach, grün, am Schalttafeleinsatz
U 10 - Steckdose für Anhängerbetrieb

(59) - Massepunkt, Nähe Schlußleuchte links

(86) - Masseverbindung -1-, im Leitungsstrang hinten

ws = weiß
sw = schwarz
ro = rot
br = braun
gn = grün
bl = blau
gr = grau
li = lila
ge = gelb

Anhängerkupplung 3

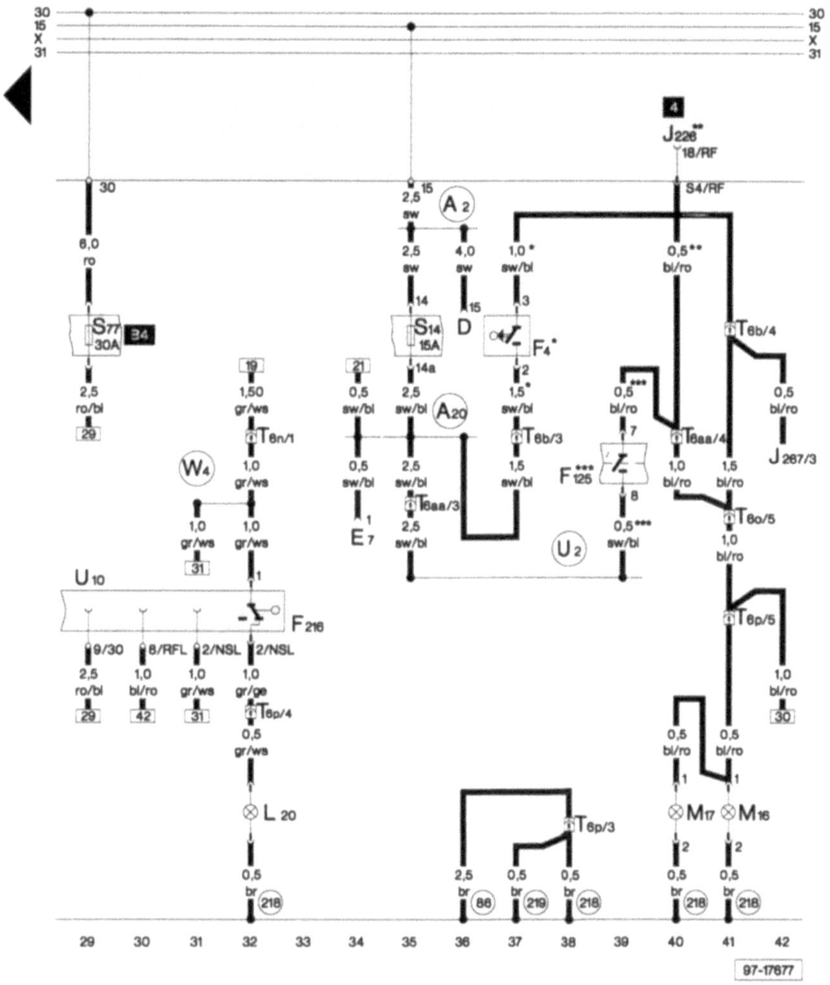

D - Zündanlaßschalter
E 7 - Schalter für Nebelscheinwerfer
F 4 - Schalter für Rückfahrleuchten
F 125 - Multifunktionsschalter
F 216 - Schalter für abschaltbare Nebelschlußleuchte
J 226 - Relais für Anlaßsperre und Rückfahrlicht
J 267 - Steuergerät für Spiegelmemory
L 20 - Lampe für Nebelschlußleuchte
M 16 - Lampe für Rückfahrlicht links
M 17 - Lampe für Rückfahrlicht rechts
S 14 - Sicherung im Sicherungshalter
S 77 - Sicherung (Klemme30) - Anhängerbetrieb
T 6 b - Steckverbindung, 6-fach, rot, Kupplungsstation 2
T 6 n - Steckverbindung, 6-fach, grau, Kupplungsstation 1
T 6 o - Steckverbindung, 6-fach, braun, Kupplungsstation 1
T 6 p - Steckverbindung, 6-fach, schwarz, im Kofferraum hinten links
T 6 aa - Steckverbindung, 6-fach, rot, Kupplungsstation 1
U 10 - Steckdose für Anhängerbetrieb

(86) - Masseverbindung -1-, im Leitungsstrang hinten

(218) - Masseverbindung -1-, im Leitungsstrang Heckklappe

(219) - Masseverbindung -2-, im Leitungsstrang Heckklappe

(A2) - Plusverbindung (15), im Schalttafelleitungsstrang

(A20) - Verbindung (15a), im Schalttafelleitungsstrang

(U2) - Verbindung -1- (15), im Leitungsstrang automatisches Getriebe

(W4) - Verbindung (Nebelschlußleuchte), im Leitungsstrang hinten

* - Fahrzeuge mit Schaltgetriebe
** - Fahrzeuge mit Automatikgetriebe 01N
*** - Fahrzeuge mit Automatikgetriebe 01F und 01K

ws = weiß
sw = schwarz
ro = rot
br = braun
gn = grün
bl = blau
gr = grau
li = lila
ge = gelb

Kofferraum, Kennzeichenleuchte

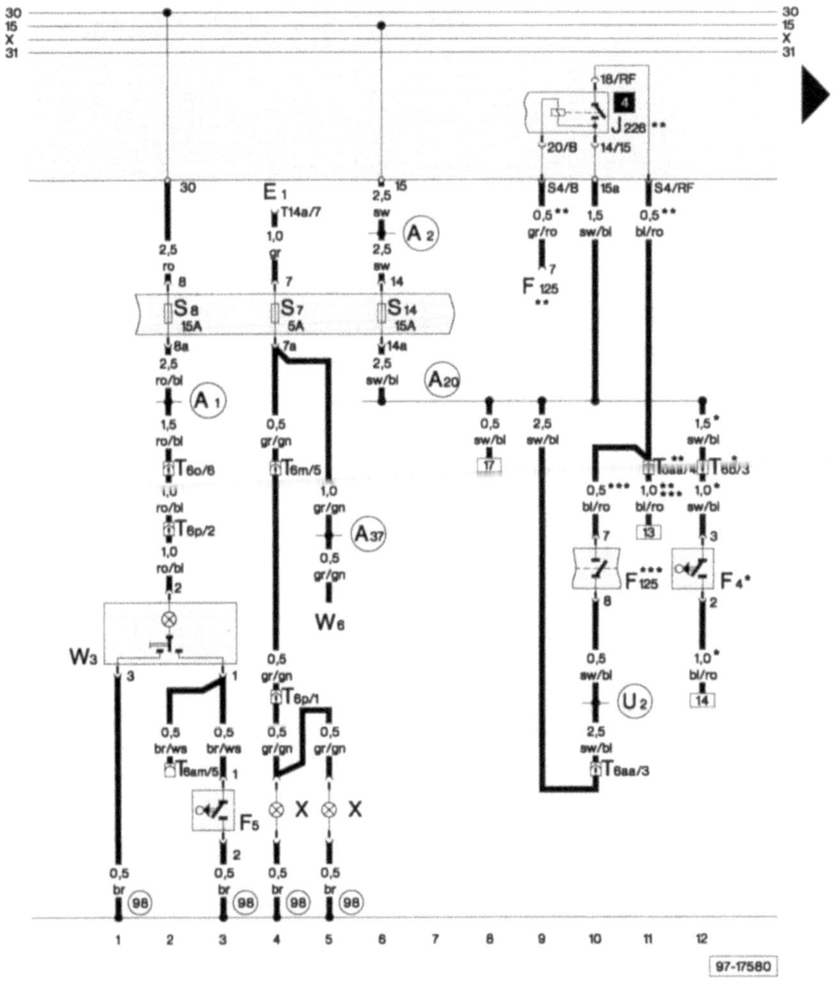

E 1 - Lichtschalter
F 4 - Schalter für Rückfahrleuchten
F 5 - Schalter für Kofferraumbeleuchtung
F 125 - Multifunktionsschalter
J 226 - Relais für Anlaßsperre und Rückfahrlicht
S 7 - Sicherung im Sicherungshalter
S 8 - Sicherung im Sicherungshalter
S 14 - Sicherung im Sicherungshalter
T 6 b - Steckverbindung, 6-fach, rot, Kupplungsstation 2
T 6 m - Steckverbindung, 6-fach, grün, Kupplungsstation 1
T 6 o - Steckverbindung, 6-fach, braun, Kupplungsstation 1
T 6 p - Steckverbindung, 6-fach, schwarz, im Kofferraum hinten links
T 6 aa - Steckverbindung, 6-fach, rot, Kupplungsstation 1
T 6 am - Steckverbindung, 6-fach, weiß, im Kofferraum hinten links
T 14 a - Steckverbindung, 14-fach, schwarz, hinter Verkleidung für Lenkstockschalter
W 3 - Kofferraumleuchte
W 6 - Handschuhfachleuchte
X - Kennzeichenleuchte

(98) - Masseverbindung, im Leitungsstrang Heckklappe

(A1) - Plusverbindung (30a), im Schalttafelleitungsstrang

(A2) - Plusverbindung (15), im Schalttafelleitungsstrang

(A20) - Verbindung (15a), im Schalttafelleitungsstrang

(A37) - Verbindung (58a), im Schalttafelleitungsstrang

(U2) - Verbindung -1- (15), im Leitungsstrang automatisches Getriebe

* - Fahrzeuge mit Schaltgetriebe
** - Fahrzeuge mit Automatikgetriebe 01N
*** - Fahrzeuge mit Automatikgetriebe 01F und 01K

ws = weiß
sw = schwarz
ro = rot
br = braun
gn = grün
bl = blau
gr = grau
li = lila
ge = gelb

Beheizbare Heckscheibe, Rückfahrleuchten

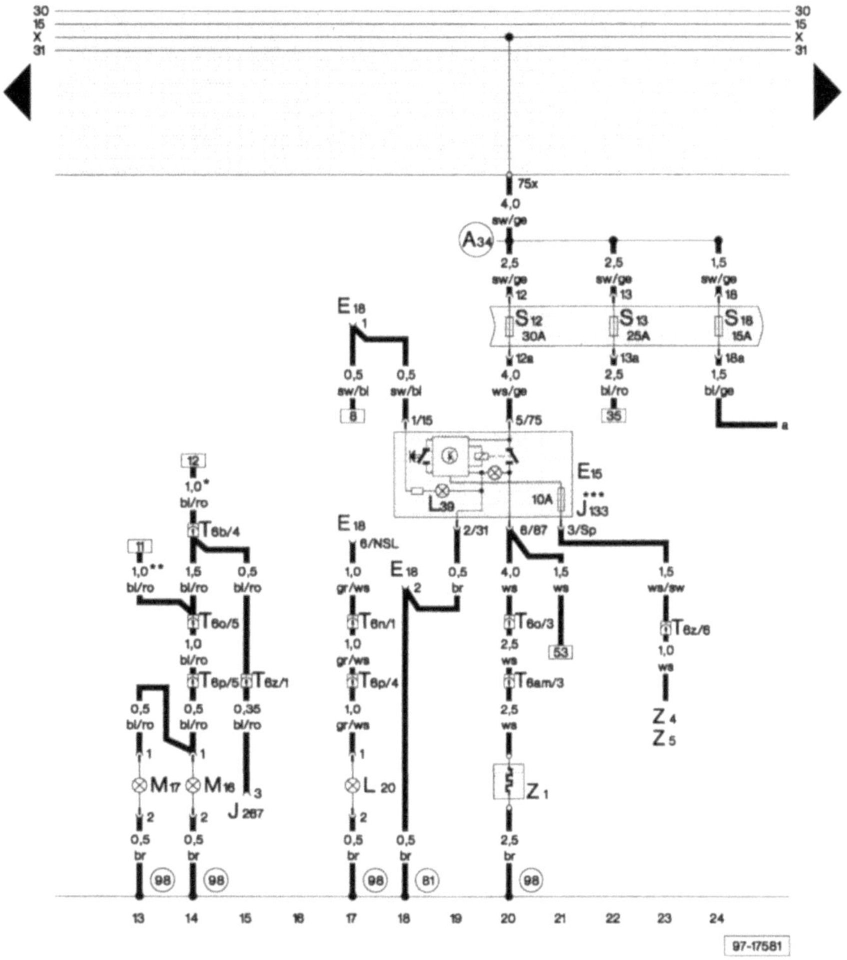

E 15 - Schalter für beheizbare Heckscheibe
E 18 - Schalter für Nebelschlußleuchte
J 133 - Verzögerungsrelais für beheizbare Heckscheibe
J 267 - Steuergerät für Spiegelmemory
L 20 - Lampe für Nebelschlußleuchte
L 39 - Lampe für Beleuchtung für Schalter für beheizbare Heckscheibe
M 16 - Lampe für Rückfahrlicht links
M 17 - Lampe für Rückfahrlicht rechts
S 12 - Sicherung im Sicherungshalter
S 13 - Sicherung im Sicherungshalter
S 18 - Sicherung im Sicherungshalter
T 6 b - Steckverbindung, 6-fach, rot, Kupplungsstation 2
T 6 n - Steckverbindung, 6-fach, grau, Kupplungsstation 1
T 6 o - Steckverbindung, 6-fach, braun, Kupplungsstation 1
T 6 p - Steckverbindung, 6-fach, schwarz, im Kofferraum hinten links
T 6 z - Steckverbindung, 6-fach, dunkelbraun, Kupplungsstation 1
T 6 am - Steckverbindung, 6-fach, weiß, im Kofferraum hinten links
Z 1 - beheizbare Heckscheibe
Z 4 - beheizbarer Außenspiegel (Fahrerseite)
Z 5 - beheizbarer Außenspiegel (Beifahrerseite)

(81) - Masseverbindung -1-, im Schalttafelleitungsstrang

(98) - Masseverbindung, im Leitungsstrang Heckklappe

(A34) - Verbindung (75x), im Schalttafelleitungsstrang

ws = weiß
sw = schwarz
ro = rot
br = braun
gn = grün
bl = blau
gr = grau
li = lila
ge = gelb

* - Fahrzeuge mit Schaltgetriebe
** - Fahrzeuge mit Automatikgetriebe
*** - nur Fahrzeuge mit Klimaanlage

Heckscheibenwisch- und -waschanlage

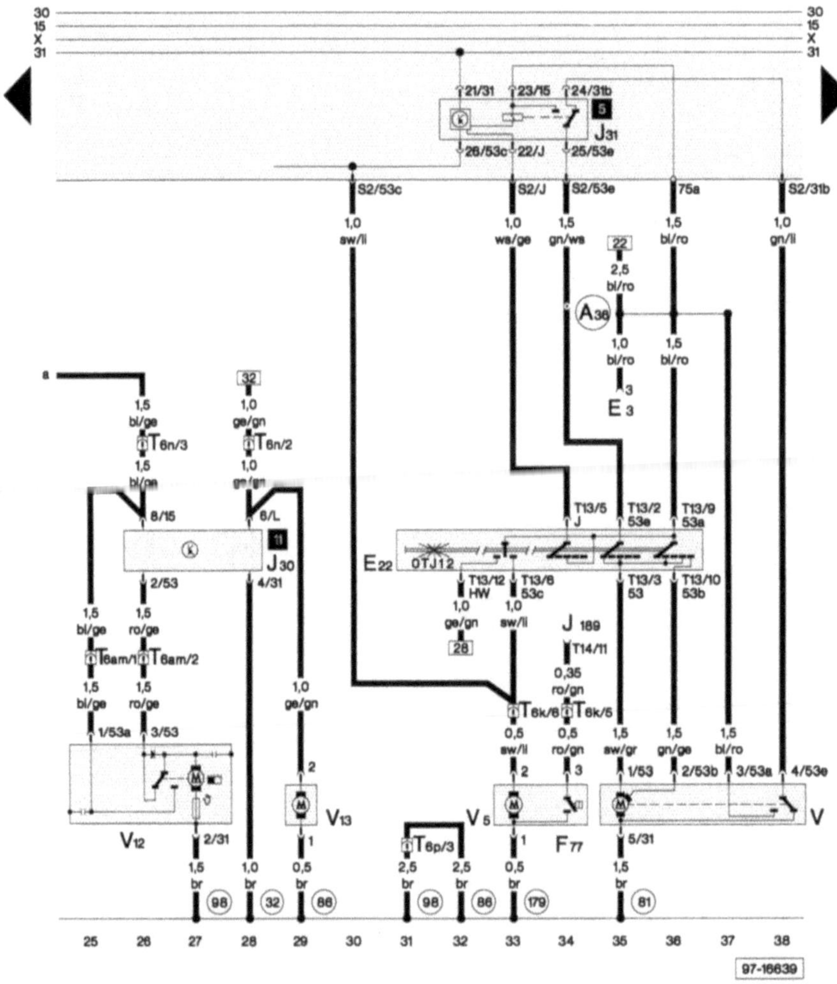

E 3 - Warnlichtschalter
E 22 - Scheibenwischerschalter für Intervallbetrieb
F 77 - Warnkontakt für Scheibenwaschwasser
J 30 - Relais für Heckscheibenwischer und -wascher
J 31 - Relais für Wasch-Wisch-Intervallautomatik
J 189 - Autochecksystem
T 6 k - Steckverbindung, 6-fach, rot, Kupplungsstation 1
T 6 n - Steckverbindung, 6-fach, grau, Kupplungsstation 1
T 6 p - Steckverbindung, 6-fach, schwarz, im Kofferraum hinten links
T 6 am - Steckverbindung, 6-fach, weiß, im Kofferraum hinten links
T 13 - Steckverbindung, 13-fach, braun, hinter Verkleidung für Lenkstockschalter
T 14 - Steckverbindung, 14-fach, schwarz, am Schalttafeleinsatz
V - Scheibenwischermotor
V 5 - Scheibenwaschpumpe
V 12 - Motor für Heckscheibenwischer
V 13 - Heckscheibenwaschpumpe

(32) - Massepunkt, hinter Schalttafel links
(81) - Masseverbindung -1-, im Schalttafelleitungsstrang
(86) - Masseverbindung -1-, im Leitungsstrang hinten
(98) - Masseverbindung, im Leitungsstrang Heckklappe
(179) - Masseverbindung, im Leitungsstrang Scheinwerfer links
(A36) - Verbindung (75a), im Schalttafelleitungsstrang

ws = weiß
sw = schwarz
ro = rot
br = braun
gn = grün
bl = blau
gr = grau
li = lila
ge = gelb

Lampenkontrollgerät, Schlußlicht, Bremslicht, Blinkleuchten hinten

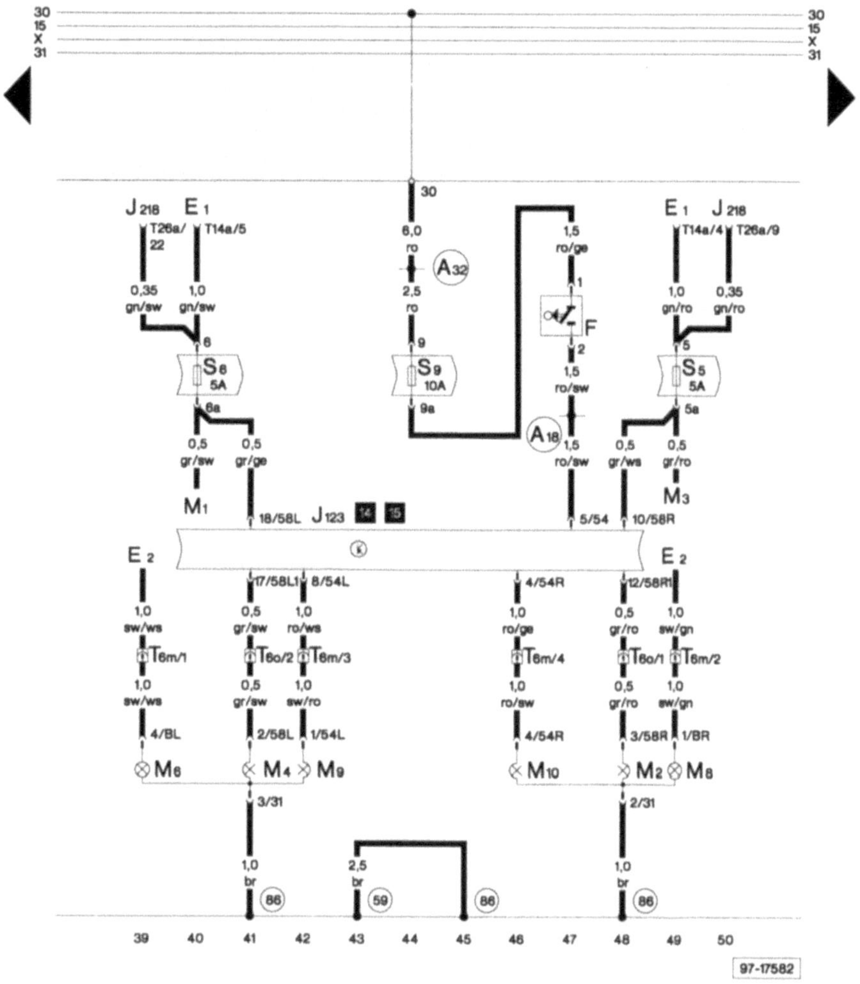

E 1 - Lichtschalter
E 2 - Blinkerschalter
F - Bremslichtschalter
J 123 - Lampenkontrollgerät
J 218 - Kombi-Prozessor im Schalttafeleinsatz
M 1 - Lampe für Standlicht links
M 2 - Lampe für Schlußlicht rechts
M 3 - Lampe für Standlicht rechts
M 4 - Lampe für Schlußlicht links
M 6 - Lampe für Blinklicht hinten links
M 8 - Lampe für Blinklicht hinten rechts
M 9 - Lampe für Bremslicht links
M 10 - Lampe für Bremslicht rechts
S 5 - Sicherung im Sicherungshalter
S 6 - Sicherung im Sicherungshalter
S 9 - Sicherung im Sicherungshalter
T 6 m - Steckverbindung, 6-fach, grün, Kupplungsstation 1
T 6 o - Steckverbindung, 6-fach, braun, Kupplungsstation 1
T 14 a - Steckverbindung, 14-fach, schwarz, hinter Verkleidung für Lenkstockschalter
T 26 a - Steckverbindung, 26-fach, grün, am Schalttafeleinsatz

(59) - Massepunkt, Nähe Schlußleuchte links
(86) - Masseverbindung -1-, im Leitungsstrang hinten
(A18) - Verbindung (54), im Schalttafelleitungsstrang
(A32) - Plusverbindung (30), im Schalttafelleitungsstrang

ws = weiß
sw = schwarz
ro = rot
br = braun
gn = grün
bl = blau
gr = grau
li = lila
ge = gelb

Kontaktschalter im Schließzylinder für Heckklappe/Diebstahlwarnanlage, Glasbruchsensoren Seitenscheiben hinten

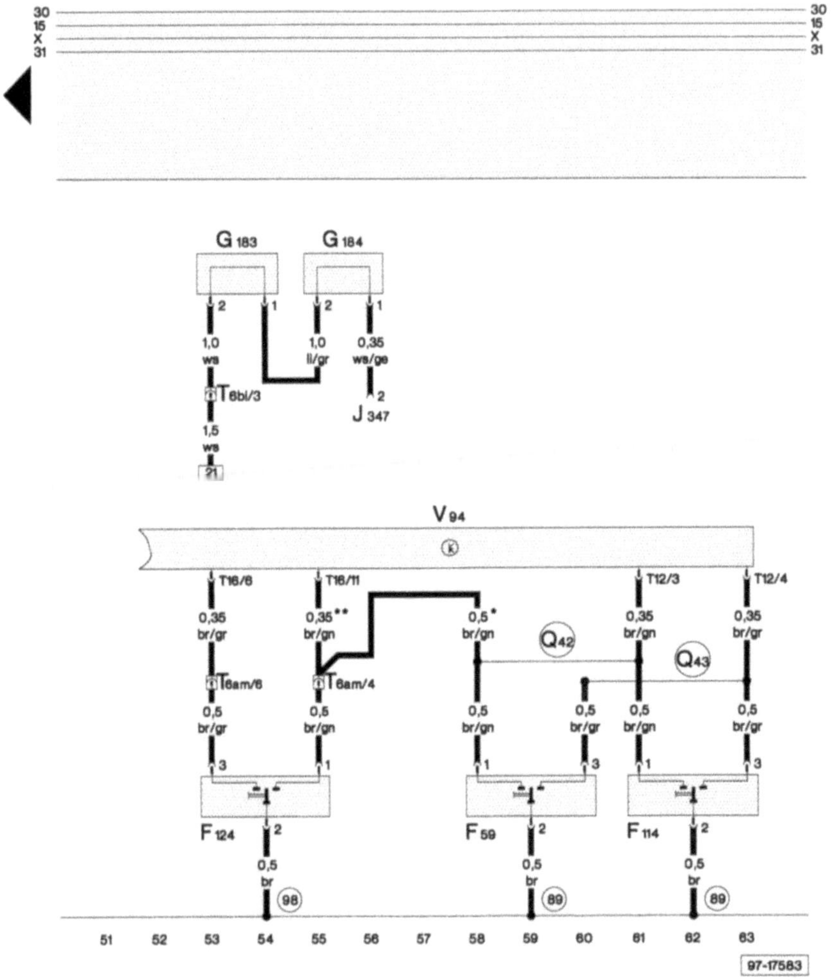

F 59 - Schalter für Zentralverriegelung (Fahrerseite)
F 114 - Schalter für Zentralverriegelung (Beifahrerseite)
F 124 - Kontaktschalter im Schließzylinder für Heckklappe/Diebstahlwarnanlage/Zentralverriegelung
G 183 - Glasbruchsensor Seitenscheibe hinten links
G 184 - Glasbruchsensor Seitenscheibe hinten rechts
J 347 - Steuergerät für Ultraschallsensoren
T 6 am - Steckverbindung, 6-fach, weiß, im Kofferraum hinten links
T 6 bi - Steckverbindung, 6-fach, blau, Kupplungsstation 3
T 12 - Steckverbindung, 12-fach, Anschlußstecker A an V 94 unter dem Rücksitz rechts
T 16 - Steckverbindung, 16-fach, Anschlußstecker C an V 94 unter dem Rücksitz rechts
V 94 - Motor für Zentralverriegelung mit Steuergerät für Abschaltverzögerung - Innenleuchten und Diebstahlwarnanlage

(89) - Masseverbindung -1-, im Leitungsstrang Fensterheber
(98) - Masseverbindung, im Leitungsstrang Heckklappe
(Q42) - Verbindung (Schließzylinder auf), im Leitungsstrang Fensterheber
(Q43) - Verbindung (Schließzylinder zu), im Leitungsstrang Fensterheber

ws = weiß
sw = schwarz
ro = rot
br = braun
gn = grün
bl = blau
gr = grau
li = lila
ge = gelb

* - Fahrzeuge ohne Schalter für Innenverriegelung
** - Fahrzeuge mit Schalter für Innenverriegelung

Radio beta-, gamma-, delta-Anlage mit und ohne CD-Wechsler 1

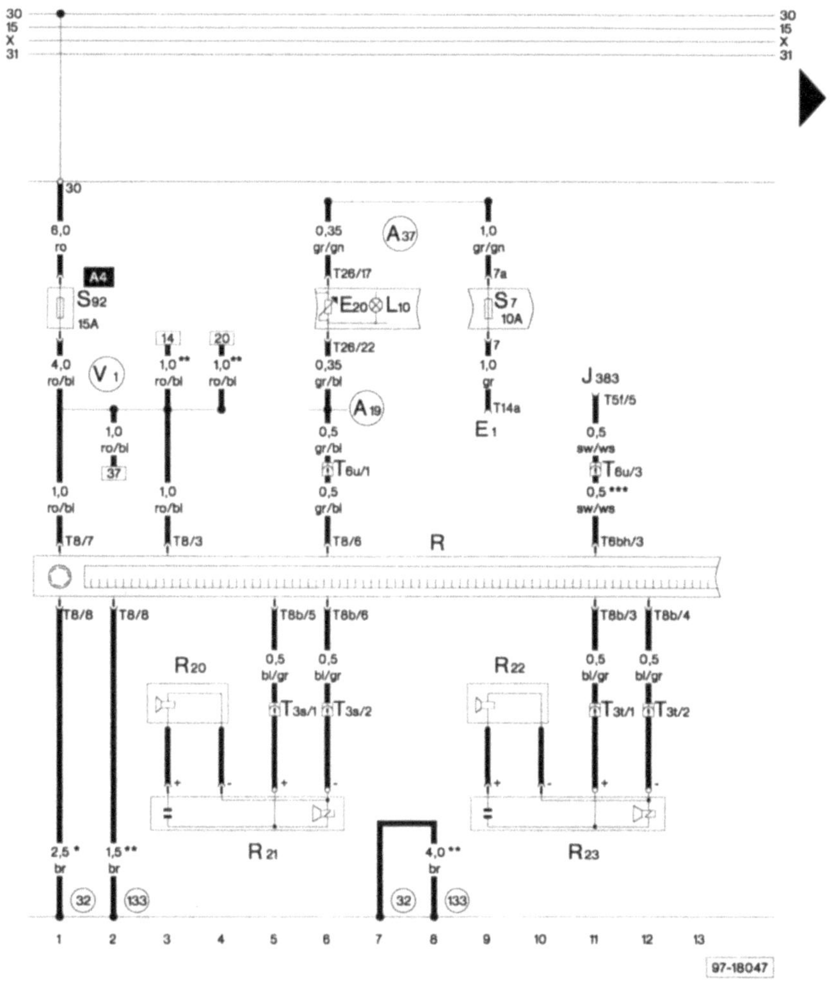

E 1 - Lichtschalter
E 20 - Regler für Beleuchtung - Schalter und Instrumente
J 383 - Leiterplatte für Audiolenkrad
L 10 - Lampe für Beleuchtung Schalttafeleinsatz
R - Radio
R 20 - Hochtonlautsprecher vorn links
R 21 - Tieftonlautsprecher vorn links
R 22 - Hochtonlautsprecher vorn rechts
R 23 - Tieftonlautsprecher vorn rechts
S 7 - Sicherung im Sicherungshalter
S 92 - Sicherung für Radio
T 3 s - Steckverbindung, 3-fach, in der Fahrertür
T 3 t - Steckverbindung, 3-fach, in der Beifahrertür
T 5 f - Steckverbindung, 5-fach, schwarz, hinter Verkleidung für Lenkstockschalter
T 6 u - Steckverbindung, 6-fach, gelb, Kupplungsstation 3
T 6 bh - Steckverbindung, 6-fach, grün, Radiostecker I - 2
T 8 - Steckverbindung, 8-fach, schwarz, Radiostecker III
T 8 b - Steckverbindung, 8-fach, braun, Radiostecker II
T 14 a - Steckverbindung, 14-fach, schwarz, hinter Verkleidung für Lenkstockschalter
T 26 - Steckverbindung, 26-fach, rot, am Schalttafeleinsatz

(32) - Massepunkt, hinter Schalttafel links

(133) - Masseverbindung, im Leitungsstrang Lautsprecher

(A19) - Verbindung (58d), im Schalttafelleitungsstrang

(A37) - Verbindung (58a), im Schalttafelleitungsstrang

(V1) - Plusverbindung (30), im Leitungsstrang Lautsprecher hinten

ws = weiß
sw = schwarz
ro = rot
br = braun
gn = grün
bl = blau
gr = grau
li = lila
ge = gelb

* - nur Radio - beta - Anlage
** - nur Radio gamma - und delta - Anlage
*** - nur Radio - delta - Anlage

Radio beta-, gamma-, delta-Anlage mit und ohne CD-Wechsler 2

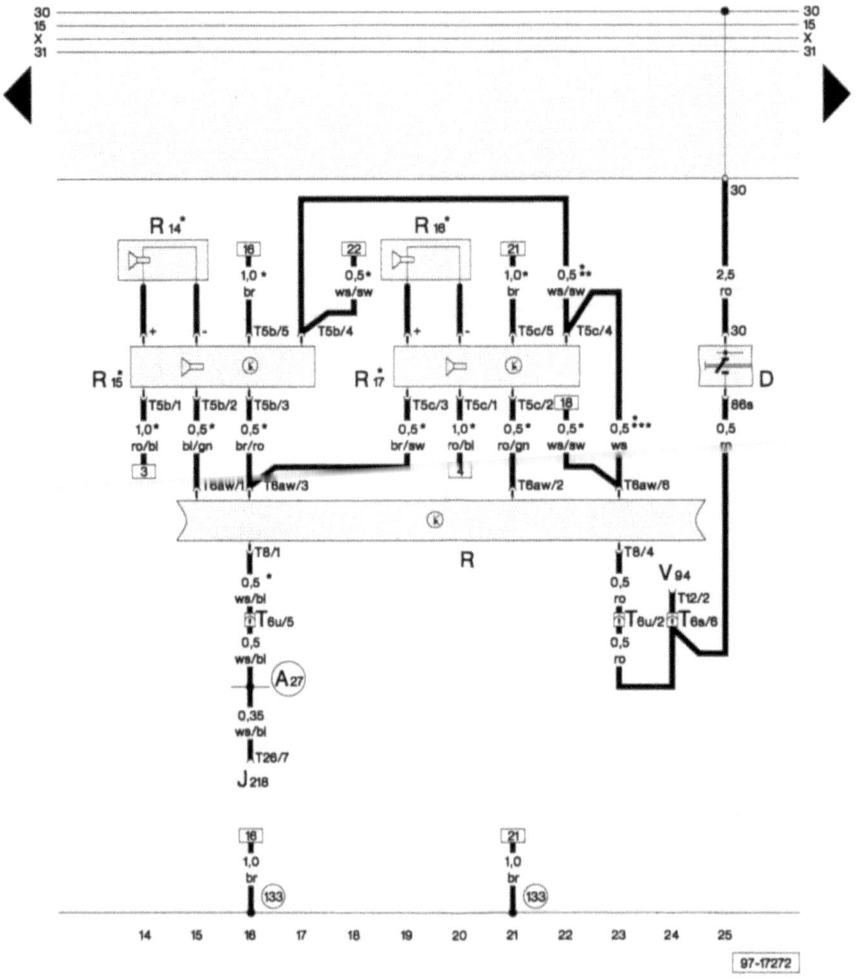

D -Zündanlaßschalter
J 218 -Kombi-Prozessor im Schalttafeleinsatz
R -Radio
R 14 -Hochtonlautsprecher hinten links
R 15 -Tieftonlautsprecher hinten links
R 16 -Hochtonlautsprecher hinten rechts
R 17 -Tieftonlautsprecher hinten rechts
T 5 b -Steckverbindung, 5-fach, am Lautsprecher hinten, unter Hutablage links
T 5 c -Steckverbindung, 5-fach, am Lautsprecher hinten, unter Hutablage rechts
T 6 s -Steckverbindung, 6-fach, braun, Kupplungsstation 1
T 6 u -Steckverbindung, 6-fach, gelb, Kupplungsstation 3
T 6 aw -Steckverbindung, 6-fach, gelb, Radiostecker I - 1
T 8 -Steckverbindung, 8-fach, schwarz, Radiostecker III
T 12 -Steckverbindung, 12-fach, Anschlußstecker A an V 94 unter dem Rücksitz rechts
T 26 -Steckverbindung, 26-fach, rot, am Schalttafeleinsatz
V 94 -Motor für Zentralverriegelung mit Steuergerät für Abschaltverzögerung - Innenleuchten und Diebstahlwarnanlage

(133) -Masseverbindung, im Leitungsstrang Lautsprecher

(A27) -Verbindung (Geschwindigkeitssignal), im Schalttafelleitungsstrang

ws = weiß
sw = schwarz
ro = rot
br = braun
gn = grün
bl = blau
gr = grau
li = lila
ge = gelb

* -nur Radio gamma - und delta - Anlage
** -entfällt bei Avant
*** -nur bei Avant

Radio beta-, gamma-, delta-Anlage mit und ohne CD-Wechsler 3

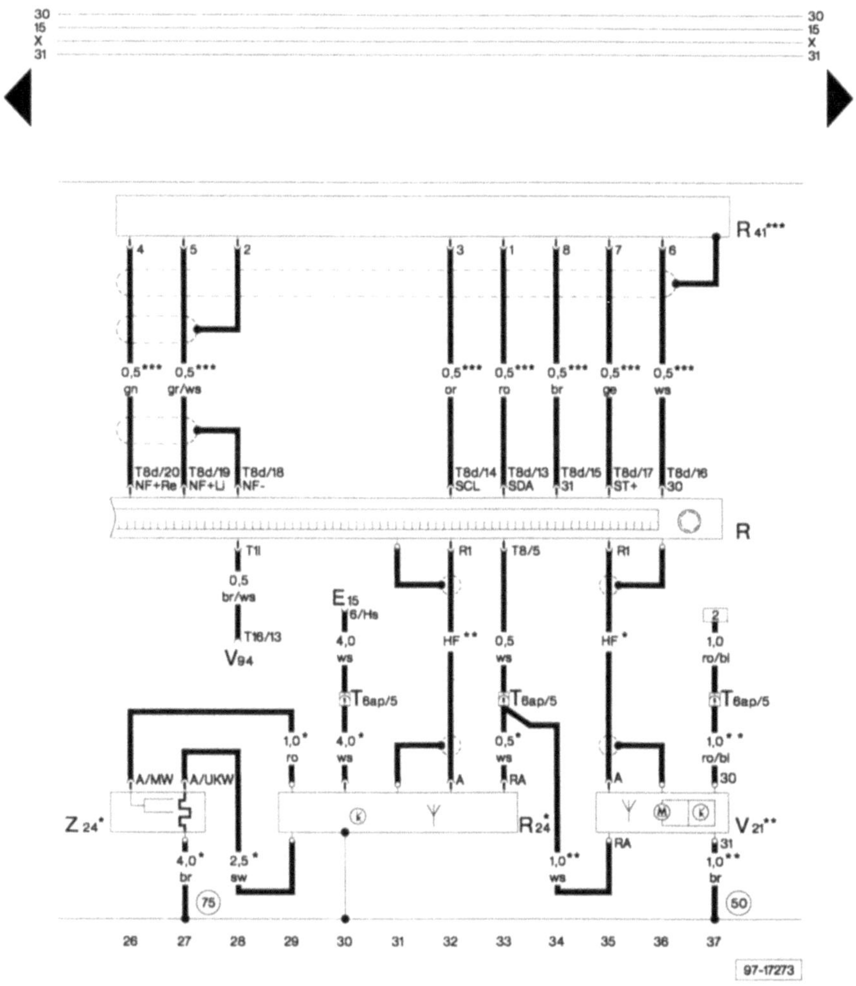

E 15 - Schalter für beheizbare Heckscheibe
R - Radio
R 24 - Antennenverstärker
R 41 - CD-Wechsler
T 1 l - Steckverbindung, 1-fach, braun, am Radio
T 6 o - Steckverbindung, 6-fach, braun, Kupplungsstation 1
T 6 ap - Steckverbindung, 6-fach, weiß, Kupplungsstation 3
T 8 - Steckverbindung, 8-fach, schwarz, Radiostecker III
T 8 d - Steckverbindung, 8-fach, blau, Radiostecker I - 3
T 16 - Steckverbindung, 16-fach, Anschlußstecker C an V 94 unter dem Rücksitz rechts
V 21 - Motorantenne
V 94 - Motor für Zentralverriegelung mit Steuergerät für Abschaltverzögerung - Innenleuchten und Diebstahlwarnanlage

(50) - Massepunkt, Kofferraum links

(75) - Massepunkt, Säule hinten, rechts

ws = weiß
sw = schwarz
ro = rot
br = braun
gn = grün
bl = blau
gr = grau
li = lila
ge = gelb

* - Fahrzeuge mit Heckscheibenantenne
** - Fahrzeuge mit Motorantenne
*** - Fahrzeuge mit CD-Wechsler